Öl- und Gasmaschinen

(Ortfeste und Schiffsmaschinen)

Ein Handbuch für Konstrukteure
ein Lehrbuch für Studierende

von

Professor Heinrich Dubbel
Ingenieur

Mit 519 Textabbildungen

Springer-Verlag Berlin Heidelberg GmbH 1926

ISBN 978-3-642-50439-6 ISBN 978-3-642-50748-9 (eBook)
DOI 10.1007/978-3-642-50748-9

Ursprünglich erschienen bei Julius Springer in Berlin 1926
Softcover reprint of the hardcover 1st edition 1926

Vorwort.

Durch die Einführung der luftlosen Brennstoffeinspritzung, der Zweitaktwirkung auch bei Dieselmaschinen, der Abwärmeverwertung und Leistungssteigerung, der Durchbildung der Schiffs-Dieselmaschinen hat der Brennkraftmaschinenbau in den letzten Jahren einen Aufschwung genommen, wie ihn keine Periode vorhergehender Entwicklung aufweist.

Diese neueren Bestrebungen sind u. a. dadurch ausgezeichnet, daß der Lösung schwieriger Aufgaben planmäßige Forschungsarbeit vorherging, die der Gestaltung bestimmte Wege wies. Es erschien verdienstlich und im gewählten Zeitpunkt auch möglich, diese hervorragende Ingenieurarbeit, wie sie durch die neuen Maschinenarten verkörpert wird, zusammenfassend darzustellen und eine Übersicht über die bisherigen Leistungen zu geben.

Das vorliegende Buch soll ein Lehrbuch für Studierende, denen die Elemente der Mechanik vertraut sind, ein Handbuch für den Konstrukteur sein, der den Überblick über das Gesamtgebiet seiner Tätigkeit nicht verlieren will. Dieser Zweck war für Einteilung und Darstellung des Stoffes maßgebend.

Besonderer Wert wurde aus diesem Grunde auf die Behandlung der für Öl- und Gasmaschinen gemeinsamen Grundlagen gelegt. Für die Aufnahme bestimmter Rechnungsverfahren war nicht immer deren praktischer Wert, sondern die durch ihre Anwendung zu gewinnende Einsicht in das Wesen behandelter Vorgänge bemimmend. Bei der Ableitung der Formeln wurde — was auch für den vierten Abschnitt des Buches gilt — nicht der kürzeste, sondern der einfachste Weg eingeschlagen. Durchgerechnete Beispiele zeigen den Gebrauch der Formeln und die Größenordnung wichtiger Werte. In allen Teilen des Buches fanden die Wärmespannungen, denen eine große Bedeutung für die künftige Entwicklung der Brennkraftmaschinen zukommt, eingehende Behandlung.

Der zweite Teil des Buches macht mit Ausführungsformen bekannt, durch die in verschiedenster Weise das gesteckte Ziel zu erreichen versucht wird. Ausländische Bauformen, die oft genug größte Abweichung von deutschen Konstruktionen zeigen, sind in größerer Anzahl wiedergegeben. Die lebhafte Entwicklung des dargestellten Gebietes ist eben noch in vollem Fluß und — zur Freude des Konstrukteurs, zum Leidwesen des Betriebsmannes — noch nicht zu der auf älteren technischen Gebieten vorhandenen Vereinheitlichung der Verfahren und Formen erstarrt. Noch ist unentschieden, ob Vorkammer- oder Strahlmaschine, ob Zweitakt oder Viertakt mit Aufladung sich gegenseitig ausschließen oder gemeinsam das Feld behaupten. Selbst die Frage der luftlosen Einspritzung auch bei großen Leistungen ist im Augenblick noch nicht beantwortet. Beachtenswert sind nach dieser Richtung hin die Bestrebungen und auch Erfolge englischer Firmen.

In diesem Teil des Buches sind die Schiffs-Dieselmaschinen eingehend berücksichtigt worden, deren Anwendung stetig zunimmt und deren Bauart für die Durchbildung der ortfesten Großölmaschine richtunggebend ist.

Der dritte Abschnitt befaßt sich mit der Leistungssteigerung und der Abwärmeverwertung, denen — als Mittel zur Verringerung der Anlagekosten auf der einen

Seite, der direkten Betriebskosten auf der anderen Seite — hervorragende Bedeutung im Wettbewerb sowohl der Brennkraftmaschinen unter sich als auch mit anderen Wärmekraftmaschinen zukommt.

Im vierten Abschnitt sind die hier in Frage kommenden Maschinenelemente behandelt, die wegen der starken Beanspruchung durch Kräfte und Temperaturen höchsten Anforderungen in bezug auf Baustoff, Gestaltung und Herstellung entsprechen müssen.

Es ist mir eine angenehme Pflicht, an dieser Stelle den zahlreichen Firmen, die mein Vorhaben durch Überlassung von Unterlagen unterstützt haben, wie auch der Verlagsbuchhandlung Julius Springer für die vortreffliche Ausstattung des Buches zu danken.

Berlin, den 10. August 1926.

H. Dubbel.

Inhaltsverzeichnis.

Berichtigungen.

S. 196, Zeile 2 v. o.: Statt Kurbelzapfengeschwindigkeit muß es heißen: Umfangsgeschwindigkeit auf einem Kreise vom Durchmesser $s = 420$ mm = Zylinderdurchmesser.

S. 196, Zeile 5 v. o.: $\frac{90}{40} \cdot 4{,}4 = 9{,}9$ m/sek am äußersten Umfang ...

(Die Wirbelluft muß sich im Verhältnis $\frac{90}{40}$ schneller als die Maschine drehen.)

S. 254, Zeile 17/18 v. o.: Da diese Drucke außerordentliche Abmessungen bedingen, die Ladung insofern zu Frühzündungen neigt, ...

S. 255, Zeile 6/7 v. o.: Das Abzugsverfahren kann hier nicht angewendet werden; es ist $\eta_m = \frac{p_e}{p_i}$.

(Wird beim Vergleich einer den Kolbenverdichter unmittelbar antreibenden Maschine mit einer das Turbogebläse durch elektrische Übertragung antreibenden Maschine bei jener das Abzugsverfahren nicht angewendet, so ist für diese zu setzen: $\eta_m = \frac{p_e - p_{ec}}{p_i}$, worin p_{ec} der der Erzeugung der gesamten Verdichtungsarbeit entsprechende mittlere effektive Druck ist.)

I. Gemeinsame Grundlagen.

1. Brennstoffe und Verbrennung.

a) Gasförmige Brennstoffe.

Kraftgas wird aus festen Brennstoffen — hauptsächlich Anthrazit, Koks, Braunkohle, seltener Steinkohle, Torf und Holzabfällen — durch unvollkommene Verbrennung von C zu CO gewonnen. Ein Gemisch von Luft und Wasserdampf wird durch die Brennstoffschicht geblasen, wobei — reiner Kohlenstoff als Brennstoff vorausgesetzt — die Verbindungen

$$C + 2\,O = CO_2,$$
$$CO_2 + C = 2\,CO$$

eingegangen werden. Der frei werdende Wasserstoff des sich zersetzenden Wasserdampfes reichert das Gemisch an, während der Sauerstoff die Luftzufuhr und damit den Stickstoffgehalt des fertigen Gases verringert. Es wird:

$$H_2O + C = CO + 2\,H.$$

„Bituminöse" Brennstoffe, zu denen die Braunkohlen gehören, werden in „Doppelgeneratoren" vergast. Die Luft wird wie üblich unten und außerdem oben zugeführt, so daß zwei Brennzonen entstehen. Der oben aufgegebene Brennstoff wird in der oberen Brennzone verkokt, in der unteren vergast. Das Gas wird in halber Höhe des Generators abgesaugt; die bei der Verkokung nach unten ziehenden Destillationsprodukte enthalten Teerdämpfe, die bei Durchstreichen der oberen glühenden Zone in permanente, dem Maschinenbetrieb unschädliche Gase umgewandelt werden.

Das Generatorgas ist als Druckgas oder Sauggas zu bezeichnen, je nachdem es der Maschine unter Druck zugeführt oder von dieser selbst angesaugt wird. Die nur noch selten verwendeten Druckgasanlagen erfordern einen Dampfkessel, dessen Dampf auf dem Wege zum Generatorrost die Luft mittels Strahlwirkung ansaugt. Sie haben gegenüber Sauggasanlagen den Vorteil, die Aufstellung ausgedehnter Reinigungsanlagen zu ermöglichen, die beim Sauggasbetrieb mit Rücksicht auf den Saugwiderstand eingeschränkt werden müssen.

In den Gebläse-Sauggasanlagen, die eine Vereinigung der Saug- und Druckgasanlagen darstellen, führt ein Gebläse das aus dem Generator angesaugte Gas der Maschine zu. Gebläse-Sauggasanlagen werden hauptsächlich für Rohbraunkohle und Torf verwendet, die mit umfangreichen Reinigungsvorrichtungen ausgeführt werden müssen.

Aus 1 kg Anthrazit oder Gaskoks werden 4,5 bis 4,8 m³, aus 1 hl Braunkohle etwa 1,2 m³ Kraftgas gewonnen.

Der Wirkungsgrad der Gaserzeuger beträgt bei normaler Belastung und sachkundiger Bedienung bis zu 88%.

Gichtgas wird als Nebenprodukt des Hochofenbetriebes gewonnen. Auf 1 t Roheisen kommen etwa 4000 m³ Gichtgas, von denen 2000 m³ für den Hochofenbetrieb selbst erforderlich, 2000 m³ für andere Zwecke verfügbar sind. Besonderer Wert ist auf sorgfältige Reinigung der Gichtgase vor ihrer Verwendung in Gasmaschinen zu legen, da größerer Staubgehalt, der an der Gicht 10 bis 25 gr/m³ beträgt, starke Abnutzung der Zylinderlaufflächen, Frühzündungen infolge Ansatzes von Krusten im Zylinder, Festsetzen der Drosselorgane und andere Betriebsstörungen verursacht. Die Reinigung kann als Naßreinigung in Schleudervorrichtungen mit Wassereinspritzung, als Trockenreinigung durch Abscheiden des Staubes in Filtersäcken oder auch elektrisch nach dem Verfahren von Cottrell-Möller ausgeführt werden. Als hinreichend wird eine Reinigung bis auf 0,03 g Staub auf 1 m³ Gas angesehen.

Heizwert und Gasdruck schwanken je nach Betrieb des Hochofens in weiten Grenzen.

Koksofengas entsteht als Nebenerzeugnis bei der Entgasung der Steinkohle; 1 t Steinkohle liefert etwa 250 m³ Koksofengas, das von Teer, Cyan und Schwefel zu reinigen ist. Mit der fortschreitenden Entgasung der Steinkohle ändert sich die Zusammensetzung des Gases, doch gleicht der gleichzeitige Betrieb vieler Koksöfen die Verschiedenheit in der Beschaffenheit des Gases aus; große Gasbehälter unterstützen diesen Ausgleich. Der hohe H-Gehalt, der den Heizwert maßgebend beeinflußt, erschwert die Verwendung in der Gasmaschine. Neuerdings wird das Koksofengas auch vielfach für Beleuchtungszwecke verwendet

Schwelgas wird bei der Teergewinnung aus Braunkohle gewonnen.

Zahlentafel 1 enthält weitere auf 1 m³ sich beziehende Angaben über die behandelten Gase; L ist die zur Verbrennung erforderliche theoretische Luftmenge.

Zahlentafel 1

Bestandteile	Leuchtgas	Kraftgas aus			Hochofengas	Koksgas
		Koks	Anthrazit	Braunkohle		
Wasserstoff H_2	0,485	0,070	0,242	0,160	0,030	0,550
Kohlenoxyd CO	0,070	0,276	0,166	0,200	0,260	0,070
Stickstoff N_2	0,0275	0,586	0,459	0,540	0,560	0,015
Sauerstoff O_2	0,0025	—	—	—	—	—
Kohlensäure CO_2	0,020	0,048	0,113	0,080	0,095	0,012
Wasserdampf H_2O	—	—	—	—	0,050	0,010
Methan CH_4	0,350	0,020	0,020	0,020	0,005	0,320
Benzol C_6H_6	—	—	—	—	—	0,008
Äthylen C_2H_4	0,045	—	—	—	—	0,015
kcal/m³	5050	1190	1300	1200	900	4850
Spezifisches Gewicht kg/m³	0,52	1,20	1,05	1,12	1,25	0,45
Luftbedarf $L \frac{m^3}{m^3}$	5,20	1,0	1,15	1,05	0,75	4,70
Verbrennungsprodukte von 1 m³ Brennstoff + L m³ Luft						
Wasserdampf H_2O	1,275	0,110	0,282	0,200	0,090	1,230
Kohlensäure CO_2	0,530	0,344	0,299	0,300	0,360	0,440
Zweiatomige Gase	4,115	1,376	1,364	1,370	1,155	3,715
	5,920	1,830	1,945	1,870	1,605	5,385

Spezifisches Gewicht, Heizwert und Brenngeschwindigkeit der Gase werden wesentlich durch den Gehalt an Wasserstoff bestimmt.

b) Flüssige Brennstoffe.

Stammprodukte der flüssigen Brennstoffe sind Steinkohlenteer, Braunkohlenteer und Erdöl. Die aus Braunkohlenteeröl gewonnenen Treiböle stimmen chemisch mit den Petroleumdestillaten annähernd überein.

Im folgenden sind die Stammprodukte und ihre wichtigsten Derivate angegeben. Die eingeklammerten Zahlen geben die Temperaturen an, bei denen die betreffenden Derivate überdestillieren.

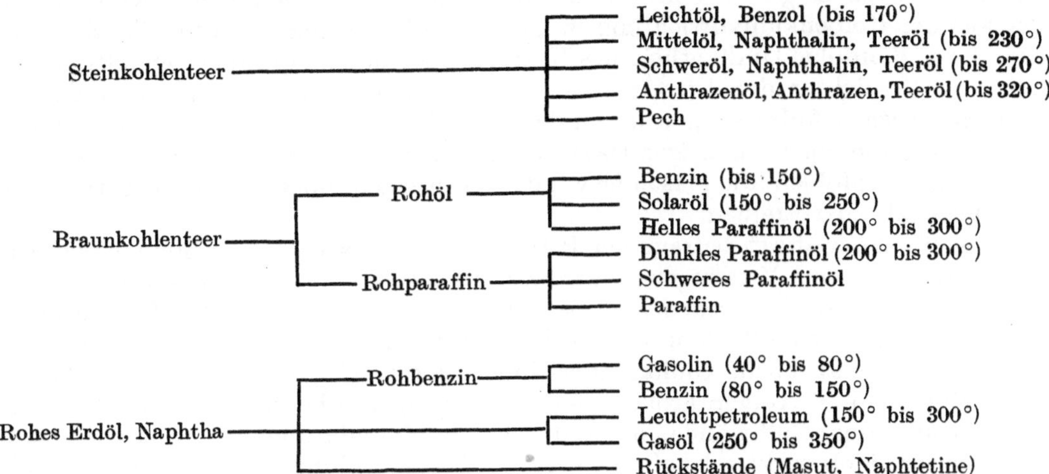

Außer den vorstehend genannten Brennstoffen sind noch Schieferöl, das aus bituminösem Schiefer gewonnen wird, und die Pflanzenöle (Erdnußöl, Palmöl) anzuführen, die in den Kolonien häufig in Dieselmaschinen Verwendung finden.

Nach dem spezifischen Gewicht werden die Öle eingeteilt in:

Leichtöle (Leuchtpetroleum, Benzin und Benzol). Von diesen Leichtölen sind Spiritus und Naphthalin zwar chemisch verschieden, zeigen aber bezüglich der Verwertung in Kraftmaschinen ähnliche Eigenschaften. Spezifisches Gewicht 0,7 (bei Benzin) bis 0,9 (bei Benzol).

Schweröle (Petroleum, Gasöl, Rohöl, Teeröl). Das spezifische Gewicht der Teere und Teeröle ist größer als 1.

Von den zur Beurteilung der flüssigen Brennstoffe wichtigen Merkmalen sind folgende von Bedeutung:

Das spezifische Gewicht, mit der Viskosität und mit abnehmendem Wasserstoffgehalt wachsend, läßt Brennstoff und Heizwert annähernd beurteilen und bestimmt den Rauminhalt, in dem der Brennstoffvorrat unterzubringen ist.

Der Stockpunkt ist diejenige Temperatur, bei der das Öl nicht mehr fließt. Der Stockpunkt der aus aliphatischen Kohlenwasserstoffen bestehenden Treiböle liegt zwischen $+5$ und $-20°$. Der Stockpunkt ist bestimmend für das Verhalten der Öle im Winter. Die im Öle erstarrten Teile verstopfen als Pfropfen die Rohrleitungen und Ventile und erschweren die Förderung durch die Pumpe.

Die Viskosität oder Zähflüssigkeit wird in Englergraden gemessen als Verhältnis der Ausflußzeiten gleicher Volumina (0,2 l) Öl und Wasser. Temperaturerhöhung durch Vorwärmung verringert die Viskosität, so daß diese beispielsweise bei galizischem Gasöl von 50° E bei 60° C auf 4° E bei 100° C Temperatur sinkt. Für die Fortleitung und Reinigung von Öl wird eine Viskosität von etwa 10 Englergraden gefordert; auch für die Wahl der Zerstäubungsart des Brennstoffes durch Luft oder mechanischen Druck ist die Viskosität von Bedeutung.

Von den die Verwendung der Treiböle bestimmenden Bestandteilen sind Schwefel, Wasser, Asphalt, Paraffin, Naphthalin, Anthrazen und Kreosot zu erwähnen.

Der Schwefelgehalt der Treiböle steigt bei den mexikanischen und südamerikanischen „fuel oils" bis 3% und mehr, beträgt aber im allgemeinen etwa 0,5%. Da der Schwefel im Zylinder SO_2 bildet, so kann bei Anwesenheit von Wasser die Eisenteile angreifende Schwefelsäure entstehen. Diese Gefahr liegt hauptsächlich in der Auspuffleitung vor, da der während der Verbrennung im Zylinder entstehende Wasserdampf sich in diesem nicht niederschlägt. Anfressungen der Lauffläche werden nur dann möglich, wenn durch Undichtheiten Wasser aus den Kühlräumen oder aus der Kolbenkühlvorrichtung in den Zylinder gelangt. Schwefelhaltige Abgase, die z. B. infolge Undichtheit des Kolbens oder der Auspuffleitung entweichen, sind vom Verdichter der Dieselmaschinen fernzuhalten, da durch das Ansaugen derartiger Abgase Anfressungen durch das entstehende saure Kondensat verursacht werden. Um die schwefelhaltigen Gase aus der Maschine vor dem Stillstand zu entfernen, wird empfohlen, die Maschine vor dem Stillsetzen mit Leichtöl von geringerem Schwefelgehalt zu betreiben.

Der Wassergehalt beträgt bei Petroleumgasöl etwa 0,5, bei Steinkohlenteeröl 1%. Bei größerem Wassergehalt wird der Heizwert der Öle vermindert, die Zündung erschwert und die angegebene Entstehung von H_2SO_4 verursacht. Ganz geringe Mengen von Wasser im Treiböl oder in der Verbrennungsluft können günstige katalytische Wirkung ausüben. Glühkopfmaschinen, in die bei größerer Belastung Wasser eingespritzt wird, vertragen größere Wassermengen, da die zur Entzündung nötige Temperatur durch Glühwände, nicht durch den Zylinderinhalt aufgebracht wird.

Sehr schädlich wirkt salzhaltiges Wasser, das zur Bildung von Krusten namentlich am Auspuffventil, zu Ablagerungen an den Zylinderwandungen und zum Festsetzen der Kolbenringe führt.

Asphaltstoffe sind sauerstoff- und schwefelhaltige Kohlenwasserstoffe, die sich in rohen Erdölen und deren Verbindungen rußfrei verbrennen lassen, während sie in Steinkohlenteeren und Steinkohlenteerölen nicht vollständig verbrennen und krustenartige Koksablagerungen im Zylinder bilden. Asphalthaltige Öle sind vor der Verbrennung in der Maschine anzuwärmen.

Paraffin, das sich aus 85% C und 15% H zusammensetzt, ist ein Bestandteil des Braunkohlenteeröls; Vorwärmung des Öles durch die Auspuffgase oder das warme Kühlwasser verhindert Erstarren der Öle in der Kälte infolge Ausscheidens des Paraffins, dessen Schmelzpunkt zwischen 30 und 60° liegt.

Kreosote oder saure Öle, ebenfalls ein Bestandteil des Braunkohlenteeröls, werden bis zu einem Gehalt von 8 bis 12% anstandslos in der Maschine ertragen. Da der Sauerstoffgehalt der sauerstoffhaltigen Verbindungen nicht aktiv auftritt, sondern den Wasserstoff bindet und für die Verbrennung wertlos macht, so verbrennen diese Verbindungen schwerer als reine Kohlenwasserstoffe. Kreosotöle, d. h. Braunkohlenteeröle mit hohem Kreosotgehalt (40 bis 60%), lassen sich in der Dieselmaschine nicht verbrennen und werden nur als Heizöl verwendet.

Naphthalin und Anthrazen sind Bestandteile des Steinkohlenteeröls, die bei tieferen Temperaturen ausscheiden. Bei 8° C Temperatur dürfen Steinkohlenteeröle keine Ausscheidungen (Naphthalin) zeigen. Die Vorwärmung ist, wie bei Paraffin erwähnt, durchzuführen.

Rückstände im Zylinder bestehen — soweit der Brennstoff in Frage kommt — meist aus Kohlenstoffabscheidungen (Koks) des Treiböles und aus kohlenstoffreichen Zersetzungsprodukten. Diese Rückstände bilden leicht Krusten, durch die Düsenbohrungen usw. verstop t werden.

Aschegehalt. Auch Öle, die durch feine Filter hindurchgegangen sind, enthalten häufig noch Asche. Nicht geklärt ist, ob die größere Abnutzung der Kolbenringe und Laufflächen der mit Rückständen betriebenen Maschinen auf Asche oder koksartige Ablagerungen oder beide zurückzuführen sind. Der Gehalt an unverbrennbaren Bestandteilen soll bei guten Treibölen 0,05% nicht übersteigen.

Chemische Struktur. Die in den Treibölen enthaltenen Kohlenstoffverbindungen zeigen entweder „kettenförmige" oder „ringförmige" Bindung der Atome im Molekül.

Im ersteren Fall, Abb. 1, sind die C-Atome nur durch einfache Bindungen miteinander verknüpft, und die freien Affinitäten sind durch H-Atome vollkommen abgesättigt. Bei der ringförmigen Bindung, Abb. 2, bilden die C-Atome einen geschlossenen Ring, indem sie abwechselnd doppelt und einfach miteinander verbunden sind, während die vierte, noch freie Affinität durch H abgesättigt ist.

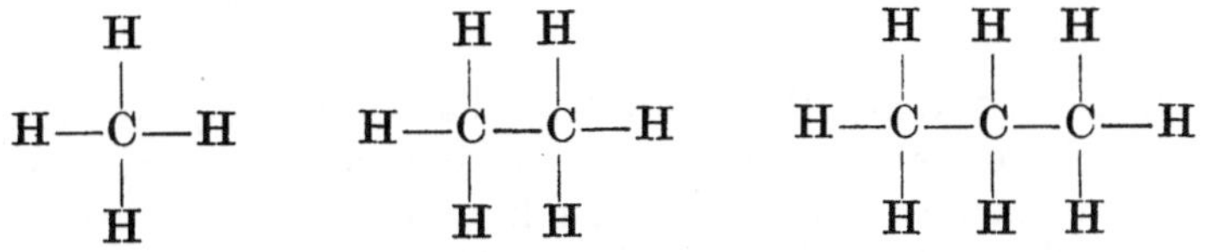

```
     H             H  H             H  H  H
     |             |  |             |  |  |
  H—C—H        H—C—C—H         H—C—C—C—H
     |             |  |             |  |  |
     H             H  H             H  H  H
  Methan          Äthan            Propan
```

Abb. 1. Kettenförmige Bindung.

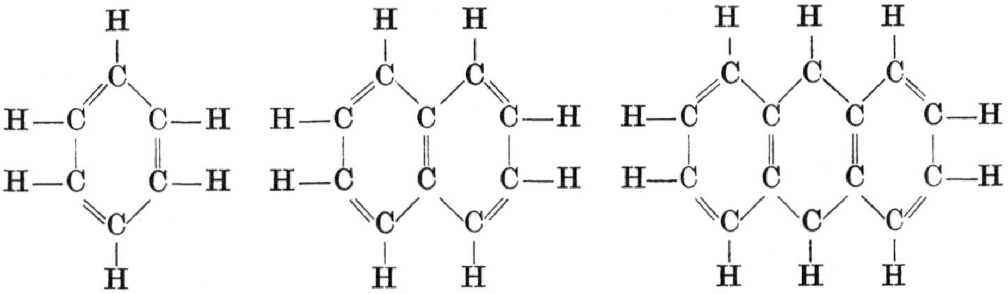

```
      H              H     H              H     H     H
      |              |     |              |     |     |
      C              C     C              C     C     C
    //  \          //  \  /  \\         //  \  /  \  /  \\
H—C      C—H   H—C      C     C—H   H—C     C     C     C—H
   |      ||       |     ||     |       |    ||    ||    |
H—C      C—H   H—C      C     C—H   H—C     C     C     C—H
    \\  /          \\  /  \  //         \\  /  \  /  \  //
      C              C     C              C     C     C
      |              |     |              |     |     |
      H              H     H              H     H     H
```

Benzol C_6H_6 — Naphthalin $C_{10}H_8$ — Anthrazen $C_{14}H_{10}$

Abb. 2. Ringförmige Bindung.

Die einfachste, kettenförmige Verbindung stellt das Methan, Sumpfgas, CH_4, dar. Von diesem leitet sich folgende Reihe, in Abb. 1 z. T. in Strukturformeln dargestellt, ab:

C_2H_6	C_3H_8	C_4H_{10}	C_5H_{12}
Äthan	Propan	Butan	Pentan.

Außer diesen Paraffinen von der Formel C_nH_{2n+2} sind noch die Olefine (C_nH_{2n}) als kettenförmige Kohlenwasserstoffe zu nennen.

Von ringförmigen Verbindungen sind die Naphthenen und die aromatischen Kohlenwasserstoffe vorherrschend, die auch als Benzolabkömmlinge bezeichnet werden.

Die Treiböle sind sehr komplizierte Gemenge von Kohlenwasserstoffen, die je nach dem Überwiegen der kettenförmigen Verbindungen oder der Naphthene als aliphatische oder aromatische Kohlenwasserstoffe benannt werden. Zu der aliphatischen Reihe gehören die Braunkohlenteeröle, Erdöle, Schieferöle und Pflanzenöle, zu der aromatischen Reihe die Steinkohlenteeröle und Teere.

Infolge der Zusammensetzung C_nH_{2n+2} der Braunkohlenöle und Erdöle nähert sich das Verhältnis $H : C = (2n + 2) : n$ dem Werte 2. Je mehr der H-Gehalt abnimmt, um so mehr verlieren die Verbindungen die kettenförmige, leicht zersetzliche Bildung.

Die Steinkohlenteerprodukte, deren Gewinnung bei der Verarbeitung von Kohle auf Gas Temperaturen von 1000 bis 1200° erfordert, bieten der Zersetzung infolge der stärkeren Bindung der sechs C-Atome einen starken Widerstand. Bei der Spaltung entstehen wieder aromatische Verbindungen. Kennzeichnend für die Steinkohlenteerprodukte ist das Verhältnis $H : C \leq 1$. Nach Abb. 2 ist

bei Benzol	C_6H_6	$H : C = 1$
Naphthalin	$C_{10}H_8$	$H : C = 0{,}8$
Anthrazen	$C_{14}H_{10}$	$H : C = 0{,}7.$

Als einige der wichtigsten homologen Reihen der aromatischen Kohlenwasserstoffverbindungen seien erwähnt:

C_nH_{2n-6}	C_nH_{2n-12}	C_nH_{2n-14}	C_nH_{2n-18}
Benzol C_6H_6 Toluol C_7H_8 Xylol C_8H_{10}	Naphthalin $C_{10}H_8$ Methylnaphthalin $C_{11}H_{10}$	Diphenyl $C_{12}H_{10}$ Diphenylmethan $C_{13}H_{12}$	Anthrazen $C_{14}H_{10}$ Phenantren $C_{14}H_{10}$

Verhalten, Eigenschaften, Bestandteile. Die Verdampfungskurven, Abb. 3, die auf Grund von Siedeanalysen gewonnen werden, enthalten zu den Temperaturen als Abszissen die bei atmosphärischem Druck verdampften Raumteile der Öle als Ordinaten. Flacher Verlauf der Kurven läßt auf ungleichmäßige Zusammensetzung der Öle aus leichten und schweren Kohlenwasserstoffen schließen.

Bei Versuchen in der Bombe folgt auf die Verdampfung die pyrogene Spaltung der komplizierten Moleküle des Öldampfes in einfache Bestandteile, wobei Ölgas entsteht. Abb. 4 gibt bezügliche Versuche von K. Neumann wieder; die Teilvolumina v_g und v_d der Ölgase und der Öldämpfe sind in Abhängigkeit von der Temperatur wiedergegeben. Wie ersichtlich, tritt bei den Braunkohlenteerölen die Ölgasbildung bei tieferen Temperaturen als bei den Steinkohlenteerölen ein.

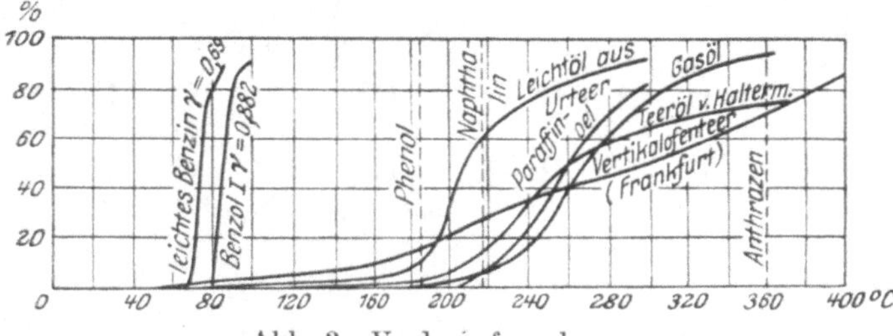

Abb. 3. Verdampfungskurven.

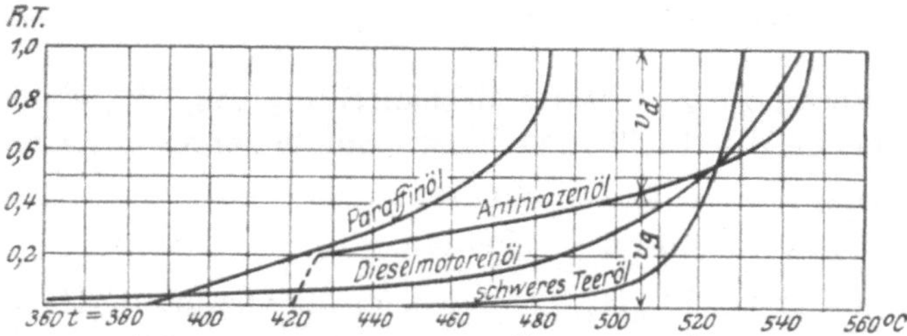

Abb. 4. Teilvolumina der Ölgase und Öldämpfe.

Sehr anschaulich hat Rieppel diesen Vorgang in Z. V. d. I. 1907, S. 613f., dargestellt. „Außerdem wird man sich vorstellen können, daß der Angriff an einer langen, häufig verzweigten Kette leichter erfolgen kann, daß von dieser leichter Atome und Atomgruppen abgespaltet werden, wodurch die Verbrennung begünstigt wird, als dies bei einem in sich geschlossenen Ring oder zusammengesetzten Ringgruppen, wie Anthrazen, Naphthalin usw., möglich ist, da der Ring gewissermaßen erst durch große Hitze gesprengt werden muß. Der Sauerstoff der Luft kann nicht ohne weiteres zu den eingeschlossenen Kohlenstoffatomen des inneren Kernes gelangen, und erst wenn durch Verbrennung des äußeren, wasserstoffhaltigen Teiles eine große Hitze erzeugt ist, kann der Rest verbrennen, und zwar rasch und explosionsartig.“

Rieppel kam zu der noch heute geltenden Schlußfolgerung, daß der aus der Elementaranalyse festgestellte Wasserstoffgehalt insofern für die Beurteilung eines Treiböles von grundlegender Bedeutung ist, als aus diesem auf das Vorhandensein bestimmter Mengen aliphatischer bzw. aromatischer Kohlenwasserstoffe geschlossen werden kann.

Aus den Beobachtungen Rieppels wurde gefolgert, daß Treiböle um so mehr für die Verwendung in der Dieselmaschine geeignet sind, je mehr Ölgas bei niedriger Temperatur und niedrigem Druck entsteht und je gleichmäßiger die Ölgasbildung vor sich geht. Man stellte sich den Vorgang in der Dieselmaschine so vor, daß bei Einführung des zerstäubten Brennstoffes in die hochverdichtete Luft zuerst Verdampfung, dann Zersetzung und hierauf Verbrennung stattfand. Bei Steinkohlenteeröl sollte der Verdampfung vor der Zersetzung erst Aufspaltung in Ölgase, d. h. eine Umwandlung der ringförmigen in die leichter zersetzliche kettenförmige Bindung folgen. Diese Folgerung wurde besonders von Riedler-Löffler übernommen. Hierüber sagt Fischer: „Die aromatischen Kohlenwasserstoffe, z. B. des Kokereiteers, verhalten sich ganz anders und, worauf ich hinweisen möchte, nicht so, wie es in dem Buche von Riedler-Löffler dargestellt ist. Beim Erhitzen, z. B. von Xylol, durchläuft der Kohlenstoff folgende Stadien: Zunächst wird das Molekül kleiner unter Abspaltung der Seitenketten, wobei bei Temperaturen zwischen 600 und 800° unter vorübergehendem Auftreten von Toluol Benzol entsteht, daneben auf Kosten der Seitenketten Äthylen und Methan u. dgl. Von jetzt ab wird jedoch das Molekül nicht mehr kleiner, sondern wieder größer. Es entsteht jetzt unter Abspaltung von Wasserstoff Diphenyl, und unter fortwährendem Wasserstoffverlust bilden sich immer größere Moleküle, bis schließlich gewissermaßen nur ein großes Kohlenstoffskelett übrigbleibt. Da nun bei nicht genügendem Luftzutritt oder zu schneller Abkühlung der Flammen zuerst der Wasserstoff und die anderen schnell verbrennbaren kleinen Gasmoleküle verbrennen, so endigt diese Verbrennung leicht mit starker Rußentwicklung, im Gegensatz zu der schon erwähnten Verbrennung der aliphatischen Kohlenwasserstoffe, bei deren Zerfall sofort lauter schnell verbrennbare kleine Gasmoleküle entstehen. Ähnlich wie die geschilderten Kohlenwasserstoffe verhalten sich bei der Verbrennung die den Teeren und Teerölen stets mehr oder weniger beigemischten Phenole und Phenolhomologen, die, an und für sich sehr temperaturbeständig, bei ihrem Zerfall nach Verlust der Seitenketten in Wasserstoff und Kohlenstoff, also Ruß, übergehen.“

Hiernach muß bei der Verbrennung aromatischer Treiböle zur Verhinderung der Rußbildung die pyrogene Zersetzung vermieden werden.

Nach v. Wartenberg ist die Temperatur im Verbrennungsraum der Maschine zu niedrig vor der Entzündung, die Zeit zu kurz — bei schnellaufenden Maschinen muß das Öl in 0,01 sk entzündet werden —, als daß eine pyrogene Zersetzung, ja auch nur eine völlige Verdampfung stattfinden kann. Die eingespritzten Öltropfen sieden zunächst an der Oberfläche, und der Dampf mischt sich der Luft bei. In dem Dampf-Luftgemisch entzündet sich die Zone mit jeweils niedrigster Zündtemperatur, worauf auch die übrigen Gemische zur Verbrennung gelangen. Die Überlegenheit der Paraffine von der Zusammensetzung C_nH_{2n+2} gegenüber den Teerölen von der Zusammensetzung C_nH_n ist nach v. Wartenberg darin begründet, daß die Frischluft durch die den brennenden Tropfen umgebende Hülle von Verbrennungsprodukten H_2O und CO_2 diffundieren muß. Bei geringem Durchtritt von O_2 wird die Zündung schlecht, so daß Brennstoffe, die weniger O_2 als andere brauchen, leichter zünden. Da die aliphatischen Treiböle 85 % C, 15 % H, die Teeröle 90 % C, 7 % H enthalten und 1 Atom C zur Verbrennung 1 Molekül O_2, 1 Atom H aber nur $^1/_4$ Molekül O_2 verbraucht, so erfordern die Teeröle erhöhte Sauerstoffzufuhr und feinere Verteilung.

Zu diesen Ansichten v. Wartenbergs äußern sich Tausz und Schulte in folgender Weise: „Es ist kaum anzunehmen, daß eine thermische Zersetzung überhaupt nicht stattfindet und die Verbrennung, wie v. Wartenberg meint, der kurzen Zeit wegen nur unmittelbar in der Dampfhülle der Tröpfchen vor sich geht und die Tröpfchen bis zur völligen Verbrennung übrigbleiben. Bei dieser Auffassung ist plötzliche Verbrennung, zu große Geschwindigkeit der Reaktion mit dem Sauerstoff, der noch gar nicht mit den Brennstoffmolekülen in innige Berührung gekommen wäre, unvorstellbar. Vielmehr findet häufig eine thermische Zersetzung statt, die entstandenen Produkte, besonders die Olefine, reagieren unter Bildung von Sauerstoffverbindungen, Moloxyden, und die so entstandenen Primärverbindungen leiten die Zündung ein, auch wenn sie erst in ganz geringen Mengen entstanden sind, denn ihr plötzlicher Zerfall führt sowohl bedeutende Temperatur- wie Drucksteigerungen herbei als auch eine weitere Zerstäubung und damit innigere Berührung der Brennstoffmoleküle mit Sauerstoff."

Auch der Ansicht v. Wartenbergs über die Diffusion stimmen Tausz und Schulte nicht zu, da olefinische Kohlenwasserstoffe viel leichter als gesättigte zünden, und zwar um so leichter, je mehr Doppelbindungen, also je weniger Wasserstoff sie enthalten; auch kann die außerordentlich rasch verlaufende Zündung nicht von der Diffusion des Sauerstoffes abhängen.

Die Frage der Verbrennung in der Dieselmaschine ist noch nicht geklärt, wird auch infolge der komplizierten Zusammensetzung der Brennstoffe nur bis zu einem gewissen Grad geklärt werden können.

Temperaturpunkte. Der Flammpunkt wird in offenen oder geschlossenen Tiegeln als diejenige Temperatur ermittelt, bei der der Brennstoff bei Nähern einer Flamme vorübergehend aufflammt.

Der Brennpunkt ist die Temperatur, bei der das Öl nach der Entflammung weiterbrennt. Der Flamm- und Brennpunkt dient zur Beurteilung der Brennstoffart und der Feuergefährlichkeit, ist aber für das Verhalten des Brennstoffes in der Maschine ohne Bedeutung.

Man unterscheidet: Gefahrenklasse I: Flammpunkt unter 21° (Benzin, Benzol); Gefahrenklasse II: Flammpunkt zwischen 21 und 65° (Lampenpetroleum); Gefahrenklasse III: Flammpunkt zwischen 65 und 140° (Treiböle). Nach diesen Gefahrenklassen richten sich die behördlichen Vorschriften über Lagerung, Handhabung und Transport der Öle.

Der Zündpunkt. Für die Beurteilung der Verwendbarkeit der Treiböle in den Verbrennungskraftmaschinen ist in erster Linie der Zündpunkt maßgebend, von Bedeutung ist ferner der sog. „Zündverzug". Der Zündpunkt ist die niedrigste Temperatur, bei der — ohne Einwirkung einer Flamme — die Selbstzündung eintritt und die dadurch eingeleitete Verbrennung fast augenblicklich verläuft. Der Zündpunkt, der in keinerlei Beziehung zum Flamm- und Brennpunkt steht, bestimmt den Verdichtungsenddruck in der Maschine, der um so mehr herabgesetzt werden kann, je niedriger der Zündpunkt liegt.

Der Zündpunkt ist in hohem Maße abhängig von dem Druck, unter dem er bestimmt wird, so daß selbst barometrische Schwankungen seine Höhe beeinflussen. Auch durch die Zusammensetzung des Brennstoffes wird der Zündpunkt stark verändert, so daß nach Tausz und Schulte beispielsweise Spuren von Verunreinigungen den hohen Zündpunkt aromatischer Stoffe wirksam erniedrigten.

Wollers und Ehmecke ermittelten im Chemischen Laboratorium der Friedr. Krupp A.-G. in Essen die folgenden Zündpunkte im offenen Tiegel, also unter atmosphärischem Druck.

Treiböl	Zündtemperaturen der Ölgase im Sauerstoff im Dixonofen.	Zündtemperaturen der Treiböle im Sauerstoffstrom im Zündpunktprüfer nach Moore.
Paraffinöl	614 bis 655°	240°
Leichtöl aus Urteer	615 bis 651°	326°
Teeröl	645°	445°
Vertikalofenteer	635 bis 661°	468°

Diese Ergebnisse sind von großer Bedeutung insofern, als die Vergasungsprodukte bezüglich der Zündtemperatur nicht die Unterschiede zeigen, die bei der Verbrennung in der Dieselmaschine auftreten. Das Verhalten in der Maschine stimmt vielmehr mit den Zündpunkten der flüssigen Treiböle überein, und da diese tiefer liegen als die Zündpunkte der Ölgase, so muß auch aus diesem Tatbestand der Schluß gezogen werden, daß die Öle in der Dieselmaschine nicht zersetzt werden. Wenngleich die Zündpunktbestimmung im offenen Tiegel Anhaltspunkte für die Beurteilung der

Verwendung der Treiböle gibt, so setzt sichere Erkenntnis der Eignung eines Brennstoffes namentlich bei Mischungen die Ermittlung des Zündpunktes unter Druck voraus. Tausz und Schulte haben zwei Versuchsreihen unter Druck durchgeführt, wobei der Zündpunkt einmal bei unveränderlichem Druck, das andere Mal bei Einspritzung des Öles mit Druckluft ermittelt wurde, so daß in diesem Falle die Vorgänge vor der Zündung denen in der Maschine gleich waren.

Die Ergebnisse dieser letzteren Versuchsreihe sind in Abb. 5 und 6 wiedergegeben; die Darstellung, in der die Zündtemperaturen als Abszissen aufgetragen sind, läßt die rasche Abnahme der Zündtemperatur mit zunehmendem Druck erkennen. Besonders bemerkenswert ist die Zusammenstellung der Druckversuche mit Braunkohlenteerheizöl und Steinkohlenteeröl und Mischungen von 10, 30 und 50% Braunkohlenteerheizöl in Steinkohlenteeröl, Abb. 6. Die Kurven, betreffend 10 und 30 % Zusatzöl, schneiden die Kurve für reines Steinkohlenteeröl, so daß bei höheren Drucken der Zündpunkt der Mischung höher als der für reines Teeröl ist. Zur Senkung des Zündpunktes ist sonach ein Zusatz von mehr als 30 % Heizöl erforderlich.

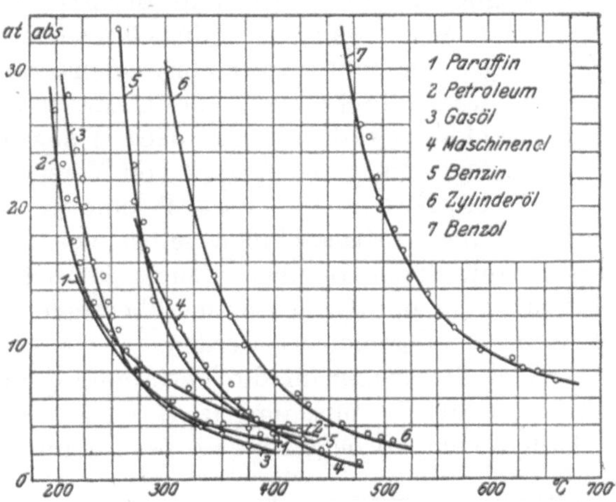

Abb. 5. Abhängigkeit der Zündtemperaturen vom Druck.

Diese Ergebnisse stehen in Übereinstimmung mit Versuchen Rieppels an der Maschine selbst, die ebenfalls ergaben, daß erst ein Gehalt der Mischung von 50 % leichtzündenden Öles die Zündung der Mischung erleichterte.

Als Zündverzug wird die Zeit bezeichnet, die zwischen dem Beginn der Einspritzung des Brennstoffes und dessen Zündung liegt. Über den Zündverzug hat Hawkes Versuche angestellt, bei denen in Nachahmung der Arbeitsweise in der Dieselmaschine der Brennstoff in einen mit Druckluft gefüllten, erhitzten Zylinder eingespritzt wurde, wobei sich die Abhängigkeit der Zündtemperatur vom Zündverzug nach Abb. 7 ergab. Der Zündverzug wird um so geringer, die Zündtemperatur um so höher, je feiner der Brennstoff verteilt ist. An der Dieselmaschine hatte Hawkes einen Zündverzug von durchschnittlich 0,04 sk festgestellt. Der gleiche Zündverzug wurde bei dem verwendeten Schieferöl bei 370°, dem „praktischen Zündpunkt", erhalten, während bei 206°, der niedrigsten noch möglichen Zündtemperatur, der Zündverzug 3,5 sek betrug. Zündverzug, Verdichtungstemperatur und Brennstoffverteilung stehen sonach in engem Zusammenhang.

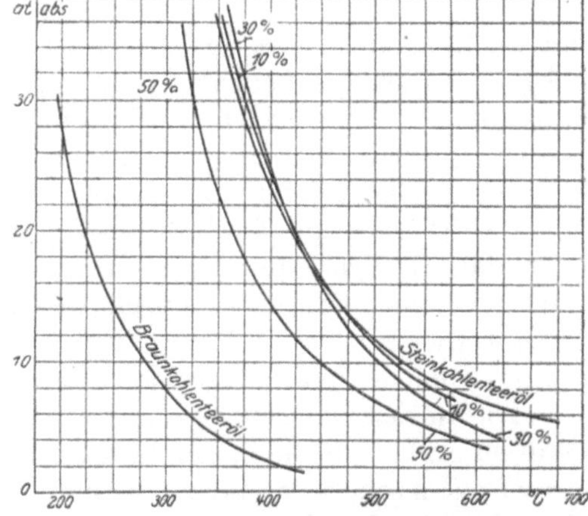

Abb. 6. Druckversuche mit Braunkohlenteerheizöl, Steinkohlenteeröl und Mischungen von 10, 30 und 50% Braunkohlenteerheizöl in Steinkohlenteeröl.

Die Beeinflussung der Verbrennung. Die Verbrennungsgeschwindigkeit ist der Quotient aus der vom Anfangs- bis Endpunkt durchlaufenen Entflammungsstrecke und der Verbrennungsdauer (vgl. S. 106). Diese Ausbreitung der Flamme durch Wärmeleitung wird als langsame Verbrennung bezeichnet, neben der noch eine Entflammung durch eine „Explosionswelle“ möglich ist, deren Wesen darin besteht, daß durch die infolge der langsamen Verbrennung eines Teiles des Gemisches entstehende Druck- und Temperatursteigerung der Rest des Gemisches zur Selbstentzündung gebracht wird. Die Möglichkeit des Auftretens derartiger, im hohen Maße zerstörend wirkender Explosionswellen wächst mit der Länge des Zündweges, doch dürften selbst in großen Zylindern — namentlich bei Vorhandensein von mehreren Zündstellen — Explosionswellen ausgeschlossen sein, die hauptsächlich in langen Rohrleitungen auftreten. [Auf Explosionswellen führt Colell[1]) das Aufreißen der Einblaseleitungen zurück.]

Es liegt eine große Anzahl von Versuchen über die Verbrennung in der Bombe (Junkers, Neumann, Nägel), eine weniger große Anzahl von Versuchen an den Verbrennungskraftmaschinen selbst vor (Borth, Clerk). Die statische Verhältnisse ermittelnden Bombenversuche können nicht ohne weiteres auf die dynamischen Vorgänge in der Gasmaschine übertragen, die Gasmaschinenversuche nicht ohne weiteres verallgemeinert werden.

Von Bedeutung für die Verbrennung und für die Verbrennungsgeschwindigkeit sind: Die Art der Mischung (z. B. Gehalt an Wasserstoff und an Verbrennungsrückständen vom vorhergehenden Verbrennungshub), Lage und Zahl der Zündstellen, Höhe der Verdichtung, Dauer der Vorzündung, Turbulenz des zu verbrennenden Gemisches.

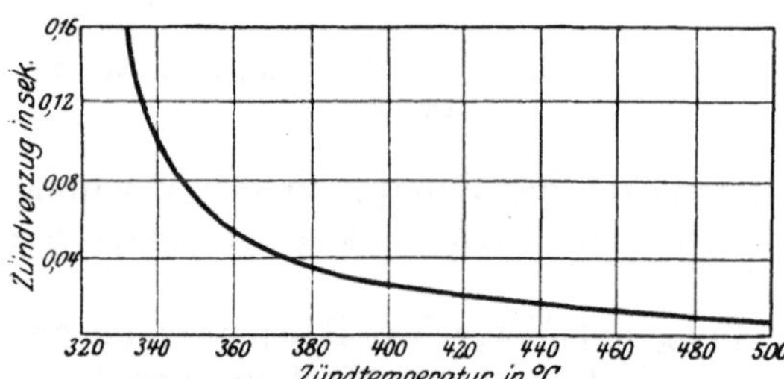

Abb. 7. Zündverzug nach Hawkes.

Bei den Bombenversuchen von Nägel ergab sich, daß bei armen Gemischen die Verbrennung durch die Verdichtung verzögert wurde; das gleiche Ergebnis stellte Neumann bei Versuchen mit Benzindampfgemisch fest, wenn die Verdichtung mehr als 2,5 at betrug. Zwischen 1 at und 2,5 at nahm die Zündgeschwindigkeit mit wachsendem Druck zu. Als Höchstwerte der mittleren Zündgeschwindigkeit fand Nägel 4 m/sek bei Leuchtgas, 2,3 m/sek bei Generatorgasgemischen, wobei der Volumanteil im Gemisch 16% bei Leuchtgas, 46,5% bei Generatorgas betrug. Neumann fand bei 5 at Verdichtung den Höchstwert 2,6 m/sek bei 26% Luftunterschuß. Beide Versuche zeigten also größte Zündgeschwindigkeit bei Luftunterschuß.

Da der günstige Einfluß der Verdichtung auf die Gemischzündung feststeht, so folgt, daß die Erhöhung der Gemischtemperatur durch die Verdichtung die Zündung stärker beschleunigt, als sie durch die Druckzunahme verringert wird. Außerdem verursacht die mit hoher Verdichtung verbundene Verkleinerung des Verbrennungsraumes weniger Wärmeverluste durch die Kühlung.

Die in der Gasmaschine auftretenden Verbrennungsgeschwindigkeiten sind bedeutend größer als die in der Bombe ermittelten, was auf die starke Wirbelbewegung des Gasgemisches besonders während des Ansaugens zurückzuführen ist. Diese Turbulenz ist die Ursache, daß die Wärmeleitung durch die Bewegung der Schichten kräftig gefördert wird. Hopkinson untersuchte den Einfluß der Wirbelung auf den Verbrennungsvorgang in der Weise, daß er am Ende eines Gefäßes von 305 mm Durchmesser, das mit einem 10 proz. Leuchtgas-Luft-Gemisch gefüllt war, einen Ventilator anbrachte, dessen Umlaufzahl bis auf 5000 Uml./min gesteigert werden konnte. Mittels einer an der Innenwand des Gefäßes angebrachten Spirale aus Flachkupferstreifen wurde die Temperatur gemessen. In Abb. 8 geben die ausgezogenen Kurven die Drucksteigerungen, die punktierten Kurven die Temperatursteigerungen an.

[1]) Außergewöhnliche Druck- und Temperatursteigerungen bei Dieselmotoren. Berlin: Julius Springer.

Die bei stillstehendem Ventilator langsam und träge verlaufende Verbrennung wurde bei betriebenem Ventilator kurz und heftig.

Versuche an der Gasmaschine selbst hat Dugald Clerk angestellt; die hierbei an einer Leuchtgasmaschine von 225 mm Zylinderdurchmesser, 415 mm Hub, $n = 180$ Uml./min mit einem Gemisch von 1 Raumteil Gas, 9,3 Raumteilen Luft erhaltenen Diagramme zeigt Abb. 9. Clerk unterbrach die Steuerung des Ein- und Auslaßventils nach vollzogenem Ansaugen, so daß die Ladung bei ausgerückter Zündung mehrere Male verdichtet und wieder entspannt wurde, wodurch die Wirbelung aufhörte. Während die Zeitdauer der normalen Zündung von A bis B 0,037 sek beträgt, wächst sie nach der dritten Verdichtung von A' bis B' auf 0,92 sek an. Den beiden Zeiten entsprechen Zündgeschwindigkeiten von etwa 7 und 2,7 m/sek gegenüber 1,2 m/sek in der Bombe. Der Unterschied in den beiden letzten Zahlen wird durch die höhere Verdichtung in der Gasmaschine erklärt.

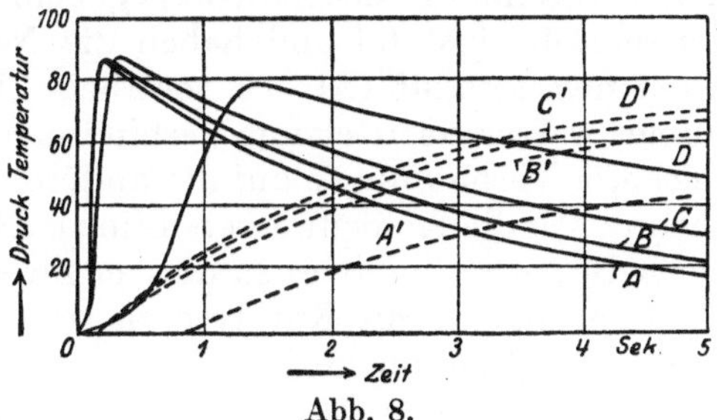

Abb. 8.
Einfluß der Wirbelung auf die Verbrennung.
Kurven A und A': Ventilator in Ruhe,
Kurven B und B': Ventilator-Umlaufzahl $n = 2300$/min,
Kurven C und C': Ventilator-Umlaufzahl $n = 3600$/min,
Kurven D und D': Ventilator-Umlaufzahl $n = 4500$/min.

Auch in den Ölmaschinen wird durch besondere Mittel — siehe S. 139 und 259 — starke Durchwirbelung des Verbrennungsrauminhaltes erzielt.

Die Verbrennung kann weiterhin durch „Katalysatoren“ beschleunigt werden, die ohne Änderung ihrer Eigenschaften als „Kontaktstoff“ wirken. Als Katalysator kommt neben Metallen vor allem Wasserdampf in Betracht. Die Wirkung von Schmiedeeisen, Kupfer und Nickel, die als Stift oder Platte in den Verbrennungsraum hineinragen, hat bei Glühkopfmotoren Dr. Sass untersucht. Es zeigte sich, daß die bei leerlaufenden kleinen Glühkopfmotoren auftretenden Aussetzer bei Anordnung der Katalysatoren vollständig verschwanden. Das Gewicht dieser nahm langsam ab. Auch die Wände des Verbrennungsraumes üben zweifellos eine, wenn auch noch nicht erforschte, katalytische Wirkung aus.

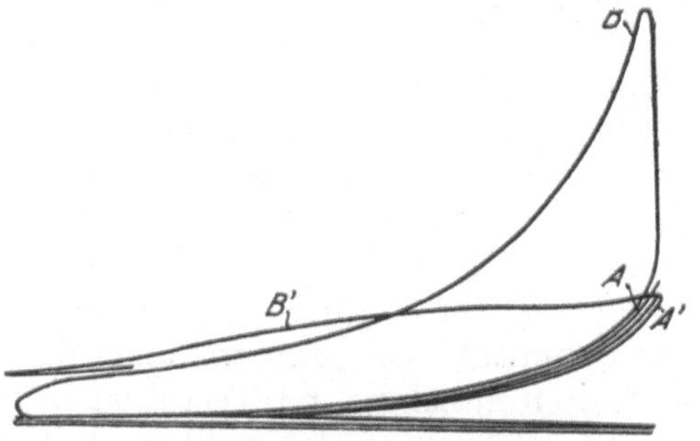

Nach Untersuchungen von Nernst und v. Wartenberg beträgt der Dissoziationsgrad von Wasserdampf bei 1500° und atmosphärischem Druck nur 0,2 %. Zersetzung des Wasserdampfes und damit Anreicherung der CH-Verbindungen mit H dürfte deshalb infolge der höheren Drucke in der Dieselmaschine und der niedrigeren Temperaturen im Glühkopfmotor wenig wahrscheinlich sein.

Abb. 9. Versuche von Dugald Clerk.

Es ist bekannt, daß ein vollkommen trockenes Gemisch von CO und O nur sehr schwer durch den elektrischen Funken zur Entzündung gebracht werden kann. Hierzu ist vielmehr Wasserdampf, wenn auch nur in ganz geringen Mengen, erforderlich. Die Verbrennung von CO zu CO_2 führt nach v. Wartenberg und Sieg über die Zwischenglieder HCOOH — Ameisensäure — und H_2O_2 — Wasserstoffsuperoxyd — nach folgendem Schema:

$$CO + H_2O = HCOOH$$
$$HCOOH = CO_2 + H_2$$
$$H_2 + O_2 = H_2O_2$$
$$H_2O_2 = H_2O + {}^1/_2\, O_2.$$

Aus diesen Verbrennungsgleichungen folgert Dr. Sass, daß das Wasser als Katalysator die für den Ablauf der bei der Verbrennung auftretenden Zwischenreaktionen erforderlichen Stoffe liefert, also an der Verbrennung tätigen Anteil nimmt, da CO als Zwischenprodukt der Verbrennung der Kohlenwasserstoffe auftritt und nach Dixon ohne H_2O nicht verbrennen kann.

(Hier sei bemerkt, daß die auf S. 14 angegebenen Verbrennungsgleichungen, wie z. B. $CO + O = CO_2$, nur bezüglich der an der Verbrennung teilnehmenden Mengen und bezüglich des Schlußergebnisses richtig sind, hingegen den Verlauf der Verbrennung nicht wiedergegeben. So sind nach v. Wartenberg alle Kohlenwasserstoffe instabil und haben die Neigung, in C und in den wasserstoffreichsten Kohlenwasserstoff CH_4 zu zerfallen. Dieser Zerfall kann über eine große Anzahl immer wasserstoffreicherer Verbindungen auf der einen Seite und immer kohlenstoffreicherer Verbindungen auf der anderen Seite gehen.) Da bei 1000° der Wasserdampf theoretisch die Kohlenwasserstoffe zu CO und H_2 verbrennt, so kann Wasser den flüssigen Brennstoffen auch zu diesem Zweck zugemischt werden, wobei die entstehende Wirkung nichts mit Katalyse zu tun hat. Für Hexan und Benzol folgen die Verbrennungsgleichungen

$$C_6H_{14} + 6\,H_2O = 6\,CO + 13\,H_2 - 310\ \text{cal},$$
$$C_6H_6 + 6\,H_2O = 6\,CO + 9\,H_2 - 248\ \text{cal}.$$

Für die völlige Umsetzung, deren noch unbekannte Geschwindigkeit von ausschlaggebender Bedeutung ist, wären sonach rund gleiche Gewichtsteile Wasser und Brennstoff erforderlich, die nach einem Vorschlage von v. Wartenberg in Homogenisiervorrichtungen zu einer Öl-Wasser-Emulsion innig zu mischen wären. Das Zerspringen der Wassertropfen bei der Zündung würde eine weitere feine Verteilung des Brennstoffes bewirken.

Eigenschaften der einzelnen Öle und ihr Verhalten bei der Verbrennung. Das Teeröl ist eine Mischung von 40 bis 60% Naphthalinöl und 60 bis 40 % Anthrazenöl; die Mischung ergibt ein flüssigeres und kältebeständigeres Treiböl, als das Anthrazenöl allein wäre. Teeröl mit hohem Anthrazenölgehalt ist leichter zu verbrennen als solches mit hohem Naphthalingehalt, der Spätzündungen und Aussetzer veranlaßt. Die Verwertung des Teeröls ist nur in der Dieselmaschine möglich, wobei besondere Vorkehrungen zur Erzielung sicherer Zündung zu treffen sind. Diese ist um so notwendiger, als Aussetzer Niederschlag des Teeröls an den Zylinderwandungen verursachen, der durch Mischung mit dem Schmieröl Asphaltabscheidungen herbeiführt. Das Schmieröl wird unbrauchbar, die Schmierölleitungen setzen sich zu. Anfahren der kalten Maschine mit Teeröl ist nicht erreichbar, vielmehr muß die Maschine mit Gasöl in Betrieb gesetzt werden. Stets ist das Teeröl auf 50 bis 60° vorzuwärmen, um Ausscheidungen zu schmelzen. Betrieb bei Vollast ist bei warmem Kühlwasser von etwa 76° und Verdichtung auf mindestens 35 at durchführbar; bei kleineren Belastungen ist Steigerung der Kühlwassertemperatur, Vorwärmen der Verbrennungsluft und Erhöhung der Temperatur im Verbrennungsraum durch ungekühlte Stellen der Wandung erforderlich. Wird die letzterwähnte Temperaturerhöhung durch Vorlagerung von Zündöl bewirkt, so erübrigt sich die Anwendung der anderen genannten Mittel.

Benzol verursacht bei der Verbrennung in der Dieselmaschine noch größere Schwierigkeiten als Teeröl, so daß sich Benzolbetrieb auch bei Vollast nicht ohne weiteres durchführen läßt. Benzolbetrieb bei allen Belastungen war nach Versuchen der Krupp-Germaniawerft nur bei Verdichtungsenddrücken von 45 at und gleichzeitiger Vorwärmung der Verbrennungsluft auf 50 bis 60° C möglich, wobei eine Verdichtungsendtemperatur von etwa 730° erreicht wurde. Verdichtung auf 30 at erforderte Vorwärmung auf 80 bis 100°, doch zeigten die Diagramme unruhigen Verlauf.

Da Benzol schon unter 100° sich verdampfen läßt, so gelangt es in Vergasermaschinen zur Verwendung. Vorteilhaft für den thermischen Wirkungsgrad ist, daß Benzolgemisch bis zu 13 at verdichtet werden kann ohne Gefahr der Frühzündung.

Benzin, bei der Destillation der Erdöle bei etwa 150° entstehend, ist in der Dieselmaschine infolge seiner stürmischen Verdampfung nicht verwertbar, da die Luft an der Einspritzstelle verdrängt und das Brennstoff-Luft-Gemisch verschlechtert wird. Die hohe Verdampfgeschwindigkeit eignet Benzin besonders zum Betrieb der Vergasermaschinen.

Naphthalin, $C_{10}H_8$, scheidet sich aus den Schwerölen des Steinkohlenteers in fester Form aus und wird bei Erwärmung auf etwa 80° dünnflüssig und zur Verwertung in Vergasermaschinen geeignet. Zur Erwärmung dienen die Auspuffgase oder das Kühlwasser, so daß die Maschinen mit Benzin oder Benzol in Betrieb zu setzen sind.

Gasöl ist ein zwischen 250° und 350° überdestillierendes Produkt des Erdöls und wird nach seiner Färbung als Grün- oder Blauöl bezeichnet. Seine

Zahlentafel 2.

Ölart	Spezifisches Gewicht	Viskosität in Englergraden	Flammpunkt	Erstarrungspunkt	Elementaranalyse %			Unterer Heizwert	Theoretischer Luftbedarf
	kg/l		°C	°C	C	H	S	kcal/kg	m^3/kg
90er Rohbenzol	0,87		—15	—10 bis —12	90	7,61	0,8	9600	—
90er gereinigtes Handelsbenzol	0,88		—15	— 4 bis — 5	91,5	7,8	0,5	9600	10,2
Petroleum	0,88		über 21		85,3	14,12	{O+N: 0,02}	10 300	11,3
Solaröl	0,83	1,05 bis 1,10	45 bis 50		85,5	12,3	0,83	9980	10,8
Paraffinöl	0,91	2,0 bis 2,66	115 bis 125	— 6 bis + 7	86	11,5	1	9750	10,7
Dunkles Paraffinöl, Gasöl	0,89	1,5 bis 2,5	100 bis 120	0 bis — 5	85,7	11,6	bis 2	9800	10,7
Steinkohlenteeröl	1,05	{bei 20° 1,38 bei 50° 1,15 70° 1,04}	∾80	—1	90,0	7,0	0,3 bis 0,7	8800 bis 9200	10
Galizisches Gasöl	0,87	bei 60° 50 bei 100° 4	126	—15	85,6	12,7	0,6	9800	
Rumänisches Gasöl	0,89	bei 20° 10 bei 100° 1,5	87	—15	85,03	12,2	0,2	9900	
Baku-Gasöl	0,95	bei 20° 149 bei 100° 2,4	138	—15	87,5	11,3	0,4	9800	
Nordamerikanisches Gasöl	0,865	1,03 bei 80° C	95	—15	86,5	12,3	0,5	10 100	11
Texas-Gasöl	0,892	—	86	—18	86,4	12,2	1,1	9900	
Mexikanisches fuel-oil	0,93	bei 20° 77,2 bei 100° 2,3	36	± 0	84,2	11,4	3,6	9750	
Benzin	0,7		—58 bis +10		85,1	14,9	—	10 200	11,5
Schieferteeröl (Messelgrube)	0,88		75		85,5	12,1	{O+N+S: 2,40}	9820	10,7
Naphthalin	1,15	—	80	{Übergang in flüssigen Zustand bei 80°}	93,75	6,25	—	9600	10

Nähere Angaben über die für den Gebrauch in Dieselmaschinen vorzuschreibenden bzw. zulässigen Eigenschaften der Brennstoffe finden sich in dem Buch von W. Schenker: „Brennstoffe und Schmieröle für Dieselmotoren“ Winterthur.

Verbrennung macht in der Glühkopf- und Dieselmaschine keine Schwierigkeiten, während Verwendung in Vergasermaschinen weitgehende Vorwärmung nötig macht mit starker Verringerung des Ladegewichtes und damit der Leistung und Zunahme der Gefahr vorzeitiger Entflammung, was wieder geringen Verdichtungsgrad erfordert.

Braunkohlenteeröle, von denen hauptsächlich das Solaröl (zwischen 150 und 250° bei der Destillation des Braunkohlenteers übergehend) und das Paraffinöl (nach der Farbe auch Gelb- oder Rotöl genannt und zwischen 200 und 300° übergehend) verwendet werden, zeigen in der Maschine ähnliches Verhalten wie das Gasöl.

Steinkohlenteere lassen sich nur in der Dieselmaschine verwerten, wobei die Zündung durch Zündöl wie bei den Steinkohlenteerölen zu sichern ist.

Zahlentafel 2 (S. 13) gibt die wichtigsten Eigenschaften der meist verwendeten Öle an.

c) Die Verbrennungsgleichungen[1]).

Bei der unter Wärmeentwicklung vor sich gehenden Verbrennung verbinden sich C, H_2 und S mit O_2, wobei sich die Gewichtmengen der Verbindung unmittelbar aus den Gleichungen ergeben. Die Raummengen folgen aus der Avogadroschen Regel, nach der 1 Mol (= 1 kg-Molekül) bei allen Gasen unter gleichem Druck und gleicher Temperatur denselben Raum (von 22,4 m³ bei 0° und 760 mm Barometerstand) einnimmt (s. S. 28).

1 Mol wiegt:

Wasserstoff (H_2)	2 kg	Schwefelwasserstoff (H_2S)	34 kg
Sauerstoff (O_2)	32 kg	Sumpfgas (CH_4)	16 kg
Stickstoff (N_2)	28 kg	Äthylen (C_2H_4)	28 kg
Kohlenoxyd (CO)	28 kg	Azetylen (C_2H_2)	26 kg
Kohlensäure (CO_2)	44 kg	Benzol (C_6H_6)	78 kg
Schweflige Säure (SO_2)	64 kg		

Die zur Verbrennung der einzelnen Bestandteile erforderlichen Sauerstoff- bzw. Luftmengen werden aus den folgenden Gleichungen bestimmt:

Wasserstoff

$2\,H_2 + O_2 = 2\,H_2O$
4 kg + 32 kg = 36 kg
2 Mol + 1 Mol = 2 Mol

1 kg H gebraucht 8 kg O = 9 kg Wasserdampf
1 m³ H gebraucht 0,5 m³ O
1 m³ O liefert 2 m³ Wasserdampf

Kohlenstoff

a) Unvollkommene Verbrennung zu CO.

C + O = CO
24 kg + 32 kg = 56 kg

1 kg C gebraucht 1,33 kg O = 2,33 kg CO
1 m³ O liefert 2 m³ CO

b) Vollkommene Verbrennung zu CO_2.

$C + 2\,O = CO_2$
24 kg + 64 kg = 88 kg

1 kg C gebraucht 2,67 kg O = 3,67 kg CO_2
1 m³ O liefert 1 m³ CO_2

Kohlenoxyd

$CO + O = CO_2$
28 kg + 16 kg = 44 kg
1 Mol + 0,5 Mol = 1 Mol

1 kg CO gebraucht 0,57 kg O = 1,57 kg CO_2
1 m³ O liefert 2 m³ CO_2
1 m³ CO gebraucht 0,5 m³ O

[1]) Siehe Bemerkung auf S. 12.

Sumpfgas

$CH_4 + 4\,O = CO_2 + 2\,H_2O$
16 kg + 64 kg = 44 kg + 36 kg
1 Mol + 2 Mol = 1 Mol + 2 Mol

1 kg CH_4 gebraucht 4 kg O = 2,75 kg CO_2 + 2,25 kg H_2O
1 m³ CH_4 gebraucht 2 m³ O
1 m³ O liefert 0,5 m³ CO_2 und 1 m³ Wasserdampf

Benzol

$C_6H_6 + 15\,O = 6\,CO_2 + 3\,H_2O$
78 kg + 240 kg = 264 kg + 54 kg
1 Mol + 7,5 Mol = 6 Mol + 3 Mol

1 kg C_6H_6 gebraucht 3,08 kg = 3,39 kg CO_2 + 0,69 kg H_2O
1 m³ C_6H_6 gebraucht 7,5 m³ O
1 m³ O liefert 0,8 m³ CO_2 und 0,4 m³ Wasserdampf

Äthylen

$C_2H_4 + 6\,O = 2\,CO_2 + 2\,H_2O$
28 kg + 96 kg = 88 kg + 36 kg
1 Mol + 3 Mol = 2 Mol + 2 Mol

1 kg C_2H_4 gebraucht 3,429 kg O = 3,143 kg CO_2 + 1,286 kg H_2O
1 m³ C_2H_4 gebraucht 3 m³ O
1 m³ O liefert 0,67 m³ CO_2 und 0,67 m³ Wasserdampf.

Azetylen

$C_2H_2 + 5\,O = 2\,CO_2 + H_2O$
26 kg + 80 kg = 88 kg + 18 kg
1 Mol + 2,5 Mol = 2 Mol + 1 Mol

1 kg C_2H_2 gebraucht 3,077 kg O = 3,385 kg CO_2 + 0,692 H_2O
1 m³ C_2H_2 gebraucht 2, 5 m³ O
1 m³ O liefert 0,8 m³ CO_2 und 0,4 m³ Wasserdampf

Mindestluftbedarf. 1 m³ Luft enthält 0,21 m³ O und 0,79 m³ N oder 1 kg Luft enthält 0,232 kg O und 0,768 N. Zur Gewinnung von 1 m³ O sind also 1 : 0,21 = 4,76 m³, zur Gewinnung von 1 kg O sind 1 : 0,232 = 4,31 kg Luft erforderlich.

Enthält 1 kg eines festen oder flüssigen Brennstoffes c kg Kohlenstoff, h kg Wasserstoff, s kg Schwefel, o kg Sauerstoff, n kg Stickstoff, a kg Asche, w kg Gesamtfeuchtigkeit, so ist der Mindestbedarf an Verbrennungsluft von 0° und 760 mm Barometerstand bei $\gamma = 1{,}29$ kg/m³:

$$L_{\min}/\text{kg} = 4{,}31\,(2{,}67\,c + 8\,h - o + s)\ \text{kg},$$
$$L_{\min}/\text{m}^3 = 3{,}33\,(2{,}67\,c + 8\,h - o + s)\ \text{m}^3.$$

Der Mindestbedarf für 1 m³ Gas von der aus der Klammer des folgenden Ausdruckes ersichtlichen Zusammensetzung an brennbaren Bestandteilen beträgt:

$$L_{\min}/\text{m}^3 = 4{,}77\left(\frac{h + co}{2} + 2\,c\,h_4 + 3\,c_2\,h_4 + 2{,}5\,c_2\,h_2 + 7{,}5\,c_6\,h_6 - o\right)\text{m}^3$$

Luft von gleichem Druck und gleicher Temperatur wie das Gas.

Praktisch wird zur Sicherung einer vollkommenen Verbrennung die Luftmenge größer genommen — siehe auch S. 41, 138 —, so daß die Luftüberschußzahl

$$m = \frac{L}{L_{\min}} > 1\,.$$

Die Ladung von V m³ Gasgemisch besteht demnach aus:

$$\frac{V\,(1 + L_{\min})}{1 + m\,L_{\min}}\ \text{m}^3\ \text{Brennstoff und theoretischer Luftmenge,}$$

sowie aus

$$\frac{V(m - 1)\cdot L_{\min}}{1 + m\,L_{\min}}\ \text{m}^3\ \text{Luftüberschuß.}$$

Heizwert. Bei der Verbrennung entwickelt:

1 kg H_2	28 800 kcal	1 m³ H	2 570 kcal
1 kg CO	2 440 „	1 m³ CO	3 050 „
1 kg C_6H_6	9 830 „	1 m³ C_6H_6	33 500 „
1 kg CH_4	11 910 „	1 m³ CH_4	8 510 „
1 kg C_2H_4	11 120 „	1 m³ C_2H_4	13 910 „
1 kg C_2H_2	11 600 „	1 m³ C_2H_2	13 500 „
1 kg C	8 080 „		

Als Heizwert ist der sog. „untere Heizwert" H_u eingesetzt, d. i. diejenige Wärmemenge, die bei der vollständigen Verbrennung des Brennstoffes und bei Abkühlung der Verbrennungserzeugnisse auf die ursprüngliche (Zimmer-) Temperatur unter konstantem Druck frei wird, falls angenommen wird, daß das Verbrennungswasser und die im Brennstoff enthaltene Feuchtigkeit dampfförmig bleiben. Letzteres ist bei der hohen Temperatur, mit der die Gase die Verbrennungskraftmaschine verlassen, immer der Fall.

d) Die Abgase. Abgas-Schaubilder.

Wie aus den Verbrennungsgleichungen hervorgeht, ist bei der Verbrennung von H, CO und C_2H_2 das Volumen der Verbrennungsgase kleiner als die Summe der Volumina von Sauerstoff und Brennstoff: es hat eine „Volumenkontraktion" von der Größe $\alpha = \frac{1}{2} H_2 + \frac{1}{2} CO + \frac{1}{2} C_2H_2\,m^3/m^3$ stattgefunden, womit das spezifische Gewicht und das Molekulargewicht der Verbrennungsgase zunehmen, während die Gaskonstante R abnimmt. (Bei der Verbrennung von Generatorgas, das z. B. 7% H_2 und 27,6% CO enthält, wird die Volumenverminderung $^1/_2\,0{,}276 + {}^1/_2\,0{,}07 = 0{,}173\,m^3/m^3$.)

Dementsprechend bestehen die wirklichen Verbrennungserzeugnisse aus:

$$\frac{V(1 + L_{\min} - \alpha)}{1 + m L_{\min} - \alpha}\,m^3 \text{ „reinem Feuergas" } \quad \text{und} \quad \frac{V(m-1)\cdot L_{\min}}{1 + m L_{\min} - \alpha} \text{ Luftüberschuß.}$$

Kohlenwasserstoffe mit mehr als 4 Atomen H zeigen hingegen nach der Verbrennung eine Volumenvergrößerung (Dilatation).

Zur Beurteilung der Güte der Verbrennung dienen die folgenden Angaben in Volumen-%:

Kohlensäuregehalt
Sauerstoffgehalt
Kohlenoxydgehalt
Luftüberschußzahl m.

Bei bekannter Brennstoffanalyse ist bei richtiger Messung von CO_2 und O_2 der Gehalt an CO und m festgelegt. Diese Verhältnisse lassen sich übersichtlich in rechtwinkligen Dreiecken darstellen, zu denen man durch folgende Überlegung gelangt:

Ist co_2 der Kohlensäuregehalt, o der Sauerstoffgehalt, so wird mit dem Stickstoffgehalt $n = 100 - (co_2 + o)$:

$$m = \frac{21}{21 - 79 \cdot \frac{o}{n}}.$$

Bei vollkommener Verbrennung eines festen oder flüssigen Brennstoffes CO-Bildung ist

$$co_{2\,\max} = \frac{21\,c}{0{,}21\,c + 0{,}79\left[c + 3\left(h - \frac{o}{8}\right)\right]} \quad \text{und} \quad o_{\max} = 21\,.$$

Bei der unvollkommenen „selektiven“ Verbrennung, wobei C nicht zu CO_2, sondern zu CO verbrennt, ist:

$$(c\,o)_1 = \frac{21\,c}{0{,}315\,c + 0{,}79\left[c + 3\left(h - \frac{o}{8}\right)\right]} \quad \text{und} \quad (o)_1 = \frac{1}{2}(c\,o)_1\,.$$

Mit diesen Werten läßt sich das Dreieck (Abb. 10) aufzeichnen, indem auf der Wagerechten AB Punkt B durch den Wert $o_{\max} = 21$, D durch den Wert $(o)_1$, auf der gleiche Teilung wie AB zeigenden Senkrechten AC Punkt C durch den Wert $c\,o_{2\max}$ festgelegt wird. Auf $DE \perp BC$ wird von E aus eine Teilung so aufgetragen, daß DE so viel Teilstriche erhält, wie $(c\,o)_1$ angibt.

Werden etwa für $m = 0{,}8$ bis $m = 2$ die zugehörigen Werte $c\,o_2$ nach der Gleichung

$$c\,o_2 = \frac{100\,c}{c + (4{,}76\,m - 1)\left[c + 3\left(h - \frac{o}{8}\right)\right]}$$

bestimmt, so können auch die Luftüberschußzahlen dem Schaubild entnommen werden. Werden durch die entsprechenden

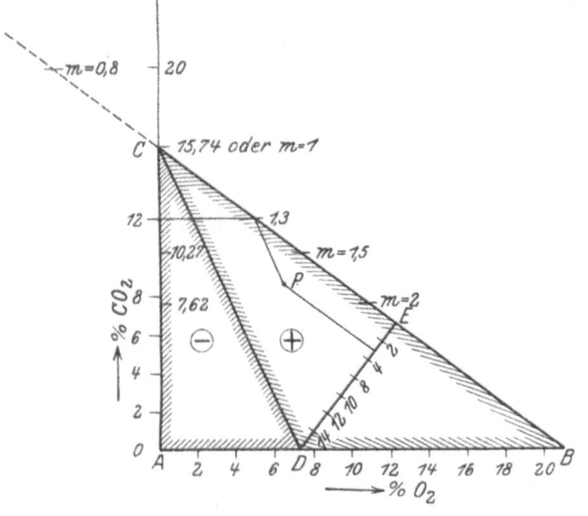

Abb. 10. Abgas-Schaubild für Braunkohlenteeröl. ⊖ Zone des Luftmangels, ⊕ Zone des Luftüberschusses.

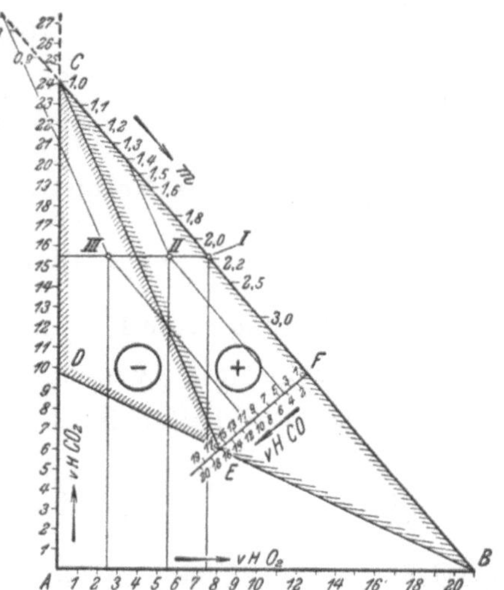

Abb. 11. Schaubild für Gichtgas mit 3% H_2, 27% CO, 10% CO_2, 60% N_2.

Punkte auf AC Wagerechte bis BC gezogen, so können von den Schnittpunkten aus die Linien gleichen Überschusses parallel zu CD eingetragen werden.

Beispiel. Verbrennung von Braunkohlenteeröl mit 85 Gewichtsprozenten C und 12% H.

$$c\,o_{2\max} = \frac{21 \cdot 0{,}85}{0{,}21 \cdot 0{,}85 + 0{,}79\,(0{,}85 + 0{,}36)} = 15{,}74\,,$$

$$o_{\max} = 21\,,$$

$$(c\,o)_1 = \frac{21 \cdot 0{,}85}{0{,}315 \cdot 0{,}85 + 0{,}79\,(0{,}85 + 0{,}36)} = 14{,}58\,,$$

für $m = 0{,}5$ wird z. B. $c\,o_2 = \dfrac{85}{0{,}85 + (4{,}76 \cdot 0{,}5 - 1) \cdot 1{,}21} = 33{,}73\,.$

für $m = 1$ $\quad c\,o_2 = 15{,}74$,

$m = 1{,}5$ $\quad c\,o_2 = 10{,}27$.

Die Untersuchung der Abgase ergibt 8,6% CO_2 und 6,6% O_2-Gehalt; eine Parallele, durch den (diesen Werten entsprechenden) Punkt P zu BC gezogen, gibt auf DE den CO-Gehalt zu 3,2%, eine zu CD gezogene Parallele $m = 1,3$ an. Liegt P auf BC, so ist die Verbrennung vollkommen. Fällt P außerhalb des Dreieckes, so ist entweder die Analyse unrichtig, oder das Dreieck entspricht nicht dem Brennstoff.

Für Gase ist in folgender Weise vorzugehen:

a) Vollkommene Verbrennung.

Theoretischer Sauerstoffbedarf:

$$O_{\min} = \left(\frac{h}{2} - o + \frac{co}{2} + 2\,c\,h_4 + 3\,c_2\,h_4 + 2{,}5\,c_2\,h_2 + 7{,}5\,c_6\,h_6\right) \mathrm{m}^3\,O_2\,,$$

CO_2-Gehalt im Abgas von 1 m³ Brenngas:

$$A = (c\,o + c\,h_4 + 2\,c_2\,h_4 + 2\,c_2\,h_2 + 6\,c_6\,h_6 + c\,o_2)\,\mathrm{m}^3\,CO_2\,,$$

CO_2-Gehalt in % der Abgasmenge:

$$k_1 = \frac{100\,A}{(4{,}76 \cdot m - 1) \cdot O_{\min} + A + n}\,,$$

O_2-Gehalt:

$$l = \frac{100\,(m-1) \cdot O_{\min}}{(4{,}76\,m - 1) \cdot O_{\min} + A + n}\,,$$

für $m = 1$ folgt $l = 0$;

$$k_1 = \frac{100\,A}{3{,}76 \cdot O_{\min} + A + n}\,. \tag{1}$$

b) Unvollkommene Verbrennung (von C zu CO):

$$O'_{\min} = \left(\frac{h}{2} - o + 1{,}5\,c\,h_4 + 2\,c_2\,h_4 + 1{,}5\,c_2\,h_2 + 4{,}5\,c_6\,h_6\right) \mathrm{m}^3\,O_2\,,$$

CO-Gehalt im Abgas von 1 m³ Brenngas:

$$A - c\,o_2 = (c\,o + c\,h_4 + 2\,c_2\,h_4 + 2\,c_2\,h_2 + 6\,c_6\,h_6)\,\mathrm{m}^3\,CO\,.$$

Die Abgase enthalten in Raumprozenten:

an CO:

$$k_2 = \frac{100\,(A - c\,o_2)}{4{,}76\,m \cdot O_{\min} - O'_{\min} + A + n}\,, \tag{2}$$

an CO_2:

$$k'_1 = \frac{100 \cdot c\,o_2}{4{,}76\,m\,O_{\min} - O'_{\min} + A + n}\,, \tag{3}$$

an O_2:

$$l' = \frac{100\,(m \cdot O_{\min} - O'_{\min})}{4{,}76\,m\,O_{\min} - O'_{\min} + A + n}\,. \tag{4}$$

Für $m = 1$ wird:

$$l' = \frac{100\,(O_{\min} - O'_{\min})}{4{,}76\,O_{\min} - O'_{\min} + A + n}\,, \tag{5}$$

$$k'_1 = \frac{100\,c\,o_2}{4{,}76\,O_{\min} - O'_{\min} + A + n}\,, \tag{6}$$

$$k_2 = \frac{100\,(A - c\,o_2)}{4{,}76\,O_{\min} - O'_{\min} + A + n}\,. \tag{7}$$

In Abb. 11 wird $AB = 21$, $AC = k_1$ nach Gleichung (1), E hat die Koordinaten l' nach Gleichung (5) und k'_1 nach (6). D liegt in der Verlängerung von EB. Strecke EF ist entsprechend dem Wert k_2 nach Gleichung (7) einzuteilen.

Die zu den verschiedenen Werten m gehörenden CO_2-Gehalte werden bestimmt aus

$$k_1 = \frac{100\,A}{(4{,}76\,m - 1) \cdot O_{\min} + A + n}\,.$$

Hiernach sind die Werte von m auf BC eingetragen.

Punkt I für $k_1 = 15{,}5\,\%$ und $l = 7{,}5\,\%$ ergibt $k_2 = 0\,\%$ und $m \backsim 2{,}2$
Punkt II für $k_1 = 15{,}5\,\%$ und $l = 5{,}5\,\%$ ergibt $k_2 = 4{,}3\,\%$ und $m = 1{,}4$
Punkt III für $k_1 = 15{,}5\,\%$ und $l = 2{,}5\,\%$ ergibt $k_2 = 10{,}6\,\%$ und $m = 0{,}75$.

Berechnung nach Mollier[1]). Ist die „Kennziffer" $\sigma = 1 + 3 \cdot \frac{h - \frac{o}{8}}{c}$, die das in Mol gemessene Verhältnis des Sauerstoffbedarfes und des Kohlenstoffgehaltes des Brennstoffes bezeichnet, gegeben und sind Kohlensäuregehalt und Sauerstoffgehalt der Abgase durch die Analyse bestimmt, so folgt für feste und flüssige Brennstoffe der Kohlenoxydgehalt:

$$CO = \frac{0{,}21 - O_2 - (0{,}21 + 0{,}79\,\sigma) \cdot CO_2}{0{,}79\,\sigma - 0{,}185},$$

der Luftüberschuß:

$$m = \frac{0{,}105}{\sigma} \cdot \frac{2\,\sigma - 1 + (3 - 2\,\sigma)\,O_2 + CO_2}{0{,}21 - O_2 - 0{,}395\,CO_2}.$$

Für gasförmige Brennstoffe ist:

$$CO = \frac{0{,}21 - O_2 - [0{,}79\,\sigma + 0{,}21\,(1 + \nu)] \cdot CO_2}{0{,}79\,(\sigma - 0{,}5) + 0{,}21\,(1 + \nu)},$$

$$m = \frac{0{,}21}{\sigma} \cdot \frac{\sigma - 0{,}5 + (1{,}5 + \nu - \sigma) \cdot O_2 + \frac{1 + \nu}{2} \cdot CO_2}{0{,}21 - O_2 - \frac{0{,}79}{2}\,CO_2}$$

oder der Luftüberschuß in Prozenten:

$$100\,(m - 1) = \frac{100}{\sigma} \cdot \frac{O_2 - \frac{CO}{2}}{CO_2 + CO},$$

$\nu = \frac{12}{28} \cdot \frac{n}{c}$ = Molenverhältnis zwischen Stickstoff und Kohlenstoff.

Literaturnachweis.

Alt: Der Verbrennungsvorgang in der Ölmaschine. Z. V. d. I. 1920, S. 637. — **Neumann**: Thermodynamische Studien zur Ölgas- und Gemischbildung. Z. V. d. I. 1918, S. 706. — **Rieppel**: Versuche über die Verwendung von Teerölen zum Betrieb des Dieselmotors. Z. V. d. I. 1907, S. 613; Forsch.-Arb. Ing. Heft 55. — **Löffler-Riedler**, Ölmaschinen. Berlin: Julius Springer 1916. — **Fischer**: Die neuesten Anschauungen über die Vorgänge bei der Verbrennung und der Oxydation der Kohlen. Abhandl. IV, S. 452. — **v. Wartenberg**: Verbrennungsvorgänge im Dieselmotor. Z. V. d. I. 1924, S. 153. — **Tausz und Schulte**: Über Zündpunkte und Verbrennungsvorgänge im Dieselmotor. Halle: Wilhelm Knapp 1924 (auszugsweise wiedergegeben in Z. d. V. I. 1924, S. 574). — **Wollers und Ehmecke**: Der Vergasungsvorgang der Treibmittel, die Ölgasbildung und das Verhalten der Öldämpfe und Ölgase bei der Verbrennung im Dieselmotor. Kruppsche Monatshefte Januar 1921. — **Sass**: Der Verbrennungsvorgang in Zweitakt-Glühkopfmaschinen und seine Beherrschung. Dr.-Ing.-Dissertation 1923. — **Nägel**: Versuche über die Zündgeschwindigkeit explosibler Gasgemische. Forsch.-Arb. Ing. Heft 54. — **Wartenberg H. v.**, und **B. Sieg**; Über den Mechanismus einiger Verbrennungen. Ber. der deutsch. Chem. Gesellschaft. Jg. 53, S. 2192. 1921. — **Mollier**: Die Gleichungen des Verbrennungsvorganges. Z. V. d. I. 1921, S. 1095.

[1]) **Mollier**: S. vorstehenden Literaturnachweis.

2. Thermodynamische und betriebliche Eigenschaften der Verbrennungskraftmaschinen.

a) Thermodynamische Vorzüge.

Im Zylinder einer Gasmaschine werden, der fortschreitenden Verbrennung entsprechend, dem Luft-Gas-Gemisch bei konstantem Volumen stets neue Wärmemengen dQ bei stetig wachsender Temperatur zugeführt. Werden die Wärmemengen dQ als Flächen in einem Diagramm dargestellt, Abb. 12, dessen Ordinaten die Temperaturen wiedergeben, so müssen nach der Beziehung $dQ = \frac{dQ}{T} \cdot T = dS \cdot T$ die Abszissen die Werte $\frac{dQ}{T} = dS$ darstellen. Wie aus der Gleichheit der Flächen dQ folgt, wird die Grundlinie dS jeder Fläche um so kleiner, je höher die Temperatur ist, bei der dQ zugeführt wurde; die ganze Grundlinie hat die Länge $S = \int \frac{dQ}{T}$.

Die Wärmemengen dQ können bei Arbeitsleistung im günstigsten, praktisch nie zu verwirklichenden Fall bis zu einer Temperatur T_u gleich der der äußeren Umgebung ausgenutzt werden. Von jeder Fläche dQ kann also nur der oberhalb der Wagerechten ab liegende Teil in Arbeit umgesetzt werden, während der unterhalb ab liegende Teil Verlust bedeutet. Wie Abb. 12 erkennen läßt, ist dieser Verlust um so kleiner, je kleiner die Strecke dS ist.

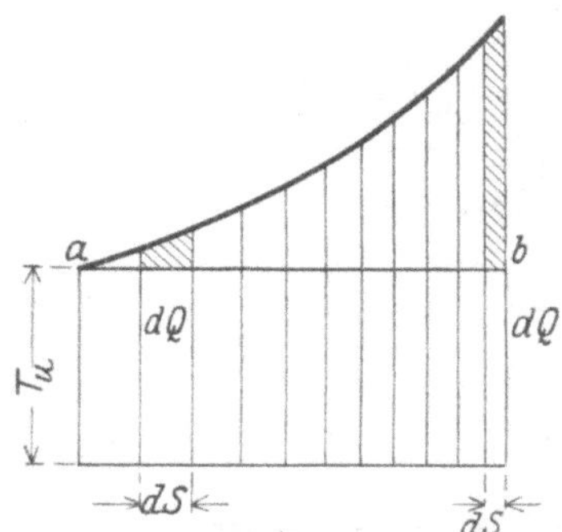

Abb. 12. Entropiediagramm.

Die Größe S, Entropie oder Verwandlungswert genannt, ergibt also nach Multiplikation mit der unteren Temperatur, bis zu der Arbeit geleistet wird, ohne weiteres den Mindestbetrag der abzuführenden Wärme, damit aber auch den Höchstbetrag der in Arbeit verwandelbaren Wärme. Die Ausbeute an Arbeit aus einer bestimmten Wärmemenge ist um so größer, je kleiner der Entropiewert dieser Wärmemenge ist. Die Entropie ist maßgebend für den Wirkungsgrad, mit dem Wärme in Arbeit umgesetzt werden kann.

Die Entropie gehört ebenso wie Druck, Volumen und Temperatur zu den Zustandsmerkmalen eines Körpers, die allerdings nicht wie jene unmittelbar gemessen werden kann, sondern berechnet werden muß.

Soll z. B. die Größe der Entropie von 1 kg Verbrennungsprodukten von $p_1 = 35$ at abs., $T_1 = 2500°$ gegenüber dem Normalzustand von $T_0 = 273 + 20 = 293°$ und $p_0 = 1$ at abs. festgestellt werden, so nehme man zunächst adiabatische Ausdehnung an, bis die Temperatur T_0 erreicht ist. Der hierzu gehörige Druck berechnet sich zu

$$p = p_1 \cdot \left(\frac{T_0}{T_1}\right)^{\frac{k}{k-1}} = 35 \cdot \left(\frac{293}{2500}\right)^{3,5} = 0{,}01929 \text{ at} \quad (\text{mit } k = 1{,}4)\,.$$

Während dieser adiabatischen Ausdehnung wird — da weder Wärme zu- noch abgeführt wird — die Arbeit auf Kosten des Wärmeinhaltes geleistet. Es ist $dQ = 0$, also auch $dS = \frac{dQ}{T} = 0$, d. h. die Entropie ist während dieses Vorganges konstant geblieben.

Nunmehr sollen die Gase von $T_0 = 293°$, $p = 0{,}01929$ at auf $p_0 = 1$ at isothermisch verdichtet werden. Hierbei ist, da die Temperatur konstant bleibt, eine Wärmemenge abzuführen, die der geleisteten Verdichtungsarbeit L äquivalent ist. Es wird die Entropie

$$S = \int \frac{dQ}{T} = \frac{AL}{T} = A \cdot \frac{p_0 v_0}{T_0} \cdot 2{,}3 \log \frac{p_0}{p} = AR\, 2{,}3 \log \frac{p_0}{p}\,.$$

Mit $R \cong 30$ wird $A\,R \cdot 2{,}3 = 0{,}16$,

$$S = 0{,}16 \cdot \log \frac{1}{0{,}019\,29} = 0{,}274 \text{ Entropie-Einheiten.}$$

Die zeichnerische Darstellung des zur Ermittlung von S angewendeten Vorganges zeigt Abb. 13. $a\,b$ mit $d\,S = 0$ ist die adiabatische Ausdehnung, der die isothermische Verdichtung $b\,c$ mit T_0 = konst. folgt. Dieser Vorgang ist „umkehrbar", d. h. dehnen sich die Verbrennungsgase, deren Zustand durch Punkt c gegeben ist, im gleichartigen Prozeß zuerst aus bis Punkt b, um dann auf dem Wege $b\,a$ adiabatisch verdichtet zu werden, so gelangen sie in den ursprünglichen Ausgangszustand zurück. Umkehrbare Prozesse sind aber sowohl in der Natur als in der Technik unmöglich, da innere Übergänge von Wärme an kältere Körper durch Leitung und Strahlung, Verluste durch Reibung und Stoßwirkungen usw. auftreten. Bei einer Umkehrung des Arbeitsvorganges aber würden diese in Wärme umgesetzten Reibungsverluste nicht mehr im vollen Betrage in mechanische Arbeit umgewandelt werden können, und die an Körper niedrigerer Temperatur übertragenen Wärmemengen können nach dem zweiten Hauptsatz nicht von selbst an Körper höherer Temperatur übergehen. Alle diese Verluste haben in letzter Linie eine Vergrößerung der Entropie, also eine Verbreiterung der Basis der Prozeßdarstellung zur Folge. Die Entropieänderung gibt ein Maß für die Umkehrbarkeit des Kreislaufes. Während der isothermischen Verdichtung $b\,c$, Abb. 13, wird die Wärme bei tiefstmöglicher Temperatur abgeleitet, d. h. die notwendige Wärmeabfuhr, durch $0{,}274 \cdot 293 = 80{,}3$ kcal gegeben, ist die geringstmögliche.

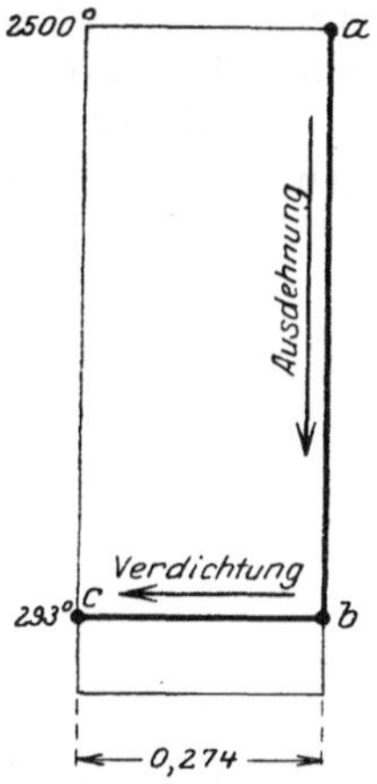

Abb. 13. Ermittlung des Entropiewertes.

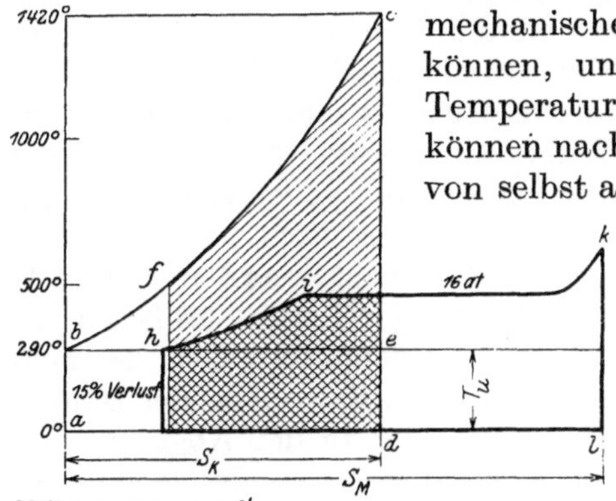

Abb. 14. Wärmediagramm einer Dampfkraftanlage.

In Abb. 14 ist das Wärmediagramm einer Dampfkraftanlage wiedergegeben. $a\;b\;c\;d\;a$ stellt die von den Verbrennungsgasen durch die Verbrennung von Kohle auf dem Rost aufgenommene Wärmemenge dar, von der etwa 15%, durch die Fläche unter $b\,f$ dargestellt, als Schornsteinverlust usw. abzuziehen sind. Die übrigbleibenden 85% werden vollständig in den Dampf übergeführt, aber der mit dieser Überführung verbundene Temperatursturz vergrößert die Entropie von S_K auf S_M und damit die von vornherein der Ausnutzung sich entziehende Wärmemenge, die in Abb. 14 durch das Rechteck mit der Grundlinie S_M und der Höhe T_u wiedergegeben wird. Besonders dieses Beispiel zeigt deutlich, daß auch bei 100% Kesselwirkungsgrad, d. h. bei Übergang sämtlicher auf dem Rost erzeugten Wärmemengen an den Dampf die Wärmeausnutzung infolge der Entropiezunahme wesentlich beeinträchtigt würde.

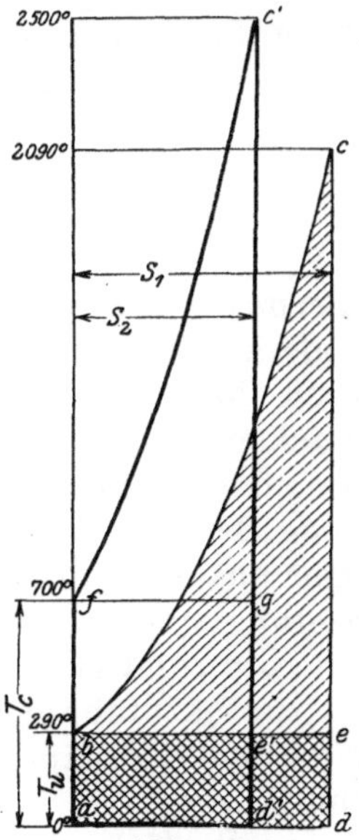

Abb. 15. Wärmediagramm einer Gasmaschine.

Die Gasmaschinen arbeiten mit Verdichtung der Ladung vor der Verbrennung; den dadurch erzielten Vorteil läßt Abb. 15 erkennen: die Temperatur wird von T_u auf T_c erhöht. Bei gleicher

Wärmezufuhr wird die Entropie von S_1 auf S_2, der Verlust von Fläche *a b e d* um die Fläche *d' e' e d* verkleinert. Infolge unmittelbarer Verwertung der Verbrennungsgase und Ausschaltung einer vermittelnden Arbeitsflüssigkeit entfällt also hier der bei den Dampfkraftanlagen auftretende Entropiezuwachs, und es wird durch die Verdichtung der ganze Arbeitsgang in ein Gebiet höherer Temperaturen verlegt.

Ein Vergleich der Diagramme nach Abb. 14 und 15 zeigt weiterhin, daß Zufuhr gleicher Wärmemengen die Temperatur bei konstantem Volumen schneller steigert als bei konstantem Druck, da $c_v < c_p$. Im ersteren Fall hat also die Wärmemenge einen kleineren Entropiewert.

Abb. 16 zeigt das Wärmediagramm einer Sauggasmaschine. Linie *e a* gibt die adiabatische Verdichtung, *a b* die Verbrennung bei konstantem Volumen, *b f* die adiabatische Ausdehnung, *f e* die Abströmung der Abgase wieder, die man sich ebenfalls bei konstantem Volumen vorgehend denkt. Da das Ausdehnungsverhältnis gleich dem Verdichtungsverhältnis ist, dieses aber durch bestimmte Rücksichten festgelegt ist, so treten die Verbrennungsgase mit verhältnismäßig hoher Temperatur aus, was den durch Fläche *e f c d* gekennzeichneten Verlust V_2 ergibt. Die Ausnutzung der theoretischen Arbeitsfläche durch die ausgeführte Maschine zeigt die senkrecht schraffierte Fläche. Die Verbrennungsgase können infolge der Zylinderkühlung nicht die volle Verbrennungswärme aufnehmen, die theoretische Verbrennungstemperatur wird nicht erreicht, was den Verlust V_1 bedingt. Die Verdichtung erfordert größeren Arbeitsaufwand, da sie aus demselben Grunde nicht adiabatisch verlaufen kann. Sowohl bei der Dampfmaschine wie bei der Gasmaschine wird die im Abdampf bzw. in den Abgasen noch enthaltene Wärme für Heiz- und Kochzwecke oder auch zur weiteren Krafterzeugung verwertet, wodurch auch die über der T_u-Linie und unter der unteren Begrenzungslinie des Wärmediagramms liegende Fläche zum Teil ausgenutzt, somit der endgültige Wärmeverlust wesentlich verringert wird.

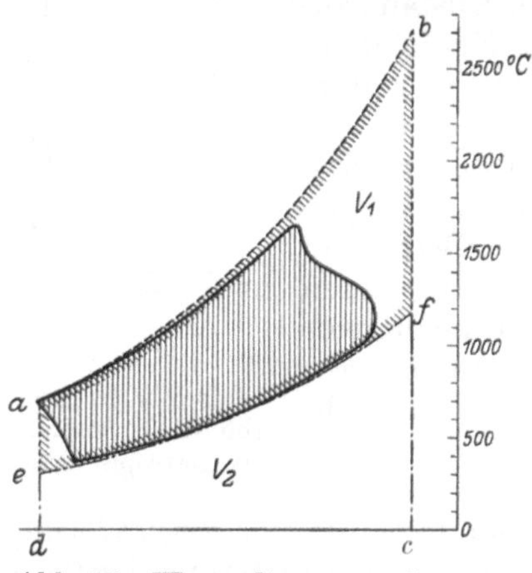

Abb. 16. Wärmediagramm einer ausgeführten Sauggasmaschine.

b) Betriebstechnische Vorzüge.

Das Wärmediagramm nach Abb. 14 bzw. 15 zeigt, daß die Brennstoffe in den Verbrennungskraftmaschinen bedeutend besser ausgenutzt werden als in der Dampfkraftanlage, ein Vorteil, dem allerdings in vielen Fällen die höheren Preise der bei Verbrennungskraftmaschinen verwendeten Brennstoffe gegenüberstehen.

Während bei Dampfkraftanlagen die Brennstoffausnutzung mit der Größe der Maschine zunimmt, zeigt sich bei Gaskraftanlagen kleiner Leistung derselbe Verbrauch wie bei Anlagen großer Leistung. Ungünstiger ist hingegen das Verhalten bei Belastungen, die unterhalb der normalen liegen. Bei 50% Belastung steigt z. B. der Kohlenverbrauch der Lokomobile um 10%, der der Gasmaschine um rund 30%. Dieses Verhalten ist hauptsächlich auf den Betrieb des Generators zurückzuführen, dessen Wirkungsgrad im normalen Betrieb ($\eta = 0{,}85$ bis $0{,}88$) dem sehr guter Dampfkesselanlagen gleich ist, mit sinkender Belastung aber rasch abnimmt.

In der stärkeren Abhängigkeit der Dampfkraftanlage von der Sorgfalt der Wartung, in der raschen Zunahme des Brennstoffverbrauchs der Gaskraftanlagen bei Abnahme der Belastung ist es begründet, daß beide Anlagen im normalen Betrieb größere Abweichungen von den Ergebnissen sorgfältig vorbereiteter und durchgeführter Abnahmeversuche zeigen.

In dieser Beziehung verhalten sich die Dieselmaschinen besonders günstig, da hier zunächst alle Verluste entfallen, die bei Dampf- und Gasgeneratoren auftreten. Werden die Ventile, und zwar hauptsächlich das Brennstoffventil, instandgehalten, so zeigt die Dieselmaschine auch nach jahrelangem Betrieb noch den bei Versuchen erreichten Brennstoffverbrauch. Die Dieselmaschine, wie überhaupt die Ölmaschine, verbraucht keinen Brennstoff während des Stillstandes und erfordert keine Vorbereitungen vor dem Anlassen, so daß sie besonders für unterbrochen arbeitende Betriebe geeignet ist. Dieselmaschinen zeigen nur geringe Zunahme des Brennstoffverbrauches mit abnehmender Maschinengröße. Der Verbrauch von etwa 1800 kcal/PS_eh steigt auf etwa 2200 kcal/PS_eh bei halber Last und nimmt erst unterhalb dieser Belastung schneller zu.

Diese Vorzüge haben sogar dazu geführt, daß die Dieselmaschine vielfach als „Spitzenmaschine" zur Leistung der Belastungsspitzen in Krafthäusern benutzt wird; der Grundsatz, daß der Spitzenbedarf von einer mit niedrigen festen Kosten, wenn auch mit höheren veränderlichen Kosten arbeitenden Maschine zu leisten sei, wird sonach hier durchbrochen.

Die Glühkopfmaschinen, immer als Zweitaktmaschinen ausgebildet, zeichnen sich durch einfachen Aufbau aus und werden als Bootmaschinen und in gewerblichen Betrieben vielfach verwendet. Der Brennstoffverbrauch ist wesentlich höher als bei Dieselmaschinen, doch sind die Glühkopfmaschinen billig und überdies leicht zu bedienen.

Die vor allem bei kleineren Leistungen nicht unwesentliche Verteuerung der Anlage, weiterhin die Erschwerung des Betriebes durch den zur Erzeugung der Zerstäubungsluft erforderlichen Verdichter hat zum Bau der „kompressorlosen Dieselmaschine" geführt, der zweifellos auch bei größeren Ausführungen die Zukunft gehören wird. Der Brennstoffverbrauch wird geringer, da der Wegfall der Verdichterarbeit den mechanischen Wirkungsgrad erhöht; der Verbrauch ist innerhalb weiter Belastungsgrenzen weniger veränderlich als bei Lufteinspritzung, und die mit der Ausdehnung der in den Zylinder einströmenden Zerstäubungsluft verbundene Abkühlung des Zylinderinhaltes entfällt.

Die Vorteile der Dieselmaschine in bezug auf Raumbeanspruchung, rasches Anlassen und schnelle Umsteuerung haben ihr ein besonders großes Anwendungsgebiet als Schiffsmaschine gesichert. Hier gelangt sie in zwei Ausführungsarten zur Verwendung: als schnell laufende Maschine, deren Umlaufzahl durch ein Übersetzungsgetriebe derjenigen der Schiffsschraube angepaßt wird, oder als langsamlaufende, unmittelbar mit der Schraube gekuppelte Maschine.

Eine besondere Stellung nehmen die mit Gicht- oder Koksofengas betriebenen Großgasmaschinen ein, die in den größten Typen als „Hochleistungsmaschinen" bis zu 12 000 PS in vier Viertaktzylindern entwickeln. Infolge dieser Leistungssteigerung und der Ausnutzung der Abwärme der Gasmaschinen für Dampferzeugungszwecke hat die durch Dampfturbinen mögliche, aber ihre Grenzen in den Rücksichten auf die notwendige Reserve findende Leistungskonzentration an Bedeutung verloren, so daß die Stellung der Großgasmaschine wieder gefestigt ist.

3. Arbeitsvorgang in der verlustlosen Maschine.

a) Die günstigste Verbrennung.

Der Carnotsche Kreisprozeß läßt am einfachsten die verrichtete Arbeit als Produkt von Entropie und Temperaturgefälle erkennen. Da bei ihm die Wärme bei konstanter, oberer Temperatur T_1 zugeführt, bei konstanter, unterer Temperatur T_2 entzogen, also gleichbleibende Temperatur der Wärmequellen vorausgesetzt werden muß, so kommt er praktisch als Vergleichprozeß nicht in Frage. Bei den wirklich ausgeführten Kreisläufen treten die Wärmeteilchen fast stets mit ganz verschiedenen Temperaturen dem Kreislauf zu, so daß gerade die Forderung, möglichst weite Temperaturgrenzen zu erhalten, fortwährende Änderung der Zu- und Abfuhrtemperaturen bedingt.

Die Beurteilung irgendeines Kreislaufes wird erleichtert, wenn dieser durch unendlich naheliegende Adiabaten in Elementarprozesse zerlegt wird, bei denen die Wärmezufuhr dQ_1 auf der oberen und der Wärmeentzug dQ_2 auf der unteren Isotherme unendlich klein sind (Abb. 17). Hierbei können die Temperaturen T_1 und T_2 als unveränderlich angesehen werden, so daß die Elementarprozesse Carnotsche Kreisläufe darstellen, von denen sich aber jeder in anderen Temperaturgrenzen als der vorhergehende oder folgende abspielt.

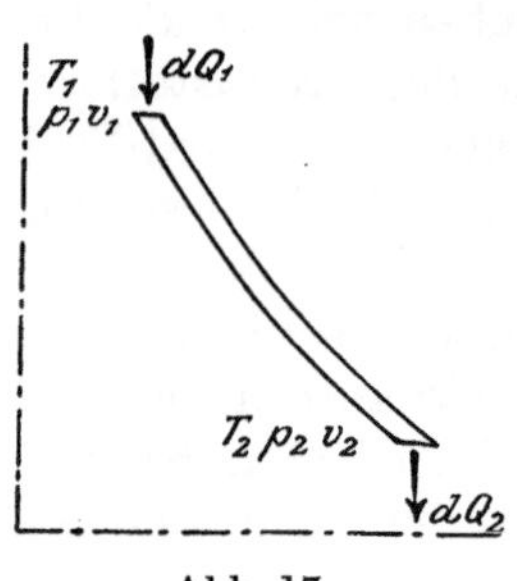

Abb. 17. Elementarprozeß.

Dann folgt für jeden Elementarprozeß:

$$A \cdot dL = \eta \cdot dQ_1 \;; \qquad \eta = \frac{T_1 - T_2}{T_1}\,. \tag{1}$$

Es muß sonach jedes Wärmeteilchen mit höchstmöglicher Temperatur zugeführt und mit möglichst niedriger Temperatur abgeführt werden.

Der Arbeitsprozeß in der Gasmaschine kann nun als umkehrbarer und geschlossener Kreislauf eines idealen Gases angesehen werden, das von außen die Wärmemenge Q_1 erhält und die Wärmemenge Q_2 nach außen hin abgibt.

Die allgemeine, für alle Körper geltende Gl. (1) soll nun für Gase auf eine andere Form gebracht werden.

Da dQ_1 und dQ_2 unendlich kleine Wärmeteilchen darstellen und p_1 und v_1 bzw. p_2 und v_2 sich dementsprechend nur um unendlich kleine Beträge ändern, so gilt ohne wesentlichen Fehler:

$$T_1 = \frac{p_1 v_1}{R}\,; \qquad T_2 = \frac{p_2 v_2}{R}$$

$$\eta = \frac{T_1 - T_2}{T_1} = \frac{p_1 v_1 - p_2 v_2}{p_1 v_1} = 1 - \frac{p_2 v_2}{p_1 v_1}\,.$$

Für die Adiabate gilt weiterhin: $p_1 v_1^k = p_2 v_2^k$, so daß wird:

$$\eta = 1 - \left(\frac{p_2}{p_1}\right)^{\frac{k-1}{k}} = 1 - \left(\frac{v_1}{v_2}\right)^{k-1} \tag{2}$$

Es soll also jedes Wärmeteilchen bei möglichst hohem Druck und kleinstmöglichem Volumen zugeführt, bei möglichst niedrigem Druck und größtmöglichem Volumen abgeführt werden. Es fragt sich nun, ob in der Gasmaschine zwecks Erzielung des günstigsten Wirkungsgrades die Verbrennung bei konstantem Volumen (Abb. 18), konstantem Druck (Abb. 19) oder bei konstanter Temperatur (Abb. 20) erfolgen soll.

In allen drei Fällen ist nicht die Höchstspannung, sondern der Verdichtungsenddruck, also der Beginn der Verbrennung, durch p_c, T_c festgelegt.

Zerlegt man die Kreisläufe in unendlich viele Elementarprozesse, so zeigt sich, daß bei der Verbrennung nach Abb. 18 jedes zugeführte Wärmeteilchen ausschließlich dazu dient, Druck und Temperatur des folgenden Elementarprozesses zu steigern; diese arbeiten mit stets günstigerem Wirkungsgrad.

Während der Verbrennung bei konstantem Druck (Abb. 19) wird gleichzeitig Arbeit geleistet; Druck und Wirkungsgrad η bleiben bei der Wärmezufuhr konstant. η wird jedoch nicht größer als bei dem ersten Elementarprozeß nach Abb. 18.

In Abb. 20 arbeitet wegen des rasch abnehmenden Druckes jeder Elementarprozeß mit geringerem Wirkungsgrad als der vorhergehende. Mit fortschreitender Wärmeaufnahme nimmt der Expansionsgrad ab. Diese Verbrennung ergibt sonach den ungünstigsten Wirkungsgrad.

In der Gasmaschine ist nun der Verdichtungsenddruck p_c durch die Gefahr der Vorzündung des Gemisches festgelegt, während die höchste zulässige Pressung be-

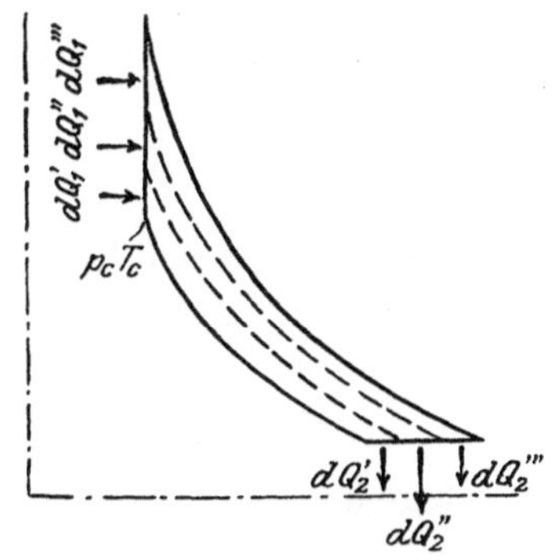

Abb. 18. Verbrennung bei konstantem Volumen.

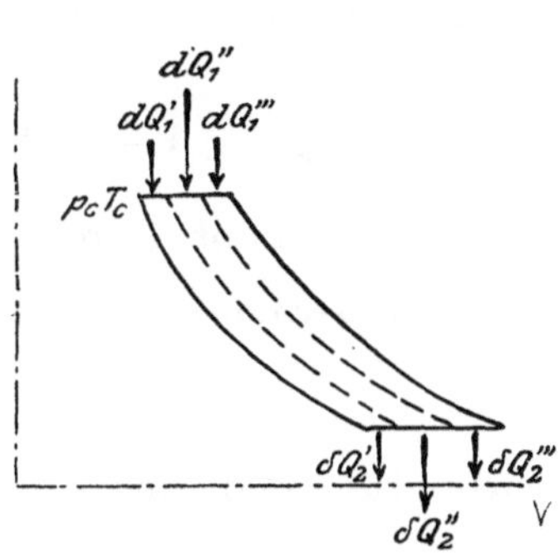

Abb. 19. Verbrennung bei konstantem Druck.

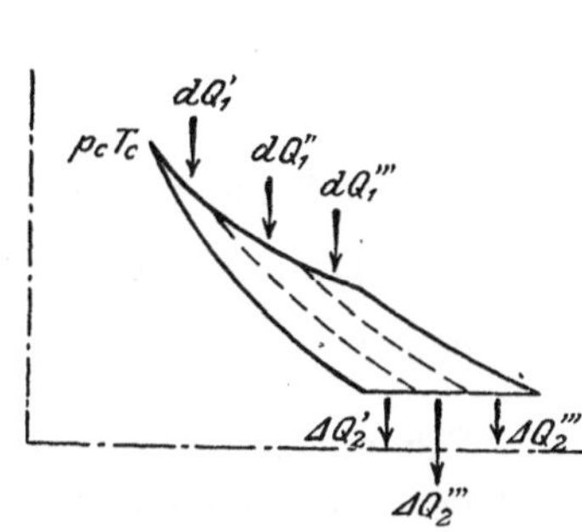

Abb. 20. Verbrennung bei konstanter Temperatur.

deutend größer als p_c sein darf. Als günstigste Verbrennung folgt hier die bei konstantem Volumen; sie ergibt die größte Diagrammfläche für eine gegebene Wärmemenge.

Kann jedoch der Verdichtungsenddruck p_c die höchstzulässige Spannung erreichen — wie dies im Dieselmotor durch die Kompression nur der Luft, nicht des Gemisches, ermöglicht wird —, so ist die Verbrennung bei konstantem Druck sowohl in bezug auf den Wirkungsgrad als auch auf die Gestänge-Ausnutzung die günstigste.

b) Der thermische Wirkungsgrad.

Verpuffungsmaschine. In dem pv-Diagramm, Abb. 21, gibt das punktierte Diagramm, aus zwei Adiabaten und zwei Kurven unveränderlichen Volumens bestehend, die Arbeit der verlustlosen Maschine wieder, während das ausgezogene Diagramm die von der wirklich ausgeführten Maschine bei gleichem Verdichtungsgrad geleistete Arbeit darstellt.

Die spezifische Wärme c_v werde zunächst als unveränderlich angenommen. Während der Verpuffung wird die Wärmemenge $Q_1 = c_v(T_z - T_c)$ kcal zugeführt, während des Auspuffs wird die Wärmemenge $Q_2 = c_v(T_e - T_0)$ kcal entzogen, so daß die Wärmemenge $Q = Q_1 - Q_2 = c_v(T_z - T_c - T_e + T_0)$ in Arbeit verwandelt wird.

Der thermische Wirkungsgrad der verlustlosen Maschine hat sonach den Wert

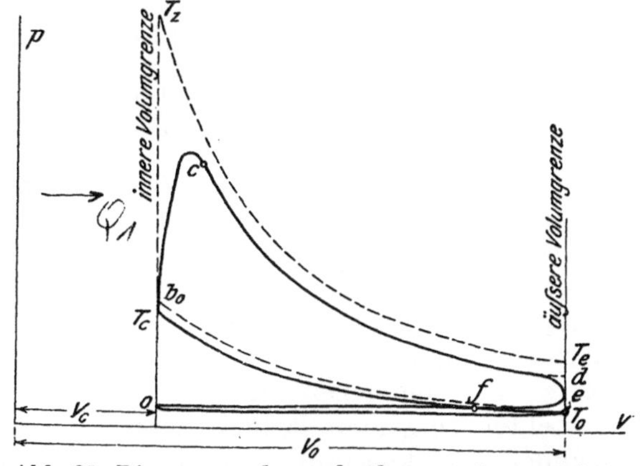

Abb. 21. Diagramme der verlustlosen und ausgeführten Gasmaschine.

$$\eta_{\text{th}} = \frac{T_z - T_c - T_e + T_0}{T_z - T_c} = 1 - \frac{T_e - T_0}{T_z - T_c}.$$

Für die Adiabate gilt aber:

$$\frac{T_e}{T_z} = \frac{T_0}{T_c} = \left(\frac{v_c}{v_0}\right)^{k-1} = \frac{T_e - T_0}{T_z - T_c}.$$

Dementsprechend folgt:

$$\eta_{\text{th}} = 1 - \left(\frac{v_c}{v_0}\right)^{k-1}.$$

Wird das Verdichtungs- (oder Ausdehnungs-) Verhältnis $\frac{v_0}{v_c} = \varepsilon$ gesetzt, so folgt:

$$\eta_{\text{th}} = 1 - \frac{1}{\varepsilon^{k-1}} = 1 - \varepsilon^{1-k}.$$

Hiernach ist η_{th} hauptsächlich bestimmt durch das Verdichtungsverhältnis ε bzw. das Druckverhältnis $\frac{p_c}{p}$ und außerdem durch das Verhältnis der spezifischen Wärmen $k = \frac{c_p}{c_v}$.

Die gleiche Beziehung wird naturgemäß aus den Arbeitsgleichungen für das pv-Diagramm gewonnen.

Die absolute Arbeit des Ausdehnungshubes ist:

$$L_e = \frac{p_z \cdot v_c}{k-1}\left[1 - \left(\frac{v_c}{v_0}\right)^{k-1}\right] = \frac{p_z \cdot v_c}{k-1} \cdot \left(1 - \frac{1}{\varepsilon^{k-1}}\right).$$

Von dieser Arbeit ist die Verdichtungsarbeit abzuziehen im Betrage:

$$L_c = \frac{p_c \cdot v_c}{k-1}\left[1 - \left(\frac{v_c}{v_0}\right)^{k-1}\right] = \frac{p_c \cdot v_c}{k-1}\left(1 - \frac{1}{\varepsilon^{k-1}}\right).$$

Als verfügbare Arbeit bleibt dann:

$$L = \frac{(p_z - p_c) \cdot v_c}{k-1}\left(1 - \frac{1}{\varepsilon^{k-1}}\right).$$

Die zugeführte Wärmemenge hat den Arbeitswert:

$$L_0 = \frac{Q}{A} = \frac{c_v \cdot v_c}{A \cdot R}(p_z - p_c) = \frac{(p_z - p_c) \cdot v_c}{k-1}.$$

Durch Division folgt:

$$\eta_{\text{th}} = \frac{\frac{(p_z - p_c) \cdot v_c}{k-1} \cdot \left(1 - \frac{1}{\varepsilon^{k-1}}\right)}{\frac{(p_z - p_c) \cdot v_c}{k-1}} = 1 - \frac{1}{\varepsilon^{k-1}} = 1 - \varepsilon^{1-k}.$$

In besonders übersichtlicher Weise hat Kutzbach[1]) die Abhängigkeit des Wirkungsgrades vom Verdichtungsverhältnis graphisch dargestellt. Wird in einem Zylinder 1 m³ Gas-Luft-Gemisch von z. B. 400 kcal Heizwert bei konstantem Volumen zur Entzündung gebracht, nachdem es vorher auf 2, 4, 6, 8, 18 at verdichtet wurde, und läßt man dieses Gemisch bis auf das Anfangsvolumen sich ausdehnen, wobei im Expansionsendpunkt die hier noch im Gasgemisch enthaltene Wärme plötzlich entzogen wird, so entstehen für die verschieden hohen Kompressionen die in Abb. 22 dargestellten Diagrammflächen, deren Inhalte die nutzbar geleistete Arbeit unter Zugrundelegung konstanter, spezifischer Wärme wiedergeben.

Die Anfangspunkte der verschiedenen Expansionslinien sind durch eine punktierte „Grenzlinie" miteinander verbunden.

---

[1]) Z. V. d. I. 1907, S. 525.

AB gibt den Druck an, der durch Verbrennung des Gas-Luft-Gemisches von 400 kcal/m³ im Punkte A vor Beginn der Kompression entstehen würde. Die Endpunkte der Expansionslinien geben auf der Strecke AB diejenige Anzahl von kcal an, die das nach der Expansion austretende Gasgemisch noch enthält. Je höher die Kompression steigt, um so tiefer liegen die Expansionsendpunkte, und um so geringer werden die Verluste durch die Wärmeabfuhr.

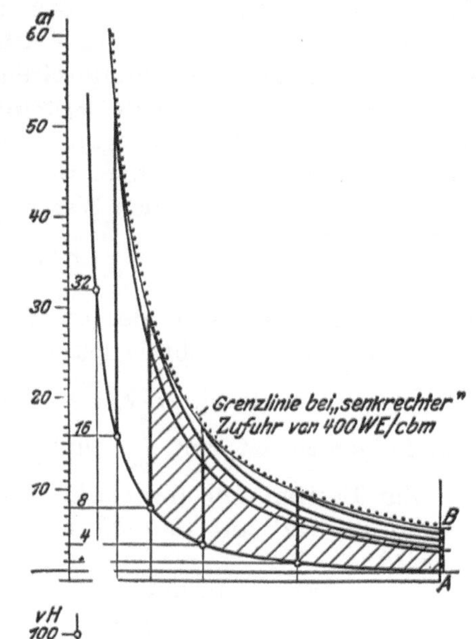

In Abb. 25 ist das Diagramm mit Verdichtung auf 8 at gesondert dargestellt. Wie ersichtlich ist, führen die Verbrennungsgase in C 230 kcal ab, so daß 400 — 230 = 170 kcal in Arbeit umgesetzt werden, einem thermischen Wirkungsgrad für diese Verdichtung von $\frac{170 \cdot 100}{400} = 42{,}5\%$ entsprechend.

Abb. 23 zeigt die Wirkungsgrade und Temperaturen für die verschiedenen Verdichtungsverhältnisse. Bei der Verdichtung auf 16 at steigt der Wirkungsgrad auf 53%.

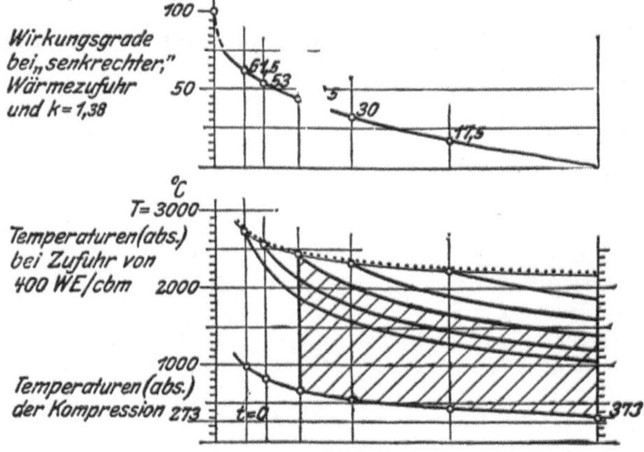

Abb. 22 bis 24. Wirkungsgrad und Verdichtungsgrad.

Die Kurve der Wirkungsgrade ist von der Größe der zugeführten Wärmemenge unabhängig, woraus — wie vorhin — folgt, daß nicht die Höhe der Verdichtung, sondern das Verdichtungsverhältnis maßgebend ist.

Wie oben erwähnt, ist der Wirkungsgrad außerdem abhängig von der Größe des Wärmeverhältnisses $k = \frac{c_p}{c_v}$, und zwar wächst η_{th} mit zunehmenden Werten k; k nimmt aber zu mit der Abschwächung des Gemisches, mit der Vergrößerung des Luftgehaltes der Ladung. Dieser Umstand gewinnt an Bedeutung bei Berücksichtigung der mit steigender Temperatur zunehmenden spezifischen Wärmen. Zerlegt man nach den Darlegungen auf S. 24 das innerhalb gegebener Volumengrenzen sich abspielende Diagramm der verlustlosen Maschine in Elementarprozesse, so ändert sich deren Wirkungsgrad in hohem Maße dadurch, daß den höher gelegenen Elementarprozessen infolge deren höheren Temperatur eine größere Wärmemenge zugeführt werden muß, um die gleiche Druck- und Temperatursteigerung wie bei den tiefer gelegenen Prozessen zu erhalten. Die Wärmeausnutzung wird nunmehr um so geringer, je

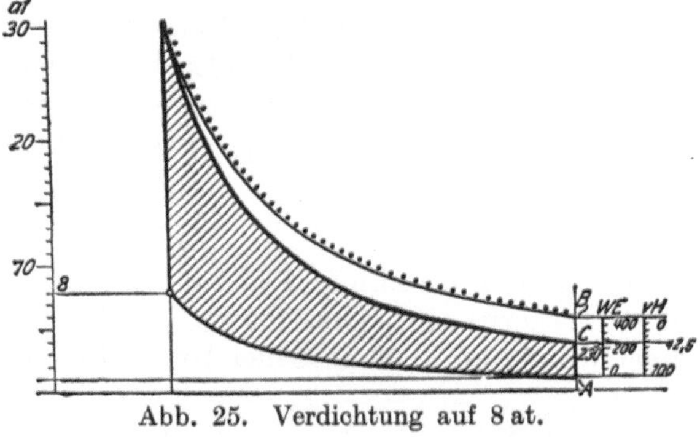

Abb. 25. Verdichtung auf 8 at.

größer die Wärmezufuhr, je stärker das Mischungsverhältnis ist. Die Arbeit der verlustlosen Maschine ergibt bei Berücksichtigung veränderlicher Werte der spezifischen Wärme einen beträchtlich geringeren Betrag als bei konstantem Wert.

Sowohl der Erhöhung des Verdichtungsverhältnisses als auch der Verdünnung des Gemisches sind bestimmte Grenzen gesetzt, wie auf S. 41 dargestellt.

Die Veränderlichkeit der spezifischen Wärme. Während zur überschläglichen Bestimmung des Wirkungsgrades der verlustlosen Maschine mit unveränderlicher spezifischer Wärme gerechnet werden kann, sind bei genauerer Ermittlung die mit der Temperatur wachsenden Werte c_p und c_v zu berücksichtigen. Es ist

$$c_v = \frac{a}{m}(1 + BT),$$

worin a die Konstante der spezifischen Wärme, B deren Temperaturkoeffizient, m das Molekulargewicht bedeuten.

In dem Ausdruck $m \cdot c_v = a + b\,T$ ist sonach $b = a\,B$, $B = \frac{b}{a}$, s. S. 29 unten. In dem Folgenden ist, mit $\frac{1}{m}$ vorstehenden Wertes, $c_v = a + b\,T$ gesetzt.

Zur Bestimmung der Gaskonstanten R wird die Zustandsgleichung der idealen Gase $pv = RT$ auf den Normalzustand $p = 10\,333$ kg/m², $T = 273°$ bezogen. Es wird:

$$R = \frac{10\,333 \cdot v_0}{273} = 37{,}85\,v_0 = \frac{37{,}85}{\gamma_0}, \quad \text{da} \quad \gamma_0 = \frac{1}{v_0}.$$

Die folgende Zahlentafel enthält die wichtigsten hier in Betracht kommenden Werte.

Zahlentafel 3.

	m	R	B_0	γ_0
Wasserstoff . . . . H_2	2	423,93	1	0,089
Sauerstoff . . . . O_2	32	26,50	1	1,429
Kohlenoxyd . . . . CO	28	30,28	1	1,250
Stickstoff . . . . N_2	28	30,28	1	1,250
Kohlensäure . . . . CO_2	44	19,27	5	1,964
Wasserdampf . . . . H_2O	18	47,10	4	0,804
Methan . . . . CH_4	16	52,99	10	0,714
Äthylen . . . . C_2H_4	28	30,28	15	1,250
Luft	29	29,24	1	1,295

Die Zahlentafel zeigt, daß allgemein $m = 22{,}4\,\gamma_0$, d. h. die spezifischen Gewichte sind den Molekulargewichten proportional.

Ein Gewicht von m kg wird als Kilogramm-Molekül oder „Mol" bezeichnet. Unter Kilogramm-Molekül wird eine Gasmenge verstanden, die soviel kg wiegt, als das Molekulargewicht des Gases Einheiten hat. Das Molekulargewicht ist die Summe der in einer Verbindung enthaltenen Atomgewichte, deren Einheit das Sauerstoffatomgewicht ($= 16$) ist. Beispielsweise ist das Molekulargewicht von CO_2:

$$\begin{aligned} C + 2O &= CO_2 \\ 12 + 2 \cdot 16 &= 44. \end{aligned}$$

Im Normalzustand nimmt 1 Mol einen Raum von 22,4 m³ ein. Dieses Volumen wird aus dem spezifischen Gewicht $\gamma = 1{,}43$ kg/m³ des Sauerstoffes bei 0° und 760 mm berechnet. m kg $= 32$ kg Sauerstoff nehmen den Raum

$$\frac{32}{1{,}43} = 22{,}4\ \text{m}^3$$

ein. Denselben Raum nehmen 2 kg H, 28 kg CO usw. ein.

Aus den Beziehungen: $R = \frac{37{,}85}{\gamma_0}$ und $m = 22{,}4\,\gamma_0$ folgt $R = \frac{848}{m}$.

Das Molekularvolumen $m v$ nimmt bei $p = 10000\,\text{kg/m}^2$ und $(273 + 15) = 288°$ den Wert

$$m v = \frac{848 \cdot 288}{10000} = 24{,}42\,\text{m}^3$$

an. Gleiche Volumina verschiedener Gase erfordern bei gleichem Druck, gleicher Temperatur und gleicher Temperaturerhöhung dieselbe Wärmemenge. Es ist

$$m_1 \cdot c_{v1} = m_2 \cdot c_{v2} = m_3 \cdot c_{v3} .$$

Nach Versuchen von Langen ist:

$$m \cdot c_v = 4{,}48 + 0{,}0012 \cdot T$$

gültig für die Gase H_2, O_2, N_2, CO.

Seiliger schlägt in Anlehnung an Stodola folgende Werte vor:

H_2, O_2, N_2, CO	$m c_v = 4{,}67 + 0{,}00106\, T = 4{,}67\,(1 + 1 \cdot 225 \cdot 10^{-6} \cdot T)$
CO_2	$= 4{,}67 + 0{,}00530\, T = 4{,}67\,(1 + 5 \cdot 225 \cdot 10^{-6} \cdot T)$
H_2O	$= 4{,}67 + 0{,}00424\, T = 4{,}67\,(1 + 4 \cdot 225 \cdot 10^{-6} \cdot T)$
CH_4	$= 4{,}67 + 0{,}01060\, T = 4{,}67\,(1 + 10 \cdot 225 \cdot 10^{-6} \cdot T)$
C_2H_4	$= 4{,}67 + 0{,}01590\, T = 4{,}67\,(1 + 15 \cdot 225 \cdot 10^{-6} \cdot T)$
Luft	$= 4{,}67 + 0{,}00106\, T = 4{,}67\,(1 + 1 \cdot 225 \cdot 10^{-6} \cdot T)$.

Division dieser Werte durch m ergibt c_v. Der Wert c_p folgt aus

$$c_p - c_v = A R = \frac{R}{427} ,$$

$$m\, c_p - m \cdot c_v = \frac{848}{427} = 1{,}99 ,$$

$$k = \frac{c_p}{c_v} = 1 + \frac{1{,}99}{m \cdot c_v} = 1 + \frac{1{,}99}{a\,(1 + B \cdot T)} , \quad k_0 = 1 + \frac{1{,}99}{4{,}67} = 1{,}425 .$$

Die Darstellung dieser Gleichung ergibt Hyperbelzweige, die sich einer Geraden stark nähern, so daß nach Schüle auch — als Gleichung dieser Geraden — geschrieben werden kann:

$$k = k_0 - \alpha \cdot T ,$$

worin $k_0 = 1{,}425$. k nimmt mit der Temperatur ab[1].

Sind v_1, v_2, $v_3 \ldots$, g_1, g_2, g_3 die Volumen- und Gewichtsanteile eines Gasgemisches vom Volumen V und Gewicht G, so ist:

$$V \cdot m = v_1 \cdot m_1 + v_2 \cdot m_2 + \cdots$$
$$G \cdot c_v = g_1 \cdot c_{v1} + g_2 \cdot c_{v2} + \cdots$$
$$G \cdot R = g_1 \cdot R_1 + g_2 \cdot R_2 + \cdots$$
$$V \cdot b = v_1 \cdot b_1 + v_2 \cdot b_2 + \cdots$$

Berechnung der Temperaturen adiabatischer Prozesse.

Für die Adiabate gilt:

$$d Q = c_v \cdot d T + A p \cdot d v = 0 ; \quad p v = R T ; \quad c_p - c_v = A R = c_{v_0} (k - 1) .$$

Mit $c_v = a + b\,T = c_{v_0} + b\,T$ folgt:

$$(a + b\,T) \cdot d\,T + c_{v_0} (k - 1) \frac{T}{v} \cdot d v = 0 ,$$

$$\frac{d\,T}{T} + \frac{b}{a} \cdot d\,T + (k - 1) \cdot \frac{d v}{v} = 0 ,$$

$$\frac{T_2}{T_1} = \left(\frac{v_1}{v_2}\right)^{k-1} \cdot \frac{e^{B \cdot T_1}}{e^{B \cdot T_2}} .$$

[1]) Um die Gerade der Hyperbel zu nähern, läßt Schüle auch k_0 abnehmen.

Diese transzendente, nur durch Probieren auflösbare Gleichung hat Schüle durch die folgende Ableitung ersetzt, die infolge des Ersatzes einer Hyperbel durch eine Gerade allerdings nur als Annäherung anzusehen ist.

Eine Zahlentafel mit den Werten $T e^{BT}$ für einen gegebenen Wert T und B enthält das Werk von Seiliger[1]), reichend von $T = 288°$ bis $T = 2000°$ und für $B = 1{,}023 \cdot 225 \cdot 10^{-6}$ bis $B = 2{,}046 \cdot 225 \cdot 10^{-6}$. Zwischenwerte sind nach dem Gesetz der Proportionalität (wie bei Logarithmentafeln) zu interpolieren.

Berechnung nach Schüle.

Aus der Wärmegleichung $dQ = c_v \cdot dT + A p \cdot dv = 0$ folgt

$$\frac{dT}{dv} = -\frac{Ap}{c_v}.$$

Da

$$p = \frac{R \cdot T}{v},$$

so wird:

$$\frac{dT}{dv} = -\frac{AR}{c_v} \cdot \frac{T}{v} = -(k-1) \cdot \frac{T}{v}.$$

Setzt man $k = k_0 - \alpha \cdot T$, so folgt

$$\frac{dT}{dv} = -(k_0 - 1 - \alpha \cdot T) \cdot \frac{T}{v}$$

oder

$$\frac{dT}{T(k_0 - 1 - \alpha T)} = -\frac{dv}{v}.$$

Mit

$$\frac{1}{T(k_0 - 1 - \alpha \cdot T)} = \frac{1}{k_0 - 1}\left(\frac{1}{T} + \frac{\alpha}{k_0 - 1 - \alpha \cdot T}\right)$$

wird

$$\frac{dT}{T} + \alpha \cdot \frac{dT}{k_0 - 1 - \alpha T} = -(k_0 - 1) \cdot \frac{dv}{v},$$

$$\int_{T_0}^{T} \frac{dT}{T} + \alpha \int_{T_0}^{T} \frac{dT}{k_0 - 1 - \alpha T} = -(k_0 - 1) \int_{v_0}^{v} \frac{dv}{v},$$

$$\ln \frac{T}{T_0} - \ln \frac{k_0 - 1 - \alpha T}{k_0 - 1 - \alpha T_0} = -(k_0 - 1) \ln \frac{v}{v_0}.$$

Wird ln durch log ersetzt, so folgt zusammengefaßt:

$$\log\left(\frac{T}{T_0} \cdot \frac{k_0 - 1 - \alpha \cdot T_0}{k_0 - 1 - \alpha T}\right) = (k_0 - 1) \cdot \log \frac{v_0}{v}$$

er

$$\frac{T}{T_0} \cdot \frac{k_0 - 1 - \alpha T_0}{k_0 - 1 - \alpha T} = \left(\frac{v_0}{v}\right)^{k_0 - 1}.$$

Daraus folgt:

$$\frac{T_0}{T} = \left(1 - \frac{\alpha \cdot T_0}{k_0 - 1}\right) \cdot \left(\frac{v}{v_0}\right)^{k_0 - 1} + \frac{\alpha \cdot T_0}{k_0 - 1}.$$

Bezüglich Anwendung dieser Formel siehe die Beispiele auf S. 33 u. f.

[1]) Seiliger: Graphische Thermodynamik und Berechnen der Verbrennungsmaschinen und Turbinen. Berlin: Julius Springer 1922.

Wird die spezifische Wärme c_v, den tatsächlichen Verhältnissen entsprechend, mit der Temperatur steigend, in die Theorie eingeführt, so beträgt die während der Verpuffung zugeführte Wärme:

$$Q_1 = (c_v)_c^z \cdot (T_z - T_c)\ \text{kcal}.$$

Dieser entspricht die Arbeit

$$L_0 = 427\,(c_v)_c^z (T_z - T_c)\ \text{mkg}.$$

Die während der Expansion geleistete absolute Gasarbeit, durch die Fläche zwischen der Expansionsadiabate und der Nullinie dargestellt, hat die Größe

$$L_E = 427\,(c_v)_e^z (T_z - T_e)\,.$$

Für die Verdichtung wird die absolute Arbeit

$$L_C = 427\,(c_v)_0^c (T_c - T_0)$$

aufgewendet, so daß die nutzbare Arbeit $L = L_E - L_C$ wird.

$$\eta_{\text{th}} = \frac{L}{L_0} = \frac{(c_v)_e^z (T_z - T_e) - (c_v)_0^c (T_c - T_0)}{(c_v)_c^z (T_z - T_c)}\,.$$

Unter Berücksichtigung der veränderlichen spezifischen Wärme erhält Seiliger für die Verpuffungsmaschine:

$$\eta_{\text{th}} = \left[1 - \frac{1}{\varepsilon^{k-1}}\right] \cdot \left[1 - \frac{B \cdot T}{2} (\lambda + 1)\right],$$

worin b = Temperaturbeiwert der spezifischen Wärme, $\lambda = \frac{p_z}{p_c}$ = Verhältnis des Verbrennungsdruckes zum Verdichtungsenddruck.

Gleichdruckmaschine (Abb. 26). Die spezifische Wärme werde zunächst wieder als unveränderlich angenommen.

Die Volldruckarbeit hat — auf 1 kg bezogen — die Größe:

$$L_f = p_z (v_f - v_c)$$

oder, mit

$$p_z \cdot v_f = R \cdot T_z\,; \qquad p_z \cdot v_c = R \cdot T_c$$

$$L_f = R (T_z - T_c) \text{ in mkg}\,;$$

Ausdehnungsarbeit in mkg:

$$L_e = 427 \cdot c_v (T_z - T_e)\,;$$

Verdichtungsarbeit in mkg:

$$L_c = 427 \cdot c_v (T_c - T_a)\,.$$

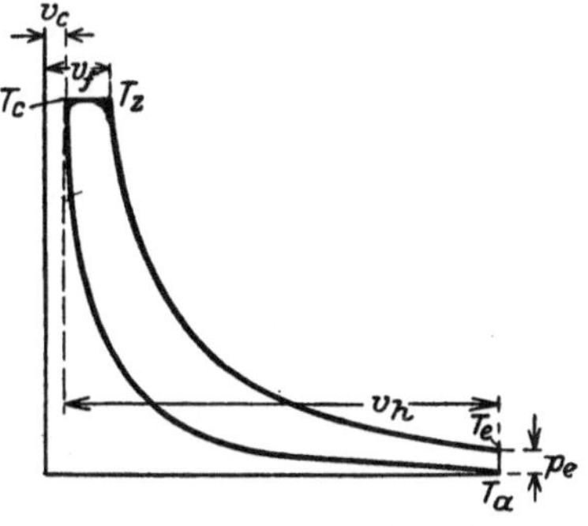

Abb. 26.
Diagramm einer Gleichdruckmaschine.

Die bei der Verbrennung unter konstantem Druck zugeführte Wärmemenge ist

$$Q_p = c_p (T_z - T_c),$$

$$\eta_{\text{th}} = \frac{\frac{R}{427}(T_z - T_c) + c_v[T_z - T_e - (T_c - T_a)]}{c_p (T_z - T_c)}$$

$$= \frac{R}{427\,c_p} + \frac{1}{k} \cdot \frac{T_z - T_e - (T_c - T_a)}{T_z - T_c}$$

Mit

$$\frac{R}{427\,c_p} = \frac{k-1}{k} \quad \text{wird} \quad \eta_{\text{th}} = 1 - \frac{1}{k} \cdot \frac{T_e - T_a}{T_z - T_c}\,.$$

Ist

$$\varepsilon = \frac{v_h + v_c}{v_c} = \text{Verdichtungsverhältnis}, \qquad \delta = \frac{v_f}{v_c},$$

so wird bei adiabatischer Zustandsänderung:

$$\frac{T_c}{T_a} = \varepsilon^{k-1}, \quad \frac{T_z}{T_e} = \left(\frac{\varepsilon}{\delta}\right)^{k-1}.$$

Bei der Erwärmung unter konstantem Druck ist $\frac{T_z}{T_c} = \delta$, und es folgt:

$$\eta_{\text{th}} = 1 - \frac{1}{k} \frac{T_a}{T_c} \cdot \frac{\frac{T_e}{T_a} - 1}{\frac{T_z}{T_c} - 1},$$

$$\frac{T_e}{T_a} = \frac{T_c}{T_a} \cdot \frac{T_e}{T_z} \cdot \frac{T_z}{T_c} = \delta^k,$$

$$\eta_{\text{th}} = 1 - \frac{T_a}{T_c} \cdot \frac{\delta^k - 1}{k(\delta - 1)} = 1 - \frac{1}{\varepsilon^{k-1}} \cdot \frac{\delta^k - 1}{k(\delta - 1)}.$$

Auf Grund der Arbeitsgleichungen und mit Bezug auf das spezifische Volumen von 1 kg Ladung findet sich:

$$L_0 = \frac{Q_p}{A} = \frac{c_p \cdot p_z}{A \cdot R} \cdot (v_f - v_c) = \frac{k}{k-1} \cdot p_z (v_f - v_c).$$

Volldruck- und Ausdehnungsarbeit:

$$L_f + L_e = p_z (v_f - v_c) + \frac{p_z \cdot v_f}{k-1} \left(1 - \frac{1}{\varphi^{k-1}}\right),$$

$$\varphi = \text{Ausdehnungsverhältnis} = \frac{v_c + v_h}{v_f}$$

Verdichtungsarbeit:

$$L_c = \frac{p_z \cdot v_c}{k-1} \left(1 - \frac{1}{\varepsilon^{k-1}}\right).$$

Wirkliche Wärmearbeit:

$$L = \left[p_z (v_f - v_c) + \frac{p_z \cdot v_f}{k-1} \left(1 - \frac{1}{\varphi^{k-1}}\right)\right] - \frac{p_z \cdot v_c}{k-1} \left(1 - \frac{1}{\varepsilon^{k-1}}\right).$$

Die Division dieses Ausdruckes durch $L_0 = \frac{Q_p}{A}$ ergibt:

$$\eta_{\text{th}} = 1 - \frac{1}{\varepsilon^{k-1}} \cdot \frac{\delta^k - 1}{k(\delta - 1)}.$$

Unter Zugrundelegung der veränderlichen spezifischen Wärmen folgt:

$$\eta_{\text{th}} = \frac{\frac{R}{427}(T_z - T_c) + (Q_v)_z^e - (Q_v)_a^c}{Q_p}.$$

Hierin ist:

$$(Q_v)_z^e = c_{vz}^{\,e}(T_z - T_e), \quad (Q_v)_a^c = c_{va}^{\,c}(T_c - T_a), \quad Q_p = c_{pc}^{\,z}(T_z - T_c).$$

Seiliger erhält (vgl. S. 31):

$$\eta_{\text{th}} = \left[1 - \frac{1}{\varepsilon^{k-1}} \cdot \frac{\delta^k - 1}{k(\delta - 1)}\right] \cdot \left[1 - \frac{BT}{2}(\delta^k + 1)\right].$$

In Abb. 27 ist ein Dieselprozeß wiedergegeben, bei dem auf die Verdichtung zunächst eine Verbrennung bei konstantem Volumen und dann erst Verbrennung bei konstantem Druck folgt[1]). Sind Q_1 und Q_2 die hierbei erhaltenen Wärmemengen, Q_3 die von den Abgasen fortgeführte Wärmemenge, so wird der Wirkungsgrad

$$\eta_{\text{th}} = \frac{Q_1 + Q_2 - Q_3}{Q_1 + Q_2} = 1 - \frac{Q_3}{Q_1 + Q_2}.$$

Nun ist:

$$Q_1 = c_v(T_z - T_c)\,; \qquad Q_2 = c_p(T_z' - T_z)\,; \qquad Q_3 = c_v(T_e - T_a)\,,$$

sonach

$$\eta_{\text{th}} = 1 - \frac{T_e - T_a}{T_z - T_c + k(T_z' - T_z)}.$$

Mit $\frac{p_z}{p_c} = \lambda$ wird nach der Gleichung für die Verdichtungsadiabate:

$$T_c = \left(\frac{v_h + v_c}{v_c}\right)^{k-1} \cdot T_a = \varepsilon^{k-1} \cdot T_a\,,$$

$$T_z = \lambda \cdot T_c = \lambda \cdot \varepsilon^{k-1} \cdot T_a\,,$$

$$T_z' = \frac{v_f}{v_c} \cdot T_z = \delta \cdot T_z = \delta \cdot \lambda\, \varepsilon^{k-1} \cdot T_a.$$

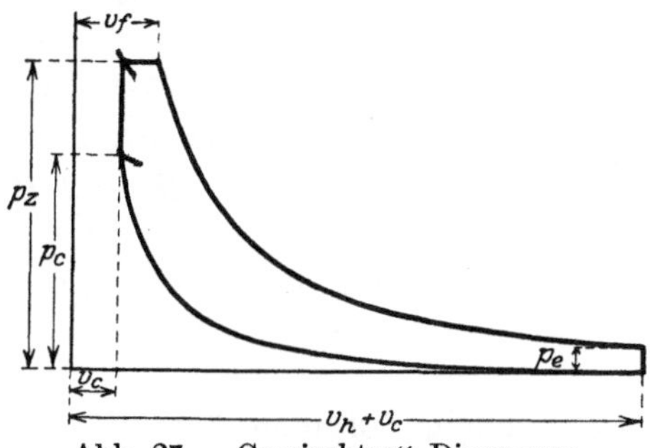

Abb. 27. „Gemischtes“ Diagramm.

Nach der Gleichung für die Ausdehnungsadiabate wird:

$$T_e = T_z'\left(\frac{v_f}{v_h + v_c}\right)^{k-1} = T_z'\left(\frac{\delta}{\varepsilon}\right)^{k-1} = \delta^k \cdot \lambda \cdot T_a.$$

Mit diesen Werten wird:

$$\eta_{\text{th}} = 1 - \frac{1}{\varepsilon^{k-1}} \cdot \frac{\delta^k \cdot \lambda - 1}{\lambda - 1 + k\lambda \cdot (\delta - 1)}.$$

Liegen Beginn und Schluß des Brennstoffeintrittes unveränderlich fest, so zeigt sich an ausgeführten Maschinen, daß $\lambda = \frac{p_z}{p_c} \geqq 1$ mit der Zunahme der Kolbengeschwindigkeit wächst. In derselben Maschine nimmt bei Vergrößerung der Kolbengeschwindigkeit, d. h. der Umlaufzahl, der Verbrennungsdruck beispielsweise von 30 bis 32 at auf 36 bis 37 at zu. δ hängt von der Belastung der Maschine, d. h. von der Größe der „Füllung“ ab. Die Formel für η_{th} zeigt, daß der Wirkungsgrad des Prozesses mit Vergrößerung von δ und λ abnimmt.

Diagramme nach Abb. 27 zeigen die kompressorlosen Dieselmaschinen mit Strahl-Einspritzung.

Beispiel. Es ist der thermische Wirkungsgrad einer verlustlosen Gasmaschine zu berechnen, die mit einem Anthrazitgas von der aus Zahlentafel 1 ersichtlichen Zusammensetzung arbeitet. Mischungsverhältnis 1 : 5,4, entsprechend einer Mischung von 1 kg Gas mit 2 kg Luft.

Zahlentafel betreffend Frischgas.

	Zusammensetzung in		m	$(v) \cdot m$	B	$(v) \cdot B$	R	$g \cdot R$
	Raumteilen	Gewichtteilen						
H_2	0,242	0,022	2	0,484	1	0,242	423,93	9,300
CH_4	0,020	0,014	16	0,320	10	0,200	52,99	0,741
CO	0,166	0,208	28	4,648	1	0,166	30,28	6,302
CO_2	0,113	0,222	44	4,972	5	0,565	19,27	4,280
N_2	0,459	0,576	28	12,852	1	0,459	30,28	17,410
	1,000	1,042		23,276		1,632		$\frac{\Sigma g \cdot R}{G} = 36{,}5 = R_g$

[1]) Seiliger: Z. V. d. I. 1911, S. 627.

Spezifisches Gewicht $\gamma = 1{,}042$ kg/m³; spezifisches Volumen 0,96 m³/kg; $R_g = 36{,}5$.

$$m \cdot c_v = 4{,}67 \cdot (1 + 1{,}632 \cdot 225 \cdot 10^{-6} \cdot T)\,,$$

$$R_g = \frac{848}{m} = \frac{848}{23{,}28} = 36{,}43\,.$$

Theoretischer Luftbedarf:

$$\frac{100}{23{,}2} \cdot (0{,}022 \cdot 8 + 0{,}014 \cdot 4 + 0{,}208 \cdot 0{,}57) = 1{,}51 \text{ kg/m}^3\,,$$

$$L = \frac{1{,}51}{1{,}042} = 1{,}45 \text{ kg/kg}\,.$$

Heizwert H_u:

$$0{,}022 \cdot 28\,800 + 0{,}208 \cdot 2440 + 0{,}014 \cdot 11\,910 = 1308 \text{ kcal/m}^3\,,$$

$$\frac{1308}{1{,}042} = 1255 \text{ kcal/kg}\,.$$

Gaskonstante des Gemisches:

$$R_G = \frac{R_g + 2\,R_e}{G} = \frac{36{,}5 + 2 \cdot 29{,}24}{3} = 31{,}7\,.$$

Spezifisches Volumen des Gemisches:

$$V_G = \frac{0{,}96 + 2 \cdot 0{,}77}{3} = 0{,}83 \text{ m}^3/\text{kg} \quad \text{mit} \quad \frac{1}{1{,}3} = 0{,}77 \text{ m}^3/\text{kg}$$

spezifischem Volumen der Luft.

Verbrennungsrückstände:

$$H_2O \quad (0{,}022 \cdot 9 + 0{,}014 \cdot 2{,}25) \cdot \frac{1}{1{,}042} = 0{,}22 \text{ kg}\,,$$

$$CO_2 \quad (0{,}222 + 0{,}208 \cdot 1{,}57 + 0{,}014 \cdot 2{,}75) \cdot \frac{1}{1{,}042} = 0{,}563 \text{ kg}\,,$$

$$N \quad \frac{0{,}576}{1{,}042} + 2 \cdot 0{,}77 = 2{,}093 \text{ kg}\,,$$

$$O \quad (2 - 1{,}45) \cdot \frac{23{,}2}{100} = 0{,}128 \text{ kg}\,.$$

Zahlentafel betreffend Verbrennungsrückstände.

	Gewichtteile	γ	R	$g \cdot R$	1 m³ enthält kg	1 m³ enthält m³
H_2O	0,22	0,804	47,10	10,362	0,095	0,118
CO_2	0,563	1,964	19,27	10,849	0,243	0,123
N	2,093	1,250	30,28	63,40	0,902	0,721
O	0,128	1,429	26,50	3,39	0,055	0,038
	3,004			$\frac{\Sigma g \cdot R}{G} = 29{,}3$	1,295	1,000

Spezifisches Volumen der Verbrennungsrückstände:

$$V_r = \frac{R_r \cdot V_g}{R_G} = \frac{29{,}3 \cdot 0{,}83}{31{,}7} = 0{,}77 \text{ m}^3/\text{kg}\,.$$

Zahlentafel betreffend 1 m³ Verbrennungsrückstände.

	(v)	m	m · (v)	B	B · (v)
H_2O	0,118	18	2,124	4	0,472
CO_2	0,123	44	5,412	5	0,615
N	0,721	28	20,188	1	0,721
O	0,038	32	1,216	1	0,038
	1,000		m = 28,940		1,846

$$m \cdot c_v = 4{,}67\,(1 + 1{,}846 \cdot 225 \cdot 10^{-6} \cdot T)\,,$$
$$c_v = 0{,}161 + 0{,}000066 \cdot T,$$
$$c_p = c_v + A \cdot R = c_v + \frac{29{,}3}{427}\,.$$

Mit jedem Saughub der Gasmaschine treten 1 kg Frischgas von 1255 kcal Heizwert und 2 kg Verbrennungsluft in den Zylinder ein mit dem Volumen $0{,}96 + 2 \cdot 0{,}77 = 2{,}5\ \mathrm{m}^3$. Bei $\varepsilon = 7$ = Verdichtungsgrad hat der mit Rückständen angefüllte Verbrennungsraum die Größe $\frac{2{,}5}{6} = 0{,}416\ \mathrm{m}^3$; er enthält 0,54 kg Rückstände. Das Gesamtgewicht der Ladung beträgt sonach 3,54 kg mit $\frac{1255}{3{,}54} = 354$ kcal/kg Heizwert. Bei Beginn der Verdichtung besteht das Gemisch aus folgenden Bestandteilen:

$$\begin{aligned}
H:&\ 0{,}242 \cdot 0{,}96 = 0{,}232\ \mathrm{m}^3\\
CH_4:&\ 0{,}020 \cdot 0{,}96 = 0{,}019\ \mathrm{m}^3\\
CO:&\ 0{,}166 \cdot 0{,}96 = 0{,}159\ \mathrm{m}^3\\
CO_2:&\ 0{,}113 \cdot 0{,}96 + 0{,}123 \cdot 0{,}416 = 0{,}160\ \mathrm{m}^3\\
N:&\ 0{,}459 \cdot 0{,}96 + 0{,}721 \cdot 0{,}416 + 2 \cdot 0{,}79 \cdot 0{,}77 = 1{,}958\ \mathrm{m}^3\\
O:&\ 0{,}038 \cdot 0{,}416 + 2 \cdot 0{,}21 \cdot 0{,}77 = 0{,}339\ \mathrm{m}^3\\
H_2O:&\ 0{,}118 \cdot 0{,}416 = 0{,}049\ \mathrm{m}^3\\
&\overline{2{,}916\ \mathrm{m}^3}
\end{aligned}$$

Spezifisches Gewicht: 1,214 kg/m³; spezifisches Volumen: 0,824 m³/kg.

Zahlentafel betreffend 1 m³ Gemisch.

	(v)	m	(v) · m	B	(v) · B
H	0,08	2	0,16	1	0,08
CH_4	0,0065	16	0,10	10	0,065
CO	0,0546	28	1,53	1	0,0546
CO_2	0,055	44	2,42	5	0,275
N	0,671	28	18,79	1	0,671
O	0,1162	32	3,72	1	0,1162
H_2O	0,0167	18	0,30	4	0,0668
	1,0000		27,02		1,3286

$$R = \frac{848}{27{,}02} = 31{,}4$$

$$m\,c_v = 4{,}67\,(1 + 1{,}33 \cdot 225 \cdot 10^{-6}\,T),$$
$$c_v = \frac{4{,}67}{27{,}02}(1 + 1{,}33 \cdot 225 \cdot 10^{-6}\,T) = 0{,}173 + 51{,}7 \cdot 10^{-6} \cdot T.$$
$$k = \frac{c_p}{c_v} = 1 + \frac{1{,}985}{m \cdot c_v} = 1 + \frac{1{,}985}{4{,}67\,(1 + 1{,}33 \cdot 225 \cdot 10^{-6}\,T)} = k_0 - \alpha\,T = 1{,}425 - 0{,}0001\,T$$

für das frische Gemisch,

$$k = 1 + \frac{1{,}985}{4{,}67\,(1 + 1{,}846 \cdot 225 \cdot 10^{-6} \cdot T)} = k_0 - \alpha\,T = 1{,}425 - 0{,}000096\,T$$

für Verbrennungsrückstände[1]).

---

[1]) $$k' = 1 + \frac{1{,}985}{4{,}67 + 4{,}67 \cdot 225 \cdot 1{,}33 \cdot 10^{-6} \cdot 600} = 1{,}36 \text{ für Gemisch von } 600°;$$
$$\frac{1{,}425 - 1{,}36}{600} = 0{,}0001 = \alpha \text{ für Gemisch,}$$
$$k' = 1 + \frac{1{,}985}{4{,}67 + 4{,}67 \cdot 225 \cdot 1{,}846 \cdot 10^{-6} \cdot 2000} = 1{,}232 \text{ für Verbrennungsrückstände von } 2000°\,,$$
$$k_0 = 1{,}425 \text{ für } 0°; \qquad \frac{k_0 - k'}{2000} = \frac{0{,}193}{2000} = 0{,}96 \cdot 10^{-4} = \alpha \text{ für Rückstände.}$$

Verdichtung, $T_0 = 285°$ abs. angenommen:

$$\frac{T_0}{T_c} = \left(1 - \frac{\alpha \cdot T_0}{k_0 - 1}\right) \cdot \frac{1}{\varepsilon^{k_0 - 1}} + \frac{\alpha \cdot T_0}{k_0 - 1} = \left(1 - \frac{0{,}0001 \cdot 285}{0{,}425}\right) \cdot \frac{1}{7^{0{,}425}} + \frac{0{,}0001 \cdot 285}{0{,}425},$$

$$\frac{T_0}{T_c} = 0{,}471; \qquad T_c = 605°.$$

Verdichtungsdruck mit $p_0 = 1$ at abs.:

$$p_c = p_0 \cdot \varepsilon \cdot \frac{T_c}{T_0} = \frac{7}{0{,}471} = 14{,}8 \text{ at abs.}$$

Wärmearbeit des Verdichtungshubes

$$(Q)_0^c = c_{vm} \cdot T_c - c_{vm} \cdot T_0$$

$$= \left(0{,}173 + \frac{0{,}0000517}{2} \cdot 605\right) \cdot 605 - \left(0{,}173 + \frac{0{,}0000517}{2} \cdot 285\right) \cdot 285 = 62{,}7 \text{ kcal.}$$

Verbrennung.

$$(Q)_c^z = 354 \text{ kcal/kg} = c_{vm} \cdot T_z - c_{vm} \cdot T_c$$

$$= (0{,}161 + 0{,}000033\, T_z) \cdot T_z - (0{,}161 + 0{,}000033 \cdot 605) \cdot 605$$

$$0{,}161\, T_z + 0{,}000033\, T_z^2 = 354 + 109{,}5 = 463{,}5 \text{ kcal.}$$

$$T_z = 2032°; \qquad p_z = 14{,}8 \cdot \frac{2032}{605} = 49{,}7 \text{ at abs.}$$

Ausdehnung. Endtemperatur T_e folgt aus:

$$\frac{T_z}{T_e} = \left(1 - \frac{\alpha \cdot T_z}{k_0 - 1}\right) \cdot \varepsilon^{k_0 - 1} + \frac{\alpha \cdot T_z}{k_0 - 1}$$

$$= \left(1 - \frac{0{,}000096 \cdot 2032}{0{,}425}\right) \cdot 7^{0{,}425} + \frac{0{,}000096 \cdot 2032}{0{,}425} = 0{,}541 \cdot 2{,}286 + 0{,}459 = 1{,}7,$$

$$T_e = \frac{2032}{1{,}7} = 1195°.$$

Ausdehnungsenddruck:

$$\frac{p_e}{p_z} = \frac{T_e}{\varepsilon \cdot T_z} = \frac{1195}{7 \cdot 2032} = 0{,}084; \qquad p_e = 0{,}084 \cdot 49{,}7 = 4{,}17 \text{ at abs.}$$

Wärmewert der Ausdehnungsarbeit:

$$(Q)_e^z = c_{vm} \cdot T_z - c_{vm} \cdot T_e$$

$$= (0{,}161 + 0{,}000033 \cdot 2032) \cdot 2032 - (0{,}161 + 0{,}000033 \cdot 1195) \cdot 1195$$

$$= 463{,}3 - 239{,}0 = 224{,}3 \text{ kcal.}$$

Wirkungsgrad der verlustlosen Maschine:

$$\eta_{\text{th}} = \frac{(Q)_e^z - (Q)_0^c}{Q_1}$$

$$\eta_{\text{th}} = \frac{224{,}3 - 62{,}7}{354} = \frac{161{,}6}{354} = 45{,}7\,\%.$$

Der theoretische Gasverbrauch wird mit $C = \dfrac{632{,}3}{\eta_{\text{th}} \cdot H_u}$ und $H_u = 1300$ kcal/m³

$$C = \frac{632{,}3}{0{,}457} = 1{,}064 \text{ m}^3/\text{PS}_e\text{h}.$$

Beispiel. In einer Dieselmaschine werde Paraffinöl verwendet mit 85 % C, 12 % H, 3 % Restbestandteilen (N und O), $H_u = 9700$ kcal/kg. Verdichtungsverhältnis $\varepsilon = 15$, Luftüberschuß $m = 1{,}8$, Temperatur bei Beginn der Verdichtung $T_0 = 285°$.

Die zur Verbrennung erforderliche theoretische Luftmenge berechnet sich nach S.15 zu:

$$4{,}31\,(0{,}12 \cdot 8 + 0{,}85 \cdot \tfrac{8}{3}) = 13{,}92 \text{ kg/kg}.$$

Wirkliche Luftmenge:

$$1{,}8 \cdot 13{,}92 = 25{,}06 \text{ kg/kg}.$$

Verbrennungsrückstände:

$$\begin{array}{ll} H_2O & 0{,}12 \cdot 9 = 1{,}08 \text{ kg}, \\ CO_2 & 0{,}85 \cdot 3{,}67 = 3{,}12 \text{ kg}, \\ N & 13{,}92 \cdot 0{,}768 = 10{,}69 \text{ kg}, \\ \text{Luft} & 25{,}06 - 13{,}92 = 11{,}14 \text{ kg}. \end{array}$$

Zahlentafel betreffend Verbrennungsrückstände.

	kg	$\frac{1}{\gamma} = v$	(v)	m	$m \cdot (v)$	B	$B \cdot (v)$	Zahl der kg/Mol
H_2O	1,08	1,244	1,344	18	24,19	4	5,376	0,06
CO_2	3,12	0,509	1,588	44	69,87	5	7,940	0,071
N	10,69	0,800	8,552	28	239,46	1	8,552	0,382
Luft	11,14	0,773	8,611	29	249,72	1	8,611	0,384
	26,03		20,095		583,24		30,479	0,897

$$\frac{\Sigma m \cdot (v)}{\Sigma (v)} = \frac{583{,}24}{20{,}095} = 29 = m\,; \qquad R = \frac{848}{29} \cong 29.$$

$$B = \frac{\Sigma B \cdot (v)}{\Sigma (v)} = \frac{30{,}48}{20{,}1} = 1{,}52.$$

„Wärmetönung" auf 1 kg/Mol $= \dfrac{9700}{0{,}897} = 10\,800$ kcal.

$$m \cdot c_v = 4{,}67\,(1 + 1{,}52 \cdot 225 \cdot 10^{-6} \cdot T) \text{ für Verbrennungsrückstände.}$$

$$c_v = 0{,}16\,(1 + 1{,}52 \cdot 225 \cdot 10^{-6} \cdot T).$$

$$m \cdot c_v = 4{,}67\,(1 + 225 \cdot 10^{-6} \cdot T) \text{ für Luft.}$$

$$c_v = 0{,}16\,(1 + 0{,}000225 \cdot T).$$

$$k = 1 + \frac{1{,}985}{4{,}67\,(1 + 1{,}52 \cdot 225 \cdot 10^{-6} \cdot T)} \text{ für Verbrennungsrückstände.}$$

$$k = 1 + \frac{1{,}985}{4{,}67\,(1 + 225 \cdot 10^{-6} \cdot T)} \text{ für Luft.}$$

$$k = k_0 - \alpha T = 1{,}425 - 0{,}88 \cdot 10^{-4} \cdot T \text{ für Verbrennungsrückstände,}$$

$$k = 1{,}425 - 0{,}81 \cdot 10^{-4} \cdot T \text{ für Luft}^{1)}.$$

---

1) $k' = 1 + \dfrac{1{,}985}{4{,}67 + 4{,}67 \cdot 225 \cdot 1{,}52 \cdot 10^{-6} \cdot 2000} = 1{,}250$ für Gase bei 2000°.

$k_0 = 1{,}425$ für 0°; $\dfrac{k_0 - k'}{2000} = \dfrac{0{,}175}{2000} = 0{,}88 \cdot 10^{-4}$.

$k' = 1 + \dfrac{1{,}985}{4{,}67 + 4{,}67 \cdot 225 \cdot 10^{-6} \cdot 800} = 1{,}360$ für Luft von 800°.

$\dfrac{k_0 - k'}{800} = \dfrac{0{,}065}{800} = 0{,}81 \cdot 10^{-4}$.

Wärmemenge $Q_p = \frac{9700}{26{,}03} \cong 373$ kcal/kg. Es werde angenommen, daß während der Verdichtung nur Luft im Zylinder sei. Anfangstemperatur der Ladung $T_0 = 285°$.

Verdichtung.

$$\frac{T_0}{T_c} = \left(1 - \frac{\alpha \cdot T_0}{k_0 - 1}\right) \cdot \frac{1}{\varepsilon^{k_0 - 1}} + \frac{\alpha \cdot T_0}{k_0 - 1} = \left(1 - \frac{0{,}81 \cdot 10^{-4} \cdot 285}{0{,}425}\right) \cdot \frac{1}{15^{0{,}425}} + \frac{0{,}81 \cdot 10^{-4} \cdot 285}{0{,}425}$$

$$= 0{,}946 \cdot 0{,}316 + 0{,}054 = 0{,}352\,,$$

$$\frac{T_0}{T_c} = 0{,}352\,; \qquad T_c = 810°.$$

Verdichtungsenddruck:

$$p_c = \frac{15}{0{,}352} = 42{,}6 \text{ at abs}.$$

Verdichtungsarbeit:

$$(Q)_0^c = c_{vm} \cdot T_c - c_{vm} \cdot T_0 = 0{,}16\left(1 + \frac{225 \cdot 10^{-6} \cdot 810}{2}\right) 810$$

$$- 0{,}16\left(1 + \frac{225 \cdot 10^{-6} \cdot 285}{2} \cdot\right) 285 = 94{,}33.$$

Verbrennung.

$$c_p = c_v + \frac{1{,}985}{m} = 0{,}16\,(1 + 1{,}52 \cdot 225 \cdot 10^{-6} \cdot T) + \frac{1{,}985}{29} = 0{,}228 + 0{,}547 \cdot 10^{-4} \cdot T.$$

$$Q_p = 373 \text{ kcal/kg} = c_{pm} \cdot T_z - c_{pm} \cdot T_c = (0{,}228 \cdot T_z + 0{,}273 \cdot 10^{-4} \cdot T_z^2)$$

$$- (0{,}228 \cdot 810 + 0{,}273 \cdot 10^{-4} \cdot 810^2)\,;$$

$$0{,}0000273 \cdot T_z^2 + 0{,}228 \cdot T_z = 373 + 202{,}6 = 575{,}6\,;$$

$$T_z^2 + 8351\, T_z = 21\,084\,200\,,$$

$$T_z = 2031°.$$

Raumzunahme während der Verbrennung:

$$\frac{T_z}{T_c} = 2{,}51.$$

„Füllung“:

$$\frac{2{,}51 - 1}{15 - 1} = 0{,}108 = 10{,}8\%.$$

Ausdehnungsverhältnis der Gase von Füllungsende bis Hubende:

$$\frac{v_e}{v_z} = \frac{15}{2{,}51} = 6.$$

Ausdehnung.

$$\frac{T_z}{T_e} = \left(1 - \frac{\alpha \cdot T_z}{k_0 - 1}\right) \cdot \left(\frac{v_e}{v_z}\right)^{k_0 - 1} + \frac{\alpha \cdot T_z}{k_0 - 1} = \left(1 - \frac{0{,}88 \cdot 10^{-4} \cdot 2031}{0{,}425}\right) \cdot 6^{0{,}425} + \frac{0{,}88 \cdot 10^{-4} \cdot 2031}{0{,}425}$$

$$= 0{,}58 \cdot 2{,}14 + 0{,}42 = 1{,}66.$$

$$T_e = \frac{2031}{1{,}66} = 1223°.$$

Ausdehnungsenddruck:

$$p_e = p_z \cdot \frac{T_e}{T_z} \cdot \frac{v_z}{v_e} = 42{,}6 \cdot \frac{1223}{2031} \cdot \frac{1}{6} = 4{,}28 \text{ at}.$$

Ausdehnungsarbeit:

$$(Q)_e^z = c_{vm}\cdot T_z - c_{vm}\cdot T_e = 0{,}16\left(1+\frac{1{,}52\cdot 225\cdot 10^{-6}}{2}\cdot T_z\right)\cdot T_z$$

$$-\,0{,}16\left(1+\frac{1{,}52\cdot 225\cdot 10^{-6}}{2}\cdot T_e\right)\cdot T_e = 437{,}68 - 236{,}58 = 201{,}10\,\text{kcal}.$$

Thermischer Wirkungsgrad:

$$\eta_{\text{th}} = \frac{\frac{R}{427}(T_z - T_c) + (Q)_e^z - (Q)_0^c}{Q_p} = \frac{\frac{29}{427}(2031-810) + 201{,}10 - 94{,}33}{373} = 0{,}51\,.$$

4. Wirkungsgrade, Brennstoffverbrauch, Berechnung der Leistung.

In Abb. 28 und 29 sind die Sankey-Diagramme der im vorhergehenden Kapitel behandelten verlustlosen Maschine und der ausgeführten Maschine gegenübergestellt. Die zur Erzeugung der Arbeit erforderliche Wärmezufuhr ist durch kreuzweise

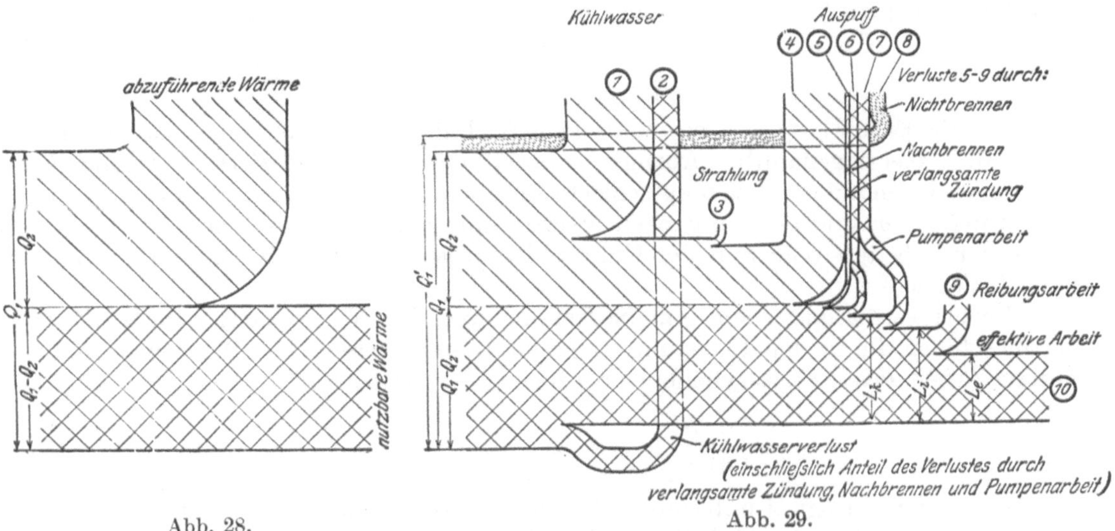

Abb. 28. Abb. 29.
Sankey-Diagramme der verlustlosen und ausgeführten Gasmaschine.

Schraffen wiedergegeben. Von der im theoretischen Prozeß, der ohne Kühlung arbeitet, mit den Auspuffgasen abziehenden Wärmemenge Q_2 wird im praktischen Prozeß ein Teil (1) durch das Kühlwasser und durch Strahlung (3) entzogen, der Rest (4) geht mit den Auspuffgasen ab. Als Folge des Nichtbrennens von Gasen, die sich der Ausnutzung in der Gasmaschine entziehen, ist für die nutzbare Arbeit $Q_1 - Q_2$ eine Wärmemenge $Q_1' > Q_1$ zuzuführen. Die nutzbare Wärmemenge wird in der ausgeführten Maschine über den theoretisch notwendigen Betrag hinaus verringert durch

a) Kühlwasserverluste (2) und b) Auspuffverluste infolge Nachbrennens und verlangsamter Zündung. $L_k - L_i$ stellt den Ansaugeverlust durch Drosselung, $L_i - L_e$ den Verlust durch Reibungsarbeit dar.

Diese Verluste — mit Ausnahme des letztgenannten — verkleinern das *pv*-Diagramm der ausgeführten Maschine gegenüber dem theoretischen Diagramm, wie Abb. 21 zeigt. Das Verhältnis der Diagrammflächen, also auch der mittleren Drucke, gibt den „Gütegrad" η_g an, der erkennen läßt, wie weit sich der ausgeführte Prozeß dem theoretischen nähert. Die genaue Ermittlung des Gütegrades unter Berücksichtigung der veränderlichen spezifischen Wärme macht eine Berechnung nach S. 33 oder die Abbildung des Diagramms der vollkommenen Maschine im Entropiediagramm nötig (siehe S. 58).

Der „indizierte“ Wirkungsgrad $\eta_i = \eta_g \cdot \eta_{th}$ kennzeichnet den in indizierte Arbeit umgewandelten Teil der zugeführten Wärmemenge Q_1.

$$\eta_i = \frac{A\,L_i}{Q_1} = \frac{A\,L_i}{C \cdot H_u},$$

wenn C = Brennstoffverbrauch in kg/PS$_i$h, H_u = unterer Heizwert des Brennstoffes.

Der Wärmewert von 1 PSh beträgt $60 \cdot 60 \cdot 75 \cdot A = \frac{270\,000}{427} = 632{,}3$ kcal, somit wird:

$$\eta_i = \frac{632{,}3\,N_i}{C \cdot H_u}.$$

Der „mechanische“ Wirkungsgrad berücksichtigt die mechanischen Verluste durch die Reibung und die hydraulischen Verluste durch die Strömung in der Maschine und gibt das Verhältnis der effektiven, von der Welle abgegebenen Arbeit zur indizierten Arbeit an:

$$\eta_m = \frac{L_e}{L_i}.$$

Für die Ermittlung des mechanischen Wirkungsgrades schreiben die Normen des V. d. I. das sogenannte „Abzugsverfahren“ vor: „Als indizierte Leistung der Maschine oder indizierte Leistung schlechthin gilt der Unterschied zwischen den im ganzen erzeugten und den im ganzen hiervon innerhalb der Maschine verbrauchten indizierten Arbeiten, oder kurz der Unterschied zwischen der positiven und der negativen Leistung.“

Hierbei werden also nicht nur die Reibungsverluste N_r, sondern z. B. bei Zweitaktmaschinen die in den Ladepumpenzylindern indizierte Arbeit N_p von der indizierten Arbeit des Arbeitszylinders abgezogen. Es wird:

$$\eta_m = \frac{N_e}{N_i - N_p}; \qquad N_e = N_i - N_r - N_p.$$

Dieser Wirkungsgrad unterscheidet sonach zwischen „indizierter Arbeit des Zylinders“ und „indizierter Arbeit der Maschine“ und setzt nur die mechanischen Verluste in Rechnung. In erster Linie nur für die mit direktem Antrieb der Ladepumpen arbeitenden Zweitaktgasmaschinen bestimmt, läßt das Abzugsverfahren bei Hauptmaschinen mit unabhängig betriebenen Hilfsmaschinen, wie sie sich namentlich im Schiffsbetrieb finden, verschiedene Deutung zu.

Ohne Berücksichtigung des Abzugsverfahrens kann η_m auf zwei Arten berechnet werden, die im Ergebnis nahezu übereinstimmen. Man setzt entweder

$$\eta_m = \frac{N_e - N_{pe}}{N_i} \quad \text{oder} \quad \eta_m = \frac{N_e}{N_i + N_{pi}}.$$

Bei der ersteren Berechnungsweise wird sonach die effektive Pumpenarbeit von der effektiven Leistung der Hauptmaschine abgezogen, bei der zweiten Berechnungsweise die indizierte Arbeit der Pumpenantriebsmaschine der indizierten Leistung der Hauptmaschine hinzuaddiert. In beiden Fällen ist der Brennstoffverbrauch der Hilfsmaschine der Hauptmaschine anzurechnen.

Der „wirtschaftliche“ Wirkungsgrad faßt die vorstehend aufgeführten

Wirkungsgrade zusammen und gibt den in effektive Arbeit umgesetzten Teil der zugeführten Wärme an:

$$\eta_w = \eta_{\text{th}} \cdot \eta_g \cdot \eta_m = \eta_i \cdot \eta_m = \frac{632{,}3 \cdot N_e}{H_u \cdot C}\,.$$

Der „volumetrische“ oder räumliche Wirkungsgrad gibt das Verhältnis des während des Saughubes wirklich angesaugten Gewichtes von Luft oder Gemisch zu dem Fassungsvermögen des Hubraumes wieder:

$$\eta_v = \frac{G}{v_h \cdot \gamma}\,.$$

Hierin bezieht sich γ auf den Zustand der Luft oder des Gemisches vor Eintritt in den Zylinder.

Daß $G < v_h \cdot \gamma$ ist, ist auf die Ausdehnung der Verbrennungsrückstände (am Ende des Auspuffhubes) vom Auspuffdruck auf die Saugspannung sowie auf die Verminderung des Ladegewichtes durch die Erhöhung der Temperatur und den Unterdruck während des Ansaugens zurückzuführen.

Für die Beurteilung der Maschine ist in letzter Linie maßgebend der wirtschaftliche Wirkungsgrad, dessen Höhe vom thermischen und mechanischen Wirkungsgrad sowie vom Gütegrad bestimmt wird.

Wie im vorhergehenden Kapitel festgestellt wurde, ist der thermische Wirkungsgrad vom Verdichtungsgrad und vom Luftgehalt der Ladung abhängig. Beiden Mitteln zur Steigerung von η_{th} — Zunahme der Verdichtung und des Luftgehaltes der Ladung — sind praktisch Grenzen gezogen. Der Verdichtungsenddruck wird bei Gasmaschinen durch die Gefahr der Selbstzündung des Gemisches begrenzt, wobei namentlich die bedeutende Einwirkung der Anfangstemperatur auf die Endtemperatur der Verdichtung zu beachten ist. Von Einfluß ist weiterhin die Größe der kühlenden Flächen. In kleineren Maschinen mit im Verhältnis zum Arbeitsraum großen Kühlflächen ist eine höhere Verdichtung möglich als in größeren Maschinen, wenn in diesen nicht — wie bei doppeltwirkenden Viertaktmaschinen mit oben und unten im Zylinderscheitel liegenden Ventilen — das Gemisch zum großen Teil in dünner Schicht zwischen Deckel und wassergekühltem Kolben lagert.

Abschwächung des Gemisches wirkt nicht nur günstig durch Vergrößerung des Exponenten k in der Gleichung für η_{th}, sondern auch dadurch, daß hohe Verdichtung ermöglicht wird infolge Erhöhung der Entzündungstemperatur. Außerdem wird auch bei unvollkommener Mischung jedes Brennstoffteilchen eher den zu seiner Verbrennung erforderlichen Sauerstoff finden. Die Verteilung der Verbrennungswärme auf eine größere Gasmenge verringert die Höchsttemperatur und damit die an das Kühlwasser übergehende Wärmemenge. Andererseits nimmt mit zunehmender Verdünnung des Gemisches die von der Verdichtungsendtemperatur abhängige Zündgeschwindigkeit ab, es tritt unter Umständen Nachbrennen ein. Die Diagrammspitze wird unter entsprechender Verkleinerung der Diagrammfläche abgerundet. Zwischen beiden Umständen — Verringerung der Kühlwasserverluste, Verkleinerung der Diagrammfläche — muß deshalb zur Erzielung günstigster Wirkungsweise vermittelt werden, wobei auch der Einfluß des Diagramms auf die Ruhe des Ganges zu beachten ist. In Abb. 30 sind Diagramme Nägelscher Versuche an einer kleinen Generatorgasmaschine ($N_e = 4$ PS) dargestellt; als Abszisse ist dasjenige Gemischvolumen aufgetragen, das einem unteren Heizwert $H_u = 1200$ kcal entspricht[1]). Die Ordinaten geben den Wärmeverbrauch für 1 PS_eh an. Das Diagramm der Versuchsreihe 147 ergibt mit dem Verdichtungsverhältnis $\varepsilon = 6{,}58$ und starkem Luftüberschuß geringeren Verbrauch als Diagramm 143 mit Spitzenbildung.

---

[1]) Nägel, A.: Versuche an der Gasmaschine über den Einfluß des Mischungsverhältnisses. Mitt. über Forschungsarbeiten. Heft 54.

Die Diagramme 148 und besonders 149 in Abb. 30 zeigen die Nachteile zu weitgehender Gemischverdünnung. Die Entzündung geht langsam und bei wachsendem Volumen vor sich. Das Gemisch brennt während der Expansion nach, so daß Auspufftemperatur und Wärmeabfuhr an das Kühlwasser erhöht werden. Dadurch wird die untere Grenze der Verdünnung festgelegt, die obere wird durch die Rücksicht auf den Gang der Maschine bestimmt. „Spitze" Diagramme verursachen leicht harten, stoßenden Gang der Maschine. Die Zahlentafel S. 105 gibt günstige Werte für Verdichtung und Mischungsverhältnis an.

Die Mittel zur Verbesserung des Gütegrades und des mechanischen Wirkungsgrades lassen sich zum Teil mit dem Bestreben, günstigen thermischen Wirkungsgrad zu erhalten, nicht vereinigen. Aus Abb. 29 gehen die Umstände hervor, die den Gütegrad verringern. Die Verluste durch Nachbrennen werden durch reicheres Gemisch, die Verluste durch die Kühlung durch Verkleinerung der kühlenden Flächen im Verhältnis zum Hubraum verringert, was aber wieder niedrigeren Verdichtungsenddruck bedingt. Abschwächung des Gemisches führt zu niedrigeren mittleren Drucken, also zu einem stärkeren Einfluß der Reibungsarbeit und damit zu einer Senkung des mechanischen Wirkungsgrades, der auch — wie unten folgt — durch höhere Verdichtung beeinträchtigt wird.

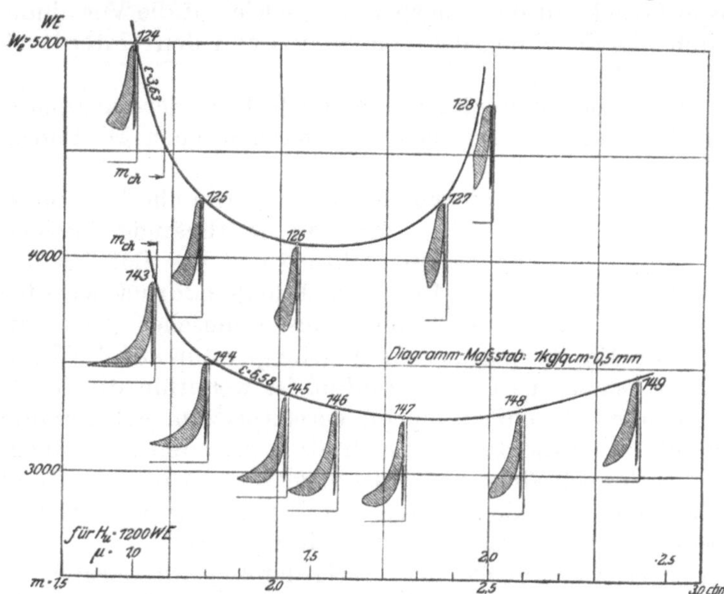

Abb. 30. Wärmeverbrauch bei verschiedenen Mischverhältnissen.

Der Gütegrad wird meist — wie das auch in Abb. 37 der Fall ist — auf einen verlustlosen Prozeß mit konstanter spezifischer Wärme bezogen. Bei Veränderlichkeit der letzteren nimmt die im verlustlosen Prozeß geleistete Arbeit so stark ab, der Gütegrad so zu, daß seine wesentliche Verbesserung kaum noch zu erhoffen ist. So fand Eugen Meyer, daß bei derartigem Vergleich der Gütegrad einmal 66,54, bzw. 65,50, das andere Mal 89,05, bzw. 83,03 betrug, wobei nach den Werten von Mallard-Lechatelier gerechnet worden war. (Zeitschr. des V. d. I. 1902, S. 1305.)

Während bei Dampfmaschinen der mechanische Wirkungsgrad annähernd

$$\eta_m = \frac{N_i - N_L}{N_i} = \frac{p_i - p_L}{p_i}$$

gesetzt werden kann, worin N_L = Leerlaufarbeit, ist diese Berechnungsart für Gasmaschinen unzulässig, da nach Versuchen eines Ausschusses (Bericht in Z. V. d. I. 1908, S. 997) dieser „scheinbare" mechanische Wirkungsgrad wesentlich von dem durch Abbremsen ermittelten richtigen Verhältnis $\frac{N_e}{N_i}$ abweicht.

Zur rechnerischen Feststellung des mechanischen Wirkungsgrades dient die Gleichung

$$p_i = p_L + m \cdot p_e ,$$

worin der Beiwert m die „zusätzliche Reibungsarbeit" bezeichnet, die bei stärkerer Belastung der Maschine infolge der durch größere Höhe oder längere Dauer der höheren Arbeitsdrucke verursachten Zunahme der Reibung zu der Leerlaufarbeit hinzukommt.

In Abb. 31 und 32 sind die Ergebnisse bezüglicher Versuche an einer doppeltwirkenden 1200 PS_e-Viertaktgasmaschine und an einer einfachwirkenden 120 PS_e-Viertaktgasmaschine wiedergegeben. Wie ersichtlich, ist bei ersterer Maschine, Abb. 31 entsprechend, eine Abnahme, bei der zweiten Maschine eine Zunahme der zusätzlichen Reibung festgestellt worden. Im übrigen ist Abnahme der Zusatzreibung eine häufig zu findende Erscheinung, wie sich aus den weiteren Abb. 33[1]) und 34 ergibt.

Bei der 1200 PS-Maschine ist die Widerstandsarbeit $N_r = N_i - N_e$ kleiner als die Leerlaufarbeit N_L, ebenso ist der „scheinbare Wirkungsgrad" $\frac{N_i - N_L}{N_i}$ kleiner als der richtige Wirkungsgrad $\frac{N_e}{N_i}$. Umgekehrt verhielt sich die mit veränderlicher Verdichtung arbeitende 120 PS-Körtingmaschine, was damit erklärt wird, daß der Einfluß der mit der Belastung zunehmenden Verdichtung die Abnahme der Reibungsverluste überwiegt, die der höheren Temperatur bei größerer Belastung zugeschrieben wird.

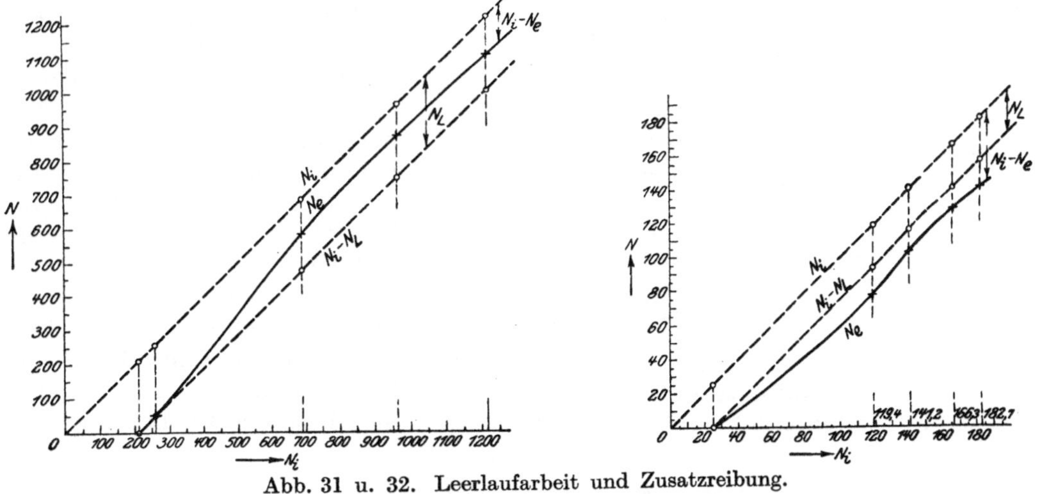

Abb. 31 u. 32. Leerlaufarbeit und Zusatzreibung.

Die Versuche zeigten starke Abhängigkeit von der Kühlwassertemperatur, mit deren Abnahme die Reibungsarbeit infolge verschlechterter Schmierung zunimmt.

Abb. 33 und 34 enthalten Ergebnisse weiterer Versuche.

Bei Viertaktmaschinen bleiben bei Änderung der Belastung die hauptsächlich durch die Massendrucke verursachten Reibungsarbeiten während des Auspuff- und Saughubes und — bei Maschinen mit Gemischregelung — auch während des Verdichtungshubes konstant, so daß sich nur die Druckverteilung während des Ausdehnungshubes ändert, auf die aber die Massendrucke ausgleichend einwirken. Von bedeutendem Einfluß ist die Kolbenreibung, die oft entscheidend den mechanischen Wirkungsgrad beeinflußt, wobei die Reibung des die Ringe tragenden und des als Kreuzkopf dienenden Teiles des Kolbens zu unterscheiden ist. Der die Ringe tragende Teil wird kegelig ausgeführt — siehe S. 304 — damit seine Wandungen auch bei stärkster Erwärmung infolge Überlastung der Maschine die Laufbuchse nicht berühren. Hier kommt also nur die Reibung der Ringe in Betracht. die als konstant anzusehen ist, wenn auch die bei größeren Belastungen vorhandenen höheren Arbeitsdrucke den Gasdruck hinter den Ringen vergrößern. Hierüber s. S. 309. Ähnliche Verhältnisse liegen

[1]) Münzinger: Untersuchungen an einem 15 PS MAN-Dieselmotor. Z. V. d. I. 1914, S. 1049.

bei Großgasmaschinen vor, wo der Kolben im Zylinder frei schwebt. Ausschlaggebend ist meist die Reibung des Kreuzkopfteiles. Diesem wird — da die Kolbenringe infolge der Trennung vom Kolbenkörper die in diesen vom Boden her eingeleitete Wärme nur zum Teil an die gekühlten Wandungen der Laufbuchse übertragen — ein mit der Belastung wachsender Betrag an Wärme zugeführt, so daß sein Durchmesser und unter Umständen seine Reibung zunehmen, besonders wenn die Wärmestauung verursachenden und Weiterleitung der Wärmemengen hindernden Augen der Kolbenbolzen näher dem Kolbenboden liegen. Zunahme der Reibung bleibt nur dann aus, wenn die Laufbuchse sich stärker als der Kolben ausdehnt, was durch die mit der Belastung zunehmende Kühlwassertemperatur, die auch die Schmierung verbessert, bewirkt werden kann, in höherem Maße aber von dem Übergang der Kolbenwärme auf die Laufbuchsenwand abhängt. Von großem Einfluß auf den mechanischen Wirkungsgrad ist die Höhe der Verdichtung. Die

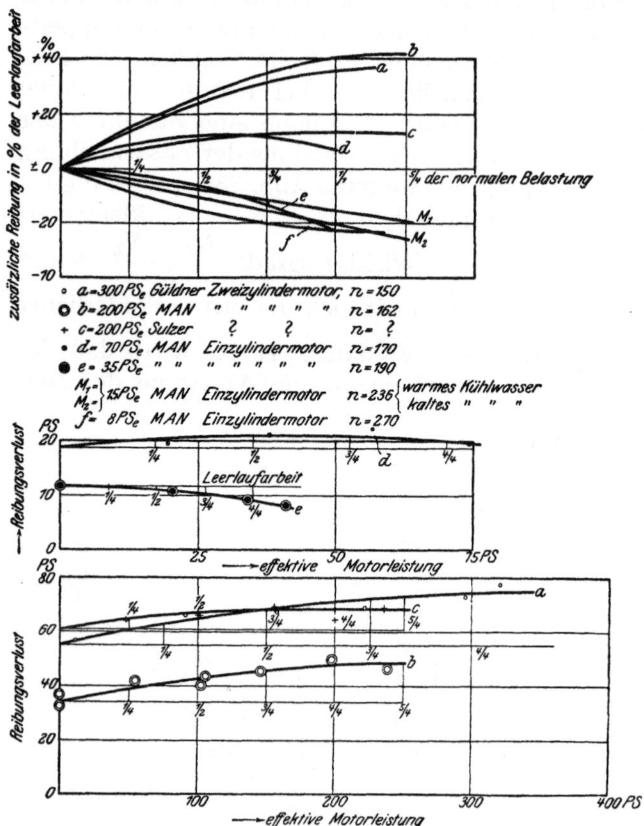

Abb. 33. Reibungsverlust bei verschiedenen Belastungen.

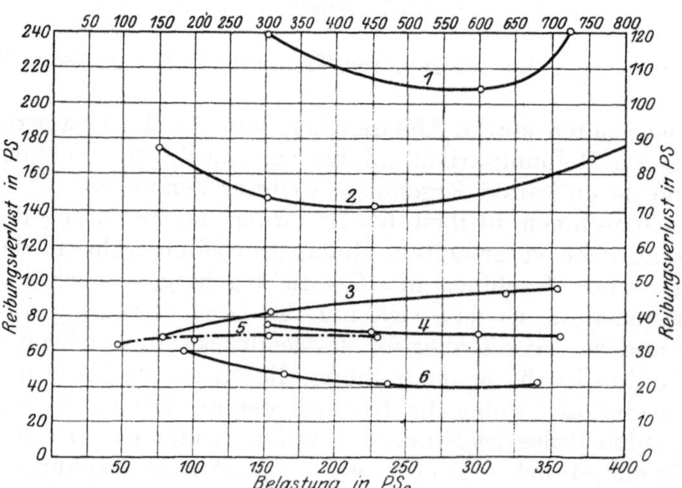

Abb. 34. Reibungsverluste bei verschiedenen Belastungen.

1. 300 PS-Zweizylinder-Körtingmotor:	D = 495 mm,	s = 850 mm,	n = 165 Uml./min.
2. 600 PS-Vierzylinder-Körtingmotor:	D = 495 mm,	s = 850 mm,	n = 165 Uml./min.
3. 325 PS-Vierzylinder-MAN-Motor:	D = 425 mm,	s = 600 mm,	n = 165 Uml./min.
4. 300 PS-Zweizylinder-Güldnermotor:	D = 535 mm,	s = 700 mm,	n = 150 Uml./min.
5. 200 PS-Dreizylinder-Sulzermotor:	D = 420 mm,	s = 620 mm,	n = 190 Uml./min.
6. 300 PS-Zweizylinder-Güldnermotor:	wie unter 4.		

absolute bis zur Nullinie reichende Ausdehnungsarbeit, der der mittlere Druck p_{abs} entspricht, dient zur Leistung der auf diesen Hub entfallenden Arbeit des Widerstandes und der Leerlaufarbeit. Der in das Schwungrad gehende Arbeitsüberschuß hat während der drei folgenden Hübe die Widerstands- und Leerlaufarbeit, außerdem die Auspuff-, Saug- und Verdichtungsarbeit, sämtlich bis zur Nullinie gerechnet, zu leisten (Abb. 35). Es ist $p_{abs} = p_L + m \cdot p_e$; $p_e = \frac{p_{abs} - p_L}{m}$ = absoluter, effektiver Druck des Arbeitshubes. Zur Leistung der Auspuffarbeit hat das Schwungrad eine dem mittleren Druck

$$p_{na} = p_L + m \cdot p_a$$

entsprechende Arbeit zu leisten, worin p_a = abs. Auspuffdruck.

In gleicher Weise findet sich für das Ansaugen die absolute Arbeit:

$$p_{ns} = p_L - m \cdot p_s ,$$

für die Verdichtung:

$$p_{nc} = p_L + m \cdot p_c .$$

Mit den Bezeichnungen in Abb. 35 wird sonach der mittlere negative Druck

$$p_{neg} = 3\,p_L + m(p_c + p_a - p_s) .$$

Der mittlere Druck p_i der gesamten indizierten Leistung hat die Größe

$$p_i = p_{abs} - (p_a - p_s) - p_c .$$

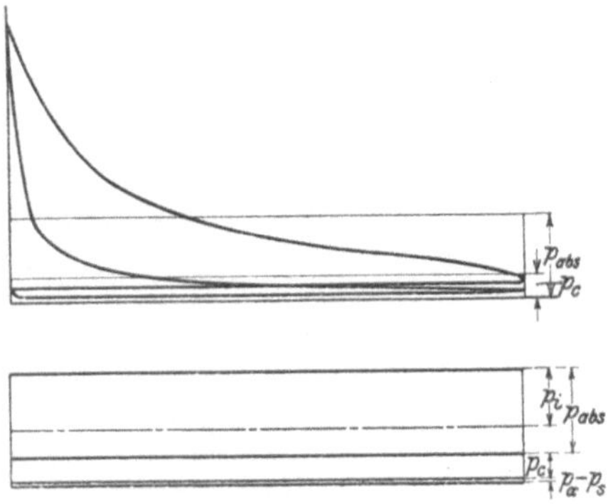

Abb. 35. Bestimmung des mechanischen Wirkungsgrades.

Mittlerer Druck der effektiven Arbeit:

$$p_{eff} = p_e - 3\,p_L - m(p_c + p_a - p_s) = \frac{p_{abs} - p_L}{m} - 3\,p_L - m(p_c + p_a - p_s) .$$

Mechanischer Wirkungsgrad:

$$\eta_{mech} = \frac{p_{eff}}{p_i} = \frac{p_{abs} - p_L - 3\,m\,p_L - m^2(p_c + p_a - p_s)}{m(p_{abs} - p_a + p_s - p_c)} .$$

Die Gleichung zeigt, daß mit zunehmender Verdichtung der mechanische Wirkungsgrad abnimmt, wobei darauf hingewiesen ist, daß es sich hierbei um Vergleich von Diagrammen handeln soll, die nur bezüglich des Verdichtungsgrades Unterschiede aufweisen.

Bei Maschinen mit Füllungsregelung nimmt mit sinkender Belastung der Saugwiderstand $(p_{at} - p_s)$ zu, dafür aber die Verdichtungsarbeit ab. Im gleichen Falle wird bei Dieselmaschinen infolge Abnahme des Einblasedruckes die Arbeit des Verdichters verringert.

Ergebnisse von Versuchen mit verschiedenen Verdichtungsgraden an derselben Dieselmaschine, in der Friedr. Krupp Germaniawerft angestellt, sind in Abb. 36 wiedergegeben, die die Verringerung des Verbrauches mit abnehmender Verdichtung erkennen läßt. Die Zunahme des mechanischen Wirkungsgrades in Verbindung mit dem geringeren Wärmeverlust an das Kühlwasser infolge der niedrigeren Temperaturen kommt mehr zur Geltung als die Abnahme des thermischen Wirkungsgrades. Höhere Verdichtung, die Gewicht und Preis der Maschine steigert, ist jedoch nötig, weil auch bei niedrigen Außentemperaturen und bei Verwendung von Schwerölen sichere Zündung beim Anfahren der kalten Maschine gewährleistet sein muß.

Beispiel. Bestimmung des mechanischen Wirkungsgrades einer Kleingasmaschine von 200 mm Zyl.-Dmr., 320 mm Hub, $n = 240$ Uml./min. Diagramm nach Abb. 35

mit $p_{\text{abs}} = 8{,}18$ at, $p_c = 2{,}52$ at, $p_a - p_s = 0{,}2$ at. Leerlaufarbeit $N_L = 2\,\text{PS}_i$, $m = 1{,}1$ geschätzt.

$$O = \frac{20^2\,\pi}{4} = 314\,\text{cm}^2, \quad c_m = \frac{240 \cdot 0{,}32}{30} = 2{,}56\,\text{m/sek}, \quad p_L = \frac{N_L \cdot 75}{O \cdot c_m} = 0{,}187\,\text{kg/cm}^2,$$

$$\eta = \frac{p_{\text{abs}} - p_L - 3\,m\,p_L - m^2(p_c + p_a - p_s)}{m(p_{\text{abs}} - p_c - p_a + p_s)}$$

$$= \frac{8{,}18 - 0{,}187 - 3{,}3 \cdot 0{,}187 - 1{,}21\,(2{,}52 + 0{,}2)}{1{,}1\,(8{,}18 - 2{,}52 - 0{,}2)} = 0{,}68 = 68\%.$$

In Zahlentafel 4 sind Werte der verschiedenen Wirkungsgrade wiedergegeben.

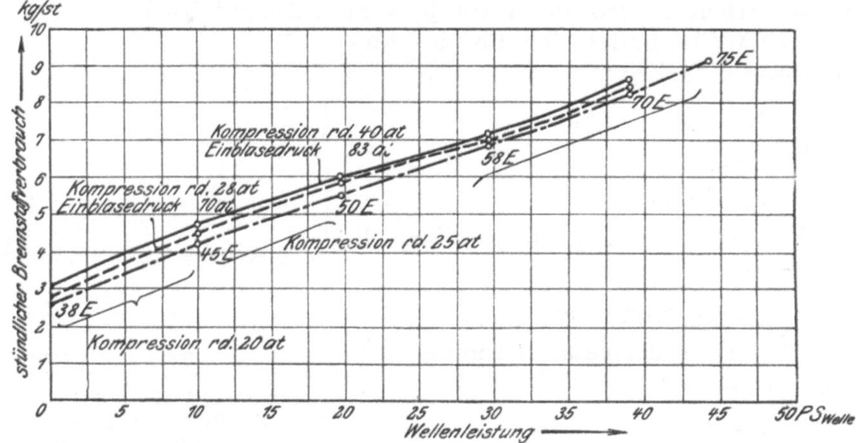

Abb. 36. Brennstoffverbrauch von Dieselmaschinen bei verschiedenen Verdichtungsgraden.

Berechnung der Hauptabmessungen. Im folgenden bedeuten:

$O = \frac{D^2\pi}{4}$ die Kolbenfläche in cm², p_m = mittlerer indizierter Druck,

s = Hub in cm, $p_e = \eta_m \cdot p_m$ = effektiver mittlerer Druck,

n = Uml./min, $V_h = \frac{s}{10} \cdot \frac{O}{100}$ = Hubraum in dcm³.

Mittlere Kolbengeschwindigkeit $c_m = \frac{n \cdot s}{30 \cdot 100}$ m/sek.

Die Arbeit während eines Verdichtungs- und Verbrennungshubes hat (bei Vernachlässigung der Ansauge- und Auspuffwiderstände) die Größe

$$O \cdot p_e \cdot \frac{s}{100} \text{ in kgm;}$$

Arbeit einer Viertaktmaschine je Minute:

$$O \cdot p_e \cdot \frac{s}{100} \cdot \frac{n}{2}\,\text{kgm} = 5\,p_e \cdot n \cdot V_h = 75 \cdot 60 \cdot N_e\,\text{kgm},$$

$$V_h \cdot p_e = 900 \cdot \frac{N_e}{n}.$$

Für eine Zweitaktmaschine würde

$$\alpha \cdot V_h \cdot p_e = 450 \cdot \frac{N_e}{n}.$$

Der Beiwert $\alpha = 0{,}75$ bis $0{,}85$ berücksichtigt den größeren Eigenverbrauch der Zweitaktmaschine. Der mittlere effektive Druck p_e kann in folgender Weise berechnet werden:

In der Minute legt der Kolben den Weg $\frac{2\,n\,s}{100}$ in m zurück, wenn s in cm angegeben ist.

Die während einer Minute von einer Viertaktmaschine geleistete mechanische Arbeit $O \cdot p_e \cdot \frac{n\,s}{200}$ muß dem Arbeitswert der mit dem wirtschaftlichen Wirkungsgrad η_w multiplizierten Wärmemenge Q, die der Maschine in derselben Zeit zugeführt wurde, gleich sein:

$$O \cdot p_e \cdot \frac{n \cdot s}{200} = 427 \cdot \eta_w \cdot Q \text{ mkg}.$$

Diese zugeführte Energie ist dem Volumen $\eta_{\text{vol}} \cdot O \cdot \frac{n \cdot s}{200} \cdot \frac{1}{10\,000}$ (η_{vol} = Liefergrad) der minutlich angesaugten Ladung in m³, multipliziert mit deren Heizwert H_u, gleich:

$$O \cdot p_e \cdot \frac{n \cdot s}{200} = \frac{427 \cdot O \cdot n\,s \cdot H_u \cdot \eta_w \cdot \eta_{\text{vol}}}{10\,000 \cdot 200},$$

$$p_e = \frac{427 \cdot H_u \cdot \eta_w \cdot \eta_{\text{vol}}}{10\,000} = \frac{H_u \cdot \eta_{\text{vol}} \cdot \eta_w}{23{,}4}.$$

Bei flüssigen Brennstoffen bedeutet H_u den unteren Heizwert von 1 kg, auf das Brennstoff-Luftgemisch verteilt, bei Gasen von 1 m³ Gas-Luftgemisch.

Da η_{vol} und η_w mit großer Annäherung geschätzt werden können, so ermöglichen die vorstehenden Gleichungen hinreichend genaue Berechnung der Abmessungen.

Beispiel. Die Abmessungen eines mit Rohöl von 9700 kcal/kg arbeitenden Dieselmotors von 60 PS_e sind zu berechnen. Hubverhältnis $\frac{s}{D} = 1{,}5$, $n = 180$ Uml./min gewählt. Öl von der Zusammensetzung des auf S. 37 behandelten Beispiels erfordert theoretisch 13,92 kg/kg Verbrennungsluft; bei $m = 1{,}8$ werden 25,06 kg/kg oder $25{,}06 : 1{,}3 = 19{,}3$ m³/m³ Luft zugeführt. Heizwert der Mischung $\frac{9700}{19{,}3} = 500$ kcal/m³. $\eta_{\text{vol}} = 0{,}85$, $\eta_w = 0{,}33$ geschätzt:

$$p_e = \frac{H_u \cdot \eta_{\text{vol}} \cdot \eta_w}{23{,}4} = \frac{500 \cdot 0{,}85 \cdot 0{,}33}{23{,}4} = 6 \text{ at},$$

$$V_h \cdot p_e = 900 \cdot \frac{N_e}{n}; \qquad V_h = \frac{900 \cdot 60}{6 \cdot 180} = 50 = \frac{s}{10} \cdot \frac{D^2 \pi}{4} \cdot \frac{1}{100} \text{ dcm}^3.$$

Mit $s = 1{,}5\,D$ folgt:

$$\frac{\pi \cdot 1{,}5\,D^3}{4 \cdot 1000} = 50,$$

$$D = \sqrt[3]{\frac{50 \cdot 4 \cdot 1000}{\pi \cdot 1{,}5}} \cong 350 \text{ mm}; \qquad s = 525 \text{ mm}.$$

Praktisch würden die Abmessungen etwa 10 bis 20% größer ausgeführt, da die oben zugrunde gelegte Leistung als Höchstleistung anzusehen ist und die Maschine keine Leistungsreserve bieten würde. Für die Nennleistung werden annähernd die nachfolgenden indizierten Mitteldrucke vorgesehen. Für Betrieb mit

Leuchtgas	p_i = 5,0 bis 5,50 at,	Benzin	p_i = 5,0 at,
Kraftgas	p_i = 4,75 at,	Spiritus	p_i = 4,0 at,
Gichtgas	p_i = 4,5 at,	Petroleum	p_i = 4,0 at,
Koksofengas	p_i = 5,0 at,	Dieselmaschinen	p_i = 7,0 at.

Brennstoffverbrauch. Zahlentafel 4 gibt eine Reihe von Verbrauchziffern für die verschiedenen Maschinenarten und Belastungen wieder.

Zahlentafel 4

über Versuche an Öl- und Gasmaschinen bei verschiedenen Belastungen.

1. Dieselmaschine. Stehende Vierzylindermaschine der MAN von 425 mm Zyl.-Dmr., 600 mm Hub.

Belastung		Leerlauf	1/4	1/2	3/4	1
Umlaufzahl in der Min.		164,0	167,8	164,8	164,7	165,8
Mechanischer Wirkungsgrad		—	53,2	66,3	73,1	77
Desgl. nach Abzug der Luftpumpenarbeit		—	64,5	—	79,6	82,4
Indizierte Leistung	PS_i	75,6	146,8	240	330	416
Effektive Leistung	PS_e	—	78	159	241	320
Wärmeverbrauch	kcal/PS_eh	—	2938	2014	1810	1852

Wirtschaftlicher Wirkungsgrad: $\eta_w = \frac{632,3}{1852} = 0,34$ bei Vollast, $\eta_w = 0,31$ bei Halblast.

Gewährleisteter Schmierölverbrauch (wirklicher Verbrauch an frischem Öl): 0,45 kg/h Zylinderöl, 0,23 kg/h Maschinenöl.

Sechszylinder-Zweitaktmaschine von Gebr. Sulzer, Winterthur, von 680 mm Zyl.-Dmr., 960 mm Hub, $n = 138$ Uml./min.

Belastung		12/10	11/10	4/4	3/4	1/2	1/4
Uml./min.		138	138,4	137,8	139	138,9	138,3
Mechanischer Wirkungsgrad	%	72,5	71,5	70,0	64,5	56,2	39,7
Indizierte Leistung	N_i	4966	4627	4287	3511,7	2677	1894
Effektive Leistung	N_e	3597	3308	2999,3	2265	1509	751,5
Wärmeverbrauch	kcal/PS_eh	2066	1930	1880	1930	2120	2780

Wirtschaftlicher Wirkungsgrad $\eta_w = 33,6\%$ bei Vollast, $\eta_w = 30\%$ bei Halblast.

Weitere Angaben über Zweitaktmaschinen s. S. 224, über kompressorlose Dieselmaschinen s. S. 240 u. f.

2. Großgasmaschine des Werkes Nürnberg der MAN von 850 mm Zyl.-Dmr., 1100 mm Hub und 107 Uml./min. Zweizylinder-Tandemmaschine, mit Gichtgas von $\cong$ 800 kcal/m³ arbeitend.

Belastung	PS_e	280	557	871,5	1037	1115	1147	1186
Umlaufzahl i. d. Min.		106	105,8	106,3	106,5	106,1	105,8	106,5
Mech. Wirkungsgrad	%	—	69	76,2	79	82,1	82,6	83,1
Indizierte Leistung	PS_i	—	807	1146	1312	1359	1388	1427
Wärmeverbrauch	kcal/PS_eh	4670	3090	2720	2500	2438	2325	2262

$\eta_w = 0,28$ bei Vollast, $\eta_w = 0,204$ bei Halblast.

3. Kleingasmaschine der Güldner-Motoren-Ges. in Aschaffenburg. 125 PS-Anthrazit-Sauggasanlage von 520 mm Zyl.-Dmr., 780 mm Hub, $n = 150$ Uml./min.

Belastung		1/2	3/4	1
Nutzleistung	PS_e	68,2	94,6	122
Indizierte Leistung	PS_i	—	—	183
Mechanischer Wirkungsgrad	%	—	—	66,6
Anthrazitverbrauch	kg/PS_eh	0,327	0,310	0,283
Wärmeverbrauch	kcal/PS_eh	2616	2480	2264

Heizwert des Anthrazits = 7618 kcal/kg; der Verbrauch ist auf 8000 kcal/kg umgerechnet.

Wirtschaftlicher Wirkungsgrad der Gesamtanlage $\eta_w = 0,242$ bei Halblast, $\eta_w \cong 0,28$ bei Vollast.

4. Glühkopfmaschinen. Siehe S. 136.

Als mittlere Werte des mechanischen und wirtschaftlichen Wirkungsgrades können für Vollast angenommen werden:

	$\eta_m = \frac{N_e}{N_i}$	η_w
Kleine Gasmaschinen	72 bis 74%	22%
Mittelgroße Gasmaschinen	78 bis 82%	26 bis 30%
Großgasmaschinen	80 bis 83%	26 bis 28%
Diesel-Viertaktmaschinen } mittlerer Größe	76 bis 78%	32 bis 34%
Diesel-Zweitaktmaschinen } mittlerer Größe	72 bis 76%	30 bis 32%
Kompressorlose Dieselmaschinen	83 bis 86%	34 bis 37%
Glühkopfmaschinen	74 bis 76%	22 bis 24%

Bei den Garantiezahlen ist zu beachten, daß der untere Heizwert des Gases meist für 760 mm Q.-S. und 0° C angegeben wird und bei höheren Aufstellungsorten und höheren Temperaturen erheblich verringert wird, so daß die Maschine nicht die verlangte

Leistung hergibt. Soll z. B. bei 700 mm Q.-S. und 35° der effektive Heizwert an der Maschine 1000 kcal/m³ betragen, so muß das Gas einen Heizwert von

$$1000 \cdot \frac{760}{700} \cdot \frac{(273 + 35)}{273} \simeq 1225 \text{ kcal/m}^3$$

bezogen auf 760 mm und 0 °C aufweisen.

Hat das Gas Gelegenheit, sich (z. B. in den Reinigern) mit Wasserdampf zu sättigen, so ist außerdem noch der Teildruck dieses Dampfes vom Druck abzuziehen. Im vorstehenden Beispiel würde dieser Teildruck, 35° entsprechend 0,0573 kg/cm² = 42,14 mm Q.-S. betragend, den Druck auf 700 — 42,14 = 657,86 mm verringern und den nötigen Heizwert auf rund 1300 kcal steigern.

Im folgenden wird die Bestimmung des Gütegrades auf zeichnerischem Wege unter Annahme konstanter spezifischer Wärme vorgenommen; der Vergleich zwischen aufgenommenem und theoretischem Diagramm läßt die Verluste klar erkennen. Die Zahlen beziehen sich auf einen Versuch von M. Steffes[1]) an einer Nürnberger Gasmaschine, die mit Gichtgas von H_u = 837 kcal/m³ arbeitete. n = 71,7 Uml./min. Verdichtungsraum: v_c = 0,265 m³, Hubraum v_h = 1,258 m³, Gesamtvolumen $v_a = v_c + v_h$ = 1,523 m³. Die Messungen ergaben: pro Hub angesaugte Luftmenge v_l = 0,840 m³, pro Hub angesaugte Gasmenge: v_g = 0,418 m³, sonach kommen auf 1 m³ Gas 2,01 m³ Luft. Barometerstand, auf Null reduziert, 734 mm Hg $\cong$ 1 kg/cm². Das Frischgas zeigte nach der Analyse folgende Zusammensetzung in Volumprozenten:

CO_2	O_2	CO	H_2	CH_4	N_2	H_2O
12,2	0,0	27,1	3,7	0,2	53,2	3,6

Daraus folgt für das Gemisch (1 m³ Gas + 2,01 m³ Luft):

$$c_p = \frac{0{,}122 \cdot 0{,}412 + 0{,}271 \cdot 0{,}303 + 0{,}037 \cdot 0{,}306 + \cdots + 2{,}01 \cdot 0{,}308}{1 + 2{,}01}$$

$$= \frac{\Sigma v \cdot c_p}{V} = 0{,}316 \text{ kcal/m}^3 .$$

In gleicher Weise folgt c_v = 0,226 kcal/m³ und damit $k = \frac{0{,}316}{0{,}226} = 1{,}40$.

Bei der Aufzeichnung des theoretischen Diagramms nach Abb. 37 ist von p_a = 1,0 at, $T_a = 273 + 22 = 295°$ ausgegangen worden. Durch Aufzeichnung der Adiabate wird p_c = 11,6 at ermittelt:

$$T_c = T_a \cdot \left(\frac{v_a}{v_c}\right)^{k-1}$$

$$= 295\left(\frac{1{,}523}{0{,}265}\right)^{0{,}40} \simeq 590° .$$

Rechnerisch findet sich

$$p_c = p_a \cdot \left(\frac{v_a}{v_c}\right)^k = 1 \cdot \left(\frac{1{,}523}{0{,}265}\right)^{1{,}40}$$

$$= 11{,}6 \text{ at abs} .$$

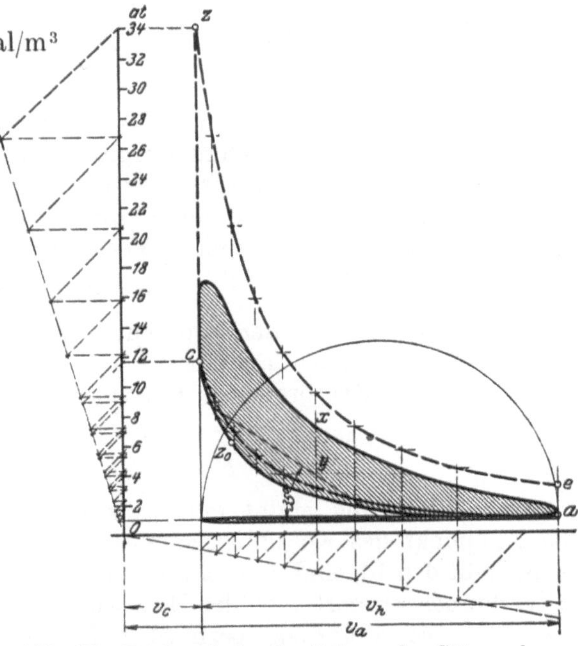

Abb. 37. Zeichnerische Ermittlung des Gütegrades.

[1]) Betriebsversuche an einer Gasgebläsemaschine. Z. V. d. I. 1923, S. 151.

Pro Hub zugeführte Wärmemenge $Q = 0{,}418 \cdot 837 = 350$ kcal.

$$c_v = 0{,}226 \cdot \frac{734}{760} \cdot \frac{273}{295} = 0{,}202\ \text{kcal/m}^3,$$

auf 734 mm Hg und $T = 295°$ bezogen.
Aus

$$Q = (T_z - T_c) \cdot c_v \cdot v_a \quad \text{folgt} \quad T_z = \frac{Q}{c_v \cdot v_a} + T_c = \frac{350}{0{,}202 \cdot 1{,}523} + 590 = 1730°.$$

Da

$$v_z = v_c \quad \text{wird} \quad p_z = p_c \cdot \frac{T_z}{T_c} = 11{,}6 \cdot \frac{1730}{590} = 34{,}0\ \text{kg/cm}^2\ \text{abs}.$$

In gleicher Weise folgt zeichnerisch und rechnerisch $p_e = 3$ at, $T_e = 870°$.

Die Fläche des theoretischen Diagramms hat 36,00 cm², die des wirklichen Diagramms 21,78 cm², demnach Gütegrad:

$$\frac{F_w}{F_{id}} = \eta_g = 0{,}604.$$

Ist der Exponent k berechnet, so läßt sich η_g auch in folgender, einfacher Weise bestimmen (vgl. S. 26):

$$\eta = 1 - \frac{1}{\varepsilon^{k-1}}, \quad \text{mit} \quad \varepsilon = \frac{v_a}{v_c} = 5{,}75 \quad \text{folgt} \quad \eta = 1 - \frac{1}{5{,}75^{0.40}} = 0{,}505.$$

Das aufgenommene Diagramm zeigt einen mittleren Druck $p_m = 3{,}63$ kg/cm², sonach ist je Zylinderseite

$$N_i = \frac{O \cdot ns \cdot p_m}{4 \cdot 30 \cdot 75} = 363{,}75\ \text{PS} \equiv \frac{363{,}75 \cdot 632{,}3}{3600} = 64\ \text{kcal/sek}$$

= theoretisch erforderlicher Wärmemenge.

$$Q = \frac{2 \cdot 0{,}418 \cdot 71{,}7 \cdot 837}{60 \cdot 4} \cong 210\ \text{kcal/sek} = \text{wirklich zugeführter Wärmemenge.}$$

$$\text{Wirtschaftlicher Wirkungsgrad} \quad \eta_w = \frac{64}{210} = 0{,}305,$$

$$\eta_g = \frac{0{,}305}{0{,}505} = 0{,}604 \quad \text{wie oben.}$$

Wie bei den Dampfmaschinen ergibt auch bei den Verbrennungskraftmaschinen die Auftragung des Gesamtverbrauches in Abhängigkeit von der Belastung eine Kurve, die nur wenig von einer auf der Ordinate den Leerlaufverbrauch abschneidenden Geraden abweicht. Der stündliche Verbrauch wird durch die Gleichung

$$V = V_l + b \cdot L$$

wiedergegeben, worin V_l den konstanten Verbrauch, b den zusätzlichen Verbrauch je PSh, L die Belastung darstellt.

Der Brennstoffverbrauch je PSh folgt hieraus zu

$$\frac{V}{L} = \frac{V_l + b \cdot L}{L} = \frac{V_l}{L} + b.$$

Diese Beziehung ergibt eine hyperbolische Verbrauchskurve. Eine Tangente, vom Nullpunkt des Koordinatensystems an die Kurve des Gesamtverbrauches gezogen, stellt den Idealfall dar, daß der Leerlaufverbrauch gleich Null und der Brennstoffverbrauch proportional der Belastung wächst. Diese Tangente gibt im Berührungspunkt den kleinsten, spezifischen Brennstoffverbrauch an. Fallen Kurve und Tangente auf längere Strecke zusammen, so gibt diese die Belastungsgrenzen an, innerhalb denen der spezifische Verbrauch den Mindestwert hat.

5. Das Diagramm.

a) Angaben.

Über den Verlauf der Verbrennungslinie siehe S. 41, 137, 179. Angaben über den Zeitpunkt der Zündung und über die von der Steuerung einzustellenden Ausström- und Ansaugzeiten siehe S. 104, 202.

Die Saugspannung beträgt 0,88 bis 0,95 at abs. für langsam laufende, 0,80 bis 0,85 für rasch laufende Maschinen. Der hieraus folgende Druckunterschied gegenüber dem atmosphärischen Druck dient zur Erzeugung der in den Einlaßorganen herrschenden Geschwindigkeit. Das angesaugte Gemisch erwärmt sich an den heißen Wandungen, wobei sich seine Temperatur auf 50 bis 60° (bis 80°) erhöht. Diese Erwärmung bedeutet bei den Brennstoffgemisch oder Luft ansaugenden Maschinen eine Verringerung des Ladegewichtes und damit der Leistung.

Während des Ausschubes der Verbrennungsrückstände beträgt der Überdruck 0,05 bis 0,15 at, die Temperatur $t = 250$ bis 500° je nach Belastung und Güte der Verbrennung. Über Schwingungen in der Rohrleitung beim Auspuff und Ansaugen siehe S. 103.

Verdichtung und Ausdehnung verlaufen polytropisch, Aufklärung über die Wärmebewegung gibt die Ermittlung des Exponenten n. Ist $n > k$, fällt also die Ausdehnungslinie stärker ab als die Adiabate, so kann die Ursache in starker Wärmeabfuhr an die Wandungen oder auch in Undichtheit von Kolben und Auslaßventilen liegen. Ist $n < k$, d. h. liegt die Ausdehnungslinie oberhalb der Adiabate, so ist dies meist auf Nachbrennen zurückzuführen. Gleichen sich die Wirkungen des Nachbrennens und der Wärmeabfuhr aus, so kann die Ausdehnungslinie zur „scheinbaren Adiabate" werden. Ist bei der Verdichtung $n > k$, so steigt die Verdichtungslinie — z. B. wegen Wärmezufuhr aus den Wandungen — schneller als die Adiabate an.

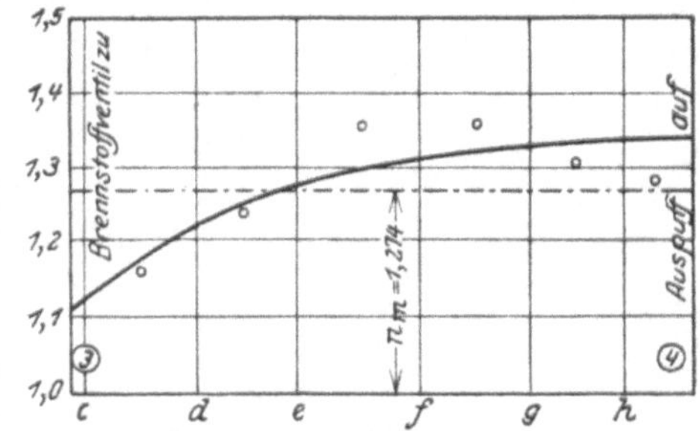

Abb. 38. Werte des Exponenten n bei Dieselmaschinen.

Der Exponent der Verdichtungslinie liegt gewöhnlich in den Grenzen von 1,30 bis 1,38 und kann im Mittel zu 1,35 geschätzt werden. K. Neumann[1]) setzt im Mittel $n = 1,37$ bei Dieselmaschinen. Größere Schwankungen — zwischen 1,2 und 1,7 — finden sich bei der Ausdehnungslinie; als Mittelwert ist bei Gasmaschinen $n = 1,5$ anzunehmen.

Bei Dieselmaschinen stellten Münzinger und Neumann bei der Expansionslinie ein mit dem Hub zunächst zunehmendes n fest, was auf das Nachlassen des Nachbrennens und auf die mit zunehmendem Hub wachsende Größe der Abkühlfläche zurückzuführen ist. Im Mittel findet Neumann $n = 1,27$.

Abb. 38 zeigt die von Neumann gefundenen Werte, die in Zahlentafel 5 wiedergegeben sind.

Zahlentafel 5.
Exponent n der Expansionspolytrope.

Teilstrecke	3 – d	d – e	e – f	f – g	g – h	h – 4
n	1,160	1,238	1,356	1,357	1,302	1,285

Für die Adiabate der verlustlosen Maschine setzt Neumann $k = 1,31$.

---

[1]) Z. V. d. I. 1924, S. 80.

b) Ermittlung des Exponenten.

Logarithmiert man die Gleichung $p_1 v_1^n = p_2 v_2^n =$ konst., so erhält man:

$$n = \frac{\log p_1 - \log p_2}{\log v_2 - \log v_1}.$$

Wird die in vergrößertem Maßstab aufgezeichnete Kurve der Verdichtung oder Ausdehnung in eine Anzahl (5 bis 10) Teilstrecken zerlegt, so kann rechnerisch der Exponent n für das zwischen den Teilordinaten liegende Kurvenstück bestimmt werden (Abb. 45). Da für p und v nur die Verhältnisse maßgebend sind, so können die Strecken in mm aus dem Diagramm entnommen werden. Im Originaldiagramm ist beispielsweise $p_1 = 25$ mm, $p_2 = 20{,}8$ mm, $v_1 = 60$, $v_2 = 70$ mm. Es wird

$$n = \frac{\log 25 - \log 20{,}8}{\log 70 - \log 60} = 1{,}193.$$

Zeichnerisch kann n in folgender Weise ermittelt werden. Für eine unmerklich kleine Zustandsänderung gilt die Beziehung

$$dQ = c_v dT + A p dv,$$

d. h. die zugeführte Wärmemenge wird zur Vergrößerung der fühlbaren Wärme des Gases und für Verrichtung äußerer Arbeit verbraucht. Mit $dQ = 0$ wird $c_v \cdot dT = -A p dv$.

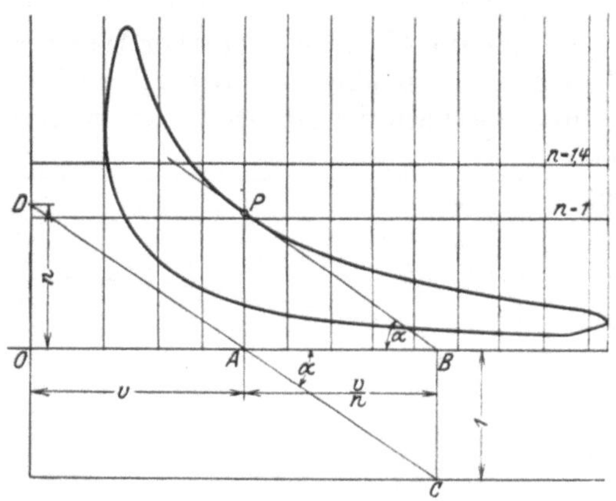

Abb. 39. Ermittlung des Exponenten n.

Wird dT aus dieser Beziehung und aus der Zustandsgleichung $p dv + v dp = R \cdot dT$ eliminiert, so wird

$$-v \cdot dp = p dv\left(1 + \frac{AR}{c_v}\right);$$

$$\frac{dp}{dv} = -\frac{p}{v}\left(1 + \frac{AR}{c_v}\right).$$

Nun ist

$$\frac{AR}{c_v} = k - 1 \quad \text{oder} \quad 1 + \frac{AR}{c_v} = k,$$

sonach

$$\frac{dp}{dv} = -k \cdot \frac{p}{v}$$

Nach Abb. 39 ist

$$\operatorname{tg}\alpha = \frac{-dp}{dv}, \qquad AB = \frac{p}{\operatorname{tg}\alpha}.$$

Mit $\operatorname{tg}\alpha = \frac{kp}{v}$ wird die Subtangente

$$AB = \frac{v}{k}.$$

Ist das Verhältnis $\frac{OA}{AB} = n > k$, so wird bei der Zustandsänderung Wärme abgeführt, sonst zugeführt.

Hiermit ergibt sich folgendes Verfahren zur Feststellung der Veränderlichkeit des Exponenten, wenn $BC = 1$ gewählt wird. Es ist:

$$OD : OA = BC : AB,$$

$$OD : v = 1 : \frac{v}{n},$$

$$OD = n.$$

Abb. 40 und 41 zeigt die Anwendung des Verfahrens auf Diagramme einer Sulzer-Viertaktmaschine von 282 Zyl.-Dmr., 423 mm Hub und 226 Uml./min mit einem Verdichtungsverhältnis von 1 : 14. n_C ist der Exponent der Verdichtungslinie, n_E derjenige der Ausdehnungslinie. Tritt Gleichdruck auf, ist also $p_1 = p_2$ bei $v_2 > v_1$ in der Beziehung $p_1 v_1^n = p_2 v_2^n$, so muß $v_1^n = v_2^n$ sein; es wird $n = 0$, $v_1^n = v_2^n = 1$. Gleichdruck ist auch da vorhanden, wo an die Verbrennungs- oder Ausdehnungslinie eine wagerechte Tangente gelegt werden kann. Die nur geringe Veränderlichkeit von n_C zwischen den Punkten 15 und 5 in Abb. 40 zeigt eine geringe Kühlung des Gemisches während der Verdichtung an, während der Abfall von 5 bis 1 auf gute Kühlung des Verbrennungsraumes zurückzuführen ist. Die Dehnungslinie steigt zunächst von 1 bis 5 steil an, die Höchsttemperatur ist durch den Schnittpunkt der Kurve mit der Isotherme ($n = 1$) bezeichnet. Die hierauf folgende langsame Zunahme von n_E

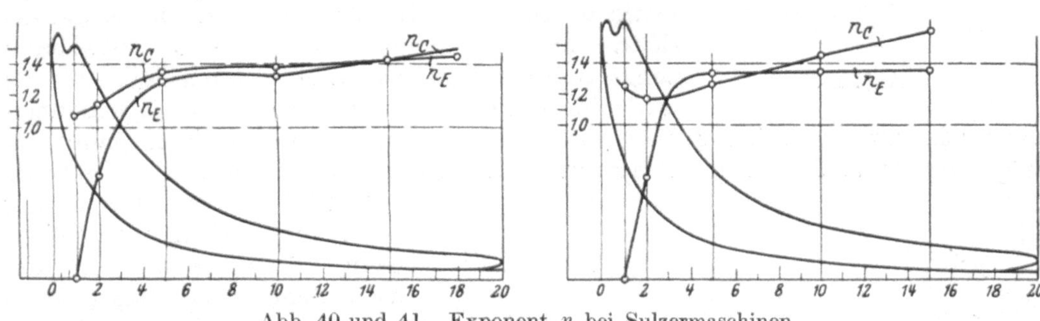

Abb. 40 und 41. Exponent n bei Sulzermaschinen.

ist durch allmähliche Wärmezufuhr durch Nachbrennen bedingt, das erst im Schnittpunkt der Kurve mit der Adiabate aufhört. Abb. 41 gibt ein Indikatordiagramm bei 10 % Überlastung wieder. Infolge der stärkeren Brennstoffzufuhr steigt hier n_E bedeutend schneller an. Luftmangel verursacht Nachbrennen bis zum Ende des Hubes, so daß die n_E-Kurve unter der Adiabate bleibt. Die Verdichtungslinie beginnt höher, da aus den Zylinderwandungen Wärme aufgenommen wird. Die geringe Kühlwirkung des Mantels läßt die Endtemperatur der Verdichtung sehr hoch ansteigen.

c) Diagrammcharakteristik von Leinweber[1]).

Ist von einer Polytrope ein Punkt P_0 und der Exponent n gegeben, so wählt man nach Brauer die Winkel ψ und φ so, daß

$$1 + \operatorname{tg}\psi = (1 + \operatorname{tg}\varphi)^n .$$

Gegen die Senkrechte $P_0 A$ wird unter 45° die Gerade AA' gezogen, gegen die Wagerechte $P_0 D$ in gleicher Weise die Gerade $D'D$. Durch die Lage von A' und D' ist der zweite Punkt P der Polytrope bestimmt usw. (Abb. 42).

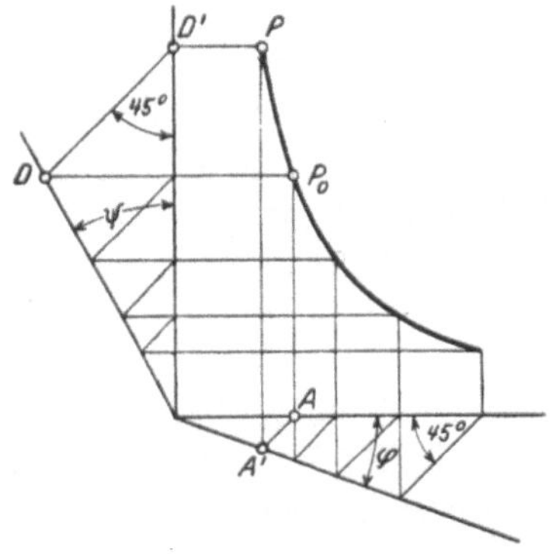

Abb. 42.

Ist die Kurve gegeben und n veränderlich, so wird nunmehr in der Weise vorgegangen, daß von einer senkrechten Teillinie aus mittels den zwischen den Schenkeln des Winkels φ liegenden Dreiecken genau wie oben angegeben die übrigen senkrechten Teillinien aufgezeichnet werden. Die Endpunkte der Wagerechten (Abb. 43), die durch die Schnittpunkte a, b der erwähnten senkrechten Teillinien $a\,c$, $b\,d$ mit der Spannungskurve gelegt werden, liegen nunmehr bei veränderlichem Wert n nicht mehr auf einer Geraden, sondern

[1]) Z. V. d. I. 1913, S. 534 und 1988.

auf einer Kurve, deren Punkte den Winkel ψ angeben, der jeweils der Gleichung $1 + \operatorname{tg}\psi = (1 + \operatorname{tg}\varphi)^n$ genügt. Werden die beiden Geraden mit Winkel ψ für $n = 1$ (Isotherme) und für $n = 1{,}4$ (Adiabate) gezogen, so läßt der Verlauf der entstehenden Kurve gegenüber diesen beiden Geraden Rückschlüsse auf das Verhalten der Maschine zu.

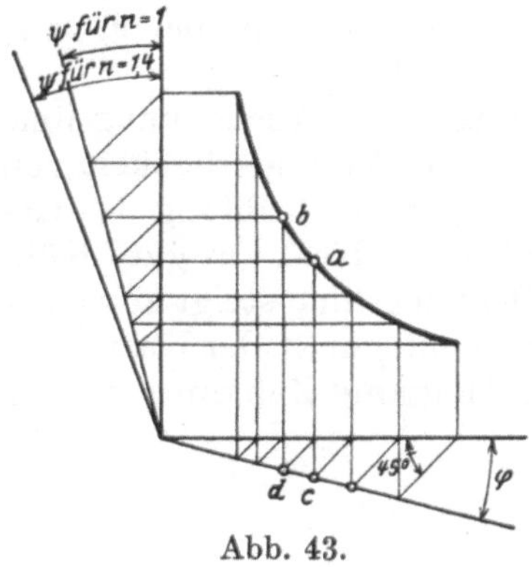

Abb. 43.

Die hiernach aufgezeichneten Charakteristiken ergeben jedoch eine stark verzerrte Darstellung, indem sie gegen den äußeren Totpunkt zu sehr verkürzt, gegen den inneren zu sehr gedehnt verlaufen. Es empfiehlt sich deshalb die Aufzeichnung der Charakteristik mit der Volumenachse als Richtlinie, wobei deren Länge entweder gleich der Hublänge oder gleich der ganzen Erstreckung der Volumenabszisse — Hub + Verbrennungsraum — gesetzt wird. Im ersteren Fall, Abb. 44, wird vom Abszissenpunkt der äußeren Totlage an übertragen; im zweiten Fall wird die genannte Erstreckung vom inneren Totpunkt aus aufgetragen, und der Endpunkt dieser Strecke ist für die Aufzeichnung maßgebend.

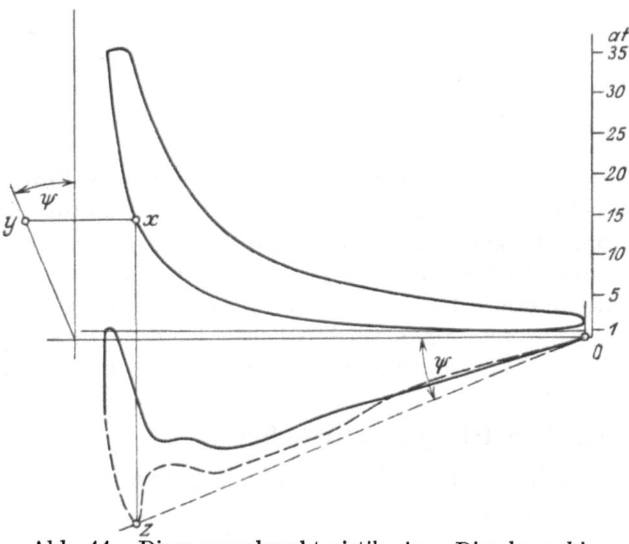

Abb. 44. Diagrammcharakteristik einer Dieselmaschine.

Wird von einem Punkte x der Spannungskurve eine Wagerechte bis zum Schnitt y mit der nach dem zuerst angegebenen Verfahren ermittelten Charakteristik gezogen, so ist damit der von Pol 0 bzw. von der Abszissenachse als Nullschenkel aufzutragende Winkel ψ gegeben. Eine Senkrechte $x\,z$ durch den Punkt x der Spannungskurve gibt die Lage z des zu übertragenden Punktes y der ersten Charakteristik an.

Die ausgezogene Kurve stellt die Charakteristik der Verbrennung und Ausdehnung, die gestrichelte Kurve die der Verdichtung dar. Aus dem Verlauf dieser Charakteristiken gegenüber den (in Abb. 44 nicht eingezeichneten) Schenkeln der von 0 aus abzutragenden Winkel ψ für $n = 1$ und $n = 1{,}4$ läßt sich auf die Wärmebewegung im Zylinder schließen.

d) Temperaturdiagramm.

Ist in einem Punkt des $p\,v$-Diagramms die Temperatur T_1 bekannt, so läßt sich für alle Punkte, in denen Gasgewicht und die Gaskonstante die gleichen sind, die Temperatur berechnen aus der Gleichung

$$T = T_1 \cdot \frac{p}{p_1} \cdot \frac{v}{v_1}.$$

Auch hier können die Strecken p und v in Millimetern aus dem Diagramm entnommen werden. Gewöhnlich wird von der Temperatur $T_1 = 323$ bis 353° bei Beginn der Verdichtung ausgegangen (Abb. 45). Wird in Abb. 46 die Anfangsordinate AF als

Maß der Temperatur T_A gewählt, so wird nach Schüle[1]) die im beliebigen Punkt B herrschende Temperatur T_B ermittelt, indem durch C ein Strahl bis zu der durch B gehenden Senkrechten DE gezogen wird. Beweis:

$$DE:CF = v_B:v_A\,; \qquad DE = \frac{p_B \cdot v_B}{v_A}\,.$$

Da

$$p_B \cdot v_B = \frac{p_A \cdot v_A \cdot T_B}{T_A}\,,$$

so ist

$$DE = \frac{p_A \cdot T_B}{T_A}\,; \qquad DE:p_A = T_B:T_A \quad \text{oder} \quad DE:AF = T_B:T_A\,.$$

Abb. 45 zeigt den Temperaturverlauf in einer Ölmaschine, wobei die Anfangstemperatur der Verdichtung zu $T = 315°$ angenommen ist. Sollen die Temperaturen

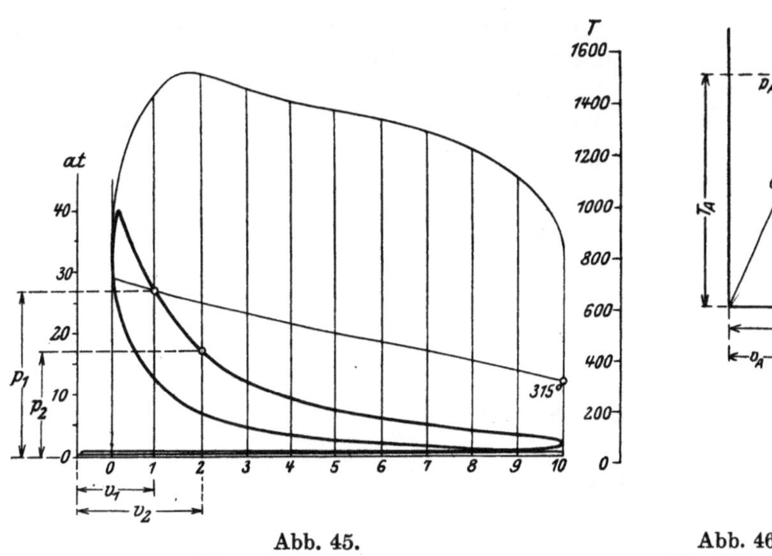

Abb. 45.
Temperaturdiagramm.

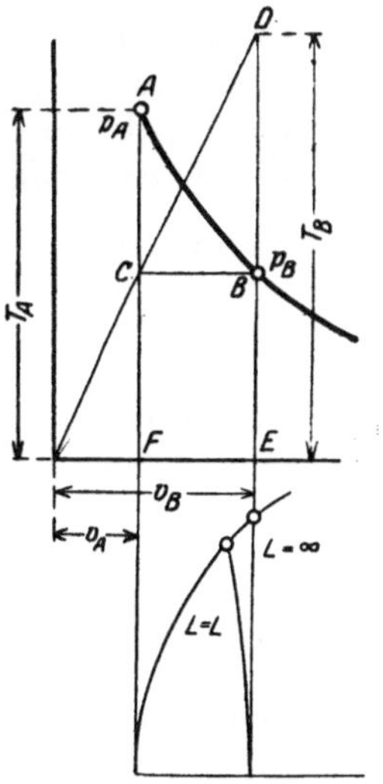

Abb. 46. Zeichnerische
Ermittlung der Temperatur.

in ihrem zeitlichen Verlauf dargestellt werden, so sind zu den Kolbenstellungen des pv-Diagramms die Kurbellagen nach Abb. 46 aufzusuchen. In den diesen entsprechenden Teilpunkten des abgewickelten Kurbelkreises sind Senkrechte zu errichten, auf denen die Temperaturen abgetragen werden.

e) Das Entropiediagramm.

Über die Wärmebewegung während des Arbeitsprozesses gibt in besonders anschaulicher Weise das Entropiediagramm Aufschluß, in dem die Temperaturen als Ordinaten, die Entropiewerte als Abszissen aufgetragen werden.

Aus der allgemeinen Wärmegleichung für Gase

$$dQ = c_v \cdot dT + A\,p\,dv$$

folgt durch Division beider Seiten durch T

$$\frac{dQ}{T} = dS = c_v \cdot \frac{dT}{T} + A \cdot \frac{p \cdot dv}{T}\,.$$

---

[1]) Technische Thermodynamik, 4. Aufl., Bd. I, S. 17.

Unter Benutzung der Beziehung $p v = RT$ folgt

$$dS = c_v \cdot \frac{dT}{T} + AR \cdot \frac{dv}{v}\,.$$

Für eine beliebige Zustandsänderung zwischen T_0, v_0 als Anfangs-, T, v als Endwerten wird durch Integration der Änderungen dS die Veränderung der Entropie

$$S - S_0 = c_v \cdot \ln \frac{T}{T_0} + AR \cdot \ln \frac{v}{v_0}\,.$$

Mit $c_v = a + bT$ folgt:

$$dS = a \cdot \frac{dT}{T} + b \cdot dT + AR \cdot \frac{dv}{v}\,.$$

$$S - S_0 = a \cdot \ln \frac{T}{T_0} + b \cdot (T - T_0) + AR \ln \frac{v}{v_0}\,.$$

Isothermische Zustandsänderung. Die Darstellung dieser Zustandsänderung im Entropiediagramm ergibt wegen $dT = 0$ eine zur Abszissenachse parallele Gerade; die unter dieser liegende Fläche gibt — in Kilogrammkalorien gemessen — die aufzuwendende oder zu entziehende Wärmemenge an. Da (für $dT = 0$) $dQ = A\,p\,dv$ und $dS = \frac{dQ}{T}$, so wird

$$dS = \frac{A\,p\,dv}{T}$$

und mit $p v = RT$,

$$dS = \frac{AR \cdot dv}{v}\,,$$

$$S - S_0 = AR \cdot \ln \frac{v}{v_0}\,.$$

Weiterhin folgt aus der Beziehung $p \cdot dv + v \cdot dp = R \cdot dT$ mit $dT = 0$

$$p\,dv = -v\,dp\,.$$

Wegen $\frac{v}{T} = \frac{R}{p}$ wird

$$dS = -AR \cdot \frac{dp}{p}\,,$$

$$S - S_0 = -AR \cdot \ln \frac{p}{p_0} = +AR \ln \frac{p_0}{p}\,.$$

Adiabatische Zustandsänderung. $dQ = 0 = T \cdot dS$. Sonach $dS = 0$, $S - S_0 = 0$; $S =$ konst. Die Darstellung ergibt eine zur Ordinate parallele Gerade.

Für die „Abbildung“ der Gasmaschinendiagramme im Entropiediagramm sind die Kurven konstanten Druckes und konstanten Volumens von besonderer Bedeutung.

Zustandsänderung bei konstantem Druck. $dp = 0$; $\ln \frac{p}{p_0} = 0$.

$$dS = c_p \cdot \frac{dv}{v} = c_p \cdot \frac{dT}{T}\,; \qquad c_p = AR + c_v\,,$$

$$dS = (AR + c_v) \cdot \frac{dT}{T}\,; \qquad c_v = a + b\,T\,,$$

$$dS = (AR + a + b\,T) \cdot \frac{dT}{T}\,,$$

$$S - S_0 = AR \cdot \ln\frac{T}{T_0} + a \cdot \ln\frac{T}{T_0} + b(T - T_0).$$

Die Darstellung ergibt eine logarithmische Linie.

Zustandsänderung bei konstantem Volumen. $dv = 0$, $\ln\frac{v}{v_0} = 0$.

$$dS = c_v \cdot \frac{dp}{p} = c_v \cdot \frac{dT}{T},$$

$$S - S_0 = a \cdot \ln\frac{T}{T_0} + b \cdot (T - T_0).$$

In Abb. 47 ist ein Entropiediagramm wiedergegeben. Als Maßstab werde z. B. $1^\circ = 1$ mm, 1 Entropieeinheit = 500 mm gewählt, so daß 1 kcal durch 500 mm² Fläche dargestellt wird. Als Nullpunkt kann eine beliebige Temperatur gewählt werden, die aber gewöhnlich durch die Art der Aufgabe — z. B. T_0 = Anfangs-

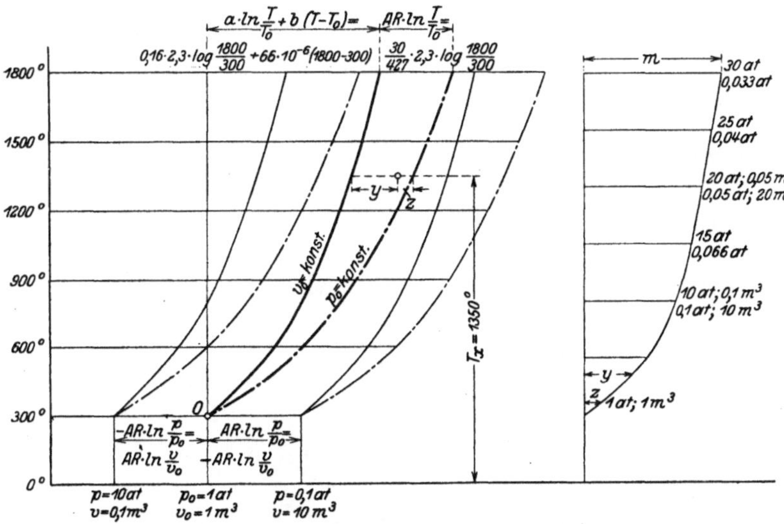

Abb. 47. Kurven konstanten Druckes und konstanten Volumens.

temperatur der Verdichtung — gegeben ist. Ist beispielsweise $T_0 = 285^\circ$ abs., so folgt für die in Höhe von $1000^\circ = T$ liegenden Abszissen der Kurven p = konst., v = konst., wenn $a = 0{,}16$, $b = 66 \cdot 10^{-6}$, $R = 30$ gesetzt wird:

$$S - S_0 = AR\ln\frac{T}{T_0} + a \cdot \ln\frac{T}{T_0} + b(T - T_0),$$

$$S - S_0 = \frac{29{,}7}{427} \cdot 2{,}3 \cdot \log\frac{1000}{285} + 0{,}164 \cdot 2{,}3 \cdot \log\frac{1000}{285} + 48{,}3 \cdot 10^{-6} \cdot (1000 - 285)$$

$$= 0{,}0875 + 0{,}206 + 0{,}0345 = 0{,}328 \text{ Entropieeinheiten für } p = \text{konst.},$$

$$= 0{,}206 + 0{,}0345 = 0{,}2405 \text{ Entropieeinheiten für } v = \text{konst.}$$

In Abb. 47 sind die entsprechenden Werte für $T_0 = 300^\circ$, $T = 1800^\circ$, $a = 0{,}16$, $b = 66 \cdot 10^{-6}$ (s. die Angaben betreffend Verbrennungsrückstände S. 35) eingetragen.

Sollen zu den so aufgezeichneten p_0- und v_0-Kurven die zu anderen Drucken und Volumina gehörigen Kurven aufgezeichnet werden, so ist zu beachten, daß die für die isothermische Zustandsänderung (s. o.) aufgestellten Gleichungen

$$S - S_0 = AR\ln\frac{v}{v_0}; \qquad S - S_0 = -AR\ln\frac{p}{p_0}$$

keine auf die Temperatur sich beziehende Größe enthalten. Die genannten Werte geben an, um welchen Betrag die äquidistanten p- und v-Kurven gegeneinander verschoben sind. Für bestimmte Werte von a, b und R braucht also nur eine p-Kurve und nur eine v-Kurve aufgezeichnet zu werden. Es ist $\log \frac{p_0}{p} = -\log \frac{p}{p_0}$, die absoluten Werte sind also gleich; links von der p_0-Kurve liegen die Werte für $p > p_0$, rechts die Werte $p < p_0$. Für gleiche Beträge von $\frac{p}{p_0}$ und $\frac{v}{v_0}$ ergeben sich auch gleiche Abstände auf der durch T_0 gehenden Wagerechten.

Durch Auftragen der Entropiewerte $AR \ln \frac{v}{v_0}$ und $AR \ln \frac{p}{p_0}$, in Abb. 47 ausgeführt, erhält man „Grundkurven", die rasche Übertragung irgendeines Punktes aus dem Gasdiagramm in das Entropiediagramm ermöglichen. Ist z. B. ein durch

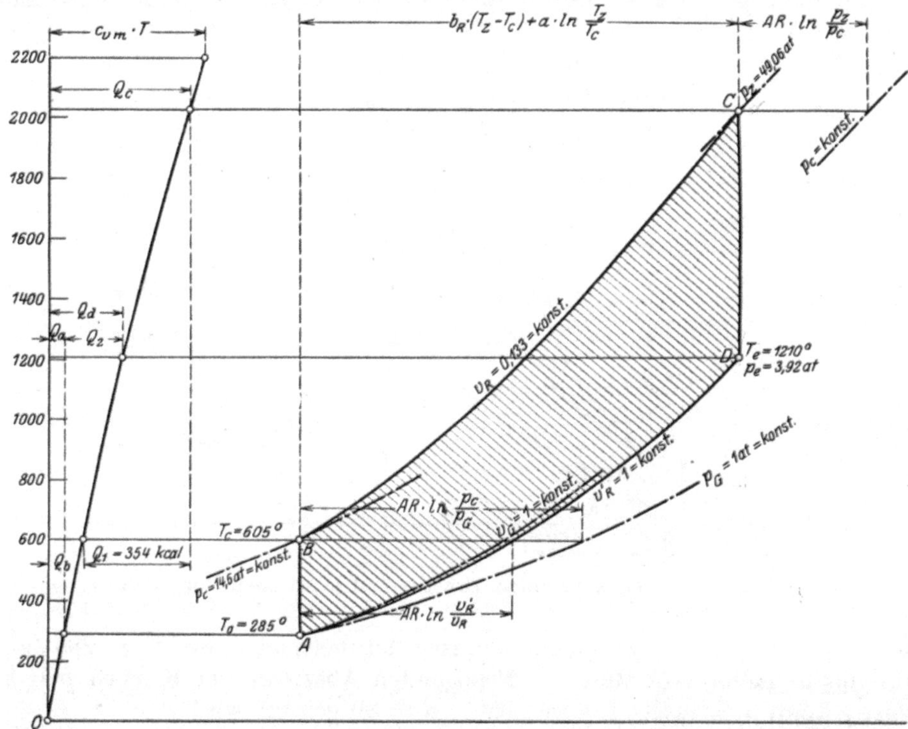

Abb. 48. Entropiediagramm einer Gasmaschine.

T_x und p_x bezeichneter Punkt x einzutragen, so ist seine Höhenlage durch T_x gegeben, seine Breitenlage durch Abtasten an der Grundkurve, wodurch der Abstand gegen Kurve p_0 = konst. gegeben wird, zu ermitteln.

In Abb. 48 ist die auf S. 33 berechnete Gasmaschine im Entropiediagramm behandelt. Es wird von der Verdichtungsanfangstemperatur $T_0 = 285°$ ausgegangen. Die adiabatische Verdichtung, durch eine Senkrechte dargestellt, ist — um gleiche Verhältnisse wie im behandelten Beispiel zu erhalten —, bis auf $T_c = 605°$ geführt. Durch den Nullpunkt A sind mit den für Gemisch und Verbrennungsrückstände im Berechnungsbeispiel ermittelten Werten von a, b und R die Kurven v_G und p_G = konst. (für Gemisch) und v'_R = konst. für Rückstände gelegt. Da $p_G = 1$, so ist aus der in Entropieeinheiten gegebenen wagerechten Entfernung des Punktes B von der p_G-Kurve der Druck p_c zu berechnen oder aus der — hier nicht benutzten — Grundkurve abzugreifen. Die durch B gelegte v_R-Kurve gibt die Verbrennung bei konstantem Volumen wieder und ist äquidistant zu der durch A gezeichneten v'_R-Kurve. Um den Beginn der Ausdehnung zu finden, ist die vom Nullpunkt 0 ausgehende Wärmekurve eingezeichnet, deren Abszissen die bei konstantem Volumen zuzuführenden Wärmemengen $c_{vm}\,T$ wiedergeben[1]). Wird in Höhe des Punktes B die Wärmemenge $Q_c^z = 354$ kcal (s. S. 35) aufgetragen, so gibt die im Endpunkt der aufgetragenen Strecke errichtete Senkrechte im Schnitt mit der Wärmekurve die Verbrennungstemperatur T_z. Die Ausdehnungsendtemperatur T_e ist durch den Schnitt der adiabatisch verlaufenden Ausdehnungslinie mit der Kurve $v_R' = \text{konst.} = 1$ gegeben. Es wird also angenommen, daß im äußeren Totpunkt der Maschine die Verbrennungsrückstände bei konstantem Volumen austreten.

Der thermische Wirkungsgrad folgt zu

$$\eta_{\text{th}} = \frac{(Q_c - Q_d) - (Q_b - Q_a)}{Q_1} = \frac{220 - 60}{354} = 0{,}452\,.$$

Das Stodola-Diagramm. Das vorstehend behandelte Entropiediagramm hat den Nachteil, daß für verschiedene Werte von a, b und R verschiedene Kurven

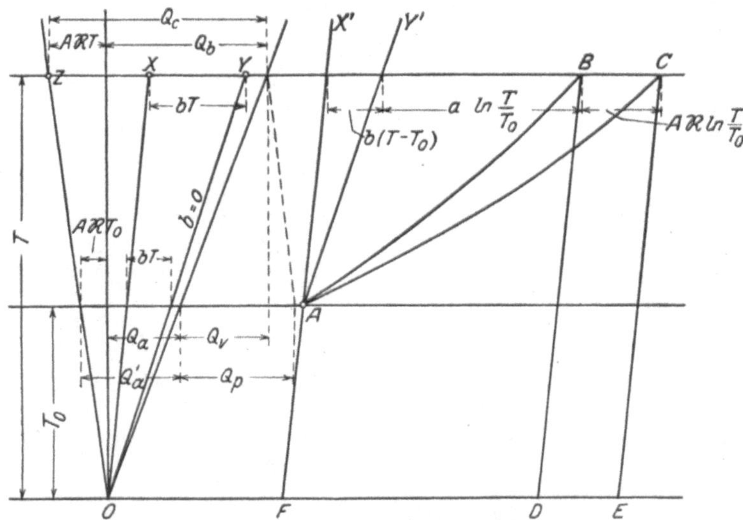

Abb. 49. Stodolasches Entropiediagramm.

aufgezeichnet werden müssen. Diesen Nachteil vermeidet Stodola, indem er das Diagramm auf 1 kg/Mol bezieht. Die Gaskonstante ist, auf das Kilogramm-Molekül bezogen, für alle Gase gleich groß:

$$\mathfrak{R} = m\,R = 848.$$

Ebenso kann für alle Gase $a = 4{,}67$ (s. S. 29) gesetzt werden. In der Entropiegleichung:

$$S - S_0 = a \ln \frac{T}{T_0} + b\,(T - T_0) + A\,\mathfrak{R} \cdot \ln \frac{T}{T_0}$$

sind sonach die Größen a und $A\mathfrak{R}$ konstant, und nur b hat für die verschiedenen Gasmischungen einen anderen Wert. Für verschiedene Werte T bei angenommenem T_0 wird sonach zweckmäßig zunächst $a \ln \frac{T}{T_0} + A\mathfrak{R} \ln \frac{T}{T_0}$ berechnet und hierzu $b\,(T - T_0)$ addiert, worin b je nach der Mischung (frisches Gemisch oder Verbrennungsrückstände) einen anderen Wert hat.

Die Stodolasche Darstellung (Abb. 49) benutzt ein schiefwinkliges Achsen-

[1]) Von 0 aus ist bis zur Höhe von Punkt B eine zweite mit c_{vm} des frischen Gemisches berechnete Wärmekurve zu ziehen, um Q_b zu erhalten. Der Unterschied von Q_b, einmal mit c_{vm} der frischen Ladung, dann der Verbrennungsrückstände gezeichnet, beträgt im vorliegenden Fall nur 4,8 kcal, käme also in Abb. 48 nicht zur Darstellung.

system. Von dem Nullpunkt 0 aus wird zunächst unter beliebigem Winkel die Ordinatenachse OY für $b = 0$ gezogen, Ordinatenachse OX folgt nach Auftragen der Werte $b \cdot T$. Für die Wärmezufuhr bei konstantem Volumen ist:

$$Q_v = \int_{T_0}^{T} C_v \cdot dT = \int_{T_0}^{T} (a + bT) \cdot dT = \left(aT + \frac{b}{2} \cdot T^2\right) - \left(a \cdot T_0 + \frac{b}{2} \cdot T_0^2\right) = Q_b - Q_a .$$

Wagerechtes Auftragen der Werte Q_b von der senkrechten Achse durch 0 aus ergibt eine Parabel, und die bei einer Zustandsänderung innerhalb der Temperaturen T_0 und T zugeführte Wärmemenge folgt als Unterschied der Strecken Q_b und Q_a. Diese Wärmemenge Q_v wird gleichzeitig durch die Fläche $FABD$ dargestellt, deren Begrenzung BD parallel zu OX verläuft.

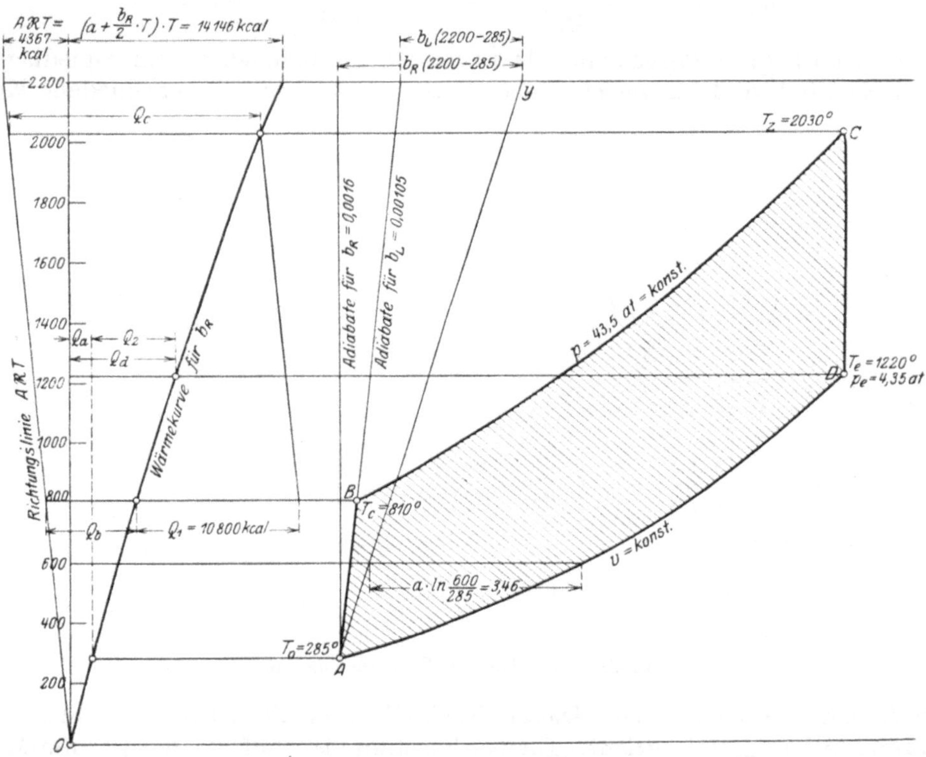

Abb. 50. Stodola-Diagramm einer Dieselmaschine.

Für die unter konstantem Druck zugeführte Wärmemenge wird:

$$Q_p = \int_{T_0}^{T} C_p \cdot dT = \int_{T_0}^{T} (C_v + A\mathfrak{R}) \cdot dT = Q_v + A\mathfrak{R}(T - T_0) = Q_c - Q_a .$$

Die Werte $A\mathfrak{R}T$ werden in der ersichtlichen Weise mittels der Geraden OZ ermittelt. Adiabatische Zustandsänderungen werden in diesem Diagramm nicht durch Senkrechte, sondern durch Parallelen zu den b_R- und b_L-Geraden dargestellt. In Abb. 50 ist das Entropiediagramm der auf S. 36 berechneten Dieselmaschine wiedergegeben. Temperaturkoeffizient b_L bezieht sich auf Luft, b_R auf die Rückstände. Die Wärmetönung, d. h. während der Verbrennung von 1 kg/Mol zugeführte Wärmemenge ist auf S. 37 zu 10800 kcal berechnet worden. $A\,y$ ist in Abb. 50 so gelegt, daß Linie b_R senkrecht verläuft.

Auch das Stodola-Diagramm erfordert, streng genommen, die Aufzeichnung zweier Wärmekurven, die aber — wie in der Anmerkung auf S. 59 betont — annähernd zusammenfallen.

Es wird:

$$\eta_{th} = \frac{Q_1 - Q_2}{Q_1} = \frac{10\,800 - 5400}{10\,800} = 0{,}50\,.$$

Das Schüle-Diagramm[1]) enthält die Entropiekurven für „reines" Feuergas, d. h. für die durch vollkommene Verbrennung des Brennstoffes mit der theoretischen Luftmenge erhaltenen Verbrennungsrückstände, für „verdünnte" Feuergase, d. h. für die Mischung der reinen Feuergase mit der überschüssigen Luftmenge $(m - 1)\, L_{\min}$, sowie für Luft, H_2O und CO_2. Diese Kurven ermöglichen die Aufzeichnung der Entropiekurven ganz beliebiger Gasmischungen. Indem Schüle wie Stodola 1 kg/Mol als Gewichtmenge der Tafel zugrunde legt, verschwindet die Verschiedenheit der Gaskonstanten $\mathfrak{R}$ in den Ausdrücken $S - S_0 = A\mathfrak{R} \ln \frac{v}{v_0}$ bzw. $S - S_0 = A\mathfrak{R} \ln \frac{p_0}{p}$; es braucht nur eine Kurve aufgezeichnet zu werden, und auf der Abszissenachse ist ein Maßstab angebracht, der die Verschiebung der Kurven für glatte Werte von $\frac{p_0}{p}$ und $\frac{v}{v_0}$ angibt.

Die Adiabaten werden wieder durch Senkrechte dargestellt.

Die in Abb. 48 und 50 gezeigten

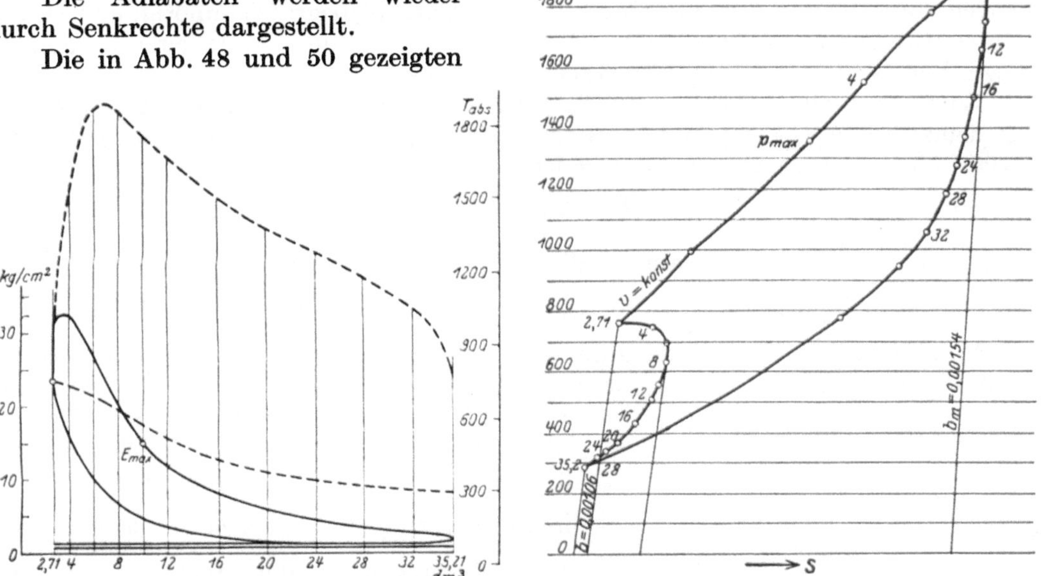

Abb. 51. Diagramme einer normalen Dieselmaschine.

Darstellungen bezogen sich auf Diagramme der verlustlosen Maschine. Soll ein aufgenommenes Diagramm in die Entropietafel übertragen werden, so wird der Temperaturverlauf während Verdichtung und Ausdehnung rechnerisch oder zeichnerisch bestimmt (s. S. 54), und die zu einem Diagrammpunkt gehörigen Werte p und T werden eingezeichnet, wie in Abb. 47 für den Punkt x angegeben. Die zugeführten und entzogenen Wärmemengen werden im Stodola-Diagramm ermittelt, indem durch die äußersten Punkte der erhaltenen Kurve Parallelen zu den zugehörigen b-Linien gelegt werden.

Abb. 51 zeigt das Temperatur-, pv- und Entropiediagramm einer normalen Dieselmaschine von 330 mm Zyl.-Drm., 380 mm Hub[2]). Während der Verdichtung der Luft nimmt die Entropie (bis zum Punkt 8) zunächst zu, hierauf ab, was auf anfänglichen Wärmeübergang von den heißen Zylinderwandungen an die Luft

[1]) Z. V. d. I. 1916, S. 630 u. f. [2]) Zwerger: Das Wärmediagramm als Grundlage für die Untersuchung einer Ölmaschine. Forschungsarbeiten Heft 216.

und auf spätere Umkehrung dieser Wärmebewegung zurückzuführen ist. Der Verbrennung bei konstantem Druck geht eine solche bei konstantem Volumen vorauf, die Drucksteigerung im Totpunkt beträgt 8 at, von 24 auf 32 at. Der Punkt des höchsten Druckes ist als $p_{\max}$ aus dem pv-Diagramm in das Entropiediagramm, der Punkt der größten Entropie als $E_{\max}$ umgekehrt übertragen worden. Wie ersichtlich, folgen Höchstdruck, Höchsttemperatur und Höchstentropie nacheinander, während sie im theoretischen Diagramm zusammenfallen. Die Wärmeentwicklung ist im Totpunkt trotz der Drucksteigerung noch gering; die meiste Wärme wird während der Gleichdruckverbrennung und kurz danach frei, so daß — der Lage des Punktes $E_{\max}$ im pv-Diagramm entsprechend — die Wärmezufuhr innerhalb des ersten Drittels des Kolbenhubes aufhört.

Um die zugeführten und abgeleiteten Wärmemengen mit Bezug auf das Diagramm der ausgeführten Maschine zu erhalten, sind an die äußersten Punkte des Diagramms Tangenten als Adiabaten zu legen, die bei Entropiediagrammen nach Abb. 48 als Senkrechte, nach Abb. 50 als geneigte Linien zu ziehen sind. S. auch Abb. 51.

Diagramm von P. Meyer[1]). In dem Diagramm von Prof. Paul Meyer-Delft, stellen die Abszissen die Volumina v, die Ordinaten die zu- oder abgeführten Wärmemengen Q dar. Damit wird die Einführung des Entropiebegriffes unnötig, und Druck, Temperatur, der durch diese bestimmte Wärmeinhalt U und die Arbeit L werden abhängig vom Volumen v in Senkrechten aufgetragen.

Wird die in einem Arbeitsvorgang geleistete oder aufzuwendende Arbeit L stets von demselben Ausgangspunkt, z. B. vom Hubbeginn an, gemessen, so gilt für den Verlauf einer bestimmten Zustandsänderung die Beziehung

$$Q = c_v(T_2 - T_1) + (L_2 - L_1) = (c_v T_2 + L_2) - (c_v \cdot T_1 + L_1)\,.$$

Ist $c_{vm} = a + \frac{b}{2} \cdot T$ die mittlere spezifische Wärme, so sind $c_{vm} \cdot T_2 = a \cdot T_2 + \frac{b}{2} \cdot T_2^2$ und $c_{vm} \cdot T_1 = a \cdot T_1 + \frac{b}{2} \cdot T_1^2$ die jeweiligen Wärmeinhalte der Arbeitsflüssigkeit.

In Abb. 52 ist eine Gerade unter 45° vom Nullpunkt aus gezogen, so daß für jeden Punkt dieser Geraden der wagerechte Abschnitt zwischen ihr und der Senkrechten durch den Nullpunkt gleich der Temperaturordinate ist. Wird auf der Wagerechten durch 2500°, die das Diagramm oben begrenzt, links der Wert $\frac{b}{2} \cdot T = \frac{b}{2} \cdot 2500$ im gleichen Maßstab aufgetragen, in dem rechts der Grundwert a der spezifischen Wärme durch die 2500° darstellende Strecke wiedergegeben wird, so stellt die Gesamtstrecke mn den Wert $c_{vm} = a + \frac{b}{2}\, T$ für 2500° dar, und für jede andere Temperatur wird die mittlere spezifische Wärme c_{vm} in dem wagerechten Abstand der geneigten Linie Om und der Senkrechten durch n gefunden.

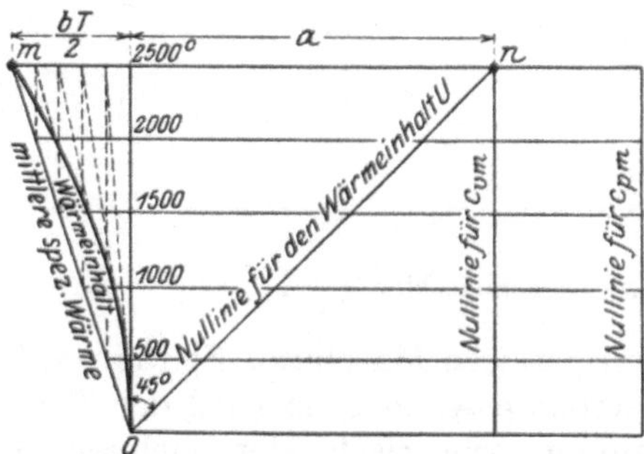

Abb. 52. Mittlere spezifische Wärme und Wärmeinhalt für $c_v = a + b\,T$.

Die innere Wärme hat die Größe $U = a \cdot T + \frac{b}{2} \cdot T^2$ und wird für 2500° ebenfalls durch die Strecke mn dargestellt. Der Maßstab ist dadurch gegeben, daß nunmehr $a \cdot T$ durch die 2500° darstellende Strecke wiedergegeben wird, woraus folgt, daß die links aufgetragene Strecke $\frac{b}{2} \cdot T$ auch $\frac{b}{2}\, T^2$ darstellt. Für andere Temperaturen wie 2500° wird U in dem Abstand zwischen der schrägen Strecke On und der linken Kurve

[1]) Meyer, P.: Die Darstellung des Arbeitsvorganges der Brennkraftmaschinen. Z.V.d.I. 1921, S. 1234.

„Wärmeinhalt" gefunden, die dadurch entsteht, daß der linke Abschnitt $\frac{b}{2} \cdot 2500^2$ der Wagerechten mn im quadratischen Verhältnis der abnehmenden Temperatur verkleinert wird. Zu dem Zweck wird von den Schnittpunkten der wagerechten Temperaturlinien mit der Linie Om senkrecht nach oben bis zum Schnitt mit mn gegangen,

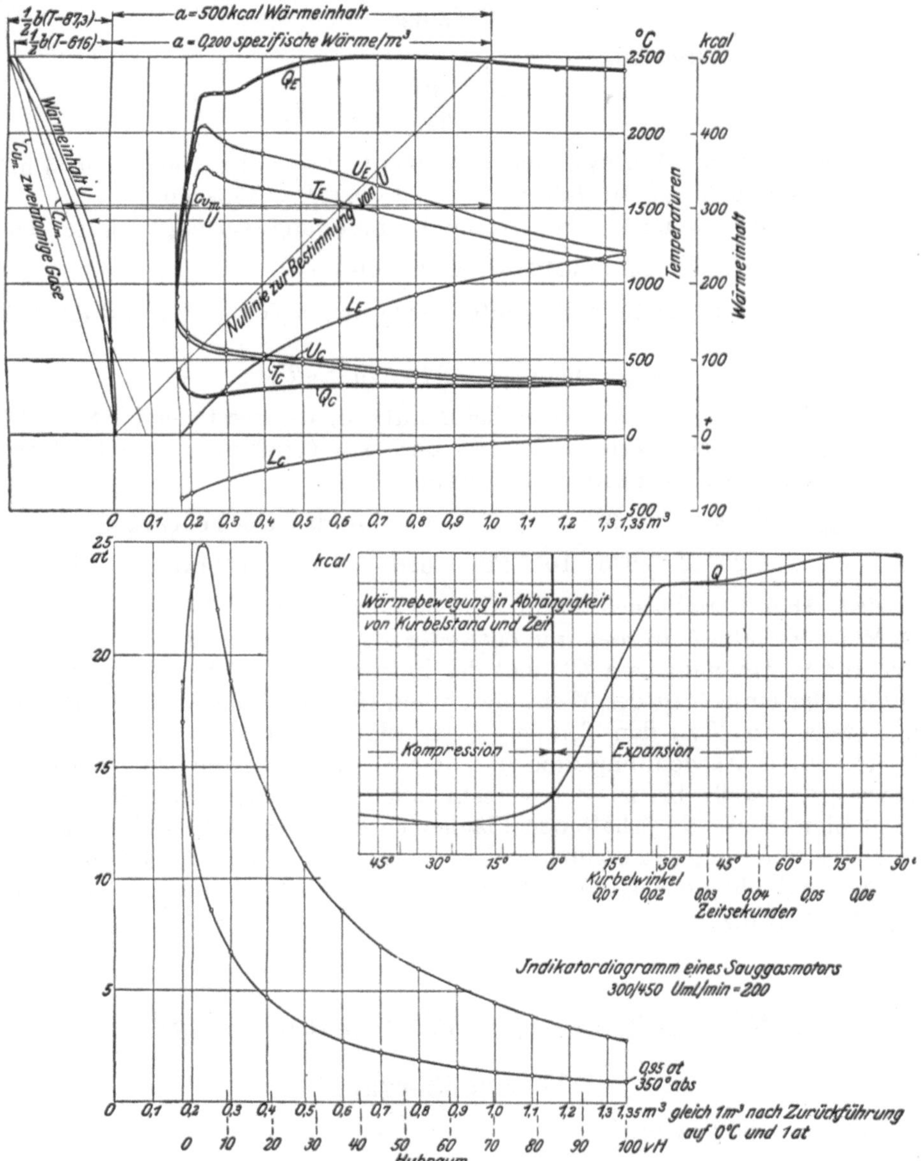

Abb. 53. Temperatur- und Wärmebild einer Viertaktgasmaschine, abgeleitet aus dem Indikatordiagramm.

von hier aus werden Strahlen nach O gezogen. Bei der Aufzeichnung des Diagramms geht P. Meyer von 1 m³ vom Normalzustand $T = 273°$ und $p = 1$ kg/cm² als Einheit des Arbeitsmittels aus. Für 1 kg Gas in diesem Zustand lautet die Zustandsgleichung $p_0 v_0 = R T_0$. Da $\frac{1}{v_0}$ das Gewicht von 1 m³ ist, so wird für 1 m³ beliebiges Gas $R' = \frac{R}{v_0} = \frac{p_0}{T_0} = \frac{10000}{273} = 36,63$.

Das Verdichtungsverhältnis des Diagramms nach Abb. 53 beträgt 7,5. Bei der Berechnung der Temperaturen wurde von $p = 0{,}95$ kg/cm² und $T = 350°$ als Zustand bei Beginn der Verdichtung ausgegangen, woraus $v_h + v_c = 1{,}35$ m³ folgen. Die Temperaturen vor der Verbrennung werden aus

$$T = \frac{pv}{36{,}63},$$

die nach der Verbrennung aus

$$T = \frac{pv}{33{,}5}$$

berechnet, da durch die Verbrennung eine Kontraktion des Gases von 1 m³ auf 0,914 m³ stattgefunden hat, so daß $R' = 36{,}63 \cdot 0{,}914 = 33{,}5$ wird.

Die mittlere spezifische Wärme vor der Verbrennung wurde gleich der der Luft,

$$c_{vm} = 0{,}198 + 0{,}229 \cdot 10^{-4} \cdot T$$

(nach Schüle) gesetzt, für die verbrannten Gase findet sich auf Grund ihrer Zusammensetzung

$$c_{vm} = 0{,}183 + 0{,}276 \cdot 10^{-4} \cdot T.$$

Da $1° = a$ kcal sein soll, so würden sich bei Benutzung der vorstehenden Schüleschen Gleichungen infolge der Werte $a = 0{,}198$ und $a = 0{,}183$ zwei verschiedene Maßstäbe ergeben, was sich vermeiden läßt, wenn

$$c_{vm} = 0{,}200 + 0{,}229 \cdot 10^{-4}\,(T - 87) \text{ für das frische Gas,}$$

$$c_{vm} = 0{,}200 + 0{,}276 \cdot 10^{-4}\,(T - 616) \text{ für das verbrannte Gas}$$

gesetzt wird. Damit ergibt sich die in Abb. 53 dargestellte Aufzeichnung.

Die Wärmeinhalte U werden nun entweder als wagerechte Strecken zwischen der „Nullinie zur Bestimmung von U“ und der links von der F-Achse liegenden Kurve abgegriffen oder einfach in der Weise gefunden, daß die links von der T-Achse liegenden Anteile von U zu den Temperaturen addiert werden.

Die unter der Ausdehnungslinie und der Verdichtungslinie liegenden Arbeitsflächen werden jeweils bis zu den verschiedene Kolbenlagen bezeichnenden Senkrechten planimetriert, die erhaltenen Flächen in mkg bzw. kcal aufgetragen, womit sich die L_E- und L_C-Kurven ergeben. Mit den Werten U und L ist Q bestimmt.

Die Nebenabbildung zeigt die Wärmebewegung in Abhängigkeit von der Zeit oder dem Kurbelwinkel.

6. Wärmeübergang, Wärmespannungen.

a) Wärmeübergang.

Im folgenden bedeutet:

k die Wärmedurchgangszahl, welche die Anzahl der kcal angibt, die von einer Flüssigkeit zur anderen durch 1 m² Wand in einer Stunde bei einem Temperaturunterschied der Flüssigkeiten von 1° hindurchgeht. Maß:

$$\frac{\text{kcal}}{\text{m}^2 \cdot \text{h} \cdot {}^\circ\text{C}}.$$

λ die Wärmeleitzahl des Wandungsmetalls, welche die Anzahl der kcal angibt, die durch 1 m² der Wand in einer Stunde auf 1 m Länge durchgeht, wenn der Temperaturunterschied in der von der Flüssigkeit und dem Gase bespülten Wandfläche 1° beträgt.

α_g die Wärmeübergangszahl vom Gas an die Wand in

$$\frac{\text{kcal}}{\text{m}^2 \cdot \text{h} \cdot {}^\circ\text{C}}.$$

α_w die Wärmeübergangszahl von der Wand zum Wasser.
T_g die Gastemperatur.
T_w die Kühlwassertemperatur.
t_g die Temperatur der gasbespülten Wand.
t_w die Temperatur der wasserbespülten Wand.
F die gasbespülte Wandfläche in m^2, z die Anzahl Stunden.

Dann geht durch Leitung vom Gas an die Wand über die Wärmemenge:

$$Q_g = \alpha_g \cdot F(T_g - t_g) \cdot z,$$

ebenso von der Wand an das Kühlwasser:

$$Q_w = \alpha_w \cdot F(t_w - T_w) \cdot z.$$

Die durch die Wand hindurchgehende Wärmemenge hat die Größe, bei $s\,m$ Wandstärke:

$$Q = \frac{\lambda}{s} \cdot F(t_g - t_w) \cdot z.$$

Im Beharrungszustand ist $Q_g = Q_w = Q$.

Bestimmt man die Werte: $\frac{Q_g}{\alpha_g}$, $\frac{Q_w}{\alpha_w}$ und $Q \cdot \frac{s}{\lambda}$ aus vorstehenden Gleichungen, so erhält man nach deren Summierung:

$$\frac{Q}{k} = F(T_g - T_w) \cdot z,$$

oder

$$Q = k \cdot F(T_g - T_w) \cdot z.$$

Aus der Summierung folgt weiterhin:

$$\frac{1}{k} = \frac{1}{\alpha_g} + \frac{s}{\lambda} + \frac{1}{\alpha_w}.$$

$\frac{1}{k}$ gibt den Temperaturunterschied an, der nötig ist, um 1 kcal durch 1 m^2 Wand in einer Stunde von einer Flüssigkeit in die andere überzuleiten. Der Gesamtwiderstand $\frac{1}{k}$ setzt sich zusammen aus:

1. dem Widerstand $\frac{1}{\alpha_g}$ beim Übergang der Wärme zwischen Gas und Wand,
2. dem Leitungswiderstand in der Rohrwandung und
3. dem Widerstand $\frac{1}{\alpha_w}$ beim Übergang der Wärme von der Wand an das Kühlwasser.

Beispiel.

$\alpha_g = 100$ kcal/m$^2 \cdot$ h °C, $\alpha_w = 1200$, $\lambda = 56$ (für Gußeisen,) $s = 0{,}035$ m.

$$\frac{1}{k} = \frac{1}{100} + \frac{0{,}035}{56} + \frac{1}{1200} = 0{,}01146,$$

$$k \cong 87{,}2\,\text{kcal/m}^2\text{h °C}.$$

Aus den vorstehenden Gleichungen folgen weiterhin die häufig benutzten Beziehungen:

$$Q = \frac{T_g - T_w}{\frac{1}{\alpha_w} + \frac{s}{\lambda} + \frac{1}{\alpha_g}} = \frac{t_g - T_w}{\frac{s}{\lambda} + \frac{1}{\alpha_w}} \text{ kcal/m}^2\text{ h}.$$

$$t_g = T_w + Q\left(\frac{s}{\lambda} + \frac{1}{\alpha_w}\right) = T_g - \frac{k}{\alpha_g} \cdot (T_g - T_w).$$

$$t_w = T_w + \frac{k(T_g - T_w)}{\alpha_w}.$$

Für die Wärmeübergangszahl von der Wand an das Kühlwasser gilt

$$\alpha_w = 300 + 1800 \sqrt{c_w},$$

worin c_w = Wassergeschwindigkeit. Beispielsweise wird für $c_w = 0{,}25$ m/sek $\alpha_w = 1200$ kcal/m² h °C.

Der Wärmeübergang von Gas an die Wand durch Leitung wächst mit der Geschwindigkeit, dem Druck p und der absoluten Temperatur T_g des Gases. Nach Nusselt ist:

$$\alpha_g = 0{,}0178\, T_g \cdot \gamma^{2/3}(1 + 1{,}24\, c_m) \text{ kcal/m}^2\text{ h °C}$$

oder

$$\alpha_g = 0{,}99 \sqrt[3]{p^2 T_g}\,(1 + 1{,}24\, c_m) \text{ kcal/m}^2\text{ h °C}.$$

Hierin ist p in at abs., die Gasdichte γ in kg/m³, die mittlere Kolbengeschwindigkeit c_m in m/sek einzusetzen. Die Gasgeschwindigkeit ist sonach in Zusammenhang mit c_m gebracht. $\alpha'_g = 0{,}0178\, T_g \cdot \gamma^{2/3} = 0{,}99 \sqrt[3]{p^2 \cdot T_g}$ gibt den Wärmeübergang für ruhendes Gas an.

Die durch Strahlung vom Gas an die Zylinderwand übergehende Wärmemenge berechnet sich nach dem Stefan-Boltzmannschen Gesetz zu

$$\alpha_s = \frac{\sigma}{T_g - t_g} \cdot \left[\left(\frac{T_g}{100}\right)^4 - \left(\frac{t_g}{100}\right)^4\right] \cdot F \cdot z \text{ je } 1\,°\text{C}.$$

Auf Grund seiner Versuche setzt Nusselt die Strahlungszahl $\sigma = 0{,}362$ und berechnet den stündlichen Wärmeverlust in der Gasmaschine nach der Gleichung:

$$Q = 0{,}362 \left[\left(\frac{T_g}{100}\right)^4 - \left(\frac{t_g}{100}\right)^4\right] \cdot F + 0{,}99 \sqrt[3]{p^2 \cdot T_g} \cdot (1 + 1{,}24\, c_m)\,(T_g - t_g) \cdot F.$$

Diese Gleichungen beziehen sich auf absolute Temperaturen.

Da der Strahlungsverlust in Dieselmaschinen wegen der höheren Drucke und der dadurch gesteigerten Wärmeübergangszahl nur gering ist — bei Gasmaschinen gewinnt wegen der niedrigeren Drücke die Strahlung an Bedeutung, macht aber auch hier höchstens 10% des gesamten Wärmeverlustes aus — kann bei den erstgenannten Maschinen die Strahlung unberücksichtigt bleiben.

Wie später folgt, vgl. Abb. 61, ist die Oberflächentemperatur der Wand nicht konstant, die Schwankungen sind jedoch so gering, daß mit einer mittleren Temperatur t_{gm} gerechnet werden darf.

Aus der Beziehung:

$$Q = \frac{t_{gm} - T_w}{\frac{s}{\lambda} + \frac{1}{\alpha_w}} = (\alpha_g \cdot T_g)_m - \alpha_{gm} \cdot t_{gm} \text{ (kcal/m}^2\text{ h)}$$

folgt mit $1/\beta = \frac{s}{\lambda} + \frac{1}{\alpha_w}$: $\quad t_{gm} = \frac{(\alpha_g \cdot T_g)_m + \beta \cdot T_w}{\alpha_{gm} + \beta}.$

Da die Drucke p aus dem Indikatordiagramm entnommen, aus diesem nach S. 54 die Gastemperaturen T_g berechnet werden können, so ist auch α_g für jeden Kurbelwinkel bestimmbar. Durch Planimetrierung der unter der $\alpha_g \cdot T_g$- und der α_g-Kurve liegenden Flächen werden die mittleren Werte $(\alpha_g \cdot T_g)_m$ und α_{gm} erhalten, Abb. 54.

Die in die Wandung übertretende Wärmemenge hat für jeden Zeitpunkt die Größe

$$Q \cong \alpha_g \cdot T_g - \alpha_g \cdot t_{gm} .$$

Beispiel. Temperatur- und Druckverlauf in einer Diesel-Zweitaktmaschine von 680 mm Zyl.-Dmr., 1100 mm Hub, $n = 85$ Uml./min sind nach Abb. 54 gegeben. Mit $\alpha_w = 1800$ kcal/m²h °C, $\lambda = 56$ kcal/mh °C, Kühlwassertemperatur $T_w = 313°$ K, Zylinderwandstärke $s = 57$ mm, sind mittlere Wandtemperatur und stündlich abgegebene Wärmemenge Q zu berechnen.

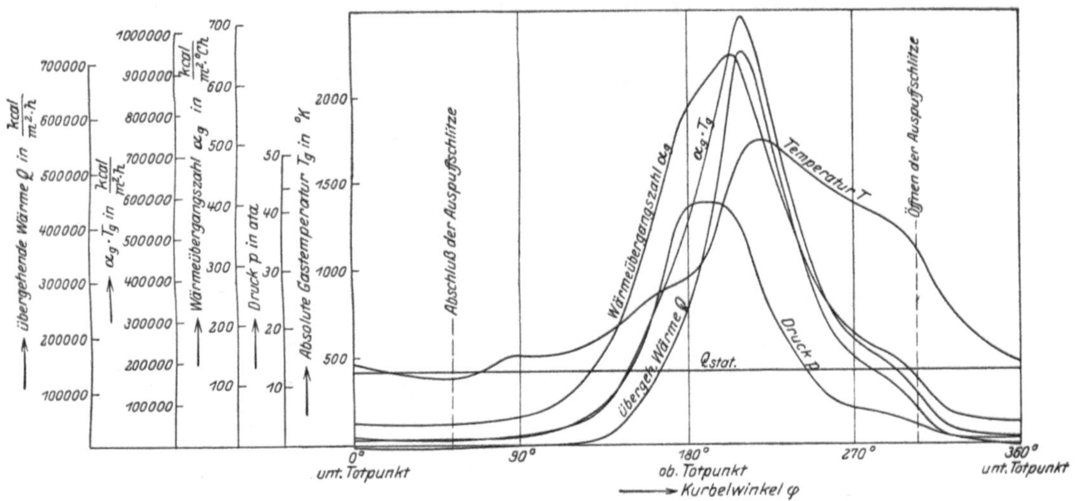

Abb. 54. Ermittlung der Wandtemperatur.

$$\beta = \frac{1}{\frac{s}{\lambda} + \frac{1}{\alpha_w}} = \frac{1}{\frac{0,057}{56} + \frac{1}{1800}} = 635,6 \text{ kcal/m}^2\text{h °C}.$$

Aus der Planimetrierung der beiden $(\alpha_g \cdot T_g)$- und α_g-Flächen folgt:

$$(\alpha_g \cdot T_g)_m = 234\,667 \text{ kcal/m}^2\text{ h}, \quad \alpha_{gm} = 196,24 \text{ kcal/m}^2\text{h °C}.$$

Damit ergibt sich die mittlere Wandtemperatur:

$$t_{gm} = \frac{234\,667 + 635,6 \cdot 313}{196,24 + 635,6} = 521° \text{ K} = 248° \text{ C}.$$

$$Q_{\text{stationär}} = 132\,000 \text{ kcal/m}^2\text{h}.$$

Wie aus Abb. 54 ersichtlich, tritt der größte Teil der Wärme während 60% Kolbenweg nach Zündtotpunkt an das Kühlwasser über. Die mittlere Höhe „Q_{stat}“ der Q-Kurve gibt den gleichmäßigen Wärmeabfluß an das Kühlwasser, der Schnittpunkt der Q-Kurve mit der Q_{stat}-Geraden die Kolbenstellung an, von der ab der Wand an der Innenseite weniger Wärme zugeführt wird, als die Außenseite ableitet. Sinken der Q-Kurve unter die Null-Linie bedeutet, daß Wärme von der Innenseite an das Gas abgegeben wird.

Temperaturabfall in Wandungen. Nach Abb. 55 ist die durch einen Ring von der Höhe h und der Stärke dr bei einem Temperaturunterschied dt hindurchgehende Wärmemenge

$$Q = 2\pi r \cdot h \cdot dt \frac{\lambda}{dr},$$

so daß

$$dt = \frac{Q}{2\pi h \lambda} \cdot \frac{dr}{r}.$$

Mit $\frac{Q}{2\pi h \lambda} = \text{konst.} = a$ folgt:

$$t = a \cdot \ln r + b.$$

Die Konstante b wird aus den folgenden Beziehungen bestimmt:

für $r = r_i$ ist $t = t_i$, für $r = r_a$ ist $t = t_a$.

Sonach

$$1.\ t_i = a \ln r_i + b; \qquad 2.\ t_a = a \ln r_a + b.$$

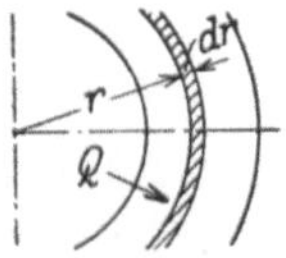

$$t_i - t_a = -a(\ln r_a - \ln r_i) = -a \ln \frac{r_a}{r_i}.$$

$$a = -\frac{t_i - t_a}{\ln \frac{r_a}{r_i}}$$

Abb. 55.

Nach Einsetzen dieses Wertes in 2. wird

$$t_a = -\frac{t_i - t_a}{\ln \frac{r_a}{r_i}} \cdot \ln r_a + b.$$

$$b = t_a + \frac{t_i - t_a}{\ln \frac{r_a}{r_i}} \cdot \ln r_a.$$

$$b \cdot \ln \frac{r_a}{r_i} = t_a \cdot \ln \frac{r_a}{r_i} + t_i \cdot \ln r_a - t_a \cdot \ln r_a = t_a \cdot \ln r_a - t_a \cdot \ln r_i + t_i \cdot \ln r_a - t_a \cdot \ln r_a$$

$$= t_i \cdot \ln r_a - t_a \cdot \ln r_i.$$

$$b = \frac{t_i \cdot \ln r_a - t_a \cdot \ln r_i}{\ln \frac{r_a}{r_i}}.$$

Werden die Konstanten a und b in die Gleichung $t = a \cdot \ln r + b$ eingesetzt, so erhält man

$$t = -\frac{t_i - t_a}{\ln \frac{r_a}{r_i}} \cdot \ln r + \frac{t_i \cdot \ln r_a - t_a \cdot \ln r_i}{\ln \frac{r_a}{r_i}},$$

$$t \cdot \ln \frac{r_a}{r_i} = -t_i \ln r + t_a \ln r + t_i \cdot \ln r_a - t_a \cdot \ln r_i,$$

$$t = \frac{t_i \cdot \ln \frac{r_a}{r} + t_a \cdot \ln \frac{r}{r_i}}{\ln \frac{r_a}{r_i}}.$$

Beispiel: Es sei

$$r_a = 1{,}22\, r_i\,; \qquad \ln\frac{r_a}{r_i} = \ln 1{,}22 = 0{,}199 \cong 0{,}2\,; \qquad t_a = 69°; \qquad t_i = 3{,}9 \cdot t_a\,;$$

$$t_a = \frac{t_i}{3{,}9}\,; \qquad 0{,}2 \cdot t = t_i\left(\ln\frac{r_a}{r} + \frac{1}{3{,}9}\cdot\ln\frac{r}{r_i}\right).$$

$r = r_i$ gibt $t = t_i$,

$$r = 1{,}05\, r_i \quad \text{gibt} \quad t = \frac{269\left(\ln\frac{1{,}22\, r_i}{1{,}05\, r_i} + \frac{1}{3{,}9}\ln\frac{1{,}05\, r_i}{r_i}\right)}{0{,}2} = 218{,}8°,$$

$$r = 1{,}10\, r_i \quad \text{gibt} \quad t = \frac{269\left(\ln\frac{1{,}22}{1{,}10} + \frac{1}{3{,}9}\ln 1{,}10\right)}{0{,}2} = 172°,$$

$r = 1{,}15\, r_i$ gibt $t = 126{,}9°$,
$r = 1{,}20\, r_i$ gibt $t = 85°$,
$r = 1{,}22\, r_i$ gibt $t = 69°$ (nach Annahme).

Abb. 56 zeigt die Temperaturverteilung.

Abb. 57 zeigt den linearen Temperaturverlauf in ebenen Wandungen, mit dem auch häufig bei zylindrischen Wandungen gerechnet wird. Die Widerstände beim Übergang der Wärme zwischen Gas und Wand sowie von dieser zum Kühlwasser werden durch „ideelle Wandstärken" dargestellt, und zwar ist $s_g = \frac{\lambda}{\alpha_g}$ und $s_w = \frac{\lambda}{\alpha_w}$.

Es wird:

$$t_m = \frac{t_w + t_g}{2} = \frac{(T_g - T_w)\left(s_w + \frac{s}{2}\right)}{s_w + s + s_g} + T_w\,.$$

Ist beispielsweise $\lambda = 56$ kcal/m h °C die Wärmeleitzahl, die Wärmeübergangszahl

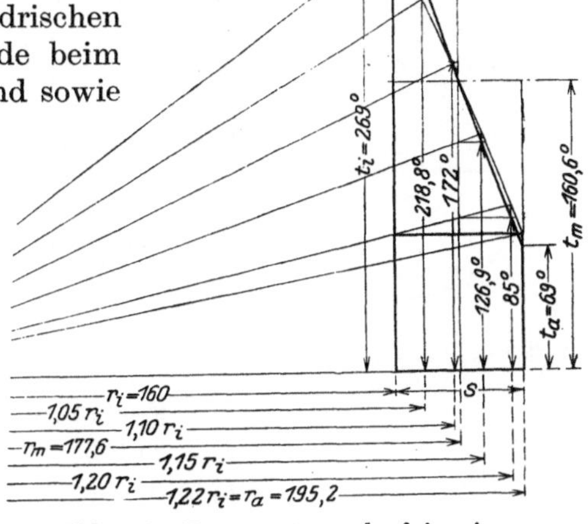

Abb. 56. Temperaturverlauf in einer zylindrischen Wand.

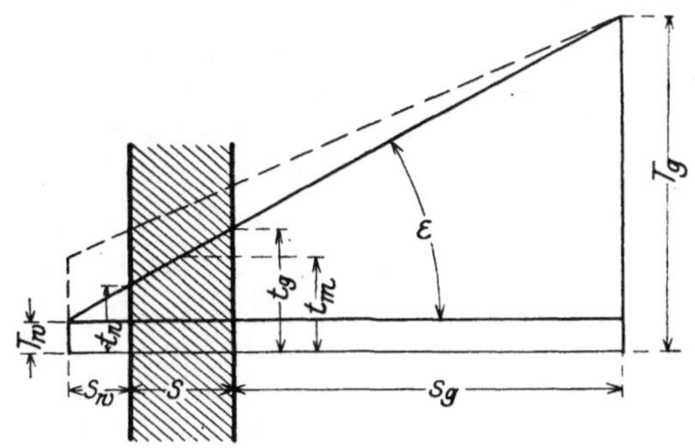

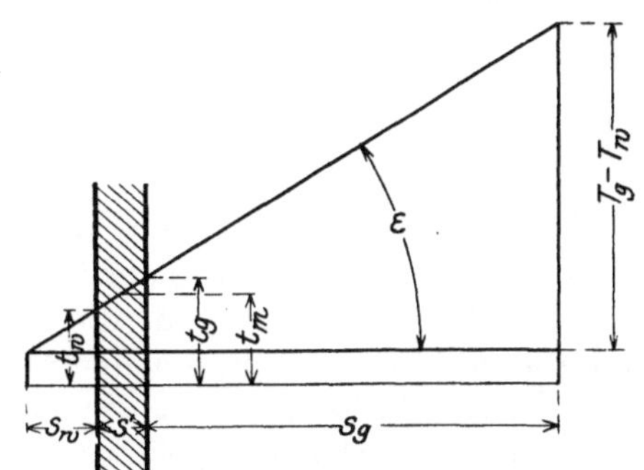

Abb. 57 und 58. Temperaturverlauf in einer ebenen Wand.

$\alpha_w = 1200$, $\alpha_g = 200$, so wird $s_w = \frac{56}{1200} = 0{,}047$ m $= 47$ mm, $s_g = \frac{56}{200} = 0{,}28$ m $= 280$ mm. Da selbst gußeiserne Zylinderwände von 80 mm Stärke noch nicht ganz 25% der ganzen ideellen Wandstärke ausmachen, so ist schon hieraus zu schließen, daß

Verringerung der Zylinderwandstärke keinen erheblichen Einfluß auf den Wärmedurchgang bei üblichen Verhältnissen ausüben kann.

Die Wirkung der von s auf s' verringerten Wandstärke läßt Abb. 58 erkennen. In Abb. 57 ist außerdem erhöhte Kühlwassertemperatur angenommen. Der Wärmedurchgang wird hierbei vermindert, die mittlere Temperatur erhöht, während der Temperaturunterschied und damit die Wärmespannungen abnehmen.

b) Wärmespannungen.

Werden Laufzylinder und Kühlwassermantel in einem Stück gegossen, so wird sich der heißere Innenzylinder stärker ausdehnen als der Außenzylinder und bedeutende Wärmespannungen hervorrufen, die größer als die durch den Verpuffungsdruck verursachte Beanspruchung sind.

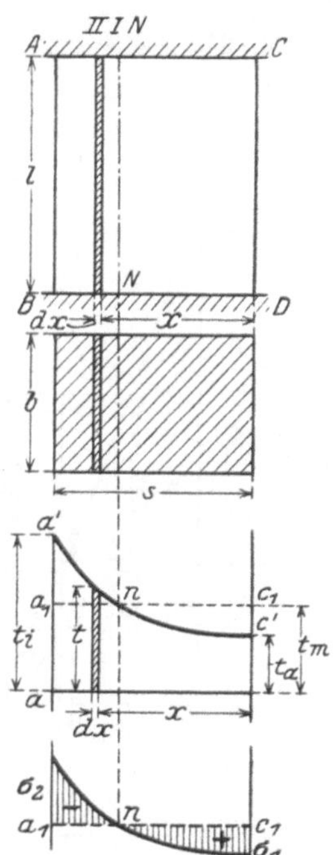

Abb. 59. Wärmespannungen in einem Stab.

Bei einer Erwärmung um $t°$ verlängert sich der Zylinder von der Länge $l\,m$ um

$$\Delta l = \alpha_a \cdot l \cdot t,$$

worin α_a = linearer Ausdehnungskoeffizient (= 0,000012 für Gußeisen und Stahl bei Temperaturen zwischen 0° und 100°).

Dieser Verlängerung Δl entspricht eine Spannung σ, die sich bestimmt aus:

$$\Delta l = \frac{l}{E} \cdot \sigma = \alpha \cdot l \cdot \sigma,$$

hierin ist Dehnungszahl $\alpha = \frac{1}{E}$ = reziprokem Wert des Elastizitätsmaßes = Verlängerung Δl in Zentimetern eines Stabes von 1 cm Länge und 1 cm² Querschnitt bei Belastung durch 1 kg.

Durch Gleichsetzung beider Werte für Δl folgt:

$$\sigma = \frac{\alpha_a}{\alpha} \cdot t = \alpha_a \cdot E \cdot t.$$

Für Gußeisen ist E = 750 000 bis 1 050 000, so daß für $E = 800\,000$ für 1° Temperaturunterschied zwischen Laufzylinder und Mantel

$$\sigma = \frac{12 \cdot 800\,000}{1\,000\,000} = 9{,}6 \text{ kg/cm}^2 \text{ wird.}$$

Schätzt man den Temperaturunterschied zu 50°, so wird die Beanspruchung $= 480 \cdot f$ (mit f = Querschnitt); die Beanspruchung des nicht durch den Außenmantel verstärkt gedachten Innenzylinders durch den Kolbendruck würde bei $k_z = 150$ kg/cm² nur $P = 150 \cdot f$, also weniger als $\frac{1}{3}$ der Wärmespannung betragen.

Wärmespannungen in den Wandungen der Deckel und Zylinder[1]). Es handelt sich hier um die Feststellung der in dem Laufzylinder der Gas- und Ölmaschinen auftretenden Wärmespannungen, die durch die Gastemperaturen auf der einen Seite, durch die Kühlwassertemperatur auf der anderen Seite bedingt sind. An der Außenseite CD eines Stabes herrsche die Temperatur t_a, an der Innenseite AB die Temperatur t_i, Abb. 59. Der Temperaturverlauf durch die Dicke des Stabes folge der willkürlich angenommenen Kurve $a'c'$. Das durch Strichelung hervorgehobene Stabteilchen II habe die Temperatur $t > t_1$, wenn t_1 die Temperatur des Stabteilchens I. Die der Temperatur t entsprechende mögliche Verlängerung des Teiles II ist

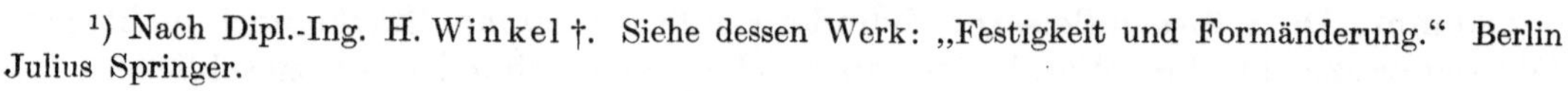

[1]) Nach Dipl.-Ing. H. Winkel †. Siehe dessen Werk: „Festigkeit und Formänderung." Berlin: Julius Springer.

$\alpha \cdot l \cdot (t - t_1)$, die wirkliche Verlängerung sei Δl. Erstere wird demnach um den Betrag $\alpha \cdot l \cdot (t - t_1) - \Delta l$ zurückgedrückt, was der Spannung $\sigma = -E[\alpha(t - t_1) - \varepsilon]$ je Längeneinheit entspricht.

$$\sigma = E[\varepsilon - \alpha(t - t_1)].$$

In dieser Gleichung ist ε der von den Spannungen, $\alpha(t - t_1)$ der von der Wärme herrührende Betrag der Dehnung, der also abzuziehen ist.

Das Gleichgewicht erfordert, daß die Summe sämtlicher Kräfte in Richtung der Stabachse gleich Null ist; mit $dF = b \cdot dx$ wird:

$$\varepsilon \cdot b \int_0^s dx - \alpha b \int_0^s t \cdot dx + \alpha t_1 b \int_0^s dx = 0,$$

$$\varepsilon = \alpha \cdot \frac{1}{s} \int_0^s t \cdot dx - \alpha t_1.$$

Damit wird

$$\sigma = E \cdot \left[\alpha \cdot \frac{1}{s} \int_0^s t \cdot dx - \alpha t_1 \right].$$

$\frac{1}{s} \int_0^s t \cdot dx = t_m$ ist die Höhe eines Rechteckes über s, das der von der Temperaturlinie begrenzten Fläche gleich ist. Es ist

$$\sigma = E \cdot \alpha(t_m - t_1).$$

Für die Randspannungen erhält man:

$$\sigma_2 = E\alpha(t_m - t_i) \text{ und } \sigma_1 = E \cdot \alpha(t_m - t_a).$$

Wegen $t_i > t_m$ wird σ_2 negativ, bedeutet also Druck; σ_1 ist Zugspannung. Aus dem Temperaturschaubild erhält man das Spannungsschaubild durch Eintragen von $a_1 c_1$ in Höhe t_m.

Die Deckelwände sind als Scheiben anzusehen und dementsprechend zu behandeln.

Die beiden Achsen der Scheibe seien x und y, die in diesen Richtungen auftretenden Spannungen σ_x und σ_y, denen die elastischen Dehnungen ε_x und ε_y entsprechen. Beim gleichzeitigen Auftreten beider Spannungen σ_x und σ_y sind die resultierenden Dehnungen mit m = Verhältnis der Dehnung zur Querzusammenziehung:

$$\varepsilon_1 = \varepsilon_x - \frac{\varepsilon_y}{m} \quad \text{und} \quad \varepsilon_2 = \varepsilon_y - \frac{\varepsilon_x}{m}$$

oder bei Gültigkeit des Hookeschen Gesetzes

$$\varepsilon_1 \cdot E = \sigma_x - \frac{1}{m}\sigma_y \quad \text{und} \quad \varepsilon_2 \cdot E = \sigma_y - \frac{1}{m}\sigma_x.$$

Die Addition beider Gleichungen gibt

$$\frac{m}{m-1} E(\varepsilon_1 + \varepsilon_2) = \sigma_x + \sigma_y,$$

die Multiplikation beider Gleichungen mit m liefert

$$m \cdot E \cdot \varepsilon_1 = m\sigma_x - \sigma_y \quad \text{und} \quad m \cdot E \cdot \varepsilon_2 = m\sigma_y - \sigma_x.$$

Aus

$$\frac{m}{m-1} E(\varepsilon_1 + \varepsilon_2) = \sigma_x + \sigma_y \quad \text{und} \quad m \cdot E \cdot \varepsilon_1 = m\sigma_x - \sigma_y$$

folgt durch Addition

$$(m+1)\cdot\sigma_x = m\cdot E\cdot\left(\varepsilon_1 + \frac{\varepsilon_1+\varepsilon_2}{m-1}\right),$$

$$\sigma_x = \frac{m}{m+1}\cdot E\left(\varepsilon_1 + \frac{\varepsilon_1+\varepsilon_2}{m-1}\right).$$

Ersetzt man E durch $2\,\frac{m+1}{m}\cdot G$, so erhält man

$$\sigma_x = 2G\left(\varepsilon_1 + \frac{\varepsilon_1+\varepsilon_2}{m-1}\right) \qquad \text{und} \qquad \sigma_y = 2G\left(\varepsilon_2 + \frac{\varepsilon_1+\varepsilon_2}{m-1}\right)$$

als Hauptspannungen in den Richtungen x und y. Unter Beachtung der Gleichung S. 71 oben sind die Dehnungen ε zu ersetzen durch $\varepsilon - \alpha(t - t_1)$, so daß sich als Hauptspannungen ergeben, wenn der einfacheren Schreibweise wegen die Temperaturerhöhung $t - t_1$ mit t und die Wärmeausdehnungsziffer mit α bezeichnet wird:

$$\sigma_x = 2G\left[\left(\varepsilon_1 - \alpha t\right) + \frac{(\varepsilon_1 - \alpha t) + (\varepsilon_2 - \alpha t)}{m-1}\right],$$

$$\sigma_y = 2G\left[\left(\varepsilon_2 - \alpha t\right) + \frac{(\varepsilon_1 - \alpha t) + (\varepsilon_2 - \alpha t)}{m-1}\right].$$

Nach einigen Umformungen erhält man

$$\sigma_x = 2G\left(\varepsilon_1 + \frac{\varepsilon_1+\varepsilon_2}{m-1} - \frac{m+1}{m-1}\alpha t\right),$$

$$\sigma_y = 2G\left(\varepsilon_2 + \frac{\varepsilon_1+\varepsilon_2}{m-1} - \frac{m+1}{m-1}\alpha t\right).$$

Beide Gleichungen enthalten vier Unbekannte σ_x, σ_y, ε_1 und ε_2; es sind also noch zwei Bedingungsgleichungen erforderlich, die sich aus den Gleichgewichtsbedingungen ergeben.

Wird ein Schnitt senkrecht zur x-Achse gelegt und werden die Spannungen als äußere Kräfte angebracht, so muß Gleichgewicht herrschen.

Ein Querschnittsteilchen von der Dicke dz überträgt, wenn b die Breite der Scheibe ist, $\sigma_x \cdot b \cdot dz$ (kg).

Da am abgetrennten Teil weiter keine Kräfte auftreten, verlangt die erste Gleichgewichtsbedingung: Summe sämtlicher Kräfte in Richtung X gleich Null,

$$b\cdot\int_0^d \sigma_x\cdot dz = 0 \qquad \text{oder} \qquad \int_0^d \sigma_x\,.\,dz = 0\,.$$

Ein Schnitt senkrecht zur y-Achse liefert

$$b\cdot\int_0^d \sigma_y\cdot dz = 0 \qquad \text{oder} \qquad \int_0^d \sigma_y\cdot dz = 0$$

Ersetzt man σ_x durch den vorher gefundenen Wert und integriert aus, so wird

$$\varepsilon_1 + \frac{\varepsilon_1+\varepsilon_2}{m-1} - \frac{m+1}{m-1}\alpha\cdot\frac{1}{d}\int_0^d t\cdot dz = 0\,.$$

In gleicher Weise wie vorher wird

$$\frac{1}{d}\int_0^d t\cdot dz = t_m\,,$$

und damit

$$\sigma_x = 2G \cdot \frac{m+1}{m-1} \alpha (t_m - t) \qquad \text{bzw.} \qquad \sigma_y = 2G \frac{m+1}{m-1} \alpha (t_m - t)\,.$$

Hierbei ist t die jeweilige Temperatur, t_m die mittlere Temperatur. Für die Randspannungen erhält man

$$\sigma_{x2} = -2G \frac{m+1}{m-1} \alpha (t_i - t_m) = \sigma_{y2}\,,$$

$$\sigma_{x1} = +2G \frac{m+1}{m-1} \alpha (t_m - t_a) = \sigma_{y1}\,.$$

Die Hauptspannungen sind in beiden Richtungen gleich groß.

Die Temperaturverhältnisse in den Zylinderwandungen lassen sich in gleicher Weise berechnen, wenn

$$\int t \cdot dF = t_m \cdot F$$

gesetzt wird, wobei $dF = 2\pi r \cdot dr$ ein Querschnittsteilchen von der Dicke dr ist (Abb. 60).

Mit r_i als innerem, r_a als äußerem Halbmesser und t_i und t_a als entsprechender Manteltemperatur wird

$$\sigma_{xi} = 2G \frac{m+1}{m-1} \alpha (t_m - t_i)\,,$$

$$\sigma_{xa} = 2G \frac{m+1}{m-1} \alpha (t_m - t_a)\,,$$

$$\sigma_{ti} = 2G \frac{m+1}{m-1} \alpha (t_m - t_i)\,,$$

$$\sigma_{ta} = 2G \frac{m+1}{m-1} \alpha (t_m - t_a)\,,$$

$$\sigma_{ri} = 0\,, \qquad \sigma_{ra} = 0\,.$$

σ_x ist die Hauptspannung in Richtung der Zylinderachse,

σ_t ist Hauptspannung in tangentialer Richtung,

σ_r ist Hauptspannung in radialer Richtung.

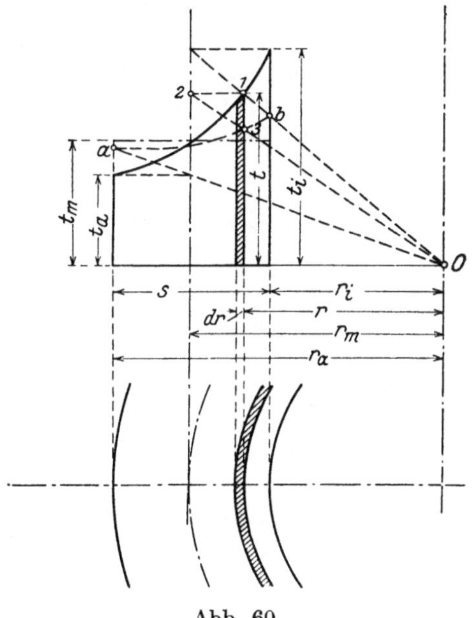

Abb. 60.

Um die mittlere Temperatur t_m zu ermitteln, ist der vom Temperaturschaubild beschriebene Umdrehungskörper in einen raumgleichen Hohlzylinder mit derselben Grundfläche zu verwandeln, Abb. 60. Nach der Guldinschen Regel ist mit der Wandstärke s

$$t_m \cdot F = t_m \cdot s \cdot 2\pi r_m = \int t \cdot 2\pi r \cdot d r\,,$$

$$t_m = \frac{1}{s} \int t \cdot \frac{r}{r_m} \cdot d r = \frac{F'}{s}\,.$$

$t \cdot \frac{r}{r_m}$ ist die im Verhältnis $r : r_m$ geteilte Temperaturordinate t. Man erhält sie, indem man den Endpunkt 1 einer beliebigen Ordinate t auf die Senkrechte im Abstande r_m projiziert (2) und 2 mit O verbindet. Der Strahl O 2 schneidet die Ordinate t in 3. Führt man die Konstruktion für verschiedene Werte t durch, so liegen die Schnittpunkte 3 auf einer Kurve $a\,b$, die die Fläche F' begrenzt. Dann ist t_m die Höhe eines Rechteckes über s als Grundlinie, dessen Inhalt gleich F' ist.

Dr. Rud. Lorenz hat die folgenden Gleichungen entwickelt[1]):

$$\sigma_a = \alpha \cdot G \cdot \frac{m+1}{m-1} \cdot (t_a - t_i) \cdot B \text{ kg/cm}^2 \text{ Druckspannung,}$$

$$\sigma_i = \alpha \cdot G \cdot \frac{m+1}{m-1} \cdot (t_a - t_i) \cdot C \text{ kg/cm}^2 \text{ Zugspannung.}$$

Hierin ist $B = \frac{2}{\gamma^2 - 1} - \frac{1}{\ln \gamma}$; $C = \frac{2\gamma^2}{\gamma^2 - 1} - \frac{1}{\ln \gamma}$, worin $\gamma = \frac{r_a}{r_i}$.

Beispiel. Berechnung der Spannungen in einer gußeisernen Wand mit der Temperaturverteilung nach Abb. 56. $G = 400\,000$, $m = 3,33$, $\alpha = 0{,}000012$, sonach

$$2\,\alpha\, G \frac{m+1}{m-1} = 17{,}57.$$

Das Verfahren nach Abb. 60 ergibt eine mittlere Wandtemperatur $t_m = 160{,}6°$. Die Druckspannung an der Innenseite der Wand ergibt sich zu 17,57 (160,6 — 269) = —1904 kg/cm², die Zugspannung an der Außenseite zu 17,57 (160,6 — 69) = 1609 kg/cm². S. Abb. 56.

Die Rechnung nach Lorenz ergibt 1911 kg/cm² Druckspannung, 1665 kg/cm² Zugspannung. (Die Verschiedenheit der Ergebnisse ist auf die jedem zeichnerischen Verfahren anhaftende Ungenauigkeit zurückzuführen.)

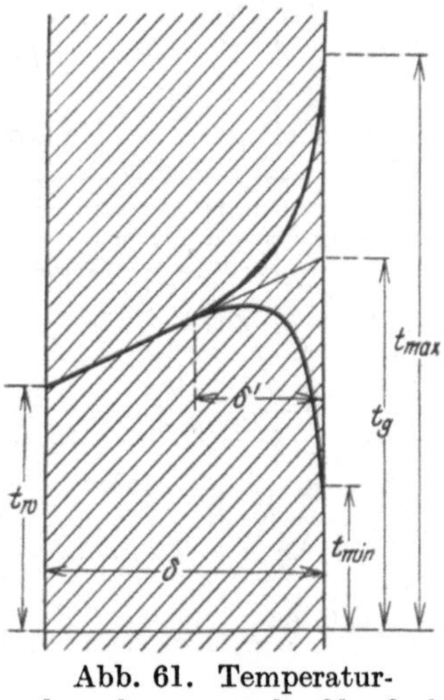

In den bisherigen Ausführungen wurde eine unveränderliche Temperaturkurve der Wandung vorausgesetzt, einem konstanten Wärmezustand der Wandung an der Gasseite entsprechend. In Wirklichkeit zeigen sich aber hier Temperaturausschläge, die den Temperaturveränderungen im Zylinder folgen. Während der Verbrennung wird t_g auf t_{max} steigen, während des Ansaugens auf t_{min} sinken.

Abb. 61. Temperaturschwankungen an der Oberfläche.

In Abb. 61 ist die Verteilung der Temperatur über die Wand schematisch dargestellt. An der Oberfläche folgt die Wandtemperatur unter einem gewissen Nacheilen den Schwankungen der Gastemperatur. Rechnerisch ermittelt Eichelberg (Temperaturverlauf und Wärmespannungen in Verbrennungsmotoren, Forschungsarbeiten Heft 263) für eine Zweitakt-Dieselmaschine mit $n = 100$ Uml./min in der gasberührten Oberfläche eine periodische Temperaturschwankung um höchstens rd. 14° nach oben, um 8° nach unten, von einem Mittelwert aus gerechnet. Das rasche Abklingen der Temperaturschwingung im Wandinnern geht daraus hervor, daß in 5 mm Tiefe nur noch eine Schwingungsamplitude von 0,38° übrigbleibt.

Die Gastemperaturen schwankten ungefähr in den Grenzen von 1500°.

Die Temperaturänderung an der Oberfläche der Wandung ist sonach gegeben durch den bisher angenommenen stationären Verlauf und hierüber gelagerte periodische Schwingungen, die vor allem bei langsamlaufenden Maschinen zur Ausbildung gelangen. Da der Eintritt der Wärme in die Wandung von der Neigung der Temperaturkurve abhängig ist — vgl. Abb. 61 —, so ist die Wärmeabgabe starker Änderung unterworfen. Die durch die stationäre Strömung bedingte Wärmespannung wird in gleicher Weise wie der Temperaturverlauf durch Zusatzspannungen überlagert, die bei den Versuchen von Dr. Eichelberg zwischen +120 und —200 kg/cm² schwankten.

---

[1]) Temperaturspannungen in Hohlzylindern. Z. V. d. I. 1907, S. 743.

Mit genügender Annäherung aber kann die augenblickliche Oberflächentemperatur durch den Mittelwert ersetzt werden, wie auf S. 66 geschehen.

Die Kühlung der Gas- und Ölmaschinen hat den Zweck, durch Verminderung der Wandtemperaturen die Spannungen zu verringern und die Schmierung zu ermöglichen. Wie aus der Gleichung $Q_g = \alpha_g \cdot F(T_g - t_g) \cdot z$ hervorgeht, ist bei gegebener Fläche z. B. des Verbrennungsraumes einer Dieselmaschine die an die Wandung übergehende Wärmemenge dem Temperatursprung $(T_g - t_g)$ proportional, also am größten während des Anfahrens der Maschine mit kalten Wandungen. Der Übergang von Wärme ist beim Anfahren während der Verdichtung so lebhaft, daß aus diesem Grunde die Verdichtung mit Rücksicht auf sicheres Anfahren höher gewählt werden muß, als für die betriebswarme Maschine erforderlich ist.

Mit zunehmender Wandtemperatur t_g nimmt Q_g ab, wächst aber die durch die Wand zum Kühlwasser übertretende Wärme gemäß der Beziehung $Q = \frac{\lambda}{s} \cdot F(t_g - t_w) \cdot z$. Ist $Q_g = Q$ geworden, so hat die Wand die Beharrungstemperatur t_g angenommen. Wird die Elastizitätsgrenze überschritten, so entstehen bleibende Formänderungen. Namentlich an örtlich erhitzten Stellen staucht oder streckt sich der Baustoff, so daß bei periodischer Wiederholung dieses Vorganges Risse entstehen müssen. Der Baustoff ist so zu wählen, daß der Wärmeausdehnungskoeffizient möglichst klein ist. Gefährliche Wärmestauungen im Baustoff werden durch „Dampfpelze", worunter Dampfansammlungen im Kühlraum zu verstehen sind, durch Luft- und Gasblasen verursacht, die besonders an Stellen mit plötzlicher Geschwindigkeitszunahme oder scharfen Richtungsänderungen des Kühlwassers infolge des dadurch bedingten Unterdruckes an diesen Stellen auftreten.

Um die Wärmebelastung q_0 in kcal/m²h annähernd zu erhalten, werde angenommen, daß die Verbrennung nach 60° Kurbelwinkel, entsprechend βs Kolbenweg, beendet sei, wobei etwa 60% der gesamten Kühlwasserwärme an die Wandung übergegangen sind. Bei jeder Umdrehung beträgt die gasberührte Oberfläche des Zylinders $O = \left(\frac{2\pi d^2}{4} + d\pi \cdot \beta s\right) \cdot i_1$, worin $i_1 = \frac{1}{2}$ für einfachwirkende, $i_1 = 1$ für doppeltwirkende Maschinen. Ist $\alpha = \frac{s}{d}$ = Hubverhältnis, so wird

$$O = \frac{\pi d^2}{2}(1 + 2\alpha\beta) \cdot i_1 .$$

Die übergehende Wärmemenge hat die Größe $Q = q \cdot N_e$, worin $q = 0{,}6\,\frac{632}{\eta_w} \cdot \frac{a}{100}$ die je PS_eh an das Kühlwasser übergehende Wärme angibt, wenn a deren Anteil von der gesamten zugeführten Wärme in % beträgt. Nun ist

$$N_e = \frac{\frac{\pi d^2}{4} \cdot p \cdot n \cdot s}{i_2 \cdot 30.75} \cdot 10\,000 \text{ (d und s in m, p in kg/cm}^2\text{)},$$

worin $i_2 = 4$ für einfachwirkenden Viertakt; $i_2 = 2$ für einfachwirkenden Zweitakt oder doppeltwirkenden Viertakt, $i_1 = 1$ für doppeltwirkenden Zweitakt. Mit $s = \alpha d$ folgt

$$N_e = \frac{\pi d^3 \cdot p \cdot n\alpha}{i_2 \cdot 0{,}9} .$$

Die je m² Wandungsfläche übergehende Wärmemenge wird

$$q_0 = \frac{Q}{O} = \frac{d\,p\,n\,\alpha}{i_1 \cdot i_2 \cdot 0{,}45\,(1 + 2\alpha\beta)} \cdot q \text{ kcal/m}^2\text{h} .$$

Mit $\eta_w = 0{,}33$, $a = 25\%$ wird durchschnittlich $q = 0{,}6 \cdot 475 = 285$ kcal/PS$_e$ h. Für einfachwirkende Viertaktmaschinen wird mit $i_1 = \frac{1}{2}$, $i_2 = 4$

$$q_0 = \frac{d\,p\,n\,\alpha}{2 \cdot 0{,}45 \cdot (1 + 2\,\alpha\,\beta)} \cdot q = \frac{316 \cdot d\,p\,n\,\alpha}{1 + 2\,\alpha\,\beta}$$

für einfachwirkende Zweitaktmaschinen ist $q_0 = \dfrac{632 \cdot d\,p\,n\,\alpha}{1 + 2\,\alpha\,\beta}$, da hier $i_1 \cdot i_2 = 1$. Erfahrungsgemäß soll diese Wärmemenge bei ungekühltem Kolben 100 000 kcal/m^2 h nicht überschreiten, während bei gekühltem Kolben Wärmemengen bis zu 220 000 kcal/m^2 h zulässig sind. Weiteres siehe S. 286, 300 und 302.

Beispiel. Die während 60° Kurbelwinkel (aus der Totlage heraus) übergehende Wärmemenge ist für eine Maschine $d = 320$ mm, $s = 420$ mm, $n = 180$ Uml./min, $p = 6$ at zu bestimmen. Es wird $\alpha = 1{,}31$; $\beta = 0{,}25$.

$$q_0 = \frac{316 \cdot 0{,}32 \cdot 6 \cdot 180 \cdot 1{,}31}{1 + 2 \cdot 1{,}31 \cdot 0{,}25} \cong 86\,000 \text{ kcal/m}^2\text{h}.$$

Diese Rechnung ist — wie schon bemerkt — nur überschläglich. Es wurde angenommen, daß in der Zweitaktmaschine gegenüber der bezüglich d, s, n und p völlig gleichartigen Viertaktmaschine die doppelte Wärmemenge übertragen werde.

Diese Übertragung aber setzt nach S. 65 einen größeren Temperaturunterschied $t_{g\,m} - t_w$, d. h. bei annähernd gleichem Wert t_w eine höhere Innenwandtemperatur $t_{g\,m}$ voraus, was aber wieder nach der Beziehung $Q \cong \alpha_g (T_g - t_{g\,m})$, S. 67, eine Verringerung des Wärmeüberganges zur Folge hat, so daß in Wirklichkeit die Wärmebewegung q_0 bei Zweitaktmaschinen nicht den doppelten Wert wie bei Viertaktmaschinen erreicht.

M. Gercke setzt für die stündlich an 1 m^2 Oberfläche des Brennraumes und des Zylindermantels übergehenden Wärmemengen:

$$Q_v = (6000 + 26\,n)\,p_i \text{ kcal/m}^2\text{h bei Viertaktmaschinen,}$$

$$Q_z = 1{,}7\,Q_v = 1{,}7\,(6000 + 26\,n)\,p_i \text{ kcal/m}^2\text{h bei Zweitaktmaschinen.}$$

In dem vorstehenden Beispiel würde für diese gesamte Wärmemenge mit $p_i = 8$ at folgen:

$$Q_v = (6000 + 26 \cdot 180) \cdot 8 = 85\,440 \text{ kcal/m}^2\text{h}.$$

II. Die Maschinen und ihre Sondereinrichtungen.

1. Anordnung und Aufbau.

Zweitakt und Viertakt. Der konstruktive Aufbau der Maschine wird am stärksten durch die Art der Taktwirkung beeinflußt. Für den Zweitakt werden als Vorzüge geltend gemacht: Erzielung großer Leistungen in einem Zylinder, Vereinfachung der Steuerung durch Wegfall der Auslaßventile, günstigere Gestängeausnutzung.

Während bei der Viertaktmaschine für Auspuff und Füllung mehr als eine volle Umdrehung — also ein Kurbelwinkel über 360° — zur Verfügung steht, ist bei der Zweitaktmaschine während eines Kurbelwinkels von 100 bis 130° auszuspülen und aufzuladen. Die Kürze der dem Auslaßkurbelwinkel entsprechenden Zeit zwingt nicht nur zu höheren Geschwindigkeiten der Abgase und zur Spülung, sondern macht auch so große Querschnitte erforderlich, daß sie nicht durch Auspuffventile, sondern nur durch Auspuffschlitze ermöglicht werden können, die ganz oder halb den Zylinder umfassen. Da die Spülluft erst dann in den Zylinder eintreten soll, wenn der Abgasdruck gleich oder kleiner als die Spülluftspannung ist, so muß die Vorausströmung 20 bis 25% des Hubes betragen. Das Zweitaktdiagramm wird dadurch kleiner als das Viertaktdiagramm, außerdem wird der Zylinder nur zu 70 bis 80% des Hubraumes mit frischer Ladung gefüllt, da erst nach einem Kolbenwege, der der Vorausströmung entspricht, die Auspuffschlitze geschlossen werden. Bei dem Vergleich der Zweitakt- mit der Viertaktmaschine ist aber zu beachten, daß bei ersterer, wenn nachgeladen wird, die eingeführte Ladung mehr als 1 at, bei letzterer meist weniger als 1 at Druck hat.

Ist d = Zyl.-Dmr. in m, s = Hub in mm, s' = Höhe der Spülluftschlitze, $a = \frac{s'}{s}$, φ = Verengungsbeizahl durch die Stege im Spülquerschnitt, c = Spülluftgeschwindigkeit in m/sek, so gilt die Stetigkeitsgleichung

$$\frac{d^2\pi}{4} \cdot \frac{n\,s}{30} = \varphi \cdot d\,\pi \cdot s' \cdot c = \varphi \cdot d\,\pi \cdot a\,s\,c\,.$$

Werden die konstanten Glieder in k zusammengefaßt, so folgt

$$c = \frac{d\,n}{\varphi \cdot a} \cdot k\,.$$

Soll sonach eine bestimmte Spülgeschwindigkeit nicht überschritten werden, so sind mit Zunahme von Zylinderdurchmesser und Umlaufzahl entweder Zahl und Breite der Stege zu beschränken, oder das Verhältnis $a = \frac{s'}{s}$ ist zu vergrößern. Die erstere Maßnahme findet ihre obere Grenze in der erforderlichen Festigkeit des Zylinders, die zweite in dem Anwachsen des Diagrammverlustes durch die Vorausströmung, da mit den Spülschlitzen auch die Auspuffschlitze zu verlängern sind.

Hohe Spülluftspannung, also große Spülluftgeschwindigkeit, erfordert große Pumpenarbeit und hindert eine geordnete Schichtung der Ab- und Frischgase, so daß der Zylinder nur unvollkommen ausgespült wird. Aber auch bei niedrigem Spülluftdruck wird der Hubraum, besonders der Gasmaschinen, nicht so gründlich von den

Abgasen gereinigt wie bei den Viertaktmaschinen, was in letzter Linie eine Verringerung des Ladegewichtes bedeutet. Die zusätzliche Arbeit der Spül- und Gaspumpen macht einen größeren Teil der indizierten Gesamtarbeit aus als die negative Ansauge- und Auspuffarbeit der Viertaktmaschine, so daß deren mechanischer Wirkungsgrad größer als der der Zweitaktmaschine ist. Dieser kommt allerdings zustatten, daß bei ihr die Leerlaufhübe, von denen bei der Viertaktmaschine je zwei auf je zwei Arbeitshübe folgen, fortfallen. Diese Verschlechterung des mechanischen Wirkungsgrades und die weniger gute Reinigung des Hubraumes von den Verbrennungsrückständen, durch welche die Mischung der frischen Ladung beeinträchtigt wird, erhöht den Brennstoffverbrauch je PS_e h der Zweitaktmaschine gegenüber der Viertaktmaschine.

In Abb. 62 ist für eine Dieselmaschine —ähnliche Verhältnisse liegen bei Gasmaschinen vor — der Temperaturverlauf, bezogen auf den Kurbelweg, wiedergegeben. Die stärkere Wärmeentwicklung bei Zweitakt stellt erhöhte Anforderungen namentlich an die Gestaltung der den Verbrennungsraum begrenzenden Teile: Zylinderdeckel und Kolbenboden.

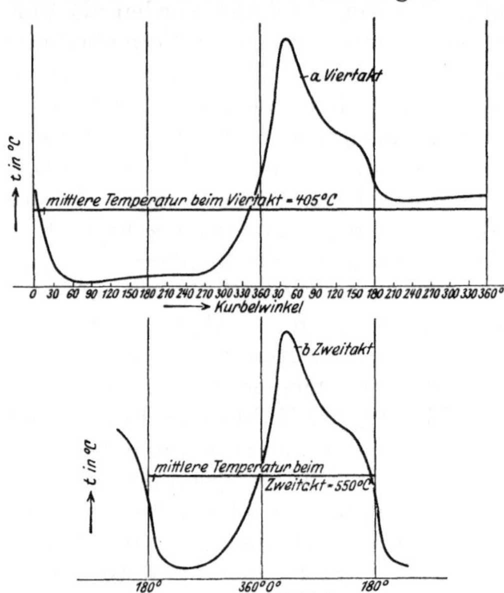

Abb. 62. Temperaturverlauf bei Vier- und Zweitaktmaschinen.

Auf der anderen Seite weist der Zweitakt auch große Vorzüge gegenüber dem Viertakt auf, von denen zunächst der Entfall der den hohen Abgastemperaturen ausgesetzten, bei Kühlung viele Betriebsschwierigkeiten verursachenden Auspuffventile zu erwähnen ist, ein Vorzug, der namentlich bei Dieselmaschinen ins Gewicht fällt. Da jeder Hub ein Arbeitshub ist, so wird der Kurbeltrieb seiner Bemessung entsprechend ausgenutzt, während bei der Viertaktmaschine das für den hohen Verpuffungsdruck berechnete Gestänge während zweier Hübe nur für die Ansauge- und Auspuffarbeit beansprucht wird. Das Drehmoment ist gleichmäßiger. Bei der einfachwirkenden Zweitaktmaschine wird auf den Kolbenboden stets ein gleichgerichteter Druck ausgeübt, so daß an den Zapfen von Kreuzkopf bzw. Kolben und Kurbelkröpfung der Druck nicht wechselt. Wird auch die Schmierung dadurch erschwert, so tritt anderseits kein Klopfen infolge Lagerspiels auf, und die Lager brauchen weniger oft nachgesehen zu werden. Hohe Umlaufzahl erschwert bei Zweitaktmaschinen die Schichtung und die Beherrschung der erforderlichen Querschnittsverhältnisse, so daß bei Viertaktmaschinen höhere Drehzahlen als bei Zweitaktmaschinen möglich sind.

Im vorstehenden ist nur auf die grundsätzlichen, sowohl Gas- als Ölmaschinen betreffenden Eigenschaften der Zweitaktbauart eingegangen. Beide Maschinenarten aber zeigen gegenüber der Anwendung der Zweitaktwirkung verschiedenes Verhalten, das weiter unten behandelt wird.

Stehende und liegende Bauart. Die stehende Anordnung hat den Vorzug besseren Kolbenlaufes, da die zu Undichtheiten führende Wirkung des Gewichtes wagerecht arbeitender Kolben entfällt. Die Reibungsarbeit des Kolbens wird geringer, der mechanische Wirkungsgrad dadurch verbessert.

Der Verbrennungsraum läßt sich einfach, rein zylindrisch gestalten und ermöglicht infolge Entfalles aller toten Ecken weitgehende Ausspülung der Abgasreste; die Ventile lassen sich ohne erhebliche Komplikation des Deckels in diesem unterbringen. Die in Richtung der Maschinenachse frei wirkenden Massenkräfte werden unmittelbar vom Fundament aufgefangen, das bedeutend kleiner als bei liegenden Maschinen wird. Die Rohrleitungen sind zugänglicher, große Leistungen lassen sich in einfachster Weise durch Aneinanderreihen von Einzylindermaschinen erreichen, wobei die Massen vollständig ausgeglichen werden können. Die stehende Bauart beansprucht überdies weniger Raum als die liegende, doch läßt sich die liegende Maschine in Kellerräumen usw. besser unterbringen.

Demgegenüber weist die liegende Anordnung den Vorzug größerer Übersichtlichkeit und leichterer Zugänglichkeit des Kurbeltriebwerkes auf. Koks, Krusten, Schmierölrückstände usw. sammeln sich im unteren Zylinderscheitel und werden vom Abgasstrom durch die Auslaßventile ausgeblasen, während sie sich bei stehenden Maschinen auf dem Kolbenboden ablagern und „Fressen" der Lauf- und Dichtungsflächen verursachen können. Bei Glühkopfmotoren mit innerer Wassereinspritzung kann abbröckelnder Wasserstein zu gleichen Erscheinungen führen.

Drehzahl. Da hohe Umlaufzahlen vorzügliche Ausführung der Maschine erfordern, so ist die Wahl der Umlaufzahl in hohem Maße von der Leistungsfähigkeit der liefernden Fabrik abhängig. Eine obere Grenze ist der Umlaufzahl durch die Größe des allgemein (s. S. 81) mit n^2 zunehmenden Beschleunigungsdruckes sowie dadurch gegeben, daß die Kolbengeschwindigkeit nicht größer als die Verbrennungsgeschwindigkeit sein soll, da sonst Nachbrennen eintritt. Die Mischung des Brennstoffes mit der Luft bei Ölmaschinen, die Verbrennung der einzelnen Brennstoffteilchen erfordert eine gewisse Zeit, die bei hohen Drehzahlen der Maschine fehlt. So stellte Neumann an einer 50 PS-Dieselmaschine mit $n = 210$ Uml./min fest, daß die „sichtbare" Verbrennung — bis zum Übergang der Gleichdrucklinie in die Ausdehnungslinie reichend — erst 6,5° Kurbelwinkel nach Schluß der Brennstoffnadel aufhörte. Die Verbrennung erstreckte sich im ganzen auf einen Winkel von 46,5°, wovon 31,5° auf das Nachbrennen während der Expansion entfielen. In diesem Punkt verhalten sich die Gasmaschinen günstiger, deren Einlaßventil das fertige Gemisch zuströmt. Hohe Umlaufzahlen erfordern bei Dieselmaschinen besonders wirksame Zerstäubung und hohen Einblasedruck. Rechtzeitige Verbrennung muß bei wasserstoffarmen Gasen, bei zähflüssigen Ölen und solchen mit schwersiedenden Bestandteilen durch reichliche Vorzündung herbeigeführt werden, die bei raschlaufenden Dieselmaschinen zur Drucksteigerung nach der Verdichtung führt. Ohne diese Drucksteigerung ist bei raschlaufenden Dieselmaschinen rauchloser Auspuff nicht zu erzielen.

Bei Zweitaktmaschinen erschwert hohe Umlaufzahl die Ausspülung und bei Gasmaschinen außerdem die Schichtung. Die Abkürzung der Einlaßventilöffnungszeit bedingt bei Zweitaktgasmaschinen starke Massenwirkungen im Steuerungsgestänge und legt auch dadurch die obere Grenze der Umlaufzahl fest.

Hohe Umlaufzahlen können wegen der erwähnten Massenwirkungen leichter bei kleineren als bei großen Leistungen gewählt werden; sie vermindern Raumbedarf und Maschinengewicht und setzen bei entsprechender Bemessung der reibenden Teile die Lebensdauer der Maschine nicht wesentlich herab. Eine untere Grenze ist der Umlaufzahl gesetzt durch den Wärmeübergang an das Kühlwasser, für den bei niedriger Drehzahl eine längere Zeit zur Verfügung steht, so daß der Kühlwasserverlust zunimmt. Bei stehenden Maschinen ist zu beachten, daß die im Deckel angeordneten Ventile in einem bestimmten Querschnittsverhältnis zum Kolben stehen, so daß dessen Geschwindigkeit die Durchflußgeschwindigkeit der Luft oder des Gemisches im Ventilquerschnitt bestimmt. Liegende Maschinen lassen wegen der ungünstigeren Beanspruchung des Fundamentes durch die Massenwirkungen nicht so hohe Umlaufzahlen wie stehende Maschinen zu. Wird die Umlaufzahl einer bestimmten Maschine erhöht, so nimmt die Leistung nicht proportional der Umlaufzahl zu, da infolge der Drosselung im Ventil der Füllungsgrad sinkt.

Hubverhältnis. Mit der Wahl der Umlaufzahl hängt die Frage des Hubverhältnisses eng zusammen, da durch Hub und Drehzahl die Kolbengeschwindigkeit bestimmt ist.

Die Bedeutung des Hubverhältnisses ist vom thermodynamischen Standpunkt aus darin begründet, daß für die von den Gasen an die Wandungen abgegebenen Wärmemengen und den dadurch bedingten Arbeitsverlust weniger der Gesamtbetrag dieses Wärmeverlustes als dessen Verteilung auf den Kolbenweg maßgebend ist. Wärme, die kurz vor der Vorausströmung an die Wandung übergeht, hat an Wert wegen der vorher abgegebenen Ausdehnungsarbeit verloren. Für den Arbeitsprozeß ist es gleichgültig, ob diese Wärme in den Auspuff oder in das Kühlwasser geht. Da der Wärmeübergang von Druck, Temperatur und Wirbelung der Gase abhängig ist und diese während der Verbrennung und des ersten Teiles des Ausdehnungshubes ihren größten Wert erreichen, so folgt, daß hierbei die Wärme möglichst zusammengehalten, also die Größe der kühlenden Flächen möglichst klein sein soll. Diese haben die Größe:

$$F = \pi d \cdot h + a \cdot \frac{\pi d^2}{4},$$

worin $d =$ Zyl.-Dmr., $h = b \cdot s =$ Höhe des zylindrischen Raumes, in dem möglichst wenig Wärme abgegeben werden soll, a den wasserbespülten Teil der Deckel- und Kolbenfläche angibt. Bei Großgasmaschinen mit wassergekühltem Kolben ist beispielsweise $a = 2$, bei stehenden Maschinen mit luftgekühltem Kolben und Ventilen in den Deckeln ist $a \cong 0{,}5$.

Der Oberfläche F entspricht das Zylindervolumen:

$$V = \frac{\pi d^2}{4} \cdot h, \qquad \text{woraus} \qquad h = \frac{4V}{\pi d^2} \qquad \text{folgt.}$$

Setzt man diesen Wert in die Gleichung für F ein, so wird:

$$F = \frac{4V}{d} + a \cdot \frac{\pi d^2}{4}.$$

Der Durchmesser, bei dem F ein Minimum wird, ergibt sich aus:

$$\frac{\partial F}{\partial d} = -\frac{4V}{d^2} + \frac{a}{2}\pi d = 0\,; \qquad \frac{4V}{d^2} = \frac{a}{2}\pi d.$$

Da nach obigem $h = \frac{4V}{\pi d^2}$, so wird:

$$\pi h = \frac{\pi}{2} \cdot a d\,; \qquad \frac{h}{d} = \frac{a}{2}.$$

Mit $h = b \cdot s$ folgt:

$$\frac{bs}{d} = \frac{a}{2}\,; \qquad \frac{s}{d} = \frac{a}{2b}.$$

Diese Gleichungen gelten in erster Linie für Ölmaschinen mit Verdichtung der Verbrennungsluft allein. Für Gasmaschinen sind große, kühlende Flächen insofern günstig, als diese höhere Verdichtung ohne Gefahr der Frühzündung ermöglichen.

Die Abkühlungsverhältnisse, die stark von der willkürlichen Schätzung des Nachbrennens abhängen, sind jedoch durchaus nicht für die Wahl des Hubverhältnisses maßgebend, die in erster Linie durch die Rücksicht auf die Herstellungskosten beeinflußt wird. Von Bedeutung ist auch die Wirkung der Massendrucke.

In der Totlage beträgt der größte auf 1 cm^2 Kolbenfläche bezogene Massendruck[1])

$$p = 4 \cdot \frac{m r \omega^2}{d^2 \pi}(1 + \lambda).$$

[1]) Siehe S. 331.

Wird das Gewicht der hin und her gehenden Teile der dritten Potenz des Zylinderdurchmessers proportional gesetzt, so wird mit $mg = k \cdot d^3$, $\omega = \frac{\pi n}{30}$ und $r = \frac{s}{2}$

$$p = 4 \cdot \frac{k\,d^3 \cdot \pi^2 \cdot n^2 \cdot s}{g \cdot 30^2 \cdot d^2 \pi \cdot 2}(1 + \lambda) = K \cdot d\,s\,n^2 \text{ kg/cm}^2 .$$

Nun ist

$$N_i = \frac{\frac{d^2 \pi}{4} \cdot n \cdot s}{30 \cdot 75} \cdot p_m = k_1 \cdot d^2 n\,s\,,$$

wenn k_1 alle konstanten Werte zusammenfaßt, einschließlich p_m, da die Diagramme bei einem bestimmten Belastungsgrad gleichartig verlaufen.

Aus beiden Beziehungen folgt:

$$p = K_1 \cdot N_i \cdot \frac{n}{d}\,,$$

d. h. bei festgelegter Leistung ist der Massendruck der Umlaufzahl direkt, dem Zylinderdurchmesser umgekehrt proportional. Bei gleichbleibendem Wert N würde beispielsweise Verdoppelung des Hubes die Umlaufzahl n und damit auch p auf die Hälfte vermindern, wenn d unverändert bliebe. Hingegen würde mit $2\,s$ bei Beibehaltung von n der Zylinderdurchmesser auf 0,707 d abnehmen, der Massendruck auf $\frac{p}{0{,}707} = 1{,}41\,p$ steigen.

Nehmen Umlaufzahl und Zylinderdurchmesser in gleichem Verhältnis zu, so bleibt für eine bestimmte Leistung der Massendruck konstant; kurzhubige Maschinen weisen sonach unter Umständen geringere Massendrucke als langhubige Maschinen auf.

Der Verbrennungsraum erhält bei langhubigen Maschinen eine günstigere Gestalt; seine größere Höhe erleichtert die Ausspülung, tote Räume lassen sich besser vermeiden. Da bei stehenden Maschinen, wie schon erwähnt, die Kolbengeschwindigkeit durch die Durchflußgeschwindigkeit in den Querschnitten der im Deckel untergebrachten Ventile begrenzt wird, so erfordern hohe Umlaufzahlen Verkleinerung des Hubes und Vergrößerung der Kolbenfläche, damit die Saug- und Auspuffverluste nicht zu groß werden.

Bei Versuchen an älteren Zweitaktgasmaschinen fand Rauert[1]), daß um so weniger Gas mit der Spülung verlorenging, diese um so vollkommener gelang, je länger der Zylinder im Verhältnis zum Durchmesser war.

Ausführung mit und ohne Kreuzkopf. Maschinen bis etwa 150 PS werden ausschließlich ohne Kreuzkopf gebaut, wodurch die Maschine um mehr als eine Hublänge verkürzt wird. Wenn es auch als grundsätzlicher Fehler angesehen werden muß, daß einem Maschinenelement zwei ganz verschiedene Aufgaben zugeteilt werden, so lassen sich doch bis zu der genannten Leistung die Schwierigkeiten verhältnismäßig leicht überwinden. Bei großen Maschinen machen die Unzugänglichkeit des im Tauchkolben angeordneten Kolbenbolzens und die dadurch bedingte unsymmetrische, die Wärmeübertragung störende Gestaltung des Kolbens die Anordnung besonderer Kreuzköpfe erforderlich.

Bemerkenswert ist der in Abb. 234 bis 236[2]) dargestellte Ersatz der Kreuzköpfe durch besondere Lenker, wobei je zwei Kolben auf einen Schwinghebel arbeiten.

Antrieb der Hilfsmaschinen. Als Hilfsmaschinen sind bei den Hochleistungsviertakt- und Zweitaktgasmaschinen die Spül- und Ladepumpen, bei den Dieselmaschinen die Luftverdichter sowie die Spülpumpen bei Zweitaktwirkung, bei beiden

---

[1]) **Rauert: Stahleisen 1922, Heft 41, S. 1550.**

[2]) **Werft Reederei Hafen 1924, Heft 12.**

Maschinenarten die Kühlwasser- und Schmierölpumpen zu nennen, die entweder an die Hauptmaschinen angehängt oder selbständig betrieben werden können.

Gemeinsame Anlage der Ladepumpen für mehrere Zweitaktgasmaschinen läßt sich nicht durchführen, da hierbei einer der größten Vorzüge dieser Maschinenart: die Wirkung der Pumpe als Meß- und Regulievorrichtung, verlorengehen würde. Hochleistungsviertaktmaschinen arbeiten hingegen vorteilhaft mit Zentralisierung der Drucklufterzeugung, für die sich wegen des geringen Druckes vor allem Turbokompressoren — elektrisch oder durch Dampfturbinen angetrieben — eignen. Der günstigere Wirkungsgrad der größeren Anlage überwiegt die Nachteile der längeren Rohrleitungen mit ihren Druckverlusten. Die Gesamtanlage wird übersichtlicher, die Bedienung vereinfacht. Bei der Anordnung und Bemessung der Verdichtungsanlage ist das labile Arbeitsgebiet (das „Pumpen“) der Turbokompressoren bei abnehmender Belastung besonders zu beachten.

In neuerer Zeit sind Ehrhardt & Sehmer zu Kolbengebläsen, die mit der Gasmaschine vereinigt sind, übergegangen. Siehe S. 255 und 256.

Bei Schiffsdieselmaschinen ist vor allem die Vorschrift des Germanischen Lloyd zu beachten: „Werden Motoren mit Druckluft in Gang gesetzt und umgesteuert, so müssen für die Druckluftbehälter zwei Auffülleinrichtungen vorhanden sein, von denen die eine in einem von der Hauptmaschine unabhängigen Kompressor bestehen muß.“ Selbständiger Antrieb auch des zweiten, die Einblaseluft liefernden Verdichters vereinfacht die Kurbelwelle, verkleinert die Maschinenlänge und erleichtert den Massenausgleich. Die Abmessungen der Verdichter können durch Wahl höherer Drehzahl verringert werden.

Von Bedeutung für die Frage des Luftverdichterantriebes ist auch die Regelung der Brennstoffnadelbewegung. Öffnet z. B. die Brennstoffnadel bei $n = 120$ Uml./min der Maschine unveränderlich während eines Kurbelwinkels von 36°, so ist die Öffnungszeit während einer Minute $\frac{60 \cdot 36}{120 \cdot 360} = 0{,}05$ min $= 3$ sek und bei 60 Uml./min $\frac{30 \cdot 36}{60 \cdot 360} = 0{,}05$ min, also konstant und unabhängig von der minutlichen Umlaufzahl. Bei Schiffsmaschinen ohne Nadelregelung empfiehlt sich aus diesem Grunde Antrieb der Luftpumpe durch eine mit konstanter Drehzahl arbeitende Hilfsmaschine. Umgekehrt liegen die Verhältnisse bei den Spülpumpen, die je Hub eine bestimmte, vom Hubraum der Maschine abhängige Luftmenge zu liefern haben. Doch ist man auch hier bei großen Maschinen vielfach zum unabhängigen Antrieb von Turboverdichtern übergegangen, durch die erheblich an Gewicht gespart wird.

Bei schneller laufenden Viertaktmaschinen macht die unmittelbare Kupplung der Kühlwasserpumpen wegen der hohen Drehzahl Schwierigkeiten, so daß man bei Schnelläufern zum Antrieb mit Übersetzung übergegangen ist. Unabhängiger Antrieb der Kühlwasserpumpen mit konstanter Umlaufzahl hat bei Verringerung der Umlaufzahl von Schiffsmaschinen, die stets eine Abnahme des Drehmomentes zur Folge hat, zu allzu plötzlicher Abkühlung der Zylinderlaufbuchse und damit verbundenem Fressen der Kolben geführt, so daß beim Manövrieren die Kühlwasserzufuhr durch eine in der Zuleitung angeordnete und mit der Anlaßsteuerung verbundene Drosselklappe unterbrochen werden mußte.

2. Die Gasmaschinen.

a) Die Viertaktmaschinen.

Die Gemischbildung. Abb. 63 zeigt ein Schwachfederdiagramm mit Verbrennung der im Mischraum angesammelten Gase bei Eröffnung des Einlaßventils; die im Zylinder nachbrennenden Gase entzünden das über dem Einlaßventil lagernde Gasluftgemenge. Das Auftreten derartiger „Knaller“ ist durchaus nicht selten und hat zur Folge, daß Gas und Luft in ihre Leitungen zurückgedrängt werden, so daß für mehrere Umläufe richtige Gemischbildung verhindert wird. Gefährlicher sind die bei undichten Ventilen „durchschlagenden Zündungen“, besonders wenn der Mischraum gegen die Luftleitung abgeschlossen ist. Anordnung von Sicherheitsventilen zwischen Einlaßventil und Mischorganen verhindert allzu hohe Beanspruchung der Mischraumwandungen. Mit Rücksicht auf diese Explosionsgefahr ist die Anordnung großer Behälter, in denen Gas und Luft Zeit zur Diffusion gegeben wird, unmöglich. Aufgabe ist vielmehr, die Mischung auf mechanischem Wege kurz vor Einlaßventileröffnung zu bewirken und den Mischraum über dem Einlaßventil möglichst klein zu halten. Die Regelung der Maschine wird dadurch erleichtert, da durch diese Bauart die zwischen Einlaßventil und Regelorgan lagernde und dem Eingriff des Reglers entzogene Gemischmenge verringert wird, die namentlich im Leerlauf störend wirken kann. Die Verkleinerung des Mischraumes ist besonders bei Viertaktmaschinen von Bedeutung, deren Regler erst nach vier Hüben die Leistung derselben Zylinderseite beeinflussen kann.

Gas- und Luftstrom sind vor ihrer Mündung über dem Einlaßventil durch ein „Gasventil“, das häufig als Mischorgan dient, zu trennen, um Übertreten des Gases in den Luftraum bei Druckgas oder von Luft in den Gasraum bei Sauggas während den auf den Saughub folgenden Hüben zu verhindern und dadurch Störungen in der Gemischbildung und Zündungen in den Leitungen zu vermeiden.

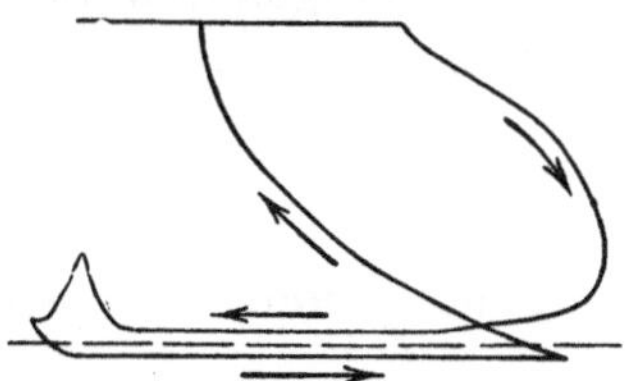

Abb. 63. Schwachfederdiagramm eines „Ansaugeknallers“.

Die Zusammensetzung des Gasluftgemisches hängt nicht nur von dem Verhältnis der Mischquerschnitte, sondern auch in hohem Maße von der Verschiedenheit der an der Mischstelle herrschenden Drucke ab. Während die Luft unter atmosphärischem Druck zutritt, steht das Gas entweder unter Überdruck, wie bei Druckgasmaschinen, oder unter Unterdruck, wie bei Sauggasmaschinen. Hinzu kommt, daß der Gasdruck veränderlich ist, was bei Gichtgasmaschinen durch die Art des Hochofenbetriebes, bei Sauggasanlagen durch Verschlacken des Gaserzeugers, Verstopfung der Reiniger usw. verursacht wird. Da die Geschwindigkeit $c = \sqrt{2g \cdot \frac{p}{\gamma}}$ ist, wenn p = Druck in mm W.-S., γ = spezifisches Gewicht in kg/m³, so bedingen diese Druckunterschiede und Druckschwankungen nicht nur verschiedene Geschwindigkeiten von Gas und Luft, sondern auch veränderliche Gasgeschwindigkeiten.

Im folgenden bedeuten:

O = Kolbenfläche in m², p_0 = absoluter Druck im Mischraum bzw. im Zylinder in mm W.-S.,
p = absoluter Druck in der Zuleitung in mm W.-S., p_g für Gas, p_l für Luft,
$P = p - p_0$ = Druckunterschied im Regulierquerschnitt zwischen Zuleitung und Zylinder in mm W.-S.,
$h = p_g - p_l$ = Gasüberdruck in mm W.-S.,
f = Regulierquerschnitt in m²,
$q = f_l : f_g$ = Verhältnis der Regulierquerschnitte,
m = Mischverhältnis zwischen Luft und Gas,
c = Geschwindigkeit im Regulierquerschnitt f in m/sek,
$\mu \cong 0,8$ = Reibungsziffer,
γ = spezifisches Gewicht in kg/m³.

Die Zeiger l beziehen sich auf Luft, g auf Gas. Dann ist:

$$O \cdot c = f_l \cdot c_l + f_g \cdot c_g .$$

Luftgeschwindigkeit:

$$c_l = \mu \cdot \sqrt{2g \cdot P_l \cdot \frac{1}{\gamma_l}} = 3{,}1\sqrt{P_l} \qquad (\text{mit } \mu = 0{,}8\,, \quad \gamma_l = 1{,}3\,\text{kg/m}^3)\,.$$

Gasgeschwindigkeit:

$$c_g = \mu \cdot \sqrt{2g\,P_g \cdot \frac{1}{\gamma_g}}\,.$$

Mischverhältnis:

$$m = \frac{f_l \cdot c_l}{f_g \cdot c_g} = q\frac{c_l}{c_g} = q \cdot \sqrt{\frac{P_l \cdot \gamma_g}{P_g \cdot \gamma_l}}\,.$$

Für den Betrieb mit einem bestimmten Gas kann $\frac{\gamma_g}{\gamma_l} = \text{konst.}$ gesetzt werden, so daß

$$m = q \cdot K \cdot \sqrt{\frac{P_l}{P_g}}\,.$$

Für Gichtgas sind die spezifischen Gewichte γ_l und γ_g annähernd einander gleich, also $K \cong 1$, es folgt:

$$m = q\sqrt{\frac{P_l}{P_g}}\,; \qquad k = \frac{q}{m} = \sqrt{\frac{P_g}{P_l}} = \frac{c_g}{c_l}\,.$$

Für Leucht- und Koksofengas ist $\gamma_g \cong 0{,}5$; es wird $K = 1{,}6$ und

$$k = \frac{q}{m} = 1{,}6\sqrt{\frac{P_g}{P_l}}\,.$$

Setzt man:

$$P_g = p_g - p_o = p_l \pm h - p_o\,,$$
$$P_l = p_l - p_o\,,$$

so folgt für $p_l = 10000$ mm W.-S. und $\gamma_l = \gamma_g$:

$$\frac{q}{m} = \sqrt{1 \pm \frac{h}{10000 - p_o}}\,, \qquad q = m\sqrt{1 \pm \frac{h}{10000 - p_0}}$$

Das (+)- Zeichen gilt für Druck-, das (—)- Zeichen für Sauggas. Aus den Gleichungen folgt, daß das Mischverhältnis nur dann gleich dem Querschnittsverhältnis ist, wenn die spezifischen Gewichte von Gas und Luft sowie die Strömungsdrucke in den Mischquerschnitten einander gleich sind.

In Abb. 64, dem Hellenschmidtschen Diagramm[1]), ist die Abhängigkeit des Wertes $k = \frac{q}{m}$ vom Gasüberdruck h und absolutem Druck p_0 im Zylinder dargestellt. Auf den Kurven ist $h = \text{konst.}$, p_0 ist veränderlich angenommen, je nach den Sauggeschwindigkeiten. Nach dem Vorstehenden ist:

$$p_0 = p_l \pm h - P_g = p_l - P_l\,.$$

$$P_g = \frac{c_g^2}{2g} \cdot \frac{\gamma_g}{\mu^2}\,; \qquad P_l = \frac{c_l^2}{9{,}6}\,.$$

Bei Unterdrucken von 0,3 at und mehr, entsprechend $p_0 = 7000$ mm und weniger, weicht für niedrigere Gasdrucke (< 250 mm) $k = \frac{q}{m}$ nur wenig von 1 ab, d. h. das Mischverhältnis ist gleich dem Querschnittsverhältnis. Sowohl Schwankungen

[1]) Hellenschmidt: Gemischbildungen der Gasmaschinen. Berlin: Julius Springer 1911.

von p_0 wie auch von h wirken nur wenig störend auf die Gemischbildung ein. Steigt hingegen p_0 über 7000 mm, so wird die Maschine gegen Änderungen von p_0 und h außerordentlich empfindlich selbst bei kleinen Gasdrucken, so daß diese Änderungen in ihrem Einfluß auf das Mischungsverhältnis durch Einstellung der Querschnitte

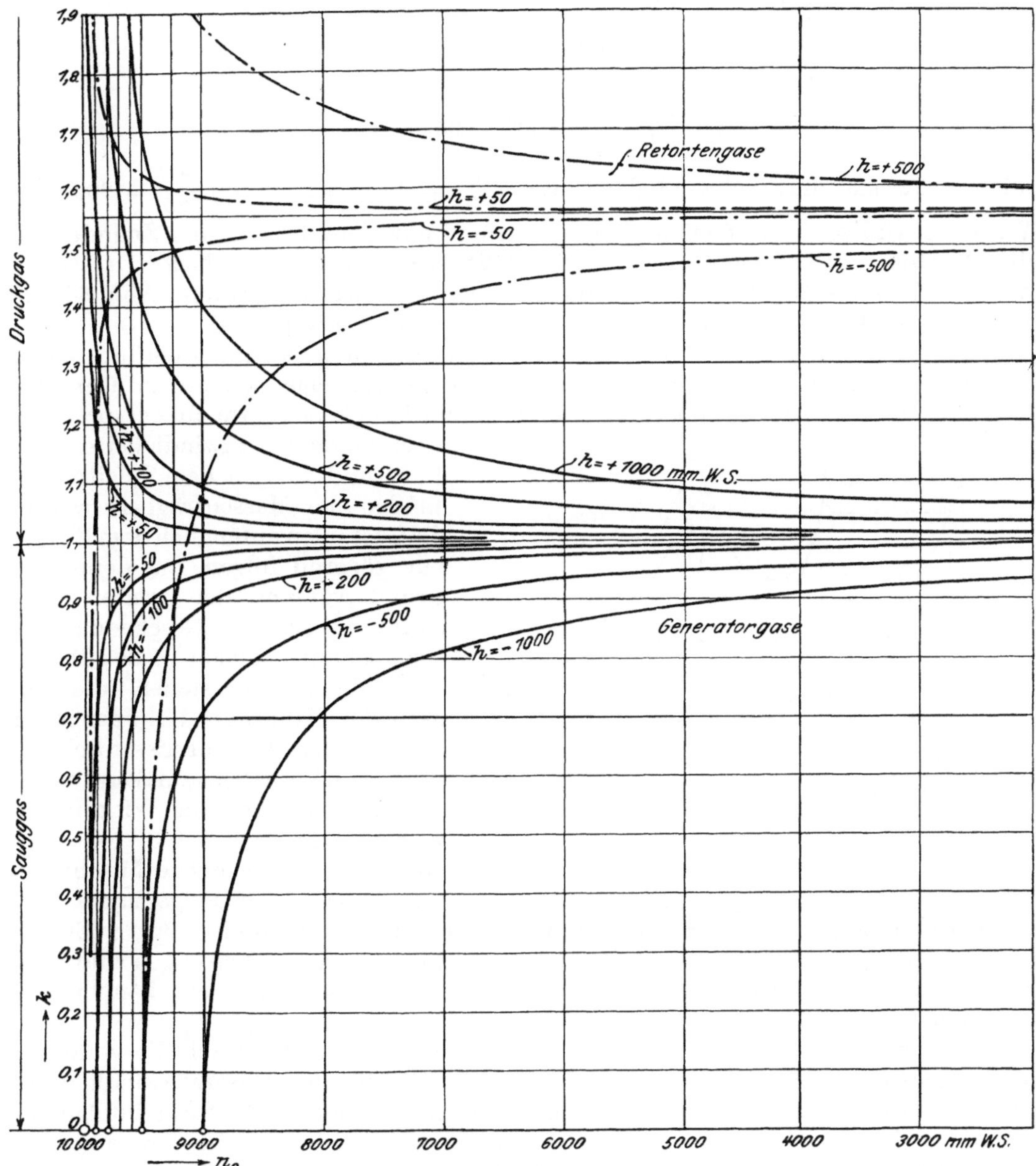

Abb. 64. Hellenschmidt-Diagramm.

unschädlich gemacht werden müssen. Diese Verhältnisse liegen namentlich bei Sauggasbetrieb ungünstig, wie das steilere Ansteigen der (—)-Kurven gegenüber den (+)-Kurven zeigt. Noch empfindlicher ist der Betrieb mit Leucht- und Koksofengas (Retortengas), was in dem kleineren spezifischen Gewicht dieses Gases begründet ist.

Wird z. B. Änderung der Umlaufzahl eines Gasgebläses zwischen $n = 110$ und 22 verlangt, wobei für Gichtgas $m = 1$, $\gamma_g = \gamma_l = 1{,}3$ kg/m³ und die mittlere Geschwindigkeit in den Mischquerschnitten $c = 70$ m/sek sein soll, so ist mit $\mu = 0{,}8$:

$$P_g = \frac{70^2}{2g} \cdot \frac{1{,}3}{0{,}8^2} = 507 \text{ mm W.-S.}$$

Bei $h = 100$ mm Gasüberdruck wird für $n = 110$:

$$p_0 = 10100 - 507 \cong 9590 \text{ mm W.-S.},$$

$$\frac{q}{m} = \sqrt{1 + \frac{100}{10\,000 - 9590}} = 1{,}115\,.$$

Mit $n = 22$ sinkt die Geschwindigkeit auf $c = \frac{70}{5} = 14$ m/sek, P_g auf $\frac{507}{25} = 20{,}3$ mm W.-S., es wird $p_0 = 10\,080$ mm, d. h. es strömt nur noch Gas in den Zylinder ein, die Maschine „ersäuft in Gas“. Abhilfe läßt sich nur durch scharfe Drosselung des Gemisches schaffen, wodurch im Hellenschmidt-Diagramm, Abb. 64, die Betriebsverhältnisse von der linken nach der rechten Seite rücken

Die Strömung in den Mischquerschnitten wird nun weiterhin beeinflußt durch Vorgänge, die ihre Ursache nicht in der Gaserzeugungsanlage, sondern im Gang der Maschine haben. Die veränderliche Kolbengeschwindigkeit veranlaßt entsprechend wechselnde Geschwindigkeiten von Luft und Gas in den Zuleitungen. Infolge der Massenträgheit werden die Gassäulen anfänglich dem Kolben nur zögernd folgen, aus demselben Grund während der zweiten Hubhälfte die erlangte Geschwindigkeit beizubehalten suchen, so daß Druckschwankungen entstehen, die sich nach dem Hubraum hin auswirken. Je nach dem Verlauf dieser Schwingungen im Verhältnis zur Schwingung des Kolbens kann die Wirkung erwünscht sein — vgl. S. 103 — oder eine unliebsame Änderung des Mischungsverhältnisses zur Folge haben, die nicht durch Einstellung der Querschnitte beseitigt werden kann. Durch Einbau großer Saugtöpfe, von Drosselscheiben oder Druckreglern in die Leitungen sind diese Schwingungen, die Ursache starker Streuung der Diagramme sein können, zu dämpfen.

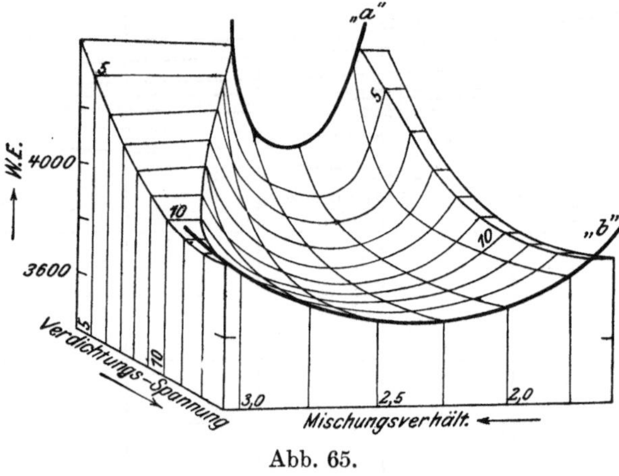

Abb. 65.

Weiterhin haben Einfluß auf das Mischungsverhältnis: die durch die veränderliche Kolbengeschwindigkeit bedingte Veränderlichkeit der Gasgeschwindigkeiten und damit der Saugspannung; die Schwankungen in der Umlaufzahl infolge des Gesamtungleichförmigkeitsgrades des Reglers, der 6 bis 8% beträgt, besonders aber — wie schon aus obigem Beispiel folgt — die bei Antriebmaschinen von Pumpen und Kompressoren erforderliche Veränderung der Umlaufzahl sowie allgemein das Anlassen der Gasmaschine.

Was den ersterwähnten Einfluß der periodisch veränderlichen Kolbengeschwindigkeit $c_k = v \cdot \sin\alpha$ (für $L = \infty$, $v =$ Kurbelzapfengeschwindigkeit, $\alpha =$ Kurbelwinkel) betrifft, so läßt sich dieser beseitigen, wenn in der Stetigkeitsgleichung $O \cdot c_k = f \cdot c_G$ ($c_G =$ Gemischgeschwindigkeit) f dem gleichen Sinusgesetz wie c_k folgt, da in diesem Fall $c_G = O \cdot \frac{c_k}{f} =$ konst. ist, so daß auch $p_0 =$ konst.

Bei Änderung der Umlaufzahl läßt sich die Wirkung des veränderten Unterdruckes p_0 durch Einstellung von Drosselvorrichtungen von Hand ausgleichen, wodurch c_g vergrößert, p_0 verkleinert wird.

Nach Herstellung des Gemisches in den Mischquerschnitten ist noch dessen Verschlechterung im Verbrennungsraum durch Mischung mit den vom vorigen Hub im Zylinder zurückgebliebenen Abgasen möglich, wodurch ebenfalls Streuung der Diagramme hervorgerufen werden kann. Bezüglich Spülung des Zylinders siehe S. 253. Die Gemischbildung kann weiterhin durch Übertreten von Abgasen in den Mischraum gestört werden.

Abb. 65 stellt nach Versuchen Nägels den Zusammenhang zwischen Wärmeverbrauch, Verdichtungsdruck und Mischungsverhältnis dar. Bei kleinen Verdichtungsgraden ist die Maschine bezüglich des Brennstoffverbrauches außerordentlich empfindlich gegen Änderungen des Mischverhältnisses, wie Kurve *a* zeigt, während bei höherer Verdichtung nach Kurve *b* das Mischverhältnis und damit die Belastung in weiten Grenzen ohne wesentliche Beeinflussung des Verbrauches geändert werden kann.

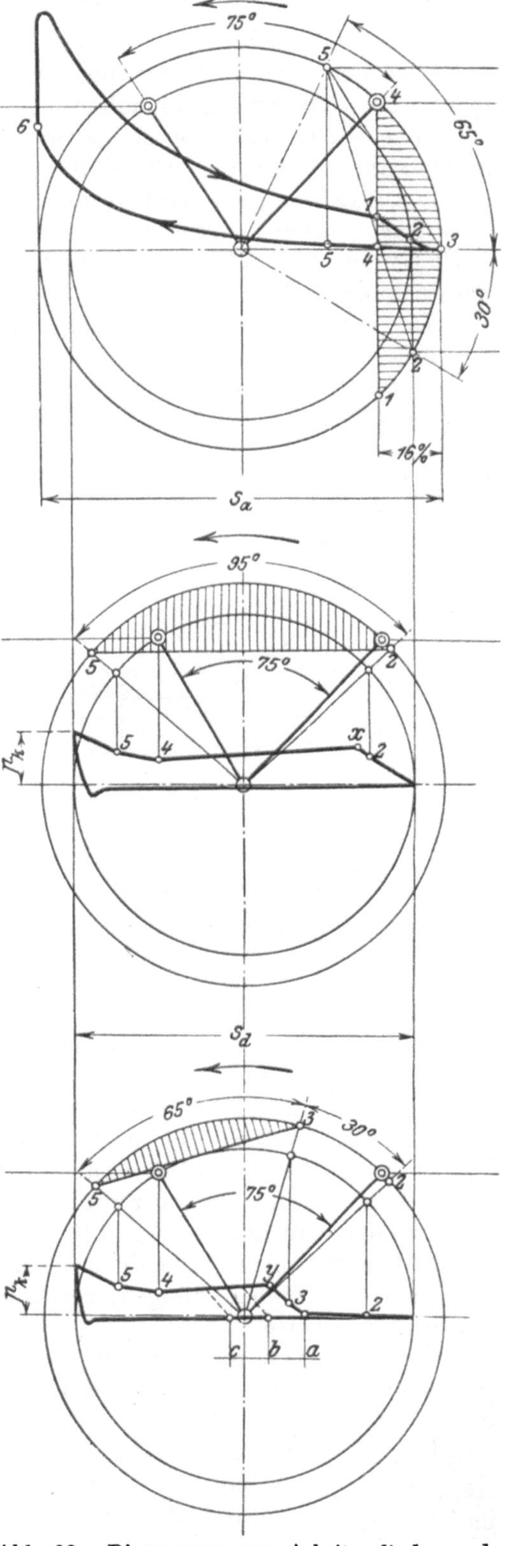

Abb. 66. Diagramme von Arbeitszylinder und Ladepumpen einer Zweitaktgasmaschine von Gebr. Klein, Dahlbruch.

b) Zweitaktmaschinen.

In Abb. 66, in der die Diagramme der Abb. 68 zusammengefaßt wiedergegeben sind, stellt das obere Diagramm die Vorgänge im Arbeitszylinder dar. In Punkt *1* werden die Auspuffschlitze durch den Arbeitskolben geöffnet, wobei die Abgase mit großer, anfänglich der kritischen Geschwindigkeit gleichen, dann sich verringernden Geschwindigkeit ausströmen. In Punkt *2* sind die Verbrennungsgase so weit entspannt, daß die Spülluft durch das in diesem Punkt geöffnete Einlaßventil zutreten kann. Die Spülluft treibt die Abgase zum größten Teil aus, worauf in Punkt *3* mit der Ladung des frischen Gemisches durch Öffnen des Gasventils begonnen wird. In Punkt *4* werden die Auslaßschlitze vom zurückgehenden Kolben wieder überdeckt, so daß die schraffierte Fläche Dauer und Weite der Auspuffschlitzeröffnung unter

Annahme unendlicher Pleuelstangenlänge wiedergibt. Das Einlaßventil schließt erst in Punkt *5*, so daß auf dem Wege $\widehat{45}$ Gemisch nachgeladen wird. Im Schwachfederdiagramm Abb. 67 sind diese Vorgänge nochmals dargestellt. Wirksame Nachladung des Zylinders unter höherem Druck würde gegenüber der normalen Viertaktmaschine — ohne Leistungssteigerung, siehe S. 254 — eine Vergrößerung des Verbrennungsraumes bedingen. Die Füllung des Zylinders, auf Gemisch von atmosphärischem Druck bezogen, wird durch Fortsetzung der Verdichtungslinie bis zur atmosphärischen Linie festgestellt, wie in Abb. 67 punktiert angegeben; sie beträgt im vorliegenden Fall 85%. Der weitere Arbeitsvergang — Verdichtung, Zündung, Ausdehnung — ist derselbe wie bei Viertaktmaschinen.

Die konstruktiven Mittel zur Durchführung des Verfahrens sind aus Abb. 68 ersichtlich. Für die Steuerung der Auspuffschlitze durch den Kolben muß dessen Länge gleich der (Hublänge minus Schlitzweite) sein. Zur möglichst vollständigen Verdrängung der Abgase aus dem Zylinder ist die Spülluft gleichmäßig über den Zylinderquerschnitt unter Vermeidung von Strömungsschatten zu verteilen, eine Forderung, die durch die seitliche Anordnung der Ventile nur schwer zu erfüllen ist und sorgfältigste Ausbildung der Begrenzung des Verbrennungsraumes nötig macht[1]). Da die Drucke in den Ladepumpen mit dem Quadrat der Geschwindigkeiten in den Ventilquerschnitten zunehmen, so sind die Ventile mit großen Querschnitten auszuführen. Die bedeutende Masse und kurze Eröffnungszeit der Ventile, die von der mit gleicher Winkelgeschwindigkeit wie die Maschinenwelle sich drehenden Steuerwelle gesteuert werden, verursachen das Auftreten starker Beschleunigungskräfte im Steuerungsgestänge, so daß mit Rücksicht auf diese Verhältnisse der Umlaufzahl eine obere Grenze von $n = 100$ Uml./min gesetzt wird. Große Zweitaktgasdynamos werden aus diesem Grunde als Tandemmaschinen gebaut, wobei die Unterteilung der Leistung auf zwei Zylinder den Vorteil kleinerer Ventile und dementsprechend geringerer Massenkräfte gewährt.

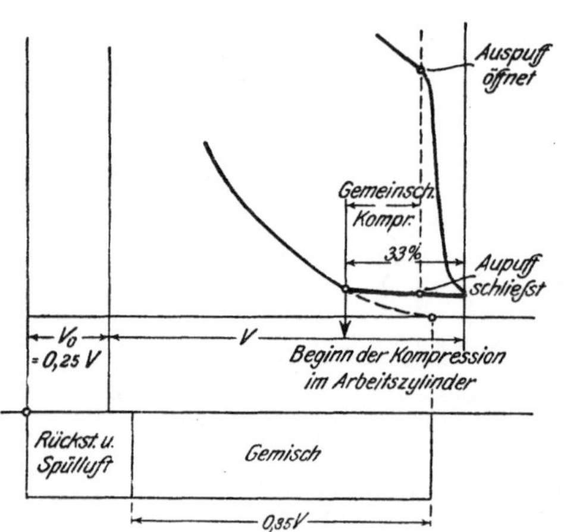

Abb. 67. Schwachfederdiagramm mit Auspuff- und Spülvorgang.

Da das Gemisch schon bei geöffneten Auspuffschlitzen eingeführt wird, so liegt die Gefahr vor, daß ein Teil des Gemisches durch die Schlitze unverbrannt entweicht. Der Zylinder ist deshalb für normale Leistung so zu bemessen, daß zwischen dem Gemisch und den Auspuffschlitzen eine Spülluftschicht als Trennungswand bleibt, d. h. der Zylinder wird nicht voll gefüllt, wie auch in Abb. 68 angedeutet ist. Diese Trennungswand zwischen den heißen Abgasen und dem frischen Gemisch ist auch mit Rücksicht auf Frühzündungen, verursacht durch Mischung der frischen Ladung mit den heißen Abgasen, nötig.

Es muß sowohl die Diffusion von Spülluft und Gemisch im Zylinder als auch im Raum über dem Einlaßventil vermieden werden, was im ersteren Fall durch kleine Strömungsgeschwindigkeiten, die eine schärfere Schichtung ermöglichen, im letzteren Fall besonders wirksam erreicht wird durch Anordnung besonderer Gasventile — siehe Abb. 68, 125, 126 und 127 —, deren Anordnung aber genaue Gleichheit von Luft- und Gasdruck erfordert, da bei höherem Gasdruck das Gas durch die Spülluft hin-

[1]) Die Reading Iron Works legen bei den von ihnen gebauten Illmer-Zweitaktgasmaschinen die Einlaßventile konzentrisch um die Kolbenstange, wodurch zwar die Ausspülung verbessert, andererseits die Zugänglichkeit der Ventile verschlechtert, der Ventilantrieb verwickelt wird.

durchschießt, während bei niedrigerem Gasdruck Luft in den Raum über dem Ventil eindringt.

In Punkt *4* — Schluß der Auspuffschlitze — sind die Einlaßventile bis auf einen geringen Betrag geschlossen; es wird hierbei sowohl das unter Umständen noch eintretende Ladegemisch als auch die Rückströmung aus dem Zylinder infolge des Kolbenrückganges gedrosselt.

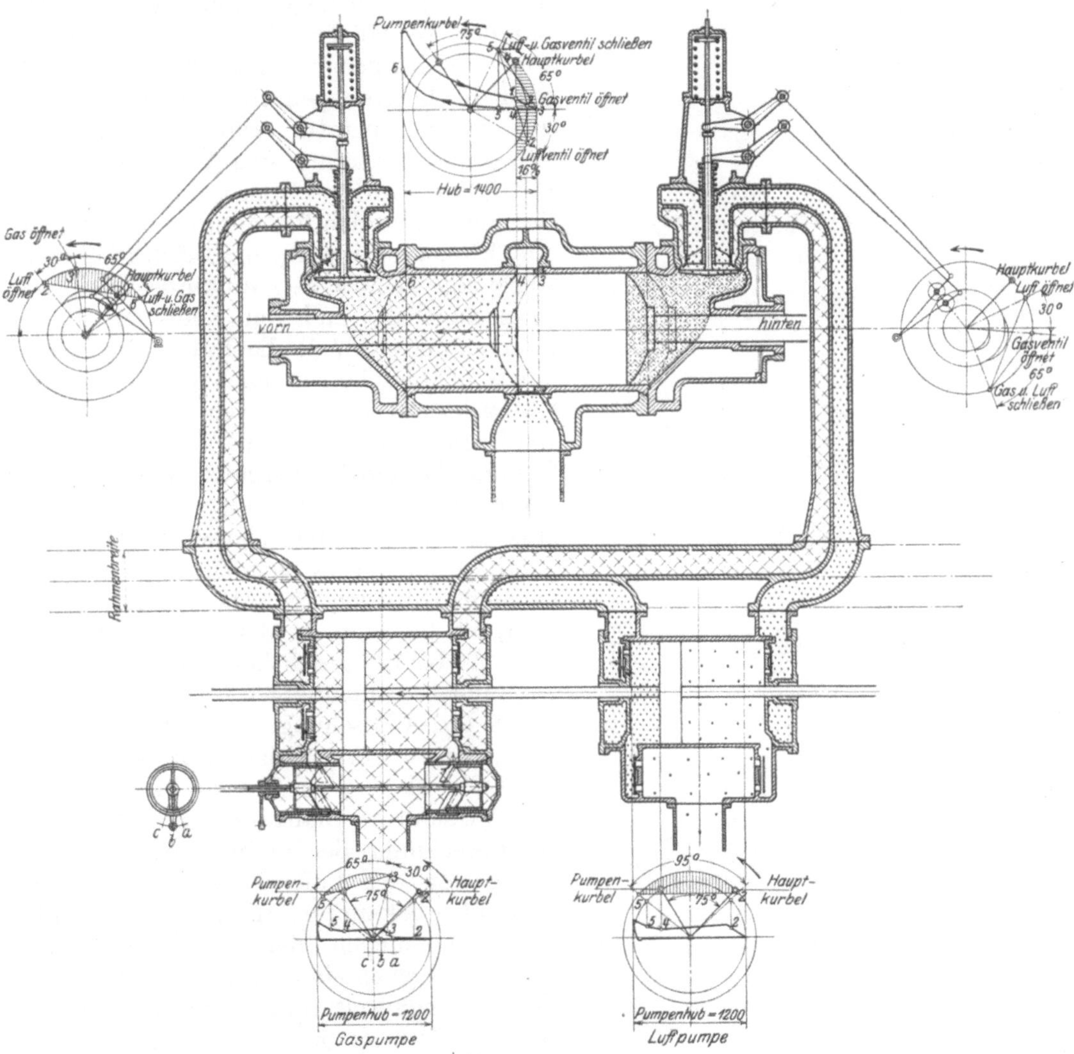

Abb. 68. Zusammenhang zwischen Arbeitszylinder und Ladepumpen.

Die Zahlen *1* bis *5* gelten für vorn und bedeuten:
1. Beginn des Auspuffes. 16% vor Hubende.
2. Öffnen des Einlaßventils, Beginn des Ausspülens. 30° vor Hauptkurbel-Totlage.
3. Öffnen des Gaseinlaßventils, Beginn der Gemischförderung (im Totpunkt).
4. Ende des Auspuffes.
5. Ende der Ladung; Luft- und Gaseinlaßventil schließen.
Die gezeichnete Kolbenstellung entspricht Stellung *4* vorn.
Die Pumpenkurbel eilt um 75° voraus.

Die Spül- und Ladepumpen, die seitlich in Tandemanordnung neben der Hauptmaschine liegen und durch eine besondere Stirnkurbel angetrieben werden, Abb. 69, haben nicht nur die Aufgabe, den für das Einströmen der Ladung erforderlichen Druck zu erzeugen, sondern auch dem Arbeitszylinder die seiner Belastung entsprechende Luft- und Gasmenge zuzumessen und in richtiger Reihenfolge einzubringen.

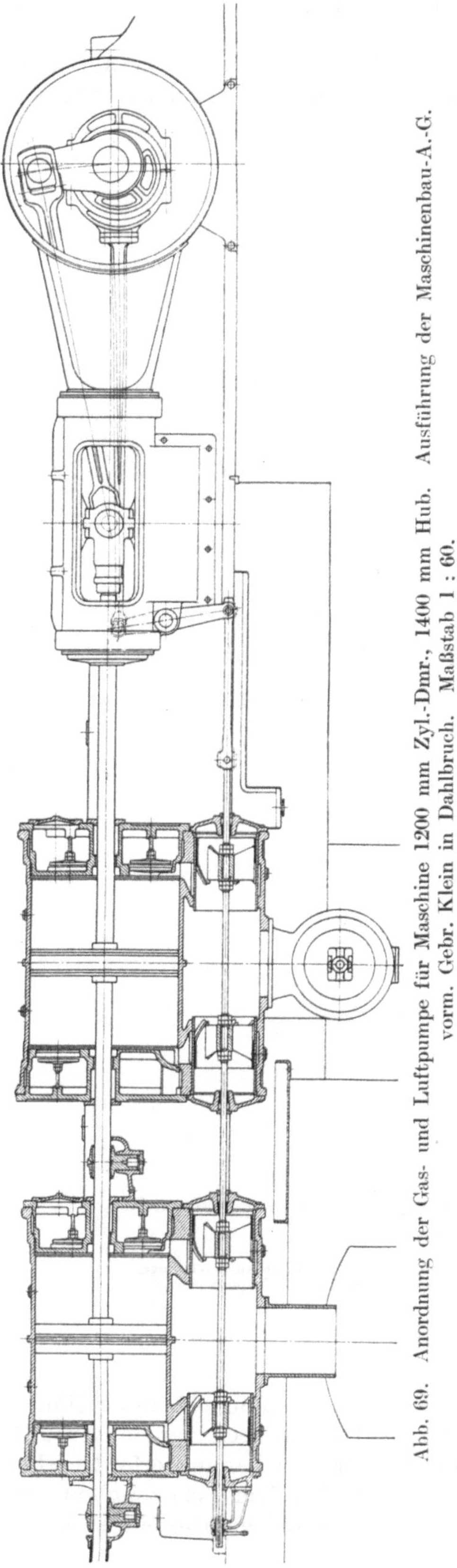

Abb. 69. Anordnung der Gas- und Luftpumpe für Maschine 1200 mm Zyl.-Dmr., 1400 mm Hub. Ausführung der Maschinenbau-A.-G. vorm. Gebr. Klein in Dahlbruch. Maßstab 1 : 60.

Die Einführung der Spülluft vor dem Gemisch wird dadurch erreicht, daß die Luftpumpe früher mit der Förderung beginnt als die Gaspumpe. Die Einwirkung des Reglers kann auf die Gaspumpe allein beschränkt werden, erstreckt sich jedoch bei neueren Ausführungen auf beide Ladepumpen, so daß bei kleineren Belastungen auch die Luftmenge verringert wird. Damit wird die Luftpumpenarbeit verringert und die Abgastemperatur erhöht, was für die Abwärmeverwertung von Wichtigkeit ist.

Beide Pumpen fördern durch getrennte Kanäle, die in den Raum unmittelbar über dem Einlaßventil münden. Bei der früheren Regelungsart war der Mündungsraum gemeinschaftlich, und am Ende des Luftpumpenhubes wurde die Luft in den Gaskanal übergeschoben, nachdem vorher die Gasförderung unterbrochen worden war. Bei Beginn des neuen Arbeitshubes trat das Gas erst dann in den Zylinder, wenn die vorher in den Gaskanal übergeschobene Luft abgeströmt war. Da hierbei jedoch eine schärfere Schichtung nicht eintreten konnte, vielmehr Diffusion von Gas und Luft stattfand, so ist man zu der erwähnten, aus Abb. 125 bis 127 ersichtlichen Trennung der Gas- und Luftmündungen übergegangen.

Soll das Mischungsverhältnis während des Ladens unveränderlich sein, so müssen die Kolbenflächen der Gas- und Luftpumpe dem Mischungsverhältnis entsprechen. Bei der Berechnung der Pumpen wird zweckmäßig von der Luftpumpe ausgegangen, so daß bei bekanntem Mischungsverhältnis die Abmessungen der Gaspumpe ohne weiteres gegeben sind. Das Mischungsverhältnis hängt weiterhin ab von der Verteilung der Drucke im Gas- und Luftkanal, deren Spannungen voneinander verschieden sein können.

Es empfiehlt sich, von Zeit zu Zeit die Kanäle durch Druckluft, die dem Anlaßgefäß entnommen wird, abzupressen. Zu dem Zwecke wird der Arbeitskolben so gestellt, daß er die Auspuffschlitze überdeckt, während das Einlaßventil weit geöffnet ist; hierauf werden die Anlaßventile angehoben. Die auf eine Zylinderseite zugelassene Druckluft füllt die Kanäle und Pumpendruckräume aus, den Druck läßt man bis auf etwa 1,5 at steigen. Aus der Zeit, in der der Druck nach Abstellung der Druckluft abnimmt, kann auf die Dichtheit geschlossen werden.

Arbeitsweise der Ladepumpen. Diese wird durch die Diagramme nach Abb. 66 dargestellt. Beide Pumpen stoßen die angesaugte Luft- bzw. Gasmenge durch Ventile aus, während durch Schieber angesaugt wird, die mit schrägen Schlitzen ausgeführt sind und bei Änderung der Belastung vom Regler verdreht werden.

Die Pumpenkurbel eilt der Hauptkurbel um 75° vor, die Diagrammkurbeln drehen sich dem Uhrzeiger entgegengesetzt. In Abb. 68 stehen die Kolben der Gasmaschinen- und Pumpenzylinder in der durch Punkt *4* in den Diagrammen gezeichneten Lage. Die Auslaßschlitze sind gerade vom Gasmaschinenkolben überdeckt. Während der Weiterbewegung der Pumpenkolben wird zunächst noch unmittelbar in den Arbeitszylinder gefördert, bis im Punkte *5* sowohl Einlaß- wie Gasventil schließen. Von hier ab bis zum Ende des Hubes verdichten die Pumpen Luft und Gas in die Rohrleitungen hinein, bis der Kanaldruck p_k erreicht ist. Nach der Rückexpansion aus dem schädlichen Raum saugen die Pumpenkolben während des ganzen

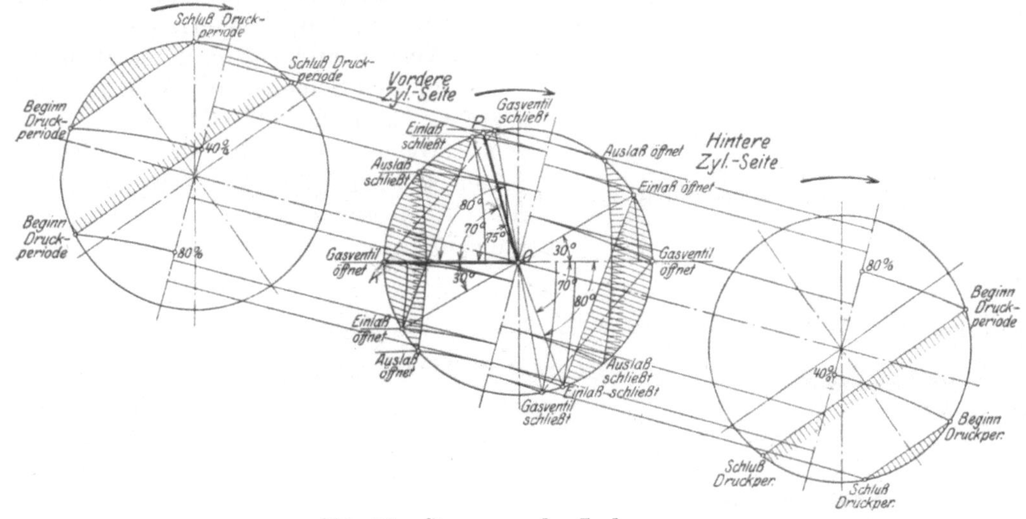

Abb. 70. Steuerung der Ladepumpen.

Rückweges in üblicher Weise durch die Schieber an und verdichten bei Bewegungsumkehr. In Punkt *2* wird der Hauptzylinder durch Eröffnung des Einlaßventils mit den Luft-, in *3* mit den Gaskanalräumen verbunden, in denen nunmehr der Kanaldruck p_k sinkt, bis im Punkt x der Förderdruck gleich dem gesunkenen Kanaldruck geworden ist und die Druckventile der Luftpumpe öffnen. Abb. 66. Von x bis *5* wird in oben angegebener Weise unmittelbar in den Zylinder gefördert.

Der Schieber der Gaspumpe ist noch nach Überschreitung der auf das Ansaugen folgenden Totlage geöffnet geblieben. Nach Öffnung des Gasventils im Punkte *3* sinkt der Gaskanaldruck, worauf in y die Druckventile öffnen. Von diesem Augenblick an stehen die Räume vom Arbeitszylinder und den beiden Pumpenzylindern durch die Kanäle miteinander in Verbindung, so daß die Druckkurven annähernd gleich sind.

Eilt die Luftpumpenkurbel um mehr als 75° vor (früher waren größere Werte üblich), so bedeutet dies nichts anderes als eine Verlegung der Punkte *4* und *5* nach rechts, so daß der Kanaldruck p_k unnötig erhöht, die Pumpenarbeit vermehrt wird.

In Abb. 70 ist der Zusammenhang zwischen den Steuerungen von Arbeitszylinder und Pumpenzylindern wiedergegeben. Die bezeichnenden Punkte, wie z. B. „Einlaß öffnet", sind einmal auf den wagerechten, die Bahn des Gasmaschinenkolbens darstellenden Durchmesser, das andere Mal auf einen geneigten Durchmesser gelotet, der die Pumpenkolbenbahn darstellt und der Gasmaschinenkurbel um 75° nacheilt. Steht die Hauptkurbel in der Lage der Pumpenkolben-Weglinie, so steht die Pumpenkurbel in der Totlage, wodurch die Neigung der Weglinie — von der Pumpenkurbeltotlage um 75° dem Drehsinn entgegen — gegeben ist. Die Zusammenfassung der Einzeldiagramme in Abb. 70 zu einem Diagram zeigt Abb. 71. Das die Schieber der Pumpen steuernde Exzenter eilt der Kurbel um 130° nach, doch muß wegen der die Bewegung umkehrenden Schwinge — Abb. 69 — das Exzenter um 50° voreilen. Für die Füllungen von 40 und 80% ergeben sich für die Überdeckungen, die in Abb. 71 nur für „hinten“ eingetragen sind, die Werte x und $x + y$, deren Bedeutung für den Schieber aus Abb. 72 ersichtlich ist, die unten die Öffnungen in der Schieberbuchse und die Begrenzung des Schiebers wiedergibt. Die Veränderlichkeit der Überdeckung wird durch Verdrehen einer mit der Schieberstange durch Feder und Nut gekuppelten Buchse erhalten. Bei 40% Füllung, der gestrichelten Schieberstellung entsprechend, werden die Durchlaßkanäle in der Buchse auch in der Höhe nicht mehr vollständig geöffnet.

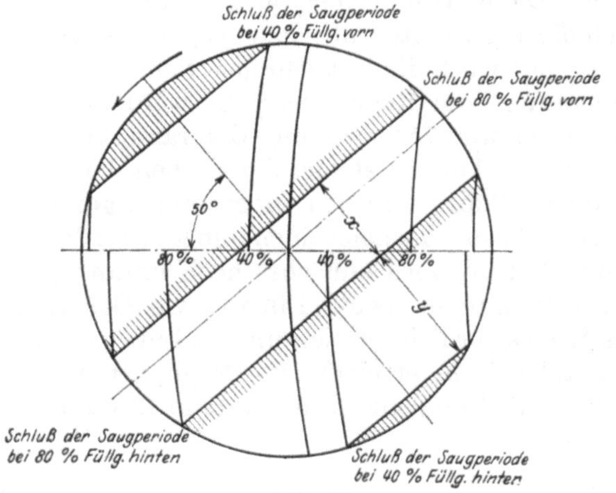

Abb. 71.

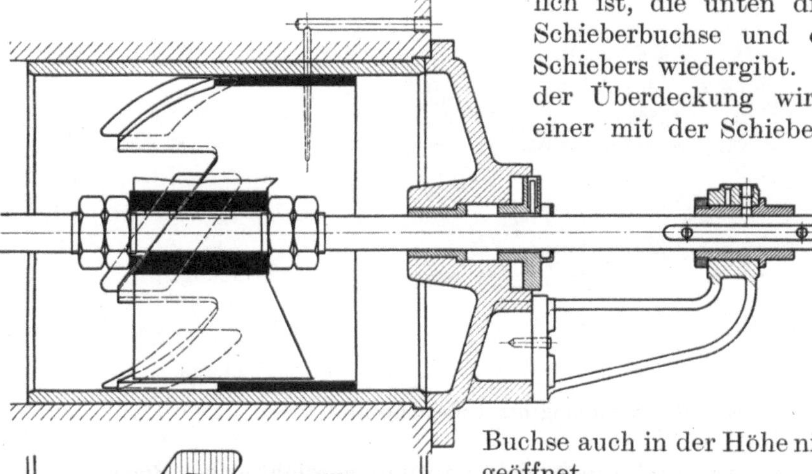

Die ungleiche Wirkung infolge der endlichen Pleuelstangenlänge zeigt sich im Diagramm Abb. 71 durch den verschiedenen Beginn der Saugperioden bei festgelegter Beendigung derselben. Die Überdeckungen x und y für beide Zylinderseiten werden verschieden, ebenso die Neigungen der schrägen Kanäle (im vorliegenden Falle sind die Kanalkanten vorn um 52,5°, hinten um 55° gegen die Wagerechte geneigt).

Die Berechnung der Ladepumpen. Bei der Berechnung der Ladepumpen ist von der Luftpumpe auszugehen, die nach Abb. 69 gleiche Hublänge wie die Gaspumpe hat. Da die Querschnitte der Pumpen sich wie das Mischungsverhältnis zueinander verhalten sollen, so ist nach Bestimmung der Luftpumpe die Bemessung der Gaspumpe gegeben.

Abb. 72. Rider-Schieber der Gaspumpe mit Abwicklung. Ausführung Gebr. Klein. Maßstab 1 : 4.

Im folgenden bedeutet:

φ den räumlichen Wirkungsgrad der Luftpumpe,

V_h den Hubraum des Arbeitszylinders,

V_l den Hubraum der Luftpumpe,

$s_1 V_h$ die Luftmenge, die bei der Ausspülung durch die Schlitze entweicht

$s_2 V_h$ die Luftmenge, die als Trennungswand wirkt und das Gemisch von den Schlitzen trennt,

$s_3 V_h$ den der Schlitzlänge entsprechenden Kolbenraum,

εV_h den Verdichtungsraum,

m das Mischungsverhältnis Luft : Gas.

Im Augenblick des Schlitzabschlusses durch den Kolben hat der vom Gemisch auszufüllende Raum die Größe $V_h(1 + \varepsilon - s_3 - s_2)$. In dem Gemisch sind $\frac{m}{m+1}$ Raumteile Luft und $\frac{1}{m+1}$ Raumteile Gas enthalten. Der Anteil der Luft an der Gemischmenge beträgt sonach $V_h(1 + \varepsilon - s_3 - s_2) \cdot \frac{m}{m+1}$, außerdem ist noch das Luftvolumen $V_h(s_1 + s_2)$ einzuführen, insgesamt sonach

$$V_L = V_h\left[(1 + \varepsilon - s_3 - s_2)\frac{m}{m+1} + s_1 + s_2\right].$$

Der Druck dieser Luftmenge wird im Arbeitszylinder $p_d = 1{,}05$ bis 1,10 at abs. betragen, während die Temperatur von der Ansaugetemperatur $T_l = 290$ bis $300°$ auf etwa $T_d = 350$ bis $380°$ abs. erhöht wird. Der Ansaugedruck kann zu $p_l = 0{,}95$ bis 1 at geschätzt werden. Hiernach wird der Hubraum der Luftpumpe:

$$V_l = \frac{V_h}{\varphi}\left[(1 + \varepsilon - s_3 - s_2) \cdot \frac{m}{m+1} + s_1 + s_2\right] \cdot \frac{p_d \cdot T_l}{p_l \cdot T_d}.$$

Beispiel. Bestimmung der Ladepumpen einer Zweitaktmaschine, die bei einem mittleren Druck $p_m = 4{,}5$ kg/cm² im Arbeitszylinder eine Dauerleistung von 1000 PS_e entwickeln soll. Es werde geschätzt: $p_d = 1{,}05$ at, $T_l = 293°$, $p_l = 0{,}95$ at, $T_d = 380°$; $\varphi = 0{,}85$, $s_1 V_h = 0{,}2\, V_h$, $s_2 \cdot V_h = 0{,}1\, V_h$. Die Schlitzlänge betrage 17% des Hubes, dem Volumen $0{,}17\, V_h$ entsprechend. $\varepsilon = 0{,}15$.

Gegeben sind: Hub $s = 1{,}6$ m; $n = 80$ Uml./min.

$$c = \frac{n \cdot s}{30} = \frac{80 \cdot 1{,}6}{30} = 4{,}27 \text{ m/sek}; \qquad N_i = \frac{1000 \cdot 1{,}06}{0{,}82} = 1300 \text{ PS}_i.$$

In letzterer Gleichung ist $\eta_m = 0{,}82$ = mechanischer Wirkungsgrad, während durch den Faktor 1,06 die Ladearbeit der Pumpen in Rechnung gesetzt wird.

Mit

$$N_i = \frac{O \cdot c \cdot p_m}{75} \quad \text{folgt} \quad O = \frac{D^2 \pi}{4} = \frac{75 \cdot 1300}{4{,}27 \cdot 4{,}5} = 5078 \text{ cm}^2.$$

Mit Berücksichtigung der Kolbenstange wird $D = 840$ mm.

Hubraum $V_h = 50{,}78 \cdot 16 = 812{,}5$ ltr.

Das zur Verwendung gelangende Gichtgas habe einen Heizwert von 900 kcal/m³ bei 20° Ausgangstemperatur und erfordere zur Verbrennung 0,7 m³ Luft. Bei einem Luftüberschuß von 15% wird sonach 1 m³ Gas mit 1,15 · 0,7 = 0,805 m³ Luft gemischt.

Es wird:

$$m = \frac{0{,}805}{1}, \qquad \frac{m}{m+1} = \frac{0{,}805}{1{,}805} = 0{,}445.$$

Mit diesen Werten wird:

$$V_l = \frac{812{,}5}{0{,}85}[(1 + 0{,}15 - 0{,}17 - 0{,}1) \cdot 0{,}445 + 0{,}2 + 0{,}1] \cdot \frac{1{,}05 \cdot 293}{0{,}95 \cdot 380} = 563 \text{ ltr}.$$

Gaspumpenvolumen:

$$V_g = \frac{V_l}{m} = \frac{563}{0{,}805} \cong 700\,\text{ltr.}$$

Bei Ausführung der Pumpen mit 1400 mm Hub folgen (unter Berücksichtigung der Kolbenstangen) die Durchmesser aus

$$O_l = \frac{563}{14}\,\text{dcm}^2 \quad \text{zu} \quad D_l = 720\,\text{mm},$$

$$O_g = \frac{700}{14}\,\text{dcm}^2 \quad \text{zu} \quad D_g = 800\,\text{mm}.$$

Pro Hub gelangt in den Zylinder die Gasmenge

$$V_g = \frac{V_h}{m+1}(1 + \varepsilon - s_3 - s_2) = \frac{812{,}5}{1{,}805}(1 + 0{,}15 - 0{,}17 - 0{,}1) = 396\,\text{ltr.},$$

entsprechend $0{,}396 \cdot 900 = 356{,}4$ kcal.

In der Stunde beträgt sonach die Wärmezufuhr $2\,n \cdot 60 \cdot 356{,}4 = 3\,421\,400$ kcal.

Wird ein stündlicher Wärmeverbrauch von 2200 kcal/PS_ih vorausgesetzt, so kann die Höchstleistung auf $\frac{3421400}{2200} \cong 1550\,\text{PS}_i$ steigen.

Bei der Berechnung kann auch vom wirtschaftlichen Wirkungsgrad η_w, der anzunehmen ist, ausgegangen werden. Es wird $\frac{632{,}3}{\eta_w} = C \cdot H_u$ der Verbrauch in kcal/PS_eh, worin C = Gasverbrauch in $\text{m}^3/\text{PS}_e\text{h}$. Nach Abschluß der Schlitze ist im Zylinder ein Gasvolumen $V_h(1 + \varepsilon - s_3 - s_2)\frac{1}{m+1}$ vorhanden, das unter dem Druck p_d steht. Es wird:

$$N_e \cdot C = V_h(1 + \varepsilon - s_3 - s_2)\frac{p_d}{m+1}\,2\,n \cdot 60 \cdot \frac{1}{p_a}.$$

Aus dieser Gleichung kann nach Annahme der Höchstfüllung der Gaspumpe deren Hubraum berechnet werden.

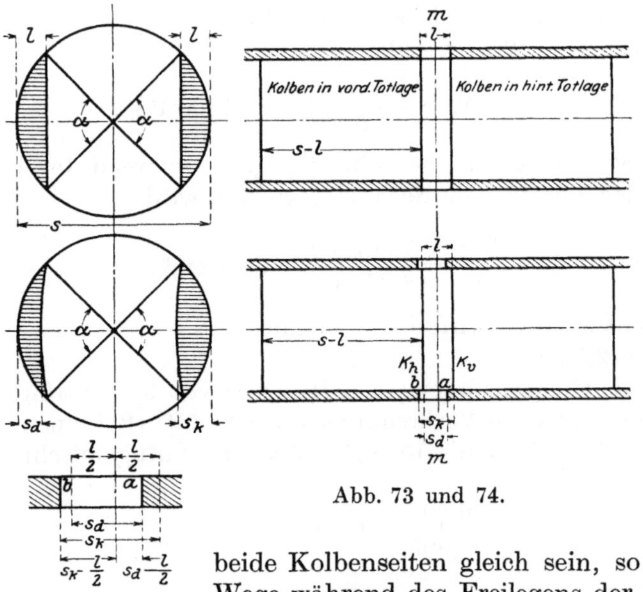

Abb. 73 und 74.

Lage der Schlitze am Zylinder. In Abb. 73 ist die Eröffnung der Auspuffschlitze durch den Kolben zunächst für den Fall unendlich langer Pleuelstange behandelt. Die steuernden Kanten des Kolbens sind in dessen Totlage um den Betrag $\frac{l}{2}$ von der Mittellinie mm der Schlitze entfernt. Gleichen Kurbelwinkeln α entsprechen gleiche Kolbenwege. Sollen auch für endliche Pleuelstangenlänge die für die ausströmenden Abgasmengen maßgebenden Zeiten, also die Kurbelwinkel α, für beide Kolbenseiten gleich sein, so ergeben sich nunmehr ungleiche Wege während des Freilegens der Schlitze.

In Abb. 74 ist der Kolben in den beiden Totlagen wiedergegeben, die selbstverständlich mit denen der Abb. 73 für $L = \infty$ übereinstimmen. K_h ist die den Auspuff auf der Deckelseite steuernde Kante des Kolbens, die in der Totlage den Schlitz um die dem Winkel α entsprechende Strecke s_d geöffnet haben muß. Durch Abtragen dieser Strecke nach der Deckelseite hin wird die Schlitzkante a festgelegt. In gleicher Weise wird für die Kurbelseite die Schlitzkante b gefunden. Die Schlitzbreite ermittelt sich zu:

$$s_k - \frac{l}{2} + s_d - \frac{l}{2} = s_k + s_d - l.$$

Sowohl für $L = \infty$ als $L = L$ wird die Kolbenlänge:

$$l_k = s - l = 2\,r\left(1 - \cos\frac{\alpha}{2}\right),$$

worin r = Kurbelradius.

Vergleich der Zweitakt- mit der Viertaktgasmaschine. Der unzweifelhafte Mehrgasverbrauch der Zweitaktmaschine ist zunächst darin begründet, daß die Schichtung im Zylinder nicht mit der nötigen Schärfe eingestellt und aufrechterhalten werden kann, so daß die Spülluft, welche die Abgase ausfegt, wenigstens bei größeren Füllungen Gas enthält, das durch den Auspuff verlorengeht. Durch Anordnung von Abwärmekesseln können die Gasverluste nutzbar gemacht werden, doch mit geringerem Wirkungsgrad als durch Verbrennung im Zylinder (vgl. S. 20). Eine wesentliche Verbesserung der Lade- und Spülvorgänge bedeutet die Einführung besonderer, den Gaseinlaß steuernden Ventile.

Während die Saug- und Auspuffarbeit der Viertaktmaschine etwa 4 bis 5% der Gesamtarbeit ausmacht, erfordern Laden und Spülen der Zweitaktmaschine etwa 8 bis 10%, da der verhältnismäßig kleine Zeitquerschnitt, der durch das Einlaßventil freigegeben wird, höhere Pumpendrucke nötig macht, als dies bei der Steuerung auch des Einlasses durch Schlitze der Fall ist. Die Kürze der Zeit, in der das Einlaßventil von der mit voller Umlaufzahl sich drehenden Steuerwelle gehoben werden muß, bedingt bedeutende Beschleunigungskräfte, welche — wie schon erwähnt — der Umlaufzahl der Zweitaktmaschine eine Grenze von etwa n = 100/min setzen. Auch nimmt mit wachsender Umlaufzahl die Spül- und Ladearbeit rasch zu. Da bei großen Gasgebläsen $n_{\max} \cong$ 80 Uml./min, bei Großgasdynamos wegen der Periodenzahl n = 93 Uml./min üblich ist, so wirkt sich dieser Nachteil praktisch weniger aus.

Als Vorteil hat die Zweitaktmaschine gegenüber der doppeltwirkenden Viertakttandemmaschine, die für einen Vergleich allein in Betracht kommen kann, die geringe Raumbeanspruchung und die geringeren Fundamentkosten aufzuweisen.

Schwingungen in der Rohrleitung wirken auf das Ladeverfahren der Viertaktmaschine in hohem Maße störend ein, während bei den Zweitaktmaschinen nur die Pumpendiagramme, nicht die Arbeitsdiagramme dadurch beeinflußt werden. Die Einschaltung der als Meß- und Reguliervorrichtungen arbeitenden Pumpen zwischen Gas- und Luftzuleitung und Arbeitszylinder hat den wesentlichen Vorzug, daß sich infolge des zwangläufigen Ladeverfahrens die Maschine leicht anläßt und die Umlaufzahl bequem ändern läßt, so daß die lästigen, oft das Gegenteil der Absicht bewirkenden Einstellungen der Drosselvorrichtungen durch den Maschinisten fortfallen. Dieser Vorteil in Verbindung mit der geringeren Baulänge hat der Zweitaktmaschine besonders als Antriebmaschine für Gebläse und Pumpen Verbreitung geschafft.

c) Die Regelung.

Aussetzerregelung. Bei schwächerer Belastung bleibt das Gasventil geschlossen, während Ein- und Auslaß normal gesteuert werden. Die Maschine saugt hierbei nur Luft an, die nach der Verdichtung wieder ausgestoßen wird. Bei einer anderen Ausführung dieser Regelung wird das Auslaßventil offen gehalten, wobei die Abgase zurückgesaugt werden und der Zylinder weniger ausgekühlt wird. Das selbsttätige Einlaßventil bleibt hierbei geschlossen; wird das Einlaßventil gesteuert, so muß es durch besondere Vorrichtungen außer Tätigkeit gesetzt werden.

In thermischer Beziehung wirkt die Aussetzerregelung außerordentlich günstig, da bei bester Gemischzusammensetzung mit höchster Verdichtung gearbeitet werden kann. Die Ungleichförmigkeit des Ganges ist jedoch sehr groß, da bei Eingreifen des Reglers dem Arbeitshub sieben Leerhübe folgen. Für größere Leistungen kommt die Aussetzerregelung nicht in Betracht.

Gemischregelung. Der Luftquerschnitt bleibt konstant, der Regler beeinflußt nur den Gasquerschnitt. Bei kleiner Belastung wird derart die Menge des angesaugten Gases durch Luft ersetzt, so daß die Maschine stets mit größtem räumlichen Wirkungsgrad, konstanter Ladungsmenge und konstanter Verdichtung arbeitet. Abb. 75 zeigt die Veränderung der Querschnitte.

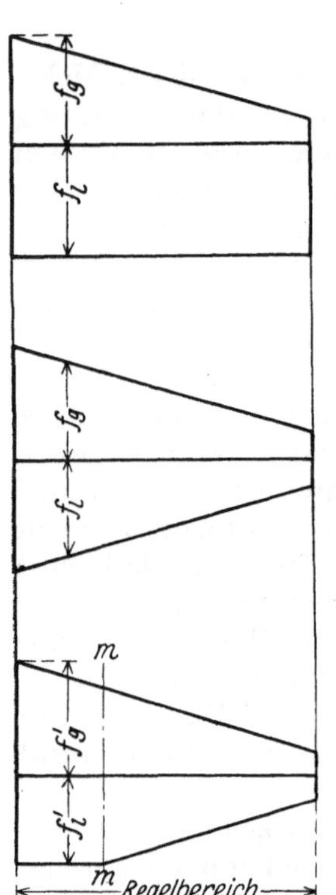

Abb. 75 bis 77. Querschnittsänderung bei Gemisch-, Füllungs- und Kombinationsregelung.

Wird das Gas während des ganzen Hubes, der Belastung entsprechend gedrosselt, zugelassen, so wird z. B. bei einem Heizwert von 500 kcal/m³ des Gemisches und bei Abnahme der Leistung auf 25% der Höchstleistung der Wärmewert des Gemisches auf 125 kcal/m³ sinken. Da ein derart gasarmes Gemisch sich nicht mit Sicherheit zünden läßt, so wendet man schichtenweise Lagerung an. Regelung und Steuerung sind so eingerichtet, daß anfangs nur Luft, im weiteren Verlauf des Kolbenhubes Gas und Luft angesaugt werden, so daß an der Zündstelle ein reicheres, zur Zündung geeignetes Gemisch lagert.

Im Zylinder befinden sich also Schichten verschiedener Zündfähigkeit, die sich in ihrer Lagerung und Zusammensetzung stetig ändern. Die Luft wird vom Hubbeginn ab angesaugt, während das Gas je nach Belastung und Regulatorstellung bei den verschiedensten Kolbengeschwindigkeiten eintritt und in entsprechend verschiedener Weise beschleunigt werden muß. Infolgedessen strömt anfangs wenig Gas und viel Luft, später — nach erfolgter Beschleunigung des Gases — viel Gas und wenig Luft ein. Die in den Gas- und Luftleitungen auftretenden Schwingungen verursachen weitere Änderung der Zusammensetzung, so daß leicht „Streuung“ der Diagramme und verschieden große indizierte Mitteldrucke bei gleichbleibender Regulatorlage als Folge ungleichmäßiger Mischung auftreten. Bei kleineren Belastungen verläuft die Verbrennung schleichend.

In Abb. 78 und 79 ist die mit abnehmender Verbrennungsgeschwindigkeit infolge der verschlechterten Wärmezufuhr bei kleinen Belastungen verbundene Verringerung des thermischen Wirkungsgrades nach S. 26 dargestellt. Die schleichende Verbrennung zeigenden aufgenommenen Diagramme werden in flächengleiche Diagramme mit Gleichraumverbrennung umgewandelt, was mit einer Verkleinerung des Verdichtungsgrades gleichbedeutend ist. Im dargestellten Fall sinkt der thermische Wirkungsgrad von $\eta = 41\%$ auf 32,5%.

Wird „auf Leistung reguliert“, also bei gleichbleibender Arbeit pro Hub die Umlaufzahl geändert, so nimmt z. B. bei Vollast und kleinerer als normaler Drehzahl der Regler eine der verringerten Drehzahl entsprechende Lage ein, während das Drosselorgan des Gasquerschnittes im neuen Beharrungszustand die gleiche Stellung wie bei Vollast und höherer Umlaufzahl hat, so daß sich im Querschnittsverhältnis — da die Luftzufuhr unbeeinflußt bleibt — nichts geändert hat. Dementsprechend hat die Gemischdurchflußgeschwindigkeit der Umlaufzahl entsprechend abgenommen, der absolute Druck p_0 ist gestiegen. Nach dem Hellenschmidt-Diagramm wird nunmehr eine Änderung des Querschnittsverhältnisses erforderlich, da das Mischungsverhältnis beibehalten werden soll. Bei konstantem Gasdruck p_g wird der Druckunterschied P_g geringer (siehe S. 84); da bei gleicher Diagrammarbeit die Gasmenge pro Hub dieselbe bleiben muß, so ist aber nicht der Gasquerschnitt zu vergrößern, sondern Luft- und Gasquerschnitt sind zu verkleinern, um p_0 zu senken.

Beispiel. Mittlere Gasgeschwindigkeit 60 m/sek; $\mu = 0{,}8$; $\gamma_g = \gamma_l = 1{,}3$ kg/m³; $n = 80$ Uml./min; Gasdruck vor der Maschine $h = +100$ mm W.-S. Dann wird nach S. 84:

$$P_g = \frac{60^2}{3{,}1^2} = 375 \text{ mm W.-S.}, \; c_l = 51{,}4 \text{ m/sek.}$$

$$p_0 = 10\,100 - 375 = 9725 \text{ mm W.-S.}, \quad q = 1{,}17 \text{ m.}$$

Bei $n = 60$ sinkt P_g auf 211 mm W.-S., p_0 nimmt den unbrauchbaren Wert 9889 mm W.-S. an. Werden die Querschnitte für Luft und Gas im Verhältnis 3:4 verkleinert, so bleiben c, q und p_0 unverändert.

Bei ungeänderten Querschnitten wird $c_g = 45$, $c_l = 38{,}5$ m/sek; für $p_0 = 9725$ mm ist das Gas auf $9725 + 211 = 9936$, die Luft auf $9725 + 154 = 9879$ mm zu drosseln.

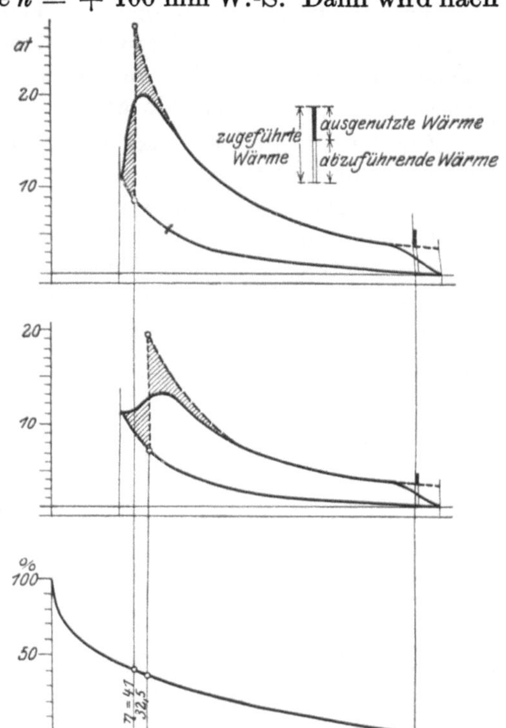

Abb. 78 und 79. Verringerung des thermischen Wirkungsgrades bei schleichender Verbrennung.

Soll die Maschine mit verringerter Drehzahl bei z. B. 50% der normalen, indizierten Leistung laufen, so ist der Gasquerschnitt nur halb, der Luftquerschnitt zunächst wie immer ganz geöffnet, da auch bei veränderter Belastung stets mit voller Ladungsmenge gearbeitet wird. Der gesamte Querschnitt ändert sich nicht in so starkem Maße wie bei der unten behandelten Füllungsregelung, so daß die Änderung von p_0 größer ausfällt und instabilere Verhältnisse bezüglich der Gemischbildung vorliegen.

Schwankungen in Heizwert und Druck des Gases werden von der Gemischregelung wenigstens bei kleineren und mittleren Leistungen vollkommen beherrscht, da bei diesen die Maschine mit starkem Luftüberschuß arbeitet, also stets genügend Sauerstoff zur Verbrennung des höherwertigen Gases verfügbar ist. Das Verhalten bei Vollast hängt von der Einstellung des Gemisches ab. Ist der Luftüberschuß zur Erzielung großer Höchstleistungen schon bei normalem Gas knapp gewählt, so wird bei Eintritt höherwertigen Gases die zu dessen Verbrennung erforderliche Luftmenge fehlen. Der Regler behält seine Stellung bei, und das unverbrannte Gas geht unausgenutzt mit den Auspuffgasen ab.

Die Füllungsregelung. Die Zusammensetzung des Gemisches bleibt unveränderlich und kann günstigsten Verhältnissen angepaßt werden. Die Menge des angesaugten Gemisches wird durch Einstellung des Luft- und Gasquerschnittes oder des Gemischquerschnittes geändert, so daß die Verdichtung mit sinkender Leistung abnimmt. Abb. 76 zeigt schematisch die Einwirkung des Reglers.

Auch diese Regelung kann konstruktiv verschiedenartig ausgeführt werden, je nachdem die Gemischmenge während des ganzen Hubes mehr oder weniger gedrosselt eingelassen wird oder die Ladung nach Art der Dampfmaschinensteuerungen mit Hubbeginn durch das geöffnete je nach Belastung der Maschine früher oder später schließende Einlaßventil zuströmt. Abb. 80 stellt die erstere, Abb. 81 die zweite Regelung in ihrer Einwirkung auf das Diagramm dar.

Infolge der gleichbleibenden Zusammensetzung ist die Verbrennung bei allen Belastungen gut, wie die senkrechten Verbrennungslinien bei allen Belastungen zeigen. Die starke Drosselung des angesaugten Gemisches bei Leerlauf und kleiner Belastung sichert auch hierbei gleichmäßiges Gemisch.

Bei Zunahme des Gasdruckes oder des Heizwertes wird der Regler nur dann steigen und geringere Gaszufuhr einstellen, wenn die bei ursprünglicher Muffenlage zugelassene Luftmenge für die Verbrennung des Gases von höherem Druck — also größerer Menge — oder von größerem Heizwerte noch genügte.

Zur Vermeidung von Gasverlusten müßte schon bei normalem Gas von geringerem Heizwert mit Luftüberschuß gearbeitet werden. Dann aber wäre die Höchstleistung bedeutend kleiner als schon bei normaler Beschaffenheit des Gases möglich wäre. Im Betrieb muß diesen Verhältnissen durch Einstellung von Drosselvorrichtungen Rechnung getragen werden. Für den Maschinisten ergibt sich die bequemste Arbeitsweise, wenn bei kleineren Leistungen mit Gasüberschuß gearbeitet wird. Nunmehr ist die vom Regler zugelassene Luftmenge für die Leistung maßgebend.

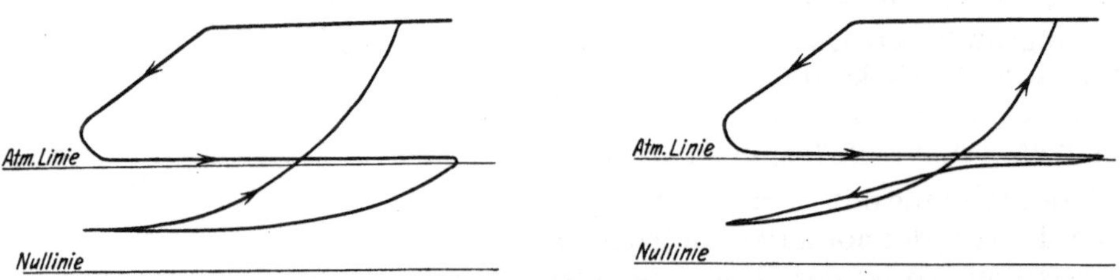

Abb. 80 und 81. Schwachfederdiagramme bei Füllungsregelung.

Bei Leistungsregelung verhält sich bei Vollast die Füllungsregelung wie die Gemischregelung, da hierbei die Mischungsverhältnisse bei beiden Bauarten dieselben sein können. Beträgt die Leistung etwa 50% der indizierten Normalleistung, so ist nicht wie bei der Gemischregelung nur der Gasquerschnitt, sondern auch der Luftquerschnitt halb geöffnet, so daß schärfer gedrosselt wird. Hier verhält sich also die Füllungsregelung günstiger, wenngleich man nicht ohne Einstellung von Drosselvorrichtungen von Hand auskommt.

Nach S. 84 ist $p_0 = 10\,000 + h - P_g$ mm W.-S. Luft kann nicht mehr angesaugt werden, wenn, wie in dem Beispiel auf S. 86, $p_0 \geqq 10\,000$ mm wird, was eintritt, wenn Gasüberdruck $h \geqq P_g$. Ist $h = P_g$, so wird $c_g = 3{,}1\sqrt{h}$. Nimmt bei Leistungsregelung die Kolbengeschwindigkeit so weit ab, daß der jeweils vom Kolben zurückgelegte Hubraum $O \cdot c_k$ allein von dem mit der Geschwindigkeit $c_g = 3{,}1\sqrt{h}$ zutretenden Gas ausgefüllt werden kann, so tritt überhaupt keine Luft mehr zu. Es gilt dann die Stetigkeitsgleichung $O \cdot c_k = f_g \cdot 3{,}1\sqrt{h}$. Es ist aber klar, daß schon vor diesem Grenzzustand Luftmangel vorhanden ist, so daß Gas unverbrannt entweicht und die Leistung abnimmt. Stellt nun der Maschinist größeren Querschnitt f_g ein, um durch vermehrten Zufluß die Umlaufzahl wieder zu steigern, so wirkt er unrichtig. Diese Betriebsschwierigkeit tritt bei Vollast nicht nur bei Füllungs-, sondern auch bei Gemischregelung auf. Bei dieser liegen die Verhältnisse bei kleinerer Belastung günstiger, wenn anfänglich nur Luft, Gas erst später angesaugt wird.

Abb. 82 und 83 zeigen den Vergleich zwischen einem Regulierdiagramm der Füllungsregelung nach Abb. 81 und einem Diagramm mit Gemischregelung. In Abb. 82 wird die negative Arbeit durch Fläche $a\,b\,c\,d\,i\,h\,a$, in Abb. 83 durch die Fläche $a_0\,c_0\,h_0\,a_0$

dargestellt. Sind $e\,f$ und $g\,c$ bzw. $e_0\,f_0$ und $g_0\,c_0$ zwei Kurven konstanten Volumens, $f\,g$ und $c\,e$ bzw. $f_0\,g_0$ und $c_0\,e_0$ Adiabaten und werden unter Annahme konstanter spezifischen Wärmen und eines umkehrbaren Kreisprozesses auf den Linien $e\,f$ und $e_0\,f_0$ Wärmemengen gleicher Größe zugeführt, so sind bei gleichem Verdichtungsverhältnis (nur dieses, nicht der absolute Verdichtungsenddruck ist für den thermischen Wirkungsgrad maßgebend) die Arbeitsflächen $c\,e\,f\,g\,c$ und $c_0\,e_0\,f_0\,g_0\,c_0$ einander gleich, da unter diesen Voraussetzungen Druck und Temperatur des Punktes c ohne Einfluß auf den Wirkungsgrad des Prozesses sind.

Diagramm Abb. 82 weist nun gegenüber dem in Abb. 83 einen Arbeistverlust $c\,d\,i\,c$ auf. Dieser Verlust hat bis zu einer Verringerung der Leistung um 50% nur eine kleine Größe, steigt jedoch bei weiterer Leistungsabnahme sehr schnell. In Wirklichkeit liegen die Verhältnisse bei dem Diagramm nach Abb. 82 infolge der Veränderlichkeit der spezifischen Wärme etwas günstiger, da der ganze Diagrammverlauf in einer niedrigeren Temperaturzone als bei Abb. 83 liegt. Diagramm Abb. 82 wird deshalb bei gleicher Wärmezufuhr etwas größer als Diagramm Abb. 83 ausfallen.

Als Nachteil der Füllungsregelung sind die starken Unterdrucke anzuführen, die nicht nur nach vorstehendem einen Diagrammverlust verursachen, sondern auch bestrebt sind, die Auspuffventile aufzusaugen. Da Unterdrucke bis zu 0,7 at auftreten, so sind zur Verhinderung des Aufsaugens außerordentlich starke Ventilschlußfedern nötig, die das Steuerungsgestänge schwer belasten.

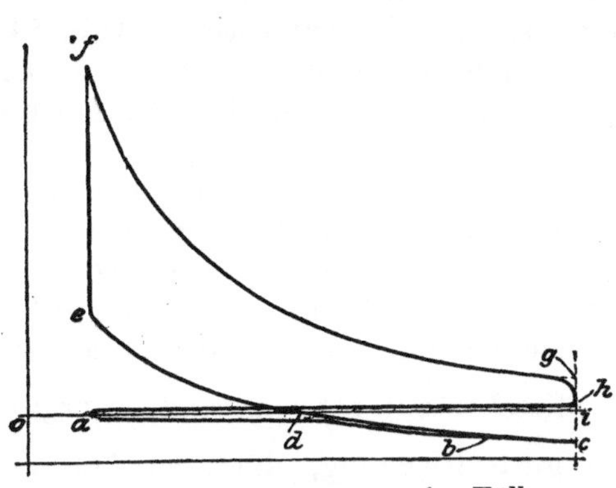

Abb. 82. Regulierdiagramm für Füllungsregelung.

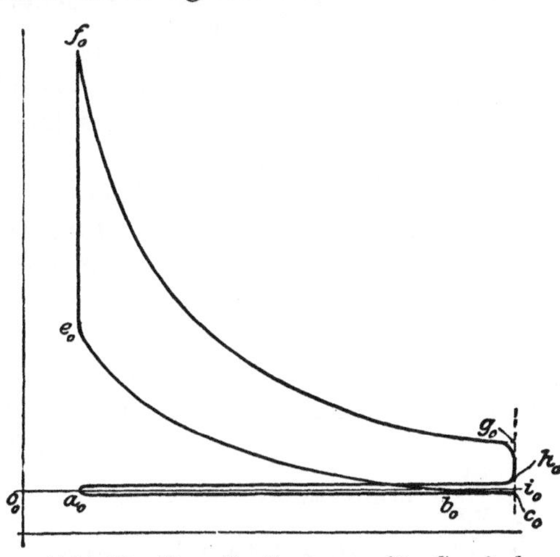

Abb. 83. Regulierdiagramm für Gemischregelung.

Was die Ruhe des Ganges betrifft, so verursacht die veränderliche Verdichtung häufig für bestimmte Belastungen stoßenden Gang der Maschine dadurch, daß sich mit der Verdichtung Lage und Zeitdauer des Druckwechsels ändern.

Kombinierte Regelung. Bei der Füllungsregelung wird das Gemisch, falls große Höchstleistung der Maschine erhalten werden soll, für die kleineren Belastungen zu gasreich, so daß hier ungünstig gearbeitet wird.

Schwächere Mischung hingegen, in Annäherung an die vorteilhafteste Zusammensetzung gewählt, erniedrigt die Höchstleistung.

Es empfiehlt sich daher Anwendung der Füllungsregelung bei vorteilhaftester Zusammensetzung des Gemisches bis zu der Höchstleistung, die sich mit dieser Regelung bei Vollfüllung des Zylinders ergibt. Von da ab wird die Leistung durch Einführung größerer Gasmengen nach der Gemischregelung gesteigert.

Abb. 77 läßt das Wesen der vielfach vorbildlich gewordenen Regelung von Mees erkennen, die vollkommen dem oben erwähnten Gesichtspunkt entspricht. Bei den kleineren Leistungen wird das Gemisch zur Sicherung der Zündung wieder angereichert.

Weitere Beispiele folgen auf S. 121 u. f.

In Abb. 84 sind auf Grund der Hellenschmidtschen Darstellung Gemisch- und Füllungsregelung miteinander verglichen, soweit durch sie die Mischungsverhältnisse während des Ansaugehubes im Beharrungszustand der Maschine beeinflußt werden.

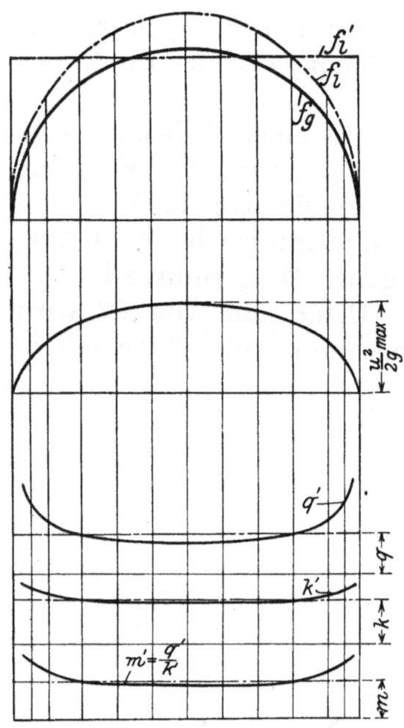

Abb. 84. Vergleich zwischen Gemisch- und Füllungsregelung.

Der Vergleich ist unter der Annahme durchgeführt, daß bei der Füllungsregelung beide Querschnitte, bei der Gemischregelung der Gasquerschnitt sich nach dem gleichen Gesetz wie die Kolbengeschwindigkeit ändern, s. S. 86, so daß in den genannten Querschnitten die Geschwindigkeit konstant bleibt. Diese Voraussetzung, die nach Abb. 87 und 88 praktisch nicht zutrifft, vereinfacht die Darstellung. Es ist $m = 1$, $q = 1{,}2$ gewählt. f_l', q', k' und m' beziehen sich auf die Gemischregelung. Da bei der Füllungsregelung $q =$ konst. ist, ebenfalls $\frac{u^2}{2g}$, so ist auch $k =$ konst., d. h. das Mischverhältnis m, auf die veränderlichen Kolbengeschwindigkeiten während eines Hubes bezogen, ist ebenfalls konstant und wird durch eine wagerechte Gerade dargestellt, Abb. 84. Hieran ändert sich auch bei wechselnder Belastung nichts, wenn der Regler f_l und f_g in gleichem Verhältnis beeinflußt.

Für die Gemischregelung ist der unveränderliche Luftquerschnitt f_l' so gewählt, daß sich gleicher Zeitquerschnitt wie bei dem veränderlichen Luftquerschnitt der Füllungsregelung ergibt, d. h. die Inhalte der unter f_l und f_l' liegenden Flächen sind gleich. Nunmehr ändert sich $\frac{u^2}{2g}$, damit auch k und m, das um einen Mittelwert 1 schwankt, doch ergibt sich unter den gewählten Verhältnissen eine gute Regelung, die aber bei abnehmender Belastung infolge des ungünstigen Wertes q verschlechtert wird.

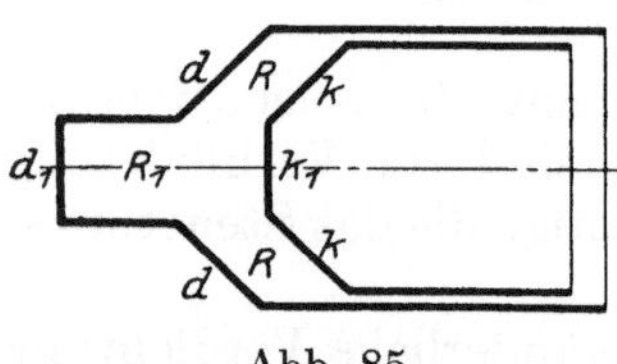

Abb. 85.

Der Wert einer Darstellung nach Abb. 84 darf jedoch nicht überschätzt werden, da wenigstens in Kleingasmaschinen mit besonderem, vom Hubraum abgetrennten Verbrennungsraum die Gemischbildung dadurch verbessert wird, daß die Kolbenflächen k, k nach Abb. 85 sich den gegenüberliegenden Wandflächen d, d mehr nähern als Kolbenfläche k_1 der Wandfläche d_1. Der dadurch bedingte Druckunterschied zwischen den Räumen R, R und R_1 bewirkt eine Strömung der Gase, welche die Gleichmäßigkeit des auf den Verbrennungsraum zusammengedrängten Gemisches fördert. Aber auch schon vorher wird beim Durchgang der Ladung durch das Einlaßventil und bei der Einströmung in den Zylinder eine Durcheinanderwirbelung von Gas und Luft stattfinden, die eine gründliche Vermischung beider verursacht.

d) Die Steuerung.

Anordnung. Die Steuerwelle, die sich bei Viertaktmaschinen mit halber Umlaufzahl der Hauptwelle dreht, wird von dieser mittels Schraubenräder direkt oder unter Vermittlung einer mitunter schneller laufenden Zwischenwelle angetrieben, die ihrerseits durch ein Stirnräderpaar die Steuerwelle antreibt. Diese bei Großgasmaschinen zu findende Bauart nach Abb. 86 bezweckt, die durch den Schraubenradtrieb tiefgelagerte Steuerwelle wieder in Zylindermitte zu rücken. Kegelradantrieb gestattet zwar Lagerung der Welle in Zylindermitte, wird aber wegen des geräuschvolleren Laufes und bei Viertaktmaschinen vor allem deshalb nicht ausgeführt, weil der Durchmesser des auf der Steuerwelle sitzenden Rades das Doppelte des Rades auf der starken Hauptwelle betragen muß, wodurch die Steuerwelle einen größeren Abstand von der Zylinderachse, die Maschine weniger gedrängte Bauart erhält.

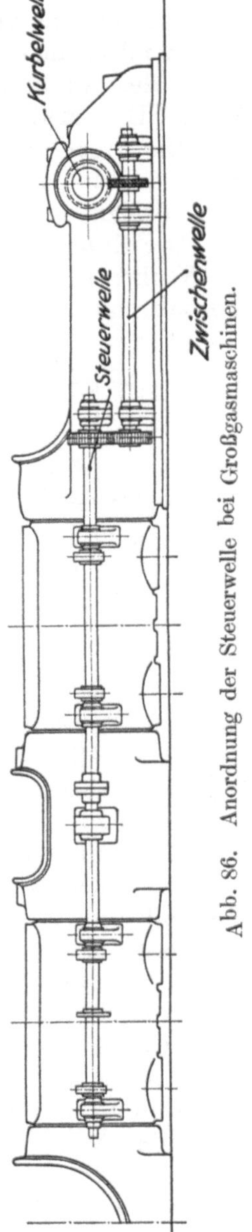

Abb. 86. Anordnung der Steuerwelle bei Großgasmaschinen.

Bei Kleingasmaschinen wird das antreibende Rad fliegend auf einen abgedrehten Stumpf der Hauptwelle gesetzt, deren entgegengesetztes Ende das Schwungrad trägt. Bei Großgasmaschinen liegt die Steuerwelle an der Schwungradseite, um die Maschine nach außen für die Bedienung frei zu halten (Abb. 86 und 119).

Die in den Deckeln stehender Maschinen angeordneten Ventile werden von einer senkrecht zur Maschinenachse liegenden Steuerwelle betätigt, die entweder in Lagern am Zylinderdeckel oder in halber Maschinenhöhe (Bauart Güldner) gelagert ist. Diese neuerdings im Bau kompressorloser Dieselmaschinen übernommene Ausführung gestattet bessere Zugänglichkeit der Steuerungsnocken und hält den Zylinderdeckel frei von allen Angüssen und von den durch die Steuerung verursachten Beanspruchungen, zeigt aber Nachteile bezüglich der größeren zu beschleunigenden Massen der Steuerungsstangen. Eine stehende Zwischenwelle, auf der der Regler angeordnet ist, treibt diese Steuerungswelle an mittels Schraubenräderpaar, dessen axialer Schub durch Kugeldruckringe oder Bunde aufzunehmen ist.

Bei liegenden Kleingasmaschinen sitzt der Regler meist am Ende des Maschinenrahmens vor dem Zylinderkopf, um möglichst kurzes Reglergestänge zu erhalten. Bei Großgastandemmaschinen findet sich Antrieb des Reglers durch die erwähnte Zwischenwelle oder durch die Steuerwelle, wobei der Regler an der Laterne zwischen beiden Zylindern angebracht ist und ungefähr in der Mitte der Regulierwelle angreift.

Besondere Bedeutung kommt dem Einfluß der Wärmedehnung der Maschine auf die Einstellung der Steuerung zu. Durch die Längsdehnung der Maschine wird die Lage der antreibenden Nocken oder Exzenter gegenüber den Ventilmitten geändert; die radiale Dehnung der Zylinder verändert die Entfernung zwischen Steuerwelle und Zylindermitte.

Exzenter laufen ruhiger als Nocken und arbeiten mit Flächenberührung, während bei Nocken und Rolle nur Linienberührung stattfindet, doch sind zur Erzielung der erforderlichen Ventilhübe die Exzenter, deren Hub nur schlecht ausgenutzt wird, mit sehr großem Durchmesser auszuführen.

Diese Verhältnisse werden verbessert durch Anwendung von Wälzhebeln, bei denen der Drehpunkt wandert; die Bewegungs- und Kraftverhältnisse werden hierbei günstiger. Die Ausführung nach Abb. 118 zeigt Ersatz der Exzenter durch Kurbelkröpfungen. Die Wärmedehnung der Maschine kann Ecken und Klemmen der Exzenter verursachen, während sich die Nocken gegen ihre Rollen verschieben, aber empfindlicher gegen die radiale Zylinderdehnung sind. Die äußere Steuerung läßt sich durch Benutzung nur einer unrunden Scheibe für Ein- und Auslaß vereinfachen, wobei die Steuerstangen in einer Ebene liegen und zentrische Kräftewirkung im Ventilantrieb erreicht wird. Eine Abhängigkeit beider Steuerungen voneinander ist zunächst insofern vorhanden, als der Erhebungswinkel für beide gleich ist. Sind beispielsweise die Verhältnisse für den Einlaß zugrunde gelegt worden, so ist nach Wahl eines Auslaßpunktes, also z. B. desjenigen für die Vorausströmung, der zweite Punkt — in diesem Fall das Ende des Nachausströmens — festgelegt. Der Winkel, den die vom Wellenmittelpunkt nach den Rollenmittelpunkten gezogenen Linien miteinander bilden, muß gleich der Hälfte des Kurbelwinkels sein, der vom Ende des Ansaugens an bis zur Vorausströmung von der Kurbel zurückgelegt wird. Die MAN hat beide Steuerungen von nur einem Exzenter abgeleitet.

Die Steuerungen der Zweitaktmaschinen sind auch ,,paarschlüssig“ ausgeführt worden, d. h. das Ventil wurde durch das äußere Gestänge auch geschlossen, indem zwei Rollen mit einem Positiv- und einem Negativnocken zusammenarbeiten[1]).

Die Exzenter, die nur bei Großgasmaschinen zu finden sind, werden in Gußeisen, die Nocken in Schmiedestahl ausgeführt; beide sind zweiteilig herzustellen, damit bei Ausbau eines Exzenters oder Nockens nicht sämtliche übrigen von der Steuerwelle abzustreifen sind.

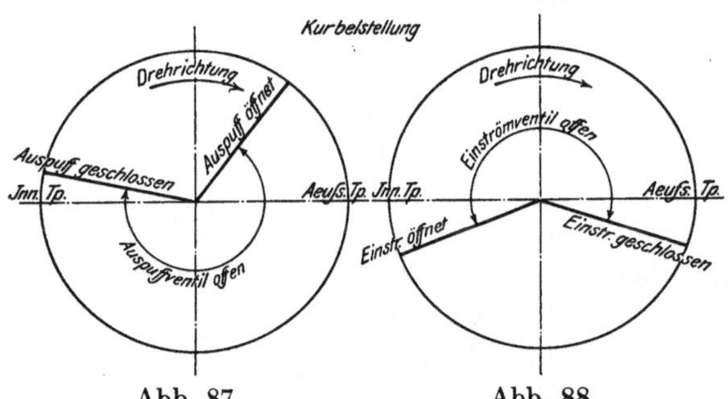

Abb. 87. Abb. 88.

Über die Bestimmung der Wälzhebel- und Nockenformen s. S. 397.

Einstellung. In Abb. 87 und 88 sind die Kurbelstellungen angegeben, bei denen Auspuff und Einlaß geöffnet und geschlossen werden.

Die Eröffnung des Auspuffes vor der Kolbentotlage bei 2 bis 4 at Expansionsdruck hat den Zweck, den zur Erzeugung der Durchflußgeschwindigkeit im Auslaßventil erforderlichen Gegendruck schon in der Totlage zu erreichen. Zwar verkleinert auch die ,,Vorausströmung“ die Diagrammfläche, aber in ungleich höherem Maße wird diese bei fehlender oder zu kurzer Vorausströmung durch langsamen Druckabfall vom Expansionsenddruck auf den Gegendruck verringert; hierbei bleibt der Gegendruck überdies während der ganzen Hubdauer höher.

Bei doppeltwirkenden Maschinen ist die Auslaßsteuerung so einzustellen, daß nicht die Kolbenwege, sondern die Zeiten, besser noch die Zeitquerschnitte, während der Vorausströmung gleich sind. Die Ausdehnung des Zylinderinhaltes vom Expansionsenddruck auf den Gegendruck bedingt eine Vergrößerung des bei Auspuffbeginn eingeschlossenen Volumens, die Abströmung dieses Mehrvolumens, die z. T. bei kritischer Geschwindigkeit vor sich geht, vgl. S. 172, erfordert wie bei der Schlitzsteuerung einen bestimmten ,,Zeitquerschnitt“.

Abb. 87 und 88 zeigen, daß der Auspuff auch noch nach der Kolbentotlage am Ende des Auspuffhubes geöffnet bleibt und daß in gleicher Weise das Einlaßventil öffnet und schließt. Damit wird zunächst erreicht, daß in den Totlagen des Saughubes schon und noch reichliche Einströmquerschnitte vorhanden sind, durch die Drosselung vermieden wird. Durch diese Verlängerung der zur Ventilhebung erforderlichen Zeit wird bei Exzentern deren Hub besser ausgenutzt, die Ventile können langsam angehoben und geschlossen werden, und trotzdem werden die den verschiedenen Kolbengeschwindigkeiten entsprechenden Ventilöffnungen für den ganzen Hnb erreicht. Langsames Anheben und Schließen der Ventile hat aber ruhigen Gang und geringe stoßfreie Beanspruchung des Steuerungsantriebes zur Folge. Ein weiterer, auf

[1]) H. Dubbel: Die Steuerungen der Dampfmaschinen 3. Aufl., S. 174. Berlin: Julius Springer 1923.

die Regelung Bezug nehmender Grund für das Vor- und Nachöffnen ist auf S. 104 angegeben.

Das Offenbleiben des Einlaßventils nach Kolbenrückkehr hat eine teilweise Verdrängung des angesaugten Gemisches zur Folge, doch wird andererseits oft genug durch den späteren Schluß der Hubraum besser aufgefüllt. In der Zeit vom Ende des Saughubes bis Einlaßventilschluß wird infolge der Beschleunigung, die der Inhalt der Saugleitung während des Saughubes erhalten hat, noch Gemisch aus dem Verteilungskasten in den Zylinder gedrückt, so daß der Saugdruck bei Kolbenumkehr auf annähernd atmosphärischen Druck steigt.

Diese Verhältnisse lassen sich deutlich aus den Abb. 89, 90 und 91 ersehen.

In Abb. 89 ist ein Schwachfederdiagramm mit spätem Ventilschluß dargestellt. Am Ende des Ansaugehubes geht die Ansaugespannung in die atmosphärische Spannung über. In Abb. 90 steigt die Verdichtungslinie von der Ansaugespannung an, das Einlaßventil hat im Totpunkte geschlossen, das im Zylinder eingeschlossene Gemisch hat geringeren Druck, also auch geringeres Gewicht und kleinere Energie als nach Abb. 89.

Abb. 91 zeigt die Folgen zu späten Ventilschlusses. Das angesaugte Gemisch wird vom zurückgehenden Kolben zum Teil wieder ausgestoßen.

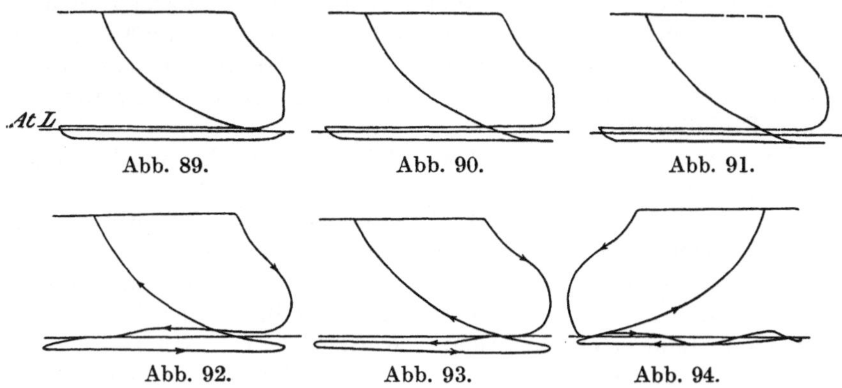

Abb. 89. Abb. 90. Abb. 91.

Abb. 92. Abb. 93. Abb. 94.

Aus den Diagrammen läßt sich erkennen, daß in der Nähe der inneren Totpunktlage Ein- und Auslaßventil gleichzeitig während der Zurücklegung eines bestimmten Kurbelwinkels geöffnet sind.

Im Verlaufe des Ausschubhubes entstehen nun mitunter infolge der Trägheit der ausschwingenden Auspuffgassäule Schwankungen des Ausschubdruckes, wie sie in den Schwachfederdiagrammen dargestellt sind.

In Abb. 92 tritt gegen Ende des Hubes, in Abb. 93 schon kurz nach Beginn des Ausschubhubes ein Unterdruck auf, während Abb. 94 unregelmäßige Schwankungen zeigt.

Während dieses Unterdruckes nach Abb. 92 und 93 ist das Einlaßventil geöffnet, und es wird das frische Gemisch am Ende des Ausschubhubes durch die abziehenden Auspuffgase angesaugt, doch tritt diese Wirkung unter üblichen Verhältnissen nur in geringem Maße und unregelmäßig ein, da sie von Schwingungen auch in der Ansaugeleitung, von der ganzen Bauart der Auspuffleitung und der Schalldämpfer und von der Belastung und Umlaufzahl der Maschine beeinflußt wird (Atkinsonsche Spülung).

In den meisten Fällen zeigen Schwachfederdiagramme eine Ausschublinie, die etwas oberhalb der atmosphärischen Linie nahezu parallel zu dieser verläuft und am Ende des Ausschubhubes gegen die atmosphärische Linie sinkt.

Folgende Werte des Vor- und Nachöffnens können als üblich gelten:

Voröffnen des Auspuffes: 12 bis 20%,
Nachöfmen des Auspuffes: 0 bis 10%,
Voröffnen des Einlasses: 0 bis 8%,
Nachöffnen des Einlasses: 8 bis 15%.

Die Misch- und Regelungsorgane. Für das Mischverhältnis und die Bemessung der angesaugten Ladung sind die engsten Querschnitte maßgebend, die Gas und Luft auf dem Wege zum Hubraum des Zylinders durchströmen. Werden die Mischorgane während des Beharrungszustandes der Maschine unbeweglich in der vom Regler eingestellten Lage festgehalten (vgl. Abb. 122), so wird die Mischung so lange von dem geöffneten Einlaßventil eingestellt, als dessen freigegebene Durchtrittsfläche kleiner als die der Mischorgane ist, was zu Beginn und am Ende des Ventilhubes der Fall sein wird. Hierbei ist das Mischverhältnis der Einwirkung des Reglers entzogen. Die Zeit, in der das Einlaßventil das Mischverhältnis bestimmt, kann durch reichliches Vor- und Nachöffnen des Einlasses verkürzt werden.

Richtiger ist deshalb, den vom Regler beeinflußten Mischorganen eine selbsttätige oder gesteuerte Bewegung zu erteilen, die der des Einlaßventils folgt, was konstruktiv am einfachsten dadurch (vgl. Abb. 116) erreicht werden kann, daß sich das Mischventil in Abhängigkeit vom Einlaßventil bewegt, wobei die Regelung durch eine zwischen beiden Ventilen angeordnete Drosselklappe bewirkt wird; diese beeinflußt sonach die G e m i s c h menge. In diesem Fall läßt sich die auf S. 99 erwähnte Kombinationsregelung nicht ausführen, die nur bei getrennter Einstellung des Luft- und Gasweges möglich ist. Gebräuchlicher ist unmittelbare Verbindung des Mischventils mit der Einlaßventilspindel.

Die mit der Ventilspindel verbundenen Mischorgane, die zur Verringerung der zu beschleunigenden Massen möglichst leicht mit dünnen Wandungen auszuführen sind, können sowohl als Ventile wie auch als Schieber ausgebildet werden. Besondere Dichtheit der Sitz- oder Gleitflächen gegeneinander ist nicht erforderlich, da im geschlossenen Zustand nur gegen den geringen Unterschied von Gas- und Luftdruck abzudichten ist. Schieber haben den Vorteil, daß mit ihnen der Betrieb bequem für Gase verschiedenen Heizwertes eingerichtet werden kann, doch sind sie Störungen durch Unreinigkeiten im Gemisch eher ausgesetzt. Aus diesem Grunde ist großes Spiel des Schiebers gegen seine Laufbuchse empfehlenswert und auch — wie vorstehend hervorgehoben — zulässig.

Die mehrfach versuchte Anordnung eines gemeinsamen Mischraumes für beide Zylinderseiten vereinfacht zwar die äußere Steuerung, hat sich jedoch nicht bewährt. Da bei doppeltwirkenden Viertaktmaschinen zwei Saughübe unmittelbar aufeinander folgen, so bleibt das Mischventil während einer ganzen Umdrehung geöffnet; es tritt eine die Gemischbildung störende gegenseitige Beeinflussung der Zylinderseiten ein. Der große Mischraum verschlechtert die Regelung und erhöht die Gefahr der Ansaugeknaller.

Da bei Eröffnung des Einlaßventils der Druck der Auspuffgase größer als der des Gemisches ist, wenn nicht die auf S. 103 erwähnte Wirkung des A t k i n s o n schen Spülverfahrens eintritt, so strömen die Auspuffgase in den Mischraum und drängen Gas und Luft zurück. Das Gemisch wird dadurch verschlechtert, ,,Ansaugeknaller" nach Abb. 63 können auftreten, und das Gemisch strömt erst dann zum Zylinder, nachdem ein Druckausgleich zwischen diesem, der Gas- und Luftleitung sowie dem Mischraum eingetreten ist. Die Leistung der Maschine wird dadurch um so mehr beeinflußt, je größer der Mischraum ist. Ansaugeknaller werden verhindert, wenn bei noch geöffnetem Einlaßventil der Gaszufluß unterbrochen wird und zuletzt nur Luft eintritt. Das über dem Einlaßventil lagernde Gemisch verliert durch diese Verdünnung die Zündfähigkeit.

Die Gemischregelung ist konstruktiv einfacher auszuführen als die Füllungsregelung, da bei unbeeinflußter Luftzufuhr nur das Gasventil zu steuern ist.

Bei allen Gasmaschinen sind den Regel- und Mischorganen vorzuschaltende Drosselvorrichtungen nötig, die von Hand eingestellt werden, um den Betrieb wechselnden Gasdrucken und Heizwerten anpassen zu können. Diese Vorrichtungen werden bei größerern Maschinen als Klappen, bei kleineren auch als Hähne ausgeführt. Eine außen angebrachte Skala läßt die Einstellung erkennen. Zweck dieser Drosselvorrichtungen ist also nicht, die Gemischbildung zu übernehmen, sondern bei wechselnden Gaseigenschaften und Drehzahlen deren Einwirkung auf die Gemischbildung auszuschalten.

Bei gesteuerten Mischvorrichtungen haben vorgeschaltete Drosselklappen wiederum den Nachteil, daß bei größeren Hüben jener Vorrichtungen deren Querschnitt größer wird als der vorgeschaltete Drosselquerschnitt, wobei dieser die Gemischbildung übernimmt. Es ist deshalb nötig, in diesem Fall die Einstellung in das Mischorgan selbst hineinzuverlegen.

Die bauliche Gestaltung der Regel- und Mischorgane wird am einfachsten bei Verwendung von Drosselklappen, die zudem keinen Rückdruck auf den Regler ausüben, aber den Nachteil haben, daß sie sich bei Betrieb mit unreinem Gas und konstanter Belastung, wobei also die Klappen ihre Lage dauernd beibehalten, leicht festsetzen. Außerdem erfordert die Verwendung von Drosselklappen den Einbau eines besonderen Gasventils, dessen Zweck auf S. 83 angegeben ist.

Durch die Verbindung der Mischorgane mit der Einlaßventilspindel erhält der Mischraum die kleinstmögliche Größe, doch wird der Ausbau des Einlaßventils sehr erschwert, die zu beschleunigenden Massen werden vergrößert. Letzteren Nachteil weisen Ausführungen, bei denen die Mischorgane mit einem die Ventilspindel umschließenden Rohr verbunden sind, nicht auf. Diese Bauarten sind jedoch um so mehr kompliziert, als hierbei zur Erzielung zentrischer Kräftewirkung zweiseitiger Angriff der äußeren Steuerung auszuführen ist.

Als Heizwert je Kubikmeter Mischung enpfiehlt Hellenschmidt für heizwertarme Brennstoffe (unter 2500 kcal/m³) 450 kcal/m³ bei 12 bis 13 at Überdruck Verdichtung, für heizwertreiche Brennstoffe mit 8 bis 10 at Überdruck Verdichtung 550 kcal/m³. Hiermit ergibt sich folgende Zahlentafel, mit der sich die Mischquerschnitte berechnen lassen.

Zahlentafel 6.

	Spezifisches Gewicht kg/m³	Heizwert kcal/m³	Theoretische Luftmenge m³/m³	Gemischheizwert kcal/m³	Mischungsverhältnis	Verdichtung at Überdruck
Leuchtgas	0,52	5500	5,25	550	9	8
Koksofengas	0,47	4500	5	520	7,5	8
Holzgas (Riché)	0,75	2800	2,75	500	4,5	10
Generatorgas	1,1	1250	1,2	450	1,8	12
Hochofengas	1,26	900	0,7	450	1	13

Bei Bestimmung der Mischgeschwindigkeit, auf die mittlere Kolbengeschwindigkeit bezogen, ist von dem Unterdruck p_0 auszugehen, wie das folgende Beispiel zeigt.

Beispiel. Die Mischquerschnitte einer Maschine von 875 mm Zyl.-Dmr., 220 mm Kolbenstangen-Dmr., 1000 mm Hub, $n = 120$ Uml./min sind für Betrieb mit Koksofengas mit 50 mm W.-S. Gasüberdruck zu bestimmen. Nach vorstehender Zahlentafel ist das Mischungsverhältnis $m = 7,5$. Gasgeschwindigkeit gewählt zu 60 m/sek.

Nach S. 84 ist:

$$\frac{q}{m} = \sqrt{\frac{P_g}{P_l} \cdot \frac{\gamma_l}{\gamma_g}},$$

so daß mit $\gamma_l \cong 1{,}3\,\mathrm{kg/m^3}$, $\gamma_g = 0{,}47\,\mathrm{kg/m^3}$ folgt:

$$\frac{q}{m} = 1{,}66\sqrt{\frac{P_g}{P_l}} = 1{,}66\sqrt{1 + \frac{50}{10000 - p_0}},$$

$$P_g = \frac{1}{0{,}8^2} \cdot \frac{60^2 \cdot 0{,}47}{2 \cdot 9{,}8} = 135\,\text{mm W.-S.},$$

$$p_0 = 10050 - 135 = 9915\,\text{mm W.-S.}$$

Ein Blick auf Abb. 64 zeigt, daß die Maschine in der labilen Zone arbeitet, doch werde die Rechnung mit den gewählten Werten weitergeführt.

$$q = m\,1{,}66\sqrt{1 + \frac{50}{85}} \cong 7{,}5 \cdot 1{,}66 \cdot 1{,}26 = 15{,}7\,.$$

Nach S. 83 gilt die Stetigkeitsgleichung:

$$O \cdot c = f_l \cdot c_l + f_g \cdot c_g = f_l \cdot c_l + \frac{f_l}{q} \cdot c_g = f_l\left(c_l + \frac{c_g}{q}\right),$$

$$O = (87{,}5^2 - 22^2)\,\frac{\pi}{4} = 5630\,\mathrm{cm^2}, \qquad c = \frac{n \cdot s}{30} = \frac{120 \cdot 1}{30} = 4\,\mathrm{m/sek},$$

$$c_l = \sqrt{2\,g \cdot P_l \cdot \frac{1}{\gamma_l}} \cdot \mu\,.$$

Mit $P_l = 10\,000 - 9915 = 85$ mm W.-S. folgt $c_l = 28{,}7$ m/sek; nach obigem ist $c_g = 60$ m/sek;

$$5630 \cdot 4 = f_l\left(28{,}7 + \frac{60}{15{,}7}\right) = 32{,}5 \cdot f_l\,,$$

$$f_l = 693\,\mathrm{cm^2}, \qquad f_g = \frac{693}{15{,}7} = 44\,\mathrm{cm^2}.$$

Prüfung der Rechnung: $O \cdot c = 5630 \cdot 4 = 22\,520$; $f_l \cdot c_l + f_g \cdot c_g = 693 \cdot 28{,}7 + 44 \cdot 60 = 22\,529$.

Um brauchbare Verhältnisse zu erhalten, wäre von p_0 auszugehen und $p_0 \cong 9700$ mm W.-S. zu wählen. Mit $p_0 = 10\,000 + h - P_g$ würde $P_g = 10\,050 - 9700 = 350\,\text{mm W.-S.} = \frac{1}{0{,}8^2} \cdot \frac{c_g^2 \cdot 0{,}47}{2 \cdot 9{,}8}$. Hieraus folgt: $c_g = 97$ m/sek; $c_l \cong 60$ m/sek.

e) Die Zündung.

Ist c die Entflammungsgeschwindigkeit, l die Entfernung der Zündstelle vom weitestgelegenen Punkt des Verbrennungsraumes, so ist die Entflammungszeit

$$t = \frac{l}{c}\,\text{sek}$$

und der während dieser Zeit zurückgelegte Kurbelwinkel

$$\alpha = t \cdot n\,\frac{360}{60} = n \cdot \frac{360}{60}\,\frac{l}{c},$$

der Kurbelwinkel ist sonach der Umlaufzahl proportional. Entfernung l ist von der Gestaltung des Verbrennungsraumes sowie von der Lage und Anzahl der Zündstellen abhängig. Die Entflammungsgeschwindigkeit wird durch die Höhe der Verdichtung, Temperatur, Zusammensetzung und Durchwirbelung (siehe S. 9) des Gemisches beeinflußt. Die günstigste Form des Verbrennungsraumes wäre die Halbkugel mit Lage des Zünders im Kugelmittelpunkt, wobei alle Zündwege von gleicher Länge wären. Ungünstiger verhält sich die flache Scheibenform der Großgasmaschinen, noch mehr der kanalförmige Verbrennungsraum der Kleingasmaschinen. Immer ist möglichst einfache Gestaltung des Verbrennungsraumes ohne Ausbuchtungen usw. anzustreben, da zu diesen die Entflammung zuletzt, meist erst nach Überschreitung der Kolbentotlage vordringt. Verkürzung der Zündstrecke l wird bei größeren Maschinen durch Anordnung mehrerer (bis zu vier) Zündstellen erreicht, was auch Reserve im Falle des Versagens eines Zünders gibt. Der Einfluß mehrerer Zünder geht aus Abb. 95 hervor. Diagramm A entstand bei Anwendung nur eines Zünders, Diagramm B, um 4% größer als Diagramm A, wurde bei Benutzung zweier Zünder erhalten. Von großer Bedeutung ist auch die Lage der Zündstelle, die aus Abb. 343 bis 346 ersichtlich ist. Die früher übliche Lage der Zünder am Ein- und Auslaßventilrohr hat sich als unzweckmäßig erwiesen und gab infolge der gerade an diesen Stellen wechselnden Zusammensetzung des Gemisches und der erschwerten Ausbreitung der Flamme nach dem Verbrennungsraum hin Anlaß zur Streuung der Diagramme. Lagerung der Zünder am Deckel erleichtert zwar das Vordringen der Flamme, ist aber aus konstruktiven Gründen nur schwer durchführbar.

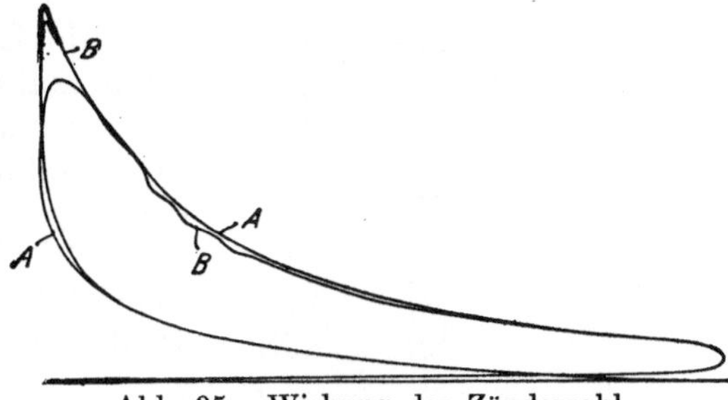

Abb. 95. Wirkung der Zünderzahl.

Da durch eine steile Explosionslinie leicht Stöße im Gestänge entstehen und hierbei die Maschine „hart geht“, so soll das Gemisch so zusammengesetzt werden, daß die Verbrennung ungefähr während eines Kurbelwinkels $\alpha + \beta = 30°$, Abb. 96, andauert, wobei die „Vorzündung“ etwa 10° vor Kurbeltotlage beginnen soll. Bei schneller verbrennenden, wasserstoffreichen Gemischen wird diese Vorzündung verkürzt, bei heizwertarmen Gasen verlängert. So zeigt Abb. 37, S. 49, einen Vorzündungswinkel von 35°, dem Zündpunkt z_0 entsprechend. Großen Einfluß auf den Vorzündungswinkel übt auch die Umlaufzahl aus, mit deren Erhöhung die Vorzündung zu verlängern ist. In Abb. 96 bis 98 ist die Wirkung zu früher, rechtzeitiger und zu später Zündung dargestellt. Allzu frühe Zündung nach Abb. 97 verursacht heftige Stöße und Verringerung der Leistung, zu späte Zündung vermindert den Höchstdruck und verringert dadurch ebenfalls die Leistung. Bei Betrieb mit schwachem Gemisch kann bei Spätzündung der Fall eintreten, daß die Kolbengeschwindigkeit größer als die Verbrennungsgeschwindigkeit wird, so daß die Flamme bis Hubende nachbrennt.

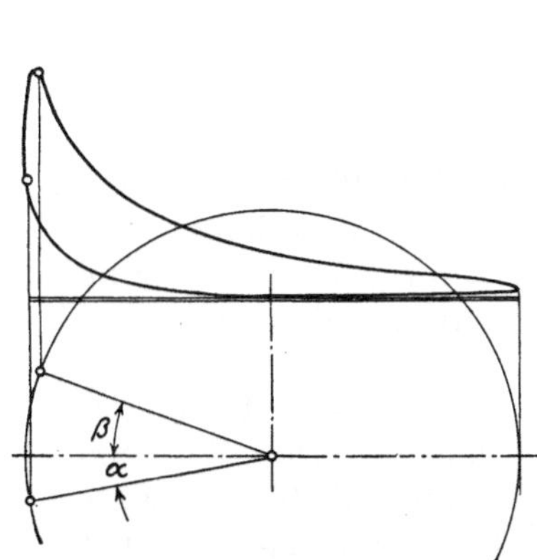

Abb. 96. Richtige Zündung.

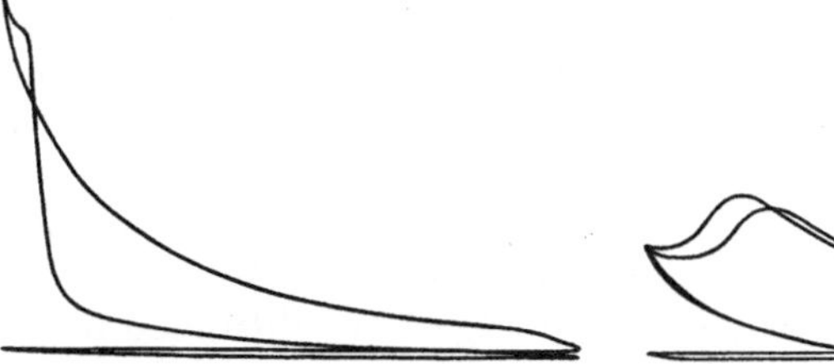
Abb. 97. Zu frühe Zündung.

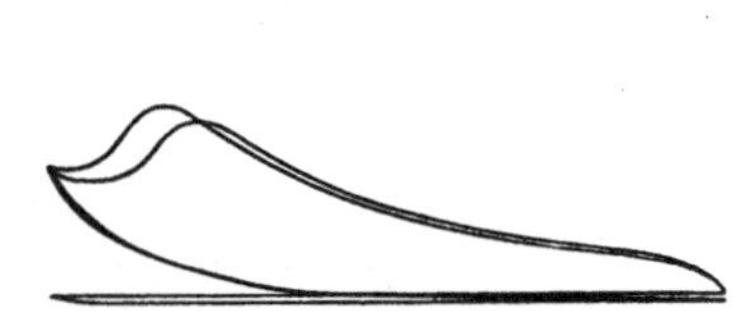
Abb. 98. Zu späte Zündung.

Die Zündvorrichtungen müssen Änderung des Zündzeitpunktes ermöglichen, um diesen dem Heizwert des Gemisches anpassen und beim Anlassen der Maschine auf Spätzündung einstellen zu können, da sonst im letzteren Fall infolge der geringen Umlaufgeschwindigkeit die Verbrennung vor der Totlage beendet und die Maschine zurückgetrieben würde.

Bei dem Parallelschalten von Gasdynamos läßt sich unter Erhöhung des Gasverbrauches durch Änderung des Zündzeitpunktes die Gasdiagrammfläche in feinster Weise den Verhältnissen anpassen. Neuere Füllungsregelungen bedürfen allerdings dieses Mittels nicht mehr. Geringe Umlaufgeschwindigkeiten werden durch Spätzündung ermöglicht.

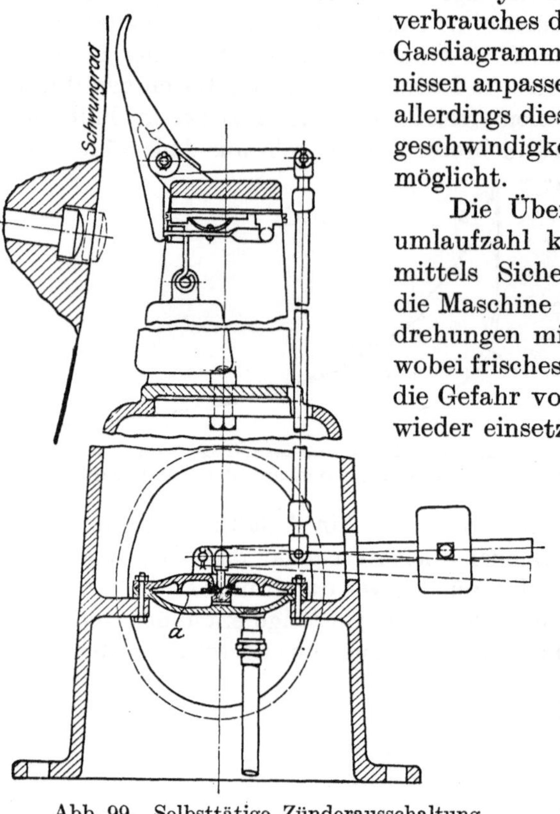

Abb. 99. Selbsttätige Zünderausschaltung.

Die Überschreitung einer bestimmten Höchstumlaufzahl kann durch Ausschaltung der Zündung mittels Sicherheitsreglers verhindert werden. Da die Maschine nach der Ausschaltung noch einige Umdrehungen mit großer Geschwindigkeit machen wird, wobei frisches Gemisch in den Auspuff gelangt, so liegt die Gefahr vor, daß durch mit sinkender Umlaufzahl wieder einsetzende Zündung dieses Gemisch im Auspuff entzündet wird. Richtiger ist deshalb Abstellung der Gaszufuhr.

Abb. 99 stellt eine Sicherheitsvorrichtung dar, bei der ein im Schwungradkranz gleitend angeordnetes Gewicht bei einer bestimmten Umlaufzahl den Druck einer Feder überwindet und ein Gewicht auslöst, wodurch der Stromkreis des Zünders unterbrochen wird. (Dasselbe tritt ein, wenn das Kühlwasser ausbleibt oder zu geringen Druck hat. Zu dem Zweck steht der Raum unter der elastischen Platte a mit der Kühlwasserleitung in Verbindung.) Zweck haben derartige Vorrichtungen nur dann, wenn sie häufig während des Betriebes auf ihre Wirksamkeit geprüft werden.

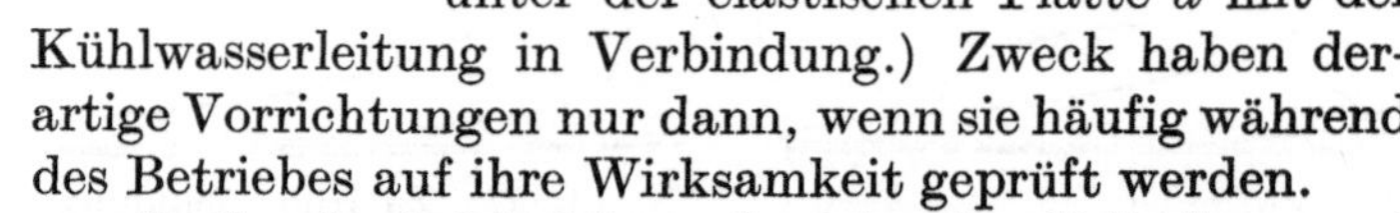

Dadurch, daß bei doppeltwirkenden Zylindern zwei Saughübe aufeinanderfolgen, wird die beim zweiten Hub angesaugte Gemischmenge kleiner als die beim ersten. In Berücksichtigung dieses Umstandes und der Schwingungen in der Saugleitung werden die Zentralzündvorrichtungen so eingerichtet, daß die Zündung jeder Kolbenseite unabhängig von den anderen Zündern für sich allein eingestellt werden kann.

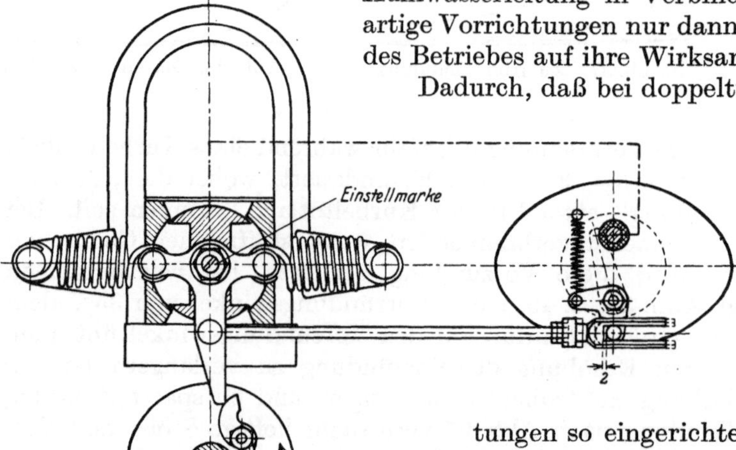

Abb. 100. Bosch-Zünder mit Abreißgestänge.

Kühlung der Zündereinsätze erhöht zwar deren Dauerhaftigkeit, verursacht aber auch leicht Kurzschluß durch Niederschlag, sodaß diese Kühlung heute nicht mehr ausgeführt wird.

Ausführungsformen. Je nach der Spannung, mit der die elektrischen Zündvorrichtungen arbeiten, werden Niederspannungs- und Hochspannungsapparate unterschieden. Als Stromquelle können Akkumulatoren, das Leitungsnetz oder besondere Magnetmaschinen dienen.

Niederspannungsapparate. Der bekannteste Apparat dieser Art ist der Bosch-Zünder mit Abreißgestänge nach Abb. 100 und 102.

Ein auf der Steuerwelle sitzender Daumen lenkt einen Kreuzhebel um etwa 30° aus der Mittellage ab. Beim Abgleiten vom Daumen wird der Hebel durch je zwei auf seine Welle mittels Kräftepaares wirkende Federn zurückgeschnellt, wobei in der Wicklung des auf der Hebelwelle sitzenden Doppel-T-Ankers, der zwischen den Polschuhen zweier kräftiger Stahlmagnete schwingt, ein Stromstoß entsteht. In der Mittellage des Ankers, in der der Strom am stärksten ist, stößt eine mit dem Kreuzhebel verbundene Schubstange gegen den Arm des Zündhebels und trennt diesen vom Zündstift. Da die Länge des hierbei entstehenden Funkens von der Geschwindigkeit abhängt, mit der der Strom unterbrochen wird, so ist entweder der Kontakthebel oder der Angriffshebelarm der Schubstange an der Ankerwelle möglichst lang zu machen.

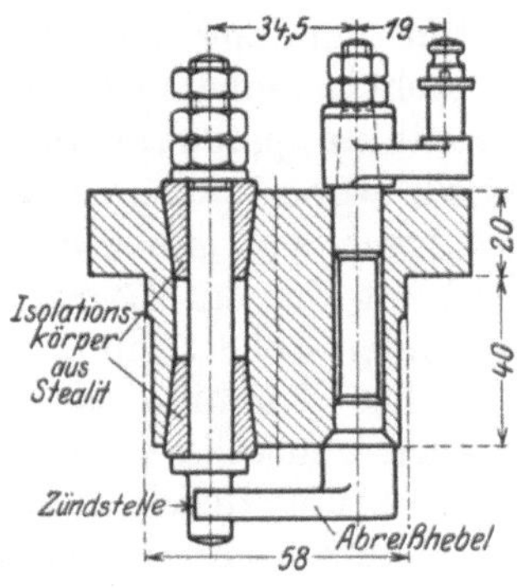

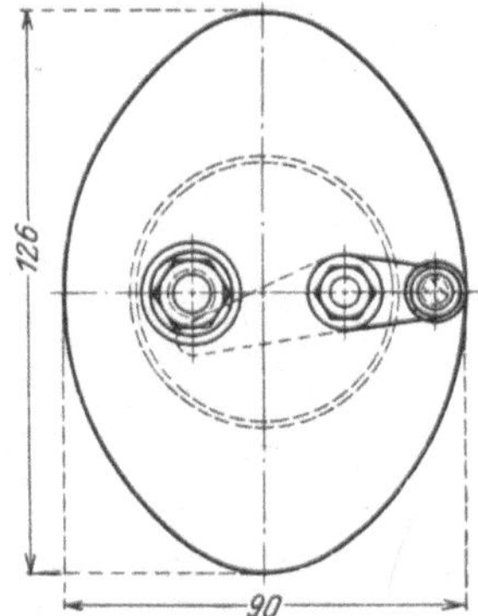

Abb. 101. Zündflansch von Bosch.

Abb. 101 zeigt den durch Speckstein isolierten Zündflansch. Der Zündhebel dichtet gegen den Verbrennungsraum durch einen Kegel ab. Mit der Stromquelle ist der Zündhebel durch den Maschinenkörper, der Zündstift durch eine Leitung verbunden, die ebenso wie die erwähnte Isolierung einer Spannung von 150 V genügen soll.

Abb. 102 zeigt die Vorrichtung für Änderung des Zündzeitpunktes, wobei der Hebel vom Daumen früher oder später abgleitet, ohne daß der Ablenkungswinkel (von $\sim$ 30°) geändert wird. Durch besondere Einrichtung

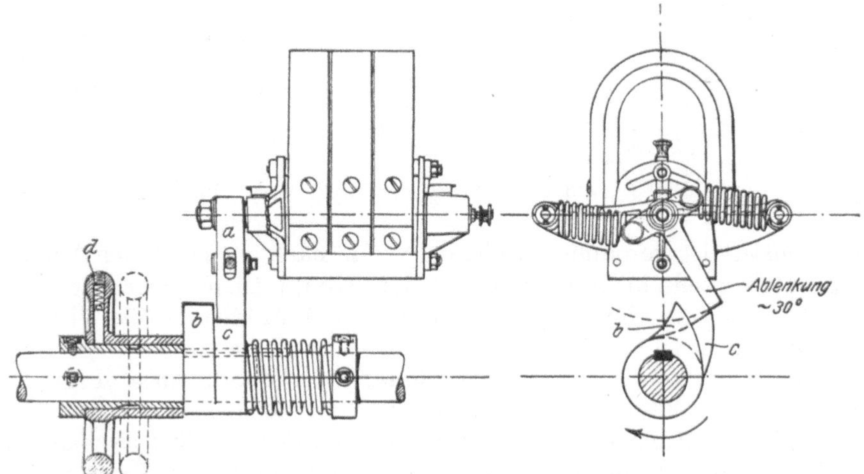

Abb. 102. Vorrichtung zum Ändern des Zündzeitpunktes.

des Handrades *d* wird durch dessen Verschiebung entweder der Spätzündungsdaumen *b* oder der Frühzündungsdaumen *c*, die zu einer gemeinsamen auf der Steuerwelle verschiebbaren Nabe vereinigt sind, in Verbindung mit dem Kreuzhebel *a* gebracht.

Zündvorrichtungen mit Abreißgestänge sind für hohe Umlaufzahlen wegen der Massenwirkung des Gestänges für große Gaszylinder mit mehreren Zündstellen nicht geeignet, weil die Entfernung zwischen Magnetmaschine auf der Steuerwelle und dem Zündflansch zu groß wird: liegen diese doch häufig sogar auf verschiedenen Seiten des Zylinders. In solchen Fällen werden Zündstift und Kontakthebel durch magnetelektrisch betätigte Schlagapparate voneinander getrennt. In Abb. 103 ist eine derartige Zündung des Werkes Nürnberg der MAN dargestellt. Die Schlagvorrichtung besteht aus einem Elektromagneten, dem durch einen auf der Steuerwelle angeordneten Kontaktapparat im Augenblick der Zündung Strom aus irgendeiner Quelle zugeleitet wird, wobei nacheinander Schlagvorrichtung und Zündbuchse durchflossen werden. Dadurch wird ein zwischen den Polschuhen der Elektromagneten gelagerter Anker gedreht, der mittels Schlaghebels den Zündhebel vom Zündstift reißt, die beide vom Zylinder isoliert sind.

Die Zündung ist also für sämtliche Zündstellen zentralisiert und kann an der Kontaktvorrichtung durch einen einzigen Handgriff ausgeschaltet werden. Die Massenwirkung ist gering, die Aufstellung der Schlagvorrichtungen unabhängig von der Lage der Stromquelle.

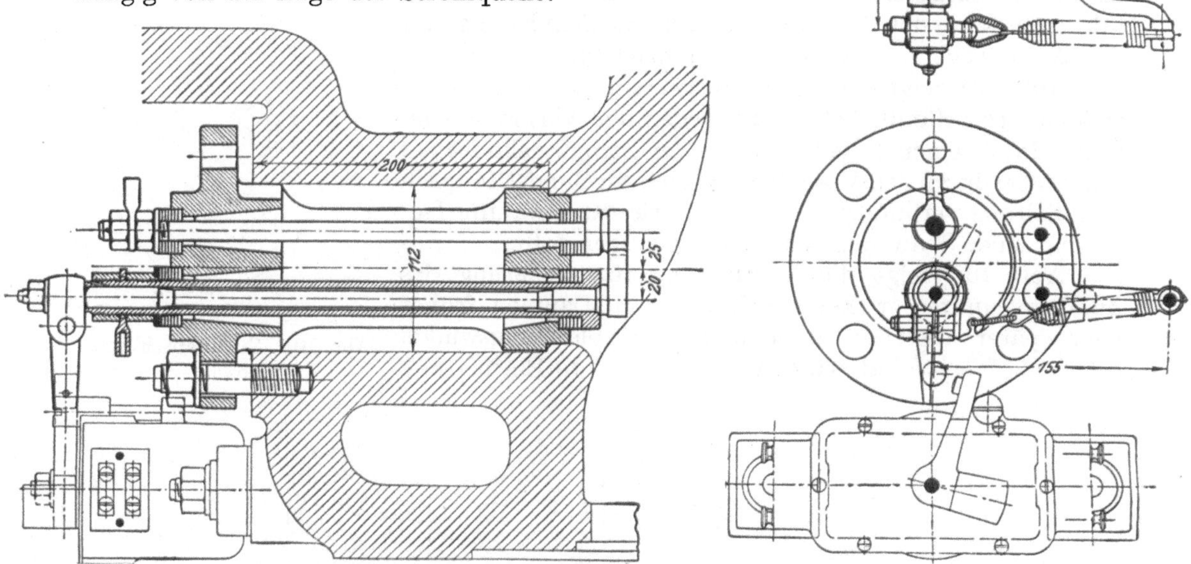

Abb. 103. Schlagvorrichtung der MAN, Werk Nürnberg.

Der Zündstift ist von außen drehbar, so daß nach eingetretener Abnutzung eine nicht abgenutzte Stelle in Berührung mit dem Kontakthebel gebracht werden kann.

Abb. 104 zeigt die einfache Vorrichtung der Maschinenfabrik Thyssen & Co. in Mülheim-Ruhr.

Der Schlagapparat ist außen am Zylinder jeder Zündbüchse vorgeschaltet, der Führungsbolzen *b* stößt gegen den Zündhebel der Büchse.

Die Zündvorrichtungen an den Gasmaschinen der Schweizerischen Lokomotiv- und Maschinenfabrik, Winterthur, arbeiten mit pneumatischer Übertragung, indem beim Abreißen des Ankerhebels nach Abb. 100 Luft in einem Zylinder verdichtet und auf den Kolben eines zweiten Zylinders geführt wird, der gegen den Zündhebel stößt, Abb. 118, S. 119. Durch diese Anordnung wird der Konstrukteur ebenfalls unabhängig von der Aufstellung der Vorrichtung für die Niederspannungszündung.

Die Abb. 105 und 106 zeigen zunächst schematisch die Schaltungen bei einpoliger und zweipoliger Unterbrechung, Abb. 107 zeigt eine Schaltung mit Kurzschließung der Zündvorrichtung.

Unzeitige Zündungen können durch Erdschlüsse im Zündstromkreis bzw. in Nebenschlüssen durch das Eisen der Maschine oder auch durch Überbrückungen

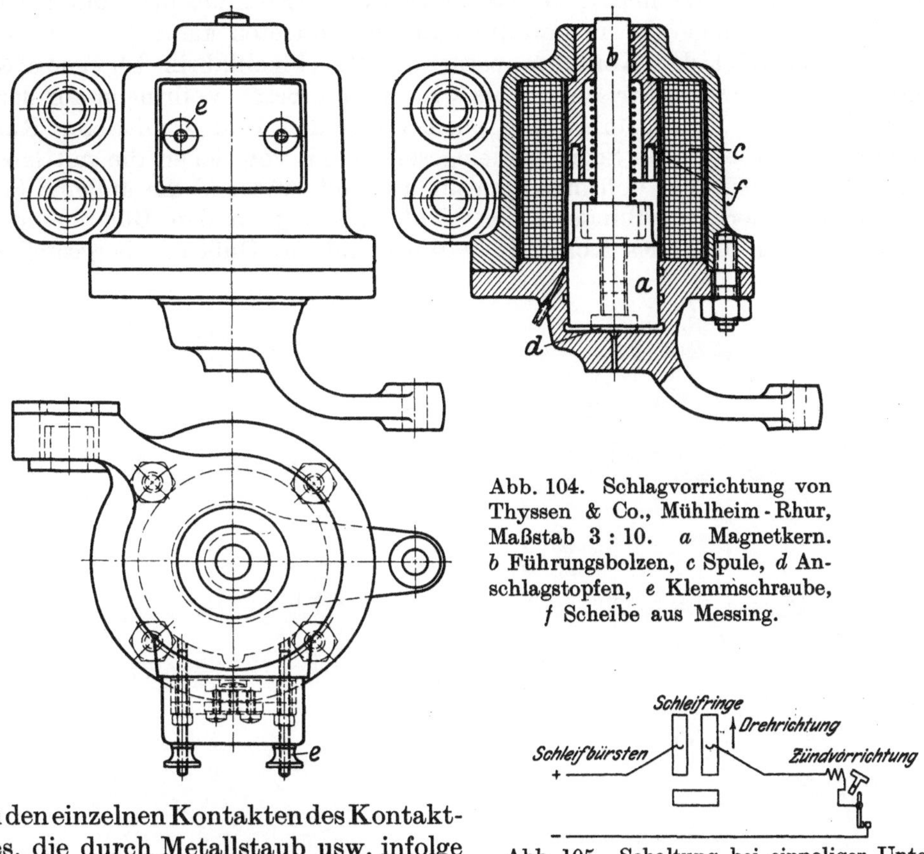

Abb. 104. Schlagvorrichtung von Thyssen & Co., Mühlheim-Rhur, Maßstab 3 : 10. *a* Magnetkern. *b* Führungsbolzen, *c* Spule, *d* Anschlagstopfen, *e* Klemmschraube, *f* Scheibe aus Messing.

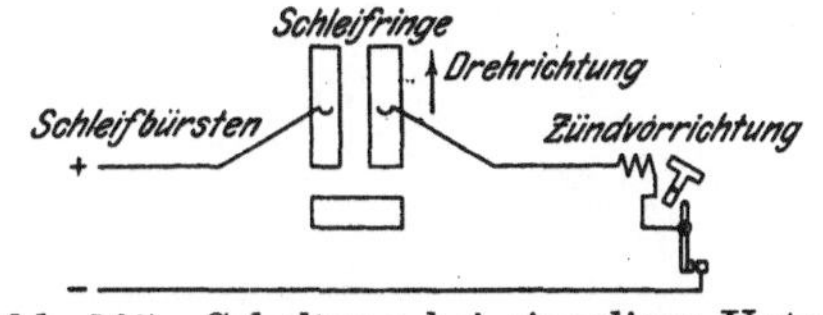

Abb. 105. Schaltung bei einpoliger Unterbrechung.

zwischen den einzelnen Kontakten des Kontaktapparates, die durch Metallstaub usw. infolge der Abnutzung der Kontaktstücke und Kontaktbürsten entstehen, verursacht werden.

Aus Abb. 105 geht hervor, daß bei nur einpoliger Unterbrechung eine Überbrückung der beiden voneinander isolierten Schleifringe durch Metallstaub schon zur Folge hat, daß die Zündvorrichtung zu unrechter Zeit Strom erhält. Dasselbe ist der Fall bei einem Erdschluß, durch den die Schleifringe ebenfalls, wenn auch auf einem Umwege, überbrückt werden.

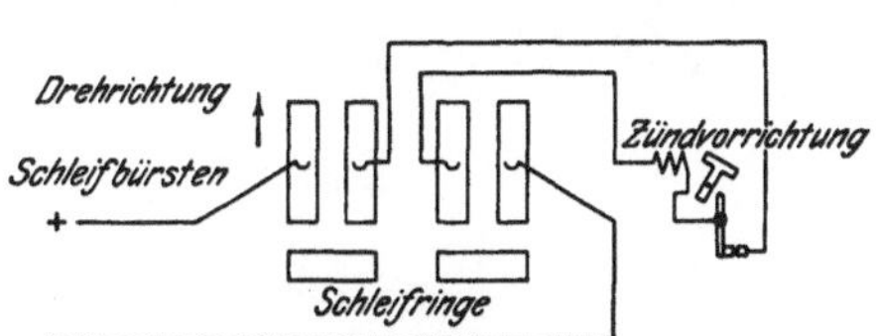

Abb. 106. Schaltung bei zweipoliger Unterbrechung.

Die in Abb. 106 dargestellte, zweipolige Unterbrechung bietet gegen solche Zufälle schon eine größere Sicherheit, indem ein vorhandener Erdschluß wegen der doppelten Unterbrechung des Stromkreises der Zündvorrichtung in vielen Fällen ohne Folgen sein wird und bei Überbrückungen des einen Schleifringpaares das andere die nötige Isolation aufrechterhält. Da bei der praktischen Ausführung jedoch beide Schleifringpaare meistens dicht nebeneinander auf einem gemeinschaftlichen Isolierkörper untergebracht sind, so wird sich die Überbrückung im allgemeinen auf beide Schleifringpaare erstrecken.

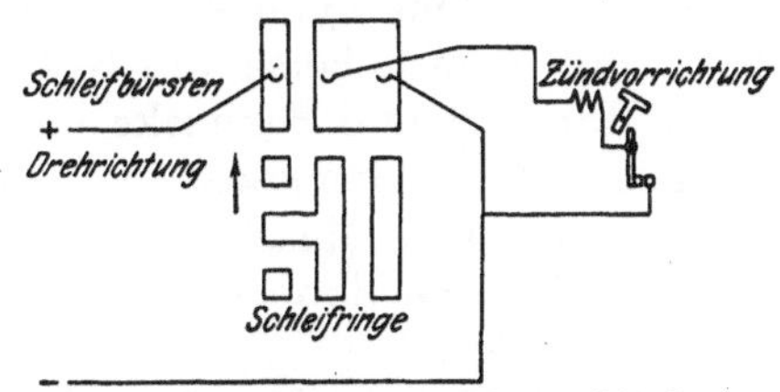

Abb. 107. Schaltung mit Kurzschließung.

Vollkommene Sicherheit gegen vorzeitige Zündungen gewährt die in Abb. 107 dargestellte Lahmeyersche Anordnung, welche die Zündvorrichtung während des Nichtgebrauches kurzschließt, so daß weder durch Erdschluß noch durch Überbrükkung der Schleifringe eine ungewollte Zündung eintreten kann.

Abb. 108 zeigt den Kontaktapparat der Maschinenfabrik Thyssen & Co. in Mülheim-Ruhr. Der elektrische Strom wird zwei äußeren Vollringen auf der Steuerwelle durch Bürsten zugeführt und ebenso von den beiden mittleren Ringen abgenommen, in die je drei Segmente eingesetzt sind, von denen die mittleren durch Kupferstreifen mit den Vollringen verbunden sind, während die äußeren Segmente, vollständig isoliert, als Blindstrecken Funkenbildung an den Bürsten verhindern. Alle rotierenden Teile des Kontaktapparates sind aus Gußeisen hergestellt.

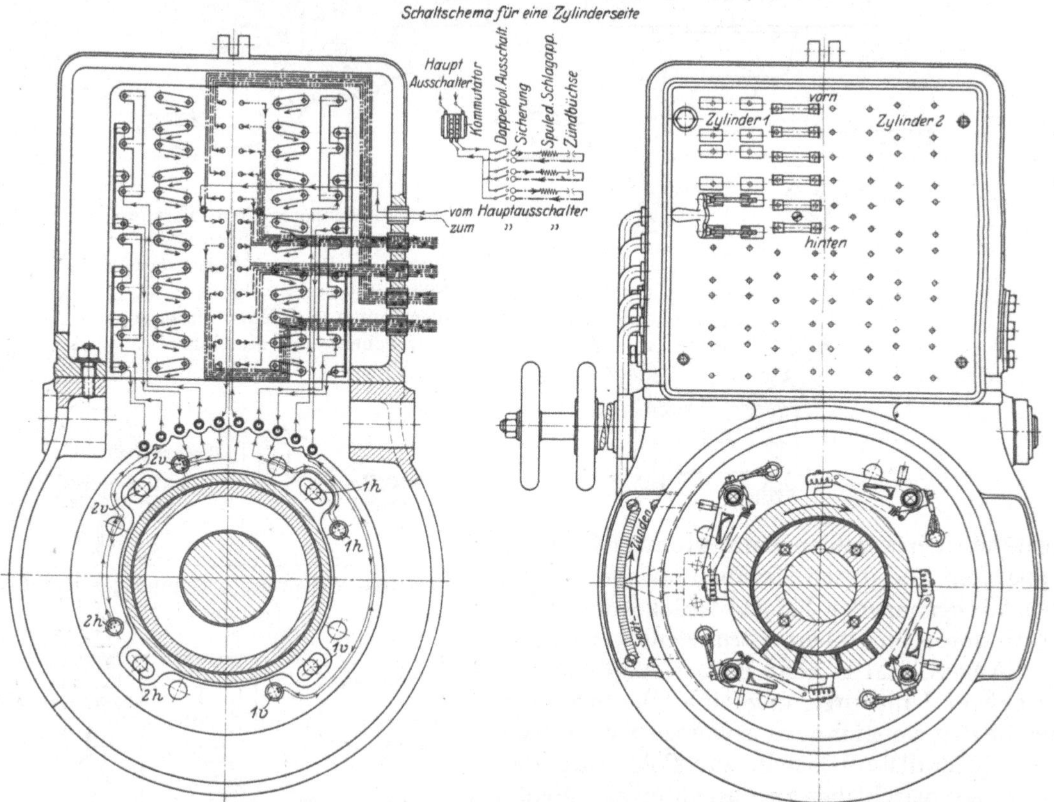

Abb. 108. Zündstrom-Verteilvorrichtung von Thyssen & Co., Mülheim-Ruhr. Maßstab 1: 8.

Die zu jedem Zylinder gehörigen Bürsten, die den Strom zu drei Zündstellen leiten, sind dem Schema auf S. 119 entsprechend um 90° gegeneinander versetzt. Durch Handrad und Schnecke und Schneckenrad sind die Bürstenträger zum Einstellen des Zündzeitpunktes um 45° verdrehbar.

Für die ganze Maschine ist ein Hauptschalter vorgesehen, die einzelnen Zündstellen sind durch doppelpolige Ausschalter abstellbar, wie das Schema der Nebenabbildung zeigt.

Wenngleich bei schwachen Belastungen frühere Zündung des Gemisches gewisse Vorteile bietet, so wird doch die früher ausgeführte Beeinflussung der Zündzeitverstellung durch den Regler nicht mehr gebaut.

Hochspannungsapparate. Abb. 109 zeigt die grundsätzliche Ausführung dieser Vorrichtungen. Der Doppel-T-Anker wird in gleicher Weise, wie bei Abb. 100 beschrieben, durch einen Kreuzhebel in Schwingungen versetzt. Die Ankerwicklung besteht aus der Primärwicklung mit wenigen Windungen dicken Drahtes und der Sekundärwicklung mit vielen Windungen dünnen Drahtes. Der Anfang der Primärwicklung ist am Ankerkörper angeschraubt; das Ende, mit dem Anfang der sekundären Wicklung verbunden, führt zum Kondensator *K* und dem Unterbrecher *d*. Der primäre Stromkreis ist kurzgeschlossen, solange sich die Kontakte k_1 und k_2 berühren; sie werden geöffnet in der Ankerstellung, in der die größte Induktion erfolgt. In diesem Augenblick beseitigt der mit den Kontakten parallel geschaltete Kondensator die Funkenbildung, so daß der Strom plötzlich unterbrochen wird. Dadurch erhöht sich die Spannung in der sekundären Stromwicklung, deren Ende zu einem Schleifring führt. Auf diesem schleift eine Kohle, deren Halter am oberen Ende als Stromabnehmer ausgebildet ist. Von hier aus führt ein Draht zur Klemmschraube des Zündstiftes, während die Körperelektroden leitend mit dem Eisen der Maschine verbunden sind. Abb. 110 und 111 zeigen Zündkerzen der Rob. Bosch A.-G. in Stuttgart, wie sie in Verbindung mit Hochspannungsapparaten zur Verwendung gelangen.

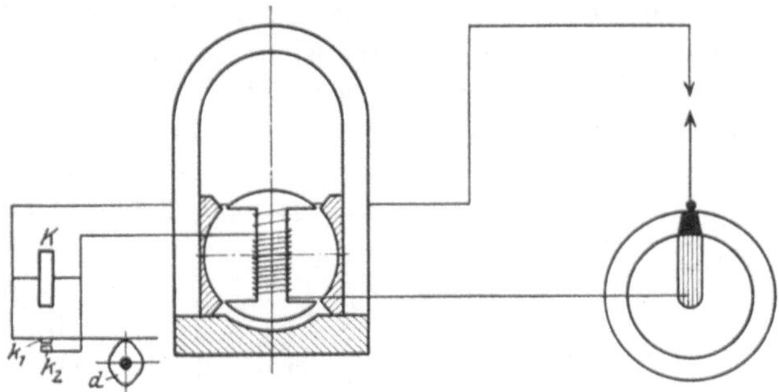

Abb. 109. Hochspannungsapparat.

Eine gleichartig wirkende Einrichtung zeigt Abb. 112. Wird der kurzgeschlossene Strom in der primären Spule *a* durch den Unterbrecher *c* geöffnet, so wird in der sekundären Spule *b* ein Strom von hoher Spannung induziert, so daß auf der Zündstrecke *d* ein Funke überspringt. Der Kondensator *K* hat auch hier den Zweck, den größten Teil des durch Selbstinduktion in der primären Spule entstehenden Stromes aufzunehmen und dadurch die Funkenbildung zu vermeiden. Sollen an der Zündkerze eine Reihe von Funken überspringen, so wird dies durch Einschaltung des bekannten Wagnerschen Hammers mit der Spitze *e* und der Blattfeder *f* bewirkt.

In Abb. 113 und 114 ist die in dieser Weise arbeitende Zündvorrichtung von Lodge Bros & Co. in Rugby, England, dargestellt, wie sie unter anderem an einer 7500 PS-Gasmaschine der Société Cockerill zur Anwendung gelangt ist.

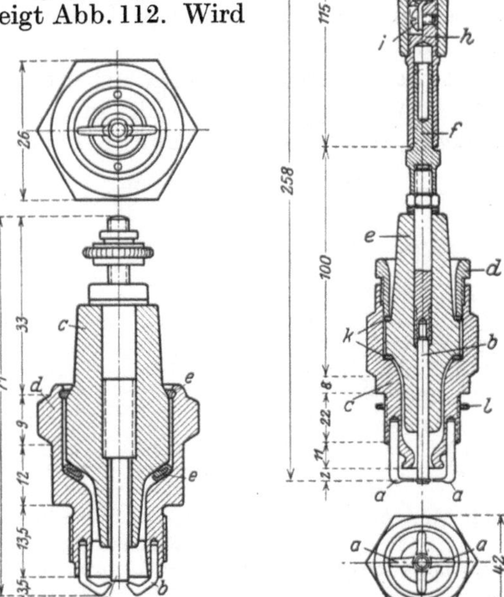

Abb. 110 und 111. Zündkerzen der Rob. Bosch A.-G., Stuttgart.

Zu Abb. 110. *a* = Zündstift. *b* = Körperelektrode. *c* = Isolierkörper. *d* = Kerzenkörper. *e* = Dichtungsringe.
Zu Abb. 111. *a* = Körperelektrode. *b* = Zündstift. *c* = Kerzenkörper. *d* = Kerzenmutter. *e* = Isolierkörper. *f* = Gewindemuffe. *g* = Hartgummihülse. *h* = Kabelstecker. *i* = Kabelschraube. *k* = Dichtungsringe. *l* = Unterlagscheibe.

Das Gehäuse aus Aluminium ist auf der Steuerwelle mittels Kugellager gelagert und kann zur Einstellung des Zündzeitpunktes im ganzen um 40° gedreht werden, wozu die in Abb. 113 ersichtliche Klemmvorrichtung dient. Das Gehäuse enthält einen Kontaktgeber mit Kondensator und einen Verteiler. Der niedriggespannte Primärstrom führt zu einer isolierten Kohlenbürste auf einem zentral liegenden Punktkontakt, von hier wird der Strom zu einem Unterbrecherhebel geleitet, dessen Rolle bei der Drehung in Aussparungen eines Ringes am inneren Umfang des Gehäuses zeitweise einfällt, wodurch der Strom geschlossen und in Parallelschaltung zum Kondensator zu den Bürsten geleitet wird. Diese werden durch Flachfedern gegen einen ebenfalls am inneren Umfang des Gehäuses befindlichen Verteilerring gedrückt, dessen Segmente gegen das Gehäuse isoliert sind. Die Isolierstreifen zwischen den Segmenten sind schmäler als die Bürsten, so daß diese ständig auf metallener Oberfläche schleifen. Von dem Verteiler führen Leitungen den Niederspannungsstrom über einen „Summer" zu einer großen Induktionsspule, die einen aus zwei Leidener Flaschen bestehenden Hochspannungskondensator auflädt. Der von hier zur Zündkerze fließende Strom von hoher Spannung erzeugt einen weißen, heißen Funken von großer Durchschlagskraft und hoher Frequenz, der auch bei feucht und schmutzig gewordenen Zündkerzen noch zündet. Die Gesamtanordnung der Zündvorrichtung ist für eine Zwillingstandemmaschine in Abb. 115 wiedergegeben; für jede Zylinderseite ist ein Zündkasten mit Induktionsspule und Hochspannungskondensator vorgesehen, von denen möglichst kurze Leitungen zu den beiden Kerzen jeder Zylinderseite führen. Die Zündkerze hat 4 Elektroden. Die Anlage arbeitet mit zwei parallel geschalteten 10-V-Batterien.

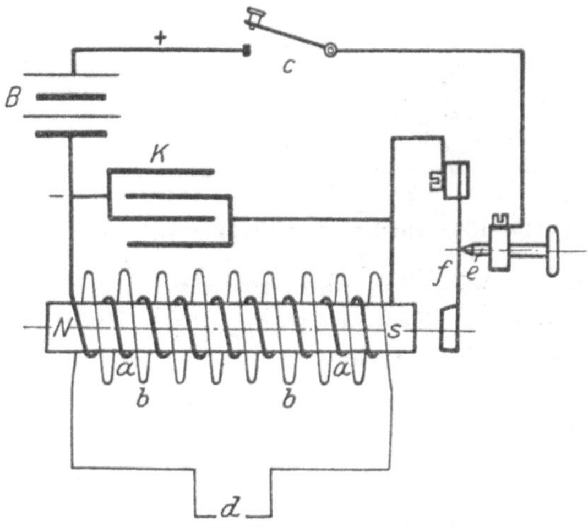

Abb. 112. Hochspannungsapparat.

Anwendungsgebiet. Großgasmaschinen arbeiten fast ausschließlich mit „Abreißfunken", seltener mit der Lodge-Zündung, während R. Bosch die in Abb. 109 skizzierte Lichtbogenzündung für ortfeste Maschinen nur dann empfiehlt, wenn der Verbrennungsdruck 6 at nicht überschreitet und die Zündungszahl weniger als 250 in der Minute beträgt. Ortfeste Gasmaschinen kleinerer Leistung, bei denen eine Zündvorrichtung genügt, werden mit Apparaten nach Abb. 100 ausgerüstet. Der Abreißfunken hat den Vorteil, sehr heiß und von langer Dauer zu sein; für heizwertarme Gemische ist sein großes Volumen für die Grenze der Verbrennungsfähigkeit von Bedeutung. Für die Lodge-Zündung wird geltend gemacht, daß der Hochfrequenzfunken auch bei unreinem und feuchtem Gas durchschlägt.

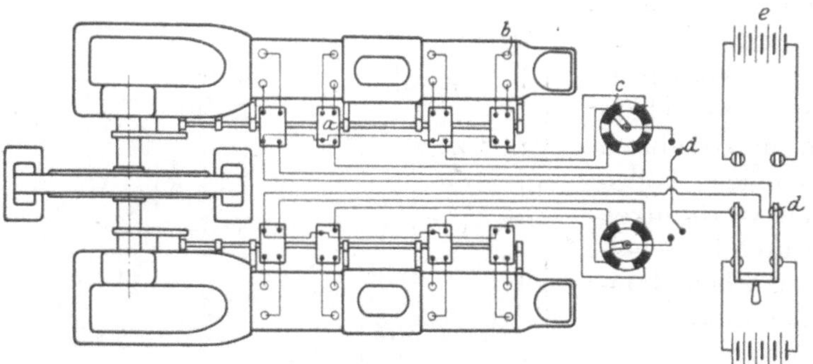

Abb. 115. Anordnung der Lodge-Zündvorrichtungen an einer Zwillingstandemmaschine.
a = Induktionsapparat mit Kondensator. *b* = Zündkerzen. *c* = Kontaktapparat. *d* = Schalter. *e* = Batterie.

Bei Gichtgasmaschinen ist die Wärmeentwicklung des Funkens von großem Einfluß auf die Höhe des mittleren Druckes, während bei wasserstoffreicheren Gemischen die Stärke der Zündung den Verbrennungsverlauf wenig oder gar nicht beeinflußt, da das Gemisch schon beim Beginn des Funkens entzündet wird, die ganze Energie des Funkens also nicht ausgenutzt wird.

Zündkerzen geben eher zu Betriebsstörungen Veranlassung als Abreißzünder. Der Elektrodenabstand der Zündkerzen soll 0,4 bis 0,5 mm betragen, der durch Ruß und Öl leicht überbrückt wird. Ist der Abstand größer, so bleibt die Zündung im

Abb. 113. Kontaktapparat der Lodge-Zündung.

Abb. 114. Kontaktapparat der Lodge-Zündung.

Zylinder aus, und der Funke springt auf der Sicherheitsfunkenstrecke über; bei zu kleinem Abstand bleibt der Funke zu kalt, sodaß gasarme Gemische zu träge verbrennen. Ist bei den Zündkerzen die Gasdichtheit nicht genügend, so treten heiße Gase in das Innere der Kerze und erhitzen die Dichtungen derart, daß der Isolierkörper lose wird, was auch durch stärkere Wärmedehnung des Kerzenkörpers gegenüber dem Isolierkörper verursacht werden kann.

Auch bei den Abreißzündern kann Wasser, von Undichtheiten des Kolbens oder des Kühlmantels herrührend, an den Kontakthebeln der Zündbuchse Kurzschluß verursachen; auch kann der Kontakt durch Verrußung und durch Ansatz von Verbrennungsrückständen unterbunden werden.

f) Ausführungsformen.

Körtingsche Kleinviertaktmaschine. Der allgemeine Aufbau dieser Maschinenart ist aus Abb. 116 ersichtlich. Ein- und Auslaßventil werden unveränderlich durch

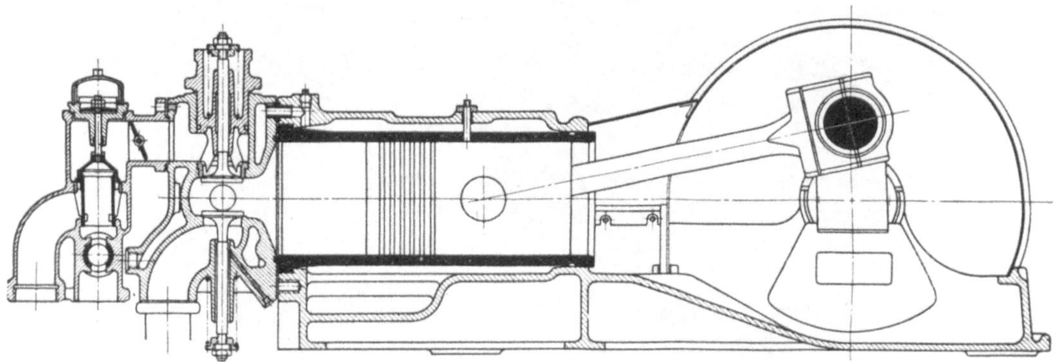

Abb. 116. Körting-Maschine.

unrunde Scheiben gesteuert. Um das Auslaßventil von oben einbringen zu können, ist das Einlaßventil in einem besonderen Einsatz untergebracht. Kennzeichnend für die Körting-Maschine ist die Verwendung eines selbsttätigen Mischventils, Abb. 116a; das Gas, dessen Zuflußquerschnitt durch einen von Hand einstellbaren Hahn geändert werden kann, strömt am inneren Sitz zwischen Stege durch, die die beiden Sitze des Ventils miteinander verbinden, die Luft durchströmt den Ringraum zwischen äußerem Sitz und dem Gaszufuhrrohr. Die Leistung wird durch die vom Regler verstellte Drosselklappe geändert. Ist G = Gewicht des Mischventils, f = Angriffsfläche von Luft und Gas, so ist $G = f\,(p_u - p_o)$, worin p_u = Druck unterhalb, p_o = Druck oberhalb des Ventils. Grundsätzlich gilt die Gleichung: $p_u - p_o = \frac{u^2}{2g} \cdot \gamma$ mit γ = spezifischem Gewicht des durchströmenden Arbeitsmittels. Da der Druckunterschied $p_u - p_o$ ebenso wie das Querschnittsverhältnis konstant bleibt, so ist bei selbsttätigen Mischventilen das Mischverhältnis unabhängig von der Drehzahl der Maschine. Leichtes Anlassen, Bildung eines gut brennbaren Gemisches auch bei kleinen Umlaufzahlen sind Vorteile der Bauart. Bleibt das Mischventil infolge Verschmutzung hängen, so kann die unter Herrschaft des Reglers bleibende Maschine nicht durchgehen. Das Ventil wird erst angehoben, nachdem während des Saughubes der Kolben die Totlage überschritten und sich der Druck p_o über dem Mischventil eingestellt hat. Da das Ventil erst nach

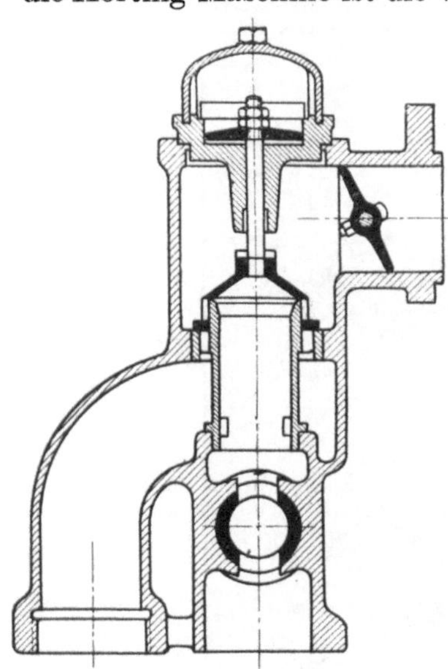

Abb. 116a.
Mischventil der Körting-Maschine.

der Überschreitung der Totlage am Ende des Saughubes, d. h. nach Schluß des Einlaßventils, auf den Sitz gelangt, so wird während dieser Zeit noch Luft und Gas überströmen, so daß auch im Beharrungszustand der Maschine der Druck über dem Ventil größer als p_0 sein wird. Diese Verhältnisse werden weiterhin beeinflußt durch die Stellung der Drosselklappe, durch die bei kleinen Leistungen ein erheblicher Druckunterschied zwischen den Räumen über dem Einlaßventil und dem Mischventil verursacht wird, der während den auf den Saughub folgenden drei Hüben z. T. ausgeglichen wird. Das führt zwar zu einer Verringerung des auf dem Mischventil ruhenden Druckes, doch macht sich andererseits die Wirkung des neu beginnenden Saughubes infolge der mehr geschlossenen Drosselklappe erst später bemerkbar.

Schwingungen in Gas- und Luftleitung, Schwankungen des Gasheizwertes und des Gasdruckes, Änderung der Widerstände in den Leitungen infolge Geschwindigkeitsänderungen des Arbeitsmittels, wie sie zwischen Leerlauf und Vollast auftreten, beeinflussen auch hier das Mischverhältnis und sind durch Einstellung von Luft- und Gashahn unschädlich zu machen. Sanftes Aufsetzen des Ventils wird durch eine mit der Ventilspindel verbundene Platte erreicht, die am äußeren Umfang nicht dicht abschließt und derart als Luftpuffer wirkt.

Deutzer Kleingasmaschine. Um weitestgehende Reihenherstellung zu ermöglichen, führt die Motorenfabrik Deutz „Rumpfmaschinen" aus, die der Verwendung verschiedener Brennstoffe durch Anfügen von Sonderteilen angepaßt werden.

Nach diesem Grundsatz werden die auf S. 236 behandelten Verdrängermaschinen auch als liegende, die Strahlmaschinen, S. 240, als stehende Gasmaschinen gebaut.

Bei den stehenden Maschinen stimmen Grundplatte, Gestell, Zylinderdeckel und Triebwerk ebenfalls überein. Ein Unterschied besteht nur darin, daß die Gasmaschine mit elektrischer Zündung und Mischeinrichtung, die Dieselmaschine mit Düse und Brennstoffventil ausgeführt wird.

Güldner Kleingasmaschine (Abb. 117). Während in England und Amerika die stehende Bauart infolge ihrer auf S. 78 erwähnten Vorzüge vielfach gebaut wird, wird die stehende Anordnung in Deutschland nur von der Güldner-Motoren-Gesellschaft in Aschaffenburg ausgeführt, deren Maschine in Abb. 117 dargestellt ist. Bei der liegenden Gasmaschine wird durch die Lage des Zünders zuerst nur der Inhalt des zwischen Ein- und Auslaßventil liegenden Kanals, dann erst der Rauminhalt hinter dem Kolben entflammt. Hingegen läßt sich bei stehender Bauart der Zünder zentral lagern, so daß er vom Kern des Gemisches aus wirkt und die Zündwege verkürzt werden. Die Verbrennungszeit gasarmer Gemische wird dadurch verringert.

Die Leistung wird durch Änderung des Einlaßventilhubes geregelt, was durch Verschiebung der Wälzplatte gegenüber dem Wälzhebel, also durch Verlegung des wandernden Drehpunktes, erreicht wird. Da während des Saughubes die Wälzplatte durch den Druck im Einlaßgestänge festgehalten wird, so ist in das Reglergestänge als elastisches Zwischenglied eine Feder eingeschaltet. Diese nimmt während des Saughubes die Veränderung der Stellung der Reglermuffe auf und überträgt sie auf die Wälzplatte, sobald diese nach Schluß des Einlaßventils frei wird. Der Regler beeinflußt bei kleinen Belastungen überdies das Mischventil, um der sonst hierbei stattfindenden Abnahme der Zündfähigkeit durch vermehrte Gaszufuhr zu begegnen.

Die Güldner-Maschine ist stets mit der heute bei kompressorlosen Dieselmaschinen allgemein zu findenden Lagerung der Steuerwelle in halber Maschinenhöhe ausgeführt worden, nur daß die Steuerwelle hier durch Schraubenräder von der stehenden Reglerwelle angetrieben wird. Der Getriebekasten, in dem die unrunden Scheiben laufen, ist in einem Balken des A-Gestelles untergebracht, was bei bequemer Zugänglichkeit der Maschine ruhiges, einfaches Aussehen gibt. Die Vermehrung der Massen durch die als Rohre ausgeführten Ventilzugstangen ist bei den für diese Maschinenart in Betracht kommenden Umlaufzahlen unbedenklich, während der Steuerungskopf frei von Angüssen für die Konsollager der Steuerwelle bleibt und leichter abgenommen werden kann. Alle Steuerungsteile laufen im Ölbad.

In Abb. 118 ist ein Schnitt durch den Steuerungskopf einer stehenden Gasmaschine der Schweizerischen Lokomotiv- und Maschinenfabrik in Winterthur wiedergegeben, deren pneumatische Zündsteuerung auf S. 110 erwähnt

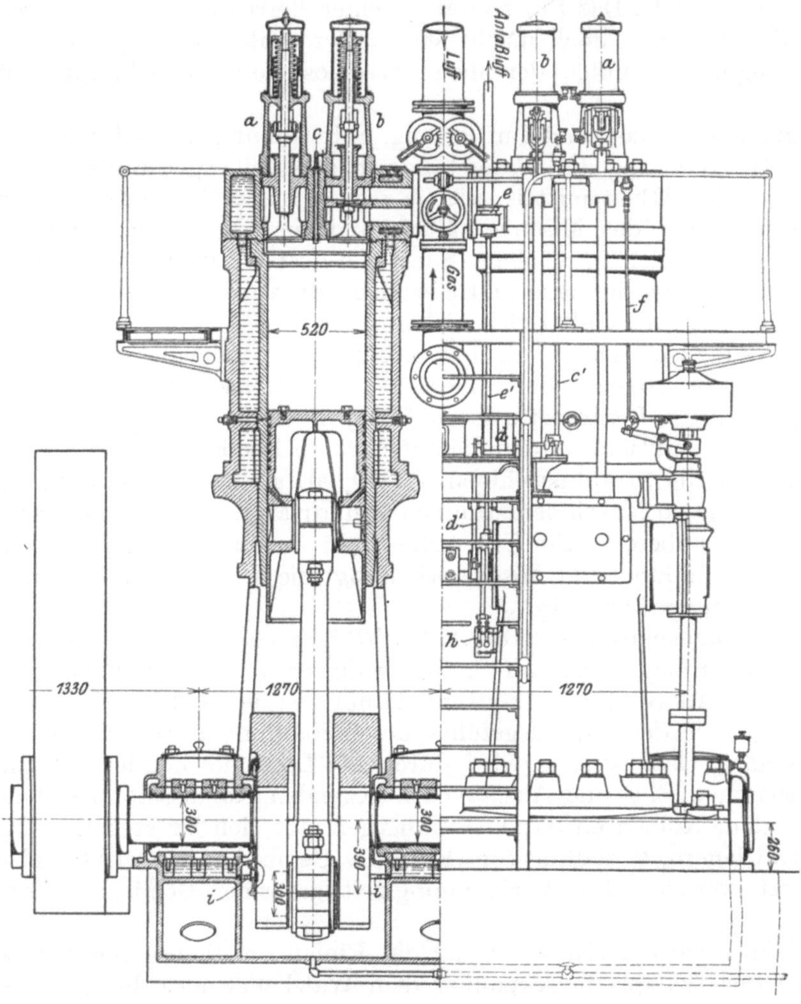

Abb. 117. Güldner-Maschine.

a = Auslaßventil. b = Einlaßventil. c = Abreißzünder mit Zugstange c'. d = Bosch-Magnetapparat mit Exzenterantrieb d'. e = Anlaßventil mit Steuerstange e'. f = Regulatorstange. h = Schmierölpumpe. i = Ausgleichleitung zwischen den drei Ölkammern der Hauptlager.

wurde. Der Steuerungskopf ist zur Erleichterung des Gusses und zur Vermeidung von Guß- und Wärmespannungen mit einem besonderen Deckel versehen. Das Untergestell dieser Maschinen entspricht vollständig dem der langsam laufenden Dieselmaschinen. Die Einlaßventile werden durch Wälzhebel mit beweglichem Drehpunkt betätigt, deren Bewegung von einer gekröpften Welle abgeleitet wird. Abb. 118 läßt auch die Art der Füllungsregelung erkennen.

Großgasmaschinen. Die Bauart des Werkes Nürnberg der M.A.N. ist für den Großgasmaschinenbau grundlegend gewesen. Als kennzeichnende Züge der Konstruktion sind hervorzuheben: Lagerung der Ventile am Zylinder, nicht mehr in

„Steuerungsköpfen", so daß die Deckel einfach gestaltet werden können und bei guter Zugänglichkeit der Ventile zentrische Verbindung der Geradführung und Zwischenlaternen mit den Zylindern ohne durchlaufenden Rahmen möglich wird. Die Zylinder hängen frei ohne Unterstützung. Antrieb der Ventile nicht durch Nocken, sondern durch Exzenter und Wälzhebel. Erzielung von Zweitaktwirkung durch zwei doppeltwirkende Viertaktzylinder. Freischweben der Kolben im Zylinder infolge Aufnahme des Kolbengewichtes durch Tragschuhe, mit denen die Enden der Kolbenstangen verbunden sind.

Wie aus dem beistehenden Schema hervorgeht, müssen in doppeltwirkenden Zylindern stets zwei Arbeitshübe aufeinanderfolgen.

	Vordere Kolbenseite	Hintere Kolbenseite
1. Hub	Ansaugen	Verdichtung oder Auspuff.
2. Hub	Verdichten	Ausdehnung oder Ansaugen.
3. Hub	Ausdehnung	Auspuff oder Verdichtung.
4. Hub	Auspuff	Ansaugen oder Ausdehnung.

Abb. 119 zeigt die Nürnberger Anordnung. Bei der dargestellten Maschine wird die Einlaßventilbewegung vom Auslaßexzenterring abgenommen, wodurch sich bei vereinfachter Ausführung zentrische Kräftewirkung im Gestänge ergibt. Neuerdings werden zwei Exzenter ausgeführt, um größere Freiheit in der Wahl der Steuerungsverhältnisse zu ermöglichen.

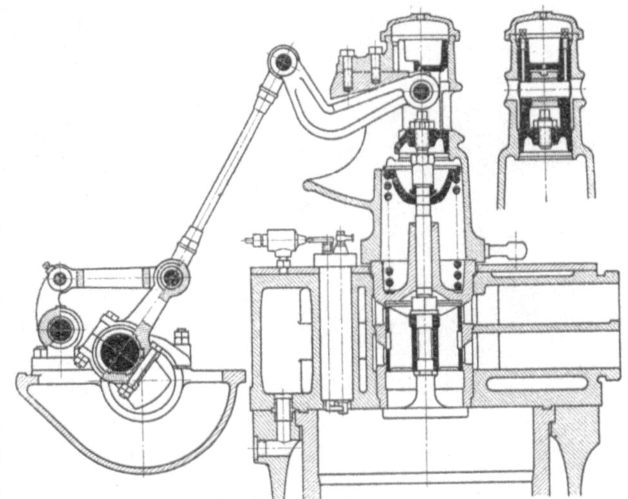
Abb. 118. Steuerung der Schweiz. Lokomotiv- und Maschinenfabrik in Winterthur.

Abb. 120 zeigt die Steuerung des Einlaßventils und der mit der Ventilspindel fest verbundenen Mischorgane; ein Schieber steuert den Luftweg *b*, ein Ventil den Gasweg *a*. Beilageplatten zwischen Einlaßventil und Nabe des Mischorgans gestatten genaue Einstellung, zwei federnde Ringe sichern dichten Abschluß des Mischorgans. Der Regler ändert je nach Belastung den Ventilhub, indem ein Gleitbacken zwischen den beiden Wälzhebeln verschoben wird. In der gezeichneten Stellung ist der Ventilhub am größten, wird der Gleitbacken nach links geschoben, so ändert sich die Größe, aber auch die Dauer der Ventilerhebung, da infolge der nach rechts abfallenden oberen Begrenzungskurve des Gleitbackens das Exzenter weiter abwärts gehen muß, ehe die Wälzflächen aufeinandertreffen. Der Angriffspunkt des Reglers am Gleitbacken beschreibt einen Kreisbogen um das Ende des auf der Reglerwelle festgekeilten Verstellhebels; da infolge der Reibung der Gleitbacken auf dem unteren Wälzhebel festgehalten wird, so wird der genannte Angriffspunkt in Wirklichkeit einen Kreisbogen um den Wälzhebeldrehpunkt beschreiben. Die dadurch entstehende Rückwirkung wird durch Einschaltung einer Feder in das Reglergestänge, ähnlich wie oben beim Güldner-Motor beschrieben, verringert, die auch deshalb nötig ist, weil bei doppeltwirkenden Viertaktmaschinen dauernd ein Gleitbacken festgehalten wird und hierbei ein unmittelbares Eingreifen des Reglers allzu große Verstellkräfte erfordern müßte, die nur durch indirekt wirkende Regler zu erreichen sind. Diese gelangen bei großen Gasmaschinen neuerdings auch zur Anwendung.

Abb. 120 läßt erkennen, daß bei geschlossenem Einlaßventil der Raum über diesem durch zwei vom Luftschieber freigelassene Ringspalten mit dem Luftkanal verbunden bleibt. Dadurch wird zunächst luftreiches Gemisch angesaugt, das Ursachen zur Vorzündung weniger wirksam macht.

Als weitere Folge stellt sich ein, daß die Wirkung durchschlagender Zündungen, deren Entstehung durch die Verdünnung des Mischrauminhaltes erschwert wird, sich auf einen größeren Raum verteilt.

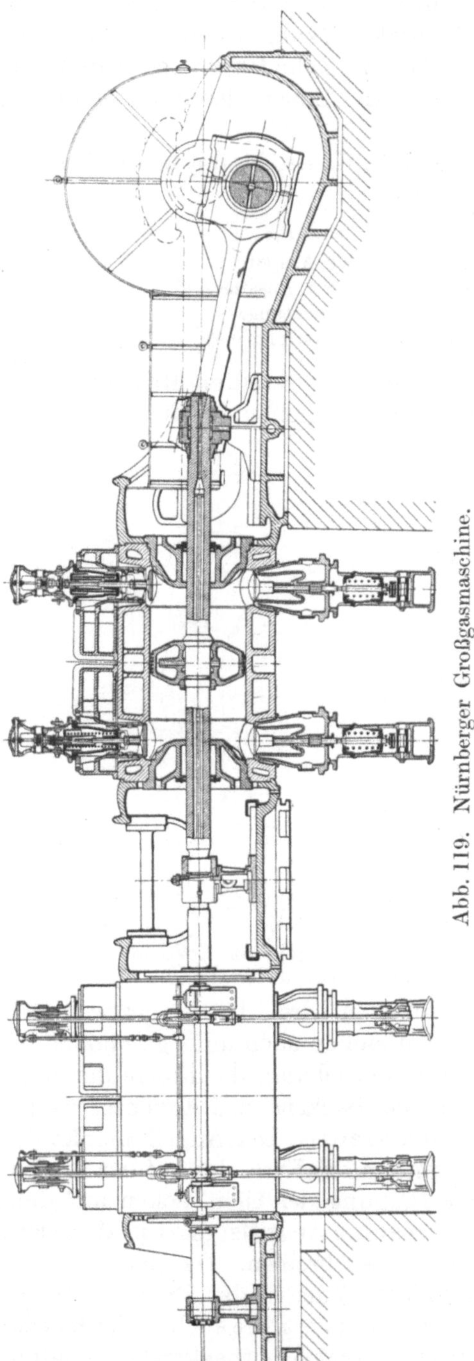

Abb. 119. Nürnberger Großgasmaschine.

Die Nürnberger Regelung war anfänglich eine Kombinationsregelung; der größere Gasreichtum bei zunehmender Belastung wurde dadurch erreicht, daß bei größeren Ventilhüben der Luftschieber die getrennten Öffnungen des Luftkanals wieder verschloß und dadurch das bei normalen Belastungen konstant bleibende Querschnittsverhältnis $f_g:f_l$ wieder vergrößerte. Da im Falle der Kombinationsregelung Erhöhung des Gasdruckes bei starken Belastungen zu unliebsamen Störungen der Gemischbildung führt, so wird nunmehr für alle Belastungen ein möglichst gleichartiges Gemisch angestrebt.

Um das Gemisch Schwankungen von Druck und Heizwert des Gases anzupassen, wird die Schieberspindel mit dem Luftschieber verdreht und die Luftzufuhr dadurch geändert, daß die Stege des Schiebers die gesteuerten Luftöffnungen mehr oder weniger verdecken.

Die Bauart ist so eingerichtet, daß nach kleinen — allerdings nur im Stillstande der Maschine vorzunehmenden — Änderungen zum Betrieb mit anderen Gasen übergegangen werden kann. Luft- und Gasraum sind durch einen Kolbenring gegeneinander abgedichtet. Der Luftschieber wird durch besondere Schutzbleche vor Verschmutzung durch unreines Gas gesichert.

Großgasmaschine Haniel & Lueg. Der Aufbau dieser Maschinen stimmt im allgemeinen mit der in Abb. 119 dargestellten überein. Abb. 121 zeigt Regelung und Steuerung, die für das Einlaßventil unveränderlich ist. Das in den Gasraum *a* eingebaute Doppelsitzventil und die im Luftraum der vom Regler verstellten Drosselklappe vorgeschaltete größere Drosselklappe dienen zur Einstellung des Gemisches von Hand. Zugstange *f* des Reglers verstellt überdies den über dem Gasventil *d* liegenden Ringdrosselschieber *e* durch zwei seitwärts von der Einlaßventilspindel angeordnete Spindeln, die in der Abbildung punktiert wiedergegeben sind. Durch diese Bauart wird gegenüber der Verstellung einer im Gaskanal liegenden Drosselklappe die der Beeinflussung durch den Regler entzogene Gasmenge wesentlich verringert und Durchgehen der Maschine im Leerlauf unmöglich. Wie ersichtlich, bleibt auch hier der Luftkanal dauernd geöffnet. Übergang zum Betrieb mit anderem Gas wird durch Einstellung der Luftdrosselklappe und Verlegung des Angriffspunktes der Zugstange *f* am Reglerhebel ermöglicht.

Maschine Ehrhardt & Sehmer. Die außerordentlich einfache Steuerung dieser Firma ist für viele Bauarten vorbildlich geworden (Abb. 122). Der Regler verstellt lediglich die in Gas- und Luftzuleitung gelagerten Drosselklappen, während das Einlaßventil unveränderlich — und zwar ebenso wie das Auslaßventil durch unrunde Scheiben — gesteuert wird. Die vier Gasdrosselklappen einer doppeltwirkenden Tandemmaschine sitzen auf einer durchgehenden Spindel, von der durch Lenker und Hebel die Bewegung auf die Luftdrosselklappenspindel übertragen wird. Durch Änderung der Länge des mit Rechts- und Linksgewinde ausgeführten Lenkers und durch Verlegung des Lenkerangriffspunktes an dem geschlitzten Ende des Hebels auf der durchgehenden Spindel läßt sich die Bewegungsübertragung von einer Spindel zur anderen und damit die Einstellung des Gemisches durch den Regler in weiten Grenzen ändern, z. B. in Ausführung der Kombinationsregelung derart, daß bei abnehmender Belastung zunächst der Gasweg mehr verengt als die Luftwege wird, während von einer bestimmten Belastung ab beide Querschnitte gleichmäßig verändert werden. Das Gasventil, das Gas- und Luftweg in der Pause zwischen den Saughüben trennt, wird ebenso wie in Abb. 120 durch eine Feder gegen seinen Sitz gepreßt, wodurch die Erzielung eines dichten Abschlusses erleichtert wird. Ein Anschlag nimmt das Ventil kurz nach Öffnung des Einlaßventils mit, doch strömt das Gas erst nach Zurücklegen einer Überdeckung zu, die bei der Bauart nach Abb. 122 am Ventil selbst, bei anderen Bauarten auch am Ventilsitz angebracht ist. Die dadurch verursachte frühere Einströmung von Luft in den Zylinder verhindert vorzeitige Zündungen, indem das nachströmende Gemisch durch die vorher eingeströmte Luft von den heißen Auspuffgasen getrennt wird. Da bei der Aufwärtsbewegung des Einlaßventils das Gasventil früher schließt, so wird am Ende des Saughubes nur Luft angesaugt, der Mischraum wird ausgespült, und durchschlagende Zündungen werden vermieden.

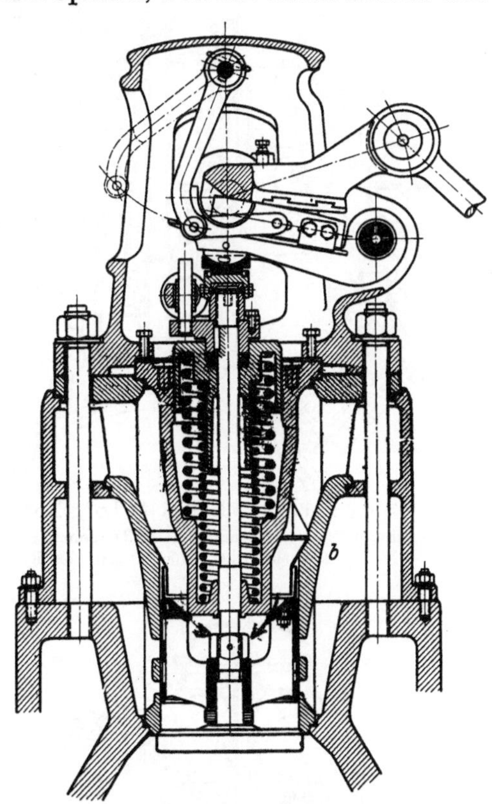

Abb. 120. Einlaßsteuerung der Nürnberger Großgasmaschine. Maßstab 1: 12,5.
a = Gasweg. *b* = Luftweg.

Maschine Schüchtermann & Kremer. Diese Bauart werde als Beispiel einer Gemischregelung erwähnt. Die auf S. 96 erwähnte, durch die verschiedenen Beschleunigungen verursachte Veränderlichkeit in der Zusammensetzung des Gemisches wird nach Reinhardt dadurch vermieden, daß zwei verschiedene Luftwege vorgesehen sind (Abb. 123). Das Einlaßventil wird durch Exzenter und Wälzhebel unveränderlich gesteuert, der Regulierschieber wird durch eine Collmannsche Ausklinksteuerung so bewegt, daß infolge Auftreffens der Klinke auf die Anschlagplatte in stets gleicher Kolbenlage bei Eröffnung des Einlaßventils ein Luftweg —

hier der untere — freigegeben ist, so daß zuerst nur „Fülluft“ angesaugt wird. Je nach der Belastung wird die Klinke durch einen vom Regler eingestellten Auslösedaumen früher oder später zum Abgleiten gebracht, und der Regulierschieber geht in die gezeichnete tiefste Stellung und gibt die Wege für die „Verbrennungsluft“ und das Gas frei, die beide aus dem Ruhezustand in gleicher Weise zu beschleunigen sind.

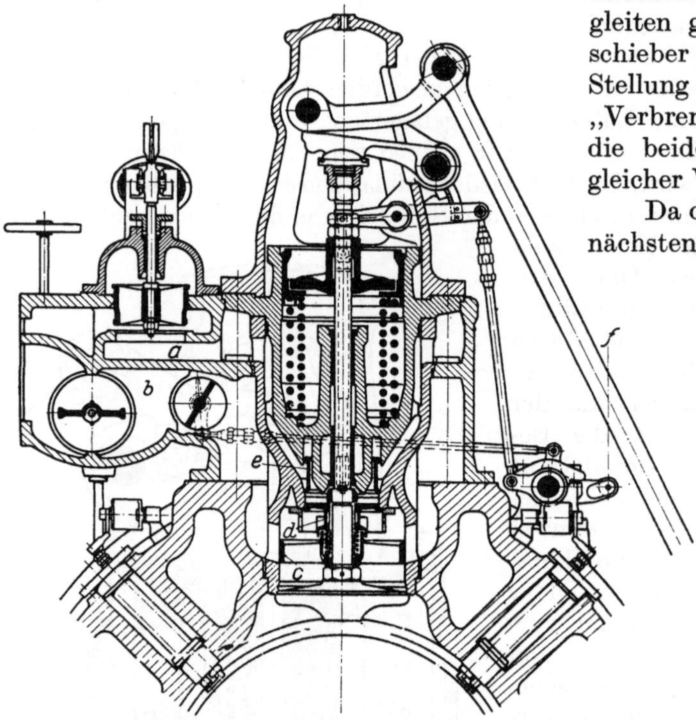

Abb. 121. Haniel & Lueg-Maschine.
a = Gasraum. *b* = Luftkanal. *c* = Luftschieber. *d* = Gasventil. *e* = Gasdrosselschieber. *f* = Angriff des Reglers.

Da der Regulierschieber erst beim nächsten Saughub wieder angehoben wird, sonach bei geschlossenem Einlaßventil die Wege für Verbrennungsluft und Gas während dieser Zeit in Verbindung stehen, so müssen Luft- und Gasweg, um Überströmen des unter höherem Druck stehenden Gases zu verhindern, durch ein besonderes Ventil voneinander abgeschlossen werden, das bei der Ausführung nach Abb. 123 von der Einlaßventilspindel gesteuert wird.

Zweitaktmaschine der Siegener Maschinenbau-A.-G. Da die Formgebung der die Einlaßventile enthaltenden Zylinderdeckel, siehe Abb. 349, S. 300, den zentrischen Anschluß an einen runden Rahmenflansch außerordentlich erschweren würde, so sind die Zylinder mit breit gehaltenen seitlichen Flanschen auf durchgehenden Balken gelagert, Abb. 124. Diese seitlichen Flanschen sind in Höhe der Mittellinie des Zylinders angebracht, damit deren Lage durch Wärmedehnungen nicht beeinträchtigt wird. Dem Nachteil nicht zentrischer Kräfteübertragung steht der Vorteil guter Zugänglichkeit gegenüber.

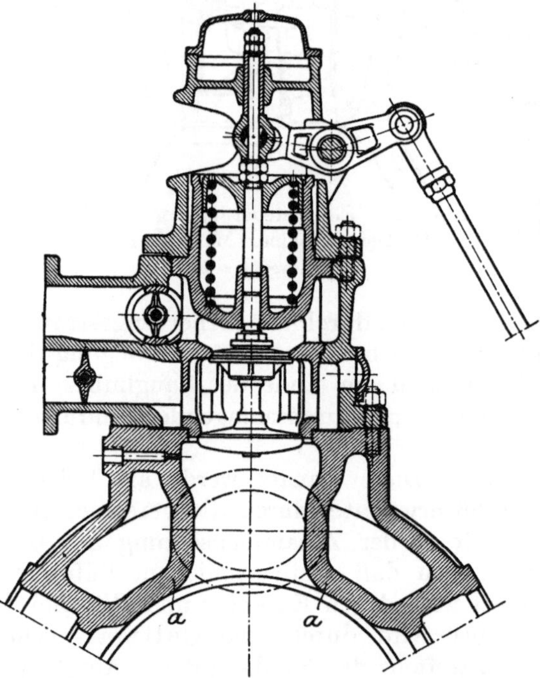

Abb. 122. Maschine Ehrhardt & Sehmer.

Abb. 124 und 125 zeigen die Steuerung der Siegener Maschine. Die Einlaßventilspindel trägt einen Kolben *a*, der mit Ringdichtung in einem im Luftwege angeordneten Zylinder gleitet. Bei der Eröffnungsbewegung des Einlaßventils erteilt der sich in der Strömungsrichtung bewegende Kolben dem Luftstrom eine Beschleunigung, die auf den Spülvorgang günstig einwirkt. Bei dieser Abwärtsbewegung entsteht über dem Kolben eine Luftleere, durch die die Wirkung der Feder kräftig unterstützt wird.

Der Gasschieber *b* wird durch zwei Führungskloben gefaßt, die mit einem vom äußeren Gestänge gesteuerten Querhaupt verbunden sind; die Schlußfeder des Gasschiebers liegt außerhalb des Ventilgehäuses. Am Rollenhebel des Einlaßventils greift eine besondere Feder an, welche die Schlußfeder um die zur Beschleunigung der Antriebstange erforderliche Kraft entlastet und das Auftreten von Druckkräften in dieser Stange bei der Abwärtsbewegung verhindert.

Abb. 126 stellt die Steuerung der Maschinenbau-A.-G. vorm. Gebr. Klein, Dahlbruch, dar, bei der Exzenter in Verbindung mit Schwingdaumen zur Anwendung gelangen, um die von der Schlußfeder des Einlaßventils zu leistende Beschleunigungsarbeit möglichst zu verringern. Die Spindel des doppelsitzigen Gasventils umschließt hier rohrförmig die des Einlaßventils und wird durch eine unrunde Scheibe gesteuert. Abb. 127 stellt die neuere Ausführung des Gassperrorgans mit Überdeckungen statt der Sitze dar, so daß die Rolle stetig an der unrunden Scheibe anliegen und schon vor der Eröff-

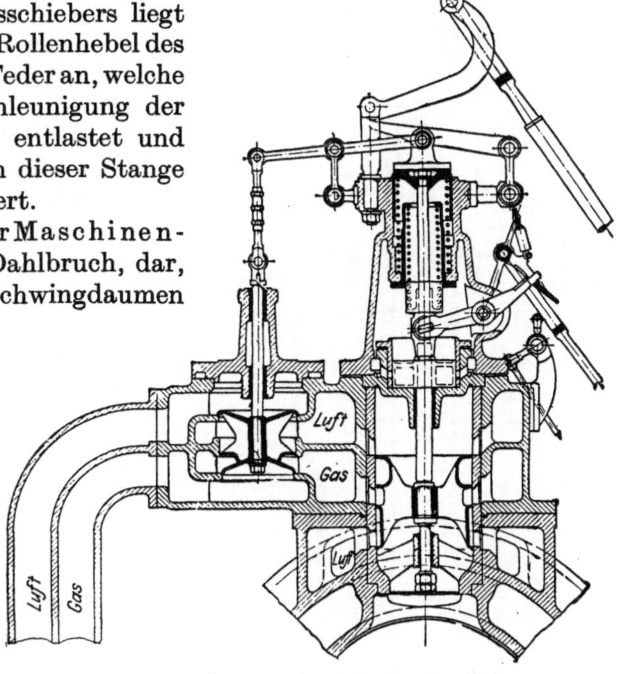

Abb. 123. Regelung Reinhardt, Ausführung Schüchtermann & Kremer.

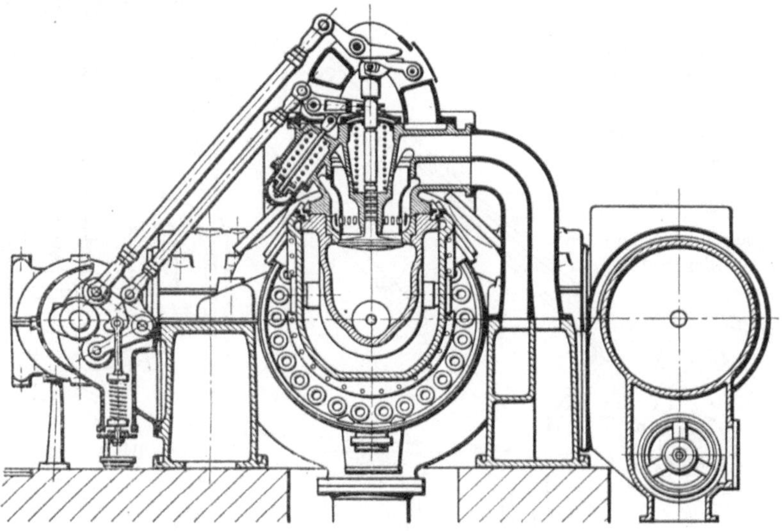

Abb. 124. Steuerung der Siegener Maschine.

nung die Bewegung des Schiebers mit geringer Beschleunigung eingeleitet werden kann, worauf schnelle Freilegung des Gasquerschnittes folgt.

In Abb. 128 und 129 ist die von derselben Firma gebaute Zweitaktmaschine, Bauart Klein-Winkler, wiedergegeben, die man sich aus der bekannten Junkers-

Maschine (siehe S. 227) durch Umknickung eines Zylinders um 180° entstanden denken kann. Die Mäntel beider Zylinder sind in einem Stück gegossen und enthalten die Öffnungen für Ladung und Auspuff. Vorn und hinten sind die Zylinder durch je einen gemeinsamen Verbrennungsraum miteinander verbunden. Kurz vor der Totlage gibt zuerst der eine Kolben die Auspuffschlitze frei, worauf der andere Kolben die Einlaßschlitze öffnet. Abb. 128 und 129 stellen den Entwurf einer Maschine von 6000 bis 7000 PS_e dar.

Die neue Bauart wurde durch den Umbau einer Kleinschen Zweitaktmaschine in der Gaszentrale des Bochumer Vereins erprobt. Trotz ungünstiger Verhältnisse konnte bei Leerlauf eine Umlaufzahl von 20/min mit Sicherheit eingehalten werden,

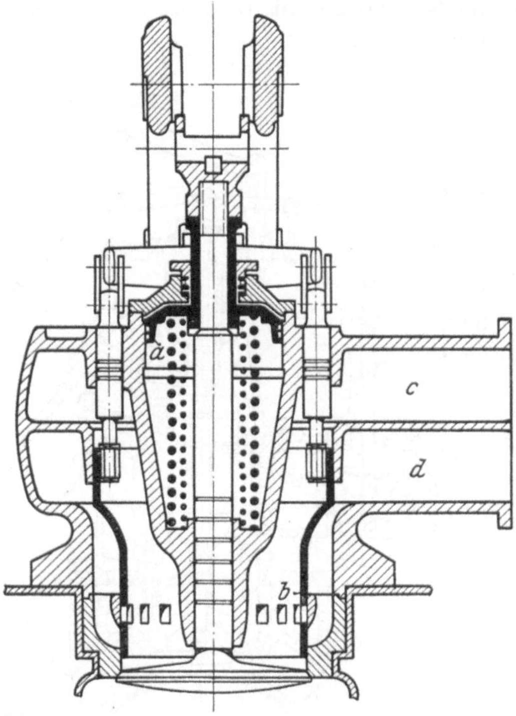

Abb. 125. Einlaßsteuerung der Siegener Maschine.
a = Kolben. *b* = Gasschieber. *c* = Luftweg. *d* = Gasweg.

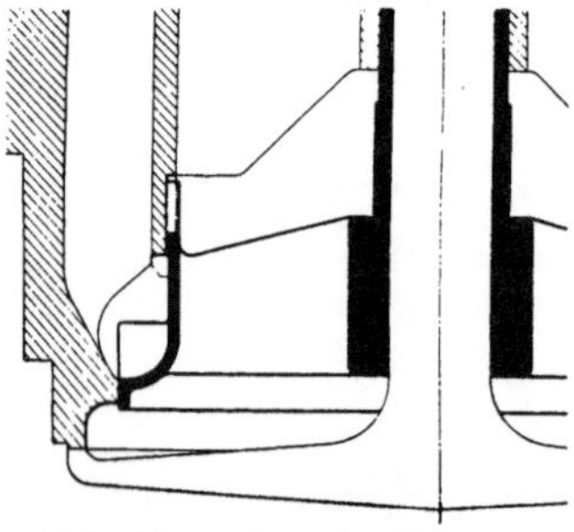

Abb. 127. Gasschieber von Gebr. Klein. Maßstab 1: 12.

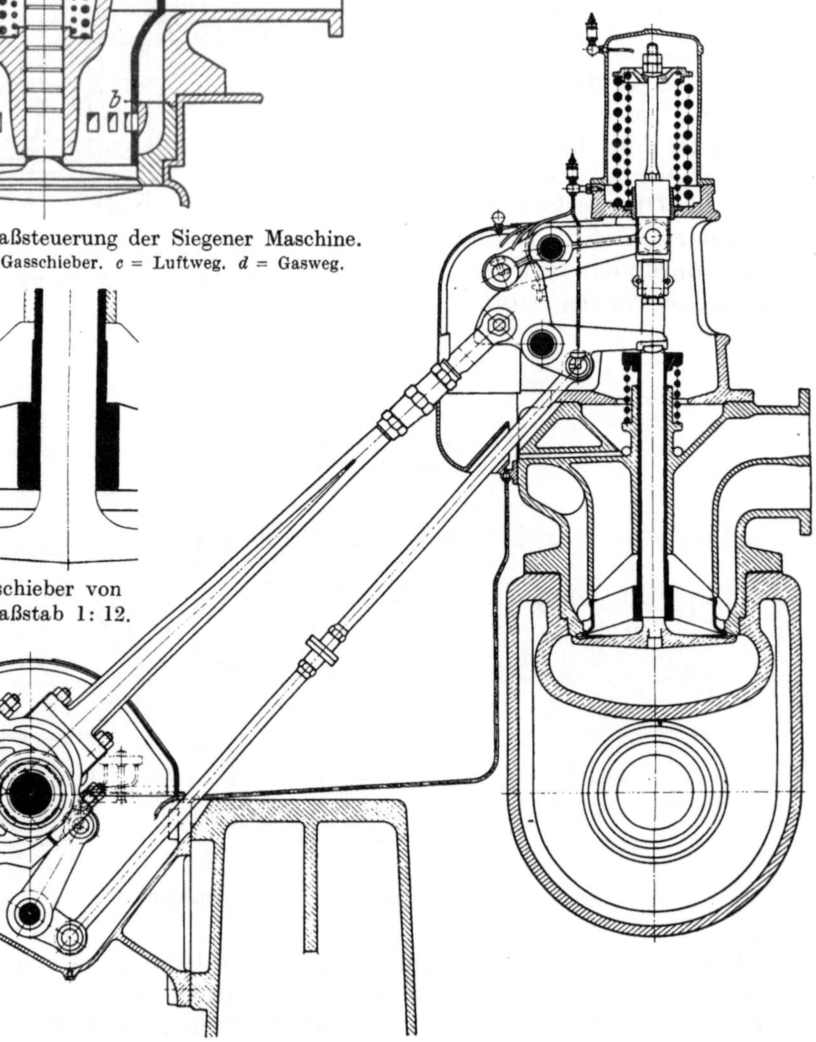

Abb. 126. Steuerung der Maschinenbau-A.-G. vorm. Gebr. Klein. Maßstab 1: 30.

auch ist die Maschine gegen Schwankungen in der Gasbeschaffenheit sehr unempfindlich. Die Befürchtung, daß ungleiche Verteilung des Druckes auf beide Kolbenstangen den Kreuzkopf schief stellen könne, wurde durch einwandfreies Arbeiten der Maschine selbst bei Versagen der Schmierleitung eines Zylinders widerlegt. Die Bochumer Maschine, die 700 PS_e leistet, läuft seit Jahren Tag und Nacht ununterbrochen.

Der Vorteil der Bauart, die auch an englischen Gasmaschinen vielfach zur Anwendung gelangt, liegt im Wegfall der Einlaßventile; es ist nicht nur eine bessere Spülung als bei der einseitigen Anordnung dieser Ventile zu erwarten, sondern es

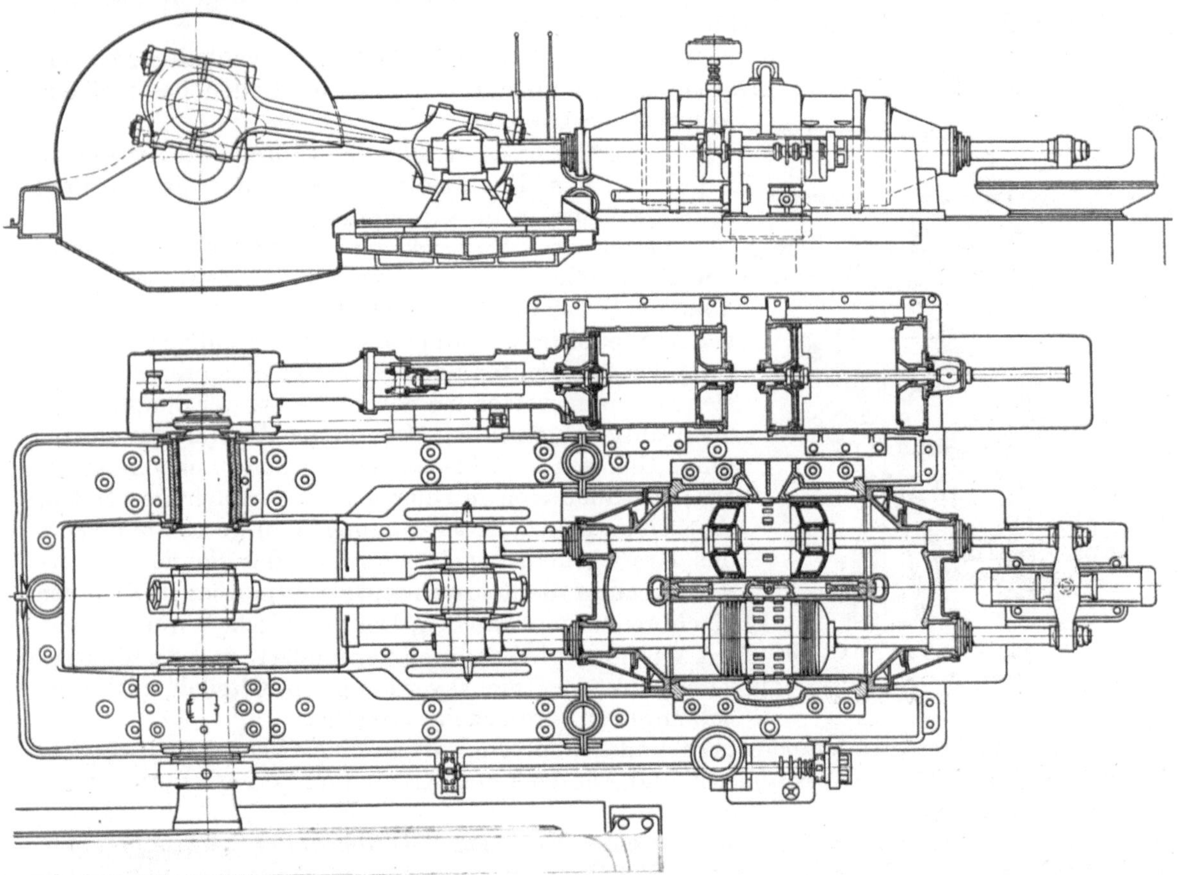

Abb. 128 und 129. Gasmaschine Bauart Klein-Winkler.

wird auch die Grenze für die Umlaufzahl, wie sie durch das äußere Steuerungsgestänge bei der üblichen Zweitaktmaschinenbauart festgelegt ist, weiter hinausgeschoben und nur durch die Rücksicht auf gute Spülung bestimmt.

3. Vergasermaschinen.

Leichtöle, wie Benzin, Benzol, Spiritus, Autin, werden vor Eintritt in den Verbrennungsraum in einem Vergaser unter Mischung mit der Verbrennungsluft zerstäubt und womöglich auch verdampft. Die Menge des von der Maschine angesaugten Gemisches wird durch Drosselung — Füllungsregelung — der Belastung der Maschine angepaßt.

Da die Leichtöle, mit Ausnahme von Benzin, bei gewöhnlicher Temperatur nicht genügend verdampfen, der zerstäubte Brennstoff sich außerdem an den Wandungen leicht wieder zu Tropfen verdichtet, so ist die Zerstäubungsluft durch die Auspuffgase vorzuwärmen, oder es ist durch einen Heizmantel der Vergaserkammer erwärmtes Kühlwasser zu führen. Durch diese Vorwärmung wird das Ladegewicht der Maschine und damit deren Leistung kleiner, sobald der Einfluß der durch die Vorwärmung verbesserten Vergasung des Brennstoffes gegenüber der Wirkung des verringerten Ladegewichtes zurücktritt. Mit Rücksicht auf die Gefahr der Selbstzündung muß auch der Verdichtungsenddruck heruntergesetzt werden, wodurch der thermische Wirkungsgrad abnimmt. Die Vorwärmung muß um so größer sein, je höher Umlaufzahl und Luftüberschuß sind.

Um das Brennstoffgemisch von den gekühlten Wandungen fernzuhalten, ist das Einlaßventil möglichst zentral im Deckel anzuordnen und der Boden des Kolbens konkav auszuhöhlen.

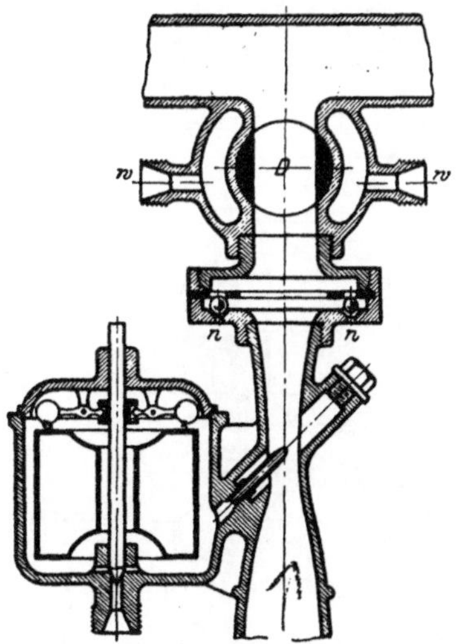

Abb. 130. Vergaser von Cudell. D = Drosselschieber. w = Kühlwasserzu- und -abfluß. n = Ventile für Zusatzluft.

Der Unterdruck im Zylinder während des Ansaugens begünstigt das Hinaufklettern des Schmieröles aus dem Kurbelgehäuse in den Brennraum.

Besondere Schwierigkeiten macht die Verwendung von Schwerölen in Vergasermaschinen, da diese Öle bei höherem Druck nur teilweise bei Temperaturen unterhalb des Zündpunktes verdampfen, eine vollständige Verdampfung der aus leichten und schweren Kohlenwasserstoffen sich zusammensetzenden Schweröle vor der Zündung sonach ausgeschlossen ist. Das in den Brennraum eintretende Gemisch besteht dementsprechend aus verdampften leichtflüchtigen und flüssigen schwerflüchtigen Teilen, die sich an den Zylinderwandungen zusammenballen, in das Kurbelgehäuse gelangen, hier das Schmieröl verdünnen und außerdem während der Expansion im Zylinder Nachbrennen verursachen. Der thermische Wirkungsgrad der Maschine wird dadurch vermindert, daß der niedrige Zündpunkt der nicht verdampften Ölteilchen Herabsetzung der Verdichtung erfordert.

Hohe Vorwärmtemperaturen finden aber auch darin eine Grenze, daß sie Zersetzen der leichteren Bestandteile und Ansetzen von Krusten im Vergaserraum verursachen können.

Abb. 130 zeigt die Ausführung eines Vergasers. Durch einen Schwimmer mit Nadelventil wird der Ölspiegel im Behälter vor der Düse auf gleichbleibender Höhe gehalten. An der Mündung der Brennstoffdüse ist der Mischquerschnitt verengt, so daß die angesaugte Luft hier größte Geschwindigkeit annimmt und das austretende Öl mit sich reißt.

Zur Erzielung leichter Beweglichkeit des Drosselhahnes *D* wird in dessen Gehäusemantel durch die Leitungen *w* erwärmtes Kühlwasser geleitet. Die Kugelventile *n* geben bei hoher Belastung Querschnitte für Zusatzluft — s. weiter unten — frei.

Mit c_b = Brennstoffgeschwindigkeit, gelten auch hier, auf die Gewichte bezogen, die Gleichungen von S. 83 und 84:

$$O \cdot c \cdot \gamma_g = f_l \cdot c_l \cdot \gamma_l + f_b \cdot c_b \cdot \gamma_b ,$$

γ_g = spezifisches Gewicht der Mischung.

$$c_l = \mu_l \cdot \sqrt{2\,g\,P_l \cdot \frac{1}{\gamma_l}}, \qquad c_b = \mu_b \cdot \sqrt{2\,g\,P_b \cdot \frac{1}{\gamma_b}} .$$

Mischungsverhältnis:

$$m = \frac{f_l \cdot c_l \cdot \gamma_l}{f_b \cdot c_b \cdot \gamma_b} = q \cdot \frac{\mu_l}{\mu_b} \cdot \sqrt{\frac{P_l \cdot \gamma_l}{P_b \cdot \gamma_b}} = q \cdot \frac{\mu_l}{\mu_b} \cdot \sqrt{\frac{\gamma_l}{\gamma_b}}.$$

Ist beispielsweise $\gamma_l = 1{,}1\ \mathrm{kg/m^3}$, $\mu_l = 0{,}85$, $c_l = 100\ \mathrm{m/sek}$, so folgt:

$$P_l = \frac{100^2 \cdot 1{,}1}{0{,}72 \cdot 19{,}6} \cong 800\ \mathrm{mm\ W.-S.}$$

Der Saugdruck im Zylinder wird $p_0 = 10\,000 - 800 = 9200$ mm W.-S. Mit $\gamma_b = 700\ \mathrm{kg/m^3}$ für Benzin und $\mu_b = 0{,}75$ wird

$$c_b = 0{,}75 \sqrt{19{,}6 \cdot \frac{800}{700}} = 3{,}6\ \mathrm{m/sek.}$$

Wäre $\mu_b = \mu_l$, so würden sich die Geschwindigkeiten von Brennstoff und Luft umgekehrt verhalten wie die Wurzeln aus den spezifischen Gewichten. Während $\gamma_b \cong$ konst., ändert sich γ_l gemäß der Vorwärmung und zur Erzeugung der Luftgeschwindigkeit erforderlichen Druckhöhe. Der dadurch entstehende Unterdruck im Mischquerschnitt fördert die Verdampfung, auch werden bei hohen Luftgeschwindigkeiten kondensierte Tropfen von den Wandungen mitgerissen, doch wachsen anderseits die Bewegungswiderstände der Luft schneller als die des Brennstoffes, so daß der Entfall an Diagrammfläche merklich werden kann.

Gemischregelung ist bei Vergasermaschinen nicht anwendbar, da Änderung des Querschnittsverhältnisses wegen der Kleinheit der Düsenmündung aus konstruktiven Gründen nicht in Betracht kommen kann. Bei $q =$ konst. kann deshalb gleichbleibendes Mischungsverhältnis nur durch $\frac{\mu_l}{\mu_b} \cdot \sqrt{\frac{\gamma_l}{\gamma_b}} =$ konst. erreicht werden. Da auf die Werte μ nicht eingewirkt werden kann, so ist das Verhältnis $\frac{\gamma_l}{\gamma_b}$ möglichst konstant zu halten. Nach obigen Gleichungen wird mit wachsender Strömungsgeschwindigkeit, also bei höheren Belastungen, das Gemisch heizwertreicher, da γ_l abnimmt. Läßt man deshalb bei größeren Leistungen der Maschine Luft in die Leitung zur Brennstoffdüse eintreten, so tritt diese zusammen mit dem Brennstoff als spezifisch leichteres Gemisch aus der Düse aus.

Ein anderes Mittel besteht darin, „Zusatz-“ oder Nebenluft in die Luftleitung einzuführen. Die Stetigkeitsgleichung nimmt dann die Form an:

$$O \cdot c \cdot \gamma_g = f_l \cdot c_l \cdot \gamma_l + f_b \cdot c_b \cdot \gamma_b + f_z \cdot c_z \cdot \gamma_z.$$

Mit Zunahme des Nebenluftgewichtes nimmt sonach das Brennstoffgewicht ab, und der Heizwert der Mischung wird verringert.

Die Leistung der Vergasermaschinen wird durch ein zwischen Vergaser und Einlaßventil eingebautes Drosselorgan oder durch veränderlichen Hub des Einlaßventils geregelt. Im ersteren Fall wird sich nach Schluß des Einlaßventils Druckausgleich zwischen den Räumen vor und hinter der Drosselklappe einstellen. Das zwischen Einlaßventil und Drosselklappe lagernde Gemisch ist der Einwirkung des Reglers entzogen, außerdem heizwertärmer, da mit sinkender Kolbengeschwindigkeit am Ende des Ansaugehubes der Ausfluß aus der Brennstoffdüse abnimmt und der Druck der Luft infolge der Verbindung des Raumes mit der äußeren Atmosphäre zunimmt. Die durch die wechselnde Kolbengeschwindigkeit während eines Hubes bedingte Veränderung der Gemischzusammensetzung wird dadurch noch gefördert. Richtiger ist deshalb Regelung durch veränderlichen Einlaßventilhub und möglichst nahes Zusammenrücken von Vergaser und Regelventil.

Wird bei zunehmender Belastung der Maschine das Drosselorgan weiter geöffnet, so nimmt die Geschwindigkeit im Drosselquerschnitt zwar ab, die angesaugte Gemischmenge wird jedoch größer. Wird im obigen Beispiel angenommen, daß $c_l = 100$ m/sek auch im Drosselquerschnitt herrsche und wird der zu c_l gehörige Querschnitt verdoppelt, so sinkt c_l auf 50 m/sek, es wird $P_l = 200$ mm W.-S., und am Schluß des Ansaugehubes ist der Zylinder mit Gemisch vom Drucke 9800 mm W.-S. gefüllt. Die Geschwindigkeiten im Mischquerschnitt nehmen dementsprechend zu.

Beim Anlassen der Maschine steht der Regler in tiefster Stellung und hat den Drosselquerschnitt vollständig geöffnet, so daß bei niedriger Umlaufzahl zu wenig Brennstoff aus der Düse tritt. Es muß deshalb der Luftquerschnitt von Hand gedrosselt oder größerer Brennstoffzufluß eingestellt werden, was auch durch selbsttätige Vorrichtungen bewirkt werden kann.

Da bei den Vergasermaschinen das Gemisch vor Eintritt in den Verbrennungsraum fertig ist, so unterscheiden sie sich von der üblichen Ausführung der Gasmaschinen nur durch andere Größe des Verdichtungsraumes. Bei Benzin kann auf 5 at, Benzol auf 10 bis 12 at, Petrol auf 3 bis 3,5 at verdichtet werden. Anpassung an die verschiedenen Brennstoffe wird in einfachster Weise durch Beilagen in der Pleuelstange erzielt, deren Länge dadurch geändert wird.

Bei Mehrzylindermaschinen werden zweckmäßig mehrere Vergaser angeordnet, da Störungen dadurch entstehen können, daß während der Saughübe die Ventile während mehr als 180° Kurbelwinkel geöffnet sind. Die Saugleitungen sollen möglichst so ausgeführt werden, daß die Zylinder nicht ungleiche Ladungen erhalten. Hierbei sind besonders die Massenwirkungen des strömenden Gemisches in ihrer Einwirkung auf die Füllung der Zylinder, sowie die Wirkung von Krümmern in der Leitung, in denen sich als Folge der Fliehkraft Flüssigkeitsteilchen ansetzen, zu beachten. Durch Drosselringe, die in die Leitungen eingebaut werden, kann in wirksamer Weise die Verteilung auf die einzelnen Zylinder beeinflußt werden.

Als ortfeste Maschinen sind Vergasermaschinen nur noch selten in Gebrauch; ihre Bedeutung beruht in ihrer Verwendung als Auto- und Flugzeugmaschinen.

4. Glühkopfmaschinen.

Schweröle würden in Vergasermaschinen so hohe Vorwärmung erfordern, daß dadurch Leistung und Verdichtungsenddruck ganz wesentlich herabgesetzt würden. Schweröle werden deshalb im Zylinder selbst verdampft, was bei den hier zu behandelnden Maschinen durch Einführung des Brennstoffes in einen „Glühkopf" geschieht, der leicht auswechselbar mit dem Zylinderdeckel verschraubt ist. Die von den Wandungen des Glühkopfes und des Deckels gebildete Verdampfungskammer steht durch einen mehr oder weniger engen Hals mit dem Hubraum in Verbindung. Der Glühkopf wird nicht gekühlt, sondern durch eine Schutzhaube gegen Abkühlung geschützt. Glühkopfmaschinen werden ausschließlich als Zweitaktmaschinen mit Spülpumpe gebaut, da bei Viertaktwirkung die teilweise Entfernung der Verbrennungsrückstände aus dem abgeschnürten Glühkopfraum noch größere Schwierigkeiten bereiten würde, als es bei Zweitakt der Fall ist. Während des Saughubes wird nur Luft angesaugt, die bei dem folgenden Verdichtungshub auf 10 bis 12 at, bei Verwendung sehr schwerer Öle auch auf 14 bis 16 at verdichtet wird. Vor Beendigung des Verdichtungshubes wird der Brennstoff in möglichst feinem Strahl in die noch zum größten Teil mit Abgasen gefüllte Glühhaube gespritzt. Infolge der Schlitzsteuerung arbeitet die Maschine ohne Ventile, so daß der Aufbau außerordentlich einfach ist.

Als Spülpumpe wird das Kurbelgehäuse benutzt, das nach außen hin, namentlich an den Durchgangsstellen der Welle, möglichst luftdicht abzuschließen ist. Abb. 131 zeigt das Diagramm der Spülpumpe in Verbindung mit dem Arbeitsdiagramm. Das Ansaugeventil öffnet bei aufwärtsgehendem Kolben ungefähr in a nach Ausgleich des

Druckes der aus dem schädlichen Raum expandierenden Luft und dem zur Überwindung des Ventilwiderstandes erforderlichen Unterdruck, wodurch sich bei normalen Verhältnissen ein „räumlicher Wirkungsgrad“ η_{vol} von der Größe $\frac{v_2}{v_1} = 0{,}72$ bis 0,75 ergibt. Zur Erzielung dieses Wirkungsgrades ist der schädliche Raum möglichst durch Gegengewichte an der Kurbel und kleinen Spielraum zwischen den äußersten Gestängelagen und den Gehäusewandungen zu beschränken. Die je Hub angesaugte Luftmenge hat sonach nur das Volumen $\eta_{vol} \cdot O \cdot s$ (O = Kolbenfläche, s = Hub), von dem ein auf 10 bis 20% zu schätzender Teil durch die Auspuffschlitze verlorengeht, während bei 17% Verdichtungsraum ein Volumen von 1,17 $O\,s$ auszufüllen wäre. Dieser geringe „Spülwirkungsgrad“

$$\eta_s = \frac{(0{,}9 \text{ bis } 0{,}8) \cdot 0{,}72 \cdot v_h}{1{,}17\ v_h} = 0{,}55 \text{ bis } 0{,}49$$

ist die Ursache, daß der effektive, mittlere Druck im Dauerbetrieb nur etwa 2,2 bis 2,3 at beträgt. Der Spülluftdruck beträgt etwa 0,3 at.

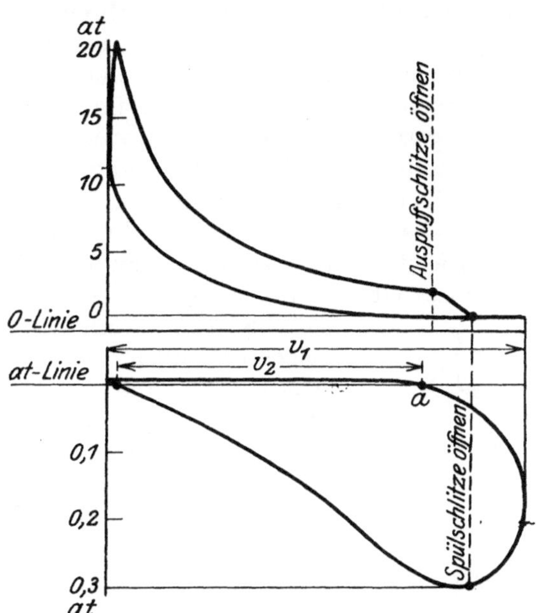

Abb. 131. Diagramme der Glühkopfmaschine und der Kurbelkastenpumpe.

Günstigere räumliche Wirkungsgrade werden mitunter durch Schwingungen der Auspuffgassäule erreicht. In Abb. 132 ist die Abhängigkeit des Liefergrades einer Kurbelkastenpumpe von der Umlaufzahl nach Versuchen von Scheit und Bobeth[1]) an einer schnellaufenden Maschine dargestellt. Kurve a zeigt normale Förderung, Kurve b gibt Versuche wieder, bei denen die Pumpe von einem Elektromotor angetrieben wurde und unmittelbar in den Auspuff förderte. Hierbei fällt der

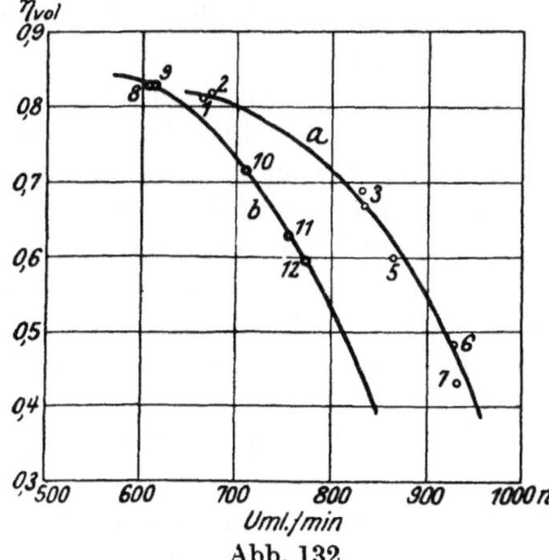

Abb. 132.
Versuchsergebnisse von Scheit & Bobeth.

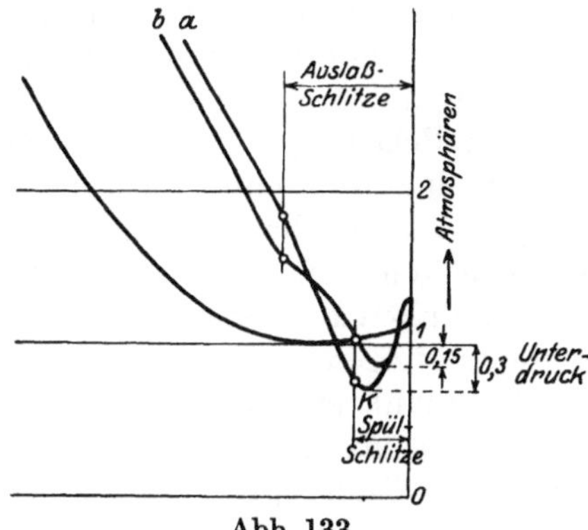

Abb. 133.
Versuchsergebnisse von Dr. W. Stein.

Liefergrad stärker mit steigender Umlaufzahl, was auf das Ausbleiben der Saugwirkung der ausschwingenden Auspuffgassäule zurückzuführen ist. Die gleiche Feststellung machte Dr. W. Stein bei einem Deutzer Glühkopfmotor. In Abb. 133 sind zwei Aus-

[1]) Z. V. d. I. 1912, S. 863.

dehnungs- und Auspufflinien übereinander gezeichnet. In beiden Fällen sinkt der Auspuffdruck unter die atmosphärische Spannung, wodurch die Spülwirkung unterstützt und der Liefergrad bis auf 0,9 gesteigert wird.

Die Güte der Verbrennung bei allen Belastungen ist wesentlich abhängig von der Brennstoffgeschwindigkeit und der Temperatur des Glühkopfes. Nach Versuchen von Dr. Sass ergab sich beste Verbrennung bei Anwachsen der Brennstoffgeschwindigkeit von anfänglich rd. 20 auf 35 bis 40 m/sek, einem Pumpendruck von 40 bis 50 at entsprechend. Der günstigste Winkel des Zerstäubungskegels betrug hierbei 50 bis 60°, was einen Neigungswinkel der im Drallkörper angeordneten Brennstoffkanäle zur Umfangsrichtung von 80° erfordert. Stärkere Ablenkung des Brennstoffstrahles verursachte zu großen Geschwindigkeitsverlust, so daß bei kleiner Belastung und der dadurch bedingten Verringerung der Brennstoffmenge die Brennstofftropfen die Wand des Glühkopfes nicht mehr erreichten und die Zündung aussetzte.

Die Treiböle zeigten einwandfreie Verbrennung bei schwach dunkelroter Färbung des Glühkopfes, wobei die Temperatur durch thermoelektrische Messungen zu 355 bis 370° ermittelt wurde (der Zündpunkt der für Glühkopfmaschinen allein in Betracht kommenden aliphatischen Öle liegt zwischen 300 und 350°). Um die günstigste Glühkopftemperatur zu erhalten, sehen manche Firmen eine Zunge am Glühkopf vor, die je nach ihrer Länge die gekühlten Wandungen abdeckt und mehr oder weniger Brennstofftropfen auffängt. Bei den AEG-Maschinen wird zum gleichen Zweck das Verhältnis der ungekühlten zu den gekühlten Flächen der Verdampfungskammer durch Abdrehen des unteren Glühkopfringes geändert und dadurch die Temperatur bei Vollast erhalten, während bei Teillasten die Temperatur durch Verlegen des Zeitpunktes der Einspritzung konstant gehalten wird.

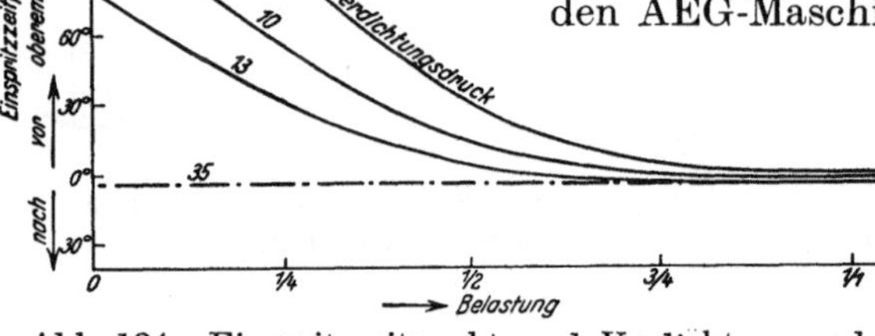

Abb. 134. Einspritzzeitpunkt und Verdichtungsenddruck nach Dr. Sass.

Dieser Zeitpunkt kann ohne Gefahr der Frühzündung um so früher gelegt werden, je enger der Verdampfungskammer und Hubraum verbindende Hals, je niedriger die Verdichtung ist. In Abb. 134 ist nach Dr. Sass die Abhängigkeit des Einspritzzeitpunktes vom Verdichtungsenddruck für eine Halsweite von 7 bis 8% der Kolbenfläche dargestellt. Zwar verbrennt infolge dieser Vorverlegung der Einspritzung bei abnehmender Belastung ein Teil des Brennstoffes vor der oberen Kolbentotlage und übt dadurch eine bremsende Wirkung aus, doch ist dieser Umstand ohne wesentliche Bedeutung, da die in der Verdampfungskammer vorhandene Frischluftmenge gering ist. Bei größeren Halsweiten als 7 bis 8% der Kolbenfläche verschieben sich in Abb. 134 die linken Kurventeile nach unten, bei kleineren nach oben, da der engere Hals Frühzündungen erschwert.

Die strichpunktierte Linie in Abb. 134 bezieht sich auf die in der Dieselmaschine übliche Verdichtung auf 35 at.

Nimmt die Glühkopftemperatur zu stark ab, so wird der eingespritzte Brennstoffstrahl nicht mehr entzündet, die Maschine bleibt stehen. Steigt die Glühkopftemperatur auf „Kirschröte", so rußt die Maschine, und die Leistung sinkt, was wahrscheinlich auf teilweise Zersetzung des Treiböles zurückzuführen ist.

Übermäßiger Erwärmung des Glühkopfes kann auch durch Einführung von Wasser vorgebeugt werden, das auch katalytisch wirkt. Das Wasser wird entweder der angesaugten Luft beigemischt, indem eine Tropfstelle am Spülkanal vorgesehen wird, oder es wird unmittelbar in den Zylinder eingespritzt. Die zur Verdampfung und Überhitzung des eingeführten Wassers erforderliche Wärmemenge wird dem Zylinderinhalt entnommen und dadurch dessen Temperatur wirksam verringert. Eingehende Versuche über Wassereinspritzung bei Glühkopfmaschinen sind von Dr. W. Stein und Dr. Fr. Sass angestellt worden. Bei beiden Versuchsreihen ergab sich, daß bei direkter Einspritzung nur etwa die Hälfte der bei Spülluftbeimischung gebrauchten Wassermengen erforderlich war, ein Umstand, der auf bedeutende Spülluftverluste schließen läßt. Die Maschinen konnten bedeutend überlastet werden und zeigten ruhigen Lauf, die Glühkopftemperatur konnte bequem eingestellt werden. Wurde während des normalen Betriebes die Wassereinspritzung abgeschaltet, so rußte die Maschine, ihr Gang wurde stoßend, und die Leistung ließ nach.

Trotz dieser unzweifelhaften Vorzüge ist die Wassereinspritzung nicht üblich, weil die Schmierung erschwert wird und infolge Ansetzens von Stein, Salzen usw. namentlich bei stehenden Maschinen leicht Betriebsstörungen entstehen; die Laufflächen werden rasch ausgeschliffen. In Abb. 135 und 136 sind die von Stein ermittelten Wärmeverbrauchszahlen in Abhängigkeit vom Kühlwasserverlust und der Einspritzwassermenge aufgetragen; die Verbindung gleich großer Wärmeverbrauchspunkte ergibt Ellipsen, die um einen Mittelpunkt kleinsten Verbrauches herumliegen. Abb. 136 bezieht sich auf die Höchstleistung von 15 PS der untersuchten Maschine, unterhalb eines bestimmten Wasserzusatzes wurde diese Leistung nicht mehr erreicht. Abb. 135 stellt die Verhältnisse bei 7 PS Leistung dar, bei der noch Wasser zugeführt werden durfte. Wasserzusatz bei noch kleineren Leistungen führte zu unzulässiger Abnahme der Glühkopftemperatur. Ein Vergleich der Kurven nach Abb. 135 und 136 zeigt, daß bei größeren Belastungen die Einspritzwassermenge hauptsächlich den Wärmeverbrauch beeinflußt, während die Kühlwassermenge in weiten Grenzen verändert werden kann, ohne wesentlich auf den Verbrauch einzuwirken. Umgekehrt liegen die Verhältnisse bei kleiner Leistung, wo die Änderung der äußeren Kühlung maßgebend ist. Senkrechte Tangenten an die Kurven der Abb. 135 und 136 zeigen — wie vorstehend hervorgehoben —, daß dieselben Wärmeverbrauchszahlen bei sehr verschiedenen Kühlwasserverlusten möglich sind. Stein führt diese Erscheinung darauf zurück, daß bei der durch Nachbrennen höhergelegten Ausdehnungslinie a, Abb. 133, ein größerer, die Spülung fördernder Unterdruck entsteht als bei der normalen Linie b. Einem Arbeitsspiel mit Nachbrennen und dadurch erhöhten Abgas- und Kühlwasserverlusten folgt verbesserte Luftfüllung des Zylinders und gute Verbrennung im

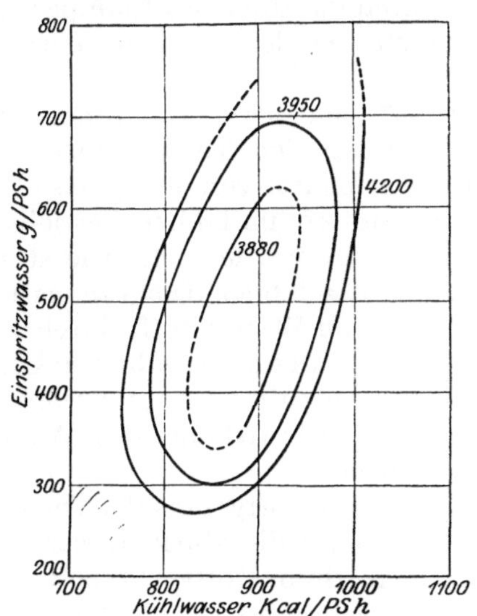

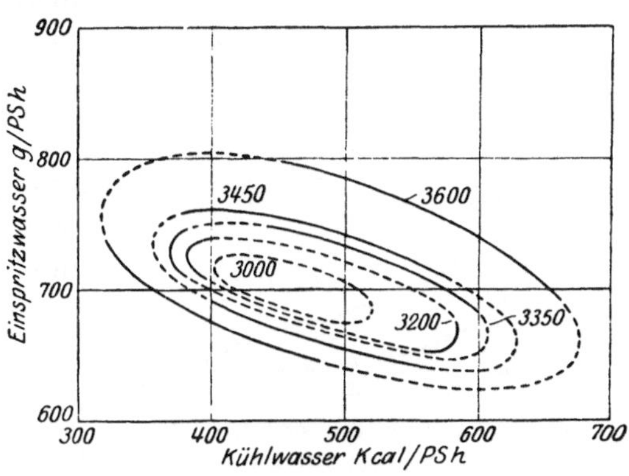

Abb. 135 und 136. Verbrauchskurven nach Dr. Stein für 7 PS Leistung und 15 PS Leistung.

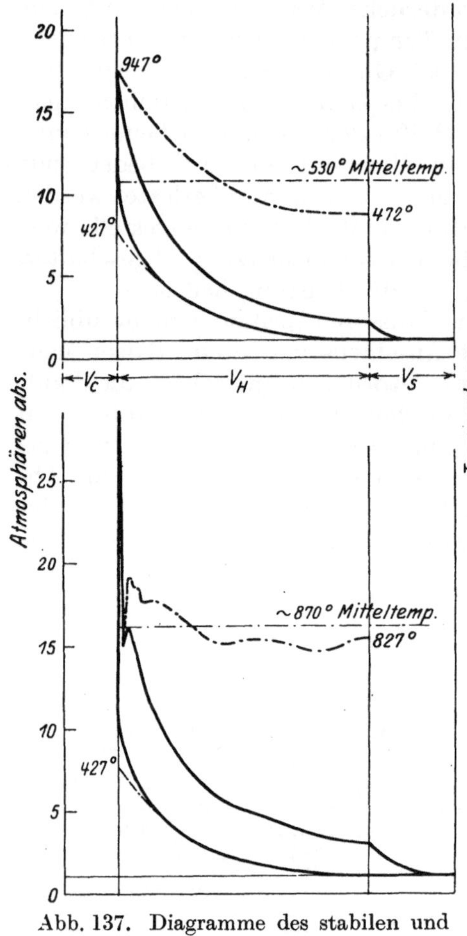

Abb. 137. Diagramme des stabilen und labilen Betriebszustandes.

nächsten Arbeitsdiagramm, und diese abwechselnde Folge kann so ausgleichend wirken, daß der Wärmeverbrauch trotz erhöhter Kühlwasserverluste derselbe bleibt.

Bemerkenswert ist, daß sich bei den Versuchen ein labiler Zustand ergab, der nur durch Entlastung der Maschine wieder in den stabilen Zustand zurückgeführt werden konnte. Wurde nämlich zuviel Wasser zugeführt, so fand Nachbrennen statt, der Glühkopf und die Wandungen des Verbrennungsraumes wurden außerordentlich stark erwärmt, der Mehrverbrauch je Pferdekraftstunde infolge der Verluste konnte durch die Brennstoffpumpe nicht mehr aufgebracht werden, und die Leistung nahm ab.

In Abb. 137 sind zwei Diagramme für gleiche Leistung mit den Temperaturkurven übereinander gezeichnet, von denen das obere im stabilen, das untere im labilen Betriebszustand aufgenommen worden ist. Die starke Drucksteigerung des labilen Diagramms läßt auf Verbrennung von Wasserstoff, durch Zersetzung des Brennstoffes an dem heißen Glühkopf oder durch Abspaltung vom Brennstoff durch katalytische Einwirkung des Wassers entstanden, schließen.

In Abb. 138 ist das Ergebnis der Versuche von Sass dargestellt; die stark ausgezogene Kurve zeigt den Brennstoffverbrauch ohne Wassereinspritzung, die gestrichelte Kurve den Verbrauch bei günstigster Einspritzwassermenge. Der Brennstoffverbrauch ist von der Abszisse, der Wasserverbrauch im gleichen Maßstab von der Brennstoffkurve aus abgetragen. Bei den Versuchen wurde für konstante Belastung die mindest erforderliche wie die höchst zulässige Wassermenge eingestellt. Werden die zu verschiedenen Leistungen gehörigen Punkte kleinster und größter Wassermenge miteinander verbunden, so ergibt sich eine geschlossene Fläche.

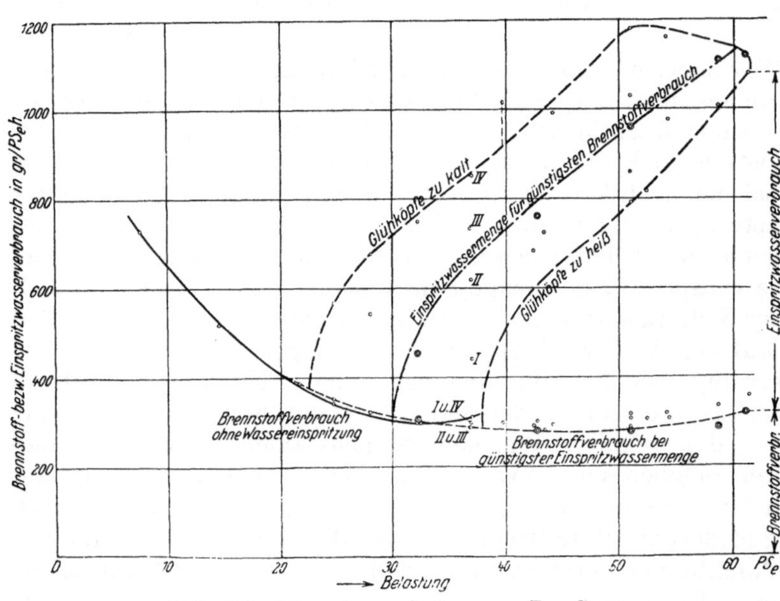

Abb. 138. Versuchsergebnisse von Dr. Sass.

Die in diese Fläche fallenden Teile der in den Belastungspunkten der Abszisse errichteten Senkrechten geben für diese Belastung diejenigen Einspritzwassermengen an, mit denen ein anstandsloser Betrieb möglich war. Vergrößerung der Wassermenge kühlte die Glühköpfe zu sehr aus, Ermäßigung erhitzte sie zu sehr. Mit Zunahme der Wassermenge sinkt der Verbrennungsdruck, bis schließlich Aussetzer auftreten. Über die Zunahme des Brennstoffverbrauches mit der Einspritzwassermenge klärt die Lage der zu einer Untersuchungsreihe gehörigen Punkte *I* bis *IV* auf, von denen *II* und *III* auf der Brennstoffverbrauchskurve bei günstigster Einspritzwassermenge liegen. Bei Versuch *IV* sank der Verbrennungsdruck auf 12,5 at, der den größten Wert von 20,5 at bei Versuch I erreichte. Bei *II* und *III* betrugen diese Drucke 17,5 und 14,8 at. Außer Wasser hat Sass Schmiedeeisen, Kupfer und Nickel auf ihre katalytische Wirkung untersucht, die in Form einer in das Innere des Verbrennungsraumes hineinragenden Platte oder eines Stiftes verwendet wurden. Die Versuche ergaben, daß die in kleinen Zylindereinheiten bei geringen Belastungen mitunter auftretenden Aussetzer durch Anwendung der genannten Katalysatoren vermieden wurden, denen Sass eine aktive Beteiligung an den Zwischenreaktionen, wie bezüglich des Wassers schon auf S. 12 bemerkt, zuschreibt.

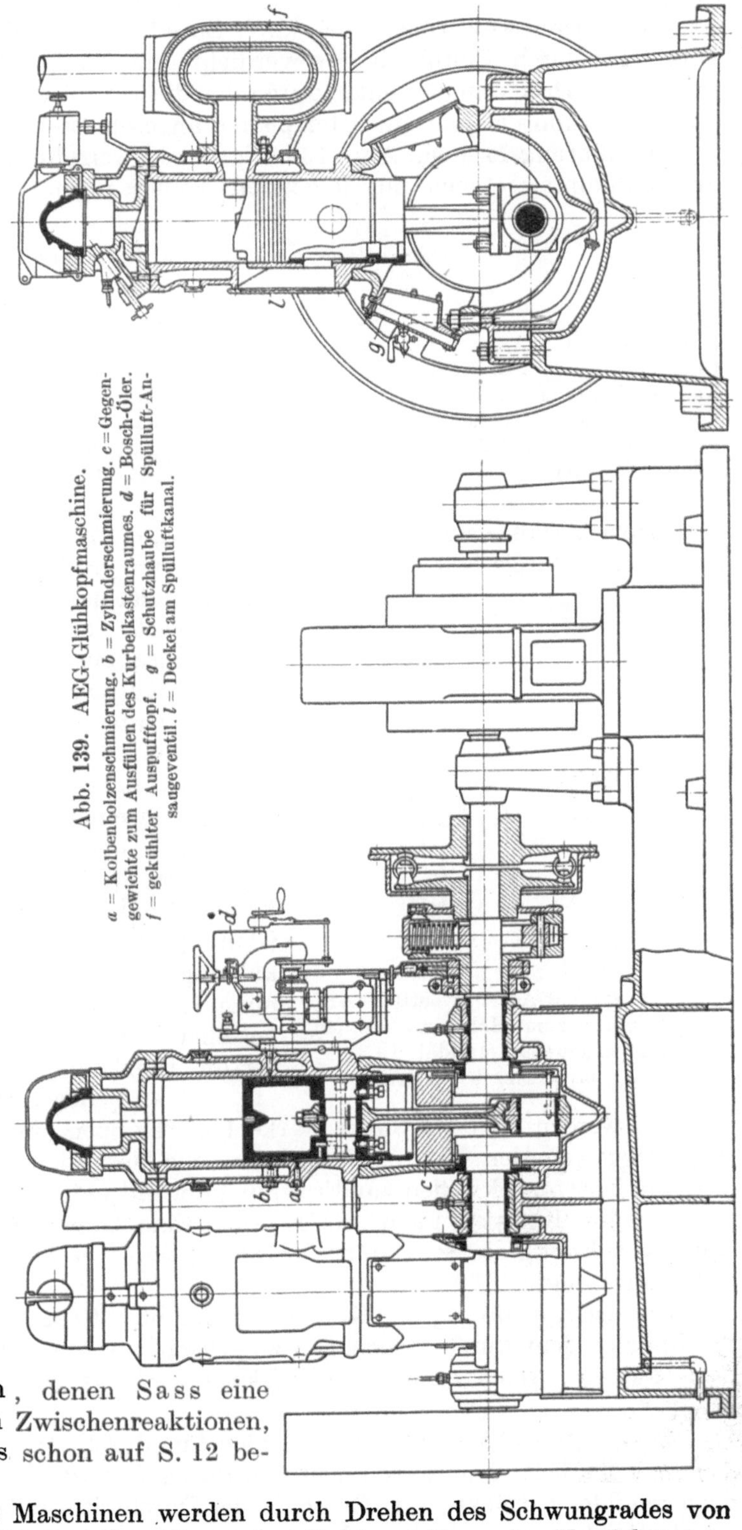

Abb. 139. AEG-Glühkopfmaschine.

a = Kolbenbolzenschmierung. *b* = Zylinderschmierung. *c* = Gegengewichte zum Ausfüllen des Kurbelkastenraumes. *d* = Bosch-Öler. *f* = gekühlter Auspufftopf. *g* = Schutzhaube für Spülluft-Ansaugeventil. *l* = Deckel am Spülluftkanal.

Anlassen. Kleinere Maschinen werden durch Drehen des Schwungrades von Hand, größere durch Druckluft in Betrieb gesetzt, die hierzu dienenden Vorrichtungen sind auf S. 431ff. behandelt. Vorher muß der Glühkopf angewärmt werden, was meist durch eine Heizlampe geschieht, die in der Ausführung den bekannten Lötlampen gleicht.

Schnelleres Anwärmen wird durch Einsetzen einer Thermitpatrone in den Glühkopf oder durch Einführen von verdichtetem Blaugas erreicht. An die Blaugasflasche mit Druckminderventil, durch das die Flamme eingestellt werden kann, wird mittels Gummischlauch eine Heizpistole angeschlossen.

Ausführungsformen. Abb. 139 zeigt eine Zweizylindermaschine der AEG Berlin, die Glühkopfmaschinen mit folgenden Abmessungen und Verbrauchsziffern baut.

Zahlentafel 7. AEG - Glühkopfmaschinen.

		Einzylinder				Zweizylinder	
Zyl.-Dmr.	mm	200	230	275	325	230	275
Hub	mm	210	250	290	350	250	290
Uml./min		450	400	375	350	400	375
Normale Leistung	PS_e	13	17	28	43	34	56
Vorübergehende Höchstleistung	PS_e	14	18	30	45	36	60
Brennstoffverbrauch bei 10 000 kcal/kg	g/PS_eh	295	285	265	255	280	260
Schmierölverbrauch	g/h	120	150	230	350	300	450

Kurbelgehäuse und Sockel sind bei kleineren Maschinen aus einem Stück gegossen und durch Schilde abgeschlossen. Bei größeren Maschinen und bei allen Zweizylindermaschinen wird eine besondere Grundplatte vorgesehen. Der Zylinder, mit der Laufbuchse aus einem Stück bestehend, wird auf das Kurbelgehäuse aufgeschraubt.

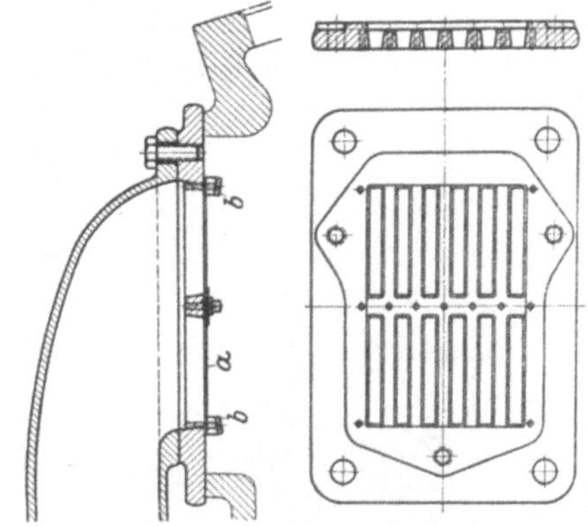

Abb. 140. Spülluft-Ansaugeventil der AEG mit Krümmer zum Hohlraum des Maschinengestells. Maßstab 1 : 8.
a = Blattfedern. *b* = Leisten.

Die einfache Form des Verbrennungsraumes ist aus Abb. 139 zu ersehen. Der Glühkopf, der als möglichst einfacher Drehkörper auszubilden ist, wird durch einen Spannring und Stiftschrauben gegen den oberen Flansch des Zylinderdeckels angepreßt, die Abdichtung wird metallisch, durch Klingerit oder Kupferasbest bewirkt. Die den Glühkopf umgebende Haube, die dessen Abkühlung verhindern soll, wird mit je einer Öffnung für die Beobachtung und das Anwärmen versehen. Der Zylinderdeckel trägt einen Halter für die Heizlampe.

Die an jeder Seite angebrachten Spülluftklappen werden als etwa 3 mm starke Lederklappen, die durch Spiralfedern an den Sitz gezogen werden, oder als Blattfedern aus Metall ausgeführt, Abb. 140. Mehr als 200 mm Unterdruck sollen zur Eröffnung der mit möglichst großem Querschnitt auszuführenden Klappen nicht nötig sein. Eine Gußhaube schützt das Ventil und wirkt gleichzeitig als Schalldämpfer, häufig wird die Luft aus Hohlräumen des Gestells angesaugt.

Bei der Ausführung der Klappen nach Abb. 140 sind die Blattfedern, um ihren Drehpunkt nicht durch Bohrungen zu schwächen, auf der Ventilplatte mit Leisten festgeklemmt. Nach Abnahme der Platte wird das Kurbelzapfenlager bequem zugänglich.

Das Kurbelgehäuse wird nach außen hin durch einen Rotgußring abgedichtet, der vom Kurbelarm mitgenommen und durch Federdruck gegen die Innenwand des Lagerschildes gedrückt wird. Zwischen der Durchtrittsstelle der Welle und dem Lager ist ein Spielraum vorzusehen, damit durch Undichtheit entweichende Spülluft nicht das Schmieröl aus dem Lager herauspreßt. In Abb. 141 und 142 ist die Einspritzvorrichtung der AEG dargestellt, die aus einer Druckschraube, einem Düsenkörper mit Lochdüse und Drallkörper und einem federbelasteten Kugelrückschlagventil besteht. Nach Lösen der Druckschraube kann die Düse zum Zwecke der Reinigung in kürzester Zeit herausgenommen werden.

Die Leistung der Glühkopfmaschinen wird durch Aussetzer, besser durch Änderung des Hubes der Brennstoffpumpe mittels Exzenter oder Nocken geregelt. Damit die Förderung der Pumpe schlagartig und nicht allmählich einsetzt, ist zwischen Exzenter und Pumpenkolben ein Druckstempel einzuschalten, der von der Exzenterstange bei größerer Geschwindigkeit gestoßen wird und die erhaltene Bewegung auf den Kolben überträgt. Eine hierbei gespannte Feder bewegt den Kolben während des Saughubes zurück. Bei Verwendung von Nocken ist deren Formgebung der gewünschten Kolbenbewegung anzupassen.

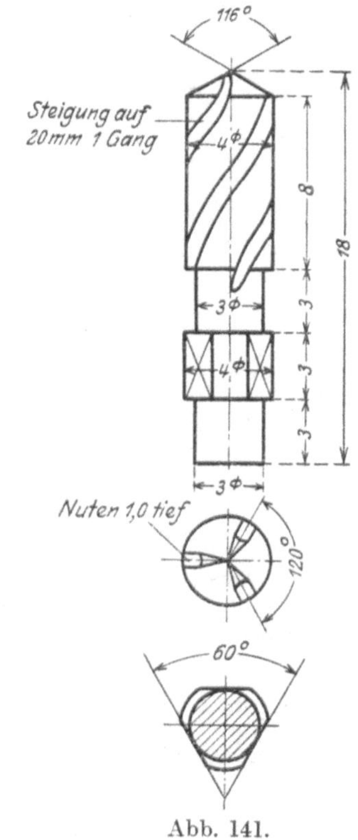

Abb. 141.

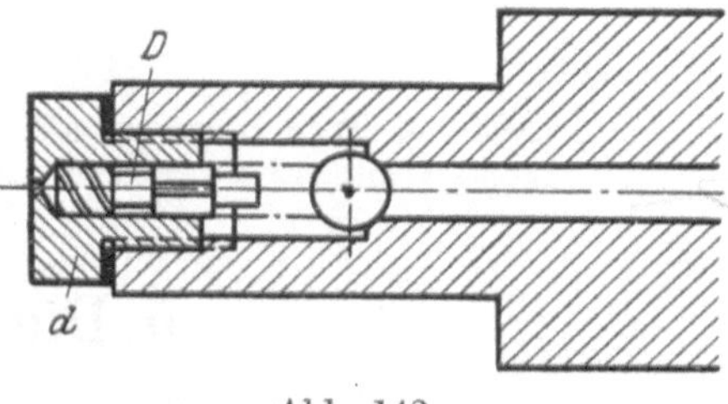

Abb. 142.

Abb. 141 und 142. AEG-Einspritzvorrichtung.

D = Drallkörper aus Messing. d = Düse aus Phosphorbronze.

Einfache Anordnung des Reglertriebwerkes ergibt sich bei Anwendung von Flachreglern, die durch Drehung eines Relativexzenters um ein fest aufgekeiltes Exzenter Hub und Voreilwinkel des den Pumpenkolben treibenden resultierenden Exzenters ändern. Nocken ermöglichen durch Ausbildung als Schrägnocken, die axial auf ihrer Welle verschoben werden, in einfachster Weise Änderung des Kolbenhubes, wirken aber stärker auf den Regler zurück.

Brennstoffpumpe. Abb. 143 zeigt die AEG-Pumpe, die aus einer Leerlauf- und einer Vollastpumpe besteht, deren Plunger metallisch eingeschliffen sind und ohne jede Dichtung arbeiten. Das Exzenter treibt den Schwinghebel a an, der durch Anschläge b und Druckstempel c die Plunger d abwärts bewegt. Durch ein Handrad und die Zahnräder g und f werden mittels Flachgewinde die Führungsstempel e gehoben oder gesenkt, und der Schwinghebel a kommt zum Eingriff mit dem einen oder anderen Plunger. Der Leerlaufplunger, der bei Belastungen unterhalb 50% angetrieben wird, führt den Brennstoff um 180° Kurbelwinkel, also um eine halbe Umdrehung früher ein als der Vollastplunger. Es gelangt also hierbei das Treiböl schon beim Durchgang des Kolbens durch den unteren Totpunkt in den Glühkopf, während der Zylinder noch gespült wird. Ein Bruchteil dieser Treibölmenge verbrennt beim Aufwärtsgang des Kolbens, entsprechend der im Glühkopf nach beendeter Spülung verbleibenden Sauerstoffmenge. Durch diese Vorverbrennung wird zwar eine bremsende Wirkung auf den Kolben ausgeübt, doch wird der große Vorteil konstanter Glühkopftemperatur erreicht. Diese Arbeitsweise bedingt eine Unstetigkeit in der Brennstoffverbrauchskurve, wie Abb. 144 zeigt. Die Länge der Überdeckung beider Kurven entspricht dem Belastungsbereich, in dem mit jeder der beiden Pumpen gearbeitet werden kann.

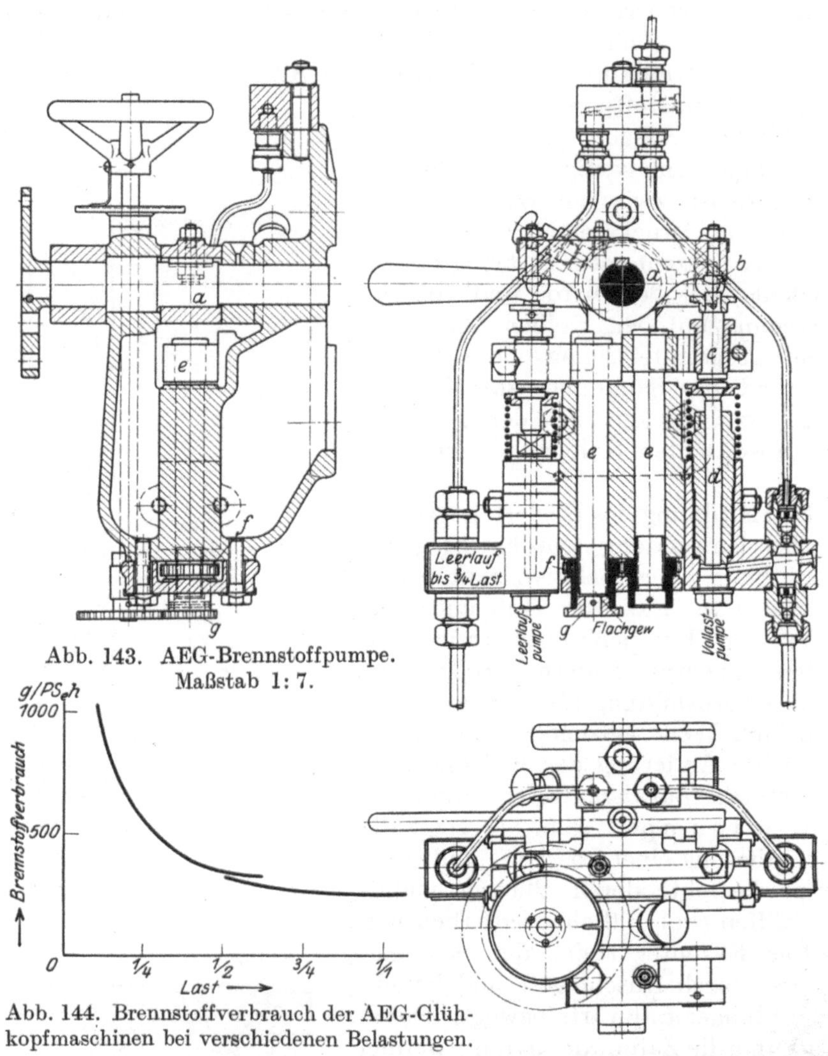

Abb. 143. AEG-Brennstoffpumpe. Maßstab 1: 7.

Abb. 144. Brennstoffverbrauch der AEG-Glühkopfmaschinen bei verschiedenen Belastungen.

5. Die Dieselmaschine.

a) Die Gemischbildung und Verbrennung.

Während die Gemischbildung bei Gasmaschinen während des ganzen Saughubes oder, wie bei bestimmten Ausführungsarten der Gemischregelung, während eines wesentlichen Teiles des Saughubes vor sich geht und durch die Wirbelung bei der Einströmung in den Zylinder noch gefördert wird, ist bei Dieselmaschinen die für die Mischung zur Verfügung stehende Zeit außerordentlich kurz und beträgt bei Schnelläufern weniger als $\frac{1}{50}$ sek. Außerdem gehen Mischung und Verbrennung zum Teil gleichzeitig vor sich, so daß die Mischung selbst unvollkommen wird. Die Zeit für die vollständige Verdampfung der eingespritzten Öltropfen, die günstigsten Falles nur an der Oberfläche verdampfen, fehlt. Der Brennstoffnebel mischt sich mit der Luft, und es wird das Gemisch in der Zone entzündet, die infolge ihrer Zusammensetzung die niedrigste Zündtemperatur aufweist, die hierdurch bedingte Temperatursteigerung führt dann zur Entzündung der ganzen Masse. Die Verbrennung der zuerst eingespritzten Öltröpfchen findet insofern unter günstigen Bedingungen statt, als für sie noch die gesamte Verbrennungsluftmenge bereit steht, wenn auch durch die eintretende Einblaseluft in der Temperatur herabgesetzt. Die später zugeführten Brennstoffteilchen finden infolge der eingetretenen Verbrennung zwar eine höhere Temperatur vor, doch ist der Sauerstoff der Verbrennungsluft zum Teil schon verbraucht, die Verbrennungsgeschwindigkeit wird nach vorübergehendem Ansteigen um so mehr verzögert, je mehr die Menge der Verbrennungsprodukte im Brennraum zunimmt. Die Verbrennungszeit der letzten unmittelbar vor Schluß des Brennstoffventils eingespritzten Ölteilchen wird dadurch verlängert, so daß jede Dieselmaschine Nachbrennen zeigen muß.

Den durch diese Vorgänge entstehenden zeitlichen Abstand zwischen Einblasen und Verbrennen, den „Verbrennungsverzug", hat Neumann[1]) zahlenmäßig ermittelt (Abb. 145). Die Kurve $f(\varphi) = y$ gibt den Verlauf des Einblasens, $x = f(\varphi)$ den Verlauf der Verbrennung wieder. Die Einblasedauer erstreckt sich über 40°, die Verbrennungsdauer über 78° Kurbelwinkel, so daß mit 4° Voröffnen für $n = 216$ Uml./min das letzte Brennstoffteilchen die Verbrennungszeit

$$t_z = \frac{60 \cdot \Delta\varphi}{360 \cdot n} = \frac{60\,(74^\circ - 36^\circ)}{360 \cdot 216} = 0{,}0293 \text{ sek}$$

erfordert, die größer ist als die für jedes vorher eingeführte Teilchen. Kurve $\frac{dq}{dz} = f(\varphi)$ gibt die Verbrennungsgeschwindigkeit an und weist, wie zu erwarten ist, einen ausgesprochenen Höchstwert auf.

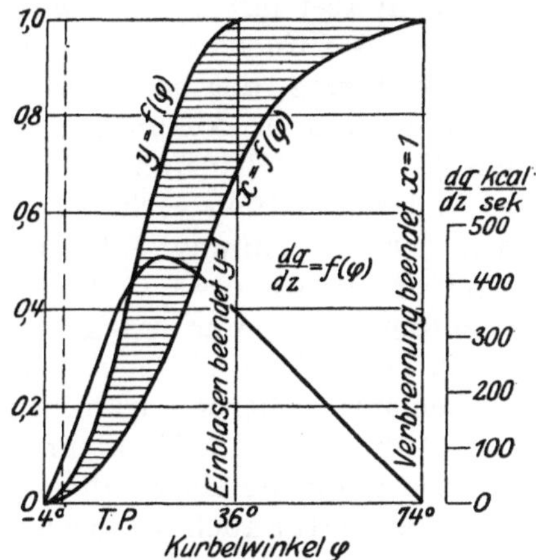

Abb. 145. Verbrennungsverzug nach K. Neumann.

Die Gleichdruckverbrennung, d. h. die Ausbildung einer im Diagramm wagerecht verlaufenden Brennlinie, ist durchaus nicht für die Dieselmaschine kennzeichnend, sondern die selbsttätige Entzündung der eingespritzten Ölmenge infolge der hohen Verdichtungsendtemperatur der Luftladung. Das Gleichdruckverfahren wird bei langsam laufenden Maschinen vorgezogen, um nicht durch Überschreitung des durch bestimmte Rücksichten (siehe S. 45) festgelegten Verdichtungsdruckes das Triebwerk zu belasten. Um bei schnell laufenden Maschinen möglichst rechtzeitige Verbrennung zu erzielen und Nachbrennen und Rußen zu vermeiden, wird bei diesen der Brennstoff früher vor der Totlage eingeführt, wodurch sich eine ansteigende Brennlinie ergibt, die den Brennstoffverbrauch günstig beeinflußt. Jnfolge der durch die höhere Umlaufzahl bedingten Vergrößerung der Massendrucke wird hierbei der Triebwerkdruck nicht über den bei langsam laufenden Maschinen üblichen Betrag gesteigert. Es ist aber nicht nur das Brennstoffventil rechtzeitig zu öffnen, sondern auch dafür zu sorgen, daß sofort mit der Ventileröffnung Brennstoff in den Brennraum tritt, damit die Verbrennung vor Einführung größerer Einblaseluftmengen eingeleitet und die nötige Entzündungstemperatur für die nachfolgenden Brennstoffteilchen geschaffen wird. Strömt zuerst, vor dem Brennstoff, Einblaseluft in größerer Menge dem Brennraum zu, so sind Fehlzündungen, stoßender Gang der Maschine, rußender Auspuff infolge schlechter Verbrennung die Folge.

[1]) Prof. Dr.-Ing. Kurt Neumann: Untersuchungen an der Dieselmaschine. Forschungsarbeiten Heft 245.

Zur Erzielung guter Gemischbildung und Verbrennung sind folgende Bedingungen zu erfüllen:

1. Richtige Bemessung der Einblaseluftmenge. Die Einblaseluft hat die Aufgabe: a) den von der Brennstoffpumpe in das Zerstäubergehäuse eingelagerten Brennstoff zeitlich richtig verteilt einzuführen nach vorheriger Zerstäubung, b) die Verbrennungsluft durcheinander zu wirbeln. Die das Brennstoffventil steuernde Erhebung des Brennstoffnockens wird in ihrer Erstreckung bestimmt durch die bei Höchstleistung der Maschine zuzuführende Ölmenge, so daß bei kleineren „Füllungen" die fehlende Brennstoffmenge durch Einblaseluft ersetzt wird und nicht nur der spezifische Verbrauch je Pferdekraftstunde, sondern auch der absolut genommene Luftverbrauch wächst. Es ist deshalb die der Höchstleistung entsprechende Ölmenge mit möglichst wenig Einblaseluft einzuführen, auch um die stark abkühlende Wirkung infolge der Ausdehnung und deren Einfluß auf die Verbrennungsgeschwindigkeit zu vermindern.

Der Brennstoffnocken muß aus diesem Grunde mit möglichst niedriger Erhebung, außerdem aber mit langsam ansteigender Anlaufkurve ausgeführt werden, damit zu Beginn des Öffnens nicht zuviel Brennstoff in den Brennraum geschleudert wird, eine Forderung, der besonders bei schwer verbrennlichen Ölen zu entsprechen ist.

Die erwähnte Abkühlung ist rein örtlicher Art und trifft in der Hauptsache in dem die Öltröpfchen führenden Streukegel auf, der aus dem Brennstoffventil tritt. Bei voller Belastung verhält sich nämlich die Einblaseluftmenge, deren Temperatur nach der Ausdehnung —10 bis —15° beträgt, zu der verdichteten Luftmenge von ungefähr 500° wie etwa 1 : 30, so daß bei Verteilung auf den gesamten Brennraum die Mischtemperatur nur wenig kleiner als die Verdichtungsendtemperatur sein würde.

2. Hohe Verdichtungstemperatur, damit die zuerst eingeführten Brennstoffteilchen mit Sicherheit frühzeitig zünden und die nachfolgenden Brennstoffteilchen trotz Abkühlung des Verbrennungsraumes durch die sich ausdehnende Einblaseluft rechtzeitig auf die Entzündungstemperatur gebracht werden. Da die hohe Verdichtungstemperatur auch bei kleinen Leistungen vorhanden sein muß, so kann die Dieselmaschine nicht mit Füllungs-, sondern muß mit Gemischregelung ausgeführt werden.

3. Reichlicher Luftüberschuß, der mindestens 50%, besser aber 80 bis 100% des theoretischen Luftbedarfs betragen soll, während bei Gasmaschinen der Luftüberschuß wegen der besseren Mischung nur etwa 20% zu betragen braucht. Dieser große Luftüberschuß hat nicht den Zweck, die Höchsttemperatur zu verringern, sondern dient lediglich zur Erzielung möglichst vollkommener Verbrennung.

Bei schwerflüchtigen Brennstoffen, wie Teeröl, kann — falls kein Zündöl verwendet werden soll — die erforderliche Verdichtungsendtemperatur nur durch Vorwärmen der Verbrennungsluft erreicht werden, wobei jedoch das angesaugte Luftgewicht und damit die Luftüberschußzahl zurückgeht. Zahlentafel 8 enthält nach Dr. Alt die Werte dieser Zahl unter Voraussetzung eines mittleren indizierten Druckes von 7,5 at und eines Verdichtungsenddruckes von 30 at. Zur Erzielung eines mittleren Druckes $p_i = 7,5$ at darf die Vorwärmung nicht zu weit getrieben werden, da die Abnahme der Luftüberschußzahl die rauchfreie Verbrennung gefährdet.

Zahlentafel 8.

Verdichtungs-anfangstemperatur °C	Luftgewicht bei 0,95 Ansaugespannung kg/m³	Luftüberschußzahl	Verdichtungs-endtemperatur °C
10	1,148	1,6	419
25	1,084	1,51	465
50	1,005	1,4	517
75	0,872	1,3	578
100	0,934	1,21	639

4. Richtige Gestaltung des Verbrennungsraumes. Die in diesem enthaltene Verbrennungsluftmenge wird nur dann vollständig und rechtzeitig für die Verbrennung herangezogen, wenn der Verbrennungsraum einfach und ohne tote Ecken und Zerklüftungen gestaltet ist. Dieser Gesichtspunkt ist bei Verbrennungsmaschinen mit Verdichtung nur der Luft und nicht des Gemisches noch wichtiger als bei Gasmaschinen, da bei diesen das in verlorenen Ecken sich aufhaltende Gemisch wenigstens beim Nachbrennen noch ausgenutzt wird, während der Luftinhalt solcher Räume bei den Dieselmaschinen an der Verbrennung überhaupt nicht teilnimmt.

5. Möglichst feine Zerstäubung der eingespritzten Brennstoffmenge. Die eintretenden Öltropfen nehmen Kugelform an; die Verbrennung der einzelnen Tropfen wird um so eher beendet sein, je kleiner sie sind. Bei größeren Tropfen liegt die Gefahr vor, daß sie vor der vollständigen Verbrennung auf Wandungen treffen und an diesen verbrennen, wobei die Verbrennung zunächst dadurch beeinträchtigt wird, daß die Luft nicht mehr allseitig zutreten kann. Auch bei zu hohem Einblasedruck werden die Öltropfen gegen die Wandungen geschleudert. Sind diese ungekühlt, also heiß, so ist vollständige Verbrennung möglich; bei Auftreffen auf kühlere Wandungen scheidet sich Kohlenstoff aus. Mit Rücksicht auf diese Verhältnisse empfiehlt es sich, den Weg der Tropfen durch konkave Aushöhlung des Kolbens zu verlängern; die Düse ist möglichst zentral anzuordnen. Über den Einfluß der Verteilung auf den Zündverzug siehe S. 9.

6. Starke Streuung der Tropfen, damit die Luft zu allen Tropfen zutreten kann. Diese Forderung ist um so wichtiger, als nach v. Wartenberg (s. S. 7) die Luft durch die den brennenden Tropfen umgebende Hülle von H_2O und CO_2 hindurchdiffundieren muß, ihr der Zutritt also erschwert wird.

7. Kräftiges Durcheinanderwirbeln des Inhaltes des Verbrennungsraumes durch genügende kinetische Energie des eintretenden Öl-Luft-Strahles verkürzt den unter 6. erwähnten Diffusionsweg und begünstigt die Mischung später eintretender Ölteilchen mit der Luft, vergrößert allerdings auch die Wärmeabgabe an die Kühlwandungen. Da die Austrittsöffnung der Brennstoff„düse" nur als einfache Öffnung zu bewerten ist, so gelten auch hier die Ausführungen auf S. 172, nach denen bei überkritischem Druckgefälle $\frac{p_e}{p_c} > 1{,}9$ die Geschwindigkeit des austretenden Strahles die kritische nicht überschreitet (p_e = Einblasedruck, p_c = Verdichtungsdruck). Beträgt z. B. der Verdichtungsdruck 35 at, der Einblasedruck 60 at, so folgt bei 60° Temperatur der Luft in der Düse und bei Annahme adiabatischer Expansion die Geschwindigkeit der Luft:

$$c_L = 44{,}8\sqrt{333\left[1-\left(\frac{35}{60}\right)^{0{,}288}\right]} = 309\ \text{m/sek}\,^{1)}.$$

Die Einblaseenergie wird $L = \frac{c_L^2}{2g} = 4{,}87$ mkg je 1 g Brennstoff. Bei Annahme isothermischer Ausdehnung ist

$$L = 2{,}3\cdot p_c v_c \cdot \log\frac{p_e}{p_c} = 2{,}3\cdot 35\cdot 10000\cdot 0{,}027\log\frac{60}{35} = 5100\ \text{mkg/kg} = 5{,}1\ \text{mkg/g}\,,$$

worin $v_c = 0{,}027\ \text{m}^3/\text{kg}$ aus

$$v = \frac{R\cdot T}{p_c} = \frac{29{,}3\cdot(273+50)}{35\cdot 10000}$$

unter Annahme von 50° Einspritztemperatur folgt.

Der Brennstoff ist der Luft möglichst gleichmäßig an der Stelle dieser höchsten Geschwindigkeit beizumischen, so daß er durch die hier größte Relativgeschwindig-

1) Diese Gleichung gilt für $k = 1{,}405$ und $\frac{p_c}{p_e} > 0{,}527$, also nur für überkritische Gefälle. S. auch S. 172.

keit zwischen ihm und der Luft in kleine Tröpfchen zerrissen und beschleunigt wird. Der Beschleunigungsweg bis zur Düsenplatte, welche den Brennstoff auf den Brennraum verteilt, ist für das Verhältnis $\frac{\text{Brennstoffgeschwindigkeit}}{\text{Luftausflußgeschwindigkeit}}$ bestimmend. Die Beschleunigungsarbeit muß von der Einblaseluftenergie geleistet werden, so daß die Luftgeschwindigkeit der Steigerung der Brennstoffgeschwindigkeit entsprechend abnimmt, also auch die Relativgeschwindigkeit zwischen Luft und Brennstoff verringert wird.

Wird angenommen, daß diese in der Düsenmündung $= 0$ sei, d. h. daß hier Brennstoff und Luft dieselbe Geschwindigkeit haben, und werden weiterhin Strömungsverluste und Zerstäubungsarbeit vernachlässigt, so folgt mit G_b = Brennstoffgewicht, G_l = Luftgewicht pro Hub die gemeinsame Geschwindigkeit c aus:

$$\frac{c_L^2}{2g} = \left(1 + \frac{G_b}{G_l}\right) \cdot \frac{c^2}{2g}$$

zu

$$c = \frac{c_L}{\sqrt{1 + G_b/G_l}}$$

Mit dem Verhältnis $G_b/G_l = 1$, das bei Vollast innerhalb der Grenzen 0,75 und 1,25 liegt, folgt beispielsweise mit dem oben berechneten Wert c_L:

$$c = \frac{309}{\sqrt{2}} = 218 \text{ m/sek}\,.$$

Wird der Einblasedruck über das 1,9fache des Verdichtungsdruckes erhöht, so ist der Druck in der Düsenmündung dann nicht größer als der Verdichtungsdruck im Zylinder, wenn der Überschuß der gesamten Einblaseluftenergie über den zur Erzielung der kritischen Geschwindigkeit erforderlichen Betrag hinaus für Zerstäubung und Beschleunigung des Brennstoffes und zur Überwindung der Reibungsarbeit verbraucht worden ist.

Ist der Mündungsdruck größer als der Druck im Zylinder, so geht die Ausdehnung von dem ersten auf den zweiten Druck im Brennraum vor sich und steigert noch hier die Ausströmgeschwindigkeit. Auch in diesem Fall wird die gesamte Energie für die Durchwirbelung des Zylinderinhaltes ausgenutzt, und nur der Betrag, um den zuviel potentielle Energie in kinetische umgesetzt wurde, wird in Schallschwingungen umgesetzt.

Besonders schwierige Verhältnisse liegen bei den Schiffsmaschinen vor, deren Drehzahl häufiger als bei ortfesten Anlagen geändert wird, wobei im Beharrungszustand die Leistung der dritten, das Drehmoment der zweiten Potenz der Drehzahl proportional ist. Die Regelung des Einblasedruckes von Hand genügt hier in vielen Fällen nicht, und man ist dazu übergegangen, die Regelung selbsttätig einzurichten und von Drehzahl und Leistung abhängig zu machen. Als zweites Mittel zur Beeinflussung des Einblasevorganges ist die Veränderung des Brennstoffnadelhubes zu erwähnen, wodurch die Steigerung des Brenndruckes bei kleinerer Umlaufzahl verhindert werden kann. Wird der Brennstoff während eines Kurbelwinkels φ bei n Uml./min der Maschine eingeführt, so ist die Einspritzzeit $t = \frac{60 \cdot \varphi}{360 \cdot n}$ in sek. Bei Verringerung der Umlaufzahl auf beispielsweise $\frac{n}{2}$ wird bei konstanter Füllung die Einspritzzeit dieselbe bleiben, doch ist der während dieser Zeit zurückgelegte Winkel nur $\frac{\varphi}{2}$, das vom Kolben freigelegte Volumen kleiner, so daß der Druck größer werden muß.

b) Brennstoffventil und Einblasedruckregler.

Je nachdem der Raum, in den der Brennstoff von der Pumpe eingelagert wird, zeitweise oder dauernd mit dem Brennraum in Verbindung steht, werden geschlossene und offene Düsen unterschieden. Die geschlossenen Düsen arbeiten mit einem gesteuerten Brennstoffventil.

Das Brennstoffventil wird mit den Vorrichtungen zum Zerstäuben und Mischen des Brennstoffes mit der Verbrennungsluft in einem gußeisernen Gehäuse untergebracht, das gegen den Verbrennungsraum durch eine konisch eingeschliffene Fläche (Abb. 148) oder durch eine besondere Einlage — z. B. aus Kupferasbest — abgedichtet wird (Abb. 150). Die Leitungen für Brennstoff und Luft werden an Bohrungen im Befestigungsflansch angeschlossen, wie Abb. 147 zeigt.

Die Ventilspindel, auch als Brennstoffnadel bezeichnet, wird bei größeren Ausführungen mitunter aus Spezialgußeisen, sonst aus Stahl hergestellt und ist im letzteren Fall auf der ganzen Länge oder auch nur auf der in der Packung sich bewegenden Erstreckung gehärtet und geschliffen, um die Reibung möglichst zu verringern und dadurch das gefürchtete Hängenbleiben der Nadel zu vermeiden. Am unteren Kegelsitz bleibt die Nadel zur Erleichterung des Einschleifens weich.

Die Nadel wird auf der ganzen Länge oder besser an besonderen Stellen in der Zerstäuberhülse geführt, die aus Stahl, Rotguß, hartem Gußeisen oder auch Phosphorbronze hergestellt und in ihrer Lage durch Zentrierungsflügel, die sich gegen die Innenwand des Gehäuses legen, gehalten wird. Zur Erleichterung der Herstellung und Ermöglichung der Wärmedehnung wird die Hülse durch eine starke, kurze Feder nach unten gedrückt. Über die Dichtung der Spindel nach außen siehe S. 419.

Im Gegensatz zu den übrigen Ventilen öffnet das Brennstoffventil nicht nach dem Verbrennungsraum, sondern wird angehoben; eine Ausnahme macht das Ventil der AEG, Bauart Burmeister & Wain (Abb. 150). Als Vorteile dieser Bauart sind anzuführen, daß eine besondere Düsenplatte überflüssig und der Arbeitsdruck im Sinne der Abdichtung wirkt, ebenso wirkt eine beim Hängenbleiben vom Arbeitsraum aus einsetzende Strömung auf Schluß des Ventils hin, das aber andererseits der Einwirkung der Verbrennungsgase mehr als die Brennstoffnadel ausgesetzt ist. Bleibt das Ventil nach Abb. 150 hängen, so ist Unbrauchbarwerden der Sitzflächen die sichere Folge. Bei der Brennstoffnadel, die durch den Verbrennnungsdruck abgehoben wird, muß der erforderliche Abdichtungsdruck durch eine starke Schlußfeder aufgebracht werden.

Die geschlossenen Düsen werden als Platten- oder Ringspaltzerstäuber ausgeführt. Diese Vorrichtungen haben den Zweck, den Brennstoff zu zerstäuben, ihn innig mit der Luft zu mischen und seine Einführung in den Brennraum über eine gewisse Zeit zu verteilen.

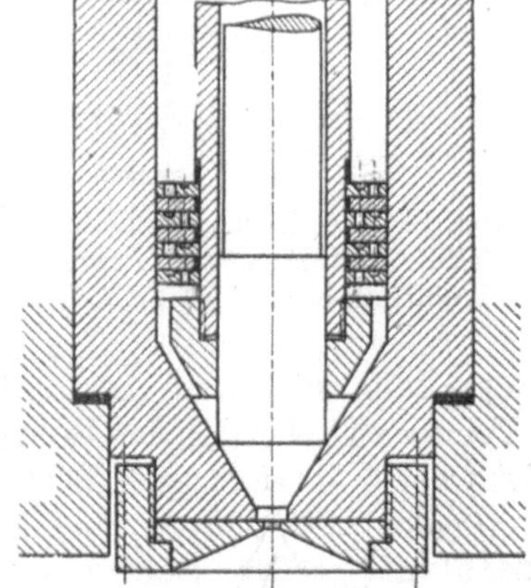
Abb. 146. Plattenzerstäuber.

Plattenzerstäuber. Die Abb. 146 bis 150 zeigen die übliche Bauart. In dem Ringraum zwischen Gehäuse und Hülse liegt eine Anzahl schmiedeeiserner Platten, deren Entfernung voneinander durch Abstandsringe festgelegt ist. Die Platten, deren Zahl zwischen 2 und 6 schwankt und beim Probelauf bestimmt wird, enthalten Bohrungen, deren Lochkreis und oft auch Weite für jede zweite Platte verschieden sind, so daß das Öl auf dem Wege zum Brennraum keinen direkten Durchgang findet. Auf diese Weise wird eine große ölbenetzte Fläche geschaffen, die von der vorbeistreichenden Luft nur allmählich abgefegt werden kann, wobei sich Luft und Brennstoff innig mischen.

Auf diese Platten folgt der „Zerstäuberkegel“, der mit dem unteren Ende der Zerstäuberhülse verschraubt ist. Am Umfang dieses Kegels, der aus Schmiedeeisen besteht, wird nach Abb. 149 eine Anzahl Nuten eingefräst, die mit der Innenwand des Gehäuses Kanäle für das Brennstoffluftgemisch bilden und mitunter schraubenförmig verlaufen, um dem Gemisch eine die kegelförmige Ausbreitung begünstigende Drehbewegung zu erteilen.

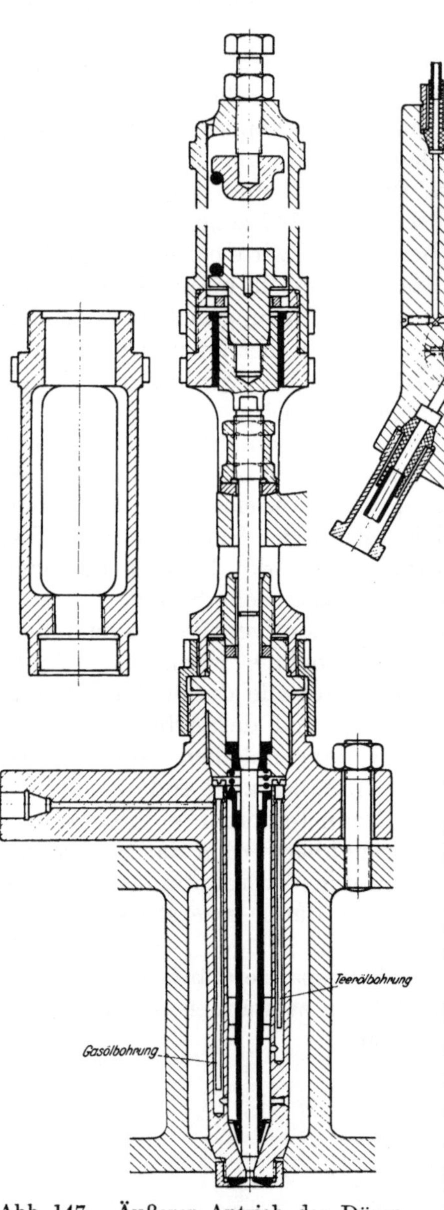

Abb. 147. Äußerer Antrieb der Düsennadel. Ausführung der Aschersleben Maschinenfabrik R. Wolf. Maßstab 1 : 6.

Bei den Plattenzerstäubern ist die Öffnung der Düsenplatte der engste Querschnitt des Luftweges, ist sonach bei einem bestimmten Druckunterschied zwischen Einblaseluft und verdichteter Luft für das Einblaseluftgewicht maßgebend. Der Forderung, daß der Brennstoff an der Stelle größter Luftgeschwindigkeit zugemischt werden soll, kann beim Plattenzerstäuber nicht entsprochen werden.

Nach S. 137 ist es von Bedeutung, daß mit dem Eintritt der kalten Einblaseluft in den Brennraum die Verbrennung eingeleitet wird, was durch den „Zündtropfen“ geschieht, an dessen Flamme sich der nachfolgende Brennstoff entzündet. Bei dem Abfegen der Zerstäuberplatten muß nämlich ein Teil des Brennstoffes zurückbleiben, der sich bis zum nächsten Anhub der Nadel in dem Raum über dieser ansammelt und von der durchströmenden Einblaseluft sofort mitgerissen wird. Um das Öl für den Zündtropfen zurückzuhalten, sind die Zerstäuberplatten mitunter mit eingedrehten Nuten versehen.

Die Düsenplatte wird aus gehärtetem Stahl hergestellt, ebenso die Überwurfmutter, welche die Düsenplatte festhält.

Das Öl soll in den Ringraum zwischen Gehäuse und Hülse möglichst nahe über den Platten zugeführt werden. Die Luft strömt diesem Ringraum tangential zu, so daß sie sich schraubenförmig nach dem Brennraum hinbewegt. In der Ausführung nach Abb. 147 und 148 ist die Ausfüllung der Ölkanäle, die zur Erleichterung der Herstellung auf verhältnismäßig großen Querschnitt gebohrt sind, durch besondere Einhängestangen bemerkenswert.

Die Verteilung des Brennstoffes hängt von der Zahl und dem Abstand der Platten, von deren Durchmesser sowie von der Weite und Anzahl der Bohrungen in den Platten ab. Bei raschlaufenden Maschinen ist wegen der kürzeren Verteilungszeit, die erforderlich ist, der Weg durch Verminderung der Plattenzahl zu kürzen. Ebenso erfordert dickflüssiges Öl kleinere Plattenzahl und größere Bohrungen. Doch wird die Öffnungsweite auch durch die Rücksicht auf die Luftströmung bestimmt, zu große Weiten verursachen allzu starken Einblaseluftverbrauch, zu enge Öffnungen verzögerte Brennstoffzufuhr und Verkleinerung der Höchstleistung.

Ein großer Vorzug des Plattenzerstäubers, dessen Wirkung an sich durchaus noch nicht klar ist, besteht in der raschen Anpassung an die verschiedensten Verhältnisse durch Änderung der Plattenzahl.

Wird das Brennstoffventil in konstanter Weise gesteuert, so werden bei kleinen Belastungen als Folge der Verringerung der in den Zerstäuber eingelagerten Brennstoffmenge die Platten vollständig reingefegt, so daß der Zündtropfen für die Einleitung der nächsten Verbrennung fehlt und die Wirkung der kalten Einblaseluft

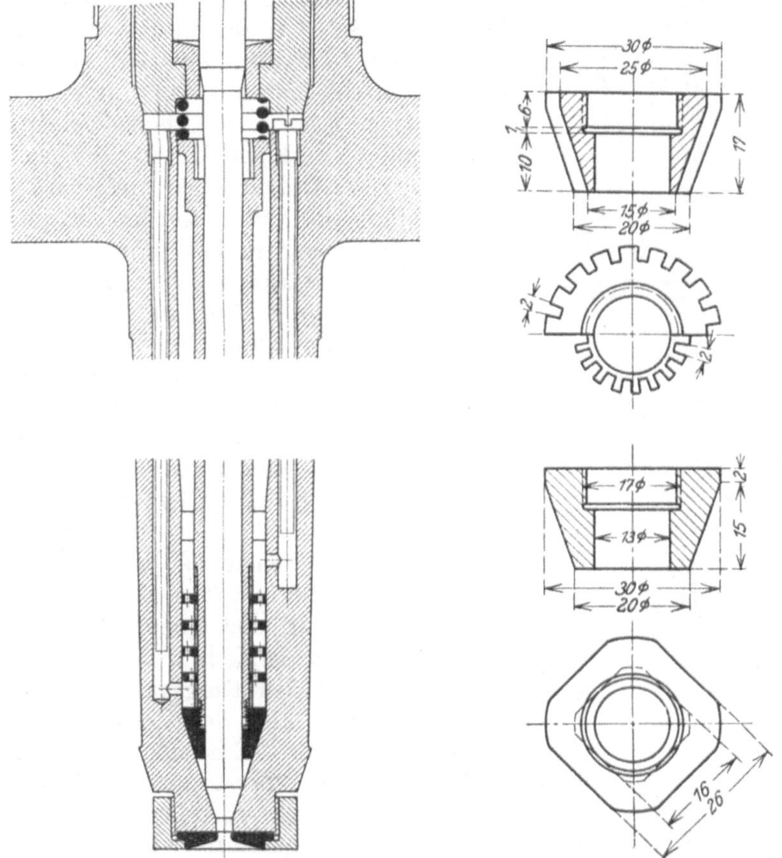

Abb. 148 und 149. Anordnung der Platten und der Ölzuführung. Ausführung der Aschersleбener Maschinenfabrik R. Wolf.

Fehlzündungen verursacht. Bei kleineren Belastungen ist deshalb der Einblasedruck vonhand oder selbsttätig (s. S. 149 u. f.) zu verringern.

Wird das Öl, das häufig während der Verdichtung unmittelbar vor der Einspritzung in den Zerstäuberraum gefördert wird, schon zur Zeit des Auspuff- oder Ansaugehubes eingelagert, so ist zwar nach S. 154 bei kleineren Belastungen das Entstehen eines Zündtropfens zu erwarten, doch liegt auch die Gefahr vor, daß bei größeren Belastungen zuviel Öl am Brennstoffventil bei dessen Öffnung angesammelt ist, so daß heftige Verbrennungen mit hohen Drucken entstehen. Auch für die allerdings nur noch selten vorkommende liegende Anordnung ist der Plattenzerstäuber nicht geeignet, da sich hierbei das Öl einseitig an den unteren Plattenhälften sammelt.

Ringspaltzerstäuber. Diese sind gegen Änderung der Belastung unempfindlicher. Abb. 151 zeigt eine Ausführung, die — wie ersichtlich — in vielen Einzelheiten mit der Einrichtung des Plattenzerstäubers übereinstimmt. Durch Verschrauben einer Laterne mit der Zerstäuberhülse entstehen zwei Ringräume *a* und *c*, am unteren Ende der Laterne bleibt zwischen dieser und dem Zerstäuberkegel ein unter 30 bis 45° geneigter Ringspalt *b*. Der Brennstoff verteilt sich auf die Räume *a* und *c*.

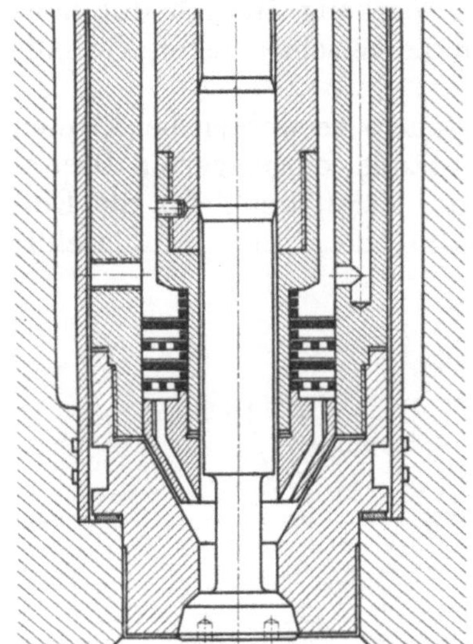

Abb. 150. Brennstoffventil von Burmeister & Wain. Ausführung AEG.

Beim Öffnen des Brennstoffventils stellt sich im Ringraum *a* eine große Luftgeschwindigkeit ein, so daß der hier herrschende statische Druck geringer als im Ringraum *c* wird. Das hier eingelagerte Öl tritt unter dem Einfluß des entstehenden Druckunterschiedes durch den Spalt *b* aus und wird von der vorbeistreichenden Luft durch Zerstäuberkonus und Düsenplatte nach dem Brennraum mitgerissen. Die vom Öl benetzte Fläche ist beim Ringspaltzerstäuber kleiner als beim Plattenzerstäuber, so daß die Mischung mit der Luft weniger innig wird. Wechselnde Brennstoffeigenschaften werden durch Einstellung des Rinspaltes *b* berücksichtigt.

Das Öl wird kurz vor dem Zerstäuberkegel eingeführt, der Brennstoffweg ist sonach gegenüber dem Plattenzerstäuber wesentlich verkürzt, so daß die Bildung des Zündtropfens auch bei kleiner Belastung gesicherter ist. Immerhin wird sich auch beim Ringspaltzerstäuber Verringerung der Einblaseluftmenge bei kleineren Belastungen empfehlen, um unnötigen Luftverbrauch und Abkühlung des Brennraumes zu verhindern.

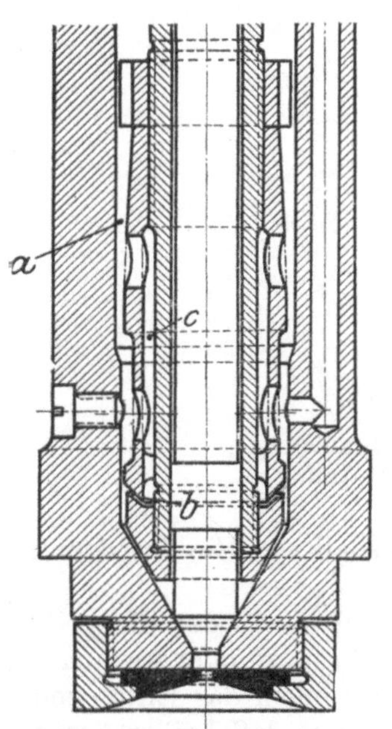

Abb. 151. Ringspaltzerstäuber.

Die Bauart nach Abb. 151 hat den Nachteil, daß die im Raum *a* gelagerte Ölmenge weniger wirksam von der Einblaseluft beeinflußt wird als die Ölmenge in Raum *c*. Der Ringspaltzerstäuber ist deshalb nach der Richtung verbessert worden, daß der eingeführte Brennstoff den Raum *a* nach unten abschließt und durch einen aufwärts gerichteten Spalt nach dem Ringraum *c* strömt, in dem die hohe Geschwindigkeit, also der kleinere Druck, herrscht. (Hesselmann-Zerstäuber.) Eine interessante Weiterbildung dieses Gedankens ist der Zerstäuber der Krupp-Germaniawerft, Abb. 152, bei dem vor allem rechtzeitige Bildung eines Zündtropfens angestrebt wird. (Als solcher kann auch bei der Ausführung nach Abb. 151 die im Raum *a* angesammelte Ölmenge bei richtiger Zumessung infolge des direkteren Weges nach dem Brennraum wirken.) Auch bei dem Kruppschen Zerstäuber sind zwei durch die Hülse *a* gebildete Ringräume *c* und *d* vorhanden, die unten durch den Spalt *b* miteinander verbunden sind. Der Querschnitt des Raumes *c* ist gleich oder kleiner als der Querschnitt der Düsenöffnung, damit die Luft bestimmt an der Zerstäubungsstelle *b* ihre größte Geschwindigkeit hat. Nach Schluß der Nadel findet Druckausgleich in den Räumen *c* und *d* statt. Der durch Öffnung *e* eingepumpte Brennstoff lagert auf dem Boden von *d*, und nur ein kleiner Teil dieser Ölmenge wird durch Spalt *b* und den engsten Strömungsquerschnitt *a* in den inneren Ringraum *c* übertreten. Beim Öffnen der Nadel durchströmt die Einblaseluft zunächst diese bei *b* vorgelagerte Brennstoffmenge, die als Zündtropfen sofort nach dem Brennraume geschleudert wird. Infolge der Drucksenkung durch die eingetretene Strömungsgeschwindigkeit schiebt die im Raum *d* eingesperrte Luft den Brennstoff so lange in die Einblaseluft, bis die Brennstoffladung vollständig in den Brennraum eingeströmt ist. Die Zumessung des Brennstoffes wird durch Einstellen des Querschnittes *b* geregelt. Als Vorteil derartiger Zerstäuber ist anzuführen, daß sie länger sauber bleiben, während Plattenzerstäuber durch Ablagerung aus dem Treiböl mitunter verstopfen.

Abb. 152 zeigt weiterhin statt der Düsenplatte eine „Langdüse", die den Brennstoff in mehreren Strahlen in den heißen Kern des Brennraumes schickt. Die Mittellinien der Bohrungen liegen gleichmäßig verteilt auf einem Kegelmantel, dessen Spitzenwinkel so gewählt ist, daß die Strahlen von den gekühlten Wandungen ferngehalten werden. Diese mehrstrahlige Brennstoffeinführung bezweckt, außer der gleichmäßigen Verteilung des Öles im Brennraum, die örtliche Abkühlung an den Eintrittsstellen möglichst zu verringern. In Verbindung mit dem in Abb. 353 dargestellten Pilzkolben hat die Germaniawerft mit diesem Zerstäuber den Betrieb mit Teeröl allein — ohne Zündöl — für alle Belastungen durchführen können, wenn die Verbrennungsluft vorgewärmt wurde, deren Temperatur um so mehr — und zwar durch die Auspuffgase — erhöht wurde, je kleiner die Belastung war. Die Verbrennung des schwer entzündlichen Teeröles erfordert nämlich besondere Einrichtung insofern, als dem Teeröl ein die Verbrennung einleitendes, leichter entzündliches „Zündöl" vorzulagern ist, das zuerst in den Brennraum tritt. Abb. 147 und 148 zeigen die hierfür erforderliche Durchbildung des Zerstäubers, der mit zwei Kanälen für Teeröl und Zündöl so ausgeführt wird, daß die Mündung des Zündölkanals unmittelbar über dem Zerstäuberkonus liegt. Durch die Verbrennung des Zündöls wird genügend hohe Temperatur für die Verbrennung des nachfolgenden Teeröls geschaffen.

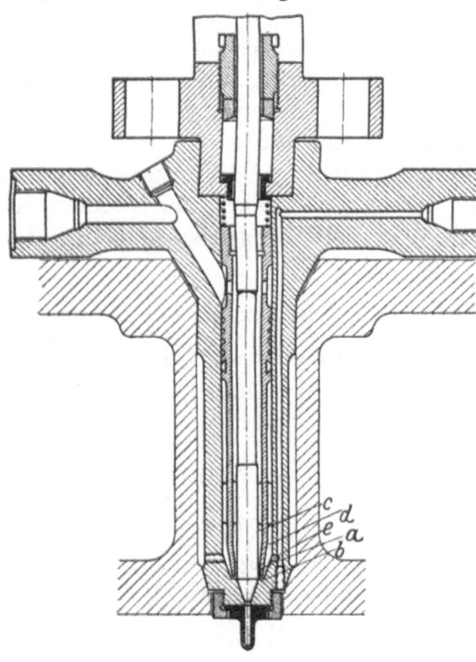

Abb. 152.
Zerstäuber der Friedr. Krupp-Germaniawerft.

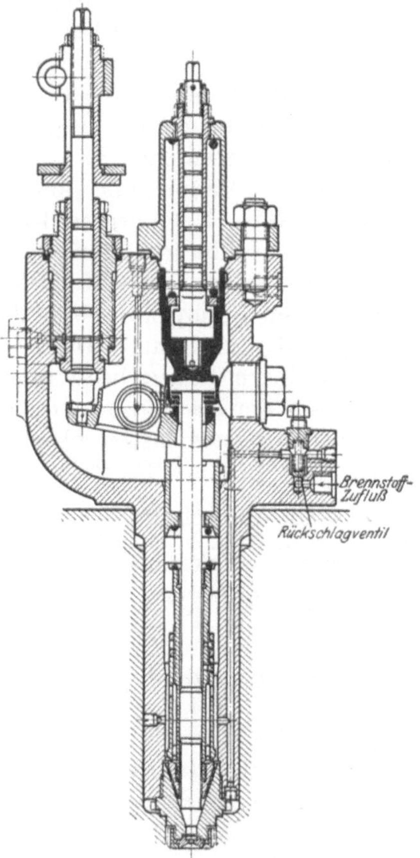

Abb. 153.
Zerstäuber der MAN, Augsburg.

Durch Verwendung von zwei Brennstoffventilen sind bei größeren Zylinderdurchmessern höhere mittlere Drucke dadurch erreicht worden, daß infolge besserer Verteilung des Brennstoffes auf den Brennraum bei gleichbleibender Luftmenge größere Brennstoffmengen eingespritzt werden konnten. Krupp-Germaniawerft hat die beim Einregeln zweier Ventile bezüglich gleichmäßiger Verteilung durch beide sich ergebenden Schwierigkeiten zuerst durch Anordnung eines gemeinsamen Hebels vermindert, wobei die infolge der verschiedenen Hebelarme sich ergebende Verschiedenheit der Hübe durch ungleiche Nadelquerschnitte ausgeglichen wurden. Neuerdings treibt das Ende des gemeinsamen Hebels einen zuverlässig geführten Stempel an, von dessen Querhaupt die gleichen Hübe für beide Ventile abgenommen werden.

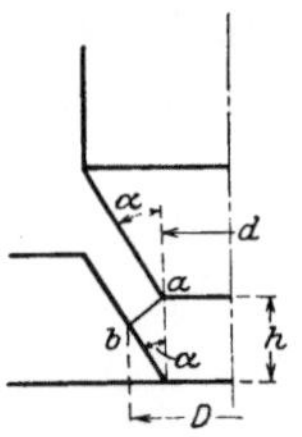

Abb. 154. Öffnungsquerschnitt der Nadel.

Sulzer und Tosi ersetzen die Axialstopfbuchse der Brennstoffnadel durch eine Radialstopfbuchse des Antriebhebels, so daß Riefenbildung durch die Packung und Hängenbleiben der Nadel hier ausgeschlossen sind.

Vermeidung auch dieser Radialstopfbuchse wird durch die in Abb. 153 dargestellte Bauart der MAN erreicht. In einem mit Einblaseluft gefüllten Gehäuse sind die Brennstoffnadel und ein Schwinghebel untergebracht, der seine Bewegung durch Vermittlung eines in seiner Buchse eingeschliffenen Stempels erhält. Dieser ist an seinem unteren Ende als Kegelsitz ausgebildet, der also nur während der kurzen Öffnungsdauer der Nadel offen ist, so daß merkbare Luftverluste nicht entstehen können. Ein Vierkant am oberen Ende der mit der Nadel verbundenen Spindel ermöglicht Drehen der Nadel während des Öffnens, Beilageplatten oberhalb des Schwinghebel-Angriffspunktes gestatten einfaches und genaues Einstellen.

Der Nadelquerschnitt $\frac{d^2\pi}{4}$ ist von der durch das Ventil zu leitenden chemischen Energie, diese — gleiche Nadelhübe und gleiche mittlere Drucke vorausgesetzt — von der Zylinderleistung abhängig, so daß gesetzt werden kann:

$$d^2 = c \cdot N_i \quad (d \text{ in mm}) .$$

Dr. Koenemann hat an Hand von Ausführungen die Konstante c zu 3,2 bei Viertakt-, zu 1,5 bei Zweitaktmaschinen ermittelt[1]).

Die senkrecht zur Strömung gemessene Durchtrittsfläche in der Düse stellt einen Kegelmantel dar mit der Mantellinie $a\,b = h \cdot \sin \alpha$ und den Durchmessern d und $D = d + 2\,h \cdot \sin \alpha \cdot \cos \alpha$, so daß als Größe der Fläche folgt:

$$F = h \cdot \sin \alpha \cdot \pi\,(d + h \cdot \sin \alpha \cdot \cos \alpha) .$$

Für den Durchmesser der Öffnung in der Einloch-Düsenplatte setzt Magg[2]):

$$d = \sqrt{\frac{N_i}{5}} \qquad (d \text{ in mm}) .$$

Rechnerisch findet sich angenähert der Öffnungsquerschnitt zu:

$$f = f_l + f_b = \frac{V_l}{c \cdot t} + \frac{V_b}{c \cdot t} = \frac{1}{c \cdot t} \cdot (V_l + V_b) ,$$

worin f_l = Querschnitt für den Luftdurchtritt, f_b = Querschnitt für Brennstoffdurchtritt, c = gemeinsame Geschwindigkeit von Luft und Brennstoff, V_l und V_b deren auf einen Arbeitshub entfallendes Volumen, $t = \frac{\varphi}{6\,n}$ = Öffnungsdauer der Nadel ist.

[1]) Z. V. d. I. 1916, S. 997. Die Antriebsverhältnisse des Einblaseventils der Dieselmaschine.

[2]) Die Steuerungen der Verbrennungskraftmaschinen. Berlin: Julius Springer.

Beispiel. Maschine von 35 $PS_e = 45$ PS_i, $n = 200$ Uml./min, Verbrauch je Arbeitshub = 1 g Brennstoff, $\frac{G_b}{G_l} = 1$ angenommen.

Spezifisches Volumen der Luft bei 50° und 35 at:

$$V_l = \frac{R \cdot T}{p} = \frac{29{,}3 \cdot (273 + 50)}{350000} = 0{,}027 \text{ m}^3/\text{kg}.$$

Spezifisches Gewicht des Brennstoffes:

$$\gamma_b = 900 \text{ kg/m}^3, \qquad V_b = \frac{1}{900} = 0{,}0011 \text{ m}^3/\text{kg}.$$

Mit dem auf S. 140 bestimmten Wert $c = 218$ m/sek und $t = \frac{40}{6 \cdot 200} = 0{,}0333$ sek bei $\varphi = 40°$ Eröffnungswinkel folgt:

$$f = \frac{1}{1000 \cdot 218 \cdot 0{,}0333} (0{,}027 + 0{,}0011) = 3{,}8 \cdot 10^{-6} \text{ m}^2/\text{g} = 3{,}8 \text{ mm}^2/\text{g}.$$

$$d = 2{,}2 \text{ mm}.$$

Nach Magg ergibt sich:

$$d = \sqrt{\frac{45}{5}} = 3 \text{ mm}.$$

Düsennadel-Dmr. nach Koenemann:

$$d = \sqrt{3{,}2 \cdot 45} = 12 \text{ mm}.$$

Offene Düsen. Diese wurden von Lietzenmeyer (München) eingeführt und bezwecken einfachere Arbeitsweise der Brennstoffpumpen, die während des Saughubes der Maschine gegen nur unwesentlichen Druck fördern. Eine weitere Vereinfachung wird fernerhin durch Benutzung des Einblaseluftventils als Anlaßventil möglich.

Der Brennstoff wird durch die Pumpe einem ständig mit dem Arbeitsraum des Zylinders in Verbindung stehenden Kanal zugeführt und während des Verdichtungshubes stark erwärmt. Der gegen Hubende vom Verdichter kommende Einblaseluftstrom reißt das Öl in den Brennraum, wo es infolge der hohen Temperatur der verdichteten Luft entzündet wird. Der Brennstoff unterliegt hierbei also nicht einer zwangläufigen Führung wie bei der geschlossenen Düse, so daß der Verbrennungsvorgang nicht mit gleicher Sicherheit beherrscht werden kann. Meist wird zu Beginn des Einblasens zuviel Brennstoff in den Brennraum geschleudert, so daß die Verbrennung mit starker Drucksteigerung stattfindet.

Die Maschinen mit offener Düse haben seit Einführung der kompressorlosen Dieselmaschinen wesentlich an Bedeutung verloren.

Nadelhubregelung. Wie auf S. 140 erwähnt, wird häufig namentlich bei Schiffsmaschinen Regelung des Nadelhubes erwünscht, die grundsätzlich in der aus Abb. 155 ersichtlichen Weise vorgenommen werden kann, wobei zunächst konstanter Eröffnungsbeginn angenommen wird, eine Forderung, die eigentlich stets erfüllt werden sollte.

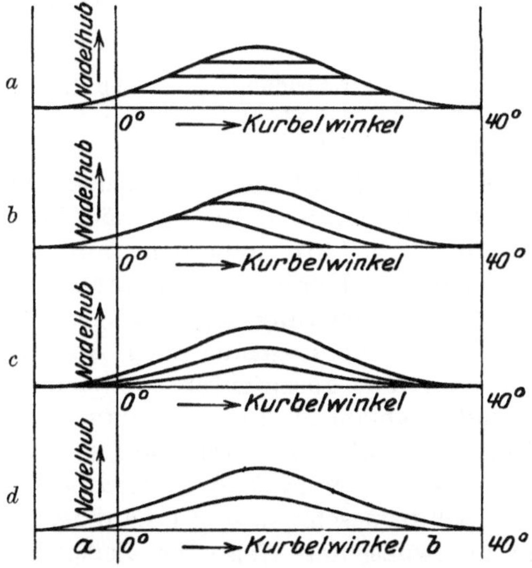

Abb. 155. Regelung des Nadelhubes.

In Abb. 155a wird der Hub des Ventils oben abgeschnitten, eine hierzu dienende Vorrichtung der MAN ist schematisch in Abb. 156 wiedergegeben. Der gegen den Kugelsitz *a* sich legende Antriebhebel hebt die Hülse *b* und damit die Nadel *c* durch die zwischen *b* und *c* eingeschaltete Feder *d* so lange, bis Nadel *c* auf den einstellbaren Anschlag *e* trifft. Nunmehr wird Hülse b allein weiterbewegt, indem sich *b* von dem Bund *f* an der Nadel *c* abhebt. Bei dem durch Schlußfeder *g* bewirkten Abwärtsgang der Hülse wird die Nadel beim Auftreffen der Hülse auf Bund *f* wieder geschlossen. Die Einblasedauer wird bei dieser Bauart nicht verändert, so daß zur Vermeidung unnötigen Einblaseluftverbrauches gegen Ventilhubende das Gemisch durch Drosselung auf die ganze Erhebungszeit zu verteilen ist, womit jedoch bei kleinen Füllungen und voller Drehzahl starker Abfall der Brennlinie und Nachbrennen verbunden ist, während bei verringerter Drehzahl der Brenndruck merklich herabgesetzt werden kann. Die Regelungen nach Abb. 155b und 155c zeigen ebenfalls Verringerung des Nadelhubes, die in Abb. 155b außerdem mit einer den Einblaseluftverbrauch günstig beeinflussenden Kürzung der Öffnungsdauer verbunden ist. In beiden Fällen können als äußere Steuerung sog. schräge, verschiebbare Nocken verwendet werden. Der Nocken für die Regelung nach Abb. 155c wäre im Axialschnitt mit schräger Begrenzungslinie auszuführen, wobei die Anlaufkurven in einer zur Achse parallelen Geraden anfangen, die Ablaufkurven in einer solchen endigen. Der Nocken für Regelung nach Abb. 155b wäre so zu entwerfen, daß die Ablaufkurven in einer zur Achse schräg verlaufenden Geraden endigen müßten.

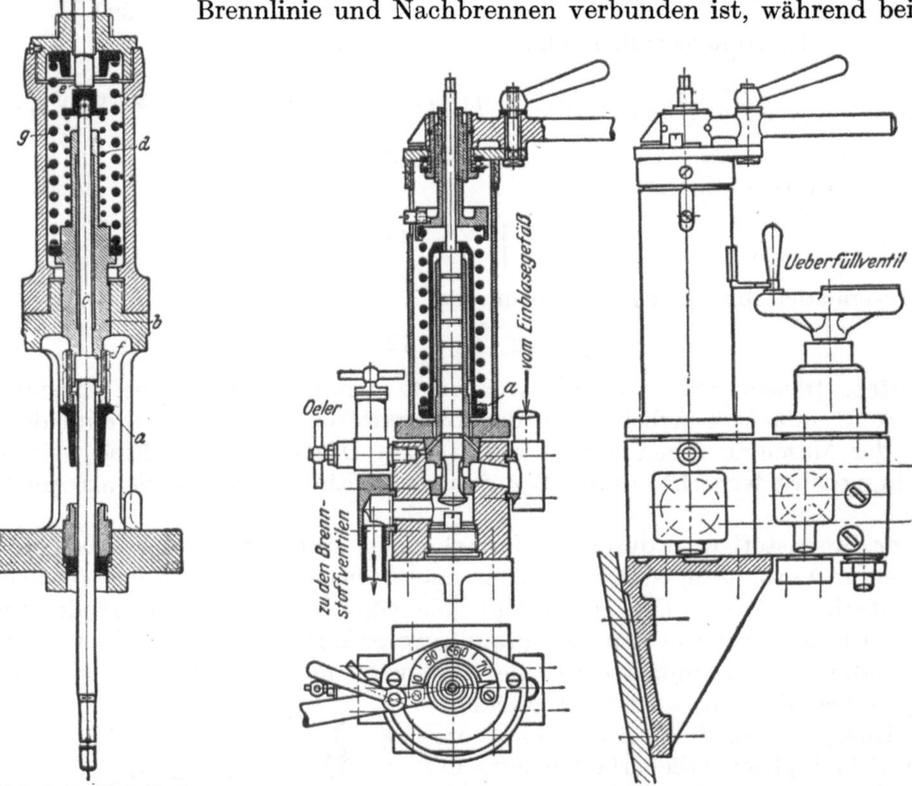

Abb. 156. Nadelhubregelung der MAN, Augsburg.

Abb. 157. Einblasedruckregler der MAN, Augsburg, mit Einstellung von Hand oder durch Regler.

Schiffsmaschinen zeigen häufiger Nadelhubregelung nach Abb. 155d, wobei also in unerwünschter Weise der Zeitpunkt der Eröffnung verlegt wird. Konstruktiv ist diese Regelung einfach auszuführen, indem durch Verdrehen einer exzentrischen

Hülse, wie sie in der Anlaßvorrichtung nach Abb. 514 vorgesehen ist, der Spielraum zwischen Brennstoffnocken und Antriebrolle verändert wird, so daß diese später auf den Nocken aufläuft, früher von ihm abläuft. Siehe auch die Sulzersche Bauart auf S. 151, die diesen Nachteil vermeidet.

Einblasedruckregler. Diese arbeiten, besonders bei Schiffsmaschinen, häufig mit den Nadelhubreglern zusammen. Da die Beeinflussung der vom Verdichter angesaugten Luftmenge wegen des Luftinhaltes der Einblaseflasche sich am Zerstäuber zu spät auswirkt, besonders bei schnellen Änderungen von Drehzahl und Belastung, so wird hier der Einblasedruck zwischen Einblasegefäß und Brennstoffnadel, d. h. die schon verdichtete Luft beeinflußt. Diese Maßnahme kann in einfachster Weise durch Einbau eines Druckminderventils verwirklicht werden, dessen Belastungsfeder durch einen Regler oder auch von Hand eingestellt wird.

Einen von der MAN gebauten Regler dieser Art zeigt Abb. 157. Durch eine Einteilung unter dem Handhebel kann die Federspannung dem gewünschten Einblasedruck entsprechend eingestellt werden.

Soll der Zylinder bei höherer Umlaufzahl der Maschine in gleicher Weise wie bei einer kleineren Umlaufzahl mit Einblaseluft aufgefüllt werden, so muß die Einblasegeschwindigkeit c proportional der Umlaufzahl gesteigert werden, da der Zeitquerschnitt (s. S. 173) proportional zur Zunahme der Umlaufzahl abnimmt. Es wird mit p in at:

$$\frac{c_1}{c_2} = \frac{n_1}{n_2} = \frac{\sqrt{\frac{2g \cdot 10 \cdot p_1}{\gamma}}}{\sqrt{\frac{2g \cdot 10 \cdot p_2}{\gamma}}}; \qquad \frac{p_1}{p_2} = \frac{n_1^2}{n_2^2}.$$

Der Einblaseüberdruck muß proportional zu dem Quadrat der Drehzahlen gesteigert werden, wobei unter Einblaseüberdruck der die Verdichtungsendspannung übersteigende Betrag zu verstehen ist. Allgemein muß sein:

$$p = c \cdot n^2.$$

Fördert eine von der Hauptmaschine angetriebene Pumpe eine Flüssigkeit, so ist deren Menge der Umlaufzahl proportional, der Druck, der erforderlich ist, um die geförderte Menge durch einen einstellbaren Querschnitt zu pressen, ist dem Quadrat der hierbei sich einstellenden Geschwindigkeit, also auch dem Quadrat der Flüssigkeitsmenge bzw. der Drehzahl, proportional. Dieser mit der Umlaufzahl wechselnde Flüssigkeitsdruck kann dazu benutzt werden, die veränderlicher Drehzahl entsprechende Druckänderung der Einblaseluft gegenüber einem durch eine Feder fest eingestellten Druck hervorzurufen.

Von dieser Einrichtung macht der in Abb. 158 dargestellte Regler

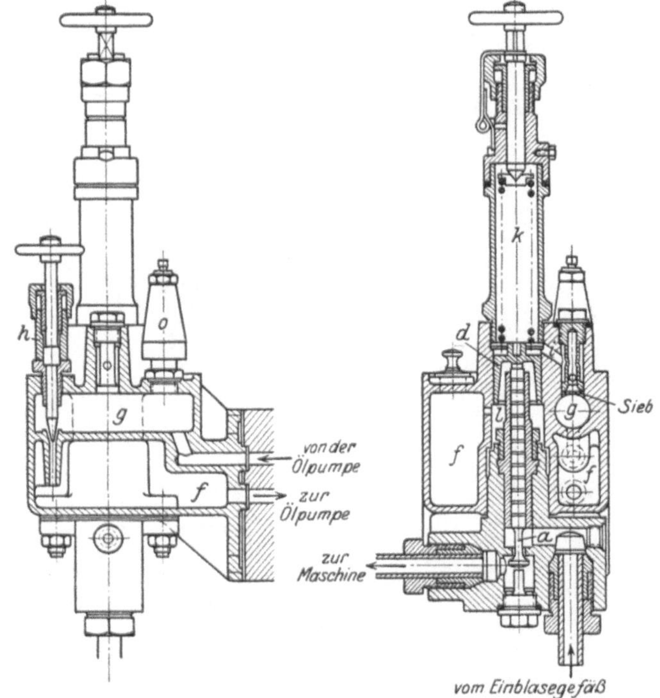

Abb. 158. Einblasedruckregler der MAN mit Beeinflussung durch wechselnden Flüssigkeitsdruck.

der MAN Gebrauch. Drucköl fließt durch das einstellbare Drosselventil *h* aus dem Raum *g* nach Raum *f*, von wo die Pumpe ansaugt. Durch Kanal *i* wird der in *g* herrschende Druck auf den Kolben *d* übertragen, der außerdem durch die Feder *c* belastet ist. Die Feder im Gehäuse *k* wird durch Spindel und Handrad auf eine dem Anlassen und der geringsten Drehzahl entsprechende Spannung eingestellt. Sicherheitsventil *o* sichert gegen unzulässige Drucke, wie sie bei unrichtiger Stellung des Drosselventils *h* entstehen können. Federgehäuse *k* ist mit Drucköl angefüllt; damit sich hier keine die Regelung verzögernden Luftmengen ansammeln können, ist eine Entlüftschraube vorgesehen. Ein Sieb zwischen *g* und *i* schützt den eingeschliffenen Kolben gegen Unreinigkeiten.

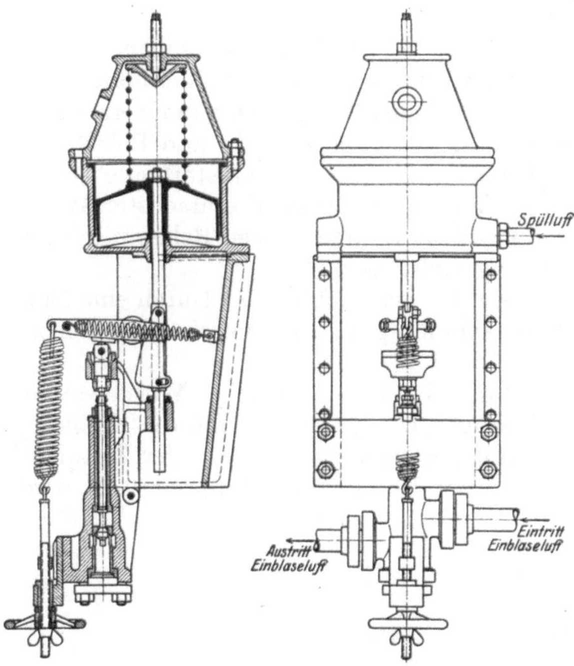

Abb. 159. Einblasedruckregler der Friedr. Krupp-Germaniawerft mit Beeinflussung durch den Spülluftdruck.

Bei Zweitaktmaschinen kann das Drucköl durch die Spülluft ersetzt werden, falls die Spülluftpumpen von der Hauptmaschine angetrieben werden. Es treten dann die gleichen Verhältnisse wie bei der vorerwähnten Ölpumpe auf, da die Spülluftschlitze oder -ventile als Drosselöffnung wirken. (Die direkt angetriebene Einblaseluftpumpe mit der Brennstoffdüse verhält sich gleichartig, so daß eine gewisse Selbstregelung stattfindet, doch ist zu beachten, daß mit der Steigerung der Umlaufzahl nur die a b s o l u t e n Drucke zunehmen, während die Einblase ü b e r drucke zu steigern sind.)

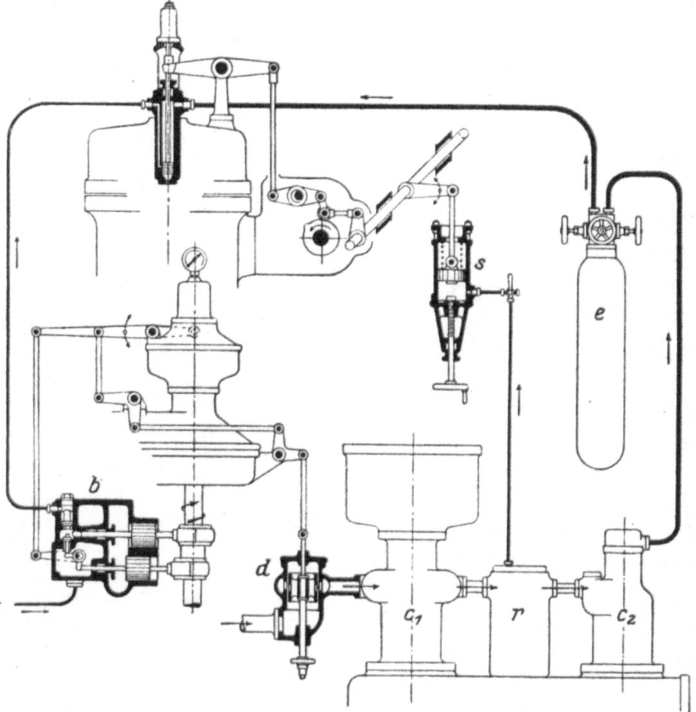

Abb. 160. Einblasedruckregler von Gebr. Sulzer, Winterthur, für ortfeste Maschinen.

Bei der in Abb. 159 wiedergegebenen Bauart der Krupp-Germaniawerft wirkt bei Zweitaktmaschinen der mit der Umlaufzahl wechselnde Spülluftdruck auf einen federbelasteten Kolben ein, dessen Stange mittels Schubkurve und Rolle einen wagerechten Hebel verschiebt, wodurch die Lage des Angriffspunktes und damit der Hebelarm einer einstellbaren Schließfeder geändert wird. Die Spindel des

Druckminderventils legt sich mit einer Rolle gegen eine Lauffläche des wagerechten Hebels, der bei Abwärtsbewegung des Kolbens durch eine zweite wagerechte Feder zurückgezogen wird.

Abb. 160 zeigt eine Regelung von Gebr. Sulzer in Winterthur für ortfeste Maschinen. Der Regler verstellt in üblicher Weise die Saugventile der Brennstoffpumpe *b*, außerdem den Drosselschieber *d* in der Saugleitung der ersten Verdichterstufe c_1; aus dieser strömt die vorverdichtete Luft über den Aufnehmer *r* in die letzte Stufe c_2, die in das Einblasegefäß *e* fördert. Um nun beispielsweise bei sinkender Belastung und abnehmender Brennstoffüllung auch die Einblaseluftmenge zu verringern, wird auch der Hub der Brennstoffnadel verändert; zu diesem Zweck wird von einem unter dem Aufnehmerdruck stehenden Kolben im Gehäuse *s* eine Hilfswelle verdreht, welche die Brennstoffventilrolle vom Nocken entfernt, so daß Hub und Eröffnungszeit kleiner werden. Da aber der Zeitpunkt der Ventileröffnung nicht verlegt werden soll, so ist die Anlaufkurve des Brennstoffnockens als Umhüllende aller Lagen der Rolle geformt, die sich bei einer Drehung der Hilfswelle ergeben.

Ist schnelle Änderung des Einblaseluftdruckes erwünscht oder erforderlich, so wird von dem Kolben ein Drosselorgan in der von der Einblaseflasche zum Zerstäuber führenden Leitung verstellt. Der Querschnitt wird hierbei — im Gegensatz zu selbsttätigen Druckminderventilen — fest eingestellt, damit sich keine Unstimmigkeit mit der Drosselung der Saugleitung ergibt.

c) Die Brennstoffpumpen für Lufteinspritzung.

Der Pumpenkörper der Dieselmaschinenpumpen wird aus zähem, dichtem Gußeisen, aus Schmiedeeisen oder Stahl hergestellt. Die Kanäle für Drucköl müssen auch bei gußeisernen Gehäusen gebohrt und dürfen nicht eingegossen werden. Die Kolben, deren Stopfbuchse durch talgbestrichenes Asbest oder ölgetränkte Exzelsiorschnur abdichtet, falls nicht metallische Dichtung vorgesehen ist, werden aus Stahl oder Nickelstahl, die Ventile aus Phosphorbronze, bei Teeröl ebenfalls aus Stahl, die Ventilsitze aus Rotguß hergestellt.

Der Regler wirkt fast ausschließlich auf das Saugventil, seltener auf ein besonderes Rückströmventil ein, das je nach Belastung der Maschine längere oder kürzere Zeit nach Beginn des Druckhubes noch geöffnet bleibt, so daß ein Teil des geförderten Brennstoffes zurückfließt. Das ist auch bei Vollast der Fall, was eine über den eigentlichen Bedarf der Maschine hinausgehende Vergrößerung des Hubraumes und Verringerung der aus der Kleinheit der Fördermenge sich ergebenden konstruktiven Schwierigkeiten bedingt. Gleichzeitig wird die Regelung verbessert, da das Saugventil länger geöffnet bleibt, die Einwirkungsdauer des Reglers verlängert wird. Während sonach der Beginn der Förderung veränderlich ist, je nach Belastung, liegt der Zeitpunkt für Beendigung der Förderung fest. Die Anordnung hat auch den Vorteil, daß infolge des Saugventilantriebes vor Beginn des Druckhubes die Kräftewirkung geringer ist, als wenn das Saugventil während des Druckhubes gegen den vollen Förderdruck anzuheben wäre.

Um Durchgehen der Maschine mit Sicherheit zu vermeiden, soll bei höchster Lage der Reglermuffe das Saugventil dauernd geöffnet sein.

Luftblasen verringern den räumlichen Wirkungsgrad wegen des hohen Förderdruckes in besonders starkem Maße, und es wird bei größerer Luftansammlung möglich, daß überhaupt nicht mehr gefördert wird. Beim Entwurf ist deshalb besonderes Augenmerk auf Vermeidung von Strömungsschatten zu richten; das Druckventil ist an die höchste Stelle des Druckraumes zu legen, damit eindringende Luft fortgedrückt wird.

Undichtheiten werden durch Hintereinanderschaltung zweier Druckventile vermieden. Zwischen beiden Ventilen wird eine Prüfschraube oder ein Prüfventil angeordnet, damit man sich über das richtige Arbeiten der Pumpe vergewissern kann.

Die Brennstoffpumpe soll nicht ansaugen, der Brennstoff muß zufließen. Vor dem Saugventil wird der Brennstoffspiegel im Pumpensaugkasten auf gleichbleibende Höhe gehalten, wodurch Änderungen der Brennstoffmenge im Vorratsbehälter ohne Einfluß bleiben und Abdichtung der das Saugventil steuernden Reglerstange erübrigt wird. Zufluß von einem höher gelegenen Vorratsbehälter könnte auch die Folge haben, daß nach Außerbetriebsetzung der Maschine und Abstellung des Einblasedruckes Brennstoff durch Saug- und Druckventil hindurchfließt, so daß beim Anlassen der Maschine große Ölmengen aus dem Nadelventil austreten und gefährliche Drucksteigerung verursachen.

Die Ausrüstung mit einer Handpumpe dient zum Auffüllen der Leitung beim Inbetriebsetzen, unter Umständen auch zur Vergrößerung der Brennstoffmenge bei plötzlich einsetzender Mehrbelastung. Die Ausbildung des Plungerendes als Rückschlagventil z. B. nach Abb. 167 macht Abdichtung des Plungers nach außen hin überflüssig. Eine Feder führt den Plunger in die Anfangslage zurück. Zu beachten ist, daß beim Auffüllen Saug- und Druckventil der Pumpe geschlossen sind. An einem Überlauf, der auch zur Entlüftung dient, wird die Füllung von Leitung und Pumpe festgestellt. Eine Abstellvorrichtung, die zugänglich liegen muß, ermöglicht durch Aufdrücken des Saugventils rasches Stillsetzen der Maschine. Bei Mehrzylindermaschinen wird diese Abstellvorrichtung mitunter für eine Zylindergruppe gemeinsam ausgeführt, damit diese beim Parallelschalten im Leerlauf mit größerer Belastung arbeitet, was gegen das Aussetzen von Zündungen sichert und die Regelung erleichtert.

Mehrzylindermaschinen erhalten entweder eine Pumpe für sämtliche Zylinder, was nicht leicht zu bewirkende Gleichmäßigkeit der Ölverteilung auf die Zylinder durch eine besondere Einstellvorrichtung erfordert, oder es werden mehrere Pumpen vorgesehen, deren durch ein Querstück verbundene Plunger von einem oder zwei Exzentern angetrieben werden. In diesem Fall können bei Versagen einer Pumpe die anderen Zylinder überlastet werden, was jedoch bei Anwendung nur einer Pumpe ebenfalls bei Störungen in der Leitung möglich ist.

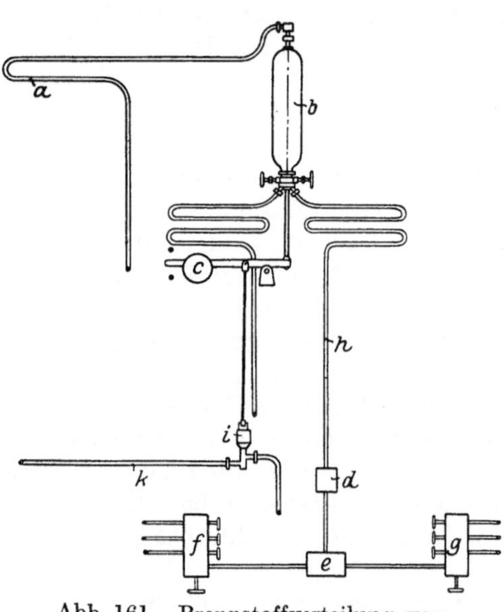

Abb. 161. Brennstoffverteilung von Werkspoor, Amsterdam.

Eine eigenartige Einrichtung weisen die Werkspoor-Maschinen auf. Abb. 161. Die Brennstoffpumpe fördert das Öl in ein Gefäß *b*, das durch ein Gegengewicht *c* in seiner Lage gehalten wird. Infolge elastischer Ausführung der Rohrleitung ist das Gefäß innerhalb der durch Anschläge gegebenen Grenzen beweglich. Übersteigt das geförderte Öl einen bestimmten Betrag, so sinkt das Gefäß und schließt durch das Ventil *i* die vom Filter zur Brennstoffpumpe gehende Leitung *k* ab. Gefäß *b*, dessen Inhalt durch Rohr *a* unter dem Druck der Einblaseluft steht, ist so hoch über der Maschine angeordnet, daß das Öl den Brennstoffventilen durch seine Schwerkraft zufließt.

Auf diesem Wege *h* gelangt das Öl nach Durchfließen eines von einem Aspinall-Regler verstellbaren Drosselventils und eines Handdrosselventils in die Verteilerkästen *f* und *g*, in denen sich — für eine Sechszylindermaschine — je drei Regelventile für die einzelnen Zylinder befinden.

Für die Maschine ist also nur eineroße Brennstoffpumpe, die auch unabhängig angetrieben werden kann, auszuführen. Bei einer Betriebsstörung an dieser Pumpe kann bis zu deren Behebung oder bis zur Inbetriebnahme einer Hilfspumpe die Maschine zunächst mit dem Gefäßinhalt weiterfahren. Die Ölverteilung auf die einzelnen Zylinder ist durchaus gleichmäßig.

Die Brennstoffpumpe wird von der Nockenwelle mit halber Umlaufzahl (bei Viertaktmaschinen) oder seltener von der Übertragungswelle mit voller Umlaufzahl angetrieben. Hierbei werden die Abmessungen kleiner, die Förderung wird auf zwei Druckhube verteilt. Das Saugventil wird entweder unter entsprechender Übersetzung vom Pumpenkolben selbst gesteuert, oder es wird für die Steuerung eine besondere Kurbel angeordnet, die der Pumpenkurbel um 45° nacheilt. Die erstere Bauart hat den Nachteil, daß das Saugventil bei geringer Belastung erst gegen Ende des Förderhubes mit kleiner Geschwindigkeit schließt, so daß das Ventil leicht undicht bleibt. Bei der zweiten Ausführungsweise ist die Schließgeschwindigkeit größer.

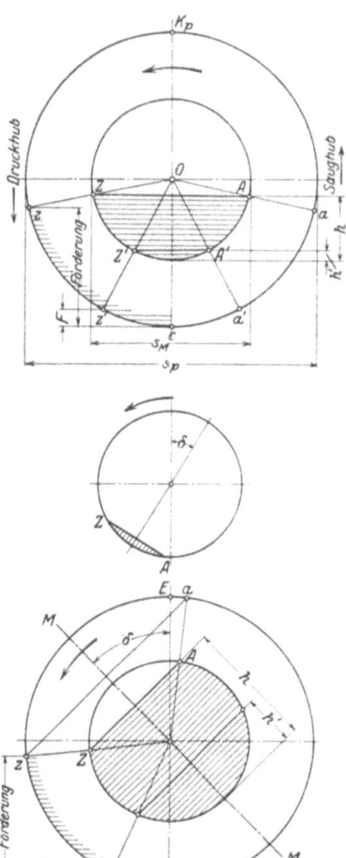

Abb. 162 bis 164. Diagramme der Saugventilsteuerung.

Abb. 162 zeigt das Diagramm der Saugventil-Steuerung durch den Pumpenkolben. Es ist $s_P =$ Pumpenhub, $s_M =$ Mitnehmerhub. Bei Beginn des Druckhubes, bei der Pumpenkurbeltotlage K_P, befand sich das Saugventil in höchster Lage, um dann abwärts zu gehen und im Punkt Z zu schließen, worauf die Förderung während des Kurbelwinkels zOc einsetzt. In A wird das Saugventil wieder geöffnet, so daß h den Spielraum zwischen geschlossenem Saugventil und dem Mitnehmer in dessen tiefster Stellung bei größter Belastung der Maschine darstellt. Wird h auf h' verkleinert, so öffnet das Saugventil früher in A' und schließt später in Z', einem kleineren Förderwinkel $z'Oc$ entsprechend. Bei höchster Reglermuffenlage fallen die Punkte A und Z zusammen, Punkt A liegt am Beginn des Saughubes, das Ventil bleibt dauernd geöffnet.

Bei Anordnung eines besonderen der Kurbel voreilenden Exzenters würde sonach bei kleinen Förderzeiten der Eröffnungspunkt A des Saugventils schon in das Ende des Druckhubes fallen, was sich im Diagramm übersehen läßt, wenn nach Abb. 163 das Exzenter nicht um den Winkel δ vor-, sondern um den gleichen Winkel nacheilend eingetragen wird. Das Saugventil würde unter Ausübung eines Rückdruckes auf den Regler gegen den Förderdruck angehoben werden müssen. Besondere Exzenter zur Steuerung des Saugventils müssen deshalb der Pumpenkurbel nacheilen, sind also im Diagramm voreilend, Abb. 164, darzustellen. Der größte Förderhub ist dadurch gegeben, daß Eröffnungspunkt A des Saugventils höchstens mit Ende E des Saughubes zusammen-, nicht in den Beginn des Druckhubes hineinfallen darf. Bei $\delta = 45°$ ist sonach ein größerer Förderwinkel als 90° nicht möglich, wobei der Brennstoff am Saughub-Ende bei niedergehendem Kolben einströmt. Legt man durch E als den für A maßgebenden Punkt Senkrechte zu anderen Nacheillinien MM, so erkennt man, daß mit Vergrößerung des Nacheilwinkels δ der Förderwinkel abnimmt, da Punkt z stetig tiefer rückt; für $\delta = 90°$ wird der Förderwinkel gleich Null.

Es ist zu beachten, daß die Winkel der in Abb. 162 und 164 dargestellten Diagramme zu verdoppeln sind, wenn sie auf die Maschinenkurbel bezogen werden sollen.

In Abb. 165 beginnt die Pumpenförderung 60° nach Zündtotpunkt. Früh einsetzende Förderung ergibt als Vorteile: sichere Entstehung des Zündtropfens und gleichmäßige Verteilung der Fördermenge über die Platten des Zerstäubers, doch werden leicht zu große Brennstoffmengen zu Beginn des Einblasens in den Brennraum gerissen. Wie aus Abb. 165 ersichtlich, erstreckt sich die Förderung über Ende des Zündhubes und über den ganzen Auspuffhub, so daß bei Hängenbleiben der Nadel Entfernung des geförderten Öles durch die auspuffenden Gase angenommen werden könnte, aus welchem Grunde der in Abb. 165 dargestellte Förderungsverlauf auch häufig gewählt wird. Nach Beobachtungen von Colell[1]) trifft diese Annahme aber nicht zu, da sich anscheinend das Öl infolge der Abkühlung durch die Einblaseluft an den Wänden als Nebel niederschlägt, der der Mitnahme durch den Abgasstrom entzogen ist. Frühzündungen treten sonach auch hier bei hängenbleibender Nadel auf. Bei früh beginnender Förderung hört außerdem die Einwirkung des Reglers schon längere Zeit vor dem Verbrennungshub auf, so daß die Regelung nachhinkt, was jedoch bei schweren Schwungradgewichten unbedenklich ist.

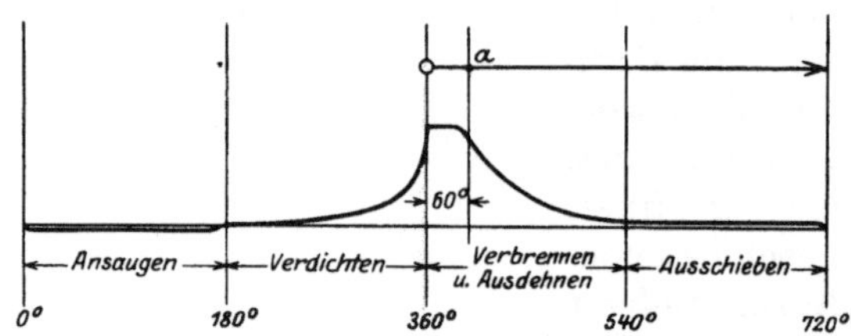

Abb. 165. Beginn und Dauer der Brennstoffförderung. Beginn im Punkt a.

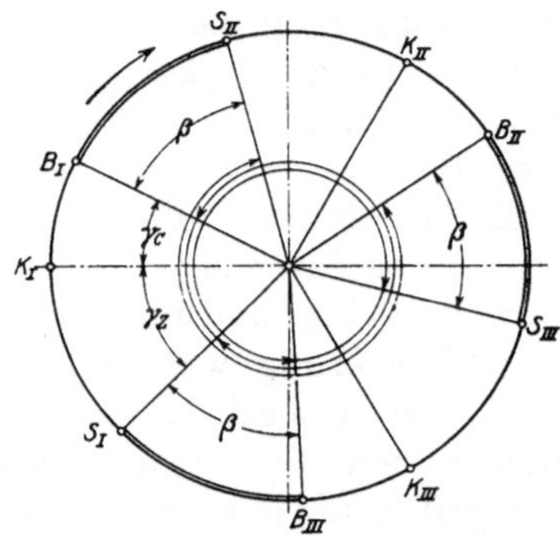

Abb. 166. Förderwinkel einer Dreizylindermaschine.

Für die Förderung der Brennstoffpumpe steht die Zeit von etwa 20% nach Zündtotlage bis etwa 50% vor dieser zur Verfügung, einem Kurbelwinkel von mehr als 270° entsprechend. Dieser Winkel gilt für die Einzelpumpe eines Zylinders und wird bei Versorgung mehrerer Zylinder durch nur eine Pumpe wesentlich verringert, wenn kein Förderhub in die Füllungszeit eines dieser Zylinder fallen soll. In Abb. 166 sind die Förderwinkel β für eine Dreizylindermaschine mit unter 120° versetzten Kurbeln unter der Voraussetzung eingetragen, daß innerhalb der obengenannten Winkel γ_z, entsprechend 50% Verdichtungshub vor Zündtotlage, und γ_C, entsprechend 20% nach Zündtotlage, nicht gefördert werden soll. Es muß sonach für Kurbel K_I im Punkt S_I die Förderung spätestens aufhören und darf im Punkt B_I frühestens beginnen. Werden diese drei Punkte K_I, S_I und B_I um 120° versetzt, so erhält man den größtzulässigen Förderwinkel, der für das Verhältnis $\frac{\text{wirksamer Pumpenhub}}{\text{ganzer Pumpenhub}}$ maßgebend ist.

Jedenfalls auf Grund ihrer Erfahrungen mit der luftlosen Einspritzung hat die MAN das vorstehend beschriebene Verfahren mit Vorlagerung des Brennstoffes am Brennstoffventil verlassen und führt die äußere Steuerung so aus, daß annähernd gleichzeitig mit der Öffnungsdauer der Nadel gefördert wird. Dadurch werden

[1]) Colell: Außergewöhnliche Druck- und Temperatursteigerungen bei Dieselmotoren. Berlin: Julius Springer 1921.

zunächst die mit dem Hängenbleiben der Nadel verbundenen Gefahren beseitigt. Da bei kleiner Umlaufzahl auch der Brennstoff langsamer eingeführt wird, so werden beim Anlassen und geringer Drehzahl zu hohe Zünddrucke vermieden.

Berechnung der Abmessungen. Bedeuten:

B = stündliches Brennstoffgewicht in g/PS_eh,
γ = spezifisches Gewicht in g/cm^3,
$\frac{B}{\gamma}$ = stündliches Brennstoffvolumen in cm^3 je PS_eh,
N_e = Anzahl der PS_e,
i = Anzahl der auf einen Arbeitshub entfallenden Umdrehungen ($i = 2$ bei Viertakt, $i = 1$ bei Zweitakt, $i = 0{,}5$ bei doppeltwirkendem Zweitakt),
O = Arbeitskolbenfläche in cm^2,
p_m = mittlerer indizierter Druck,
s = Hub in cm,
$c = \frac{n \cdot s}{30}$ = mittlere Kolbengeschwindigkeit in cm/sek,
$\eta_v = \frac{\text{nutzbarer Pumpenhub}}{\text{gesamter Pumpenhub}}$,
η_m = mechanischer Wirkungsgrad.

Brennstoffvolumen je Arbeitshub:

$$V_a = \frac{B}{\gamma} \cdot \frac{N_e \cdot i}{60 \cdot n} (\text{cm}^3) .$$

Mit c_n = nutzbarer Kolbengeschwindigkeit $= \frac{n \cdot s}{30 \cdot 2\,i}$ in cm/sek wird die Anzahl der PS_e:

$$N_e = \frac{O \cdot \eta_m \cdot p_m \cdot c_n}{75 \cdot 100} = \frac{O \cdot \eta_m \cdot p_m \cdot n\,s}{75 \cdot 100 \cdot 30 \cdot 2\,i} = \frac{O \cdot \eta_m \cdot p_m \cdot n\,s}{450\,000 \cdot i} .$$

$$V_a = \frac{B}{\gamma} \cdot \frac{O \cdot \eta_m \cdot p_m \cdot s}{60 \cdot 450\,000} = \frac{B}{\gamma} \cdot \frac{O \cdot \eta_m \cdot p_m \cdot s}{27\,000\,000} .$$

Daraus folgt der Hubraum der Pumpe:

$$V_P \cdot \eta_v = V_a \qquad \text{mit} \qquad \eta_v = 0{,}5 \text{ bis } 0{,}3.$$

Beispiel. Viertaktmaschine 320 mm Zyl.-Dmr., 420 mm Hub, $n = 180$ Uml./min. Brennstoffverbrauch $B = 185$ g/PS_eh, Gasöl von 10000 kcal und $\gamma = 0{,}86$ g/cm^3; $\eta_m = 0{,}75$, $p_m = 6{,}5$ kg/cm^2, $c = \frac{n \cdot s}{30} = \frac{180 \cdot 42}{30} = 252$ cm/sek.

$$V_a = \frac{185}{0{,}86} \cdot \frac{804 \cdot 0{,}75 \cdot 6{,}5 \cdot 42}{27\,000\,000} = 1{,}31 \text{ cm}^3 .$$

Mit $\eta_v = 0{,}33$ folgt $V_P \cong 4{,}0$ cm^3 bei einmaliger Förderung während vier Maschinenhüben.

Ausführungsformen. Abb. 167 zeigt eine Doppelpumpe für Teeröl und Gasöl, das als Zündöl dient; der Gasölplunger eilt dem Teerölplunger vor. Der Regler verdreht die Welle *w* und mittels Hebel *a* und Zugstange *b* eine Hülse. Mit dieser ist durch Feder und Nut eine Mutter auf Drehung gekuppelt, die oben einen durch Querhaupt mit der Führungsstange des Plungers verbundenen Gewindebolzen, unten einen mit entgegengesetztem Gewinde versehenen Stempel umfaßt. Wird die Welle *w* gedreht, so wird der unten mit dem Mitnehmer verbundene Stempel verlängert oder verkürzt, womit sich auch der Abstand der Mitnehmerspitze von dem Anschlag der Saugventilstange ändert. Der Anhub des Gasöl-Saugventils wird in gleicher Weise, aber von Hand verlegt. Eine Rückwirkung auf den Regler ist bei dieser Anordnung infolge der Selbstsperrung des Gewindes ausgeschlossen.

Der Grundriß zeigt die beiden Hand-Auffüllpumpen, deren Plunger am inneren Ende als Ventil ausgebildet ist.

In Abb. 168 und 169 sind die Brennstoffpumpen von Schiffsmaschinen wiedergegeben, die in der auf S. 204 angegebenen

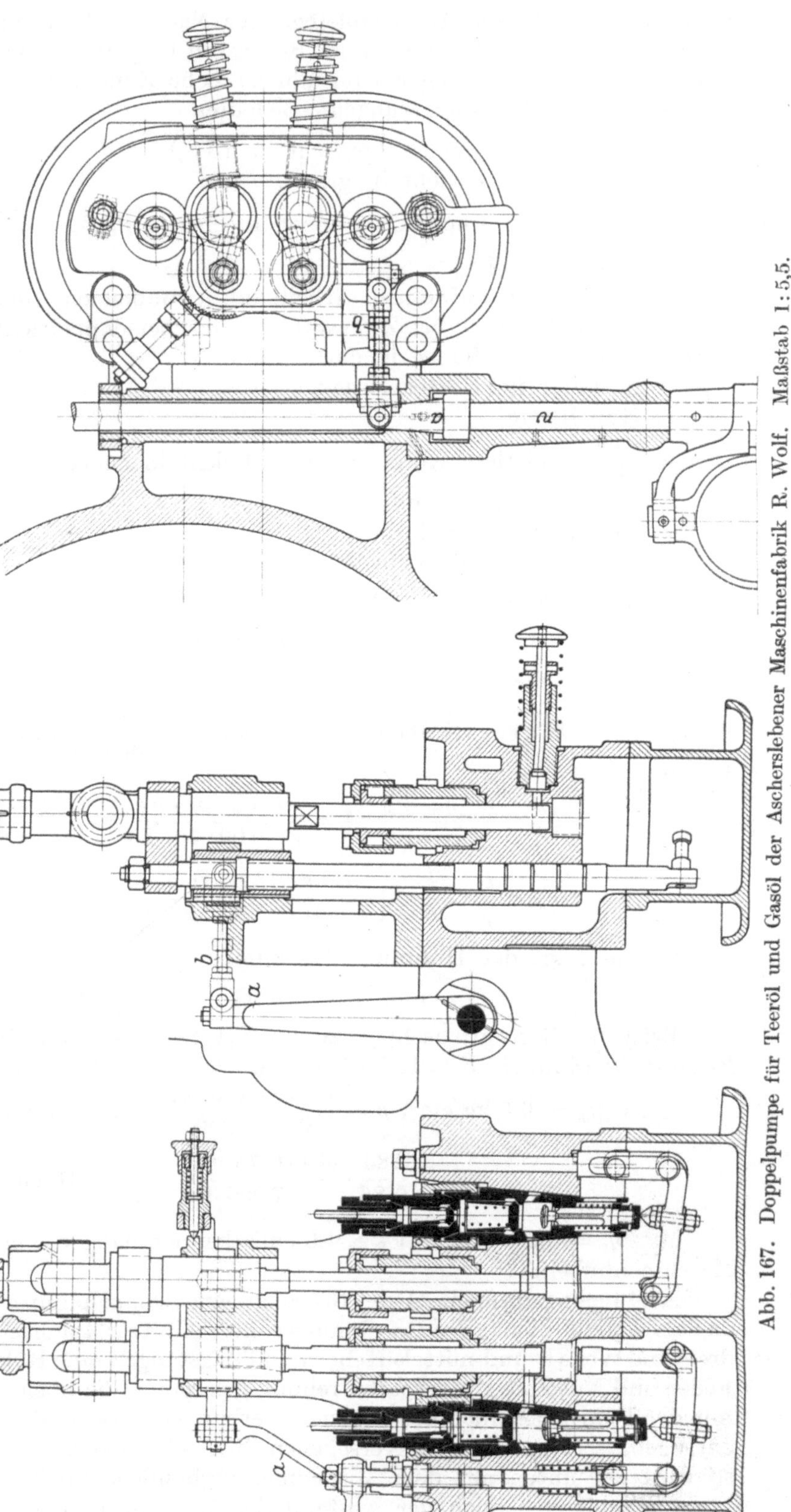

Abb. 167. Doppelpumpe für Teeröl und Gasöl der Ascherslebener Maschinenfabrik R. Wolf. Maßstab 1 : 5,5.

Weise mit dem Anlaßhebel in Verbindung stehen. Außerdem wird besondere Einwirkung eines Sicherheitsreglers vorgesehen, der bei Austauchen der Schraube die Brennstofförderung unterbricht.

Abb. 168 zeigt die Brennstoffpumpe der AEG-Schiffsmaschinen, die neuerdings mit öldicht eingeschliffenen Pumpenstempeln aus gehärtetem Stahl ausgeführt werden. Zur Verringerung der Abmessungen und Erzielung größerer Empfindlichkeit der Regelung fördern die Stempel, die in einem gemeinsamen Querbalken eingespannt sind, bei jeder Umdrehung. Unterhalb des Druckventils *b* und zwischen den beiden Druckventilen *b* und *c* ist je eine Entlüftungs- und Prüfschraube angeordnet.

Das Saugventil wird durch Wippe *e* geöffnet, deren Welle in exzentrischen Zapfen im Sauggehäuse gelagert ist, so daß die Wippe bei ihrer pendelnden Bewegung an der Stellschraube *h* gleitet. Der doppelarmige Hebel, von dem aus mittels Übertragungsstange der Hebel *g* angetrieben wird, ist auf einer ex-

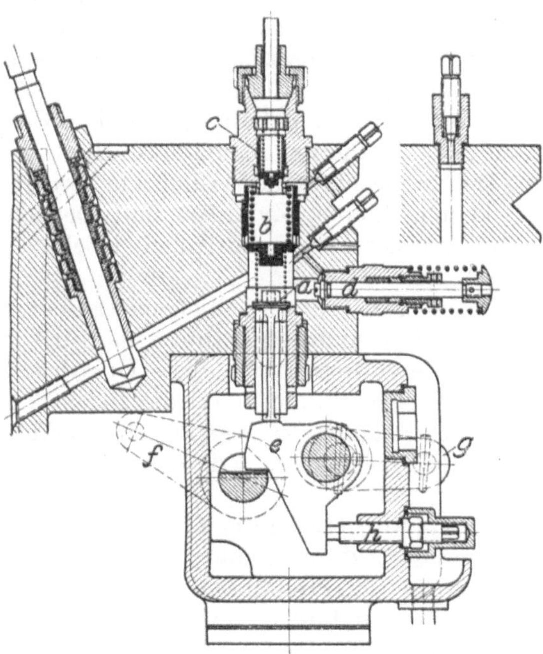

Abb. 168.
Brennstoffpumpe der AEG. Maßstab 1:5.

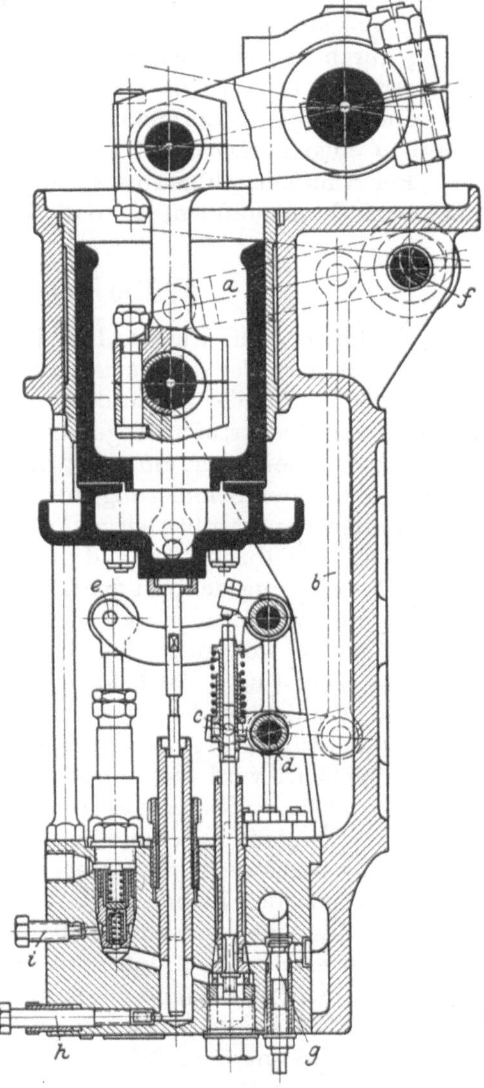

Abb. 169. Brennstoffpumpe der MAN-Viertaktschiffsmaschinen.

zentrischen Buchse gelagert, die vom Maschinistenstand aus verdreht werden kann. Die Bewegung der Übertragungsstange wird dadurch in ein höheres oder tieferes Gebiet verlegt, dementsprechend die Zeitdauer der Saugventilöffnung geändert.

Um auf dem Prüfstand die Zylinder auf gleiche Leistung einzuregeln, wird die Stellschraube *h* eingestellt, die auch zum Abschalten eines Zylinders während der Fahrt dient. Der Sicherheitsregler verdreht durch Arm *f* eine Welle, welche die Saugventilwippen bis auf eine anhebt, so daß z. B. bei Achtzylindermaschinen sieben

Zylinder keinen Brennstoff erhalten, während die Arbeit des achten Zylinders Stehenbleiben der Maschine verhindert.

Die Brennstoffpumpe der MAN-Viertaktschiffsmaschinen, Abb. 169, wird durch Verdrehen der Welle *f* und Verlegung des Drehpunktes von Regulierhebel *a* mittels Exzenter in üblicher Weise durch Änderung des Saugventilschlußpunktes geregelt. Beim Abstellen der Maschine wird durch das Umsteuerungstriebwerk, beim Überschreiten der höchstzulässigen Drehzahl wird durch den Sicherheitsregler die oberhalb *d* gelagerte Welle gedreht, wodurch das Saugventil dauernd geöffnet und gleichzeitig durch das Hebelende *e* ein Stempel niedergedrückt wird, der die Einblaseluft absperrt. Es ist nur eine Handauffüllpumpe vorgesehen, die durch das Ventil *h* mit den einzelnen Pumpenräumen verbunden wird. In jede Saugleitung ist ein Abstellventil *g* eingebaut, so daß jede Pumpe für sich überholt werden kann.

Bei Schiffsmaschinen ist es üblich, die Brennstoffpumpen vereinigt am Maschinistenstand anzuordnen, so daß ihre Arbeitsweise leicht überwacht werden kann.

d) Die Verdichter und Spülpumpen.

Verdichter. Die Einblaseluft für das Brennstoffventil und die für das Anlassen (und Umsteuern der Schiffsmaschinen) nötige Druckluft wird durch besondere Verdichter beschafft, die wegen des hohen Luftdruckes von 60 bis 70 at und mehr mit zwei bis vier Druckstufen ausgeführt werden, um den räumlichen Wirkungsgrad zu verbessern, vor allem aber, um zu starke Erwärmung der Luft und die damit verbundene Erschwerung der Schmierung und Betriebsgefahren (s. S. 429) zu verhindern. Die mehrstufige Bauart gibt Gelegenheit, die verdichtete Luft in Behältern zwischen den Stufen ergiebig abzukühlen und die Verdichtung der Isotherme anzunähern; die thermische Verdichtung der Luft durch Abkühlung ersetzt mechanische Verdichtungsarbeit.

Da der Wärmeaustausch der Luft mit den gekühlten Zylinder- und Deckelwandungen bei steigender Umlaufzahl abnimmt, so ist bei raschlaufenden Maschinen mehr als zweistufige Verdichtung vorzuziehen.

Die Verdichter der Dieselmaschinen werden fast ausschließlich mit einfachwirkenden Stufenkolben ausgeführt, wobei die zweite ringförmige Stufe dem Kurbelraum zugekehrt wird (vgl. Abb. 232), da der in dieser stets vorhandene Überdruck das Ansaugen des Schmieröls in die Verdichterräume verhindert und die Belastung des Kurbelzapfens gleichmäßiger wird. Um die Bauhöhe zu verringern, dichtet Krupp-Germaniawerft diese Mitteldruckstufe durch nach innen federnde Ringe am Führungsende des Zylinders ab.

Bei Maschinen kleinerer Leistung wird der Verdichter häufig am Rücken des Maschinengestells angeordnet und die Kolbenbewegung durch Lenker und Schwinghebel von der Pleuelstange abgeleitet. Diese Lage ist, um die Maschinenlänge möglichst kurz zu halten, auch bei größeren Maschinen zu finden, wobei Antrieb der mitunter getrennt ausgeführten Stufen von mehreren Pleuelstangen der Maschine oder in gleicher Weise wie für kleinere Maschinen angegeben zu finden ist. Meist liegt jedoch der Verdichter, in stehender oder liegender Bauart ausgeführt, am freien Ende der Maschine und wird von deren Welle durch eine Stirnkurbel oder — falls durch Zwillingsanordnung Ausgleich der bewegten Massen angestrebt wird — durch eine doppelte Kröpfung mit unter 180° versetzten Kurbeln angetrieben. Diese Zwillingsanordnung ermöglicht überdies wenigstens noch die Lieferung der halben Luftmenge, falls der eine Verdichter schadhaft wird. Die Stufen vierstufiger Verdichter können bei Teilung des Niederdruckzylinders zum Zweck des Massenausgleichs und gleichmäßiger Verteilung der Arbeitsleistung auf beide Kurbeln so gelegt werden, daß eine Kröpfung Hoch- und einen Niederdruckkolben, die zweite Mittel- und den anderen Niederdruckkolben antreibt.

Mit Rücksicht auf den Druckluftbedarf beim Manöverieren werden die Verdichter der Schiffsmaschinen besonders reichlich bemessen. Mehr und mehr geht man in Schiffsmaschinenanlagen dazu über, die Verdichter gesondert anzutreiben und den geforderten Aushilfsverdichter durch Vergrößerung der Verdichter der Hilfsdieselmaschinen zu ersetzen, die dann allerdings im normalen Betrieb mit verringerter Leistung laufen müssen [1]). Unabhängiger Antrieb ermöglicht beliebige Wahl der Umlaufzahl, Aufpumpen der Anlaßflaschen auch bei Stillstand der Maschine und zentrale Druckluftversorgung mehrerer Maschinen.

Bemerkenswert ist eine Hilfsverdichter-Bauart der Deutschen Werke, Kiel, die so eingerichtet ist, daß außer der Luft von 50 bis 70 at für Einblasen und Anlassen nach Umstellen einiger Ventile auch Luft von 7 bis 12 at für den Betrieb der Pumpen usw. geliefert werden kann. In diesem Fall wird das Ansaugevolumen durch Parallelschalten zweier Stufen so gesteigert, daß die Leistung der Antriebmaschine annähernd voll ausgenutzt wird. Im Hochdruckbetrieb arbeitet der Verdichter mit vier, im Niederdruckbetrieb mit zwei Stufen.

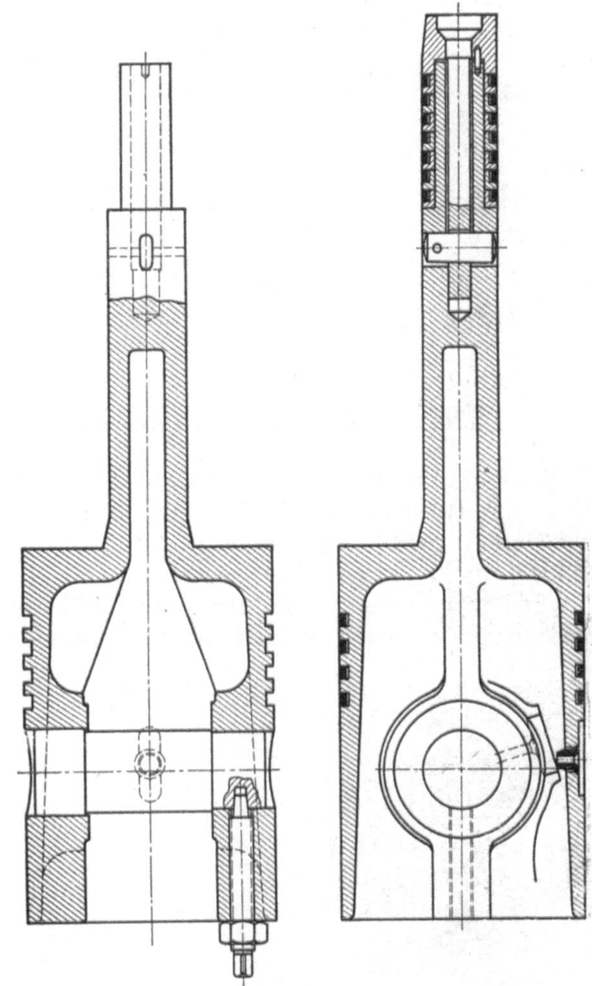

Abb. 170. Kolben eines zweistufigen Verdichters der Ascherslebener Maschinenfabrik R. Wolf. Maßstab 1 : 4.

Abb. 170 zeigt den Kolben eines kleineren liegenden zweistufigen Verdichters; der Kolbenbolzen wird durch eine Aussparung im Treibstangenkopf geschmiert; die Hochdruckringe sind — da der Zyl.-Dmr. nur 40 mm beträgt — in Kammerringe eingelegt, die mittels Kappe und Keil gegeneinandergepreßt werden. Bezüglich Schmierung und Befestigung der Kolbenbolzen stehender Verdichter und Anordnung von Ölabstreifringen am Kolben zeigen im übrigen die Verdichter Übereinstimmung mit den auf S. 300 u. f. angegebenen Bauarten.

Ausführung der Verdichter mit Kreuzkopf findet sich selten; die Pleuelstange ist so einzurichten (vgl. S. 321), daß durch Paßbleche ihre Länge und damit die Größe des schädlichen Raumes eingestellt werden kann.

Nach Änderungen am Kurbelgetriebe kann die den schädlichen Raum maßgebend beeinflussende Entfernung zwischen Deckel und Kolben in Totlage durch die Dicke einer auf den Kolben gelegten Bleiplatte gemessen werden, nachdem die Kurbel über die Totlage hinausgedreht worden ist.

[1]) Der Germanische Lloyd schreibt vor: Werden Motoren mit Druckluft in Gang gesetzt und umgesteuert, so müssen für die Druckluftbehälter zwei Auffülleinrichtungen vorhanden sein, von denen die eine in einem von der Hauptmaschine unabhängigen Kompressor bestehen muß.

Die Bauart nach Abb. 232 hat bezüglich Einstellung des schädlichen Raumes den Nachteil, daß eine Verlegung der Kolben nach oben den schädlichen Raum in der Hoch- und Niederdruckstufe verkleinert, in der Mitteldruckstufe vergrößert. Sind die Ventile in erforderlicher Größe und Anzahl nicht in einem flachen Deckel unterzubringen, so ist dieser kegelförmig oder kugelig zu gestalten, um besondere, den schädlichen Raum vergrößernde Taschen für die Ventile zu vermeiden. Die Ventile werden unter 35 bis 45° schräg gegen die Zylinderachse gelegt. Liegende Verdichter zeigen Anordnung der Druckventile unten, so daß Ölkrusten usw. vom Luftstrom mitgerissen werden. Die Ventile werden als Platten- oder Tellerventile mit kleinstmöglicher Masse und Hub hergestellt, aus diesem Grunde ist bei genügendem Durchmesser Doppelsitz mit zweifacher Ein- oder Ausströmung auszuführen (Abb. 171 bis 174). Als Baustoff für die Ventile wird Nickelstahl, Chromnickelstahl oder nichtrostender Krupp-Stahl mit Rücksicht auf die hohen Temperaturen gewählt, die Ventilsitze werden aus Stahl oder Phosphorbronze hergestellt. Die Saugventile der Niederdruckstufe können durch Saugschlitze ersetzt werden.

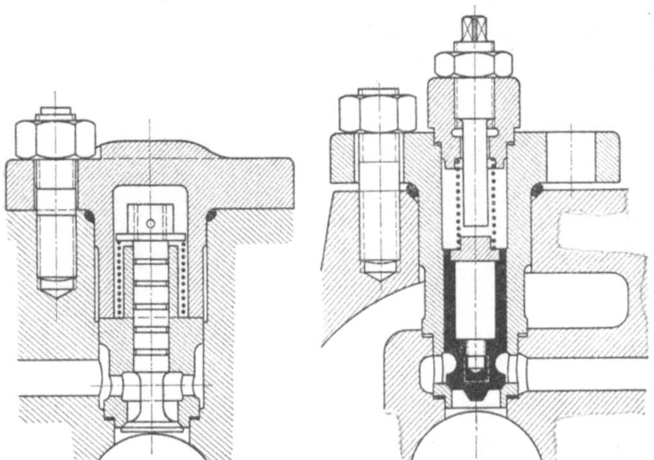

Abb. 171 und 172. Saug- und Druckventil.

Die Kruppschen Verdichter werden in der ersten und zweiten Stufe vielfach durch Kolbenschieber nach Bauart Köster gesteuert, wobei nur zu Beginn des Ausschiebens ein Druckventil betätigt wird, dem zum Schließen die Zeit eines ganzen Kolbenhubes zu Verfügung steht; nur die dritte Stufe arbeitet mit selbsttätigen Plattenventilen.

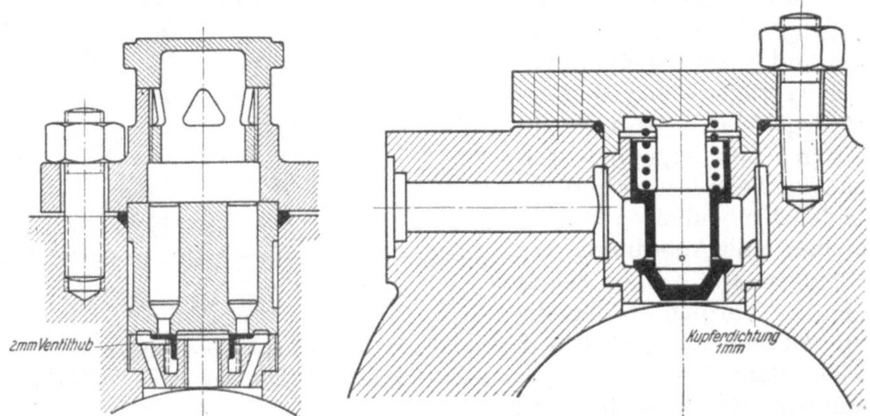

Abb. 173 und 174. Saug- und Druckventil der Ascherslebener Maschinenfabrik R. Wolf. Maßstab 1 : 3.

Die verdichtete Luft wird hinter jeder Stufe durch ein Rohrbündel geführt, das von Kühlwasser umspült wird; Abb. 175 zeigt die Zusammenfassung dieser Bündel zu einem Kühlgefäß, in dem Zinkschutzplatten Anfressungen durch elektrolytische Einwirkungen bei Verwendung von Seewasser verhindern. Da die abgekühlte, schwerere Luft das Bestreben hat, nach unten zu sinken, so wird zur Erleichterung der Strömung die warme Luft oben eingeführt. Gegen die bei Undichtwerden eines Druckluftrohres auftretende Drucksteigerung wird das Gehäuse durch ein Sicherheitsventil oder eine Bruchplatte gesichert. Vor Austritt durchströmt die Luft Abscheider, die zur Erhöhung ihrer Wirkung häufig mit engen Durchtrittsöffnungen versehen sind und das bei der Abkühlung der Luft ausgeschiedene Kondenswasser und Öl sammeln. Von den beiden Böden, in die die Rohre eingewalzt werden, ist der untere zur Ermöglichung der Wärmedehnung nachgiebig gelagert und mittels Gummiringe abgedichtet, die von den Flanschen der Abscheider angepreßt werden.

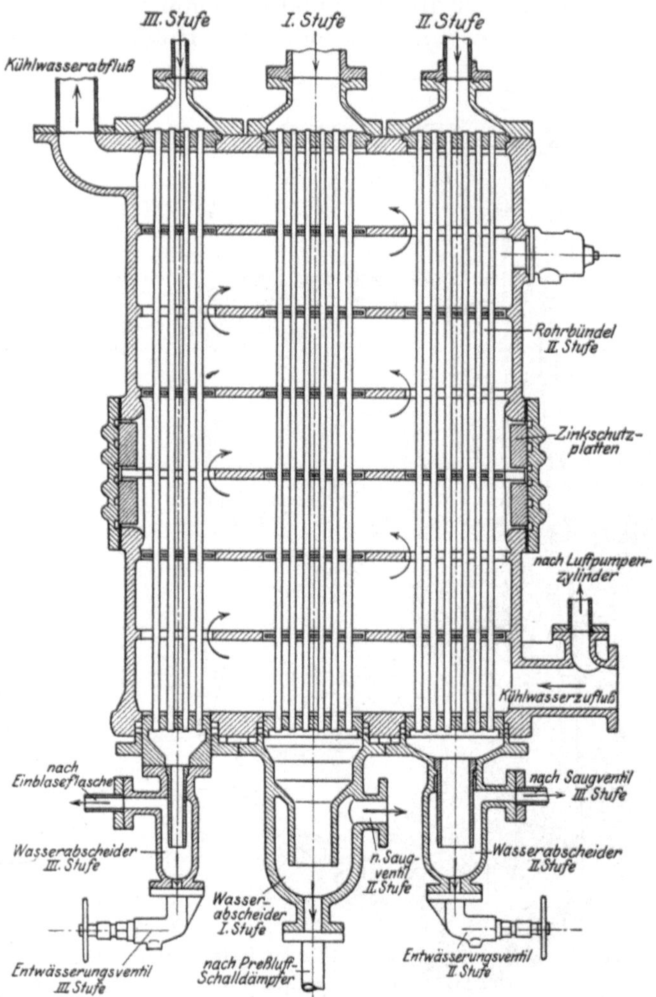

Abb. 175. Kühlgefäß der AEG.

Ventilfänger zum Auffangen abgerissener Saugventilteller sichern den Betrieb, vergrößern aber auch den schädlichen Raum.

Die für den Brennstoffzerstäuber erforderliche Luftmenge ist je nach der Belastung der Maschine verschieden und wird am Verdichter entweder durch Abblasen überschüssiger Luftmengen hinter der ersten Druckstufe oder — was fast ausschließlich ausgeführt — durch Einstellung einer Drosselvorrichtung im Saugrohr der ersten Stufe geändert. Da der direkt angetriebene Verdichter nur bei laufender Hauptmaschine die Anlaßflaschen auffüllen kann, so folgt, daß bei Beschaffung der Einblaseluft allein während des normalen Betriebes die Luftzufuhr gedrosselt werden muß.

Bei Abblasen überschüssiger Luftmengen wird zweckmäßig der Wasserabscheider der Niederdruckstufe durch eine Rohrleitung mit dem Druckluftschalldämpfer verbunden (Abb. 175), so daß bei stets etwas geöffnetem Absperrventil, das zur Regelung der Luftmenge dient, die Niederdruckstufe ständig entwässert wird.

Da der Inhalt der Luftgefäße die Einwirkung der Drosselung auf den Einblasedruck zeitlich verschleppt, so werden namentlich für Schiffsmaschinen, die mit veränderlicher Drehzahl arbeiten, besondere Einblasedruckregler vorgesehen, die auch in ortfesten Anlagen Verwendung finden (s. S. 149). Zu beachten ist, daß bei zu großen Verdichtern für einen bestimmten Einblasedruck infolge der stärkeren Drosselung am Ansaugestutzen das Verdichtungsverhältnis in der letzten Stufe und damit die Endtemperatur der Luft stark steigt.

Die Luftverdichter werden auch zum Anfahren benutzt, Näheres hierüber s. S. 212.

Spülpumpe. Diese arbeitet im Gegensatz zu den Verdichtern mit großen Luftmengen und kleinen Drucken von etwa 1,15 bis 1,3 at abs.; der Antrieb wird in gleicher Art wie bei den Verdichtern ausgeführt.

Der geringe Förderdruck verkleinert den Einfluß des schädlichen Raumes auf den räumlichen Wirkungsgrad, so daß die Spülpumpen häufig durch Kolben- oder Drehschieber zwangläufig gesteuert werden. Zur Erzielung gleichmäßigen Spülluftdruckes werden die Spülpumpen stets doppeltwirkend ausgeführt und zu gleichem Zweck möglichst große Spülluftaufnehmer angeordnet, als die bei den Maschinen der Nobel-Diesel A.-G., Nynäsham, die Hohlräume des Maschinengestells dienen.

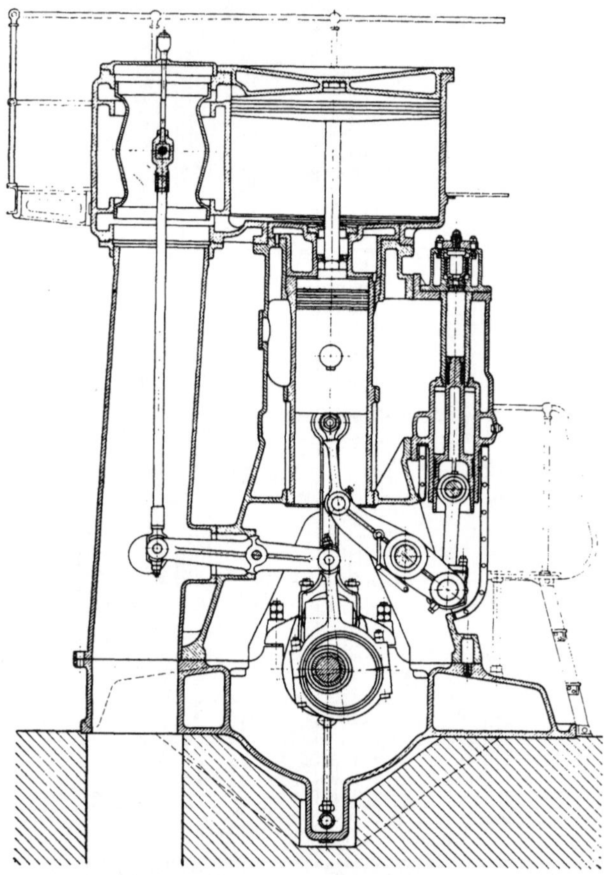

Abb. 176. Einblaseluftverdichter und Spülluftpumpe von Gebr. Sulzer, Winterthur.

Die Spülpumpen werden entweder, wie die Einblaseluftpumpen, von einer am Ende der Maschine angeordneten Kurbel oder — zur Verringerung der Maschinenlänge — durch Schwinghebel vom Kreuzkopf aus angetrieben. Da diese Bauart die öldichte Ausführung des Kurbelgehäuses erschwert, auch die Schwinghebellagerung sorgfältiger Wartung bedarf, so treibt Krupp-Germaniawerft die Spülpumpe durch einen am Kreuzkopf befestigten Arm an, der gleichzeitig die Kühlwasserposaunen bewegt, Abb. 244.

Abb. 176 zeigt eine durch Kolbenschieber gesteuerte Spülluftpumpe von Gebr. Sulzer, Winterthur, deren Triebwerk mit dem des Einblaseluftverdichters verbunden ist, um einen guten Massenausgleich zu erhalten. Die in der Saugleitung schwingende Schieberstange arbeitet ohne Geradführung, und die Stopfbuchse wird dadurch ersetzt, daß die erweiterte Nabe des antreibenden Schwinghebels in zylindrischen Flächen abdichtet. Der Raum über dem als Kolben ausgebildeten Kreuzkopf der Spülluftpumpe ist gleichzeitig der Niederdruckzylinder des dreistufigen Verdichters.

Sulzer baut neuere Spülluftpumpen mit selbsttätigen Plattenventilen, die als Ringventile etagenförmig übereinander liegen.

Die Atlas-Diesel-A.-G., Stockholm, führt die untere Zylinderhälfte ihrer Polar-Dieselmaschinen als Spülpumpe aus; der erforderliche Luftüberschuß wird durch eine Zusatzluftpumpe geliefert, die, an einem der Ständer gelagert, vom Kreuzkopf durch Schwinghebel angetrieben wird. Gleichzeitig wird der untere Zylinderraum für das Anfahren benutzt.

Der geringe Druck und die große Fördermenge lassen die Turbogebläse zur Beschaffung der Spülluft besonders geeignet erscheinen, so daß diese Gebläse, elektrisch angetrieben, für große Anlagen allgemein zur Verwendung gelangen. Der unabhängige Antrieb, der allerdings auch bei Kolbenpumpen grundsätzlich nicht ausgeschlossen ist, ermöglicht Aufspeicherung der schon für das Anfahren nötigen Spülluftmenge. Gleichmäßige Luftlieferung, geringes Gewicht und kleiner Raumbedarf, Verminderung des Schmierölverbrauches und Vereinfachung der Bedienung sind weitere Vorzüge der Turbogebläse, die nur bezüglich des Wirkungsgrades den Kolbengebläsen nachstehen.

Als besonders lästig hat sich bei Spülluftpumpen das Ansaugegeräusch erwiesen, das durch besondere Mittel, wie auf S. 410 angegeben, zu bekämpfen ist.

Die Nobel-Diesel A.-G. erleichtert bei Verwendung von Kolbenspülluftpumpen das Anfahren der Maschine dadurch, daß bei dem Verdichtungshub die durch die Entspannungsventile entweichende Luft in den Spülluftaufnehmer geführt wird, so daß die Kraftzylinder als zusätzliche Spülluftpumpen wirken. Die rasche Steigerung des Luftdruckes läßt das Diagramm der Aufnehmerdrucke (Abb. 177) erkennen. Beim Anfahren stand die Arbeitskurbel in a, nach ungefähr einer halben Umdrehung war ein Druck von 0,02 at, nach einer weiteren halben Umdrehung 0,07 at erreicht, wobei die Umlaufzahl etwa 50/min betrug.

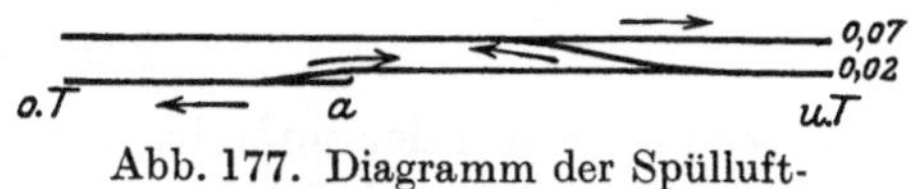

Abb. 177. Diagramm der Spülluft-Aufnehmerdrucke beim Anfahren.

Bemessung[1]). Die Einblaseluftmenge kann rechnerisch nicht bestimmt werden; es wird bei ortfesten Maschinen eine minutliche Förderung von 9 bis 12 ltr/PS_eh, bei umsteuerbaren Maschinen von 12 bis 16 ltr/PS_eh angenommen.

Wird für überschlägliche Berechnung die bei guter Kühlung zulässige Annahme gemacht, daß die Verdichtung isothermisch verlaufe, so ist bei gleichmäßiger Verteilung der Arbeit auf zwei Zylinder und mit v_a = Ansaugevolumen, p_a = Ansaugedruck, p_r = Aufnehmerdruck, v_h = Hochdruckvolumen, p_h = Höchstdruck in at abs.:

$$p_a \cdot v_a \cdot \ln \frac{p_r}{p_a} = \frac{1}{2} p_a \cdot v_a \ln \frac{p_h}{p_a},$$

$$\ln \frac{p_r}{p_a} = \frac{1}{2} \ln \frac{p_h}{p_a}; \qquad \frac{p_r}{p_a} = \sqrt{\frac{p_h}{p_a}},$$

$$\frac{\text{Niederdruckvolumen}}{\text{Hochdruckvolumen}} = \frac{v_a}{v_h} = \frac{p_r}{p_a} = \sqrt{\frac{p_h}{p_a}}.$$

Bei dreistufigen Verdichtern wird mit v_m = Mitteldruckvolumen unter den gleichen Voraussetzungen:

$$\frac{v_a}{v_m} = \frac{v_m}{v_h} = \sqrt[3]{\frac{p_h}{p_a}}.$$

Da die Änderung des gesamten Verdichtungsverhältnisses, wie sie durch Drosselung der angesaugten Luft bei einem bestimmten Enddruck verursacht wird, nur die dritte Stufe beeinflußt, so empfiehlt es sich, zur Verminderung dieses Einflusses hier das Verdichtungsverhältnis zu verkleinern bei entsprechender Vergrößerung desselben in den beiden vorhergehenden Stufen.

Die Durchflußquerschnitte der Ventile im Sitz wie auch im Spalt sind aus der Stetigkeitsgleichung:

$$f = O \cdot \frac{c}{u},$$

zu berechnen (siehe S. 106), wobei u = 30 bis 60 m/sek zu wählen ist, doch werden diese Geschwindigkeiten auch häufig weit überschritten. Werden die Luftgeschwindigkeiten allzu groß, so läßt sich bei gleichbleibender Fördermenge und Umlaufzahl

[1]) Für genauere Berechnung s. Berechnung von Hochdruckkompressoren. Von Ostertag: Z. V. d. I. 1922, S. 649; außerdem Ostertag: Kolben- und Turbokompressoren, 3. Aufl. Berlin: Julius Springer.

durch Verkürzung des Hubes kleinere Kolbengeschwindigkeit und Vergrößerung des Ventildurchmessers oder der Ventilzahl infolge des größeren Zylinderdurchmessers erreichen, und das Produkt $O \cdot c$ wird nach zwei Richtungen hin günstig beeinflußt.

Sind d_a und d_i der äußere und innere Sitzdurchmesser eines Ringventils, h der Ventilhub, so wird

$$f = (\pi d_a \mp \pi d_i) \cdot h .$$

Das Hubvolumen $O_p \cdot s_p$ der Spülluftpumpe ist dadurch bestimmt, daß bei der Spülung mit einem Überschuß an Spülluft, die zum Teil durch die Auspuffschlitze entweicht, von mindestens 30% zu rechnen ist, so daß zur größeren Sicherheit

$$2\, O_p \cdot s_p = 1{,}5 \cdot O \cdot s$$

zu setzen ist, wenn der einfachwirkende Zweitaktzylinder durch eine doppeltwirkende, direkt angetriebene Spülluftpumpe gespült wird.

Arbeitsbedarf. Für 1 m³ Luft beträgt bei isothermischer Verdichtung der Arbeitsbedarf in mkg:

$$L = 2{,}303 \cdot p_a \cdot v_a \cdot \log \frac{p_h}{p_a} ;$$

Die an der Welle oder am Antriebhebel des Verdichters aufzuwendende Arbeit ist $A = \frac{L}{\eta_{is}}$, worin der „isothermische Wirkungsgrad" das Verhältnis der isothermischen Verdichtungsarbeit zu der dem Verdichter zuzuführenden Arbeit A bedeutet, also den mechanischen Wirkungsgrad η_m ($\simeq$ 85 bis 90% für Kolbenkompressoren, $=$ 0,96 bis 0,98 bei Turbogebläsen) einschließt. Dementsprechend ist schätzungsweise einzusetzen:

$\eta_{is} = 0{,}60$ bei zweistufigen Verdichtern,
$= 0{,}65$ bei dreistufigen Verdichtern,
$= 0{,}70$ bei Spülluftpumpen,
$= 0{,}6$ bei Turbogebläsen.

Wird die zur Verdichtung von 1 m³/sek Luft erforderliche Arbeit auf das sekundliche Hubvolumen V in m³/sek des Arbeitszylinders bezogen, so wird hier der entsprechende, auf sämtliche Hübe verteilte, mittlere Druck

$$p_l = \frac{L}{\eta_{is} \cdot V} .$$

Ist V_l die sekundlich anzusaugende Luftmenge, so wird

$$V_l = i \cdot O \cdot c \cdot \lambda$$

mit $i = 0{,}5$ für einfachwirkende, $i = 1$ für doppeltwirkende Verdichter.

Der Liefergrad λ ist in Berücksichtigung von Undichtheiten kleiner als der räumliche Wirkungsgrad η_{vol} zu wählen ($\lambda = 0{,}9$ bis $0{,}95 \cdot \eta_{vol}$).

Beispiel. Der zweistufige Verdichter einer 70 PS_e-Dieselmaschine mit $n = 170$ Uml./min hat 9 ltr./PS_eh je Minute zu fördern; die Luft soll von 0,95 at Saugspannung auf 60 at verdichtet werden.

$$\frac{v_a}{v_h} = \frac{p_r}{p_a} = \sqrt{\frac{60}{0{,}95}} = 7{,}95 ; \qquad p_r = 7{,}95 \cdot 0{,}95 = 7{,}55 \text{ at} .$$

Die Luft im schädlichen Raum, der $v_0 = 1\%$ betrage, dehnt sich im Niederdruckzylinder von rd. 7,6 at auf 0,95 at aus, ehe das Saugventil nach dem Kolbenweg $(x - 1)$ öffnet.

$$x = \frac{p_r \cdot v_0}{p_a} = \frac{7{,}6 \cdot 1}{0{,}95} = 8 ,$$

sonach $\eta_{vol} = 100 - (x - 1) = 93\%$, Liefergrad $\lambda \simeq 90\%$ angenommen.

$$V_l = \frac{70 \cdot 9}{60} = 10{,}5\,\text{ltr/sek} = 0{,}9 \cdot O \cdot c \cdot 0{,}5 \quad (O \text{ in dcm}^2, c \text{ in dcm})\,.$$

Hub s wird gleich dem Niederdruckzylinder-Dmr. D_n gewählt, so daß folgt, mit

$$c = \frac{n \cdot s}{30} = \frac{n \cdot D_n}{30}\ \text{dcm}:$$

$$\frac{10{,}5}{0{,}9 \cdot 0{,}5} = 23{,}3 = \frac{D_n^2 \pi}{4} \cdot \frac{170 \cdot D_n}{30} = 4{,}45\, D_n^3\,,$$

$$D_n = \sqrt[3]{\frac{23{,}3}{4{,}45}} \simeq 1{,}75\,\text{dcm} = 175\,\text{mm}\,,$$

$$D_h = \sqrt{\frac{D_n^2}{7{,}94}} = 62{,}5\,\text{mm}\,.$$

Stündliche Fördermenge:

$$V_{\text{st}} = 70 \cdot 9 \cdot 60 = 37{,}8\ \text{m}^3/\text{h}.$$

Theoretische Leistung (mit 1 PSh = 270000 mkg/h):

$$N_0 = 2{,}303 \cdot 37{,}8 \cdot \frac{0{,}95}{270000} \cdot \log \frac{60}{0{,}95} \cdot 10000 = 5{,}51\ \text{PS}\,.$$

Mit $\eta_{\text{is}} = 0{,}60$ wird die am Antriebhebel aufzuwendende Arbeit rd. 9 PS_e, der bei 90% Übertragungs-Wirkungsgrad rd. 8 PS_i im Verdichterzylinder entspricht. Mit $\eta_m = 0{,}73$ leistet die Dieselmaschine 96 PS_i, so daß der Wirkungsgrad nach dem Abzugsverfahren zu $\frac{70}{96 - 8} \simeq 0{,}8$ folgt. In Wirklichkeit liegen die Verhältnisse für den Verdichter etwas günstiger, da ein geringer Teil der Einblaseluftenergie im Arbeitszylinder wiedergewonnen wird.

Setzt man für den normalen Betrieb, bei dem die Anlaßflaschen nicht aufgefüllt werden, das Verhältnis $G_b/G_l = 1$ (s. S. 140), so sind stündlich rd. 13 kg Luft mit 11 m³ Volumen statt 37,8 m³ zu fördern. Die Verdichterarbeit nimmt aber nicht in gleichem Maße wie die Luftmenge ab, da auf der anderen Seite durch die Drosselung der Ansaugewege das Verdichterdiagramm vergrößert wird. Im Mittel ist die indizierte Arbeit des Verdichters = rd. 5% der indizierten Arbeit der Hauptmaschine, beträgt also in diesem Beispiel rd. 5 PS_i.

e) Diesel-Zweitaktmaschinen. Auspuff und Spülung.

Die auf S. 252 behandelte Leistungssteigerung und die Zweitaktwirkung verfolgen den gleichen Zweck: Erhöhung der Leistung des Zylinders, der im ersten Fall durch Vergrößerung des mittleren Druckes, im zweiten Fall durch häufigere Wiederholung des Arbeitsspiels erreicht wird. In beiden Fällen wird die Höchstleistung begrenzt durch die Wärmebeanspruchung, die dem Temperaturgefälle in der Wandung proportional gesetzt werden kann. Wird die vermehrte Brennstoffmenge in der üblichen Luftladung, also bei vermindertem Luftüberschuß, verbrannt, so steigen die Temperaturen wesentlich, und einen Vergleich dieses Verfahrens mit der Zweitaktwirkung gestattet Abb. 178, in der das Temperaturgefälle in der Wand in Abhängigkeit von Umlaufzahl, mittlerem Druck und Zylinder-Dmr. dargestellt ist[1]).

Eine Zweitaktmaschine hat dieselbe effektive Leistung wie eine Viertaktmaschine von gleichem Zyl.-Dmr., Hub und Umlaufzahl, wenn

$$2\, p_m \cdot \eta_{\text{mech}} \cdot (\text{Zweitakt}) = p_m \cdot \eta_{\text{mech}} \cdot (\text{Viertakt})\,.$$

[1]) Dr. W. Riehm: Leistungserhöhung der Viertaktdieselmotoren. Z. V. d. I. 1923, S. 763.

Ist $\eta_{mech} = 0{,}73$ für Zweitakt, $= 0{,}80$ für Hochleistungsviertakt, so sind die effektiven Leistungen gleich, wenn der Viertakt mit $p_m = 11$ at, der Zweitakt mit $p_m = 6$ at arbeitet.

Nach Abb. 178 weist eine Hochleistungsmaschine von 400 mm Zyl.-Dmr., 150 Uml./min und $p_m = 11$ at das gleiche Temperaturgefälle von rd. 72°, also auch dieselbe Wärmebeanspruchung auf wie eine Zweitaktmaschine gleicher Abmessung bei $p_m = 6$ at. Die Hochleistungsviertaktmaschine würde jedoch nach Abb. 292 (S. 259) 225 g/PS$_e$h Brennstoff verbrauchen gegenüber 190 g/PS$_e$h der Zweitaktmaschine, die sonach merklich wirtschaftlicher arbeitet.

Günstiger verhält sich die Viertaktmaschine, wenn in dieser die angesaugte Luftmenge bei vergrößertem Brennraum durch ein von einer Abgasturbine angetriebenes Gebläse vorverdichtet eingeführt wird. Bezüglich Versuche mit dieser Anordnung siehe S. 270. Dieses Verfahren, mit dem bis jetzt die spezifische Leistungsfähigkeit der Zweitaktmaschine noch nicht erreicht worden ist, das also größere Zylinderabmessungen erfordert, zeigt bei gleichem Ölverbrauch niedrigere Wärmebeanspruchung als das Zweitaktverfahren.

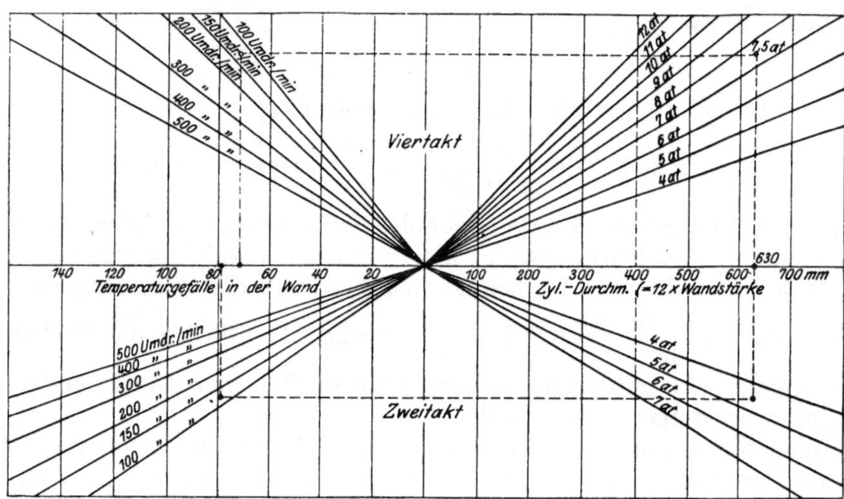

Abb. 178. Temperaturgefälle in der Wand in Abhängigkeit von n, p_m und Zyl.-Dmr. (Nach Dr. W. Riehm.)

Wenn dieses für größere Leistungen mehr und mehr an Verbreitung gewinnt, so ist dieser Umstand in hohem Maße auf die mechanischen Vorzüge zurückzuführen, die gerade den Diesel-Zweitakt auszeichnen.

Da Diesel-Zweitaktmaschinen nur mit Luft, nicht mit Gemisch wie die Gasmaschinen, aufgeladen werden, so ist bei jenen das Zweitaktverfahren bedeutend leichter durchzuführen. Frühzündungen beim Laden und Gemischverluste sind ausgeschlossen, die Mischung des am Hubende eingespritzten Brennstoffes mit der Verbrennungsluft geht beim Diesel-Zweitakt genau so vor sich wie beim Diesel-Viertakt. Allerdings ist auch beim Diesel-Zweitakt die Reinigung des Zylinders von Verbrennungsrückständen weniger vollkommen als beim Viertakt, ein Umstand, der in Verbindung mit dem größeren Diagrammverlust infolge der längeren Vorausströmung und dem Arbeitsaufwand für die Spülluftlieferung verursacht, daß die Leistung nicht doppelt so hoch wie beim Viertakt wird, sondern etwa 80 bis 90% mehr beträgt.

Die Umlaufzahl bzw. die Kolbengeschwindigkeit ist durch Rücksichten auf Spülung und Ladung begrenzt, doch arbeiten immerhin eine große Anzahl Sulzer-

Maschinen von 1600 PS_e mit 150 Uml./min, ohne daß der Arbeitsaufwand für Spülung und Ladung die wirtschaftliche Wirkungsweise beeinträchtigt.

Durch Anwendung des Zweitaktverfahrens wird die Maschine im einzelnen und im ganzen wesentlich vereinfacht. Wird die Spülluft durch Schlitze eingeführt, so kann infolge Wegfalls der Ein- und Auslaßventile das am meisten gefährdete Element, der Zylinderdeckel, als einfaches Gußstück ausgeführt werden. Der äußeren Steuerung fällt nur noch die Aufgabe zu, das Brennstoffventil dauernd, das Anlaß- und u. U. das Entspannungsventil zeitweise zu betätigen. Schiffsmaschinen, die in jeder Kurbellage anspringen sollen, brauchen nur mit vier Zweitaktzylindern ausgeführt zu werden, während der Viertakt für den gleichen Zweck sechs Zylinder erfordert, so daß sich trotz der bei Zweitakt hinzukommenden Spülpumpe eine nicht unwesentliche Raum- und Gewichtsersparnis ergibt. Sulzer gibt an, daß die linearen Abmessungen der Viertaktmaschine in der Regel um 28% größer sind als die der Zweitaktmaschine mit unabhängig angetriebener Spülluftpumpe, die Höchstkolbendrucke und die Oberflächen je Zylinder sind um 64%, die Rauminhalte um 110% größer. Das Gewicht der Viertaktmaschine allein ist um 70 bis 90% größer, doch ist der Unterschied bezüglich der ganzen Anlage geringer, da beide Bauarten Hilfsmaschinen von gleichem Gewicht erfordern. Immerhin lassen sich mit Zweitaktmaschinen Gewichtsersparnisse von 40 bis 60% erzielen.

Auch bezüglich der Beanspruchung der Welle zeigt der Zweitakt Vorteile (siehe Abb. 433 auf S. 370).

Von Bedeutung ist weiterhin, daß das Zweitaktverfahren größte Leistung auf einfacherem Wege durch doppelte Wirkung ermöglicht als das Viertaktverfahren, bei dem Ein- und Auslaßventil nur mit größter Schwierigkeit und bei schlecht geformtem Brennraum auf der unteren Kolbenseite unterzubringen sind. Der Wegfall dieser Ventile beim Zweitakt bedeutet gerade für die Gestaltung dieser Kolbenseite eine außerordentliche Erleichterung. In beiden Fällen ist die Anordnung einer Stopfbuchse nach den im Gasmaschinenbau wie auch schon im Dieselmaschinenbau gemachten Erfahrungen unbedenklich.

Der Kolben wird länger als beim Viertakt, da er in der oberen Totlage die Schlitze überdecken, diese gegen den Kurbelraum bzw. gegen die äußere Atmosphäre abschließen muß. Der höheren Wärmebeanspruchung ist nur durch Wasserkühlung zu begegnen, die aber auch bei größeren Viertaktmaschinen der Ölkühlung vorzuziehen ist.

Die Trennung des Arbeitsraumes vom Kurbelraum wird bei den einfachwirkenden Zweitaktmaschinen durch selbstspannende, die Verlängerung des Kolbens umschließende Ringe in der Laufbuchse oder durch eine weite Stopfbuchse bewirkt, während bei den doppeltwirkenden Maschinen dieser Abschluß durch die Kolbenstangen-Stopfbuchse gegeben ist. Diese Verhältnisse bedingen keine sehr wesentliche Zunahme der Bauhöhe von doppeltwirkenden gegenüber einfachwirkenden Maschinen, während die Leistung auf das 1,9fache — infolge der Kolbenstange nicht auf das Doppelte — steigt, das Maschinengewicht und der Raumbedarf je PSh bedeutend verringert werden.

Bei doppeltwirkenden Zweitaktmaschinen wird der Hauptstopfbuchse eine zweite, kleinere Stopfbuchse vorgeschaltet, die den Zweck hat, das an die Kolbenstange gelangende Spritzöl abzustreifen und bei Undichtwerden der Hauptstopfbuchse das Eindringen der Verbrennungsgase in das Kurbelgehäuse zu verhindern.

Die durch Kolbenundichtheit einfachwirkender Zweitaktmaschinen entweichenden Gase werden in einigen Bauarten aus dem Raum oberhalb der Trennungswand zwischen Kurbelgehäuse und Zylinderunterseite ins Freie geleitet.

Im Kreuzkopflager findet bei einfachwirkenden Zweitaktmaschinen im Gegensatz zu den doppeltwirkenden Maschinen dieser Art und den Viertaktmaschinen kein

Druckwechsel statt, was vor Stößen sichert, aber die Schmierung erschwert, die durch besondere Preßpumpen für diesen Zapfen zu bewirken ist. Der Kurbelzapfen zeigt Druckwechsel infolge der Massenwirkung.

Die Spülung hat den Forderungen zu entsprechen: Geringster Spülluftverbrauch ($\leqq$ 1,3 V_h, wenn $V = O \cdot s$), d. h. guter Spülwirkungsgrad nach S. 129, geringster Spülluftdruck ($\leqq$ 1,15 at abs.), um nicht zu großen Arbeitsaufwand für die Spülluftpumpe und zu große, das schichtenweise Austreiben der Abgase verhindernde Geschwindigkeit zu erhalten, Führung der Spülluft nicht durch besondere Leitvorrichtungen am Kolben, wodurch die einfache Gestaltung des Brennraumes beeinträchtigt, die Verbrennung verschlechtert wird.

Je nach Ausführung der Spülung können zwei Arten der Zweitaktmaschinen unterschieden werden: Ventilspül- und Schlitzspülmaschinen. Bei letzteren sind wiederum zwei Bauarten möglich, je nachdem die Spül- und Auspuffschlitze von derselben Kolbenkante oder von den Kanten zweier Kolben gesteuert werden, die sich entweder gleichsinnig nach Abb. 128 und 129 oder gegenläufig bewegen. Die Steuerung durch dieselbe Kolbenkante ermöglicht wiederum zwei Ausführungsarten: a) Die Spülschlitze werden nicht besonders gesteuert. In diesem Fall werden die Spülschlitze niedriger als die Auspuffschlitze ausgeführt. b) Die Spülschlitze werden ganz oder nur in einem oberen besonderen Teil gesteuert, so daß sie höher als die Auspuffschlitze ausgeführt werden können.

Die Anwendung unter a) wird wiederum in einer Anzahl Spielarten ausgeführt, die durch Lage der Auspuff- und Spülschlitze gegeneinander bedingt sind und wesentliche Unterschiede bezüglich der Führung der Spülluft ergeben können.

Ventilspülmaschinen. Im Deckel sind — um diesen symmetrisch zu gestalten und die Spülung gründlicher zu machen — zwei oder mehr Spülventile untergebracht, die nach Freilegung eines Teiles der Auspuffschlitze, d. h. nach Abnahme des Auspuffdruckes auf ungefähr Spülluftspannung, öffnen und kurz nach Überdeckung der Auspuffschlitze geschlossen werden. Diese kurze Öffnungszeit der Spülventile, die von einer Steuerwelle mit gleicher Umlaufzahl wie die der Maschine betätigt werden, führt zu starken Massenkräften und Steuergeräuschen. Der durch die Zweitaktwirkung besonders hoch beanspruchte Deckel wird durch den Einbau mehrerer Ventile kompliziert und neigt infolge der Schwächung durch die großen Öffnungen (siehe Abb. 332) zum Reißen, wenn nicht besondere Vorkehrungen zum Wärmeschutz (Abb. 336) getroffen werden. Am Lufteintritt entstehen Strömungsschatten, so daß die zwischen den Ventilen liegenden Stellen am Deckel, von dem aus die Spülluftströme kegelförmig ausgehen, nur unvollkommen gespült werden. Hängenbleiben eines Ventils kann unter Umständen zu Schmierölexplosionen im Spülluftbehälter infolge der einschlagenden Flamme führen.

Als Vorteil, der den weiteren Nachteil der Luftdrosselung in den verhältnismäßig engen Strömungsquerschnitten mildert, ist die kleinere Spülluftgeschwindigkeit im Arbeitsraum zu erwähnen, da der Weg von der Lufteintrittsstelle bis zu den Auspuffschlitzen nur einmal, nicht doppelt zurückgelegt zu werden braucht, wie das bei der Schlitzspülung, falls sie wirksam sein soll, der Fall ist. Die Zeitpunkte der Eröffnung können frei gewählt werden und liegen nicht wie bei der Schlitzspülung fest. Nachladen ist in einfachster Weise durchzuführen.

Abb. 179 zeigt eine Ausführung der Bethlehem Iron Works (siehe Abb. 240), bei der nur ein das Brennstoffventil zentrisch umgebendes Spülventil vorgesehen ist; Abb. 244 zeigt eine Ventilspülmaschine der Krupp-Germaniawerft. Auch die bekannte Nordberg Mfg. Co., Milwaukee, führt größere Zweitaktmaschinen (Sechszylindermaschinen bis 4000 PS) mit vier Spülventilen im Deckel aus[1]).

[1]) Nägel: Die Dieselmaschine in Amerika. Z. V. d. I. 1925, S. 955.

Schlitzspülmaschinen. In Abb. 252, S. 234 ist der Zylinder einer doppeltwirkenden Zweitaktmaschine der Snow Holly Works in Buffalo[1]) dargestellt. Die Spül- und Auspuffschlitze liegen am Zylinderumfang gegenüber; diese sind nach dem Zylinderende hin länger ausgeführt als die Spülschlitze, damit bei Eintritt der Spülluft der Ausdehnungsdruck auf einen der Spülluftspannung entsprechenden Betrag gesunken ist. Beim Aufwärtsgang des Kolbens bleiben sonach die Auspuffschlitze länger geöffnet als die Spülluftschlitze, so daß nicht nachgeladen werden kann und der mittlere Druck niedriger als bei den weiter unten behandelten Maschinen mit gesteuerten Spülluftschlitzen wird. Grundsätzlich gleiche Anordnung der Schlitze zeigt auch die Scott-Stillmaschine, Abb. 245, S. 227. Um bei diesen Ausführungen „Kurzschluß" zwischen Spül- und Auspuffschlitzen zu verhindern, sind die Kolben mit Ablenkflächen für die zutretende Spülluft zu versehen, wodurch die Gestaltung des Brennraumes verschlechtert wird.

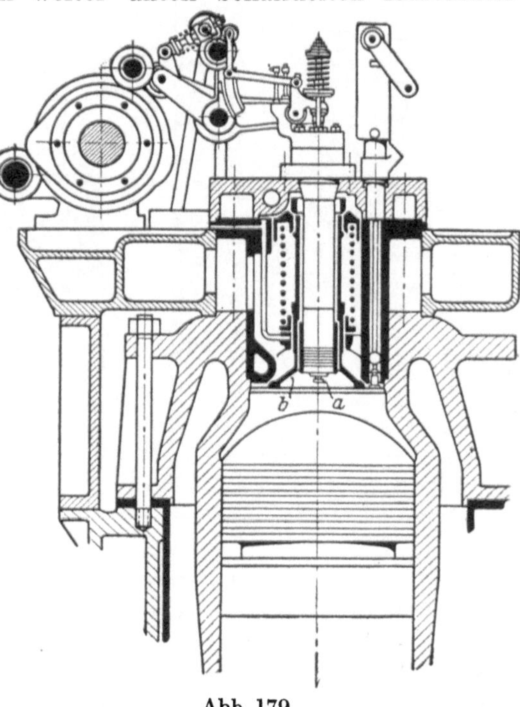

Abb. 179.
Zweitaktmaschine der Bethlehem Iron Works.
a = Brennstoffventil. b = Spülluftventil.

Gegenüber diesen „Längsspülmaschinen", bei denen der Spülluftstrom zunächst nach dem Deckel und von diesem nach den Auspuffschlitzen geleitet wird und deren vollkommenste Bauart die Sulzer-Maschine darstellt, ist die Maschine der MAN, Abb. 253, als „Umkehrspülmaschine" zu bezeichnen. Spülluft- und Auspuffschlitze liegen auf derselben Zylinderseite übereinander und erstrecken sich annähernd über den halben Zylinderumfang. Nach Öffnung der Spülschlitze strömt die Luft quer über den Kolbenboden, steigt an der entgegengesetzten Zylinderwand hoch, streicht am Deckel entlang und strömt von dort zu den Auspuffschlitzen. Bei doppeltwirkenden Maschinen zeigte sich auf Grund von Modellversuchen, daß die Kolbenstange durchaus nicht diese Strömung hindert, sondern im Gegenteil gewissermaßen als „Leitorgan" wirkt.

Diese Versuche wurden an einem Blechzylinder mit hölzernen Spülkanälen und einstellbarem Holzkolben vorgenommen, wobei die Geschwindigkeiten der eingeführten Spülluft durch Pitotrohre in einer Reihe von Zylinderquerschnitten ermittelt wurden. Abb. 180 und 181 zeigen die Ergebnisse der Versuche; die Punkte gleicher Geschwindigkeiten sind durch Kurven miteinander verbunden. Die größten Geschwindigkeiten — bis zu 65 m/sek — wurden an den Wandungen festgestellt, die Geschwindigkeit wird gleich Null in der Mitte, wo die auf- und abwärtsgehenden Luftströme sich berühren.

Abb. 182 zeigt das Ergebnis von Gasproben, die am Deckel und am Auspuff entnommen wurden und die ausgezeichnete Wirkung der Spülung bei 1,3fachem Spülluftüberschuß erkennen lassen. Die ausgezogenen Kurven beziehen sich auf Probeentnahmen am Auspuff, die gestrichelten Kurven auf Probeentnahmen am Deckel. Bei Steigerung des Luftüberschusses über das 1,65fache wurde die Ver-

[1]) Nägel: Z. V. d. I. 1925, S. 633.

brennung nicht mehr verbessert, die bis zu einem mittleren nutzbaren Druck von 5,8 at farblosen Auspuff zeigte.

Steuerung der Spülluftschlitze hat zuerst die Firma Gebr. Sulzer ausgeführt, Abb. 241 und 242; diese Bauart gestattet, nach Schluß der Auspuffschlitze eine zusätzliche Menge von Verbrennungsluft zur Erhöhung der spezifischen Leistung nachzuladen.

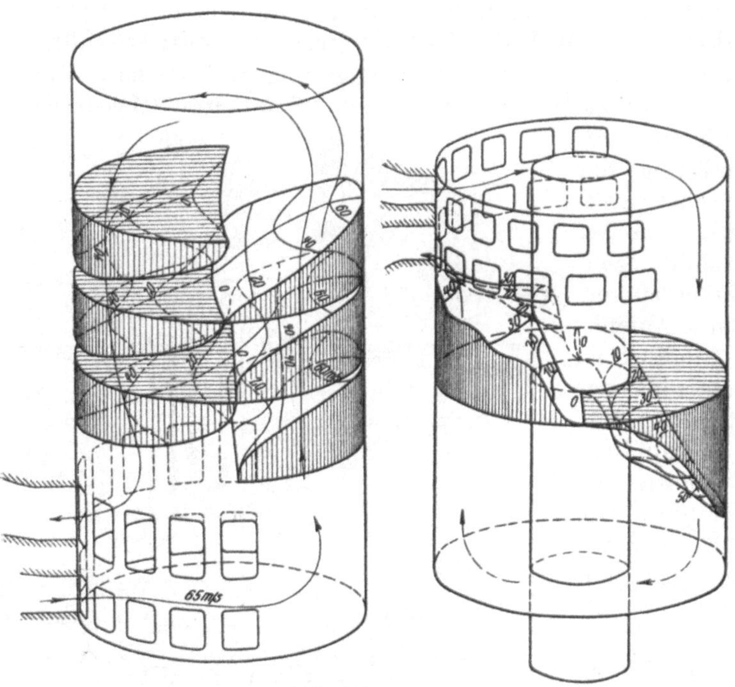

Abb. 180 und 181.
Geschwindigkeitsverteilung bei MAN-Zweitaktmaschinen.

Den Auspuffschlitzen gegenüber liegen zwei Reihen von Spülluftschlitzen, von denen die unteren der Kurbelseite nächstliegenden ständig mit dem Spülluftaufnehmer in Verbindung stehen, während die oberen Spülschlitze, die sich nach der Deckelseite hin höher als die Auspuffschlitze erstrecken, durch gesteuerte oder — was neuerdings bei Schiffsmaschinen bevorzugt wird — selbsttätige Ventile vom Spülluftaufnehmer zeitweilig getrennt sind. Beim Abwärtsgang des Kolbens können sonach die Verbrennungsgase in diese zuerst freigelegten oberen Spülschlitze nur bis zu dem Abschlußorgan vordringen, worauf die Auspuffschlitze und nach Entspannung des Zylinderinhaltes die unteren Spülschlitze geöffnet werden. Nach Schluß der Auspuffschlitze durch den aufwärtsgehenden Kolben ladet das selbsttätige Ventil der oberen Spülschlitzreihe nach, wenn der Druck im Zylinder kleiner als die Spülluftspannung ist. Wie Abb. 241 zeigt, sind die Schlitze mit starker, die Strömungsquerschnitte verringernder Neigung ausgeführt, um bei normaler Gestaltung des Kolbenbodens die beabsichtigte Luftströmung zu erhalten. Gasproben, die einem Zylinder entnommen wurden, bestätigten das Erreichen dieses Zieles insofern, als die Entfernung der Verbrennungsrückstände durch die Spülung zeitlich eher am Deckel als am Auspuff festzustellen war.

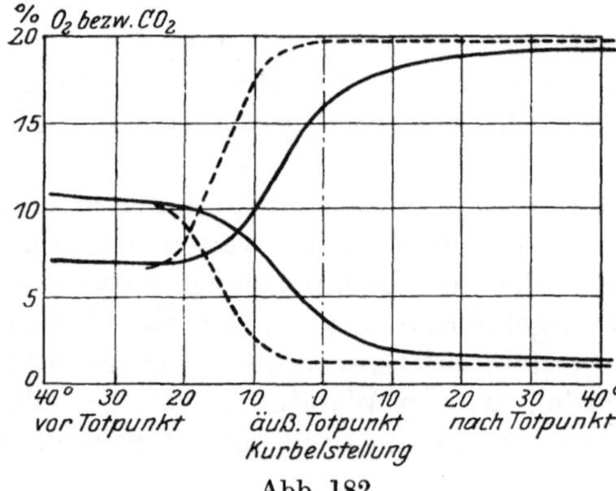

Abb. 182.
Gasproben einer MAN-Zweitaktmaschine.
Luftaufwand: 1,3. 19,2% O_2. 1,4% CO_2.

Eine Abart dieser Spülung stellt das Verfahren von Nobel-Diesel in Nynäshamm, Schweden, dar, bei der die gesamte Spülluftmenge gesteuert wird, wozu anfänglich, wie Abb. 243 zeigt, ein zwangläufig bewegtes Ventil diente, das bei allen Belastungen in demselben Zeitpunkt öffnete. Um mit Sicherheit ein Zurückschlagen der Verbrennungsgase in den Spülluftraum zu vermeiden, mußte die Ventileröffnung etwas nach dem spätesten Eintritt des Druckausgleiches zwischen Hubraum und Spülluftraum gelegt werden, so daß sich für andere Belastungen ein Verlust an Spülzeit einstellte. Am frühesten trat dieser Druckausgleich bei großen Belastungen infolge der großen, den Auspuffgasen durch den starken Druckabfall erteilten Beschleunigung auf.

Auch bei den Nobel-Dieselmaschinen ist das gesteuerte Ventil durch ein selbsttätiges ersetzt worden, wodurch nicht nur Wegfall der äußeren Steuerung, sondern auch eine Verbesserung der Spülwirkung, die sich den veränderlichen Belastungen anpassen kann, erreicht wird.

Bezüglich dieses Punktes verhält sich das Sulzerventil unabhängiger, da vor ihm die unteren Spülluftschlitze öffnen, auch setzt die Spülung bei Sulzer wirksamer ein, da das Nobelventil anfänglich kleinere Querschnitte freilegt als die rasch öffnenden Schlitze.

Diagrammversuche an der Nobel-Dieselmaschine zeigten, daß die Spannung der Zylinderluftladung bei Schluß der Spülluftschlitze höher bei Verwendung selbsttätiger Ventile als bei gesteuerten Ventilen war.

Die Steuerung der Schlitze durch zwei gleichsinnig sich bewegende Kolben ist in Abb. 128 und 129, S. 125, dargestellt; für Dieselmaschinen hat diese sonst viele Vorzüge aufweisende Bauart wegen der ungünstigen Form des Brennraumes keine Verwendung gefunden.

Mehr verbreitet ist die Anordnung gegenläufiger Kolben nach Junkers, Abb. 246, S. 228. Spülluftschlitze und Auspuffschlitze sind an entgegengesetzten Enden des Zylinders über dessen ganzen Umfang so angeordnet, daß die Auspuffschlitze wie üblich zuerst freigelegt werden. Da die Spülluft konzentrisch durch große Querschnitte zutritt und den Zylinder in gleichbleibender Richtung durchströmt, so werden die Abgase unter kleinstem Energieaufwand vollständig ausgetrieben.

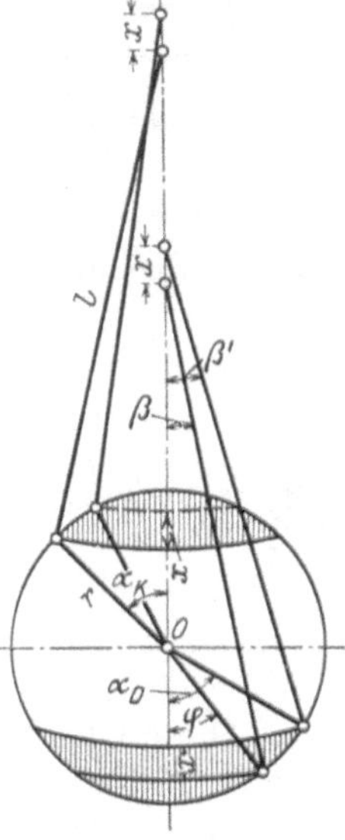

Abb. 183. Schlitzsteuerung doppeltwirkender Zweitaktmaschinen.

Eine Abart der Junkers-Maschine stellt die Cammelaird-Fullagar-Maschine nach Abb. 248 und 249, S. 234, dar.

Es ist zu beachten, daß bei doppeltwirkenden Zweitaktmaschinen die untere schraffierte Fläche mit Winkel α_D, Abb. 183, sich auf die Steuerung der oberen Kolbenseite — Deckelseite — der Maschine, die obere schraffierte Fläche mit α_K sich auf die untere Kolbenseite — Kurbelseite — bezieht. Wie ersichtlich, wird beim Freilegen gleicher Schlitzhöhen der Zeitquerschnitt auf der Deckelseite (also der Seite, die bei einfachwirkenden Zweitaktmaschinen allein in Betracht kommt) bedeutend größer als auf der Kurbelseite, da $\alpha_D > \alpha_K$. Bei doppeltwirkenden Maschinen würde aus diesem Grunde auf der Deckelseite bedeutend mehr Spülluft durchgehen, und es ist deshalb bei der Bemessung der Zeitquerschnitte von der Kurbelseite auszugehen, die bei nicht zu großer Vorausströmung ($\leq$ 20 bis 22%) und bei genügender Stegstärke zwischen den Schlitzen so groß wie möglich zu machen sind. Die Deckelseite erhält dann so viel Querschnitt, daß die Spülluftmenge für beide Kolbenseiten dieselbe ist. Die Verringerung des Hubraumes um etwa 10% auf der Kurbelseite durch die Kolbenstange wirkt ausgleichend und ist zu berücksichtigen.

Die Auspuff- und Spülluftquerschnitte sind nicht radial gelegt, wie Abb. 330a zeigt; es sind also nur die Querschnitte senkrecht zur Strömungsrichtung in Rechnung zu setzen.

Nach Abb. 183 ist die zu einem beliebigen Kurbelwinkel φ vor Totlage gehörige und aus der Zeichnung unmittelbar zu entnehmende Schlitzöffnung:

$$x = r(\cos\varphi - \cos\alpha_D) - l(\cos\beta - \cos\beta') \quad \text{für die Deckelseite,}$$
$$x = r(\cos\varphi - \cos\alpha_K) + l(\cos\beta - \cos\beta') \quad \text{für die Kurbelseite.}$$

Auspuff und Spülung der Zweitaktmaschinen. Strömende Bewegung der Gase. Auch für Gase gilt die aus der Hydraulik bekannte Ausflußformel

$$c = \sqrt{2gH}\,,$$

die Arbeit H wird durch das Diagramm A B C D nach Abb. 184 dargestellt.

Ist p_1 = Druck im Ausflußgefäß, p_2 = Außendruck, so ist bei adiabatischer Zustandsänderung:

$$H = \frac{k}{k-1}(p_1 v_1 - p_2 v_2)\,.$$

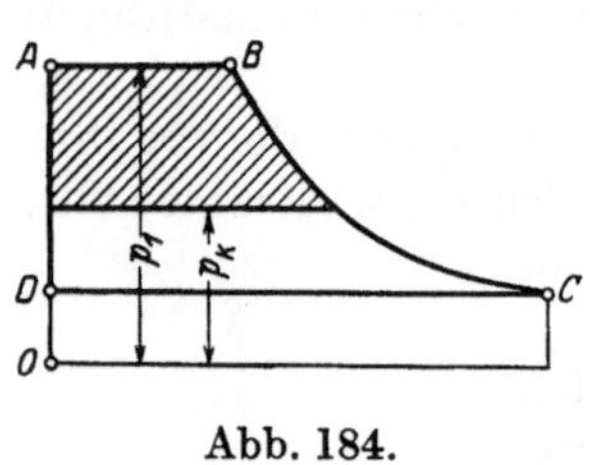

Abb. 184.

Mit $p_1 v_1^k = p_2 v_2^k$ wird

$$H = \frac{k}{k-1}\, p_1 v_1 \left[1 - \left(\frac{p_2}{p_1}\right)^{\frac{k-1}{k}}\right].$$

$$c = \sqrt{2g\frac{k}{k-1}\, p_1 v_1 \left[1 - \left(\frac{p_2}{p_1}\right)^{\frac{k-1}{k}}\right]}\,.$$

Ist f = Mündungsquerschnitt, so ist nach der Stetigkeitsgleichung das sekundliche Ausflußgewicht:

$$G = \frac{f \cdot c}{v_2}\,.$$

Mit $v_2 = v_1 \left(\frac{p_1}{p_2}\right)^{\frac{1}{k}}$ wird

$$G = f\sqrt{2g\frac{k}{k-1}\,\frac{p_1}{v_1}\left[\left(\frac{p_2}{p_1}\right)^{\frac{2}{k}} - \left(\frac{p_2}{p_1}\right)^{\frac{k+1}{k}}\right]}\,.$$

Diese Gleichungen gelten für Kanäle von prismatischem, d. h. nicht erweitertem Querschnitt nur im sogenannten „Niederdruckgebiet". Bis zu einem bestimmten Verhältnis $\frac{p_2}{p_1}$ ist nämlich für diese Kanäle der Druck im Mündungsquerschnitt gleich dem Außendruck p_2. Steigt der Innendruck über einen bestimmten Betrag ($= 1{,}894\ p_2$) oder sinkt der Außendruck auf einen bestimmten Betrag ($= 0{,}528\ p_1$), so nimmt der Druck in der Mündung einen vom Außendruck p_2 unabhängigen, „kritischen" Wert p_K an, wobei Geschwindigkeit c und Ausflußgewicht G ihren Höchstwert erreichen.

Das kritische Druckverhältnis, für das G und c ein Maximum werden, wird erhalten, wenn der Ausdruck

$$\left(\frac{p_2}{p_1}\right)^{\frac{2}{k}} - \left(\frac{p_2}{p_1}\right)^{\frac{k+1}{k}}$$

differenziert und die Ableitung gleich Null gesetzt wird.

$$\frac{2}{k}\left(\frac{p_2}{p_1}\right)^{\frac{2}{k}-1} - \frac{k+1}{k}\left(\frac{p_2}{p_1}\right)^{\frac{1}{k}} = 0\,.$$

$$\left(\frac{p_2}{p_1}\right)_{\text{krit}} = \left(\frac{2}{k+1}\right)^{\frac{k}{k-1}}.$$

Für Gase wird mit $k = 1{,}4$:

$$\left(\frac{p_2}{p_1}\right)_{\text{krit}} = 0{,}528\,,$$

also der kritische Druck:

$$p_K = 0{,}528\, p_1 ,$$
$$p_1 = 1{,}894\, p_K .$$

Ist sonach der Außendruck $p_2 \leqq p_K$ oder der Innendruck $p_1 \geqq 1{,}894\, p_2$, so herrscht im Mündungsquerschnitt der Druck p_K. Die sich hierbei einstellende Ausflußgeschwindigkeit erreicht ihren Höchstwert c_K (gleich der Schallgeschwindigkeit), der Expansion von p_1 auf $0{,}528\, p_1$ entsprechend. Es ist:

$$c_K = \sqrt{2g \frac{k}{k-1}\, p_1 v_1 \left[1 - \left(\frac{p_K}{p_1}\right)^{\frac{k-1}{k}}\right]} ,$$

Mit $\frac{p_K}{p_1} = \left(\frac{2}{k+1}\right)^{\frac{k}{k-1}}$ folgt:

$$c_K = \sqrt{2g \frac{k}{k+1}\, p_1 v_1} = 3{,}38 \sqrt{p_1 v_1} = 3{,}38 \sqrt{R \cdot T_1} .$$

In dem Diagramm Abb. 184 wird nur die schraffierte Fläche ausgenutzt.

Die Querschnittsverhältnisse. In Abb. 185 sind die Querschnittsverhältnisse einer doppeltwirkenden Zweitaktmaschine wiedergegeben. Sollen in der unteren Totlage die für den Auslaß der oberen Kolbenseite dienenden Schlitze in gleicher Höhe wie die Schlitze der unteren Kolbenseite freigelegt werden, so muß als Folge der endlichen Pleuelstangenlänge Kurbeldrehwinkel $\alpha_D > \alpha_K$ sein. Nach S. 330 hat das „Fehlerglied" die Größe $m = \frac{R^2}{2L}$. Wird der Mittelpunkt O' der Kurbeldrehung im Sinne des Kolbenhinganges um die Strecke m gegen den Mittelpunkt O des Kurbelkreises verschoben, so erhält man das Brixsche bizentrische Diagramm, in dem die zu bestimmten Kurbeldrehwinkeln gehörigen Kolbenlagen durch geradlinige Projektion ermittelt werden.

In Abb. 185 ist Eröffnung der Auspuffschlitze mit 20% Vorausströmung auf beiden Kolbenseiten angenommen. Ist b = gesamter Schlitzbreite, so wird bei Freilegung der Schlitze um die Höhe x der freie Querschnitt $f = b\,x$. In dem Zeitteilchen dt wird der Querschnitt $f dt$, das Integral $\int f dt$ wird als „Zeitquerschnitt" bezeichnet und zeichnerisch ausgemittelt. Die Ordinaten der darstellenden Fläche geben also nicht die Höhen x, sondern die Flächen $x \cdot b$ wieder. Aus Abb. 185 geht hervor, daß die auf der oberen Zylinderseite freigelegten Querschnitte — die bei einfachwirkenden Zweitaktmaschinen allein in Frage kommen — größer als die der unteren Seite sind. Bei doppeltwirkenden Maschinen ist sonach von dieser auszugehen, was auch für die Spülquerschnitte gilt, s. S. 171.

Wird der Querschnitt nicht als Funktion der Zeit, sondern des Kurbelwinkels dargestellt, so folgt mit Kurbelwinkel (im Gradmaß)[1]):

$$\varphi = 360 \cdot \frac{n}{60} \cdot t = 6\,n\,t ; \qquad dt = \frac{d\varphi}{6n} ,$$

$$\int_{t_1}^{t} f\, dt = \frac{1}{6n} \int_{\varphi_1}^{\varphi} f \cdot d\varphi = \frac{1}{6n} \cdot J .$$

$J = \int_{\varphi_1}^{\varphi} f \cdot d\varphi$ wird in m^2 mal Grad ausgedrückt und durch Planimetrieren der darstellenden Fläche ermittelt.

---

[1]) Die folgende Berechnung richtet sich nach der hervorragenden Abhandlung von Dr. M. Ringwald in Z. V. d. I. 1923, S. 1057.

Der Auspuffvorgang. Im Augenblick der Freilegung der Auspuffschlitze wird stets der Außendruck p_o kleiner als der kritische Druck $p_K = 0{,}528\, p_1$ sein. Es wird sich deshalb die kritische Geschwindigkeit

$$c_K = 3{,}38 \sqrt{R \cdot T}$$

einstellen. Mit

$$R = 30\,, \qquad T = T_1 \left(\frac{v_1}{v}\right)^{k-1} \quad \text{wird} \quad c_K = 18{,}52 \sqrt{T_1} \cdot \left(\frac{v_1}{v}\right)^{\frac{k-1}{2}}.$$

In der Zeit dt fließt das Gasvolumen

$$v_K \cdot dG' = \mu \cdot c_K \cdot f\, dt$$

aus, worin v_K das zu dem Druck p_K in der Ausflußmündung gehörige spezifische Volumen, $\mu = 0{,}85$ bis $0{,}9$ = Ausflußziffer ist.

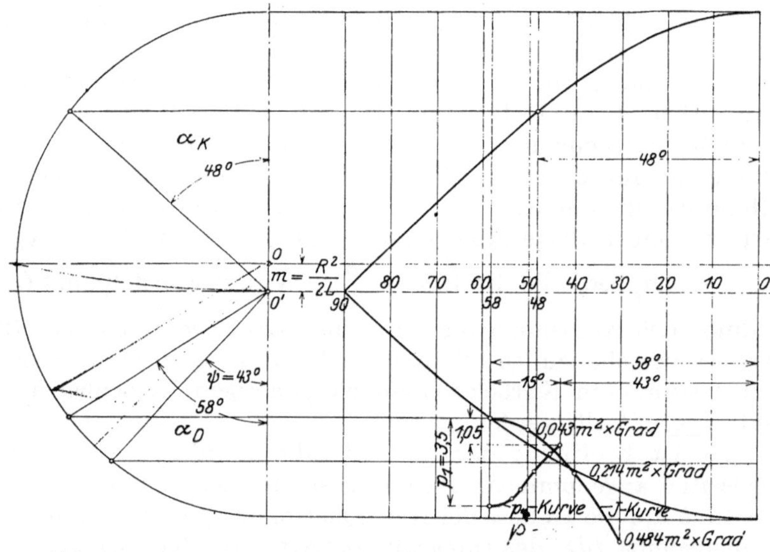

Abb. 185. Querschnittsverhältnisse einer Doppelzweitaktmaschine.
x-Achse: 1 cm = 5,58°: y-Achse: 1 cm = 0,011 m².
Fläche: 1 cm² = 0,0614 m² × Grad.
J-Kurve: 1 cm = 0,1 m² × Grad.
p_1-Kurve: 1 cm = 1 kg/cm².
$Z = \int f \cdot d\varphi = 22{,}52 \cdot 0{,}0614 = 1{,}38$ m² × Grad.

$$v_K = v \left(\frac{p}{p_K}\right)^{\frac{1}{k}}.$$

Während der Entspannung wird der Zylinderraum als unveränderlich angenommen, dann ist

$$V_1 = G_1 \cdot v_1 = G \cdot v\,.$$

Die Änderung des im Zylinder befindlichen Gasgewichtes beträgt:

$$dG = -G_1 \cdot v_1 \frac{dv}{v^2} = -V_1 \cdot \frac{dv}{v^2}.$$

$$dG' = -dG = G_1\, v_1 \frac{dv}{v^2} = V_1 \cdot \frac{dv}{v^2}.$$

Setzt man die erhaltenen Werte in die Gleichung $v_K \cdot dG' = \mu \cdot c_K \cdot f\,dt$ ein, so wird

$$v\left(\frac{p}{p_K}\right)^{\frac{1}{k}} \cdot V_1 \frac{dv}{v^2} = \mu \cdot 18{,}52\sqrt{T_1} \cdot \left(\frac{v_1}{v}\right)^{\frac{k-1}{2}} \cdot f\,dt\,,$$

$$f \cdot dt = \frac{\left(\frac{p}{p_K}\right)^{\frac{1}{k}} \cdot V_1}{\mu \cdot 18{,}52\sqrt{T_1}} \cdot \frac{dv \cdot v^{\frac{k-1}{2}} \cdot v}{v^2 \cdot v_1^{\frac{k-1}{2}}}\,,$$

$$f \cdot dt = \frac{\left(\frac{p}{p_K}\right)^{\frac{1}{k}} \cdot V_1}{\mu \cdot 18{,}52 \cdot \sqrt{T_1} \cdot v_1^{\frac{k-1}{2}}} \cdot \int_{v_1}^{v} v^{\frac{k-3}{2}} \cdot dv = \frac{2\left(\frac{p}{p_K}\right)^{\frac{1}{k}} \cdot V_1}{(k-1) \cdot \mu \cdot 18{,}52 \cdot \sqrt{T_1}} \cdot \left[\left(\frac{v}{v_1}\right)^{\frac{k-1}{2}} - 1\right]$$

$$= \frac{0{,}426 \cdot V_1}{\mu \cdot \sqrt{T_1}} \cdot \left[\left(\frac{p_1}{p}\right)^{\frac{k-1}{2k}} - 1\right], \qquad \text{wenn} \qquad \frac{p}{p_K} = 1{,}894$$

gesetzt wird.

Wird der Querschnitt als Funktion des Winkels aufgetragen, so folgt:

$$\frac{J}{n} = \frac{2{,}555\ V_1}{\mu \cdot \sqrt{T_1}} \cdot D \qquad \text{mit} \qquad D = \left(\frac{p_1}{p}\right)^{0{,}143} - 1\,.$$

In Abb. 185 ist J aus der Fläche berechnet und als Ordinate aufgetragen; wird andererseits J aus der vorstehenden Gleichung für verschiedene Werte $\frac{p_1}{p}$ berechnet, so sind damit die Kurbelwinkel für die gewählten Drucke p bestimmt, und es kann die Kurve des Druckabfalls aufgezeichnet werden.

Druckverhältnis $\frac{p}{p_1}$	0,9	0,8	0,6	0,4	0,3
$\left(\frac{p_1}{p}\right)^{0{,}143} - 1 = D$	0,015	0,0324	0,076	0,14	0,188

Meist interessiert der Kurbelwinkel, an dem ein bestimmtes Druckverhältnis erreicht wird, also der Endpunkt der Druckabfallkurve. Wird z. B. $p_1 = 37\,000$ kg/m², $p = 14\,800$ kg/m² oder rd. 0,5 at Überdruck, also $p : p_1 = 0{,}4$ gewählt, so ist $D = 0{,}14$ und

$$\frac{J}{n} = \frac{0{,}358 \cdot V_1}{\mu \cdot \sqrt{T_1}}\,.$$

Mit $T_1 = 1000°$, für diese Stelle geschätzt, folgt

$$\frac{J}{n} = \frac{0{,}0113\,V_1}{\mu}\,.$$

In den vorstehenden Ausführungen sind zwei Annahmen gemacht:

a) der Zylinderraum ändert während der Entspannung seine Größe nicht,

b) die Ausflußformel ist auch für das Gebiet unterhalb des kritischen Druckverhältnisses benutzt worden, während sie nur, bei einem Gegendruck von 1,1 kg/cm² in der Auspuffleitung, für Werte von $p_1 \geqq 1{,}894 \cdot 1{,}1 \cong 2$ kg/cm² gültig ist. Größere Unterschiede gegenüber dem wirklichen Verlauf stellen sich erst unterhalb $p_1 = 1{,}5$ kg/cm² ein. Während Annahme a) zu einer Verzögerung des Druckabfalls führt, wird dieser durch Annahme b) beschleunigt, so daß ein gewisser Ausgleich durch beide Voraussetzungen stattfindet. Die Ausflußzahl μ kann zu 0,9 angenommen werden.

Die Temperatur T_1 muß geschätzt werden, doch ist der Einfluß von T_1 auf die Drucklinie nur gering; φ ändert sich annähernd mit der vierten Wurzel aus T_1.

Spülung. Hier liegen einfachere Verhältnisse vor, da sowohl der Spülluftdruck p_s als auch der Gegendruck im Zylinder als konstant angenommen werden können. Diese Voraussetzung ist um so eher zulässig, je größer der Spülluftaufnehmer und die Anzahl der Zylinder ist.

Ist $L = \frac{V_0}{V_h}$, worin V_0 = Spülluftmenge vom Druck p_0 der Außenluft in m³, ψ der Kurbelwinkel bei Eröffnung der Spülschlitze, V die Spülluftmenge, bezogen auf den Zustand im Einlaßschlitz, so folgt wie oben:

$$dV = c \cdot f\,dt,$$

$$d\psi = 6n \cdot dt,$$

$$V = \frac{c}{6n}\int f \cdot d\psi = \frac{c \cdot Z}{6n},$$

$$c = \frac{6\,Vn}{Z}.$$

Da $V = V_s\left(\frac{p_s}{p}\right)^{\frac{1}{k}}$, worin V_s und p_s sich auf den Zustand im Aufnehmer beziehen, so folgt mit:

$$V_s = V_o \cdot \frac{T_s}{T_o} \cdot \frac{p_o}{p_s}:$$

$$c = \frac{6\,n\,L V_h}{Z} \cdot \Phi,$$

worin $\Phi = \frac{V}{V_o} = \frac{T_s}{T_o} \cdot p_o \cdot \frac{p_s^{\frac{1-k}{k}}}{p^{\frac{1}{k}}}$.

Meist kann $\Phi = 1$ gesetzt werden, doch kann Φ, namentlich bei Kühlung der Spülluft, auch von Eins verschiedene Werte annehmen.

Die Temperatur T_s der Spülluft ist durch die adiabatische Verdichtung der atm. Luft (mit $T_0 = 290°$ durchschnittlich) auf den Spüldruck p_s gegeben. Wird die Spülluft gekühlt auf T_s', so wird c im Verhältnis $\frac{T_s'}{T_s}$ verringert.

Der Druckabfall im Spülorgan $\Delta p = p_s - p$ findet sich aus der Ausflußformel

$$c = \mu \cdot c' = \mu \cdot 45{,}4\sqrt{T\left[1 - \left(\frac{p}{p_s}\right)^{0,288}\right]},$$

$$T = T_0\left(\frac{p}{p_0}\right)^{0,288}.$$

Einem Druckabfall von 0,04 at (= 400 kg/m²) im Spülorgan entspricht die Geschwindigkeit $c = 80\,\mu$ m/sek, so daß mit $\mu = 0{,}9$ folgt:

$$c = 72 \text{ m/sek}.$$

Dieser Wert soll bei langsamlaufenden Maschinen womöglich nicht überschritten werden. Da die Spülluft auch die bei Freilegung der Spülschlitze schon reichlich geöffneten Auspuffschlitze und die Auspuffleitung durchströmen muß, so ist in Wirklichkeit der Druckabfall größer. Setzt man $Z' = \xi \cdot Z$, um diese Verhältnisse zu berücksichtigen, so ist

$$c' = \frac{6\,n\,V_h L}{Z'} = 45{,}4\sqrt{T\left[1 - \left(\frac{p}{p_s}\right)^{0,288}\right]},$$

wobei μ schon in ξ ($\simeq$ 0,78 bis 0,80) enthalten ist.

Der Zeitquerschnitt für die Spülung. Wird der Spülluftquerschnitt freigelegt, ehe die Auspuffgase auf den Druck im Spülluftaufnehmer entspannt sind, so strömen die Auspuffgase zum Aufnehmer, und die eigentliche Spülung beginnt erst, nachdem die Auspuffgase zurückgeströmt sind, was bei geringen Druckunterschieden vor sich geht und infolge der kleinen Strömungsgeschwindigkeit längere Zeit beansprucht. Es geht also von der Fläche Z nicht nur der bis zur Expansion der Auspuffgase auf den Aufnehmerdruck reichende Teil, sondern auch der der Rückströmung entsprechende Teil verloren. Trotzdem wird häufig mit der Spülung vorher begonnen, wenn durch dieses Verfahren die Gesamtfläche Z schneller zunimmt als die verlorengehende, vordere Spitze ΔZ.

Wird mit Aufladung gearbeitet, so wird dadurch die Ausnutzung der hinteren Spitze der Z-Fläche verhindert, da während des Ladens nur wenig Spülluft eintritt.

Wird — wie bei den Kruppschen Zweitaktmaschinen — die Spülluft durch Ventile zugeführt, so ist wegen der schleichenden Eröffnung dieser Ventile mit der Spülung früher zu beginnen.

Beispiel. Einfachwirkende Zweitakt-Dieselmaschine von 400 mm Dmr., 550 mm Hub, $n = 150$ Uml./min. Verbrennungsraum $= V_h/14$. Schubstangenlänge $L = 4,5\ R$; Länge der Auspuffschlitze $= 0,2 \cdot 550 = 110$ mm; Gesamtbreite der Auspuffschlitze $b_a = 400$ mm. Breite der Spülschlitze $b_s = 390$ mm. Expansionsenddruck $p_1 = 35\,000$ kg/m², $T_1 = 1000°$ geschätzt. Für das Brixsche Diagramm, Abb. 185, wird

$$m = \frac{R^2}{2L} = \frac{275^2}{2 \cdot 1240} = 30,5 \text{ mm}.$$

$\mu = 0,9$, $L = 1,2$ angenommen.

$$V_h = \frac{0,4^2 \pi}{4} \cdot 0,55 = 0,069\,115 \text{ m}^3;$$

$$\text{Brennraum } V_c = \frac{V_h}{14} = \frac{0,069\,115}{14} = 0,004\,937 \text{ m}^3;$$

$$\text{Höhe des Brennraumes: } h_c = \frac{V_c}{\frac{0,4^2 \pi}{4}} = \frac{0,004\,937}{0,125\,664} = 0,0393 \text{ m};$$

Volumen bei Eröffnung der Auspuffschlitze:

$$V_1 = \frac{0,4^2 \pi}{4} \cdot (0,55 - 0,11 + 0,0393) = 0,060\,231 \text{ m}^3.$$

$$\frac{J}{n} = \frac{2,555 \cdot V_1}{\mu \cdot \sqrt{T_1}} \cdot D = \frac{2,555 \cdot 0,060231}{0,9 \cdot \sqrt{1000}} \cdot D = 0,0054 \cdot D.$$

Nach der Zahlentafel auf S. 175 ist mit $p_1 = 35\,000$ kg/m²:

$\frac{p}{p_1} =$	0,9	0,8	0,6	0,4	0,3
$p =$	31 500	28 000	21 000	14 000	10 500
$D =$	0,015	0,0324	0,076	0,14	0,188
$10\,000 \frac{J}{n} =$	0,810	1,750	4,104	7,560	10,152
J für $n = 150$	0,0122	0,0263	0,0616	0,1134	0,1523
J für $n = 180$	0,0146	0,0315	0,0739	0,1361	0,1827

In Abb. 185 sind die zu den verschiedenen J-Werten gehörigen p-Werte aufgetragen; der Druck $p = 1,05$ at abs. wird unter den oben angegebenen Annahmen nach Zurücklegung eines Kurbelwinkels von 15°, vom Beginn der Auslaßschlitzöffnung ab gerechnet, erreicht. In Wirklichkeit wird ein etwas größerer Kurbelwinkel für die genannte Drucksenkung erforderlich sein.

Läßt man mit Rücksicht auf diesen Umstand die Spülluft erst in dem Augenblick eintreten, in dem $p = 1{,}05$ at, so ergibt sich nach Multiplikation des in Abb. 185 erhaltenen Wertes $Z = 1{,}38$ mit dem Verhältnis der Schlitzbreiten $Z = 1{,}35\ \mathrm{m}^2 \times$ Grad.

$$c = \frac{6 n L V_h}{1{,}35} = \frac{6 \cdot 150 \cdot 1{,}2 \cdot 0{,}07}{1{,}35} = 56\ \mathrm{m/sek}\,.$$

Der Druckabfall $p_s - p$ folgt aus der Gleichung:

$$\frac{c^2}{\mu^2 \cdot 45{,}4^2} = T\left[1 - \left(\frac{p}{p_s}\right)^{0{,}288}\right].$$

Da $T_s = 298°$, so ist $T = 294°$ zu schätzen, und es wird

$$\left[1 - \left(\frac{56}{0{,}9 \cdot 45{,}4}\right)^2 \cdot \frac{1}{294}\right]^{\frac{1}{0{,}288}} = \frac{p}{p_s} = 0{,}9779\,.$$

Bei einem Spüldruck $p_s = 1{,}1\ \mathrm{kg/cm^2}$, folgt $p_s - p = 0{,}025$ at Druckabfall im Spülorgan.

In Abb. 185 sind zum Vergleich auch die Eröffnungsverhältnisse für die Steuerung der Kurbelseite, wie sie bei doppeltwirkenden Maschinen auszuführen ist, wiedergegeben, wobei Freilegung gleicher Schlitzhöhen angenommen wurde. Wie ersichtlich, ist $\alpha_D = 58°$ gegenüber $\alpha_K = 48°$. S. auch S. 171.

Literaturnachweis.

A. Kreglewski: Auslaß- und Spülvorgänge bei Zweitaktölmotoren. Dissertation, Danzig 1913, veröffentlicht im „Ölmotor", 1913. — O. Föppl: Berechnung der Kanallängen von Zweitaktölmaschinen mit Schlitzsteuerung. Z. V. d. I. 1913, S. 1939. (Diese Abhandlung befaßt sich hauptsächlich mit Doppelkolbenmaschinen.) — E. Gutmann: Untersuchungen zur rechnerischen Bestimmung der Lufteinlaßschlitze bei Zweitaktverbrennungsmaschinen. Z. V. d. I. 1914, S. 785. — M. Ringwald: Der Auspuff- und Spülvorgang bei Zweitaktmaschinen. Z. V. d. I. 1923, S. 1057.

f) Kompressorlose Dieselmaschinen.

Als Vorteile der luftlosen Brennstoffeinspritzung ist vor allem der Fortfall des Luftverdichters und der von ihm über die Einblaseflaschen zum Brennstoffventil führenden Hochdruckluftleitung zu nennen, wodurch namentlich bei kleineren Leistungen die Maschinenanlage verbilligt und an Raumbeanspruchung wie an Gewicht erheblich gespart wird. Betriebsunfälle, wie sie durch Schmierölexplosionen im Verdichter und in den Behältern entstehen können, sind nunmehr ausgeschlossen; die Bedienung der Anlage wird vereinfacht, die Anlage selbst übersichtlicher. Die zur Erzeugung des Luftdruckes erforderliche Arbeit entfällt; auch unter Berücksichtigung des Umstandes, daß die Verdichtungsarbeit der Einblaseluft teilweise im Arbeitszylinder wiedergewonnen wird, wird der mechanische Wirkungsgrad der kompressorlosen Maschine um 3 bis 4% verbessert. Verringerung des Brennstoffverbrauches, auch wenn dieser auf die indizierte Leistung bezogen wird, sichere Zündung bei verminderter Umlaufzahl und stärkere Überlastbarkeit sind weitere Vorzüge der luftlosen Einspritzung; innerhalb der meist gebrauchten Belastungsgrenzen ändert sich überdies der Brennstoffverbrauch wenig. In der Ausnutzung des Hubraumes steht die kompressorlose Dieselmaschine der mit Lufteinspritzung nicht nach, mittlere Drucke bis zu 6 at lassen sich in einigen Bauarten bei rauchfreiem Auspuff erreichen. Je nach Ausbildung der Maschine hat sich gezeigt, daß in ihr alle Brennstoffe, vom leichtflüchtigen Benzin bis zum festen, allerdings vorzuwärmenden Generatorteer, ohne Änderungen der Einspritzvorrichtungen verbrannt werden können, also ohne die Komplikation, die bei Verbrennung schwerflüssiger Brennstoffe durch Anordnung besonderer Leitungen und Pumpen für Zündöl bei den älteren Dieselmaschinen nicht zu vermeiden waren. Die Abkühlung des Brennraumes durch die sich entspannende Einblaseluft, die Verminderung der Verbrennungsgeschwindigkeit und hohe mechanische Beanspruchungen der Baustoffe zufolge hat, wird vermieden. Aus diesem Grunde braucht die Verdichtung in der kompressorlosen Maschine nicht so hoch wie in der normalen Dieselmaschine getrieben zu werden. Der Verdichtungsenddruck wird bestimmt lediglich durch die Rücksicht auf den thermischen Wirkungsgrad und auf das Anlassen der kalten Maschine, das bei einer Maschinenart durch besondere Zündvorrichtungen erleichtert werden kann bzw. ermöglicht wird.

Nach S. 138 hat die Einblaseluft in der Hauptsache zwei Aufgaben zu erfüllen: Verteilung des Brennstoffes über den Verbrennungshub und Zerstäubung des Brennstoffes über den Verbrennungsraum sowie kräftige Durchwirbelung des Zylinderinhaltes. Hieraus ergeben sich die Schwierigkeiten, die sich der Ausführung luftloser Einspritzung entgegensetzen: sie sind bedingt durch die geringere Strömungsenergie des eingeführten Brennstoffes und vor allem dadurch, daß die verteilende und zerstäubende Wirkung der Einblaseluft fehlt, die durch besondere Mittel zu ersetzen ist. Die Zerstäubung kann nun in verschiedener Weise erreicht werden:

a) Zerstäubung des Brennstoffes durch einen im Brennraum erzeugten Luftwirbel. Dieser kann durch besondere Gestaltung des Brennraumes und des Kolbens (Verdrängermaschinen) oder durch Einwirkung zweier Brennstoffstrahlen aufeinander (Pricesche Zweistrahlmaschinen) hervorgerufen werden. (Die Luftwirbelung nach Hesselmann und Krupp verfolgt noch einen anderen Zweck.)

b) Zerstäubung durch Einführung des Brennstoffes in Hochdruckdüsen auf rein hydraulischem Wege (Strahlmaschinen).

c) Zerstäubung durch Verbrennungsgase, die bei Verbrennung eines Teiles des Brennstoffes in einer Vorkammer entstehen (Vorkammermaschinen) und den nicht verbrannten Brennstoff durch eine Düse treiben.

In den Strahlmaschinen bestimmen: Gestaltung der Düsenöffnungen und Pumpendruck die Zerstäubung, Neigung und Anzahl der Öffnungen die Verteilung des Öles über den Brennraum, Größe der Öffnungen die Durchschlagkraft des Brennstoffstrahles.

Gestaltung des Diagramms. Bei den Strahlmaschinen genügt eine Verdichtung auf 26 bis 28 at, um auch bei niedrigen Außentemperaturen und schweren Brennstoffen sichere Zündung beim Anlassen zu erreichen. Vorkammermaschinen arbeiten mit etwa 35 at Verdichtung, da beim Anlassen die Wandungen der Vorkammer, deren Wärme zur rechtzeitigen Zündung beiträgt, noch nicht erhitzt sind, so daß bei niedrigerer Verdichtung die Zündtemperatur fehlen würde. Wie schon erwähnt, werden bei den Vorkammermaschinen aus diesem Grunde häufig besondere Zündmittel verwendet.

Der Verlauf der Brennlinie wird durch den Zeitpunkt der Pumpenförderung und die Geschwindigkeit der Brennstoffeinführung maßgebend bestimmt, so daß sowohl reines Gleichdruck- als auch reines Verpuffungsverfahren ausgeführt werden kann. Nur die Verdrängermaschine ist in dieser Beziehung weniger anpassungsfähig, da bei ihr der Einspritzpunkt mit Rücksicht auf die Ausnutzung der erzeugten Luftwirbelung annähernd festliegt. Maschinen mit luftloser Einspritzung ergeben fast stets „gemischte“ Diagramme als Zeichen eines Arbeitsvorganges, der zwischen Verpuffung und der Gleichdruckverbrennung liegt (vgl. Abb. 27, S. 33). Die Verbrennung wird so geleitet, daß der Höchstdruck etwa 38 bis 40 at beträgt. Es folgt sonach ein Verhältnis $\frac{p_z}{p_c} \cong 1{,}4$ bei Strahlmaschinen, $\cong 1{,}14$ bei Kammermaschinen. Bei Versuchen von Dr. Heidelberg wurden durch Beginn der Pumpenförderung bei 27° vor Totlage Gleichdruckdiagramme erzielt, die bei ungefähr halber Belastung in Verpuffungsdiagramme übergingen, Beginn der Pumpenförderung 40° vor Totlage ergab Verpuffung. In Abb. 186 und 187 sind Ergebnisse dieser Versuche dargestellt. In Abb. 186 sind für Verdichtungen auf 22, 29 und 38 at die Brennstoffverbrauchsziffern in Abhängigkeit von der Belastung dargestellt. In beiden Fällen nimmt mit steigender Verdichtung der Brennstoffverbrauch ab, und zwar stärker beim Gleichdruck- als beim Verpuffungsverfahren, d. h. die Gleichdruckmaschine ist gegen Änderung des Verdichtungsgrades erheblich empfindlicher als die Verpuffungsmaschine. Diese verhält sich bezüglich des Brennstoffverbrauchs günstiger als die Gleichdruckmaschine, was auf die bei Gleichdruck mit der späteren Einspritzung verbundene Abnahme des Zünddruckes zurückzuführen ist.

Wenn auch vom theoretischen Standpunkt aus der Vergleich der Kurven nach Abb. 186 von großem Interesse ist, so kommt doch für die praktische Beurteilung zweier Maschinenarten oder Verfahren nicht der Verdichtungsdruck, sondern der Zünddruck in Frage, da dieser als Höchstdruck die Bemessung und den Preis der Maschine bestimmt. Maßgebend ist deshalb Abb. 187, die den Verbrauch in Abhängigkeit vom Zünddruck zeigt. Hiernach ist bei gleichbleibender Nutzleistung der Brennstoffverbrauch eine Linearfunktion des Zünddruckes, trotzdem mit dessen Steigerung die Verdichtung zu erhöhen ist, der Brennraum niedriger, also ungünstiger, dadurch die Zerstäubung schlechter wird. Die Bedeutung dieser beiden Umstände nimmt also mit steigender Verdichtung ab.

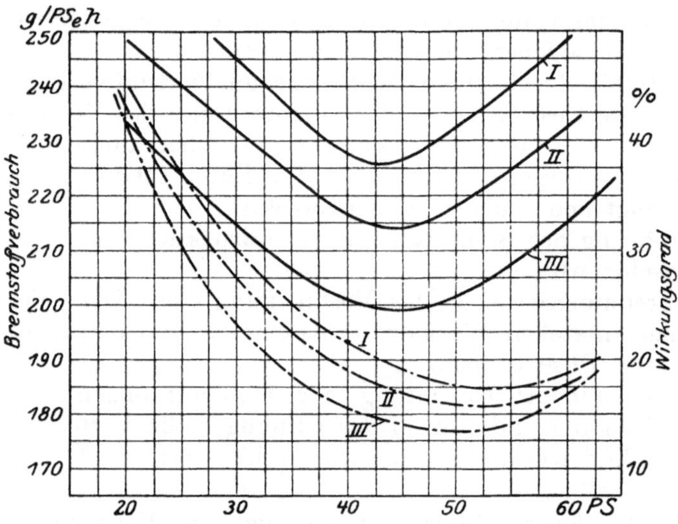

Abb. 186. Versuche von Dr. Heidelberg mit Verpuffungs- und Gleichdruckverfahren. Die ausgezogenen Kurven beziehen sich auf das Gleichdruckverfahren. I 22 at Vorverdichtung. II 29 at Vorverdichtung. III 38 at Vorverdichtung.

Abb. 187 läßt erkennen, daß beim Verpuffungsdiagramm mit 50 at Zünddruck und 50 PS_e Leistung ein Verbrauch von 178 g/PS^eh, beim Gleichdruckverfahren unter gleichen Umständen von 181 g/PS_eh folgt, so daß beide Verfahren als praktisch gleichwertig anzusprechen sind, ein Ergebnis, das auch den tatsächlichen Verhältnissen entspricht[1]).

Das Verpuffungsverfahren zeigt bezüglich des Brennstoffverbrauches stärkere Abhängigkeit von der Belastung, hingegen geringere Abhängigkeit von der Höhe des Zünddruckes. Diese stärkere Abhängigkeit von der Belastung zeigt Abb. 187 deutlich in dem beim Verpuffungsverfahren größeren senkrechten Abstand der Geraden für 20 und 50 PS_e.

Aus Abb. 187 ist zu folgern, daß Gleichdruckmaschinen mit hoher Verdichtung gegen Änderungen der Belastung, Gleichraummaschinen gegen solche des Verbrennungsraumes unempfindlich sind, da trotz Verschlechterung des Verbrennungsraumes bei der hohen Verdichtung — der Brennraum wird flacher — die lineare Abhängigkeit von Brennstoffverbrauch und Zünddruck auch bei ihnen erhalten bleibt. Heidel-

[1]) Richtiger wäre, von einem Verpuffungsdiagramm als von einem Verpuffungsverfahren zu sprechen, da auch bei kompressorlosen Dieselmaschinen der Brennstoff zeitlich verteilt eingeführt wird und die Entzündung eines fertigen Gemisches ausgeschlossen ist.

berg schließt aus seinen Versuchen, daß die Maschine um so stabilere Verhältnisse zeigt, je weiter die Verdichtungsendtemperatur über den Zündpunkt hinaus gesteigert wird, womit jedoch beim Verpuffungsverfahren die Höchstdrucke außerordentlich zunehmen.

Gestaltung des Brennraumes. Diese wird durch die Art der Brennstoffverteilung auf die Verbrennungsluft bestimmt. Als Regel muß gelten, daß die Öltröpfchen weder auf die gekühlten Wandungen, noch auf den Kolbenboden auftreffen sollen, doch kann dieser letzteren Forderung selbst bei muldenförmig ausgehöhlten Kolben nicht entsprochen werden. Infolge der niedrigen Verdichtung, die einen verhältnismäßig geräumigen Brennraum gestattet, wird dieser bei Strahlmaschinen halbkugelig ausgeführt, so daß hier günstigere Verhältnisse vorliegen. Die in dem Hohlraum des Kolbenbodens enthaltene Luft unterliegt bei ungekühlten Kolben nicht der Einwirkung der ge-

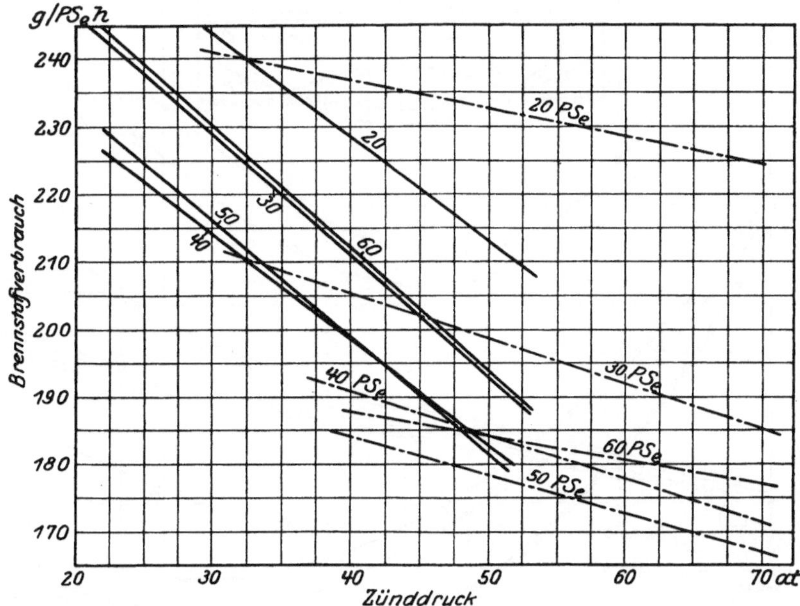

Abb. 187. Abhängigkeit des Verbrauches vom Zünddruck beim Verpuffungs- und Gleichdruckverfahren. Die ausgezogenen Linien beziehen sich auf das Gleichdruckverfahren.

kühlten Zylinderwandungen, so daß bei Einlochdüsen auch für die Verbrennung des am wenigsten zerstäubten Kernes des Brennstoffstrahles bessere Bedingungen geschaffen werden. (Der Kruppsche Pilzkolben, S. 311, nimmt eine Sonderstellung ein.)

Über den Zusammenhang zwischen Lochzahl der Düse und Brennraumformgebung hat Dr. Heidelberg Versuche angestellt, bei denen der Enddruck der Verdichtung 22 at, der Druck in der Nadeldüse 200 at betrug. Bei Anlauf der Pumpenrolle 40° vor Kolbentotlage ergab sich ein Verpuffungsdiagramm mit 38 bis 40 at Höchstdruck. Der Brennstoffverbrauch wurde in Abhängigkeit vom mittleren nutzbaren Druck ermittelt, Abb. 188.

Die Versuche wurden mit den Kolbenböden I, II und III und den Düsen *a*, *b* und *c*, Abb. 188, angestellt. Als günstigste Form erwies sich der tiefgezogene Kolbenboden I, bei dem sich kein Unterschied im Brennstoffverbrauch bei Verwendung von Einloch- (Kurve Ia) und Mehrlochdüsen (Kurve Ib) ergab. Der Brennstoffverbrauch erreicht einen Mindestwert bei etwa $p_m = 4{,}7$ at, bleibt aber im ganzen Gebiet zwischen 4 und 7 at noch günstig.

Größeren Verbrauch zeigt Kolbenboden II in den Kurven IIb, IIa und IIc, die Mehrlochdüse erweist sich hier als überlegen, was auch bei Boden III, der die ungünstigste, flache Form aufweist, zutrifft. Bei Boden II mit Düse *b* ergibt sich der Mindestverbrauch bei höherer Belastung als bei den anderen Versuchen.

Die unmittelbar hinter dem Auspuffventil gemessenen Abgastemperaturen wachsen bis zu einer Leistung von 60 PS linear mit der Belastung und steigen im Überlastungsgebiet schneller an. Überschreitung einer Auspufftemperatur von 520° C war nicht möglich, da hierbei nach 15 min Betrieb die Maschine rußte und klopfte. Dieser Zustand trat bei Kolbenboden III schon bei 61 PS-Leistung ein. Da sich bei kalter Maschine der mittlere Druck auf 8,5 at ohne Schwarzfärbung des Auspuffes steigern läßt, so führt Dr. Heidelberg jene Erscheinung auf die hohe Temperatur des Kolbenbodens zurück, der die obere Grenze der Belastung — etwa bei Beginn der Dunkelrotglut gegeben — bestimmt.

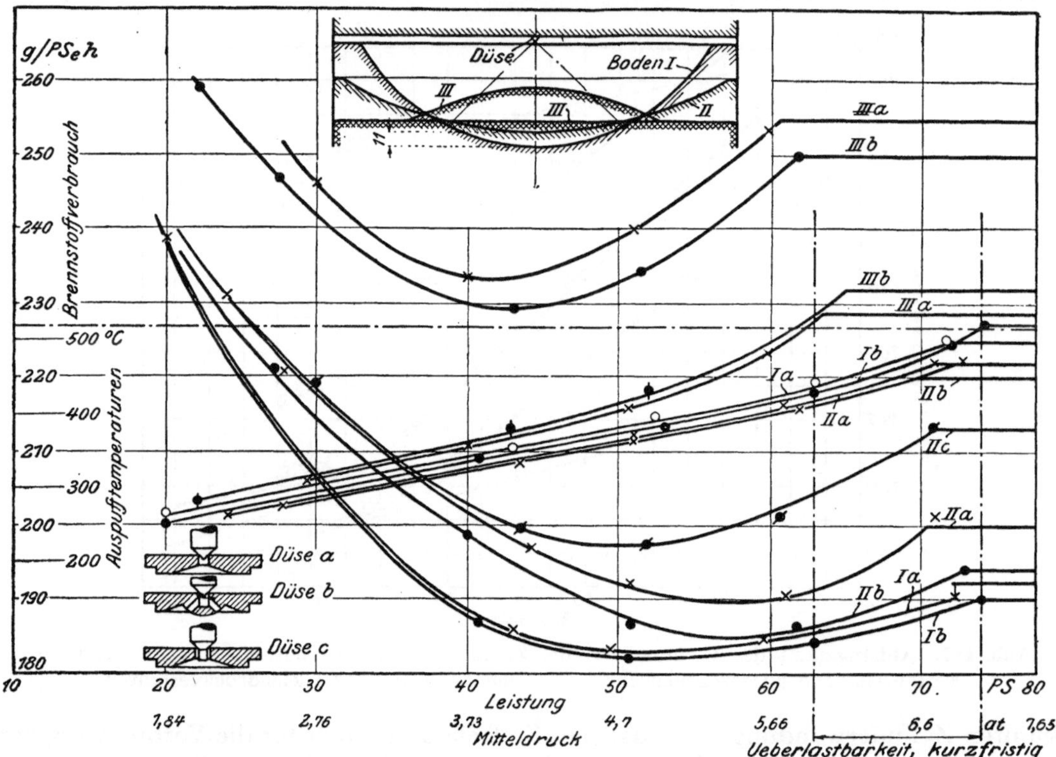

Abb. 188. Versuche von Dr. Heidelberg mit verschiedenen Düsen und Kolbenböden.

Die hohe Kolbentemperatur wirkt sowohl auf den Brennstoff wie auf die Verbrennungsluft ein. Eine Zersetzung des Brennstoffes mit ihren auf S. 7 angegebenen Folgen oder ungünstige Wirkung teilweiser Verdampfung des Brennstoffes ist nach den Erfahrungen mit den Kruppschen Maschinen, falls diese ohne künstliche Luftwirbelung arbeiteten, nicht anzunehmen. Wahrscheinlich ist, daß die Mischung der später eingespritzten Brennstoffteilchen mit unverbrauchter Luft erschwert wird, und zwar um so mehr, je länger bei zunehmender Belastung die Einspritzdauer wird. Das Nachbrennen erhöht die Kolbentemperatur, durch welche die angesaugte Luftmenge verringert wird. Dadurch wird erklärlich, daß bei kalter Maschine — bei der die angesaugte Luftladung erheblich größer als bei dunkelrot glühendem Kolben ist — ein mittlerer Druck von 8,5 at erreicht wird.

Von Interesse ist ein Vergleich mit den in Z. V. d. I. 1923, S. 784 angegebenen Versuchen an einer Hesselmann-Maschine, die bei 133% Belastung unsichtbaren Auspuff bei 468° Abgastemperatur zeigte, was auf die stete Heranführung unverbrauchter

Luft an die nachfolgenden Öltröpfchen infolge der künstlichen Luftwirbelung zurückzuführen sein dürfte.

Der Brennraum der Vorkammermaschinen, siehe S. 246, kann nicht in der einheitlich geschlossenen Form der Strahlmaschinen ausgeführt werden.

Gestaltung der Düse. Es werde der Fall der Strahlmaschine behandelt, in der die Düse alleiniges Mittel für Zerstäubung und Verteilung ist.

Soll ein Gasöl von $\gamma = 900\ \text{kg/m}^3$ mit 300 m/sek Geschwindigkeit aus der Düse austreten, so ist hierzu ein Überdruck von der Größe

$$\Delta p = \gamma \cdot \frac{c^2}{2g} \cdot 10^{-4} = \frac{900 \cdot 300^2 \cdot 10^{-4}}{2 \cdot 9{,}81} \cong 413\ \text{at}$$

erforderlich. Die Strömungsenergie, die Durchwirbelung der Luft im Brennraum verursacht, beträgt

$$E = G \cdot \frac{c^2}{2g} \cdot 10^{-3} = \frac{300^2}{2 \cdot 9{,}81} \cdot 10^{-3} = 4{,}59\ \text{mkg}$$

je 1 g Brennstoff.

Die Zahlentafel 9 zeigt einen Vergleich der bei beiden Verfahren vorhandenen Energiemengen, wobei für Lufteinspritzung isothermische Zustandsänderung wie auf S. 139, der Verdichtungsdruck zu 35 at angenommen ist.

Zahlentafel 9.

Einspritzdruck	at	40	60	80	125	200	300
Einblaseluftenergie	mkg/g	1,26	5,10	7,8	12,02	—	—
Strahlenergie	mkg/g	0,056	0,278	0,5	1,0	1,83	2,94

Wegen der verringerten Energie werden bei Strahlmaschinen mitunter besondere Mittel angewendet, um die Luft des Brennraumes in wirbelnde Bewegung zu versetzen.

Ist α = Kurbelwinkel, der während der Pumpenförderung zurückgelegt wird, so ist bei n Uml./min die Zeit der Brennstoffzufuhr

$$\Delta z = \frac{60}{n} \cdot \frac{\alpha}{360} = \frac{\alpha}{6n}\ \text{sek}\,.$$

Aus der Stetigkeitsgleichung:

$$\mu \cdot c \cdot f \cdot \Delta z = G \cdot v = \frac{G}{\gamma}$$

folgt der Düsenquerschnitt:

$$f = \frac{G}{\gamma \cdot \mu \cdot c \cdot \Delta z}\ \text{m}^2\,.$$

Beispiel. Geschwindigkeit c, Einspritzzeit Δz, Strömungsenergie E und Düsenquerschnitt f sind für eine 50 PS-Maschine mit $n = 240$ Uml./min zu bestimmen. Es werden 180 g/PS$_e$h Gasöl von $\gamma = 0{,}9$ kg/ltr bei $\Delta p = 350$ at verbraucht. Einspritzwinkel $\alpha = 40°$.

$$c = \sqrt{\frac{2g \cdot \Delta p}{\gamma \cdot 10^{-4}}} = \sqrt{\frac{19{,}62 \cdot 350}{900 \cdot 10^{-4}}} = 276\ \text{m/sek}\,.$$

Gesamtverbrauch an Brennstoff:

$$50 \cdot 180 = 9000\ \text{g/h}\,.$$

Anzahl der Einspritzhübe je Stunde:

$$\frac{2 \cdot 240 \cdot 60}{4} = 7200\,.$$

Verbrauch je Einspritzhub:

$$\frac{9000}{7200} = 1{,}25\,\text{g}\,.$$

Strömungsenergie:

$$E = 0{,}00125 \cdot \frac{276^2}{2 \cdot 9{,}81} = 4{,}85\,\text{mkg}\,.$$

Einspritzzeit:

$$\Delta z = \frac{40}{6 \cdot 240} = 0{,}028\,\text{sek}\,.$$

Düsenquerschnitt:

$$f = \frac{0{,}00125 \cdot 10^6}{276 \cdot 900 \cdot 0{,}028} = 0{,}18\,\text{mm}^2 \text{ für } \mu = 1.$$

Düsendurchmesser: $d = 0{,}48$ mm.

Die Düsen können sowohl als Einloch- wie als Mehrlochdüsen ausgeführt werden. Versuche über die Wirkungsweise beider Düsenarten sind von Hesselmann, Heidelberg, s. Abb. 188 und 202, und Hintz angestellt worden. Der Vorzug der Einlochdüse ist in der leichteren Herstellung und der größeren Unempfindlichkeit gegen Verstopfungen infolge des größeren Durchmessers zu erblicken, während die Mehrlochdüse eine bessere Verteilung des Brennstoffes über den Brennraum bewirkt. Der Spitzenwinkel des Spritzkegels darf weder zu groß noch zu klein sein, da im ersteren Fall gekühlte Wandungen bei Abwärtsgang des Kolbens getroffen werden können, während im zweiten Fall der Strahl zu geschlossen ist und die Luft nicht genügend zutreten kann. Einlochdüsen werden häufig mit Drallkörper ausgeführt, der dem austretenden Strahl eine kreisende Bewegung erteilt und dadurch die Zerstäubung unterstützt.

Von großer Bedeutung ist die Durchschlagkraft der Brennstrahlen, die bei Verteilung des Gesamtquerschnittes auf zu viele Bohrungen allzu sehr abnimmt, so daß der Strahl nicht genügende lebendige Kraft hat, um tiefer in die hochverdichtete Luft einzudringen. Größere Lochzahl bedingt überdies Zündverzug. Hesselmann fand bei Versuchen an Düsen mit 4 bis 8 Löchern, die innerhalb weiter Grenzen verändert wurden, die besten Ergebnisse bei 5 Löchern in der Düse, unabhängig vom Querschnitt. Hintz stellte die beste Verbrennung bei Anwendung von Vierlochdüsen fest, während bei Anwendung einer größeren Zahl von Bohrungen bei gleichem Gesamtquerschnitt die Verbrennung verschlechtert wurde.

Konstruktiv werden die Düsen offen und geschlossen ausgeführt. Die offene Düse zeichnet sich dadurch aus, daß zwischen Druckventil der Brennstoffpumpe und Düsenmündung kein bewegliches Absperrorgan eingebaut ist, während die Mündung der geschlossenen Düsen durch eine Brennstoffnadel nach der Druckleitung hin abgesperrt wird. Zwischen beiden Düsen stehen die Bauarten mit Rückschlagventil, das möglichst nahe der Düsenmündung eingebaut wird, so daß nur ein sehr kleiner Teil der Brennstoffdruckleitung dauernd mit dem Brennraum in Verbindung steht. Von Bedeutung ist bei der offenen Düse, daß die zur Düsenplatte führende Brennstoffleitung keinerlei Querschnittsänderungen aufweist, was zu Bauarten nach Abb. 208 führt. Das Ende des Brennstoffrohres ist in die Düsenplatte kegelig einzuschleifen. Durch Anordnung von Einzelpumpen ist für möglichst gleichartige Rohrleitung zu jedem Zylinder zu sorgen.

Als Sitz für die Düsennadel, die eingeschliffen ohne Packung arbeitet, dient die Düsenplatte. Eine den Einspritzdruck bestimmende Feder, deren Spannung von außen eingestellt werden kann und die Nadel gegen den Verdichtungsdruck geschlossen hält, belastet die Nadel. Diese öffnet, sobald der auf den Ringraum zwischen Nadelkolben und Nadelsitz wirkende Brennstoffdruck größer als die Federvorspannung wird. Um bei Einlochdüsen das Flattern des austretenden Strahles zu verhindern, wird dieser mitunter durch einen zylindrischen Ansatz der Nadel, der in der Düsenbohrung geringes Spiel hat, geführt (s. Düse *c* in Abb. 188).

Als Vorteile der Nadel werden angeführt, daß Nachtropfen von Brennstoff und damit Verkoken der Düsenmündung vermieden wird, und daß die Brennstoffleitung gegen den Zylinder durch die Nadel, gegen die Pumpe durch das Druckventil abgeschlossen ist, so daß der Druck in ihr nur um die Drucksteigerung während des Einspritzens verändert, die Zerstäubungsgüte konstanter wird. Nachtropfen ist bei der offenen Düse durch Ausführung möglichst kurzer, starkwandiger Brennstoffleitungen, die nur unwesentlichen Formveränderungen unterliegen und durch ihre Anordnung das Festsetzen von Luftblasen unmöglich machen, zu vermeiden. Die Zusammendrückbarkeit des Öles, die hierbei ebenfalls zu berücksichtigen ist, wird durch das kleine Volumen der Leitung möglichst unschädlich gemacht. Es ist aber darauf hinzuweisen, daß auch bei den geschlossenen Düsen „schädliche Räume“ zwischen Nadelsitz und Düsenmündung vorhanden sind, die Nachtropfen verursachen können.

Das „Zuwachsen“ der Düse, der „Krater“ an dieser ist darauf zurückzuführen, daß sich am Austritt aus der Düse Ölteilchen von dem hier noch geschlossenen Strahl absplittern, die sich um die Mündung festsetzen und die Strahlbildung beeinträchtigen. Als Mittel hiergegen sind rascher Abbruch der Ölförderung und möglichst wirksame Kühlung der Düse anzuwenden. (Bei den ursprünglichen Dieselmaschinen werden derartige Ansätze von Öl- und Kokskrusten durch den auf den Brennstoff folgenden Luftstrahl abgeblasen.) Die Düse ist so anzuordnen, daß sie bei Mehrzylindermaschinen während des Ganges in kürzester Zeit abgebaut und gereinigt werden kann.

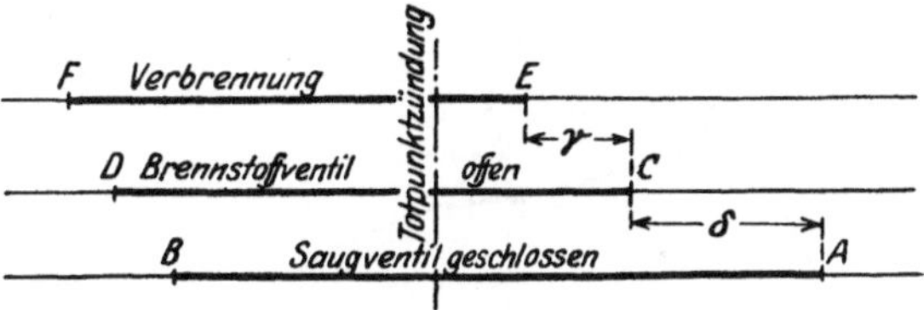

Abb. 189. Einspritz- und Zündverzug nach Hesselmann.

Was den Druckverlauf während des Einspritzens betrifft, so ist bei Anwendung der Düsennadel der Druck, der beim Anhub der Nadel noch vom vorherigen Arbeitsspiel vorhanden ist und beispielsweise 200 at beträgt, nur um einen geringen Betrag zu steigern, um die Nadel zu öffnen. Dieser hohe Anfangsdruck ergibt ein rasches Ansteigen des Verbrennungsdruckes, das sich besonders bei niedrigen Umlaufzahlen bemerkbar macht, da die kleinen Kolbengeschwindigkeiten zu besonders hohen Zünddrucken führen. (Vgl. jedoch hiermit die Versuche Hesselmanns, S. 186.) Bei der offenen Düse setzt das Einspritzen des Brennstoffes nach Eröffnen des Pumpendruckventils mit bedeutend geringerem Druck ein, worauf der Druck durch Formgebung des den Pumpenplunger antreibenden Nockens sehr schnell gesteigercv ird Die Art der Brennstoffeinführung wirkt insofern günstig, als nach Beobachtunoch von Hebenl ma n n der Zündverzug geringer wird, wenn das Öl bei Beginn der Einspritzung zumnmengedrängt wird. Es zeigte sich nämlich bei Versuchen, daß bei geringer Zochzanl der Düse die Zündung früher eintrat. Die Kantenreibung der Düsenbehnung hanptsächlich von der Drucksteigerung, weniger vom Druck selbst abhängig, bewirkt eine feine Zerstäubung des Strahles an der Oberfläche des Spritzkegels, schafft sonach verschiedene für die Einleitung der Zündung geeignete Brennzonen.

Die Ausdehnung der Brennstoffleitung, die Zusammendrückbarkeit des Öles bei der offenen Düse, das zum Heben der Nadel erforderliche Ölvolumen bei der geschlossenen Düse verursachen einen Einspritzverzug, so daß das Einspritzen durchaus nicht mit dem Zeitpunkt der Brennstofförderung beginnt. In Abb. 189 ist das Ergebnis von Versuchen Hesselmanns dargestellt. In *A* schließt das Saugventil der Brennstoffpumpe, und die Förderung beginnt, bis in *B* das Saugventil wieder geöffnet wird. In C öffnet die Nadel, und die Einspritzung beginnt, während E den Zeitpunkt der beginnenden Verbrennung anzeigt. Kurbelwinkel δ gibt sonach den Einspritz-, Winkel γ den Zündverzug an. Hesselmann stellte fest, daß der Winkel δ unveränderlich und unabhängig von der Drehzahl ist, so daß auch bei verschiedenen Drehzahlen der Brennstoffstrahl stets in derselben Kurbelstellung einzuführen, die Zündung also nicht zu verstellen ist.

Winkel δ zeigt nur unwesentliche Abhängigkeit von Weite und Länge der Öldruckleitung und von dem Druck, bei dem das Brennstoffventil öffnet. Von größerer Bedeutung für die Größe des Winkels δ sind die Geschwindigkeit des Pumpenkolbens im Augenblick der Brennstoffventil-Eröffnung und vor allem die Verzögerung der Druckwelle in den Ventilen. Winkel δ wird sonach durch Bauart und Antrieb der Brennstoffpumpe sowie durch die Ausführung des Brennstoffventils bestimmt.

Winkel γ kann durch versetzte Diagramme ermittelt werden, wenn die Kurbelstellung bei Saugventilschluß bekannt ist. γ wird außer vom Verdichtungsgrad, der Öltemperatur hauptsächlich durch die Art der Zerstäubung (siehe die Versuche von Hawkes, S. 9) bestimmt. Als kleinsten Wert fand Hesselmann $\frac{1}{700}$ sek, gewöhnlich jedoch war der Zündverzug größer und betrug $\frac{1}{400}$ bis $\frac{1}{500}$ sek.

Winkel γ ist möglichst klein zu halten, um Ansammeln größerer Brennstoffmengen im Brennraum vor der Zündung zu vermeiden.

Winkel $(\delta + \gamma)$ gibt sonach den von Beginn der Brennstofförderung bis zur Zündung währenden Zeitraum an.

Abb. 190 läßt den Zündverzug in einer Kruppschen Maschine erkennen. Im Beharrungszustand der vollbelasteten Maschine betrug der Zündverzug 0,00333 sek, entsprechend 4° Kurbelwinkel bei 200 Uml./min. Bei kalter, anfahrender Maschine stieg der Zündverzug auf 12°, da die Verdichtungstemperatur nur wenig über dem Zündpunkt des Brennstoffes lag. Da während dieser Zeit größere Ölmengen in den Zylinder gelangten, so verbrannten diese unter starker Drucksteigerung.

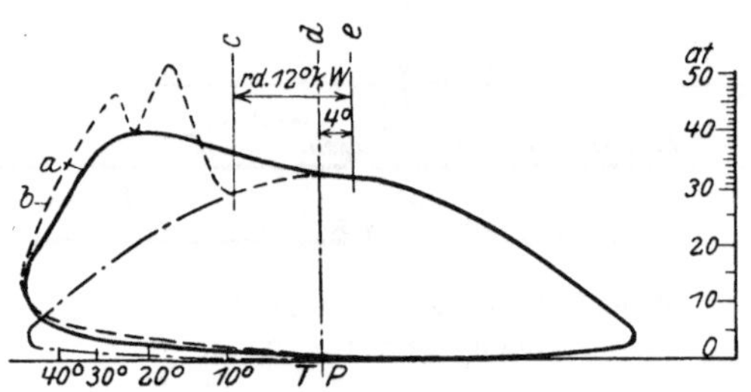

Abb. 190. Zündverzug in einer Krupp-Maschine. a = Beharrungszustand bei Vollast. b = Anfahrdiagramm. c = Zündbeginn für Diagramm b. d = Zündbeginn für Diagramm a. e = Einspritzbeginn.

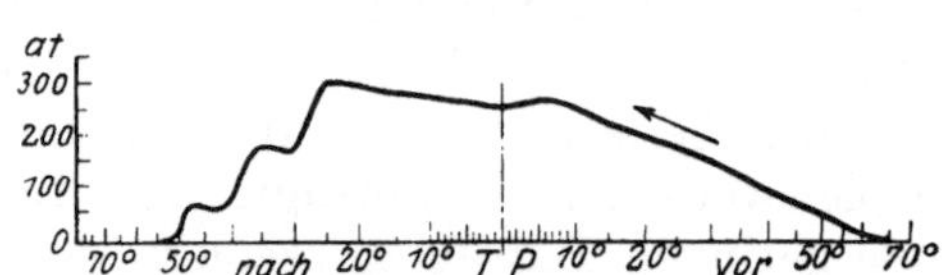

Abb. 191. Versetztes Öldruckdiagramm einer Krupp-Maschine.

Das versetzte Öldruckdiagramm nach Abb. 191, ebenfalls von einer Kruppschen Maschine herrührend, zeigt deutlich eine Drucksenkung vor der Totlage infolge Verminderung der Einspritzmenge um das zum Heben der Nadel erforderliche Volumen.

Feinste Filtrierung des Brennstoffes, womöglich noch einmal unmittelbar vor der Düse, ist unerläßliche Vorbedingung für einwandfreien Maschinenbetrieb.

Die Brennstoffpumpe. Im Gegensatz zur Dieselmaschine, in Übereinstimmung mit dem belasteten Glühkopfmotor erfordert die luftlose Einspritzung bei allen Belastungen konstanten Beginn der Brennstofförderung, so daß die Regelung entsprechend einzurichten ist. Der Pumpenplunger wird während des Druckhubes zwangläufig angetrieben, während des Saughubes meist durch eine Feder zurückbewegt.

Abdichtung des Plungers durch Stopfbuchse ermöglicht zwar genauere Bemessung der Ölladung, verursacht jedoch infolge der Reibung sehr hohe Drucke in der Steuerung und macht starke Schließfedern für den Plungerrückgang nötig. Da Hängenbleiben des Plungers eintreten kann, so führt auch die Deutzer Motorenfabrik ihre in Abb. 197 dargestellte Pumpe neuerdings mit öldicht eingeschliffenem Plunger aus, wobei der kleine Leckverlust des Kolbens in den Kauf zu nehmen ist.

Als Antrieb für den Plunger kommen fast ausschließlich Nocken zur Anwendung, die in einfachster Weise die gewünschten Bewegungsverhältnisse des Plungers erreichen lassen. Mit Kurbelantrieb arbeitet nur die weiter unten erwähnte Pumpe von Doxford & Sons; die Nadel der Düse wird hierbei besonders gesteuert.

Hesselmann stellte bei seinen Versuchen fest, daß bei Exzenterantrieb des Plungers die jeder Nadelstellung entsprechenden Brennstoffmengen nicht im konstanten Verhältnis zu den Nadelhüben standen, so daß die eingeführte Brennstoffmenge sehr schnell bis zum Höchstwert anstieg, was starke Drucksteigerung im Zylinder zur Folge hatte. Überdies traten wahrscheinlich infolge von Resonanz störende Druckschwingungen von 50 at und mehr auf. Hesselmann ersetzte die Exzenter durch Nocken, die so geformt sind, daß die Plungergeschwindigkeit anfänglich gering ist und allmählich steigt. Hierbei öffnet die Nadel der geschlossenen Düse langsam bis zum Größthube, um dann schnell zu schließen.

Für die Regelung der Brennstoffmenge kommen Änderung des Pumpenhubes sowie Verbindung des Saugraumes mit dem Druckraum in Betracht.

Änderung des Pumpenhubes und der Hubzeit läßt sich am einfachsten mit schrägen Nocken durchführen, wobei der Regler mit großem Widerstandsvermögen gegen die starke Rückwirkung auszuführen ist. Sollen Saug- und Druckraum miteinander verbunden werden, so kann dies durch ein Überlaufventil geschehen, das diese Verbindung entweder dauernd aufrechterhält oder durch eine Steuerung früher oder später geöffnet wird. Im ersteren Fall wird das Ventil als Nadel ausgeführt, die — mit langem Konus versehen und vom Regler eingestellt — eine Lecköffnung zwischen Saug- und Druckraum mehr oder weniger verschließt, Abb. 192. Die Einstellung dieser Nadel für gleichmäßige Brennstoffzufuhr zu den Zylindern ist außerordentlich schwierig. Da für die verschiedenen Belastungen die Einspritzzeit dieselbe ist, so wird infolge des ebenfalls konstanten Düsenquerschnittes die Strahlgeschwindigkeit bei Eintritt in die Vorkammer bei Abnahme der Leistung stark sinken. Diese Verhältnisse verschlimmern sich, wenn — wie bei Schiffsmaschinen — Drehmoment und Umlaufzahl gleichzeitig abnehmen.

Verringerter Umlaufzahl entspricht vergrößerter Zeitquerschnitt der fest eingestellten Nadel, so daß diese zu große Brennstoffmengen durchtreten läßt, d. h. überregelt.

Genauer ist die Wirkung des zu veränderlichen Zeitpunkten öffnenden Überlaufventils, dessen Steuerung von der Plungerbewegung in einfacher Weise abgeleitet werden kann, Abb. 193 bis 198.

Da das Überlaufventil beim Abwärtsgang des Kolbens geöffnet bleibt, so soll — um das Nachströmen lufthaltigen Brennstoffes zu vermeiden — das Rückströmventil entweder eine zwischen beide Druckventile mündende Leitung freilegen, oder es ist ein besonderes Rückschlagventil einzubauen, das sich zu Beginn des Kolbenabwärtsganges schließt. Bei der ersteren Ausführungsart, Abb. 198, wirkt das untere Druckventil als Rückschlagventil. Da das Regelventil während des Druckhubes zu öffnen ist, so wird die Rückwirkung auf den Regler größer als bei den Brennstoffpumpen der ursprünglichen Dieselmaschine

In den Abb. 192 bis 198 sind Bauarten der Motorenwerke Mannheim vorm. Benz, der MAN, Augsburg, der Deutzer Motorenfabrik und der Friedr. Krupp A.-G., Essen dargestellt. Mit Ausnahme der Ausführung nach Abb. 192 wird die Liefermenge in allen Fällen durch Verdrehen eines Exzenters durch den Regler beeinflußt. Der Drehpunkt des Steuerhebels für das Rückströmventil bzw. Überlaufventil wird dadurch verlegt, so daß dieses Ventil während des Druckhubes früher oder später öffnet. Abb. 194 gehört zu Abb. 271, Abb. 196 zu Abb. 270.

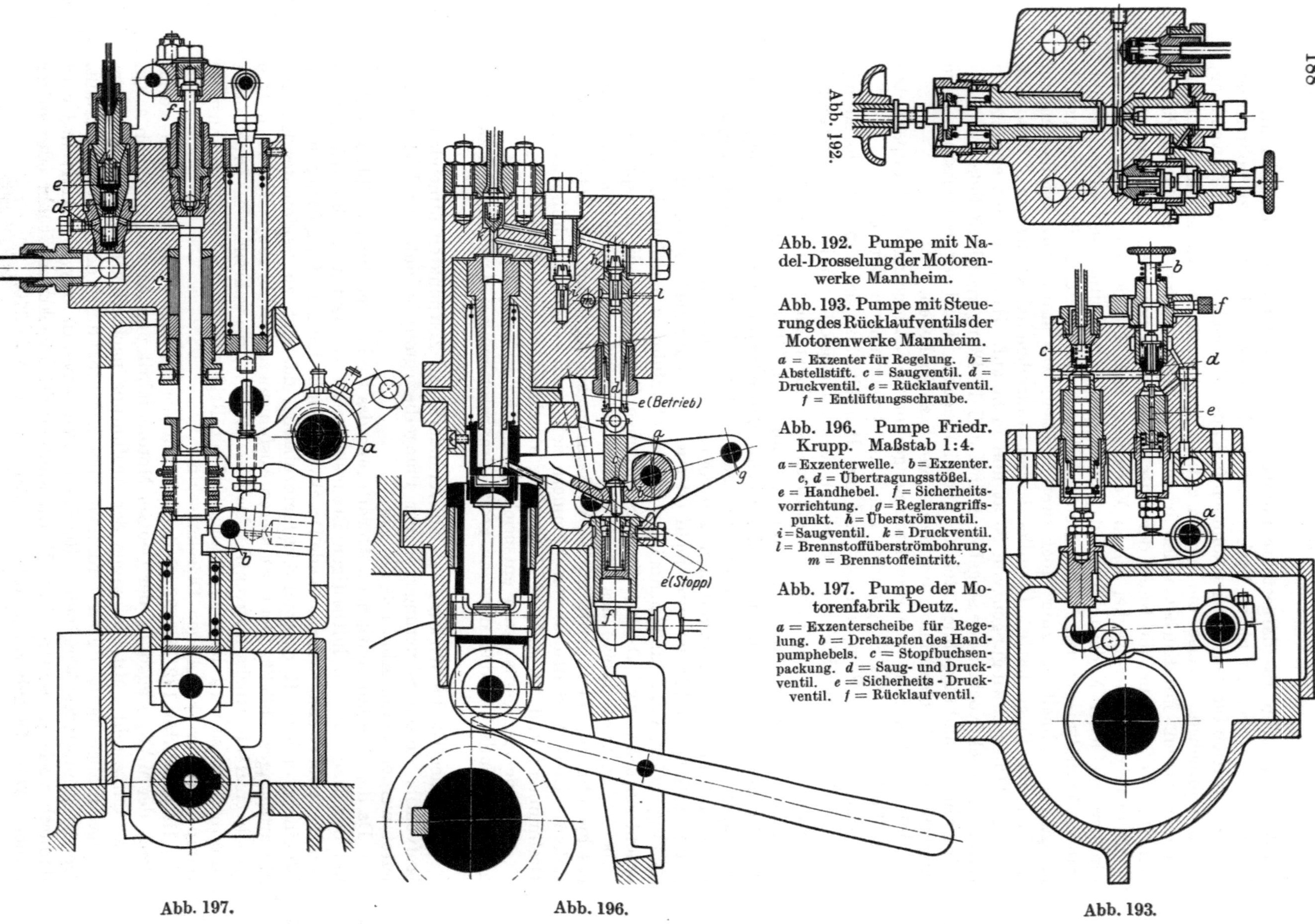

Abb. 192. Pumpe mit Nadel-Drosselung der Motorenwerke Mannheim.

Abb. 193. Pumpe mit Steuerung des Rücklaufventils der Motorenwerke Mannheim.
a = Exzenter für Regelung. b = Abstellstift. c = Saugventil. d = Druckventil. e = Rücklaufventil. f = Entlüftungsschraube.

Abb. 196. Pumpe Friedr. Krupp. Maßstab 1:4.
a = Exzenterwelle. b = Exzenter. c, d = Übertragungsstößel. e = Handhebel. f = Sicherheitsvorrichtung. g = Reglerangriffspunkt. h = Überströmventil. i = Saugventil. k = Druckventil. l = Brennstoffüberströmbohrung. m = Brennstoffeintritt.

Abb. 197. Pumpe der Motorenfabrik Deutz.
a = Exzenterscheibe für Regelung. b = Drehzapfen des Handpumphebels. c = Stopfbuchsenpackung. d = Saug- und Druckventil. e = Sicherheits-Druckventil. f = Rücklaufventil.

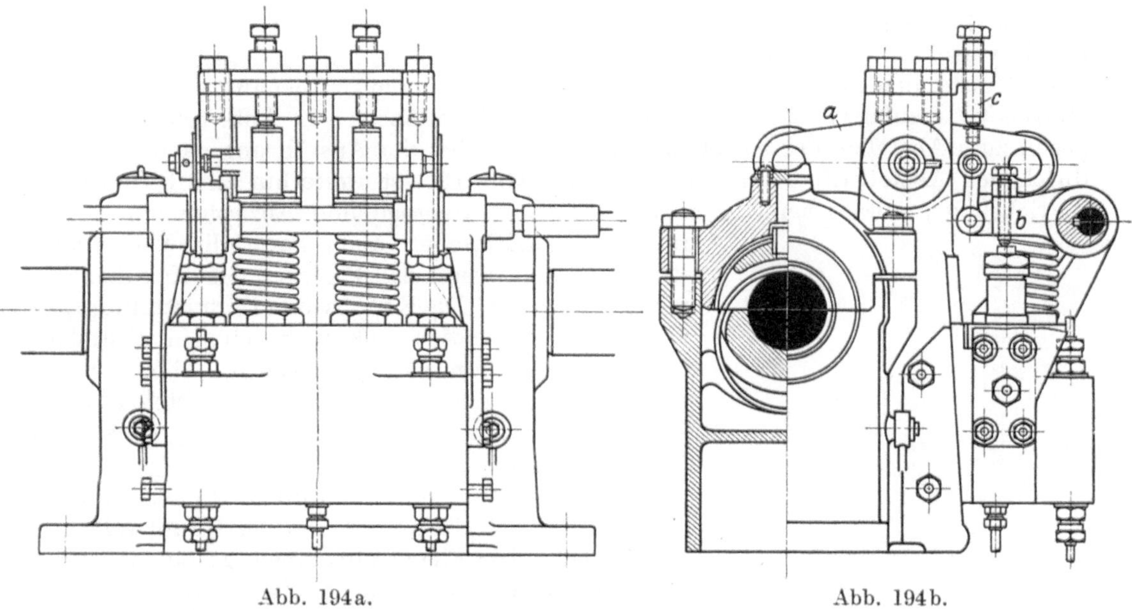

Abb. 194a. Abb. 194b.

Gesamtanordnung der Pumpe Friedr. Krupp. Maßstab 1 : 9.

a = Nockengesteuerter Antriebhebel. b = Übertragungshebel für Rücklaufventil. c = Stellschraube zum Einstellen des Rollenspiels.

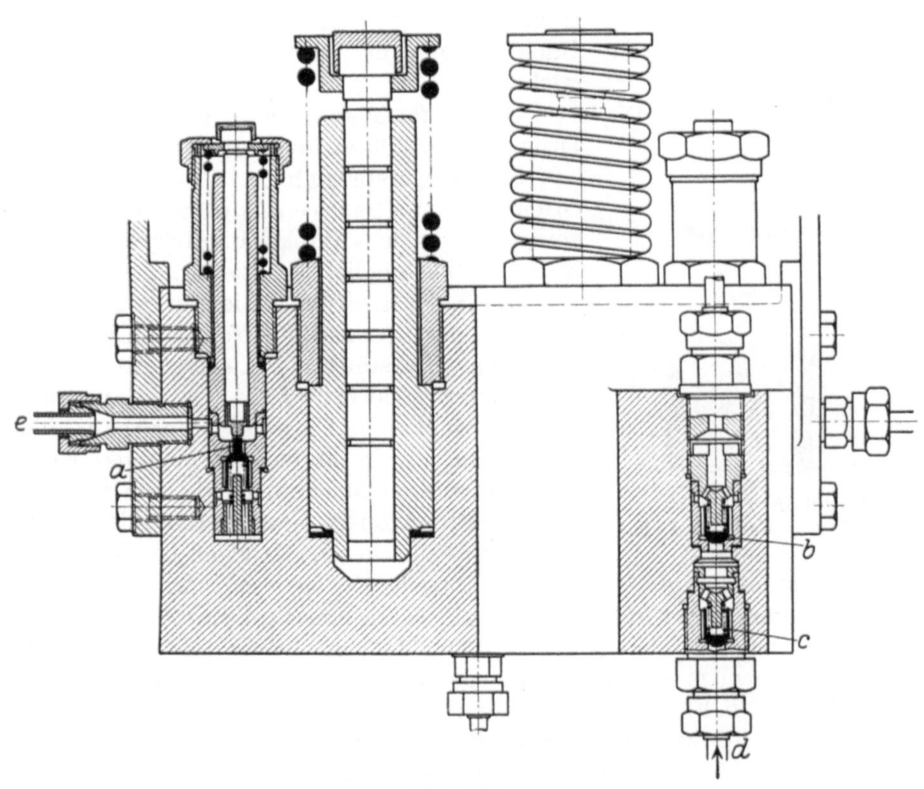

Abb. 195.

Brennstoffpumpe der Friedr. Krupp A.-G. Schnitt durch Pumpenkörper, Maßstab 1 : 4.

a = Überström-, b = Druck-, c = Saugventil. d = Brennstoffeintritt. e = Brennstoffrücklauf.

Die Pumpen werden vielfach mit Vorrichtungen zum Einstecken eines Handhebels versehen, mit dem die Öldruckleitung aufgepumpt werden kann, wobei der unter Umständen „weiche" Gang der Pumpe auf größeren Luftgehalt, der am Brennstoffventil abzulassen ist, schließen läßt. Der Handhebel *e* in Abb. 196 dient hingegen zum Abstellen der einzelnen Pumpen, was bei der Ausführung nach Abb. 193 durch den Abstellstift *b* erreicht wird. In Abb. 196 ist weiterhin eine Sicherheitsvorrichtung *f* vorgesehen, die selbsttätig beim Anlassen und Abzapfen von Gasen für die Anlaßflaschen auch dann die Überströmventile öffnen, wenn das Umlegen des Handhebels *e* vergessen wurde. Die Kruppschen Brennstoffpumpen nach Abb. 194 lassen sich nicht einzeln abstellen; es ist deshalb am Brennstoffventil, Abb. 210, ein Überlaufventil eingebaut, das bei Abstellen eines Zylinders durch einen von Hand eingeschalteten Nocken betätigt wird.

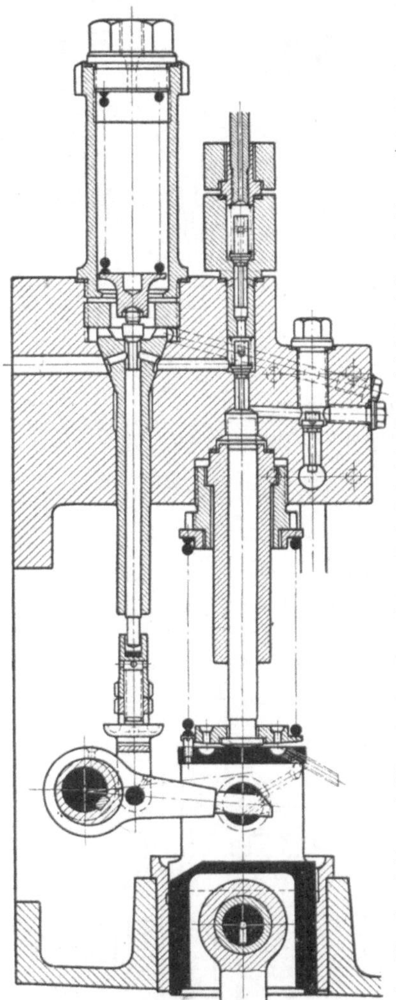

Abb. 198. Pumpe der MAN, Werk Augsburg. Maßstab 1 : 5.

Die Ölpumpe von Doxford & Sons, Sunderland, wird durch Stirnräder von der Hauptwelle aus angetrieben. Die Pleuelstange bewegt einen Kreuzkopf, der lose mit einem zweiten Kreuzkopf verbunden ist. Dieser — in seiner Führung eingeschliffen — ist wiederum dem Plunger beweglich angelenkt, so daß bei Abnutzung des ersten Kreuzkopfes oder seiner Führung jede senkrechte Kräftewirkung auf den Plunger vermieden wird. Der Plunger gleitet eingeschliffen in einer gußeisernen Buchse; das diese aufnehmende Gehäuse ist aus Nickelstahl.

Die Liefermenge dieser Pumpen, in denen der Druck bis zu 700 at ansteigt, wird in gleicher Weise wie bei den ursprünglichen Dieselmaschinen durch Offenhalten des Saugventils während des Druckhubes geregelt, was hier infolge besonderer Steuerung des Nadelventils möglich ist (siehe Abb. 211, S. 196).

Der Einspritzdruck. Die Vorkammermaschinen, in denen der Brennstoff durch den Überdruck in der Vorkammer zerstäubt wird, erfordern Pumpendrucke von nur etwa 60 bis 80 at, wie sie annähernd auch im ursprünglichen Dieselmaschinenbau üblich sind. Abgesehen von der anderen Regelungsart können sonach bei diesen Maschinen die von früher her bekannten Brennstoffpumpen angewendet werden. Über die Höhe des Einspritzdruckes bei Strahlmaschinen hat Riehm Versuche angestellt; der dynamische Druck des aus der Düse austretenden Strahles wurde gemessen, indem der Strahl gegen eine Stoßplatte geleitet wurde, die auf eine Wage drückte. Aus der Beziehung $P = m \cdot v$ (kg) kann die Geschwindigkeit v des Strahles in m/sek bestimmt werden, wenn m = Masse der sekundlich auf die Platte treffenden Flüssigkeit (kg/msek²) ist.

Abb. 199 bis 201 zeigen die Ergebnisse einiger Versuchsreihen mit einer 1 mm langen Düse von 0,305 mm Dmr. bei 25,60 und 116 at Einspritzdruck. Die Zahlen am Ende der Kurven geben den Druck an, auf den die Luft, in die der Strahl eindrang, jeweils verdichtet war. Die als Ordinaten aufgetragenen dynamischen Drucke, die also in einem bestimmten Maßstab die Geschwindigkeit in den Strahlen angeben, wurden bei verschiedenen als Abszissen aufgetragenen Abständen der Düse von der Stoßplatte gemessen.

Bemerkenswert ist der rasche Abfall der Geschwindigkeit mit Zunahme der Luftverdichtung. In Abb. 201 sind die Kurven für 25 und 60 at Einspritzdruck gegenüber 116 at nochmals eingetragen. Es zeigt sich, daß die Tiefe, bis zu der der Strahl die Luft durchdringt, bei gleichen Düsen konstant ist, die Durchschlagkraft des Strahles wird also nicht erhöht, doch tritt bei den höheren Einspritzdrucken infolge der größeren Geschwindigkeiten eine feinere Zerstäubung des Brennstoffstrahles ein.

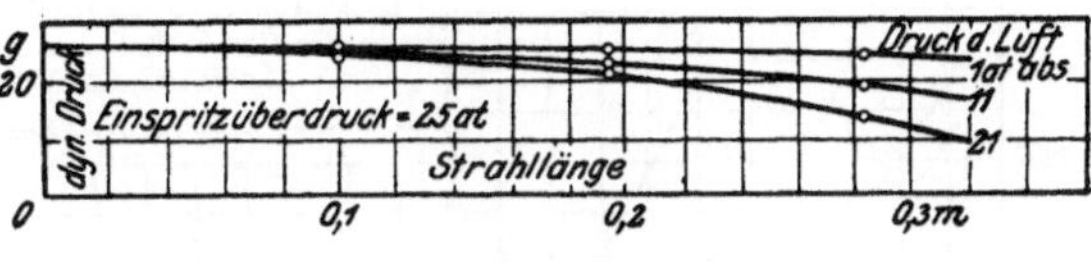

Abb. 199.

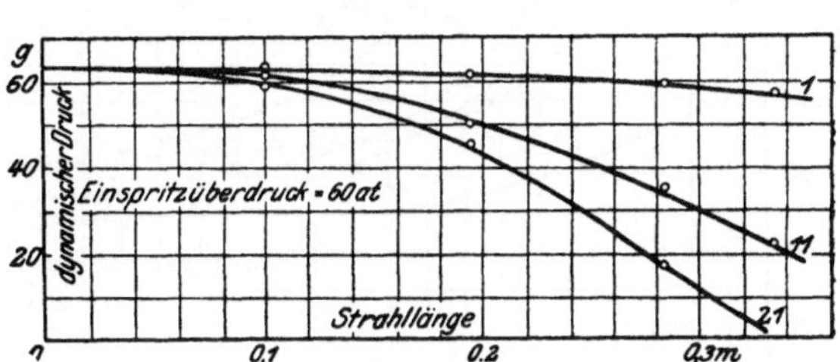

Abb. 200.

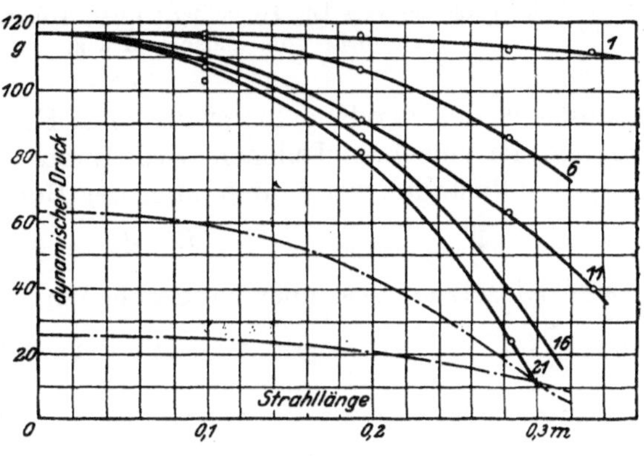

Abb. 201.

Abb. 199 bis 201. Versuche von Dr. Riehm über den Einspritzdruck.

Weiterhin wurden die Ausflußziffer (Verhältnis der wirklichen Ausflußmenge zur theoretischen) und die Geschwindigkeitsziffer (dasselbe Verhältnis für die Geschwindigkeit) gemessen; jene ergab sich zu 0,7, diese zu 0,98.

Abb. 202 gibt Versuche von Heidelberg wieder, wobei die Abhängigkeit des Brennstoffverbrauches vom Druck in der Nadeldüse bei unveränderlicher Belastung der Maschine festgestellt wurde. Wie ersichtlich, nimmt bei der Dreilochdüse der Brennstoffverbrauch bis 160 at, bei der Einlochdüse bis 210 at Einspritzdruck ab, um von diesen Werten ab annähernd konstant zu bleiben. Die Kurven beider Düsen nähern sich bei 230 at, zeigen jedoch um so größere Verschiedenheit, je niedriger der Einspritzdruck wird. In Abb. 202 ist als Unempfindlichkeitsbereich dasjenige Druckgebiet bezeichnet, in dem der Brennstoffverbrauch um 2 g/PS$_e$h und weniger schwankt Wird der untere Grenzdruck dieses Bereiches unterschritten, so stellt sich dunkle Färbung des Auspuffes ein. Abb. 202 zeigt in der weiteren Erstreckung des Unempfindlichkeitsbereiches, der überdies mit einem kleineren Anfangsdruck beginnt und in einer niedrigeren Verbrauchszone liegt, einen Vorteil der Dreiloch- gegenüber der Einlochdüse.

Die Abhängigkeit des indizierten Brennstoffverbrauches vom Einspritzdruck und vom Ausdehnungsenddruck ist nach Versuchen an einer vollbelasteten Kruppschen Maschine in Abb. 203 dargestellt. Bei der untersuchten Vierlochdüse wurde Verbesserung der Verbrennung mit Zunahme des Einspritzdruckes festgestellt, doch nimmt der Gewinn mit steigendem Druck immer mehr ab, so daß Erhöhung des Einspritzdruckes über 300 at im vorliegenden Falle nutzlos erschien.

Einspritzvorgang. Einspritzen des Brennstoffes außerhalb der Maschine in die freie Luft zeigen, daß bei niedrigen Drucken der Strahl vollkommen geschlossen die Düsenmündung verläßt und sich erst in einem bestimmten Abstand von der Düse in Tröpfchen auflöst. Dieser Abstand nimmt mit der Steigerung des Druckes ab, bis zuletzt bei hohen Drucken die Zerstäubung unmittelbar an der Mündung beginnt.

Diese Versuche können nicht auf die Vorgänge in der Maschine übertragen werden, da die Aufteilung des Strahles in hohem Maße vom Verdichtungsdruck der Luft abhängt und um so langsamer vor sich geht, je niedriger der Luftdruck ist. Über die wirklichen Vorgänge haben Versuche und Rechnungen von Riehm in wesentlichen Punkten Klarheit gebracht.

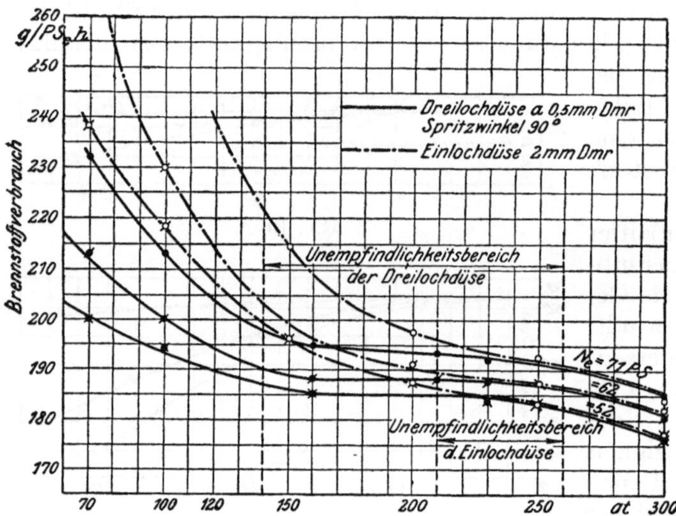

Abb. 202. Versuche von Dr. Heidelberg über Abhängigkeit des Verbrauchs vom Einspritzdruck.

Der Widerstand, der sich der Bewegung eines im lufterfüllten Raume fortschreitenden Körpers entgegensetzt, hat die Größe

$$W = k \cdot F \cdot \frac{\gamma_l}{g} \cdot c^2 .$$

k = Widerstandszahl (= 0,02 angenommen),

F = Verdrängungsquerschnitt in m^2,

$\frac{\gamma_l}{g}$ = Masse von 1 m^3 Luft ($kg\ m^{-4}\ sek^{-2}$),

c = Geschwindigkeit in m/sek.

Zunächst werde angenommen, daß der Brennstoffstrahl aus einzelnen Kugeln von gleichem Halbmesser r (in m) bestehe. Die Strömungsenergie der einzelnen Teilchen wird durch Erzeugung stehender Luftwirbel auf dem Wege s allmählich vernichtet nach der Beziehung:

$$W \cdot ds = -m \cdot c \cdot dc .$$

Nach Einsetzen des oben angegebenen Wertes von W folgt mit $F = r^2 \pi$ und $m = \frac{4}{3} \pi r^3 \cdot \frac{\gamma_{fl}}{g}$ (γ_{fl} = spez. Gewicht der Flüssigkeit in kg/m³):

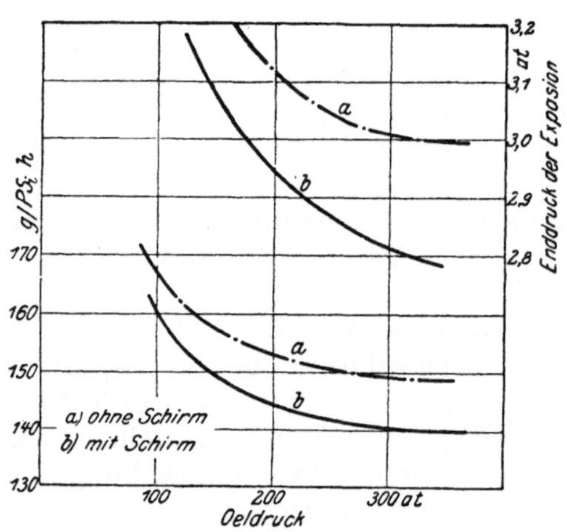

Abb. 203.
Abhängigkeit des indizierten Brennstoffverbrauches und des Ausdehnungs-Enddruckes vom Öleinspritzdruck bei Krupp-Maschinen mit und ohne Schirmwirkung.

$$k \pi \cdot r^2 \cdot \frac{\gamma_l}{g} \cdot c^2 \cdot ds = -\frac{4}{3} \pi r^3 \frac{\gamma_{fl}}{g} \cdot c \cdot dc$$

oder

$$\frac{dc}{c} = -\frac{C}{r} \cdot ds$$

mit

$$C = \frac{3 k \cdot \gamma_l}{4 \cdot \gamma_{fl}} = C_1 \cdot \frac{\gamma_l}{\gamma_{fl}} .$$

Die Geschwindigkeits-Weg-Kurve der Flüssigkeitsteilchen ist im veränderten Maßstab durch den Verlauf der dynamischen Drucke in Abb. 199 bis 201 ohne weiteres gegeben; für jeden Punkt dieser Kurve läßt sich sonach der Kugelhalbmesser

$$r = -\frac{C \cdot c}{\frac{dc}{ds}}$$

berechnen.

In Abb. 204 sind die c-s-Kurven — die Wege als Abszissen, die Geschwindigkeiten als Ordinaten — des Strahles für 116 at Einspritzüberdruck und 21 at Gegendruck und gleichzeitig auf der Strahllinie die nach vorstehender Gleichung berechneten Kugelgrößen eingezeichnet. Zwei weitere Kurven geben die Zahl der Kugeln und die durch die Aufteilung des Strahles bedingte Vergrößerung der Oberfläche an, wobei als Einheit für diese die Oberfläche des Strahles am Austritt aus der Mündung, d. h. die Oberfläche einer Kugel vom Durchmesser der Düsenbohrung, zugrunde gelegt wurde.

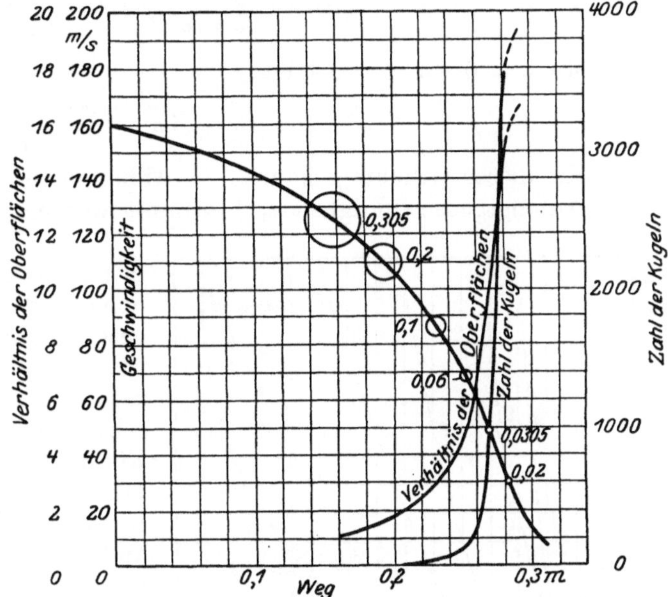

Abb. 204. c-s-Schaulinie des Strahles für 116 at Einspritzüberdruck bei 21 at Gegendruck. (Nach Dr. Riehm.)

Aus diesen Kurven ist ersichtlich, daß auf dem größten Teil des Weges der Strahl geschlossen bleibt, dann aber sehr rasch bei stark sinkender Geschwindigkeit aufgeteilt wird.

Die Oberflächen der Kugeln nehmen durch Leitung Wärme aus der verdichteten Luft auf, bei Erreichen der Zündtemperatur beginnt die Verbrennung der Kugeln. Es ist nach Dr. Riehm: $Q = 4 r \pi \cdot \lambda \cdot (t_c - t)$[1],

worin λ = Wärmeleitzahl der Luft (kcal/mh° C).
t_c = Verdichtungstemperatur der Luft (° C),
t = Temperatur der Flüssigkeitsteilchen (° C).

Ist t_a = Anfangstemperatur dieser Teilchen (° C),
t_z = Zündtemperatur des Brennstoffes (° C),
c_b = spezifische Wärme des Brennstoffes (kcal/kg° C),
z = Zeit seit Ausfluß des Strahles aus der Düsenmündung (h),

so wird, wenn die Flüssigkeiten nicht verdampfen, deren Temperatur um $c \cdot dt$ in der Zeit dz erhöht. Mit $\gamma_{fl} \cdot \frac{4}{3} \pi r^3$ = Gewicht der Teilchen wird also:

$$4 \pi r \cdot \lambda (t_c - t) = \gamma_{fl} \frac{4}{3} \pi \cdot r^3 \frac{c_b \cdot dt}{dz}$$

oder

$$dz = \frac{r^2 \cdot c_b \cdot \gamma_{fl}}{3 \lambda} \cdot \frac{dt}{t_c - t}.$$

Mit der Grenzbedingung $t = t_a$ für $z = 0$ folgt:

$$z = -\frac{r^2 \cdot c_b \cdot \gamma_{fl}}{3 \lambda} \cdot \frac{t_c - t}{t_c - t_a}.$$

Mit dieser Gleichung kann die Zeit bis zum Erreichen des Zündpunktes $t = t_z$ berechnet werden. In der folgenden Zahlentafel 10 sind die Zündzeiten für verschiedene Verhältnisse angegeben.

Die Integration der oben angegebenen Differentialgleichung

$$\frac{dc}{c} = -\frac{C}{r} \cdot ds$$

[1] Nusselt: Die Wärmeleitfähigkeit von Wärmeisolierstoffen. Forschungsheft 63/64, S. 11.

ergibt mit der Grenzbedingung $c = c_0$ für $s = 0$:

$$\ln c = -\frac{C}{r} \cdot s + \ln c_0$$

oder

$$c = e^{-\frac{C}{r} \cdot s + \ln c_0} = \frac{d\,s}{d\,z}\,.$$

Mit $s = 0$ für $z = 0$ folgt:

$$z = \frac{r}{C}\left(e^{\frac{C}{r} \cdot s - \ln c_0} - \frac{1}{c_0}\right).$$

Mit dieser Gleichung kann z in Abhängigkeit vom Kugelhalbmesser r, Weg s und Anfangsgeschwindigkeit c_0 bestimmt werden.

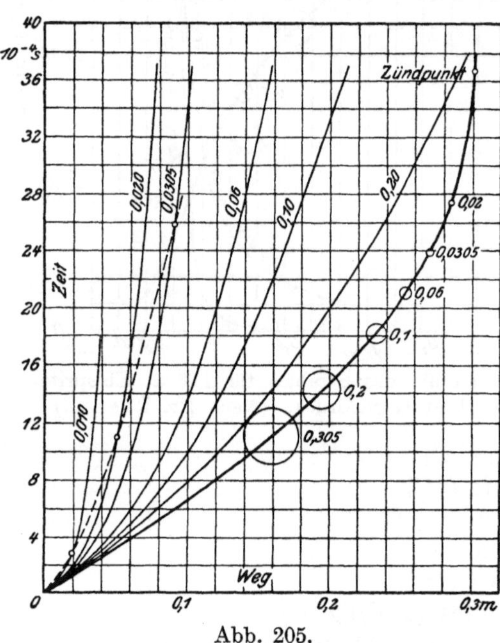

Abb. 205.
Weg-Zeit-Schaubild des wirklichen Brennstrahles für 160 m/sek Anfangsgeschwindigkeit beim Eintritt in Luft von 21 at abs. und 15° C. (Nach Dr. Riehm.)

In Abb. 205 ist der Eintritt der Strahlen in Luft von 21 at abs. und 15° als Weg-Zeit-Schaubild dargestellt, wobei eine Anfangsgeschwindigkeit von 160 m/sek angenommen ist. (Im Arbeitszylinder ist die Lufttemperatur, aber andererseits auch die Anfangsgeschwindigkeit der Brennstoffteilchen größer.) Für die Kugeln von 0,010, 0,020 u. 0,0305 mm Dmr. sind nach Zahlentafel 10 die Zündzeitpunkte durch eine gestrichelte Linie miteinander verbunden, welche die schnelle Abnahme der Zündzeit mit der Verkleinerung des Kugeldurchmessers erkennen läßt.

Die gestrichelte Linie zeigt, daß die Wärmeaufnahme der größeren Kugeln gering ist und erst von 0,03 mm Dmr. ab lebhaft wird. In Abb. 205 ist weiterhin die Kurve des wirklichen Brennstoffstrahles eingetragen. Wird vom Punkt 0,02 nach oben hin die Zündzeit nach Zahlentafel 10 aus abgetragen — mit Rücksicht auf die ein getretene Erwärmung der Brennstoffkugeln kann die Zündzeit etwas kleiner genommen werden —, so erhält man den Zündpunkt etwa $36 \cdot 10^{-4}$ sek nach dem Einspritzen.

Zahlentafel 10.

Zündzeit bei verschiedenen Kugeldurchmessern ($t_c = 500°$, $t_z = 350°$):

Kugel-Dmr. . . . . $\text{m} \cdot 10^{-3}$	0,305	0,20	0,10	0,06	0,0305	0,02	0,01
Zündzeit . . . . . . $\text{sek} \cdot 10^{-4}$	2580	1100	275	99	25,8	11	2,75

Zündzeit bei verschiedenen Verdichtungstemperaturen ($r = 0{,}01 \cdot 10^{-3}$ m, $t_z = 350°$):

Verdichtungstemperatur . . ° C	500	550	600
Zündzeit . . . . . . $\text{sek} \cdot 10^{-4}$	13,6	11	9

Zündzeit bei verschiedenen Brennstoff-Zündpunkten ($r = 0{,}01 \cdot 10^{-3}$ m, $t_c = 550°$):

Zündpunkt . . . . ° C	300	350	400	500
Zündzeit . . . . . . $\text{sek} \cdot 10^{-4}$	10,2	11	14,1	26,2

Zwar werden sich auch kleinere Tröpfchen vom Strahl absondern, die früher verbrennen, doch wird dadurch die Temperatur im Brennraum nur unwesentlich erhöht, so daß dieser Umstand nicht berücksichtigt zu werden braucht. Die in Abb. 205 wiedergegebenen Verhältnisse werden im allgemeinen ein richtiges Bild vom Verlauf der Einspritzung geben, um so mehr als auch der Vorgang in der Maschine selbst als stationärer Zustand angesehen werden kann, da die zur Verfügung stehende Einspritzzeit ein Vielfaches der bis zur Einleitung der Zündung erforderlichen Zeitdauer ist.

Künstliche Luftwirbel. In den Maschinen von Hesselmann und Krupp werden künstliche Luftwirbel erzeugt, um die Verbrennungsluft an die Brennstoffteilchen heranzubringen. Zu diesem Zweck wird das Einlaßventil mit einem Schirm versehen, so daß während des Ansaugens die Luft nur an einem Teil des Ventilumfanges einströmen kann und dabei so geführt wird, daß sie tangential zum Umfang des Zylinders in diesen eintritt und eine kreisende Bewegung annimmt. Durch diese Einrichtung werden die von den anfangs eintretenden Öltröpfchen erzeugten Verbrennungsgase aus der Bahn der zuletzt eintretenden entfernt und somit auch diesen sauerstoffreiche Luft zugeführt. Die Verringerung des Eintrittsquerschnittes bedeutet Vergrößerung der Luftgeschwindigkeit und damit der Drosselverluste, bedingt sonach einen kleinen Verlust, der durch die vorteilhaftere Verbrennung aufgewogen werden muß. Versuche haben gezeigt, daß die während des Ansaugens her-

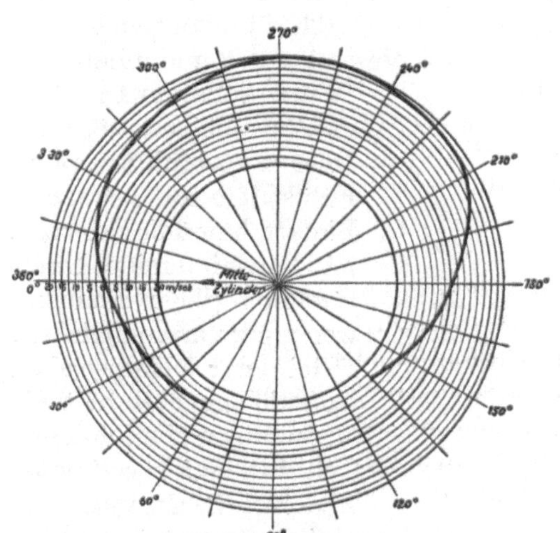

Abb. 206. Abhängigkeit der Luftgeschwindigkeit von der mittleren Einströmrichtung bei 180° Überdeckung des Schirmes.

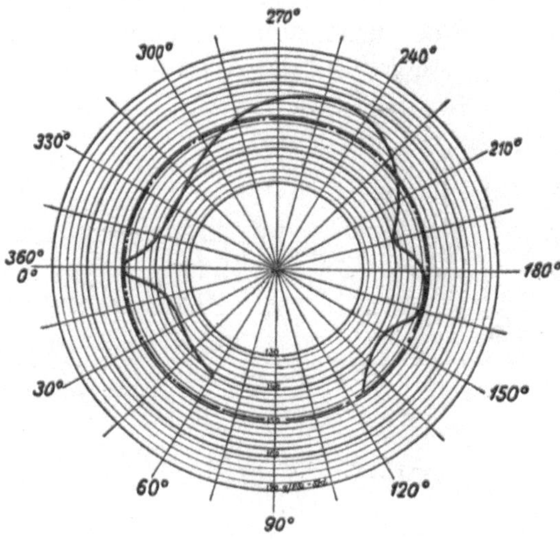

Abb. 207. Abhängigkeit des Brennstoffverbrauchs von der mittleren Einströmrichtung.

vorgerufene Drehbewegung der Luft auch während der Verdichtung und Einspritzung erhalten bleibt und erst etwa 30° nach Erreichen der Zündtotlage schnell abnimmt.

Von maßgebendem Einfluß auf den Brennstoffverbrauch ist die Einströmrichtung der Luft insofern, als dadurch die Luftgeschwindigkeit bestimmt wird. In Abb. 206 ist diese nach Versuchen von Krupp in Polarkoordinaten dargestellt, die Strömgeschwindigkeit erhält ihren größten Wert, 20 m/sek, zwischen 250 und 270°, den kleinsten Wert bei 135° Einströmwinkel. Die Abhängigkeit des Brennstoffverbrauches vom Einströmwinkel zeigt Abb. 207; der strichpunktierte Kreis gibt den Brennstoffverbrauch (149,4 g/PS_ih) für die Verbrennung ohne Drehbewegung der Luft an. Die kleinste Verbrauchsziffer (im Mittel rd. 140 g/PS_ih) folgt bei 30, 150, 195 und 330°, während der Verbrauch den Größtwert bei 255°, entsprechend 20 m/sek Luftgeschwindigkeit, erreicht.

Je größer die Zahl der Düsenbohrungen ist, um so kleiner muß die Strömgeschwindigkeit sein. Durch die Versuche von Krupp wurde die Ansicht Hesselmanns bestätigt, daß die Luftgeschwindigkeit nicht größer sein darf, als zur Zurücklegung des Zentriwinkels zwischen zwei Brennstoffstrahlen nötig ist. Übertrifft die Geschwindigkeit diesen Betrag, so treten die Verbrennungsgase des einen Strahles in den folgenden ein, so daß dessen Verbrennung verschlechtert wird. Bei der Krupp-schen Maschine war die Kurbelzapfengeschwindigkeit

$$\frac{\pi \cdot s\, n}{60} = \frac{\pi \cdot 0{,}42 \cdot 200}{60} \cong 4{,}4 \text{ m/sek},$$

der Zentriwinkel zwischen zwei der vier Strahlen 360 : 4 = 90°, woraus die Höchstgeschwindigkeit der Luft zu $\frac{90}{40} \cdot 4{,}4 = 9{,}9$ m/sek folgt, wenn die Einspritzung sich über 40° Kurbelwinkel erstreckte. Abb. 207 gibt die besten Verbrauchsziffern für Luftgeschwindigkeiten von 8 bis 9 m/sek an.

Ausführung der Düsen. Abb. 208 bis 211 zeigen Düsen deutscher Firmen und von Doxford & Sons, Sunderland.

Die Düse, in den dargestellten deutschen Bauarten als Mehrlochdüse ausgeführt, wird durch eine Mutter mit dem Einsatz verschraubt, der entweder in einer Pfeife des Deckels oder — wie bei der Kruppschen Ausführung nach Abb. 210a und b — in einer besonderen Hülse (*b*) untergebracht ist. Kupferringe dichten den Einsatz gegen den Brennraum ab; in Abb. 210 wird nach außen durch die Stopfbuchse *c* abgedichtet. Bei der MAN-Düse wird das Druckrohr aus Messing von 2 mm innerem, 10 mm äußerem Durchmesser bis unten zur Düse fortgeführt. Der Fühlstift *b* der Deutzer Bauart hat den Zweck, im Betrieb eine Überwachung der Nadelbewegung zu ermöglichen. Bei der Kruppschen Ausführung besteht die Nadel aus einem oberen Teil, der sich gegen den Federteller legt, und aus einem unteren Teil, dessen Kopf geringes Spiel gegen den Oberteil hat und von einer Hülse mit Preßsitz am Oberteil umschlossen wird. Diese Konstruktion ermöglicht seitliche Verschiebbarkeit des Nadelunterteiles zum Zwecke zentrischen Sitzes in der Düse. Die Bedeutung des Überlaufventils ist auf S. 190 angegeben. Die den Nadeloberteil umschließende Buchse, Abb. 210, wird oben durch eine Überwurfmutter gehalten, *d* sind Durchtrittskanäle für Lecköl, das durch eine besondere Leitung abgeführt wird.

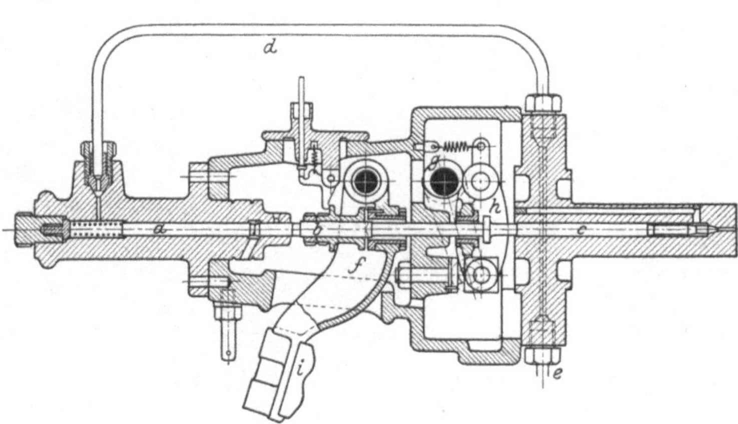

Abb. 211. Gesteuerte Düse von Doxford & Sons, Sunderland.
a, b, c = Teile der Spindel. *d* = Umführungsleitung. *e* = Brennstoffeintritt. *f* = Steuerhebel mit Schubkurve *i*. *g* = Regulierwelle. *h* = Regulierhebel des Sicherheitsreglers.

Doxford & Sons halten es bei Schiffsmaschinen mit veränderlicher Drehzahl für erforderlich, die Brennstoffzufuhr am Eintritt in den Zylinder zu regeln, wobei nicht nur der Leistung, also der Brennstoffmenge entsprechend der Nadelhub, sondern auch je nach Drehzahl der Einspritzzeitpunkt zu ändern ist. Dieser ist außerdem, wie auch der Öldruck, den auf einer großen Fahrt stark wechselnden Eigenschaften der Brennstoffe, die an verschiedenen Stellen übernommen werden, anzupassen. Die hierzu dienende Einrichtung des Brennstoffventils zeigt Abb. 211. Die Spindel besteht aus drei Teilen. Das von der auf S. 190 beschriebenen Pumpe geförderte Öl tritt durch eine Axialbohrung dem Kegel der eigentlichen Nadel *c* zu und belastet gleichzeitig durch eine Umführungsleitung *d* die Stirnfläche der linken Spindel *a*, deren Durchmesser etwas größer als der der Nadel ist. Die drei Spindeln werden

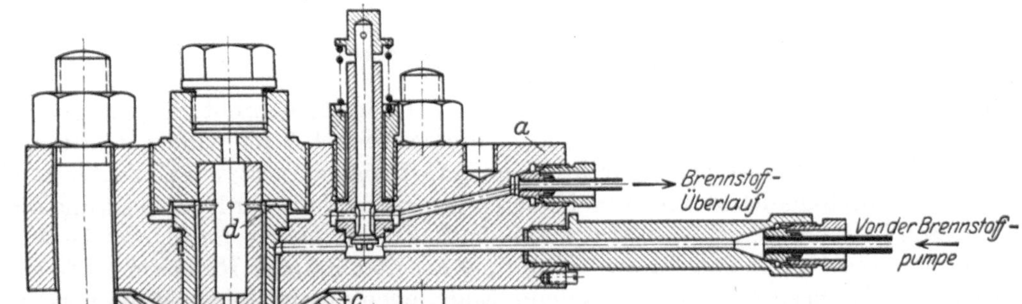

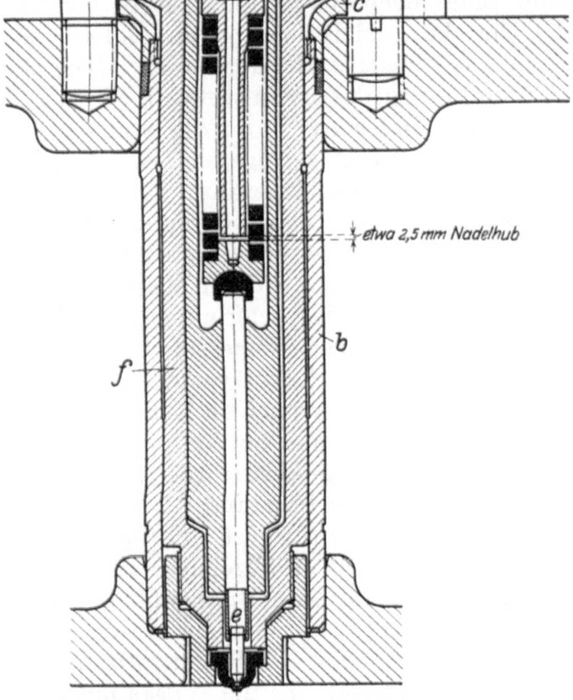

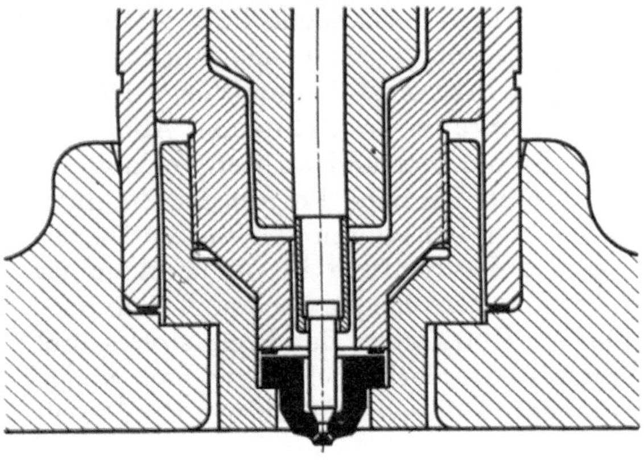

Abb. 210a/b. Geschlossene Düse der Friedr. Krupp A.-G., Essen. Maßstab 1 : 4 und 1 : 2.

a = Flansch der Buchse f. b = Hülse im Kühlwasserraum. c = Stopfbuchsenbrille. d = Durchtrittskanäle für Lecköl. e = Verbindung der oberen Spindel mit der Nadel.

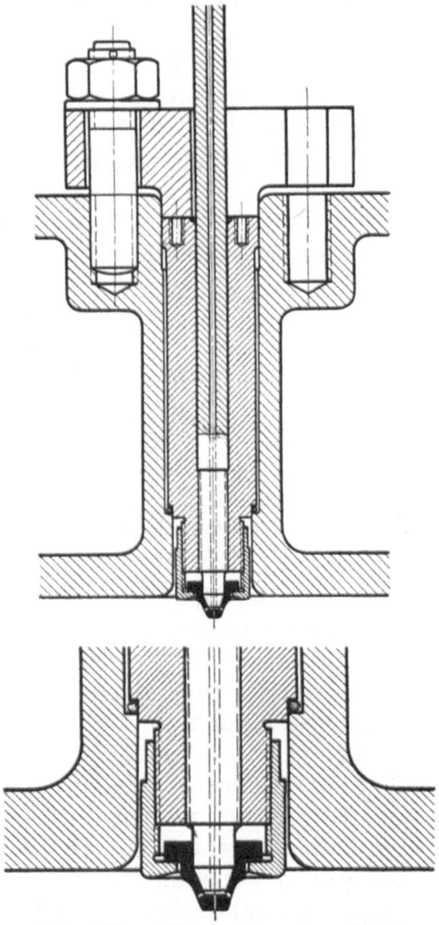

Abb. 208. Offene Düse der MAN, Augsburg. Maßstab 1 : 1,25 und 3 : 4.

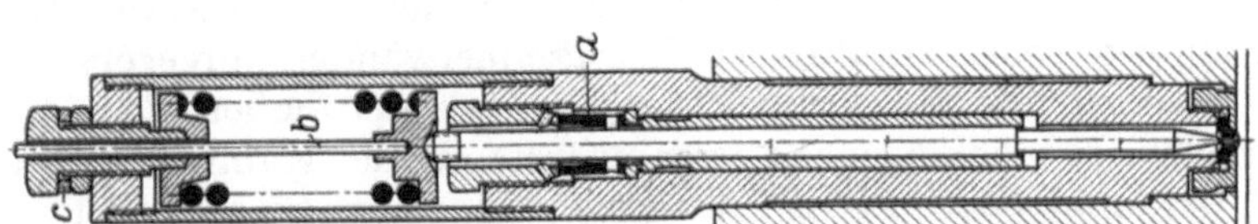

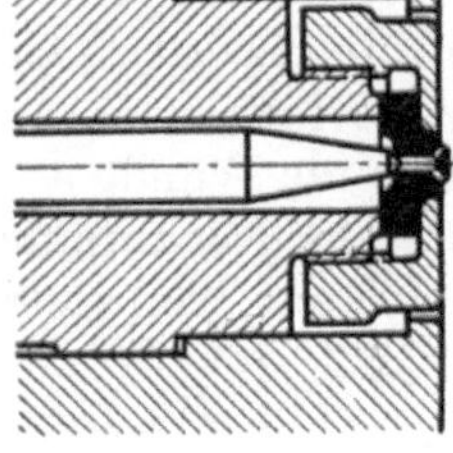

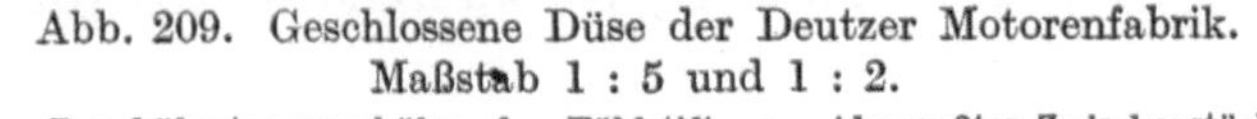

Abb. 209. Geschlossene Düse der Deutzer Motorenfabrik. Maßstab 1 : 5 und 1 : 2.

a = Druckübertragungshülse. b = Fühlstift. c = Abgepaßtes Zwischenstück.

dadurch gegeneinander, der Nadelkegel auf den Düsensitz gepreßt. Die dargestellte Feder hat lediglich den Zweck, die Lage dieser Teile bei fehlendem Öldruck zu sichern. Der Sicherheitsregler verdreht, wenn er in Tätigkeit tritt, ein Exzenter *g*, wobei sich ein Anschlag des senkrechten Hebels *h* gegen das Ende der Nadel legt und diese geschlossen hält, während die mittlere Spindel *b* ihre gesteuerte Bewegung fortsetzt. Die Schubkurve *i* am Hebel *f* dieser Steuerung arbeitet mit der Rolle am Ende eines Zwischenhebels zusammen, dessen anderes Ende, ebenfalls mit einer Rolle versehen, vom Brennstoffnocken gesteuert wird. Um die Nadelsteuerung zu ändern, wird der Drehpunkt dieses Zwischenhebels vom Maschinistenstand aus verlegt. (Die Doxford-Maschinen arbeiten sonach mit Akkumulierung des Brennstoffes.)

Vorkammermaschinen. Als erste Maschine dieser Art kann der von der Gasmotorenfabrik Deutz gebaute Bronsmotor, siehe Abb. 274, angesehen werden. Der Brennstoff wird während des Ansaugens in eine Kapsel eingeführt, die seitlich im Brennraum liegt und mit nach der Zylindermitte hin gerichteten Öffnungen versehen ist. Während der Verdichtung wird der Brennstoff teilweise verdampft und am Ende des Verdichtungshubes entzündet. Durch die Verpuffung in der Kapsel soll der unverbrannte Rest des Brennstoffes durch die erwähnten Kapselöffnungen feinzerteilt in den Brennraum getrieben werden, wo er — je nach Bemessung der Kapselöffnungen — nach anfänglicher Verpuffung im Gleichdruck verbrennt.

Die neuerdings gebauten Vorkammermaschinen unterscheiden sich vom Bronsmotor zunächst durch die zentrale Lagerung der Vorkammer im Brennraum, dessen Formgebung dadurch verbessert wird. Von größerer Bedeutung ist jedoch der Umstand, daß der Brennstoff nicht geschlossen eingelagert und das zur Entzündung geeignete Brennstoffluftgemisch nicht durch Verdampfung eines Teiles des Brennstoffes gebildet wird. Das Gemisch entsteht vielmehr durch mechanische Zerstäubung, indem der Brennstoffstrahl mit 60 bis 80 at vorzerstäubt in die Vorkammer eingespritzt wird. Die hier vorhandene Luft verbrennt das Öl nur teilweise, der entstehende Vorkammer-Überdruck treibt den vorzerstäubten, unverbrannten Brennstoff durch enge Düsenöffnungen feiner zerstäubt in den eigentlichen Brennraum des Zylinders. Abb. 212, eine Benzmaschine betreffend, stellt zwei am Brennraum und an der Vorkammer gleichzeitig aufgenommene Diagramme dar und läßt den nach Beginn der Zündung sich einstellenden Vorkammer-Überdruck wie auch den durch die engen Düsenöffnungen verursachten langsameren Anstieg der Verdichtung in der Vorkammer deutlich erkennen. Wie ersichtlich, ist der Druckunterschied zwischen Vorkammer und Brennraum verhältnismäßig gering; die zur Einführung des Brennstoffes und zur Durchwirbelung des Brennraum-Luftinhaltes erforderliche Energie hat infolge des großen Vorkammer-Inhaltes trotzdem annähernd dieselbe Größe wie bei Dieselmaschinen mit Lufteinspritzung.

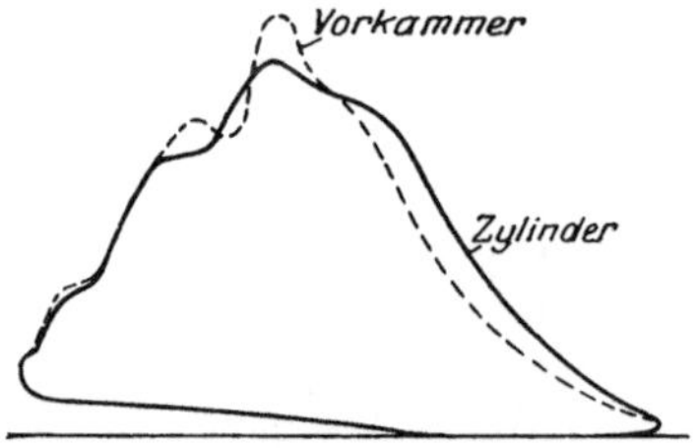

Abb. 212. Versetzte Diagramme von Vorkammer und Zylinder.

Da die Verbrennung annähernd mit der Einspritzung — diese beginnt beispielsweise 18° und endet 3° vor der Totlage — beginnt, so ist der Zündzeitpunkt festgelegt. Um gleichmäßige Wärme der Vorkammer bei allen Belastungen zu erhalten, wird deren Luftinhalt so bemessen, daß er nur zur Verbrennung einer dem Leerlaufverbrauch entsprechenden Brennstoffmenge genügt. Dadurch wird vermieden, daß im Leerlauf sich an den sonst erkaltenden Vorkammerwänden unverbrannte Brennstoffrückstände ansetzen und bei Vollbelastung infolge der hohen Temperaturen die Wände abzundern. Bei homogener Zusammensetzung des Kammerinhaltes entsteht Nachbrennen dadurch, daß ein Teil des wegen Luftmangels zunächst unverbrannt bleibenden Brennstoffes dem Brennraum erst während der Expansion zuströmt; diese nachströmende Brennstoffmenge nimmt mit Verringerung des Kammerinhaltes zu. Der Brennstoff ist deshalb möglichst an die Düsenlöcher zu bringen, sodaß er von der Strömung sofort mitgerissen wird.

Kurze Einspritzzeit (während 10 bis 15° Kurbelwinkel) verhindert ebenfalls Nachbrennen und ermöglicht dementsprechend stärkere Überlastung.

Unterschiede zwischen den einzelnen Vorkammermaschinen sind bezüglich der Verbindung des Brennraumes mit der Vorkammer und bezüglich deren Kühlung vorhanden, wie auf S. 248 dargestellt. In den Vorkammermaschinen stellt sich die zur Selbstentzündung des Brennstoffes erforderliche Temperatur infolge der nach Abb. 212 niedrigeren Verdichtung in der Vorkammer und der im Verhältnis zum Inhalt größeren Abkühlflächen erst im Betriebe ein. Es wird deshalb beim Anlassen eine Zündpatrone benutzt, als welche sog. Sturmstreichhölzer oder auch Papier verwendet werden können, das in eine Lösung von 5 Gewichtteilen Wasser und 1 Gewichtteil Kalisalpeter getaucht, sodann getrocknet und zu einer Patrone gerollt wird. Häufig werden auch elektrische Glühstifte von Bosch verwendet.

Der Verlauf der Verbrennung kann durch Verlegung des Zündzeitpunktes und Einstellen der Düsennadelfeder beeinflußt werden.

Die Vorkammer macht einen nicht unerheblichen Teil des Verdichtungsraumes aus, die Kolben dieser Maschine werden deshalb mit flachem oder konvexem Boden ausgeführt. Lage und Neigung der Düsenöffnungen, die dementsprechend vom Kolbenboden weniger weit entfernt sind als bei den Strahlmaschinen, sind so zu wählen, daß beim Abwärtsgang des Kolbens während der Verbrennung die Brennstoffstrahlen nicht auf gekühlte Zylinderwände treffen.

Die Vorgänge in der Vorkammermaschine sind noch wenig geklärt, da die im Gegensatz zur zwangläufigen Strahlführung stehende Einführung der Brennstoffstrahlen die experimentelle Erforschung erschwert. Die großen Düsenöffnungen lassen keinesfalls eine so feine Zerstäubung des Brennstoffes wie bei den anderen Dieselmaschinen zu; trotzdem zeigen die Verbrauchsziffern, daß die Güte der Verbrennung der in anderen Maschinen nicht nachsteht.

Literatur-Nachweis.

Einspritz- und Verbrennungsvorgänge in kompressorlosen Dieselmotoren. Von Dr.-Ing. V. Heidelberg. Z. V. d. I. 1924, S. 1047. — Hochdruckölmotor mit Einspritzung des Brennstoffes ohne Druckluft. Von Hesselmann. Z. V. d. I. 1923, S. 658. — Untersuchungen über den Einspritzvorgang bei Dieselmaschinen. Von Dr.-Ing. W. Riehm. Z. V. d. I. 1924, S. 641. — Dieselmotoren mit Strahlzerstäubung. Von Oberingenieur H. Hintz. Z. V. d. I. 1925, S. 673. — Weiterentwicklung des Junkers-Doppelkolbenmotors. Von Dr.-Ing. O. Mader. Z. V. d. I. 1925, S. 1369. — Die Dieselmaschine in Amerika. Von Prof. Dr.-Ing. A. Nägel. Z. V. d. I. 1925. — Kompressorlose Dieselmotoren. Von Direktor L'Orange. Schiffbau 1925, S. 397. — Der Deutzer liegende, kompressorlose Dieselmotor. Von Dipl.-Ing. Kurt Schmidt. Z. V. d. I. 1922, Nr. 51/52. — Untersuchungen an der Dieselmaschine. Von Prof. Dr.-Ing. Kurt Neumann. Z. V. d. I. 1923, S. 755.

g) Die Steuerung. Umsteuerungen.

In liegender Anordnung wird in Deutschland nur noch die Deutzer Verdrängermaschine ausgeführt, wobei die äußere Steuerung — da die Brennstoffdüse keines Antriebes bedarf — in der Hauptsache mit der liegenden Gasmaschine übereinstimmt.

Bei den noch zahlreich in Betrieb befindlichen liegenden Dieselmaschinen mit Lufteinspritzung machte die Steuerung des zentral gelagerten Brennstoffventils Schwierigkeiten, die entweder von der Längssteuerwelle oder von einer besonderen Querwelle abgenommen wurde, die vor dem Zylinderdeckel lag und von der Längswelle durch konische Räder angetrieben wurde. Senkrechte Anordnung von Ein- und Auslaßventil ermöglicht einfaches Ausstoßen von Rückständen, verschlechtert aber die Gestaltung des Verbrennungsraumes und erschwert die Verwertung der zwischen Kolben und Deckel befindlichen Luftschicht. Die Form des Verbrennungsraumes wird die gleiche wie bei stehenden Maschinen, wenn neben dem Brennstoffventil auch Ein- und Auslaßventil wagerecht gelagert und von der Querwelle angetrieben werden.

Liegende doppeltwirkende Groß-Dieselmaschinen sind nur vereinzelt ausgeführt worden; die durchgehende Kolbenstange machte zentrale Lagerung der Brennstoffdüse auf beiden Kolbenseiten unmöglich. Als Verbrennungsräume dienten Aussparungen in den Zylinderdeckeln oben am Einlaß- und unten am Auslaßventil, von denen jeder durch eine besondere Brennstoffdüse beschickt werden mußte, die seitlich schräg am Zylinder angeordnet war. Auch hierbei konnte die Luftschicht zwischen Kolben und Deckel nicht rechtzeitig zur Verbrennung herangezogen werden.

Für die Bevorzugung der stehenden Anordnung sind nicht nur die auf S. 78 angegebenen Gründe, sondern auch die durch den Bau zahlreicher Schiffsdieselmaschinen gegebenen Verhältnisse maßgebend. Die gebräuchliche Steuerungsanordnung der Maschine mit Lufteinspritzung ist aus Abb. 500 und 501 ersichtlich, die hochliegende Steuerwelle hat den Vorteil einfacher Bewegungsübertragung auf die Ventile, ohne daß bedeutendere Massen von den Antriebsnocken zu beschleunigen sind. In den kompressorlosen Maschinen ist diese Bauart zugunsten der Lagerung der Steuerwelle in halber Maschinenhöhe und unter Aufgabe der senkrechten Welle verlassen worden. Die Steuerwelle, auf der die Nocken für Einlaß-, Auslaß-, Anlaßventil sowie für den Antrieb der Brennstoffpumpen befestigt sind, wird von der Hauptwelle durch Stirnräder angetrieben, die besser als die Schraubenräder stehender Wellen die von den Brennstoffpumpen herrührenden Beanspruchungen aufnehmen.

Dieselbe Anordnung findet sich auch bei Schiffsmaschinen, die im übrigen größere Mannigfaltigkeit in der Ausbildung der äußeren Steuerung zeigen. Die Bauart der A.E.G., aus Abb. 223 ersichtlich, übersetzt mit drei Stirnräderpaaren von der Kurbel- auf die Steuerwelle; der Kolben läßt sich hierbei bequem nach oben ausbauen, doch kann besonders die Arbeitsweise der Brennstoffventile infolge der großen Stoßstangenlänge durch die Wärmedehnung der Maschine beeinflußt werden. In dieser Beziehung ist die Lagerung der Steuerwelle etwa in Höhe Oberkante Zylinder vorteilhafter. Ein auf der Hauptwelle sitzendes Stirnrad treibt eine Vorgelegewelle an, von der ein Kurbeltrieb oder eine geneigt oder senkrecht gelagerte Welle mittels Kegelräder die Drehung auf die Steuerwelle überträgt.

Bei der ersteren Bauart, von den Deutschen Werken in Kiel und von Werkspoor in Amsterdam ausgeführt, sitzen auf der von der Hauptwelle angetriebenen Vorgelegewelle zwei unter 90° versetzte Kurbeln, die durch Treibstangen mit gleich versetzten Kurbeln auf der Steuerwelle verbunden sind. Die nur auf Zug beanspruchten Treibstangen erleiden sehr große zusätzliche Beanspruchungen, wenn die Entfernung von Vorgelege- und Steuerwelle sich ändert. Die Deutschen Werke verhindern dies in der Weise, daß die Lager der Doppelkurbel $b\,b$, die durch Oldhamsche Kupplungen $c\,c$, Abb. 220, mit den nach jeder Seite hin sich erstreckenden Steuerwellenhälften gekuppelt sind, mit den Lagern der antreibenden Vorgelegewelle durch Stangen verbunden sind, so daß Wärmedehnungen der Maschine ohne Einfluß auf die Lagerentfernung bleiben.

Ausländische Bauarten zeigen auch vielfach Antrieb der Steuerwelle durch Ketten.

Bei Schiffsmaschinen geht der Antrieb der Steuerung stets von Maschinenmitte aus im Gegensatz zu ortfesten Maschinen, bei denen der Antrieb vom Ende der Maschine aus abgenommen wird, und zwar am vorteilhaftesten von der Nähe des Schwungrades aus, da hier die Drehschwankungen den geringsten Betrag haben. Der erwähnte

Steuerungsantrieb ist bei Schiffsmaschinen dadurch gegeben, daß infolge der üblichen Teilung der Kurbelwelle in der Mitte der Maschine hier der Antrieb untergebracht werden kann, ohne daß die Maschinenlänge zu vergrößern ist. Die Kräftewirkungen in der Steuerwelle werden durch diesen Antrieb verringert.

Die Einwirkung der Wärmedehnung der Maschine auf das Brennstoffventil ist besonders zu beachten. Wird dieses mit kleinem Hub arbeitende Ventil durch Veränderungen in der äußeren Steuerung zu früh geöffnet, so treten infolge der Verbrennung bei annähernd konstantem Volumen heftige und gefährliche Drucksteigerungen auf. Bei zu später Eröffnung wird die Verbrennung mangelhaft, der Brennstoffverbrauch nimmt zu.

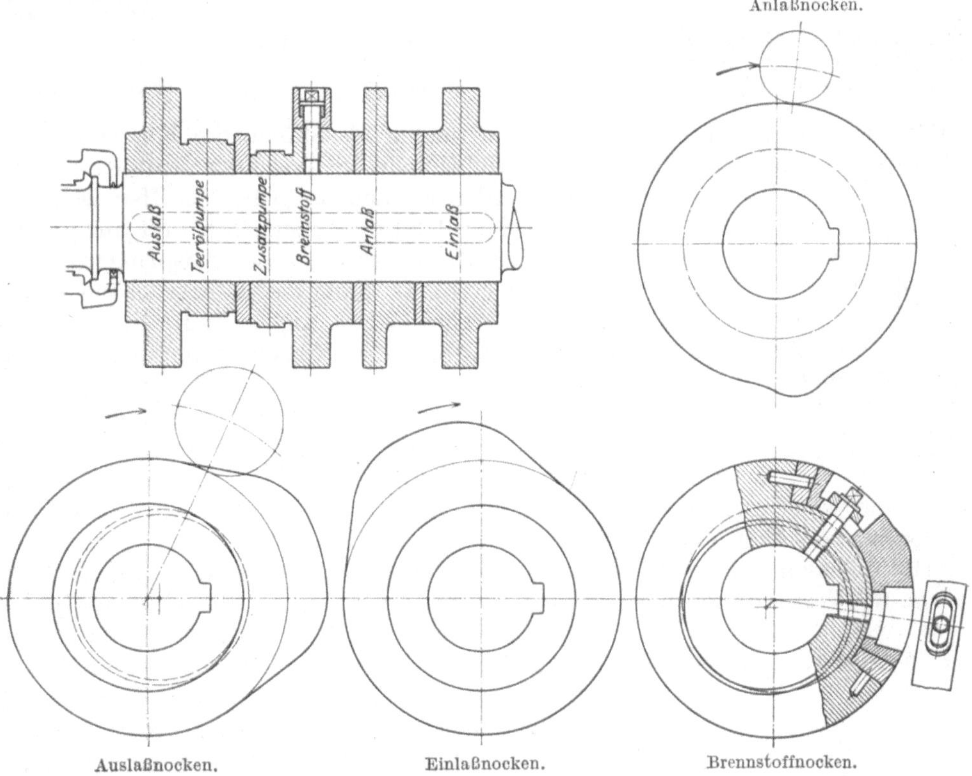

Abb. 213. Ausführung der Ascherslebener Maschinenfabrik R. Wolf. Maßstab 1:6.

Richtige Einstellung der Steuerung für die betriebswarme Maschine ergibt unrichtige Verhältnisse für das Anlassen der kalten Maschine. Die entstehenden Ungleichheiten lassen sich auf mechanischem und auf thermischem Wege beseitigen, doch haben die in Betracht kommenden Ausführungen größere Verbreitung nicht gefunden.

Zum Antrieb werden bei Dieselmaschinen ausschließlich unrunde Scheiben verwendet, nur vereinzelt ist das Brennstoffventil durch Exzenter in Verbindung mit Wälzhebeln gesteuert worden.

Abb. 213 zeigt die Anordnung der Nocken einer normalen Dieselmaschine; zwischen den Nocken befinden sich Abstandscheiben. Der Auslaßnocken ist aus einem Stück mit dem Antriebexzenter der Teerölpumpe, der Brennstoffnocken einstückig mit dem Exzenter der Zusatzölpumpe hergestellt. Die dargestellte Ausführungsart des Brennstoffnockens ist die übliche: ein den Nocken tragendes Stahlstück legt sich in Richtung des Umfanges gegen eingelegte Keile, deren Lage durch

Stifte gesichert wird. Druckschrauben verbinden das Stahlstück mit der aufgekeilten Buchse, wobei durch längliche Schlitze die Einstellung erleichtert wird.

Abb. 214 zeigt das Erhebungsdiagramm einer normal arbeitenden Düsennadel. Für die Einstellung der Steuerung sind die folgenden Werte gebräuchlich:

	Eröffnung	Schluß
Einlaßventil	10 bis 20° vor Totlage	5 bis 15° hinter Totlage
Auslaßventil	20 bis 30° „ „	0 bis 15° „ „
Brennstoffventil	0 bis 5° „ „	35 bis 40° „ „

Für raschlaufende Maschinen gibt das Föpplsche Buch [1]) an:

	Eröffnung	Schluß	Spiel zwischen Ventilrolle und Nocken
Einlaßventil	20 bis 30° vor Totlage	25 bis 30° nach Totlage	0,6 bis 0,7 mm
Auslaßventil	20 bis 40° „ „	15 bis 25° „ „	0,7 bis 0,9 mm
Brennstoffventil	7 bis 9° „ „	40 bis 50° „ „	0,3 bis 0,5 mm

Die Umsteuerungen. Während bei ortfesten Maschinen die Kurbeln mit Hilfe der auf S. 431 behandelten Andrehvorrichtungen in eine zum Anfahren geeignete Lage gebracht werden können, muß bei Schiffsmaschinen Anspringen nach beiden Drehrichtungen hin und aus jeder Kurbelstellung heraus möglich sein. Dieses Anspringen muß stets erstes Ergebnis der Handhabung der Umsteuerung sein nach der der neuen Drehrichtung angepaßten Umstellung der Ventilbewegung, worauf die Einschaltung der Brennstoffzufuhr folgt.

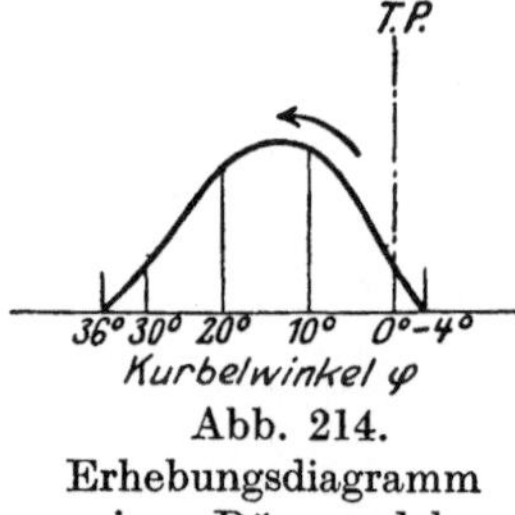

Abb. 214. Erhebungsdiagramm einer Düsennadel.

Der Forderung, daß in jeder Kurbellage anzufahren möglich ist, läßt sich nur bei einer bestimmten Mindestzahl von Kurbeln entsprechen, die in Rücksicht auf diese Forderung und auf möglichst gleichmäßige Verdrehungsbeanspruchung der Kurbelwelle gegeneinander zu versetzen sind.

Das Anlassen wird allgemein durch Druckluft bewirkt, die nach S. 433 nur während des Verbrennungshubes eingeführt werden kann. Da die Arbeitsperiode einer Viertaktmaschine während 2 · 360 = 720° Kurbelwinkel dauert, so wird beispielsweise in Dreizylindermaschinen nach je 720 : 3 = 240° gezündet. Es werde eine stehende Maschine, obere Totstellung der Kurbel I und Kurbelversetzung um 120°, vorausgesetzt (Abb. 215). In Zylinder I wird gezündet, Kolben III saugt an, verdichtet beim folgenden Aufwärtshub, und in Lage I wird gezündet, in Zylinder II ist Auspuff, dem in Kolbenlage I Ansaugen folgt. Die Zündungen finden sonach in der Reihenfolge 1, 3, 2 statt. Wird Druckluft zum Anlassen bei der gezeichneten Kurbelstellung zugeführt, so ist dies nach obigem nur bei Zylinder I möglich, in dem der Verbrennungshub beginnt. Da Kurbel I aber kein Drehmoment auf die Welle ausüben kann, so ist Anspringen aus der dargestellten Kurbellage heraus ausgeschlossen. Dasselbe ist der Fall bei einer Vierzylinder-Viertaktmaschine, wenn deren Kurbeln, sämtlich unter 180° gegeneinander versetzt, in der Totlage stehen. Viertaktmaschinen mit unter 90° versetzten Kurbeln werden nicht gebaut, da hierbei Zündungen in der Folge 720 : 4 = 180° nicht möglich sind, bei anderer Zündfolge die Welle sehr ungleichmäßig beansprucht würde. Fünfzylindrige Viertaktmaschinen werden wegen der unsymmetrischen Anordnung, die einen wirksamen Massenausgleich ausschließt,

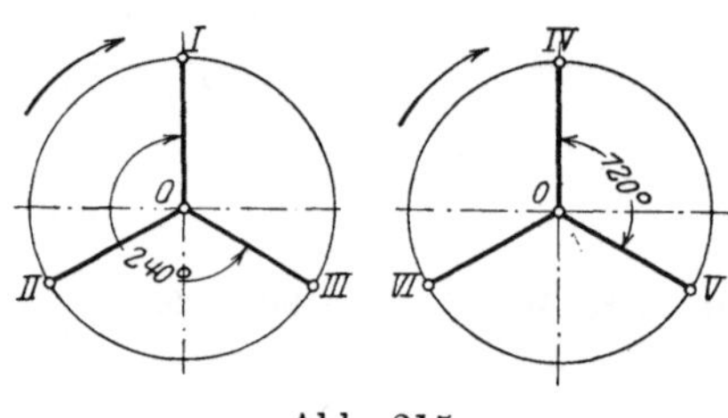

Abb. 215.

[1]) Föppl, Strombeck, Ebermann: Schnellaufende Dieselmaschinen. Berlin: Julius Springer.

nicht gebaut, hingegen ermöglichen Sechszylindermaschinen eine günstige Zündfolge im Abstand 720 : 6 = 120°. Zwei Gruppen, aus je drei Einzelmaschinen bestehend, werden zusammengefaßt, die Kurbelanordnung der einen Gruppe ist der der anderen völlig symmetrisch. Beim Anlassen kann nunmehr Druckluft in Zylinder V, Abb. 215, in dem Ausdehnung stattfindet, eingeführt werden, wozu eine Luftfüllung von mehr als 70%, entsprechend den 120° Kurbelwinkel, erforderlich ist.

Zur Umsteuerung, d. h. zur Änderung der durch die Pfeile angedeuteten Drehrichtung, muß jedoch auf Kurbel II oder VI eingewirkt werden, wobei wiederum zu beachten ist, daß bei der Bewegungsumkehr auf den Druckluftuhub ein Auspuffhub folgt, was nach erfolgter Umsteuerung im Zylinder VI der Fall ist. Die Druckluft ist sonach in Zylinder VI einzuführen.

Achtzylindrige Viertaktmaschinen ermöglichen die Zündfolge 720 : 8 = 90°, die Luftfüllung braucht sonach nur wenig mehr als 50% zu betragen.

Zweitaktmaschinen zeigen Versetzung der Kurbeln unter 90° bei Vierzylinder-, unter 60° bei Sechszylinderanordnung. Im ersten Fall wird in der Folge 1, 3, 2, 4 gezündet, die Anlaßluft kann in Zylinder III (für Linksdrehung), in Zylinder IV (für Rechtsdrehung) eingeführt werden, auch hier braucht die Luftfüllung 50% nur um einen kleinen Betrag zu überschreiten.

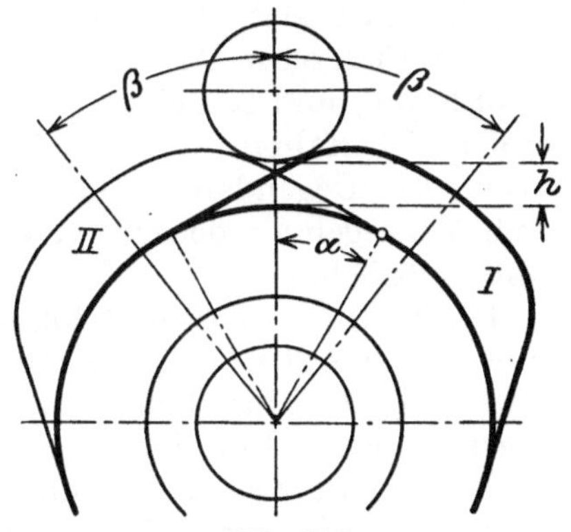

Abb. 216.
Umsteuerung eines Auslaßventils.

Bei Sechszylindermaschinen ist Einwirkung auf die Kurbeln III und V für Rechtsgang, VI und II für Linksgang möglich, und die Luftfüllung kann weiter verkleinert werden; Zündfolge ist 1, 6, 2, 4, 3, 5.

Die zum Ändern der Gangrichtung erforderliche Umstellung der Steuerung zeigt Abb. 216 für das Auslaßventil, für Anlaß- und Einlaßventil gilt dieselbe Überlegung. Die Stellung des Auslaßnockens zur Rolle des Ventilhebels ist für den Augenblick der Kolbentotlage wiedergegeben; die Rolle ist der Vorausströmung entsprechend um h gehoben. Diese Stellung der Rolle muß auch bei der Umsteuerung beibehalten bleiben, da zwar die Drehrichtung der Kurbel umgekehrt wird, der Kolben aber für beide Drehrichtungen in gleichbleibender Richtung aus der Totlage hinausgeht. Die Umsteuerung muß sonach den Auslaßnocken aus Lage I in die Lage II bringen, ihn um den Winkel $2\,\beta$ verdrehen. Hieraus folgt auch ohne weiteres die Eignung der Auspuffschlitze der Zweitaktmaschinen für Umsteuerung.

Die Maschine kann aus der „Stopplage" heraus, d. h. während des Stillstandes, aber auch während des Ganges umgesteuert werden. Wird von der Stopplage ausgegangen und beträgt ($L = \infty$ vorausgesetzt) beispielsweise die Anlaßfüllung 80%, die Vorausströmung 10%, so geht Kolben VI, Abb. 215, der dem Kurbelwinkel von 120° entsprechend um 75% des Kolbenweges von der oberen Totlage entfernt ist, infolge Vertauschung oder Verdrehung der Nocken und der dadurch bedingten Druckluftzufuhr nunmehr nach unten. Nach 5% Kolbenweg schließt das Anlaßventil, die Luftfüllung dehnt sich auf 90% aus, worauf das Auslaßventil öffnet. Unterdessen ist der ebenfalls durch die Anlaßluft beaufschlagte Kolben I so weit aus der Totlage hinausgegangen, daß Kurbel I ein genügendes Drehmoment ausüben kann.

Bei Umsteuerung während des Ganges spielt sich der Vorgang anders ab, da die Maschine trotz Einschaltung der Rückwärtssteuerung zunächst ihre ursprüngliche Drehrichtung infolge der Trägheit der bewegten Massen fortsetzt. Es werde die untere Kolbentotlage als Ausgangspunkt angenommen, wobei nach Abb. 216

die Ventilrolle um h gehoben ist, und zwar durch den schon eingeschalteten Rückwärtsnocken. Nach Zurücklegen des Vorausströmungswinkels α gelangt die Rolle auf die Rast der unrunden Scheibe, das Auslaßventil schließt bei aufwärtsgehendem Kolben,und im Zylinder wird verdichtet, bis das Anlaßventil in dem Punkt öffnet, der bei Umsteuerung aus der Stopplage heraus dem Schluß der Anlaßfüllung entsprechen würde. Die in den Zylinder einströmende Druckluft wird durch das Anlaßventil zurückgeschoben, worauf sich nach Schluß des Anlaßventils in oder nahe der oberen Totlage — sonst Beginn der Anlaßfüllung — die im Verbrennungsraum zurückgebliebene Druckluft ausdehnt, bis in der Nähe der unteren Totlage das Einlaßventil im Schlußpunkt des Nachöffnens öffnet. Während der beiden folgenden Hübe wird die Anlaßluft in den Einlaß zurückgeschoben und Abgase werden aus dem Auslaß angesaugt. Die beschriebenen Vorgänge beginnen in der unteren Kolbentotlage wieder, wenn bis dahin die Drehrichtung sich nicht geändert hat. Während dieser Zeit haben die Anlaufkurven der Nocken für den Ablauf, und umgekehrt, gedient.

Im Gegensatz zur Dampfmaschine, bei der durch Einstellung des Umsteuerhebels zwischen Mittel- und Endlage die Dampfverteilung der Belastung angepaßt wird, befindet sich der Umsteuerhebel der Verbrennungskraftmaschinen stets in einer der Endlagen, da sämtliche Ventile unveränderlich gesteuert und nur Brennstofförderung und Nadelhub — aber unabhängig von der Umsteuerung — geregelt werden. Überfahren der Stopplage mit dem Steuerhebel, bei Dampfmaschinen zum Zwecke des Gegendampfgebens in Gebrauch, ist bei Verbrennungskraftmaschinen durch Verriegelung der zu verstellenden Teile nur bei ausgeschalteter Brennstoffpumpe möglich.

Die Umsteuerung muß folgende Vorgänge ermöglichen: 1. Stillsetzen der Maschine durch Außerbetriebsetzen der Brennstoffventile und Abschalten der Brennstoffpumpe, 2. Umstellen der Steuerung für eine der bisherigen entgegengesetzte Drehrichtung, 3. Einführung der Anlaßluft, 4. Außerbetriebsetzen der Anlaßventile und Inbetriebsetzen der Brennstoffventile.

Konstruktiv wird die Aufgabe gewöhnlich durch Anordnung zweier Verstellvorrichtungen gelöst, die vom Maschinisten zu handhaben sind und von denen eine die Anlaßluft steuert, die andere die Steuerung der Ventile umlegt. Beide Verstellvorrichtungen werden zur Vermeidung von Bedienungsfehlern derart gegeneinander verblockt, daß der Anlaßhebel nur in einer der Umsteuerungsendlagen, der Umsteuerhebel nur in der Haltstellung des Anlaßhebels verstellt werden kann. Die Brennstoffpumpen sind bei der Haltstellung des Anlaßhebels abgeschaltet und geben erst Brennstoff bei dessen Umlegen auf Betrieb, wobei die Anlaßluft ausgeschaltet ist. (S. S. 213.)

In großen Anlagen wird die Umsteuerung maschinell — durch Druckluft oder elektrisch — verstellt; gegen die Druckluft-Verstellung wird geltend gemacht, daß der Druckluftbedarf, der gerade beim Manövrieren besonders ansteigt, durch die Druckluftsteuerung noch weiter vermehrt werde, der Druckluftvorrat bedeutend abnehme.

Die Maschinen werden gruppenweise umgesteuert, so daß z. B. bei Sechszylindermaschinen zuerst die eine aus drei Einzelmaschinen bestehende Gruppe von Anlaß auf Betrieb umgeschaltet wird, während die zweite Gruppe noch Anlaßluft erhält. Das bei gleichzeitigem Umschalten sämtlicher Zylinder namentlich im Falle geringer Schwungradmassen mögliche Stehenbleiben der Maschine wird dadurch verhindert.

Ausführungsformen. Diese stimmen grundsätzlich für Viertakt- und Zweitaktmaschinen überein, ein Unterschied ist praktisch dadurch gegeben, daß die kleinere Ventilzahl bei Zweitaktmaschinen mit Schlitzspülung noch Anordnungen gestattet, die bei ihrer Übertragung auf die Viertaktmaschine zu verwickelt würden.

a) Viertaktmaschinen. Abb. 217 zeigt eine Umsteuerung der Vulkan-Werke[1]), welche die für die heutigen Viertaktmaschinen fast ausschließlich gebräuchliche Bauart darstellt.

Zu jedem Zylinder gehört eine Hebelachse; diese sind durch Schalenkupplungen, die in Lagern laufen, miteinander verbunden. Die drehbare exzentrische Hülse A dient als Drehzapfen der Hebel für Brennstoff- und Anlaßventil, während sich die Hebel für Einlaß- und Auspuffventil um die exzentrischen Zapfen s und a drehen. Die Anlaßmaschine der ersten Zylindergruppe kann durch die Zugstangen m, m und z die Hülse A drehen, wodurch, wie in Abb. 514, entweder die Rolle des Anlaß- oder des Brennstoffventils in den Bereich der zugehörigen Nocken gebracht werden. n, n und z_1 haben dieselbe Bedeutung für die Zylinder der zweiten Gruppe. Die im Mittelfeld der Maschine liegende Umsteuermaschine verdreht mittels einer Zahnstange die Hebelachse um 360°, wobei während des ersten Drehwinkels von 120° die Rollen von Einlaß- und Auslaßventil durch die exzentrischen Zapfen a und s von ihren Nocken abgehoben werden. Während des zweiten Drehwinkels von 120° wird durch die Kegelräder und ein Schubkurvengetriebe die Nockenwelle axial verschoben, so daß nunmehr von den doppelt vorhandenen Nocken die der neuen Drehrichtung entsprechenden in die Ebene der Rollen gerückt werden. Die Drehung um den dritten Winkel von 120° bewirkt, daß durch die exzentrischen Zapfen die Rollen wieder aufgelegt werden.

Das Schubkurvengetriebe ist sonach so einzurichten, daß nur während des zweiten Winkels die Nockenwelle verschoben wird. Durch Stange o wird das Druckminderventil für die Anlaßluft verstellt. Die Umsteuermaschine kann nur in Betrieb gesetzt werden, wenn beide Anlaßmaschinen in der Mittelstellung sind, wobei die exzentrische Hülse A eine solche Lage einnimmt, daß Brennstoff und Anlaßluft ausgeschaltet sind.

Der Austausch der Nocken für Ein- und Anlaß würde sich ohne Abheben der Rollen ermöglichen lassen, wenn die Nocken im axialen Schnitt mit Steigung ausgeführt würden, so daß bei ihrer Verschiebung die Rollen allmählich angehoben würden. Diese Bauart führt jedoch zu sehr langen Nocken und großen axialen Verschiebungen, so daß sie aus diesem Grunde nicht ausgeführt wird. Da die Nockenwelle nur bei Stoppstellung der Maschine verschoben wird, wenn also die Rollen von Anlaß- und Brennstoffventilhebel abgehoben sind, so würde sich für diese die erwähnte Verlängerung der Nocken erübrigen.

In Abb. 218 ist die Umsteuerung der „Werkspoor", Amsterdam, wiedergegeben, die sich durch große Einfachheit auszeichnet. Die Ventilhebel sind auf Exzentern gelagert, deren Mittelebene schräg gegen die Mittellinie der Umsteuerwelle, auf der sie aufgekeilt sind, liegen. Auf der Steuerwelle sind in üblicher Weise Vorwärts- und Rückwärtsnocken nahe beieinander angeordnet. Wird die Umsteuerwelle um 180° gedreht, so wird die Rolle in der ersichtlichen Weise von einem Nocken auf den anderen gelegt, durch Drehung um 90° wird die Rolle abgehoben. Die steuernden Enden der Hebel sind mit zwei Anschlägen versehen, die je nach Schräglage des Hebels abwechselnd die Ventilspindel betätigen.

Abb. 219 zeigt die Schaltung der Gruppen einer Sechszylindermaschine bei einer Drehung des das Anlassen bewirkenden Handrades.

Abb. 220 zeigt die Umsteuerung der Deutschen Werke, Kiel, deren Steuerwellenlagerung auf S. 200 dargestellt ist. Soll die Maschine angelassen werden, so werden die beiden Handhebel aus der Stoppstellung in die Anlaßstellung gebracht, wobei die Brennstoffpumpen ausgeschaltet werden. Gleichzeitig werden durch eine Zwischenwelle die auf der höchstliegenden Welle befindlichen Umstellexzenter, auf denen die nicht eingezeichneten Anlaß- und Brennstoffhebel gelagert sind, so

[1]) Mentz, Walter: Deutsche Handelsschiff-Ölmotoren. Berlin: Julius Springer.

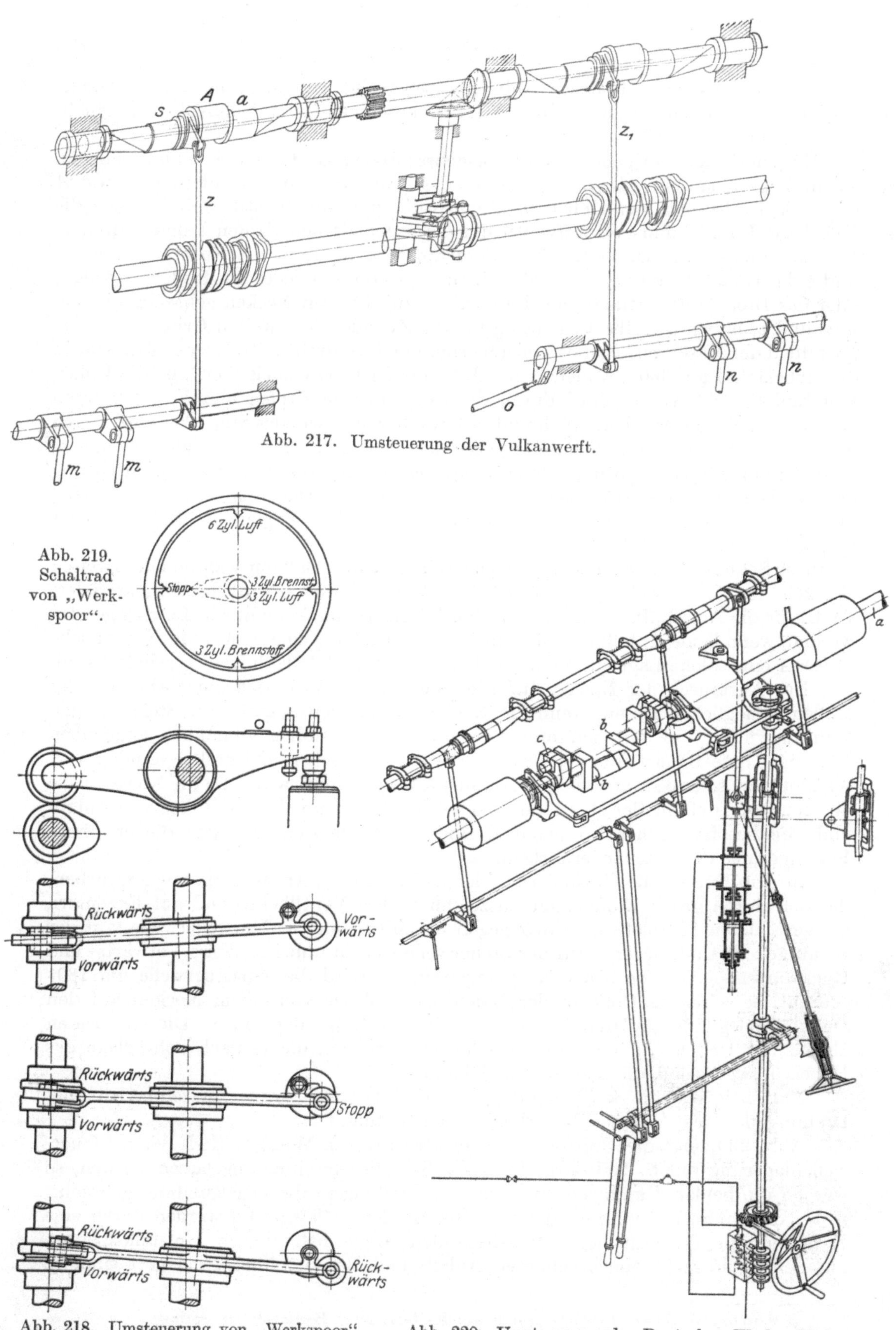

Abb. 217. Umsteuerung der Vulkanwerft.

Abb. 219. Schaltrad von „Werkspoor".

Abb. 218. Umsteuerung von „Werkspoor", Amsterdam.

Abb. 220. Umsteuerung der Deutschen Werke, Kiel.

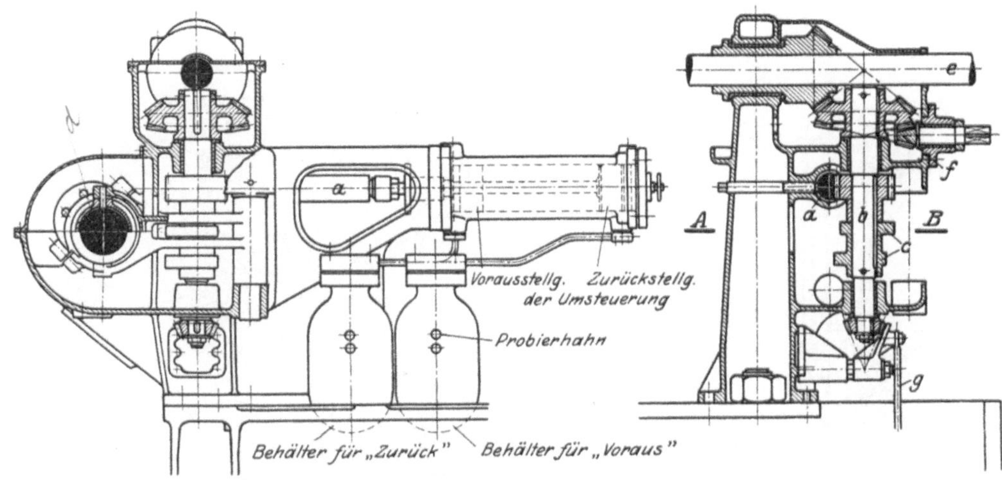

Abb. 222.
Umsteuerung der MAN, Augsburg, für große Schiffsmaschinen.

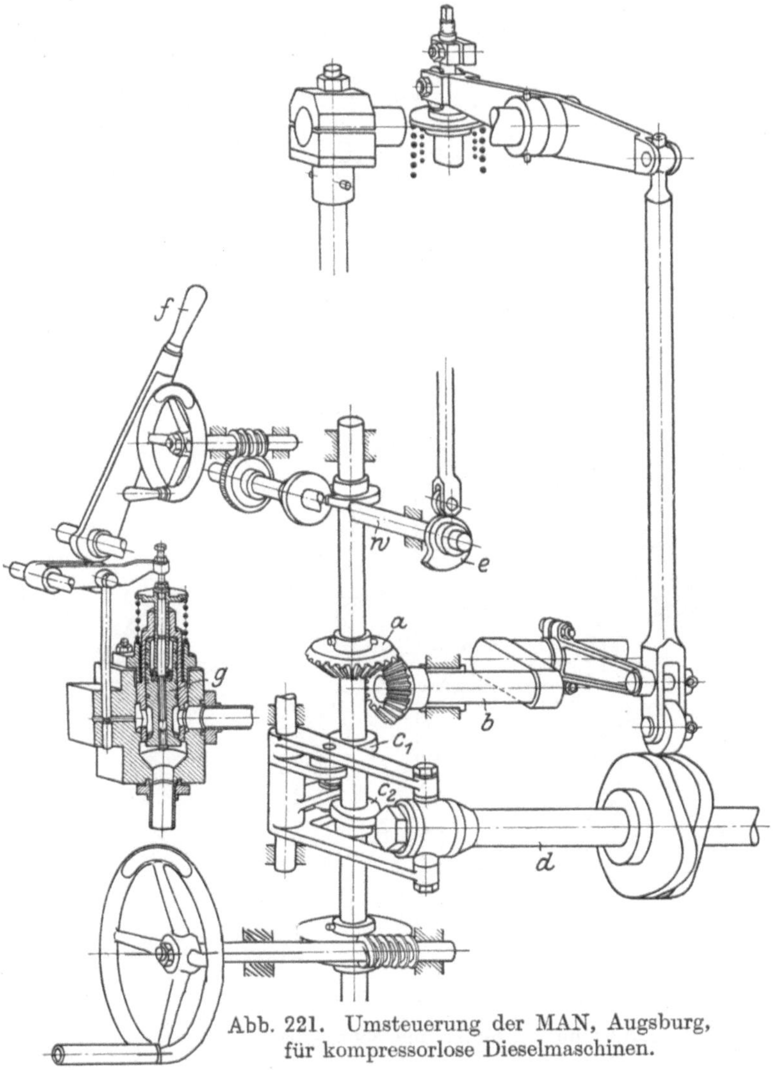

Abb. 221. Umsteuerung der MAN, Augsburg, für kompressorlose Dieselmaschinen.

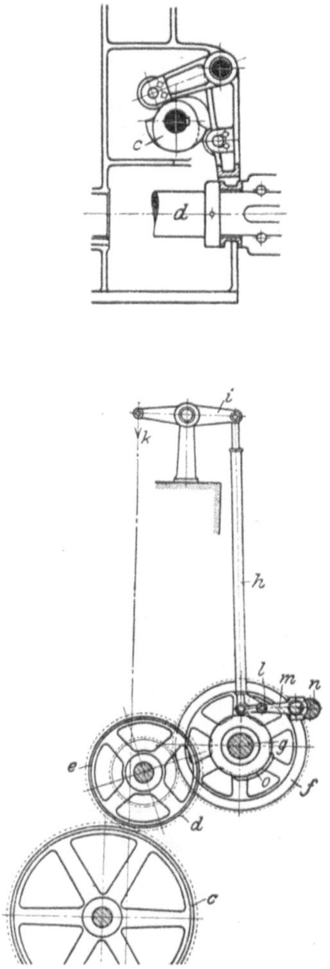

Abb. 223. Umsteuerung der AEG, Berlin.

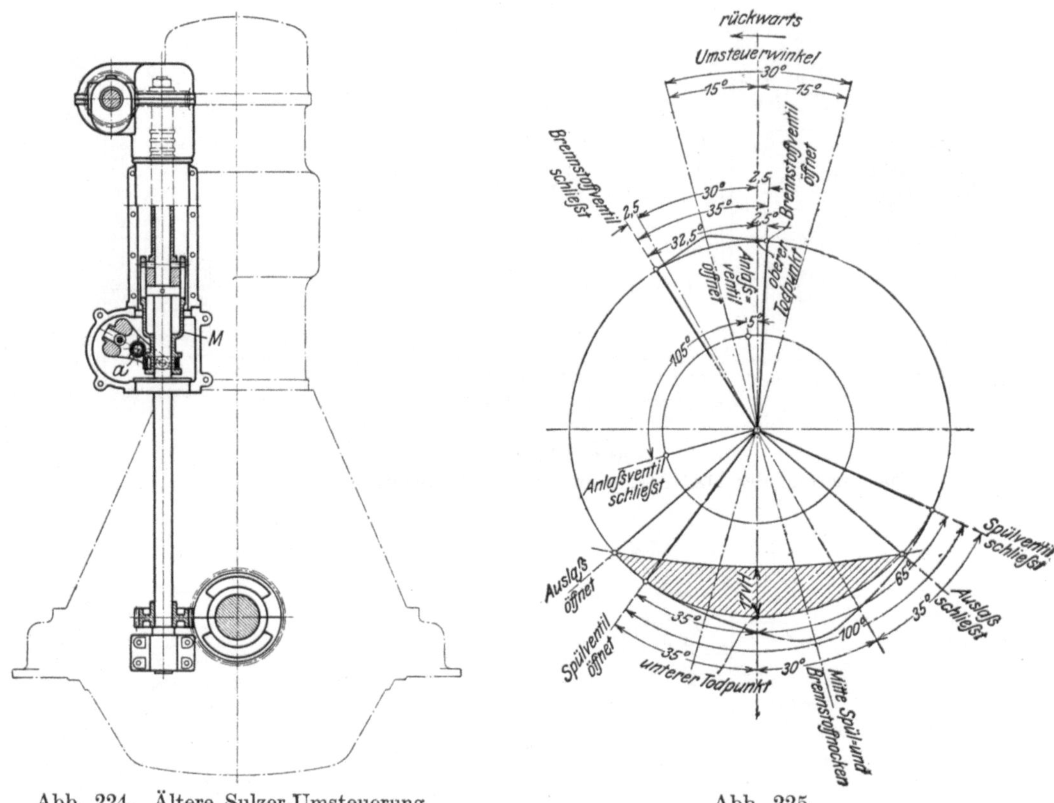

Abb. 224. Ältere Sulzer-Umsteuerung.

Abb. 225.

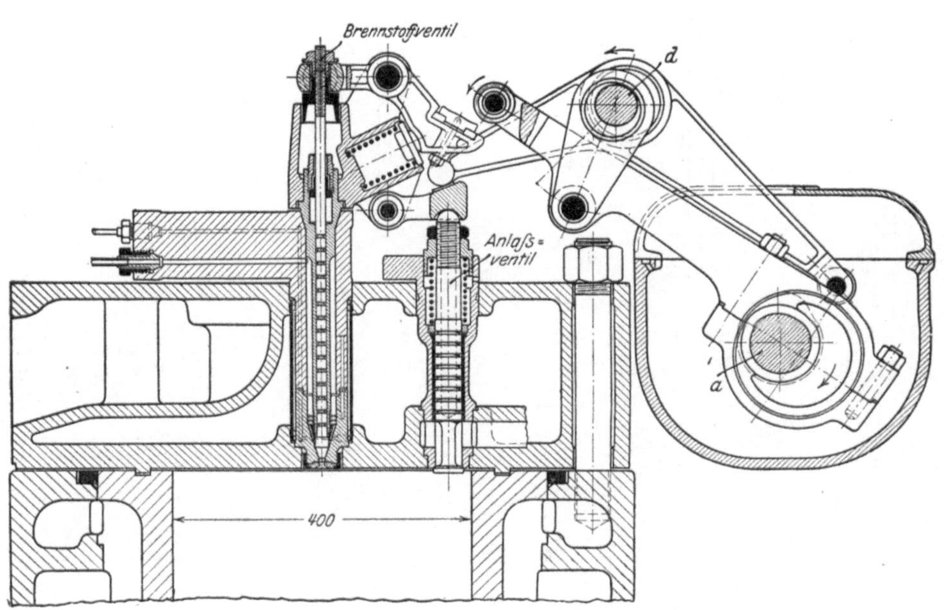

Abb. 226. Ältere Umsteuerung mit Exzenter und Schubkurve.

verdreht, daß die Anlaßhebelrollen mit den schematisch als Zylinder dargestellten Nocken auf der Welle *a* in Berührung kommen, während die Brennstoffhebelrollen abgehoben sind. Nach Erreichen einer zur sicheren Zündung geeigneten Umlaufzahl werden die beiden Handhebel nacheinander in Betriebsstellung gebracht, wobei die Anlaßhebelrollen abgehoben, die Brennstoffhebelrollen mit den Brennstoffnocken in Eingriff gebracht werden. Die Brennstoffpumpen werden in Betrieb gesetzt, und die Maschine arbeitet mit Brennstoff.

Bei Umsteuerung der Maschine während des Betriebes werden zunächst die Handhebel auf Stoppstellung gelegt, wodurch die Verblockung zwischen der wagerechten Handhebelwelle und der senkrechten Umsteuerwelle gelöst wird, so daß diese durch Handrad und Schneckentrieb gedreht werden kann. Unrunde Scheiben am unteren Ende der Umsteuerwelle steuern Ein- und Auslaß der im Schnitt gezeichneten Druckluftmaschine, deren Kolbenstange unmittelbar Hebelachsen auf der höchstliegenden Welle verdreht, auf denen die Ansauge- und Auspuffventilhebel exzentrisch gelagert sind. Sind diese Hebel abgehoben, so wird nach Freigeben einer zweiten Verblockung die Steuerwelle verschoben, die für die neue Drehrichtung bestimmten Nocken gelangen in die Ebene der zugehörigen Hebelrollen, die aufgelegt werden, wenn durch weiteres Drehen des Handrades die Druckluftmaschine umgesteuert wird. Bei der Umsteuerung der MAN, Abb. 221, für kompressorlose Schiffsmaschinen wird wiederum, wie bei der Ausführungsart nach Abb. 217, durch einen Drehwinkel von $3 \cdot 120°$, der in gleichbleibender Richtung zurückgelegt wird, die Umsteuerung bewirkt.

Durch Drehen des Handrades wird zunächst durch Kegelräderpaar *a* und die auf Welle *b* sitzende Kröpfung die Hebelrolle vom Nocken abgehoben. Nunmehr wird durch die unrunden Scheiben c_1 und c_2, die paarschlüssig wirken müssen, die Steuerwelle *d* verschoben, worauf bei weiterer Drehung des Handrades die Hebelrollen wieder aufgesetzt werden.

Durch ein zweites Handrad auf der Welle *w*, die mit der senkrechten Welle verblockt ist, kann durch den Nocken *e* die Brennstoffmenge von 0 bis Vollfüllung eingestellt werden. Die Verblockung verhindert, daß Brennstoff gegeben werden kann, ohne daß die Umsteuerung in einer der beiden Endlagen ist, andererseits, daß umgesteuert werden kann, ohne daß die Brennstoffüllung auf 0 steht.

Anlaßhebel *f* verstellt durch einen Nocken auf der Nabe das Hauptanlaßventil *g*.

In Abb. 222 ist die Umsteuereinrichtung der MAN für große Schiffsmaschinen wiedergegeben. Je nach Drehrichtung wird beim Umlegen des Umsteuerhebels der eine oder andere Ölbehälter durch Luft aus dem Einblase- oder Anlaßgefäß unter Druck gesetzt. Dadurch wird der in den beiden Endlagen gestrichelt gezeichnete Kolben bewegt, der durch Zahnstange *a* die senkrechte Welle *b* verdreht. Hierbei wird zunächst durch Kegelradgetriebe die Welle der Steuerhebel verdreht, so daß diese abgehoben werden, worauf durch die Nocken *c* die Nockenwelle *d* verschoben wird. Weiteres Drehen der Welle *b* bewirkt Auflegen der Rollen.

Abb. 223, Umsteuerung der AEG. Welle *g* trägt die Vorwärts- und Rückwärtsnocken für Anlaß-, Brennstoff-, Einlaß- und Auslaßventil. Um die Rollen der Ventil-Stoßstangen vor dem axialen Verschieben der Nockenwelle abheben zu können, ist parallel zur Nockenwelle *g* eine gekröpfte Welle *n* gelagert, deren Kurbel durch Lenker *m* mit den unten als Winkelhebel ausgeführten Stoßstangen verbunden sind. Der Kolben einer mit Preßluft arbeitenden Brownschen Umsteuermaschine verdreht durch Zahnstange die Welle *n* und verschiebt außerdem die Nockenwelle *g* durch eine auf- oder abwärts bewegte Kurvenschiene, die zwischen zwei Rollen faßt. Die Rollen dienen als Bunde eines Schiebelagers, in dem Welle *g* läuft. Auf dieser ist das Antriebstirnrad fest aufgekeilt, wird also bei der Verschiebung mitgenommen.

Die Wirkungsweise der Anlaßventile ist auf S. 436 angegeben.

Das nur nach einer Richtung hin drehbare Handrad zum Anlassen oder Stoppen der Maschine hat fünf Speichen, entsprechend den aufeinanderfolgenden Vorgängen:

1. Erste Fünfteldrehung: Die erste Zylindergruppe erhält Druckluft zum Anfahren.

2. Zweite Fünfteldrehung: Auch die zweite Zylindergruppe wird beaufschlagt, bis die Geschwindigkeit der Maschine auf einen zur sicheren Zündung erforderlichen Betrag gesteigert worden ist.

3. Dritte Fünfteldrehung: Die erste Zylindergruppe wird auf Brennstoff umgeschaltet.

4. Vierte Fünfteldrehung: Desgleichen die zweite Zylindergruppe.

5. Letzte Fünfteldrehung: Die Brennstoffzufuhr wird an sämtlichen Zylindern unterbrochen, die Maschine stoppt, die Verblockung zwischen Umsteuermaschine und Anlaßsteuerung wird aufgehoben, so daß jene zum Manövrieren freigegeben ist.

Die Zwischenhebel der Brennstoffventile sind auf exzentrischen Buchsen gelagert; durch Verdrehen der Welle, auf der diese Buchsen aufgekeilt sind, wird das Spiel zwischen Brennstoffnocken und Hebelrollen geändert, so daß Nadelhub und Öffnungsdauer mittels Handrad vom Maschinistenstand aus eingestellt werden können.

Damit sich diese Vorgänge bei nur einmaligem Rechtsdrehen des Handrades abspielen, ist im Anlaßsteuergehäuse ein durch Nocken gesteuertes Zwischenventil untergebracht, das die vom Anlaßbehälter kommende Druckluft nach den Zylindergruppen 1, 2, 3 und 4, 5, 6 leitet. Durch zwei nockengesteuerte Entlüftventile werden nach Abstellen der Druckluft die Leitungen zu den Anfahrventilen entleert, damit diese sich von ihren Nocken abheben.

Von diesem Anlaßsteuergehäuse aus wird durch ein ebenfalls nockengesteuertes Hebelwerk die Sechsstempel-Brennstoffpumpe, deren Feinregelung von Hand bewirkt wird, entweder auf Nullfüllung oder größte Füllung eingestellt.

Die Umsteuerung der Krupp-Germaniawerft ist dadurch bemerkenswert, daß die Schieber von Druckluft- und Ölbremszylinder der Hilfsmaschine durch den Rückmeldehebel des Maschinentelegraphen gesteuert werden. Außer diesem Rückmeldehebel sind noch zwei Hebel für Anlaßluft und Brennstoff vorhanden.

Die Hilfsmaschine verdreht in üblicher Weise mittels Zahnstange die Ventilhebelwelle um $3 \cdot 120°$, die Nockenwelle wird dadurch verschoben, daß ein mit ihr verbundener Hebel, der in einem festen Drehpunkt gelagert ist, in der Kurvennut einer Scheibe auf der Ventilhebelwelle geführt wird.

Der Anlaßhebel, der nach der Umsteuerung auf „Anlassen" gelegt wird und hierbei den Brennstoffhebel zwangläufig mitnimmt, wird nach dem Anfahren selbsttätig in die Stoppstellung zurückgeführt, und nur der Brennstoffhebel kann verstellt werden.

Nach Erzeugen des erforderlichen Druckes in der Ölleitung mittels Handpumpe kann auch in der Weise umgesteuert werden, daß der Rückmeldehebel den Schieber des nunmehr als Kraftzylinder wirkenden Ölbremszylinders verstellt.

Zweitaktmaschinen. In älteren Anordnungen wird vielfach bei nur einmaliger Anordnung der Nocken für Brennstoff- und Spülventil die Umsteuerung in der Art bewirkt, daß die Steuerwelle gegenüber der von der Hauptwelle angetriebenen senkrechten Welle um den Umsteuerwinkel relativ verdreht wird. Bei der Bauart nach Abb. 224 wird dies durch Verschieben der Muffe M mittels der Verstellwelle a erreicht. Hülse M verdreht durch schräge Schlitze und Bolzen die obere rohrförmige Hälfte der senkrechten Welle und damit die Steuerwelle.

Abgesehen von der besonders durch die veränderliche Drehrichtung verursachten Abnutzung dieses Antriebes besteht bei diesen Bauarten stets die Schwierigkeit, daß der Umsteuerwinkel nicht für alle Ventile derselbe ist. Gleichen Umsteuerwinkel, wenigstens für Spül- und Brennstoffventile, hat die MAN durch die Anordnung nach Abb. 225 durch Zusammenlegen der Mittellinien der Brennstoff- und Spülnocken erreicht. Der Brennstoffnocken erstreckt sich über 35° mit 2,5° Voreilen, der Spülnocken über 100° und öffnet 35° vor der Totlage. Diese Steuerdaten bleiben unverändert, wenn die Symmetrieachse beider Nocken um den Umsteuerwinkel von 30° verlegt wird. Es ergibt sich die Notwendigkeit, das 5° nach der Totlage öffnende, 110° nach dieser schließende Anlaßventil besonders zu steuern, und außerdem engt die Abhängigkeit der Brennstoffverteilung von der Spülventilsteuerung die Freiheit des Entwurfes ein. Die Möglichkeit, die Ventile gänzlich auszuschalten, wie sie bei Steuerungen nach Abb. 217 durch das Abheben der Rollenhebel gegeben wird, ist hier nicht vorhanden.

Abb. 226 gibt eine ebenfalls nicht mehr ausgeführte Umsteuerung an, bei der Exzenter in Verbindung mit Schubkurve verwendet werden. Auf einer die Welle d umfassenden exzentrischen Buchse ist der Anlaßhebel in der aus Abb. 514 ersichtlichen üblichen Weise gelagert; die durch Rolle und Schubkurve das Brennstoffventil steuernde Exzenterstange wird in einem Punkt durch einen Lenker geführt, der sich um ein Exzenter auf der Welle d dreht. Durch Verstellen dieses Exzenters werden die vom Endpunkt der Exzenterstange beschriebenen Kurven der Schubkurve mehr oder weniger genähert, so daß die Einblasedauer geändert wird und aufhört, wenn Welle d so weit gedreht worden ist, daß das Anlaßventil in Betrieb gesetzt wird. Diese Bauart, soweit auch für ortfeste Maschinen geeignet, macht die Steuerung des Brennstoff- und Anlaßventils unabhängig von der der Spülventile, deren Umsteuerung in oben angegebener Weise durch relative Verdrehung der Steuerwelle gegenüber der Antriebswelle bewirkt wird. Nach erfolgter Umsteuerung werden die Öffnungspunkte des Brennstoffventils, durch den Schnitt der von der Rolle beschriebenen Kurve mit der äußeren Begrenzungslinie der Schubkurve gegeben, zu Schlußpunkten. Die Voröffnung des Brennstoffventils ändert sich in gleicher Weise wie die Einblasedauer nach der Kolbentotlage.

In Abb. 227 und 228 sind Ventilanordnung und Umsteuerung der Sulzer-Zweitaktmaschine dargestellt, die sich durch hervorragende Einfachheit auszeichnet und im Vergleich zu den oben angegebenen Bauarten die auf diesem Gebiet gemachtenFortschritte erkennen läßt. In einem gemeinsamen Gehäuse, das nur eine zentrale Durchbrechung des Deckels nötig macht, sind das Brennstoffventil, das innere Anlaßventil a und das Anlaßvorventil b untergebracht. Während des Betriebes der Maschine bilden die beiden Anlaßventile einen doppelten Abschluß gegen die Anlaßluftleitung, und der Raum zwischen ihnen steht durch den Kolbenschieber, der sich an das Anlaßvorventil anschließt, mit der Ablaßleitung in Verbindung.

Das Brennstoffventil wird durch den Hebel h_1 gesteuert, an dem die Schwinge r mit zwei in verschiedenen Ebenen liegenden Rollen hängt, die zu den nebeneinanderliegenden Nocken für Vorwärts- und Rückwärtsgang gehören. Hebel h_2 steuert das Anlaßvorventil. Durch Verdrehen der Welle H wird durch eine unrunde Scheibe das Anlaßventil a dauernd geöffnet und infolge der Steuerung der Hebel h_1 und h_2 das Brennstoffventil ausgerückt, das Anlaßvorventil b eingeschaltet. Hebel h_2 öffnet zunächst mittels eines am unteren Ende des Anlaßvorventils angreifenden Stöpsels ein Hilfsventil, wodurch der Raum oberhalb des Ventils mit der Ablaßleitung verbunden und dadurch entlastet wird. Bei dem nunmehr erfolgenden Anheben des Vorventils wird zunächst eine Überdeckung an dessen Sitzflächen zurückgelegt, wobei der untere Kolbenschieber die Ablaßleitung absperrt. Die Anlaßluft strömt durch das geöffnete Ventil a in den Zylinder ein, während Ventil b so gesteuert wird, daß während des Verdichtungshubes Luft aus dem Zylinder durch die vom Kolbenschieber gesteuerten Schlitze in der Schieberbuchse nach der Ablaßleitung ausströmen kann; der Schieber wirkt sonach als Entspannungsventil.

Die eigentliche Umsteuerung, die sich wegen der Schlitzspülung nur auf die Brennstoffventilbewegung erstreckt, wird durch Drehen der Welle *U* bewirkt, wodurch eine der Rollen des Lenkers *r* in den Bereich des der Drehrichtung entsprechenden Nockens gebracht wird, was infolge Verriegelung der Verstellvorrichtungen nur nach Rückdrehen der Anlaßwelle *H* möglich ist.

Es ist hervorzuheben, daß auch die nach Öffnung des Ventils *a* entstehende Vergrößerung des Verbrennungsraumes die Schnelligkeit des Umsteuerns vergrößert. Durch Teilausschläge der Welle *U* von der Mittellage aus, in der das Brennstoffventil nicht gesteuert wird, können Nadelhub und Einspritzzeit kleineren Drehzahlen angepaßt werden, wobei der Öffnungsbeginn infolge der tangentialen Anlauffläche der Nocken annähernd konstant bleibt.

Der Umsteuerungsvorgang kann nach dem von Benz, Mannheim, ausgeführten Patent Hesselmann auch aus den Arbeitszylindern nach den Spülluftpumpenzylindern verlegt werden. Zu dem Zweck werden zwei Spülpumpen mit unter 90° versetzten Kurbeln ausgeführt. Für die Umsteuerung wird ein Wechselschieber, durch den die Pumpen im normalen Betrieb ansaugen, umgestellt und mit den Anlaßluftflaschen verbunden. Die Anlaßluft bewegt die Kolben der doppeltwirkenden Spülpumpen, so daß aus jeder Kurbellage heraus angefahren werden kann.

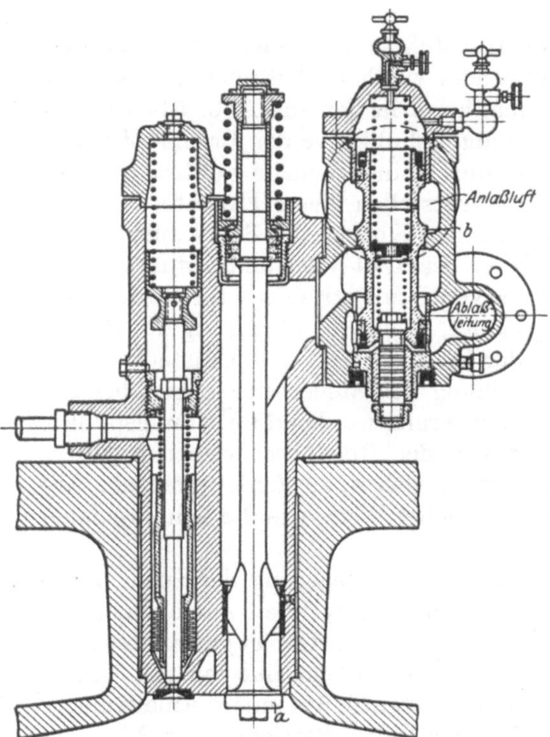

Abb. 227. Ventilanordnung der Sulzer-Zweitaktmaschine.

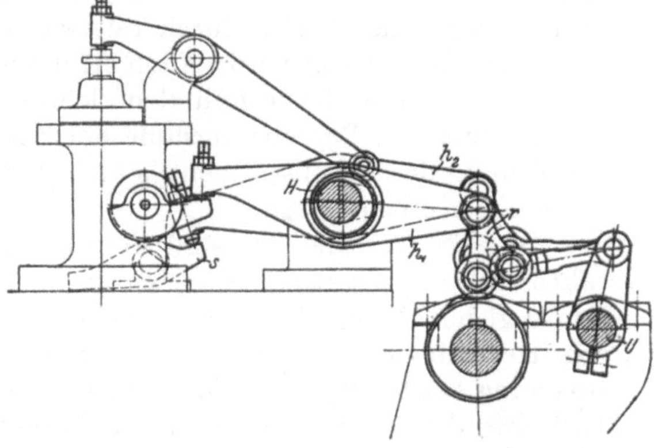

Abb. 228. Umsteuerung der Sulzer-Zweitaktmaschine.

Franco Tosi führt mitunter den Verdichter der Viertaktmaschinen in Zwillingsanordnung mit unter 90° versetzten Kurbeln aus, derart, daß die eine Maschine unten die Niederdruckstufe *A*, oben die Mitteldruckstufe *B*, die andere oben die mit *A* und *B* für Erzeugung des Einblasedruckes zusammenarbeitende Hochdruckstufe *C*, unten eine zusätzliche Niederdruckstufe A_1 enthält. Beim Anfahren wird in die doppeltwirkenden Niederdruckstufen *A* und A_1 Druckluft eingeführt, so daß diese als Kraftmaschine arbeiten. Der die Zylinderkanäle im normalen Betrieb schließende Kolbenschieber wird dadurch in die Steuerungslage gebracht, daß Druckluft einen Kolben auf der Schieberstange belastet, wodurch der zu steuernde Rollenhebel in den Bereich eines Vorwärts- oder Rückwärtsnockens gebracht wird.

Die Atlas-Diesel Co., Stockholm, beaufschlagt die unteren Kolbenseiten ihrer Zweitakt- und neuerdings auch ihrer Viertaktmaschinen durch Druckluft, und zwar auch in diesen im Zweitakt durch Schieber, die Lufteinlaß und Luftaustritt steuern. Da aus den auf S. 276 angegebenen Gründen die Unterseite des Zylinders durch eine Stopfbuchse gegen das Kurbelgehäuse abzudichten ist, so bedeutet diese Bauart keine Komplikation des Entwurfes, hat jedoch den Vorteil, daß der Zylinderdeckel ohne Anlaßventil auszuführen ist und ebenso wie der Kolbenboden durch die ausdehnende Luft nicht abgekühlt wird. Betriebsstörungen durch Hängenbleiben des Anlaßventils sind ausgeschlossen.

Abb. 229 gibt als Beispiel die äußere Anordnung des Anlaß- und Umsteuergestänges. Das Anlassen wird durch die zu den beiden Zylindergruppen gehörenden Hebel *A* und *B* bewirkt, die durch Verdrehen der exzentrischen Lagerung der Antriebhebel für Brennstoff-, Anlaß- und Entspannungsventil diese außer oder in Betrieb setzen. Hebel *D* schaltet je nach Drehrichtung die Vorwärts- oder Rückwärtsnocken durch Verschieben der Steuerwelle ein, nachdem vorher die Rollenhebel abgehoben worden sind. Hebel *C* stellt die Fahrtgeschwindigkeit durch Beeinflussung der Brennstoffpumpe, bzw. des Saugventils an derselben, ein.

In Stellung *2* der Hebel *A* und *B* ist die Maschine außer Betrieb. Durch Verlegung dieser Hebel nach *1* werden Anlaß- und Entspannungsventile eingeschaltet; das Brennstoffventil ist ausgeschaltet. Nach Erreichen einer bestimmten Umlaufzahl werden *A* und *B* in die Betriebsstellung *3* gebracht, in der Anlaß- und Entspannungsventil ausgerückt, das Brennstoffventil eingerückt ist.

Beim Umsteuern in vollem Gang der Maschine werden die Hebel *A* und *B* aus der Betriebsstellung *3* in die Stopplage *2* gebracht, in der die Brennstoffventile und durch Stange *a* die Brennstoffpumpen — durch Offenhalten der Saugventile — ausgeschaltet sind, so daß die Maschine stehen bleibt. Nunmehr wird zunächst mit Hebel *D*, der z. B. aus der Vorwärtsstellung *2* in die Rückwärtsstellung *1* gelegt wird, umgesteuert, indem die Rückwärtsnocken unter die Rollen von Brennstoff-, Anlaß- und Entspannungsventil gebracht werden. Hilfswelle *c* und Stange *b* steuern die Spülluftventile an den Zylindern und den Hauptschieber der Spülluftpumpen um.

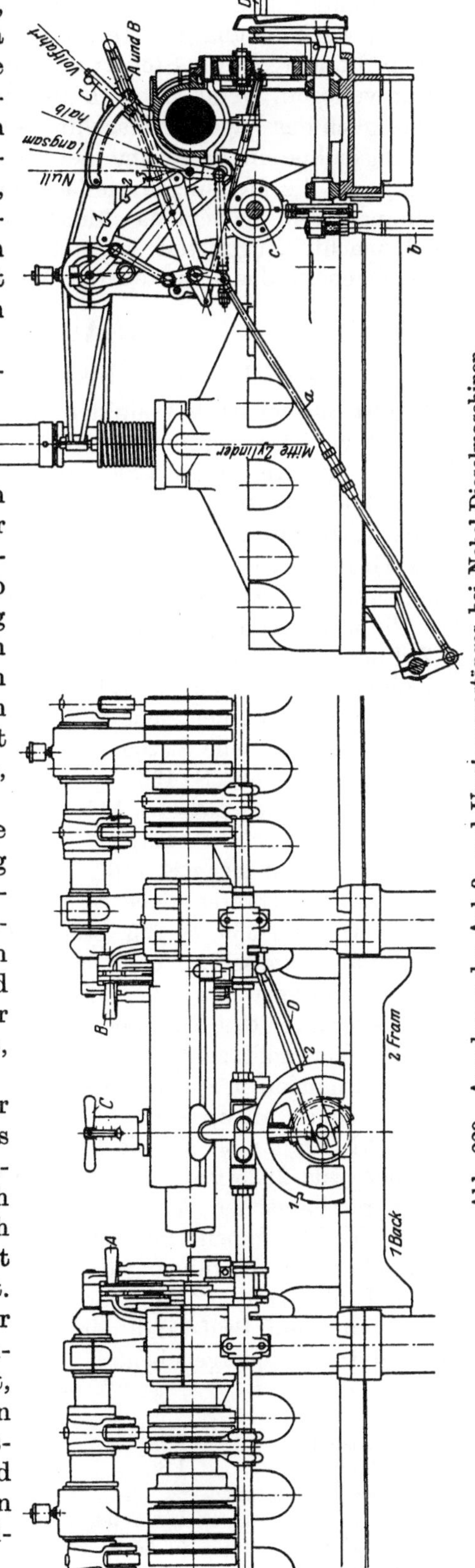

Abb. 229. Anordnung des Anlaß- und Umsteuergestänges bei Nobel-Dieselmaschinen.

Der weitere Vorgang des Anlassens ist derselbe wie oben angegeben.

Durch Verblockung ist erreicht, daß der Hebel *D* nur bei Stellung der Hebel *A* und *B* in Stopplage *2* die Steuerwelle verschieben kann. Hebel *A* und *B* aber lassen sich nur verlegen, wenn Hebel *D* in einer der Endlagen steht.

Bezüglich der Lage des Maschinistenstandes, der sich entweder auf der höchsten Bedienungsbühne in der Nähe der Steuerwelle oder auf dem Maschinenraumflur befindet, sind die Meinungen vielfach geteilt, doch zieht man neuerdings die zweite Anordnung vor, da sie dem Maschinisten eine Beaufsichtigung auch der Hilfsmaschinen möglich macht. Zugunsten der ersten Bauart wird angeführt, daß der Maschinist beim Umsteuern das Arbeiten der Ventile beobachten kann.

h) Ausführungsformen.

Einfachwirkende Viertaktmaschinen.

Bauart Burmeister & Wain der A.E.G., Berlin. Abb. 230 stellt den Schnitt durch eine Achtzylindermaschine von 3200 PS Leistung bei Zusatzladeverfahren dar. Zyl.-Dmr. 740 mm, Hub 1200 mm, $n = 125$ Uml./min. Die einzeln gegossenen Arbeitszylindermäntel sind zu je vieren in einem Block verschraubt.

Die Verbrennungsdrucke werden durch Zuganker, die oben den Deckel fassen, auf die Grundplatte unmittelbar übertragen. Arbeitszylinder, Zylinderdeckel und Auspuffsammler werden durch Süßwasser gekühlt, das durch Seewasser rückgekühlt wird, Einblaseluftpumpen und Kolben werden durch Seewasser gekühlt.

Zylinder siehe S. 295,
Kolbenkühlung siehe S. 311,
Dreistufenluftkühler siehe S. 160,
Umsteuerung siehe S. 209,
Anlaßventil siehe S. 436,
Brennstoffventil siehe S. 141,
Schmierung siehe S. 421,
Rohrleitungen siehe S. 416,
Zusatzladeverfahren siehe S. 260.

Abb. 338 und 339, S. 293, stellen die neuere Ausführung der Deckel dar.

Dekompressionseinrichtung siehe S. 396, Abb. 460.

Außerdem verwendet die A.E.G. statt des in Abb. 150 dargestellten Brennstoffventils neuerdings eine Düsennadel mit mehreren Einspritzöffnungen. Da die Düse nach Abb. 338 nicht zentral liegt, so wird es durch Bemessung und Richtung der Einspritzöffnungen möglich, die austretenden Brennstoffmengen den sie aufnehmenden Lufträumen anzupassen.

Die AEG hat u. a. für die Prince Line, London, 10 Schiffsmaschinen gebaut, von denen jede 2825 PS_e normal, 3040 PS_e maximal leistet, was bei einem gewährleisteten mechanischen Wirkungsgrad von 74% einer Leistung von 4108 PS_i entspricht. Die Maschinen sind mit denselben Abmessungen wie die oben erwähnte gebaut, aber mit Ausführung der Zylinderbauart nach Abb. 338 und 339.

Die Umlaufzahl beträgt normal 122 bis 125.

Die auf dem Prüfstand der AEG erhaltenen Versuchsergebnisse sind in der Zahlentafel 11 wiedergegeben.

Zahlentafel 11.

Belastung		1/4	1/2	3/4	1/1	Überlast
Effektive Leistung	PS_e	710	1410	2120	2825	3030
Indizierte Leistung	PS_i	1285	2261	2982	3731	4099
Mechanischer Wirkungsgrad.	%	55,2	62,3	70,8	75,7	74,2
Drehzahl	Uml./min	77	97	110	125	128
Brennstoffverbrauch	gr/PS_eh	233,0	208,0	190,4	189,0	192,0
Auspufftemperatur	°C	272	326	384	450	470

Bauart MAN, Abb. 231 und 232. Die Abbildungen beziehen sich auf eine Sechszylindermaschine von 2000 PS Nutzleistung, Zyl.-Dmr. 700 mm, Hub 1400 m $n = 108$ Uml./min.

Die kastenförmigen Ständer, in Mitte der Kurbelwellenlager aufgebaut, sind durch stählerne Zuganker, die bis Oberkante des Zylinderblockes reichen, entlastet. In Längsrichtung der Maschine werden die Ständer durch die angeschraubten Platten der Kreuzkopfgleitbahnen versteift. Je drei Zylindermäntel sind in einem Block zusammengegossen, die beiden Blöcke sind in Maschinenmitte über die ganze Breite verschraubt. Abb. 232 zeigt Lage der Einblaseluftpumpe im Mittelfeld der Maschine (zwischen Zylinder *3* und *4*) und die Art des Pumpenantriebes. Die Steuerwelle wird ebenfalls vom Mittelfeld aus durch ein Stirnräderpaar sowie ein unteres und ein oberes Kegelräderpaar angetrieben.

Die Handhebel für Anlassen und Umsteuern, Einstellen der Brennstoffüllung, für den Einblaseregler und das Regeln der Luftpumpe und des Schmieröldruckes (der 1,5 bis 2,5 at beträgt) sind am Maschinistenstand vereinigt, wo auch sämtliche Manometer untergebracht sind.

Für die Kühlung kann sowohl Seewasser wie Kühlwasser verwendet werden. Die Kühlwasserpumpen werden meist elektrisch angetrieben.

Der Brennstoffverbrauch beträgt etwa 180 g/PS_eh, auf Öl von 10 000 kcal/kg und auf Vollbelastung bezogen, der Schmierölverbrauch etwa 0,6 bis 0,9 g/PS_eh.

Kolbenkühlung siehe S. 312, Abb. 366,
Brennstoffventil siehe S. 146, Abb. 153,
Brennstoffpumpe siehe S. 158, Abb. 169,
Einblasedruckregler siehe S. 149, Abb. 158,
Umsteuerung siehe S. 209, Abb. 222,
Zylinderdeckel siehe S. 291, Abb. 335.

Bauart Deutsche Werke A.-G., Werft Kiel. Für diese Bauart ist die Art der Versetzung der Maschinenständer gegeneinander, die leichte Zugänglichkeit des Kurbeltriebwerks entweder von der Vor- oder Rückseite der Maschine ermöglicht, und die Gestaltung der Zylinder kennzeichnend, Abb. 341 auf S. 295, die in einem Block zusammengegossen sind und je mit drei Füßen auf den zugehörigen Ständern stehen, so daß die Kolben ebenfalls leicht zugänglich sind und nach unten herausgenommen werden können. Besonderer Wert ist auf kräftige Verbindung der beiden Zylinderblöcke gelegt. Die Umsteuerung mit Antrieb durch Doppelkurbeln ist auf S. 206, Abb. 220, dargestellt. Die Anlaßluft wird, wenn nicht mit kalter Maschine angefahren wird, durch Auspuffgase erwärmt, um den Druckluftbedarf und die Materialbeanspruchungen zu vermindern.

Bauart Franco Tosi, Legnano. Abb. 457, S. 395, zeigt den Zylinderdeckel dieser Maschinen, zwei Ventile werden abwechselnd für Ansaugen und Auspuff verwendet. Der Laufzylinder ist außen mit spiralig verlaufenden Rippen versehen, um das Kühlwasser zwangläufig zu führen. Das Brennstoffventil arbeitet mit Drehstopfbuchse.

Bemerkenswert ist ferner, daß die Räume unterhalb der Arbeitskolben miteinander verbunden sind und aus ihnen ein Teil der Ansaugluft entnommen wird, damit Durchblasen der Kolbenringe die Luft im Maschinenraum nicht verschlechtert. Diese Anordnung soll überdies das Ansaugegeräusch verringern.

Die Umsteuerung geschieht in der Weise, daß nicht die Nockenwelle, sondern die auf exzentrischen Buchsen angeordneten Rollenhebel nach dem Abheben von den Nocken verschoben werden, was durch Druckluft oder elektrisch bewirkt wird.

Bauart „Werkspoor“, Amsterdam, Abb. 233. Diese Maschinen wurden früher an der Vorderseite zwecks besserer Zugänglichkeit des Kurbeltriebes mit Stahlsäulen gebaut, die in neueren Ausführungen durch A-Ständer, auf Mitte Lager angeordnet,

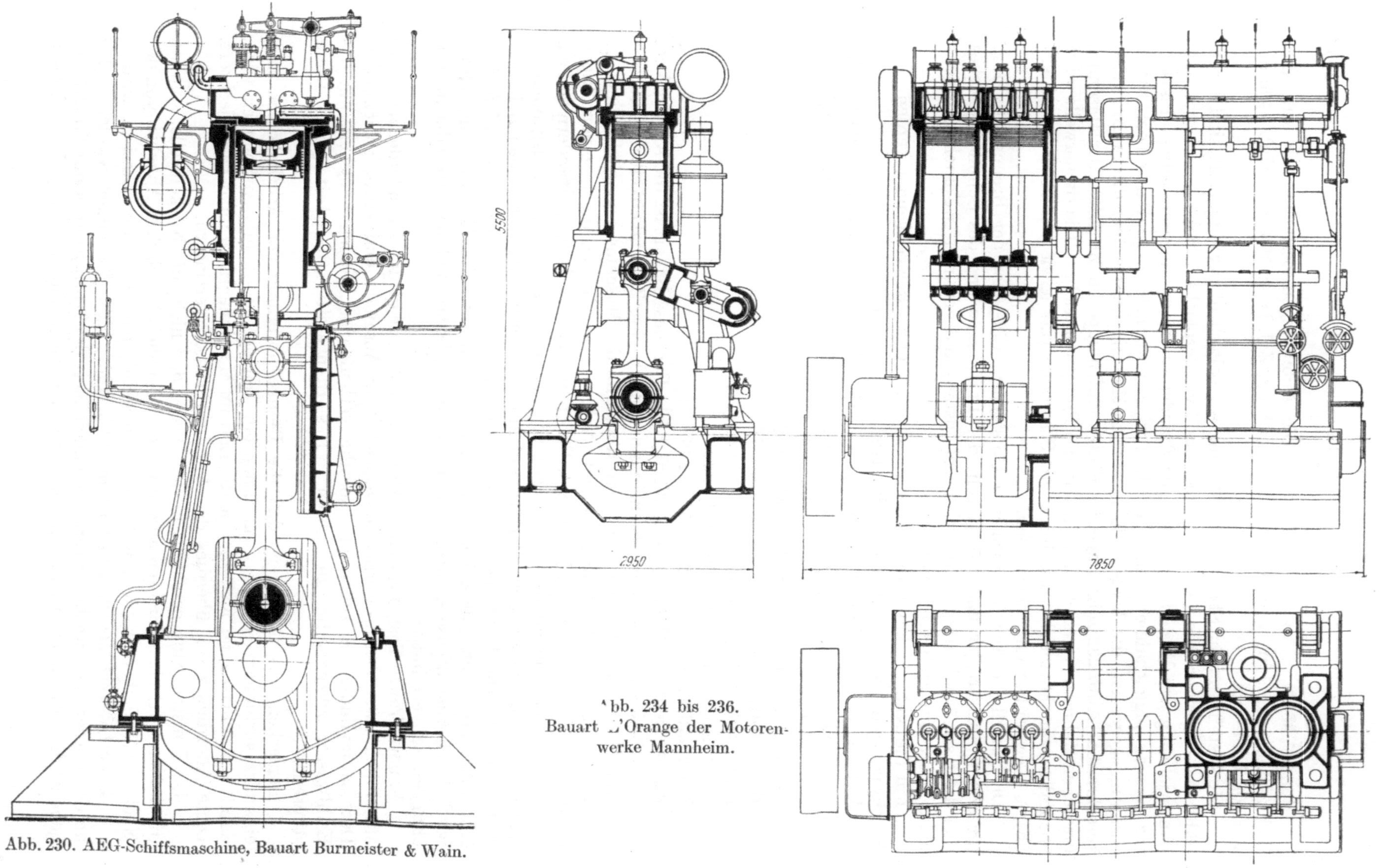

Abb. 230. AEG-Schiffsmaschine, Bauart Burmeister & Wain.

Abb. 234 bis 236. Bauart L'Orange der Motorenwerke Mannheim.

ersetzt werden. Steifigkeit des Gestelles in seitlicher Richtung wird durch die wassergekühlten Kreuzkopfgleitbahnen zwischen den Ständern und durch eine stählerne, durchgehende Platte zwischen Zylinder und Kurbelgehäuse erzielt. Die Kolbendrucke

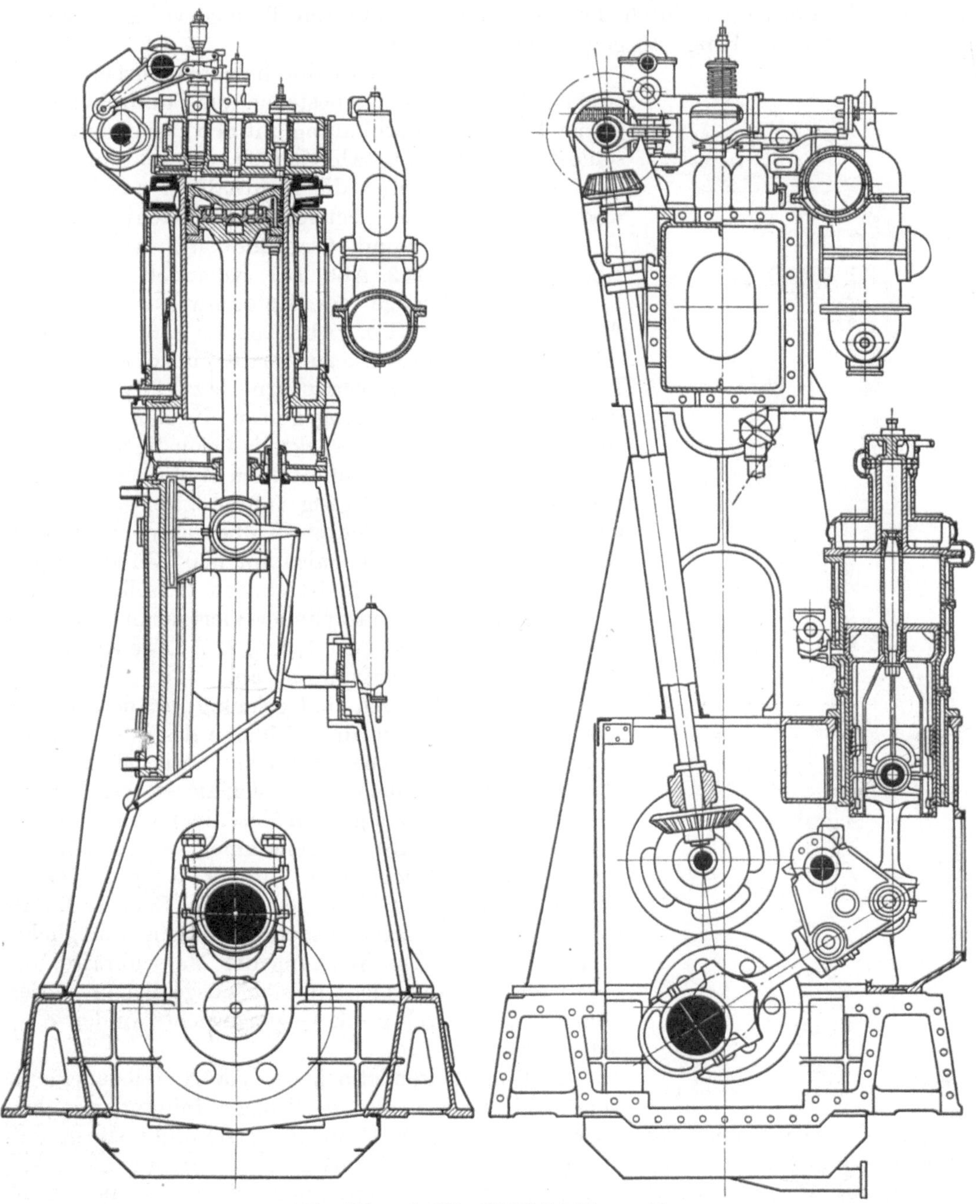

Abb. 231 und 232. MAN-Schiffsmaschine.

werden durch Zuganker unmittelbar abgefangen, die Zylinder und Hauptwellenlager verbinden. Das Schmieröl fließt der Maschine aus einem großen Windkessel zu, der an höchster Stelle des Maschinenraumes aufgestellt ist.

Um größere Symmetrie des Zylinderdeckels und vor allem größere Kühlräume um jede Ventilpfeife zu erhalten, ist das Brennstoffventil um einen geringen Betrag aus der Mitte gerückt. Zylindermantel und Deckel sind bei kleineren Maschinen in einem Stück gegossen, die Bauart großer Maschinen ist aus Abb. 233 ersichtlich; es ist vor allem Wert auf reichlichen Kühlraum um die Dichtungsfläche zwischen Deckel und Laufmantel gelegt. Das untere Ende der Laufbuchse kann abgenommen und gesenkt werden, wodurch der Kolben in der unteren Totlage völlig freigelegt wird, so daß z. B. Ringe ausgewechselt werden können.

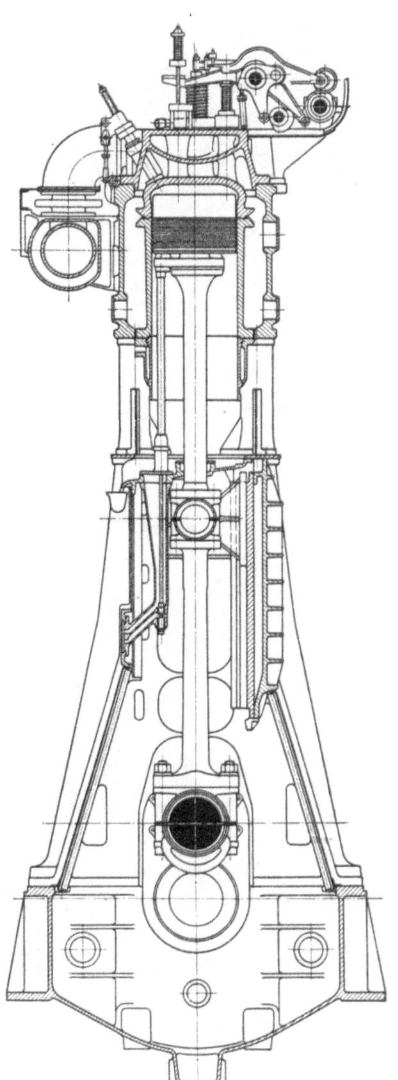

Abb. 233. Werkspoor-Maschine.

Die Steuerwelle wird durch Doppelkurbeln angetrieben, die Lenkstangen bestehen aus Stahlrohren, die an den Enden zur Verbindung mit den Pleuelköpfen geschlossen, nach der Mitte hin jedoch aufgeschnitten sind. Abstandsbolzen halten die Rohrhälften auseinander, wodurch eine leichte, aber sehr steife Bauart entsteht.

Umsteuerung und Ölzufuhr sind auf S. 205, Abb. 218, und S. 152, Abb. 161, behandelt.

Bauart L'Orange der Motorenwerke Mannheim A.-G. vorm. Benz & Co., Abb. 234 bis 236. Diese Maschine arbeitet mit Lenkern statt Kreuzköpfen, um die Baulänge möglichst zu verringern. Je zwei Zylinder sind in einem Block zusammengegossen, die Zylindermitten sind so nahe zusammengerückt, daß sich die Schraubenkreise der seitlich abgeschnittenen Zylinderdeckel berühren. Beim Abwärtsgang führen zwei zusammengehörige und gleichgerichtete Kolben abwechselnd den Arbeitshub aus, arbeiten also mit 360° Zündabstand. Das Drehkraftdiagramm ist sonach dasselbe wie bei einer gewöhnlichen Sechszylinder-Viertaktmaschine, die Zündfolge der Zylinder ist 1, 3, 5, 2, 4, 6. Jeder Lenker treibt eine Einblaseluftpumpe an.

Die Kolbenstangen sind gelenkig mit den Kolben verbunden, was durch die Pfeilhöhe des vom unteren Stangenende beschriebenen Bogens nötig wird. Diese Pfeilhöhe ist so gering, daß die sich hieraus ergebenden Seitendrücke auch bei großen Maschinen ohne weiteres von den Kolben selbst aufgenommen werden können. Da die Kolbendrucke nicht in der Kröpfungsebene wirken, so sind zur Vermeidung des Eckens die als kräftige Stahlgußstücke ausgeführten Lenker möglichst breit zu lagern. Die Wirkung der Massenkräfte, die bei dieser Maschine nicht in sich ausgeglichen werden können, wird durch große Gegengewichte an den Kurbeln verringert.

An Einzelheiten ist bemerkenswert, daß der eigentliche Kolbenkörper, der die Ringe aufnimmt, mit dem besonders ausgeführten Tragkörper des Kolbenbolzens innen verschraubt ist, so daß die Naben für die Befestigung des Bolzens nicht am Kolbenkörper selbst sitzen. Außerdem sind sämtliche Ventilhebel zweiteilig, um nach Trennung beider Teile die Ventile aus dem Deckel herausnehmen zu können, ohne die Lagerung der Ventilhebel ändern zu müssen. An einer 1600 PS-Maschine dieser Bauart hat Prof. Josse Versuche angestellt, die einen Teerölverbrauch von 176 g/PS_eh, einem Wärmeverbrauch von 1750 kcal/PS_eh entsprechend, ergaben. Der Höchstwert des nach dem Abzugverfahren (siehe S. 40) ermittelten mechanischen Wirkungsgrades betrug 85%. (Z. V. d. I. 1923, S. 1010.)

Abb. 237 zeigt die typische Ausbildung raschlaufender Maschinen, die zur Verringerung der Bauhöhe und vor allem der zu beschleunigenden Massen durchweg ohne Kreuzkopf gebaut werden. Für den Aufbau der Maschine ist das hochgezogene Gestell der MAN kennzeichnend, dessen Vorteile auf S. 276 angegeben sind. Da die hohe Umlaufszahl reichliche Schmierung erfordert, so ist das Kurbeltriebwerk vollständig eingeschlossen. Die Kolben werden durch Öl gekühlt, das durch Gelenkrohre zu- und abgeleitet wird.

Die Steuerwelle wird mitunter auch über den Deckel, statt seitlich von diesem, nach Abb. 237, gelegt, um kurzes Gestänge für den Antrieb zu erhalten. Die Ausführung nach Abb. 237 zeigt zwei Brennstoffventile, die nach den Angaben auf S. 146 gesteuert werden.

Die Verwendung vorhandener U-Bootsmaschinen in den Motorschiffen „Havelland“ und „Münsterland“, in denen nach der Bauart Blohm & Voss die Umlaufzahl $n = 230$ Uml./min der Maschinen durch Zahnradgetriebe auf $n = 85$ der Schraube verringert wurde, hat so günstige Ergebnisse gezeitigt, daß späterhin gleicher Antrieb durch neu konstruierte und hergestellte Viertaktschnelläufer gewählt wurde. (So beim „Monte Sarmiento“, der durch vier sechszylindrige Viertaktmaschinen von 7000 PS_e Gesamtleistung mit $n = 215$ Uml./min angetrieben wird.)

Die Vulkan-Werke verwenden ebenfalls Zahnradgetriebe, dessen Ritzel von der Maschinenwelle für den Vorwärtsgang durch eine hydraulische Kupplung ohne Übersetzung, für den Rückwärtsgang durch einen hydraulischen Transformator, der mit geringer Drehzahlminderung die Drehrichtung umkehrt (Bauart Föttinger) angetrieben wird, so daß die Antriebsmaschine ständig in gleicher Richtung läuft. Mit diesem Getriebe arbeiten u. a. die Motorschiffe „Duisburg“ und „Altenfels“. (Näheres siehe Jahrbuch der Schiffbautechnischen Gesellschaft 1924, Verlag Julius Springer, Berlin.)

Doppeltwirkende Viertaktmaschinen.

Bauart Burmeister & Wain, Abb. 238. Die Zylinderdeckel sind außen rechteckig gestaltet (siehe Abb. 338, die den oberen Deckel wiedergibt), der Laufmantel wird zwischen den Deckeln durch lange Zuganker gehalten, deren beide Teile über dem unteren Deckel durch eine Mutter mit Rechts- und Linksgewinde zusammengehalten werden. Der äußere Mantel, der sich frei ausdehnen kann, hat keine Kräfte zu übertragen, Die zwei Teile, aus denen sich der Kolbenkörper zusammensetzt, sind mit der scheibenförmigen Erweiterung der Kolbenstange verschraubt. Diese wird gegen die Einwirkung der hohen Temperaturen durch eine gußeiserne Hülse geschützt, die durch Flansch mit dem unteren Kolbenteil verbunden ist und in der wassergekühlten Stopfbuchse geführt wird. Das Öl zur Kühlung des Kolbens fließt durch ein Teleskoprohr vom Hochbehälter dem Kreuzkopf zu und steigt durch den Ringraum zwischen Kolbenstange und Hülse in den Kolben. Durch eine Bohrung in der Kolbenstange fließt das Kühlöl zurück. Für Kühlung und Schmierung wird dasselbe Öl verwendet; der Kühlölumlauf ist parallel zum Schmieröl geschaltet.

Die Steuerwelle, in Höhe der Zylindermitte gelagert, wird von der Hauptwelle durch Kettentrieb angetrieben, eine zweite Welle auf der Rückseite der Maschine dient zum Antrieb des Indikators und der Öler für die Zylinder und Stopfbuchsen. Die Umsteuerung ist gleicher Art wie in Abb. 223 dargestellt, beim Anfahren werden beide Kolbenseiten beaufschlagt.

Die Stopfbuchse macht die Unterbringung von Ein-, Auslaß-, Anlaß- und Brennstoffventil im unteren Zylinderdeckel unmöglich. Es ist deshalb ein besonderer, seitlich liegender Brennraum vorgesehen, in dem das Auslaßventil senkrecht, das Einlaßventil unter 45°, die beiden anderen Ventile unter einem kleineren Winkel gegen die Wagerechte geneigt angeordnet sind. In der unteren Totlage des Kolbens ist zwischen diesem und dem Deckel nur ein kleiner Spielraum vorhanden, so daß die den unteren Brennraum mit dem Hubraum verbindende Öffnung während der Brennstoffeinspritzung nahezu geschlossen ist und Kolbenstangenhülse wie Stopfbuchse geschützt werden.

Von einem Hochbehälter führt zu der Drehachse der Ventilhebel eines jeden Zylinders eine Ölleitung, deren Hahn zeitweise geöffnet wird, um die Drehachse selbst und mittels Röhrchen, die zu den Enden der Ventilhebel führen, diese zu schmieren.

Die Zylinder, Deckel und Auslaßventilgehäuse werden durch Frischwasser gekühlt, das seine Wärme in einem Kühltank an Seewasser abgibt.

Maschinen dieser Bauart sind als Sechszylindermaschinen von Burmeister & Wain für das Fahrgastschiff Gripsholm, von Harland & Wolff als Achtzylindermaschinen für verschiedene Schiffe gebaut worden. Zyl.-Dmr. 840 mm, Hub 1500 mm, $n = 125$ Uml./min. Bei $n = 115$ Uml./min wurden im oberen Arbeitsraum einer der beiden Gripsholm-Maschinen 4370 PS_i, im unteren 3620 PS_i, also 7990 PS_i Gesamtleistung indiziert. Die indizierten Drucke oben und unten waren praktisch gleich; der Leistungsunterschied ist lediglich auf die Verschiedenheit der Hubräume infolge der Kolbenstange zurückzuführen. Das Gewicht der Gripsholm-Maschine beträgt 534 t oder 79 kg/PS Wellenleistung.

Bauart Werkspoor, Amsterdam. (Abb. 239.) Auch diese Maschine arbeitet auf der Kurbelseite mit seitlich angesetztem Brennraum. Da die Verdichtung hier nur bis auf etwa 20 at getrieben wird, um die Temperaturen herabzusetzen, so kann der Brennraum infolge seiner Größe in einem besonderen, angeschraubten Gehäuse untergebracht werden. Während das wagerecht einspritzende Brennstoffventil, unter 45° geneigt, in einem abnehmbaren Deckel angeordnet ist, liegen Ein- und Auslaßventil in derselben Senkrechten übereinander, das erstere unten, das zweite zur Erzielung leichterer Zugänglichkeit oben. Besondere Vorkehrung ist getroffen, daß die Kolbenstange nicht von der Stichflamme getroffen wird.

Beim Rückwärtsgang der Maschine wird kein Brennstoff der unteren Kolbenseite zugeführt, da hierbei die auf der Deckelseite erzeugte Leistung genügt.

Die niedrige Verdichtung auf der Kurbelseite genügt nicht, um sichere Zündung beim Anfahren der kalten Maschine zu erhalten. Die Maschine wird durch Einführung von Druckluft nur in den oberen Brennraum in üblicher Weise angelassen. Treten hier regelmäßige Zündungen auf, so werden die Auspuffgase der Oberseite durch das Einlaßventil des unteren Brennraumes in diesen geleitet. Zu diesem Zweck wird das Auspuffrohr der Oberseite durch Öffnung eines Ventils mit dem Saugrohr der Unterseite verbunden, während gleichzeitig dieses Saugrohr nach außen hin durch eine Drosselklappe abgeschlossen wird. Die Auspuffgase werden im Unterraum verdichtet, worauf sie wieder in das Auspuffrohr zurückströmen. Sobald im Unterraum eine gewisse Temperatur, die an einem Pyrometer festgestellt wird, erreicht ist, wird das Auslaßventil gesteuert und Brennstoff zugeführt. Nach Stillständen von etwa $^1/_2$ Stunde sind diese Vorkehrungen nicht nötig, da hiernach der untere Brennraum noch genügende Temperatur für sofortiges Anfahren mit Brennstoff zeigt. Die Mehrleistung gegenüber der einfachwirkenden Maschine wird zu 75% angegeben.

Um die Lösung des Gewindes von Kreuzkopf und Kolbenstange zu vermeiden, wird der Kolben nach unten hin freigelegt, indem der untere Teil der Laufbuchse durch Drehung der Welle und Einschaltung eines Distanzstückes zwischen Stopfbuchse und Kreuzkopf gesenkt wird. Die Trennungsfuge zwischen beiden Buchsenteilen ist während des Betriebes infolge der Wärmedehnung nahezu geschlossen.

Die Stopfbuchse wird dadurch vor den höchsten Temperaturen geschützt, daß der erweiterte obere Teil der Kolbenstange in eine Aussparung im unteren Deckel oberhalb der Stopfbuchse eintritt und erst nach 8% Kolbenweg wieder verläßt.

Um die Dichtheit des Kolbens prüfen zu können, ist am unteren Zylinder ein federbelastetes Ventil angeordnet, das zu einem Manometer führt und von einem

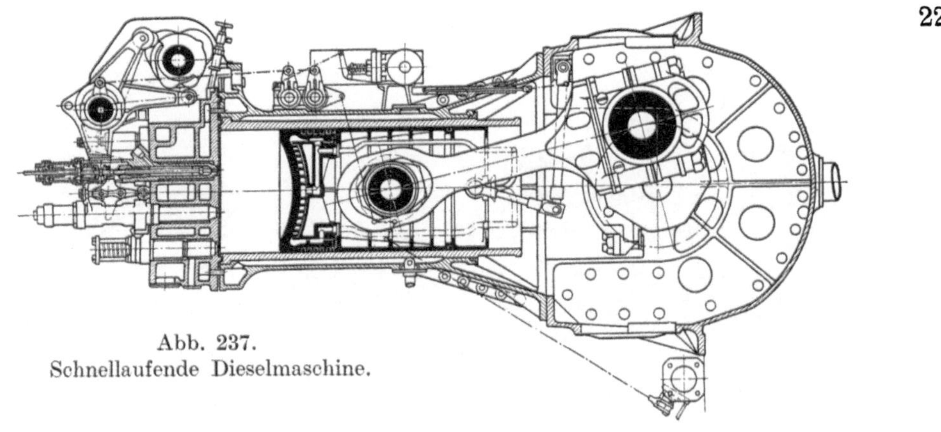

Abb. 237.
Schnellaufende Dieselmaschine.

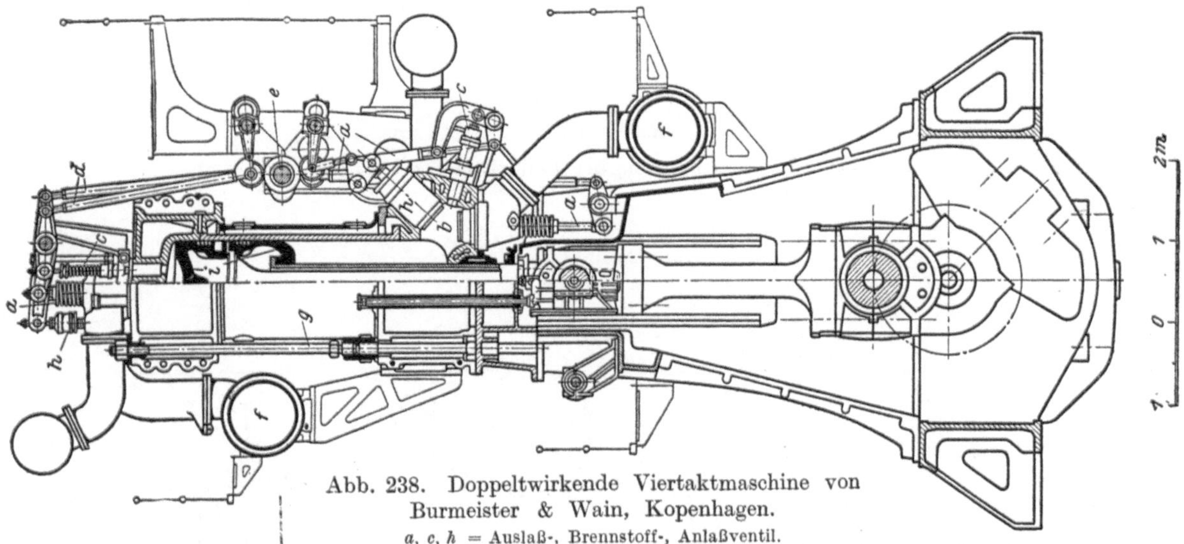

Abb. 238. Doppeltwirkende Viertaktmaschine von Burmeister & Wain, Kopenhagen.

a, c, h = Auslaß-, Brennstoff-, Anlaßventil. b = unterer Brennraum. d = Steuerstangen. e = Steuerwelle. f = Auspuff-Sammelrohr. g = Zuganker. h = Einlaßventil unten. i = Kolben.

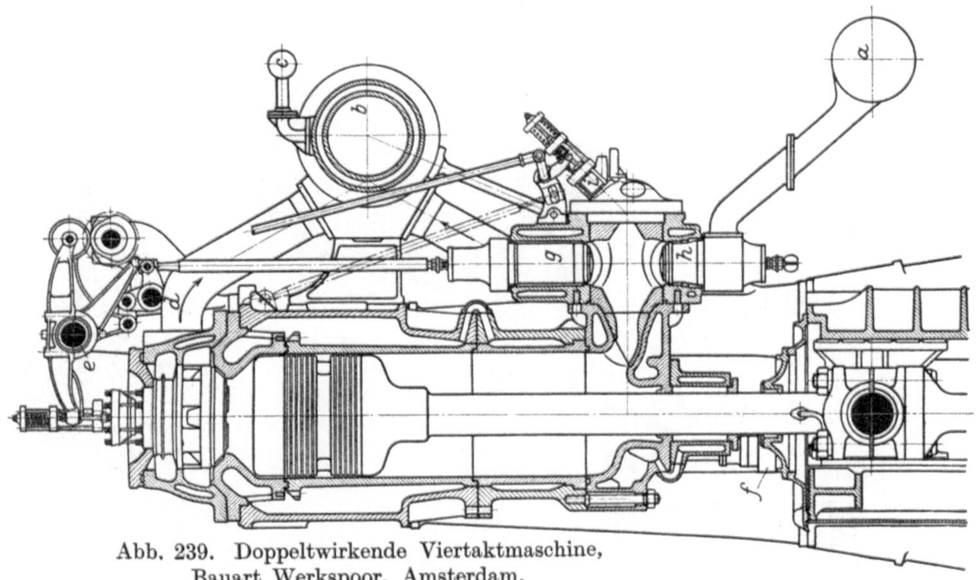

Abb. 239. Doppeltwirkende Viertaktmaschine, Bauart Werkspoor, Amsterdam.

a = Ansaugeleitung. b = Auspuff-Sammelrohr. c = Kühlleitung für Auspuff-Sammelrohr. d = Auspuffrohr. e = Umsteuerwelle. f = Stopfbuchse für Teleskoprohr der Kolbenkühlung. g = Auspuffventil. h = Einlaßventil. i = Brennstoffventil.

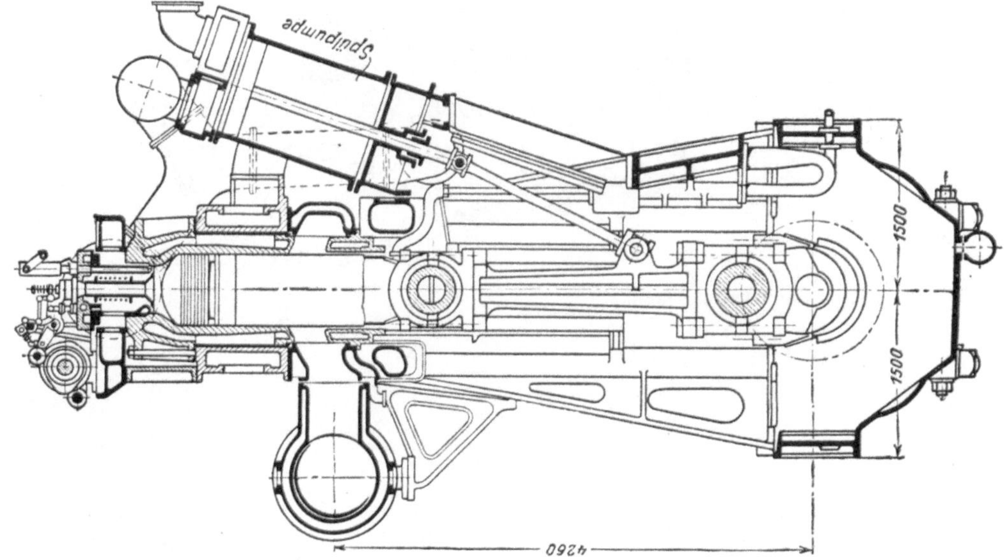

Abb. 240. Zweitaktmaschine der Bethlehem Steel Co.

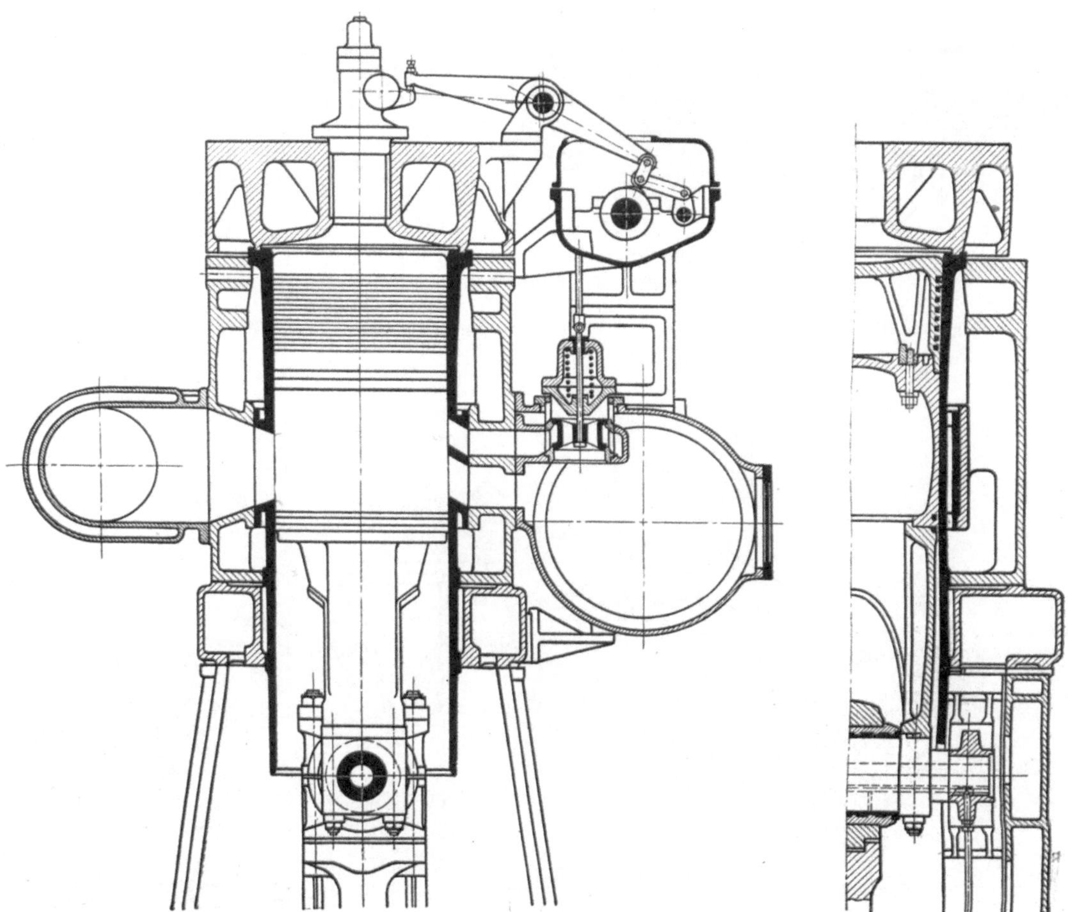

Abb. 241. Zweitaktmaschine von Gebr. Sulzer, Winterthur.

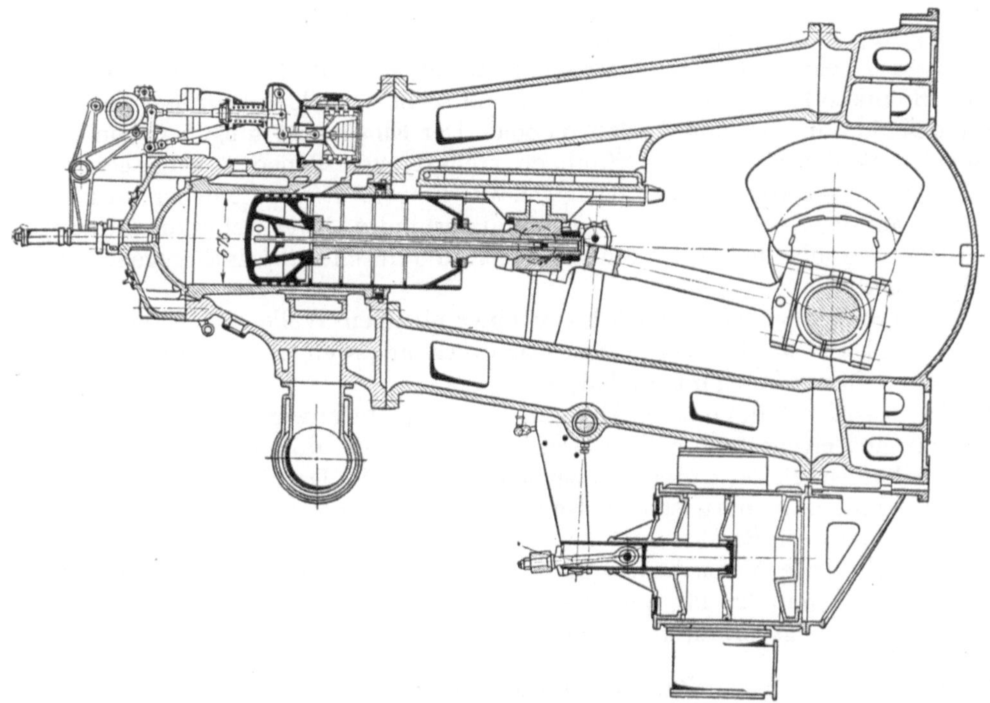

Abb. 243. Zweitaktmaschine von Nobel-Diesel, Nynäsham.

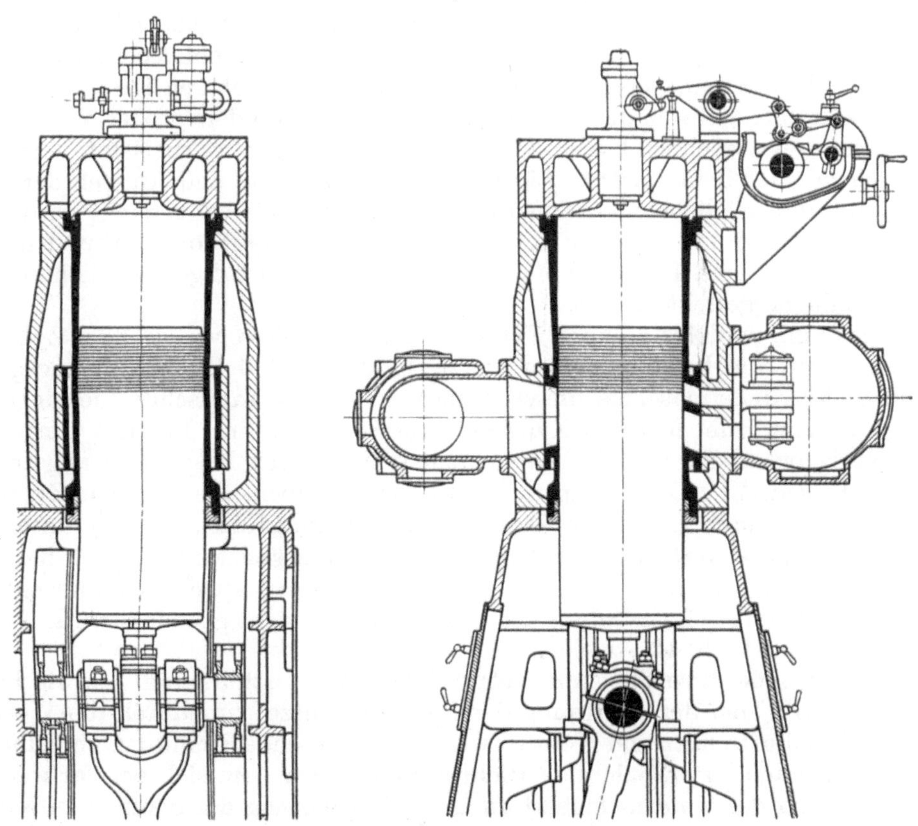

Abb. 242. Zweitaktmaschine von Gebr. Sulzer, Winterthur.

Nocken auf der Steuerwelle geöffnet wird, wenn der Raum zwischen den beiden Kolbenringgruppen diese Öffnung überschleift.

Der obere Deckel, völlig symmetrisch gestaltet, enthält in der Mitte eines Einsatzes das Brennstoffventil; rings um dieses sind sechs Ventile angeordnet, die sämtlich abwechselnd für Ein- und Auslaß dienen. Der Einsatz ist umgeben von einem schwingenden Schieber, der 12 Öffnungen steuert, von denen 6 wagerecht zum Auspuffgehäuse, 6 senkrecht zum Ansauggehäuse führen. Dieser Schieber wird durch ein Exzenter auf der Nockenwelle gesteuert und verbindet abwechselnd die Öffnungen der Ventileinsätze mit den genannten Gehäusen, die durch Labyrinth gegeneinander abgedichtet sind.

Die Steuerung aller Ventile wird von einer einzigen Welle abgeleitet; für das Brennstoffventil ist ein kompensiertes Triebwerk angewendet, um trotz Wärmedehnung die Öffnung konstant zu halten.

Die Brennstoffverteilung nach Abb. 161 ist hier nicht anwendbar; jeder Zylinder hat vielmehr eine eigene, mit halber Drehzahl betriebene, doppeltwirkende Pumpe.

Der mittlere Druck der Unterseite beträgt $^2/_3$ bis $^3/_4$ des Druckes auf der Oberseite.

Von dieser Maschinenart ist eine Reihe von Maschinen von 820 mm Zyl.-Dmr. und 1500 mm Hub in Bau.

Eine einzylindrige Versuchsmaschine von 800 mm Zyl.-Dmr., 1400 mm Hub leistete bei 94 Uml./min 725 PS_i und 598 PS_e, so daß der mechanische Wirkungsgrad 83% nach dem Abzugsverfahren betrug. Brennstoffverbrauch 192 g/PS_eh.

Zweitaktmaschinen.

Einfachwirkende Maschinen der Bethlehem Steel Co., Abb. 240. Die Anordnung des zentrisch das Brennstoffventil umgebenden Spülventils ist in Abb. 179 dargestellt. Maßgebend für diese Anordnung war das Bestreben, die hohen Temperaturen ausgesetzten Teile des Zylinders möglichst symmetrisch als Drehkörper auszuführen. Laufbuchse und Deckel sind in einem Stück gegossen und am oberen Ende an Kastenträgern so befestigt, daß sich die Buchse, die oben mit besonders großer Wandstärke ausgeführt ist, frei ausdehnen kann. A-Ständer, durch Zuganker entlastet, verbinden die Zylinder mit der Grundplatte. Eigenartig sind Lagerung und Antrieb der Spülpumpe, durch die möglichste Verringerung der Maschinenlänge erreicht wird. Der Kolben ist zweiteilig und unten unmittelbar mit dem Kreuzkopf verbunden. Die Kolben des am vorderen Ende der Maschine liegenden dreistufigen Verdichters sind aus Aluminium hergestellt.

Die Maschine wird bis zu acht Zylindern aus Einheiten von je zwei Zylindern zusammengesetzt, die Leistungen werden zu 1000 bis 5000 Wellen-PS angegeben.

Eine Sechszylindermaschine dieser Bauart ist in das Tankschiff Lio eingebaut und hat 1525 mm Hub, 685 mm Zyl.-Dmr. bei 85 Uml./min. Für das Umsteuern wird die Nockenwelle, die von einer stehenden Welle mittels Kegelräder angetrieben wird, um 34° gedreht. Der Brennstoff wird den Pumpen, die auf den Zylindern angeordnet sind, durch besondere Zubringepumpen zugeführt, so daß unter den Saugventilen auch bei veränderlichem Ölspiegel im Tank konstanter Druck herrscht. Bei schweren Ölen hat diese Ausführung den Vorteil, daß auch bei herabgesetzter Drehzahl die Umlaufgeschwindigkeit des geheizten Öles nicht geändert wird. Bezüglich Schmierung siehe S. 427.

Einfachwirkende Maschine von Gebr. Sulzer, Winterthur und Ludwigshafen, Abb. 241 und 242. Bei der Eröffnung der Spülluftschlitze wird durch die Wechselwirkung von Spülluftschlitz und Kolbenkante der eintretende Spülluftstrahl zunächst eine der Zylinderachse sich nähernde Richtung annehmen, um sich bei der weiteren Abwärtsbewegung des Kolbens fächerförmig in die Richtung der Schlitze zu senken, was gründliches Austreiben der Abgase begünstigt.

Als Abschlußorgan der oberen Spülschlitze wurden anfänglich gesteuerte Doppelsitzventile, dann Drehschieber verwendet, die infolge der Drehbewegung ohne Beschleunigung und Verzögerung arbeiteten. Abb. 241 zeigt die heutige Ausführung der ortfesten Maschinen, bei denen man wieder zu den Doppelsitzventilen zurückgekehrt ist, während die Schiffsmaschinen nach Abb. 242 mit selbsttätigen „Etagenventilen" arbeiten, die keine Schmierung und besondere Umsteuerung erfordern.

Wie ersichtlich, unterscheiden sich beide Maschinenarten auch durch die Art der Kraftübertragung vom Kolben auf den Kreuzkopf (siehe Kolben).

Die Spülluft wird bei kleineren Maschinen durch unmittelbar von der Hauptmaschine angetriebene Kolbenluftpumpen, bei größeren Leistungen durch elektrisch angetriebene Turbogebläse beschafft. Die Kreuzköpfe, deren Bolzen wegen der einseitigen Beanspruchung durch besondere Ölpumpen geschmiert werden, werden viergleisig ausgeführt.

Die Zylinder kleinerer Einheiten werden mit der Laufbuchse in einem Stück gegossen, während die Laufbuchsen größerer Maschinen in üblicher Weise besonders eingesetzt werden.

Versuche an einer Vierzylindermaschine dieser Bauart von 680 mm Zyl.-Dmr., 1100 mm Hub, 1600 PS Leistung bei $n = 95$ Uml./min ergaben zwischen Dreiviertel- und Vollast einen Verbrauch von 183 g/PS_eh, umgerechnet auf einen unteren Heizwert von 10 000 kcal/kg. An diesem Verbrauch ist die das Turbogebläse und die Kühlwasserpumpe antreibende Hilfsdieselmaschine mit 11 g/PS_eh beteiligt, so daß für die Zweitaktmaschine allein der außerordentlich günstige Verbrauch von 172 g/PS_eh folgt.

Bei Maschinen mit selbständigem Spülpumpenantrieb rechnet Sulzer normal mit einem effektiven Mitteldruck $p_m = 4{,}8$ at.

Kolbenkühlung siehe S. 307, Abb. 357,
Beseitigung des Ansaugegeräusches siehe S. 410,
Hauptlager siehe S. 278, Abb. 311,
Zylinderdeckel siehe S. 293,
Umsteuerung siehe S. 211, Abb. 227, 228,
Einblasedruckregler siehe S. 151, Abb. 160.

Einfachwirkende Zweitaktmaschine der Aktiebolaget Nobel-Diesel, Nynäsham. Abb. 243 stellt den Querschnitt durch eine 1600 PS_e-Maschine dar. Spülluft- und Auspuffschlitze liegen gegenüber, die gesamte Spülluftmenge wird entweder nach Abb. 243 durch ein zwangläufig bewegtes Doppelsitzventil oder — bei neueren Bauarten — durch ein selbsttätiges Ventil nach Abb. 331, S. 288, gesteuert, so daß zwecks besserer Luftauffüllung des Arbeitszylinders die Spülluftschlitze ebenso hoch oder höher als die Auspuffschlitze ausgeführt werden können. Als Spülluftaufnehmer dienen die Innenräume der oben miteinander verbundenen Ständer.

Die Deckel, aus Stahlguß hergestellt, enthalten das Brennstoff-, Anlaß- und Sicherheitsventil, das gleichzeitig als Entspannungsventil ausgebildet ist. Der Kolbenboden ist konvex gestaltet, um in Verbindung mit einer entsprechenden Formgebung des Deckels einen die Spülung erleichternden Brennraum zu erhalten. Das Kolbenkühlwasser wird durch die hohle Kolbenstange und ein in ihr liegendes Ablaufrohr geführt; das Kühlwasser wird durch Gelenke und damit verbundene armierte Gummischläuche zugeleitet.

Sämtliche Verdichter und Wasserpumpen werden, auf einer Seite der Maschine aufgestellt, von dieser mittels Schwinghebel vom Kreuzkopf aus angetrieben. Die beiden doppeltwirkenden Spülluftpumpen werden von den Kreuzköpfen der mittleren Zylinder angetrieben und durch Drehschieber gesteuert, deren Drehzahl nur ein Drittel derjenigen der Maschine beträgt.

Die äußeren Kurbelwangen der beiden äußeren Kröpfungen und die beiden inneren Wangen der mittleren Kröpfungen sind mit Gegengewichten versehen.

Versuche von Prof. A. Rosborg, Stockholm, an einer derartigen Maschine ergaben bei $n = 105{,}4$ Uml./min und 1612 PS_e Leistung einen mechanischen Wirkungsgrad $\eta_m = \frac{N_e}{N_i} = 80{,}5\%$ und einen thermischen Wirkungsgrad $\eta_{th} = 35{,}4\%$ bei 179 g/PS_eh Brennstoffverbrauch ($H_u = 9960$ kcal/kg). Bei einer Leistung von 1635 PS_e wurde der Wirkungsgrad $\eta = \frac{N_e}{N_i - (N_{isp} + N_{iK})} = 89{,}2\%$ festgestellt, wenn N_{isp} = indizierte Spülarbeit, N_{iK} = indizierte Verdichterarbeit.

Zylinder siehe S. 288,
Entspannungsventil siehe S. 396,
Anordnung der Umsteuerung siehe S. 213, Abb. 229,
Kühlwasserführung zum Deckel siehe S. 285,
Anfahren der Maschine siehe S. 163.

Bauart Krupp-Germaniawerft. Abb. 244, S. 228, zeigt eine Schlitzspülmaschine von 650 mm Zyl.-Dmr., 1300 mm Hub. Mit vier Zylindern, $n = 90$ Uml./min und $p_i = 6{,}1$ at leistet die Maschine 1600 PS_e, konnte jedoch auf dem Prüfstand noch mit 1850 PS_e bei gutem Auspuff und Brennstoffverbrauch betrieben werden. Der Brennstoffverbrauch betrug 182 g/PS_eh. Der Gesamtwirkungsgrad $\eta_{mech} = 0{,}78$ bei Normallast und 0,80 für Höchstlast ist günstig, da die Einblaseluftpumpe der untersuchten Maschine besonders groß bemessen war, um nicht nur die Luft für zwei Maschinen, sondern auch noch einen Luftüberschuß zum Anlassen liefern zu können.

Die beiden doppeltwirkenden Spülpumpen werden durch einen auch die Kühlwasserposaunen bewegenden starren Arm am Kreuzkopf angetrieben, wodurch die Massenkippmomente des einseitig anliegenden Kreuzkopfes fast vollständig aufgehoben werden. Die Anordnung der Spülpumpen in halber Höhe der Arbeitszylinder bezweckt Verkürzung des Spülluftweges. Die einzeln gegossenen Zylinder werden durch breite Flanschen miteinander verschraubt, die Ständer sind auf Mitte Lager gesetzt. Der Antrieb der Nockenwelle liegt wie üblich im Mittelfeld der Maschine, wird jedoch bei neueren Zweitakt-Vierzylindermaschinen am hinteren Ende der Maschine angeordnet.

Jeder Zylinderdeckel nimmt zwei Spülluft-, zwei Brennstoffventile und ein Anlaßventil auf.

Kolben siehe S. 313,
Abdichtung des Kühlraumes siehe S. 287,
Wasserkammer als Deckelvorlage siehe S. 291,
Kreuzkopf-Schmierpumpe siehe S. 428,
Anlaßventil siehe S. 436,
Umsteuerung siehe S. 210.

Die Scott-Stillmaschine, Abb. 245. Die Wirkungsweise dieser Maschine ist schematisch auf S. 271 dargestellt, Abb. 245 zeigt die bauliche Ausführung des Zylinders einer Vierzylinder-Zweitaktmaschine von 560 mm Dmr., 915 mm Hub, 1250 PS Leistung und $n = 120$ Uml./min.

Die Zylinder sind mit dem A-Gestell durch vier lange Schrauben verbunden, die oben den Zylindermantel und unten mit Vierkantmuttern in Aussparungen der Ständer fassen. Die drei Teile, aus denen sich jeder Zylinder zusammensetzt: Laufbuchse, Mantel und Mittelstück mit Spülluft- und Auspuffrohranschluß können sich unabhängig voneinander ausdehnen. Die Laufbuchse ist zur Verringerung der Wärmespannungen nur 16 mm stark und außen mit senkrechten Rippen versehen, die im oberen Teil von Schrumpfringen umfaßt werden, um diesen Teil der Buchse widerstandsfähiger gegen den Verbrennungsdruck zu machen und außerdem das

Kühlmittel zu führen. Besonderer Wert wurde auf durchgreifende Kühlung der Auspuffstege gelegt.

Der Dampfzylinder wird unabhängig vom Ölzylinder durch das Gestell gehalten, der untere Deckel ist tief in den Zylinder hineingeführt, so daß zwischen Zylindermantel und Deckel nur ein schmaler Ringraum mit geringem Spiel für den Kolbenmantel bleibt. In den Deckel sind ein Kolbenschieber für den Eintritt, zwei für den Austritt des Dampfes eingebaut. An der Berührungsstelle zwischen Dampf- und Ölzylinder überlappen sich Fortsätze der Wandungen, um die Kolbenringe beim Übergang von einer Lauffläche zur anderen richtig zu führen.

Der Kolben besteht aus dem die Dampfkolbenringe tragenden Mantel und dem mit Ablenkflächen für die Spülluft versehenen Boden, der innen mit weit vorstehenden Rippen ausgeführt ist, um die Kühlung durch den Dampf zu verbessern. Das verstärkte obere Ende der Kolbenstange hat sechs Längsbohrungen, durch die der Dampf dem Kolbenboden zuströmt. Der Kreuzkopf ist mit zwei Schuhen, die je an einer Ständerbahn laufen, ausgeführt, um den unteren Zylinderdeckel, der bei Herausnahme des Kolbens gesenkt wird, besser zugänglich zu machen. Das ohne Einblaseluft arbeitende Brennstoffventil ist als geschlossene Düse zentrisch in einer Haube, zu der sich die Laufbuchse oben verengt, angeordnet. Die Nadel öffnet bei rd. 280 at, der Höchstdruck in der Brennstoffleitung wird zu 400 at angegeben. Der Einsatz dieser Düse enthält außerdem ein Sicherheitsventil und die Indikatorbohrung und wird durch Federn gegen die kegelige Sitzfläche gepreßt, so daß nicht nur Wärmedehnung des Einsatzes ermöglicht wird, sondern auch bei besonders hohen Zylinderdrucken der ganze Einsatz als Sicherheitsventil gehoben werden kann.

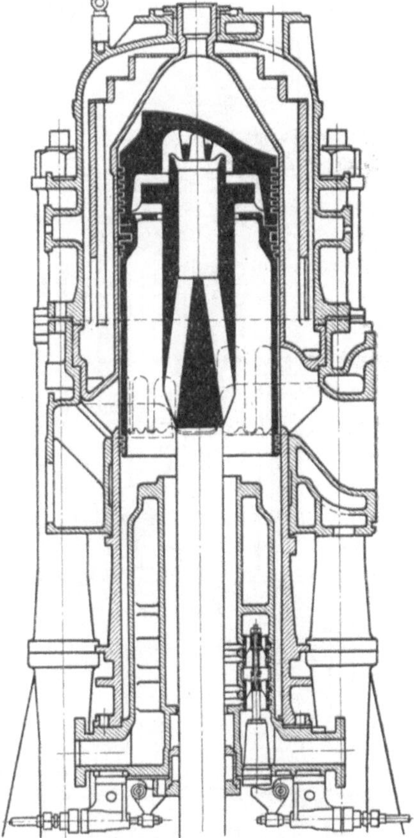

Abb. 245. Scott-Still-Maschine.

Um möglichst kurze Brennstoffleitungen zu erhalten, waren ursprünglich die Brennstoffpumpen am oberen Zylinderdeckel aufgestellt, während sie in der neueren Bauart durch eine unrunde Scheibe auf der Hauptwelle angetrieben werden, wobei sich trotz der längeren Brennstoffleitung keine Änderung der Wirkung gegenüber der älteren Bauart ergab. Die Förderung wird durch ein Rücklaufventil geregelt, dessen Antriebhebel durch den Antriebhebel des Plungers bewegt wird. Der Eröffnungszeitpunkt dieses Ventils wird durch Verdrehen eines Exzenters geändert, das als Drehpunkt für den Ventilhebel dient.

Die Dampfkolbenschieber werden durch Drucköl gesteuert, das durch einen Verteiler zu den einzelnen Schiebern geführt wird.

Grundplatte und Hohlräume der Ständer dienen als Spülluftbehälter.

Die Umsteuerung wird durch ein Handrad bewirkt, bei dessen Drehung zunächst die Rollen der Brennstoffpumpenhebel in den Bereich der zugehörigen Nocken gebracht werden. Hierauf wird durch den vorstehend erwähnten Verteiler eine Dampffüllung von 90% gegeben, die bei weiterer Drehung des Handrades verkleinert wird, worauf in der letzten Stellung des Handradzeigers: „Dampf und Öl“ die bis dahin ausgeschalteten Rücklaufventile der Brennstoffpumpen betätigt werden und die Brennstoffventile zu arbeiten beginnen.

An den beiden Stillmaschinen des Schiffes „Dolius“ hat das englische Marine Oil Engine Trials Committee Versuche vorgenommen, die einen größten mechanischen Wirkungsgrad von 90%, einen größten thermischen Wirkungsgrad der Öl- und Dampfmaschine von rd. 37% ergaben; die Dampfmaschine trug hierzu etwa 4% bei.

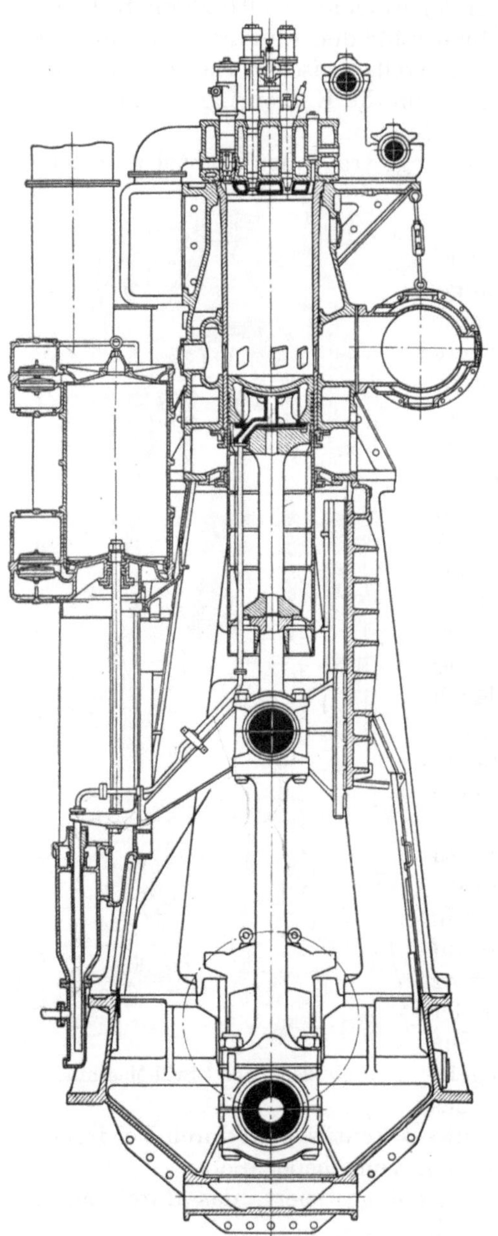

Abb. 244. Schlitzspülmaschine der Friedr. Krupp-Germaniawerft.

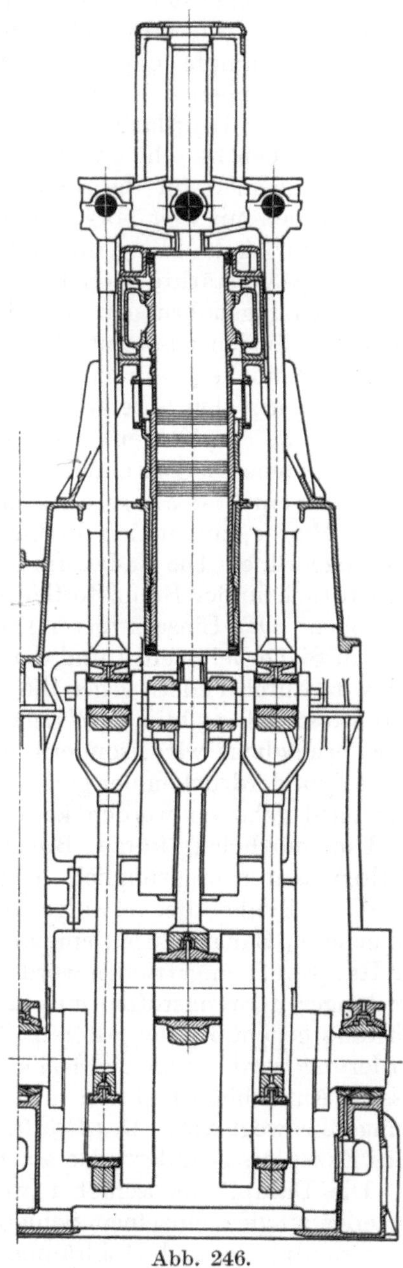

Abb. 246. Doxford-Maschine.

Doxford-Maschine, nach den Patenten von Prof. Junkers gebaut von William Doxford & Sons, Sunderland. Diese Maschine, Abb. 246 und 247, arbeitet mit gegenläufigen Kolben, die Bewegung des oberen Kolbens wird durch Querhaupt und Umführungsstangen auf die beiden äußeren Kröpfungen der Maschinenwelle übertragen, auf deren mittlere Kröpfung der untere Kolben arbeitet. Querhaupt und Umführungsstangen sind durch Gelenke miteinander verbunden, um zentrale Kräftewirkung zu sichern und Ecken des Triebwerkes zu vermeiden.

Als Vorteile dieser Bauart sind anzuführen: 1. Ausgleich der Massenkräfte erster Ordnung, der nur insofern nicht vollständig ist, als die Massen, die mit beiden Kolben

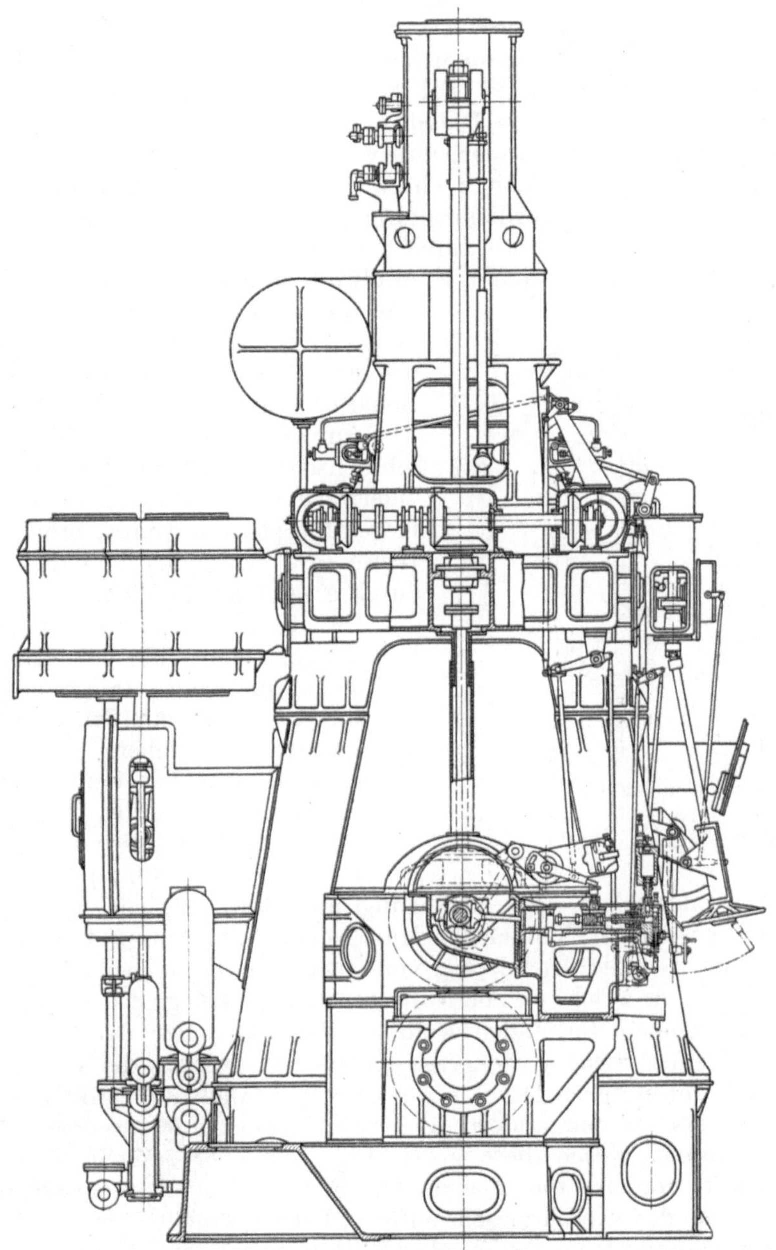

Abb. 247. Doxford-Maschine.

verbunden sind, nicht gleich sind. Die Grundlager sind weitgehend entlastet, die Kräfte gleichen sich im Triebwerk aus und werden nicht auf das Gestell übertragen. 2. Fortfall der Zylinderdeckel und Verringerung der abkühlenden Flächen des Brennraumes, der hier in der Hauptsache nur durch die Kolben begrenzt wird. Die geringere Abkühlung ermöglicht sicheres Anfahren und Verringerung der Wärmeverluste vor der Ausdehnungsarbeit, namentlich bei niedriger Umlaufzahl. 3. Ausgezeichnete, über den ganzen Zylinderquerschnitt sich erstreckende Spülluftströmung ohne Bewegungsumkehr. 4. Großes Hubverhältnis infolge der Verteilung des Gesamthubes auf zwei Kolben. 5. Große Einfachheit der äußeren Steuerung, die bei der von Doxford verwendeten luftlosen Einspritzung zwar möglich, aber infolge besonderer Steuerung der Düsennadel nicht erreicht wird. Am Brennraum befinden sich zwei Brennstoffventile, ein Anlaß- und ein Sicherheitsventil. Die dargestellte Dreizylindermaschine leistet 1800 bis 1850 PS_e bei $n = 85$ bis 90 Uml./min, der Zyl.-Dmr. beträgt 540 mm, der Hub 1080 mm. Die Ständer liegen paarweise zwischen den Zylindern, so daß im ganzen vier Ständerpaare vorhanden sind. Um die Maschinenlänge zu kürzen, ist die Spülpumpe nicht mehr wie früher im Mittelfeld der Maschine angelegt, wo sie durch eine Kurbelkröpfung angetrieben wurde, sondern liegt am Rücken des Gestelles mit Antrieb durch Schwinghebel vom Kreuzkopf aus. Über den Ständern ist der durchlaufende Spülluftaufnehmer angeordnet, der durch eine Laterne, welche die Ventile gut zugänglich macht, mit dem wassergekühlten Auspuffbehälter verbunden ist. Auf Aufnehmer und Behälter stützen sich die Zylinderbüchsen.

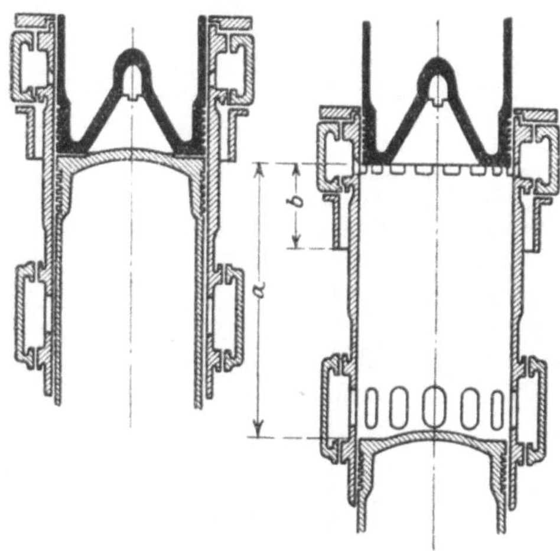

Abb. 250 und 251.
Maschine mit bewegtem Zylinder der North British Diesel Engine Works.

Auf dem Aufnehmer ist an jeder Maschinenseite eine Steuerwelle gelagert; eine Querwelle, die beide Längswellen durch zwei Kegelräderpaare antreibt, erhält in gleicher Weise ihre Bewegung von der Hauptwelle durch eine stehende Welle.

Die Brennstoffpumpen werden durch Kröpfungen einer kleinen Hilfswelle, die senkrecht über der Hauptwelle liegt und mit dieser durch ein Stirnräderpaar verbunden ist, angetrieben. Die Brennstoffmenge wird wie bei den ursprünglichen Dieselmaschinen durch Offenhalten des Saugventils während des Druckhubes eingestellt. Die Brennstoffnadel wird durch den Öldruck angehoben, doch ist diese Bewegung nur dann möglich, wenn eine gleichachsig liegende, gesteuerte Spindel den Hub freigibt. S. Abb. 211, S. 196.

Bemerkenswert ist die Ausführung von „Bremsventilen" bei neueren Sun-Doxford-Maschinen, durch welche in der Nähe der Kolbentotlage die Hubräume zweier benachbarten Maschinen verbunden werden. Nach Abstellen der Brennstoffzufuhr und Einschalten eines nockengesteuerten Hilfsventils werden die an den Zylindern sitzenden Bremsventile durch Druckluft geöffnet, so daß die verdichtete Luft aus dem einen Zylinder in den andern überströmt und Druckausgleich stattfindet. Die Maschinen können durch diese Vorrichtung schneller zum Stillstand gebracht bzw. umgesteuert werden. Das Marine Oil Engine Trial Committee hat an der 3400 PS_i-Maschine des Einschraubenschiffes „Pacific Trader" Versuche angestellt, bei denen sich bei Vollast ein thermischer Wirkungsgrad, auf N_e bezogen, von 33% ergab, der mechanische Wirkungsgrad, nach dem Abzugsverfahren berechnet, stieg bis auf 87,5%. Die Maschine hat 580 mm Zyl.-Dmr., 1160 mm Hub; $n = 87$ Uml./min. Auspuffschlitzlänge = 20,3% des Hubes.

Camellaird-Fullagar-Maschine, Abb. 248 und 249, S. 234. Diese Maschine arbeitet wie die Junkers-Doxford-Bauart mit gegenläufigen Kolben. Jede Maschineneinheit besteht aus zwei nebeneinanderliegenden Maschinen; der obere Kolben des einen Zylinders ist mit dem unteren Kolben des anderen Zylinders durch zwei schrägliegende

Stangen verbunden, so daß die Hauptwelle nur mit zwei Kröpfungen ausgeführt zu werden braucht. In jeder Totlage erhält jede Kröpfung einen Kraftimpuls. Die Verdichtungsarbeit wird unmittelbar durch die Streben, also ohne den Umweg über die Welle, übertragen. Die durch die schrägen Streben bedingten seitlichen Drucke werden unten durch den Kreuzkopf der Pleuelstange, oben durch besondere Kreuzköpfe aufgenommen, die gleichzeitig als Kolben von rechteckigem Querschnitt die Spülluft verdichten. Durch diese Form des Querschnittes wird möglichst geringe Entfernung der Zylindermitten voneinander erreicht.

An Maschinen des Schiffes: „British Aviator" hat das englische Marine Oil Engine Trials Committee Versuche in der Werkstatt und nach dem Einbau in das Schiff gemacht. Die sechs Zylinder von rd. 585 mm Dmr., 915 mm Hub sollten bei $n = 86$ Uml./min 2700 PS_e leisten.

Bei den Werkstattversuchen wurde bei 3410 PS_i Leistung in den Zylindern ohne Abzug der für den Betrieb der Spül- und Einblaseluftpumpen erforderlichen Arbeit eine effektive Leistung von 2760 PS_e festgestellt, was den hohen mechanischen Wirkungsgrad von 80,9% ergibt. Der thermische Wirkungsgrad betrug 33%.

Die **Polar-Maschine** der Aktiebolaget Diesels Motorer, Stockholm, zeichnet sich dadurch aus, daß beim Anfahren Druckluft in den Raum unterhalb der Kolben geführt wird, während hier im normalen Betrieb die Spülluft verdichtet wird. Eine besondere Spülluftpumpe schafft den erforderlichen Spülluftüberschuß. Vor jedem Zylinder sind senkrecht zum Spülluftaufnehmer an diesen Schieberkästen angeschlossen. Kolbenschieber, durch Exzenter auf einer besonderen Steuerwelle angetrieben, leiten die Spülluft von den Kolbenunterseiten in den Aufnehmer, während sie beim Anfahren zur Verteilung der Druckluft dienen.

Der Zylinderdeckel enthält nur das Brennstoffventil.

Doppeltwirkende Zweitaktmaschine der North British Diesel Engine Works. Die Bauart dieser äußerst eigenartigen, mehrfach ausgeführten Maschine bezweckt, bezüglich Spülung und Auspuff die gleichen Verhältnisse wie in der Junkers-Doxford-Maschine zu erhalten. Die beiden feststehenden Zylinderdeckel sind mit dem Gestell der Maschine verbunden, der aus zwei Teilen bestehende Zylinder ist in senkrechter Richtung beweglich, wie Abb. 250 und 251 zeigen. Die Deckel dichten durch nach innen spannende Liderungsringe ab. Der Kolbenbolzen, der sich zwischen den beiden Zylinderhälften bewegt, arbeitet mittels einer gabelförmigen Pleuelstange auf die gekröpfte Welle, während die Bewegung der miteinander verbundenen Zylinderteile vom Kolbenbolzen mit Übersetzung abgeleitet wird. Eine besondere Gleitbahn am doppeltwirkenden Kolben nimmt den auf dessen Bolzen durch die Pleuelstange ausgeübten seitlichen Druck auf.

Die Spülluftschlitze werden durch die Bewegung des Zylinders gegen die feststehenden Deckel, die Auspuffschlitze durch die Relativbewegung des Kolbens gegen den Zylinder freigelegt. Der Zylinder ist mit Posaunenrohren für Zufuhr der Spülluft und Ableitung der Auspuffgase versehen, in gleicher Weise wird das Kühlwasser zu- und abgeleitet.

Außer Maschinen kleinerer Leistung ist eine 2700 PS-Vierzylindermaschine dieser Art gebaut worden[1]).

Doppeltwirkende Worthington-Zweitaktmaschine der Snow Holly Works in Buffalo, Abb. 252. Der Kolben dieser Maschine ist in Abb. 368, S. 314, wiedergegeben. An einen Kastenträger, der durch Zuganker mit den Hauptlagerkörpern verbunden ist, schließen sich nach oben und unten hin die beiden Teile an, aus denen sich der Zylinder zusammensetzt. Beide Teile können sich von innen aus frei ausdehnen. Der Kastenträger enthält die Spül- und Auspuffschlitze, deren Stege vom Kühlwasser durchflossen werden.

[1]) Nähere Angaben über diese den deutschen Konstrukteur abenteuerlich anmutende Bauart macht Nägel in Z. V. d. I. 1925, S. 1165.

Jede Zylinderhälfte besteht aus einem Stahlmantel, in den die gußeiserne Laufbuchse eingeschrumpft ist. Der Brennraum wird sonach durch den äußeren Stahlmantel begrenzt. Als äußere Mäntel für den Kühlwasserraum sind gußeiserne Hauben aufgesetzt, die durch einen Ring gehalten werden, der sich auf das erweiterte Ende des Innenmantels stützt. An diesem Ring wird durch eine Stopfbuchse der Kühlraum nach außen hin abgedichtet. Um die Kühlfläche zu vergrößern, ist der Innenmantel außen wellig abgedreht, ebenso ist der Außenmantel innen mit einer groben Schraubenliniennut versehen, um die Kühlwassergeschwindigkeit zu steigern.

In die Bohrungen der Schlitzstege sind Stahlstangen eingelegt, wodurch an diesen Stellen die Kühlwassergeschwindigkeit auf nahezu 1 m/sek gesteigert wird.

Das Brennstoffventil der Deckelseite ist zentrisch angeordnet, während auf der Kurbelseite zwei unter 45° geneigte Brennstoffventile mit Zerstäuberplatten vorgesehen und so eingerichtet sind, daß die Nadel jedes Ventils zwei Öffnungen freilegt, so daß die vier Brennstoffstrahlen seitlich an der Kolbenstange vorbeigeführt werden. Anlaßventil, das durch Druckluft gesteuert wird, und Sicherheitsventil sind beide an einem seitlichen Zylinderstutzen untergebracht.

Die Umsteuerung wird durch Verdrehen der Steuerwelle bewirkt; eine Zwischenwelle, die das Kegelrad zum Antrieb der Steuerwelle trägt, wird in diesem Kegelrad, mit dem die Welle nur auf Drehung gekuppelt ist, axial verschoben. Am Ende der Zwischenwelle sitzt ein Schrägzahnstirnrad, das in der Verzahnung des entsprechend lang ausgeführten Antriebrades verschoben wird, wobei Zwischenwelle und also auch das Kegelrad für den Steuerwellenantrieb relativ gedreht werden.

Der Verdichter wird vierstufig mit doppeltwirkender Niederdruckstufe ausgeführt.

Eine einzylindrige Versuchsmaschine dieser Bauart leistete mit 685 mm Zyl.-Dmr., 1016 mm Hub, $n = 90$ Uml./min im oberen Arbeitsraum 427 PS_i bei 5,7 at mittlerem indizierten Druck, im unteren Arbeitsraum 363 PS_i bei 5,4 at mittlerem Druck. Einem mechanischen Wirkungsgrad von 0,79 entsprechend betrug die Bremsleistung 624 PS_e, wobei die Maschine Spül- und Einblaseluftpumpe antrieb.

Eine 2900 PS-Vierzylindermaschine von gleichen Abmessungen ist derart aufgebaut, daß die Spülpumpe im Mittelfeld der Maschine untergebracht ist und mit zwei doppeltwirkenden Zylindern in Tandemanordnung arbeitet. Die Umlaufzahl dieser Pumpe ist durch Zahnradantrieb doppelt so groß wie die der Hauptmaschine bei halb so großem Hub. Die Spülpumpen, deren Kolben in Aluminium ohne Dichtungsringe ausgeführt sind, werden durch rotierende Schieber gesteuert.

Doppeltwirkende Zweitaktmaschine der MAN, Augsburg, Abb. 253. Die auf die Grundplatte aufgesetzten schmalen Ständer werden in Höhe der unteren Zylinderdeckel durch einen durchlaufenden Querträger miteinander verbunden. Auf diesem erheben sich in Fortsetzung des unteren Gestells Ständer, die einen oberen Querträger tragen, der zur Erleichterung des Ausbaues einzelner Zylinder in der Längsrichtung unterteilt ist. Zuganker, vom oberen Querträger bis zur Grundplatte durchgeführt, halten diesen Aufbau zusammen.

Die beiden Teile der zweiteiligen Buchse sind mit diesen Querträgern verschraubt und können sich nach innen hin frei ausdehnen. Die Trennungsfuge ist zickzackförmig gestaltet, um störungsfreien Überlauf der Kolbenringe zu ermöglichen. Der Zylindermantel ist mit Flansch an dem unteren Querträger befestigt, so daß er sich nach oben hin ausdehnen kann.

Die Verbrennungsdrucke werden von den Deckeln durch Einsätze aus Stahlguß auf die Querträger übertragen, mit denen die Einsätze verschraubt sind. Die Deckel selbst werden durch ringförmige Bajonettverschlüsse festgehalten.

Der obere Deckel enthält in der Mitte das Brennstoffventil, Anlaß- und Sicherheitsventil sind wagerecht angeordnet; im unteren Deckel sind neben diesen beiden letztgenannten Ventilen vier Brennstoffventile untergebracht, die senkrecht ausspritzen.

Zwangläufige Kühlwasserführung wird dadurch erhalten, daß sich Rippen an der Außenseite der Buchse und an der Innenseite des Mantels gegeneinanderlegen. Die dadurch entstehenden Ringkammern sind durch Öffnungen, die vom Kühlwasser in axialer Richtung durchströmt werden, miteinander verbunden.

Die Steuerwelle liegt in Höhe des unteren Querträgers und wird durch ein Stirnräder- und zwei Kegelräderpaare angetrieben. Für jede Zylinderseite fördert eine besondere Brennstoffpumpe, deren Kolben durch Nocken auf der Steuerwelle so bewegt wird, daß nach S. 154 der Brennstoff zur Zeit der Brennstoffnadel-Eröffnung gefördert wird.

Die Einblaseluftpumpe wird entweder im Mittelfeld oder an der vorderen Stirnseite der Maschine angeordnet und vom unteren Querträger getragen. Das Spülluftgebläse wird bei Leistungen bis 9000 PS_e als Kolbengebläse an die Maschine angebaut oder als rotierendes Gebläse gebaut. Bei größeren Maschinen wird das Gebläse besonders angetrieben.

Der Brennstoffverbrauch beträgt etwa, auf Gasöl von 10000 kcal/kg bezogen, in g/PS_eh

	bei Vollast	Dreiviertellast	Halblast
ohne Spülpumpenbetrieb	175	180	190
mit unmittelbar angetriebenen Spülpumpen . .	185	190	210

Im ersteren Fall ist der mittlere effektive Druck $p_e = 4{,}6$ at, im zweiten Fall $= 4{,}4$ at.

Eine Neunzylindermaschine dieser Bauart, von Blohm & Voss für das Kraftwerk Neuhof der Hamburger Elektrizitätswerke gebaut, leistet mit 860 mm Zyl.-Dmr., 1500 mm Hub, $n = 94$ Uml./min 15000 PS_e.

Die Maschine von Richardsons-Westgarth, Abb. 253a, zeigt wie die Sulzer-Maschine Einführung der Spülluft durch geneigte Schlitze. Die Bauart des Deckels, der durch Liderungsringe abgedichtet wird, wird von der Firma schon seit längerer Zeit bei ihren einfachwirkenden Zweitaktmaschinen ausgeführt.

Ein besonderes Mittelstück enthält die Auspuff- und Spülluftschlitze, die der doppelten Zweitaktwirkung entsprechend abwechselnd nach oben und unten hin geneigt sind. Dieses Mittelstück ist durch Flanschen mit den beiden Laufbuchsen verschraubt, die sich infolge der angegebenen Deckeldichtung nach den Enden hin frei ausdehnen können, und wird von der oben erweiterten unteren Hälfte des Kühlwassermantels mit den Anschlüssen für Auspuff- und Spülluftleitungen umschlossen, während die obere Hälfte des Außenmantels sich auf den erweiterten Ring stützt.

Die am Außenmantel befestigten Deckel sind gleichartig ausgeführt; der obere Deckel enthält das zentral angeordnete Anlaßventil, die Bohrung für dieses entspricht der für die Kolbenstange im unteren Deckel. Die geschlossenen Düsen für luftlose Einspritzung sind in Kupferhülsen der Deckel untergebracht. In jedem Deckel sind zwei Düsen vorgesehen, die je sechs Brennstoffstrahlen wagerecht so ausspritzen, daß sie die Kolbenstange nicht berühren. Die Stopfbuchse der Kolbenstange wird dadurch geschont, daß die Gase vor Erreichen der Stopfbuchse einen gekühlten Weg gleich der großen Deckelhöhe zurücklegen müssen.

Der Aufbau der Maschine ist dadurch gegeben, daß — wie bei der Worthington-Maschine — die Ständer bis zum erweiterten oberen Ende des unteren Außenmantels durchgehen; die Verbindung wird durch die bis unter die Grundplatte reichenden Zuganker bewirkt. Die Maschine wird mit 680 mm Zyl.-Dmr., 1200 mm Hub bei $n = 90$ Uml./min ausgeführt. Als mittlerer effektiver Druck wird $p_e \cong 5$ at angegeben, was bei dieser Bauart mit Auspuffschlitzen, die länger als die Spülluftschlitze sind, nur durch Drosseln des Auspuffes erreichbar sein würde.

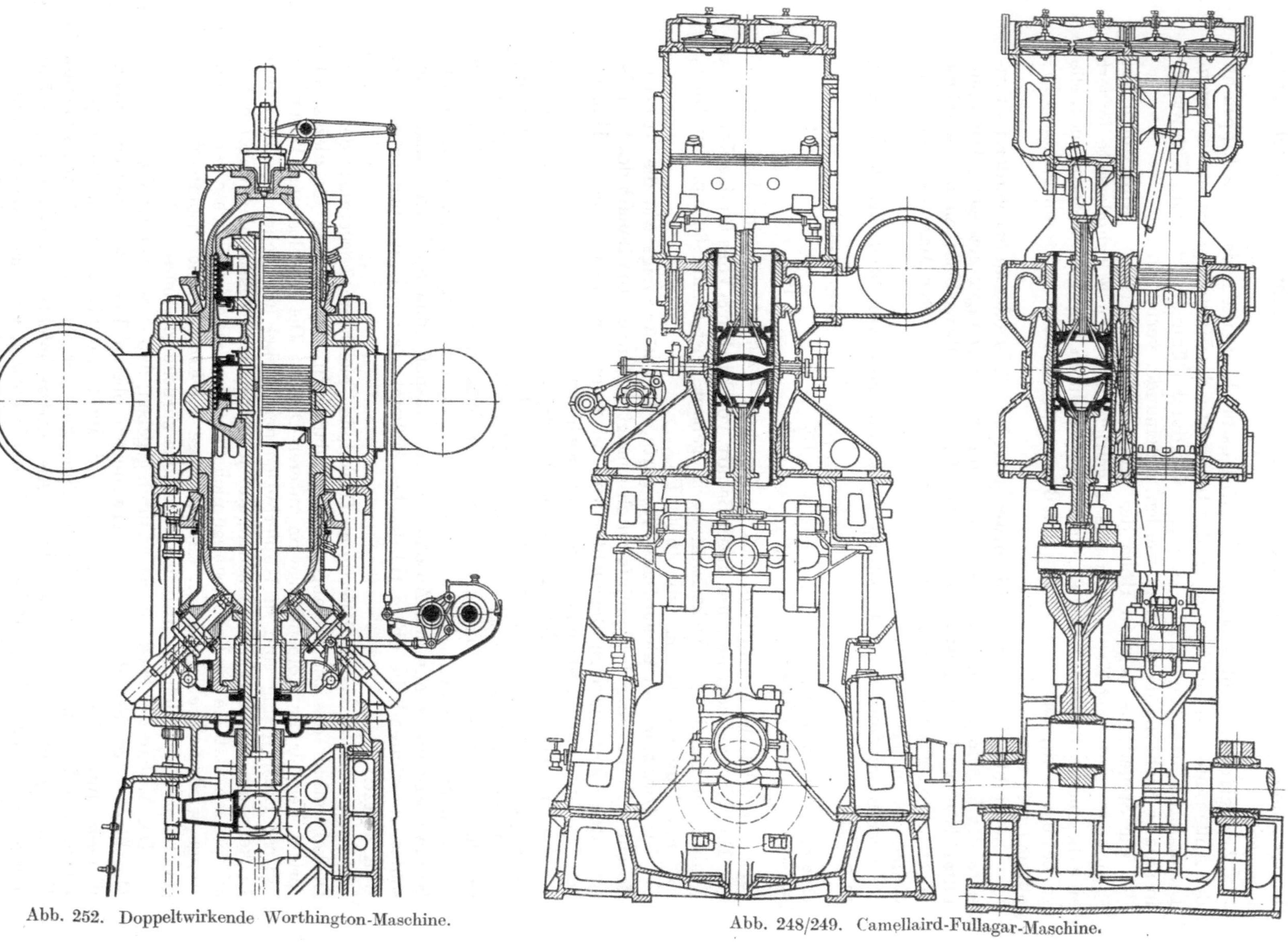

Abb. 252. Doppeltwirkende Worthington-Maschine.

Abb. 248/249. Camellaird-Fullagar-Maschine.

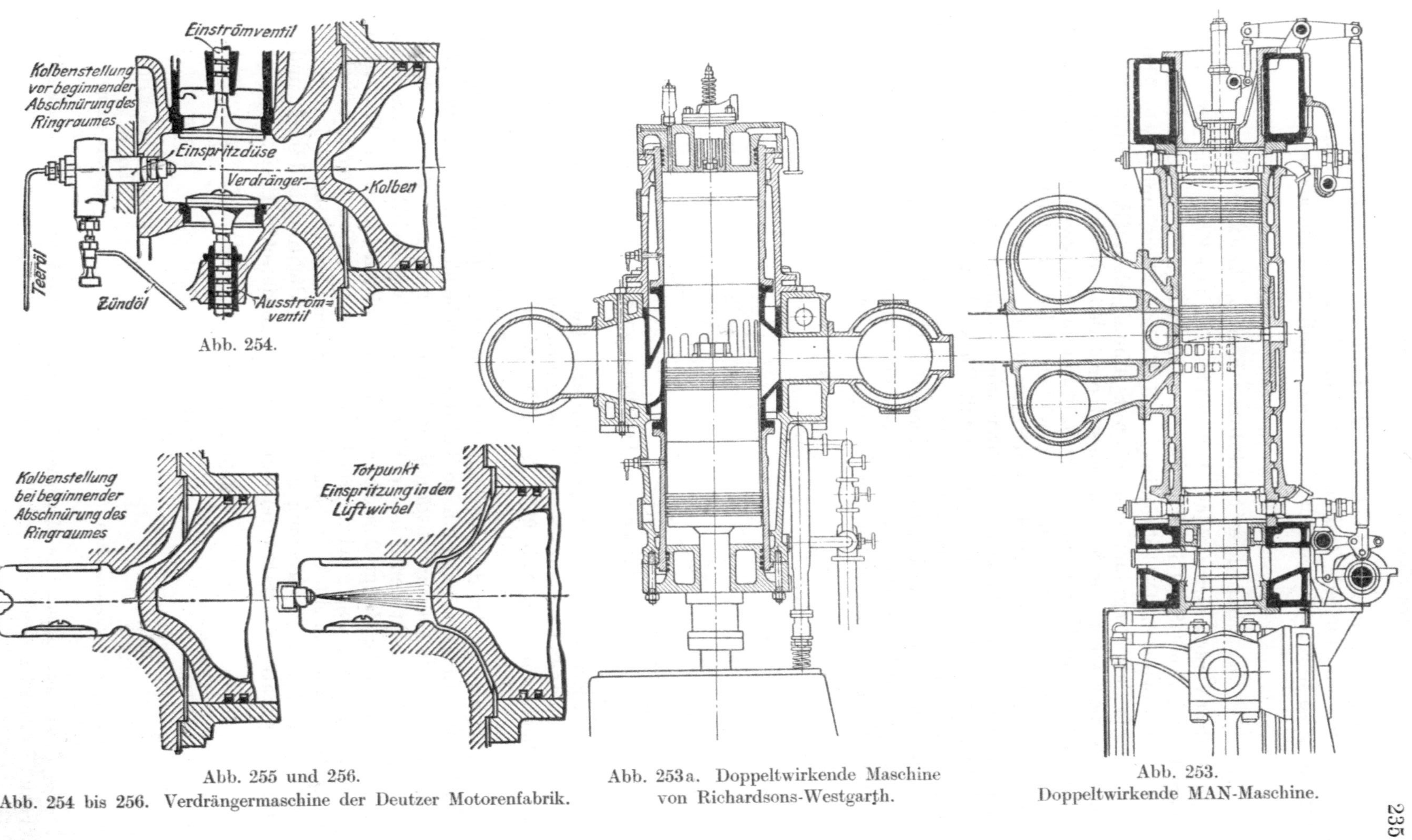

Abb. 254.

Abb. 255 und 256.

Abb. 254 bis 256. Verdrängermaschine der Deutzer Motorenfabrik.

Abb. 253a. Doppeltwirkende Maschine von Richardsons-Westgarth.

Abb. 253. Doppeltwirkende MAN-Maschine.

Da die Spülluftschlitze nur an der Hälfte des Zylinderumfanges angebracht werden können und für jede Zylinderhälfte nur die Hälfte dieser Schlitze zur Verfügung steht, so werden sich wesentlich höhere Spülluftdrucke als bei anderen Bauarten ergeben.

Maschinen mit luftloser Einspritzung[1]).

Die Deutzer Verdrängermaschine, Abb. 254 bis 256. Der Kolben ist mit einem Ansatz versehen, der mit Spiel in den Brennraum eindringt. Durch den Ansatz wird der Ringraum zwischen Deckelwandung und Kolben abgeschnürt, wie Abb. 255 zeigt, so daß in dem Ringraum eine höhere Spannung als im Hals entsteht. Dieser Druckunterschied, schon vor der Totlage sich einstellend, bewirkt eine kräftige Luftströmung von einem Raum zum anderen, wodurch eine gleichmäßige Schichtung der Luft verhindert und eine lebhafte Luftwirbelung hervorgerufen wird. Diese Wirkungsweise stimmt zunächst mit der durch Abb. 85 auf S. 100 dargestellten überein, die sich auf eine Gasmaschine mit Verbrennung bei konstantem Volumen bezieht; hierbei klingt die Wirbelung rasch ab, was mit Rücksicht auf die durch sie bedingten größeren Kühlwasserverluste erwünscht ist.

Bei der Dieselmaschine hingegen dauert die Einspritzzeit über den Totpunkt hinaus, und es wird eigentliche Aufgabe des Verdrängeraufsatzes, die Zerstäubung und Verteilung des Brennstoffes durch kräftige Durchwirbelung des Zylinderinhaltes

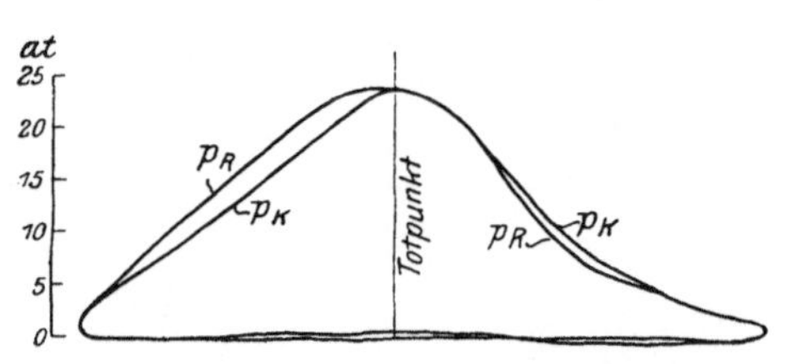

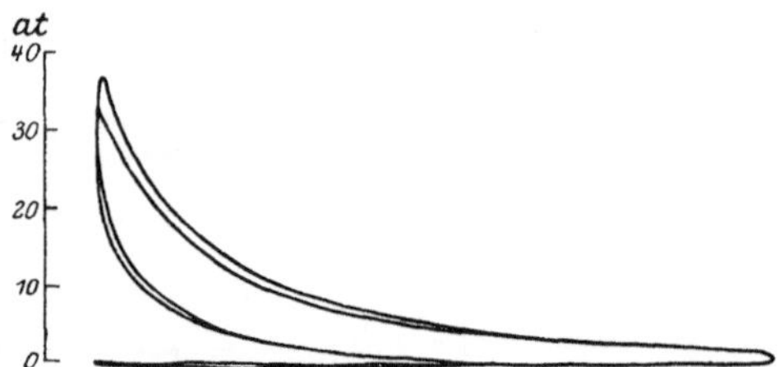

Abb. 257a und 257b. Diagramme, am Verdrängerraum und Hubraum aufgenommen.

auch noch nach Erreichen der Totlage zu fördern. Der Verdrängeraufsatz beeinflußt durch Drosselung den Druckunterschied zwischen Hals und Ringraum; wie das um 90° versetzte Diagramm nach Abb. 257a deutlich erkennen läßt, findet erst im Totpunkt ein Ausgleich der in beiden Räumen herrschenden Drucke statt. Kurz nach dem Totpunkt wird infolge der einsetzenden Verbrennung der Druck $p_K > p_R$, es tritt eine rückläufige Luftbewegung ein, so daß die entstehende Wirbelung die erforderliche Verbrennungsluft an unvollständig verbrannte Brennstoffteilchen heranbringt.

Zahlentafel 12 zeigt deutlich den Einfluß der Weite des Ringspaltes zwischen Verdränger und Hals. Bei großen Strömungsquerschnitten klingt die Wirbelung zu schnell ab, die Zerstäubung wird verschlechtert, bei zu engen Strömquerschnitten wird die Drosselung zu stark, die aus dem Ringraum überströmende Luftmenge ist zu gering, um kräftige Wirbelung zu erzeugen. Verdichtungsenddruck und Verdichtungstemperatur im Hals erreichen nicht die gewünschte Höhe.

Zahlentafel 12.

Spaltfläche mm^2	Wärmeverbrauch kcal/PS_eh	Auspuff
945	1950	rein
1530	2280	deutlich schwach rußig
2670	2410	stark rußig
Verdränger kegelig abgedreht	2810	schwarz rußig

[1]) Zu diesen gehören auch die Maschinen Doxford, Scott-Still und Richardsons-Westgarth, die im vorhergehenden Abschnitt behandelt worden sind.

In Abb. 257 b sind zwei Diagramme, im Hals und im Ringraum gleichzeitig aufgenommen, übereinandergezeichnet. Da die mit der Verbrennung im Hals eintretende Druckzunahme infolge des engen Ringspaltes nicht sofort auf den Ringraum übertragen werden kann, so stellt sich ein Druckunterschied von 4,5 at zwischen beiden Räumen ein.

Die Verbrennung wird günstig dadurch beeinflußt, daß der eingeführte Brennstoff auf hocherhitzte, in lebhafter Wirbelung sich befindliche Luft stößt, im Gegensatz zur ursprünglichen Dieselmaschine, wo kalte Einblaseluft eingeführt wird. Der durch die Wirbelung bedingte starke Wärmeübergang an die Wandungen verursacht jedoch anderseits einen Brennstoffverbrauch, der größer als bei anderen Maschinen mit luftloser Einspritzung ist.

Abb. 258 zeigt die Regelung der für Gas- und Ölbetrieb eingerichteten Verdrängermaschine; der Regler verdreht die Wälzbahn *w* um den Punkt *b* und verändert dadurch Hub und auch Öffnungsdauer des Einlaßventils. Soll von Gas- auf Ölbetrieb umgeschaltet werden, so wird die Wälzbahn in der dem Hochhub entsprechenden Stellung durch einen Stift festgehalten, der durch die Öffnung *e* im Hebel und Öffnung *e'* im Hebelbock gesteckt wird. Reglerstange *s* wird mit der Brennstoffpumpe, die mit Rücklaufventilen arbeitet, verbunden, der elektrische Zünder durch die Brennstoffdüse ersetzt und der Verdichtungsgrad durch Einlegen von Platten zwischen Pleuelstange und Pleuelkopf geändert.

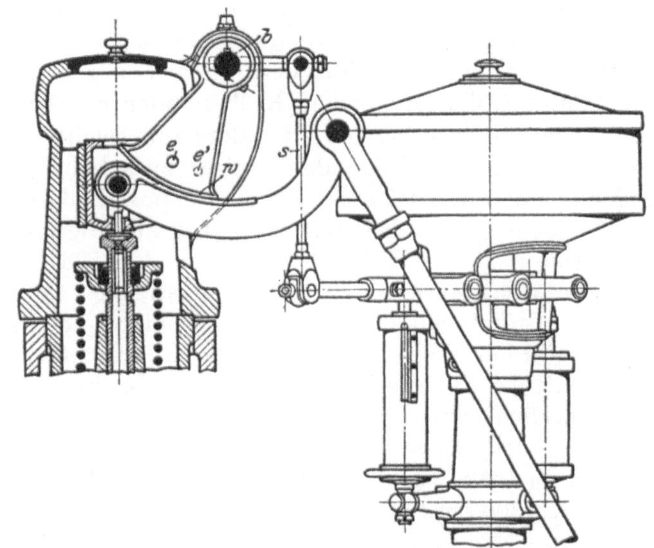

Abb. 258. Steuerung und Regelung der Deutzer Verdrängermaschine für Wechselbetrieb.

Die Ventile kleinerer Maschinen werden durch Nocken, die größerer Maschinen durch nur ein Exzenter gesteuert, wobei auch für die Auslaßventile Wälzhebel vorgesehen sind.

In Abb. 259 sind Schnitte durch den Zylinder einer Sechszylinder - Schienenfahrzeugmaschine der Schweizerischen Lokomotiv- und Maschinenfabrik Winterthur wiedergegeben. Diese ebenfalls mit Verdrängerwirkung arbeitende Maschine leistet 180 PS bei $n = 500$ Uml./min, 230 mm Zyl.-Dmr., 300 mm Hub. In Anlehnung an die liegende Bauart derselben Firma sind die Ventile wagerecht angeordnet und, wie bei dieser Bauart üblich, mit ebenen Sitzflächen ausgeführt, so daß leichte Verlagerungen der Spindeln den dichten Abschluß nicht beeinträchtigen. Das Auslaßventil wird in bekannter Weise ohne Einsatz ausgeführt, so daß es durch die Öffnung für den Einlaßventileinsatz eingebracht werden kann. Über Bauart des Gestelles und der Lagerdeckel s. S. 275 und S. 278.

Zweistrahlmaschine von Price. Die konstruktive Durchbildung der Price-Maschine ist aus Abb. 260 ersichtlich. Der Hubraum des Kolbens steht durch eine verhältnismäßig enge Öffnung mit dem Brennraum in Verbindung, der die Gestalt eines Doppelkegels aufweist, an dessen Spitzen die Brennstoffdüsen angeordnet sind. Die Brennstoffstrahlen, sonach quer zur Zylinderachse gerichtet, prallen in der Zylinderachse aufeinander, was zwar eine gewisse Durchwirbelung des Brennrauminhaltes, aber auch eine nicht erwünschte Zusammenballung des Brennstoffes an einer Stelle zur Folge hat. Von größerer Bedeutung für den Verbrennungsvorgang dürfte die an Hand von Abb. 85, S. 100, behandelte Luftströmung sein, die zu den verhältnismäßig günstigen Brennstoffverbrauchsziffern der Price-Maschine hauptsächlich beitragen wird, sowie die Anpassung des Brennraumes an die Strahlkegel.

Die Verbrennungsluft wird auf etwa 25 at verdichtet. Betriebstechnisch ist es ein großer Vorzug der Price-Maschinen, daß Kolben bis rd. 530 mm Dmr. ohne Kühlung gebaut werden können, was darauf zurückzuführen ist, daß während eines wesentlichen Teiles der Verbrennungszeit der Kolben nur durch die enge Öffnung zwischen Hub- und Brennraum mit diesem in Verbindung steht und die sonst an den Kolben übergehende Wärmemenge hier durch die die erwähnte Öffnung begrenzenden, gekühlten Wandungen aufgenommen wird.

Eine Abart der Price-Maschine, die Verringerung der den Brennraum begrenzenden Abkühlflächen und günstige Führung der Brennstoffstrahlen bei gleichzeitiger Verminderung der Wirbelung und der damit verbundenen Wärmeverluste bezweckt, rührt von Oberingenieur R. Hildebrand der Fulton Iron Works in St. Louis her[1]). In der ersten Versuchsmaschine, welche die gestellte Aufgabe lösen sollte, wurde der Brennraum unten durch den ungekühlten Kolbenboden begrenzt, der mit Aussparungen für die aus den gegenüberliegenden Düsen austretenden Brennstoffstrahlen versehen war. Bei den Versuchen zeigte sich, daß die Strahlen, wie aus den Flammenbildern auf dem Kolbenboden bei Ausschaltung einer Düse hervorging, bis zur gegenüberliegenden Zylinderwand reichten, die Durchwirbelung des Brennraumes infolge des fehlenden Halses zwischen Hubraum und Brennraum sonach ungenügend war. Bei rauchfreiem Auspuff ließ sich ein effektiver Mitteldruck von nur 2,5 at erzielen. Hildebrand legt aus diesen Gründen die Brennstoffstrahlen, auf deren Lage der Kolbenboden nach Abb. 261 und 262 schließen läßt, nebeneinander, um das Zusammentreffen der Strahlen zu vermeiden. (Doxford & Sons haben z. B. bei den Doppelkolbenmaschinen des Motorschiffes „Eknaren" dieselbe Aufgabe in der Weise gelöst, daß die Brennstoffdüsen diametral gegenüber, aber in verschiedenen Ebenen angeordnet sind, also in der Senkrechten übereinanderliegen.)

Strahlmaschinen. Die englische Firma Vickers hat als erste die luftlose Einspritzung des Brennstoffstrahles in einen einheitlich geschlossenen Verbrennungsraum ausgeführt. In der Maschine von Vickers wird der Brennstoff unter einem Druck von 300 bis 400 at in einem Akkumulator aufgespeichert und durch ein nockengesteuertes Nadelventil in den Zylinder eingeführt. Der Akkumulator, der nur wenig mehr Brennstoff als eine Füllung faßt, besteht aus einem Gehäuse, in dem sich ein federbelasteter, eingeschliffener Stempel führt, durch den der Akkumulatordruck bestimmt wird. Der kleine Fassungsraum des Akkumulators macht Hängenbleiben der Nadel weniger gefährlich, doch erfordert deren Steuerung eine verwickelte Hubregelung, damit namentlich bei Verringerung der Umlaufzahl jeder Zylinder die ihm zukommende Brennstoffmenge erhält.

Von deutschen Bauarten sind die von MAN, Augsburg, Deutz und Krupp-Essen hervorzuheben, deren Ausführungen im allgemeinen Aufbau übereinstimmen, wie Abb. 263 bis 271 zeigen. Die Steuerwelle ist — mit Ausnahme der in Abb. 271 wiedergegebenen Bauart — in Höhe des unteren Zylinderendes gelagert, wird durch Stirnräder von der Hauptwelle angetrieben und trägt die Nocken für Einlaß-, Auslaß- und Anlaßventil, bei den Ausführungen MAN und Krupp außerdem die Antriebnocken der Brennstoffpumpen, während diese bei der Bauart Deutz auf einer besonderen kurzen Welle sitzen, die von der Steuerwelle durch Stirnräder angetrieben wird.

Die Zylindermäntel sind in einem Gußstück vereinigt, umgeben aber nur bei der MAN-Bauart zylindrisch die Laufbuchsen; diese werden bei Krupp und Deutz

[1]) Nägel: Die Dieselmaschine in Amerika. Z. V. d. I. 1925.

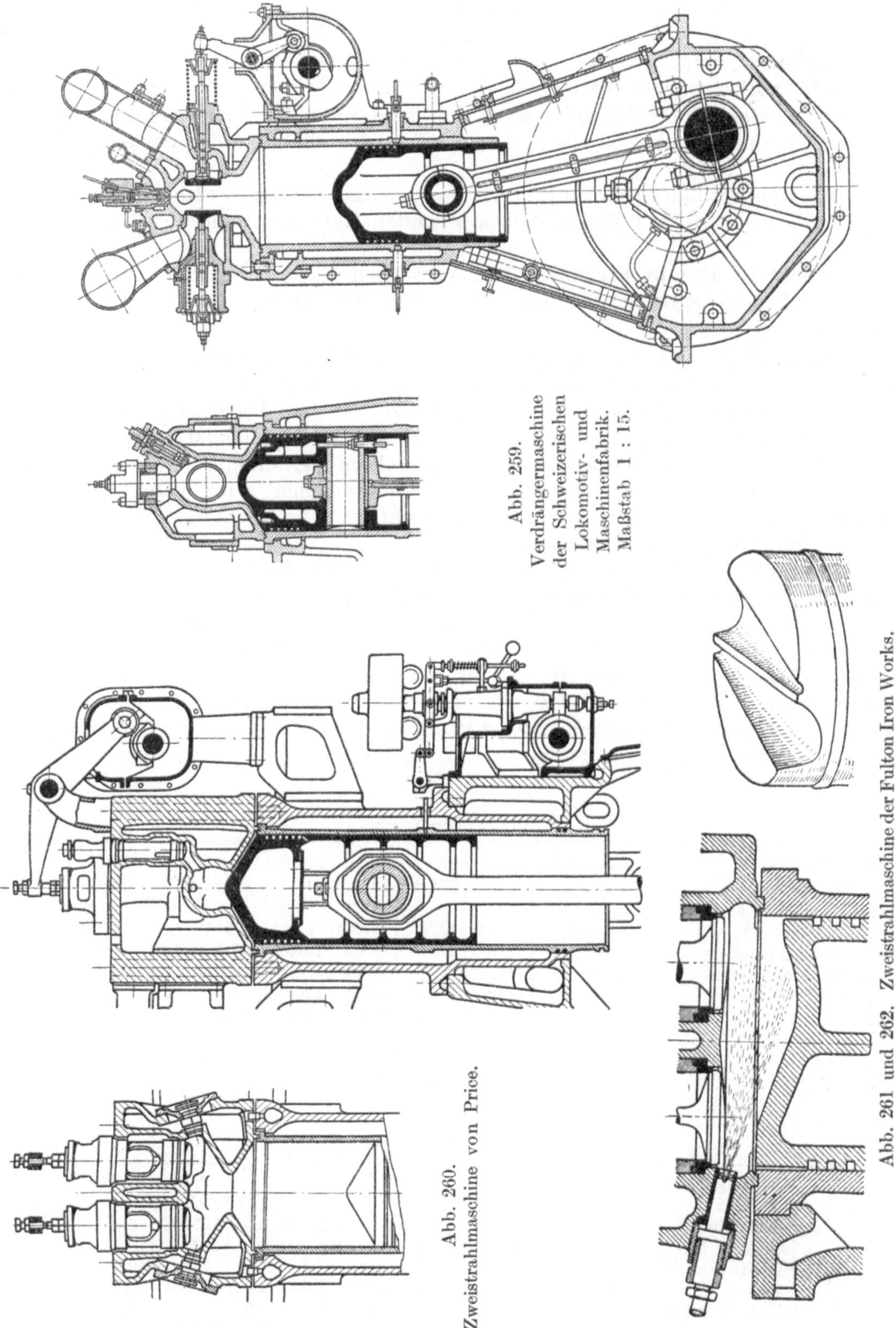

Abb. 259. Verdrängermaschine der Schweizerischen Lokomotiv- und Maschinenfabrik. Maßstab 1 : 15.

Abb. 260. Zweistrahlmaschine von Price.

Abb. 261 und 262. Zweistrahlmaschine der Fulton Iron Works.

nur oben und unten gefaßt und ragen frei in den leeren Zylinderkasten hinein. In allen Fällen werden die Brennstoffmengen durch Aufstoßen eines Rücklaufventils der Brennstoffpumpe geregelt. Mit offener Düse arbeitet nur die Bauart MAN. Sämtliche Bauarten sind mit Druckölschmierung versehen.

Bauart Deutz. Die Maschine setzt sich aus Grundplatte, Gestell und Zylinderblock zusammen. Bei größeren Leistungen werden die Zylinder einzeln mit der Grundplatte verschraubt.

Die Brennstoffpumpen sind in einem Gehäuse vereinigt. Im Gegensatz zur MAN sieht die Deutzer Motorenfabrik besondere Zylinderschmierung durch Bosch-Öler vor.

Zahlentafel 13 gibt Ergebnisse von Versuchen wieder, die Prof. Dr. Baer an einer 300 PS_e-Sechszylinder-Schiffsmaschine von 280 mm Zyl.-Dmr., 450 mm Hub angestellt hat.

Bauart MAN. Die Grundplatte ist nach S. 276 hochgezogen; Zuganker, von Oberkante Zylinder bis unter die Grundlage durchgehend, entlasten das Gestell von den Zugkräften und lassen große Ausschnitte zu, so daß das Triebwerk besonders leicht zugänglich wird. Die Zylinder kleiner und mittelgroßer Maschinen werden sämtlich in nur einem Block gegossen, wodurch in Verbindung mit der stets ungeteilten Grundplatte ein sehr starrer Aufbau ermöglicht wird. Die Brennstoffpumpen sind einzeln gelegt im Interesse leichterer Überwachung, größerer Übersichtlichkeit und gleicher Rohrlänge. S. 184.

Die Kolbenlaufflächen werden vom Spritzöl des Kurbelkastens geschmiert. Kleinere raschlaufende Maschinen werden auch mit seitlich liegender Düse ausgeführt, um im Deckel Raum für Einlaß- und Auslaßventil zu schaffen.

Zahlentafel 14 enthält Versuchszahlen, die bei Prüfung einer 300 PS_e-Sechszylinder-Schiffsmaschine von W. Laudahn festgestellt wurden. Die Maschine wurde bei $n = 200$, 250 und 300 Uml./min untersucht. Die Ergebnisse sind für $n \approx 250$ Uml./min wiedergegeben. Die Leistung von 300 PS_e sollte bei $n = 180$ Uml./min erreicht werden. Zyl.-Dmr. 345 mm, Hub 500 mm.

Zahlentafel 13.

Umdrehungen	Uml./min	280,7	272,2	281,5	273,5	274,0	285,8	264	278
Effektive Leistung	PS_e	301,8	231,3	189,6	142,7	68,5	357,2	386,0	Leerl.
Mittl. effekt. Druck	kg/cm²	5,83	4,61	3,66	2,85	1,36	6,78	7,86	—
Mittl. indiz. Druck	kg/cm²	7,00	5,932	4,974	3,915	2,514	7,761	8,815	1,105
Indizierte Leistung	PS_i	362,5	298,0	258,5	197,5	127,1	409,0	430,0	56,8
Mechan. Wirkungsgrad	%	83,2	77,7	73,4	72,3	53,9	87,4	89,6	—
Brennstoffverbrauch	g/PS_ih	141,4	130,7	127,3	126,0	114,9	162,1	173,6	153,8
Brennstoffverbrauch	g/PS_eh	170,1	168,5	173,6	174,4	213,3	185,7	193,5	—
Indiz. Wirkungsgrad	%	44,3	47,9	49,3	49,7	54,6	38,65	36,10	40,7
Effektiv. Wirkungsgrad	%	36,8	37,25	36,1	35,9	29,38	33,75	32,40	—
Abgastemperatur	°C	405	345	301	245	163	500	522	90

Zahlentafel 14.

Belastung		$^{12}/_{10}$	$^{1}/_{1}$	$^{3}/_{4}$	$^{1}/_{2}$	$^{1}/_{4}$
Uml./min		250,0	254,0	250,0	252,5	250,0
Nutzleistung	PS	502,7	406,7	301,9	197,9	106,7
Indizierte Leistung	PS	579	475	375	267	178,2
Mechanischer Wirkungsgrad	%	86,8	85,6	80,5	74,1	59,9
Indizierter Mitteldruck	at	7,44	6,00	4,82	3,40	2,29
Nutzbarer Mitteldruck	at	6,46	5,14	3,88	2,52	1,37
Brennstoffverbrauch	g/PS_eh	171,0	167,7	170,1	181,7	225,8
	g/PS_ih	148,4	143,6	136,9	134,7	135,1

Bauart Friedr. Krupp, Essen. Die Kruppschen Maschinen werden nach Abb. 270 in geschlossener Bauart mit höherer Umlaufzahl, nach Abb. 271 in offener Bauart mit niedriger Umlaufzahl ausgeführt. Beide Typen arbeiten mit Pilzkolben, der in der Mitte hochgezogen ist. Die aus den Düsenöffnungen austretenden Strahlen berühren den Kolbenboden anfänglich nahezu tangential, der Auftreffwinkel der Strahlen nimmt dann mit abwärtsgehendem Kolben zu. Ist der Strahl bei Erreichen des

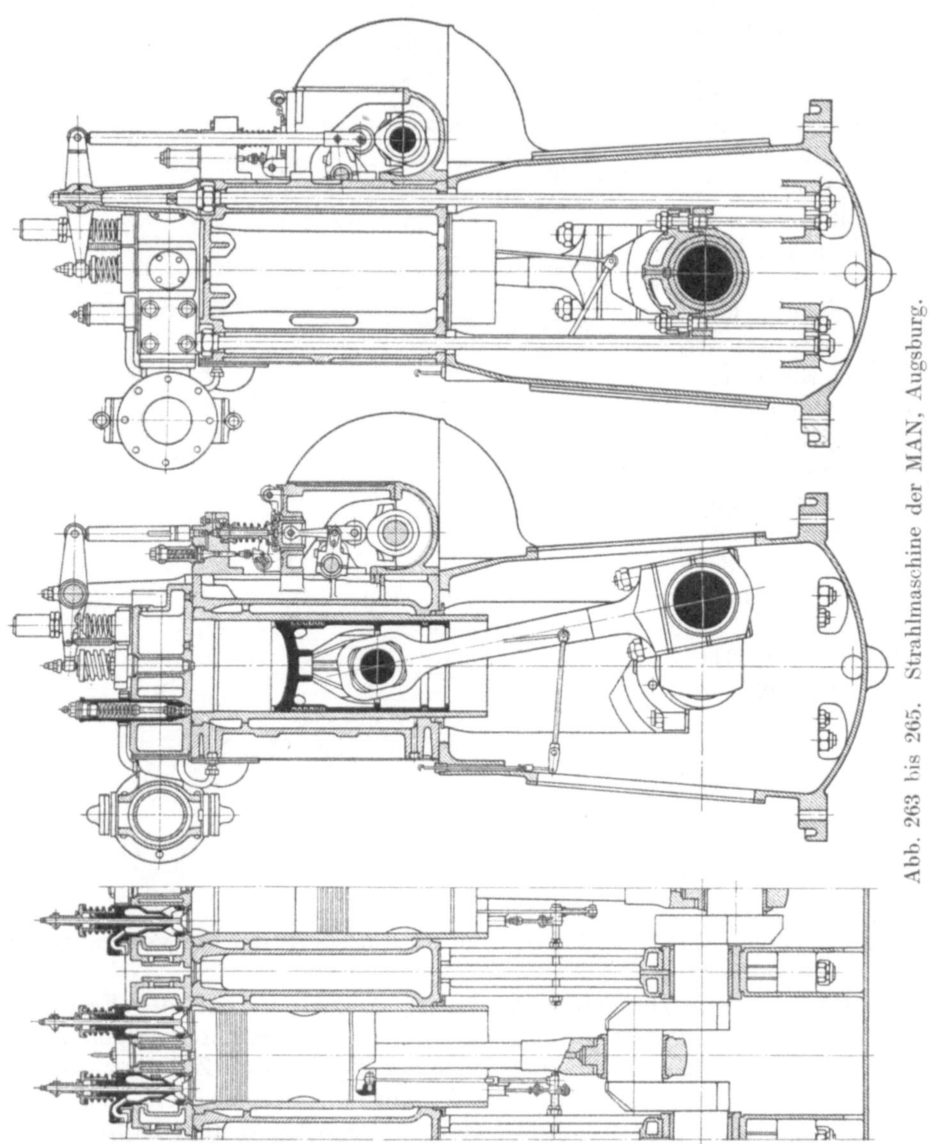

Abb. 263 bis 265. Strahlmaschine der MAN, Augsburg.

Kolbenbodens noch nicht zerfallen, der Kern vielmehr noch geschlossen, so wird dieser beim Aufprallen zersprüht und verteilt sich im Brennraum. Die hohe Temperatur des Pilzes verhindert Rußbildung, die nur bei Auftreffen des Strahles auf die Zylinderwand beobachtet wurde.

Nach Abb. 203 folgt für die Verbrennung ohne Schirmwirkung ein Verbrauch von $149\ g/PS_i h$, der auch unter Berücksichtigung der Höchstdrucke dem anderer Maschinen bester Herstellung etwas nachsteht. Das unmittelbare Auftreffen der

Brennstoffstrahlen auf den Pilzkolben gleicht also nur den Einfluß des ohne Luftwirbelung ungünstig wirkenden, flachen Brennraumes aus.

Die Verhältnisse werden wesentlich verbessert durch die künstliche Luftwirbelung, deren Vorteile auf S. 195 angegeben sind. Die Schirmwirkung, mit der mehrfach ein Verbrauch von 138 g/PS$_i$h bei Vollast mit $p_i = 6{,}5$ at erreicht worden ist, läßt dadurch, daß sie einen Teil der erforderlichen Einblaseenergie aufbringt, einen Einspritzzeitpunkt zu, der nur 4° vor der Totlage liegt und in dieser eine nur mäßige Verpuffung verursacht. Das Diagramm nähert sich dadurch dem der ursprünglichen Dieselmaschine.

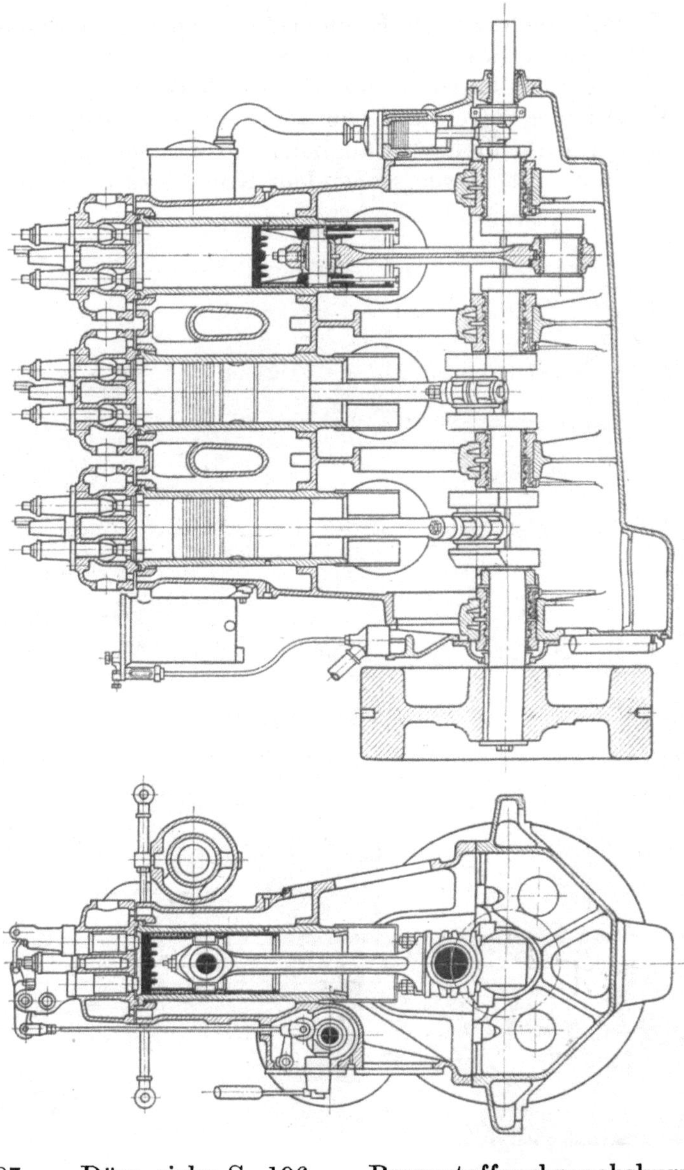

Abb. 266 und 267 Strahlmaschine der Motorenfabrik Deutz. Maßstab 1 : 22.

Pilzkolben s. S. 311 und Abb. 353, — Druckverlauf im Arbeitszylinder siehe S. 186, — Versetztes Öldruckdiagramm siehe S. 186, — Künstliche Luftwirbelung siehe S. 195, — Brennstoffpumpe siehe S. 187, — Düse siehe S. 196, — **Brennstoffverbrauchskurven** siehe S. 192.

Bauart Hesselmann. Der Kolbenboden ist so geformt, daß der Verdichtungsraum hauptsächlich am Zylinderumfang liegt. Durch den hier hochgezogenen Kolbenmantel wird verhindert, daß der Brennstoff auf die gekühlten Zylinderwände trifft. Außerdem ermöglicht die Ausfüllung des Brennraumes durch den hochgezogenen Kolbenmantel einen größeren Abstand zwischen Deckel und dem Kolben in dessen Totlage, wodurch besonders günstig gestaltete Lufträume für den eindringenden Brennstoffstrahl geschaffen werden. Durch das abgeschirmte Einlaßventil wird wie bei Krupp Luftwirbelung erzeugt. Die Brennstoffpumpe arbeitet auch bei Mehrzylindermaschinen mit nur einem Tauchkolben, der also soviel Druckhübe zurückzulegen hat, als Zündungen vorkommen. Durch das Druckventil wird der Brennstoff in eine Kammer gefördert, von wo er durch nockengesteuerte Verteilventile den einzelnen Zylindern zugeführt wird. Nach Zuteilung der Brennstoffmenge wird das Saugventil durch den Regler geöffnet. Abb. 189 bezieht sich auf diese Vor-

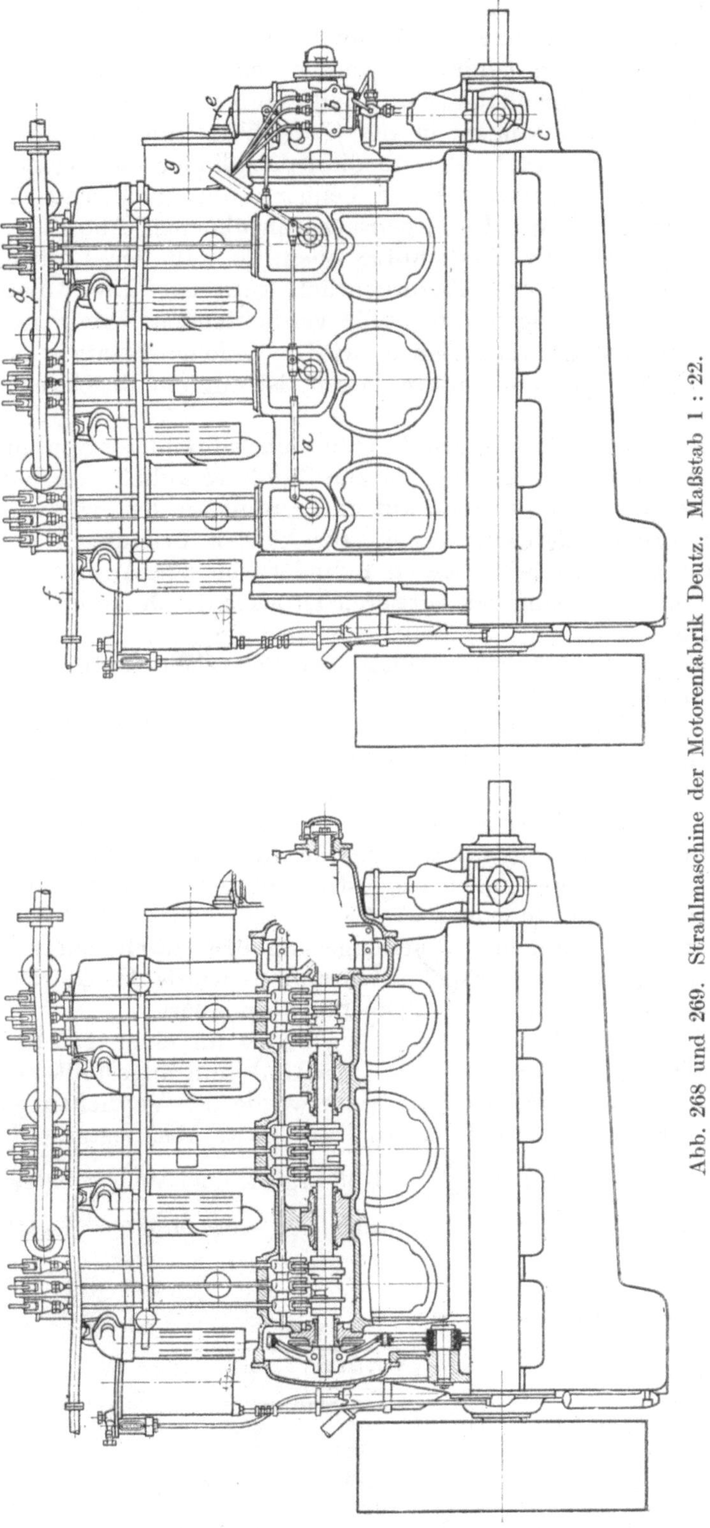

Abb. 268 und 269. Strahlmaschine der Motorenfabrik Deutz. Maßstab 1 : 22.

gänge. Die Düse arbeitet mit Nadel und fünf Öffnungen in der Düsenplatte.

An einer von der Aktiebolaget Bofoos, Schweden, gebauten 300 PS-Vierzylindermaschine mit 380 mm Zyl.-Dmr., 540 mm Hub, $n = 220$ Uml./min, 29 at Verdichtung hat Prof. Hubendieck Versuche angestellt. Bei 306 PS Leistung, 44,5 at Höchstdruck, einem nutzbaren Mitteldruck von 5,06 at ergab sich ein Brennstoffverbrauch von 168,46 g/PS$_e$h. Der nutzbare Mitteldruck konnte bei rauchendem Auspuff auf 8,27 at gesteigert werden, von 6,57 at ab war der Auspuff unsichtbar und geruchlos.

Die Junkers-Doppelkolbenmaschine, Abb. 272 und 273. Die Vorzüge der gegenläufigen Kolben sind bei Besprechung der Doxford-Junkers-Maschine auf S. 230 angegeben. Um bei der Bauart nach Abb. 272 und 273 möglichst vollkommenen Massenausgleich schon innerhalb jeder Einzelmaschine zu erreichen, ist der Hub des oberen durch sein Gestänge schwereren Spülkolbens kleiner als der des unteren Auspuffkolbens gewählt. Die Länge der Maschine wurde durch Verlegung des mittleren Kurbelwangenpaares in eine Ebene und Ausbildung dieses Wangenpaares als eine gelagerte Scheibe verringert. Die hohe Gleitgeschwindigkeit dieses Lagers, die im vorliegenden Fall etwa 7 m/sek beträgt, ist insofern unbedenklich, als durch die Kräfteaufnahme im Triebwerk selbst die Lager weitgehend entlastet sind. Die Spülkolben, die zur Verminderung des Hubvolumens seitlich abgeflacht sind und dadurch auch am Verdrehen gehindert werden, sind mit den oberen Arbeitskolben verbunden; die Maschinenhöhe wird dadurch verringert, daß die oberen Querhäupter der Umführungsstangen in die Spülschlitze und außerdem mit den außenliegenden schmalen Stangenköpfen in die Spülzylinder hineingehen. Der Kurbelkastenraum wird als Spülluftaufnehmer benutzt, um annähernd unveränderlichen Spülluftdruck zu erhalten. Im Gegensatz zur üblichen Anordnung — vgl. Abb. 246 und 247 — liegen die Spülschlitze oben, so daß der Luftweg von der Spülpumpe zum Arbeitszylinder außerordentlich kurz ist. Die Anlaßluft wird von einem besonderen, einstufig bis auf 60 at verdichtenden Kompressor geliefert, der vom Spülpumpenkolben angetrieben wird. Infolge Ersatzes der Saugventile durch Schlitze, die im Spülpumpenraum liegen, ist nur ein Druckventil vorhanden.

Die Spülschlitze sind tangential gerichtet. Die Luft nimmt während der Spülung im Brennraum eine kreisende Bewegung an, die bis zur Zündung anhält; sie hält sich hauptsächlich in der Nähe der Zylinderwand auf und strömt an den senkrecht zur Zylinderwand liegenden Brennstoffdüsen vorbei. Bei kleinen Leistungen und Drehzahlen genügt eine Düse, während bei größeren Zylindern bessere Ausnutzung der Verbrennungsluft und damit Erhöhung des mittleren Druckes durch Anordnung mehrerer Düsen erreicht wird.

Außer der Düse sind an jedem Brennraum Anlaß- und Sicherheitsventil sowie ein Indikatorstutzen angebracht.

Die Brennstoffpumpe wird schon während des Anlassens in Betrieb gesetzt, so daß die Zündung unabhängig vom Bedienenden einsetzt.

Der Ungleichförmigkeitsgrad der als Kosinusregler ausgeführten Achsregler kann durch Anbringen von Gegengewichten geändert werden, für rasche Einstellung verschiedener Drehzahlen wird ein Leistungsregler ausgeführt, dessen Federspannung durch einen axial in der Welle zu verschiebenden Kegelstift, auf dessen Kegelflächen die Trägerstifte der Federteller ruhen, geändert wird.

Durch die obenerwähnten Maßnahmen — Verringerung der Maschinenlänge, Ersatz eines Spülluftaufnehmers durch den Kurbelkastenraum — wurde das Gewicht der Maschinen von 50 bis 100 PS-Leistung auf 29 kg/PS_e vermindert.

Ergebnisse von Versuchen, die Prof. Dr. K. Neumann an einer 120 PS_e-Maschine von 160 mm Zyl.-Dmr., 560 mm Hub, $n = 375$ Uml./min angestellt hat, gibt Zahlentafel 15 wieder. Aus dem Indikatordiagramm wurde der Verdichtungsdruck zu $p_K = 38{,}5$ at abs., der Höchstdruck zu $p_{max} = 63{,}5$ at abs. festgestellt, so daß sich das Drucksteigerungsverhältnis zu $\frac{63{,}5}{38{,}5} = 1{,}65$ ergibt. Bei Vollast betrug der mittlere Druck $p_m = 6{,}4$ at. Unterer Heizwert des verwendeten Gasöls $H_u = 9850$ kcal/kg.

Zahlentafel 15.

Belastungsgrad	n Uml./min	N_e PS	p_m at	Verbrauch kg/PS_eh	η_{th} %
1,105	376	132,7	7,05	0,170	37,2
1,018	380	122,0	6,43	0,171	37,0
1,012	379	121,7	6,41	0,165	38,3
1,010	377	121,0	6,40	0,169	37,4
0,915	381	110,0	5,77	0,165	38,3
0,773	385	92,7	4,80	0,167	37,9
0,521	391	62,5	3,21	0,182	34,8
0,262	391	31,4	1,61	0,227	27,8

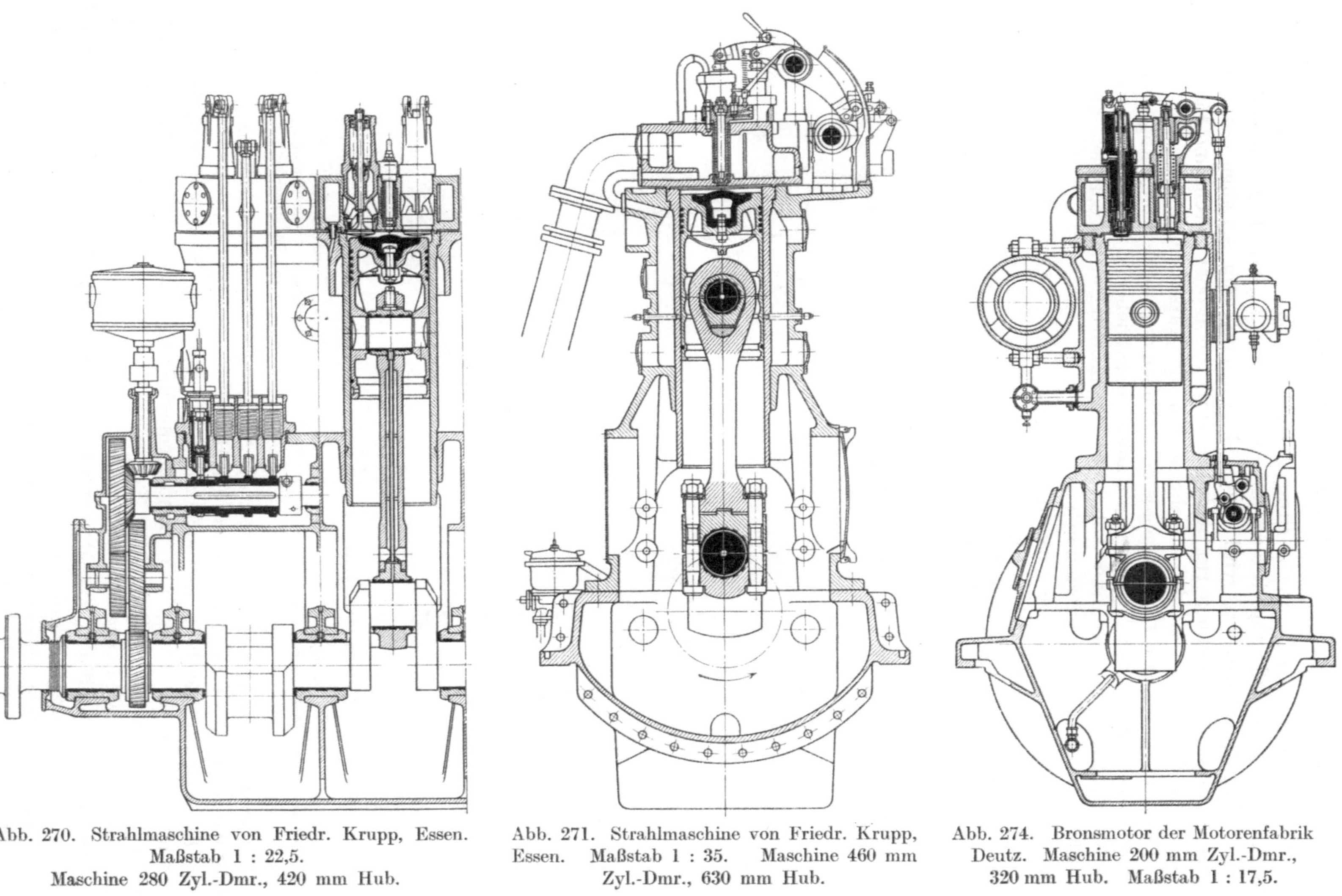

Abb. 270. Strahlmaschine von Friedr. Krupp, Essen. Maßstab 1 : 22,5. Maschine 280 Zyl.-Dmr., 420 mm Hub.

Abb. 271. Strahlmaschine von Friedr. Krupp, Essen. Maßstab 1 : 35. Maschine 460 mm Zyl.-Dmr., 630 mm Hub.

Abb. 274. Bronsmotor der Motorenfabrik Deutz. Maschine 200 mm Zyl.-Dmr., 320 mm Hub. Maßstab 1 : 17,5.

Vorkammermaschinen.

Abb. 274 zeigt den Deutzer Bronsmotor. Die Brennstoffkapsel, aus Siemens-Martin-Stahl hergestellt, ragt in den Brennraum etwas hinein, damit sie stets warm bleibt. Das Brennstoffventil wird durch einen Hebel vom Ansaugeventil aus geöffnet, worauf das von einem Hochbehälter zufließende oder durch eine Pumpe geförderte Öl durch ein besonderes Röhrchen in die Kapsel tritt.

Der Zylinderdeckel wird offen gegossen und oben durch eine Platte abgeschlossen. Auf der von der Hauptwelle durch Stirnräder angetriebenen Steuerwelle ist außer den Nocken für Ein-, Aus- und Anlaß der Fliehkraftregler angeordnet, der durch Verschieben des die Brennstoffpumpe antreibenden Nockens die Ölmenge einstellt.

Beim Anlassen mit Druckluft von etwa 8 at arbeiten bei ausgeschaltetem Brennstoff- und Ansaugeventil das Anlaß- und Auslaßventil im Zweitakt.

Die Bronsmotoren haben namentlich auf Fischereischiffen weite Verbreitung gefunden;

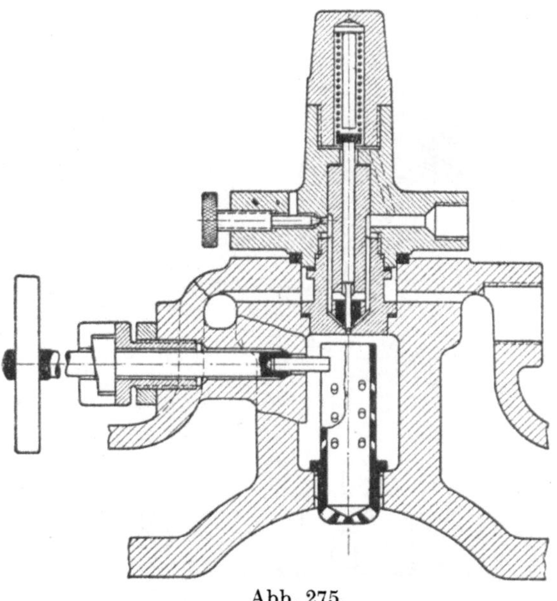

Abb. 275. Leißner-Maschine der Svenska Maskinverke, Södertälje.

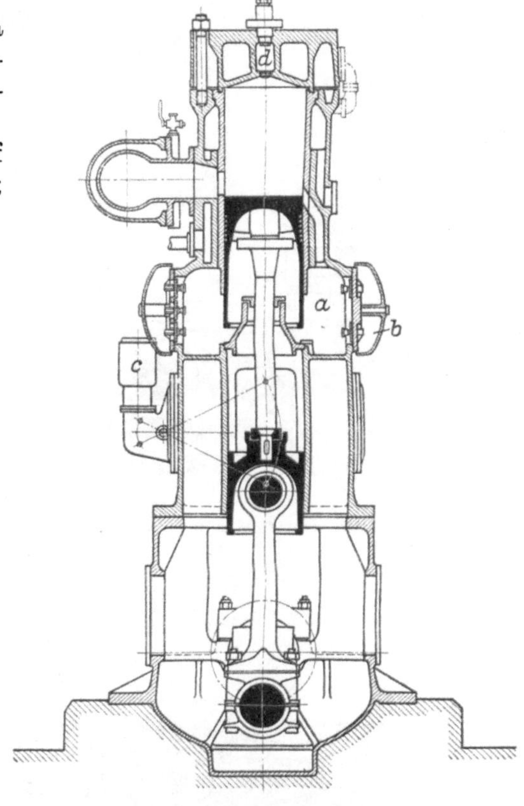

Abb. 276. Leißner-Maschine von Gebr. Sulzer, Winterthur.
a = Verdichter. *b* = Spülluftansaugeventil. *c* = Anlaßluftverdichter.

der Brennstoffverbrauch ist bis auf etwa 205 g/PS$_e$h vermindert worden, die Verdichtung wird bis zu 35 at getrieben, der Höchstdruck beträgt 40 at.

Die Leißner-Maschine, die auch von Gebr. Sulzer gebaut wird und die erste Ausführungsform der heutigen Vorkammermaschinen darstellt, ist in ihrem kennzeichnenden Teil nach der Bauart der Svenska Maskinverke, Södertälje, Schweden, in Abb. 275 wiedergegeben.

In die wassergekühlte Vorkammer ist eine Hülse eingebaut, in deren Mantel mehrere Reihen schräg nach oben oder unten gerichteter enger Löcher abweichend von der radialen Richtung gebohrt sind. Die Summe der Querschnitte dieser Öffnungen ist bedeutend geringer als die der Kanäle, die im Boden der Hülse angebracht sind und diese mit dem Brennraum im Zylinder verbinden. Die Brennstoffnadel wird

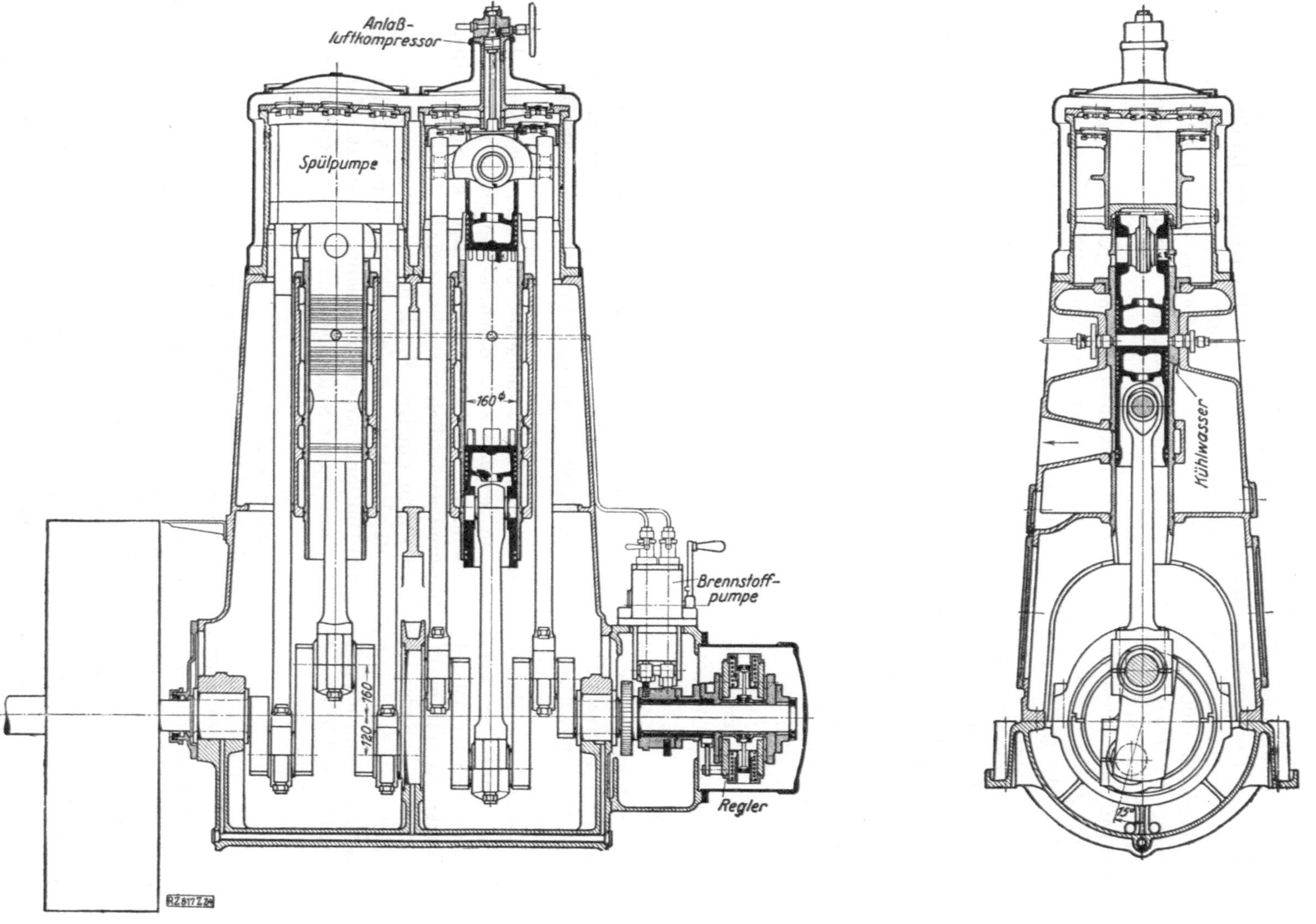

Abb. 272 und 273. Doppelkolben-Strahlmaschine von Junkers-Dessau.

durch den Flüssigkeitsdruck geöffnet, und der Brennstoff, dem durch Tangentialkanäle eine Drehbewegung erteilt wird, tritt fein zerstäubt in die Hülse ein. Die hier bei der Verbrennung auftretende Drucksteigerung treibt den größeren Teil des Brennstoffes unmittelbar durch die weiten Bodenkanäle in den Brennraum des Zylinders, einen kleineren Teil durch die stärker drosselnden Mantelöffnungen in die die Hülse umgebende Vorkammer. Die hier verbrannten Gase strömen beim Abwärtsgang des Kolbens durch die Hülse nach dem Brennraum und bewirken dabei eine vollständige Austreibung des Rückstände bzw. Verbrennung etwaiger Brennstoffteilchen, die sich in der Hülse niedergeschlagen haben.

Die Leißner-Maschine wird als Zweitaktmaschine mit Kurbelkastenspülung ausgeführt. Bei den von den Svenska Maskinverke gebauten Maschinen, mit Einzylinderleistungen bis 60 PS, wird die Brennstoffmenge bei konstantem Einspritzbeginn dadurch geregelt, daß ein von einem Flachregler verstelltes Exzenter das Saugventil aufstößt. Die Verdichtung beträgt 32 bis 36 at, das Diagramm zeigt denselben Verlauf wie das Diesel-Gleichdruckdiagramm.

Die Saugventile am Kurbelgehäuse, in dem die Spülluft auf 0,3 at verdichtet wird, sind als Platten aus Federstahl hergestellt, der Kolben hat Ablenkflächen, die an den Deckeln des Kurbelgehäuses befestigten Wellenlager sind als Kugellager ausgeführt.

Gebr. Sulzer ändern bei ihrer Bauart den Hub des Plungers der Brennstoffpumpe durch einen Flachregler mit Drehexzenter. Infolge stark geneigter Lage der Spülluftschlitze kann der Kolbenboden flach ohne Ablenkflächen gestaltet werden. Das Anlaßventil, durch ein Exzenter auf der Kurbelwelle gesteuert, ist seitlich am Zylinderdeckel angeordnet.

Die Vorkammer der Sulzer-Maschine, Abb. 276, besteht lediglich aus dem Innenraum einer ringsum gekühlten zylindrischen Pfeife im Deckel, der nach oben durch den Flansch des Vorzerstäubers, nach unten durch eine aus Spezialgußeisen hergestellte Spritzdüse begrenzt ist. Diese ist mit einer Reihe Löcher von verhältnismäßig großem Querschnitt versehen und wird von oben her — zu diesem Zweck mit einer Sechskant-Aussparung ausgeführt — in ein Muttergewinde am Deckel eingeschraubt.

Die dargestellte Maschine, die bei 50 PS_e Zylinderleistung mit zwei bis acht Zylindern gebaut wird, arbeitet — im Gegensatz zur Kurbelkastenspülung kleinerer Einheiten — mit Kreuzkopf; der Raum unterhalb des Kolbens dient als Spülpumpe, so daß deren räumlicher Wirkungsgrad wesentlich verbessert wird.

2, 3 und 4 Zylinder werden zu einem einzigen Block mit gemeinsamem Kühlwassermantel vereinigt, aus diesen Blockeinheiten werden die 5-, 6- und 8-Zylinder-Maschinen, die sämtlich mit $n = 300$ Uml./min arbeiten, zusammengesetzt. Zahlentafel 16 gibt die für eine Maschine mit dieser Spülung ganz hervorragenden Versuchsergebnisse wieder.

Zahlentafel 16.

Versuche an einer zweizylindrigen 60 PS-Sulzer-Zweitaktmaschine.
Zyl.-Dmr. 240 mm, Hub 340 mm, $n = 350$ Uml./min.

Belastung	$^1/_4$	$^1/_2$	$^3/_4$	$^1/_1$	$^5/_4$
Verbrauch . . . . g/PS_eh	355	239	207,5	195	193,5
Mittlerer effektiver Druck . . . at	0,6	1,25	1,85	2,5	3,1
Thermischer Wirkungsgrad . . . %	17,8	26	29,7	31,8	32,05
Mechanischer Wirkungsgrad. . . %	31	49	62	69	72,5

Die **Benzmaschine,** Abb. 277 bis 280. Die von den Verbrennungsgasen allseitig umspülte Hülse der Leißner-Maschine nimmt eine Temperatur an, welche die zur Selbstentzündung des Brennstoffes erforderliche Höhe überschreitet und zum Abzundern der Glühflächen führt. Die Motorenfabrik Benz, Mannheim, führt aus diesem Grunde die in den wassergekühlten Deckel eingesetzte Glühkapsel, Abb. 279, so aus, daß sie nur an der Innenfläche der Wirkung der Gase ausgesetzt ist, während die Außenfläche von einer isolierenden Luftschicht umgeben wird. Die Temperatur der Kapsel hängt in der Hauptsache von der Höhe des oben angebrachten Flansches ab, der die Wärme der Kapsel an die Deckelwandung überträgt. Durch entsprechende Bemessung der anliegenden Flanschfläche wird die Temperatur der Kapsel verschiedenartigen Brennstoffen angepaßt. Um mit Sicherheit zu erreichen, daß der durch eine geschlossene Düse eintretende Strahl nicht zum Teil gegen die Kapselwände gespritzt wird, ist die Kapsel nach oben hin trichterförmig erweitert. Der Mantel des kegelförmigen Brennstoffstrahles trifft auf den Ring der 6 bis 8 Zerstäuberlöcher von etwa 2 mm Bohrung, die sich in der Kapselwand über dem Boden befinden. Der aus der Düse tretende Strahl wird durch einen zylindrischen Fortsatz der Düsennadel geführt.

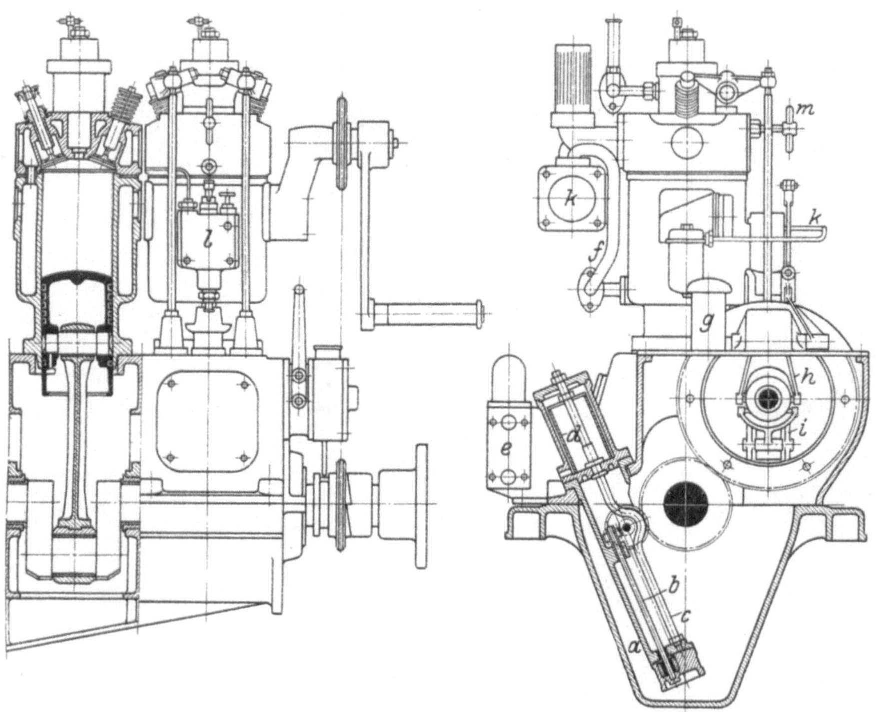

Abb. 277 und 278. Benzmaschine.

a = Rahmen der Schmierpumpe. *b* = Welle der Pumpe. *c* = Ölleitung. *d* = Drucksölfilter. *e* = Windkessel der Kühlwasserpumpe. *f* = Kühlwasserabflußrohr. *g* = Haube zum Entlüften des Kurbelgehäuses, auch zum Nachfüllen mit Schmieröl dienend. *h* = Reglerhebel. *i* = Vorrichtung zum Einschalten des Anlaßnockens. *k* = gekühltes Auspuffsammelrohr. *l* = Leitung vom Brennstoff-Filter zur Pumpe. *m* = Brennstoffpumpe.

Das aus Abb. 279 ersichtliche Nadelventil dient zum Entlüften des Brennstoffventils und der Brennstoffleitung beim Anfahren der Maschine. Luft und überschüssiger Brennsroff können durch die rechts sich anschließende Leitung entweichen, bzw. in den Brennstofftank zurückgeführt werden.

Die Maschinen werden in vier Typen mit Zylindereinzelleistungen von 9, 15, 35 und 75 PS_e gebaut.

Abb. 277 und 278 zeigen den Aufbau einer kleineren Bootsmaschine; um die nötigen Querschnitte zu erhalten, sind Ein- und Auslaßventil geneigt angeordnet. Mantel und Laufbuchse sind in einem Stück gegossen. Kleine Maschinen werden von Hand angelassen, wobei die Verdichtung durch Einschaltung eines besonderen Auslaßnockens, der das Auspuffventil während der Verdichtung nochmals öffnet, ermäßigt wird. Bei größeren Maschinen, die von einem durch ein Abzapfventil am

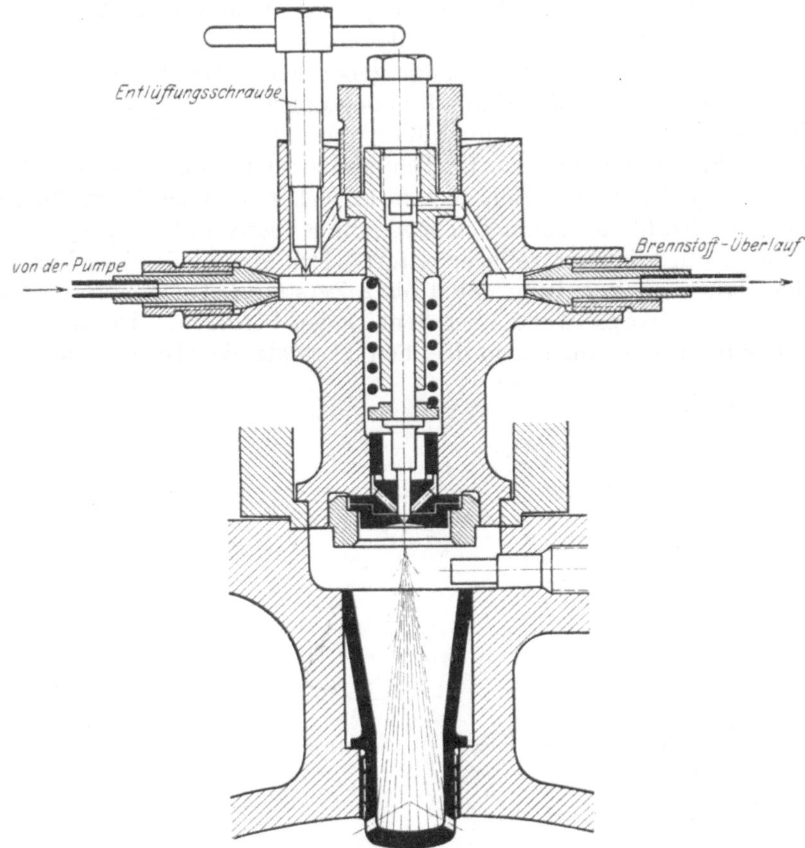

Abb. 279. Glühkapsel der Benzmaschine.

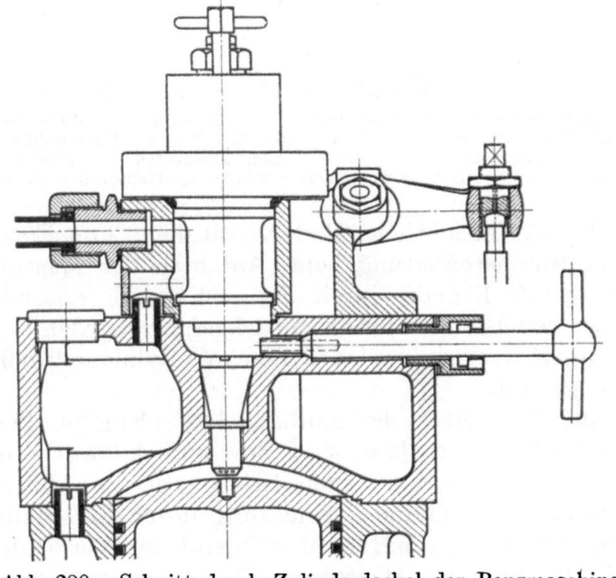

Abb. 280. Schnitt durch Zylinderdeckel der Benzmaschine.

Arbeitszylinder aufgefüllten Druckluftgefäß angelassen werden, wird bei unverändertem Spiel von Ein- und Auslaßventil nur der Anlaßnocken eingeschaltet. Gestell und Grundplatte sind in Stahlguß hergestellt, das Gestell ist so unterteilt, daß jeder Teil zwei Arbeitszylinder mit besonders eingesetzten Buchsen trägt.

Brennstoffpumpen siehe S. 187,
Schmierpumpe siehe S. 423,
Versetztes Diagramm siehe S. 198.

Für eine 35 PS-Maschine von 250 mm Zyl.-Dmr., 350 mm Hub, $n = 320$ Uml./min wird folgender Brennstoffverbrauch gewährleistet:

Belastung	$^1/_1$	$^3/_4$	$^1/_2$	$^1/_4$
Verbrauch g/PS$_e$h	175	185	220	285

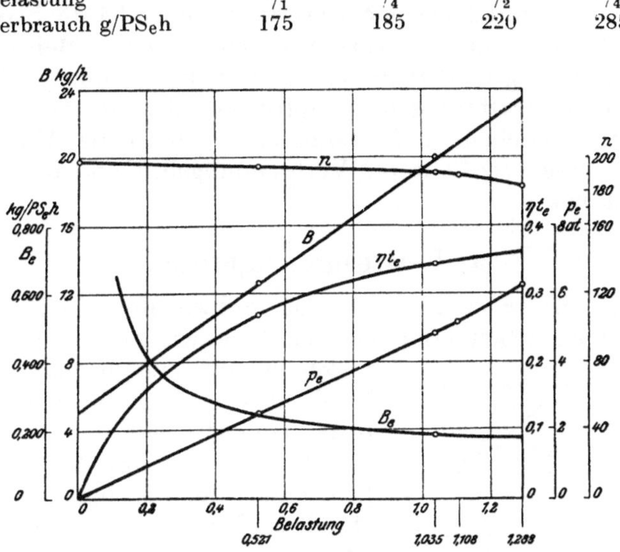

Abb. 281. Versuchsergebnisse an einer Einzylinder-Körting-Maschine. $N_e = 100$ PS. $n = 188$ Uml./min. Braunkohlenteeröl $H_u = 9580$ kcal/kg. (Nach Prof. Dr. K. Neumann.)

B = Gesamtverbrauch in kg/h. B_e = spezifischer Verbrauch in kg/PS$_e$h. p_e = mittlerer nutzbarer Druck. ηt_e = thermischer Wirkungsgrad.

Die **Körtingmaschine** arbeitet mit einer ringsum gekühlten Kammer, die durch einen gleichfalls gekühlten Kanal mit dem Verdichtungsraum verbunden ist. Im Boden der Kammer ist gegenüber der Mündung des Kanals die Düse zur Vermeidung der Erhitzung und des Abzunderns so angeordnet, daß sie möglichst mit der Wand selbst abschließt.

Abb. 281 gibt den Verbrauch einer 100 PS-Körting-Maschine nach Versuchen von K. Neumann wieder (Zyl.-Dmr. 420 mm, Hub 720 mm, n = 188 Uml./min). Die dargestellten Ergebnisse beziehen sich auf Braunkohlenteeröl mit $H_u = 9580$ kcal/kg. Der Verdichtungsdruck betrug 40,1 at abs., der Höchstdruck 45,3 at bei Vollast, 42,3 at bei Halblast.

III. Leistungssteigerung und Abwärmeverwertung.

Leistungssteigerung und Abwärmeverwertung stehen häufig in engem Zusammenhang dadurch, daß die durch die Abwärmeverwertung erzeugte Mehrarbeit zur Deckung der bei Leistungssteigerung in Hilfsmaschinen aufzuwendenden Arbeit herangezogen wird. So werden in Gaskraftanlagen Dampfturbogebläse durch den Dampf aus den Abwärmeverwertern betrieben, in Dieselmaschinen wird die Abgaswärme zur Vorwärmung der in Gebläsen verdichteten Verbrennungsluft und für den Antrieb dieser Gebläse ausgenutzt usw.

a) Leistungssteigerung.

Gasmaschinen. In Abb. 282 ist das Schwachfederdiagramm einer unter üblichen Verhältnissen arbeitenden Gasmaschine wiedergegeben. Das frische Gemisch strömt erst nach Ausdehnung des im Verdichtungsraum zurückgebliebenen Abgasrestes vom Druck p_r auf die Saugspannung p_s ein, da zur Erzeugung der Gemischgeschwindigkeit und Überwindung der Strömungswiderstände ein Druckunterschied $p - p_s$ erforderlich ist, worin $p = 1$ at abs.

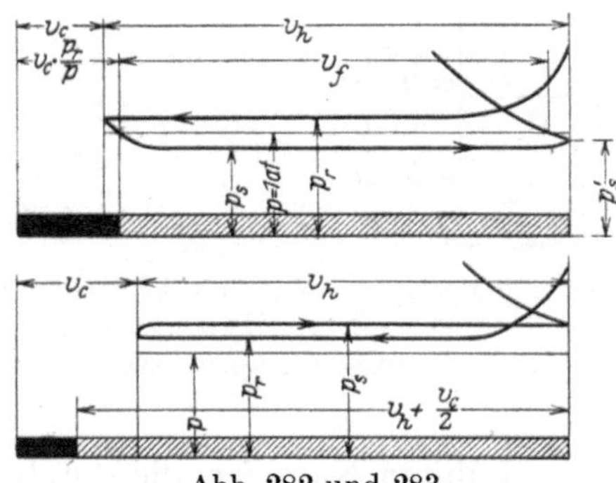

Abb. 282 und 283.

Die Abgasreste wirken sonach auf Verringerung der angesaugten Gemischmenge hin und verschlechtern diese namentlich bei kleineren Leistungen, wenn bei gleichbleibendem Abgasrest die Lademenge abnimmt. Hingegen wird die Menge des angesaugten Gemisches zwar durch Wärmeaustausch mit den heißen Wandungen, aber nicht durch die Abgastemperatur beeinflußt, da die Ausdehnung der angesaugten Ladung der Zusammenziehung der Abgase entspricht.

Die in Abb. 282 dargestellte Menge v_f der angesaugten Ladung, auf den Zustand p, t vor Eintritt in den Zylinder bezogen, läßt sich aus der Gleichung

$$p_s'(v_h + v_c) = p_r \cdot v_c + v_f \cdot p$$

ermitteln, wenn v_h = Hubraum, v_c = Brennraum. Es wird:

$$v_f = \frac{p_s'}{p}\left(v_h + v_c\right) - \frac{p_r}{p} \cdot v_c\,.$$

Mit $p_r = p = p_s'$ wird $v_f = v_h$.

Die Mischungstemperatur wird

$$T_m = \frac{p_r \cdot v_c + p \cdot v_f}{\frac{p_r \cdot v_c}{T_r} + \frac{p \cdot v_f}{T}} = \frac{p_s'(v_h + v_c)}{\frac{p_r \cdot v_c}{T_r} + \frac{p_s'(v_h + v_c) - p_r \cdot v_c}{T}}$$

Beispiel. Der Liefergrad, bezogen auf Gemisch von atmosphärischem Druck ($p = 1$ at) und der Außentemperatur $t = 15°$, ist festzustellen, wenn $p_r = 1{,}1$ at abs., $t_r = 400°$ C, $p_s' = 0{,}95$ at abs., $v_c = 0{,}16\, v_h$.

$$\text{Liefergrad } v_f = \frac{0{,}95}{1} \cdot (1 + 0{,}16) - \frac{1{,}1}{1} \cdot 0{,}16 = 0{,}926 .$$

Die Mischtemperatur beträgt:

$$T_m = \frac{0{,}95\,(1 + 0{,}16)}{\frac{1{,}1 \cdot 0{,}16}{673} + \frac{0{,}95 \cdot 1{,}16 - 1{,}1 \cdot 0{,}16}{288}} = 318° \text{ abs}, \qquad t = 45° .$$

Die Temperatur hat sonach nur 35—15 = 18° infolge der Mischung zugenommen. Erwärmt sich das einströmende Gemisch an den heißen Zylinderwänden weiter um beispielsweise 60°, so wird der Liefergrad auf $0{,}926 \cdot \frac{318}{318 + 60} \approx 0{,}78$ abnehmen. Der mittlere Druck $p_e = \frac{H_u \cdot \eta_{\text{vol}} \cdot \eta_w}{23{,}4}$ (siehe S. 47) ist dem Heizwert H_u der Ladung, diese dem Liefergrad proportional; der mittlere Druck sinkt mit Zunahme von Menge und Spannung der Abgasreste, der Ansaugetemperatur und der Saugspannung.

Damit sind die Mittel bezeichnet, durch die sich die Leistung steigern läßt:

1. Anreicherung des Gemisches,
2. Kühlung der Ladung,
3. Ausspülung der Abgasreste,
4. Füllung des Zylinders mit Gemisch von höherer Spannung.

1. Da die Gasmaschinen vielfach mit kombinierter Regelung, siehe S. 99, also bei stärkeren Belastungen mit vermehrter Gaszufuhr arbeiten, so ist eine weitere Anreicherung des Gemisches nicht mehr angebracht, da sie Entweichen unverbrannter Gasmengen in die Abgasleitung infolge unvollkommener Verbrennung verursachen würde. (Anders verhält sich die Dieselmaschine, siehe weiter unten.)

2. Vergrößerung des Ladegewichtes durch dessen Kühlung ist von Prof. Junkers mit Erfolg bei Zweitaktgasmaschinen erreicht worden, bei denen durch die Verdichtung von Gas und Luft in den Ladepumpen das Gemisch dem Zylinder mit höherer Temperatur zugeführt wird als bei Viertaktmaschinen. Bei Versuchen an einer Oechelhäuser-Zweitaktmaschine des Hörder Vereins wurde die Ladungstemperatur durch Einbau von Kühlern in die von der Gemischpumpe zum Arbeitszylinder führende Leitung von 90,5° auf 30,5° ermäßigt, wobei rechnungsmäßig eine Mehrleistung von $\frac{273 + 90{,}5}{273 + 30{,}5}$ = dem 1,2fachen gegenüber Betrieb ohne Kühlung zu erwarten war, während tatsächlich eine Steigerung auf das 1,17fache, also eine Mehrleistung von 17% erreicht wurde. Diese Mehrleistung ist auf die Erniedrigung der Temperatur während des ganzen Verlaufes des Arbeitsprozesses, die geringeren Wärmeverlust an die Wandungen und sonach kleineren Kühlwasserverlust zur Folge hat, außerdem auf die Verbesserung des mechanischen Wirkungsgrades zurückzuführen, der durch das große Verhältnis vom mittleren zum größten Druck günstig beeinflußt wird. Die bei der Maschine auftretenden Fehlzündungen wurden verringert, außerdem schied der Kühler viel Wasser aus der Ladung ab.

Wird die durch Kühlwirkung erreichbare Erniedrigung der Kreislauftemperatur nicht ausgenutzt, so läßt sich durch Verringerung der Ladetemperatur um beispielsweise 30° die Verdichtung von 13 auf 21 at erhöhen. Trotz dieser Vorzüge hat die Kühlung der Arbeitsladung auch bei Zweitaktmaschinen keine Verbreitung gefunden.

3. Ausspülung eines Teiles des Abgasrestes läßt sich durch das auf S. 103 erwähnte Verfahren von Atkinson, zwangläufig und mit größerer Wirkung durch besondere Einführung von Spülluft erreichen, so daß die frische Ladung nunmehr

auch einen erheblichen Teil des Verbrennungsraumes ausfüllt. Da die Spülluft zu diesem Zweck verdichtet werden muß und dazu gebraucht werden kann, auch das Gemisch unter Druck zu setzen, so wird wirksamste und heute allgemein eingeführte Leistungssteigerung dadurch erzielt, daß nach kräftigem Ausspülen des Verbrennungsraumes der Zylinder mit einer unter dem Druck von 0,2 bis 0,25 at stehenden Ladung beschickt wird. Abb. 283 und 290 zeigen die Vorzüge dieses Verfahrens, das heute nur noch nach Abb. 290 durchgeführt wird. Dieses Verfahren kann ohne und mit Vergrößerung des Verbrennungsraumes durchgeführt werden. Wird dessen Größe nicht geändert, so bleiben — dem gleichbleibenden Verdichtungs- und Ausdehnungsverhältnis entsprechend — die Kreislauftemperaturen und der thermische Wirkungsgrad dieselben wie bei Beschickung des Zylinders ohne verdichtete Ladung, hingegen ändert sich gewissermaßen der Kräftemaßstab des Diagramms, da in diesem sämtliche Drucke im Verhältnis der erhöhten Eintrittsspannung zur sonst üblichen Saugspannung steigen. Beträgt also z. B. die Eintrittsspannung des Gemisches 1,5 at gegenüber 1,0 at im normalen Betrieb, so nehmen die Leistung und der erwähnte Kräftemaßstab um 50% zu, der Verbrennungsdruck steigt von 25 at auf 37,5 at. Da diese Drucke außerordentliche Abmessungen bedingen, der erhöhte Verdichtungsdruck um so eher Frühzündungen verursachen würde, als die Spülung das Gemisch von den Abgasen gereinigt hat, so wird fast allgemein der Brennraum im Falle gesteigerter Leistung vergrößert, und zwar im Verhältnis des Eintrittsdruckes zum Saugdruck. Damit wird der thermische Wirkungsgrad der verlustlosen Vergleichmaschine vermindert, Höchstdruck und Höchsttemperatur bleiben dieselben wie bei normalem Betrieb, der mittlere Druck und die mittlere Temperatur steigen infolge der höherliegenden Ausdehnungslinie.

Der ersterwähnte Nachteil wird zum größten Teil durch Betriebseigenschaften der Hochleistungsmaschinen aufgewogen: der Völligkeitsgrad des Arbeitsdiagramms wird günstiger, da das Gemisch weniger von Verbrennungsrückständen durchsetzt ist, die Verbrennung vollkommener wird. Da die Leerlaufarbeit ihre absolute Größe nicht ändert, sich nunmehr aber auf eine größere Leistung verteilt, so nimmt der mechanische Wirkungsgrad zu. Der dadurch bedingte Prozentsatz der Mehrleistung deckt annähernd den Arbeitsaufwand für die Erhöhung der Spül- und Ladedrucke. Der spezifische Kühlwasserverlust, d. h. der auf 1 PS_eh entfallende Verlust wird verringert.

Bei gleichbleibendem Ungleichförmigkeitsgrad kann das Schwungradgewicht infolge des größeren Verhältnisses zwischen mittlerem und höchstem Druck und des dadurch bedingten gleichmäßigeren Verlaufes des Tangentialdruckdiagramms kleiner werden.

Von besonderer Bedeutung ist die Änderung des Charakters der Wärmeverbrauchsziffern, Abb. 284. Während der spezifische Verbrauch der Normalmaschine mit sinkender Belastung rasch ansteigt, bleibt der Verbrauch der Hochleistungsmaschine gerade bei den Belastungen annähernd konstant, die durch die Leistungssteigerung ermöglicht werden und in deren Bereich bei den üblichen Belastungsfaktoren die Maschine meist arbeitet.

Die dem Gebläse zuzuführende Arbeit beträgt in mkg:

$$L = \frac{L_0 \cdot V_l}{\eta_{is}} \qquad \text{mit} \qquad V_l = n_1 \cdot v_c + n_2 \cdot v_h ,$$

worin durch $n_1 > 1$ die durch das Auslaßventil entweichende Spülluftmenge, durch $n_2 < 1$ die nur teilweise Füllung des Hubraumes v_h mit Spülluft in Rechnung gesetzt wird. L_0 = isothermische Verdichtungsarbeit in kgm für 1 m³, η_{is} = isothermischer Wirkungsgrad, einschließlich Wirkungsgrad des antreibenden Elektromotors.

Zur Leistung dieser Arbeit wird ein Teil des im Zylinder erzeugten mittleren Druckes verwendet von der Größe

$$p_{mc} = \frac{L}{v_h} \cdot \frac{1}{\eta_{\text{mg}}} \cdot \frac{1}{\eta_{\text{Dyn}}} .$$

Ist p_e der mittlere der Bremsleistung entsprechende effektive Druck, p_i der mittlere indizierte Druck, so folgt nach dem Abzugsverfahren, siehe S. 40, der mechanische Wirkungsgrad

$$\eta_m = \frac{p_e}{p_i - p_{mc}},$$

vorausgesetzt, daß der Motor des elektrisch angetriebenen Turbogebläses den Strom von der Gasdynamo erhält. Es ist η_{mg} = mechanischer Wirkungsgrad der Gasmaschine, η_{Dyn} = Dynamowirkungsgrad.

Die Gleichung für p_{mc} zeigt, daß bei unmittelbarem, neuerdings von Ehrhardt & Sehmer ausgeführtem Antrieb eines Kolbenverdichters durch die Kolbenstange der Gasmaschine eine nicht unerhebliche Arbeitsersparnis erzielt wird.

Beispiel. $p_r = 1{,}1$ at abs., $p_s' = p_s = 1{,}2$ at, $v_c = 0{,}25\, v_h$; es werde angenommen, daß 50% des Verbrennungsraumes von Abgasen gereinigt wird, so daß am Ende des Füllungshubes nur $0{,}5\, v_c$ von Rückständen ausgefüllt ist. Mit $v_h = 1$, $v_c = 0{,}50 \cdot (0{,}25\, v_h)$ folgt:

$$v_f = \frac{p_s'}{p_{\text{at}}}(v_h + 0{,}50\, v_c)$$

$$= \frac{p_s'}{p_{\text{at}}} \cdot v_h (1 + 0{,}125)$$

$$= \frac{1{,}2}{1} \cdot 1\,(1 + 0{,}125) = 1{,}35.$$

Auf Luft von atmosphärischer Spannung bezogen beträgt nunmehr der Liefergrad 135% gegenüber 92,6% bei normaler Betriebsweise, einer Steigerung von $100\left(\frac{135}{92{,}6} - 1\right) \simeq 46\%$ entsprechend.

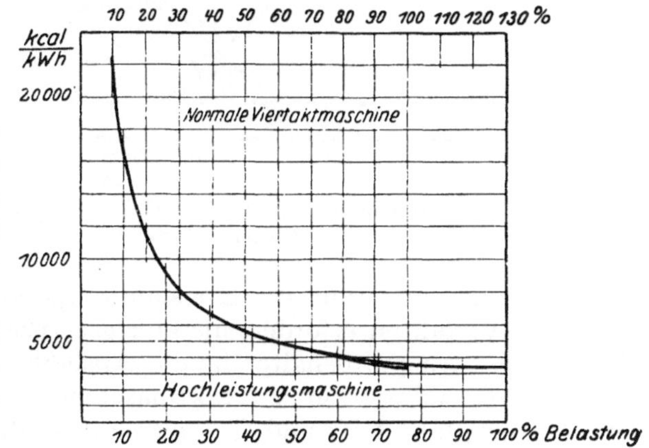

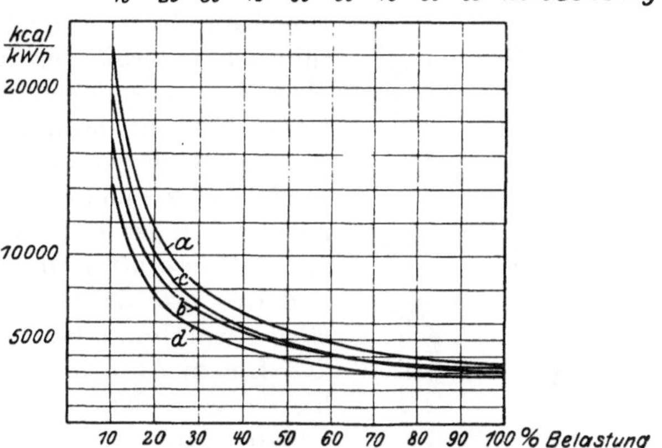

Abb. 284. Oben. Wärmeverbrauch einer Großgasmaschine als normale Viertakt- und als Hochleistungsmaschine.
Unten: Wärmeverbrauch einer normalen Viertakt- und einer Hochleistungsmaschine ohne und mit Abwärmeverwertung.
a = Normale Viertaktmaschine. b = Hochleistungsmaschine.
c = Normale Viertaktmaschine mit Abwärmeverwertung.
d = Hochleistungmaschine mit Abwärmeverwertung.

Gewöhnlich wird die Leistung um 25% erhöht, einer Vergrößerung des mittleren Druckes von 4,8 at auf 6 at entsprechend, so daß Maschinen von 1500 mm Zyl.-Dmr., 1500 mm Hub bei $n = 95$ Uml./min als Zwillingstandemmaschinen eine Leistung von 10 000 PS_e erreichen und damit die größten Gasmaschineneinheiten darstellen.

Ausführungsformen. Die Füllung des Zylinders mit Gemisch von höherer Spannung kann grundsätzlich in zwei Arten durchgeführt werden:

1. Aufladen des Zylinders mit Gemisch von höherer Spannung,

2. Nachladen von Verbrennungsluft allein in den mit reichem Gemisch schon beschickten Zylinder. Eine Bauart nach Verfahren 1 hat zuerst Prof. Junkers in seinen Zweitaktmaschinen durchgeführt, ist jedoch auch auf Dieselzweitaktmaschinen anwendbar. Werden nämlich die Auspuffgase hinter dem Auspuffbehälter gedrosselt, so wird der Auspuffdruck bedeutend größer als 1 at, gegen den die Ladepumpen, die sich von selbst auf den höheren Druck einstellen, fördern müssen. Da das Verdichtungs- und Ausdehnungsverhältnis dasselbe bleiben, so werden der thermische Wirkungsgrad und die Kreislauftemperaturen nicht geändert.

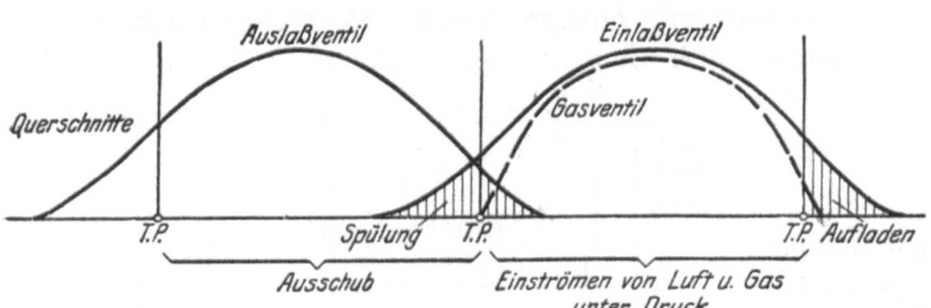

Abb. 285. Ventilerhebungsdiagramm der älteren Steuerung von Ehrhardt & Sehmer.

Das Verfahren erfordert als einziges zusätzliches Organ eine Drosselklappe, die hinter dem Auspuffbehälter in die Auslaßleitung einzubauen ist.

In Anwendung auf Viertaktmaschinen verursacht Verfahren 1, da wegen der Explosionsgefahr Luft und Gas getrennt verdichtet und fortgeleitet werden müssen, eine Komplikation der Hilfsanlage wegen der getrennt auszuführenden Verdichter für Gas und Luft. Die Steuerung der Maschine ist jedoch einfacher, es ist durch späteres Öffnen des Gasventils nur dafür zu sorgen, daß die Spülluft für Austreiben der Verbrennungsrückstände zuerst in den Zylinder tritt. Verfahren 2 macht die Aufstellung nur von Luftverdichtern nötig, doch ist hierbei die innere Steuerung als „Dreikanalsystem“ auszuführen, da neben den Kanälen für Mischluft und Gas ein dritter Kanal für die Spülluft vorzusehen ist. Eine Ausnahme macht die Steuerung nach Abb. 286.

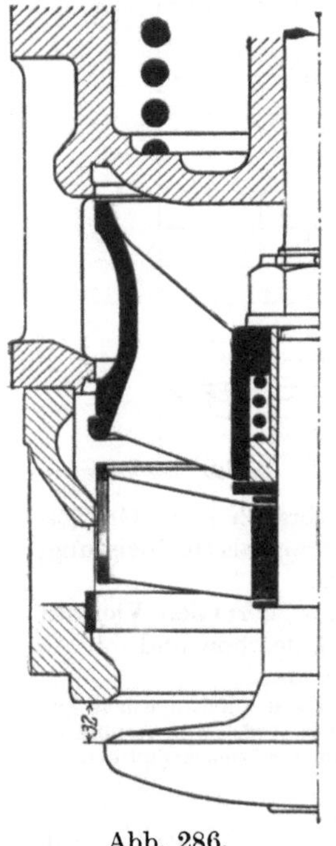

Abb. 286. Neuere Steuerung von Ehrhardt & Sehmer.

Die in Abb. 122 dargestellte ältere Steuerung von Ehrhardt & Sehmer ist bei entsprechender Bemessung der Überdeckung am Gasschieber und entsprechender Einstellung des Vor- und Nachöffnens ohne weiteres zum Aufladen mit verdichteter Gas- und Luftladung geeignet und ist auch von dieser Firma zum Zweck der Leistungserhöhung verwendet worden. Abb. 285 zeigt das zugehörige Ventilerhebungsdiagramm. Öffnet das Einlaßventil, so strömt zunächst nur Spülluft ein, die die Abgasreste durch das noch geöffnete Auslaßventil austreibt. Nach Zurücklegen der Gasventilüberdeckung tritt neben der nun als Ladeluft wirkenden Druckluft das verdichtete Gas ein, bis das Gasventil kurz nach dem Totpunkt schließt. Während der weiteren Abwärtsbewegung des Einlaßventils um die genannte Überdeckung wird Luft nachgeladen. Da die Verdichtung des Gases Betriebsschwierigkeiten veranlaßte, so sind neuerdings Ehrhardt & Sehmer zur Verdichtung der Luft allein in besonderen an die Kolbenstangen der Hauptmaschinen angehängten Verdichtern übergegangen, womit sich die auf S. 255 erwähnten Vorteile bezüglich Arbeitsersparnis ergeben und besondere Spülluftleitungen fortfallen. Der Verdichterkolben nimmt den Platz des hinteren Tragschuhes der Gasmaschinenkolbenstange ein, die so in einem Lager geführt ist, daß der Verdichterkolben das Gaskolbengewicht nicht aufzunehmen braucht. Spülluftzylinder und Stangenlager können leicht nach hinten herausgezogen werden, so daß die Zugänglichkeit der Stopfbuchse gewahrt bleibt.

Abb. 286 stellt die neuere Steuerung dar, bei der das Gasventil als Doppelsitzventil mit Überdeckungsringen ausgebildet ist; in Schlußlage des Einlaßventils hat der Spülschieber den Luftkanal völlig freigelegt. Abb. 287 zeigt die Ventilbewegung Bei Abwärtsbewegung der Spindel wird zunächst der Luftkanalquerschnitt verengt, um nach Zurücklegen der Höhe des unteren Spülluftringes am Schieber konstant zu bleiben. Die hierbei stattfindende starke Drosselung der Ladeluft ermöglicht Mischung mit dem nicht verdichteten, aber ungedrosselt zutretenden Gas derart, daß Gasüberschuß vorhanden ist. Durch Aufladen nach Schluß des Gasventils wird dann so viel Luft zugeführt, als dem gewählten Luftüberschuß entspricht. Die Mischkammer ist bei geschlossenem Einlaßventil mit Druckluft gefüllt.

Die Wirkung der neuesten Steuerung ist in Abb. 288 wiedergegeben. Um eine gründliche Ausspülung zu erreichen und gleichzeitig die Zylinderwandungen wirksam auszukühlen, setzt schon zu Beginn des Auspuffhubes die Spülperiode ein, indem das Einlaßventil durch entsprechende Gestaltung des Nockens um einen Betrag geöffnet wird, der kleiner als die Gasventilüberdeckung ist. Die Mischung des Gases mit der gedrosselten Luft geht in der gleichen Weise, wie bei Abb. 286 angegeben, vor sich.

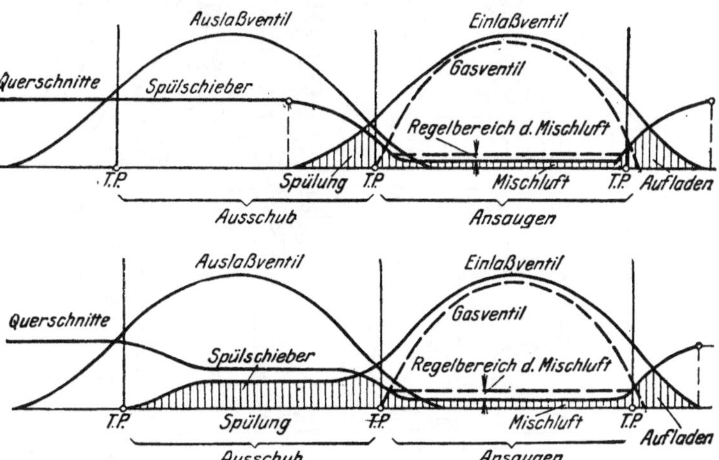

Abb. 287 und 288. Ventilerhebungsdiagramme der neueren Steuerungen von Ehrhardt & Schmer.

Abb. 289 zeigt die Dreikanalsteuerung von Thyssen & Co.; neben der Gas- und Mischluftleitung führt zu jedem Zylinder eine besondere Leitung für verdichtete Spül- und Nachladeluft, deren Querschnitt bei geschlossenem Einlaßventil freigelegt ist und bei dessen Abwärtsbewegung geschlossen wird, worauf Luft und Gas durch die sich jetzt öffnenden Querschnitte in normaler Weise angesaugt werden. Bei der Aufwärtsbewegung der Ventilspindel werden nach Abschluß der Luft- und Gasquerschnitte die Druckluftquerschnitte wieder freigelegt, so daß das angesaugte, überreiche Gemisch unter Druck gesetzt wird. Abb. 290 veranschaulicht den Vorgang. Der Regler wirkt auf Drosselschieber oder -ventile in den Kanälen in der Weise ein, daß bei abnehmender Belastung zunächst die Druckluft gedrosselt wird, erst nach Schließung des Druckluftkanals werden Mischluft- und Gasleitung gedrosselt.

In die Zuleitungen sind besondere Sicherheitsvorrichtungen eingebaut, um beim Ausbleiben des Spülluftdruckes das Eindringen von Gemisch bei Beginn des Verdichtungshubes, wo das Einlaßventil noch nachöffnet, in die Mischkammer zu verhindern, da dieses Gemisch während der später folgenden gleichzeitigen Öffnung von Ein- und Auslaßventil durch die Auspuffgase entflammt werden kann. Bleibt der Luftdruck aus, so wird die Druckluftleitung durch ein Wechselventil abgeschlossen und der Mischraum mit dem Druckluftraum vor der Maschine verbunden. Dieselbe Umschaltung tritt selbsttätig ein, wenn bei unerwartetem Stehenbleiben der Maschine die Gefahr entsteht, daß Druckluft in die Gasleitung überströmt.

Die MAN führt das Dreikanalsystem nach Abb. 291 aus. Wie bei der Thyssen-Steuerung sind die drei Schieber mit der Einlaßventilspindel, deren Hub in gleicher Weise wie für Abb. 120 angegeben durch den Regler geändert wird, fest verbunden. Diese Regelung würde jedoch bei kleinen Belastungen die Spül- und Ladezeit unzulässig verlängern, aus diesem Grunde wird vom Regler eine Schieberbuchse, in der der tellerförmige Druckluftschieber angeordnet ist, so durch die in Abb. 291 angedeuteten Hebel verstellt, daß mit sinkender Belastung die Schieberbuchse gehoben und die freie Druckluftöffnung verkleinert wird. Die Bewegung der Schieberbuchse wird von dem unteren Wälzhebel abgeleitet, so daß bei kleinen Belastungen vollständiger Abschluß der Druckluft möglich wird. Die Schlußfeder ist durch einen Druckluftkolben ersetzt.

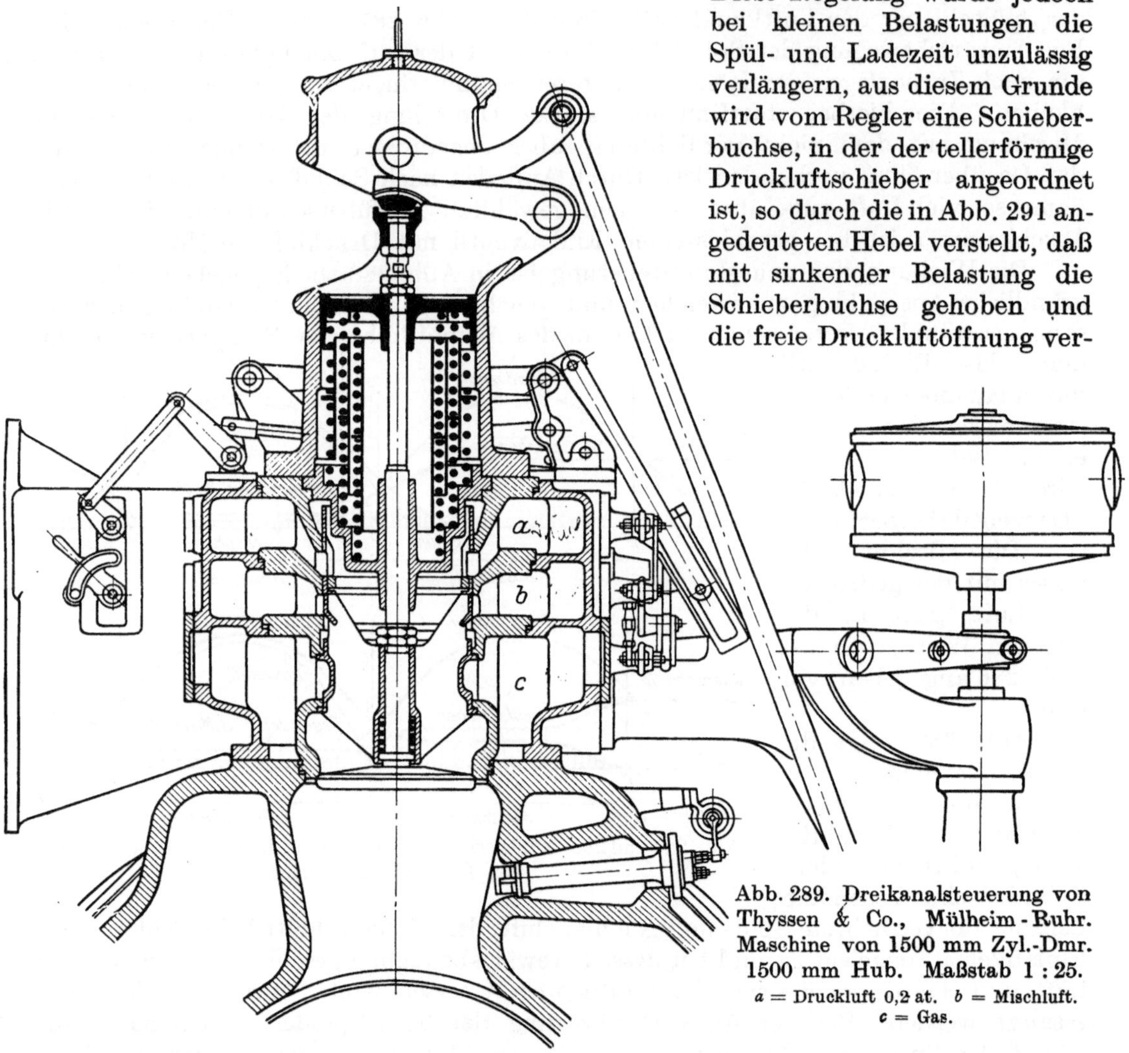

Abb. 289. Dreikanalsteuerung von Thyssen & Co., Mülheim-Ruhr. Maschine von 1500 mm Zyl.-Dmr. 1500 mm Hub. Maßstab 1 : 25.
a = Druckluft 0,2 at. b = Mischluft. c = Gas.

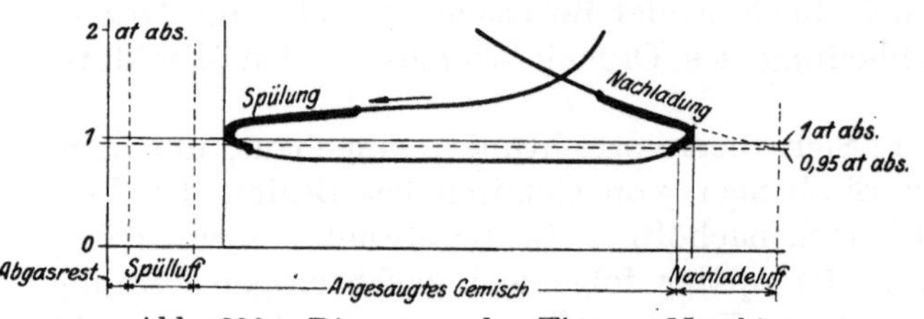

Abb. 290. Diagramm der Thyssen-Maschine.

Dieselmaschinen. Da diese mit 1,8- bis 2fachem Luftüberschuß arbeiten, so ist hier Leistungssteigerung durch Anreicherung des Gemisches, d. h. vermehrte Brennstoffzufuhr möglich, wenn durch Erhöhung des Einblasedruckes und die dadurch bedingte stärkere Durchwirbelung der Luft diese vollständig zur Verbrennung der größeren Brennstoffmenge herangezogen wird. Die MAN hat bei Steigerung des Einblasedruckes auf 85 at mittlere indizierte Drucke von 12 at bei Verbrennungshöchstdrucken von 40 at und befriedigender Verbrennung erreicht.

Die Durchwirbelung und Verbrennung wurden verbessert, wenn bei unveränderter Ausführung des Brennstoffventils und Brennstoffnockens Zusatzluft, deren Menge bis auf 20 bis 22% des Luftgesamtgewichtes gesteigert wurde, durch ein besonderes Ventil eingeführt wurde, das kurz hinter der oberen Totlage, also nach Einblasen der größten Brennstoffmenge, öffnete und ungefähr gleichzeitig mit dem Brennstoffventil schloß. Auch hierbei wurde ein mittlerer indizierter Druck bis zu 12 at erzielt. Der indizierte Brennstoffverbrauch war günstiger bei Einführung von Zusatzluft als bei erhöhtem Einblasedruck. Da aber die Zusatzluft durch einen besonderen Verdichter beschafft werden muß, so sind nach Abb. 292 die effektiven Verbrauchsziffern für beide Verfahren gleich trotz der besseren Verbrennung mit Zusatzluft.

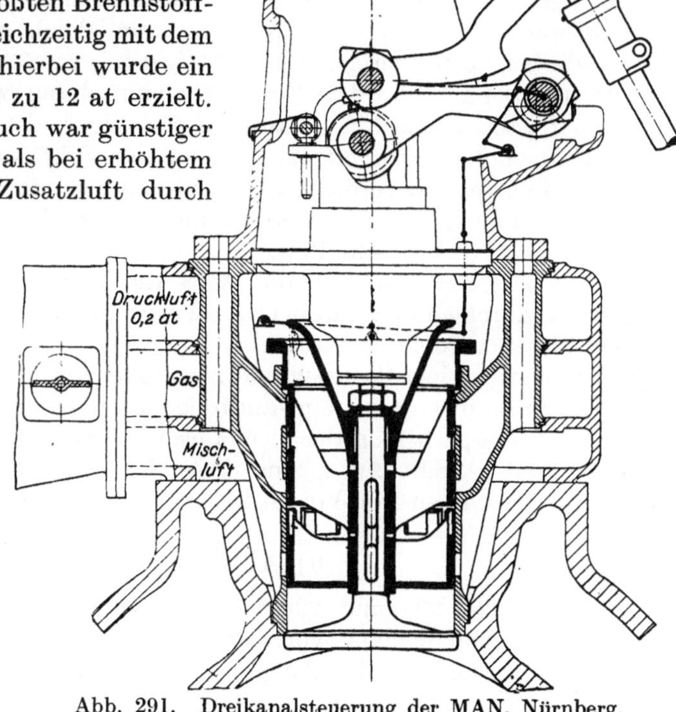

Abb. 291. Dreikanalsteuerung der MAN, Nürnberg.

Abb. 293 zeigt die Zunahme der Verbrennungstemperaturen infolge des kleineren Luftüberschusses, die vergrößerte Wärmebeanspruchung verursacht.

Bezüglich der Größe des Verbrennungsraumes gelten für das Junkerssche Verfahren, das hauptsächlich für die Verwendung in Dieselmaschinen gedacht ist, dieselben Überlegungen, wie auf S. 254 angegeben. Da aber die Drucke und Temperaturen der Dieselmaschinen bedeutend höher als in der Gasmaschine sind, so sind das Junkerssche Verfahren wie auch die vorbeschriebenen Verfahren mehr

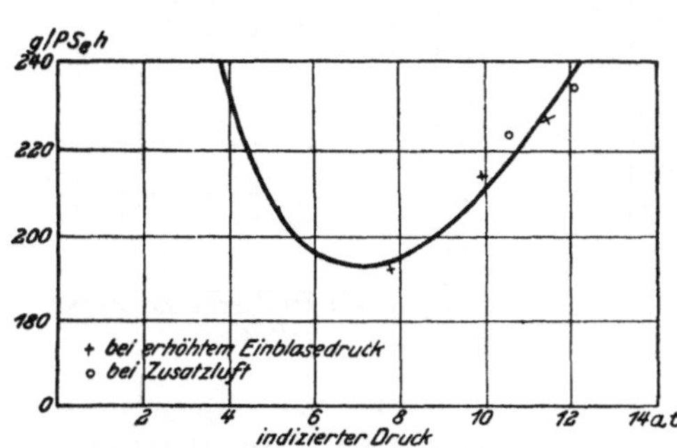

Abb. 292. Auf 1 PS_eh bezogener Brennstoffverbrauch bei verschiedenen indizierten Drucken.

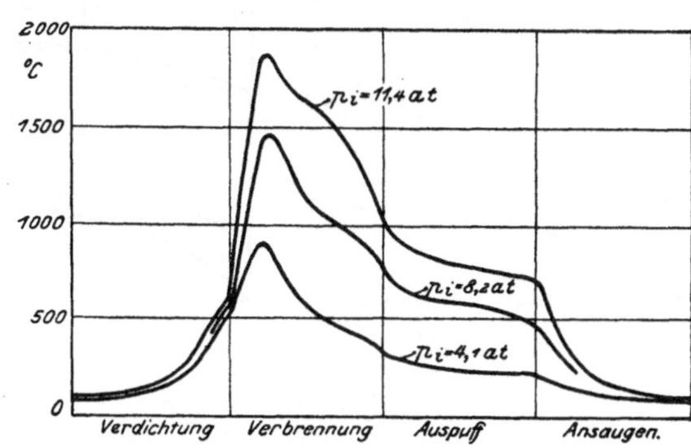

Abb. 293. Temperaturverlauf während eines Arbeitsspiels.

für eine zeitweise Überlastung als für dauernde Leistungssteigerung geeignet, die größeren Verbrennungsraum voraussetzt. Diese Vergrößerung wird dadurch begrenzt, daß beim Anfahren der kalten Maschine die niedrigere Verdichtungsendspannung noch die zur Zündung erforderliche Temperatur schafft.

Besondere Beachtung findet auch im Dieselmaschinenbau das Verfahren, die Ladeluft vorverdichtet einzuführen, so daß größere Brennstoffmengen eingespritzt werden können. Die gleichzeitige Öffnung von Lufteinlaß- und Auspuffventil ermöglicht auch hier Austreiben der Abgasreste aus dem Verbrennungsraum. Nach dieser Richtung hin hat die MAN bei unverändertem Brennraum ebenfalls Versuche angestellt, die ergaben, daß bei gleichem Luftüberschuß auch gleicher Verbrauch auf 1 PS_ih erhalten wurde. Beim Aufladen mit 1,35 at abs. wurde die Nutzleistung um 33% gesteigert, wobei die Gastemperaturen annähernd dieselben wie bei üblichem Betrieb waren, auch die Verbrennung war gleich vollkommen. Der Brennstoffverbrauch betrug bei der genannten Steigerung um 33 %, wobei die Maschine 93 PS_e leistete, rd. 194 g/PS_eh. Die Wärmebeanspruchung war dieselbe wie bei einer um 20 % überlasteten Maschine, nahm also weniger als die Leistung zu. Auf Grund dieser Untersuchung kommt Riehm zu der Folgerung, daß die Viertaktmaschine durch Einführung vorverdichteter Verbrennungsluft auf das 1,3- bis 1,35fache der normalen Leistung gebracht werden kann, ohne daß die Drucke und Temperaturen das zulässige Maß überschreiten.

In großem Maßstab hat die AEG die Leistungssteigerung bei ihren Schiffsmaschinen durchgeführt, wobei die Verbrennungsluft in elektrisch angetriebenen Turbogebläsen verdichtet wird.

Versuche an einer Sechszylindermaschine von 630 mm Zyl.-Dmr., 960 mm Hub, $n = 132$ Uml./min ergaben einwandfreien Lauf bei $p_i = 8{,}35$ kg/cm². Einschließlich Einblaseluftpumpe betrug der mechanische Wirkungsgrad $\eta_m = 0{,}73$, der Brennstoffverbrauch 142 g/PS_ih. Auf Grund dieser Versuche hat die AEG eine größere Anzahl von Schiffsmaschinen mit Vorverdichtung ausgeführt.

b) Abwärmeverwertung.

In Abb. 294, 295 und 296 ist die Wärmeverteilung in Großgas- und Dieselmaschinen in Abhängigkeit von der Belastung dargestellt; die Abwärmeverwertung hat den Zweck, die mit den Auspuffgasen und dem Kühlwasser abziehenden großen

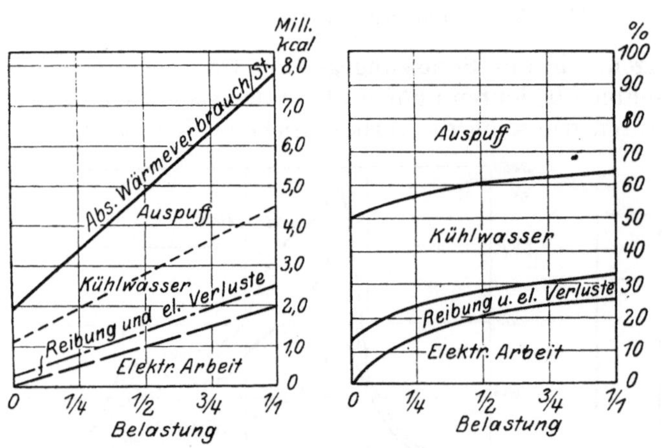

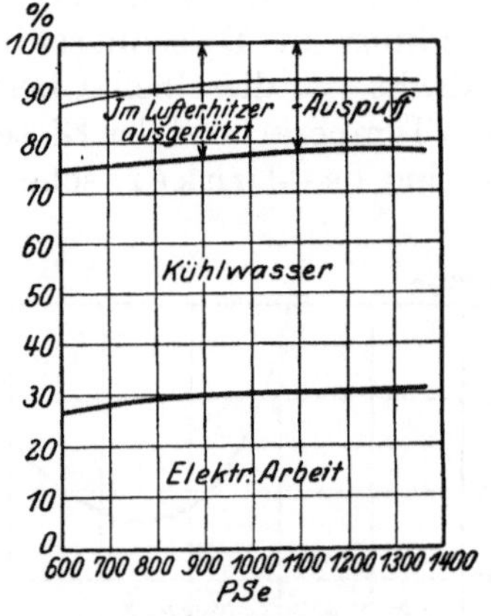

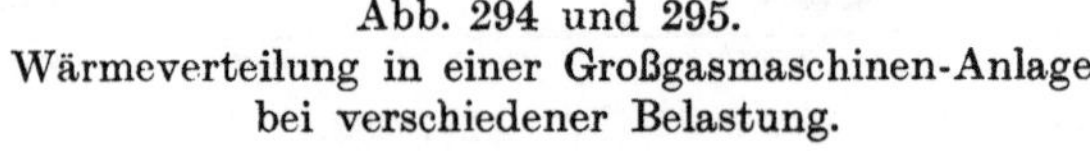
Abb. 294 und 295.
Wärmeverteilung in einer Großgasmaschinen-Anlage bei verschiedener Belastung.

Abb. 296. Versuchsergebnisse betr. 1200 PS-Dieselmaschine mit Abwärmeverwertung.

Wärmemengen für Heiz- oder Kraftzwecke nutzbar zu machen. Durchschnittliche Verlustwerte für volle Belastung sind in Zahlentafel 17 angegeben. Da die Auspuffgase der Gasmaschinen eine Temperatur von 400 bis 700°, die der Dieselmaschinen 200 bis 500° — noch weniger in Zweitaktmaschinen (siehe Abb. 300 b) — haben, so ist ihre Verwertung trotz der geringen spezifischen Wärme wegen des größeren Temperaturgefälles bedeutend leichter durchzuführen als die wassers, das in normalen Fällen bei einer Temperatur von nur 50 bis fügung steht.

Aus Zahlentafel 17 ist der geringe Unterschied zwischen Kühlwasse puffverlust bei Dieselmaschinen ersichtlich, der auf den kleineren Hubraum bzw. die größere spezifische Kühlfläche, verursacht durch den höheren mittleren Druck und die meist höhere Umlaufzahl, zurückzuführen ist. Der Auspuffverlust wird durch den günstigeren thermischen Wirkungsgrad verringert.

Zahlentafel 17.

		Gasmaschine	Dieselmaschine
Stündlicher Verbrauch . . .	kcal/PS_eh	2200	1850
In Nutzarbeit umgesetzt . .	kcal/PS_eh	632	632
Verluste durch Reibung usw.	kcal/PS_eh	168	198
Kühlwasserverlust	kcal/PS_eh	650	500
Abgaswärme	kcal/PS_eh	750	520

Ausnutzung der Auspuffwärme der Gasmaschinen. Die Auspuffwärme ist der Menge nach von der Größe und Belastung der Maschine, der Temperatur nach von der Art der Regelung abhängig. Mit zunehmender Zylindergröße nimmt der Einfluß der Kühlfläche ab, so daß die Auspuffwärme steigt. Diese nimmt ebenfalls mit der Belastung zu, mit der die Temperaturen des Kreislaufes steigen. Abwärmeverwertung ist also besonders bei Hochleistungsmaschinen angebracht. Wird die Maschine auf Gemisch geregelt, so ist die Auspuffgasmenge annähernd konstant, so daß Änderungen der Wärmemenge als Änderungen der Temperatur auftreten, die mit sinkender Belastung zurückgeht, wie Abb. 297 zeigt. Wie ersichtlich, nimmt die Leistung des Abhitzekessels mit der Abgastemperatur stark ab. Bei Regelung auf Füllung hingegen bleiben die Temperaturen fast konstant (vgl. Abb. 298), da die Auspuffgasmenge geändert wird, und zwar ist diese Temperatur annähernd gleich der Höchsttemperatur bei Gemischregelung. Die abgehende Wärmemenge läßt sich also nach S. 20 besser ausnutzen. Die Leistung der Abhitzekessel nimmt langsamer als die Belastung der Gasmaschine ab, so daß — wie auch Abb. 299 erkennen läßt — bei halb belasteter Maschine die Dampferzeugung pro PS_eh um 20% steigt. Der Wärmeverbrauch der Gasmaschine wird dadurch von der Belastung unabhängiger. Abb. 284 zeigt die Verringerung des für die Krafterzeugung erforderlichen Wärmeverbrauches durch die Abwärmeverwertung. Bei großen Hochleistungsmaschinen läßt sich auf 1 PS_eh etwa 1 kg Heißdampf von 10 bis 14 at bei 350 bis 450° erzeugen, wodurch sich der Wirkungsgrad von 26 bis 28% auf 31 bis 33% erhöht.

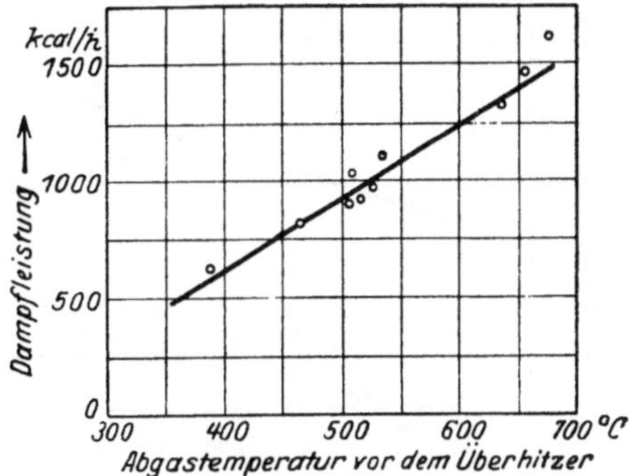

Abb. 297. Leistung der Abgasverwerter von Großgasmaschinen in Abhängigkeit von der Gastemperatur.

Auf 1 PS_eh kommen nämlich rd. 5,5 m³ Auspuffgase. Ist $c_p = 0,34$ kcal/m³ die spezifische Wärme dieser Gase, die — da es sich um eine überschlägliche Rechnung handelt — als konstant vorausgesetzt werde, und sinkt die Temperatur im Kessel von 600° auf 180°, so ist bei 750 kcal Wärmeinhalt des Dampfes dessen Gewicht je 1 Gas-PS_eh:

$$\frac{5{,}5 \cdot 0{,}34 \cdot (600 - 180)}{750} \cong 1 \text{ kg}.$$

Mit 600° Eintrittstemperatur folgt der Wirkungsgrad des Kessels zu $\frac{(600-180)}{600} = 70\%$; werden etwa 3,5% Strahlungsverlust abgezogen, so ergibt sich $\eta = 66{,}5\%$ als normaler Wert.

Im übrigen ist der Kesselwirkungsgrad abhängig von den zugelassenen Gasgeschwindigkeiten in den Kesselzügen, mit deren Steigerung die Wärmeübertragung, aber auch der Gegendruck auf den Kolben zunehmen.

Die Abwärmeverwertungsanlagen bestehen in der Hauptsache aus einem ausziehbaren Rauchröhrenkessel mit vorgeschaltetem Überhitzer und angehängtem Vorwärmer, die von den Auspuffgasen im Gegenstrom bespült werden; der Wasserstand wird durch eine selbsttätige Vorrichtung geregelt. Sicherheitsdeckel verhindern unzulässige Drucksteigerung, wenn unverbranntes Gas in der Auspuffleitung verbrennt. Abb. 481 zeigt die nachgiebige Ausführung des Verbindungsrohres zwischen Maschine und Kesselanlage.

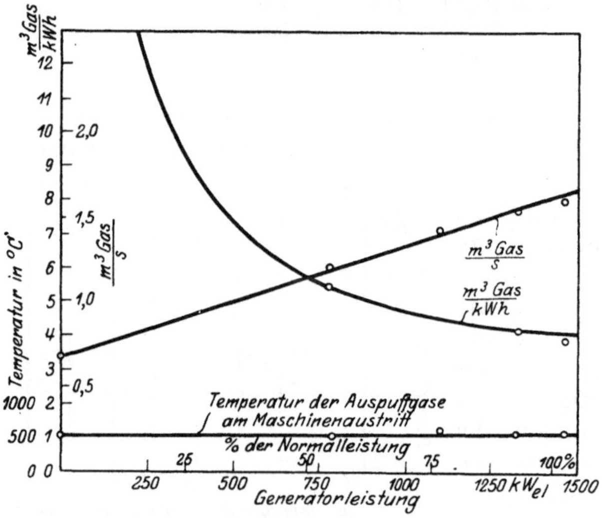

Der Überhitzer ist ausschaltbar oder wird vor der Inbetriebsetzung mit Wasser gefüllt. Bei höheren Dampfdrucken können Abgasaustritts-Temperaturen von 180 bis 150°, bei niederen Drucken solche von 130 bis 110° erreicht werden, doch sind die Heizflächen im allgemeinen nicht unter 40 bis 50° abzukühlen, da sich sonst der in den Abgasen enthaltene Wasserdampf niederschlägt und namentlich bei Anwesenheit von schwefeliger Säure, von schwefelhaltigen Brennstoffen herrührend, Anfressungen verursacht.

Abb. 298. Gasverbrauch und Auspufftemperatur in Abhängigkeit von der Generatorleistung.

In Abb. 298 bis 300 sind Ergebnisse dargestellt von Versuchen, die Marcel Steffes an einer DTG 13b-Gasmaschine, Bauart MAN 1911, angestellt hat, wobei die Höchstleistung 1465 kW betrug, wodurch sich die verhältnismäßig geringe Dampferzeugung erklärt. Die Maschine hat 1150 mm Zyl.-Dmr., 1300 mm Hub und ist mit einem Drehstromgenerator für 2200 kVA, 5000 Volt und 50 Perioden gekuppelt. Der wagerechte mit Rauchrohren ausgeführte Abhitzekessel hat 60 m² Vorwärmer-Heizfläche, 120 m² Kesselheizfläche und 15 m² Überhitzerfläche. Wie Abb. 298 zeigt, bleibt die Auspufftemperatur, die mit 574° den Höchstwert erreichte, annähernd konstant. Der normale Auspuffgasdruck betrug rd. 300 mm W.S. am Eintritt und rd. 20 mm W.S. am Austritt des Abhitzekessels. Diese Druckerhöhung entsprach einem Mehraufwand von 15 PS_i in der Gasmaschine, einer Steigerung des Wärmeverbrauches um 13 kcal/SP_ih. Stündlich wurden 1570 kg Dampf von 340° und 13 at Überdruck erzeugt, was — auf Normaldampf bezogen — 1800 kg/h Dampf und einer Belastung des Kessels von 10 kg/m² Heizfläche entspricht. Der Gesamtwirkungsgrad des Maschinensatzes: Gasmaschine—Drehstromgenerator—Abhitzekessel erreichte 46,9% als Höchstwert. Abb. 299 gibt die Dampfmengen in kg/h und kg/kWh sowie die beiden Kesselwirkungsgrade wieder, einmal bezogen auf die der Gasmaschine zugeführte Wärmemenge ($\eta_{max} = 22{,}4\%$), das andere Mal bezogen auf die mit den Abgasen dem Kessel zugeführte Wärmemenge ($\eta_{max} = 60{,}8\%$). Wird $N_e = 2100$ PS_e geschätzt, so wurden 0,75 kg/PS_eh erzeugt. Die Veränderlichkeit des Kesselwirkungsgrades und die Größe der Abgasverluste sind besonders deutlich aus Abb. 300a ersichtlich.

Wird die durch die Abhitze gewonnene Dampfmenge in einem Turbogeneratorsatz verwertet, so werden 16% elektrische Mehrleistung gewonnen, was einer Erhöhung des wirtschaftlichen Wirkungsgrades um 3,5% entspricht.

Da 10600 m³ Auspuffgas stündlich zur Verfügung stand, das mit 568° in den Überhitzer trat und mit 182° aus dem Vorwärmer austrat, so hätte sich nach der oben angegebenen überschläglichen Rechnung eine stündliche Dampfmenge von $\frac{10600 \cdot (568 - 182) \cdot 0{,}34}{750} = 1850$ kg ergeben müssen.

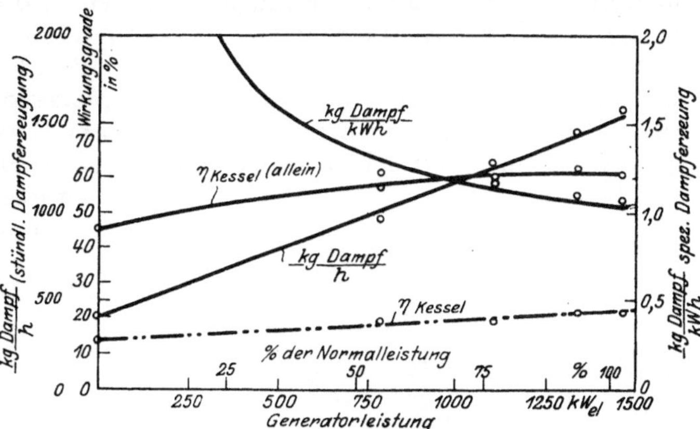

Abb. 299. Dampferzeugung und Kesselwirkungsgrad in Abhängigkeit von der Generatorleistung.

Die in den Abgasen der Zweitaktgasmaschinen und Dieselmaschinen enthaltene Wärmemenge läßt sich wegen der Gemischregelung dieser Maschinen und der dadurch bedingten Abnahme der Temperatur mit sinkender Belastung nicht so nutzbringend wie in Maschinen mit Füllungsregelung verwerten. Bei allen Zweitaktmaschinen kommt hinzu, daß die durch den Auspuff übertretende Spülluft die Abgastemperatur erheblich herabsetzt, wie Abb. 300b für einen Vergleich von Dieselmaschinen zeigt. Der Temperaturunterschied zwischen Zwei- und Viertakt steigt von 120° im Leerlauf auf 250° bei voller Belastung.

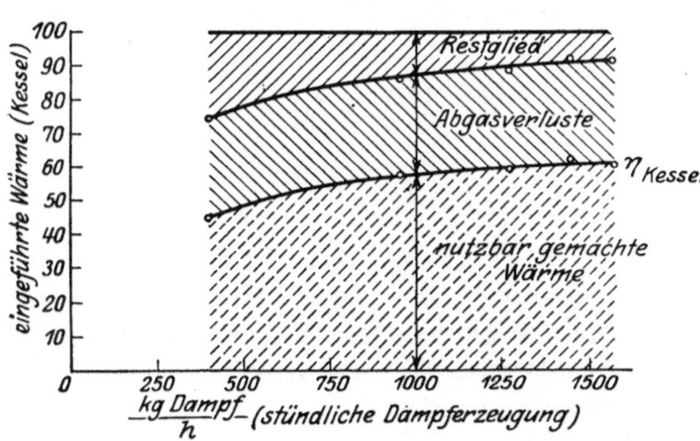

Abb. 300a. Wärmeplan des Abhitzekessels in Abhängigkeit von der stündlichen Dampfbelastung.

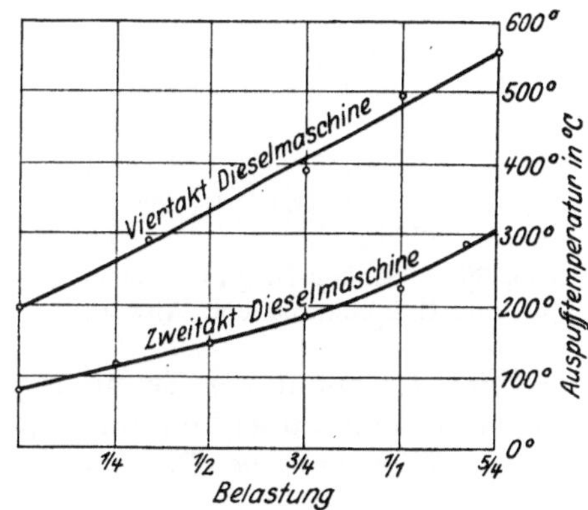

Abb. 300b. Temperaturen in Vier- und Zweitaktmaschinen.

Bei Zweitaktgasmaschinen bietet die Abwärmeverwertung den Vorteil, daß die bei stärkerer Belastung durch die Auspuffschlitze, die während der Füllung freigelegt sind, entweichenden Gemischmengen im Abhitzekessel noch verwertet werden, wenn auch — nach S. 20 — mit geringerem Wirkungsgrad als bei rechtzeitiger Verbrennung im Zylinder.

Ausnutzung der Kühlwasserwärme. Dieser kommt bei Großgasmaschinen erst seit Einführung der Heiß- und Siedekühlung Bedeutung zu, da bei normaler Kühlung die mit verhältnismäßig geringer Temperatur ablaufenden Kühlwassermengen, etwa

20 ltr/kWh betragend, höchstens zur Verwendung in Badeanstalten oder für technologische Zwecke verwendbar sind.

Die Heißkühlung bezweckt nicht Vergrößerung des Temperaturunterschiedes zwischen zu- und ablaufendem Kühlwasser, sondern Verlegung der Kühlzone nach oben hin. Damit nicht „Dampfpelze“ entstehen, die Wärmestauungen veranlassen, wird das Kühlwasser unter einen Druck von 4,5 bis 5 at abs. gesetzt. Das mit 100° oder mehr abfließende Kühlwasser kann entweder in Warmwasserleitungen unmittelbar Verwendung finden oder zur Dampferzeugung benutzt werden. In diesem Fall wird das Wasser in dem Drosselventil am Eintritt in einen Sammelkessel entspannt, wo ein Teil des Wassers verdampft, während der Rest, mit kälterem Zusatzwasser gemischt, durch eine Preßpumpe dem Kreislauf der Kühlung wieder zugeführt wird.

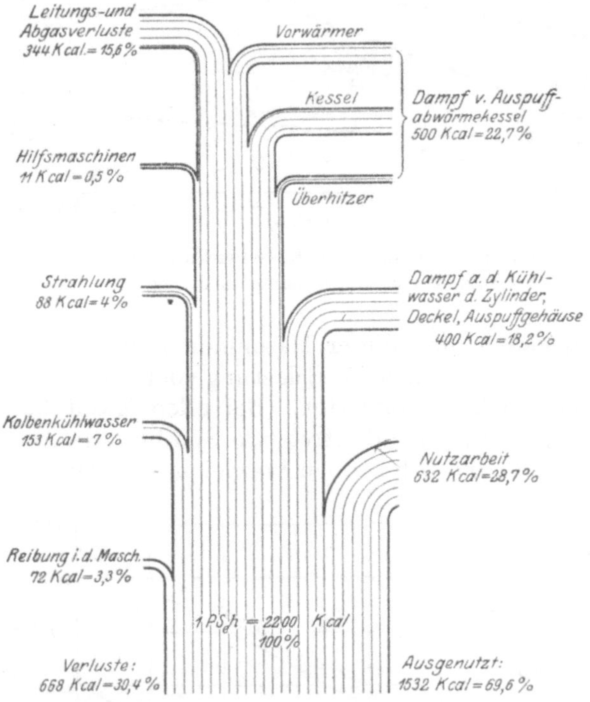

Abb. 301. Sankey-Diagramm einer Großgasmaschine mit Heißkühlung und Abwärmeverwertung.

Ist D die entstehende Dampfmenge in kg/h,

W die Kühlwassermenge in kg/h,

Q_K der Kühlwasserverlust je PS_eh in kcal,

t_e, t_a die Temperatur an Ein- und Austritt des Sammelkessels,

r die Verdampfungswärme bei der Temperatur t_a,

t_{eK} die Temperatur bei Eintritt in den Kühlmantel der Gasmaschine,

t_z die Temperatur des Zusatzwassers, so folgt die aus der Kühlwassermenge W entstehende Dampfmenge D aus der Beziehung:

$$W(t_e - t_a) = r \cdot D$$

zu

$$D = W \cdot \frac{t_e - t_a}{r}$$

Die von der Gasmaschine abgegebene Kühlwasserwärme $N_e \cdot Q_K = W(t_e - t_{ek})$ dient zur Erzeugung der Dampfmenge D, was den Wärmeaufwand $r\,D$ erfordert, und außerdem zur Erhöhung der Zusatzwassertemperatur von t_z auf t_{eK}, was die Wärmemenge $D(t_{eK} - t_z)$ erfordert. Sonach wird:

$$W(t_e - t_{eK}) = D \cdot r + D(t_{eK} - t_z)\,.$$

Wird für D der oben angegebene Wert eingesetzt, so folgt schließlich:

$$t_{ek} = t_a - \frac{(t_e - t_a) \cdot (t_{eK} - t_z)}{r}\ {}^\circ\mathrm{C}.$$

Da die Heißkühlung nur für große Maschinen mit spezifisch kleinen Kühlflächen in Betracht kommt, außerdem der Kolbenkühlverlust nicht ausgenutzt werden kann, so ist mit einer verfügbaren Wärmemenge von höchstens 400 kcal/PS_eh zu rechnen, wie auch das Sankey-Diagramm Abb. 301 angibt.

Beispiel. Die aus dem Kühlwasserverlust $Q_K = 400$ kcal/PS_eh einer 4000 PS_e-Maschine zu erzeugende Dampfmenge ist zu berechnen, wenn die Dampfspannung 1,6 at, entsprechend $t_a = 119{,}6°$, die Temperatur des Zusatzwassers $t_z = 15°$ betragen soll. Im Sammelgefäß kühle sich das Wasser von dem angenommenen Wert $t_e = 130°$ auf $t_a \cong 120°$ ab.

Von 1 kg Heißwasser mit 130 kcal Wärmeinhalt treten $1 - \frac{130 - 120}{531} = 0{,}98$ kg aus dem Sammelbehälter mit rd. 120 kcal aus, so daß 0,02 kg durch Zusatzwasser von 15° zu ersetzen sind. Nach der Mischung beträgt die Temperatur des Zusatzwassers:

$$t_{eK} = 120 - \frac{(130 - 120) \cdot (t_{eK} - 15)}{531} = 117{,}5° \text{ C}.$$

Mit dieser Temperatur wird das Kühlwasser dem Kühlmantel der Gasmaschine zugeführt.

Die Wassermenge berechnet sich zu

$$W = \frac{400 \cdot 4000}{130 - 117{,}5} = 128\,000 \text{ kg/h}.$$

und die entstehende Dampfmenge ist

$$D = 128\,000 \cdot 0{,}02 \quad 2560 \text{ kg/h}.$$

Theoretisch würde sich sonach die Dampfmenge $\frac{2560}{4000} = 0{,}64$ kg/PS$_e$h ergeben, praktisch wird etwa 0,6 kg erreicht.

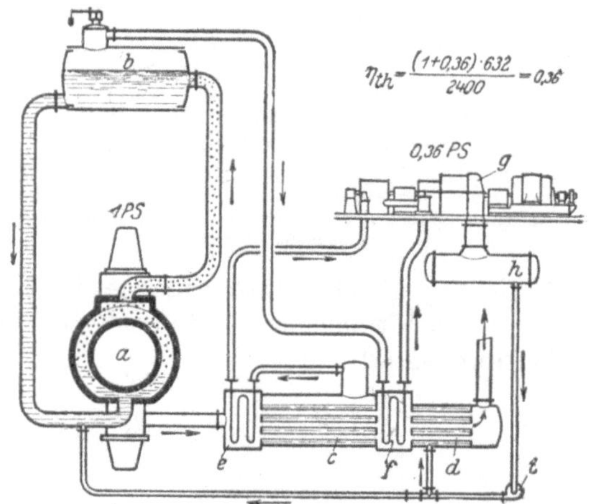

Abb. 302. Großgasmaschine mit Abwärmeverwertung aus Kühlwasser und Auspuff, Bauart MAN.

a = Gasmaschine. *b* = Dampfabscheider. *c* = Abwärmekessel. *d* = Vorwärmer. *e* = Hochdrucküberhitzer. *f* = Mitteldrucküberhitzer. *g* = Zweidruck-Turbodynamo. *h* = Kondensator. *i* = Speisepumpe.

Als betriebstechnische Vorzüge der Heißkühlung sind anzuführen, daß die Schmierung infolge der höheren Wandtemperatur verbessert, die Wärmespannungen infolge geringeren Temperaturunterschiedes zwischen Außen- und Innenwand abnehmen. So hat sich bei Versuchen der Rombacher Hütte bessere Haltbarkeit der Zylinder gezeigt. Überdies nimmt infolge des geringeren Temperaturgefälles zwischen Arbeits- und Kühlraum der Kühlwasserverlust ab, wenn auch nur in geringem Maße.

Im Gegensatz zu der vorbeschriebenen Heißkühlung wird bei der Siedekühlung die Verdampfung des Wassers im Kühlwasserraum zugelassen, wobei ungehinderte und schnelle Abführung des Dampfes wichtigste Aufgabe ist. Die Siedekühlung kann in zwei Arten ausgeführt werden, je nachdem der Kühlwasserraum unter atmosphärischem oder höherem Druck steht. Eine Gasmaschine mit Siedekühlung der ersteren Art ist seit längerer Zeit in der Fabrik A. Thyssen & Co. in Mülheim-Ruhr in Betrieb.

Das erwärmte, von Dampfblasen durchsetzte Kühlwasser steigt in einen über der Maschine angeordneten Dampfabscheider und fließt hierauf in den Kühlraum der Gasmaschine zurück, wobei ohne besondere Pumpe ein kräftiger Thermo-Syphon-Umlauf erreicht wird. Die Menge des erzeugten Dampfes ist in derselben Weise wie bei der Heißkühlung zu berechnen. Es läßt sich auf diesem Wege eine Dampferzeugung von etwa 0,6 kg/PS$_e$h Sattdampf erreichen.

Die grundsätzliche Ausführung der Siedekühlung läßt Abb. 302 erkennen, wobei höherer Druck im Kühlwasserraum und gleichzeitig Ausnutzung der Auspuffwärme vorgesehen ist. Die Auspuffgase durchströmen Hochdrucküberhitzer, Abwärmekessel, Mitteldrucküberhitzer, in dem der durch Siedekühlung erzeugte Dampf überhitzt wird, und zuletzt den Vorwärmer. Das Kondensat (von höherer Temperatur als $t_z = 15°$) wird dem Vorwärmer und Kühlraum wieder zugeführt, so daß der Wasserkreislauf geschlossen ist. Werden in der Turbine 0,36 PS_e auf 1 PS_eh der Gasmaschine erzeugt und beträgt deren Verbrauch 2400 kcal/PS_eh bei 70% Belastung, so wird der thermische Wirkungsgrad der Gesamtanlage

$$\eta = \frac{1{,}36 \cdot 632}{2400 \cdot 100} = 36\,\%.$$

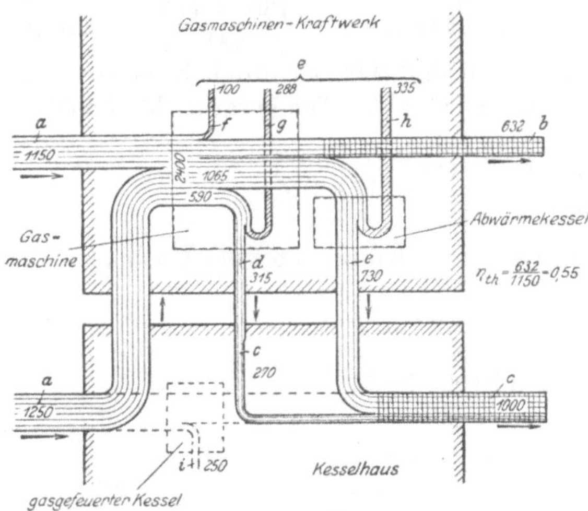

Abb. 303. Sankey-Diagramm der Abwärme-Verwertung bei Großgasmaschinen.

a = Frischgas. *b* = Gasmaschinenleistung 1 PS_eh. *d* = Hochdruckdampf. *e* = Mitteldruckdampf. *f*, *g*, *h* = Verluste in Gasmaschine, Hochdruckdampferzeugung und Abwärmekessel. *i* = gasgefeuerter Kessel.

Abb. 303 zeigt das Sankey-Diagramm für den Fall, daß die von der Abwärme der Gasmaschine erzeugten Dampfmengen dem Kesselhause zugeführt wird und Gas- und Dampfkraftwerk nebeneinander arbeiten, wie dies in den meisten Hütten- und Bergwerksanlagen zutrifft. Der Wert des im Kesselhaus ersparten Brennstoffes ist der Gaskraftanlage gutzuschreiben. Der Gasmaschine werden (1150 + 1250) = 2400 kcal/PS_eh zugeführt; da zur Erzielung gleicher Dampfmenge im Kesselhause statt in den Abwärmeverwertern der Gaskraftmaschine 1250 kcal den Dampfkesseln zuzuführen wäre, so steigt der Wirkungsgrad auf

$$\eta = \frac{632}{1150} = 0{,}55 = 55\,\%.$$

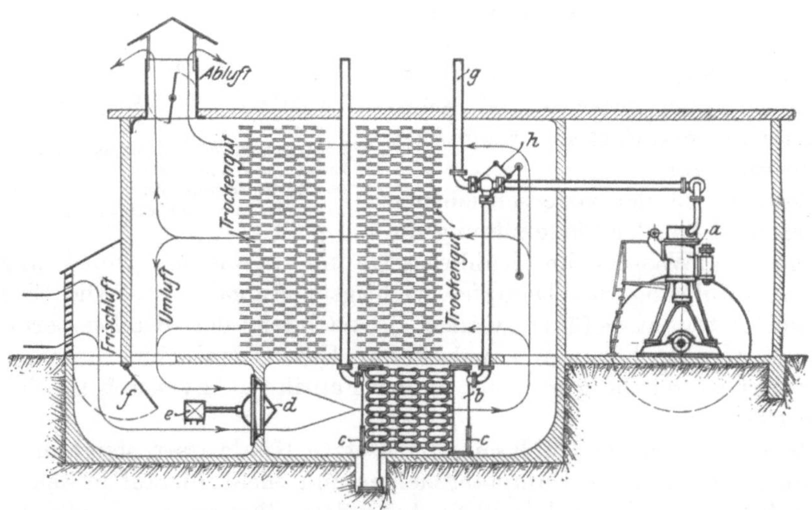

Abb. 304. Sulzersche Abwärmeverwertung einer Dieselmaschine.

a = Dieselmaschine. *b* und *c* = Heizkörper. *d* und *e* = Ventilator. *f* = Wechselklappe. *g* = Leitung für unmittelbaren Auspuff. *h* = Wechselventil.

Noch höhere Wirkungsgrade, bis zu 80%, können bei Verwendung der Abwärme zu Heiz-, Koch- oder Badezwecke erreicht werden.

Abwärmeverwertung bei Dieselmaschinen. Diese hat sich nicht nur in ortfesten Anlagen, sondern vor allem bei Schiffsmaschinen Eingang verschafft, wobei der im Bordbetrieb erzeugte Dampf zur Vorwärmung des Brennstoffes, für Heizung von Küchen, Wohnräumen und zu Badezwecken verwendet wird, bei Frachtschiffen kann auch der Bedarf an Dampf für Licht- und Kraftbetrieb gedeckt werden. Weitere Verwendung können die Abgase zum Betrieb von Verdampferanlagen zur Erzeugung von Frischwasser finden.

Als Abhitzekessel kommen hier außer Rauchrohrkessel auch Wasserrohrkessel in Betracht. Um die Dampferzeugung unabhängig von Schwankungen der Temperatur und der Menge der Abgase zu machen, werden die Abwärmeverwerter mit kombinierter Beheizung gebaut, so daß durch eine Ölfeuerung der Entfall an Abgaswärme gedeckt werden kann, oder es werden zu demselben Zweck neben den Abgaskesseln besonders beheizte Hilfskessel aufgestellt.

Benutzung der Abgase für Lufterwärmung wird sowohl im Schiffsbetrieb wie in ortfesten Anlagen durchgeführt.

Abb. 304 zeigt eine Sulzersche Anlage für Trockenzwecke. Die Abgase durchströmen die Rohre eines Heizkörpers. Ein Ventilator treibt die zu erwärmende Luft um den Heizkörper und durch das Trockengut. In Heizanlagen, in denen gesundheitsgefährliche Folgen aus Undichtheiten des Heizkörpers entstehen können, wird mit der Abgaswärme zuerst Wasser, mit dem erhitzten Wasser die Luft gewärmt.

Verwertung der Abgase in Niederdruckdampfheizungen soll nur bei kalkfreiem Wasser vorgesehen werden, um Ablagerungen in den Heizkörpern zu vermeiden. Die Kühlwasserräume und die Abgasverwerter sind hierbei hintereinander zu schalten, so daß das aus dem Kühlraum mit etwa 50° abfließende Wasser in dem Verwerter weiter erhitzt wird.

Aus dem Kühlwasser sind für 1 PS_eh etwa 500 kcal zu gewinnen, doch nimmt bei abnehmender Belastung diese Zahl auf 700 und mehr zu, während in den Abgasen etwa 400 kcal/PS_eh zur Verfügung stehen.

Bei Parallelschaltung von Kühlwasserraum und Abgasverwerter, d. h. bei Erwärmung von Kaltwasser durch die Abgase auf die Temperatur des ablaufenden Kühlwassers genügt nach Hottinger auch bei einiger Verschmutzung eine gußeiserne Heizfläche von 0,2 m^2/PS_e, wobei 1 m^2 mit 2000 bis 3000 kcal/h beansprucht wird. Wasser und Gas sind im Gegenstrom mit großen Geschwindigkeiten auf langen Wegen zu führen, wobei die Gasgeschwindigkeit von weit größerer Bedeutung als die Wassergeschwindigkeit ist. Bei Hintereinanderschaltung ist die Heizfläche größer als 0,2 m^2 zu wählen infolge des geringeren Temperaturunterschiedes zwischen Gas und Wasser. Dem geringeren Wärmeübergangskoeffizienten entsprechend — siehe S. 66 — sind bei Lufterwärmung die Heizflächen bedeutend zu vergrößern.

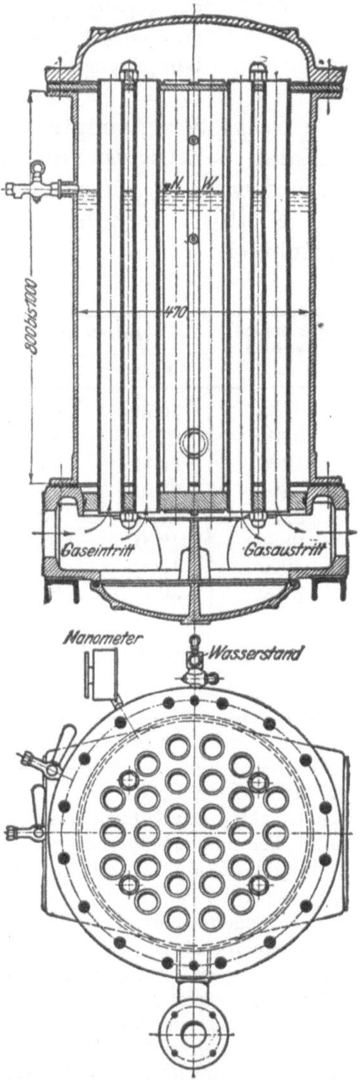

Abb. 305. Abwärmeverwerter der Deutzer Motorenfabrik.

Versuchsergebnisse.

a) Kleingasmaschine. Die Gasmotorenfabrik Deutz hat bei Versuchen an einer 500-PS_e-Gasmaschine mit einem Abgasverwerter nach Abb. 305 folgende Ergebnisse festgestellt.

Zahlentafel 18.

		Vollast	Halblast
Gastemperatur vor den Verwertern . . .	°C	505	420
Gastemperatur hinter den Verwertern . .	°C	256,5	222
Speisewassertemperatur	°C	36,8	30,1
Erzeugte Dampfmenge	kg/h	302	138
Dampfdruck effektiv	at	2,9	1,55
Dampfmenge	kg/PS_eh	0,615	0,535

Da größere Dampfmengen nicht verwertbar waren, so wurde von weiterer Ausnutzung der Abgase von 256° und 222° durch Hintereinanderschaltung von zwei Dampferzeugern abgesehen.

Großgasmaschinen. Zahlentafel 19 enthält Betriebsergebnisse von MAN-Maschinen.

Zahlentafel 19.

Maschinenleistung PS_e	Belastung		Dampfspannung at	Temperatur °C	Erzeugte Dampfmenge kg/PS_eh	Bemerkungen
	PS_e	%				
1050	1050	100	13,8	320	0,9	
3000	2760	92	—	—	1,13	
7200	5550	77	15	330	1,11	
3600	2740	76	14	345	1,13	
2250	1130	50	11	325	1,16	
2250	1200	53	11	325	1,6	Maschine nicht in Ordnung
3000	1500	50	14	325	1,43	
3600	3000	84	14	325	1,25	Hochleistungsmaschine

c) Dieselmaschinen.

Zahlentafel 20.

Angenäherte Belastung		Leerlauf	1/3	3/4	Normallast 4/4	Überlast 5/4
Effektive Leistung	PS_e	4	116,9	220,8	291,4	370,7
Mittl. Temper. d. Kühlwassers b. Eintritt in d. Motor .	°C	23,0	25,3	25,3	21,0	22,0
Mittl. Temper. d. Kühlwassers b. Austritt a. d. Motor .	°C	52,5	51,7	—	55,5	54,3
Durch den Kühlraum geströmte Wassermenge	kg/h	2424	3611	3515	4357	5845
Desgl. für 1 PS_e	kg/h	606,4	30,9	15,9	14,9	15,8
Desgl. umgerechnet auf 12° Eintritts- und 60° Austrittstemperatur	kg/h	372,4	17,0	—	10,7	10,6
Mittl. Temperatur des Kühlwassers beim Eintritt in Abgasverwerter 2	°C	47,5	48,6	50,7	50,9	50,8
Mittl. Temperatur des Kühlwassers beim Austritt aus Abgasverwerter 2		51,7	55,9	56,1	56,2	55,9
Mittl. Temperatur des Kühlwassers beim Eintritt in Abgasverwerter 1		51,1	55,0	55,6	55,8	55,5
Mittl. Temperatur des Kühlwassers beim Austritt aus Abgasverwerter 1		61,9	73,3	74,7	75,4	77,2
Mittlere Abgastemperatur vor Verwerter 1	°C	196	290	390	497	553
Mittlere Abgastemperatur hinter Verwerter 2	°C	85	112	131	150	154
In den Abgasverwertern nutzbar gemachte Wärmemenge	kcal/h	37 100	59 300	92 100	116 000	149 400
In den Abgasverwertern nutzbar gemachte Wärmemenge	%	—	21,0	21,5	21,1	21,2
Wärmetechnischer Wirkungsgrad der Gesamtanlage . .	%	—	82	—	82	81,1

Die vorstehenden Ergebnisse wurden von Hottinger und Cochand an einer 300 PS_e-Dieselmaschine von Gebr. Sulzer in der Kammgarnspinnerei Bürglen erhalten. (Vgl. Abwärmeverwertung von M. Hottinger. Berlin: Julius Springer.)

Sämtliches die Maschine mit 50° verlassendes Kühlwasser wird durch die Auspuffgase auf rd. 75° nachgewärmt und im Betrieb als Warmwasser verwendet.

Zahlentafel 21.

Nutzleistung	Mechanisch. Wirkungsgrad mit Luftpumpe	Mechanisch. Wirkungsgrad ohne Luftpumpe	Wärmeverbrauch	Von der Brennstoffwärme entfallen auf Nutzleistung	Kühlwasser	Abgase, Strahlung	Im Lufterhitzer zurückgewonnen	Von der Brennstoffwärme nutzbar gemacht
PS_e	%	%	kcal/PS_eh	%	%	%	%	%
628,1	67,94	74,99	2343	26,99	42,00	31,01	12,9	81,89
630,0	68,76	75,66	2376	26,61	41,33	32,06	12,4	80,34
953,0	75,22	82,92	2113	29,92	39,87	30,21	13,8	83,59
951,5	74,39	82,13	2096	30,16	41,08	28,76	12,7	83,94
1224,6	77,55	85,28	2031	31,12	40,76	28,12	12,9	84,78
1228,1	77,24	85,00	2031	31,14	40,61	28,25	12,8	84,55
1341,8	78,84	86,64	2030	31,17	38,96	29,87	11,2	81,33

Die Zahlen beziehen sich auf eine liegende doppeltwirkende, von der MAN-Augsburg gebaute Zwillingstandem-Viertaktmaschine, deren Abgase zur Lufterhitzung, vgl. Abb. 296, deren Kühlwasser in der Färberei einer Zwirnerei Verwendung finden.

Die Gesamtverwertung der Wärme, rd. 80% betragend, ist dieselbe wie in dem vorhergehenden Beispiel, die Wärmeverteilung ist hingegen verschieden.

Verwertung der Dieselmaschinen-Abwärme für Krafterzeugung. Da namentlich bei Hochleistungsmaschinen mit vergrößertem Brennraum der Ausdehnungsenddruck verhältnismäßig hoch ist, so kann die in den Abgasen enthaltene Energie in Gasturbinen verwertet werden, die zum Antrieb von Turbogebläsen zur Verdichtung der Ladeluft dienen.

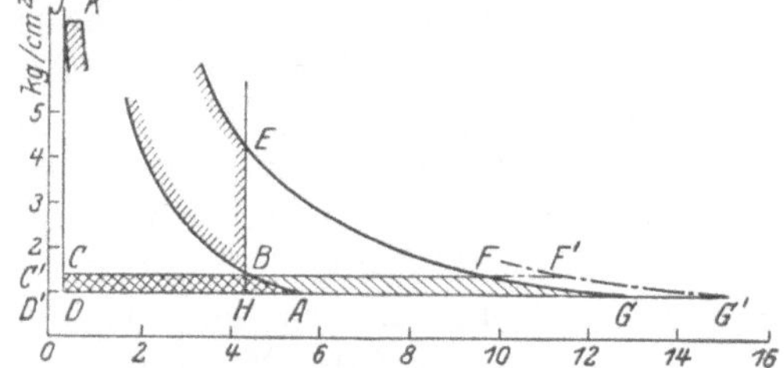

Abb. 306. Diagramm einer Dieselmaschine mit Abgasturbine.

Bei Verwertung in Turbinen mit veränderlichem Druck können die Gase durch eine einfache Leitvorrichtung strömen, wobei zur Vermeidung von Abkühlungs- und Gasreibungsverlusten die Turbine in möglichster Nähe der Zylinder aufzustellen ist. Nachteilig ist die starke Veränderlichkeit der Abgasgeschwindigkeit, die allerdings bei Mehrzylindermaschinen mit Überdeckung der Auslaßperioden sich einem durchschnittlichen Wert nähert.

Gleichdruckturbinen arbeiten mit konstanter Gasgeschwindigkeit, wobei gemäß der verlangten Turbinenleistung der Auspuffdruck der Maschine, der je nach Größe der Düsenkammern oder besonderen Aufnehmer innerhalb gewisser Grenzen schwankt, auf einer bestimmten Durchschnittshöhe gehalten wird.

Abb. 306 zeigt das theoretische Diagramm einer derartigen Anlage. Die Fläche *ADCB* gibt die zur Vorverdichtung der Ladeluft auf 1,4 at erforderliche Arbeit, Fläche *BCI* die Verdichtungsarbeit im Arbeitszylinder wieder. Die Ausdehnungslinie wird abgebrochen durch *KE* dargestellt. Der konstante Abgasdruck beträgt ebenfalls 1,4 at abs., und im Punkt *F* beginnt die Expansion der Abgase auf atmosphärische Spannung nach der Linie *FG*. Fläche *CFGD* zeigt die von der Turbine verrichtete Arbeit; die Drosselungsfläche *EBF* geht nicht völlig verloren, sondern wird die Temperatur der Abgase und entsprechend das Volumen von *CF* auf *CF'* vergrößern. Genügt die Arbeit der Turbine gerade zum Antrieb des Turbogebläses, so wird der Flächenunterschied *CFGD* — *CBAD* bzw. *CF'G'D* — *CBAD* zur Deckung der Verluste bei der Umsetzung reichen müssen. Fläche *BCDH* stellt die von der Hauptmaschine zu leistende Gegendruckarbeit dar, die während der Ansaugperiode vom Turbogebläse zurückerstattet wird.

Da die auszunutzenden Wärmegefälle verhältnismäßig klein sind, so braucht die Turbine nur mit einem, höchstens zwei Laufrädern ausgeführt zu werden. Für die Erzeugung der Gebläseleistung genügt bei nicht zu hohen Gebläsedrucken die Einstellung eines Auspuffgegendruckes, der ungefähr gleich dem verlangten Gebläsedruck ist, wies dies auch in Abb. 306 angenommen ist. Weitere Bestrebungen gehen dahin, den Gegendruck in der als Hochdruckteil einer Verbundanlage arbeitenden Dieselmaschine so weit zu erhöhen, daß die als Niederdruckteil wirkende Gasturbine Arbeitsüberschuß nach außen hin abgeben kann. Die Arbeitsverteilung auf beide Maschinen wird einmal dadurch begrenzt, daß die Dieselmaschine lediglich als Verdichter arbeitet und die Turbine die nutzbare Arbeit nach außen allein abzugeben hat, das andere Mal dadurch, daß die Turbine nur die Gebläsearbeit aufzubringen hat.

Versuche an einer 20 PS_e-Maschine von 220 mm Zyl.-Dmr., 350 mm Hub, $n = 350$ Uml./min in Verbindung mit einem Curtis-Rad führten bei Verbrennungsdrucken bis zu 100 at zu einer Erhöhung der Leistung auf das Vierfache bei mechanischen Wirkungsgraden bis zu 89,2%.

An der ersten größeren Anlage dieser Art werden zurzeit in den Werkstätten der Schweizerischen Lokomotiv- und Maschinenfabrik Winterthur eingehende Versuche gemeinsam mit Brown, Boveri & Cie., Baden durchgeführt. Die Schweizerische Lokomotivfabrik hat für diesen Zweck eine ihrer normalen Vierzylinder-Viertakt-Dieselmaschinen von 500 PS_e Leistung umgebaut, Brown, Boverie & Cie. hat das von einer Gasturbine angetriebene Zentrifugalgebläse geliefert. Die Dieselmaschine hat 460 mm Zyl.-Dmr., 510 mm Hub und läuft mit $n = 250$ Uml./min. Als vorläufiger Aufladedruck wurde 0,5 at Überdruck festgesetzt und das Verdichtungsverhältnis in den Arbeitszylindern so verkleinert, daß der Verbrennungsdruck ungefähr derselbe wie bei gewöhnlichen Dieselmaschinen ohne Aufladung ist. Die Aufladeluft kann vor Eintritt in die Verbrennungszylinder gekühlt werden. Die Abgasturbine mit $n = 7600$ Uml./min ist eine einstufige Aktionsturbine, die bei größerer Belastung mit voller Beaufschlagung arbeitet. Das Turbinenrad sitzt direkt auf der Welle des zweistufigen Gebläses. Die Anordnung der Leitungen zwischen Aufladegebläse und Turbine einerseits und Dieselmaschine anderseits ist so getroffen, daß diese sowohl direkt aus der Atmosphäre als auch aus dem Gebläse ansaugen kann. Die Schaltung macht es weiterhin möglich, z. B. beim Anlassen direkt in die Atmosphäre auszupuffen. Damit wird vermieden, daß dann entstehender Ruß in die Turbine gelangt. Diese Versuchsmaschine arbeitet also nach neueren Vorschlägen Büchis, die darin bestehen, nur mit niederen Drücken vor der Turbine zu arbeiten, im Gegensatz zu seinen ersten Versuchen. Hierzu ist ein großer Eintrittsquerschnitt an der Turbine notwendig, damit sich ein entsprechender Druckabfall nach beendeter Expansion in der Verbrennungskraftmaschine einstellt. Dadurch ergibt sich der Vorteil, daß das im Verdichtungsraum verbleibende Abgasgewicht kleiner ausfällt und mehr frische Luft angesaugt werden kann. Da der Druck vor der Turbine ungefähr gleich dem Ladedruck ist, so findet im Beginn des Saughubes keine den räumlichen Wirkungsgrad des Ansaugens beeinflussende Expansion der noch im Zylinder verbliebenen Verbrennungsgase statt. Ferner ist die Steuerung der Dieselmaschine so ausgebildet und der Verlauf des Auflade- und Abgasdruckes so gewählt, daß wenigstens bei größeren Belastungen mittelst kalter Aufladeluft gespült werden kann. Der in diesem Augenblick noch im Zylinder befindliche Abgasrest wird derart ausgeblasen, die heißen Zylinder-, Kolben- und Deckelwände werden wirksam gekühlt und der Zylinder füllt sich mit mehr und kälterer Luft. Es ergibt sich also hieraus noch eine weitere Möglichkeit der Leistungssteigerung unter Einhaltung von bisher als zulässig erachteten Gastemperaturen.

Diese Versuche haben bis jetzt gute Resultate gegeben. So konnte bei einem Aufladedruck von rd. 0,5 at Überdruck die Maschinenleistung bei gutem Auspuff auf 750 bis 900 PS_e gesteigert werden. Die Maschine zog bei noch zulässigem Auspuff eine größere Überlast als dies bei Dieselmaschinen zulässig ist. Beträgt der Wirkungsgrad des Gebläses bezüglich adiabatischer Verdichtungsarbeit 65% und derjenige der Abgasturbine 65% gegenüber der adiabatischen Expansionsarbeit der Abgase, so wird die vorhandene Energie der Abgase vollauf genügen, um den Aufladeverdichter zu treiben. Bei diesen Wirkungsgraden und bei Maschinen mittlerer Leistung wird der Brennstoffverbrauch derselbe wie bei bisherigen Viertakt-Dieselmaschinen sein; sind diese Wirkungsgrade besser, was bei größeren Maschinen zu erreichen ist, so wird der Verbrauch niedriger ausfallen.

Betriebstechnisch hat sich sowohl die Verbrennungskraftmaschine wie auch die Abgasturbine vollkommen einwandfrei verhalten; namentlich ist die Elastizität des Maschinensatzes bemerkenswert. Der durch die Anbringung der Abgasturbine und des Aufladegebläses erzielten Leistungssteigerung von rd. 50% steht nur eine geringe Gewichtsvermehrung durch diese Hilfsmaschinen gegenüber.

In Amerika hat die Curtis Gas Engine Company, New York an einer Versuchsmaschine die von A. Büchi festgestellten Ergebnisse bestätigt. Diese Gesellschaft hat zurzeit einige Maschinen mit Abgasturbinen für Lokomotiven und ortfeste Zwecke im Bau. In Deutschland werden nächstens zwei große Schiffe mit von Abgasturbinen angetriebenen Aufladegebläsen von den Vulkanwerken abgeliefert.

Wird — wie oben erwähnt — der Vorverdichtungsdruck dem Auspuffdruck gleichgesetzt, so gelangt W. Riehm zu folgenden Werten:

Vorverdichterdruck = Gegendruck	at	0,38	0,38	0,38	0,36
Mittlerer indizierter Druck	at	9,42	8,38	7,49	6,54
Indizierte Leistung	PS	123,5	111	99,3	87,4
Verlustarbeit	PS	21,9	16,6	17,8	20,0
Nutzleistung	PS	101,6	94,4	81,5	67,5
Brennstoffverbrauch	$g/PS_e h$	182	179	182	184

Riehm kommt zu dem Schluß, daß die Leistungszunahme derartiger Anlagen 6 bis 8% bei entsprechend verringertem Brennstoffverbrauch gegenüber Anlagen mit besonders angetriebenem Verdichter beträgt.

Die **Still-Maschine** benutzt Kühlwasserwärme und Abgaswärme zur Erzeugung von Dampf, der die untere Fläche des Kolbens von Zweitakt- oder Viertaktmaschinen beaufschlagt. In Abb. 307 ist die Bauart schematisch dargestellt.

Der Arbeitszylinder *a* ist oberhalb der Spül- und Auspuffschlitze in üblicher Weise von einem Kühlmantel, unterhalb von einem ringförmigen Dampfsammler umgeben; ein Schieber beliebiger Bauart steuert den zur Kolbenunterseite führenden Einlaßkanal *e* und den zum Kondensator führenden Auslaßkanal *f*. Das mit 38° — die Temperaturen gelten nur annähernd — bei *d* zufließende Kondensat wird zunächst durch die Auspuffgase auf 160° durch die dadurch von 205° auf 65,5° sich abkühlenden Auspuffgase vorgewärmt und tritt nach weiterer Erwärmung im Abgasverwerter *c* in den Kühlmantel, von wo der entstehende Dampf nach dem ölgefeuerten Rauchrohrkessel *b* und von dort durch die gezeichnete Rohrleitung in den Dampfsammler übertritt. Die mit 485° aus den Auspuffschlitzen der im Zweitakt arbeitenden Maschine strömenden Abgase erwärmen im Abgasverwerter das aus dem unteren Teil des Rauchrohrkessels zufließende Wasser, das hierauf in den Kühlraum übertritt. (Vgl. mit dieser Angabe Abb. 300 b.)

Sämtliche miteinander verbundenen Räume stehen unter dem Dampfdruck. Die innere Fläche des Kolbens wird nur durch den sich ausdehnenden Dampf gekühlt, zu welchem Zweck die Kolbenbodenfläche durch Rippen vergrößert ist.

In Mehrzylinder-Maschinen arbeitet die Dampfmaschine mit Verbundwirkung, indem z. B. in Dreizylinder- oder Vierzylinder-Maschinengruppen der Dampf von einem Hochdruckzylinder zu zwei oder drei Niederdruckzylindern strömt. Da die Scott-Maschine mit luftloser Einspritzung arbeitet und Anlassen wie Manövrieren mit Hilfe der Dampfmaschinen bewirkt werden, so erübrigt sich die Anlage eines Luftverdichters. Hilfskessel *b*, Abb. 307, dient zur Erhöhung der Dampfleistung, falls diese wünschenswert, vor allem aber zur Erzeugung der für das Anlassen der kalten Maschine erforderlichen Dampfmenge.

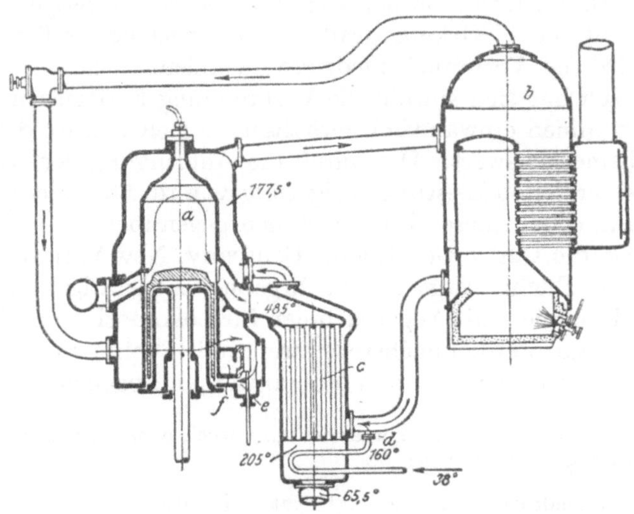

Abb. 307. Schema der Scott-Still-Maschine.
a = Arbeitszylinder. *b* = Rauchrohrkessel. *c* = Abgasverwerter. *d* = Leitung vom Kondensator. *e* = Dampfeinlaßkanal. *f* = Dampfauslaßkanal.

Wird angenommen, daß von der gesamten zugeführten Wärme 50% an den Dampf übertragen werden und wird der thermische Wirkungsgrad der Dampfmaschine zu 8% geschätzt, so ergibt sich eine Mehrleistung der Dieselmaschine von 4%, die nach Versuchen auch erreicht werden.

Kitson in Leeds macht Versuche, die Still-Maschine als Lokomotivmaschine zu verwerten, da diese wegen der Dampfseite das Anfahren ohne weiteres ermöglicht und daher unmittelbar auf Treibachsen wirken kann.

Als Schiffsmaschine ist die Still-Maschine mehrfach zur Ausführung gelangt, siehe Abb. 245.

Literatur-Nachweis.

Riehm, W.: Leistungserhöhung der Viertakt-Dieselmotoren. Z. V. d. I. **1923**, S. 763. — Rummel, K.: Die Hochofengaswirtschaft auf Eisenhüttenwerken. Z. V. d. I. **1924**, S. 1137. — Meyer, Paul R.: Die Großgasmaschine in der deutschen Kraftwirtschaft. Z. V. d. I. **1924**, S. 1336. — Langer, P.: Kraftmaschinen im Rheinland. Z. V. d. I. **1925**, S. 1023. — Heuser, L.: Heißkühlung bei Großgasmaschinen und Dieselmaschinen. Arch. Wärmewirtsch. Nov. **1921**. — Noack, W. G.: The application of Superchargers to Four-stroke Engines. The Motorship **1925**, Nr. von Februar, März und April. — Hottinger, M.: Abwärmeverwertung. Berlin: Julius Springer. — Barth, Fr.: Wahl, Projektierung und Betrieb von Kraftanlagen. Berlin: Julius Springer.

IV. Gestaltung und Berechnung der allgemeinen Bauteile.

1. Gestell und Grundplatte. Maschinenrahmen.

Das Gestell stehender Maschinen verbindet Grundplatte und Zylinder miteinander. Es sind nicht nur die Querschnitte den auftretenden Beanspruchungen entsprechend zu bemessen, sondern es ist auch durch richtige Verteilung des Baustoffes über die Querschnitte genügende Sicherheit gegen Formänderungen zu schaffen. Die durch das Gestell vom Zylinder auf die Grundplatte übertragenen Kräfte sind auf kürzestem Wege abzufangen.

Diese Kräfte sind für ein A-Gestell nach Abb. 308, wie es bei langsamlaufenden, ortfesten Maschinen zur Ausführung gelangt, in Abb. 309 wiedergegeben. Da die beiden Ständer auf Mitte Zylinder gesetzt sind, so muß zwischen ihnen genügend Raum für das Kurbeltriebwerk bleiben, so daß sich die Maschine breit baut. Die Auflagerdrucke der Ständer sind im Schwerpunkt einer die Mittelpunkte der Schraubenquerschnitte verbindenden Strecke anzunehmen, das von ihnen ausgeübte Biegungsmoment hat die Größe $M_b = \frac{P}{2} \cdot \frac{L_1}{2} = W \cdot k_b$, worin W = Widerstandsmoment der Grundplatte senkrecht zur Verbindungslinie der genannten Schwerpunkte bedeutet. Bei dieser Berechnung, welche die wirkliche Beanspruchung des Baustoffes nur in grober Annäherung wiedergibt, werden guten Bauarten entsprechende Verhältnisse erhalten, wenn $k_b = 250$ bis $300\ \text{kg/cm}^2$ eingesetzt wird. Neben diesen Auflagerdrucken treten die Lagerreaktionen auf, die an einem Hebelarm $\frac{L_2}{2}$ angreifen und die richtige Lagerung der Welle gefährden.

Bei der Bauart nach Abb. 308 ist die den Zylinderdeckel umfassende Fortsetzung des Gestelles nach oben hin bemerkenswert.

Auch Kreuzkopfmaschinen werden mit Ständern in der Kolbenstangenebene ausgeführt, da diese Bauweise bequemste Anordnung der Kreuzkopfbahn ermöglicht, aber — wie bemerkt — große Maschinenbreite zur Folge hat. Zugänglichkeit des Kurbeltriebwerks, an sich gegeben, ist bei kleineren Maschinen mit Druckschmierung infolge der nötigen Verschalung nicht wesentlich besser als bei den später zu besprechenden Kastengestellen.

Mehrzylindermaschinen mit A-Gestellen haben den Nachteil, daß jedes Gestell die Kräftewirkung seines Zylinders aufnimmt, ohne hierin von den anderen Gestellen unterstützt zu werden. Das Bestreben geht deshalb dahin, Mehrzylindermaschinen wie einen Träger zu bauen, dessen untere Gurtung die Grundplatte darstellt, während die obere Gurtung durch kräftige Verbindung der Zylinder miteinander gebildet wird. Die von den jeweils arbeitenden Zylindern ausgeübten Kräfte werden bei dieser Anordnung vom ganzen Verband der Maschine aufgenommen.

Günstigere Kräftewirkung als bei den A-Gestellen ergibt die aus Abb. 341 ersichtliche Bauart der Deutschen Werke, Kiel, bei der ein die Gleitbahn des Kreuzkopfes aufnehmender Ständer auf Mitte Zylinder, die beiden anderen auf Mitte

Lager gesetzt sind. Die Zylinder sind in einem Block zusammengegossen, der durch angegossene Fortsetzungen der Ständer mit diesen verbunden ist. Pleuelstange, Kreuzkopf und Grundlager sind leicht nachzufühlen oder auszubauen.

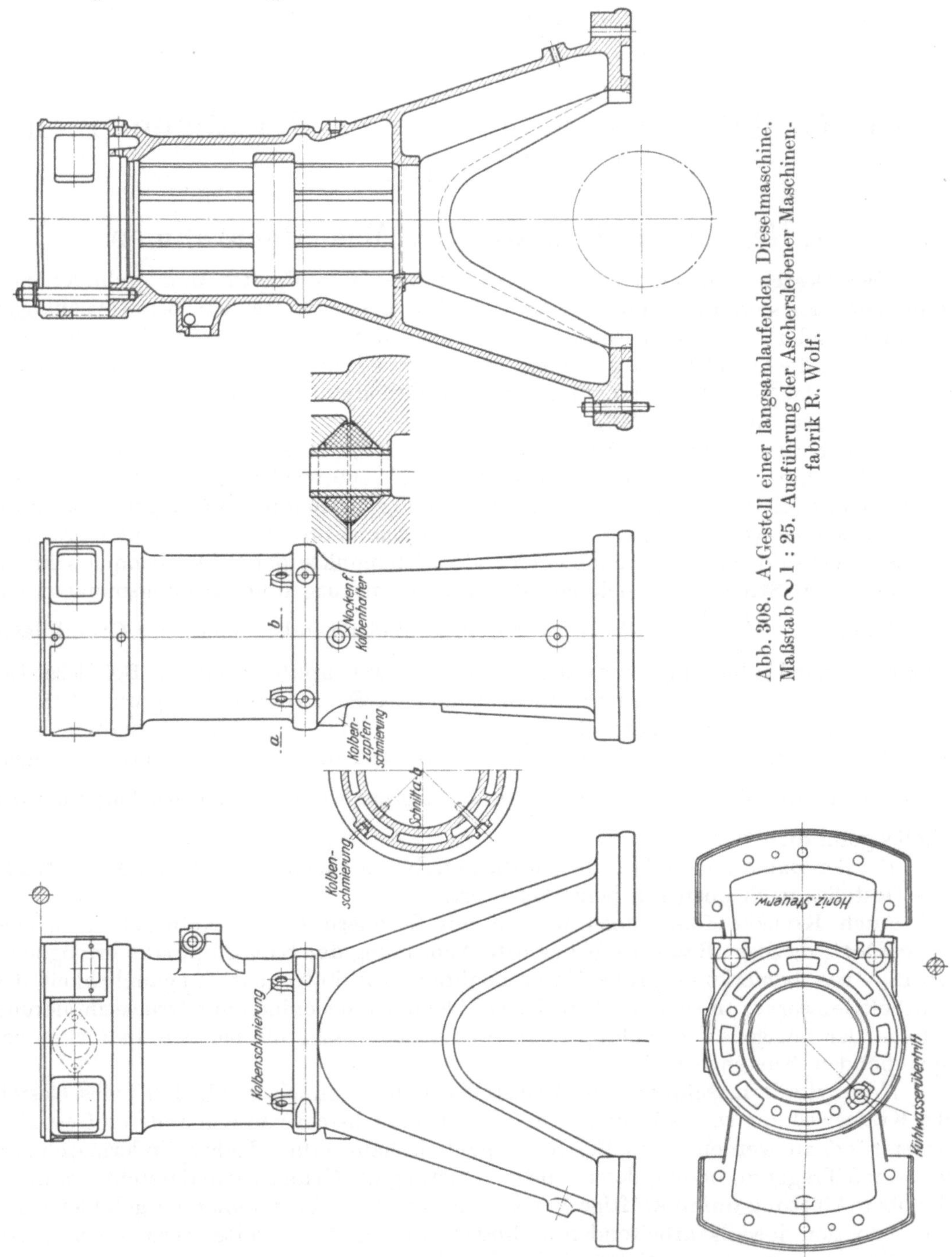

Abb. 308. A-Gestell einer langsamlaufenden Dieselmaschine. Maßstab ∾ 1 : 25. Ausführung der Aschersleber Maschinenfabrik R. Wolf.

Diese Bauart bildet den Übergang zu der Konstruktion mit vier Ständern, die auf Mitte Lager mit der Grundplatte verbunden sind, so daß nunmehr die Lagerreaktionen und Auflagerdrucke des Gestells in denselben Kolbenstangenebenen liegen und nur noch die Grundplattenquerschnitte in diesen Ebenen auf Biegung beansprucht werden. Ausbau der Kurbelwelle ist ohne Abnahme der Ständer einer Seite nicht möglich, vorausgesetzt, daß diese nicht, wie bei einigen Ausführungen, in der wagerechten Ebene geteilt sind, so daß die Kurbelwelle nach Abnahme der unteren Ständerhälften herausgenommen werden kann.

Die Schweizerische Lokomotiv- und Maschinenfabrik erleichtert den Ausbau der Welle durch hakenförmige Gestaltung des einen Ständers nach Abb. 259.

Bei der Vierständer-Bauart wird die Gleitbahn des Kreuzkopfes entweder als eine die Ständer verbindende Platte oder der Kreuzkopf als langes Querhaupt mit Gleitschuhen auf Bahnen jedes Ständers laufend ausgeführt, eine die Zugänglichkeit der Maschine sehr erleichternde Konstruktion. Wirksame Entlastung der Ständer von den Zugkräften wird durch Einbau flußeiserner Anker erreicht, die vom Deckel oder vom oberen Zylinderflansch bis zur Grundplatte gehen. Bedeuten:

F_g, F_f die Querschnitte in cm², α_g, α_f die Dehnungskoeffizienten in cm/kg, σ_g, σ_f die Spannungen in kg/cm² des gußeisernen Ständers und der flußeisernen Anker, so gelten — mit $\frac{\alpha_g}{\alpha_f} = m$ — die Beziehungen:

$$\sigma_g = \frac{P}{F_g + \frac{\alpha_g}{\alpha_f} \cdot F_f} \quad \text{und} \quad \sigma_f = \frac{P}{F_f + F_g \cdot \frac{\alpha_f}{\alpha_g}}$$

oder $$\sigma_g = \frac{P}{F_g + m \cdot F_f}$$

und $$\sigma_f = \frac{P}{F_f + F_g/m}.$$

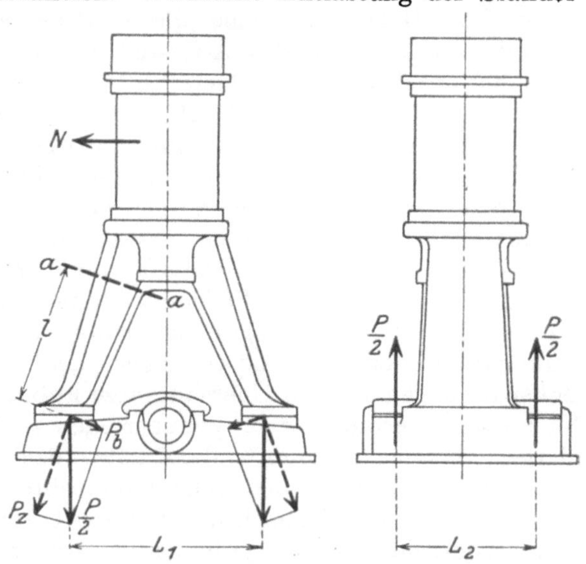

Abb. 309. Kräftewirkung im A-Gestell.

Wird der Anker mit der Vorspannung P_s angezogen, so addiert sich im flußeisernen Anker die von dieser hervorgerufene Zugspannung zur Spannung σ_f, da beide Kräfte den Anker auf Zug beanspruchen, während im gußeisernen Ständer die Vorspannung auf Druck beansprucht; die entsprechende Druckbeanspruchung σ_s ist von der durch die Verbrennungskraft P erzeugten Zugspannung zu subtrahieren. Die Spannung im Ständer wird = 0, wenn

$$\sigma_g = \sigma_s = \frac{P_s}{F_g} = \frac{P}{F_g + m \cdot F_f} \quad \text{oder} \quad \frac{P_s}{P} = \frac{F_g}{F_g + m \cdot F_f}.$$

Wie ersichtlich, läßt sich mit $P_s = P$ die Gesamtspannung 0 nicht erreichen. Mit $\alpha_f = \frac{1}{2\,200\,000}$ und $\alpha_g = \frac{1}{900\,000}$, $m = 2{,}44$ folgt für verschiedene Verhältnisse $\frac{F_g}{F_f}$ die Vorspannung P_s in Hundertteilen von P für die Gesamtbeanspruchung 0 im gußeisernen Ständer:

$\frac{F_g}{F_f}$ =	1	1,5	2	2,5	3
P_s =	29,1	38	45	50,6	55,2

Zur Verringerung der Biegungsbeanspruchung der Grundplatte sind die Anker im möglichst kleinen Abstand voneinander anzuordnen, wie beispielsweise Abb. 263/265 zeigt, wo sie überdies als einzige Verbindung zwischen Kühlmantel und Kurbelgehäuse dienen. Die Anker können so nahe gerückt werden, daß sie gleichzeitig als Schraubenbolzen der Lagerdeckel verwendet werden.

Sulzer führt die Zuganker bei Schiffsmaschinen nicht mehr aus, da die Rücksicht auf genügende Steifigkeit des Gestelles auf so große Querschnitte führt, daß durch diese auch die Zugkräfte aufgenommen werden können. Außerdem erfordert die Zugankerbauart große Maschinenraumhöhe, um Ständer oder Anker ausbauen zu können.

Beachtenswert sind auch die Durchbiegungen der Ständer durch den Geradführungsdruck N, Abb. 309, die sich vergrößert auf die Zylinder übertragen würden, wenn hieran nicht die schon erwähnte Durchbildung des oberen Teiles der Maschine als kräftige Gurtung, welche die Kräftewirkung auf sämtliche Ständer verteilt, hindern würde. Für das A-Gestell ist die Beanspruchung jedes Schenkels aus Abb. 309 ersichtlich: der Querschnitt senkrecht zur neutralen Achse wird durch das jeweilige Moment $P_b \cdot l$ auf Biegung, durch P_z auf Zug beansprucht.

Schnellaufende Dieselmaschinen werden mit geschlossenen Kastengestellen gebaut, die ursprünglich in der Form ausgeführt wurden, daß der auf eine Grundplatte aufgesetzte Kurbelkasten nach oben hin durch eine ebene Wand begrenzt war, mit welcher der Kühlmantelflansch verschraubt war, der in Bohrungen dieser Wand zentriert war. Der Verbindungsflansch von Kurbelkasten und Grundplatte befand sich ungefähr in Höhe der Wellenmittellinie. Die obere Wand des Kurbelkastens wurde außerordentlich ungünstig beansprucht, Herstellung von Kurbelkasten und Kühlmantel in einem Stück verringert das Gewicht, doch treten hierbei bedeutende Gußspannungen an dem Übergang vom kubischen zum zylindrischen Teil auf. Diese Nachteile in Verbindung mit dem geringen Widerstandsmoment der niedrigen Grundplatte haben dazu geführt, diese höherzuziehen, dadurch das Widerstandsmoment zu vergrößern und eine der beiden wagerechten Teilfugen zu vermeiden (Bauart MAN), Abb. 263. Die zur Beobachtung nötigen Öffnungen sind nunmehr in diesem unteren Teil angebracht. Bei den „offenen" Gestellen von Maschinen mit Druckschmierung werden zwischen den Ständern Verschalungswände angebracht, die, um das Triebwerk zugänglich zu machen, mit verschließbaren Öffnungen versehen sind, deren Deckel bei Seeschiffen häufig aus Aluminium bestehen.

Das Gestell der Kreuzkopfmaschinen wird nach oben hin durch einen Zwischenboden abgeschlossen, durch den die Kolbenstange mittels Stopfbuchse hindurchgeführt wird, so daß Kolben- und Triebwerkraum voneinander getrennt sind. Diese Zwischenwand hat den Zweck, die Mischung des von den Zylinderwänden ablaufenden verunreinigten, verrußten Öles und des durch Undichtheit der Stopfbuchsen der Kolbenkühlung austretenden Wassers mit dem Schmieröl zu verhindern.

In einfachwirkenden Zweitaktmaschinen mit Langkolben wird diese Trennung durch eine Abdichtung des Kolbens gegen den Triebwerkraum mittels nach innen spannender Liderungsringe bewirkt, die den Kolben am unteren Ende des Zylinders umfassen. Diese Ringe dichten gleichzeitig die Spülluft- und Auspuffschlitze nach außen ab, wenn nicht hierfür eine besondere Liderung, wie bei der Ausführung nach Abb. 358, vorgesehen ist.

In doppeltwirkenden Maschinen dichtet die Kolbenstangen-Stopfbuchse den Kolbenraum ab; ein Abstreifring oder eine kleine zweite Stopfbuchse verhindert hierbei die Mischung des aus der Zylinderstopfbuchse austretenden Öles mit dem Triebwerköl. Die erwähnte Zwischenwand findet sich auch bei diesen Maschinen.

Die Grundplatten der stehenden Maschinen setzen sich in der Hauptsache aus zwei zur Maschinenachse parallel verlaufenden ⊐- oder ⊓-Träger zusammen, die meist durch I-förmige, die Lager stützenden Wände miteinander verbunden sind, Abb. 310. Zwischen den Lagerkörpern ist die Grundplatte als Ölfangmulde ausgebildet, die zur Verminderung des Gewichtes und zur Erleichterung des Gusses unten durch ein

Blech abgeschlossen werden kann. Gestell und Grundplatte werden durch Stiftschrauben oder zweckmäßiger durch Bolzen mit Gewinde an jedem Ende verbunden; diese Bolzen werden in Vierkantmuttern eingeschraubt, die unterhalb der oberen Wand der Grundplatte in besonderen Gehäusen liegen. Die nicht drehbar gelagerten Muttern sind über dem Gewinde glattwandig ausgebohrt, damit der Bolzen leicht eingeführt werden kann. Die genaue Lage des Gestells wird durch Paßstifte bei endgültigem Zusammenbau der Maschine gesichert. Leichte Zugänglichkeit der Schrauben wird auf Kosten des Aussehens erreicht, wenn die senkrechte Wand der ⊐-förmigen Längsbegrenzung nach innen verlegt wird, eine bei Schiffsmaschinen

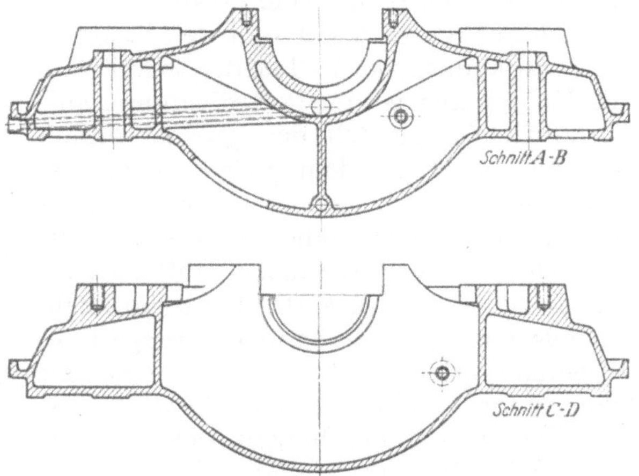

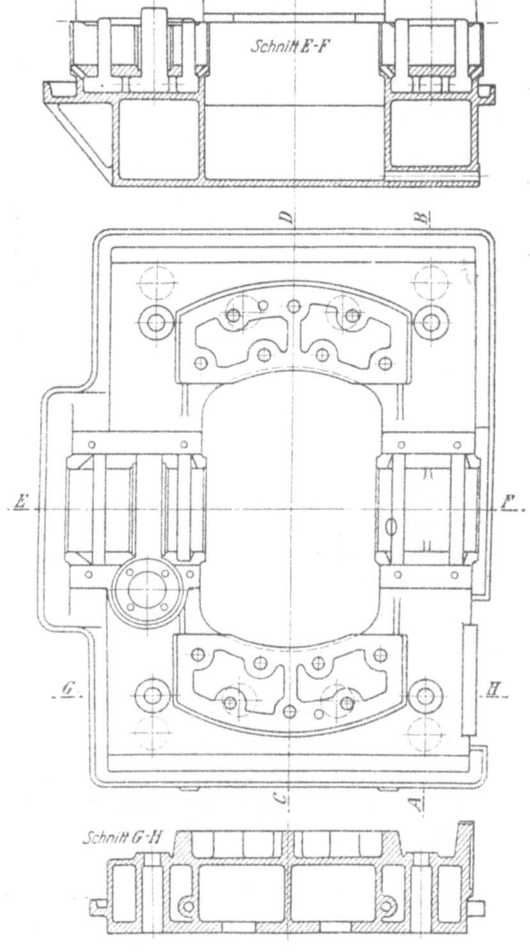

Abb. 310. Grundplatte einer Dieselmaschine von 310 mm Zyl.-Dmr., 450 mm Hub, $n = 210$ Uml./min. Maßstab ∾ 1 : 25. Ausführung der Ascherslebener Maschinenfabrik R. Wolf.

häufiger zu findende Bauart. Die Butzen der Fundamentschrauben sind zur Vereinfachung der Bearbeitung bis zu den Paßflächen der Ständer hochzuziehen. Die Grundplatten großer Maschinen werden mit Rücksicht auf Guß, Bearbeitung und Transport mehrteilig hergestellt; die einzelnen Teile werden an Paßflächen miteinander verschraubt. Die Trennungsfugen verlaufen senkrecht zur Maschinenwelle, bei sehr großen Grundplatten wird außerdem eine Fuge in axialer Richtung vorgesehen.

Die in der Grundplatte angeordneten Wellenlager werden bei kleineren Leistungen mit Ringschmierung, bei größeren mit Druckschmierung ausgeführt. Für die Nachstellung der meist mit Weißguß ausgegossenen Lagerschalen werden zwischen diese Beilagen eingelegt.

Mit Rücksicht auf unveränderliche Lage der Schraubenwelle muß bei Schiffsmaschinen das Einlegen von Beilagen unter die untere Lagerschale möglich sein. Zu diesem Zweck ist aus Gründen der Herstellung und Festigkeit nicht die Lagerschale außen rechteckig zu gestalten, sondern es ist nach Abb. 311 die runde Lagerschale, die Herausdrehen um die Welle gestattet, in einen außen eckig begrenzten Lagerstuhl einzubauen. Neuerdings wird jedoch vielfach auf derartige Bauarten verzichtet, und man geht zur üblichen Lagerform über, wobei die obere Lagerschale gegen Verdrehen gesichert wird.

Lange Lager werden zweckmäßig mit zwei Lagerdeckeln ausgeführt, Abb. 495/497, um größere Steifigkeit der Deckel zu erhalten und den Ausbau zu erleichtern.

Die Lagerschalen der Maschine nach Abb. 259 werden durch nur eine Schraube gehalten, was rasche Abnahme ermöglicht.

Bei Vier-, Sechs- und oft auch bei Achtzylindermaschinen, siehe S. 366, sind zwei Kurbeln im Mittelfeld der Maschine gleichgerichtet. Im Gegensatz zu zusammengebauten Wellen, die an jeder Seite der Kupplung ein Lager haben, ist bei einstückigen Wellen zwischen den gleichgerichteten Kurbeln nur ein Lager vorhanden; die auf dieses einwirkenden Kräfte sind in Abb. 312 dargestellt. Die Fliehkraft Z setzt sich mit den Stangenkräften P_1 und P_2 zusammen, der Verlauf der Lagerkräfte während einer Umdrehung ist im Polardiagramm aufgetragen. Die Aufzeichnung läßt den großen Einfluß der Fliehkraft und der bei jedem Aufwärtsgang der beiden Kolben in einem der beiden Zylinder auftretenden Verdichtung, die in der Nähe des oberen Totpunktes die Fliehkräfte gewissermaßen auffängt, erkennen. Da auch der Brenndruck die durch die Fliehkräfte entstehende Grundlagerbelastung verringert, so folgt in der oberen Totlage eine erhebliche Zunahme dieser Belastung, wenn Zündung und Verdichtung ausfallen würden. Die Darstellung bezieht sich auf eine raschlaufende 1700 PS_e-Viertaktmaschine der Krupp-Germaniawerft. Die größte nach oben gerichtete und die Lagerbolzen beanspruchende Kraft tritt nicht im oberen Totpunkt, sondern etwa 30° vor diesem auf. Die Beanspruchung der Bolzen soll hierbei $k_z = 300$ kg/cm² nicht überschreiten, wobei die durch Schwingungen der Welle mögliche Zunahme der Belastung berücksichtigt ist. Die Lagerschrauben sind als lange durchgehende Bolzen auszuführen, deren große Dehnungslänge die Aufnahme von Formveränderungen besser als kurze Stiftschrauben ermöglicht.

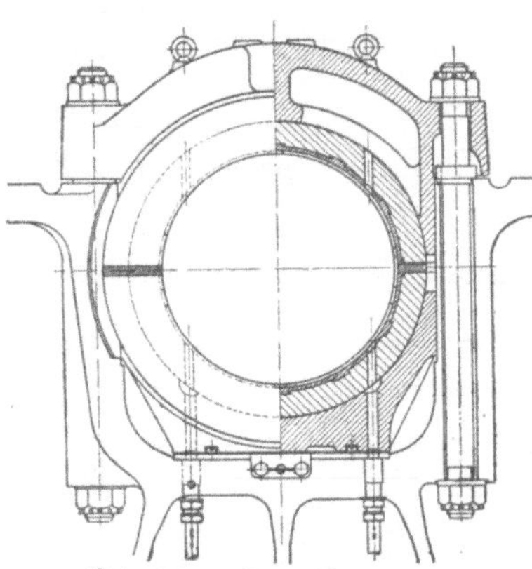
Abb. 311. Grundlager von Gebr. Sulzer, Winterthur.

Werkspoor benutzt bei doppeltwirkenden Viertaktmaschinen die durch die Ständer gehenden Zuganker als Bolzen für die Hauptlager, eine gleiche Bauart führen die Deutschen Werke aus. Lagerdeckel und Bolzen der Einzylinderviertaktmaschinen sind lediglich in Hinsicht auf die Wirkung der Massen- und Fliehkräfte während des Ansaugehubes zu bestimmen, bei fliegend angeordnetem Schwungrad ist auch dessen Wirkung zu berücksichtigen.

Die MAN führt die oberen Lagerschalen mit besonderen Bohrungen aus, um Lagerspiel und die Wellenlagerung überhaupt prüfen zu können.

Bei den Lagern doppeltwirkender Maschinen ist zu beachten, daß die untere Lagerschale durch das Gewicht des Triebwerkes und durch den Druck auf die oben größere Kolbenfläche mehr belastet wird als die obere Lagerschale, daß hingegen der beim Hingang in der Zündtotlage wirksame größere Massendruck ausgleichend wirkt.

Rahmen liegender Maschinen können nicht wie die Gestelle stehender Maschinen die Kräfte zentrisch aufnehmen, die dadurch entstehenden Biegungsspannungen sind durch zweckmäßige Formgebung möglichst zu verringern.

Bei Bajonettrahmen tritt eine freie Kraft (gleich dem Unterschied zwischen Kolbenkraft und der in der Mittellinie des Hauptlagers tätigen Kraft) auf, die Längsverschiebungen der Maschine anstrebt. Ein Drehmoment gleich Kolbenkraft mal Abstand zwischen Zylinder- und Hauptlagermitte sucht überdies die Maschine um

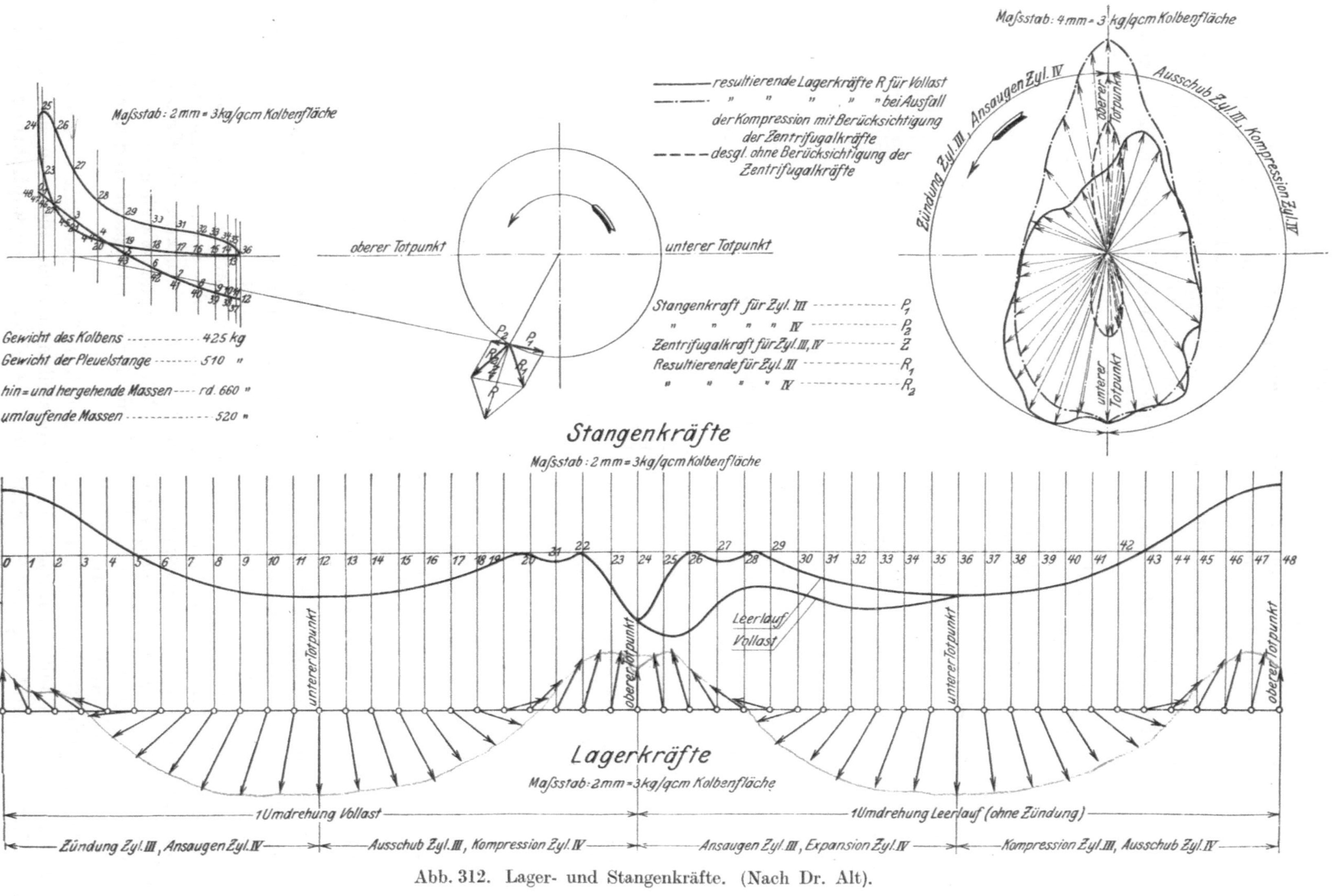

Abb. 312. Lager- und Stangenkräfte. (Nach Dr. Alt).

ihre senkrechte Schwerpunktachse zu drehen. Längsverschiebung und Drehmoment beanspruchen stark das Fundament, und da überdies das genannte Drehmoment den Verbindungsbalken in voller Größe auf Biegung beansprucht, so werden bei deutschen Maschinen ausschließlich Gabelbalken angewendet; Bajonettbalken werden in Amerika auch bei Großgasmaschinen ausgeführt, um die schwierige Bearbeitung der gekröpften Welle zu umgehen, die durch eine überhängende Kurbel ersetzt wird.

Der Vorzug des Gabelrahmens besteht in der gleichmäßigeren Verteilung der Kolbenkraft auf zwei demselben Maschinenkörper angehörenden Lager, wodurch zwar

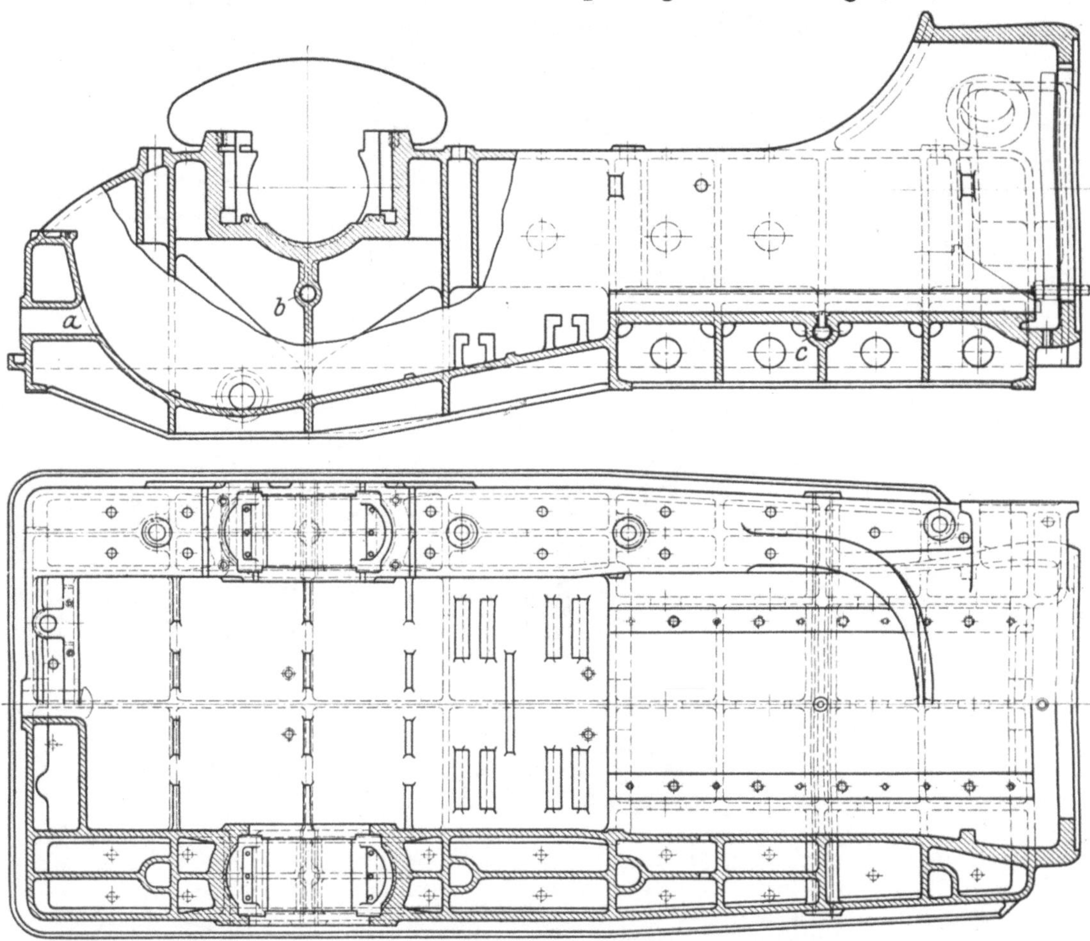

Abb. 313. Rahmen einer Nürnberger Großgasmaschine. Maßstab rd. 1 : 35.

die im außenstehenden Schwungradlager auftretende freie Kraft nicht vermieden, aber verringert, und das Fundament weniger beansprucht wird. Der Aufbau der Maschine wird geschlossener, die Aufstellung zuverlässiger.

Die Verbindungsbalken zwischen Lager und Geradführung werden durch die Kolbenkraft auf Zug und außerdem infolge des Abstandes der Kraftlinie von der Schwerlinie auf Biegung beansprucht. Um diesen als Hebelarm der Kolbenkraft wirkenden Abstand zu verkleinern, werden die Balken möglichst weit über die Mittellinie des Zylinders erhöht, was die Zugänglichkeit zum Kreuzkopf und zur Stopfbuchse allerdings erschwert, Abb. 313.

Die Kreuzkopfbahn wird entweder flach gefräst bzw. gehobelt oder, was bei großen Maschinen mit Rücksicht auf die Herstellungskosten allgemein üblich ist, gebohrt. Die Ausführung des Rahmens mit zweiseitiger Kreuzkopfführung findet sich selten; Abb. 116 läßt die Ausbildung des Rahmens kleinerer Maschinen ohne Kreuzkopf erkennen.

Abb. 314 zeigt die Ausführung eines Rahmenlagers, Abb. 315 die eines außenstehenden Schwungradlagers. Bezüglich Schmierung des ersteren siehe S. 429. Bauart nach Abb. 315 sieht Kugellagerung vor, so daß sich die Lagerschalen in Richtung der Tangente an die elastische Linie einstellen können; eine Anordnung, die auch bei Rahmenlagern zu finden ist.

Die übergreifenden Nasen der Deckel haben den Zweck, beide dem Rahmenkörper angehörigen Seitenwangen der Öffnung für das Lager für die Biegungsbeanspruchung nutzbar zu machen. In Abb. 316 ist der Bruch eines Rahmenlagers an den Stellen $a\,b$ und $c\,d$ wiedergegeben, der bei Dampfmaschinen häufig vorgekommen und darauf zurückzuführen ist, daß in der Berechnung die linke Seitenwange, Abb. 317, als gerader Balken betrachtet worden ist, während sie infolge der Krümmung bei a — im dargestellten Fall ist der Krümmungsradius $r = 0{,}8$ cm — als stark

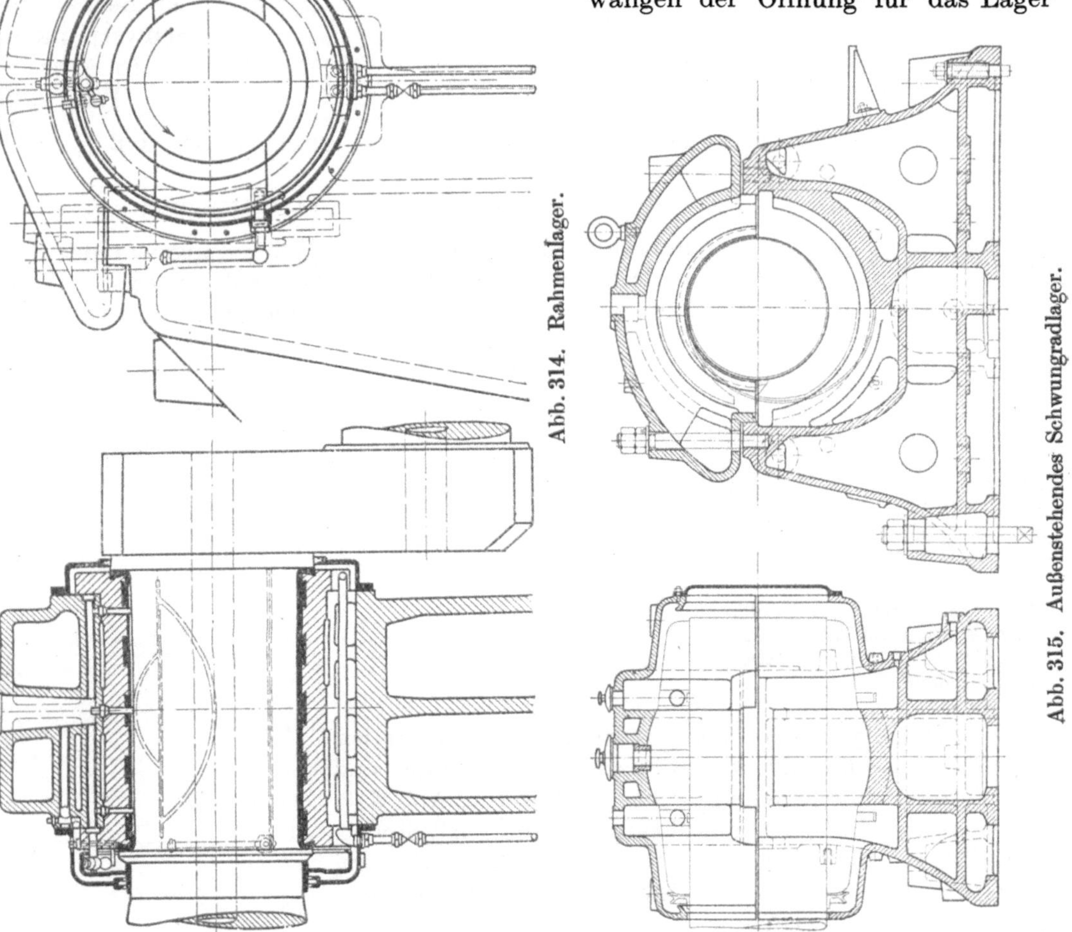

Abb. 314. Rahmenlager.

Abb. 315. Außenstehendes Schwungradlager.

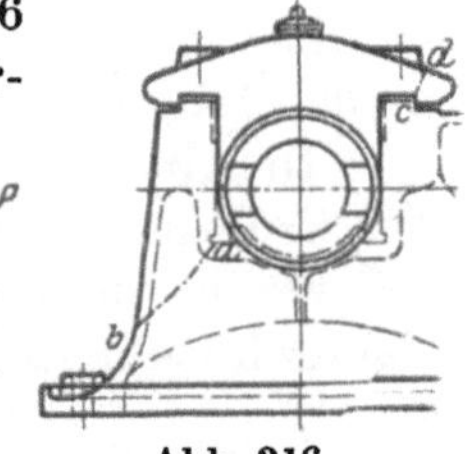

Abb. 317.

Abb. 316.

gekrümmter Balken berechnet werden muß nach der Bachschen Formel:

$$\sigma = \frac{P_n}{f} + \frac{M_b}{f \cdot r'} + \frac{M_b}{x \cdot f \cdot r'} \cdot \frac{e}{r' + e} \text{kg/cm}^2,$$

worin $r' = r + e$ ist und

$$x = -\frac{1}{f}\int \frac{\eta}{r' + \eta} \cdot df$$

am besten zeichnerisch ermittelt wird[1]). η ist der Abstand eines beliebigen Flächenteilchens vom Schwerpunkt der Bruchfläche.

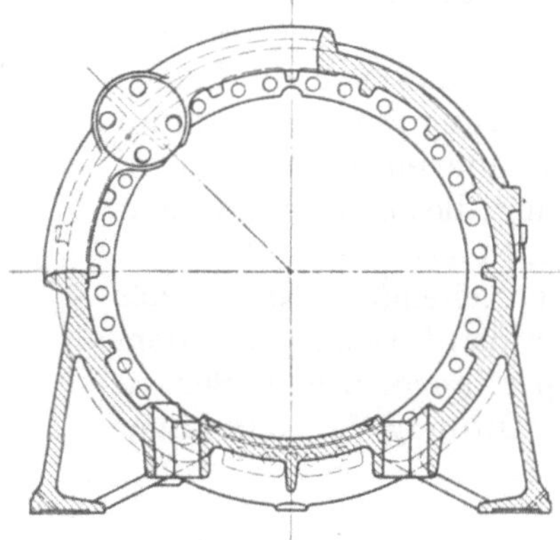

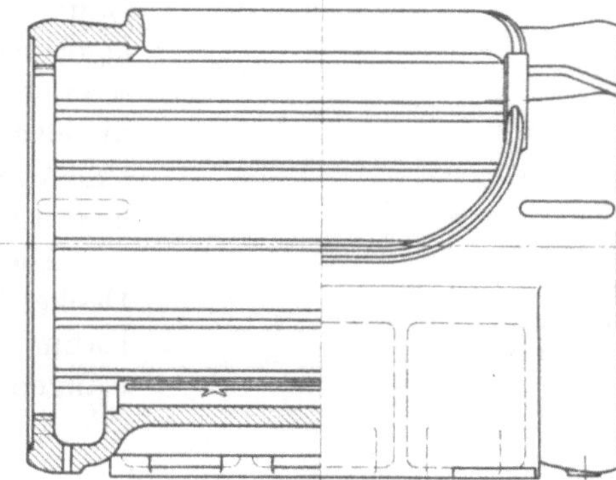

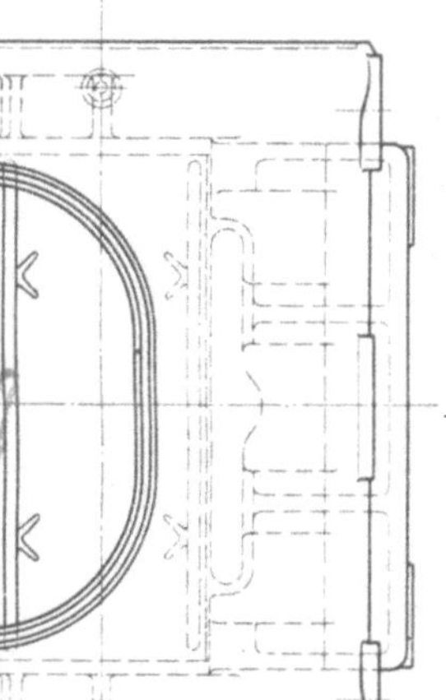

Wird die Berechnung in der Weise durchgeführt, daß $\sigma_z = \frac{P_n}{f}$, $\sigma_b = P\,(a + c) \cdot \frac{e}{J}$, die Gesamtanstrengung $\sigma = \sigma_z + \sigma_b$ gesetzt wird, so ist bei scharfen Krümmungen an der Hohlkehle bei a nur ein Drittel des sonst zulässigen Wertes k_3 einzusetzen, dieser Bruchteil darf sich um so mehr der

Abb. 318. Laterne für Tandemgasmaschinen von 1400 mm Hub. Ausführung MAN, Nürnberg. Maßstab 1 : 40.

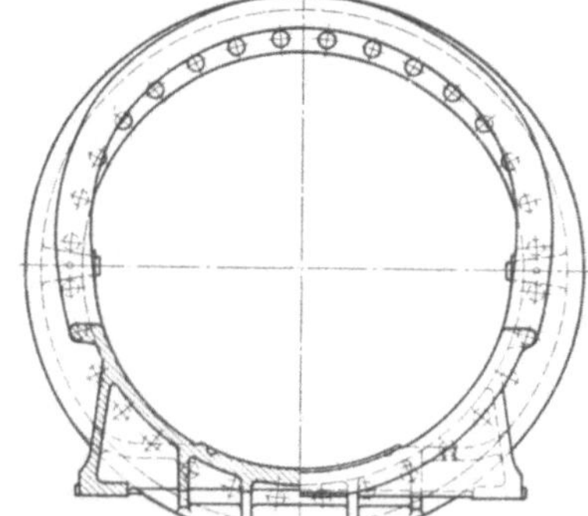

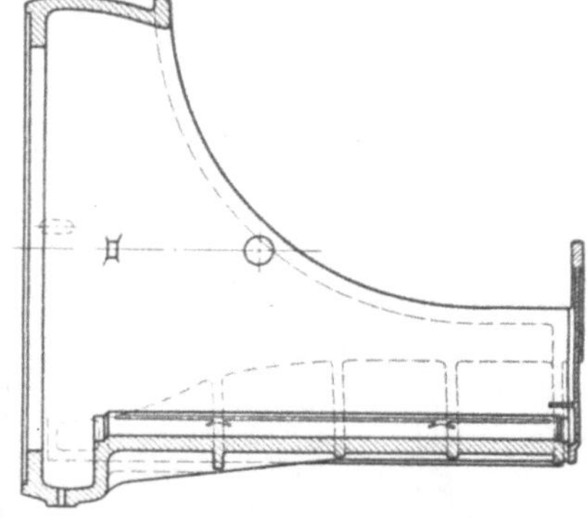

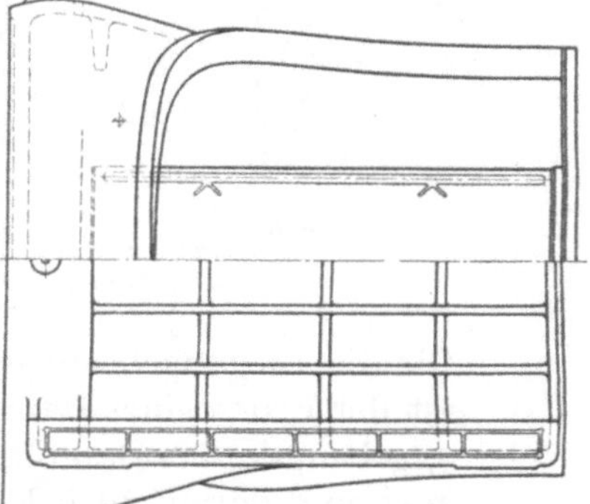

Abb. 319. Führung für Gleitschuh der Kolbenstange. 1400 mm Hub. Ausführung MAN, Nürnberg. Maßst. 1:50.

Eins nähern, je größer der Krümmungshalbmesser ist.

Die zur Führung der Kolbenstangenkupplung und zur Verbindung der Zylinder dienende Laterne, Abb. 318, ist ebenso wie die Gleitschuhführung am hinteren Zylinderende, Abb. 319, in der Formgebung der Geradführung anzupassen, wie Abb. 119 erkennen läßt. Die Unterstützungsfüße dieser Elemente sind auf besonderen, gußeisernen, mit dem Fundament fest verbundenen Platten gleitbar gelagert, um die Wärmedehnung der Maschine in der Längsachse zu ermöglichen.

In Abb. 318 ist das Zwischenstück für den Ausbau des Kolbens einseitig und seitlich ausgeschnitten, so daß Schwerlinie und Kraftlinie nicht zusammenfallen. Die dadurch bedingte exzentrische Beanspruchung wird durch

[1]) Siehe Dubbel: Taschenbuch für den Maschinenbau 4. Aufl., S. 813.

Versteifung des Ausschnittes mittels einer Spannstange, deren Gegenflanschen am Zwischenstück Abb. 318 erkennen läßt, verringert. In Abb. 318 sind weiterhin die Ausschnitte ersichtlich, in denen die Gelenkrohre der Kolbenkühlwasserleitung schwingen, vgl. Abb. 376.

2. Zylinder, Laufbuchse und Deckel.

Die Laufbuchse wird bei Gas- und Ölmaschinen meist in den Kühlmantel eingesetzt, um Auswechseln beim Fressen des Kolbens zu ermöglichen und in der Auswahl des Baustoffes, der aus dichtem, hartem Gußeisen mit Zusatz von Stahlspänen, seltener aus gehärtetem Schmiedestahl besteht, freie Hand zu haben[1]). Zur Erzielung gleichmäßiger Wärmedehnung ist die Buchse möglichst rohrförmig, ohne Rippen und Angüsse zu gestalten; die Wandstärke kann nach dem Kurbelende hin abnehmen, wie Abb. 320 zeigt. Um die Buchse bei Maschinen mit längerem Hub gegen den Geradführungsdruck N, siehe Abb. 309, zu stützen, wird sie in der Mitte von einem durch Rippen mit dem Kühlmantel verbundenen Ring, Abb. 320, umschlossen. Bei unrichtiger Bemessung des Spielraumes zwischen Ring und Buchse kann deren radiale Ausdehnung leicht gehindert und der Kolbenlauf an dieser Stelle gestört werden. In der äußeren Kolbentotlage soll der Kolbenring in eine Vorbohrung treten oder die Kante einer eingedrehten Rille überschleifen, um die Entstehung eines die Herausnahme des Kolbens erschwerenden Grates zu vermeiden.

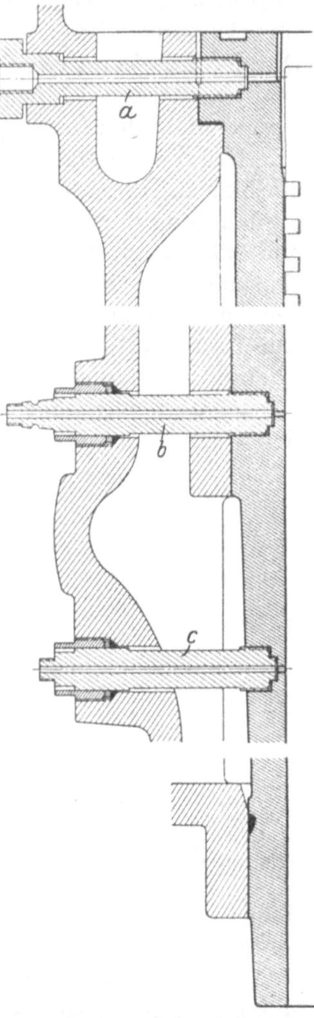

Abb. 320. Laufbuchse zu einer Dieselmaschine 310 mm Zyl.-Dmr., 450 mm Hub, der Ascherslebener Maschinenfabrik R. Wolf. Maßstab 1:5. a = Indikatorstutzen. b = Zylinderschmierung. c = Kolbenbolzenschmierung und — um 90° versetzt — Kolbenhalter.

Nach unten hin muß sich die Buchse in axialer Richtung frei ausdehnen können; sie ist hier gegen den Kühlwasserraum abzudichten, was durch verstemmte Weißmetallringe, Gummiringe und seltener durch selbstspannende Kolbenringe oder metallisch bewirkt werden kann. Ausführungsarten der meist üblichen Gummiringdichtung sind aus den Abb. 320 bis 322 ersichtlich. In Abb. 320 wird das Einbringen des Gummiringes durch die schräge Abkantung des Kühlmantels wesentlich erleichtert, in Abb. 322 ist ein besonderer Andrückring vorgesehen. Da Gummi zwar dehnbar, aber nicht kompressibel ist, so muß die den Gummiring aufnehmende Eindrehung dem Ringvolumen genau angepaßt sein. Diese Schwierigkeit umgeht die amerikanische Bauart nach Abb. 494.

[1]) Das Gußeisen muß sowohl genügende Festigkeit aufweisen, als auch widerstandsfähig gegen Abnutzung sein, zwei Forderungen, bei deren Erfüllung vermittelt werden muß.

Nach einer Mitteilung von Rennie zeigt das für Laufbuchse und Kolbenoberteil der Scott-Still-Maschine verwendete Gußeisen folgende Zusammensetzung:

	Kohlenstoffgehalt	Gebundene Kohle	Silizium	Schwefel	Phosphor	Mangan	Brinell-Härte
Nach Rennie	2,4—2,5%	0,55—0,65%	1,5—1,7%	0,06—0,07%	0,5—0,6%	0,75—1%	230
Nach Campion	unter 2,8%*)	0,70—0,85%	unter 1,2%	—	0,25—0,5%	1,0—1,75%	—

Die zweite vorstehend angegebene Zusammensetzung wird von Campion in den Verhandlungen der North-East Institution of Engineers and Shipbuilders 1926 vorgeschlagen.

Campion erwähnt, daß amerikanische Ingenieure eine Verminderung des Phosphorgehaltes unter

*) Gesamter Kohlenstoffgehalt.

Die Laufbuchse nach Abb. 320 ist, um 90° am Umfang gegen die Kolbenbolzenschmierung *c* am Umfang versetzt, mit einem „Kolbenhalter“ versehen, der in der Ausführung der Bolzenschmierung gleich ist, nur daß die Schmierölbohrung durch eine 13 mm weite, von einem langen Pfropfen geschlossene Bohrung ersetzt ist. Durch diese kann ein Stift von gleichem Durchmesser in den Hubraum geschoben werden, der den Kolben in höchster Lage festhält, so daß er bei Lösen der Pleuelstange nicht herausgenommen zu werden braucht.

Der obere den Verbrennungsraum begrenzende Teil der Laufbuchse wird durch die hier auftretenden Temperaturen am stärksten beansprucht, während andrerseits die Kühlung durch den Einsatz in den Kühlmantel hier erschwert wird. In Abb. 320 und 323, 324 sind Ausführungen des Laufbuchseneinsatzes in den Kühlmantel wiedergegeben. Der Schraubenkreisdurchmesser *D* ist dadurch bestimmt, daß zwischen der Aussparung *a*, die bei kleineren und bei langhubigen Maschinen nötig wird, um Ein- und Auslaßventil unterzubringen, und der Nut für die Abdichtung ein gewisser Abstand vorhanden sein muß. In Abb. 323 wird die Nut nach außen durch den Kühlmantel begrenzt, während sie meist nach Abb. 320 eingedreht wird. Da die Buchse sich stärker ausdehnt als der Mantel, so wäre an sich Spiel an den Flächen *b* und *d*

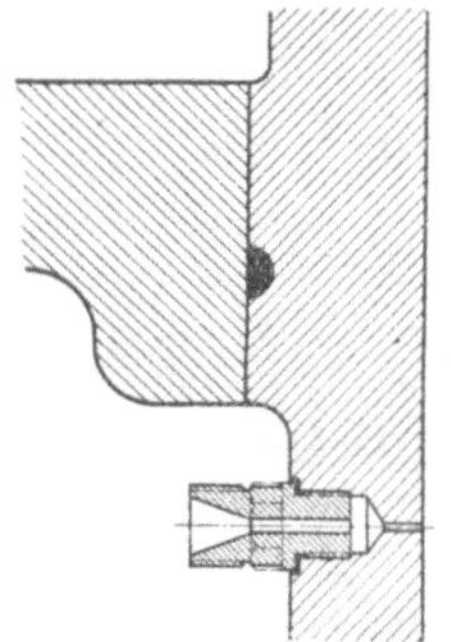

Abb. 321. Untere Abdichtung der Laufbuchse und Zylinderschmierung der AEG. Maßstab 1 : 4.

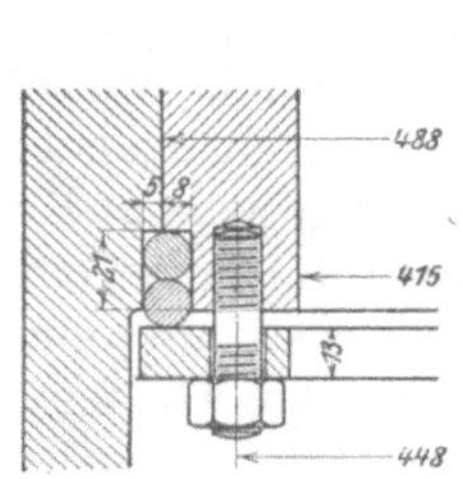

Abb. 322. Untere Abdichtung der Laufbuchse mit Druckring.

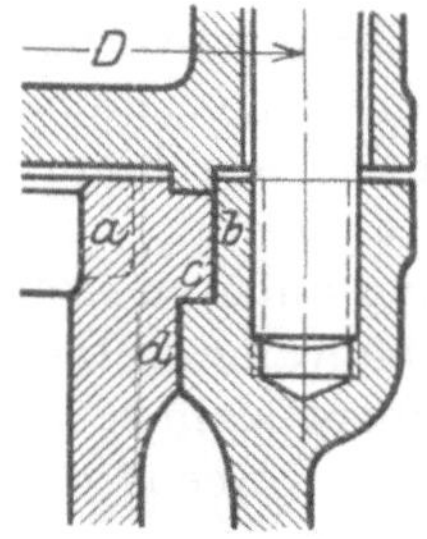

Abb. 323. Laufbuchseneinsatz.

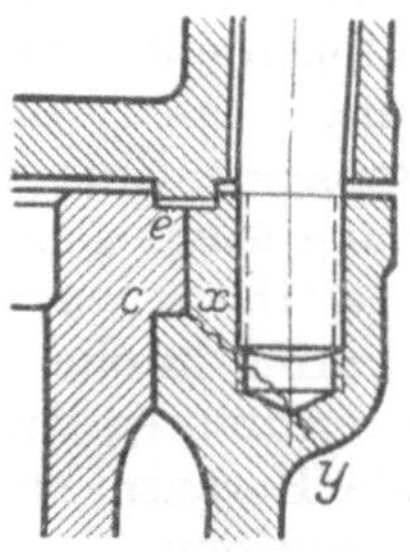

Abb. 324. Laufbuchseneinsatz.

richtig, wobei die Buchse an der unteren Umfassung durch den Kühlmantel zu zentrieren wäre, doch wäre in diesem Fall Wärmeübergang nur an Fläche *c* möglich. Zur Vermeidung von Wärmestauung wird deshalb die Buchse bei *d* eingepaßt, während sie bei *b* mit Spiel eingesetzt wird. Die Anordnung der Nut nach Abb. 324, durch die das Aufschleifen der Fläche *c* überflüssig werden soll, ist fehlerhaft, da die zwei verschiedenen Teilen angehörige Fläche *e* nicht genau eben sein wird. Kühlwasser, das nach außen austritt, kann sich u. U. mit dem Schmieröl mischen; durch Undichtheit verursachter Austritt von Gasen kann Verminderung der Verdichtung und damit Verschlechterung der Verbrennung herbeiführen. In den Brennraum während des Stillstandes der Maschine übertretendes Kühlwasser wirkt — im Gegensatz zur Dampfmaschine — schon vor Ausfüllung des Brenn-

0,1% für nötig halten, und daß Ausglühen der Gußstücke bei etwa 450° vor der Bearbeitung nicht nur als Mittel gegen die beim Abkühlen des Gußeisens auftretenden inneren Spannungen, sondern auch gegen das „Wachsen“ im späteren Betrieb zu empfehlen sei.

Versuche mehrerer Forscher haben ergeben, daß unter 250° die Zugfestigkeit nur geringe Änderung zeigt, dann auf einen Mindestwert zwischen 300 und 350° fällt — vgl. hierzu Abb. 327, 352 —, worauf ein Höchstwert bei etwa 420° erreicht wird. Von hier ab fällt die Zugfestigkeit sehr schnell, namentlich wenn der Probestab längere Zeit (23 Stunden) auf hohe Temperatur gebracht worden war.

Bei Temperaturen, wie sie in Verbrennungskraftmaschinen auftreten, ist der Betrag des Wachsens zwar gering, spielt aber immerhin eine gewisse Rolle bei ungekühlten Kolben und vielleicht auch bei hochbeanspruchten Zweitaktmaschinen. Die Neigung zum Wachsen wird vermindert, wenn der Mangangehalt bei gleichzeitiger Verringerung des Kohlenstoff- und Siliziumgehaltes erhöht wird.

raumes dadurch gefährlich, da infolge von dessen Verkleinerung durch die Wassermenge die Verdichtung unzulässig hoch ansteigt. Der Schraubenkreis vom Dmr. D soll womöglich mit dem Schwerkreis des Mantelquerschnittes zusammenfallen, um diesen nur auf Zug zu beanspruchen und Biegungsbeanspruchungen zu vermeiden. Abb. 325 ergibt für den Querschnitt $x\,y$ dieselben Verhältnisse, wie für den gleichbezeichneten Querschnitt der Buchse in Abb. 324 dargestellt. Dieser wird durch das Moment $P \cdot a$ auf Biegung, durch P_n auf Zug, durch P_s auf Schub beansprucht. Unter Vernachlässigung der beiden letzteren Kräfte folgt die Biegungsbeanspruchung aus:

$$M_b = P \cdot a = \frac{\pi D \cdot h^2}{6} \cdot k_b\,.$$

Der Schraubendruck soll den Verbrennungsdruck um 10 bis 20% übersteigen, damit auch im Augenblick der Zündung die Dichtung genügend angepreßt wird.

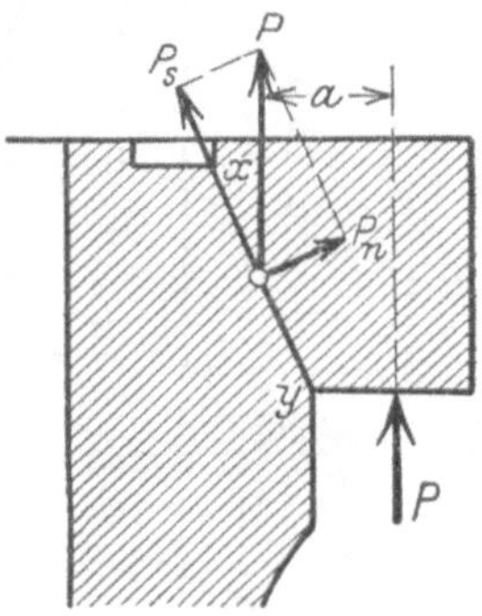

Der obere Flansch des Kühlmantels wird entweder vollgegossen oder zur Vermeidung der Stoffanhäufung mit Aussparungen nach Abb. 326 versehen, die nur da, wo Schrauben sitzen, ausgefüllt werden.

Abb. 325.

In Abb. 327 sind Messungen der Friedr. Krupp-Germaniawerft wiedergegeben, die an der höchsten Stelle der Laufbuchse eine Innentemperatur von 290°, eine Außentemperatur von 204° ergaben. Bei 48 mm Wandstärke betrug sonach das größte Temperaturgefälle $\frac{290 - 204}{4{,}8} = 18°$ C/cm. Die Kühlung dieser Stelle hängt mit der Überleitung des Kühlwassers aus dem Kühlmantel in den Deckel eng zusammen.

Das Kühlwasser kann durch außen angeschraubte Krümmer, die beide Wasserräume miteinander verbinden, durch Rohrstücke, die in Bohrungen der beiden Flanschen untergebracht sind, oder auch einfach durch diese Bohrungen selbst übergeleitet werden, wenn nicht überhaupt eine offene Verbindung zwischen beiden Wasserräumen wie bei der Ausführung nach Abb. 233 besteht.

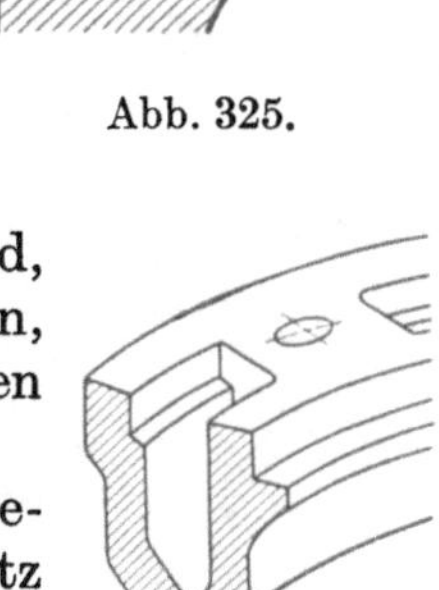

Abb. 326.

Krümmer beeinträchtigen das Aussehen der Maschine, lassen jedoch Undichtheit leicht erkennen. Vielfach üblich ist der Einsatz von Rohrstücken nach der Nebenfigur in Abb. 308; die Abdichtung wird durch kegelige Eindrehungen mit eingelegtem Rundgummiring erzielt. Eine zweckmäßige Ausführung der Überleitung der dritten Art ist die der Nobel-Diesel A.-G., Abb. 328. Die rings herumgehende Ringkammer a ist durch Kanäle, die gestrichelt angedeutet sind, mit den Kühlwasserräumen des Mantels und des Deckels verbunden. Der Dichtung durch Feder und Nut ist eine solche durch Gummiring vorgeschaltet. Die Auflagerfläche b ist geneigt, so daß unter Vermeidung scharfer Winkel die Kraft schräg zur Buchse auf den Mantel übertragen wird. Eine kurze zylindrische Fläche c dient zur Zentrierung.

Durch diese Anordnung wird der obere Teil der Buchse wirksam gekühlt. Den gleichen Zweck und ebenfalls Vermeidung von Stoffanhäufung verfolgt die in Abb. 329 dargestellte Bauart. Kühlwasserzufluß zum Raum a und Abfluß zum Deckelraum sind gestrichelt wiedergegeben. Der Ringraum a wird an den Stellen, wo sich die Schrauben befinden, voll ausgegossen und derart in mehrere Kammern unterteilt. Wird nicht das Kühlwasser aus allen diesen Kammern abgeleitet, so sammelt sich in diesen Dampf und Luft an, so daß bedeutende Wärmespannungen und Verwerfungen auftreten. Dieser Übelstand läßt sich vermeiden, wenn die äußere Ringwand so weit

Temperaturmessungen an einer schnellaufenden 1700-PS_e-Viertaktdieselmaschine.

Belastung . . . . 398 Volt
2898 Ampere
n = 370 Uml/min.
N = 1685 PS
Mittlerer indizierter Druck p_i = 9,2 at
Einblasedruck . . . . . . 76 at

Auspuff . . . . . . Temperatur ∾ 500° C
Druck ∾ 210 mm W.-S.

Kolbenöl . . . . . Druck 1,6 at
Temperatur ∾ 33° am Eintritt
∾ 57° am Austritt

Zylinderkühlwasser

Druck ∾ 2,8 at

Eintrittstemperatur auf Steuerseite . . . . . . 20°

Eintrittstemperatur auf Auspuffseite . . . . . 23°

Temperatur hinter Zylinder beim Saugventil . . 33°

Temperatur hinter Deckel 35,5°

Temperatur hinter Auspuffventilgehäuse . . . 46°

Temperatur hinter Auspuffrohr . . . . 53°

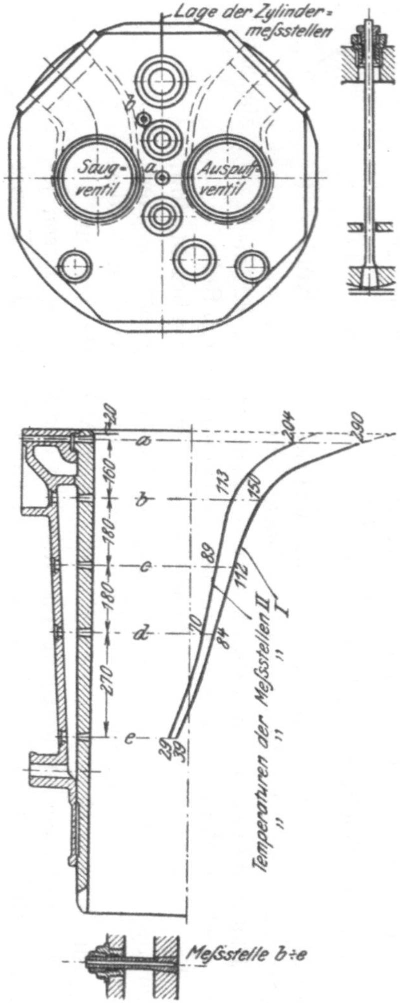

Abb. 327.

	Meßstelle	Temperatur °C	Entfernung e der Meßstellen I und II cm	Temperaturgefälle $\frac{t_1 - t_2}{e}$ °C/cm
a	I. 1 mm von Feuerseite	285	3	$\frac{285 - 141}{3}$
	II. 3 mm von Wasserseite	141		= 48° C/cm
b	I. 1 mm von Feuerseite	281	3	$\frac{281 - 143}{3}$
	II. 3 mm von Wasserseite	143		= 46° C/cm

	Meßstelle	Temperatur °C	Entfernung e der Meßstellen cm	Temperaturgefälle $\frac{t_1 - t_2}{e}$ °C/cm
a	I. 3,5 mm von Feuerseite	290	4,8	$\frac{290 - 204}{4,8} = 18$
	II. 3,5 mm von Außenseite	204		
b	I. 1,5 mm von Feuerseite	150	3,75	$\frac{150 - 113}{3,75} = 10$
	II. 2 mm von Wasserseite	113		
c	I. 1,5 mm von Feuerseite	112	3,15	$\frac{112 - 89}{3,15} = 7,3$
	II. 2 mm von Wasserseite	89		
d	I. 1,5 mm von Feuerseite	84	2,45	$\frac{84 - 70}{2,45} = 5,7$
	II. 2 mm von Wasserseite	70		
e	I. 1,5 mm von Feuerseite	39	2,45	$\frac{39 - 29}{2,45} = 4,1$
	II. 2 mm von Wasserseite	29		

nach außen gelegt wird, daß zwischen ihr und den Schraubenbutzen noch Kühlwasserraum bleibt.

Es empfiehlt sich, die Feder- und Nutdichtung zwischen Laufbuchse und Deckel niemals die Abdichtung des Kühlwasserraumes gegen das Zylinderinnere übernehmen zu lassen. Gute Kühlung erfordert zwangläufige Führung des Wasserstromes. Abb. 457 zeigt eine diesem Zweck dienende Maßnahme. Die Außenseite der Buchse ist im höchstbeanspruchten Teil mit schraubenförmig verlaufenden Rippen ausgeführt, die sich dem umfassenden Kühlmantel so eng anschließen, daß das Kühlwasser mit großer Geschwindigkeit seinen Weg durch die Gänge zwischen den Rippen suchen muß; gleichzeitig vergrößern die Rippen die Kühlfläche. Bei der 12 000 PS_e-Zweitaktmaschine hat die MAN den gleichen Zweck durch einen Ringkörper erreicht, der mit schraubenförmigen Kanälen die Laufbuchse umgab; die Rippen gehören also bei dieser Bauart nicht der Laufbuchse, sondern dem Ringkörper an. Die neuere Bauart der MAN ist auf S. 233 dargestellt.

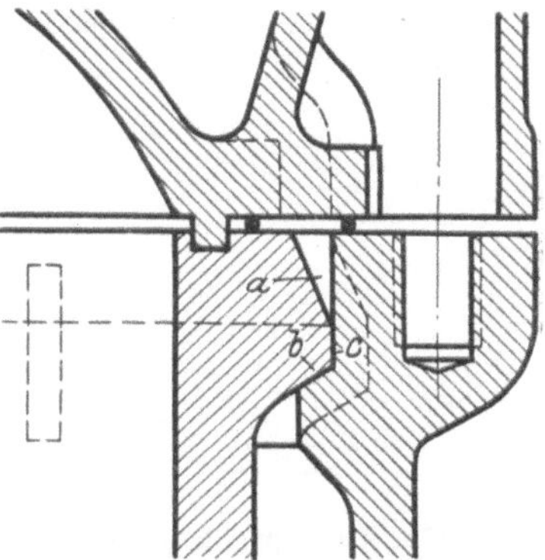

Abb. 328. Kühlwasserzuführung zum Deckel von Nobel-Diesel, Nynäsham.

Günstigste Kühlwirkung wird durch die in Abb. 339 dargestellte Konstruktion ermöglicht, bei der die Flanschen zur Verbindung von Buchse und Deckel im Kühlwasserraum liegen. Die Eindrehung zwischen den aufgeschliffenen Vorsprüngen der Flanschen, die vom Kolbendruck entlastet und nur durch das Gewicht der Buchse und die Reibung der Kolbenringe belastet sind, steht durch den Kanal in einer den Wasserraum durchdringenden, angegossenen Pfeife mit der äußeren Atmosphäre in Verbindung, um die Dichtheit der Verbindung jederzeit untersuchen zu können.

Abb. 231 und 232 zeigen einen zwischen Zylinderblock und Zylinderdeckel liegenden gußeisernen Kühlring, der den oberen Teil der Buchse kühlt und von Wärmespannungen entlastet.

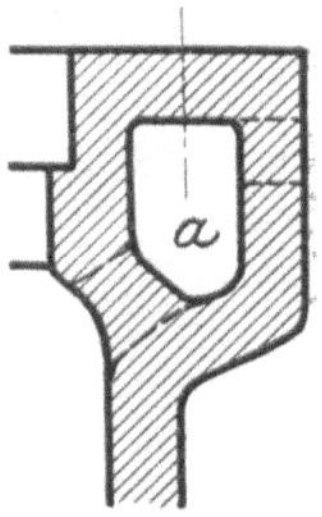

Abb. 329.

Die Buchsen der Zweitaktmaschinen zeigen mannigfaltigere Formgebung als die der Viertaktmaschine, was durch die verschiedenartige Anordnung der Spül- und Auspuffschlitze bedingt ist. Diese Durchbrechungen machen die Buchse überdies noch weniger geeignet zur Aufnahme von Axialkräften als bei Viertaktmaschinen.

Dem Konstrukteur ist die Aufgabe gestellt, die Schlitze der Buchse, deren freie Ausdehnung unbedingt gesichert werden muß, durch den Kühlraum hindurch mit

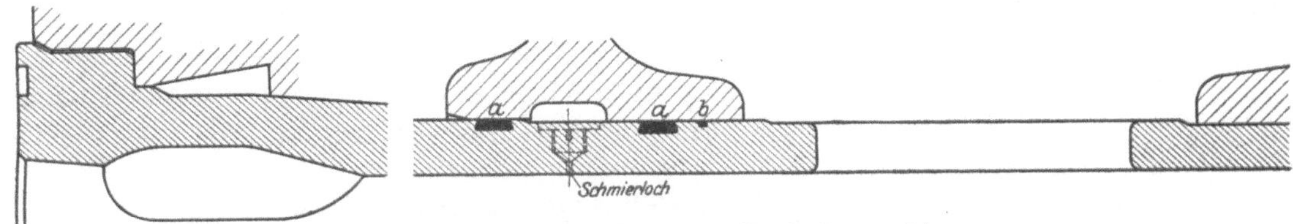

Abb. 330. Laufbuchse einer Zweitaktmaschine von 650 mm Zyl.-Dmr. der Friedr. Krupp-Germaniawerft. Maßstab 1 : 6. *a* = Gummiringe. *b* = Weicheisenring.

den in den äußeren Mantel mündenden Rohrleitungen für Spülluft und Abgase zu verbinden, Abb. 242, so daß an dem Übergang der Schlitze zu diesen Mündungen Abdichtungen gegen den Kühlwasserraum erforderlich werden. Abb. 330 zeigt eine solche Dichtung nach der Ausführung der Krupp-Germaniawerft. *a*, *a* sind

Gummiringe, *b* ist ein Weicheisenring. Sulzer dichtet die gleiche Stelle durch zwei Kupferringe und einen Gummiring an jeder Seite ab, während die MAN nur Gummiringe vorsieht. Derartige Abdichtungen können nach der unteren Seite hin durch eine Stopfbuchse ersetzt werden, vgl. Abb. 244 und 358, wenn der Außenmantel bis an die hier nur niedrigeren Temperaturen ausgesetzte Buchse herangeführt wird, die dann nicht mehr unmittelbar gekühlt wird. Am oberen Ende werden die Buchsen in den Mantel in der bei Viertaktmaschinen üblichen Weise eingesetzt.

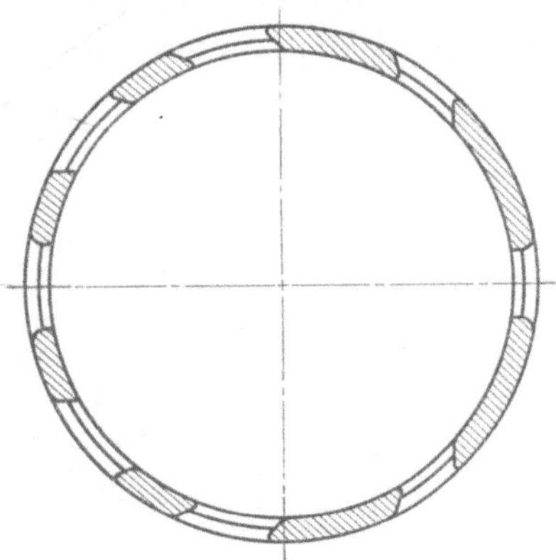

Abb. 330a. Auspuffschlitze einer Ventilspülmaschine der Friedr. Krupp-Germaniawerft. Maßstab 1 : 15.

Abb. 330a zeigt für eine Ventilspülmaschine der Krupp-Germaniawerft die Ausbildung der gefrästen Schlitze, die so gestaltet sind, daß die Abgase zur Vermeidung von Wirbel- und Stoßverlusten schon beim Austritt aus dem Zylinder in die Richtung des einseitig angeschlossenen Auspuffrohres abgelenkt werden.

Um die Stege der Schlitze durch eingegossene oder gebohrte Kanäle zu kühlen, ist die Wandstärke der Buchse an den Schlitzen zu vergrößern, oder diese sind bis zu einem die Buchse konzentrisch umfassenden Ring, der sich gegen einen entsprechenden Innenring des Außenmantels legt, Abb. 331, durchzuführen. Kräftige Ausführung der Stege ist erforderlich, um Verwerfungen des Zylinders durch die in den gegenüber oder übereinander liegenden Schlitzen auftretenden verschiedenen Temperaturen, durch die durchströmende Spülluft und Abgase verursacht, zu verhindern. Bei doppeltwirkenden Viertakt- und Zweitaktmaschinen wird die Buchse mitunter in einer wagerechten Ebene in der Nähe der Schlitze geteilt, eine Maßnahme, deren Vorbild durch die Zweitaktgasmaschine, siehe Abb. 348, gegeben ist. Wird der Zylinder in der Mitte von dem Gestell gestützt, so dehnen sich die beiden Teile der Buchse nach außen hin aus, Abb. 252, während bei fester Lagerung der Zylinderenden (Ausführung MAN) die Fuge bei kalter Maschine geöffnet ist, und die beiden Teile sich nach innen hin dehnen. Die Teilfuge ist zu verzahnen, um einwandfreies Arbeiten der Kolbenringe zu sichern.

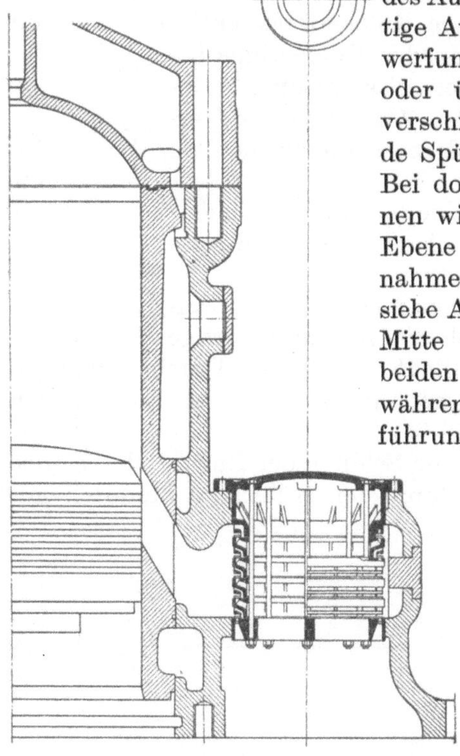

Abb. 331. Zweitaktzylinder der Nobel-Diesel-A.-G. in Nynäsham.

Die Burmeister-Wain doppeltwirkende Viertaktmaschine wird im Gegensatz zur gleichartigen Werkspoor-Maschine mit einteiliger Laufbuchse ausgeführt, Abb. 238, deren Wärmedehnung die Spannung in den Zugankern vergrößert; die Vorspannung in diesen, soweit der zwischen den Deckeln liegende Teil in Betracht kommt, ist dementsprechend zu bemessen. Von dieser Vorspannung hängt die Größe der von der Buchse zu übertragenden Axialkräfte während der Verbrennung, Ausdehnung und Verdichtung ab, da der Außenmantel keine Kräfte aufnehmen soll.

Der **Zylinderdeckel** ist neben dem Kolben das heikelste Bauelement der Ölmaschine, da beide Teile den Verbrennungsdruck übertragen und der größten Wärmebeanspruchung ausgesetzt sind. Letztere geht für einen bestimmten Fall aus der Zusammenstellung auf S. 286 hervor, die zeigt, daß das Temperaturgefälle im Zylinderdeckel 48° C/cm gegenüber 18° C/cm in der Laufbuchse beträgt. Die Deckel der Viertaktmaschinen nehmen in eingegossenen Pfeifen, welche die ebenen Wandungen der zylindrischen Deckel durchdringen, Anlaß-, Einlaß-, Auslaß- und Brennstoffventil auf, während die zu den drei ersteren Ventilen gehörigen Leitungen durch den Zylindermantel des Deckels geführt werden müssen. Diese Bauart macht Gußspannungen unvermeidlich; außerdem entstehen durch die Ventilöffnungen in der dem Verbrennungsraum zugekehrten Wand große Wärmespannungen. Die hier auftretenden Spannungen lassen sich durch Spannungslinien nach Abb. 332 darstellen, die nach Art der Strömungslinien der Hydrodynamik durch ihre Dichte ein Maß für die Beanspruchung geben. Die Materialfasern in der Nähe des Lochrandes werden bedeutend stärker gedehnt, als der normalen Spannung in einer nichtdurchbrochenen Wand entspricht. Wird am Lochrande die Elastizitätsgrenze überschritten, ohne daß es vorher zum Bruch kommt, so wird die Randfaser durch Übertragung der Spannungskraft auf weiter abliegende Fasern zum Teil entlastet.

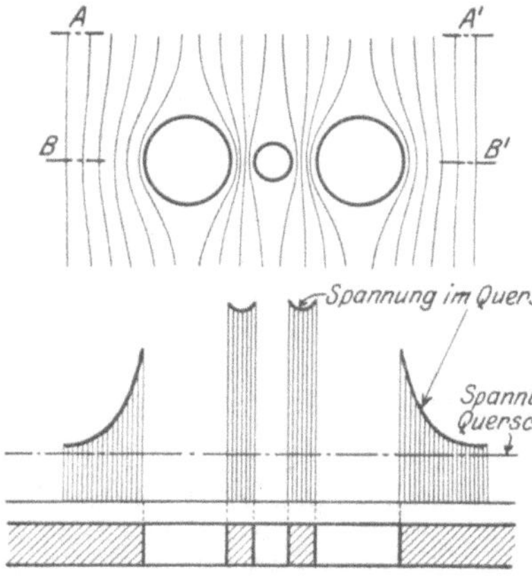

In Abb. 332 sind nur die Spannungen infolge der Temperaturdehnungen in einer Richtung dargestellt, während in Wirklichkeit die Temperaturdehnungen in allen Richtungen laufen.

Abb. 332. Spannungsverteilung in einer durch Öffnungen unterbrochenen Wand. (Nach Junkers.)

Der die untere Wand belastende Verbrennungsdruck wird durch die erwähnten Ventilpfeifen und u. U. durch Rippen auf die obere Wand und von dort durch die Deckelschrauben auf das Gestell übertragen. Rippen, falls sie überhaupt als zweckmäßig angesehen werden, sollen in gleicher Wandstärke wie die des Deckels ohne Anlehnung an den zylindrischen Mantel nur die beiden ebenen Böden gegeneinander versteifen, sonst zur Vermeidung von Stoffanhäufung an den Ecken ausgespart werden. Die Abmessungen des Deckels sind durch einfache Beziehungen festgelegt, da der Entwurf nach Abb. 320 und 323 keinen großen Spielraum zuläßt und den Durchmesser bestimmt. Die Höhe des Deckels hängt von der Weite und Gestaltung der Leitungen für Luft und Abgase ab, insofern zwischen diesen und den ebenen Wänden genügend Abstand mit Rücksicht auf den Guß und den Kühlwasserumlauf bleiben muß. Dieser Abstand kann bei dem meist ausgeführten kreisförmigen Leitungsquerschnitt enger sein — etwa 20 bis 30 mm betragen — als bei rechteckigem Querschnitt, da bei diesem die Entfernung zwischen Leitungsquerschnitt und ebener Wand auf längere Strecke dieselbe ist. Andrerseits gibt der rechteckige Querschnitt die Möglichkeit, durch größere Breite die Höhe zu verringern, doch ist hier eine Grenze durch die Zahl der Verbindungsschrauben gesetzt, deren Pfeifen genannten Querschnitt nicht verengen dürfen. Aus diesem Grunde beträgt die Schraubenzahl 6 bei kleinen, 8 bei großen Maschinen und kann nur bei großen Maschinen mit niedriger Umlaufzahl auf 10 und mehr gesteigert werden.

Was die Anordnung der Ventile betrifft, so ist zentrale Lage des Brennstoffventils erwünscht, wodurch die Verteilung der anderen Ventile über den Zylinderquerschnitt gegeben ist. Ein- und Auslaßventil liegen zu beiden Seiten des Brennstoff-

ventils in einem zur Steuerwelle parallelen Durchmesser. Auf dem Halbkreis vor diesem Durchmesser, von der Steuerwelle aus gerechnet, ist das Anlaßventil, auf dem hinteren Halbkreis das Sicherheitsventil angeordnet. Um bei nicht zu großen Geschwindigkeiten von Luft und Abgas in den Ventilquerschnitten die zu einem bestimmten sekundlichen Hubvolumen gehörenden Ventildurchmesser ausführen zu können, muß häufig die Laufbuchse seitlich ausgenommen werden. Hierbei rücken überdies die Ventilpfeifen so nahe, daß sich im wagerechten Querschnitt, siehe Abb. 333, die Wände berühren und dadurch eine vollständige Umspülung durch Kühlwasser unmöglich wird. Die Bildung von Rissen, die hauptsächlich in dem Steg zwischen Brennstoff- und Auslaßventil auftreten, wird dadurch begünstigt. Abhilfe läßt sich durch Einsetzen einer dünnwandigen, außen verzinnten Buchse aus Stahl,

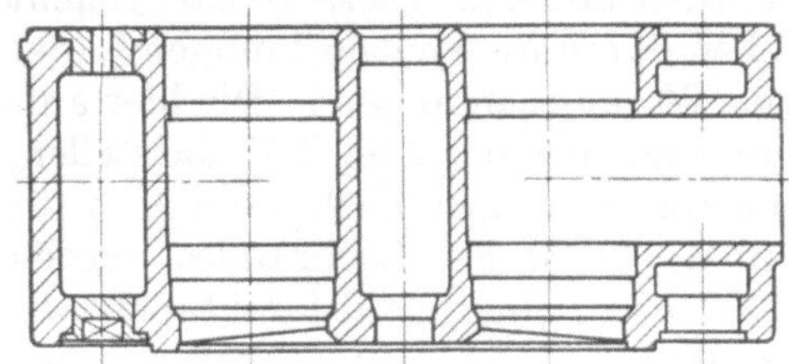

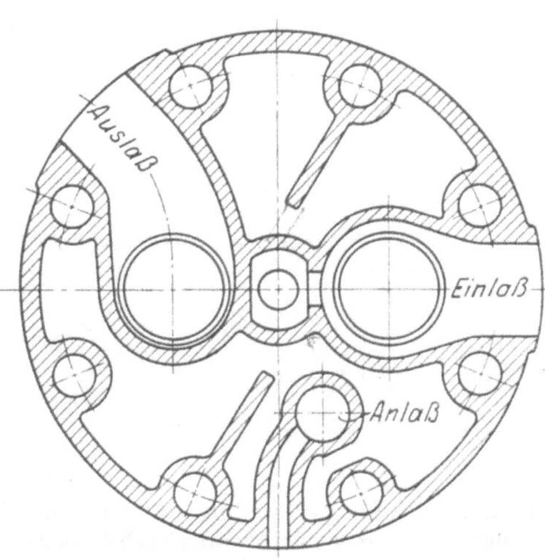

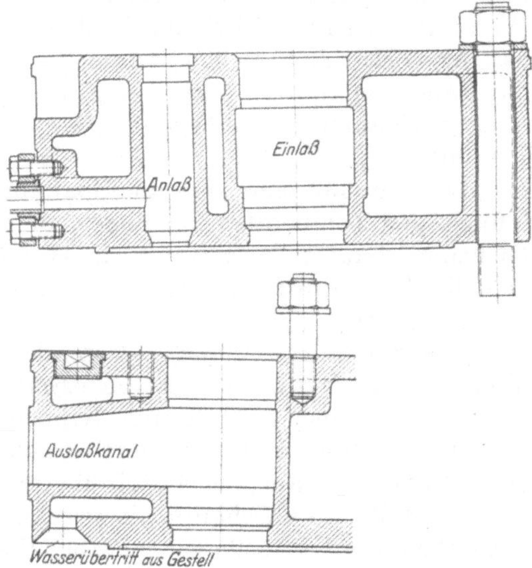

Abb. 333. Zylinderdeckel der Ascherslebener Maschinenfabrik R. Wolf. Maßstab 1 : 10.

Abb. 334.

die das Gehäuse des Brennstoffventils umgibt, schaffen. Unzulässig ist die Abdichtung des Brennstoffventilgehäuses nur in den beiden ebenen Wandungen des Deckels; Herausnahme des Gehäuses erfordert bei dieser Bauart sorgfältige Entleerung des Deckels, damit kein Wasser in den Verbrennungsraum gelangt.

Deckel und Laufbuchse werden gegeneinander durch Feder und Nut mit eingelegten Dichtungsringen aus Klingerit oder Kupfer abgedichtet. Die MAN setzt Eisen auf Eisen und führt nur einen leichten Lackanstrich aus.

In Abb. 333 sind die Pfropfen zum Verschluß der Kernlöcher ersichtlich, der obere Pfropfen dient zur Ableitung des Kühlwassers. Vgl. Abb. 489 b. Da der dargestellte Deckel von dem Fortsatz des Gestelles nach Abb. 308 umfaßt wird, so sind die Flanschen für Ein- und Auslaß konzentrisch zum Deckel gedreht. Die Deckel großer Maschinen werden mit verschließbaren Öffnungen ausgeführt, um die Reinigung des Inneren zu ermöglichen. Wird mit Seewasser gekühlt, so sind die Wände durch Einsetzen von Zinkschutzplatten vor galvanischen Anfressungen zu schützen.

Mit Rücksicht auf die äußere Steuerung ist die Lage des Deckels gegenüber dem Zylinder durch einen Stift festzulegen.

Die Gestaltung der Deckel der Zweitaktmaschinen, die höheren Wärmebeanspruchungen als die der Viertaktmaschinen ausgesetzt sind, wird maßgebend von der Art der Spülung: ob Schlitz- oder Ventilspülung, bestimmt. Im letzteren Falle sind außer Brennstoff-, Anlaß- und Sicherheitsventil noch die Spülventile im Deckel unterzubringen, die an Stelle von Einlaß- und Auslaßventil der Viertaktmaschine treten, so daß die Bauart nicht vereinfacht ist. Abb. 179 zeigt ein einziges Spülventil, das konzentrisch das Brennstoffventil umgibt. Bei Schlitzspülung sind nur die genannten drei Ventile, von denen das Sicherheitsventil häufig mit dem „Dekompressions-" oder Entspannungsventil kombiniert ist, im Deckel symmetrisch anzuordnen. Die mustergültige Bauart von Gebr. Sulzer ist weiter unten angegeben.

Besonders hohe Anforderungen an Entwurf und Herstellung stellen die Bodendeckel doppeltwirkender Vier- und Zweitaktmaschinen, da die Durchführung der Kolbenstange den für die Ventile verfügbaren Raum sehr beschränkt, Ausführungen siehe Abb. 238, 239 und 253.

Ausführungsformen. Bei großen Viertaktmaschinen vermeiden die Deutschen Werke, Kiel, das Auftreten von Gußspannungen bei der Herstellung und von Wärmespannungen im Betrieb dadurch, daß nur die beiden ebenen Wände des Deckels mit den sie verbindenden Ventilpfeifen in einem Stück gegossen werden, das von einem zylindrischen Mantel umschlossen wird, der aus einem über einen Halbkreis und zwei je über einen Viertelkreis sich erstreckenden Teilen besteht. Diese letzteren werden über Ein- und Auslaßrohr, die mit dem Kernkörper zusammengegossen sind, geführt und gegen diese Rohre durch Stopfbuchsen abgedichtet. Der von dem Mantel unabhängige Kernkörper kann sich leicht den jeweiligen Temperaturen entsprechend dehnen.

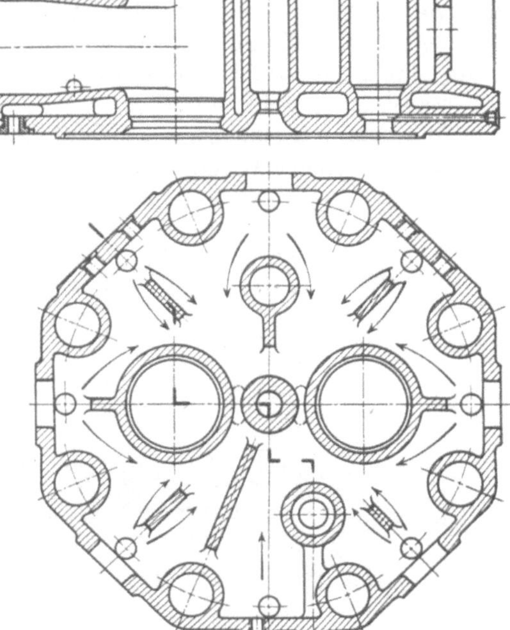

Abb. 335. Bauart des Zylinderdeckels der MAN, Augsburg.

Abb. 335, Bauart der MAN. Der Deckelraum ist durch eine Wand in zwei Teile zerlegt, das Kühlwasser tritt an 8 Stellen des Umfanges vom Zylindermantel her ein, strömt der höchstbeanspruchten Stelle, der Brennstoffventilpfeife mit wachsender Geschwindigkeit zu und tritt von hier durch zwei Öffnungen zwischen Brennstoffventil- und Ein- und Auslaßventilpfeife in den oberen größeren Deckelraum über. Das Kühlwasser wird sonach zwangläufig am Deckelboden entlang geführt, wobei nach S. 66 die größere Wassergeschwindigkeit einen stärkeren Wärmeübergang verursacht. Über dem Auspuffrohr tritt das Wasser aus.

Abb. 336, Bauart Krupp Germaniawerft. Dem Deckel ist ein „Wärmeschild" so vorgelagert, daß auch der obere nicht gekühlte Teil der Laufbuchse vor den hohen Temperaturen geschützt wird. Der Wärmeschild, der beispielsweise bei 650 mm Zyl.-Dmr. eine Wandstärke von 15 mm und eine lichte Höhe von 57 mm hat, wird infolge dieses engen Querschnittes vom Wasser mit großer Geschwindigkeit durchströmt, wodurch das Ansetzen von Ablagerungen erschwert wird. Das Wasser wird durch die Anker zu- und abgeführt. Die Wasserkammer ist leicht auswechselbar, hat aber den Nachteil, durch ihre Aussparungen für die Ventile den Verbrennungsraum zu zerklüften. Die Anordnung ermöglicht, bei Zweitaktmaschinen mit Ventilspülung den Deckelraum mit Spülluft zu füllen. Wie sich gezeigt hat, bröckelt bei Schiffsmaschinen Ansatz im Inneren der Wasserkammer ab, wenn diese sich infolge der Abkühlung bei Außerbetriebsetzung der Maschine wirft. Der Abstand zwischen oberer Wasserkammerwand und unterer Deckelfläche beträgt 0,2 mm.

Abb. 337 zeigt einen der beiden Anker *a* und *b*, die das Kühlwasser zu- und ableiten und außerdem wie Anker *c* den Wärmeschild halten. Der Ringraum zwischen Deckelpfeife und Hülse *H* wird durch den Ring *b* abgedichtet, der durch die auf dem Deckel liegende Mutter angepreßt wird. Der Ringraum zwischen Anker *A* und Hülse *H* wird nach oben hin nur durch das obere Gewinde abgedichtet.

Bauart AEG. Zur Vermeidung von Materialanhäufung in Deckelmitte ist das Brennstoffventil in einer dünnwandigen Stahlbuchse gelagert. Das an zwei gegenüberliegenden Stellen eintretende Kühlwasser wird durch Rohre im Inneren des Deckelraumes bis in die Nähe der Stahlbuchse geleitet.

Abb. 338 und 339 zeigt die ebenfalls von der AEG ausgeführte neuere Bauart von Burmeister & Wain.

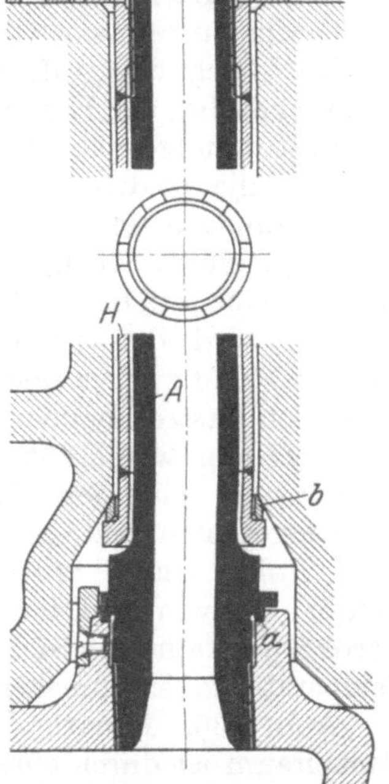

Abb. 337. Anker zum Wärmeschild nach Abb. 336. Maßstab 1 : 4.
A = Anker aus Flußeisen. *H* = Ankerhülse aus Flußeisen mit oben und unten angeschweißten Formstücken. *a* = Dichtung aus verbleitem Kupfer. *b* = Dichtung aus Kupfer.

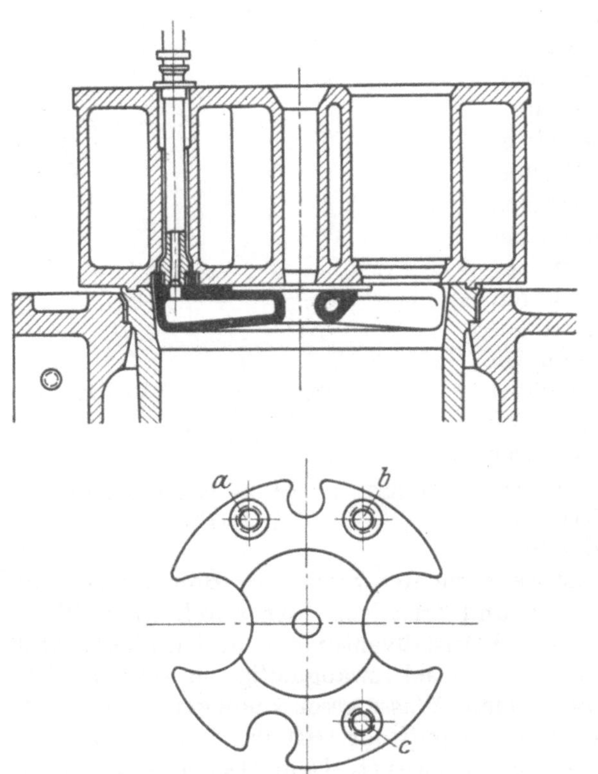

Abb. 336. Wärmeschild der Friedr. Krupp-Germaniawerft.
a = Kühlwasser-Eintritt. *b* = Kühlwasser-Austritt. *c* = Befestigungsschraube.

Die Deckel sind außen rechteckig begrenzt und werden durch senkrechte Flanschen starr miteinander verbunden. Der Brennraum liegt vollständig innerhalb des Deckels, der unmittelbar auf den Zugankern sitzt, die durch die senkrechten Trennungsflächen hindurchgehen. Die Laufbuchse ist am Deckel hängend angeordnet, eine besondere Konstruktion macht es möglich, die Dichtheit des wirksam gekühlten Flansches zwischen Deckel und Buchse von außen zu prüfen.

Die Dichtheit wird durch rein metallische Auflage der Teilfuge zwischen Deckel und Buchse erzielt, deren Flansch mit zwei schmalen aufgeschliffenen Ringleisten auf entsprechenden Leisten des Deckels aufliegt. Abdichtende Beilagen an dieser Stelle würden das Einhalten der genauen senkrechten Richtung der Zylinderachse erschweren. Damit die im Wasserraum liegenden Köpfe der Verbindungsschrauben nicht rosten, werden sie durch bronzene, mit Gummi abgedichtete Schutzkappen bedeckt.

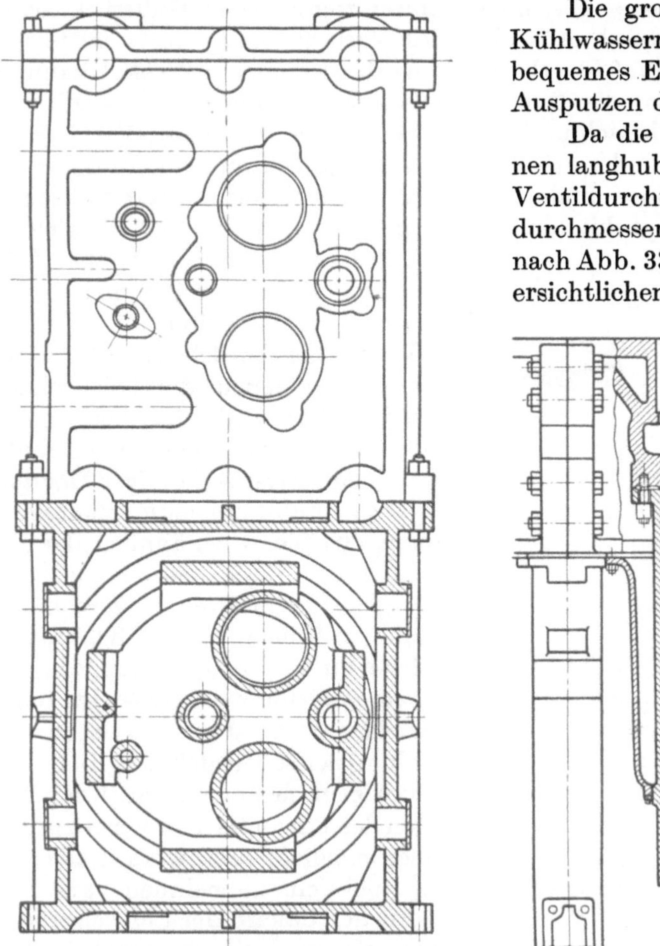

Die großen nach unten hin offenen Kühlwasserräume ermöglichen weiterhin bequemes Entfernen der Kerne und gutes Ausputzen der Hohlräume von Kernsand.

Da die Burmeister-Wain-Maschinen langhubig gebaut werden, also große Ventildurchmesser bei kleinem Zylinderdurchmesser erfordern, so sind die Ventile nach Abb. 338 gelegt, was die aus Abb. 339 ersichtlichen Aussparungen im Brennraum

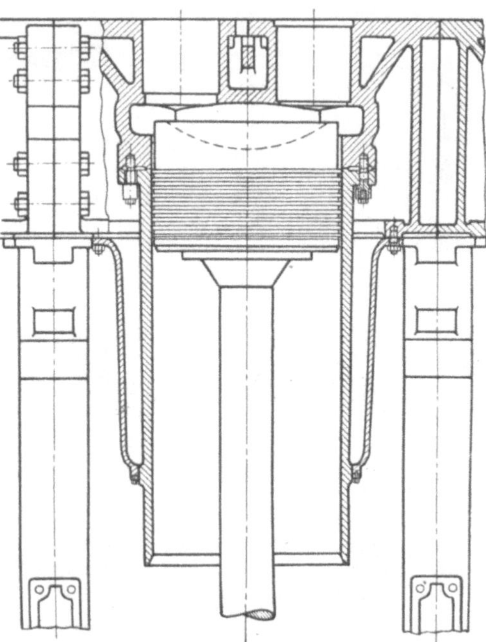

Abb. 338 und 339. Zylinderdeckel Bauart Burmeister & Wain, Ausführung AEG. Maßstab 1 : 25. Maßstab 1 : 30.

nötig macht. Bemerkenswert sind die weiten Kühlwasserräume zwischen den Ventilen, die durch diese außerdem Gußspannungen verringernde Gestaltung ermöglicht wird.

Bauart Sulzer, Abb. 227. Bei dieser Ausführung sind die für Zweitaktmaschinen mit Schlitzspülung erforderlichen Ventile in einem gemeinsamen Gehäuse zusammengefaßt, für dessen Aufnahme nur eine zentral liegende Ventilpfeife im Deckel nötig ist. Den Wert dieser Bauart inbezug auf Wärmebeanspruchungen läßt ohne weiteres Abb. 332 erkennen.

Die untere Wand des Deckels erstreckt sich nur bis zur Abdichtungsnut der Laufbuchse, so daß sich der heiße Deckelboden freier als bei Umfassung durch den äußeren kälterbleibenden Flansch ausdehnen kann, Abb. 241 und 242.

Deckel liegender Maschinen. Wenn nicht durch wagerechte Lagerung sämtlicher Ventile der Deckel liegender Maschinen in gleicher Weise wie der Deckel stehender

Maschinen ausgebildet wird, so besteht die Grundform der Deckel ersterer Art meist aus einem auf den Anschlußflansch aufgesetzten Zylinder, dessen Hohlraum in axialer Richtung von den Wandungen des Verbrennungsraumes, in radialer Richtung von den Gehäusen für Ein- und Auslaßventil durchsetzt wird. Da überdies die Pfeifen für die Zündvorrichtung bei Gasmaschinen, für das Brennstoffventil bei Dieselmaschinen, weiterhin für das Anlaßventil bei beiden Maschinen den Kühlraum überbrücken müssen, so ergibt sich ein schwieriges, innen schwer zugängliches Gußstück, dessen Herstellung und Reinigung durch Abschluß des Verbrennungsraumes mittels abnehmbaren Deckels nach Abb. 340 erleichtert wird. In diesem Deckel kann das Anlaßventil bei Gasmaschinen, die Düse bei Ölmaschinen angeordnet werden.

Der Kreisring zwischen Flansch und dem Deckelmantel nimmt die Verbindungsschrauben von Deckel und Zylinder auf, die als kurze Stiftschrauben ausgeführt werden können; bei Dieselmaschinen findet sich auch die richtigere Bauart mit langen, durch den ganzen Zylinderkopf hindurchgehenden Schrauben, so daß bei gleichem Schraubenkreisdurchmesser die Kühlräume im Deckel größer werden und leichter zu reinigen sind.

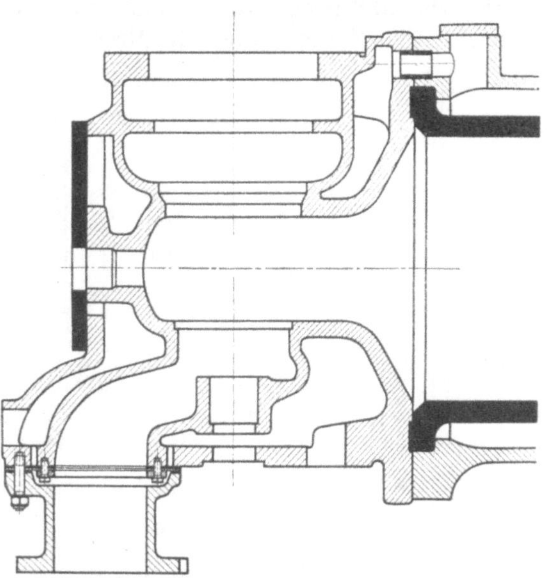

Abb. 340. Zylinderdeckel einer liegenden Gasmaschine der Schweizerischen Lokomotiv- und Maschinenfabrik Winterthur.

Damit die Ausdehnung des heißen inneren Deckelbodens durch den Flansch nicht gehindert wird, sind beide zweckmäßig nicht miteinander zu verbinden, wodurch ein kreisringförmiger Übergang vom Deckelkühlraum zum Mantelkühlraum geschaffen wird, ähnlich der Bauart nach Abb. 233. Ist der Deckel an dieser Stelle geschlossen, so wird die Verbindung zwischen beiden Kühlräumen durch ein einfaches Rohrstück, Abb. 340, oder einen Krümmer hergestellt, der an die höchste Stelle des Deckels zu legen ist. Eine gewisse Ausdehnung in radialer und axialer Richtung muß auch den Wandungen des prismatischen Verbrennungsraumes möglich sein, worauf der Entwurf Rücksicht zu nehmen hat.

An der Bauart der Schweizerischen Lokomotiv- und Maschinenfabrik, Winterthur, Abb. 340, ist die Abdichtung des zur Vermeidung von Wärmespannungen getrennten Auspuffstutzens bemerkenswert. Eine Dichtungsplatte aus Asbest, in Leinöl getränkt, wird durch eine Kupferplatte in der Weise angedrückt, daß ein besonderer Ring die Kupferplatte durch Kopfschrauben an den inneren Auspuffstutzen anpreßt. Durch eine Anzahl Stiftschrauben wird am äußeren Umfang gegen den Mantelstutzen abgedichtet. Die durch Temperaturunterschiede verursachte Verlängerung des inneren gegenüber dem äußeren Auspuffstutzen wird derart durch die Kupferplatte aufgenommen.

Zusammenbau der Zylinder. Zur Erzielung der nötigen Steifigkeit namentlich im Aufbau der Schiffsmaschinen werden die Kühlmäntel möglichst starr miteinander verbunden, was am einfachsten dadurch erreicht wird, daß die Zylinder einer Maschinengruppe nach Abb. 341 und 342 in einem Block gegossen werden, der durch besondere Füße oder durch „Laternen" mit seitlichen Öffnungen mit dem Gestell verbunden wird. Bei sehr großen Abmessungen werden die Mäntel einzeln gegossen und durch senkrechte Flanschen miteinander verschraubt. Die

Zylinderblöcke der zwei Maschinengruppen werden über das Mittelfeld der Maschine hinweg durch Flanschen miteinander verbunden.

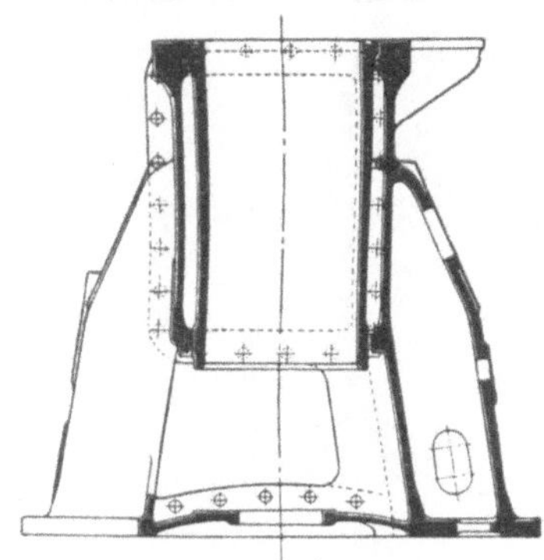

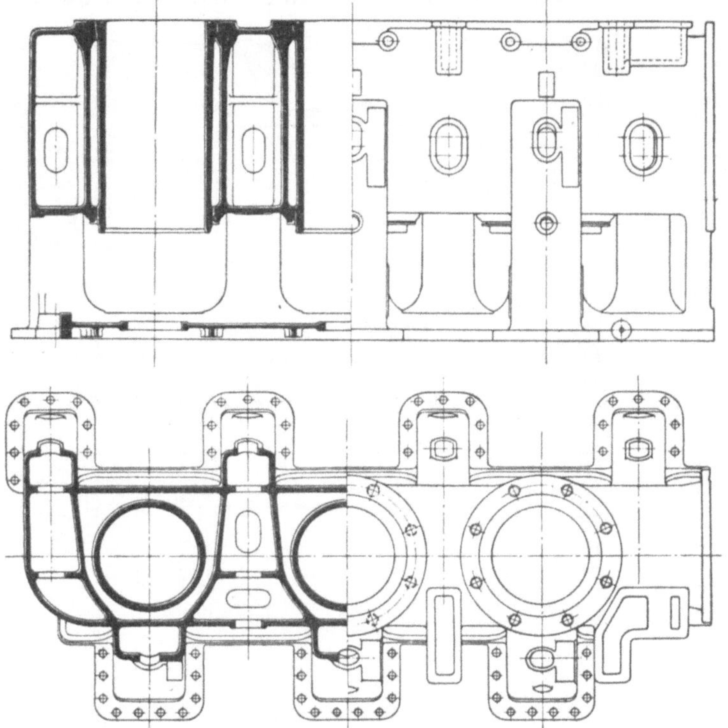

Abb. 341. Zylindergruppe Ausführung Deutsche Werke, Kiel.

Bei der Bauart nach Abb. 339 werden die Deckel zu einem starren Träger verschraubt, der durch Ständer, die auf dem Kurbelgehäuse aufgebaut sind und die Zuganker umschließen, getragen wird. Die beiden Deckelgruppen werden durch starke Strebestangen miteinander verbunden. Bei der doppeltwirkenden Burmeister-Wain-Maschine entstehen durch diese Bauart zwei durchgehende Deckelträger, Abb. 338, zwischen denen die Zylinder liegen.

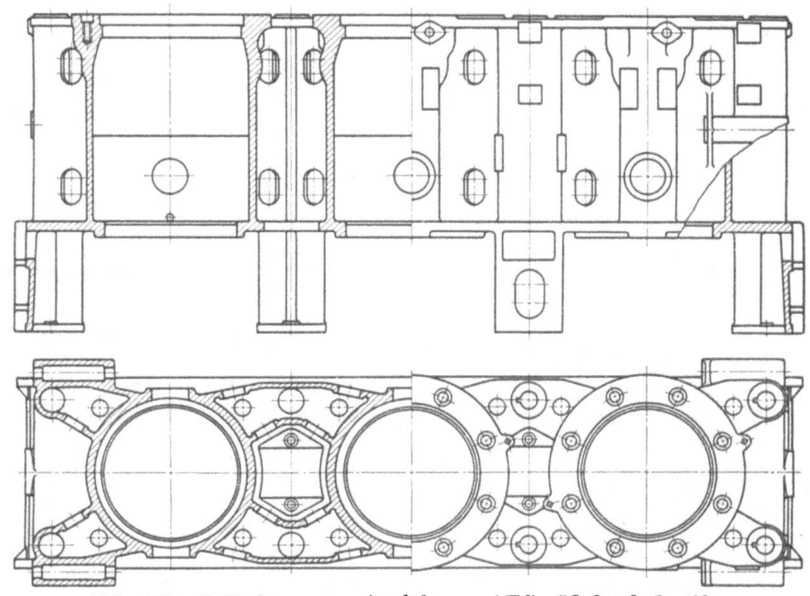

Abb. 342. Zylindergruppe Ausführung AEG. Maßstab 1 : 40.

Zweitaktzylinder werden miteinander verschraubt (Nobel-Diesel) oder getrennt auf das entsprechend stark ausgeführte Gestell aufgesetzt (Sulzer), das oben durch eine kräftige mit den Ständern zusammengegossene Decke abgeschlossen ist. Sulzer führt die Kühlmäntel der einzeln stehenden Zylinder viereckig bei ortfesten, rund bei Schiffsmaschinen aus. Vereinigung der Zweitaktzylinder in einem Blockgußstück führt die Nordberg Mfg. Co. bis 150 PS_e Zylinderleistung aus.

Großgasmaschinen-Zylinder. Das Bestreben, die durch den Guß und die Temperaturunterschiede im Betriebe entstehenden Spannungen zu vermindern, hat den Bau mehrteiliger Zylinder, wie in Abb. 343 und 344 dargestellt, veranlaßt. Zylinder

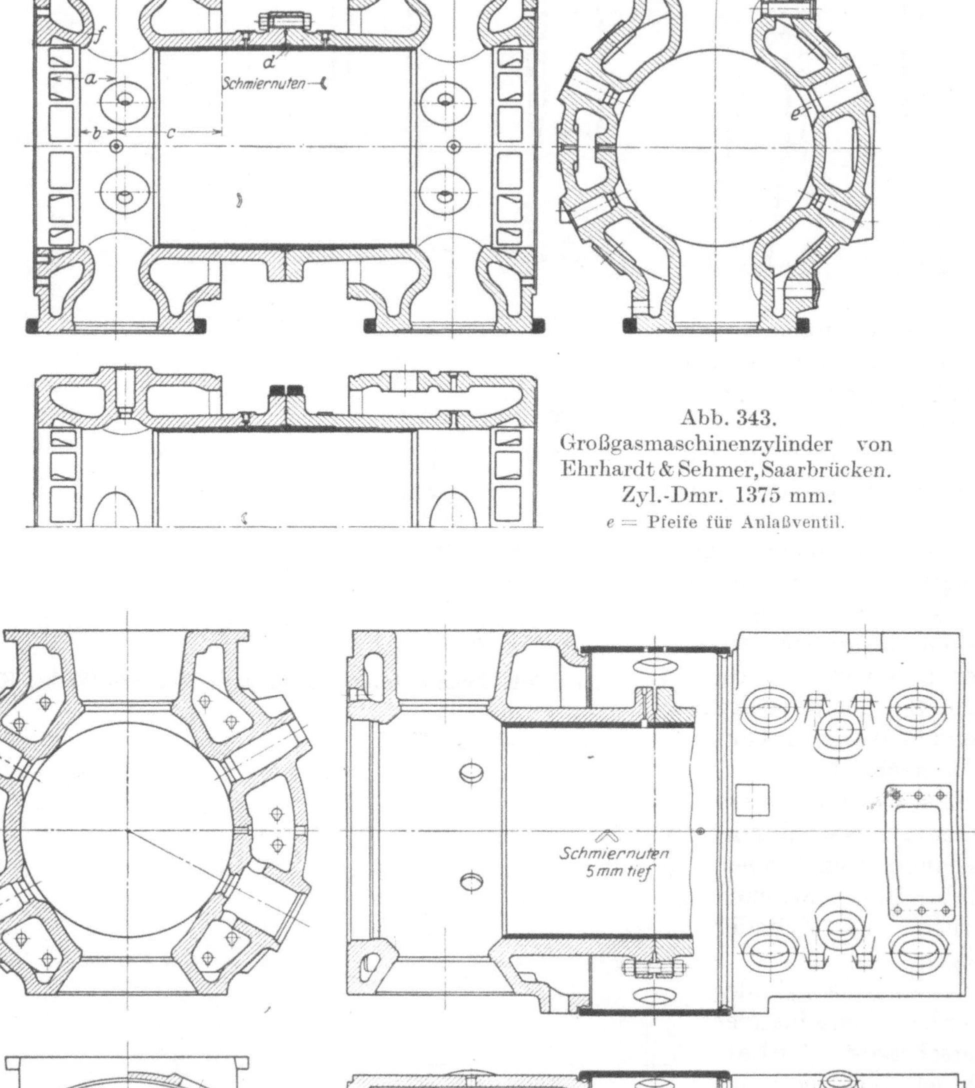

Abb. 343. Großgasmaschinenzylinder von Ehrhardt & Sehmer, Saarbrücken. Zyl.-Dmr. 1375 mm. e = Pfeife für Anlaßventil.

Abb. 344. Großgasmaschinenzylinder der MAN, Nürnberg.

kleinerer Leistung werden nach Abb. 346 auch noch einteilig gebaut, große Zylinder nur dann, Abb. 345, wenn der Laufmantel ausgebuchst und dadurch von der Wärmeaufnahme entlastet wird.

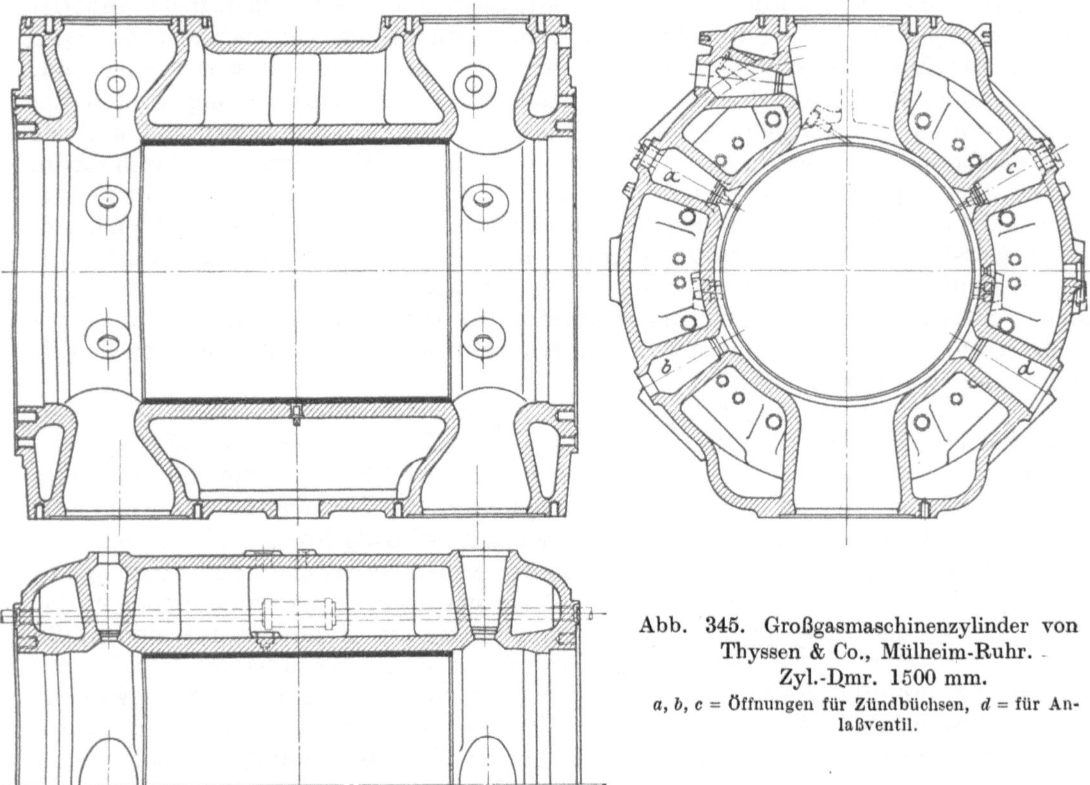

Abb. 345. Großgasmaschinenzylinder von Thyssen & Co., Mülheim-Ruhr. Zyl.-Dmr. 1500 mm.
a, b, c = Öffnungen für Zündbüchsen, *d* = für Anlaßventil.

Der Laufmantel einteiliger Zylinder hat im allgemeinen das Bestreben, sich infolge der Gußspannungen in radialer und axialer Richtung zusammenzuziehen, während im Außenmantel Druckspannungen auftreten. Die Ventilrohre, die beide Mäntel

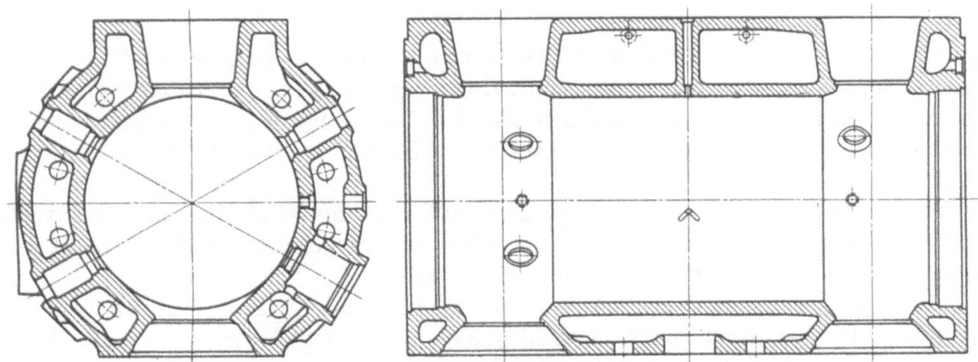

Abb. 346. Großgasmaschinenzylinder der MAN, Nürnberg. Zyl.-Dmr. 900 mm.

miteinander verbinden, erhalten, da sie sich nach dem Guß später als der Mantel abkühlen, Zugspannungen, die den Innenmantel radial nach außen ziehen.

Im Betrieb dehnt sich der Laufmantel mehr als der Kühlmantel, so daß die entstehenden Wärmespannungen den Gußspannungen entgegenwirken: der Laufmantel wird auf Druck, der äußere Mantel auf Zug beansprucht; die radiale Dehnung des Laufmantels verringert die Zugspannung in den Ventilrohren. Stärkere Erwärmung dieser Rohre führt zu Druckspannungen. Um die Dehnung des Innenmantels zu ermöglichen, ist die Zahl der Verbindungen zwischen Innen- und Außenmantel zu beschränken.

In den inneren Fasern des Laufmantels entstehen Druckspannungen, in den äußeren Zugspannungen infolge der verschiedenen Temperaturen von Außen- und Innenseite. In Abb. 347 sind die durch diese Verhältnisse meist auftretenden Risse wiedergegeben.

Bei der Abkühlung der Maschine nach der Außerbetriebsetzung wirken die Wärmespannungen den Gußspannungen in den Mänteln nicht mehr entgegen, und der im Betriebe spannungsmüde gewordene Zylinder reißt ein. Weiterhin kann durch starke Dehnung des Innenzylinders eine dauernde Formänderung des Außenzylinders entstehen, die während des Stillstandes der Maschine zur Ursache der Risse *c* werden kann, deren Entstehen durch übermäßiges Anziehen der Deckelschrauben begünstigt wird.

Besonders gefährdet ist die Ecke *a*, von der aus die meisten Risse ausgegangen sind, verursacht durch die im Innenmantel auftretende Beanspruchung infolge des Temperaturgefälles in diesem und u. U. durch die von dem stärker erwärmten Ventilrohr ausgeübte Druckwirkung.

Abb. 343 und 344 zeigen die diese Mängel vermeidenden zusammengesetzten Zylinder von Ehrhardt & Sehmer und des Werkes Nürnberg der MAN.

Bei dem Entwurf dieses Zylinders gingen Ehrhardt & Sehmer von der Erwägung aus, daß bei den doppelwandig gegossenen Zylindern der Laufmantel unter der Einwirkung des Außenmantels u. U. stärker beansprucht wird als durch die Verbrennungsdrucke bei den geteilten Zylindern, in denen der Außenmantel nicht zur Übertragung dieser Kräfte herangezogen werden kann. Dementsprechend ist der Zylinder in der Mitte geteilt, der Außenmantel des zusammengesetzten Zylinders auf eine große Strecke hin unterbrochen. Diese Fuge wird durch einen Blechmantel geschlossen. Die eingeschrumpfte Laufbuchse wird in der Mitte durch einen mit beiden Zylinderhälften verschraubten Außenflansch gegen Verschiebung gesichert, außerdem dichtet eine Kupferringdichtung noch nach außen hin ab. Die Verbindungsschrauben sind nach Abnahme des zweiteiligen Kühlmantels bequem zugänglich und werden der Sicherheit halber stärker als die Zylinderdeckelschrauben ausgeführt. Die Verbrennungsdrucke werden vom Innenmantel allein übertragen, eine durch diese verursachte Bewegung ist an ausgeführten Zylindern nicht festzustellen, hingegen nimmt die Entfernung zwischen den Auflagerstellen des zweiteiligen Kühlmantels im Betrieb um 1,5 bis 2 mm zu.

Abb. 343 zeigt, daß eine Zylinderhälfte nur auf die Länge *a*, etwa $^1/_6$ der Länge des einteiligen Zylinders betragend, doppelwandig gegossen ist; außerdem wird der Innenmantel nur auf Strecke *b* wärmer als der Außenmantel. Auf Länge *c* ist vollständig freie Ausdehnung beider Mäntel sowohl beim Gießen als auch im Betrieb möglich.

Der Übergang vom Innenzylinder zur Stirnfläche des Flansches auf der Strecke *a* wird mit großer Abrundung außen und innen so ausgeführt, daß an dieser Stelle Aussparungen mit der rohen Gußhaut stehenbleiben.

Der Guß, der bei der großen Formhöhe einteiliger Zylinder unten bedeutend dichter ist, wird bei der Bauart nach Abb. 343 und 344 gleichmäßiger. Die Teilung erleichtert und verbilligt den Ersatz schadhaft werdender Teile, die Laufbuchse kann aus sehr hartem Gußeisen hergestellt werden, während der Zylindermantel aus zähem, dehnbarem Gußeisen besteht.

Diese Vorzüge kommen auch bei dem in Abb. 345 dargestellten einteiligen Zylinder z. T. zur Geltung. Da bei dieser Anordnung infolge der schützenden Buchse nicht zu erwarten ist, daß im Betrieb die Zug-Gußspannungen in Druckspannungen umgewandelt werden, so sind hier besondere den Kühlmantel durchlaufende Anker zur Erzeugung dieser Druckspannung vorgesehen.

Die Buchsen der Zylinder nach Abb. 343 und 345 sind außen nicht auf gleichen Durchmesser gedreht, sondern abgesetzt.

Der die Buchse umschließende Innenmantel hat bei der Bauart nach Abb. 345 in der Mitte eine — in der Abbildung wegen der Verkleinerung nicht ersichtliche — ringförmige Erweiterung. Links von dieser beträgt der äußere Büchsendurchmesser vor dem Schrumpfen 1550,2 mm bei 1550 Innendurchmesser des Mantels, rechts 1545,2 mm bei 1545 Innendurchmesser des Mantels.

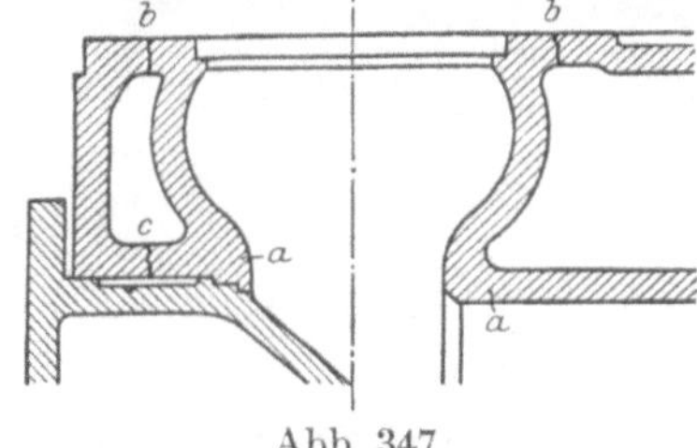

Abb. 347. Risse an Großgasmaschinenzylindern.

Die Außendurchmesser der Buchse nach Abb. 343 betragen nach jeder Seite von der Zylindermitte aus 1427, 1426 und 1425 mm.

Die in Abb. 343 und 345 ersichtliche „Zwiebelform" des Ventilrohres wird mit kreisförmigem oder elliptischem Querschnitt ausgeführt, in letzterem Fall ist aus Gründen der Festigkeit die kurze Achse in die Richtung der Zylinderachse zu legen. Bei der Ausführung nach Abb. 344 und 346 schließen die der Zylindermitte näher liegenden Ventile den kegelförmigen Raum, in dem der Ventileinsatz untergebracht ist, ab, vgl.

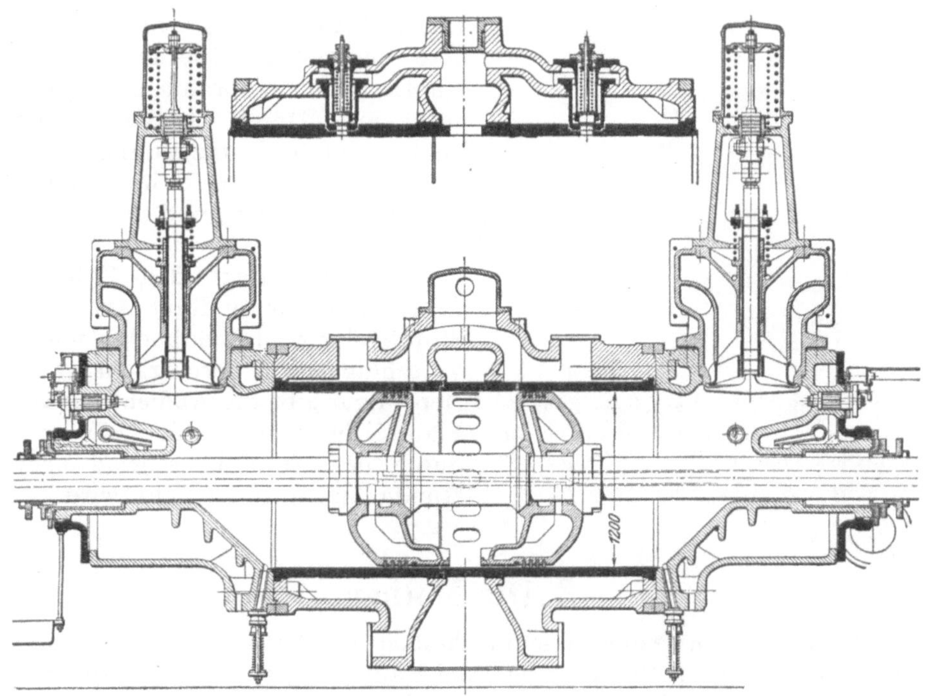

Abb. 348. Zylinder der Zweitaktmaschinen von Gebr. Klein, Dahlbruch.

Abb. 120, so daß die heißen Gase von der Innenwand dieses Kegels ferngehalten werden und die Ecke bei *a*, Abb. 347, weniger gefährdet ist.

Damit ergeben sich für beide Bauarten verschieden gestaltete Verbrennungsräume, die im ersten Fall aus dem Inhalt zweier durch Ausbuchtungen des Deckels geschaffenen Taschen — die auch für Zu- und Ableitung der Gase nötig sind —, dem Spielraum zwischen Kolben und Deckel und vor allem aus dem Inhalt der „Zwiebeln" besteht, der im zweiten Fall durch Zunahme des genannten Spielraumes zu ersetzen ist. Die Form des Verbrennungsraumes wird dadurch geschlossener, die Abkühlflächen werden verkleinert. Die Umfänge der Putzlöcher im Kühlmantel, die namentlich bei einteiligen Zylindern reichlichen Querschnitt haben müssen, sind zweckmäßig durch umgelegte Schrumpfringe zu verstärken. Diese Verstärkung ist bei der Bauart nach Abb. 343 an sämtlichen Flanschen vorgesehen. Die Deckel sind als möglichst einfache Drehkörper zu gestalten und liegen an zwei Stellen des Zylinders an, von denen die dem Verbrennungsraum nächstliegende metallisch, die äußere durch Klingerit oder Kupferring abdichtet.

In Abb. 348 ist der Zusammenbau eines Zweitaktzylinders von Gebr. Klein, Dahlbruch, wiedergegeben. Die Laufbuchse ist zweiteilig und wird an ihren Enden von den Zylinderdeckeln festgehalten. Die neben den Auspuffschlitzen liegende Trennungsfuge hat eine solche Weite, daß sie im Betrieb durch die Wärmedehnung geschlossen wird. Mit Rücksicht auf die Schmierung sind im unteren Teil keine Schlitze angebracht. Die Nebenfigur zeigt mitunter angeordnete Sicherheitsventile, die etwa in halber Hublänge den Hubraum mit dem Auspuff verbinden. Durch die Ventile wird verhindert, daß bei Frühzündungen die Drucke 35 at und mehr erreichen, wodurch die Dichtungen leiden und Ventilkopfbrüche entstehen können.

Abb. 349 zeigt den Zylinderdeckel, dem freie Dehnung durch Anordnung eines Stopfbuchse und Zündbuchse umfassenden Verschlußdeckels ermöglicht wird. Die Nebenfigur gibt die Abdichtung am oberen Flansch für den Ventilaufsatz wieder, die durch den Stopfbuchsenring *b* und drei Rundgummiringe bewirkt wird.

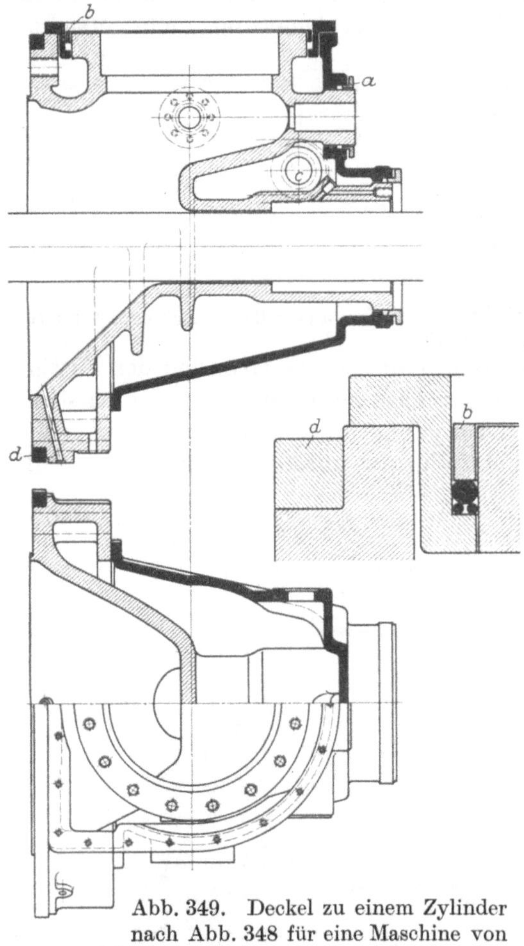

Abb. 349. Deckel zu einem Zylinder nach Abb. 348 für eine Maschine von 1100 mm Zyl.-Dmr., 1400 mm Hub. Maßstab 1 : 30.
a = Nebenstopfbuchse. *b* = Stopfbuchsenring. *d* = Schrumpfring.

3. Die Kolben.

Im Gegensatz zum Dampfmaschinenkolben hat der Kolben der Verbrennungskraftmaschinen nicht nur die Aufgabe, zwei Räume gegeneinander abzudichten, sondern auch die Wärme des Kolbenbodens abzuführen und — bei kreuzkopflosen Maschinen — den Geradführungsdruck zu übertragen.

Über die Wärmebeanspruchung ungekühlter Kolben geben die Abb. 350 und 351 Aufschluß, die sich auf Versuche von Dr. Riehm[1]) an MAN-Kolben von 400 mm Dmr. beziehen. Die Kolbenoberteile, für einen Zyl.-Dmr. von 400 mm bestimmt und 213 bzw. 226 mm hoch, haben 30 mm Muldentiefe bei 53 mm Bodenstärke bzw. (Kolben *B*) 62 mm Muldentiefe bei 61 mm Bodenstärke. Die verschiedene Muldentiefe bedingt verschiedenen Abstand (33 bzw. 25 mm) der Düsenplatte vom Kolbenboden. Durch Ermittlung der Temperaturen an den Meßstellen 1 bis 5 mittels Thermoelementen wurde der axiale und radiale Verlauf der Temperaturlinien bei

[1]) Riehm, W.: Temperaturmessungen an Kolben von Ölmaschinen. Z. V. d. I. 1921, S. 923.

verschiedenen Belastungen und Einblasedrucken, dann auch bei An- und Abstellen der Maschine und mit verschiedenen Düsenplatten festgestellt.

Ein Vergleich dieser Ergebnisse mit den auf S. 327 wiedergegebenen ist innerhalb gewisser Grenzen zulässig und es zeigt sich, daß am Kolben Temperaturen auftreten, die um etwa 150° höher als die am Deckel und am schlechtestgekühlten Teil der Laufbuchse liegen. Das Temperaturgefälle nimmt hingegen von 48° am Deckel, 18° an der

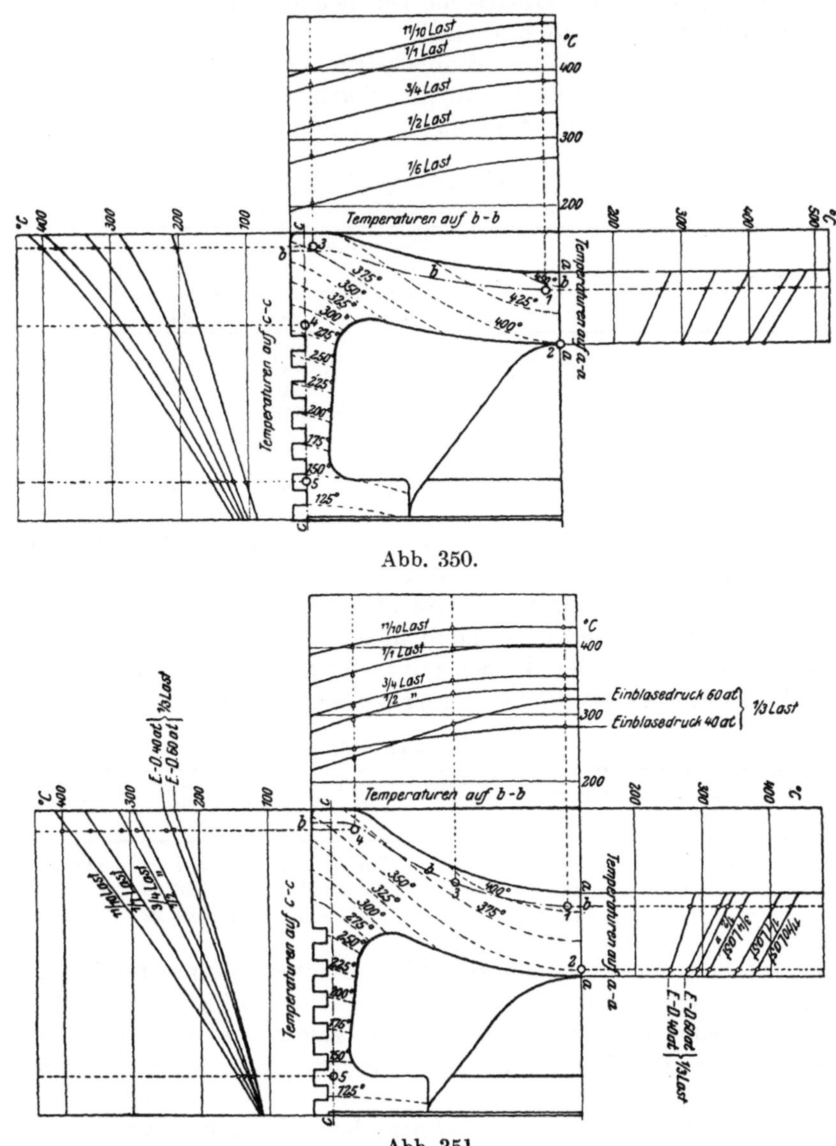

Abb. 350.

Abb. 351.

Abb. 350 und 351. Temperaturverteilung in ungekühlten Viertaktkolben.

Laufbuchse auf etwa 10° C/cm ab. Dieses Ergebnis läßt sich ohne weiteres auch aus Abb. 57 ableiten, wo die ideelle Wandstärke s_w annähernd den Betrag von s_g erreicht, da es sich nunmehr auf beiden Kolbenseiten um Wärmeübergang von Metall zu Gasen handelt. tg ε, Abb. 57, nimmt ab, damit auch die Spannungen, soweit sie infolge des Temperaturgefälles in der Wand selbst auftreten. Die größte Beanspruchung — und zwar durch Druck — tritt in der Mitte des Kolbenbodens auf der Gasseite auf, da der höher erwärmte Kolbenboden von dem kälteren Kolbenrand an der Ausdehnung gehindert wird. Diese Beanspruchung ist dem radialen und axialen Temperaturgefälle proportional. Auch hier (vgl. S. 289) wird die Überschreitung der Elastizitätsgrenze zu ausgleichenden Formveränderungen während des Betriebes führen; bei der Außerbetriebsetzung der Maschine wird der Temperaturunterschied infolge Abkühlens des Kolbens auf die Außentemperatur in der Mitte des Bodens starke Zugbeanspruchung veranlassen, die gleich der vorhergehenden Druckspannung ist und Haarrisse an der Oberfläche verursacht, die sich mit der Zeit immer tiefer in den Kolbenboden hineinerstrecken.

Am Kolbenoberteil *B* wurde der Einblasedruck von 40 und 50 at auf 60 at erhöht, womit die Höchsttemperatur und die Wärmegefälle in axialer und radialer Richtung stiegen, wie aus Zahlentafel 22 hervorgeht.

Zahlentafel 22.
Kolbentemperaturen bei verschiedenen Einblasedrucken.

Belastung	Einblasedruck at	Temperaturen an den Meßstellen 1	2 / und Temperaturunterschiede zwischen 1 und 2	3 / 1 und 3	4 / 1 und 4	5 / 1 und 5
		281	252	271	248	127
1/3	40		29	10	33	121
22 PS_e	50	294	259	276	238	127
			35	18	56	111
	60	323	278	286	236	127
			45	37	87	109

Abb. 351 zeigt, daß der Kolben *B* mit tieferer Mulde niedrigere Höchsttemperatur wie auch kleineres radiales Temperaturgefälle hat als Kolben *A*, so daß er sich in bezug auf Wärmebeanspruchung günstiger verhält. Die größere Entfernung des Bodens von der Düsenmündung ermöglicht größere Entwicklung des auftreffenden Strahles in die Breite, so daß der Kolben mit tiefer Mulde gleichmäßiger beheizt wird.

Zahlentafel 23 gibt Versuche der Krupp-Germaniawerft wieder[1]).

Zahlentafel 23.

Verdichtungsdruck at	Drehzahl in der Minute	Leistung PS_e	Einblasedruck at	Mittlerer Druck p_m	Brennstoffverbrauch g/PS_e h	Kolbentemperatur °C
20	rund 190	39	50	7,6 bis 7,8	237	etwa 330
28	190	39	58	7,6 bis 7,8	218	350
40	190	39	83	7,6 bis 7,8	217 bis 222	465

Die Versuche wurden an einem einteiligen Kolben normaler Bauart angestellt, die Meßstelle lag 3 mm von der Verbrennungsseite in Kolbenmitte (Entfernung der Meßstelle 1 in Abb. 350 13, in Abb. 351 10 mm). Es zeigte sich auch hierbei, daß weniger die Brennstoffmenge als Einblasedruck, außerdem der Verdichtungsenddruck die Temperatur beeinflussen.

Abb. 352 zeigt Ergebnisse von Sulzerschen Versuchen an einem Zweitaktkolben. Die niedrigste Temperatur wurde hier bei ebenfalls zentraler Brennstoff- und Lufteinführung in der Mitte des Kolbens festgestellt. Bei kleinen Belastungen erreichte die Temperatur etwa in Mitte Halbmesser den Höchstwert, der mit zunehmender Belastung, der längeren Brenndauer entsprechend, nach dem Außenrand hinwandert.

Eine Meßstelle im Einsatz, über die der oberste Kolbenring gerade noch hinwegging, zeigte eine mittlere Temperatur von 251°. Das Nägelsche Meßverfahren

[1]) Alt: Probleme der Ölmaschine und ihre Entwicklung auf der Germaniawerft in Kiel. Jahrb. Schiffbaut. Ges. 1920, S. 353.

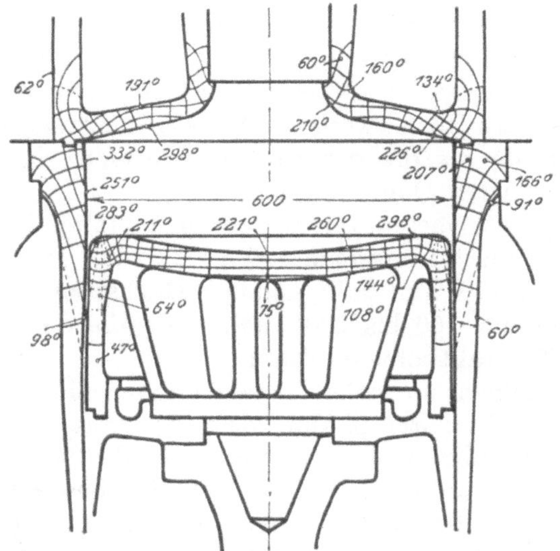

Abb. 352. Temperaturverteilung bei Vollast und 100 Uml./min, $p_i = 6{,}95$.

Abb. 353. Pilzkolben der Friedr. Krupp-Germaniawerft. Maßstab 1:7.

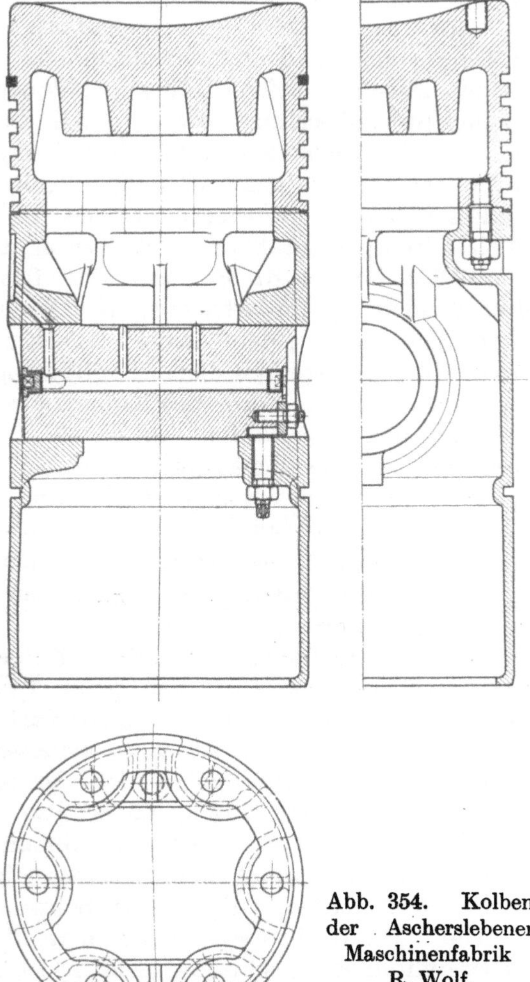

Abb. 354. Kolben der Ascherslebener Maschinenfabrik R. Wolf. Maßstab 1 : 8.

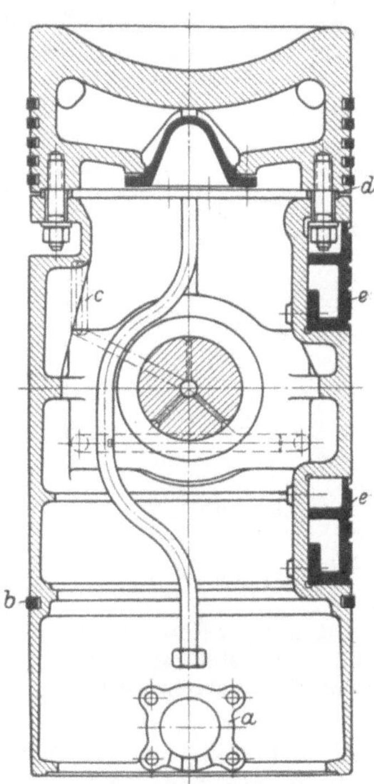

Abb. 355. Kolben mit Gleitschuhen der MAN, Augsburg. Maßstab 1 : 12,5.

a = Nabe für Kühlrohrgelenk-Anschluß. b = Ölabstreifring. c = Nut für Ölzuführung zum Kolbenbolzen. d = Zwischenring. e = Gleitschuhe.

ergab für diese Stelle, daß bei $^3/_4$ Last die Temperatur kurz vor und hinter dem oberen Totpunkt plötzlich sank, was auf Wärmeableitung durch den obersten Ring des hier gekühlten Kolbens zurückzuführen ist. Die Temperatur dieses Ringes wurde zu 128° als Mittelwert und 135° C als Höchstwert bei Vollast ermittelt, ist also niedriger als die der Kolbenringe einer durch Mantel geheizten Dampfmaschine.

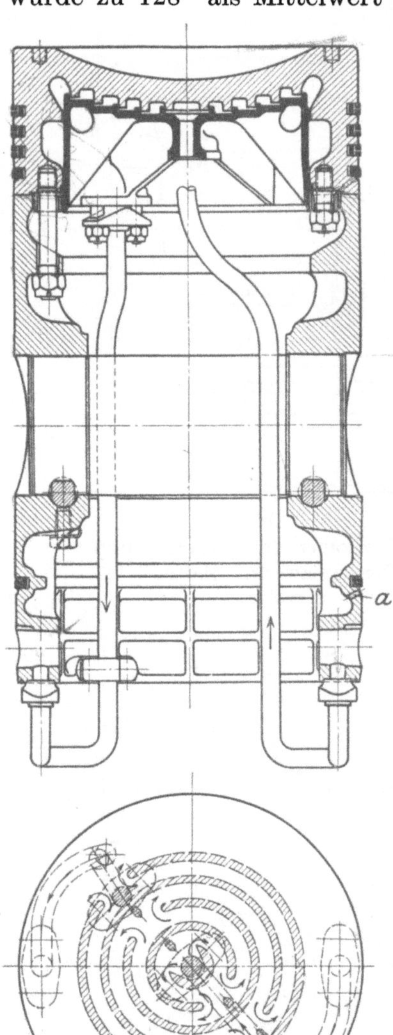

Abb. 356. Kolben der Friedr. Krupp-Germaniawerft. Maßstab 1 : 10. a = Ablauf für das abgestreifte Öl.

Temperaturmessungen an dem ungekühlten Kolben einer Viertaktmaschine von 420 mm Durchmesser und 170 Uml./min ergaben Höchsttemperaturen, die um 100 bis 200° höher als die des gekühlten Zweitaktkolbens waren.

Die Kolben normaler Bauart können einteilig, Abb. 353, und zweiteilig, Abb. 354 bis 356, ausgeführt werden. Einteilige Kolben werden ausschließlich aus Gußeisen hergestellt, während der Kolbenoberteil zweiteiliger Kolben häufig aus Stahlguß oder Flußeisen besteht, um bei gekühltem Kolben durch kleinere Wandstärke den Wärmeübergang zu fördern. Die zweiteilige Herstellung ermöglicht spannungsfreien Guß, einfache Einstellung des Verbrennungsraumes und leichte Auswechselbarkeit eines schadhaft gewordenen Teiles, doch wird andererseits infolge der Trennungsfuge zwischen beiden Teilen die Wärmeableitung zum Unterteil beeinträchtigt, so daß Kolbenoberteile nach Abb. 354 bis 356 stets höhere Temperaturen aufweisen als die Böden einteiliger Kolben, die infolgedessen längere Haltbarkeit zeigen.

Der axiale Temperaturabfall im Kolbenmantel, Abb. 350 und 351, beweist die Bedeutung der Ringe ungekühlter Kolben für die Ableitung der Bodenwärme an den Kühlmantel; dem gleichen Zweck und gleichzeitig der Bodenversteifung dienen häufig Längsrippen, die vom Boden zur Nabe des Kolbenbolzens führen oder am Mantel verlaufen. Abb. 354 zeigt konzentrisch verlaufende Kreisrippen, welche die wärmeabgebende Fläche des Bodens vergrößern.

Vom Kolbenboden ist innen mit großem Abrundungshalbmesser in den Kolbenmantel überzugehen, um genügenden Querschnitt für den durchgehenden Wärmestrom zu schaffen.

Die stärkere Ausdehnung des oberen Kolbenteiles wird durch konisches Abdrehen dieses Teiles berücksichtigt; der Konus beginnt bei dem der Kurbelseite nächstliegenden Ring und ist so zu bemessen, daß auch bei höchster Temperatur die Kolbenwand die Laufbuchse nicht berührt und andererseits den Kolbenringen möglichst große radiale Auflagefläche geboten wird. Der die Führung übernehmende Teil des Kolbenkörpers, dessen Ausdehnung übereinstimmend mit der der umschließenden Zylinderwand vorausgesetzt wird, wird zylindrisch gedreht. Von Interesse ist die Herstellung der Kolben der Schweizer Lokomotiv- und Maschinenfabrik in Winterthur. Die Kolben werden im oberen Teil auf Betriebstemperatur gebracht und hierbei zylindrisch geschliffen. Abb. 355 zeigt die Anordnung nachstellbarer Backen, um das Spiel zwischen Kolben und Wand einstellen und die Wirkung eingetretener Abnutzung beseitigen zu können. Diese Backen sind auf der drucklosen Seite des Kolbens angebracht, so daß sie nicht den wagerechten Stangendruck aufnehmen, sondern lediglich zur Einstellung des Spielraumes dienen. Ausgießen des Führungskörpers mit Weißmetall erleichtert ebenfalls die Anpassung.

Wegen der Wärmeausstrahlung des Bodens ist der Kolbenbolzen nicht zu nahe an diesen zu legen; die Erwärmung wird durch besondere Schutzkappen oder Bleche verringert, die zudem das Spritzen des Schmieröls gegen den Kolbenboden verhindern, wo es sonst verdampft, so daß die Luft im Maschinenhaus verschlechtert wird. Auch muß zwischen Boden und Bolzennaben auf längere Strecke ein rein zylindrischer, die Wärmeabfuhr begünstigender Mantel eingeschaltet sein, da sonst infolge der Massen der Bolzennaben hier Wärmestauungen entstehen. Um die dadurch hervorgerufenen oder möglichen Formänderungen des Mantels für den Kolbenlauf unschädlich zu machen, ist der Kolbenmantel außen in Nähe der Nabe abzuflachen.

Der Bolzen, der in den zylindrisch gebohrten Lagerstellen zweckmäßig etwas abgesetzt wird, ist meist durch eingelassene Druckschrauben befestigt und wird durch Feder und Nut oder einen Kegelstift gegen Drehung gesichert. Kegelförmige Lagerstellen des Bolzens mit Anzug durch Schraube gestatten Nachstellen, verursachen aber leicht Formänderungen des Kolbens. Eingeschrumpfte Bolzen erfordern geteilte Schubstangenköpfe. Bei Heißlaufen des Zapfens darf dieser keinen Druck auf die Kolbenwände ausüben. Wird z. B. bei der Außerbetriebsetzung der Maschine das Kühlwasser sofort abgestellt, so verdampft die vom Kolben ausgestrahlte Wärme das Öl des Kolbenbolzens, so daß dieser bei Inbetriebsetzung heißläuft. Es empfiehlt sich deshalb, den Bolzen nur in einer Lagerung festzuhalten.

Die Kolbenlänge einfachwirkender Viertaktmaschinen ist durch die Anzahl der Ringe und den zulässigen Auflagerdruck im Führungsteil des Kolbens gegeben. Die Kolbenlänge einfachwirkender Zweitaktmaschinen ist dadurch bestimmt, daß bei höchster Lage des Kolbens dieser noch von einer unten am Zylinder angebrachten Abdichtvorrichtung umschlossen wird, die den Durchtritt von Auspuffgasen oder Spülluft nach dem Kurbelraum hin verhindert. Der dünn gehaltene Mantel der Kolben dieser Maschinen wird durch ringförmige Rippen versteift, die durch axial verlaufende Rippen verbunden werden, Abb. 357 und 358. Kolben doppeltwirkender Zweitaktmaschinen müssen mit Rücksicht darauf bemessen werden, daß in der unteren und oberen Totlage die Spül- und Auspuffschlitze freiliegen. Die Schlitze werden durch den Kolbenkörper, nicht durch den Kolbenring gesteuert. Die Menge der durch den Spielraum zwischen Kolben und Zylinderwand vorher entweichenden Gase ist unbedeutend.

Kolben und Stange sind in der Art miteinander zu verbinden, daß der Verbrennungsdruck direkt, nicht unter Vermittlung des Kolbenmantels auf die Stange übertragen wird. Bauarten, die neben der Kraftübertragung durch den Kolbenmantel auch eine solche durch besondere Stützen unter dem Boden vorsehen, leiden gewöhnlich an dem Übelstand, daß durch die Wärmeausdehnung des Kolbens die Stützen unwirksam werden.

Kolbenkühlung wird bei schnellaufenden Maschinen bei Durchmessern von mehr als etwa 350 mm erforderlich, bei Langsamläufern von etwa 500 mm Zylinderdurchmesser an und kann durch Öl (bei Dieselmaschinen), Süßwasser oder Salzwasser (bei Schiffsdieselmaschinen) bewirkt werden. Durch den Umlauf von Öl als Kühlmittel werden die Schwierigkeiten umgangen, die sich infolge Undichtheit der Leitungen, die das Kühlmittel fördern, bei Verwendung von Kühlwasser durch dessen Mischung mit dem Schmieröl ergeben. Siehe Kapitel „Schmierung". Als Nachteile des Kühlöls sind seine geringere, spezifische Wärme, 0,47 kcal/kg, und seine Neigung zum Verkrusten bei hohen Temperaturen zu erwähnen, Eigenschaften, die den Umlauf großer Mengen und vor allem große, durch zwangläufige Führung erreichbare Ölgeschwindigkeit verlangen. Zu diesem Zweck werden Verteilungsplatten nach Abb. 356 gegen den mit Führungsrippen ausgeführten Kolbenboden gelegt, wobei das zentral eingeführte Öl mit abnehmender Geschwindigkeit radial oder mit konstanter Geschwindigkeit in Spiral- oder Labyrinthgängen nach dem Umfang dieser Platte hin ausströmt. Zu beachten ist hierbei, daß das Öl in dem Winkelraum zwischen Mantel und Boden nicht stagniert, hier verkokt und dadurch Wärmestauung an dieser Stelle verursacht. Die Ölführung mit konstanter Geschwindigkeit wird namentlich bei Maschinen mit zwei Brennstoffventilen zur Notwendigkeit.

Ölkühlung soll infolge der verringerten Wärmeabfuhr einen merklichen Einfluß auf den Brennstoffverbrauch ausüben, der bis zu 2% kleiner als bei Wasserkühlung sein soll. Das kleinere Temperaturgefälle in der Kolbenwandung verringert die Wärmebeanspruchung. Andererseits erfordert Ölkühlung Aufstellung besonderer Rückkühler. In diesen nimmt das die Kühlrohre umspülende Öl eine größere Zähigkeit an, stagniert in der Nähe der Rohre und verschlechtert — gewissermaßen eine Isolierschicht bildend — den Wärmeübergang.

Wasserkühlung, wirksamer als Ölkühlung infolge der größeren spezifischen Wasserwärme, erfordert sowohl bei Süß- wie Seewasser die Innehaltung einer von der Zusammensetzung des Kühlmittels abhängigen Austrittstemperatur — durchschnittlich etwa 56° — um Ablagerungen zu vermeiden. Anfressungen, durch den im Wasser enthaltenen Sauerstoff oder durch elektrolytische Wirkungen verursacht, sind sowohl bei Süß- wie Seewasser festzustellen. Schiffsmaschinenkolben werden vielfach durch Seewasser gekühlt, um die Mitnahme des Süßwasservorrates und einer Rückkühlanlage zu erübrigen. Außerdem verursacht der zur Prüfung des Umlaufes sichtbar anzuordnende Wasserablauf Verdampfung nicht unerheblicher Wassermengen, die ständig zu ersetzen sind. Die Rückführung des Ablaufwassers in den Kreislauf macht überdies die Aufstellung einer besonderen Hilfspumpe nötig, während das erwärmte Seewasser frei abfließen kann.

Große Wassergeschwindigkeit vergrößert die Pumpenarbeit, aber auch den Wärmedurchgang und verringert die Gefahr von Ablagerungen.

Für Zu- und Abfuhr des Kühlmittels werden Gelenkrohre oder Posaunen verwendet, erstere werden bei Verwendung von Kühlöl, außerdem bei Großgasmaschinen für Kühlwasser verwendet, während Posaunen für Wasserkühlung in Ölmaschinen bevorzugt werden. Zuführung des Schmieröls als Kühlmittel durch Pleuelstange, Kreuzkopfzapfen und von hier aus mittels Rohrumführung durch die Kolbenstange in den Kolbenkühlraum wird ebenfalls vereinzelt ausgeführt.

Um Verziehen des Kolbens durch ungleiche Temperaturen zu verhindern, sind Zu- und Abfluß des Kühlwassers nicht durch Kanäle im Kolben, sondern durch besondere Rohrleitungen, die unmittelbar an den Kühlraum des Kolbens anschließen, zu leiten. Gelenke, die im Kurbelraum bequem untergebracht werden können, sind nur für Ölkühlung zulässig, weil die an den Gelenken vorkommenden Undichtheiten in diesem Fall ungefährlich sind und nur zu einer Mischung des Kühlöls mit dem Schmieröl im Kurbelkasten Veranlassung geben. Gelenkrohre sind mit breiten Lagerflächen, metallischer Dichtung und mit möglichst zentrischer Wirkung der Massenkräfte auszuführen. Der unbedingt zu vermeidende Zutritt von Kühlwasser zum Schmieröl erfordert die Verwendung der zuverlässigeren Posaunenrohre, die mit Windkesseln arbeiten, um die durch die Änderungen des Wasservolumens auftretenden Stöße zu verringern. Die Posaunenrohre lassen sich auch außerhalb des Kurbelraumes legen, doch ergeben sich dann exzentrische Kräftewirkungen. Eine zweckmäßige Ausführung zeigt die Kruppsche Maschine nach Abb. 244. Wasserschläge in den Posaunen werden namentlich bei Erzeugung des Wasserdruckes in Zentrifugalpumpen beobachtet; bei Kolbenpumpen lassen sie sich durch Einschnüffeln von Luft vermeiden, bei Zentrifugalpumpen durch Luftzufuhr vom Verdichter her. Da aber diese Luft Anlaß zu Rostbildung und Anfressungen gibt, ist das Abreißen der Wassersäule vorteilhafter durch Erhöhung des Druckes zu verhindern.

Herstellung der Ringe. Baustoff: Gußeisen, das weicher als das Laufzylindermaterial sein soll.

1. Die Ringe werden von einer bearbeiteten Buchse abgestochen, deren Durchmesser um die Bearbeitungszugabe und um $\frac{l}{\pi}$ größer als der Zyl.-Dmr. ist. Nach dem Abstechen werden die Ringe, nachdem aus ihnen die Stücke l herausgeschnitten worden sind, zusammengelötet und innen und außen auf den richtigen Durchmesser abgedreht. Hiernach ist zwar die richtige Kreisform vorhanden; der Anpressungsdruck ist jedoch ungleichmäßig, und zwar am größten an der Stoßstelle und infolge der Rückwirkung an der dieser gegenüberliegenden Stelle. Man wählt $l = \frac{1}{8}$ bis $\frac{1}{15} D$.

2. In Abb. 359 ist nach einer Ausführung von Gebr. Klein, Dahlbruch, die Herstellung der Kolbenringe für eine Zweitaktgasmaschine von

Abb. 358a. Schraubensicherung zur Bauart nach Abb. 358.

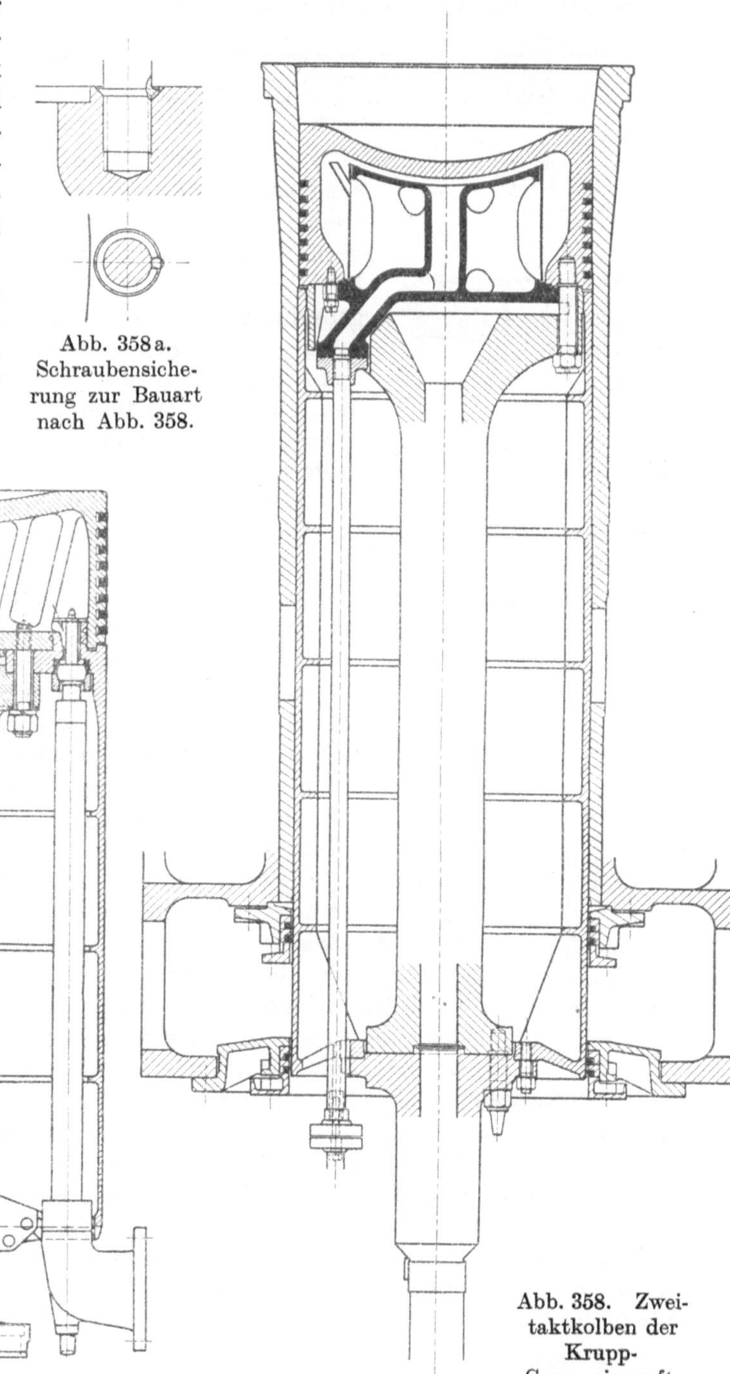

Abb. 357. Zweitaktkolben mit Kühlung, Bauart Sulzer, Winterthur.

Abb. 358. Zweitaktkolben der Krupp-Germaniawerft.

1190 mm Zyl.-Dmr. wiedergegeben. [Verfahren Reinhardt[1]).] Es wird zunächst ein Modellzylinder mit $D_a = 1198$ mm, $D_i = 1116$ mm angefertigt, aufgeschnitten und am äußeren Umfang eine Zwischenlage von 120 mm Länge eingesetzt, so daß die Form nunmehr oval ist. Aus dem hiernach gegossenen Zylinder werden die Ringe auf genaue Breite abgestochen, sodann um 120 mm am äußeren Umfang ausgeschnitten, Abb. 359, *b*, zusammengespannt und auf Fertigmaß $D_a = 1190$ mm, $D_i = 1124$ mm gedreht, worauf die Ansätze nach Abb. 359, *a*, entfernt werden. Diese Art der Herstellung sichert annähernd gleichmäßigen Anpressungsdruck.

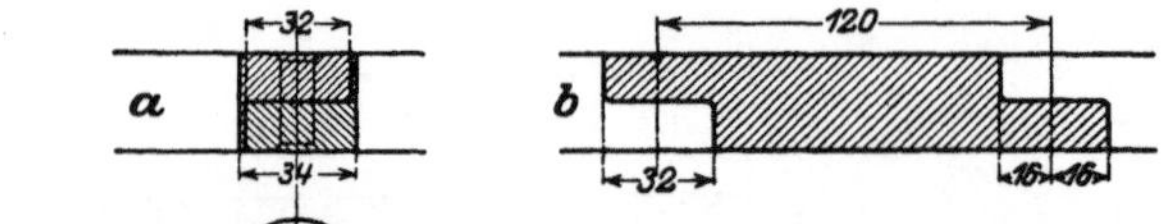

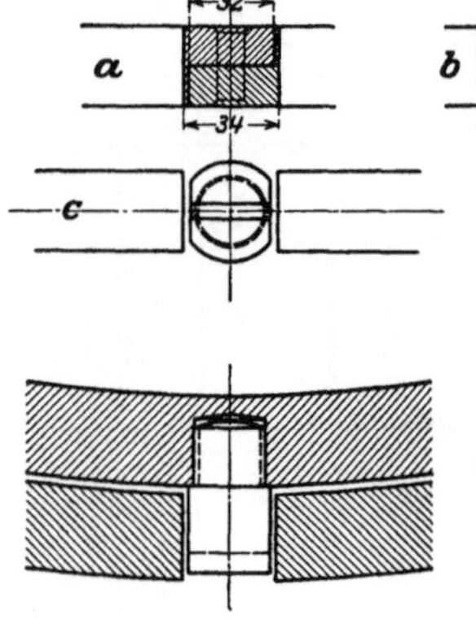

Abb. 359. Kolbenringfertigung nach K. Reinhardt.

3. Die Ringe werden exzentrisch ausgeführt derart, daß die Ringhöhe nach der Stoßstelle hin abnimmt. Da die Ringhöhe hier nicht — wie theoretisch erforderlich — auf Null abnehmen kann, sondern mindestens das 0,5fache der größten Höhe betragen muß, so ist der Anpressungsdruck nicht gleichmäßig, verläuft aber günstiger als bei den nach Verfahren 1 angefertigten Ringen. Da die Nuten auch dieser Ringe zentrisch gedreht werden, so schlagen sich die exzentrischen Ringe infolge der ungleichmäßigen Auflagerflächen rasch aus. An den Stellen kleinerer Ringhöhe können sich größere Gasmengen durch Undichtheit ansammeln und längerdauernde Reibung verursachen, da ihr Austritt geraume Zeit erfordert.

4. Die Ringe werden nach dem Abstechen gehämmert oder gewalzt, und zwar am stärksten gegenüber der Stoßstelle und nach dieser hin schwächer, so daß die Spannkraft nach der Stoßstelle hin verringert wird. Diese Herstellung, grundsätzlich einwandfrei, hat den Nachteil, daß keinerlei Klarheit über die auftretenden Strukturveränderungen besteht. Auch ist die endgültige Form dieser Ringe mehr oder weniger zufälliger Art.

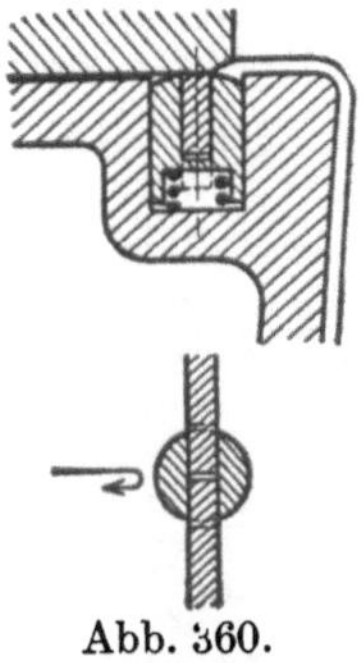

5. Die Wirkung zweier Ringe wird vereinigt, wobei der innere Spannring der Abnutzung des Außenringes entsprechend seine Form ändert, selbst aber nicht der Abnutzung ausgesetzt ist. Eine Ringvereinigung dieser Art ist der bekannte „Eklipse"-Ring, der aus einem inneren, exzentrisch gedrehten Spannring von ⌊-Form besteht, in den — wie aus Abb. 361 ersichtlich — ein Außenring ohne Spannung eingelegt wird. Dieser greift mit einem Ansatz in den Stoß des Innenringes ein, um ein Zusammenfallen der Stoßstellen zu verhindern. Bei dieser Bauart wird sonach die Teilfuge jedes Ringes durch den anderen Ring abgedichtet.

Abb. 360. Kolbenring nach Schmeck.

6. Die Ringe werden mehrteilig ausgeführt und durch hintergelegte Spiralfedern angepreßt. Beispiel dieser Ausführungsart siehe Abb. 360, die Schmecksche Bauart darstellend.

Der Anpressungsdruck beträgt zweckmäßig 0,15 bis 0,3 kg/cm². Die Ringe sind, radial gemessen, genügend hoch auszuführen, damit sie sich infolge ihrer Massenwirkung in den Ringnuten nicht ausschlagen. Hohe Ringe behalten überdies bei eintretender Abnutzung länger die Federung bei. Größerer axialer Spielraum zwischen Ring und Nut vergrößert die durch eindringende Gase verursachte Zunahme des Anpressungsdruckes, wodurch die Reibungsarbeit des Kolbens zunimmt, fördert das „Pumpen" des Schmieröls in den Verbrennungsraum und veranlaßt, da der Wärmeübergang an die Ringe gehindert wird, vermehrte Wärmeabfuhr an den als Führung

[1]) K. Reinhardt: Z. V. d. I. 1901, S. 232.

dienenden Teil des Kolbens, der sich dadurch stärker als die Laufbuchse ausdehnen kann.

Über die Größe des von den Ringen ausgeübten Reibungsdruckes hat Prof. Junkers in seiner Forschungsanstalt Versuche an Eklipseringen und an Ringen normaler Bauart angestellt; die Ergebnisse sind in Abb. 361 wiedergegeben. Hiernach ist die Reibung normaler Ringe nur wenig vom Druck abhängig, jedoch annähernd proportional der Anzahl der Ringe. Die Eklipseringe hingegen zeigen größere Abhängigkeit vom Druck, was auf die gedichtete Teilfuge, welche die in die Nuten eingedrungenen Gase länger zurückhält, zurückgeführt wird.

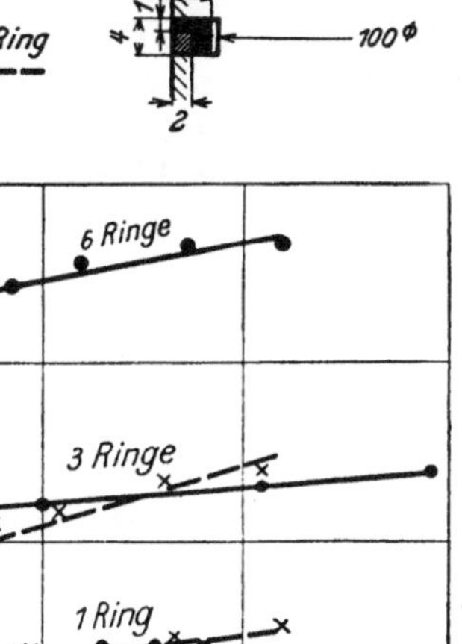

Abb. 361. Reibungsdruck der Kolbenringe nach Versuchen von Junkers.

Auch C. Volk (im Heft „Kolben" der Volkschen „Einzelkonstruktionen aus dem Maschinenbau") hat durch Versuche den geringen Einfluß der in einem Raume herrschenden Spannung auf den zwischen geschmierten Gleitflächen sich einstellenden Reibungswiderstand festgestellt.

Liegen die Ringe in den Nuten seitlich dicht an, so ist in erster Annäherung eine Druckverteilung nach Abb. 362 anzunehmen; zwischen Zylinderwand und Außenringfläche f_1 herrscht eine mittlere Spannung $p_m = \frac{p_1 + p_2}{2}$, während auf die Ringfläche f_2 der Druck p wirkt. Bei Vergrößerung der Spannung nehmen die Drucke p_m und p gleichzeitig so zu, daß der Anpressungsdruck gegen die Wand annähernd konstant bleibt. Bei „ausgeschlagenen" Ringen wächst p, während p_m gleichbleibt, so daß der Reibungsdruck bedeutend zunehmen muß.

Durch das erwähnte „Pumpen" wird das Schmieröl in den Brennraum hineingefördert, was vielfach der in Abb. 363 dargestellten Lagenänderung der Kolbenringe zugeschrieben wird. Die Ringe sind für höchste und tiefste Kolbenlage vor der Bewegungsumkehr dargestellt. In der tiefsten Kolbenlage und auf dem Wege dahin soll das Öl während des Saughubes durch den unteren, seitlichen Spielraum hinter den Ring treten und beim Aufwärtsgang in den oberen seitlichen Spielraum zwischen Nut und Ring hineingedrückt werden. Das Öl klettert derart allmählich in den Brennraum hinauf, wo es, an den kühleren Wandungen sitzend, nur unvollkommen verbrennt und Rückstände hinterläßt, die zum Festsetzen der Kolbenringe und Verschmutzen der Ventile führen.

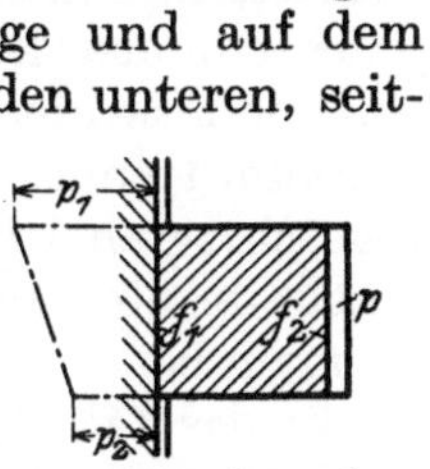

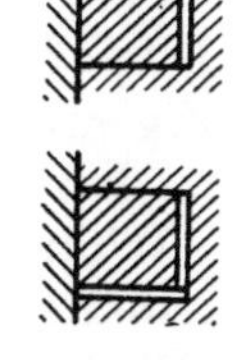

Abb. 362. Druckverteilung bei Kolbenringen.

Abb. 363. „Pumpen" des Schmieröls.

Die Anzahl der Kolbenringe beträgt etwa 4 bis 6 bei Glühkopfmaschinen und Kleingasmaschinen, 6 bis 8 bei Diesel- und Großgasmaschinen, bei Dieselmaschinen auch mehr.

Die Teilfuge wird bei kleineren Ringen schräg oder axial gelegt, breitere Ringe ($b \geqq 10$ mm) werden auch mit Treppenstoß ausgeführt, wodurch axiales Strömen der Gase namentlich bei Anordnung einer „Zunge" erschwert wird; Abb. 364 zeigt eine solche bei schrägem Stoß. Axiale, gerade Stöße können Riefenbildung in der Zylinderwand verursachen. Die Teilfugen werden gegeneinander versetzt, bei liegenden Maschinen oft unten gelegt, damit der aufliegende Kolbenkörper die Abdichtung übernimmt. Die Enden der Ringe sollen eingelegt etwa 2 bis 3 mm voneinander entfernt bleiben, damit sie bei Ausdehnung durch die Wärme nicht zusammentreffen. Sicherung der Ringe gegen Drehung durch Stifte, die gewöhnlich an den Stoßstellen befestigt werden, ist nur bei stärkeren Ringen angebracht, da die meist übliche Anordnung bei schwachen Ringen zu so kleinen Abmessungen der Stifte führen, daß diese im Betrieb leicht abbrechen. Viele Firmen lassen deshalb die Ringe „wandern", wobei zeitweilig bei übereinanderliegenden Teilfugen der Kolben durchbläst, bis die Fugen wieder ihre Lage ändern. Drehung der Ringe muß unter allen Umständen bei Zweitaktmaschinen verhindert werden, damit die Stoßstellen nicht in die Schlitzöffnungen geraten, sondern auf den Stegen bleiben.

Sehr zuverlässige Feststellung der Ringe zeigen die Abb. 359 und 371a; in Abb. 371a sind die Enden der Ringe in Aussparungen der Stifte gelagert. Werden die Stifte, um den Kolbenring nicht allzusehr zu schwächen, nach Abb. 364 angeordnet, so ist darauf zu achten, daß während des Arbeitshubes einfachwirkender Maschinen die hierbei anliegende axiale Druckfläche zwischen Ring und Nut durch die Stifte nicht unterbrochen wird. Diese sind also auf der entgegengesetzten Seite anzubringen.

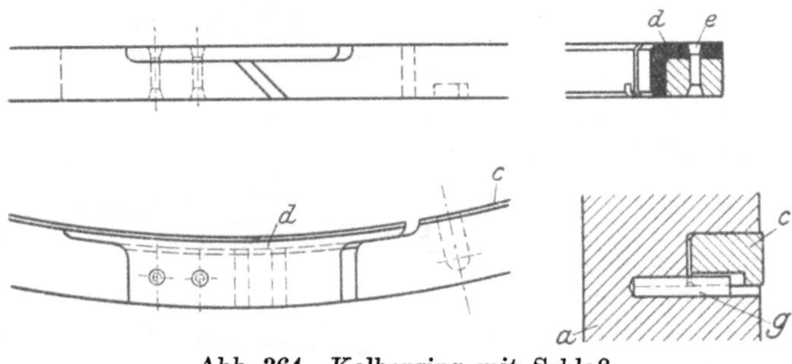

Abb. 364. Kolbenring mit Schloß.
a = Kolbenkörper, c = Kolbenring, d = Schloß, e = Verbindungsstift, g = Feststellstift.

Ringe mit genügender seitlicher Auflagerfläche sind an den Kanten zu brechen, um die Schmierung durch die bekannte Keilwirkung zu erleichtern, siehe Abb. 370a.

Am unteren Ende der Tauchkolben wird ein Ölabstreifring angeordnet, dessen Nut mitunter nach dem Kolbeninneren hin mit Öffnungen versehen ist, durch die in die Nut eingetretenes Öl abfließen kann. Der Ring ist nach der Deckelseite hin abgeschrägt, so daß er beim Aufwärtsgang über das Öl hinweggleitet. Nach der Kurbelseite hin liegt er mit zylindrischer Gleitfläche an der Zylinderwand und ist hier mit scharfer Kante ausgeführt, um das vom Kurbelraum an die Kolbenlauffläche gespritzte Öl abzustreifen und dadurch dessen Hinaufklettern in den Brennraum und einer Vermischung des Zylinderöles mit dem Triebwerköl vorzubeugen. Gleichem Zweck dient bei Kreuzkopfmaschinen die auf S. 276 behandelte Zwischenwand, die Kolben- und Triebwerkraum trennt. Die Kolben der Kreuzkopfmaschinen werden ebenfalls häufig mit abgeschrägten Ringen versehen, doch liegt bei diesen die scharfe Kante nach der Deckelseite hin, um das Öl nach der oberen Lauffläche hin zu verteilen.

Während man bei Gasmaschinen als Entfernung zwischen Bodenkante und erstem Ring etwa das $1^1/_2$- bis 2fache der Ringbreite wählen kann, muß infolge der bei Dieselmaschinen größeren Gefahr des Festbrennens dieses Ringes und Ausfüllung seiner Nut durch verbranntes Schmieröl der genannte Abstand 50 bis 100 mm betragen. In axialer Richtung soll das Spiel des ersten Ringes etwa 0,1 mm sein, während die anderen Ringe lose passen sollen.

Ausführungsformen. In Abb. 353 bis 356 sind ein- und zweiteilige Kolben für Viertakt wiedergegeben; die Muttern der Verbindungsschrauben beider Teile liegen in Taschen am äußeren Kolbenumfang, was gegenüber der Anordnung dieser Schrauben im Kolbeninneren kräftigeres Anziehen ermöglicht. Die Kolbenoberteile, ebenso die Gleitbacken in Abb. 355 sind aus Spezialgußeisen. Der Zwischenring d zwischen Ober-

und Unterteil in Abb. 355 erleichtert die Einstellung des Verbrennungsraumes, erschwert jedoch durch die nun doppelt vorhandenen Fugen den Wärmeübergang zum Unterteil, was jedoch hier in Hinsicht auf die Kolbenkühlung unbedenklich ist. Die am unteren Kolbenende angebrachten Naben nehmen die Gelenkkühlrohre auf, siehe auch Abb. 356. Die in Abb. 354 angegebene Befestigung des Bolzens sichert diesem freie Ausdehnung ohne Beanspruchung des Kolbenmantels.

Der „Pilzkolben" der Krupp-Germaniawerft wird zu dem Zweck ausgeführt, das Brennstoffgemisch vor der Entzündung möglichst nur mit heißen ungekühlten Wandungen in Berührung kommen zu lassen. Ein besonderer, aus hitzebeständigem Baustoff bestehender Einsatz wird so angebracht, daß der Wärmeübergang zum Kolbenkörper unterbrochen ist. Aus Versuchen und auch aus der Farbe des Pilzeinsatzes ist zu schließen, daß seine Oberflächentemperatur 600 bis 700° betragen muß. Die Verwendung der Pilze, deren Temperatur sonach den Zündpunkt der Teeröle übersteigt, hat den Teerölbetrieb in Dieselmaschinen bei kleinen Belastungen und im Leerlauf bedeutend sicherer gemacht. Die kompressorlose Dieselmaschine von Fr. Krupp, Essen, arbeitet ebenfalls mit Pilzkolben, siehe Abb. 270 und 271.

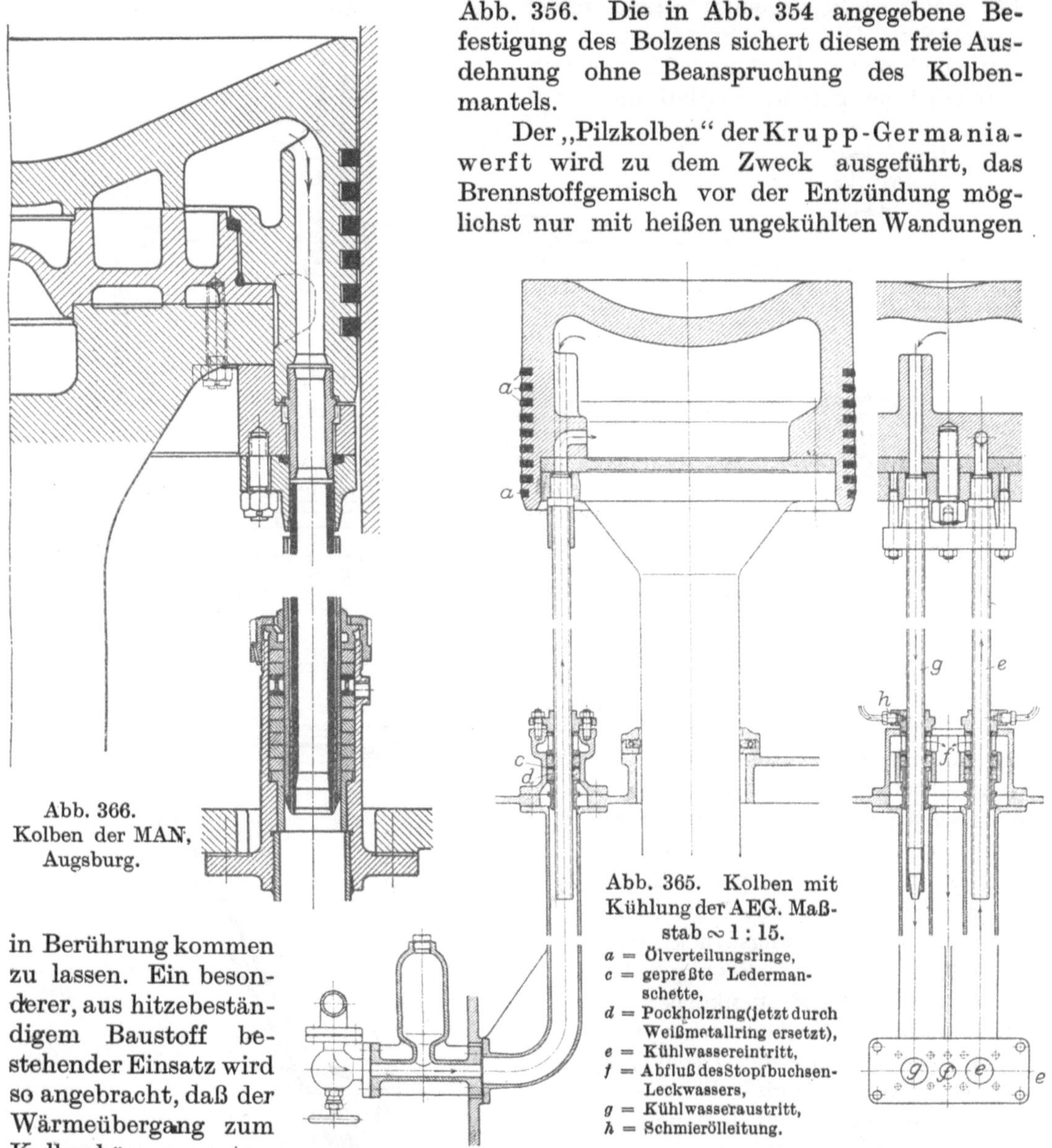

Abb. 366. Kolben der MAN, Augsburg.

Abb. 365. Kolben mit Kühlung der AEG. Maßstab ∾ 1 : 15.
a = Ölverteilungsringe,
c = gepreßte Ledermanschette,
d = Pockholzring (jetzt durch Weißmetallring ersetzt),
e = Kühlwassereintritt,
f = Abfluß des Stopfbuchsen-Leckwassers,
g = Kühlwasseraustritt,
h = Schmierölleitung.

Abb. 365 zeigt Kolben und Kühlung der AEG. Die über der Wand zwischen Zylinder und Kurbelraum liegenden Stopfbuchsen dichten durch Pockholzringe und Ledermanschetten ab. Zwischen den beiden Standrohren der Posaunen ist eine besondere Leitung für die Aufnahme des Leckwassers aus den Dichtungen vorgesehen, die eine weitere Sicherheit gegen den Abfluß dieses Wassers in den Kurbelraum gibt. Neuerdings werden die Pockholzringe durch Weißmetallringe ersetzt, die verschiebbar gelagert sind, so daß das nicht zu vermeidende seitliche Wandern der Posaunenrohre von der Stopfbuchse aufgenommen werden kann. Das beide Stopfbuchsen aufnehmende bronzene Gehäuse ist in der senkrechten Ebene geteilt, so daß die Stopfbuchsen ohne Entfernung der Posaunenrohre bei Stellung des Kolbens im oberen Totpunkt ausgebaut und überholt werden können. Das Schmieröl wird aus einem höhergelegenen Dochtschmiergefäß zugeleitet. Der gußeiserne Kolben ist als einfacher Drehkörper gestaltet.

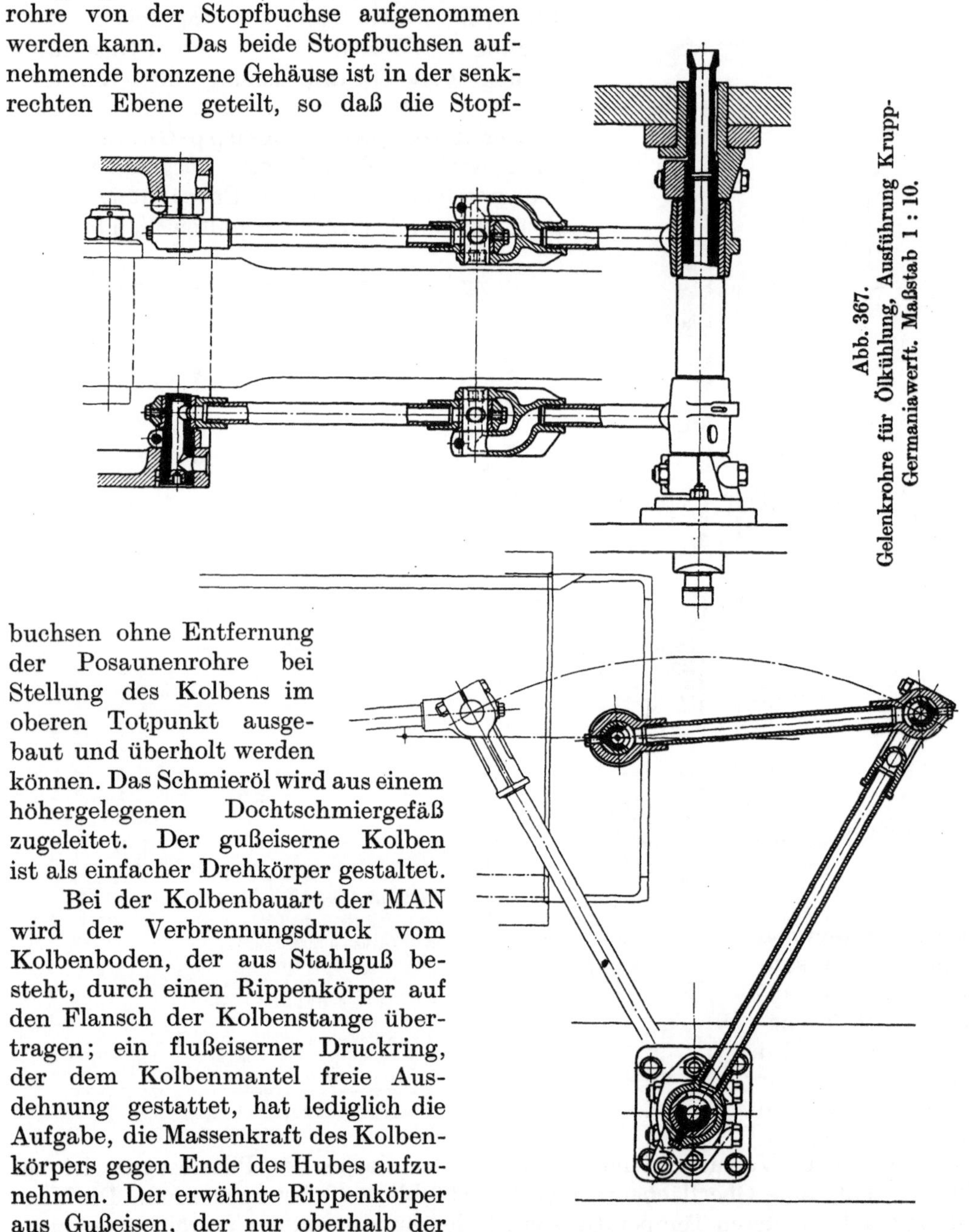

Abb. 367. Gelenkrohre für Ölkühlung, Ausführung Krupp-Germaniawerft. Maßstab 1 : 10.

Bei der Kolbenbauart der MAN wird der Verbrennungsdruck vom Kolbenboden, der aus Stahlguß besteht, durch einen Rippenkörper auf den Flansch der Kolbenstange übertragen; ein flußeiserner Druckring, der dem Kolbenmantel freie Ausdehnung gestattet, hat lediglich die Aufgabe, die Massenkraft des Kolbenkörpers gegen Ende des Hubes aufzunehmen. Der erwähnte Rippenkörper aus Gußeisen, der nur oberhalb der Querwand vom Kühlwasser bespült wird, schützt durch zwei Gummiringdichtungen die Kolbenstange gegen die Einwirkung des Seewassers.

Kennzeichnend für die Augsburger Konstruktion ist weiterhin die Umfassung des inneren kräftigen Posaunenrohres, das mit dem Kolben verbunden ist, durch ein dünnes elastisches Rohr, gegen das die Stopfbuchse abdichtet. Beide Rohre sind nur an den unteren Enden wasserdicht miteinander verbunden. Der Eigenschaft der

Stopfbuchsen, gegen Lagenänderungen der Posaunenrohre infolge Wärmedehnung der Maschine oder Abnutzung einzelner Teile außerordentlich empfindlich zu sein, wird dadurch Rechnung getragen, indem das elastische Rohr sich stets in der Stopfbuchse richtig einstellen kann.

Der Kolben nach Abb. 356 arbeitet mit Ölkühlung, die zugehörigen Gelenkrohre sind in Abb. 367 dargestellt. Der flußeiserne Kolbenoberteil, mit drei Paaren Kolbenringen arbeitend, ist durch 12 innenliegende Stiftschrauben mit dem gußeisernen Unterteil verbunden, ebenso mit dem Kolbeneinsatz. Die Bolzen dieser Schrauben werden gegen Lösen durch Einstemmen einer Nut in den Kolbenboden und Einstemmen des Bundes in diese Nut gesichert, Abb. 358a. Der Bolzen wird durch stark abgeflachte Rundkeile (mit der einseitigen Steigung 1 : 100), deren Drehung eine Stiftschraube verhindert, festgehalten.

Die Kühlung der höher beanspruchten Zweitaktkolben ist aus Abb. 357 und 358 ersichtlich. Die Sulzersche Kühlung zeichnet sich dadurch aus, daß das Wasser im Kühlraum nicht unter Druck fließt, sondern als freier Strahl in den unter atmosphärischem Druck stehenden Kühlraum gegen den Kolbenboden gespritzt wird; die Wasserabflußquerschnitte müssen größer als die Eintrittsquerschnitte sein. Von den drei ineinander gesteckten und ohne Stopfbuchsen gleitenden Rohren stehen das innere und äußere fest, während das mittlere durch Kugelgelenk mit dem Kolben verbunden ist. Von den beiden Posaunen dient nur eine zur Kühlwasserzufuhr, während das zweite Posaunenrohr als Aushilfe dient, als Abflußquerschnitt werden die Ringräume zwischen Posaune und dem inneren Standrohr beider Vorrichtungen benutzt. Das äußere Standrohr hat den Zweck, den Zutritt von Kühlwasser zum Kurbelraum mit Sicherheit zu verhindern, indem es Wassertropfen, die an der Außenfläche des mittleren Rohres hängenbleiben, abstreift. Diese Kolbenkühlung wird von Sulzer auch in der Weise ausgeführt, daß die zweite Vorrichtung nur aus einem Abflußrohr, das in einem feststehenden Außenrohr gleitet, besteht. Der Sulzer-Kolben zeigt im übrigen unmittelbare Kraftübertragung vom Kolbenboden auf die Kolbenstange.

Bei dem Kolben der ortfesten Maschine, Abb. 241, wird hingegen der Druck durch den Kolbenmantel auf den Kreuzkopf übertragen, so daß für dessen Lauf eine Aussparung in der Laufbuchse nötig wird.

Der Kolben der Nobel-Diesel-Maschine, Abb. 243, zeichnet sich dadurch aus, daß der Kolbenmantel nicht mit dem Kolbenoberteil, sondern unten mit der Kolbenstange verbunden ist, so daß er sich nach oben hin ausdehnen kann. Über die Kühlung sind auf S. 225 Angaben gemacht.

Der aus Flußeisen hergestellte, innen verzinkte und verbleite Kolbenboden der Bauart Krupp-Germaniawerft, Abb. 358, hat bei 650 mm Zyl.-Dmr. eine Wandstärke von 35 mm. Das Kühlwasser wird durch die hohle Kolbenstange aus einem das Wasser zwangläufig führenden Einsatz abgeleitet und einem Posaunenrohr zugeführt, das ebenso wie die Posaune für das Frischwasser außerhalb des Kurbelraumes angeordnet ist. Beide Rohre sind durch einen Arm mit dem Kreuzkopf verbunden.

Abb. 368 zeigt den Kolben einer doppeltwirkenden Zweitaktmaschine der Snow Holly Works in Buffalo. Die mit Ablenkflächen versehenen Kolbenböden sind mit den Ringträgern verschraubt. Beide Teile sind durch lange Bolzen, die nur Massenkräfte zu übertragen haben, mit den Bunden der Kolbenstange verbunden. Der mittlere, durch ein zweiteiliges Ringstück nach außen abgeschlossene Kolbenraum ist durch Stopfbuchsen gegen das Eindringen von Kühlwasser geschützt, das durch ein Einlegerohr zugeführt, durch den Ringraum zwischen diesem und der Stangenbohrung abgeleitet wird.

Abb. 370 bis 374 zeigte die Kolben doppeltwirkender Gasmaschinen, die sich ebenfalls der Form einfscier Drehkörper möglichst nähern sollen, so daß, um die an den Ventilen erforderlichen Aussparungen zu vermeiden, sich für den Kolben eine Doppelkegelform ergibt.

Die Kolben werden „tragend“ oder „schwebend“ angeordnet. Im ersteren Fall wird der Kolben zunächst auf den Durchmesser D des Zylinders gedreht, hierauf um e exzentrisch aufgespannt und auf den Durchmesser $(D - b)$ fertig gedreht, wobei b bis zu 1 mm. Meist läßt man diese Kolben auf $^1/_3$ des Zylinderumfanges tragen.

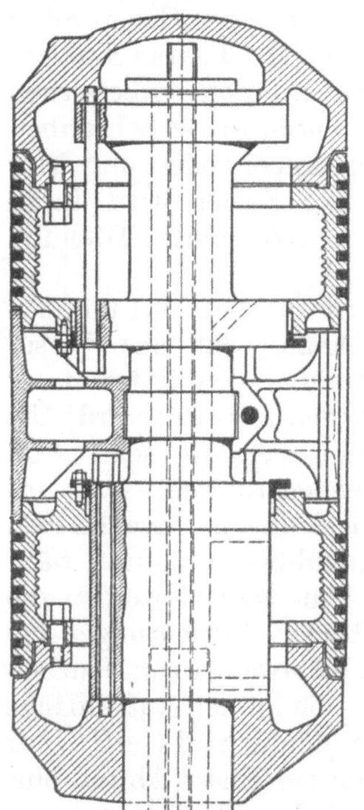

Abb. 368. Kolben der doppeltwirkenden Worthington-Zweitaktmaschine.

Das Gewicht der schwebenden Kolben wird ausschließlich durch Tragschuhe an den Enden der Kolbenstange aufgenommen.

Diese kann nach zwei Verfahren hergestellt werden, um die Bewegung der Stopfbuchsenringe möglichst zu vermeiden. Die Kolbenstange wird vor der Bearbeitung im rohen Zustand annähernd nach der elastischen Linie gekrümmt angefertigt, so daß die Pfeilhöhe des Bogens der nachherigen Durchbiegung bei aufgesetztem Kolben entspricht. Die an den Enden festeingespannte durch das Kolbengewicht belastete Stange wird sodann durch ein sich drehendes Werkzeug bearbeitet.

Bequemere Bearbeitung gestattet das zweite Verfahren nach Abb. 369, bei der die elastische Linie durch zwei Tangenten ersetzt wird. Die Stange kann infolgedessen mit versetzten Körnern abgedreht werden.

Tragende Kolben, die in Stahlguß nicht ausgeführt werden dürfen, arbeiten mit einer spezifischen Flächenpressung von 0,5 bis höchstens 1 kg/cm².

Über die Verbindung der Kolbenstangen mit Kreuzkopf und Tragschuh siehe S. 327.

Die Ausführung des Kolbens als doppelwandiges Gußstück verursacht in der Nabe Zugspannungen, die durch die stärkere Ausdehnung des von den heißen Gasen bespülten Umfanges gegen die gut gekühlte Nabe noch vergrößert werden. Ist die Stange mit dem Kolben in der Weise verbunden, daß die Auflagerfläche der versenkten Kolbenmutter um deren Höhe vom äußeren Kolbenrand entfernt liegt, so wird nur ein Teil der Nabe (gleich Nabenlänge minus Mutterhöhe) durch den Anzug der Mutter von den Zugspannungen entlastet, während der übrigbleibende Teil eine zusätzliche Zugbeanspruchung erfährt. Es entstanden an dieser Stelle Risse besonders dann, wenn die Eindrehungen scharf oder mit kleinem Abrundungshalbmesser ausgeführt waren.

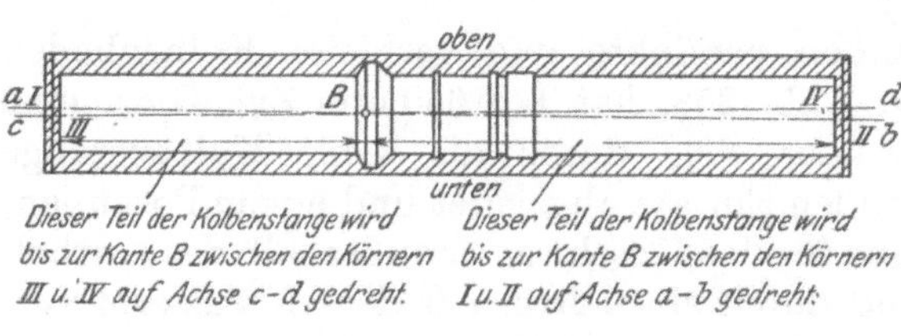

Abb. 369. Herstellung der Kolbenstange von Großgasmaschinen.

Ehrhardt & Sehmer haben zuerst die heute allgemein übliche Form der Mutter nach Abb. 370 und 371 ausgeführt; die Druckfläche der Kolbenmutter ist konisch gestaltet, und ihre Form entspricht dem Konus auf der Kolbenstange, wodurch sich eine günstige Stoffverteilung ergibt. Beide Druckflächen fassen den Kolben auf ganzer Länge.

Die Kolben nach Abb. 370 und 371 sind innen ohne Rippen ausgeführt, da diese beim Gießen später als die Außenwände erkalten und dadurch zusätzliche Zug- und Biegungsbeanspruchungen verursachen.

Das Bestreben, völlig freie Ausdehnung von Stange und Körper gegeneinander zu ermöglichen, war für den Entwurf des Kolbens nach Abb. 372 maßgebend, indem die Kolbenstange nur auf eine kurze Strecke mit dem Körper verbunden wird. Die Schrauben, welche die beiden Kolbenhälften miteinander und mit der Stange verbinden, liegen außerhalb des Kühlwasserraumes. Die Bauart erfordert die An-

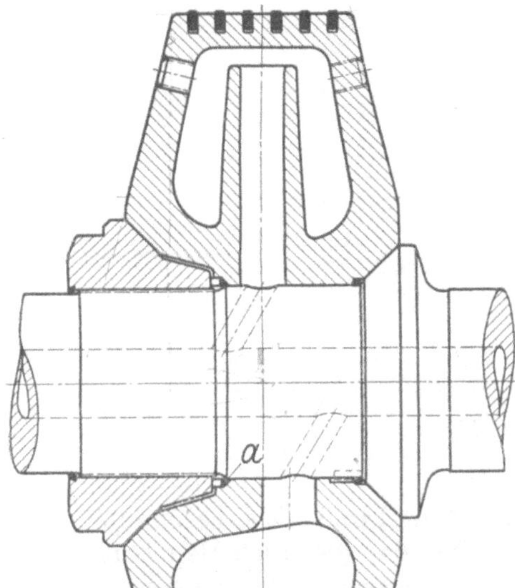

Abb. 370. Kolben einer Gasmaschine von 1500 mm Zyl.-Dmr., 1500 mm Hub. Ausführung Thyssen & Co.
a = Dichtungsring aus Rundgummi.

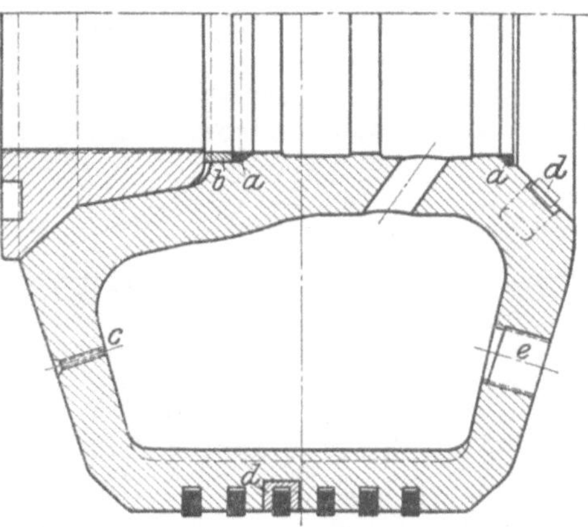

Abb. 371. Kolben von Ehrhardt & Sehmer.
a = Dichtungsring, b = Druckring, c = Kontrollöffnung, d = Feder und Nut, e = Kernstopfen.

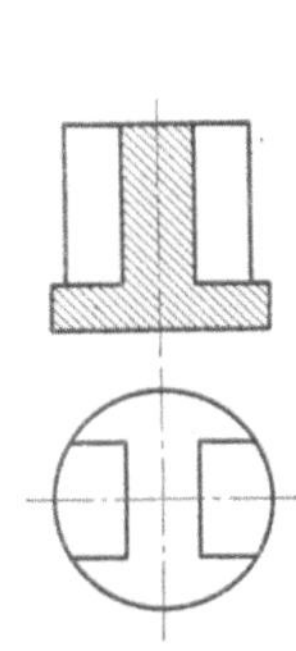

Abb. 371a. Feststellstift der Kolbenringe der Bauart nach Abb. 371.

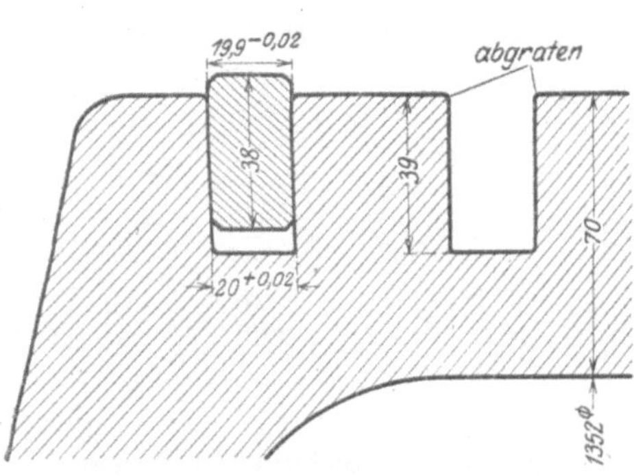

Abb. 370a. Kolbenringe der Bauart nach Abb. 370.

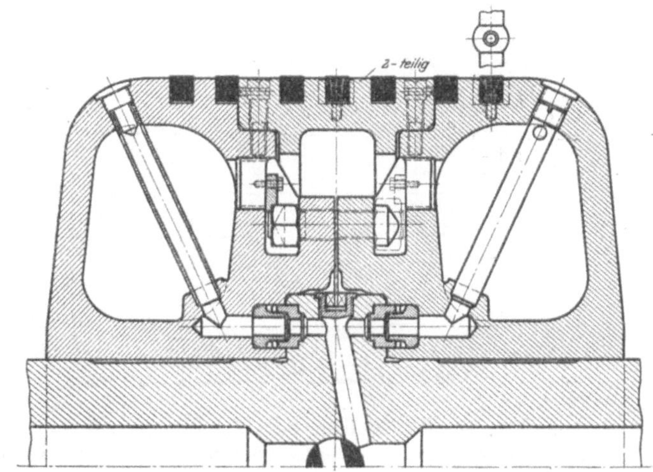

Abb. 372. Kolben Schüchtermann & Kremer.

ordnung eines ebenfalls Liderungsringe tragenden zweiteiligen Ringes. Ein Hahn in der Kolbenstange gestattet die Einstellung der Durchgangsquerschnitte für das Kühlwasser.

Eine neuere Ausführung dieser Bauart sieht zwei Bunde an der Stange vor, die getrennt mit den Kolbenhälften verbunden werden.

Wie ein Vergleich der Abb. 372 mit Abb. 368 zeigt, ist diese Bauart für die Kolben neuerer Zweitakt-Dieselmaschinen vorbildlich geworden.

In Abb. 373 und 374 sind Ausführungen von Kolben doppeltwirkender Zweitaktgasmaschinen wiedergegeben, deren Baulänge gleich Hub minus Länge der Auspuffschlitze, siehe Abb. 74, sein muß, wodurch sich infolge der Ausfüllung des Kolbeninneren mit Kühlwasser bei Bauarten nach Abb. 373 bedeutende Massen ergeben. Diese große Länge macht den Unterschied in der Ausdehnung der Stange gegenüber der Nabe, durch die verschiedene Temperatur und den verschiedenen Baustoff be-

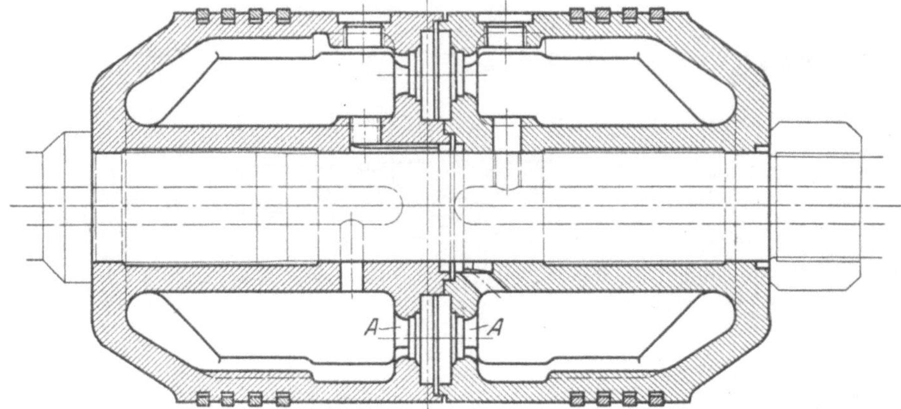

Abb. 373. Zweitaktkolben der Siegener Maschinenbau-A. G.

dingt, vor allem aber den Dehnungsunterschied zwischen Mantel und Nabe besonders gefährlich. Abb. 373 zeigt, daß bei dieser zweiteiligen Bauart, die auch den Guß erleichtert, der Kolbenmantel sich freier ausdehnen kann. Die Rippen sind nicht bis zu den Stirnwänden durchgeführt.

Der Kolben von Gebr. Klein, Dahlbruch, besteht

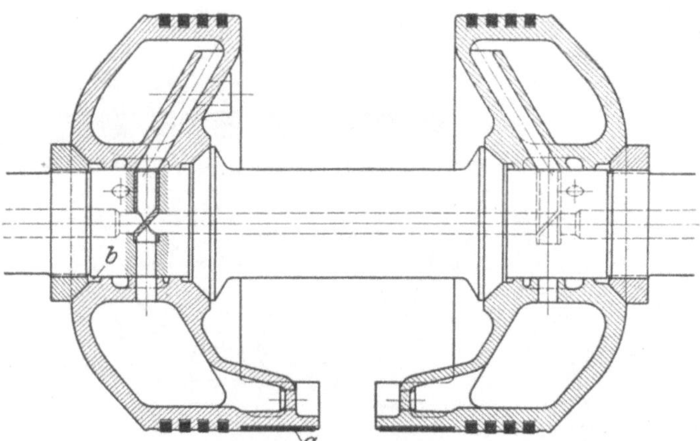

Abb. 374. Zweitaktkolben der Maschinenbau-A.G. vorm. Gebr. Klein, Dahlbruch, zu einer Gasgebläsemaschine von 1190 mm Dmr. des Gaszylinders, 1400 mm Hub, $n = 71$ Uml./min.
a = Gemeinsamer, mit dem Kolbenkörper vernieteter Gleitschuh, b = Abdichtung nach Abb. 374 a.

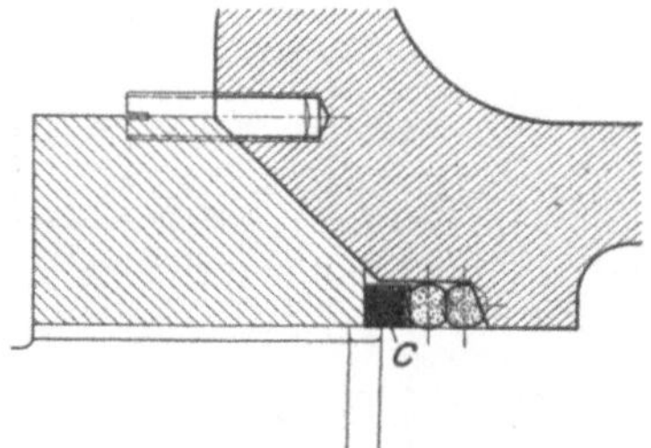

Abb. 374a. Abdichtung der Bauart nach Abb. 374.
c = **Gußeiserner Druckring.**

aus zwei voneinander unabhängigen Einzelkolben, deren untere Schleiffläche durch besondere Tragschuhe vergrößert ist.

Die Kolbenkühlung der Viertakttandem-Gasmaschinen ist in Abb. 375 und 376 dargestellt. In die Kolbenstangen, an ihren beiden Enden durch Pfropfen geschlossen, sind Gasrohre eingelegt, die von den Pfropfen am Gleitschuhende der hinteren Stange und am Kreuzkopfende der vorderen Stange — hier durch Vermittlung eines Abschlußstückes, das mit dem Pfropfen an diesem Ende durch eine Stange verbunden ist — festgehalten und durch Stützen in ihrer Lage gesichert werden. Das Kühlwasser wird durch Gelenke dem in der Laterne zwischen beiden Zylindern laufenden Gleitschuh zugeführt, durchfließt zunächst das Innenrohr der hinteren Kolbenstange und kehrt durch den Ringraum zwischen Stange und Innenrohr zurück. Auf diesem Wege wird das Kühlwasser durch ein in Kolbenmitte liegendes Verschlußstück gezwungen, dieses durch Eintritt in den Kühlraum des Kolbens zu umgehen. Nach Durchfluß der ersten Stange nimmt das Kühlwasser den gleichen Weg in der zweiten Stange und fließt schließlich an der anderen Seite des Laternengleitschuhes ab. Beide Stangen sind sonach bei dieser Wasserführung hintereinandergeschaltet.

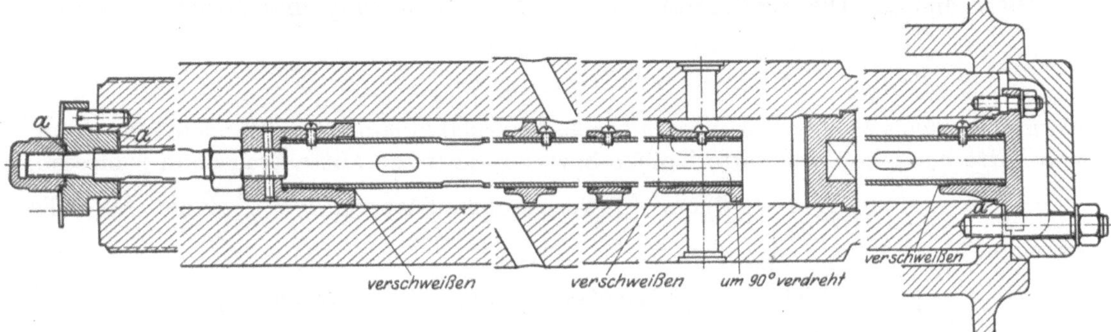

Abb. 375. Kühlung der Kolben und ihrer Stangen nach Bauart MAN, Nürnberg. Innendurchmesser der Kolbenstange 100 mm.
a = Kupferdichtungen.

Thyssen & Co. führen Parallelschaltung aus.

Große Sorgfalt ist auf die Verbindung des Innenrohres mit der Kolbenstange zu verwenden, da hier starke Beanspruchungen durch die Massenwirkung auftreten. Die umlaufende Wassermenge wird am Auslauf eingestellt, zur Verhütung von Wasserschlägen sind Windkessel vorzusehen. Rückschläge lassen sich aber überhaupt vermeiden, wenn der Wasserdruck so groß ist, daß er bei Hubbeginn der in der Stange

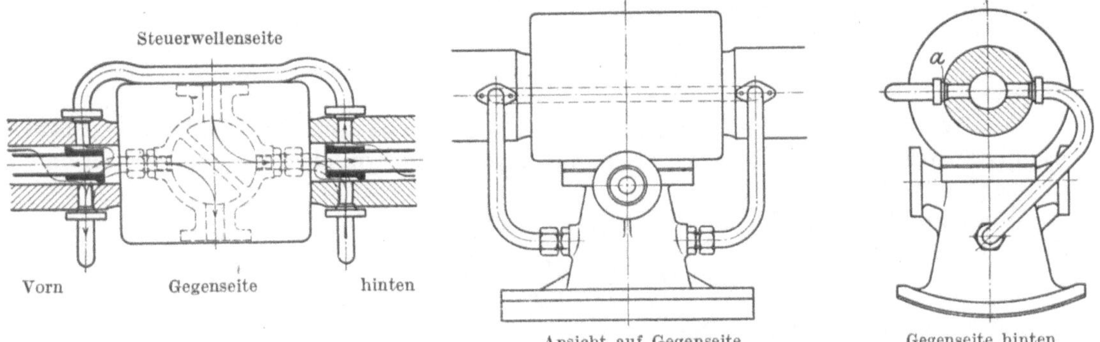

Abb. 376. Anschluß der Kühlleitungen an die Kolbenstangenkupplung.
a = Flachkupferdichtung.

befindlichen Wassermasse die Kolbenbeschleunigung zu erteilen vermag; gewöhnlich wird mit einem Druck von 4,5 bis 5 at gearbeitet.

Abb. 370 und 371 zeigen die Abdichtung der Wasserführung durch die Kolbennabe mittels Rundgummiringe, die von der Kolbenmutter durch Druckringe angepreßt werden. Bei dem Zweitaktmaschinenkolben Abb. 374 durchfließt das Wasser die Stange nur in einer Richtung, besondere Einsätze veranlassen den Durchfluß der Kolbenkühlräume.

Abb. 374a zeigt die Abdichtung der Stange dieses Kolbens.

Da wegen der Kühlwasserführung die Kolbenstange eine bestimmte Lage zum Kolbenkörper haben muß, so ist diese — ebenso wie an der Kolbenstangenkupplung,

s. S. 328 — auch hier durch Feder und Nut zu sichern, die entweder nach Abb. 370 am zylindrischen Teil der Stange oder nach Abb. 371 am Konus anzubringen sind.

Besondere Bedeutung, wegen der sonst entstehenden Gefahr der Wasseransammlung im Zylinder, kommt der Abdichtung der Kernstopfen zu, die stramm einzuziehen sind und dann am besten verschweißt werden.

Bei der Ausführung nach Abb. 371 werden besondere Bohrungen c vorgesehen, durch die beim Abdrehen des Kolbenkörpers dessen Wandstärke geprüft werden kann.

Berechnung. Die Kolbenstange wird auf Knickung und Druck berechnet.

$$P = \frac{\pi^2}{L^2} \cdot \frac{E J}{\mathfrak{S}},$$

worin $\mathfrak{S} = 20$ bis 25 = Sicherheitsgrad, $E = 2\,100\,000$ kg/cm², L = Stangenlänge in cm, von Mitte Kreuzkopf bis Mitte Kolben bzw. von Mitte zu Mitte Tragschuh gemessen, $J = \frac{\pi^4}{64}(d^4 - d_i^4) \cong \frac{1}{20}(d^4 - d_i^4)$ cm⁴ für ausgebohrte Stangen, $J = \frac{\pi}{64} d^4$ cm⁴ für volle Stangen.

Ist $r_0 = \sqrt{\frac{J}{f}}$ = kleinster Trägheitsarm des Stabquerschnittes, und wird $L \leqq r_0 \cdot \pi \sqrt{\frac{E}{K}}$ mit K = Druckfestigkeit des Baustoffes in kg/cm², so weist die Stange gegen Knickung und Druck die gleiche Sicherheit auf und ist nur auf Druck zu berechnen.

Mit $E = 2\,100\,000$ kg/cm² und $K = 6000$ kg/cm² (für Flußstahl) wird $L_0 \cong 60 \cdot r_0$.

Für die Kreisfläche wird: $r_0 = \frac{d}{4}$, Grenzlänge $L_0 = 15\,d$,

für die Ringfläche: $r_0 = \frac{1}{4}\sqrt{d^2 + d_i^2}$, $L_0 = 15\sqrt{d^2 + d_i^2}$.

Die Wärmespannungen erreichen schon bei Annahme von $(t_a - t_i) = 50°$ hohe Werte (s. S. 70) und sind zu beachten.

$$\sigma = \frac{P}{f} = 700 \text{ bis } 800 \text{ kg/cm}^2.$$

Der Winkel des Kolbenstangenkegels beträgt (nach Din 254) 90°; die größte Druckbeanspruchung ist hier zu etwa 600 kg/cm² bei gußeisernen, zu 900 kg/cm² bei Stahlgußkolben zu wählen.

Die Durchbiegung der Kolbenstange beträgt

$$f = \frac{L^3}{48} \cdot \frac{\frac{5}{8} G_s + G_k}{E \cdot J},$$

wenn G_K = Kolbengewicht in kg,
G_s = Eigengewicht der Stange in kg,
J = Trägheitsmoment des Stangenquerschnittes in cm⁴.

Der Spielraum zwischen Kolbenkörper und Zylinderwand muß größer als f sein.

Der Kolbenbolzen wird als gleichmäßig über die Länge l belastet gedachter Träger berechnet:

$$M_b = \frac{P}{2}\left(\frac{L}{2} - \frac{l}{4}\right),$$

worin L = Entfernung von Mitte bis Mitte Bolzenlagerung. $k_b = 700$ bis 800 kg/cm², für wechselnde Kraftrichtung ist $k_b = 500$ bis 600 kg/cm². Die Beanspruchung $k = \frac{P}{l \cdot d}$ ist zu 120 (bis 150) kg/cm² zu wählen und kann bei Weißmetall auf gehärtetem Flußeisen bis 200 kg/cm² bei sorgfältiger Schmierung gesteigert werden.

Der Kolbenboden wird als eine am Umfang frei aufliegende Scheibe aufgefaßt.

$$h \geqq r \cdot \sqrt{\mu \cdot \frac{p}{k_b}},$$

$r_{\text{cm}} = \frac{D}{2} - s$, wenn D = Zyl.-Dmr., s = Kolbenmantelstärke. Bei dieser Berechnung ergeben sich bei $\mu = 1$ mit ausgeführten Kolben übereinstimmende Wandstärken, wenn $k_b = 600$ bis $700\,\text{kg/cm}^2$ gesetzt wird. Bei Spannungsmessungen an einem Kolben fand Dr. Geiger (Z. V. d. I. 1925, Ergänzungsheft „Mechanik") fast genaue Übereinstimmung der Berechnungsweise von W. Schüle[1]) mit dem Versuchsergebnis. Die Berechnung desselben Kolbens als ebene Platte ergab sogar $\sigma_z = 1700\,\text{kg/cm}^2$, die als Kugelboden mit dünner Wandung $\sigma_z = 268$, mit dickerWandung $\sigma_z = 200\,\text{kg/cm}^2$, während sich tatsächlich für die Bodenmitte rund $\sigma_z = 500\,\text{kg/cm}^2$ ergab.

Die Führungsfläche der Tauchkolben ist auf Flächenpressung zu berechnen, wobei der Normaldruck $N \cong 0{,}1\,P$ angenommen werden kann. Dann ist

$$k = \frac{N}{l \cdot D},$$

worin l = Kolbenlänge, $k = 1{,}25$ bis $1{,}5\,\text{kg/cm}^2$. Dieser Wert von k berücksichtigt schon die Verkleinerung der Führungsfläche durch die Ringnuten und den kegelig gedrehten Kolbenteil.

Kolbenringe. Nach Abb. 377 wird der Querschnitt AB annähernd beansprucht durch das Biegungsmoment

$$M_b = D \cdot b \cdot p \cdot \frac{D}{2} = \frac{b\,h^2}{6} \cdot k_b,$$

worin die Biegebeanspruchung zu $k_b = 800$ bis $1200\,\text{kg/cm}^2$ angenommen werden kann, p = Anpressungsdruck (siehe S. 308). Hieraus folgt die Ringhöhe

$$h = D \cdot \sqrt{\frac{3\,p}{k_b}}.$$

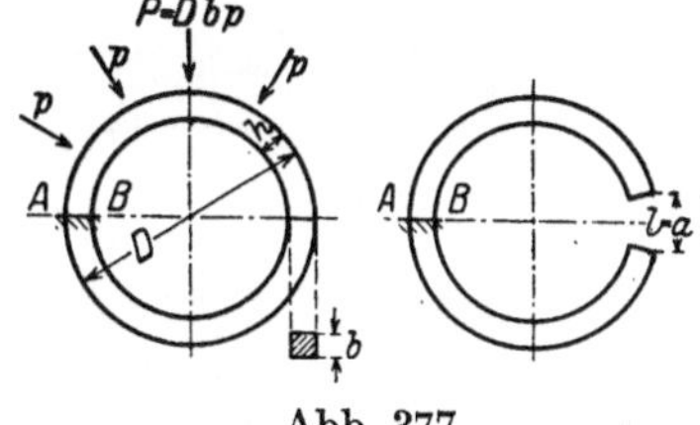

Abb. 377.

Anpressungsdruck $$p = \frac{k_b \cdot h^2}{3 \cdot D^2}\,\text{kg/cm}^2.$$

Beim Überstreifen des Ringes wird der Querschnitt AB beansprucht mit

$$k_b' = 1{,}6\,E\left(\frac{h}{D - h + \frac{l}{\pi}}\right)^2 \leqq 1800\,\text{kg/cm}^2.$$

$E = 800\,000\,\text{kg/cm}^2$ für Gußeisen; $l = a \cdot D$, siehe Abb. 377.

4. Schubstangen, Kreuzköpfe.

Eine Darstellung des Verlaufes der Stangenkräfte bei einer Viertaktmaschine ist in Abb. 312, S. 279, gegeben.

Die Schubstangen werden bei kleineren Viertaktmaschinen vielfach aus Stahlguß mit rechteckigem oder I-förmigem Querschnitt hergestellt. Schubstangen größerer Maschinen werden aus Flußstahl als Umdrehungskörper mit abgefrästen Seiten an den Köpfen ausgeführt. Zur Verringerung des Gewichtes und der Massenwirkung werden die Stangen schnellaufender und großer Maschinen ausgebohrt; die Bohrung wird für die Schmierölzufuhr zum Kreuzkopfzapfen nutzbar gemacht.

Das äußere Stangenende wird meist als „Marinekopf" ausgeführt, das Kurbelzapfenlager aus Gußeisen oder Stahlguß mit Weißguß ausgegossen, doch finden sich hier auch Phosphorbronzelager bei kleineren Leistungen. Die mit dem Einpassen

[1]) W. Schüle: Festigkeit und Elastizität gewölbter Platten (Kesselböden). Dinglers Poly technisches Journal 1900, S. 661.

der Lagerschalen, die bei hohen Beanspruchungen unbedingt gleichmäßig in der Stange anliegen müssen, verbundenen Schwierigkeiten werden bei direktem Ausgießen des Kopfes nach Abb. 379 vermieden, eine Ausführung, die auch gute Wärmeableitung und leichte Erneuerung des Ausgusses infolge der Trennung des Kopfes von der Stange ermöglicht. Besondere Beachtung ist den Verbindungsschrauben zu schenken, die wenigstens auf kurze Strecken einzupassen sind, damit sie Verschieben des Deckels verhindern und Schubkräfte durch Massenwirkungen aufnehmen. Diese Aufnahme kann wirksamer durch Verzahnung des Deckels erreicht werden. Verdrehen der Bolzen ist durch eine Nase am Schraubenkopf, der mit möglichst stetiger Querschnittsänderung in den Schaft übergehen soll — dasselbe ist bei den Übergängen der Parsonsbolzen zu beachten —, zu verhindern.

Um die Materialbeanspruchung, verursacht durch die infolge Spiels im Lager auftretenden Stöße, vom Gewinde fernzuhalten und die Stöße durch elastische Dehnung der Bolzen aufzunehmen, wird entweder der Bolzen so ausgebohrt, daß sein Ringquerschnitt etwas kleiner als der Kerndurchmesser ist — wobei der Bolzen auf seine ganze Länge einzupassen ist —, oder er wird als Parsonsbolzen durch Abdrehen der nicht einzupassenden Stellen ausgeführt. Als Gewinde wird Feingewinde gewählt,

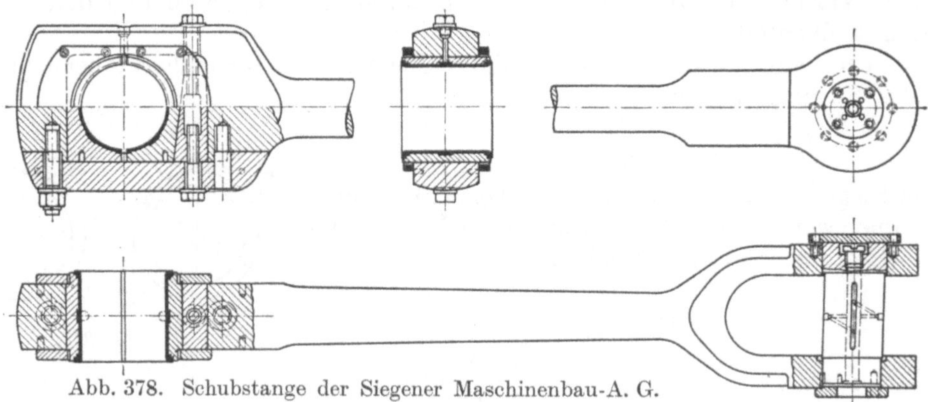

Abb. 378. Schubstange der Siegener Maschinenbau-A. G.

das bei gegebenem Außendurchmesser größeren Kerndurchmesser als gewöhnliches Whitworth-Gewinde und weniger scharfe Querschnittsänderung hat. Um das gleichmäßige Tragen der Gewindegänge von Bolzen und Mutter zu sichern, schlägt Stromeyer vor, die Gewindesteigung in der Mutter etwas größer als am Bolzen zu machen. Die Muttern werden durch eine Pennsche Schraube gesichert oder als Kronenmutter ausgeführt. Bei der Ausführung nach Abb. 379 wird der oben gespaltene Bolzen durch eine Schraube mit Kegel im Gewinde auseinander gepreßt. Vermeidung der für nicht ganz zuverlässig gehaltenen Bolzen zeigt die Schubstange nach Abb. 378; die Bolzen sind durch einen seitlich eingesetzten Bügel ersetzt.

Sulzer führt auch für den Bolzen eine Pennsche Sicherung aus, um den Bolzen in der Stange zu halten, wenn etwa die Mutter abreißt.

Das innere Stangenende wird gegabelt oder — bei Tauchkolben ausschließlich — ungegabelt geschlossen, bei großen Maschinen auch offen ausgeführt, um die Nachstellung zu erleichtern. Das Lager, hier häufiger als am äußeren Stangenende aus Phosphorbronze bestehend, ist bei kleineren Maschinen mitunter einteilig und entweder in den Pleuelstangenkopf eingepreßt oder mit geringem Spiel eingepaßt, so daß sich in diesem Fall die Buchse sowohl um den Zapfen als im Kopf drehen kann. Festgehaltene Bronzeschalen sind mit seitlichem Spielraum, der auch als Öltasche dient, auszuführen, um das „Kneifen“ der Schalen beim Warmwerden zu vermeiden. Bei zweiteiliger Ausführung wird Nachstellen durch Beilagebleche oder dadurch ermöglicht, daß nach eingetretener Abnutzung die in der Fuge sich berührenden Schalenränder gefeilt werden und eine Beilage zwischen Kopf und Schale gelegt wird. Der ungeteilte Kopf ist hierbei vielfach eckig ausgearbeitet, die Schalen werden nur an den senkrecht und parallel zur Stangenmittellinie verlaufenden Flächen eingepaßt. Nachstellung wird durch Druckschraube oder Keil bewirkt oder durch Ausführung auch des inneren Kopfes als Marinekopf ermöglicht. Bei der Nachstellung durch Schraube oder Keil ist darauf zu achten, daß der Spielraum zwischen Bolzen und Schalen dadurch nicht beeinflußt wird. Die Nachstellvorrichtungen müssen die Lagerenden in den Fugen, dürfen aber nicht die Schale gegen den Bolzen pressen. Häufig wird auf die besondere Nachstellvorrichtung verzichtet und nur eine Platte zwischen Schale und Kopf gelegt.

Für die Nachstellung der Marineköpfe werden einzeln herauszunehmende Bleche oder eine abzufeilende stärkere Beilage zwischen Stange und Deckel gelegt. Die Handhabung der dünnen Plättchen wird erleichtert, wenn diese zwischen zwei

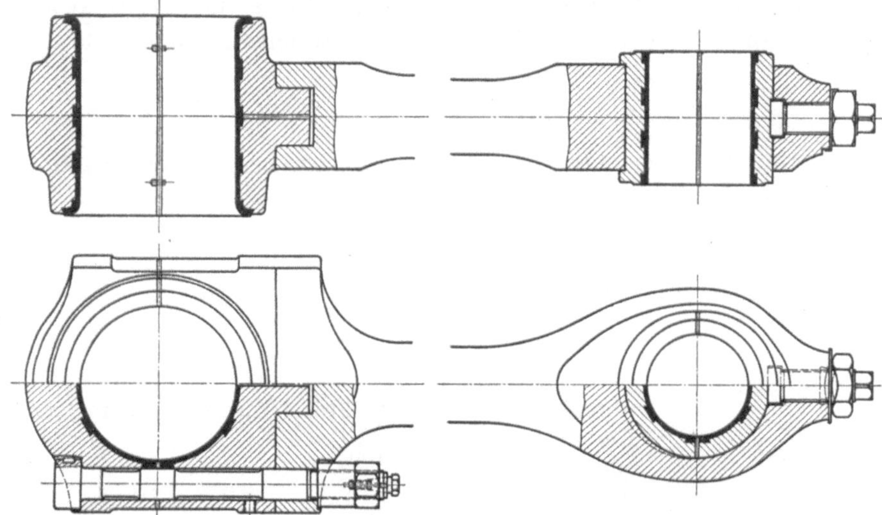

Abb. 379. Schubstange der Aschersiebener Maschinenfabrik R. Wolf. Maßstab 1 : 9.

stärkere Platten, die durch eine Schraube miteinander verbunden sind, gelegt werden. Zusammenlöten der Bleche vereinigt die Vorteile der Platte bezüglich der Handhabung mit denen der Einzelbleche bezüglich der leichten Abblätterung.

An den Enden des Lagerzapfens sind die Einlagen bis dicht an diesen heranzuführen, um das Abfließen des unter Druck zugeführten Öles zu verhindern. Immer ist die Nachstellung der beiden Lager so einzurichten, daß durch sie die Stangenlänge nicht verändert wird. Letzteres soll jedoch in anderer Weise möglich sein, um bei Dieselmaschinen die Größe des Verbrennungsraumes, bei Verdichtern die des schädlichen Raumes einstellen zu können. Größere Änderung der Stangenlänge wird nötig, wenn z. B. kleinere Gasmaschinen auch mit anderen Brennstoffen betrieben werden sollen. Die gleiche Bauart ermöglicht Herstellung in Reihen für die verschiedensten Motoren.

Berechnung. Die Länge der Pleuelstange beträgt $L = 4{,}5$ bis $5\,R$, wenn $R =$ Kurbelradius; die kleinere Länge findet sich bei Kreuzkopf-Schiffsmaschinen.

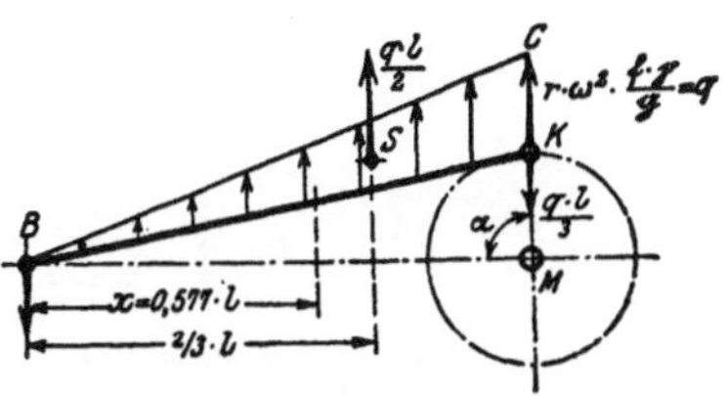

Abb. 380. Wirkung der Trägheitskräfte.

Der Schaft wird vergleichsweise auf Knickung berechnet nach der Eulerschen Gleichung (die streng genommen nur für schlanke Stangen gilt):

$$S \cong P = \frac{\pi^2}{L^2} \cdot \frac{EJ}{\mathfrak{S}}.$$

S = Stangenkraft, L = Länge in cm, J das kleinste Trägheitsmoment, $\mathfrak{S}$ = Sicherheitsfaktor = 18 bis 20, $E \cong 2{,}2 \cdot 10^6$ kg/cm² = Elastizitätsmodul für Flußstahl, $= 2{,}15 \cdot 10^6$ für Stahlguß, $J_{\min} = \frac{\pi d^4}{64} \cong \frac{d^4}{20}$ cm⁴ für runden Querschnitt, $J_{\min} = \frac{b^3 \cdot h}{12}$ für rechteckigen Querschnitt, $J_{\min} = \frac{H \cdot B^3 - h(B-b)^3}{12}$ cm⁴ für I-förmigen Querschnitt.

Bei ringförmigem Querschnitt (der ausgebohrten Schubstangen) ist $J = \frac{64}{\pi}(D^4 - d^4)$; für die Berechnung dieser Stangen ist meist die Druckbeanspruchung, die höchstens 800 bis 1000 kg/cm² betragen darf, bestimmend.

Der Schaft wird außerdem auf Biegung durch die Massenträgheit beansprucht, die ihren größten Wert für den Kurbelwinkel $\alpha = 90°$ bei Hin- und Rückgang annimmt[1]). Bei dieser Lage nimmt die Kraft von $m r \omega^2$ am Kurbelzapfen ab bis auf 0 am Kreuzkopfzapfen. Ist f = konst = Stangenquerschnitt, dann bedingt ein Stangenteil von der Länge 1 cm am Kurbelzapfen die Beschleunigungskraft

$$q = \frac{r_{\mathrm{cm}}}{100} \cdot \left(\frac{\pi \cdot n}{30}\right)^2 \cdot \frac{f \cdot \gamma}{g} = \left(\frac{n}{300}\right)^2 \cdot r_{\mathrm{cm}} \cdot f_{\mathrm{cm}^2} \cdot \gamma .$$

Das hierdurch verursachte Biegungsmoment erreicht seinen größten Wert für $x = 0{,}577\,h$ vom Kreuzkopf aus:

$$M_{b\,\max} = \frac{q L^2}{16} .$$

Die Biegungsbeanspruchung wird

$$\sigma_b = \frac{q \cdot L^2}{16 \cdot W} \text{ kg/cm}^2 .$$

Mit $W = \frac{b h^2}{6}$ für den rechteckigen Querschnitt und Einführung von $\gamma = 0{,}08$ kg/cm³ in $n = \left(\frac{q}{300}\right)^2 r f \gamma$ erhält Bach:

$$\sigma_b = \frac{1}{30}\left(\frac{n}{1000}\right)^2 \cdot \frac{r L^2}{h} \text{ kg/cm}^2$$

$$k_b \geqq \sigma + \sigma_b = \frac{P}{b \cdot h} + \frac{1}{30}\left(\frac{n}{1000}\right)^2 \cdot \frac{r L^2}{h} \text{ kg/cm}^2 .$$

$k_b = 400$ kg/cm² für Flußeisen, $= 500$ kg/cm² für Flußstahl.

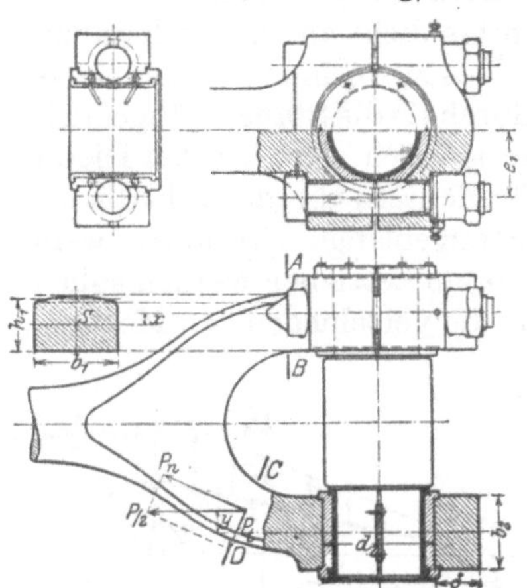

Abb. 381. Gabelung mit Marineköpfen.

Gegabeltes Stangenende. Abb. 381. Querschnitt AB wird auf Zug und Druck beansprucht, außerdem auf Biegung, wenn die in Lagermitte angreifende Kraft $\frac{P}{2}$ nicht durch den Schwerpunkt S des Querschnittes hindurchgeht. Wird der Querschnitt rechteckig angenommen, so ist:

$$\sigma_z = \frac{0{,}5\,P}{b_1 \cdot h_1}; \qquad \sigma_b = \frac{0{,}5\,P \cdot x}{\frac{1}{6} b_1 h_1^2} .$$

Gesamtbeanspruchung: $\sigma = \sigma_z + \sigma_b$.

Werden im Schwerpunkt der beliebig gelegten Querschnittsfläche CD zwei wagerechte, sich gegenseitig aufhebende Kräfte $\frac{P}{2}$ angebracht, so bildet eine

[1]) Nach **Bach**: Die Maschinenelemente.

dieser Kräfte mit der in Lagermitte angreifenden Kraft $\frac{P}{2}$ ein Kräftepaar, das den Querschnitt auf Biegung beansprucht, Moment $M_b = 0{,}5\, P \cdot y$. Die übrigbleibende Kraft $\frac{P}{2}$ wird in zwei Komponenten P_t und P_n in Richtung der Querschnittsfläche und senkrecht dazu gelegt, die auf Zug und — was vernachlässigt werden kann — auf Schub beanspruchen.

Ist d_2 = äußerer Schalendurchmesser, so folgt überschläglich Bügelstärke δ aus:

$$\frac{b_2\,\delta^2}{6} \cdot k_b = 0{,}5 P \left(e_1 - \frac{d_2}{4}\right) \quad \text{(s. auch S. 325).}$$

Geschlossene Köpfe. Die vorstehende Berechnung der Bügelstärke unter Annahme des Bügels als ein an beiden Enden frei aufliegender Träger mit über die Länge = Schalendurchmesser gleichmäßig verteilter Belastung wird bei geschlossenen Köpfen häufig angewendet, wobei die seitlichen, z. B. neben der Fuge der Lagerschalen liegenden Querschnitte des Stangenkopfes auf Zug berechnet werden. Hierbei ergeben sich infolge der verhältnismäßig großen Breite des Querschnittes so geringe Wandstärken, daß schon mit Rücksicht auf die Formgebung bedeutend größere Abmessungen vorgesehen werden. Diese Ausführung ist aber auch insofern gerechtfertigt, als die genauere Berechnung geschlossener Köpfe zeigt, daß nicht nur der Querschnitt *I-I*, Abb. 382, sondern auch die seitlichen Querschnitte stark durch Biegung beansprucht werden und den Querschnitt *I-I* entlasten. Diese Entlastung ist um so bedeutender, je allmählicher die seitlichen Querschnitte in den Scheitelquerschnitt übergehen.

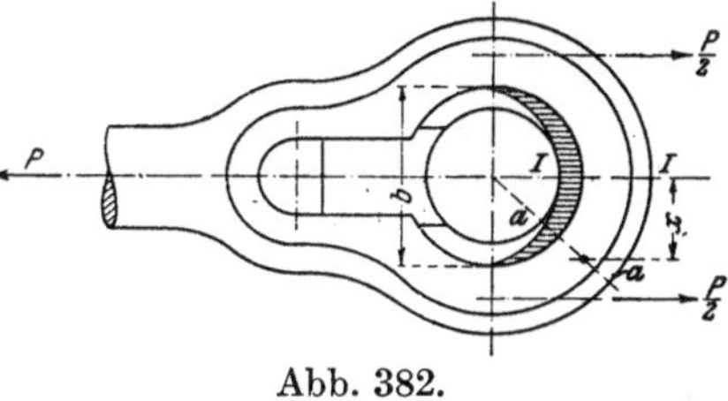

Abb. 382.

Ist M_I das im letzteren auftretende Einspannmoment, so wird zunächst jeder beliebige Querschnitt *aa*, Abb. 382, durch M_I und außerdem durch das von den äußeren Kräften verursachte Moment m beansprucht. Es ist

$$m = \frac{P \cdot x^2}{2b} \quad \text{für} \quad x < \frac{b}{2} \quad \text{und} \quad m = \frac{P}{2}\left(x - \frac{b}{4}\right) \quad \text{für} \quad x > \frac{b}{2};$$

b = Auflagerfläche der Lagerschale.

Querschnitt *aa* wird also durch $M = M_I + m$ auf Biegung beansprucht. Das noch unbekannte Moment M_I wird in folgender Weise ermittelt.

Werden die Schwerpunkte der aufeinanderfolgenden Bügelquerschnitte durch eine senkrecht zu diesen verlaufende Schwerlinie miteinander verbunden, und schließen zwei benachbarte Punkte M, N dieser Linie den Winkel $d\varphi$ ein, so ist $\widehat{MN} = \varrho \cdot d\varphi$, wenn ϱ = Krümmungshalbmesser für $\widehat{MN} = ds$. Da nach der allgemeinen Differentialgleichung der elastischen Linie

$$\frac{1}{\varrho} = \frac{M}{EJ} \text{ ist, so folgt } d\varphi = \frac{M}{JE} \cdot ds. \qquad \varphi = \int \frac{M}{EJ} \cdot ds$$

gibt die Verdrehung der Querschnitte durch die Formänderung infolge der Biegung. Nun wird im Querschnitt *I-I*, Abb. 382 und 383, eine Änderung des Neigungswinkels der Schwerlinie nicht eintreten, wenn die Belastung symmetrisch zur Mittellinie der Schubstange wirkt. Ebenfalls wird der Querschnitt *II II*, Abb. 383, am Übergang vom Kopf zum Schaft so stark bemessen, daß auch hier keine Winkeländerung stattfinden wird. Es ist

$$\int_{\mathrm{I}}^{\mathrm{II}} \frac{M}{JE} \cdot ds = 0.$$

Nach Ausschaltung des konstanten Elastizitätsmoduls und mit $M = M_I + m$ wird

$$\int_{I}^{II} \frac{M_I}{J} \cdot ds + \int_{I}^{II} \frac{m}{J} \cdot ds = 0 .$$

Hieraus wird M_I berechnet zu:

$$M_I = - \frac{\int \frac{m}{J} \cdot ds}{\int \frac{1}{J} \cdot ds} .$$

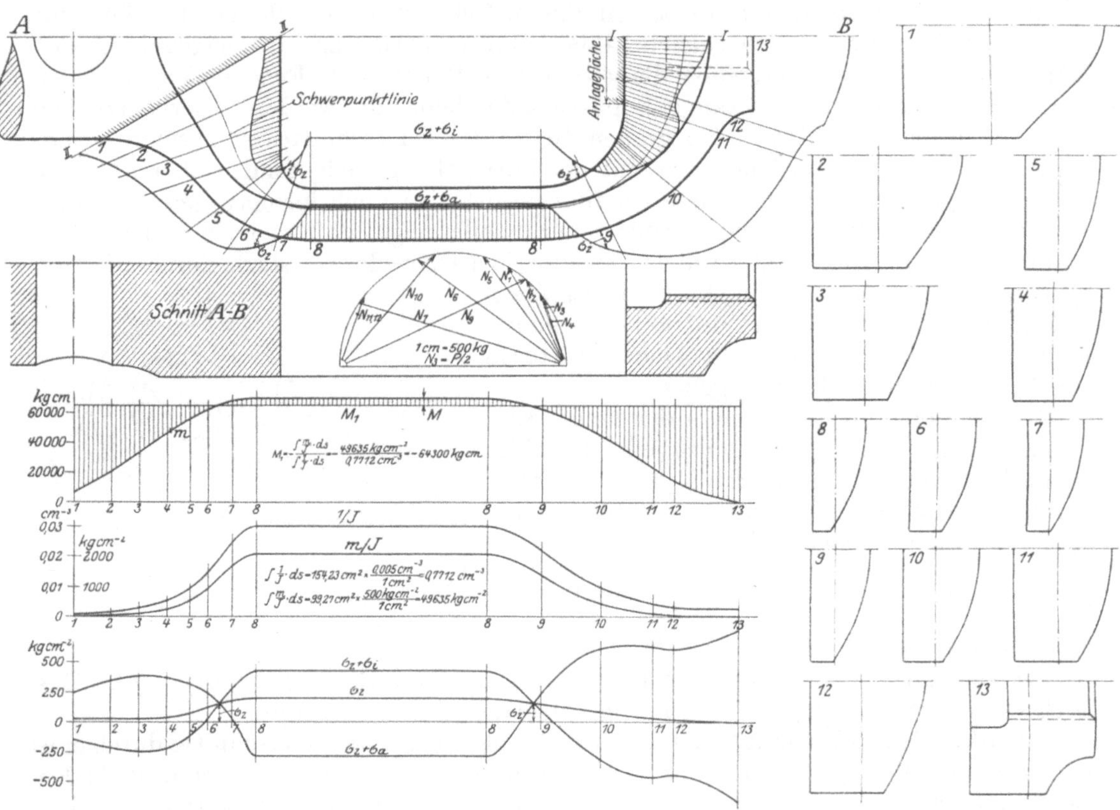

Abb. 383. Spannungsverteilung in einem geschlossenen Kopf nach Watzinger.

Für die zeichnerische Auswertung dieses Integrals wird die Länge s der Schwerlinie als Abszisse, die Werte $\frac{m}{J}$ und $\frac{1}{J}$ als Ordinaten aufgetragen. Die Division der durch Planimetrierung gemessenen Flächen ergibt M_I, zu dem m algebraisch zu addieren ist. Die Spannungen folgen zu $\sigma = \frac{M}{J} \cdot e$, wenn e = Abstand der mit σ beanspruchten Faser von der Schwerlinie.

In Abb. 383 sind die größten Spannungen σ_a und σ_i für Zug und Druck mit den Zugspannungen $\frac{P}{2f}$ zusammengesetzt. Die resultierenden Spannungen sind in Abb. 383 von den äußeren Umrissen des Kopfes als Zugspannungen nach außen, als Druckspannungen gestrichelt nach innen aufgetragen.

Marinekopf Abb. 384. Bei diesen wird das durch die Kraftverlegung auftretende Biegungsmoment $\frac{P}{2} \cdot c$ in voller Größe vom Bügelquerschnitt I-I aufgenommen, während die Schrauben lediglich auf Zug beansprucht werden.

Für den Kernquerschnitt f der Schrauben gilt die Beziehung $f \cdot k_z = \frac{P}{2}(1 + m)$, $m \cdot \frac{P}{2}$ = Vorspannung. Baustoff der Schrauben: Flußeisen, Flußstahl, Chromnickelstahl. $k_z \leqq 350\,\text{kg/cm}^2$ für Flußeisen, $k_z \leqq 450\,\text{kg/cm}^2$ für Flußstahl.

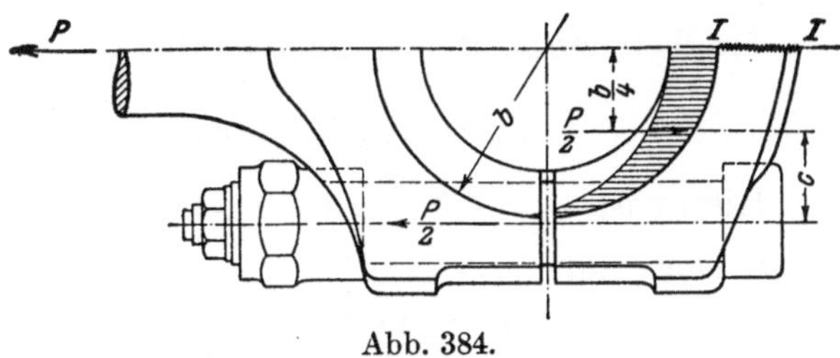

Abb. 384.

Die Schrauben und Bügel einfachwirkender Maschinen werden nicht durch den Kolbendruck — dessen Betrag während des Ansaugens vernachlässigt werden kann — sondern durch die Massenkräfte beansprucht. Es wird $P_b = \frac{G}{g} \cdot r \cdot \omega^2 (1 + \lambda)$. Durch die Massenwirkung des Lagerdeckels entstehen überdies Querbeanspruchungen, die durch die eingepaßten Schraubenbolzen oder besser durch Verzahnung des Deckels in den Pleuelkopf aufzunehmen sind.

Bei geschlossenen Köpfen wird das gesamte Moment auf Querbügel und Seitenbügel verteilt, so daß — wie schon bemerkt — der Querbügel entlastet wird.

Das Verfahren kann vereinfacht werden, indem nach genauer Untersuchung einer Grundform die Querschnitte ermittelt werden, in denen $M = 0$ ist. Dann ist, Abb. 385, das auf Mittelquerschnitt I-I übertragene Moment annähernd $\frac{P}{2} \cdot a$, das von den Seitenbügeln aufzunehmende Moment $\frac{P}{2} \cdot b$. Hierin ist $a + b = c$ = Abstand des Kraftangriffes von der im Seitenbügel hervorgerufenen Zugkraft.

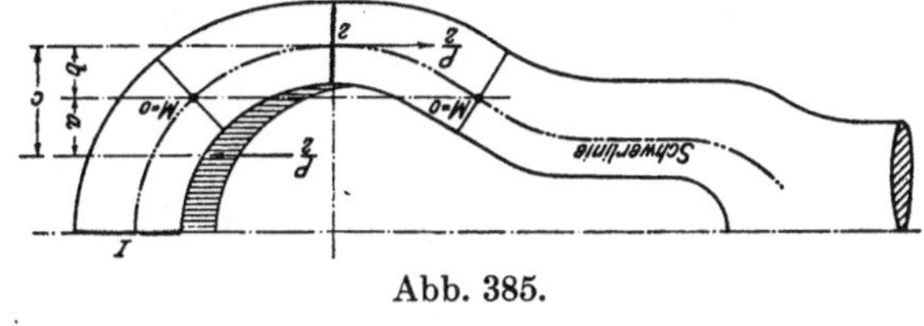

Abb. 385.

Auf Grund von Nachrechnungen bewährter Konstruktionen hat Watzinger die folgenden zulässigen Beanspruchungen ermittelt:

Kopfform		Schmiede- oder Flußeisen	Stahl
Größte Außenspannung im Querbügel:			
Abb. 383	kg/cm²	800	1000
Abb. 385	„	400	550
Größte Innenspannung im Längsbügel:			
Abb. 383	kg/cm²	200	230
Abb. 385	„	730	750

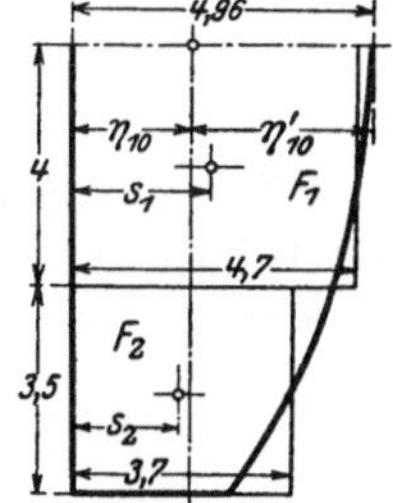

Abb. 386. Ermittlung von Schwerpunktabstand und Trägheitsmoment im Querschnitt 10 des Kopfes nach Abb. 383.

Beispiel. Schubstangenkopf nach Abb. 383 ist für $P = 15000$ kg zu berechnen. Die übliche Berechnung mit einer über die Anlagefläche der äußeren Lagerschale gleichmäßig verteilten Last P ergibt bei einem Widerstandsmoment $W = 85{,}3\,\text{cm}^3$ für Querschnitt I-I die Beanspruchung: 557 kg/cm².

Die sich wirklich auf Grund der Watzingerschen Berechnungsart ergebenden Beanspruchungen sind in Abb. 383 eingetragen. Diese Berechnungsart ist im folgenden für Querschnitt 10 wiedergegeben.

Aus Abb. 386, Querschnitt 10 darstellend, ergibt sich der Schwerpunktabstand

$$\eta_{10} = \frac{F_1 \cdot s_1 + F_2 \cdot s_2}{F_1 + F_2} = \frac{4 \cdot 4{,}7 \cdot 2{,}35 + 3{,}5 \cdot 3{,}7 \cdot 1{,}85}{4 \cdot 4{,}7 + 3{,}5 \cdot 3{,}7} = 2{,}14\,\text{cm}.$$

$$\eta'_{10} = 4{,}96 - 2{,}14 = 2{,}82\,\text{cm}$$

Biegungsmoment $M_{10} = M_I + m_{10}$, worin M_I = Moment im Querschnitt 10, m_{10} = Moment der äußeren, auf Querschnitt 10 bezogenen Kräfte. $m_{10} = \frac{P}{2}\left(x_{10} - \frac{b}{4}\right)$ $= \frac{15000}{2}\left(8{,}3 - \frac{9}{4}\right) = 45\,300$ kgcm. Der Abstand x_{10} des Schwerpunktes wird der Zeichnung entnommen. Zur Bestimmung von M_I sind die Werte J, $\frac{m}{J}$ und $\frac{1}{J}$ zu ermitteln.

Trägheitsmoment des Querschnittes:

$$J_{10} = 2\left[\frac{4}{3}(u^3 + \eta_{10}^3) + \frac{3{,}5}{3}(v^3 + \eta_{10}^3)\right] = 103\ \text{cm}^4.$$

Hierin ist $u = 4{,}7 - 2{,}14$, $v = 3{,}7 - 2{,}14$.

Sonach ist:

$$\frac{m_{10}}{J_{10}} = \frac{45\,300}{103} = 440\ \text{kgcm}^{-3},\ \frac{1}{J_{10}} = 0{,}0097\ \text{cm}^{-4}.$$

Die Werte $\frac{m}{J}$ und $\frac{1}{J}$ werden über der gestreckten Schwerpunktlinie aufgetragen· und die Inhalte der sich ergebenden Flächen bestimmt. Es wird

$$\int \frac{m}{J} \cdot ds = 49\,635\ \text{kgcm}^{-2};\quad \int \frac{1}{J} \cdot ds = 0{,}7712\ \text{cm}^{-3};$$

$$M_I = -\frac{49\,635}{0{,}7712} = -\ 64\,300\ \text{kgcm}.$$

$$M_{10} = M_I + m_{10} = -\ 64\,300 + 45\,300 = -\ 19\,000\ \text{kgcm}$$

Randspannungen infolge der Biegung:

$$\sigma_i = \frac{M}{J/_\eta}\ \text{(innen)},\quad \sigma_a = \frac{M}{J/_{\eta}'}\ \text{(außen)}.$$

$$\frac{J_{10}}{\eta_{10}} = \frac{103}{2{,}14} = 48{,}2\ \text{cm}^3;\quad \frac{J_{10}}{\eta_{10}'} = \frac{103}{2{,}82} = 36{,}2\ \text{cm}^3.$$

$$\sigma_{i10} = -\frac{19000}{48{,}2} = -\ 394\ \text{kgcm}^{-2};\quad \sigma_{a10} = \frac{19000}{36{,}2} = 525\ \text{kgcm}^{-2}.$$

Zur Bestimmung der im ganzen Querschnitt konstanten Zugspannung σ_z ist der Inhalt der Querschnittfläche F_{10} und die zu dieser Fläche senkrechte Komponente N von P festzustellen.

$F_{10} = 61{,}5\ \text{cm}^2$, $N_{10} = 4925$ kg (zeichnerisch bestimmt); $\sigma_{z10} = \frac{N_{10}}{F_{10}} = 80\ \text{kg cm}^{-2}$.

Die resultierenden Spannungen folgen zu:

$$\sigma_{z10} + \sigma_{i10} = 80 - 394 = -\ 314\ \text{kgcm}^{-2}\ \text{(Druck)},$$
$$\sigma_{z10} + \sigma_{a10} = 80 + 525 = +\ 605\ \text{kgcm}^{-2}\ \text{(Zug)}$$

Die Berechnung der weiteren Querschnitte ergibt die größten Spannungen für Querschnitt 13:

$$\sigma_{z13} + \sigma_{i13} = -\ 670\ \text{kgcm}^{-2},$$
$$\sigma_{z13} + \sigma_{a13} = +\ 746\ \text{kgcm}^{-2}.$$

Kreuzköpfe. Doppelseitige Führung des Kreuzkopfes hat gegenüber einseitiger Führung den Vorteil, daß der Schwerpunkt des Kreuzkopfes in die Mittellinie der Kolbenstange fällt und kein durch Massenwirkung hervorgerufenes Kippmoment auftreten kann.

Die Mitte des Gleitschuhes soll in einer Senkrechten mit dem Zapfenmittelpunkt liegen, damit der Hebelarm des Bahndruckes = 0 wird.

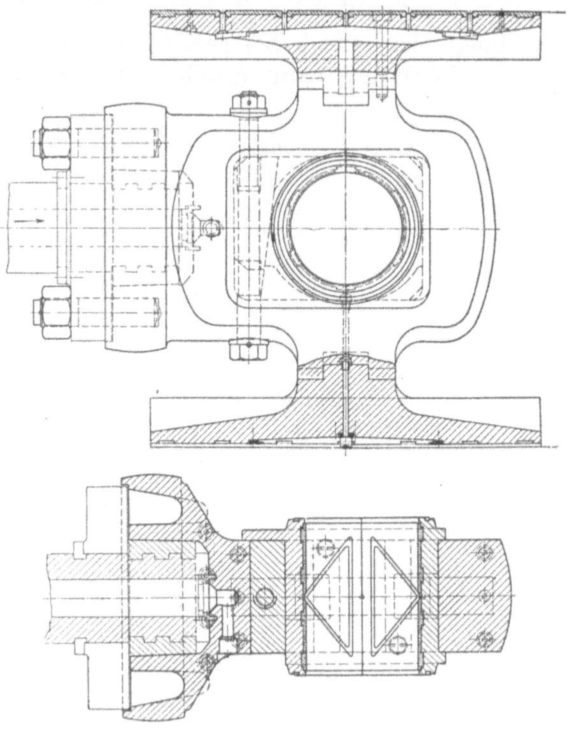

Abb. 387.
Kreuzkopf von Schüchtermann & Kremer.

Der Kreuzkopf einer Großgasmaschine mit zweiseitiger Führung ist in Abb. 387 wiedergegeben. Die Führungsflächen der Dieselmaschinen werden stets eben ausgeführt. Abb. 389 zeigt den Kreuzkopf einer AEG - Schiffsdieselmaschine. Der Gleitschuh ist, den Anforderungen für Vorwärts- und Rückwärtsgang entsprechend, auf beiden Seiten mit Weißmetall ausgegossen. Infolge der einfachen Wirkung kann die Kolbenstange im Kreuzkopf stark abgesetzt werden, wodurch sich zwanglos reichliche Auflagefläche ergibt. Abb. 390 zeigt den doppelgleisigen Kreuzkopf der Scott-Stillmaschine; die Pleuelstange liegt zwecks guter Aufnahme des Verbrennungsdruckes unten auf der ganzen Lagerlänge an. Auf der oberen durch den Dampfdruck belasteten Seite ist der Zapfen mit einem Sattel verschraubt, der mit der Kolbenstange verbunden ist. Dieser Sattel wird außen von den Lagerschalen in den Deckeln des Pleuelstangenkopfes umfaßt, die somit auf größeren Durchmesser auszubohren sind als die unteren Lagerschalen.

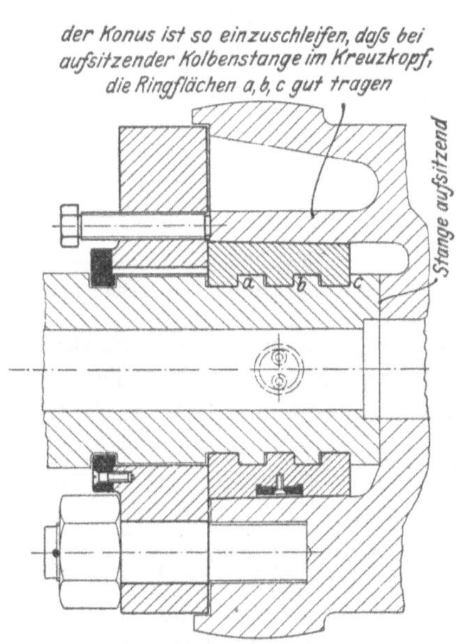

„Werkspoor", Amsterdam, führt den Kreuzkopf doppeltwirkender Viertaktschiffsmaschinen mit drei Schuhen aus, von denen einer den Druck bei Vorwärtsgang auf eine zwischen den Ständern angebrachte Führung überträgt, während für den Rückwärtsgang zwei Führungen auf den Ständern selbst an der entgegengesetzten Seite angebracht sind, eine Anordnung, die gute Zugänglichkeit sichern soll.

Während bei den einfachwirkenden Maschinen die zweckmäßig durch Keil oder Mutter auszuführende Verbindung zwischen Kreuzkopf und Kolbenstange nur durch den Massendruck beansprucht wird, hat diese bei doppeltwirkenden Maschinen den Verbrennungsdruck (minus Massendruck) aufzunehmen. Dieser Forderung muß die Bauart in zuverlässigster Weise genügen, ohne auf der anderen Seite durch auftretende Formänderungen schnelle Lösung der Verbindung zu erschweren.

der Konus ist so einzuschleifen, daß bei aufsitzender Kolbenstange im Kreuzkopf, die Ringflächen a, b, c gut tragen
Stange aufsitzend

Abb. 388. Kolbenstangenbefestigung am Kreuzkopf nach Abb. 387.

Bei der Ausführung nach Abb. 388 wird eine konische, zweiteilige Kupplungshülse durch eine Druckplatte *a*, *b* und *c* in Ausdrehungen der Kolbenstange hineingepreßt.

Die Gleitschuhe, die häufig mit Weißmetall ausgegossen werden, sind für einen größten Flächendruck von 3 bis kg/cm², bezogen auf den Normaldruck $P \cdot \frac{r}{L}$ zu berechnen, der jedoch bei gekühlten Gleitflächen wesentlich überschritten werden kann. Abnutzung kann durch Einlegen dünner Paßbleche ausgeglichen werden.

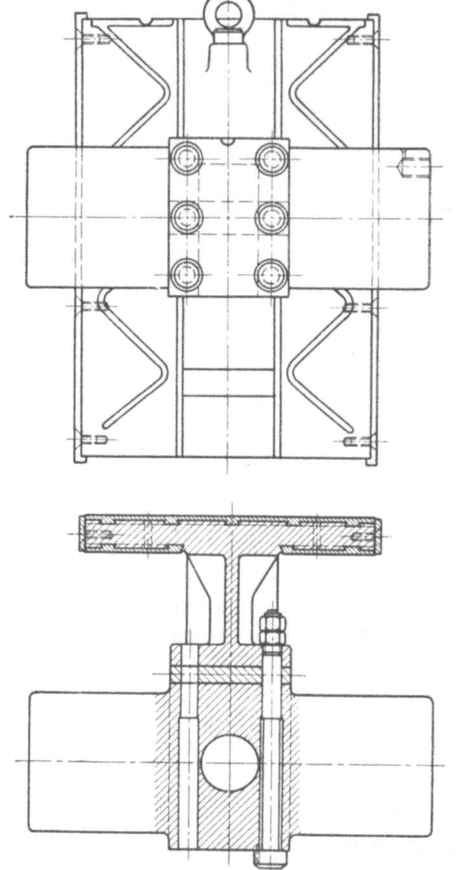

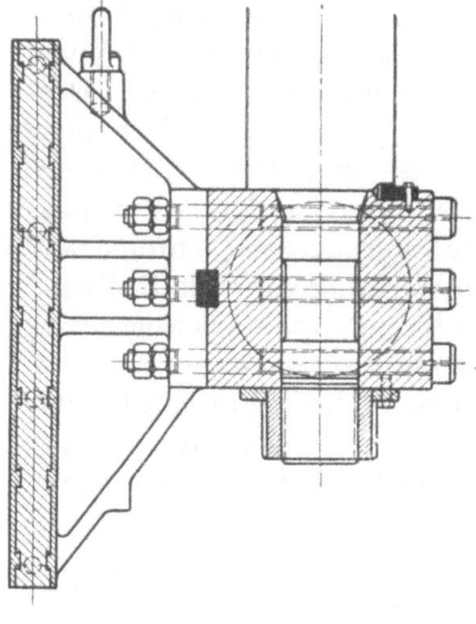

Abb. 389. Kreuzkopf einer Schiffsdieselmaschine der AEG. Maßstab 1 : 12,5.

Die Querschnitte der Kreuzkopfkörper werden in gleicher Weise wie die der geschlossenen und gegabelten Schubstangenköpfe berechnet, indem nur die die Kolbenkraft übertragenden Teile des Körpers allein betrachtet werden.

Die Kolbenstangenkupplungen der Tandem-Gasmaschinen haben bezüglich Zuverlässigkeit und leichter Lösungsmöglichkeit denselben Anforderungen zu genügen wie die Kreuzköpfe. Bei der heute üblichen Bauart der Kupplung wird durch Einlegen eines Keiles zwischen die Stirnflächen der Kolbenstangen das Kupplungsgewinde wesentlich entlastet. Der Keil überträgt mit Sicherheit die Druckkräfte, so daß die Gewinde nur nach einer Richtung beansprucht werden. Die Tragschuhe dieser Kupplungen werden lediglich durch das Kolbengewicht belastet, so daß sie mit kleineren Abmessungen als die Kreuzkopfschuhe ausgeführt werden können.

Abb. 391 zeigt die Kupplung der Nürnberger Gasmaschine. Der Keil legt sich gegen Druckplatten *b*, die leicht mit der Kolbenstange verschraubt und an den Seiten eingefräst sind, um das Tuschieren der ganzen Fläche unnötig zu machen. Federkeil *c* sichert den mit Rücksicht auf die Kühlwasserführung vorzunehmenden Einbau der Kolbenstange. Federnde Scheiben *e* gewährleisten Vorspannung der Bolzen auch für den Fall, daß diese sich längen. Die Enden der Kolbenstangen sind zum Ausgleichen des Kolbenüberschleifens mit Gewinden verschiedener Steigung versehen. Der Anschluß der Kühlwasserleitungen ist aus Abb. 376 ersichtlich.

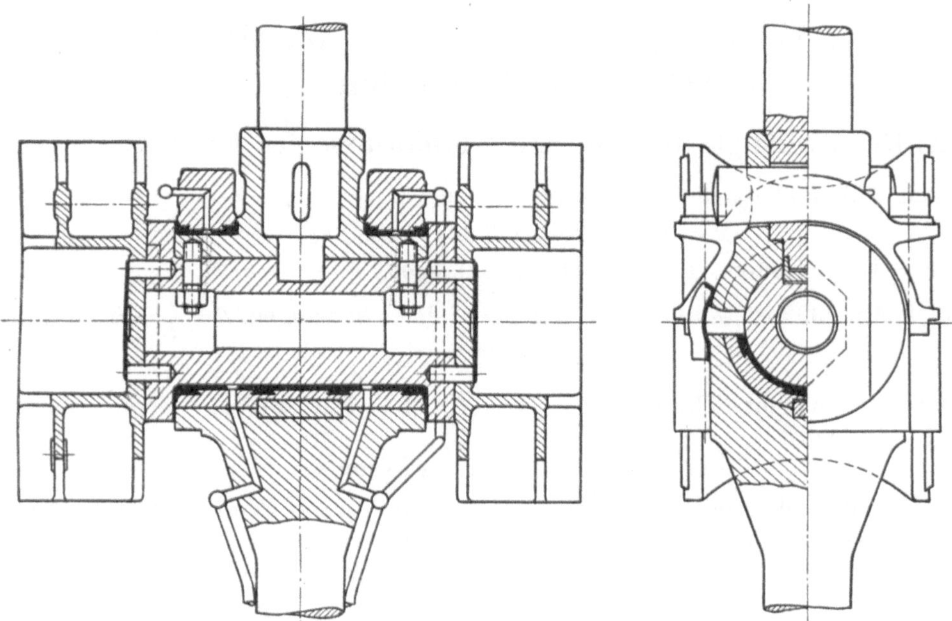

Abb. 390. Kreuzkopf der Scott-Still-Maschine.

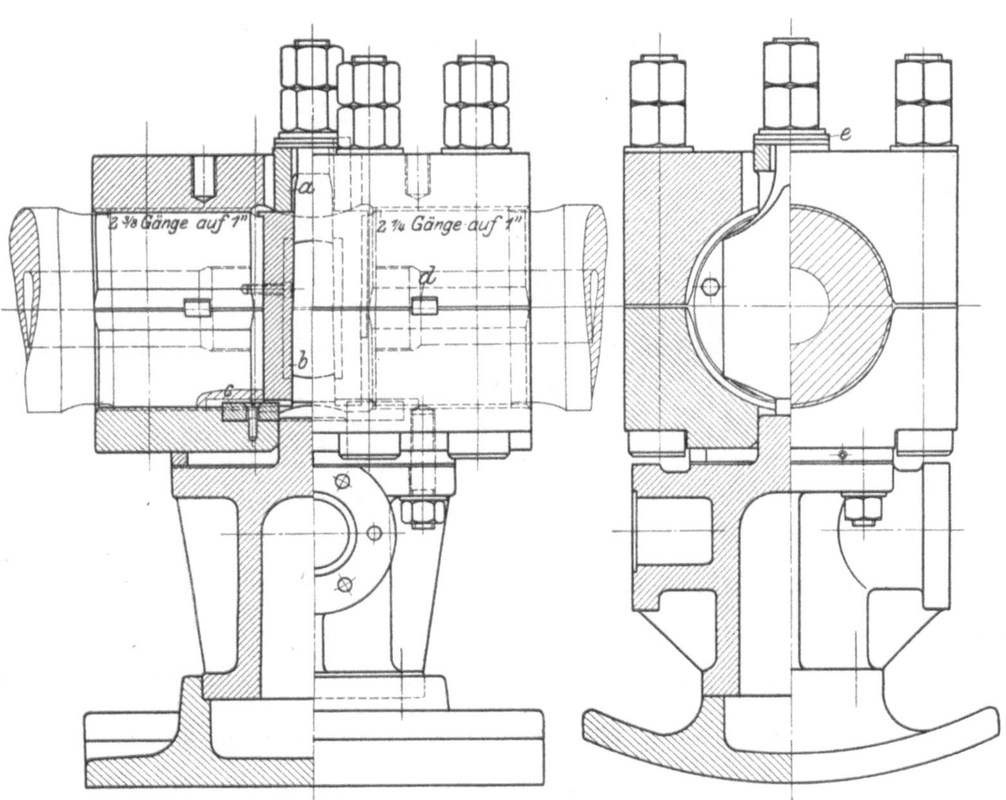

Abb. 391. Kolbenstangenkupplung der MAN, Nürnberg. Maßstab 1 : 10.
a = Keil. *k* = Druckstück. *c* und *d* = Federkeile. *e* = Scheibenfeder.

5. Wirkungen und Ausgleich der Massen. Schwungrad-Berechnung.

a) Geschwindigkeits- und Kraftverhältnisse des Kurbeltriebes.

Nach Abb. 392 ist der Kolbenweg

$$x = r\,(1 - \cos\alpha) \pm L(1 - \cos\beta)\,,$$

worin r = Kurbelradius, L = Pleuelstangenlänge.

Nach Abb. 392 ist weiterhin $L \cdot \sin\beta = r \cdot \sin\alpha$, sonach $\sin\beta = \frac{r}{L} \cdot \sin\alpha = \lambda \cdot \sin\alpha$

$$\cos\beta = \sqrt{1 - \lambda^2 \cdot \sin^2\alpha}\,.$$

Durch Reihenentwicklung folgt: $\cos\beta = 1 - \frac{1}{2}\lambda^2 \cdot \sin^2\alpha$. Nach Einsetzung dieses Wertes wird

$$x = r\,(1 - \cos\alpha \pm \tfrac{1}{2}\lambda \cdot \sin^2\alpha)\,.$$

Das Minuszeichen gilt für den Kolbenrückgang, wenn Winkel α vom Totpunkt zu Beginn des Rückhubes ab gerechnet wird.

Für unendliche Pleuelstange ergäbe sich der Kolbenweg $x_u = r\,(1 - \cos\alpha)$. Die Abweichung beider Kolbenwege (für $L = L$ und $L = \infty$), das sog. Fehlerglied $m = \frac{1}{2}\,\frac{(r \cdot \sin\alpha)^2}{L}$ erhält seinen größten Wert $= \frac{r^2}{2L}$ für $\alpha = 90°$.

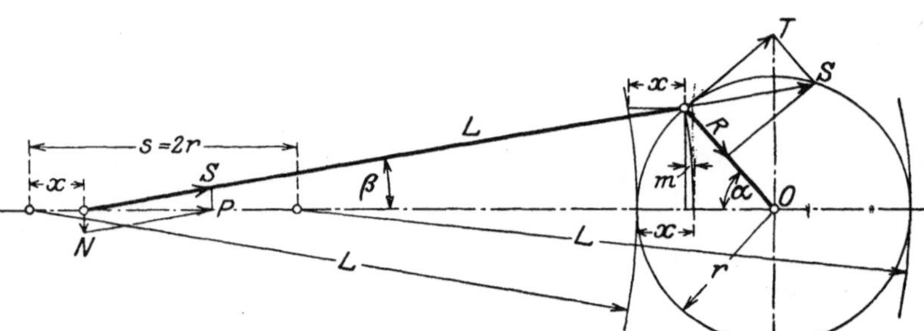

Abb. 392. Bewegungs- und Kräfteverhältnisse am Kurbeltrieb.

Der Kolbenweg kann zeichnerisch durch zwei den Kurbelkreis tangierende Kreisbögen vom Radius L bestimmt werden.

Die Kolbengeschwindigkeit wird durch Differentiation des Kolbenweges x nach der Zeit erhalten:

$$c = \frac{dx}{dt} = r \cdot (\sin\alpha \pm \frac{1}{2}\lambda \cdot \sin 2\alpha) \cdot \frac{d\alpha}{dt}\,.$$

Nun ist:

$$r \cdot d\alpha = v \cdot dt \qquad \text{und somit} \qquad \frac{d\alpha}{dt} = \frac{v}{r}\,,$$

worin v = Kurbelzapfengeschwindigkeit.

$$c = v \cdot (\sin\alpha \pm \tfrac{1}{2} \cdot \lambda \cdot \sin 2\alpha).$$

Die Differentiation dieses Ausdruckes nach der Zeit ergibt die Beschleunigung

$$b = \frac{dc}{dt} = v\,(\cos\alpha \pm \frac{R}{L} \cdot \cos 2\alpha) \cdot \frac{d\alpha}{dt}, \qquad \text{oder mit} \qquad \frac{d\alpha}{dt} = \frac{v}{r}:$$

$$b = \frac{v^2}{r}\,(\cos\alpha \pm \lambda \cdot \cos 2\alpha)\,.$$

Wird nach Abb. 392 die Kolbenkraft P in der ersichtlichen Weise zerlegt, so wird der Normaldruck auf die Gleitbahn $N = P \cdot \operatorname{tg} \beta = S \cdot \sin \beta$, worin S = Schubstangenkraft. Für $(\alpha + \beta) = 90°$ wird:

$$N = P \cdot \frac{r}{L}.$$

Weiterhin ist die Schubstangenkraft:

$$S = \frac{P}{\cos \beta}.$$

Für $\alpha = 90°$ $(\beta = \beta_{\max})$ wird $\quad S_{\max} = \frac{P}{\sqrt{1 - \left(\frac{r}{L}\right)^2}}.$

Der Tangentialdruck an der Kurbel hat die Größe:

$$T = P \cdot \frac{\sin(\alpha + \beta)}{\cos \beta}.$$

Für $\alpha = 90°$ wird $T = P$,

für $(\alpha + \beta) = 90°$ wird $T_{\max} = S = P \cdot \sqrt{1 + \left(\frac{r}{L}\right)^2}.$

b) Die Massenkräfte. Das Tangentialdruckdiagramm.

Die Massen von Kolben und Stange, des Kreuzkopfes und der halben Schubstange sind innerhalb der kurzen Zeit von etwa $\frac{1}{4}$ Umdrehung von der Geschwindigkeit Null auf die Kurbelzapfengeschwindigkeit zu beschleunigen und die hierzu erforderliche Kraft ist vom Kolben oder vom Schwungrad aufzubringen. Die Beschleunigungskraft beträgt nach dem Vorhergehenden

$$K = \frac{G}{g} \cdot \frac{v^2}{r} (\cos \alpha \pm \lambda \cdot \cos 2\alpha).$$

Auf 1 cm² der Kolbenfläche F entfällt sonach die Kraft

$$K = \frac{G \cdot v^2}{F \cdot r \cdot g} (\cos \alpha \pm \lambda \cdot \cos 2\alpha).$$

Für den Totpunkt wird mit $\alpha = 0$:

$$K_o = \frac{G \cdot v^2}{F \cdot r \cdot g} \left(1 \pm \frac{r}{L}\right).$$

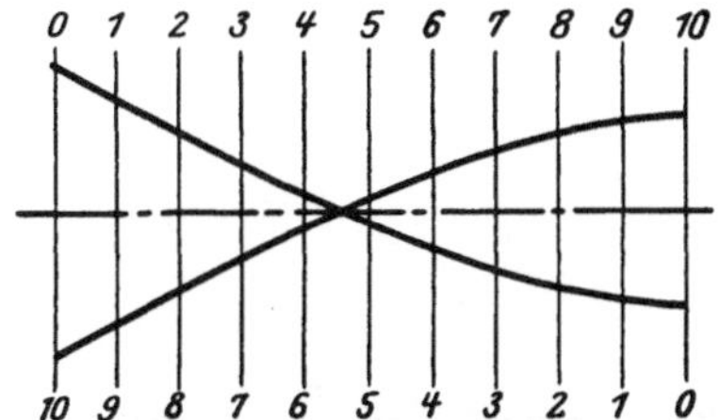

Abb. 393.
Beschleunigungsdruck-Kurven.

Der Ausdruck vor der Klammer (= Beschleunigungsdruck für $L = \infty$) stellt die Fliehkraft der im Kurbelzapfen vereinigt gedachten hin und her gehenden Massen dar.

Zur Aufzeichnung der Beschleunigungsdruckkurve genügt die Kenntnis der durch Zehnteilung des Kolbenweges entstehenden 11 Ordinaten der Kurve, Abb. 393. Dieser Zehnteilung entsprechen Kurbelwinkel von verschiedener durch das Verhältnis $\lambda = r$ ingten Größe.

Werte von $\left(\cos \alpha \pm \frac{r}{L} \cos \alpha\right)$

	Ordinate	$\frac{r}{L} = \frac{1}{4}$	$\frac{r}{L} = \frac{1}{5}$	$\frac{r}{L} = \frac{1}{6}$	Ordinate	
Hingang ↓	0	1,250	1,200	1,167	10	↑ Rückgang
	1	0.938	0,907	0,888	9	
	2	0 644	0,630	0,622	8	
	3	0,368	0,369	0,371	7	
	4	0.114	0,127	0,136	6	
	5	—0,117	—0,096	—0,081	5	
	6	—0,321	—0,296	—0,279	4	
	7	—0.493	—0,471	—0,457	3	
	8	—0,628	—0,616	—0,610	2	
	9	—0,717	—0,728	—0,737	1	
	10	—0,750	—0,800	—0,833	0	

3. **Das Tangentialdruckdiagramm.** In Abb. 395 ist das Gasmaschinendiagramm nach Abb. 394 auf vier Hübe ausgestreckt, dem Arbeitsvorgang in einer Viertaktmaschine mit einfachwirkendem Zylinder entsprechend. Die nach d. o. berechneten Massendruckkurven sind eingetragen und mit den Kolbenkräften während Ansaugen, Verdichten, Verbrennen und Ausdehnung, Auspuff zusammengesetzt, so daß die resultierende Kurve die auf den Kurbelzapfen wirkenden Horizontaldrucke wiedergibt. Der Tangentialdruck $T = P \cdot \frac{\sin(\alpha + \beta)}{\cos \beta}$ wird nach Abb. 396 zeichnerisch in folgender Weise ermittelt. Von den im gleichen Abstand eingetragenen Teilpunkten des Kurbelkreises wird mit der Pleuelstangenlänge — hier $L = 5\,r$ — in die Kolbenweglinie $a\,b$ eingeschnitten und so der zur betreffenden Kurbelzapfenlage gehörige Horizontaldruck P gefunden. Dieser wird vom Kurbelzapfen ab auf dem Kurbelradius abgetragen. Die senkrechte Ent-

Abb. 394.

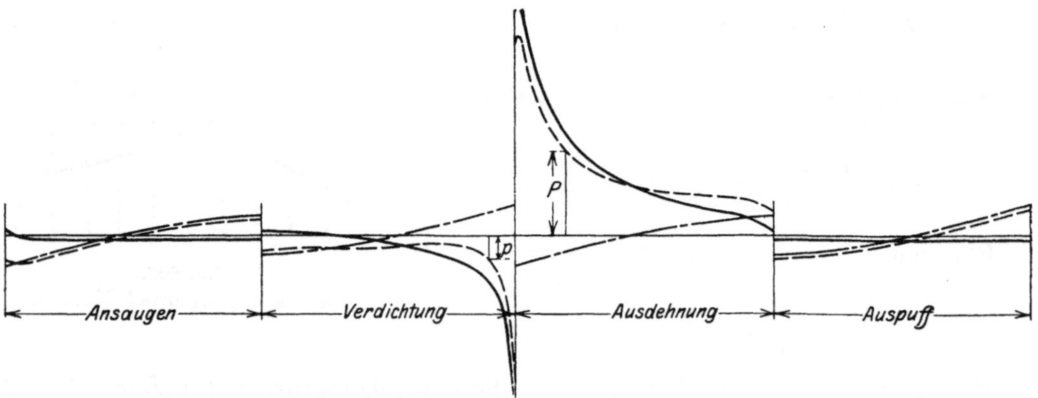

Abb. 395. Diagramm der Horizontaldrucke. Die strichliniierten Kurven geben die Massendrucke, die gestrichelten Kurven die resultierenden Drucke an.

fernung des Endpunktes dieser Strecke von der Verlängerung der Schubstange gibt den Tangentialdruck T. Die Kurbelkreise werden zu der Länge $2\,s\,\pi$ ausgestreckt.

Die zu den verschiedenen Kurbellagen gehörigen Tangentialkräfte werden sodann in den betreffenden Teilpunkten als Ordinaten aufgetragen.

Da das Tangentialdruckdiagramm nach Abb. 397 die Arbeit während 4 Hüben wiedergibt, so muß seine Fläche ebenso groß wie die des pv-Diagramms nach Abb. 394 sein. Die Berücksichtigung der Massendrucke ändert nur die Gestaltung, nicht die Größe des Diagramms, da die in der ersten Hubhälfte aufgewandte Beschleunigungsarbeit in der zweiten Hubhälfte als gleichgroße Verzögerungsarbeit an die Kurbel wiedergegeben wird.

Wirkt der Widerstand tangential an der Kurbelwelle, wie dies bei Ableitung der Leitung durch Riemen, Seile, Zahnräder oder bei unmittelbarem Antrieb einer

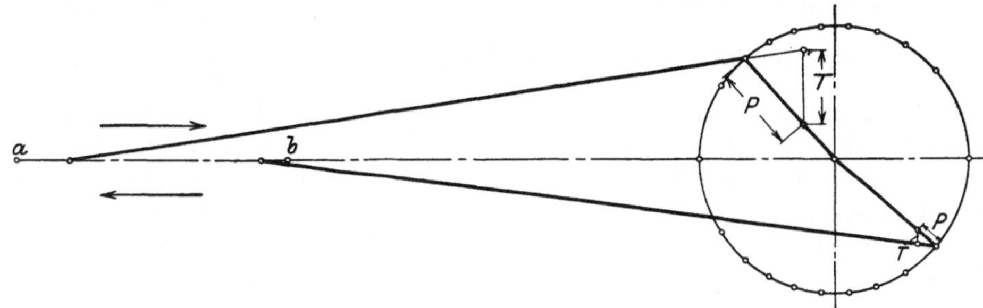

Abb. 396. Zeichnerische Ermittlung der Tangentialkraft T.

Dynamomaschine der Fall ist, so wird im Beharrungszustand das Widerstandsdiagramm ein Rechteck, das, auf gleicher Grundlinie errichtet, dem Tangentialdruckdiagramm im Beharrungszustand der Maschine an Fläche gleich sein muß. Die Höhe dieses Rechteckes wird durch Division der Tangentialdruckdiagrammfläche durch die Länge der Grundlinie erhalten.

Die Fläche, die im Tangentialdruckdiagramm die Widerstandslinie überragt, stellt nun die Mehrarbeit dar, die zeitweise geleistet und als lebendige Kraft ins

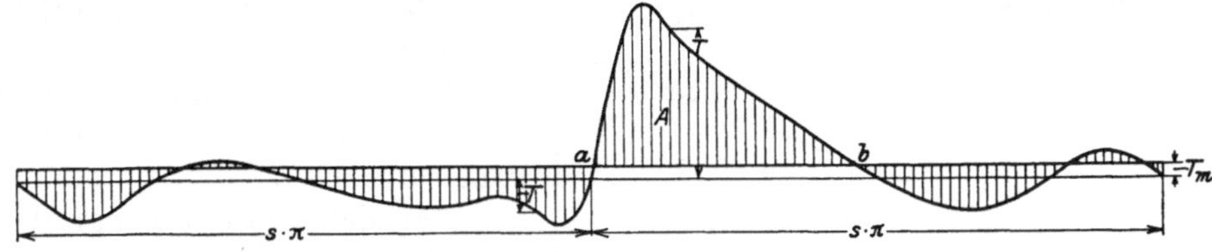

Abb. 397. Tangentialdruckdiagramm.

Schwungrad übertragen werden muß, damit dieses zur Zeit fehlender Arbeit solche abgeben kann. Im Punkt a ist die Geschwindigkeit $v_{\min}$, im Punkt b $v_{\max}$. Die lebendige Kraft, die sonach an die umlaufenden Massen — als die mit großer Annäherung nur das Schwungrad in Betracht kommt — abgegeben wird, hat die Größe

$$M \cdot \frac{v_{\max}^2 - v_{\min}^2}{2} .$$

Dieser Wert muß der durch die Überschußfläche dargestellten Arbeitsgröße A gleich sein, so daß, wenn noch gesetzt wird:

$$\frac{v_{\max} + v_{\min}}{2} = v \quad \text{und} \quad \frac{v_{\max} - v_{\min}}{v} = \delta ,$$

folgt:

$$A = M \cdot v^2 \cdot \delta .$$

δ wird als Ungleichförmigkeitsgrad bezeichnet, der das Verhältnis der während einer Umdrehung auftretenden größten Geschwindigkeitsschwankung zur mittleren Geschwindigkeit angibt.

Mittlere Werte von δ.

Antrieb von Pumpen und Schneidewerken . . .	$\delta = 1 : 25$
Webstühlen und Papiermaschinen	$\delta = 1 : 40$
Werkstättentriebwerken	$\delta = 1 : 35$
Mahlmühlen	$\delta = 1 : 50$
Spinnmaschinen für niedrige Garnnummern . .	$\delta = 1 : 60$
Spinnmaschinen für hohe Garnnummern	$\delta = 1 : 100$
Gleichstromdynamos für Lichtbetrieb	$\delta = 1 : 150$
Drehstromdynamos für Lichtbetrieb . . .	1 : 250 bis 1 : 300

Bei Riemenantrieb von Dynamomaschinen wird auf Grund der Annahme, daß der Riemen als elastische Kupplung auf Drehschwankungen ausgleichend einwirke, häufig der größere Ungleichförmigkeitsgrad von $\frac{1}{110}$ bei Gleichstrom, $\frac{1}{170}$ bei Drehstrom für zulässig gehalten. Bei Riemenübertragung kann aber auch der Fall eintreten, daß der an der Dynamowelle gemessene Ungleichförmigkeitsgrad beträchtlich größer als der des Schwungrades ist, wenngleich in den meisten Fällen die Gleichförmigkeit verbessert wird.

Von der aus A berechneten Masse M braucht wegen des Einflusses der Arme nur etwa $0{,}9\,M$ im Schwungring ausgeführt zu werden, so daß das Schwungradkranzgewicht

$$G = 0{,}9\,M \cdot g = 8{,}83\,M$$

wird.

Wird in die Gleichung $A = M\,v^2\,\delta$ eingesetzt: $v = \frac{D\,\pi\,n}{60}$ und $M = \frac{G}{g}$, so folgt mit $\frac{g}{\pi^2} \cong 1$: „Schwungmoment" $GD^2 = \frac{3600 \cdot A}{n^2 \cdot \delta}$.

Abb. 398 zeigt die Abhängigkeit des „Gleichförmigkeitsgrades" $\frac{1}{\delta}$ vom Schwungmoment.

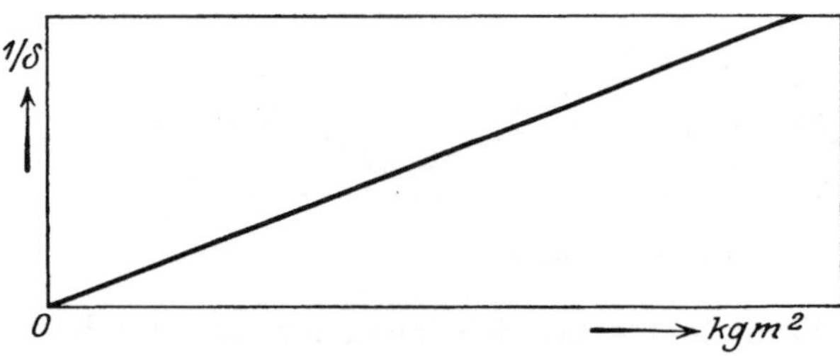

Abb. 398. Abhängigkeit des Gleichförmigkeitsgrades $1/\delta$ vom Schwungmoment GD^2.

Das „Schwungmoment" GD^2 wird von den Elektrikern häufig statt δ vorgeschrieben.

Beispiel. Das Schwungradgewicht einer Gasmaschine von 185 mm Zyl.-Dmr., 320 mm Hub, $n = 240$ Uml./min ist für $v = 20$ m/sek und $\delta = 1/100$ zu bestimmen.

Da Diagrammlänge $= 100$ mm, so ist der Längenmaßstab 1 mm $= 0{,}0032$ m, Kräftemaßstab bei Aufzeichnung des Tangentialdruckdiagramms gewählt zu 1 mm $= 0{,}1$ kg/cm², sonach Arbeitsmaßstab: 1 mm² $= 0{,}00032$ kgm.

Die größte überschießende Fläche des Tangentialdruckdiagramms hat 6321 mm² Inhalt, sonach — da alle Diagramme sich auf 1 cm² Kolbenfläche beziehen:

$$A = 6321 \cdot 0{,}00032 \cdot \frac{18{,}5^2\,\pi}{4} = 543{,}88 \text{ mkg},$$

$$M = \frac{A}{v^2 \cdot \delta} = \frac{543{,}88 \cdot 100}{400} = 136 \text{ kg/m sek}^2,$$

$$G = 8{,}83 \cdot M = 1200 \text{ kg}; \qquad D = \frac{v \cdot 60}{\pi \cdot n} = 1{,}6 \text{ m}.$$

Englische und amerikanische Ingenieure schreiben nicht den Ungleichförmigkeitsgrad, sondern eine höchstzulässige Winkelabweichung vor, die bei Drehstrommaschinen nicht mehr als $\pm$ 2,5° el. betragen soll. Diese elektrische Winkelabweichung wird aus der räumlichen durch Multiplikation mit der Polpaarzahl ermittelt. Siehe hierüber S. 336.

c) Rechnerische Ermittlung des Schwungradgewichtes nach H. Güldner.

Wird die negative Arbeit des Ansaugens und Ausstoßens wegen ihrer geringen Größe vernachlässigt, so ist die Nutzarbeit für eine Arbeitsperiode von 4 Hüben:

$$A_i = A_a - A_c,$$

worin A_a = abs. Arbeit während des Verbrennungshubes, A_c = Verdichtungsarbeit.

$$A_a = A_i + A_c = O \cdot s\,(p_i + p_c),$$

wenn p_i = indiziertem mittleren Druck der Ausdehnungsarbeit, p_c = indiziertem mittleren Druck der Verdichtungsarbeit.

$$A_a = A_i\left(1 + \frac{A_c}{A_i}\right) = A_i(1 + \varrho),$$

mit $\varrho = \frac{p_c}{p_i}$. ϱ ist abhängig von dem Heizwert des Brennstoffes bzw. des Gemisches. Güldner setzt im Mittel:

für Leuchtgasmaschinen . . . . . . ϱ = 0,25 bis 0,35
für Generatorgasmaschinen . . . . . ϱ = 0,35 bis 0,45
für Ölmaschinen . . . . ϱ = 0,30 bis 0,40
für Dieselmaschinen . . . . ϱ = 0,48 bis 0,52.

Für die Berechnung des Schwungradgewichtes ist nach dem vorhergehenden der Arbeitsüberschuß $A = A_a - \frac{W}{4}$ während des Verbrennungshubes maßgebend, wenn W = Widerstandsarbeit.

Abb. 399 gibt die Drehkraftkurve des Arbeitshubes wieder. Arbeit A_a wird durch die Fläche $abcde$ dargestellt. Der Streifen A_0 ist nur um die beiden kleinen Dreiecke x und y kleiner als das $\frac{W}{4}$ darstellende Rechteck $a b e_1 e$. Werden diese Dreiecke vernachlässigt, was einen Fehler von etwa 1% ausmacht, so wird:

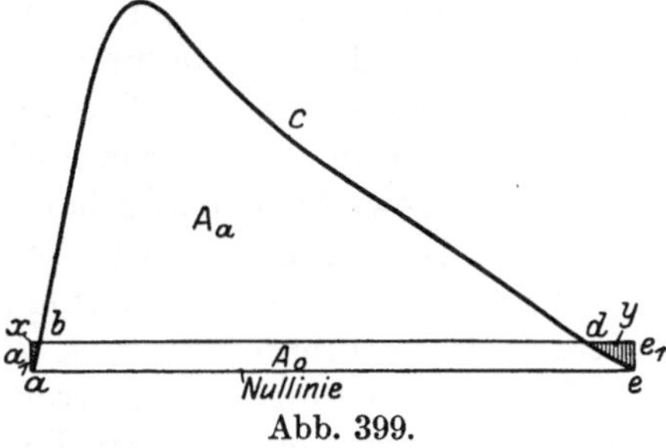

Abb. 399.

$$A = A_a - A_o.$$

Da bei der Viertaktmaschine

$$A_o = \frac{A_i}{4} \quad \text{und} \quad A_a = (1 + \varrho) \cdot A_i,$$

so folgt

$$A = (1 + \varrho) \cdot A_i - 0{,}25\,A_i = (0{,}75 + \varrho) \cdot A_i.$$

Bei n minutl. Umläufen ist die indizierte Leistung

$$N_i = \frac{\frac{n}{2} \cdot A_i}{60 \cdot 75}, \quad \text{sonach} \quad A_i = 60 \cdot 150 \cdot \frac{N_i}{n} = 9000\,\frac{N_i}{n}\ \text{mkg}.$$

Nach Einsetzen dieser Werte wird:

$$A = (0{,}75 + \varrho) \cdot 9000 \cdot \frac{N_i}{n} = M \cdot v^2 \cdot \delta,$$

$$M = \frac{(0{,}75 + \varrho) \cdot 9000 \cdot \frac{N_i}{n}}{\delta \cdot v^2}.$$

Mit $g \backsim 10$ folgt

$$G = \frac{90000 \cdot (0{,}75 + \varrho) \cdot N_i}{\delta \cdot n \cdot v^2}.$$

Diese Gleichungen gelten nur für die Viertaktmaschine. Bei Zweitaktmaschinen rückt die Widerstandslinie entsprechend höher und die Dreiecke x und y können nicht mehr vernachlässigt werden. Hierfür schlägt Güldner folgende Gleichungen vor:

$$G = \frac{C \cdot N_i}{\delta \cdot D^2 \cdot n^3}.$$

$$G D^2 = \frac{C \cdot N_i}{\delta \cdot n^3}$$

Mit $\varrho = 0{,}35$ und β = Kurbelwinkel zwischen je zwei Zündungen ergeben sich nach Güldner folgende Erfahrungswerte für C:

Viertakt: einfachwirkend $\beta = 720°$ . . . . C $= 40 \cdot 10^6$
doppeltwirkend $\beta = 540$ und $180°$ . . . . . . $C = 25 \cdot 10^6$
zweizylindrig, doppeltwirkend[1]) $\beta = 180°$ . . $C = 3{,}3 \cdot 10^6$
vierzylindrig[2]), doppelwirkend[1]). $\beta = 90°$ . . . $C = 1{,}4 \cdot 10^6$
Zweitakt: 1 Zylinder, einfachwirkend $\beta = 360°$ . . . . . $C = 16 \cdot 10^6$
1 Zylinder, doppeltwirkend $\beta = 180°$ . . . . $C = 2{,}4 \cdot 10^6$

d) Bestimmung des Schwungradgewichtes für Gasgebläse.

In Abb. 400 sind die Gasdiagramme und die auf den Gaszylinderquerschnitt bezogenen Gebläsediagramme so eingezeichnet, daß die Linien $O O_1$ der mittleren Drucke P_m und P_m' zusammenfallen. Durch den Unterschied $P_m - P_m'$ wird der mechanische Wirkungsgrad des Gasgebläses berücksichtigt.

Die Massendrucke sind von der Grundlinie BB_1 aus nach oben und unten abgetragen.

Linie $ghiklm$ stellt die in gleicher Weise wie in Abb. 395 ermittelten Horizontaldrucke dar, die hier jedoch nicht am Kurbelzapfen, sondern am Gebläsekolben auftreten. Um die am Kurbelzapfen angreifenden Horizontaldrucke festzustellen, müssen von den durch den Linienzug $ghiklm$ dargestellten Kräften die Gebläseüberdrucke und die Reibungswiderstände abgezogen werden, woraus sich die Kurve $g'h'i'k'l'm'$ ergibt. Die unter- bzw. überschießenden Flächen, wie sie von dieser Kurve und ihren Grundlinien begrenzt werden, sind für die Berechnung des Schwungradgewichtes maßgebend. Die Kurven $ghiklm$ und $g'h'i'k'l'm'$ geben außerdem Aufschluß über die Beanspruchung des Gestänges bei voller Umlaufzahl. Für den vorliegenden Fall beträgt der größte, unmittelbar hinter der Totlage bei a auftretende Verbrennungsdruck $P_{\max}$ = rd. 190 t.

Die Kolbenstangenkraft erreicht unter Berücksichtigung des Gebläseüberdruckes ihren Höchstwert im äußeren Totpunkte mit $P'_{0\,\max} = 102$ t. Während des Hubes ergeben sich als weitere Höchstwerte: $P''_{\max} = 72$ t und $P''_{1\,\max} = 89$ t. Der Horizontaldruck auf den Kurbelzapfen beträgt im äußeren Totpunkt $P''_{0\,\max} = 87$ t, im inneren Totpunkte $P'_1 = 62$ t.

e) Bestimmung des Schwungmomentes GD^2 bei Antrieb von Wechselstrommaschinen[3]).

Zwei Wechselstrommaschinen laufen nur dann „leer", d. h. erzeugen keinen Strom, wenn bei Parallelschaltung die Polräder stets gleiche Stellung zueinander haben.

[1]) Tandemanordnung. [2]) Kurbelversetzung 90°.
[3]) Nach Dr. Rosenberg: Z. Ver. deutsch. Ing. 1904, S. 793.

Eilt eine Wechselstrommaschine der anderen, mit ihr parallel geschalteten Maschine im Leerlauf vor, so wirkt sie als Stromerzeuger, und ihr Strom fließt in die zweite Maschine. Diese, nun als Motor angetrieben, läuft schneller, während

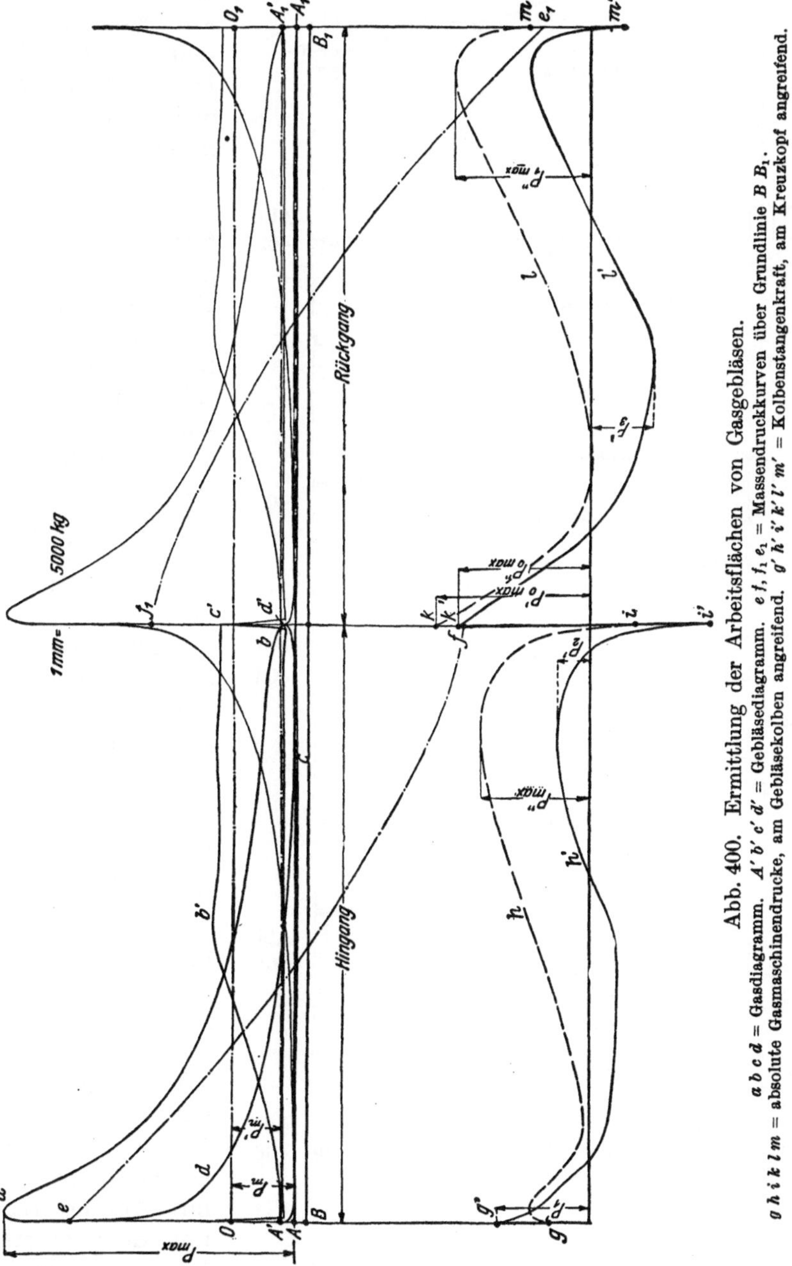

Abb. 400. Ermittlung der Arbeitsflächen von Gasgebläsen.

$a\,b\,c\,d$ = Gasdiagramm. $A'\,b'\,c'\,d'$ = Gebläsediagramm. $e\,f,\,f_1\,e_1$ = Massendruckkurven über Grundlinie $B\,B_1$.
$g\,h\,i\,k\,l\,m$ = absolute Gasmaschinendrucke, am Gebläsekolben angreifend. $g'\,h'\,i'\,k'\,l'\,m'$ = Kolbenstangenkraft, am Kreuzkopf angreifend.

die erste Maschine infolge der Stromerzeugung zurückbleibt. Die Folge ist, daß nun die zweite Maschine Strom erzeugt, der die erste beschleunigt.

Die Kraft, die bestrebt ist, beide Maschinen zum Gleichgange zu zwingen, wird als „synchronisierende“ Kraft bezeichnet, und ihre Größe beträgt z. B. bei einer 60poligen Maschine, deren Polrad dem parallel geschalteten nur um $^1/_{30}{}^\circ$ voreilt, schon 3 bis 12% der Vollast.

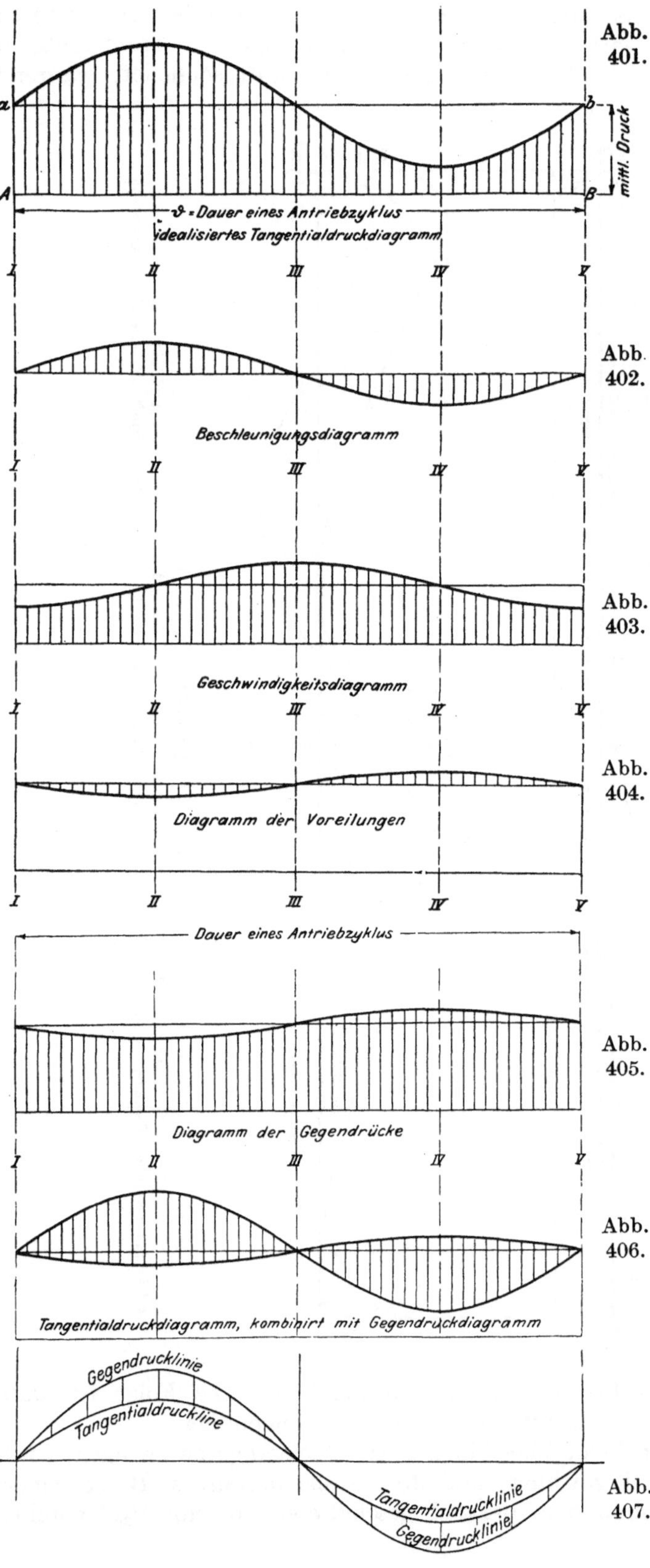

Abb. 401.

Abb. 402.

Abb. 403.

Abb. 404.

Abb. 405.

Abb. 406.

Abb. 407.

Die synchronisierende Kraft wird nun beim Voreilen einer Maschine diese nicht in die Gleichgewichtlage, sondern über diese hinaus bringen, so daß ein Pendeln um die Gleichgewichtlage entsteht. Hierbei kann zwischen der Eigenschwingungszahl der Dynamomaschine und der regelmäßig wiederkehrenden Ungleichförmigkeit des Maschinenganges, die als Impuls wirkt, Resonanz entstehen, so daß die Pendelungen ins Unendliche wachsen und das Parallelschalten unmöglich wird.

Diese durch die Tangentialdrucke verursachten Voreilungen ergeben sich aus den Abb. 401 bis 404.

Abb. 401 stellt als einfachste Form des Tangentialdruckdiagramms die Sinusschwingung dar. Linie ab gibt den mittleren Tangentialdruck an. AB bedeutet die Dauer ϑ eines Antriebzyklus. Hierunter wird diejenige Zeit verstanden, in der die Diagramme in vollständig gleicher Gestalt wiederkehren. Bei einer Eintaktmaschine mit gleichem Tangentialdruckdiagramm für Vorwärts- und Rückwärtsgang würde die Antriebszyklusdauer gleich der halben Umlaufzeit sein.

Während des ersten Teiles des Diagramms, das nicht mit Anfang Hub, sondern mit dem Übersteigen der Linie $a\,b$ beginnt, findet eine Beschleunigung, im zweiten Teile eine Verzögerung statt.

Wirkt die wechselnde Tangentialkraft oder „Pendelkraft“ p_0 an einem Hebelarme R und ist $\Sigma m r^2$ das Trägheitsmoment der Maschine, so wird die größte Beschleunigung:

$$\gamma_0 = \frac{p_0 R}{\Sigma m r^2}$$

Dem Druckdiagramm völlig entsprechend verläuft das Beschleunigungsdiagramm, Abb. 402, aus dem das Geschwindigkeitsdiagramm, Abb. 403, folgt. In diesem nimmt die Geschwindigkeit von I bis III zu, da hier die Beschleunigung positiv ist. Von III bis V fällt die Geschwindigkeit infolge der Verzögerung nach Diagramm Abb. 402 ab.

Die Geschwindigkeiten können zusammengesetzt gedacht werden aus einer mittleren, konstanten Geschwindigkeit V_0 und der veränderlichen Pendelgeschwindigkeit v_0.

Der Mittelwert der nach dem Sinusgesetze verlaufenden Beschleunigung hat die Größe:

$$\gamma_m = \frac{2\gamma_0}{\pi}.$$

Daher wird der Höchstwert der Pendelgeschwindigkeit, durch die Beschleunigung von II bis III entstehend:

$$v_0 = \frac{2}{\pi}\gamma_0 \cdot \frac{\vartheta}{4} = \gamma_0 \frac{\vartheta}{2\pi}.$$

Abb. 404 zeigt die Voreilungen oder Pendelwege, verglichen mit einem sich unveränderlich gleichförmig drehenden Rade, das von dem konstanten Tangentialdrucke nach Linie ab in Abb. 401 angetrieben würde.

In der Wechselstrommaschine werden also infolge der durch die „Pendelwege" nach Abb. 404 hervorgerufenen synchronisierenden Kräfte Gegendrucke nach Abb. 405 auftreten, die nach Abb. 406 die Tangentialkraft unterstützen und dadurch die Pendelwege weiter vergrößern.

Die schließliche Voreilung hängt nun ab von dem Verhältnis der durch das anfängliche Voreilen entstandenen, synchronisierenden Kraft zur ursprünglichen Pendelkraft. Bezeichnet man dieses „Reaktionsverhältnis" mit $q\,(< 1)$, so wird, da die synchronisierenden Kräfte den Pendelwegen so lange proportional sind, als diese eine gewisse Größe nicht überschreiten, die Reihe der Pendelkräfte:

$$p_0,\ q p_0,\ q^2 p_0,\ q^3 p_0\,.$$

Hierin ist p_0 die ursprüngliche Pendelkraft, $q p_0$ die durch den ursprünglichen Pendelweg erzeugte, synchronisierende Kraft, die den Pendelweg wieder vergrößert und dadurch das Auftreten der synchronisierenden Kraft $q^2 p_0$ verursacht usw.

Der Summenwert dieser geometrischen Reihe beträgt $\mathfrak{p}_0 = \frac{1}{1-q} \cdot p_0$.

Der „Vergrößerungsfaktor" $\frac{1}{1-q}$ zeigt, um wieviel die resultierende Pendelkraft größer ist als die ursprüngliche Pendelkraft p_0.

Für $q = \frac{1}{10},\ \frac{1}{4},\ \frac{1}{3},\ \frac{1}{2},\ 1,$

wird $\frac{1}{1-q}$: $\frac{10}{9},\ \frac{4}{3},\ \frac{3}{2},\ 2,\ \infty.$

Wird $q = 1$, d. h. ist die durch das anfängliche Voreilen entstandene, synchronisierende Kraft gleich der ursprünglichen Pendelkraft, so vergrößern sich die Schwingungen ins Unendliche, vorausgesetzt, daß bei diesem Vorgange die synchronisierenden Kräfte den Pendelwegen proportional bleiben.

Ein Parallelschalten von Wechselstrommaschinen wird aber dann schon unmöglich, wenn die Verschlechterung des Ungleichförmigkeitsgrades durch die auftretenden Schwingungen den Regulator zum Tanzen bringt.

Ist $q > 1$, so wird der Vergrößerungsfaktor $\mathfrak{p}_0 = -\frac{1}{q-1}$ und die Pendelwege nehmen einen endlichen, dem früheren entgegengesetzten Wert an. Abb. 407.

Im folgenden werde der Fall angenommen, daß zwei Maschinen bei ungünstigster Kurbelstellung miteinander parallel geschaltet werden sollen. Es entspricht dann größter Voreilung der einen Maschine größte Nacheilung der anderen, und es tritt die größte, synchronisierende Kraft auf, die bei zwei Maschinen möglich ist.

Das synchronisierende Moment hat die Größe:

$$M_{syn} = M_1 \cdot j \cdot \sigma_0 .$$

Hierin ist:

M_1 = Drehmoment bei normaler Leistung,
j = Verhältnis des Kurzschlußstromes zum Wattstrom (meist $j = 3$ bis $4{,}5$),
σ = Voreilung in elektr. Bogenmaß.

Die mittlere Pendelgeschwindigkeit beträgt:

$$V_0 = v_0 \cdot \frac{2}{\pi},$$

woraus der räumliche Pendelweg $\left(\text{als Produkt von } V_0 \text{ und der Zeit } \frac{\vartheta}{4}\right)$ zu

$$s_0 = v_0 \cdot \frac{\vartheta}{2\pi} = \frac{p_0 \cdot R}{\Sigma m r^2} \cdot \frac{\vartheta^2}{4\pi^2}$$

folgt. Ist p die Polpaarzahl, so ist der Pendelweg in elektrischem Bogenmaß:

$$\sigma_0 = p \cdot s_0 = p \cdot \frac{p_0 \cdot R}{\Sigma m r^2} \cdot \frac{\vartheta^2}{4\pi^2} .$$

Das dem Pendelwege σ_0 entsprechende, synchronisierende Moment hat demnach die Größe:

$$M_{syn} = j \cdot M_1 \cdot \sigma_0 = j \cdot M_1 p \cdot \frac{p_0 \cdot R}{\Sigma m r^2} \cdot \frac{\vartheta^2}{4\pi^2} .$$

Das Reaktionsverhältnis beträgt:

$$q = \frac{M_{syn}}{p_0 \cdot R} = j \cdot M_1 \cdot p \cdot \frac{1}{\Sigma m r^2} \cdot \frac{\vartheta^2}{4\pi^2} .$$

Nun ist:

$$\Sigma m r^2 = \frac{GD^2}{4g},$$

$$M_1 \cdot \frac{2\pi \cdot n}{60} = \eta \cdot 75 \cdot N_e .$$

Hierin ist: N_e = effektive Leistung der Antriebmaschine in PS_e,
η = Dynamowirkungsgrad ($\eta = 92$ bis 96%),
n = Uml./min.

$$M_1 = \eta \cdot \frac{4500 \cdot N_e}{2\pi \cdot n} .$$

Durch Einsetzen dieser Werte in die obige Gleichung für q erhält man:

$$q = \frac{4500\,g}{2\pi^3} \cdot j \cdot \eta \cdot p \cdot \frac{\vartheta^2 \cdot N_e}{n \cdot GD^2},$$

$$q = 710 \cdot j \cdot \eta \cdot p \cdot \frac{\vartheta^2 \cdot N_e}{n \cdot GD^2} .$$

Wird $q = 1$ oder nahezu gleich 1, so wird der Paralleltrieb unmöglich. Setzt man demnach $q = 1$, so erhält man aus vorstehender Gleichung die kritische Schwingungsdauer:

$$\vartheta_{\text{krit}} = \sqrt{\frac{1}{710 \cdot j \cdot \eta \cdot p} \cdot \frac{n \cdot GD^2}{N_e}}$$

und das kritische Schwungmoment:

$$GD^2_{\text{krit}} = 710 \cdot j \cdot \eta \cdot p \cdot \frac{\vartheta^2}{n} \cdot N_e.$$

Was nun die Dauer des Antriebzyklus betrifft, so würde diese, wie schon bemerkt wurde, bei einer Eintaktmaschine mit vollständig gleichem Tangentialdruckdiagramm für Vor- und Rückgang gleich einer halben Umlaufzeit sein.

In Wirklichkeit weisen jedoch die Tangentialdruckdiagramme für Vor- und Rückgang infolge der Wirkung der hin- und hergehenden Massen ungleiche Gestaltung auf, so daß die Antriebzyklusdauer gleich der ganzen Umdrehungszeit T wird. Es wird $\vartheta = T = \frac{60}{n}$, worin n = Uml./min.

In allen Fällen jedoch kann mittels der Fourierschen Reihe, siehe S. 373, das Tangentialdruckdiagramm ersetzt werden durch ein Diagramm, dessen Antriebzyklusdauer mit der halben, und durch ein darüber gelagertes, dessen Antriebzyklusdauer mit der ganzen Umlaufzeit übereinstimmt.

Das Reaktionsverhältnis ist dann für jede dieser Wellen festzustellen.

Am gefährlichsten ist meist die Schwingung von der längsten Dauer, also bei doppeltwirkenden Zweitaktmaschinen die Schwingung mit der Dauer einer ganzen Umdrehung, bei einfachwirkenden Gasmaschinen die mit der Dauer von zwei Umdrehungen. In bezug auf Schwingungen von $1/2$ und $1/4$ der längsten Dauer ist das Reaktionsverhältnis $1/4$ bzw. $1/16$ mal so groß, so daß beim Parallelbetrieb auf diese Verhältnisse keine Rücksicht genommen zu werden braucht.

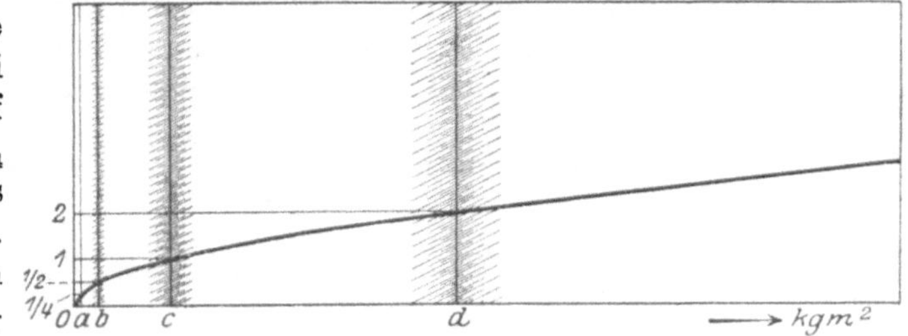

Abb. 408. Eigenschwingungszahl eines Wechselstromgenerators in Abhängigkeit von GD^2.

Auch bei der doppeltwirkenden Viertakt-Tandemmaschine wird die Antriebzyklusdauer meist gleich der doppelten Umdrehungszeit sein, da die vier hintereinanderfolgenden Diagramme gewöhnlich Unterschiede von 10 bis 15% in der Flächengröße zeigen.

Bei Gleichheit der Vorwärtsdiagramme untereinander und der Rückwärtsdiagramme erstreckt sich jedoch der Antriebzyklus auf die Hälfte der vorstehend angegebenen Dauer.

In Abb. 408 ist die Schwingungsdauer eines Generators in Abhängigkeit vom Schwungmoment GD^2 dargestellt. Werden in der Beziehung $GD^2_{\text{krit}} = 710\, j\, \eta\, p \frac{\vartheta^2}{n} \cdot N_e$ die für eine bestimmte Maschine im Beharrungszustand konstanten Werte zusammengefaßt, so wird $GD^2_{\text{krit}} = k \cdot \vartheta^2$. Bei Viertaktmaschinen ergeben sich Antriebschwingungen von der Dauer $\vartheta = 2\,T, T, \frac{T}{2}$ und $\frac{T}{4}$, wenn T = Dauer einer Umdrehung. Die zu diesen Werten gehörigen kritischen Größen GD^2 sind in Abb. 408 als Abszissen aufgetragen. Die angedeutete Breite der Gefahrenzone ist annähernd proportional der Amplitude der Antriebschwingungen, wie sie aus der harmonischen

Analyse des Tangentialdruckdiagramms folgt. Bei a, b, c und d tritt vollständige Resonanz ein, und es ist der Gleichförmigkeitsgrad $\frac{1}{\delta} = 0$. Rechts von d ist keine Möglichkeit der Resonanzwirkung mehr vorhanden, und der Parallelbetrieb müßte mit zunehmenden GD^2, wozu allerdings außerordentliche Gewichte erforderlich wären, immer besser werden.

In Abb. 409 ist in grober Annäherung der aus diesen Verhältnissen folgende Gleichförmigkeitsgrad dem theoretischen nach Abb. 398 gegenübergestellt. Es zeigt sich, daß im Parallelbetrieb nie die Gleichförmigkeit des Einzellaufes erreicht werden kann.

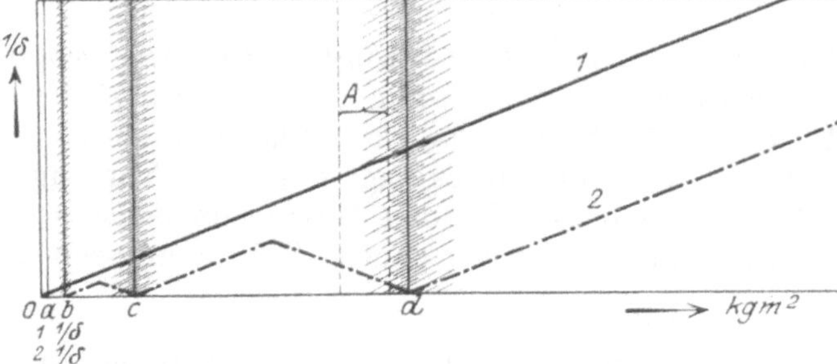

Abb. 409. Gleichförmigkeitsgrad $1/\delta$ in Abhängigkeit von GD^2. Linienzug *1* bezieht sich auf die einzeln laufende, Linienzug *2* auf die parallelgeschaltete Wechselstrommaschine.

Das für $\delta = {}^1/_{250}$ bis ${}^1/_{300}$ berechnete Schwungmoment der Viertakttandemmaschinen liegt auf der Strecke A, also in großer Nähe des Resonanzgebietes d.

M. Gaze schlägt in den AEG-Mitteilungen 1920, Heft 11 und 12 vor, das für einen störungsfreien Parallelbetrieb erforderliche Schwungmoment nach folgender Formel zu berechnen:

$$GD^2 = \frac{12\,\Phi \cdot N_{kW} \cdot 10^8}{n^4}, \text{ worin}$$

N_{kW} = Leistung des Generators in kW; Φ = Frequenz.

Beispiel. Es ist das kritische Schwungmoment einer doppeltwirkenden Viertaktmaschine von $N_e = 1200$ PS$_e$ bei $n = 94$ Uml./min. zu berechnen. Gegeben sind: $j = 3{,}75$, $\eta = 0{,}94$, also $j \cdot \eta = 3{,}53$. Die Frequenz des Wechselstromes betrage 50/sek, sonach Polpaarzahl $p = \frac{50 \cdot 60}{n} = \frac{3000}{n}$. $\vartheta = T = \frac{60}{n}$. Dann ist

$$GD_{\text{krit}} = 710 \cdot j \cdot \eta \cdot p \cdot \frac{\vartheta^2}{n} \cdot N_e = 710 \cdot 3{,}53 \cdot \frac{3000}{n} \cdot \frac{60^2}{n^3} \cdot N_e = 27 \cdot 10^9 \cdot \frac{N_e}{n^4}.$$

$$GD^2_{\text{krit}} = 27.10^9 \cdot \frac{1200}{94^4} = 412\,800 \text{ kgm}^2.$$

Für Schwingungen mit der Dauer einer halben Umdrehung würde $GD^2_{\text{krit}} = \frac{412\,800}{4}$ $= 103\,200$ kgm², für solche von der Dauer einer doppelten Umdrehung $4 \cdot 412\,800$ $= 1\,651\,200$ kgm² werden.

Nach der Formel von Gaze wird mit $N_{kW} = \frac{1200 \cdot 0{,}94}{1{,}36} = 830$ kW und $\Phi = 50$:

$$GD^2 = \frac{12 \cdot 50 \cdot 830 \cdot 10^8}{94^4} = 637\,440 \text{ kgm}^2.$$

f) Ausgleich der Massenwirkungen.

Störungen in der ruhigen Lage von Kolbenmaschinen sind auf statische Wirkungen infolge Wanderung des Schwerpunktes der Maschine und auf die dynamischen Wirkungen der Massenkräfte zurückzuführen. Stimmt die Schwingungszahl der Maschine mit der Eigenschwingungszahl des Fundamentes oder der mit diesen zusammenhängenden Erdmassen und Gebäuden überein, so kann die Resonanz gefährliche Folgen bedingen (siehe S. 438).

Die Massendrucke setzen sich aus den Beschleunigungsdrucken der hin und her gehenden Massen und den Fliehkräften der rotierenden Massen zusammen. Die Massenkraft folgt nach S. 331 der Gleichung:

$$k = \frac{m \cdot v^2}{r} \cdot (\cos\alpha \pm \lambda \cdot \cos 2\alpha)\,.$$

Es tritt also eine Massenkraft $\frac{m v^2}{r} \cdot \cos\alpha$ von der 1. Ordnung und eine solche $\frac{m v^2}{r} \cdot \lambda \cdot \cos 2\alpha$ von der 2. Ordnung auf, von denen die zweite gegenüber der ersten eine um $\lambda = \frac{r}{L}$ verringerte Schwingungsweite, aber doppelte Periodenzahl aufweist. Siehe Abb. 410. Auch die Massenkräfte 2. Ordnung können bei Ausgleich der Kräfte 1. Ordnung störende Bewegungen veranlassen.

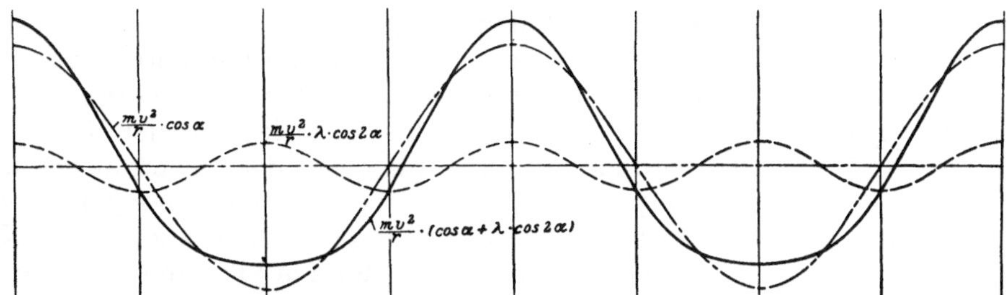

Abb. 410. Zusammensetzung der Massenkraft aus einer Massenkraft 1. Ordnung und einer solchen 2. Ordnung mit doppelter Periodenzahl.

In Abb. 411 sind in Kurve *III* die resultierenden Massendrucke in der ersichtlichen Weise aus den Fliehkräften und den Beschleunigungsdrucken des links stehenden Diagramms zusammengesetzt. Abb. 411 bezieht sich auf eine Gasmaschine mit

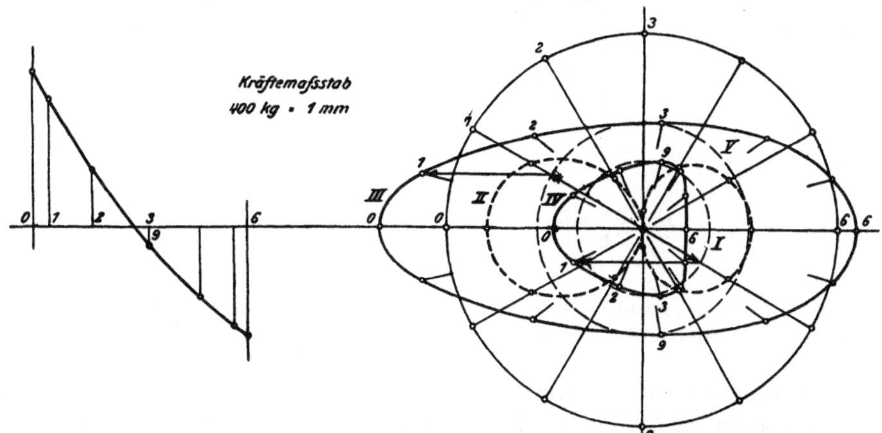

Abb. 411. Punktierter Kreis *I*: Polardiagramm der von $M/2$ herrührenden Fliehkräfte. Punktierte Kurven *II*: Polardiagramm der Massenkräfte des links stehenden Diagramms. Kurve *III*: Aus Massen- und Fliehkräften zusammengesetzte, resultierende Kräfte bei fehlendem Ausgleich. Kurve *IV*: Kräfte bei statischem Ausgleich der rotierenden Massen und Ausgleich nach Abb. 412 durch ein Gegengewicht von der Masse M/2. Kreis *V*: Fliehkräfte der exzentrisch umlaufenden Massen m_2.

520 mm Zyl.-Dmr., 650 mm Hub und 170 Uml./min. Die geradlinig bewegten Massen m_1 von Tauchkolben und halber Schubstange wiegen 770 kg, entsprechend 0,363 kg/cm² Kolbenfläche; die exzentrisch umlaufenden Massen m_2, zu denen die halbe Schubstange gerechnet wird, sind auf den Kurbelradius bezogen und wiegen 625 kg. Kreis *V* ist das Polardiagramm der Fliehkräfte $\frac{m_2 \cdot v^2}{r}$.

Die resultierenden Massenkräfte der nicht ausgeglichenen Maschine werden in Abb. 411 durch die ausgezogene Kurve *III* im Polardiagramm dargestellt. Den Schwerpunktweg der nicht ausgeglichenen Maschine zeigt Abb. 413 in Kurve *I*[1]).

Die Punkte der Kurve werden als Schnittpunkte der Resultierenden von 770 und 625 kg mit der jeweiligen Schubstangenrichtung erhalten.

a) Ausgleich der rotierenden Massen durch ein entgegengesetzt angeordnetes Gegengewicht an der Kurbel. In diesem Fall wird der Schwerpunkt der rotierenden Massen in den Mittelpunkt der Welle verlegt und derart der Einfluß dieser Massen ausgeschaltet. Der Schwerpunktweg wird nach Abb. 413 eine Gerade *II* bzw. 06 von gleicher Länge wie der Maschinenhub. Da die gekröpften Wellen der Gasmaschinen symmetrische Anordnung zweier Gegengewichte gestatten, so werden Kippmomente, wie sie bei überhängender Stirnkurbel auftreten, vermieden. Das Anbringen der Gegengewichte im Schwungradkranz ist unzulässig.

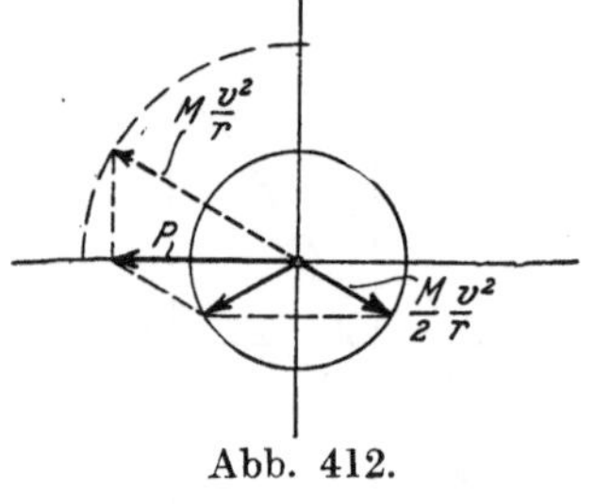

Abb. 412.

b) Ausgleich der hin und her gehenden Massen m_1 durch ein rotierendes Gegengewicht. Hierbei ist ein gewisser Ausgleich nur der Massendrucke 1. Ordnung möglich, die gleich der Fliehkraft der im Kurbelzapfen vereinigt gedachten hin und her gehenden Massen, multipliziert mit dem Cosinus des jeweiligen Kurbelwinkels, also gleich der Horizontalkomponente der Fliehkraft sind. Wird dem Kurbelzapfen gegenüber im Abstand R ein Gegengewicht von der Masse M angeordnet, so daß $MR\omega^2 = m_1 r\,\omega^2$, so sind die Fliehkräfte und

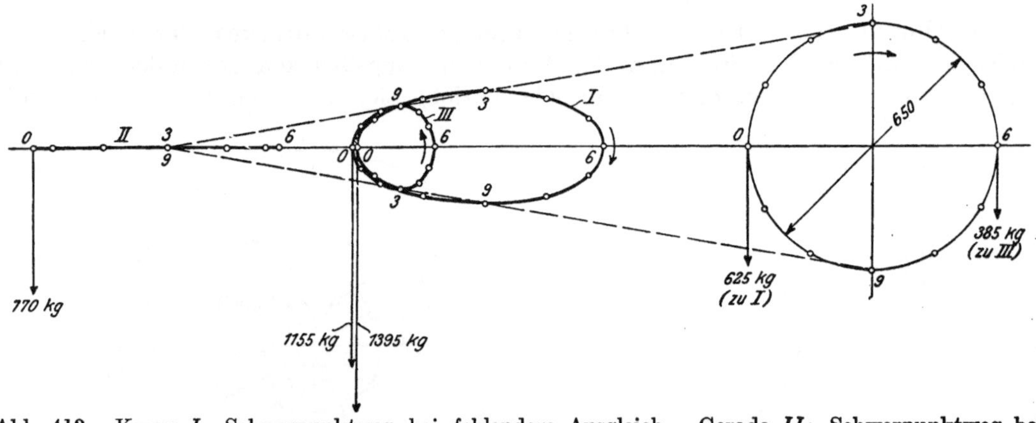

Abb. 413. Kurve *I*: Schwerpunktweg bei fehlendem Ausgleich. Gerade *II*: Schwerpunktweg bei Ausgleich der rotierenden Massen, Kurve *III*: bei bestmöglichem Ausgleich nach Abb. 412.

ihre Horizontalkomponenten gleich, so daß diese sich aufheben. Es wird aber eine senkrechte Komponente $MR\,\omega^2 \cdot \sin\alpha$ hinzugefügt, deren Betrag in denselben Grenzen schwankt wie die Größe der wagerechten Komponente. Dieser Ausgleich bewirkt sonach nur eine Umbiegung der Massenkräfte um 90° und ist dementsprechend nur da vorteilhaft, wo diese neue Richtung weniger schädlich ist. Bei stehenden Maschinen, wo die Massenkräfte unmittelbar vom Fundament aufgefangen werden, würde die hier wagerecht auftretende Komponente des Gegengewichts die Standhaftigkeit erheblich beeinträchtigen, so daß dieser Ausgleich unangebracht ist.

c) Vollständiger Ausgleich der rotierenden Massen, außerdem Ausgleich der hin und her gehenden Massen m_1 durch ein rotierendes

[1]) Massenausgleich bei Kurbelgetrieben, insbesondere durch Gegengewichte. Von Rudolf Bestehorn. Z. V. d. I. 1920, S. 42.

Gegengewicht von der Masse $\frac{M}{2} = \frac{m_1}{2}$, das dem Kurbelzapfen gegenüberliegt, Abb. 412. Die Fliehkraft dieser Ausgleichmasse $\frac{M v^2}{2r}$ setzt sich mit der bei liegenden Maschinen stets wagerecht gerichteten Massenkraft P zu einer Resultierenden von der konstanten Größe $\frac{M v^2}{2r}$ zusammen, deren Drehsinn dem der Kurbel entgegengesetzt ist. In Abb. 411 ist Kurve IV das Polardiagramm dieser Resultierenden für endliche Pleuelstangenlänge.

Dieser Ausgleich schafft auch günstige Verhältnisse bezüglich der statischen Störung des Gleichgewichtes. Soll der Schwerpunkt von Maschine und Fundament feststehen, so müssen der Bewegung der schwingenden Massen — die rotierenden bleiben hier ohne Einfluß — entgegengesetzte und im Verhältnis der Massen verkleinerte, geometrisch ähnliche Bewegungen des ganzen Systems (Maschine und Fundament) entsprechen. Aus diesem Grunde wird möglichst kreisförmige Bewegung des Maschinenschwerpunktes besonders vorteilhaft sein. Ist $K = m_1 g$ das Gewicht der hin und her gehenden Teile, $G = \frac{m_1 \cdot g}{2}$ das Ausgleichgewicht, R die Resultierende beider und zeigen die Indizes zusammengehörige Lagen dieser Kräfte an, so wird nach Abb. 414 mit $R = 3G$:

$$a = \frac{G}{R}(l + 2r) = \frac{l + 2r}{3},$$

$$b = \frac{G}{R}(l - 2r) = \frac{l - 2r}{3},$$

$$x = b + 2r - a = \frac{l - 2r}{3} + 2r - \frac{l + 2r}{3} = \frac{2}{3}r.$$

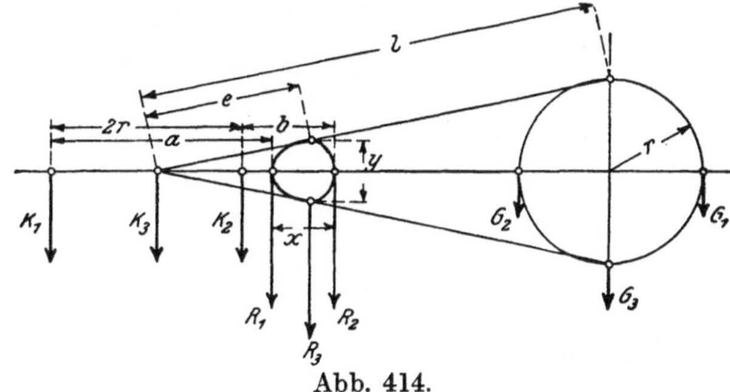

Abb. 414.

Weiterhin ist:

$$e = \frac{G}{R} \cdot l = \frac{l}{3},$$

$$y = 2r \cdot \frac{e}{l} = \frac{2}{3}r,$$

also

$$x = y = \frac{2}{3}r,$$

d. h. die Schwerpunktwege in senkrechter und wagerechter Richtung sind einander gleich.

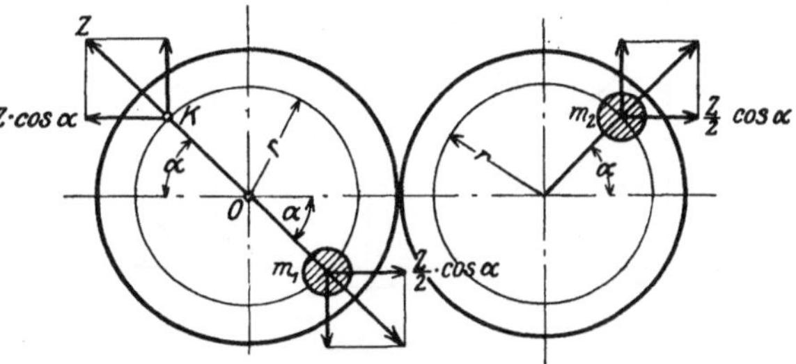

Abb. 415. Massenausgleich 1. Ordnung.

d) Massenausgleich 1. Ordnung durch Anordnung zusätzlicher rotierender Massen. Die Maschinenwelle, deren Kurbelarm ein Gegengewicht von der Masse m_1 trägt, dreht mit gleicher, aber entgegengesetzter Winkelgeschwindigkeit mittels Zahnradübertragung ein zweites Gegengewicht von gleicher Masse $m_2 = m_1 = \frac{m}{2}$ so, daß die Winkelausschläge α gegen die Zentrale gleich sind. Die Massenkräfte in senkrechter Richtung sind entgegengesetzt gerichtet und heben einander auf, die wagerechten Komponenten $\frac{m_1}{2} \cdot \frac{v^2}{r} \cdot \cos\alpha$ sind gleichgerichtet und dem in der wagerechten Zentralen wirkenden Massendruck der Maschine entgegengesetzt gerichtet, so daß ihre Summe diesem gleich ist.

e) Ausgleich der Massen mehrzylindriger Maschinen. Bei diesen sind nicht nur die Massendrucke, sondern auch die an den Zylinderabständen als Hebel-

armen wirkenden Kippmomente der Massendrucke zu beachten, Abb. 416. Der bei Schiffsdampfmaschinen infolge der verschiedenen Durchmesser der Verbundzylinder mögliche Massenausgleich durch entsprechende Bemessung der Zylinderentfernungen und der Gestängegewichte ist bei Gasmaschinen wegen der gleichen Zylinderdurchmesser nicht anwendbar. Auch das dritte Mittel des Schlickschen Ausgleiches: Wahl der Kurbelversetzung, ist bei Gasmaschinen durch die Rücksicht auf das Drehkraftdiagramm ausgeschlossen.

1. Zweizylindermaschinen mit Kurbeln unter 180°. Die Massenkräfte 1. Ordnung heben sich auf, bilden aber ein Drehmoment. Die Massenkräfte 2. Ordnung bleiben unausgeglichen und addieren sich.

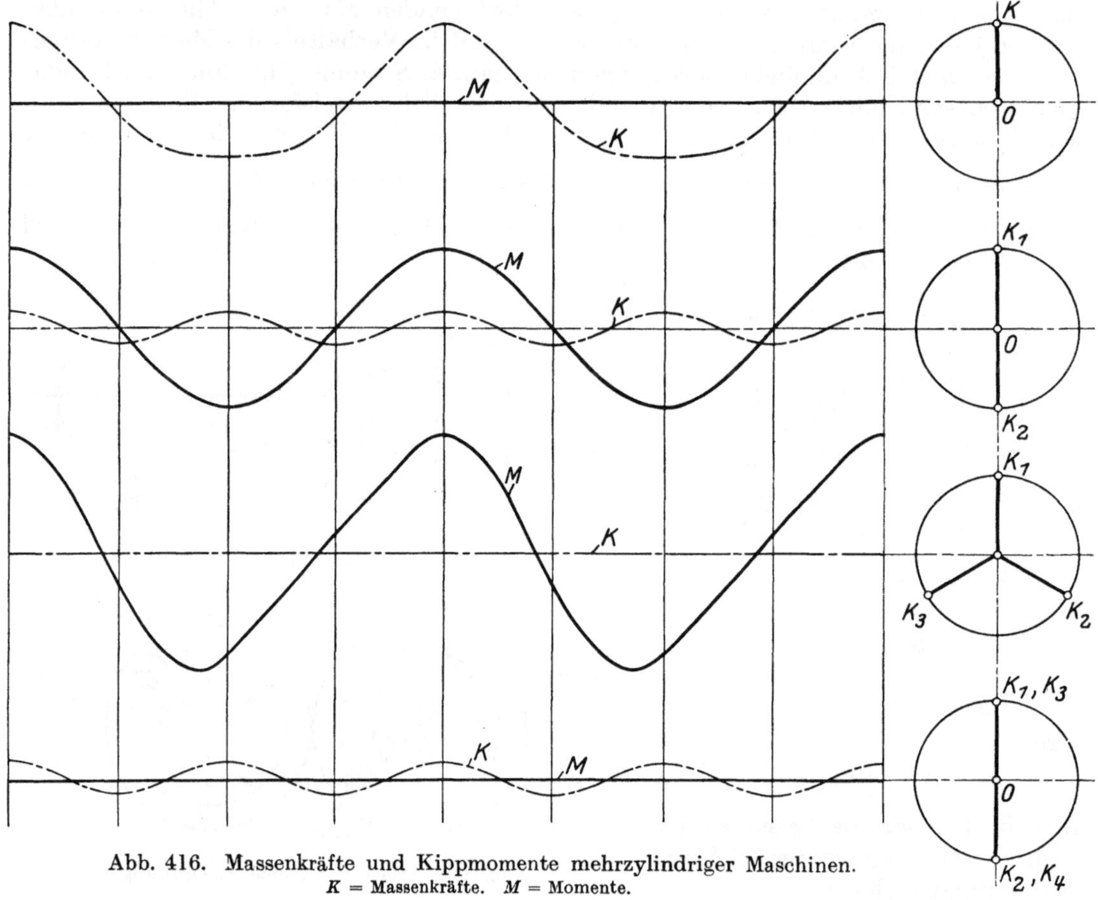

Abb. 416. Massenkräfte und Kippmomente mehrzylindriger Maschinen. K = Massenkräfte. M = Momente.

2. Dreizylindermaschinen mit Kurbeln unter 120°. Die Massenkräfte 1. und 2. Ordnung werden ausgeglichen, aber nicht ihre Kippmomente.

3. Vierzylindermaschinen mit paarweise gegenläufigen Kurbeln. Bei diesen Maschinen wie bei allen symmetrischen Anordnungen tritt kein resultierendes Kippmoment auf. Die Massenkräfte 2. Ordnung bleiben unausgeglichen.

4. Sechszylindermaschinen als symmetrisch angeordnete Viertaktmaschinen mit 120° Kurbelversetzung zeigen ebenso wie symmetrisch gebaute Acht- und Zehnzylindermaschinen vollständigen Ausgleich der Kräfte und Momente. Bei Sechszylinder-Zweitaktmaschinen mit Kurbelversetzung unter 60° ist ein Kippmoment 2. Ordnung vorhanden.

5. Massenausgleich 2. Ordnung. Die Massenkräfte 2. Ordnung sind bei Einzylindermaschinen ungefährlich, addieren sich jedoch nach 1. bei Zweizylinder-

maschinen mit unter 180° versetzten Kurbeln, so daß hier störende Schwingungserscheinungen auftreten können. Ihre Summe beträgt

$$2\,M_1\,r\,\omega^2 \cdot \frac{r}{L} \cdot \cos 2\alpha$$

Nach Abb. 417 werden zwei Massen m_1 und m_2 so durch Zahnräder angetrieben, daß sie gegen die Wagerechte um einen Winkel $2\,\alpha$ abweichen, wenn die Kurbel um α aus der Totlage herausgegangen ist. m_1 und m_2 rotieren sonach mit der Winkelgeschwindigkeit $2\,\omega$, wenn ω = Winkelgeschwindigkeit der Kurbel, und die stets in die Zentrale fallende Resultierende beider Fliehkräfte hat die Größe:

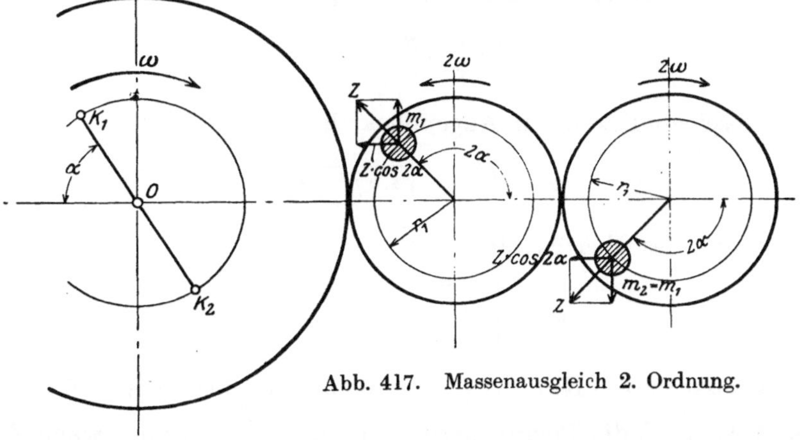

Abb. 417. Massenausgleich 2. Ordnung.

$$(m_1 \cdot r_1 + m_2 \cdot r_2) \cdot 4\,\omega^2 \cdot \cos 2\,\alpha = 2 \cdot m_1 r_1 \cdot 4\,\omega^2 \cdot \cos 2\,\alpha\,,$$

da $m_1 r_1 = m_2 r_2$ sein muß, wenn die senkrechten Komponenten der Fliehkräfte einander aufheben sollen. Für den Ausgleich muß die Beziehung herrschen:

$$2\,m_1 r_1 \cdot 4\,\omega^2 \cdot \cos 2\,\alpha = 2\,M_1 r\,\omega^2 \cdot \frac{r}{L} \cdot \cos 2\,\alpha$$

oder

$$m_1 r_1 = \frac{M_1 \cdot r^2}{4 \cdot L}\,.$$

g) Stöße am Kurbelzapfen.

Im Punkt C, Abb. 418, sei der Druck auf den Kolben gleich Null geworden; bis zum Punkt C lag die Lagerschale am Kurbelzapfen an. Während dieser mit gleichmäßig vorausgesetzter Geschwindigkeit seinen Weg fortsetzt, wird der Kolben durch negative Horizontaldrucke verzögert. Durchläuft der Zapfen den stets zwischen ihm und der Lagerschale vorhandenen Spielraum y, so legt gleichzeitig die verzögerte Lagerschale ein weiteres Stück Weg zurück, und beide treffen erst nach Verlauf einer bestimmten, dem Kurbelwinkel α entsprechenden Zeit t zusammen, wobei heftige Stöße auftreten können.

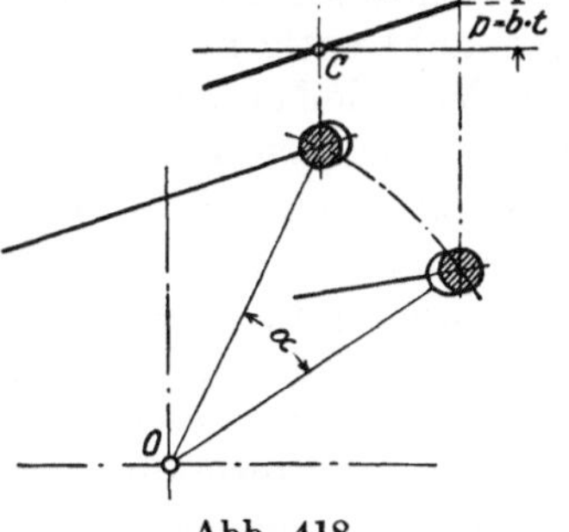

Abb. 418.

Nach Punkt C werden die Kolbenmassen durch Kräfte von der Größe $p = b \cdot t$ verzögert, wenn b = sek. Druckzunahme. Ist k die von p herrührende Beschleunigung der Relativbewegung von Zapfen und Lager zur Zeit t, so folgt:

$$k = \frac{p}{m} = \frac{b \cdot t}{m} = q \cdot t\,, \quad \text{wenn } q = \frac{b}{m}\,; \quad m = \frac{G}{g \cdot F} = \text{Masse je cm}^2 \text{ Kolbenfläche.}$$

Aus dieser Beschleunigung der Relativgeschwindigkeit ergibt sich diese selbst zu

$$w = \frac{q \cdot t^2}{2}$$

und durch weitere Integration findet sich der Weg

$$s = \int w \cdot dt = \frac{q\,t^3}{6}\,.$$

Hieraus bestimmt sich die Zeit zur Zurücklegung des Relativweges y:

$$t = \sqrt[3]{\frac{6\,y}{q}}\,,$$

woraus für die Geschwindigkeit im Augenblick des Stoßes folgt:

$$w = \frac{q\,t^2}{2} = \sqrt[3]{4{,}5\,y^2 \cdot q}$$

und nach Einsetzung des Wertes für q:

$$w = \sqrt[3]{4{,}5\,y^2 \cdot \frac{b}{m}}\,.$$

Wächst die Stoßkraft von Null bis P an und entsteht hierbei eine Formänderung von der Größe δ, so wird die Formänderungsarbeit $= \frac{P}{2}\,\delta$, und, wenn $\delta = \varphi \cdot P$ gesetzt wird, zu $\frac{\varphi\,P^2}{2}$. Somit wird:

$$\frac{m\,w^2}{2} = \frac{\varphi \cdot P^2}{2}\,,$$

$$P = a \cdot w\sqrt{m}\,.$$

Die Stoßkraft wächst mit der Quadratwurzel aus den hin und her gehenden Massen und einfach proportional zur Relativgeschwindigkeit w. Der Beiwert a berücksichtigt die Dehnbarkeit, die Abmessung, Gestalt usw. der aufeinandertreffenden Teile.

Da y und m in jedem Fall gegebene Größen sind, so ist aus der Gleichung für w ersichtlich, daß die Relativgeschwindigkeit nur von der dritten Wurzel des Wertes b beeinflußt wird. b ist aber die Tangente des Winkels, unter dem die Überdrucklinie die wagerechte Zeitachse schneidet. Da, wie bemerkt, die Stoßkraft der Relativgeschwindigkeit proportional ist, so werden Schale und Zapfen mit um so geringeren Stoß zusammentreffen, je kleiner dieser Winkel ist, je weiter der Druckwechsel vom Totpunkt entfernt ist. Die Stoßkraft nimmt mit der Stoßarbeit zu; sie wird hingegen bei gleichbleibender Stoßarbeit um so kleiner, je größer die Strecke ist, auf die sich die Stoßarbeit verteilt. Tritt z. B. der Stoß in Mitte Hub auf, so wird infolge der großen Geschwindigkeit der zusammentreffenden Teile ein größerer Weg während der Formänderung zurückgelegt und der Stoß weniger hart.

Einen günstigen Einfluß auf die Stoßhärte übt die Fliehkraft der Pleuelstange aus, die verursacht, daß die Lager beim Druckwechsel nicht von einer Seite auf die andere springen, sondern stets seitliche Berührung mit dem Zapfen halten, um den sie sich gewissermaßen herumwälzen.

Der Druckwechsel kann weiterhin Stöße in der Kreuzkopfbahn verursachen. Übernimmt das Schwungrad die Führung, so wechselt die Normalkomponente N in Abb. 392 ihre Richtung und drückt den Kreuzkopf auf die andere Gleitfläche. Ist dieser bei liegenden Maschinen aufwärtsstrebende Druck größer als das Gewicht des Kreuzkopfes und des auf ihn entfallenden Teiles der Pleuelstange, so tritt, wenn

Spielraum vorhanden ist, ein Stoß auf. Bei stehenden Maschinen fehlt die Gegenwirkung des Kreuzkopfgewichtes.

Beispiel. Zyl.-Dmr. 185 mm, Hub 320 mm, $n = 240$ Uml./min. $\frac{G}{F} = 0{,}45$ kg/cm².

Hieraus folgt die Kurbelzapfengeschwindigkeit $v = \frac{s\pi \cdot n}{60} = 4{,}02$ m/sek. Abb. 419 gibt die Druckkurve wieder, die aus dem Kolbenwegdiagramm nach Abb. 395 durch Ermittlung — mittels senkrechter Projektion auf den zugehörigen Kurbelkreis für $L = \infty$ — der zu C und einigen folgenden Punkten gehörigen Kurbelwege und deren Auftragen als Abszissen erhalten wird. Länge v in m stellt sonach eine Sekunde dar.

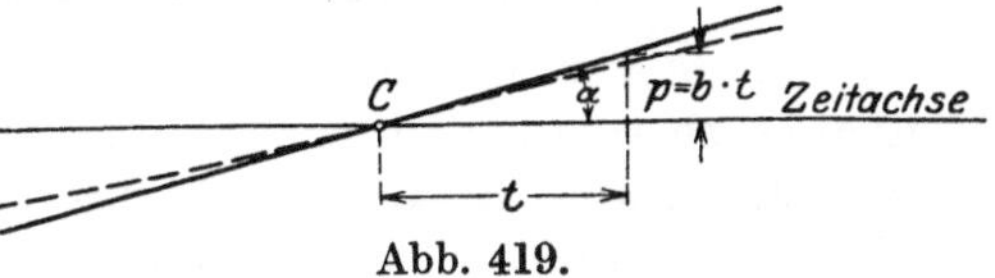

Abb. 419.

Aus der Zeichnung findet sich tg $\alpha = 0{,}28$ und da der Kräftemaßstab 8 mm $= 1$ at, der Längenmaßstab 1 mm $= 0{,}0016$ m (also die Hälfte des hier behandelten Beispiels auf S. 334), so wird der sekundliche Druckanstieg $b = \frac{28}{8} = 3{,}5$ at auf 100 mm Länge der Zeichnung, also auf $\frac{4{,}020}{1{,}6} = 2512$ mm, 1 sek entsprechend, wird $b = 3{,}5 \cdot 25{,}12 = 87{,}92$ at/sek.

$$q = \frac{b}{m} = \frac{87{,}92 \cdot 9{,}81}{0{,}45} = 1917\,.$$

Die Zeit zur Zurücklegung des zu $y = 0{,}2$ mm angenommenen Spielraumes zwischen Kurbelzapfen und Lager wird

$$t = \sqrt[3]{\frac{6\,y}{q}} = \sqrt[3]{\frac{6 \cdot 0{,}0002}{1917}} = 0{,}00855 \text{ sek}\,,$$

Relativgeschwindigkeit $$w = \sqrt[3]{4{,}5 \cdot y^2 \cdot q} = 0{,}070 \text{ m/sek}\,,$$

$$P = a \cdot w \cdot \sqrt{\frac{0{,}45}{9{,}81}} = 0{,}21\,a \cdot w.$$

Auf Grund von Versuchen an einer Dampfmaschine, deren Ergebnisse auf Gasmaschinen übertragen werden können, gelangt Dr.-Ing. Polster zu folgenden Sätzen[1]):

1. Der am meisten umstrittene Punkt, die „Lage des Druckwechsels" kann nicht als Kriterium für die Härte und Gefährlichkeit des Stoßes gelten. Die Stöße im Totpunkt sind ebenso weich wie die in der Mitte des Hubes.

2. Die Umlaufzahl der Maschine hat einen Einfluß auf den „sekundlichen Druckanstieg" b der Überdrucklinie. Der letztere ist nämlich proportional der Umlaufzahl. Ein weiterer Einfluß der Umlaufzahl der Maschine auf die Stoßstärke P besteht nicht.

3. Die Stoßstärke P ist, abgesehen von den Abmessungen der Maschine, nur eine Funktion von

dem sekundlichen „Druckanstieg" b,
der Größe des Spieles und
der Schmierung.

P ist praktisch für kleines b überhaupt nicht vorhanden, steigt dann erst langsam, solange die Ölschicht nicht weggequetscht wird, dann schneller, um schließlich linear mit $\sqrt[3]{b}$ anzusteigen.

Mit wachsendem Spiel vergrößert sich zunächst die Schlagstärke und nimmt dann je nach der Art des Druckwechsels und der Schmierung wieder ab oder läßt

[1]) Experimentelle Untersuchung der Druckwechsel und Stöße im Kurbelgetriebe von Kolbenmaschinen. Heft 172/173 der „Forschungsarbeiten auf dem Gebiete des Ingenieurwesens". 1915.

wenigstens im Wachstum nach, weil mit dem größeren Spiel auch bessere Ölzufuhr eintritt. Darüber hinaus findet wieder starke Steigerung der Schlagstärke statt.

Die Art der Schmierung hat einen ganz wesentlichen Einfluß auf die Stoßstärke. Schlechte Schmierung bedingt harte Schläge. Es ist nur ein geringer Öldruck nötig, um die Schläge ganz wesentlich zu mindern. Großer Öldruck verbessert die Verhältnisse zwar noch mehr, aber nicht in gleichem Maße, wie der Ölverbrauch wächst.

h) Festigkeitsberechnung der Schwungräder.

In erster Annäherung werde der Radkranz als ein frei um seine Achse rotierender Ring angesehen, aus dem nach Abb. 420 ein Stück herausgeschnitten ist. Ist c dessen Fliehkraft, so muß diese im Falle des Gleichgewichtes durch die beiden Zugkräfte T_0 aufgehoben werden. Aus dem Kräftedreieck Abb. 420 folgt, da Winkel τ unendlich klein ist:

$$c = T_0 \tau .$$

Ist f = Ringquerschnitt in cm²,
R = mittlerer Kranzhalbmesser in cm,
$v = R \cdot \omega$ in cm/sek,
γ = spezifisches Gewicht in kg/cm³,
g = 981 cm/sek², so ist die Masse des Ringstückes

$$m = \frac{R \cdot \tau \cdot f \gamma}{g},$$

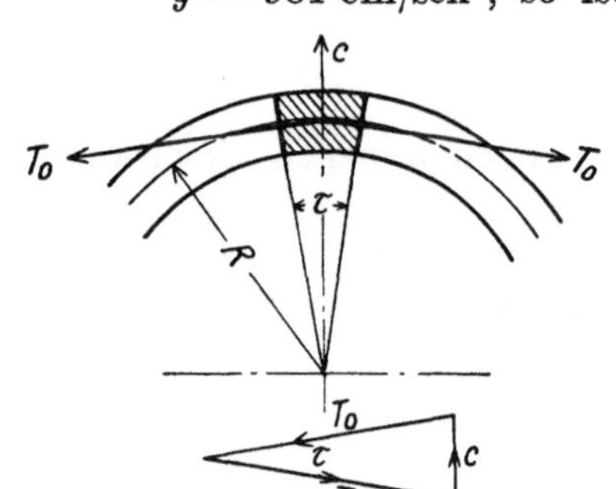

Abb. 420.

folglich die Fliehkraft

$$c = m R \omega^2 = \frac{R \cdot \tau f \gamma}{g} \cdot R \omega^2 = f \cdot \tau \frac{\gamma}{g} \cdot v^2 .$$

Tangentialkraft

$$T_0 = f \cdot \frac{\gamma}{g} \cdot v^2$$

Zugspannung im Ringquerschnitt:

$$\sigma_z = \frac{T_0}{f} = \frac{\gamma}{g} \cdot v^2 .$$

Die Formel ergibt infolge Vernachlässigung der Biegung des Kranzes zu kleine Werte für die Beanspruchung, läßt aber deutlich den großen Einfluß der Umfangsgeschwindigkeit erkennen. Für Gußeisen wird mit $\gamma = \frac{7,25}{1000}$ kg/cm³ und

v =	10	15	20	25	30	35	40	50 m/sek,
σ_z =	7,4	16,6	29,6	46,2	66,5	90,5	118	185 kg/cm².

Der Wert v = 35 m/sek soll bei gußeisernen Rädern nicht überschritten werden. Wird ein Segment von der Länge $L = \frac{2 R \pi}{i}$ betrachtet, wenn i = Armzahl, und werden die von beiden Armen auf den Kranz ausgeübten Zugkräfte mit $\frac{Z}{2}$ bezeichnet, so müssen die in Abb. 421 eingetragenen Kräfte T, $\frac{Z}{2}$ und die Fliehkraft C des Kranzstückes im Gleichgewicht sein:

$$2 T \sin \alpha + 2 \frac{Z}{2} \cos \alpha = C .$$

2α = Zentriwinkel in Bogenmaß.

Es werde nach Lindner[1]) angenommen, daß unter der Einwirkung der Zug-

[1]) Prof. G. Lindner: Maschinenelemente, S. 117—118. Stuttgart 1910. Für genauere Berechnung siehe das grundlegende Werk von M. Tolle: Regelung der Kraftmaschinen 3. Aufl. Berlin: Julius Springer 1921.

spannung $\frac{T}{f} = \sigma_z'$ sich der Radius R in gleichem Maße vergrößere wie die Armlänge l infolge der Zugspannung $\frac{Z}{f_a}$. Es wird bei demselben Elastizitätsmodul E:

$$\frac{T}{f} \cdot R = \frac{Z}{f_a} \cdot l\,,$$

worin f_a = Armquerschnitt in cm².

Die größere Streckung des Kranzes durch die Biegung und des Armes durch die eigene Fliehkraft wird sonach bei dieser angenäherten Berechnung nicht berücksichtigt.

Durch Einsetzen des aus der letzten Gleichung sich ergebenden Wertes Z in die Formel für C folgt:

$$T\left(1 + \frac{f_a}{f} \cdot \frac{R}{l} \cdot \frac{\operatorname{cotg} \alpha}{2}\right) = \frac{C}{2 \sin \alpha}$$

$$T = \frac{C}{2 \sin \alpha \left(1 + \frac{f_a}{f} \cdot \frac{R}{l} \cdot \frac{\operatorname{cotg} \alpha}{2}\right)};$$

$$Z = T \cdot \frac{f_a}{f} \cdot \frac{R}{l}.$$

Mit $C = 2\,T_0 \cdot \sin \alpha$, worin $T_0 = f \cdot \frac{\gamma}{g} \cdot v^2$ folgt:

$$T = \frac{T_0}{1 + \frac{f_a}{f} \cdot \frac{R}{l} \cdot \frac{\operatorname{cotg} \alpha}{2}}.$$

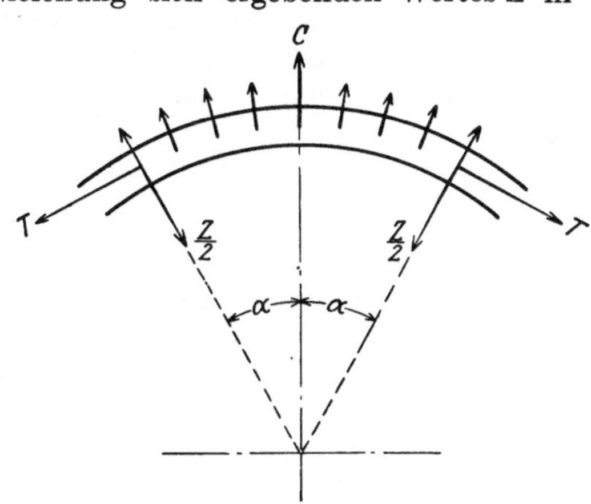

Abb. 421.

Zur Ermittlung der Biegungsbeanspruchung werde das Segment als gerader an den beiden Enden eingespannter Träger mit der gleichmäßig verteilten Last Z angesehen. Das Biegungsmoment hat dann den größten Wert

$$M_{b\max} = \frac{Z \cdot L}{12}$$

an den Enden des Trägers. Ist J = Trägheitsmoment des Ringquerschnittes, e = Abstand der äußersten Faser von der Nullachse, so folgt die gesamte Zugspannung zu

$$\sigma_z = \frac{T}{f} + M_b \cdot \frac{e}{J}.$$

Die **Schwungradarme** werden durch die in den vorstehenden Ausführungen erwähnte Kraft Z und außerdem durch die eigene Fliehkraft auf Zug beansprucht. Ist r = Nabenhalbmesser in cm, so folgt die Fliehkraft

$$C_x = \frac{x \cdot f_a \cdot \gamma}{g} \cdot \omega^2 \left(r + l - \frac{x}{2}\right)$$

für einen im Abstand x vom Schwungkranz entfernten Querschnitt, x = Länge des Armstückes.

Ist der Armquerschnitt konstant, so tritt die größte Beanspruchung an der Nabe auf.

$$C_a = \frac{l \cdot f_a \cdot \gamma}{g} \cdot \omega^2 \left(r + \frac{l}{2}\right)$$

$$\sigma_z = \frac{C_a}{f_a} = \frac{\omega^2 \gamma}{g}\, l \left(r + \frac{l}{2}\right)$$

Gesamtbeanspruchung:

$$\sigma_z = \frac{C_a}{f_a} + \frac{Z}{f_a} \text{ an der Nabe,}$$

$$\sigma_z = \frac{Z}{f_a} \text{ am Kranz.}$$

Verjüngt sich der Armquerschnitt nach dem Kranz hin, so ist die Lage des Schwerpunktes zu ermitteln, in dem die Masse des Armes vereinigt zu denken ist.

Zu den hier ermittelten Zugspannungen treten noch Biegungsspannungen infolge des übertragenen Drehmomentes. Wird die Arbeit durch Riemen oder Seile vom Schwungrad selbst abgenommen oder dient das Schwungrad als Anker einer Dynamomaschine, so werden die Drehkräfte in vollem Betrage durch die Arme in den Schwungkranz geleitet. Ist $T_{\max}$ die größte dem Tangentialdruckdiagramm zu entnehmende Drehkraft, so wird jeder Arm durch das Moment

$$M_b = T_{\max} \cdot \frac{r}{i R} \cdot l \;\; (r = \text{Kurbelradius})$$

auf Biegung beansprucht.

Ist hingegen zur Arbeitsentnahme eine besondere Scheibe vorgesehen, so nimmt das Schwungrad nur die Arbeitsüberschüsse auf bzw. gibt die Arbeitsunterschüsse ab. Es wird, mit T_m = mittlerer Tangentialkraft:

$$M_b = \frac{T_{\max} - T_m}{i} \cdot \frac{r}{R} \cdot l\,.$$

Die Kranzverbindung geteilter Räder wird durch Schrumpfringe oder Keilanker hergestellt. Sollen die Querschnitte f der Schrumpfbänder im kalten Zustand eine Zugkraft von σ_z kg/cm² ausüben, so müssen die Bänder um $\lambda_{cm} = \alpha\, l\, \sigma_z$ gedehnt, also bei Ringform um $\frac{\lambda}{\pi}$ enger gedreht werden. Wird der Sitz nicht als unnachgiebig angesehen, wird z. B. angenommen, daß $\frac{1}{5}$ der entstehenden Formänderung auf das Horn entfällt, so ist der Ring um $\frac{5}{4} \cdot \lambda$ enger zu drehen.

Um den Ring mit dem allseitigen Spiel $\frac{s}{2}$ auf das Horn vom Durchmesser d aufbringen zu können, muß sein Durchmesser d_r um $\left(\frac{\lambda}{\pi} + s\right)$ größer werden. Hierzu ist eine Temperatur

$$t = \frac{\frac{\lambda}{\pi} + s}{\alpha_w \cdot d_r} = \frac{10^5 \cdot \left(\frac{\lambda}{\pi} + s\right)}{1{,}2 \cdot d_r}$$

erforderlich. $\alpha_w = 1{,}2 \cdot 10^{-5}$ = Ausdehnungskoeffizient.

Die Schrumpfhörner werden durch die Kraft $\frac{i f \sigma_z}{x}$ auf Biegung und Schub beansprucht, wenn i = Anzahl der auf ein Horn entfallenden Bandquerschnitte.

Der Keilanker, Abb. 422, wird durch die Fliehkraft des halben Radkranzes und der zugehörigen Arme auf Zug beansprucht, außerdem ist mit einer Vorspannung $= \frac{1}{5}$ der genannten Kraft zu rechnen. Die stärkste Beanspruchung tritt in dem Querschnitt neben dem Keilloch auf, die Ankerenden sind auf Ausscheeren der Keillöcher nachzurechnen. Die Breite der Querkeile wird durch den zulässigen Auflagerdruck bestimmt, die Höhe wird als die eines gleichmäßig belasteten Balkens mit Auflager in der Mitte der Keillöcher im Radkranz berechnet.

Nabenverbindung. Die Schrauben, häufig durch Schrumpfringe unterstützt, werden meist für die höchste Belastung durch Fliehkraft und Gewicht berechnet, es wird also Unwirksamkeit der Kranzverbindung vorausgesetzt. Nabenbreite $= 1{,}5\,D$, Nabendurchmesser $= 1{,}7$ bis $2\,D$, wenn $D =$ Wellendurchmesser.

Beispiel. Gegeben Kranzgewicht 3100 kg, Kranzquerschnitt $f = 550\,\text{cm}^2$, Widerstandsmoment des Kranzquerschnittes $W = 2330\,\text{cm}^3$, Umfangsgeschwindigkeit $v = 25$ m/sek, Raddurchmesser 2,4 m im Schwerpunktkreis, Armquerschnitt $f_a = 160\,\text{cm}^2$, konstant; Armzahl $i = 6$; Radnabe 485 mm Dmr., $\omega = \frac{\pi \cdot n}{30} = \frac{\pi \cdot 200}{30} \cong 21$, Armlänge $l = 82{,}5$ cm.

Beanspruchung der Arme an der Nabe:

$$\sigma_i = \frac{\omega^2 \cdot \gamma}{g} \cdot l\left(r + \frac{l}{2}\right) = \frac{21^2 \cdot 7{,}25}{981 \cdot 1000} \cdot$$

$$\cdot\, 82{,}5\left(25 + \frac{82{,}5}{2}\right) = 17{,}8\,\text{kg/cm}^2\,.$$

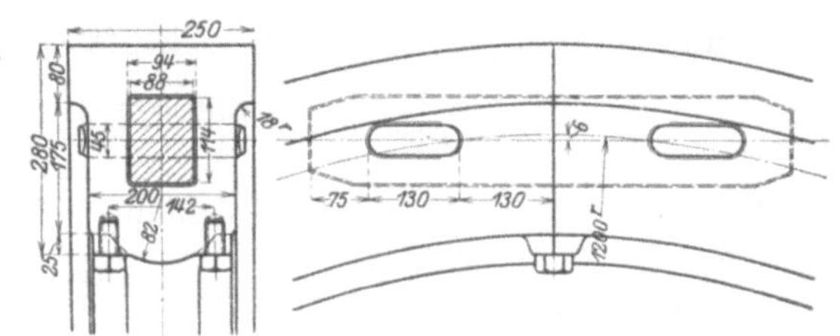

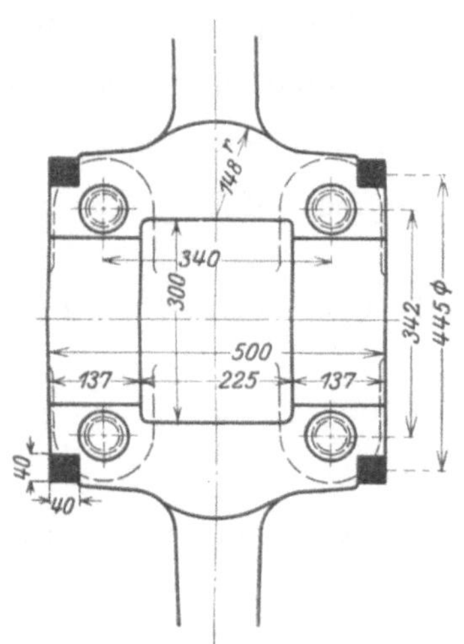

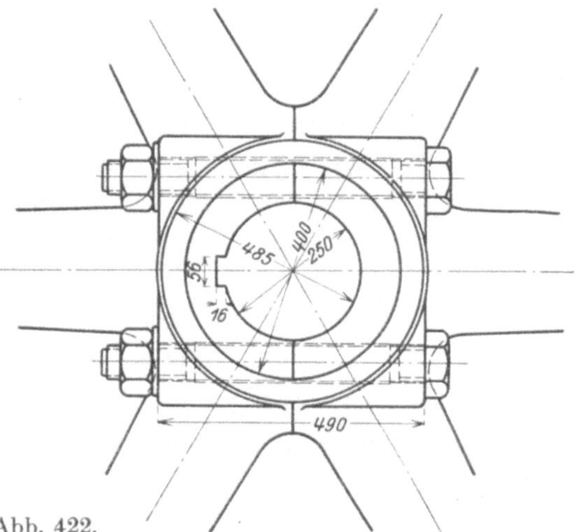

Abb. 422.

Zu dieser Beanspruchung tritt die von der Fliehkraft des Kranzes ausgeübte Zugbeanspruchung. Es ist

$$T_0 = f \cdot \frac{\gamma}{g} \cdot v^2 = 46{,}2 \cdot 550 = 25410\,\text{kg}\,.$$

$$T = \frac{T_0}{1 + \frac{f_a}{f} \cdot \frac{R}{l} \cdot \frac{\operatorname{cotg}\alpha}{2}} = \frac{25410}{1 + \frac{160}{550} \cdot \frac{120}{82{,}5} \cdot \frac{\operatorname{cotg} 30^\circ}{2}} = \frac{25410}{1 + 0{,}42 \cdot 0{,}866} = 18\,600\,\text{kg},$$

$$Z = T \cdot \frac{f_a}{f} \cdot \frac{R}{l} = 18600 \cdot 0{,}42 = 7825\,\text{kg}\,,$$

$$\sigma_z = \frac{Z}{f_a} = \frac{7825}{160} = 49\,\text{kg/cm}^2\,.$$

Gesamtbeanspruchung des Armquerschnittes an der Radnabe:

$$\sigma_i + \sigma_z = 17{,}8 + 49 = 67\,\text{kg/cm}^2\,.$$

Beanspruchung des Kranzquerschnittes.

$$M_{b\,\max} = \frac{ZL}{12}. \qquad \text{Mit} \qquad L = R \cdot \alpha = 1{,}2 \cdot \frac{3{,}14}{3} = 126\,\text{cm} \qquad \text{folgt:}$$

$$M_{b\,\max} = \frac{7825 \cdot 126}{12} = 82152\ \text{kgcm}\,, \qquad \sigma_{\max} = \frac{M_{b\,\max}}{W} = \frac{82152}{2330} = 35{,}2\,\text{kg/cm}^2\,.$$

Hierzu kommt:

$$\frac{T}{f} = \frac{18600}{550} = 33{,}8 \text{ kg/cm}^2 .$$

Gesamtbeanspruchung: $35{,}2 + 33{,}8 = 69 \text{ kg/cm}^2$.

Nabenverbindung. Abb. 422. Die beiden Schrumpfringe sollen allein die Fliehkraft des Rades aufnehmen. Mit $r_s = \frac{2R}{\pi}$ = Schwerpunktabstand jeder Radhälfte und $\omega = \frac{\pi n}{30}$ folgt die Fliehkraft:

$$Z = m r_s \cdot \omega^2 = \frac{350}{2} \cdot \left(\frac{1{,}2 \cdot 2}{\pi}\right) \cdot \frac{200^2 \cdot \pi^2}{900} = 59000 \text{ kg} .$$

Mit $m = 350$ wird die Masse auch der Arme berücksichtigt.

Jeder Bandquerschnitt F nimmt $\frac{59000}{4} = 14750$ kg auf. $F = \frac{14750}{900} = 16 \text{ cm}^2$ mit $k_z = 900 \text{ kg/cm}^2$. $F = 4 \cdot 4 \text{ cm}^2$.

Nach dem Entwurf wird der mittlere Durchmesser der Schrumpfringe $D_m = 44{,}5$ cm. Längung der Ringe: $\lambda = \alpha \cdot l \cdot \sigma_z = \frac{1}{2000000} 44{,}5 \cdot \pi \cdot 1000 = 0{,}07$ cm, sonach müssen sie im Durchmesser enger gedreht werden um $\frac{\lambda}{\pi} = 0{,}0223 \text{ cm} = 0{,}22$ mm.

Wird der Ring um 1,5 mm weiter gedehnt, um ihn bequem aufbringen zu können, so wird

$$\frac{\lambda_w}{\pi} = \frac{(0{,}15 + 0{,}022) \cdot \pi}{\pi} = \left(44{,}5 - \frac{\lambda}{\pi}\right) \alpha_w \cdot t = (44{,}5 - 0{,}022) \cdot 1{,}2 \cdot 10^{-5} \cdot t ,$$

$$t = \frac{100000 \cdot 0{,}172}{(44{,}5 - 0{,}022) \cdot 1{,}2} = 322^\circ .$$

Die Erwärmung auf 322° ist zulässig.

Außer dieser Schrumpfringverbindung werden für die Nabe noch vier Schrauben vorgesehen.

Kranzverbindung durch Keil. Abb. 422.

Wird das Gesamtgewicht des Schwungrades gleich dem 1,4fachen Schwungringgewicht gesetzt, so folgt $G_s = 1{,}4 \cdot 3100 = 4340$ kg, dessen Hälfte ebenfalls durch die beiden Kranzverbindungen aufzunehmen ist. Die Zugkraft im Kranz beträgt $T = 18600$ kg; mit Rücksicht auf die erwähnte Aufnahme des Schwungradgewichtes und die erforderliche Vorspannung werde mit 24000 kg gerechnet. Ankerquerschnitt

$$F_A = \frac{24000}{400} \cong 60 \text{ cm}^2 \quad \text{mit} \quad k_z = 400 \text{ kg/cm}^2 .$$

Da nur etwa 60% des Querschnittes für die Zubeanspruchung in Frage kommt, so wird ausgeführt: $F_A = \frac{60}{0{,}6} = 100 \text{ cm}^2 = 8{,}8 \cdot 11\text{g}{,}4 \text{ cm}^2$.

Der erwähnten Schwächung der Ankerfläche um 40% durch den Keil entsprechend wird die Keilstärke

$$s = 11{,}4 \cdot 0{,}4 \cong 4{,}5 \text{ cm} .$$

Flächendruck des Keiles im Anker:

$$k = \frac{24000}{8{,}8 \cdot 4{,}5} = 606 \text{ kg/cm}^2 ,$$

Flächendruck des Keiles im Kranz:

$$k = \frac{24000}{(20 - 9{,}4) \cdot 4{,}5} \cong 503 \text{ kg/cm}^2 .$$

Für die Berechnung der Höhe des Keiles wird dieser als ein auf die Länge 8,8 cm gleichmäßig belasteter Balken aufgefaßt, der an beiden Seiten auf den Strecken $\left(\frac{20-9,4}{2}\right)$ cm aufliegt, deren Mitte um 7,35 cm von Keilmitte entfernt ist.

$$M_b = \frac{24000}{2} \cdot \left(7,35 - \frac{8,8}{4}\right) = 61\,800 \text{ cmkg},$$

$$61\,800 = \frac{b\,h^2}{6} \cdot k_b = \frac{4,5 \cdot h^2}{6} \cdot 600\,; \qquad h \cong 120 \text{ mm},$$

ausgeführt wird $h = 130$ mm.

Ausführung der Schwungräder.

Da beim Guß der Schwungräder die Arme infolge der im Verhältnis zu ihrer Masse großen Abkühlfläche eher als Kranz und Nabe erstarren, so ziehen sie sich zusammen und verursachen Zugspannungen, die bei schwachen Armquerschnitten zur Rißbildung führen können. Wenn sich diese Spannungen auch durch früheres Abdecken des Kranzes verringern lassen, so empfiehlt sich doch auch bei ungeteilten Rädern, die Nabe drei- oder vierteilig auszuführen, indem graphitbestrichene Platten in die Form eingelegt werden. Die entstehenden Zwischenräume werden vor dem Aufziehen der Schrumpfringe mit Zink ausgegossen.

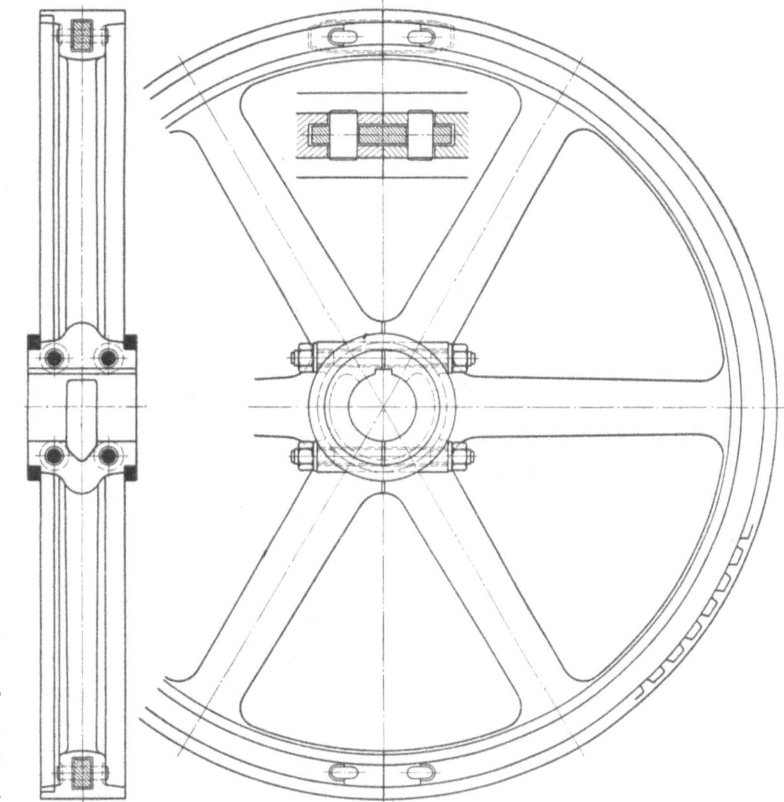

Abb. 423. Schwungrad der Ascherslebener Maschinenfabrik R. Wolf. Maßstab 1 : 25.

Schwungräder über 3 m Durchmesser werden meist zweiteilig hergestellt; die Teilfuge im Kranz wird meist zwischen zwei Arme gelegt (Abb. 423). Richtiger ist es bei größerem Raddurchmesser, die Fuge auf Mitte Arm oder doch so zu legen, daß die Kranzverbindungen möglichst nahe an die Arme herangerückt werden.

Die Richtungslinien der von den Kranzverbindungen ausgeübten Kraft sollen den Schwerkreisdurchmesser tangieren, um zusätzliche Biegungsbeanspruchungen zu vermeiden. Große Räder mit breiten Kränzen sind mit zwei oder mehr Armsystemen auszuführen.

An allen Stellen sind vom Konstrukteur allmähliche Übergänge, Vermeidung von Stoffanhäufungen, gleichmäßige Wandstärken anzustreben, um die Gefahr der Lunkerbildung zu verringern. Zu diesem Zweck ist die Nabe stark auszusparen, die

Kranzmasse möglichst zu verteilen, die Arme sind durch Wülste an Nabe und Kranz anzuschließen.

Besonders zweckmäßige Profilierung bezüglich Massenverteilung und Festigkeit zeigt Abb. 424, Ausführung der Schweizerischen Lokomotiv- und Maschinenfabrik, die Schwungräder dieser Form durchweg mit 35 m/sek laufen läßt. Die Arme

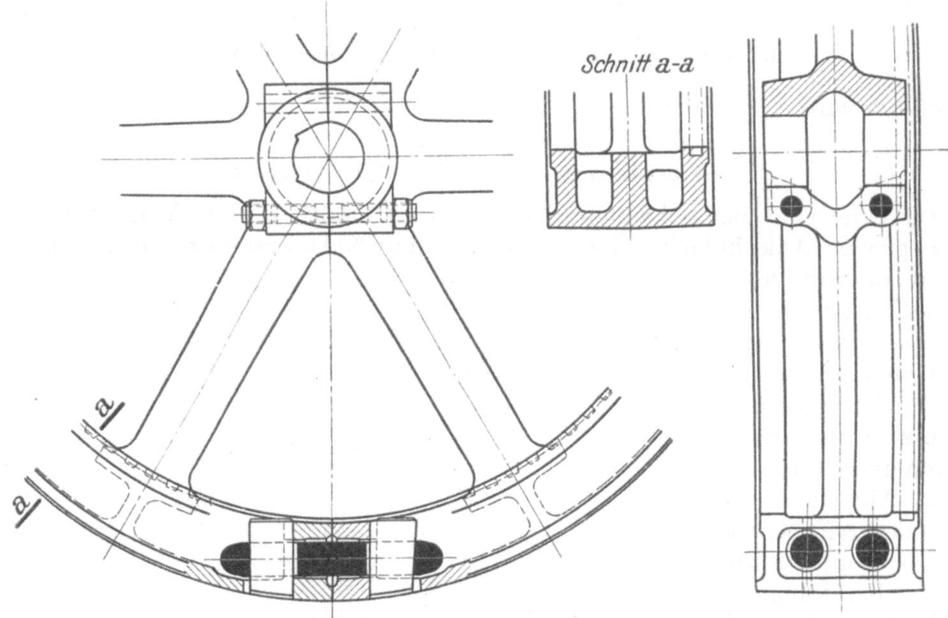

Abb. 424. Schwungrad der Schweizerischen Lokomotiv- und Maschinenfabrik.

schließen an Querstege an; die Formgebung bringt es mit sich, daß die die Anker anziehenden Querkeile in radialer Richtung liegen.

Größere Räder werden zweckmäßig durch Tangentialkeile mit der Welle verbunden.

6. Berechnung gekröpfter Wellen.

Die Verbrennungskraftmaschinen werden durchweg mit gekröpften Wellen ausgeführt; Stirnkurbeln finden sich nur bei amerikanischen Großgasmaschinen.

Die Abmessungen der Welle werden zunächst schätzungsweise angenommen und hierauf auf die Beanspruchung hin geprüft. Die Untersuchung hat sich auf die Beanspruchung durch den größten Kolbendruck und auf das aus dem Tangentialdruckdiagramm zu folgernde größte Drehmoment zu erstrecken, das etwa 35° nach Zurücklegen der Kurbeltotlage auftritt. Die Kolbenkraft beträgt hierbei bei Gasmaschinen etwa $^2/_3$, bei Dieselmaschinen etwa 80 bis 90% des Höchstwertes. Bei Maschinen, die — im Gegensatz zu Schiffsmaschinen — mit verringerter Umlaufzahl bei konstantem Drehmoment und Höchstkolbendruck arbeiten, ist die Verkleinerung der Kolbenkraft durch die Massendrucke nicht zu berücksichtigen, ein Fall, der z. B. bei Antrieb von Pumpen durch Dieselmaschinen vorkommt.

Bei der Berechnung einfacher Wellen wird meist in der Weise vorgegangen, daß eingespannt gedachte Querschnitte durch die Kräfte des rechts oder links von diesem Querschnitt gelegenen Teiles der Welle beansprucht werden. Biegungsmomente entstehen, wenn der Hebelarm der angreifenden Kraft senkrecht zur Einspannungsebene, Drehmomente, wenn der Hebelarm parallel zu dieser liegt.

1. Gekröpfte Welle liegender Maschinen. Die Welle wird zunächst für die Totlage untersucht, Abb. 425. Liegen die Lager wie üblich symmetrisch zur Mittelebene der Kröpfung, so haben die vom Verbrennungsdruck P herrührenden Lagerreaktionen die Größe $A_P = B_P = \frac{P}{2}$. Der vom Gewicht des fliegend angeordneten Schwungrades herrührende Lagerdruck ermittelt sich aus den Momentengleichungen $G \cdot l = B_G \cdot 2\,a$ und $G \cdot c = A_G \cdot 2\,a$ zu $B_G = \frac{G \cdot l}{2\,a}$ und $A_G = \frac{G \cdot c}{2\,a}$.

a) Kurbelzapfen. Von diesen Lagerkräften wird der Kurbelzapfen auf Biegung und Drehung beansprucht.

Biegungsmoment $M_b = \sqrt{A_G^2 + A_P^2} \cdot a$, Drehmoment $M_d = A_G \cdot r$

Beide Momente sind nach Bach zu einem ideellen Biegungsmoment

$$M_i = 0{,}35\,M_b + 0{,}65\,\sqrt{M_b^2 + \alpha_0^2 \cdot M_d^2}$$

zusammenzusetzen, wobei

$$\alpha_0 = \frac{k_b}{1{,}3\,k_d} \cong 1\,.$$

Widerstandsmoment des vollen Zapfens:

$$W = \frac{\pi \cdot d^3}{32} \cong 0{,}1\,d^3\,,$$

des ausgebohrten Zapfens:

$$W = \frac{\pi}{32} \cdot \frac{D^4 - d^4}{D}\,,$$

Biegungsbeanspruchung

$$\sigma_b = \frac{M_i}{W} \cong 1000 \text{ kg/cm}^2\,.$$

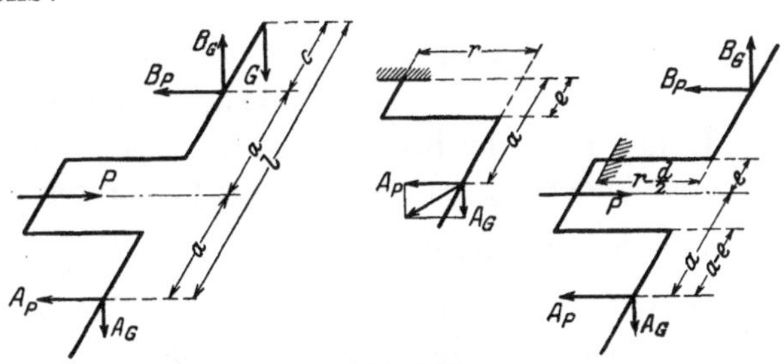

Abb. 425.

Diese hohe Beanspruchung ist statthaft, da bei dieser Berechnung die Lagerdruck-Resultierende in Lagermitte angenommen wird. In Wirklichkeit ändert die Lagerdruck-Resultierende ständig ihre Lage und wird gerade bei größeren Spannungen und Formänderungen nach den Enden der Lagerflächen verlegt. Auch ist die Stangenkraft nicht wie hier als Einzellast, sondern als eine auf die ganze Zapfenlänge verteilte Last aufzufassen.

Außer auf Biegung ist der Zapfen auf Auflagerdruck und Reibungsarbeit zu berechnen. Ist l = Zapfenlänge, d = Zapfendurchmesser ($l \cong 1{,}1\,d$) in cm, so ist der Auflagerdruck $k = \frac{P}{l \cdot d}$. Man wählt $k = 100$ bis 120 kg/cm²; bei größeren Pressungen liegt die Gefahr vor, daß die Schmierölschicht zwischen Lager und Zapfen herausgepreßt wird.

Reibungsarbeit je cm² Gleitfläche: $A_R = k \cdot \mu \cdot v$, worin $\mu \cong 0{,}1$ = Zapfenreibungskoeffizient. Mit $k = \frac{p}{l \cdot d}$, $v = \frac{d\pi \cdot n}{60 \cdot 100}$ m/sek wird:

$$A_R = \frac{p\pi n \cdot \mu}{6000 \cdot l} \text{ mkg/sek}\,.$$

$$k \cdot v = \frac{p\pi \cdot n}{6000 \cdot l} \cong \frac{p \cdot n}{1900 \cdot l} \text{ mkg/sek}\,.$$

$$l \geqq \frac{p \cdot n}{1900\,kv} \text{ in cm.}$$

$kv = 25$ mkg/sek bei Rotgußschalen, $kv = 30$ (bis 35) mkg/sek bei Weißgußschalen. In diesen Gleichungen ist p der Mittelwert der auf die Zeitachse bezogenen Kolbenkräfte.

b) Kurbelwangen. Die Kurbelwange auf der Schwungradseite wird beansprucht:

durch den Zünddruck P auf Druck: $\sigma = \frac{0{,}5\,P}{b \cdot h}$,

auf Drehung durch A_G,

$$M_d = A_G \cdot (a + e), \qquad \tau = \frac{M_d}{\frac{2}{9} \cdot b^2 h} \text{ kg/cm}^2,$$

auf Biegung durch A_G;

$$M_{bG} = A_G \cdot \left(r - \frac{d}{2}\right), \qquad \sigma_{bG} = \frac{M_{bG}}{\frac{1}{6} \cdot b\,h^2} \text{ kg/cm}^2,$$

auf Biegung durch A_P und P;

$$M_{bP} = P \cdot e - A_P\,(a + e) = \frac{P}{2}\,(a - e), \qquad \sigma_{bP} = \frac{M_{bP}}{\frac{1}{6} \cdot b^2 h} \text{ kg/cm}^2.$$

Resultierende Beanspruchung nach Bach:

$$\sigma_r = 0{,}35\,\sigma_b + 0{,}65\,\sqrt{\sigma_b{}^2 + 4\,\tau^2} \text{ kg/cm}^2.$$

In der Mitte der breiten Armseite treten die Beanspruchungen σ_{bP} und τ auf. Für die Formänderung ist diese Beanspruchung wichtiger als die in der kurzen Seite auftretenden Spannungen σ_{bG} und $\tau_1 = \tau \cdot \frac{b}{h}$, da hohe Biegungsspannungen in der breiten Seite den Arm in der Ebene der Kröpfung verbiegen, wogegen der Kurbelarm verhältnismäßig nachgiebig ist, während er gegen Biegungen aus der Kröpfungsebene hinaus widerstandsfähiger ist.

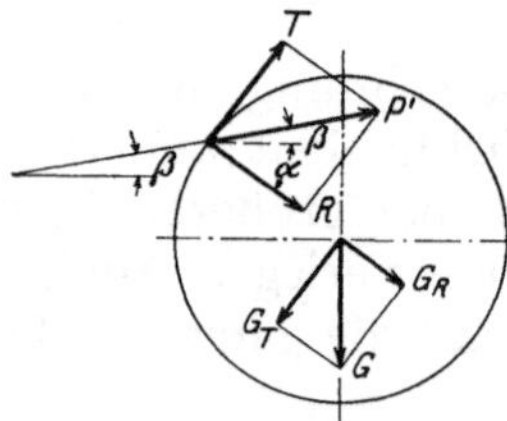

Abb. 426.

Die zweite Untersuchung ist unter Einführung des größten Drehmomentes durchzuführen, wobei die Kolbenkraft P' betrage. Die in dieser Kurbellage, Abb. 426, vorhandene Stangenkraft $S \simeq P'$ werde in die Tangentialkraft T und die Radialkraft R zerlegt. Die entsprechenden Lagerreaktionen sind A_R, A_T und B_R und B_T, Abb. 427. Es empfiehlt sich, das Schwungradgewicht nach den gleichen Richtungen zu zerlegen, so daß dessen Wirkung durch entsprechende Änderung der Reaktionen mit berücksichtigt wird. In der folgenden Berechnung ist das Schwungradgewicht nicht berücksichtigt.

a) Kurbelzapfen:

Biegungsmoment durch T: $M_{bT} = A_T \cdot a$.

Biegungsmoment durch R: $M_{bR} = A_R \cdot a$.

Resultierendes Biegungsmoment: $M_b = \sqrt{M_{bT}^2 + M_{bR}^2}$; $\sigma_b = \frac{M_b}{W}$.

Drehmoment durch T: $M_d = A_T \cdot r$; $\tau = \frac{M_d}{W_p}$.

Gesamtbeanspruchung: $\sigma_r = 0{,}35\,\sigma_b + 0{,}65\,\sqrt{\sigma_b^2 + 4\,\tau^2} \leqq k_b$.

b) Kurbelwange auf der Schwungradseite.

Druckbeanspruchung durch $\frac{R}{2}$:

$$\sigma = \frac{0{,}5\,R}{b \cdot h} \text{ kg/cm}^2.$$

Drehmoment durch T und A_T:

$$M_d = A_T \cdot (a - e); \qquad \tau = \frac{M_d}{\frac{2}{9} b^2 h}.$$

Biegungsmoment durch A_T:

$$M_b = A_T \cdot \frac{d_L}{2}.$$

Biegungsmoment durch T und A_T:

$$M_{bT} = T\left(r - \frac{d_L}{4}\right); \qquad \sigma_{bT} = \frac{M_{bT}}{\frac{1}{6} h^2 b}.$$

d_L = Wellendurchmesser am Ansatz der Welle.

Biegungsmoment durch A_R und R:

$$M_{bR} = A_R \cdot (a - e)$$

$$\sigma_{bR} = \frac{M_{bR}}{\frac{1}{6} h \cdot b^2}.$$

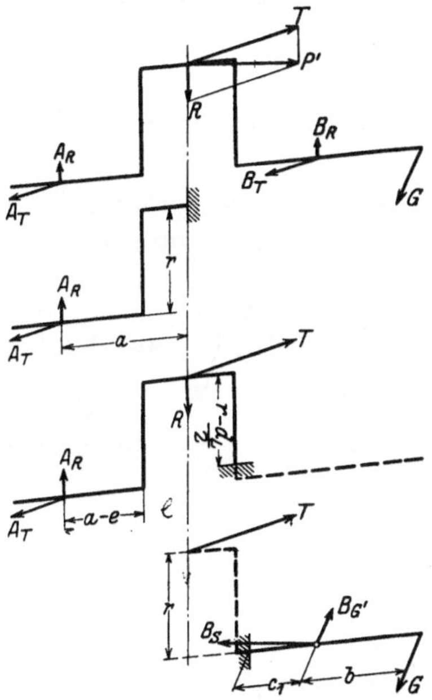

c) Wellenansatz an Kurbelwange auf Schwungradseite.

Beim Anfahren wird die Welle hier durch $M_d = T_{\max} \cdot r$ beansprucht, im Betrieb wirkt auf Verdrehung nur der Unterschied zwischen der jeweiligen und der mittleren Tangentialkraft.

Abb. 427.

Auf Biegung wirkt eine am Hebelarme c_1 angreifende Kraft R_B, die aus der durch die Stangenkraft S bedingten Lagerreaktion B_S und der durch das Schwungradgewicht verursachten Reaktion resultiert. Diese findet sich aus der Beziehung:

$$B_{G'} = \frac{G(b + c_1) - B_G \cdot c_1}{c_1}.$$

Rechnerisch wird

$$R_B = \sqrt{B_S^2 + B_{G'}^2 - 2 B_S \cdot B_{G'} \cdot \sin\beta}; \qquad \text{(da } \sin\beta = \cos[90^\circ - \beta]\text{, s. Abb. 428).}$$

Biegemoment $M_b = R_B \cdot c_1$ ist mit dem Drehmoment $M_d = T \cdot r$ zu dem Moment $M_r = 0{,}35\, M_b + 0{,}65\, \sqrt{M_b^2 + M_d^2}$ zusammenzusetzen.

Beanspruchung:

$$\sigma_r = \frac{M_r}{W} \text{kg/cm}^2.$$

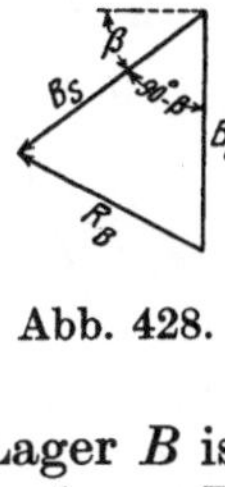

Abb. 428.

2. Gekröpfte Welle stehender Maschinen. In Kurbeltotlage und bei der Annahme $L = \infty$ in allen Kurbellagen wirken Schwungradgewicht und Kolbendruck in senkrechten Ebenen.

Im Zündtotpunkt beträgt im Lager A die Belastung $A_P - A_G$, im Lager B ist die Belastung $B_P + B_G$, wobei im Falle symmetrischer Lageranordnung $A_P = B_P = \frac{P}{2}$; die Reaktionen infolge des Schwungradgewichtes sind dieselben wie unter 1.

Biegungsmoment des Kurbelzapfens:

$$M_b = (A_P - A_G) \cdot a.$$

Biegungsmoment der Kurbelwange:

$$M_b = A_P(a - e) - A_G(a + e); \qquad \sigma_b = \frac{M_b}{\frac{1}{6}\, b^2 h}.$$

Druckbeanspruchung der Kurbelwange:

$$\sigma = \frac{A_P + A_G}{b\,h}.$$

Größte Beanspruchung:

$$\sigma_r = \sigma + \sigma_b.$$

Während des größten Drehmomentes wird der Kurbelzapfen beansprucht auf Biegung durch R und T (ohne Berücksichtigung des Schwungradgewichtes).

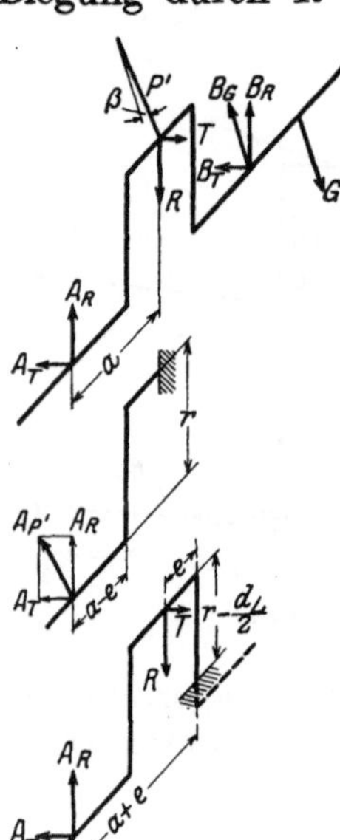

Abb. 429.

$$M_b = \sqrt{A_R^2 + A_T^2} \cdot a = A_{P'} \cdot a,$$

auf Verdrehen durch $M_d = \frac{T}{2} \cdot r = A_T \cdot r$.

Der Kurbelarm an der Schwungradseite wird nach Abb. 429 beansprucht durch:

$$M_{bR} = A_R \cdot (a - e); \qquad \sigma_{bR} = \frac{M_{bR}}{\frac{1}{6} \cdot b^2 h};$$

$$M_{bT} = T\left(r - \frac{d_L}{4}\right); \qquad \sigma_{bT} = \frac{M_{bT}}{\frac{1}{6} \cdot b h^2};$$

$$M_d = A_T \cdot (a - e); \qquad \tau = \frac{A_T(a - e)}{\frac{2}{9} \cdot b^2 h},$$

bzw. in der Mitte der schmalen Seite: $\tau = \frac{A_T(a - e)}{\frac{2}{9} \cdot b h^2}$.

Druckbeanspruchung: $\sigma = \frac{R - A_R}{b\,h}$.

Im Lager B schließen die Gegenkräfte von P' und G den Winkel β miteinander ein. Die Resultierende hat nach Abb. 430 die Größe

$$R_B = \sqrt{B_G^2 + B_{P'}^2 + 2\, B_G \cdot B_{P'} \cdot \cos\beta}.$$

3. Einfach gekröpfte Welle in drei Lagern. Diese bei größeren Einzylinder- und Tandemgasmaschinen übliche Bauart ist statisch unbestimmt und erfordert Ermittlung der Formänderungen, die am einfachsten an Hand des Mohrschen Satzes durchzuführen ist. Nach diesem wird die Momentenfläche als Belastungsfläche aufgefaßt, die in Teile zerlegt wird, deren Schwerpunktlagen bekannt sind. Sind die Querschnitte der Welle nicht gleichbleibend, so ist die $\frac{M}{J}$-Fläche als Belastungsfläche zu nehmen. Die Flächeninhalte dieser Teile werden als Kräfte dargestellt, die in den ermittelten Schwerpunkten angreifen. Aus Seil- und Kräftepolygon folgt sodann die elastische Linie des Trägers. Die Reaktion des mittleren Lagers wird ermittelt, indem für diese Stelle einmal die Durchbiegung δ_P infolge der wirklich vorhandenen Last P, das andere Mal die Durchbiegung δ_C einer angenommenen Vergleichlast C berechnet wird. Die Lagerreaktion hat sodann die Größe $\frac{\delta_P}{\delta_C} \cdot C$, worauf

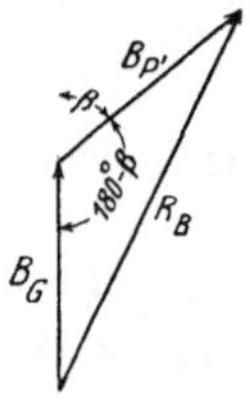

Abb. 430.

mit den Momentengleichungen die Reaktionen der beiden anderen Lager bestimmt werden können.

Das Verfahren werde an dem Beispiel der in Abb. 431 dargestellten Welle einer Großgasmaschine mit dem Kolbendruck $P = 350$ t und dem Schwungradgewicht $G = 76$ t erläutert.

1. Bestimmung der Lagerdrucke infolge P, Kurbeltotlage vorausgesetzt.

a) Ermittlung der Formänderung infolge P bei nicht vorhanden gedachtem

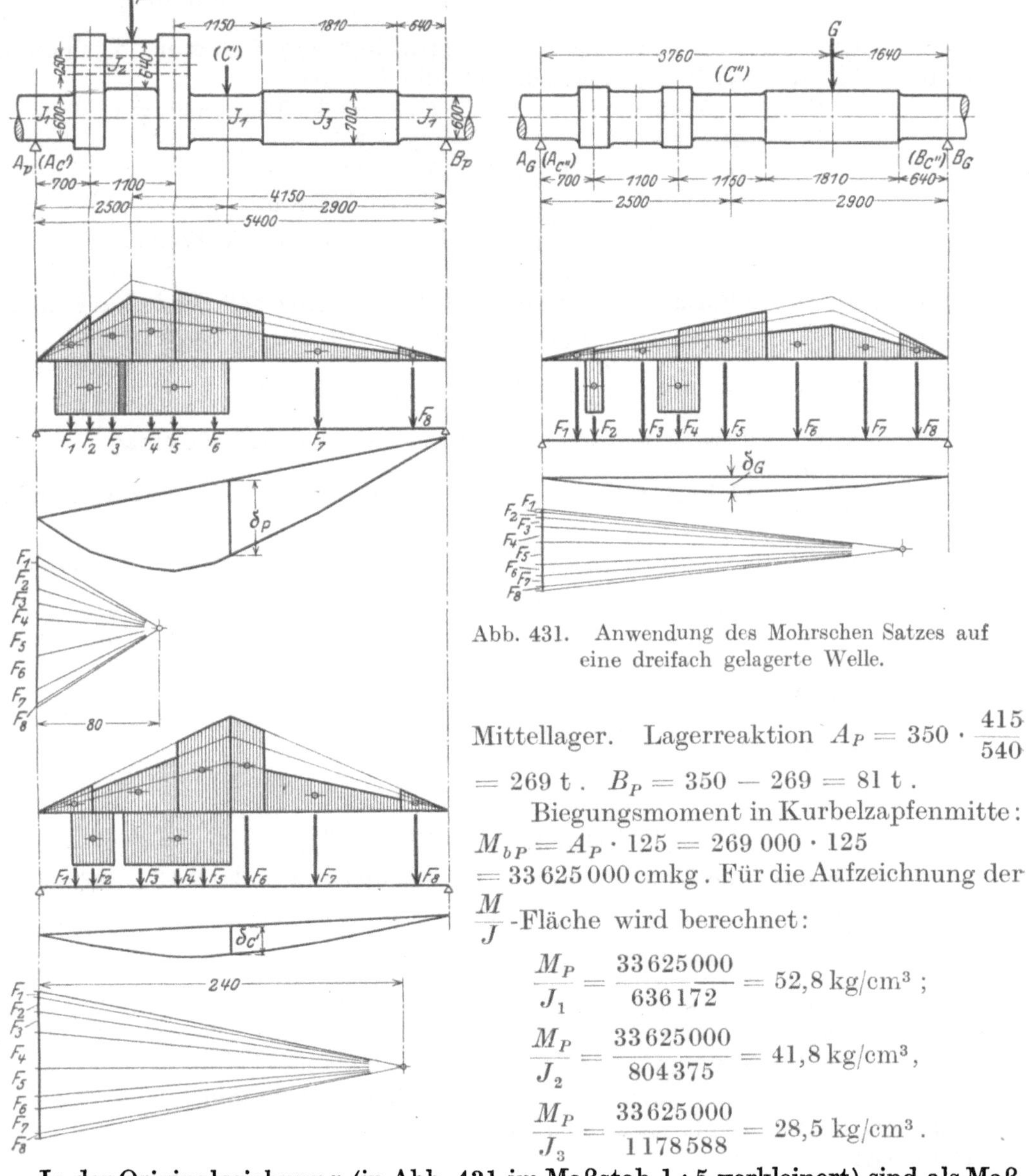

Abb. 431. Anwendung des Mohrschen Satzes auf eine dreifach gelagerte Welle.

Mittellager. Lagerreaktion $A_P = 350 \cdot \frac{415}{540} = 269$ t. $B_P = 350 - 269 = 81$ t.

Biegungsmoment in Kurbelzapfenmitte: $M_{bP} = A_P \cdot 125 = 269\,000 \cdot 125 = 33\,625\,000$ cmkg. Für die Aufzeichnung der $\frac{M}{J}$-Fläche wird berechnet:

$$\frac{M_P}{J_1} = \frac{33\,625\,000}{636\,172} = 52{,}8\ \text{kg/cm}^3\,;$$

$$\frac{M_P}{J_2} = \frac{33\,625\,000}{804\,375} = 41{,}8\ \text{kg/cm}^3,$$

$$\frac{M_P}{J_3} = \frac{33\,625\,000}{1\,178\,588} = 28{,}5\ \text{kg/cm}^3.$$

In der Originalzeichnung (in Abb. 431 im Maßstab 1 : 5 verkleinert) sind als Maßstäbe gewählt: für die $\frac{M}{J}$-Fläche 1 mm = 1 kg/cm³, für die Längen 1 mm = 2 cm, für die Flächen 1 mm = 100 mm².

Der Einfluß der Kurbelwangen auf die $\frac{M}{J}$-Fläche wird durch ein Rechteck dargestellt, dessen senkrechte Seite gleich dem Kurbelradius, dessen wagerechte

Seite gleich dem Biegemoment, dividiert durch das Trägheitsmoment der Kurbelwange ist.

$$J_w = \frac{b^3 h}{12} = \frac{78 \cdot 40^3}{12} = 416000\,\mathrm{cm}^4 . \quad M_{wA} = 269000 \cdot 70 = 18830000\,\mathrm{cmkg} ;$$

$$\frac{M_{wA}}{J_w} = 45{,}3\,\mathrm{kg/cm}^3 .$$

$$M_{wB} = 81000 \cdot 360 = 29160000\,\mathrm{cmkg} ; \qquad \frac{M_{wB}}{J_w} = 70{,}3\,\mathrm{kg/cm}^3 .$$

Nach obigem Maßstab sind die Seitenlängen 45,3 und 70,3 mm, Kurbelradius = 35 mm. Aus der Zeichnung ergeben sich die Flächen:

$$F_1 = 518\,\mathrm{mm}^2, \qquad F_2 = 43{,}3 \cdot 35 = 1590\,\mathrm{mm}^2,$$
$$F_3 = 897\,\mathrm{mm}^2, \qquad F_4 = 1073\,\mathrm{mm}^2,$$
$$F_5 = 70{,}3 \cdot 35 = 2450\,\mathrm{mm}^2, \qquad F_6 = 2215\,\mathrm{mm}^2,$$
$$F_7 = 960\,\mathrm{mm}^2, \qquad F_8 = 130\,\mathrm{mm}^2.$$

Aus dem Seilzug folgt als Maß für die Durchbiegung der Welle:

$$\delta_P = 50{,}3\,\mathrm{mm} .$$

b) Ermittlung der Formänderung infolge der Vergleichlast C', die in Lagermitte C angreifend gedacht wird und gleichgerichtet mit P ist. $C' = 100$ t gewählt.

$$\text{Lagerreaktion } A_{C'} = 100 \cdot \frac{290}{540} = 53{,}7\,\mathrm{t} ; \qquad B_{C'} = 46{,}3\,\mathrm{t} .$$

Biegungsmoment in Mitte Lager C: $M_{C'} = A_{C'} \cdot 250 = 13\,425\,000$ cmkg.

$$\frac{M_{C'}}{J_1} = \frac{13425000}{636172} = 21{,}1\,\mathrm{kg/cm}^3 ; \qquad \frac{M_{C'}}{J_2} = 16{,}7\,\mathrm{kg/cm}^3 ; \qquad \frac{M_{C'}}{J_3} = 11{,}4\,\mathrm{kg/cm}^3 .$$

Um für die $\frac{M}{J}$-Fläche größere Ordinaten zu erhalten, wird hier der Maßstab 3 mm = 1 kg/cm³ und gleichzeitig der Polabstand dreimal so groß wie bei der gleichartigen Durchbiegung durch P gewählt, damit die Durchbiegung δ_C unmittelbar mit δ_P verglichen werden kann.

Einfluß der Wangen:

$$\frac{M_w}{J_w} = \frac{53700 \cdot 70}{416000} = 9{,}05\,\mathrm{kg/cm}^3 .$$

$$\frac{M_w}{J_w} = \frac{53700 \cdot 180}{416000} = 23{,}2\,\mathrm{kg/cm}^3 .$$

Nach dem geänderten Maßstab werden die Rechteckseiten $3 \cdot 9{,}05 = 27{,}15$ mm, $3 \cdot 23{,}2 = 69{,}6$ mm.

Aus der $\frac{M}{J}$-Fläche ergibt sich:

$$F_1 = 310\,\mathrm{mm}^2, \qquad F_3 = 1365\,\mathrm{mm}^2,$$
$$F_5 = 1910\,\mathrm{mm}^2, \qquad F_6 = 1310\,\mathrm{mm}^2,$$
$$F_7 = 1650\,\mathrm{mm}^2, \qquad F_8 = 224\,\mathrm{mm}^2,$$

außerdem $F_2 = 35 \cdot 27{,}15 = 948\,\mathrm{mm}^2$, $F_4 = 35 \cdot 69{,}6 = 2436\,\mathrm{mm}^2$.

Aus dem Seilzug folgt: $\delta_{C'} = 19{,}3$ mm.

Dann ist:

$$C_P = 100 \cdot \frac{\delta_P}{\delta_C} = 100 \cdot \frac{50{,}3}{19{,}3} = 262\,\mathrm{t}.$$

$$A_P = \frac{350 \cdot 4{,}15 - 262 \cdot 2{,}9}{5{,}4} = 128\,\mathrm{t} .$$

$$B_P = \frac{350 \cdot 1{,}25 - 262 \cdot 2{,}5}{5{,}4} = -40\,\mathrm{t} .$$

2. Bestimmung der Lagerdrucke infolge G. (G greift senkrecht zur Kröpfungsebene an.)

a) Ermittlung der Formänderung infolge G bei nicht vorhanden gedachtem Lager C.

$$A_G = 76 \cdot \frac{164}{540} = 23{,}1\,\text{t}\,; \qquad B_G = 76 - 23{,}1 = 52{,}9\,\text{t}\,.$$

Biegungsmoment im Schwungradsitz: $M_G = 23\,100 \cdot 376 = 8\,692\,000$ cmkg.

$$\frac{M_G}{J_1} = \frac{8692000}{636172} = 13{,}65\,\text{kg/cm}^3\,; \qquad \frac{M_G}{J_2} = 10{,}8\,\text{kg/cm}^3\,; \qquad \frac{M_G}{J_3} = 7{,}37\,\text{kg/cm}^3\,.$$

Flächeninhalte: $F_1 = 123{,}4$ mm, $F_6 = 750$ mm,
$F_3 = 593\,\text{mm}^2$, $F_7 = 768\,\text{mm}^2$,
$F_5 = 1490\,\text{mm}^2$, $F_8 = 256\,\text{mm}^2$.

Die Kurbelwangen werden unter dem Einfluß des Schwungradgewichtes G verdreht.

Ist G = Gleitmodul,

ϑ = verhältnismäßiger Verdrehungswinkel infolge M_d zweier um 1 cm entfernten Querschnitte, gemessen in cm auf einem Bogen vom Halbmesser 1 cm,

so ist[1]):

$$M_d \cong \frac{1}{3}\left(\frac{h}{b} - 0{,}630 + 0{,}052\frac{b^4}{h^4}\right) \cdot G \cdot \vartheta \cdot b^4\,,$$

$$\vartheta = \frac{M_d}{G\,b^4 \cdot \frac{1}{3}\left(\frac{h}{b} - 0{,}630 + 0{,}052 \cdot \frac{b^4}{h^4}\right)} = \frac{M_d}{0{,}44 \cdot G\,b^4}\,,$$

$$\delta_A = a \cdot r \cdot \vartheta\,,$$

worin a = Abstand des Lagers A von der Kurbelwange,

δ_A = Abschnitt auf der Senkrechten durch A zwischen der Wellenmittellinie und der Tangente an der Biegungslinie.

$$\delta_A = a\,r \cdot \frac{M_d}{0{,}44 \cdot G \cdot b^4}\,.$$

Durch Erweiterung dieses Ausdruckes mit $\frac{E}{E}$ wird:

$$\delta_A = \frac{1}{E}\left(\frac{E \cdot M_d \cdot r}{G \cdot 0{,}44 \cdot b^4}\right) \cdot a\,.$$

Dieser Ausdruck kann — entsprechend der Formänderung infolge der Durchbiegung — als das $\frac{1}{E}$-fache statische Moment (mit dem Hebelarm a) eines Rechteckes aufgefaßt werden, dessen Grundlinie gleich dem Kurbelradius r und dessen Höhe $= \frac{E \cdot M_d}{G \cdot 0{,}44\,b^4}$ ist. Die Zusatzfläche ist:

$$F = \frac{E \cdot M_d \cdot r}{G \cdot 0{,}44\,b^4}$$

Demnach:

$$h_1 = \frac{E}{G} \cdot \frac{M_d}{0{,}44\,b^4} = \frac{2\,200\,000}{850\,000} \cdot \frac{23\,100 \cdot 70}{0{,}44 \cdot 40^4} = 3{,}70\,\text{kg/cm}^3.$$

$$h_2 = \frac{2\,200\,000}{850\,000} \cdot \frac{23\,100 \cdot 180}{0{,}44 \cdot 40^4} = 9{,}55\,\text{kg/cm}^3\,.$$

[1]) Dubbel: Taschenbuch für den Maschinenbau, 4. Aufl., Bd. I, S. 497. Berlin: Julius Springer.

Maßstab: 3 mm = 1 kg/cm³.

$$h_1 = 3 \cdot 3{,}70 = 11{,}1 \text{ mm},$$
$$h_2 = 3 \cdot 9{,}55 = 28{,}65 \text{ mm},$$

$$F_2 = 35 \cdot 11{,}1 = 388 \text{ mm}^2,$$
$$F_4 = 28{,}65 \cdot 35 = 1000 \text{ mm}^2.$$

Aus dem Seilzug folgt:

$$\delta_G = 10 \text{ mm}.$$

b) Ermittlung der Formänderung infolge der Vergleichlast C''.
Es findet sich in gleicher Weise wie unter 1:

$$F_1 = 310 \text{ mm}^2, \qquad F_6 = 1310 \text{ mm}^2,$$
$$F_3 = 1365 \text{ mm}^2, \qquad F_7 = 1650 \text{ mm}^2,$$
$$F_5 = 1910 \text{ mm}^2, \qquad F_8 = 224 \text{ mm}^2.$$

$$h_1 = \frac{2\,200\,000}{850\,000} \cdot \frac{53\,700 \cdot 70}{0{,}44 \cdot 40^4} = 8{,}62 \text{ kg/cm}^3, \text{ dargestellt durch } 3 \cdot 8{,}62 = 25{,}86 \text{ mm},$$

$$h_2 = \frac{2\,200\,000}{850\,000} \cdot \frac{53\,700 \cdot 180}{0{,}44 \cdot 40^4} = 22{,}2 \text{ kg/cm}^3, \text{ dargestellt durch } 66{,}6 \text{ mm}.$$

$$F_2 = 25{,}86 \cdot 35 = 905 \text{ mm}^2, \qquad F_4 = 66{,}6 \cdot 35 = 2330 \text{ mm}^2.$$

Aus dem Seilzug folgt $\delta_{C''} = 18{,}6$ mm.

Dann wird:

$$C_G = \frac{10}{18{,}6} \cdot 100 = 53{,}8 \text{ t},$$

$$B_G = \frac{76 \cdot 3{,}76 - 53{,}8 \cdot 2{,}5}{5{,}4} = 28 \text{ t},$$

$$A_G = \frac{76 \cdot 1{,}64 - 53{,}8 \cdot 2{,}9}{5{,}4} = -5{,}8 \text{ t}.$$

3. Bestimmung der Lagerdrucke A, B und C.

$$A_P = 128 \text{ t}, \quad A_G = -5{,}8 \text{ t}, \qquad A = \sqrt{128^2 + 5{,}8^2} = 128{,}2 \text{ t}.$$

$$B_P = -40 \text{ t}, \quad B_G = 28 \text{ t}, \qquad B = \sqrt{40^2 + 28^2} = 48{,}8 \text{ t},$$

$$C_P = 262 \text{ t}, \quad C_G = 53{,}8 \text{ t}. \qquad C = 268 \text{ t}.$$

4. Zweifach gekröpfte Welle in vier Lagern. Bei Zwillingstandem-Viertaktmaschinen wie auch bei Zwillings-Zweitaktmaschinen wird das Schwungrad oder der Generator zwischen den beiden Innenlagern der Maschine angeordnet, wobei die Kurbeln unter 90° versetzt sind. Da hierbei die größten Verbiegungen und Verdrehungen nacheinander folgen, so genügt eine Untersuchung wie unter 3, wenn die zulässigen Beanspruchungen um 10 bis 15% geringer als die üblichen Höchstwerte eingesetzt werden.

Wird hingegen — wie bei stehenden Maschinen — ein Drehmoment durch eine Kurbelkröpfung zum Schwungrad geleitet, so entstehen Lagerdrucke dadurch, daß die beiden Wellenstrecken vor und hinter der Kröpfung parallel gegeneinander verschoben werden, wobei die Kurbelarme — von einem Endpunkt der Welle aus gesehen — sich V-artig gegeneinander verschieben. An den beiden äußeren Lagerstellen müssen Kräfte angreifen, die Gegenkräfte in den beiden mittleren Lagern hervorrufen und senkrecht zur Kröpfungsebene stehen. Diese Kräfte sind erforderlich, um die Welle zu zwingen, in den vier Punkten der Lager auf der Mittellinie zu bleiben.

Zur Verringerung dieser Kräfte sind die Kurbelarme gegen Verbiegung aus der Kröpfungsebene möglichst steif, der Kurbelzapfen möglichst widerstandsfähig gegen Verdrehung zu machen.

5. Mehrfach gekröpfte Welle in mehreren Lagern. Die unter 4. besprochene Welle gehört als Sonderfall hierhin.

Da die genaue Berechnung dieser Wellen große Schwierigkeiten macht und äußerst zeitraubend ist, so begnügt man sich vielfach mit angenäherten Berechnungen, von denen im folgenden einige erwähnt seien.

a) Föppl-Strombeck[1]) empfehlen, bei schnellaufenden Dieselmaschinen, deren Wellen bei gleichem Hubverhältnis in der Form sehr ähnlich sind, nur ein Wellenstück zwischen zwei Grundlagern auf Biegung zu berechnen, wodurch sich natürlich nicht die richtigen Baustoffbeanspruchungen, sondern nur vergleichsmäßige Werte ergeben. Es wird:

$$M_b = \frac{\pi D^2}{4} \cdot p \cdot \frac{l}{4} = \frac{\pi d^3}{32} \cdot k_b ,$$

worin $D =$ Zyl.-Dmr., $p =$ Verbrennungsdruck, $l =$ Lagerentfernung, $d =$ Wellen-Dmr. $k_b = 750$ bis $900\ \text{kg/cm}^2$.

b) Berling[2]) geht in grundsätzlich gleicher Weise vor, nur daß die Berechnung des einzelnen Kurbelwellenstückes genauer in der auf S. 357 gegebenen Art durchgeführt wird. Der Zusammenhang mit der übrigen Welle wird nur insofern berücksichtigt, als mit der Einleitung eines Drehmomentes M' in das betrachtete Kurbelwellenstück, welches das Drehmoment M weiterleitet, gerechnet wird. Sonach wird die Tangentialkraft $T = \frac{M - M'}{r}$. Die Resultierende des Lagerdruckes nimmt Berling nicht in Lagermitte, sondern in den Flächen der Arbeitsleisten an, in denen die Lagerschalen an Lagerdeckel und -körper anliegen.

c) Dr. Geiger[3]) bestimmt die Formänderungen eines beiderseits gelagerten Kurbelwellenstückes durch Kraft und Biegemoment in und senkrecht zur Kröpfungsebene unter Ausschluß von Drehmomenten. Werden diese Formänderungen mit denen einer glatten Welle vom Durchmesser des Kurbelzapfens verglichen, so zeigt sich, daß die gekröpfte Welle für alle möglichen Biegungsbeanspruchungen sich ungefähr um denselben Betrag elastischer verhält als die glatte Welle. Dieser Betrag ist von Welle zu Welle verschieden, aber für eine gegebene Welle immer genügend genau gleich. Es ist also bei Berechnung mehrfach gekröpfter Wellen nur festzustellen, um wieviel eine Kröpfung elastischer als die glatte Welle ist, Kurbelversetzungen brauchen nicht berücksichtigt zu werden.

d) Shannon[4]) ermittelt in den Reihen 5, 7 und 9 der Zahlentafeln auf S. 366 und 367 das Verhältnis R des größten vorkommenden Drehmomentes zum mittleren Drehmoment $M_d = 716 \frac{N}{n}$ mkg. Die eingeklammerten Zahlen geben die Nummern der Kurbel an, bei der das größte Moment auftritt. In den Reihen 6, 8 und 10 ist das Verhältnis des am Ende der Welle auftretenden, größten Drehmomentes zum mittleren angegeben, Werte, die für die Berechnung der Leitungswellen maßgebend sind. Der Aufstellung sind Massendrucke von 7 und 14 kg/cm² zugrunde gelegt worden; die Pleuelstange ist $4{,}5 \times$ Kurbelradius.

---

[1]) Föppl-Strombeck-Ebermann: Schnellaufende Dieselmaschinen. Berlin: Julius Springer 1925.

[2]) Berechnung mehrmals gekröpfter Kurbelwellen für Schiffsmaschinen. Z. V. d. I. 1898, S. 495.

[3]) Biegungsbeanspruchungen in mehrfach gekröpften Wellen mit mehreren Lagern. Zeitschr. „Maschinenbau" 1925, S. 889.

[4]) Engg. 1912, S. 605.

Zahlentafel I.

Einfachwirkende Viertaktmaschine.

1.	2.	3.	4.	5.	6.	7.	8.	9.	10.	11.	12.	13.
Zahl der Kurbeln	Kurbelwinkel	Zündfolge	Kurbelwelle	Werte von R und R_1						Höhe des größt. Drehmomentes bei		
				Massenkraft = 0		Massenkraft = 7 at		Massenkraft = 14 at				
				R	R_1	R	R_1	R	R_1	0 at	7 at	14 at
1	0	1		14.2 (1)	14.2	10.8 (1)	10.8	9.1 (1)	9.1	2.46	1.88	1.58
2	360°	1, 2		7.1 (2)	7.1	5.4 (1)	4.6	7.1 (2)	7.1	2.46	1.88	2.46
2	180°	1, 2		7.1 (2)	7.1	5.4 (1)	4.5	6.8 (2)	6.8	2.46	1.88	2.37
3	120°	1, 2, 3		4.7 (3)	4.7	4.2 (2)	3.78	5.15 (2)	4.3	2.46	2.19	2.69
4	180°	1, 2, 4, 3		3.5 (4)	3.5	2.7 (1)	2.34	5.15 (4)	5.15	2.46	1.88	3.58
4	90°	1, 2, 4, 3		4.3 (4)	4.3	4.15 (4)	4.15	4.4 (3)	4.25	2.98	2.88	3.08
5	72°	1, 3, 5, 4, 2		2.86 (5)	2.86	3.35 (4)	2.8	3.9 (4)	2.8	2.49	2.92	3.4
6	120°	1, 2, 3, 6, 5, 4		2.55 (5)	2.42	2.3 (5)	1.44	2.45 (2)	2.02	2.65	2.4	2.55
6	120°	1, 5, 3, 6, 2, 4	Wie vorstehend	2.55 (5)	2.42	2.17 (5)	1.44	2.6 (2)	2.02	2.65	2.96	2.69
8	90°	1, 5, 2, 6, 4, 8, 3, 7		2.16 (5)	1.74	2.54 (5)	1.61	3.4 (5)	1.63	3.0	3.53	4.73
8	90°	1, 6, 2, 4, 8, 3, 7, 5		2.16 (4)	1.74	2.4 (5)	1.61	2.9 (6)	1.63	3.0	3.33	4.02
12	60°	1, 2, 3, 6, 5, 4, 7, 8, 9, 12, 11, 10	Zwei Sechszylindermaschinen mit Kurbeln unter 60°	1.74 (7)	1.17	1.77 (8)	1.27	2.01 (10)	1.21	3.62	3.68	4.18
12	60°	1, 5, 3, 6, 2, 4, 7, 11, 9, 12, 8, 10	Wie vorstehend	1.77 (7)	1.17	1.8 (10)	1.27	2.06 (10)	1.21	3.68	3.74	4.29

Zahlentafel II.

Einfachwirkende Zweitaktmaschine.

1.	2.	3.	4.	5.	6.	7.	8.	9.	10.	11.	12.	13.
Zahl der Kurbeln	Kurbelwinkel	Zündfolge	Kurbelwelle	Werte von R und R_1						Höhe des größt. Drehmomentes bei		
				Massenkraft = 0		Massenkraft = 7 at		Massenkraft = 14 at				
				R	R_1	R	R_1	R	R_1	0 at	7 at	14 at
1	0	1	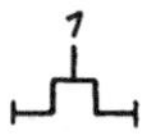	7.6 (1)	7.6	5.8 (1)	5.8	5 (1)	5	2.7	2.06	1.78
2	180°	1, 2	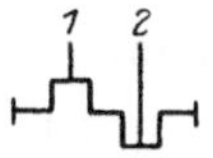	3.8 (1)	3.64	2.9 (1)	2.25	2.5 (1)	2.25	2.7	2.06	1.78
3	120°	1, 2, 3	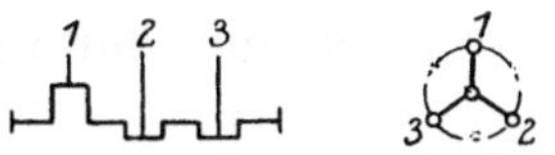	2.7 (2)	2.3	2.38 (2)	1.83	2.14 (2)	1.37	2.87	2.52	2.27
4	90°	1, 4, 2, 3	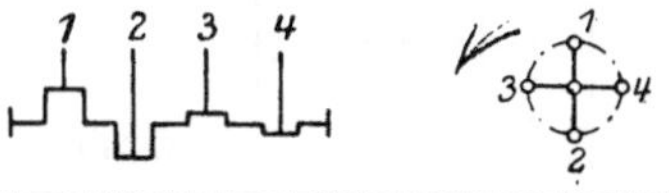	2.22 (3)	1.68	1.93 (3)	1.65	2.1 (3)	1.62	3.16	2.74	3.02
5	72°	1, 5, 2, 3, 4	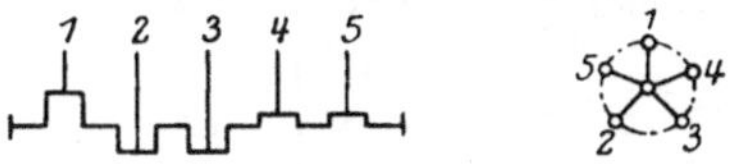	1.91 (3)	1.31	1.64 (4)	1.29	1.93 (4)	1.28	3.38	2.9	3.42
5	72°	1, 3, 5, 2, 4	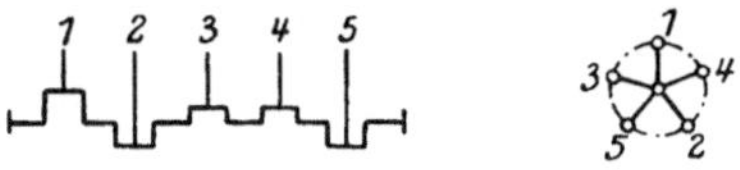	1.91 (3)	1.31	1.68 (4)	1.29	1.96 (4)	1.28	3.38	2.96	3.47
6	60°	1, 6, 2, 4, 3, 5	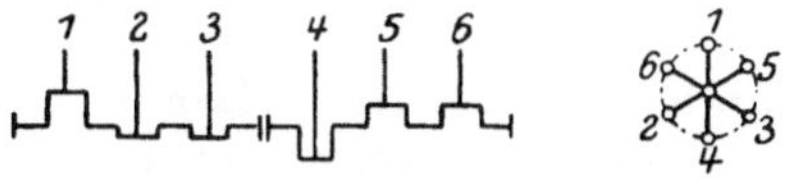	1.7 (5)	1.12	1.62 (4)	1.17	1.62 (5)	1.17	3.7	3.44	3.45
6	60°	1, 4, 5, 2, 3, 6	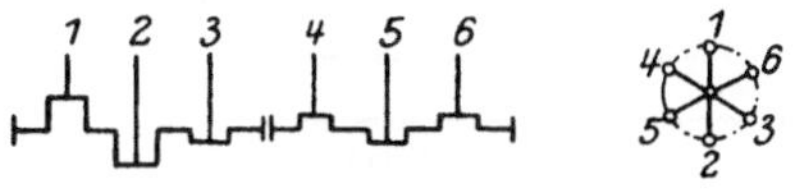	1.71 (5)	1.12	1.48 (5)	1.17	1.62 (5)	1.17	3.64	2.94	3.45
8	45°	1, 7, 5, 4, 2, 8, 6, 3	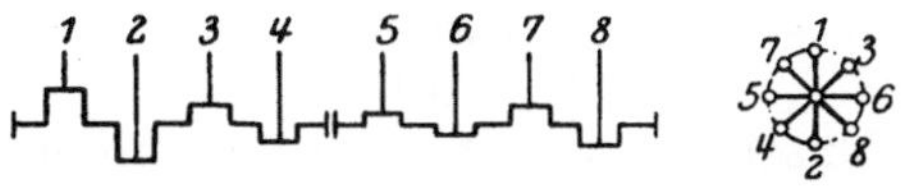	1.64 (5)	1.03	1.24 (7)	1.02	1.41 (6)	1.01	4.66	3.78	4
8	45°	1, 8, 6, 4, 2, 7, 5, 3	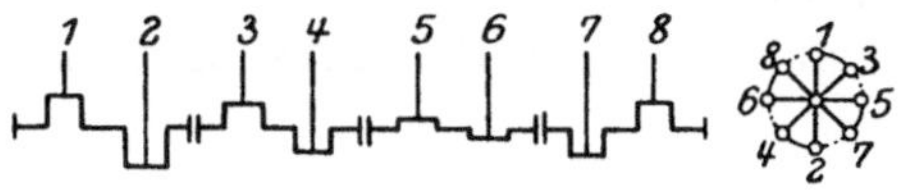	1.48 (7)	1.03	1.32 (5)	1.02	1.43 (7)	1.01	4.2	3.74	4.05

Die Reihen 11, 12 und 13 zeigen vergleichsweise die langsame Zunahme des größten Drehmomentes bei Vergrößerung der Zylinderzahl von Viertaktmaschinen.

Die Bedeutung der Kurbelversetzung für die Beanspruchung der Welle ergibt sich aus Abb. 432, die sich auf die beiden möglichen in der Tafel angegebenen Anordnungen der Achtzylinder-Viertaktmaschine bezieht. Aus der den Kurbelwinkeln entsprechend vorgenommenen Aufzeichnung der Tangentialdruckdiagramme für die ersten fünf Kurbeln, hinter denen das Drehmoment am größten wird, ist ersichtlich, daß dieses für den zweiten Fall der Versetzung ($R = 2{,}4$) etwas kleiner als für die erste Anordnung wird ($R = 2{,}54$), bei der überdies die Höchstwerte von Dreh- und Biegemoment zusammenfallen.

Shannon berechnet eine einzelne Kröpfung auf Verdrehung durch das größte Drehmoment und auf Biegung als eingespannten Balken mit dem Biegemoment $M_b = \frac{Pl}{8}$, worin l = Entfernung der Lagermitten.

Nach den „Vorschriften des Germanischen Lloyd für Verbrennungsmotoranlagen 1922“ werden die Kurbelwellen von einfachwirkenden Gleichdruckmaschinen, deren Kurbeln gleichmäßig und derart versetzt sind, daß nicht zwei Impulse gleichzeitig erfolgen, nach der Formel berechnet:

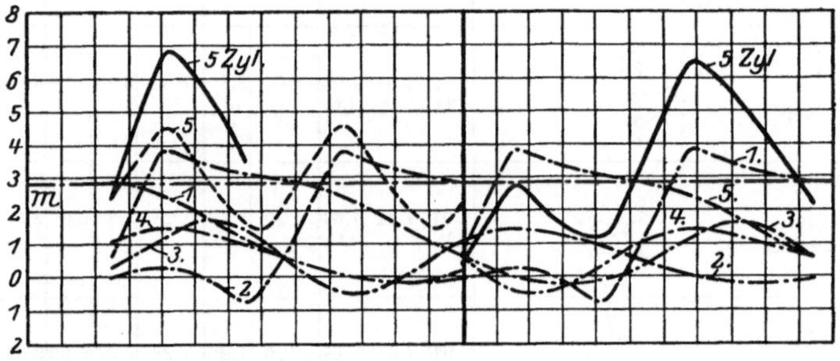

$$d_K = \sqrt[3]{D^2 A},$$

worin:

d_K = Wellendurchmesser in cm,

D = Zylinderdurchmesser in cm,

A = Beiwert aus nachstehender Zahlentafel;

in dieser ist:

H = Kolbenhub in cm,

L = Grundlagerentfernung voneinander, von Mitte Lager bis Mitte Lager gemessen, in cm, wobei nur eine größte Grundlagerlänge von 1,2 × Wellendurchmesser angenommen zu werden braucht.

Abb. 432.
Größte Drehmomente in Achtzylinder-Viertaktmaschinen.
m = mittleres Drehmoment.

Zylinderzahl	A
1, 2 und 3	$0{,}09\,H + 0{,}035\,L$
4	$0{,}10\,H + 0{,}035\,L$
5 und 6	$0{,}11\,H + 0{,}035\,L$
8	$0{,}13\,H + 0{,}035\,L$

Bei im Viertakt arbeitenden Maschinen wird für die Bestimmung von A die Zahl der vorhandenen Zylinder durch 2 dividiert.

Bei doppeltwirkenden Maschinen ist für die Bestimmung von A jeder Zylinder doppelt zu zählen.

Bei Maschinen mit gegenläufigen Kolben sind die Beiwerte von H in obiger Formel zu verdoppeln. Stehen hierbei je zwei Zylinder in Tandemanordnung übereinander, so zählt für die Bestimmung von A jeder Zylinder für sich. Als Lagerentfernung gilt bei solchen Maschinen die Entfernung der äußeren Kurbeln einer Kurbelgruppe voneinander, von Mitte bis Mitte Lager gemessen.

Liegen zwischen zwei Grundlagern zwei Kurbeln, so ist für den Wert $0{,}035\,L$ in vorstehender Zahlentafel zu setzen:

$$\frac{0{,}28\,a \cdot b^2}{L^2}$$

Hierin sind a, b und L die Lagerentfernung, von Mitte zu Mitte gemessen nach nebenstehender Skizze, und zwar ist a stets die kleinere und b die größere Entfernung des einen Kurbellagers von den Grundlagern.

Die Durchmesser der Wellen für Explosionsmaschinen mit nicht mehr als zwei Impulsen je Umdrehung werden wie folgt berechnet:

$$d_K = \sqrt[3]{\frac{p D^2 \cdot L}{C}},$$

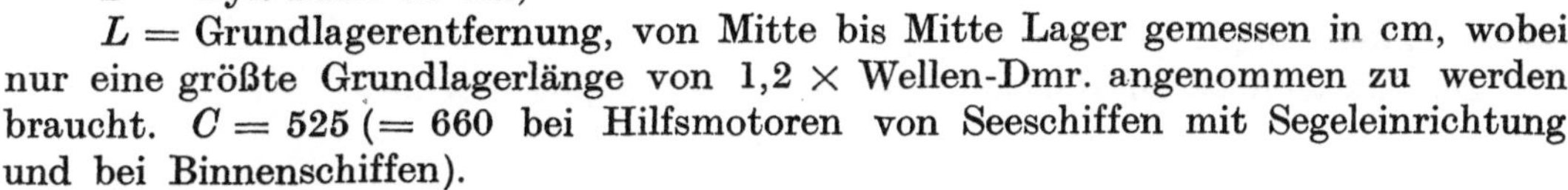

worin:

d_K = Wellendurchmesser in cm,

p = Zündungsdruck in kg/cm²,

D = Zyl.-Dmr. in cm,

L = Grundlagerentfernung, von Mitte bis Mitte Lager gemessen in cm, wobei nur eine größte Grundlagerlänge von 1,2 × Wellen-Dmr. angenommen zu werden braucht. $C = 525$ (= 660 bei Hilfsmotoren von Seeschiffen mit Segeleinrichtung und bei Binnenschiffen).

Liegen zwischen zwei Grundlagern zwei um 180° gegeneinander versetzte Kurbeln, so ist für L einzusetzen:

$$L' = 8 \cdot \frac{a b^2}{L^2},$$

worin a, b und L dieselbe Bedeutung wie oben haben.

Bei diesen Berechnungen ist für die Wellen ein Baustoff von 40 bis 50 kg/mm² Festigkeit angenommen. Bei Verwendung eines Baustoffes von mehr als 55 kg/mm² (Nickelstahl, Chromnickelstahl) können $^2/_3$ der Mehrfestigkeit berücksichtigt werden. Die Werte unter dem Wurzelzeichen der vorstehenden Gleichungen für d_K sind also mit $\frac{40}{40 + \frac{2}{3}(k - 40)}$ zu multiplizieren, worin k die untere Festigkeitsgrenze der Qualität des Materials bedeutet.

Der **englische Lloyd** schreibt vor: Durchmesser der Welle

$$d_K = \sqrt[3]{D^2 \times (A \cdot S + B \cdot L)},$$

worin S = Hublänge, D = Zyl.-Dmr. in mm.

L = Entfernung von Innenkante bis Innenkante Lager.

Die Werte $A \cdot S + B \cdot L$ können der folgenden Tafel entnommen werden.

Einfachwirkende Viertaktmaschine	Einfachwirkende Zweitaktmaschine	$A \cdot S + B \cdot L$
4 oder 6 Zyl.	2 oder 3 Zyl.	$0{,}089\,S + 0{,}056\,L$
8 Zyl.	4 Zyl.	$0{,}099\,S + 0{,}054\,L$
10 oder 12 Zyl.	5 oder 6 Zyl.	$0{,}111\,S + 0{,}052\,L$
16 Zyl.	16 Zyl.	$0{,}131\,S + 0{,}050\,L$

Die Durchmesser der Hilfsmaschinen antreibenden Wellen können um 5% kleiner genommen werden.

Bei einstückig geschmiedeten Wellen soll die Höhe der Kurbelwangen nicht weniger als das 1,33fache, die Breite nicht weniger als das 0,56fache des nach vorstehender Formel berechneten Wellendurchmessers betragen.

Die Breite b der Kurbelwangen aufgebauter Wellen, parallel zur Welle gemessen, berechnet sich zu

$$b = 0{,}625 \cdot d.$$

Die radial gemessene Stärke des Baustoffes um die Bohrung soll mindestens betragen

$$s = \sqrt{\frac{12 \cdot d^3}{b}}.$$

Beanspruchung auf Verdrehung durch Drehschwingungen. Die mittlere Tangentialkraft T_m ruft in der Welle die Beanspruchung $\tau_m = \frac{T_m \cdot r}{W_p}$ (W_p = polares Widerstandsmoment) hervor. Bei völlig starrer Welle oder sehr niedriger Umlaufzahl würden die periodischen Schwankungen $\Delta T \cdot r$ des Drehmomentes im Verhältnis der Trägheitsmomente sich auf die Massen der Maschine und des Schwungrades, bzw. dieser beiden und der Schraube bei Schiffsmaschinen verteilen. Auf diese würde beispielsweise der Betrag $\Delta T \cdot r \cdot \frac{m_s}{m_s + m_m}$ entfallen, wenn m_s und m_m die auf gleiche Radien bezogenen Massen der Schraube und der Maschine bedeuten. Es würde für $n = 0$ die Beanspruchung

$$\Delta \tau_0 = \frac{\Delta T \cdot r}{W_p} \cdot \frac{m_s}{m_s + m_m}$$

als Grenzwert folgen.

Die tatsächliche zusätzliche Beanspruchung ergibt sich zu:

$$\Delta \tau = \frac{\Delta \tau_0}{1 - \left(\frac{n}{n_{\text{krit}}}\right)^2}.$$

Mit $\Delta \tau = 100$ für $\frac{n}{n_{\text{krit}}} = 0$ folgt:

$n : n_{Kr} =$	0	0,50	0,75	0,90	1,00	1,10	1,25	1,50	2,00	3,00
$\Delta \tau =$	100	133	225	528	∞	475	179	80	33	12,5.

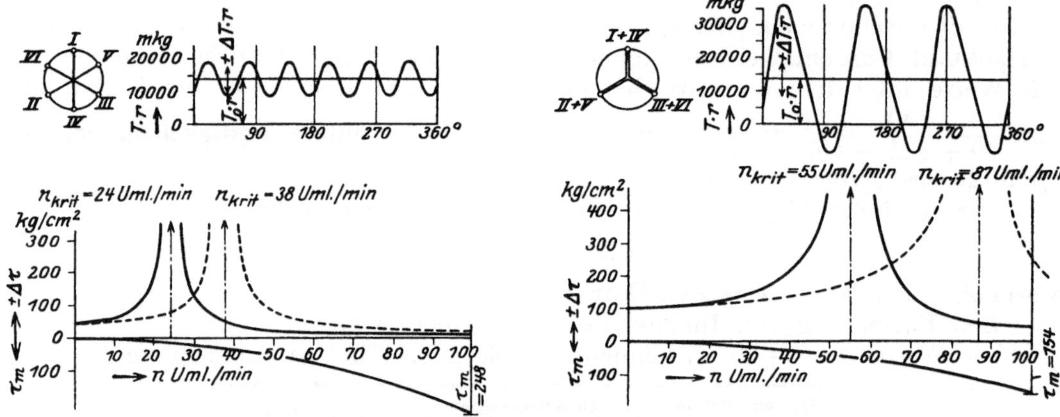

Abb. 433. Wellenbeanspruchung bei sechszylindrigen Zwei- und Viertaktmaschinen. (1800 PS, n = 100 Uml./min)

In Abb. 433 sind Sechszylinder-Zwei- und Viertaktmaschinen bezüglich dieser Wellenbeanspruchung miteinander verglichen, wobei $G_s D^2 = 50\,000$ kgm² für die Schraube angenommen ist. Die ausgezogenen Kurven beziehen sich auf 50 m, die gestrichelten auf 20 m Wellenlänge, wobei n_{krit} auf den $\sqrt{\frac{50}{20}}$fachen Betrag steigt.

Wie ersichtlich, beträgt unter Berücksichtigung der verschieden vorgeschriebenen Wellen-Dmr. die mittlere Drehbeanspruchung $\tau_m = 248$ kg/cm² bei der Zweitaktmaschine, gegenüber $\tau_m = 154$ kg/cm² bei der Viertaktmaschine, während diese größere zusätzliche Beanspruchung $\Delta \tau$ aufweist

Ausführung der Wellen. Als Baustoff wird meist Siemens-Martin-Stahl, seltener Spezialstahl verwendet. Bemerkenswert ist, daß die Bethlehem Steel Corporation selbst große Zweitaktmaschinen mit Stahlgußkurbelwellen auszuführen beabsichtigt.

Wellen kleinerer Maschinen werden aus einem Stück geschmiedet, bei großen

Maschinen mit symmetrischer Anordnung zweier Zylindergruppen werden die zwei Hauptteile, aus denen die Welle besteht, im Mittelfeld der Maschine gekuppelt. Die beiden Hälften sind entweder je in einem Stück hergestellt oder sind in der Weise „gebaut", daß die einzelnen Kurbelschenkel auf Wellen- und Kurbelzapfen aufgeschrumpft und hiernach die Welle überdreht wird. Als Vorteil der im Schiffsmaschinenbau vorherrschenden aufgebauten Welle wird geltend gemacht, daß hier die an einstückigen Wellen auftretenden Risse am Übergang vom Kurbelzapfen zum Schenkel

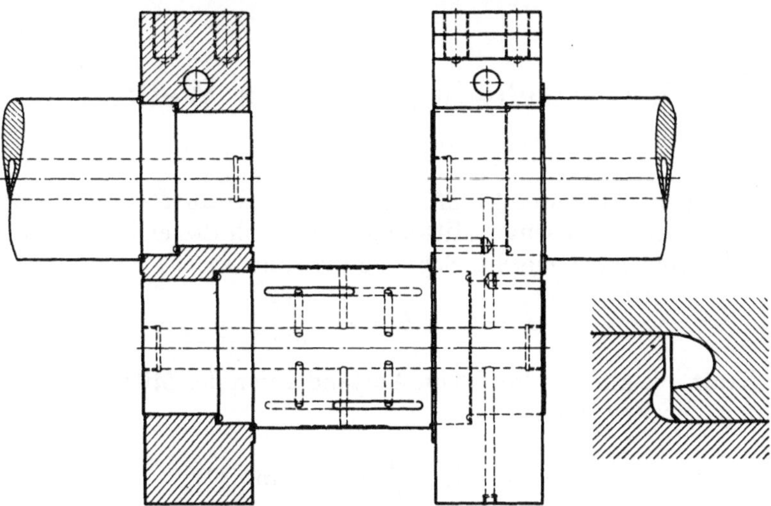

Abb. 434. Gekröpfte Welle von Thyssen & Co. Maßstab 1 : 35.

nicht vorkommen; die Reserveteile werden vereinfacht. Sulzer führt die Wellen einstückig aus, da einstückige Wellen steifer als aufgebaute sind.

Seltener ist die Ausführungsart (der Nordberg Mfg. Co.), die aus einem Stück mit dem Kurbelzapfen bestehenden Kurbelschenkel auf die Welle hydraulisch ohne Erwärmen aufzuziehen. Den gleichen Aufbau führt die MAN in der Weise aus, daß die Hauptlagerzapfen in die Schenkel eingeschrumpft werden.

Die Kurbelwelle wird bei ortfesten Maschinen durch ein Paßlager, bei Schiffsmaschinen durch das Drucklager der Schraubenwelle in der Längsrichtung festgehalten.

Die Wellen und Zapfen werden zum Zweck der Materialprüfung durchbohrt, die Bohrung wird für die Schmierung (siehe S. 420) benutzt.

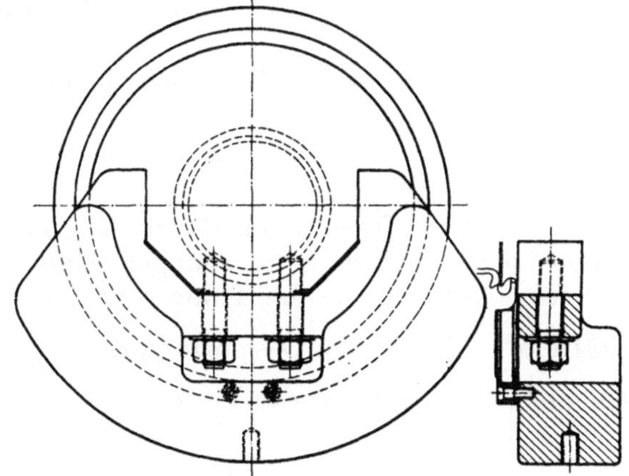

Abb. 435. Anordnung des Gegengewichtes. Maßstab 1 : 12.

Zur Sicherung der Schrumpfung werden vielfach Dübel vorgeschrieben. Bei guter Schrumpfung sind diese Dübel zwecklos, bei schlechter Schrumpfung sind sie bei der Größe der auftretenden Kräfte nicht imstande, die Lockerung aufzuhalten.

Die Abrundungen an den Übergängen sind zur Vermeidung der Kerbwirkung mit möglichst großem Halbmesser auszuführen. Abb. 434 zeigt eine von Krupp herrührende Befestigung der Zapfen in Kurbelschenkeln, die gute Übergänge und sowohl volle Ausnutzung des Schrumpfsitzes wie auch der Lagerlänge gestattet.

Abb. 435 zeigt die Anordnung von Gegengewichten, die Ausführung aus einem Stück mit den Kurbelschenkeln ist selten.

Damit bei verschiedener Höhe der Lagermitten, wie sie durch ungleichmäßige Abnutzung entsteht, die Kurbelschenkel nicht unzulässig hoch beansprucht werden, sind diese auf Kosten ihrer Höhe b, Abb. 442, oder der Zapfenlänge in axialer Richtung möglichst breit zu halten. (Geiger: Maschinenbau 1925, S. 891.)

Abb. 443 zeigt die mit Rücksicht auf Gewichtsersparnis übliche Abschrägung der Schenkel.

7. Drehschwingungen der Welle.

a) Einführung.

Ist die auf einen Massenpunkt M einwirkende Kraft P stets proportional der Entfernung des Punktes von seiner Mittellage und nach dieser hin gerichtet, so führt der Massenpunkt eine harmonische Schwingung aus. Es ist

$$P = -x \cdot k = m \cdot \frac{d^2x}{dt^2},$$

k ist die Kraft, die auf den Punkt im Abstand 1 von der Mittellage ausgeübt wird. Die Auslenkung zur Zeit t folgt zu

$$x = r \cdot \sin\left(t\sqrt{\frac{k}{m}}\right) = r \cdot \sin \omega t \text{ [1]}.$$

r ist die größte Schwingungsweite oder „Amplitude", $\omega = \sqrt{\frac{k}{m}}$ die gleichförmige Winkelgeschwindigkeit eines Radius, der während einer vollen Schwingung einen ganzen Kreis beschreibt, die Kreisfrequenz.

Die Dauer einer Schwingung, die Periode, ist

$$T = \frac{2\pi}{\omega} = 2\pi\sqrt{\frac{m}{k}},$$

die Frequenz oder sekundliche Schwingungszahl

$$n = \frac{1}{T} = \frac{\omega}{2\pi} = \frac{1}{2\pi}\sqrt{\frac{k}{m}}.$$

Es werden „freie" oder Eigenschwingungen und „erzwungene" Schwingungen unterschieden. Freie Schwingungen sind nur theoretisch möglich, in Wirklichkeit verschwinden sie im Laufe der Zeit infolge der Einwirkung „dämpfender" Kräfte $c \cdot \frac{dx}{dt}$, die der Geschwindigkeit $\frac{dx}{dt}$ proportional sind. Die Schwingungsgleichung geht über in die Form:

$$m \cdot \frac{d^2x}{dt^2} = -kx - c \cdot \frac{dx}{dt}.$$

Werden die freien Schwingungen durch periodisch auftretende Kräfte immer wieder angeregt, also zu erzwungenen Schwingungen, so tritt „Resonanz" ein, d. h. ohne Dämpfung würden die Schwingungsausschläge unendlich groß, wenn die Impulszahl der periodischen Kraft mit der Eigenschwingungszahl zusammenfällt.

[1] Wird von der Beziehung $x = r \cdot \sin \omega t$ ausgegangen, so ist:
$\frac{dx}{dt} = r \cdot \omega \cdot \cos \omega t$; $\frac{d^2x}{dt^2} = -\omega^2 \cdot r \cdot \sin \omega t = -\omega^2 \cdot x = -\frac{k}{m} \cdot x$; $\omega = \sqrt{\frac{k}{m}}$; $x = r \cdot \sin\left(t \cdot \sqrt{\frac{k}{m}}\right)$;

Wird der Ausdruck $\omega_K = \sqrt{\frac{k}{m}}$ auf die „kritische" Geschwindigkeit, d. h. auf die der Eigenschwingungszahl entsprechende Drehzahl einer Welle bezogen, so stellt k die elastische Gegenkraft der Welle je Einheit der Durchbiegung bei Biegungsschwingungen, je Winkeleinheit der Verdrehung bei Drehschwingungen dar. Die bei Dampfturbinenwellen zu berücksichtigenden Biegeschwingungen treten bei Kolbenmaschinen nicht auf, da deren Wellen für diese Schwingungen zu steif sind. Hingegen sind hier die Drehschwingungen zu beachten, die häufig die Ursache des Bruches statisch richtig bemessener Wellen gewesen sind.

Der Verdrehwinkel zweier um l cm voneinander abstehenden Stabquerschnitten hat die Größe, in cm auf dem Halbmesser r gemessen:

$$\vartheta = \frac{P \cdot r \cdot r \cdot l}{J_p G} = P \cdot l \cdot \frac{r^2}{J_p G} = \frac{P l}{H}.$$

$P \cdot r$ = Drehmoment; G = Schubelastizitätsmodul des Wellenbaustoffes (= 830 000 kg/cm² für Stahl); J_p = polares Trägheitsmoment der „reduzierten" (s. u.) Welle.

$$H = \frac{J_p \cdot G}{r^2} = \text{Systemkonstante.}$$

Damit wird die kritische Winkelgeschwindigkeit

$$\omega_K = \sqrt{\frac{H}{l \cdot m}}.$$

b) Die periodisch auftretenden Antriebimpulse.

Die Ursache der erzwungenen Schwingungen sind bei Kolbenmaschinen die Tangentialkräfte, die im Beharrungszustand an den Kurbeln regelmäßig wiederkehrende Drehmomente ausüben. Zur klaren Erkennung ihrer Wirkung ist das Tangentialdruckdiagramm in eine Reihe reiner Sinusschwingungen aufzulösen, die verschiedene Phase (Aufeinanderfolge), Amplitude und Frequenz zeigen. Jede dieser Schwingungslinien, deren Amplitude für die ausgeübte Kraftwirkung maßgebend ist, verursacht ein Drehmoment, dessen Periode nicht mit der der Eigenschwingung der Welle zusammenfallen darf.

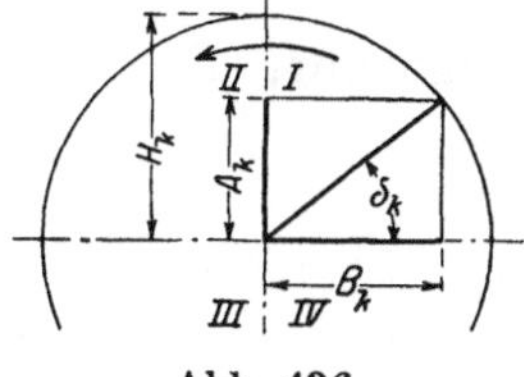

Abb. 436.

Diese Zerlegung des Tangentialdruckdiagramms ermöglicht die Fouriersche Reihenentwicklung.

Ist T = Zeitdauer eines Umlaufes = einer Periode, so ist $\omega = \frac{2\pi}{T} = 2\pi \cdot k$, worin k = Periodenzahl = Anzahl der Umläufe der Ersatzkurbeln während der Zeit T. Diese Ersatzkurbeln führen die „Grundschwingung" mit $k = 1$ und die „Oberschwingungen" mit $k = 2,3$ usw. aus. Nach dem Fourierschen Satz setzt sich die Tangentialkraft T_M aus einer Summe von harmonisch schwingenden Kräften zusammen, wobei die Funktion als Zeitfunktion der Periode T durch $T_M = f(\omega t)$ gegeben ist. Es ist:

$$T_M = f(\omega t) = \frac{A_0}{2} + H_1 \cdot \sin(\omega t + \delta_1) + H_2 \cdot \sin(2\omega t + \delta_2) + H_3 \cdot \sin(3\omega t + \delta_3) + \dots,$$

oder, allgemein ausgedrückt mit $k = 1, 2, 3 \dots$:

$$T_M = f(\omega t) = \tfrac{1}{2} A_0 + \sum_k H_k \cdot \sin(k\omega t + \delta_k)$$
$$= \tfrac{1}{2} A_0 + \sum_k H_k [\sin(k\omega t) \cos\delta_k + \cos(k\omega t) \cdot \sin\delta_k].$$

In diesen Gleichungen bedeutet nach Abb. 436 H den Schwingungsausschlag (Amplitude), δ_k den „Voreilwinkel" (Phasenverschiebung); es ist $H_k \cdot \sin \delta_k = A_k$ und $H_k \cdot \cos \delta_k = B_k$, so daß nach Zusammenfassung der Sinus- und Cosinus-Glieder folgt:

$$T_M = \tfrac{1}{2} A_0 + A_1 \cdot \cos \omega t + A_2 \cdot \cos (2 \omega t) + A_3 \cdot \cos (3 \omega t) + \ldots$$
$$+ B_1 \cdot \sin \omega t + B_2 \cdot \sin (2 \omega t) + B_3 \cdot \sin (3 \omega t) + \ldots$$

In dieser Form wird die Fouriersche Reihe vielfach benutzt. A_k und B_k sind nach Abb. 436 die Längen von Ersatzkurbeln, die zueinander senkrecht stehen. Um diese Längen zu ermitteln, wird die Reihe mit $\cos (m \omega t) \cdot dt$ multipliziert und innerhalb der Grenzen 0 bis T integriert:

$$\int_0^T f(\omega t) \cdot \cos (m \omega t) \cdot dt = \frac{A_0}{2} \int_0^T \cos (m \cdot \omega t) \cdot dt + \sum_k A_k \int_0^T \cos (k \omega t) \cdot \cos (m \omega t) \cdot dt$$
$$+ \sum_k B_k \int_0^T \sin (k \omega t) \cdot \cos (m \omega t) \cdot dt .$$

Da m als ganze Zahl gewählt wird, so verschwinden auf der rechten Seite das erste Glied und alle mit dem Beiwert B_k behafteten Glieder, denn es ist:

$$\int_0^T \cos (m \omega t) \cdot dt = 0\,^{1)} \quad \text{und} \quad \int_0^T \sin (k \omega t) \cdot \cos (m \omega t) \cdot dt = 0\,^{2)} .$$

Von den Gliedern mit dem Beiwert A_k fallen alle fort, bei denen $m \lessgtr k$ ist, so daß nur

$$A_k \int_0^T \cos (k \omega t) \cdot \cos (k \omega t) \cdot dt = A_k \cdot \int_0^T \cos^2 (k \omega t) \cdot dt = \frac{A_k}{2} T\,^{3)}$$

übrigbleibt. Es wird

$$\int_0^T f(\omega t) \cdot \cos (k \omega t) \cdot dt = \frac{T}{2} \cdot A_K ;$$

$$A_k = \frac{2}{T} \int_0^T f(\omega t) \cdot \cos (k \omega t) \cdot dt = \frac{2}{T} \int_0^T T_M \cdot \cos (k \omega t) \cdot dt .$$

Durch Multiplikation mit $\sin (m \omega t) \cdot dt$ findet sich in gleicher Weise:

$$B_k = \frac{2}{T} \int_0^T T_M \cdot \sin (k \omega t) \cdot dt .$$

---

[1]) Es ist: $\int_0^T \cos (m \omega t) \cdot dt = \frac{1}{m \cdot \omega} \Big[\sin (m \omega t)\Big]_0^T = \frac{1}{m \omega} \left(\sin m \cdot \frac{2\pi}{T} \cdot T - \sin 0\right) = 0$, d. h. die von der Cosinus-Kurve und der Abszissenachse eingeschlossene Kurve hat den Inhalt 0.

[2]) Das Fundamentalintegral ist:

$$\int \sin m x \cdot \cos n x \cdot dx = - \frac{\cos (m + n) \cdot x}{2 (m + n)} - \frac{\cos (m - n) \cdot x}{2 (m - n)} + \varphi .$$

Es ist $m = k \omega = k \cdot \frac{2\pi}{T}$, $n = m \cdot \frac{2\pi}{T}$.

[3]) Für diese Integration bedient man sich der Beziehung: $\cos 2\alpha = 2 \cos^2 \alpha - 1$, also $\cos^2 (k \omega t) = \frac{1}{2} \cos 2 (k \omega t) + \frac{1}{2}$. Hieraus folgt das Integral zu:

$$\frac{1}{2} \int_0^T (\cos 2 \omega k t + 1) \cdot dt = \frac{1}{2} \left[\frac{\sin 2 \omega k t}{2 \omega k}\right]_0^T + \left[\frac{1}{2}\right]_0^T = \frac{T}{2} .$$

Die Gleichung für A_k liefert für $k = 0$ das von ωt freie Glied A_0. Es ist

$$\frac{A_0}{2} = \frac{1}{T}\int_0^T f(\omega t) \cdot dt .$$

$\frac{A_0}{2}$ ist bei einem Tangentialdruckdiagramm dessen mittlere Höhe, denn es ist $\int_0^T f(\omega t) \cdot dt = \int_0^T \cdot T_M \cdot dt =$ Flächeninhalt des Diagramms, T dessen Länge.

Diese mittlere Höhe T_m stellt das „schwingungsfreie" Glied H_0 dar, das nur insofern eine Wirkung ausübt, als es das Nullniveau der zu analysierenden Grundkurve bestimmt. Von diesem aus werden die in Spalte 1 der Zahlentafel 24 angegebenen Tangentialkräfte als positiv oder negativ gerechnet. Nur die „Kraftausschläge" über diesen konstanten Widerstand hinaus sind imstande, Schwingungen der Welle zu verursachen, s. auch Abb. 433.

Die Analyse des Tangentialdruckdiagramms wird zweckmäßig in der Weise durchgeführt, daß die auf 2π zurückgeführte Grundperiode in $2m = 24$ fache Teile geteilt wird und die zugehörigen Ordinaten T_r von der mittleren Höhe aus gemessen mit positivem und negativem Vorzeichen ermittelt werden. Diese Werte T_r sind, da $\frac{2\pi}{2m} = \frac{360}{24} = 15°$, mit den in Zahlentafel 24 aufgeführten Werten $\cos(k \cdot r \cdot 15°)$ und $\sin(kr\ 15°)$ zu multiplizieren. Die Summe der entsprechenden 24 Produkte ergibt nach Division durch 12 die Beiwerte A_k und B_k[1]).

Die Sinus- und Kosinusglieder werden zweckmäßig zusammengefaßt, das heißt: Die Summe der beiden Kurbelbewegungen der gleichen Periode wird durch eine einzige Kurbelbewegung derselben Periode nach Abb. 436 ersetzt. Diese Ersatzkurbel hat die Länge H_k und die Voreilung δ_k. Es wird:

$$H_k = \sqrt{A_k^2 + B_k^2}\,; \qquad tg\,\delta_k = \frac{A_k}{B_k}.$$

Winkel δ_k liegt
- in Quadrant I, wenn A_k positiv, B_k positiv,
- in Quadrant II, wenn A_k positiv, B_k negativ,
- in Quadrant III, wenn A_k negativ, B_k negativ,
- in Quadrant IV, wenn A_k negativ, B_k positiv.

Es folgt

$$T_M = H_0 + H_1(\sin 15° + \delta_1) + H_2(\sin 30° + \delta_2) + H_3(\sin 45° + \delta_3) + \cdots$$

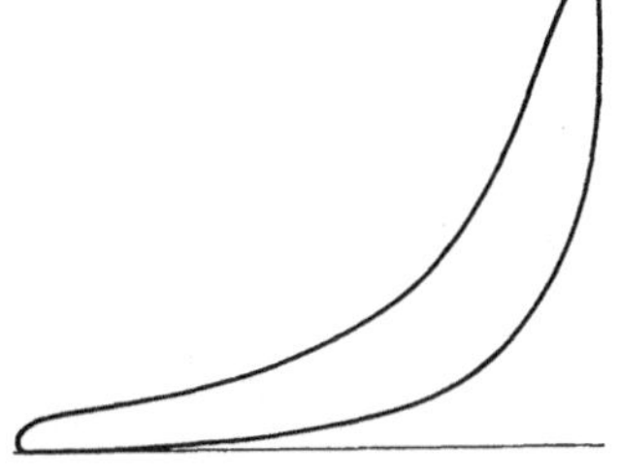

Abb. 437 a. Gasmaschinen-Diagramm, zu Abb. 427 b gehörend.

Die einzelnen Schwingungen werden als „Harmonische" bezeichnet. Die Amplitude H ist ein Maß für die Größe der auftretenden Kraftwirkung, deren Maßstab durch T_m gegeben ist. Die harmonische Kraft der ersten Schwingung, der „Grundschwingung", beschreibt innerhalb einer Grundperiode (= zwei Maschinendrehungen bei einer Viertaktmaschine) eine ganze Vollschwingung von 360 Schwingungsgraden. Auf eine Umdrehung entfällt hier $\frac{1}{2}$ Kraftimpuls, d. h. die Grundschwingung ist bei Viertaktmaschinen eine „Harmonische $\frac{1}{2}$ ter Ordnung. Die zweite „Oberschwingung" ist 1. Ordnung; da ein Impuls auf eine Umdrehung entfällt, die dritte $1\frac{1}{2}$, die vierte 2. Ordnung. In Abb. 437 gibt n_F die auf eine Umdrehung der Maschine entfallende Drehzahl der Fahrstrahlen oder Ersatzkurbeln an. Ist y die Ordnungszahl, so wird die Impulszahl

$$n_i = y \cdot n\,,$$

[1]) Bezüglich Ableitung s. Dubbel: Taschenbuch für den Maschinenbau 4. Aufl., Bd. I, S. 106. Berlin: Julius Springer.

Zahlen-
Auflösung des Tangentialdruckdiagramms

r	T_r kg	$\cos(k \cdot r \cdot 15°)$				$T_r \cdot \cos(k \cdot r \cdot 15°)$				$\sin(k \cdot r \cdot 15°)$			
		$k=1$	$k=2$	$k=3$	$k=4$	$k=1$	$k=2$	$k=3$	$k=4$	$k=1$	$k=2$	$k=3$	$k=4$
1	− 3000	+ 0,966	+ 0,866	+ 0,707	+ 0,5	− 2890	− 2600	− 2120	− 1500	+ 0,259	+ 0,5	+ 0,707	+ 0,866
2	− 2380	+ 0,866	+ 0,5	0	− 0,5	− 2060	− 1190	0	+ 1190	+ 0,5	+ 0,866	+ 1	+ 0,866
3	− 214	+ 0,707	0	− 0,707	− 1	− 151	0	+ 151	+ 214	+ 0,707	+ 1	+ 0,707	0
4	+ 780	+ 0,5	− 0,5	− 1	− 0,5	+ 390	− 390	− 780	− 390	+ 0,866	+ 0,866	0	− 0,866
5	+ 270	+ 0,259	− 0,866	− 0,707	+ 0,5	+ 70	− 235	− 190	+ 135	+ 0,966	+ 0,5	− 0,707	− 0,866
6	− 885	0	− 1	0	+ 1	0	+ 885	0	− 885	+ 1	0	− 1	0
7	− 2040	− 0,259	− 0,866	+ 0,707	+ 0,5	+ 530	+ 1770	− 1440	− 1020	+ 0,966	− 0,5	− 0,707	+ 0,866
8	− 2730	− 0,5	− 0,5	+ 1	− 0,5	+ 1365	+ 1365	− 2730	+ 1365	+ 0,866	− 0,866	0	+ 0,866
9	− 2290	− 0,707	0	+ 0,707	− 1	+ 1620	0	− 1620	+ 2290	+ 0,707	− 1	+ 0,707	0
10	− 2060	− 0,866	+ 0,5	0	− 0,5	+ 1780	− 1030	0	+ 1030	+ 0,5	− 0,866	+ 1	− 0,866
11	− 4390	− 0,966	+ 0,866	− 0,707	+ 0,5	+ 4240	− 3800	+ 3100	− 2195	+ 0,259	− 0,5	+ 0,707	− 0,866
12	− 885	− 1	+ 1	− 1	+ 1	+ 885	− 885	+ 885	− 885	0	0	0	0
13	+ 9650	− 0,966	+ 0,866	− 0,707	+ 0,5	− 9310	+ 8350	− 6820	+ 4825	− 0,259	+ 0,5	− 0,707	+ 0,866
14	+ 7230	− 0,866	+ 0,5	0	− 0,5	− 6250	+ 3615	0	− 3615	− 0,5	+ 0,866	− 1	+ 0,866
15	+ 4660	− 0,707	0	+ 0,707	− 1	− 3290	0	+ 3290	− 4660	− 0,707	+ 1	− 0,707	0
16	+ 3740	− 0,5	− 0,5	+ 1	− 0,5	− 1870	− 1870	+ 3740	− 1870	− 0,866	+ 0,866	0	− 0,866
17	+ 910	− 0,259	− 0,866	+ 0,707	+ 0,5	− 235	− 790	+ 645	+ 455	− 0,966	+ 0,5	+ 0,707	− 0,866
18	− 885	0	− 1	0	+ 1	0	+ 885	0	− 885	− 1	0	+ 1	0
19	− 2035	+ 0,259	− 0,866	− 0,707	+ 0,5	− 527	+ 1760	+ 1435	− 1018	− 0,966	− 0,5	+ 0,707	+ 0,866
20	− 2570	+ 0,5	− 0,5	− 1	− 0,5	− 1285	+ 1285	+ 2570	+ 1285	− 0,866	− 0,866	0	+ 0,866
21	− 1575	+ 0,707	0	− 0,707	− 1	− 1110	0	+ 1110	+ 1575	− 0,707	− 1	− 0,707	0
22	+ 600	+ 0,866	+ 0,5	0	− 0,5	+ 520	+ 300	0	− 300	− 0,5	− 0,866	− 1	− 0,866
23	+ 1230	+ 0,966	+ 0,866	+ 0,707	+ 0,5	+ 1190	+ 1060	+ 870	+ 615	− 0,259	− 0,5	− 0,707	− 0,866
24	− 885	+ 1	+ 1	+ 1	+ 1	− 885	− 885	− 885	− 885	0	0	0	0
						− 17273	+ 7600	+ 1221	− 5129				

$$A_1 = \frac{-17\,273}{12} = -1439\,; \qquad B_1 = \frac{-18\,153}{12} = -1512\,;$$

$$A_2 = \frac{7600}{12} = +\ 633\,; \qquad B_2 = \frac{29\,779}{12} = +2480\,;$$

$$A_3 = \frac{1221}{12} = +\ 102\,; \qquad B_3 = \frac{-28\,669}{12} = -2389\,;$$

$$A_4 = \frac{-5129}{12} = -\ 427\,; \qquad B_4 = \frac{886}{12} = +\ \ 74\,;$$

$$A_5 = \frac{5116}{12} = +\ 430\,; \qquad B_5 = \frac{-17\,277}{12} = -1439\,;$$

$$A_6 = \frac{-4170}{12} = -\ 347\,; \qquad B_6 = \frac{6754}{12} = +\ 564\,.$$

$$H_K = \sqrt{A_K^2 + B_K^2}\,;$$

$$H_1 = \sqrt{1439^2 + 1512^2} = \ldots\ldots\ldots\ldots\ 2088\,;$$

$$H_2 = \sqrt{633^2 + 2480^2} = \ldots\ldots\ldots\ldots\ 2560\,;$$

$$H_3 = \sqrt{102^2 + 2389^2} = \ldots\ldots\ldots\ldots\ 2390\,;$$

$$H_4 = \sqrt{427^2 + 74^2} = \ldots\ldots\ldots\ldots\ 433\,;$$

$$H_5 = \sqrt{430^2 + 1440^2} = \ldots\ldots\ldots\ldots\ 1503\,;$$

$$H_6 = \sqrt{347^2 + 564^2} = \ldots\ldots\ldots\ldots\ 662\,.$$

tafel 24.

einer Gasmaschine in Sinusschwingungen.

$T_r \cdot \sin(k \cdot r \cdot 15°)$				$\cos(k \cdot r \cdot 15°)$		$T_r \cdot \cos(k \cdot r \cdot 15°)$		$\sin(k \cdot r \cdot 15°)$		$T_r \cdot \sin(k \cdot r \cdot 15°)$	
$k=1$	$k=2$	$k=3$	$k=4$	$k=5$	$k=6$	$k=5$	$k=6$	$k=5$	$k=6$	$k=5$	$k=6$
− 780	− 1500	− 2120	− 2600	+ 0,259	0	− 777	0	+ 0,966	+ 1	− 2890	− 3000
− 1190	− 2060	− 2380	− 2060	− 0,866	− 1	+ 2060	+ 2380	+ 0,5	0	− 1190	0
− 151	− 214	− 151	0	− 0,707	0	+ 151	0	− 0,707	− 1	+ 151	+ 214
+ 675	+ 675	0	− 675	+ 0,50	+ 1	+ 390	+ 780	− 0,866	0	− 675	0
+ 261	+ 135	− 190	− 234	+ 0,966	0	+ 261	0	+ 0,259	+ 1	+ 70	+ 270
− 885	0	+ 885	0	0	− 1	0	+ 885	+ 1	0	− 885	0
− 1970	+ 1020	+ 1440	− 1770	− 0,966	0	+ 1970	0	+ 0,259	− 1	− 530	+ 2040
− 2360	+ 2360	0	− 2360	− 0,5	+ 1	+ 1365	− 2730	− 0,866	0	+ 2360	0
− 1620	+ 2290	− 1620	0	+ 0,707	0	− 1620	0	− 0,707	+ 1	+ 1620	− 2290
− 1030	+ 1780	− 2060	+ 1780	+ 0,866	− 1	− 1780	+ 2060	+ 0,50	0	− 1030	0
− 1140	+ 2185	− 3100	+ 3800	− 0,299	0	+ 1135	0	+ 0,966	− 1	− 4240	+ 4390
0	0	0	0	− 1	+ 1	+ 885	− 885	0	0	0	0
− 2500	+ 4825	− 6810	+ 8350	− 0,259	0	− 2500	0	− 0,966	+ 1	− 9310	+ 9650
− 3615	+ 6250	− 7230	+ 6250	+ 0,866	− 1	+ 6260	− 7230	− 0,50	0	− 3615	0
− 3290	+ 4650	− 3290	0	+ 0,707	0	+ 3290	0	+ 0,707	− 1	+ 3290	− 4660
− 3240	+ 3240	0	− 3240	− 0,5	+ 1	− 1870	+ 3740	+ 0,866	0	+ 3240	0
− 880	+ 455	+ 642	− 790	− 0,966	0	− 878	0	− 0,259	+ 1	− 235	+ 910
+ 885	0	− 885	0	− 0	− 1	0	+ 885	− 1	0	+ 885	0
+ 1965	+ 1018	− 1440	− 1760	+ 0,966	0	− 1965	0	− 0,259	− 1	+ 527	+ 2035
+ 2220	+ 2220	0	− 2220	+ 0,5	+ 1	− 1285	− 2570	+ 0,866	0	− 2220	0
+ 1110	+ 1575	+ 1110	0	− 0,707	0	+ 1110	0	+ 0,707	+ 1	− 1110	− 1575
− 300	− 520	− 600	− 520	− 0,866	− 1	− 520	− 600	− 0,5	0	− 300	0
− 318	− 615	− 870	− 1065	+ 0,259	0	+ 319	0	− 0,966	− 1	− 1190	− 1230
0	0	0	0	+ 1	+ 1	− 885	− 885	0	0	0	0
− 18153	+ 29779	− 28669	+ 886			+ 5116	− 4170			− 17277	+ 6754

$$\operatorname{tg} \delta_K = \frac{A_K}{B_K};$$

III Quadr. $\operatorname{tg} \delta_1 = \dfrac{-1439}{-1512} = +0{,}953$; IV Quadr. $\operatorname{tg} \delta_4 = \dfrac{-427}{+74} = -5{,}78$;

I „ $\operatorname{tg} \delta_2 = \dfrac{+633}{+2480} = +0{,}256$; II „ $\operatorname{tg} \delta_5 = \dfrac{+430}{-1439} = -0{,}298$;

II „ $\operatorname{tg} \delta_3 = \dfrac{+102}{-2389} \doteq -0{,}0428$; IV „ $\operatorname{tg} \delta_6 = \dfrac{-347}{+564} = -0{,}616$.

$\delta_1' = 43°\,40'$; $\delta_1 = 223°\,40'$; $\delta_4' = -80°\,10'$; $\delta_4 = 279°\,50'$;

$\delta_2' = 14°\,20'$; $\delta_2 = 14°\,20'$; $\delta_5' = -16°\,40'$; $\delta_5 = 163°\,20'$;

$\delta_3' = -2°\,25'$; $\delta_3 = 177°\,35'$; $\delta_6' = -31°\,40'$; $\delta_6 = 328°\,20'$;

$$T_R = 2088 \sin(\varphi + 223°\,40') + 2560 \sin(2\varphi + 14°\,20')$$
$$+ 2390 \sin(3\varphi + 177°\,35') + 433 \sin(4\varphi + 279°\,50')$$
$$+ 1503 \sin(5\varphi + 163°\,20') + 662 \sin(6\varphi + 328°\,20').$$

Zu dieser Zahlentafel gehören Abb. 437a und Abb. 437b.

d. h. bei z. B. $n = 200$ Uml./min der Maschine übt z. B. die in Abb. 437 g dargestellte, sechste Harmonische 3. Ordnung in der Minute $n_i = 3 \cdot 200 = 600$ Kraftimpulse aus.

Sollen die Impulszahlen mehrzylindriger Maschinen bestimmtwerden, so kann auf zwei Wegen vorgegangen werden, wie Abb. 438 u. 439 zeigt[1]). In Abb. 438 u. 439a sind die Ordinaten der resultierenden Diagramme einer Dreizylindermaschine, die um den Zündabstand $\alpha = \frac{2 \cdot 360}{3} = 240° = \frac{1}{3}$ Periode gegeneinander versetzt sind, geometrisch addiert, wodurch sich ein auf $\frac{1}{3} \cdot 2$ Umdrehung erstreckendes Diagramm nach Abb. 439a ergibt, dessen mittlere Drehkraft T'_m dreimal so groß wie die des einzelnen Diagramms sein muß. Einen genaueren Einblick ermöglicht das in Abb. 438 und 439 b bis g eingeschlagene Verfahren, in dem die harmonischen Schwingungen

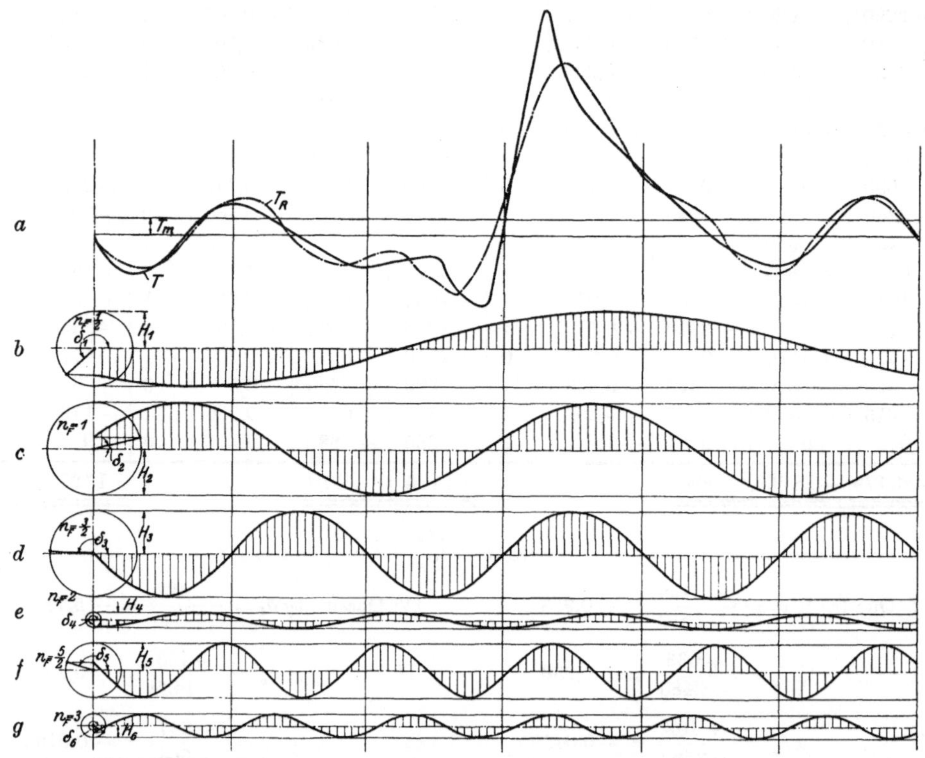

Abb. 437 b. Zerlegung der Tangentialkraft in harmonische Schwingungen.

der einzelnen Zylinder der Zündfolge von 240° entsprechend geometrisch addiert sind. Hierbei zeigt sich, daß die Schwingungen mit $n_F = \frac{1}{2}, 1, 2$ und $\frac{5}{2}$ sich zu Null ergänzen, während die mit $n_F = \frac{3}{2}$ und 3 algebraisch zu addieren sind[2]). Es bleiben sonach die Diagramme Abb. 439 d und g, deren Ordinaten, von T'_m aufgetragen, das Diagramm nach Abb. 439a ergeben müssen.

---

[1]) Wydler: Drehschwingungen in Kolbenmaschinenanlagen, S. 43. Berlin: Julius Springer, 1922.

[2]) Werden die resultierenden Diagramme der Abb. 438a nach der Fourierschen Reihe zerlegt, so folgt mit $\alpha = 240°$ Zündabstand:

$$T_I = H_1 \sin(\varphi + \delta_1) + H_2 \sin(2\varphi + \delta_2) + H_3 \sin(3\varphi + \delta_3) + \ldots$$

$$T_{II} = H_1 \sin\left(\varphi + \delta_1 + \frac{\alpha}{2}\right) + H_2 \sin(2\varphi + \delta_2 + \alpha) + H_3 \sin\left(3\varphi + \delta_3 + \frac{3}{2}\alpha\right)$$

$$T_{III} = H_1 \sin(\varphi + \delta_1 + \alpha) + H_2 \sin(2\varphi + \delta_2 + 2\alpha) + H_3 \sin(3\varphi + \delta_3 + 3\alpha).$$

Bei Addition dieser drei Ausdrücke ergänzen sich mit $\alpha = 240°$ alle Sinuskomponenten von H_1, H_2, H_4, H_5 zu Null, während die von H_3 und H_6 sich addieren.

In gleicher Weise läßt sich das Verfahren durchführen, wenn zwei Dreizylindermaschinen zu einer Sechszylindermaschine vereinigt werden, wobei der Zündabstand von 120° nunmehr auf eine Periode von $\frac{1}{6} \cdot 2$ Umdrehung führt. Vgl. Abb. 440 und Abb. 441. Oberschwingungen der $1^1/_2$-Ordnung verlaufen entgegengesetzt oder sind um 180° verschoben, s. Abb. 440 *d*. Als Resultierende bleibt eine Oberschwingung 3. Ordnung nach Abb. 441 *g*.

c) Die „reduzierte" Welle.

Als reduzierte Welle oder Bezugswelle wird eine glatte Welle von durchweg gleichem Durchmesser bezeichnet, die der tatsächlich vorhandenen Welle mit ihren

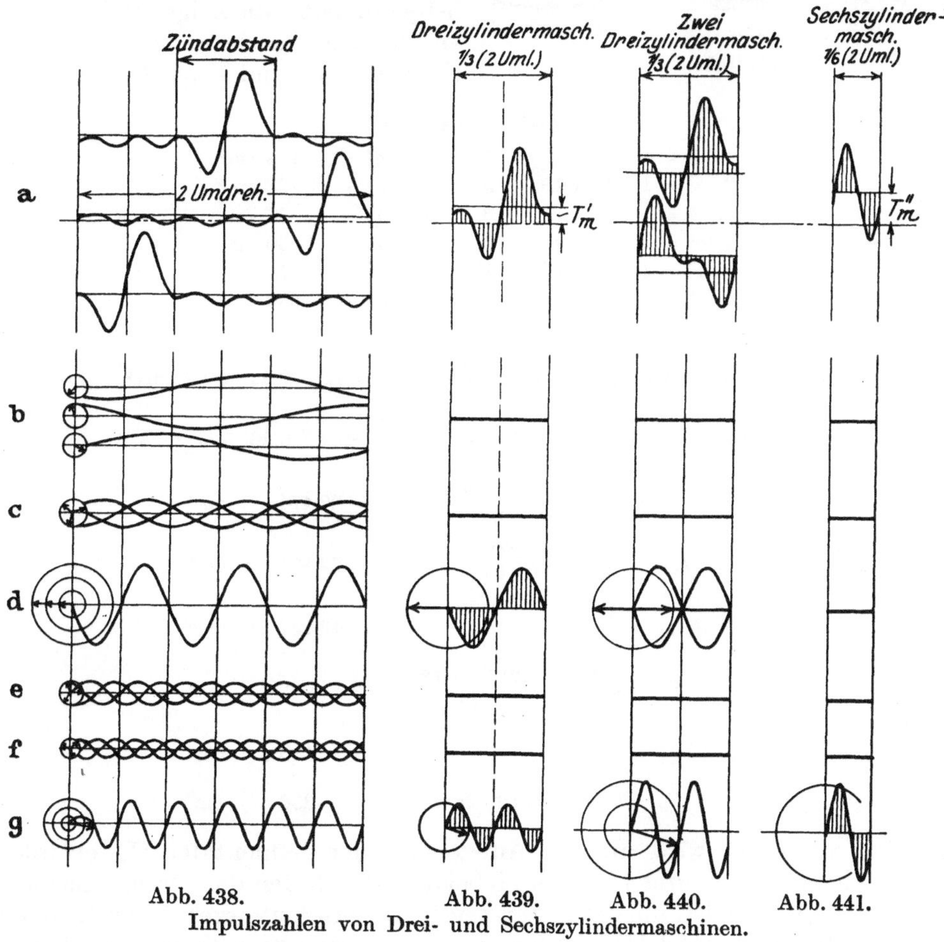

Abb. 438. Abb. 439. Abb. 440. Abb. 441.
Impulszahlen von Drei- und Sechszylindermaschinen.

Kröpfungen und Absätzen drehelastisch gleichwertig ist. Ein Wellenstück vom Durchmesser d und der Länge l ist mit der Bezugswelle vom Durchmesser D_0 und der Länge L_0 gleichwertig, wenn beide durch ein gleiches Drehmoment um den gleichen Winkel verdreht werden.

$$\text{Verdrehwinkel } \vartheta = \frac{M_d}{J_p \cdot G} \cdot l = \frac{M_d}{J_{p_0} \cdot G} \cdot L_0 \qquad \text{mit } J_p = \frac{\pi d^4}{32}.$$

$$\text{Sonach } L_0 = \frac{D_0^4}{d^4} \cdot l,$$

Für kegelförmige Wellenabsätze folgt: $L_0 = D_0^4 \int\limits_0^l \frac{dl}{d^4}$, worin d = veränderlicher Durchmesser des Kegelstückes.

Die reduzierte Länge der Kurbelkröpfungen wird von Sass[1]) auf Grund der von Geiger mitgeteilten Formeln nach den folgenden Zahlentafeln, die zugleich die Werte für die in Abb. 442 dargestellte Kröpfung enthalten, ermittelt. Die Werte a, b, h, R, d und d_1 der Zahlentafel I entsprechen den in Abb. 442 eingetragenen Maßen. J_0 = polares Trägheitsmoment der Bezugswelle, Θ_w = Trägheitsmoment der Kurbelwange. Die Zeiger p und ax bedeuten polare und axiale Trägheitsmomente, die Zeiger KZ und W geben an, daß sich die betreffenden Größen auf Kurbelzapfen und Kurbelwange beziehen.

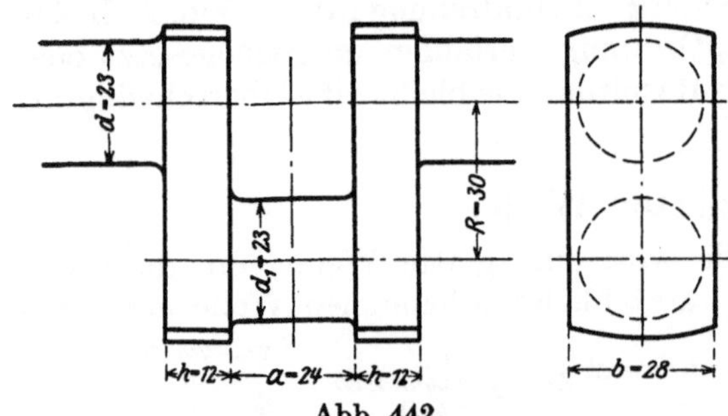

Abb. 442.

Zahlentafel I

1. $a =$	24 cm	7. $h^2 =$	144 cm²
2. $a^3 =$	13 824 cm³	8. $h^3 =$	1 728 cm³
3. $b =$	28 cm	9. $(a+h) =$	36 cm
4. $b^2 =$	784 cm²	10. $R =$	30 cm
5. $b^3 =$	21 952 cm³	11. $R - 0{,}5\,d =$	18,5 cm
6. $h =$	12 cm	12. $R^2 =$	900 cm²

13. $R^3 = 27\,000 \text{ cm}^3$

14. $$1{,}8\frac{b^2+h^2}{b^3\cdot h^3} = 1{,}8\cdot\frac{28^2+12^2}{28^3\cdot 12^3} = 0{,}44\cdot 10^{-4}\ \text{cm}^{-4}$$

15. $$7{,}2\cdot\frac{b^2+R^2}{b^3\cdot R^3} = 7{,}2\cdot\frac{28^2+30^2}{28^3\cdot 30^3} = 0{,}20\ \text{cm}^{-4}$$

16. $$J_0 = \frac{\pi\,d^4}{32} = \frac{23^4\cdot\pi}{32} = 27\,474\ \text{cm}^4$$

17. $$J_{pKZ} = \frac{\pi\,d_1^4}{32} = \frac{23^4\,\pi}{32} = 27\,474\ \text{cm}^4$$

18. $$J_{axKZ} = \frac{1}{2}\,J_{pKZ} = 13\,737\ \text{cm}^4$$

19. $$\Theta_w = \frac{b^3\,h}{12} = \frac{21952\cdot 12}{12} = 21\,952\ \text{cm}^4$$

20. $$F_{KZ} = \frac{\pi\,d_1^2}{4} = 415{,}5\ \text{cm}^2$$

21. $$F_w = b\cdot h = 12\cdot 28 = 336\ \text{cm}^2$$

In Zahlentafel II wird die für Aufstellung der Zahlentafel III erforderliche Zahl k berechnet. k bedeutet hier den Hebelarm, durch den das Drehmoment M der Kröpfung zu dividieren ist, um die in den beiden Lagern hervorgerufenen Lagerdrucke zu erhalten. In Zahlentafel III werden die reduzierten Einzellängen l_{red} berechnet, die sich aus der Verdrehung, Biegung und Verschiebung von Kurbelzapfen und Wangen ergeben.

Zahlentafel II.

1. $$\frac{R^3}{7{,}8\cdot\Theta_w} = \frac{27\,000}{7{,}8\cdot 21\,952} = 0{,}158\ \text{cm}^{-1}$$

2. $$\frac{1{,}2\,R}{F_w} = \frac{1{,}2\cdot 30}{336} = 0{,}107\ \text{cm}^{-1}$$

3. $$1{,}8\cdot\frac{b^2+h^2}{b^3\cdot h^3}\cdot(a+h)^2\cdot\frac{R}{2} = 0{,}44\cdot 10^{-4}\cdot 36^2\cdot 15 = 0{,}8554\ \text{cm}^{-1}$$

[1]) Sass: Beiträge zur Berechnung kritischer Torsionsdrehzahlen. Z. V. d. I. 1921, S. 67.

4.	$\frac{a^3}{62{,}4 \cdot J_{ax\,kz}}$	$= \frac{13824}{62{,}4 \cdot 13737}$	$= 0{,}0161$	cm^{-1}
5.	$\frac{0{,}6 \cdot a}{F_{kz}}$	$= \frac{0{,}6 \cdot 24}{415{,}5}$	$= 0{,}0346$	cm^{-1}
6.	$\frac{R^2 \cdot a}{2\,J_{pkz}}$	$= \frac{900 \cdot 24}{2 \cdot 27474}$	$= 0{,}39$	cm^{-1}
	Σ (1 bis 6)		$= 1{,}5611$	cm
7.	$\frac{R^2}{5{,}2\,\Theta_w}$	$= \frac{900}{5{,}2 \cdot 21952}$	$= 0{,}0078$	cm^{-2}
8.	$\frac{a \cdot R}{2\,J_{pkz}}$	$= \frac{24 \cdot 30}{2 \cdot 27474}$	$= 0{,}0131$	cm^{-2}
	Σ (7 bis 8)		$= 0{,}0209$	cm^{-2}

$$k = \frac{\Sigma\,(1 \text{ bis } 6)}{\Sigma\,(7 \text{ bis } 8)} = 74{,}7 \quad \mathrm{cm}$$

Zahlentafel III.

1.	$2\,l_{\mathrm{red}\,1} = 7{,}2\,\frac{b^2 + R^2}{b^3 \cdot R^3} \cdot h \cdot J_o$	$= 0{,}20 \cdot 10^{-4} \cdot 12 \cdot 27474$	$= 6{,}594$ cm
2.	$2\,l_{\mathrm{red}\,2} = \frac{J_o \cdot R}{1{,}3\,\Theta_w}$	$= \frac{27474 \cdot 30}{1{,}3 \cdot 21952}$	$= 28{,}88$ cm
3.	$l_{\mathrm{red}\,3} = a \cdot \frac{J_o}{J_{pkz}}$	$= a$	$= 24$ cm
4.	$2\,l_{\mathrm{red}\,4} = \frac{J_o \cdot a^3}{31{,}2 \cdot J_{ax\,kz} \cdot R \cdot k}$	$= \frac{27474 \cdot 13824}{31{,}2 \cdot 13737 \cdot 30 \cdot k}$	$= 0{,}395$ cm
5.	$2\,l_{\mathrm{red}\,5} = \frac{1{,}2 \cdot J_o \cdot a}{F_{kz} \cdot R \cdot k}$	$= \frac{1{,}2 \cdot 27474 \cdot 24}{415{,}5 \cdot 30 \cdot k}$	$= 0{,}85$ cm
6.	$2\,l_{\mathrm{red}\,6} = \frac{J_o \cdot R^2}{3{,}9 \cdot \Theta_w \cdot k}$	$= \frac{27474 \cdot 900}{3{,}9 \cdot 21952 \cdot k}$	$= 3{,}86$ cm
7.	$2\,l_{\mathrm{red}\,7} = \frac{2{,}4\,J_o}{F_w \cdot k}$	$= \frac{2{,}4 \cdot 27474}{336 \cdot k}$	$= 2{,}625$ cm
8.	$2\,l_{\mathrm{red}\,8} = 1{,}8 \cdot \frac{b^2 + h^2}{b^3 \cdot h^3}(a+h)^2 \cdot (R - 0{,}5\,d) \cdot \frac{J_o}{R \cdot k}$	$= 0{,}44 \cdot 10^{-4} \cdot 23976 \cdot 12{,}26$	$= 12{,}95$ cm
		Summe 1 bis 8	$= 80{,}154$ cm
9.	$2\,l_{\mathrm{red}\,9} = \frac{J_o \cdot a\,R}{J_{pkz} \cdot k}$	$= \frac{24 \cdot 30}{k}$	$= 9{,}64$ cm
		Summe (1 bis 8) minus 9	$= 70{,}514$ cm
			= reduzierte Länge der Kurbelkröpfung.

In dem vorstehenden Sassschen Rechenschema ist die Verdrehung der Kurbelwangen mit der Torsionslänge $(R - 0{,}5\,d)$ berechnet, ein Wert, der nach Verdrehversuchen der AEG vorzügliche Übereinstimmung zwischen gemessener und berechneter Verdrehung ergeben hat. Bei Versuchen mit 4 verschiedenen Kurbeln fand Wydler[1]), daß die erwähnte Übereinstimmung bei Einsetzen einer Torsionslänge $(R - 0{,}8\,d)$ — genauer $(R - 0{,}795\,d)$ — eintrat.

Dr. Geiger stellt für die Bestimmung der elastischen Länge einer Kurbelkröpfung folgende empirische Formeln auf (Z. V. d. I. 1921, S. 1241):

$$l_{\mathrm{red}} = l_1 + l_2 + l_3,$$

wobei l_1 = Wellenzapfenlänge $+ 0{,}4\,h$,

$$l_2 = 0{,}775(l - z\,d) \cdot \frac{J_{pW}}{\Theta},$$

$$l_3 = (\text{Kurbelzapfenlänge} + 0{,}4\,h) \cdot \frac{J_{pW}}{J_{pK}}.$$

[1]) S. Anmerkung S. 378.

Hierin ist l = Schenkellänge zwischen den beiden Zapfenmitten = Radius r in cm,

$$z = 0 \quad \text{für} \quad \frac{b}{d} = 1{,}6 \text{ bis } 1{,}63 \qquad \text{und} \qquad \frac{r}{d} = 1{,}2 \text{ bis } 0{,}92\,,$$

$$z = 0{,}4 \text{ für } \frac{b}{d} = 1{,}49 \qquad \text{und} \qquad \frac{r}{d} = 0{,}84\,,$$

d = Durchmesser des Wellenzapfens in cm,

b = Breite des Kurbelschenkels in cm in der Radialebene,

h = Höhe des Kurbelschenkels in cm, axial gemessen,

$J_{pW} = \frac{\pi}{32}(d_4 - d_0^4)$ = Trägheitsmoment des Wellenzapfens in cm⁴,

J_{pK} = Trägheitsmoment des Kurbelzapfens in cm^4,

$\Theta = \frac{b^3 h}{12}$ = Trägheitsmoment des Kurbelschenkels in cm^4.

Beispiel. Abb. 443.

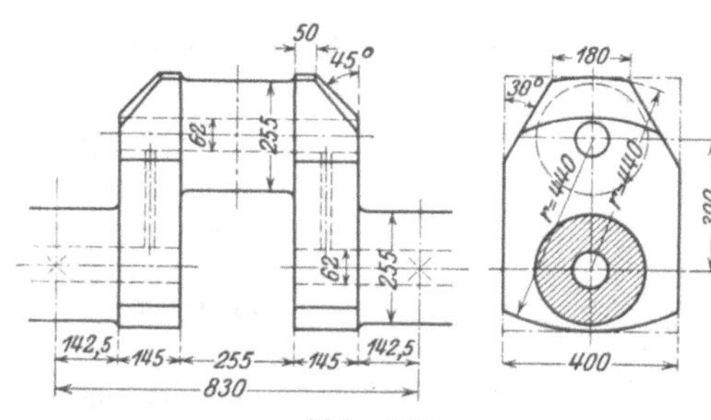

Abb. 443.

$$J_{pK} = 0{,}0982 \cdot (25{,}5^4 - 6{,}2^4) = 4{,}15 \cdot 10^4 \text{ cm}^4,$$
$$l_1 = 28{,}5 + 0{,}4 \cdot 14{,}5 = 34{,}3 \text{ cm red.},$$
$$\Theta = \frac{40^3 \cdot 14{,}5}{12}$$
$$= \frac{6{,}4 \cdot 10^4 \cdot 14{,}5}{12} = 7{,}73 \cdot 10^4 \text{ cm}^4,$$
$$l_2 = 0{,}773 \cdot 30 \cdot \frac{4{,}15 \cdot 10^4}{7{,}73 \cdot 10^4} = 12{,}45 \text{ cm red.},$$
$$l_3 = 25{,}5 + 0{,}4 \cdot 14{,}5 = 31{,}3 \text{ cm red.},$$
$$l_{red} = 78{,}05 \text{ cm reduziert auf}$$
$$J_{pK} = 4{,}15 \cdot 10^4 \text{ cm}^4.$$

Wie ersichtlich, stellt im vorliegenden Fall die Länge l_2 bei $z = 0$ den kleinsten Beitrag zu l_{red}, so daß es durchaus statthaft ist, den Wert z für andere Verhältnisse $\frac{b}{d}$ und $\frac{r}{d}$ zu interpolieren.

Bei gleicher Berechnung folgt für die Kurbel nach Abb. 442 mit $l_1 = l_2 = 28{,}8$ cm

für $z = 0$: $l_2 = 29{,}02$ cm und $l_{red} = 86{,}62$ cm,

$z = 0{,}2$: $l_2 = 23{,}68$ cm und $l_{red} = 81{,}28$ cm,

$z = 0{,}4$: $l_2 = 20{,}12$ cm und $l_{red} = 77{,}72$ cm.

In der Zeitschrift „Maschinenbau" 1925, S. 1223, hat Dr. Sass die an einer gebauten Sechskurbelwelle praktisch durch Verdrehversuche gemessene, reduzierte Länge mit der durch Rechnung ermittelten, reduzierten Länge verglichen, wobei sich für die Kröpfung ergab:

Reduzierte Länge bei nicht abgenommenen oberen Lagerschalen: 69,30 cm,
bei abgenommenen oberen Lagerschalen: 72,32 cm,
nach dem Rechenschema auf S. 380: 45,2 cm,
nach der vorstehenden Geigerschen Erfahrungsformel: 63,4 cm,

Es zeigte sich, wie aus diesen Angaben hervorgeht und worauf schon Holzer hingewiesen hat, daß die Lagerreaktionen die reduzierte Länge der Kröpfung verkleinern.

d) Reduktion von Schwungmassen.

Zur Bestimmung der Schwingungsausschläge müssen die mit der Welle sich drehenden Massen bekannt sein, denen gegenüber die Masse der Welle selbst meist vernachlässigt werden kann. Die Massen werden sämtlich auf einen willkürlich anzunehmenden Radius r so reduziert, daß sie dieselbe kinetische Energie wie die wirkliche Masse aufweisen.

Die reduzierte Masse dM_0 eines Elementarteilchens dm im Abstand ϱ von der Drehachse ist:

$$dM_0 = dm \cdot \frac{\varrho^2}{r^2},$$

so daß

die reduzierte Masse $M_0 = \frac{1}{r^2}\int \varrho^2 \cdot dm = \frac{\Theta}{r^2}, \quad \Theta = \mu \cdot J_p \cdot b$ (cm kg/sek²),

worin Θ = Trägheitsmoment der wirklichen Masse in bezug auf die Wellenachse, $\mu = \frac{\gamma}{g}$ (kg sek²/cm⁴) ist.

Zwischen dem vielfach angegebenen Schwungmoment GD^2 und dem Trägheitsmoment besteht die Beziehung

$$GD^2 = \int_0^r (g \cdot dm) \cdot 4\,r^2 = 4\,g\,\Theta = 4\,\gamma \cdot J_p \cdot b \quad [\text{kgcm}^2]$$

J_p = geometrisches polares Trägheitsmoment,
b = axiale Breite des zylindrischen Schwungkörpers,
γ = spezifisches Gewicht in kg/cm³,
g = 981 cmsek⁻².

Für Wangen und Zapfen der Kurbelkröpfung ergibt sich die bekannte Beziehung:

$$\Theta_{pk} = m\,a^2 + \Theta_{po},$$

worin m = Masse der Schenkel bzw. der Kurbelzapfen, a = Abstand der Schwerpunkte von der Drehachse, Θ_{po} das polare Massenträgheitsmoment von Zapfen $\left(= m \cdot \frac{d^2}{8}\right)$ und Wangen $\left(= 2 \cdot m \frac{b^2 + l^2}{12}\right.$ mit l = ganzer, radialer Länge des Schenkels) ist, bezogen auf die durch den Schwerpunkt parallel zur Drehachse gelegte Achse.

Meist werden die hin und hergehenden Massen mit einem Mittelwert — und zwar nach dem Vorgange Frahms mit der Hälfte des Höchstwertes — in Rechnung gesetzt. Es wird das Trägheitsmoment, mit dem die reduzierten Massen zu berechnen sind:

$$\Theta_p = \Theta_{pk} + \frac{G_s + \frac{G}{2}}{g} \cdot r^2,$$

worin:

Θ_{pk} = Moment von Zapfen und Wangen der Kurbelkröpfung,
G_s = Gewicht des rotierenden Teiles der Pleuelstange,
G = Gewicht aller hin und hergehenden Massen einschließlich halber Pleuelstange,
r = Kurbelradius.

Da die Wirkung der Ersatzmasse von der der wirklichen Masse abweicht, so ist hierin der Grund zu suchen, daß die Maschinen nicht eine bestimmte kritische Drehzahl zeigen, das kritische Gebiet sich vielmehr über einen größeren Drehzahlbereich erstreckt.

e) Die Eigenschwingungszahlen.

Die freien Schwingungsformen werden nach der Anzahl der Knotenpunkte, in denen der Verdrehwinkel = 0 ist, bezeichnet. Eine Schwingungsform mit einem Knotenpunkt ist sonach eine solche ersten Grades usw. Bei n Massen sind $n - 1$ Schwingungsformen möglich, wobei ein Knotenpunkt zwischen zwei Massen liegt, diese also in entgegengesetzter Richtung schwingen.

Ist x der augenblickliche Ausschlag der Masse aus ihrer Mittellage, so ist die zugehörige Trägheitskraft (nach S. 372):

$$T = m\frac{d^2x}{dt^2} = -m\cdot x\cdot\frac{k}{m} = -m\,x\,\omega^2 \quad \text{mit} \quad \omega = \sqrt{\frac{k}{m}}.$$

Für den größten Ausschlag $x = a$ wird: $T = m\cdot a\cdot\omega^2$.

Da die Eigenschwingungszahl diejenige Schwingungszahl ist, bei der die Schwingungen ohne äußere erregende Kraft fortgesetzt werden, so sind die Trägheitskräfte T die einzigen im schwingenden System wirkenden Kräfte.

1. Federnd eingespannte Schwungmasse. Dieser Fall ist in der Einführung zu diesem Kapitel, S. 373 behandelt. Kritische Drehzahl

$$n_{\min} = \frac{30}{\pi}\sqrt{\frac{H}{l\cdot m}}.$$

2. Welle mit zwei Schwungmassen. Wie Abb. 444 zeigt, können beide Massen nur gegeneinander schwingen; die Schwingungsform ist ersten Grades, dem einen Knotenpunkt zwischen beiden Massen entsprechend. Da die Schwingungszahlen beider Massen gleich sein müssen, so folgt:

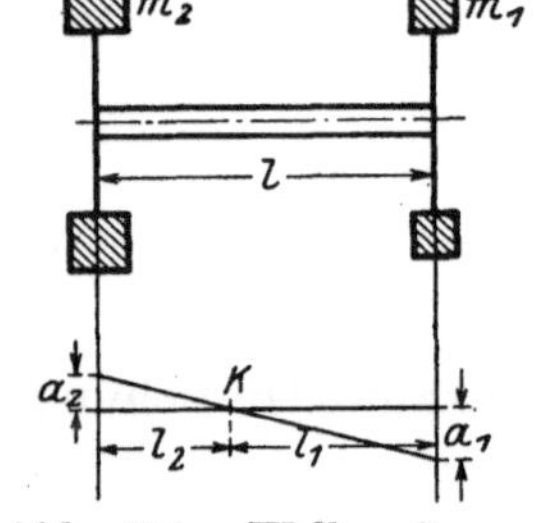

Abb. 444. Welle mit zwei Schwungmassen. K = Knotenpunkt. a_1, a_2 = Schwingungsausschläge.

$$n = \frac{30}{\pi}\sqrt{\frac{H}{l_1 m_1}} = \frac{30}{\pi}\sqrt{\frac{H}{(l-l_1)\cdot m_2}}$$

$$l_1\cdot m_1 = (l-l_1)\cdot m_2 = l m_2 - l_1 m_2$$

$$l_1 = l\frac{m_2}{m_1+m_2}, \qquad l_2 = l\cdot\frac{m_1}{m_1+m_2}$$

$$n = \frac{30}{\pi}\sqrt{\frac{H}{l}\cdot\frac{m_1+m_2}{m_1\cdot m_2}}.$$

Beispiel[1]). Abb. 445 zeigt die Welle einer 300-PS-Dieselmaschine mit drei unter 240° gegeneinander versetzten Kurbeln. Schwungmoment des Dynamoläufers $GD^2 = 109\,700$ kgm², des Schwungrades 93 000 kgm². Innerhalb der Umlaufzahlen 142 bis 158/min zeigten sich heftige Lichtschwankungen; die Welle brach nahe der Kupplung. Die Massen der Welle und der Gestängeteile werden durch Vergrößerung des letzten Schwungmomentes auf 94 000 kgm² berücksichtigt, so daß auf den Hebelarm $r = 0{,}5$ m reduziert, die Gewichte 94 000 und 109 700 kg betragen. Die Welle, die beide Gewichte trägt, wird in eine Bezugswelle von 100 mm Dmr. und 25,155 mm Länge umgerechnet.

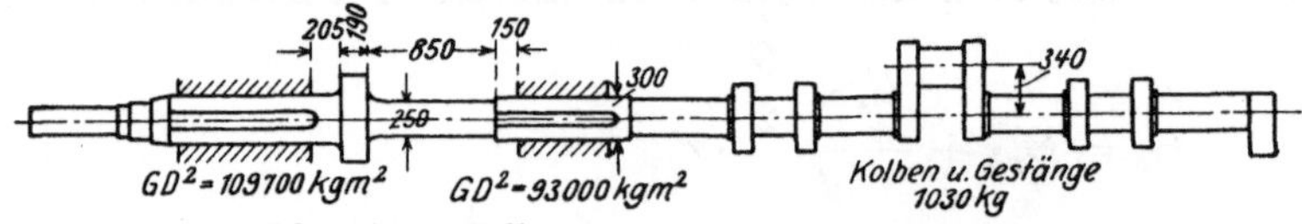

Abb. 445. Welle einer 300 PS-Dieselmaschine.

$$J_p = \frac{\pi\,10^4}{32}\,\text{cm}^4; \quad G = 820\,000\ \text{kg/cm}^2; \quad r = 50\ \text{cm};$$

$$H = \frac{982\cdot 820\,000}{50^2} = 322\,096\ \text{kg}; \quad l = 2{,}5\,155\ \text{cm};$$

$$m_1 = \frac{109\,700}{981}\ \text{kg sek}^2/\text{cm}; \quad m_2 = \frac{94\,000}{981}\ \text{kg sek}^2/\text{cm}.$$

$$n = \frac{30}{\pi}\sqrt{\frac{322\,096}{2{,}5\,155}\cdot\frac{203\,700\cdot 981}{109\,700\cdot 94\,000}} = 476\ \text{min}^{-1}.$$

[1]) Gümbel: Z. V. d. I. 1912, S. 1030.

Die Anzahl der von der Maschine ausgeübten Impulse betrug entsprechend den Umlaufzahlen $3 \cdot 142$ bis $3 \cdot 158 = 426$ bis 474, deckte sich sonach annähernd mit der kritischen Drehzahl.

3. Welle mit drei Schwungmassen[1]), Abb. 446. Es werde vom höchsten Schwingungsgrad ausgegangen, bei dem zwischen zwei Massen ein Knotenpunkt liegt, so daß zwei benachbarte Massen in entgegengesetzter Phase schwingen. Die Kraft $T_2 = m_2 a_2 \omega^2$ hält dann der Summe der beiden anderen Kräfte

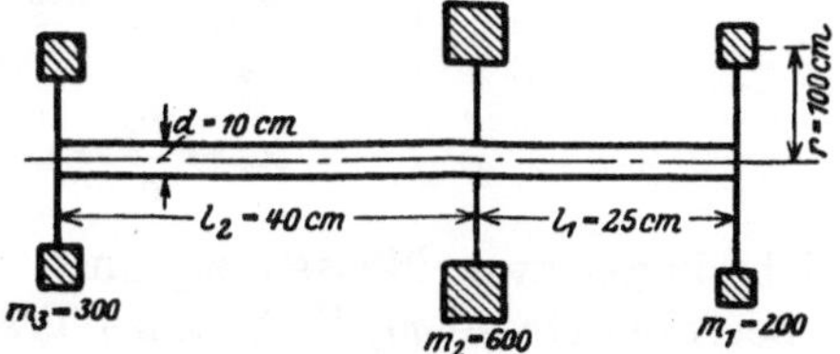

Abb. 446. Welle mit drei Schwungmassen.

$$T_1 + T_3 = (m_1 a_1 + m_3 a_3)\,\omega^2$$

das Gleichgewicht. Masse m_2 werde nun so zerlegt gedacht, daß ein Teil x gegen m_1, ein Teil $(m_2 - x)$ gegen m_3 so schwingt, daß

$$n = \frac{30}{\pi}\sqrt{\frac{H}{l_1}\cdot\frac{m_1 + x}{m_1 \cdot x}} = \frac{30}{\pi}\sqrt{\frac{H}{l_2}\,\frac{(m_2 - x) + m_3}{(m_2 - x)\cdot m_3}}.$$

Wird

$$\frac{m_1 + x}{m_1 x} = \frac{1}{m_1} + \frac{1}{x}, \text{ sowie } \frac{(m_2 - x) + m_3}{(m_2 - x)\cdot m_3} = \frac{1}{m_2 - x} + \frac{1}{m_3}$$

gesetzt, so folgt die Bestimmungsgleichung

$$\frac{1}{l_1}\left(\frac{1}{m_1} + \frac{1}{x}\right) = \frac{1}{l_2}\cdot\left(\frac{1}{m_2 - x} + \frac{1}{m_3}\right).$$

Mit

$$\lambda = \frac{l_2}{l_1},\ \xi = \frac{x}{m_1},\ \mu_2 = \frac{m_2}{m_1},\ \mu_3 = \frac{m_3}{m_1}$$

folgt nach Multiplikation beider Seiten der Bestimmungsgleichung mit m_1:

$$\lambda\left(1 + \frac{1}{\xi}\right) = \frac{1}{\mu_2 - \xi} + \frac{1}{\mu_3}$$

$$\frac{\lambda\cdot\mu_3 - 1}{\mu_3} = \frac{\xi - \lambda\mu_2 + \lambda\xi}{\mu_2\xi - \xi^2}$$

$$\xi^2 - \xi\left(\mu_2 + \mu_3\,\frac{1 + \lambda}{1 - \lambda\mu_3}\right) = -\,\frac{\lambda\mu_2\cdot\mu_3}{1 - \lambda\cdot\mu_3}.$$

Es folgen die beiden Wurzeln dieser Gleichung zu:

$$\xi_I,\ \xi_{II} = \frac{1}{2}\left(\mu_2 + \mu_3\,\frac{1 + \lambda}{1 - \lambda\cdot\mu_3}\right) \pm \sqrt{\frac{1}{4}\left(\mu_2 + \mu_3\,\frac{1 + \lambda}{1 - \lambda\mu_3}\right)^2 - \frac{\lambda\mu_2\mu_3}{1 - \lambda\mu_3}}$$

$$= A \pm \sqrt{A^2 - B}.$$

Es werden die Eigenschwingungszahlen

$$n = \frac{30}{\pi}\sqrt{\frac{H}{l_1 m_1}\cdot\left(1 + \frac{1}{\xi}\right)} = \sqrt{\frac{H}{l_1 m_1}\left(1 + \frac{1}{A \pm \sqrt{A^2 - B}}\right)}.$$

Ausschlagverhältnis $\alpha_2 = \frac{a_2}{a_1}$ ergibt sich aus der Bedingung:

$$m_1\cdot a_1\cdot\omega^2 + x\cdot a_2\cdot\omega^2 = 0$$

$$\alpha_2 = -\,\frac{m_1}{x} = -\,\frac{1}{\xi}.$$

[1]) Dr.-Ing. Hans Wydler: Drehschwingungen in Kolbenmaschinenanlagen und das Gesetz ihres Ausgleichs. Berlin: Julius Springer 1922.

In gleicher Weise ist

$$a_2 (m_2 - x) \cdot \omega^2 + a_3 m_3 \cdot \omega^2 = 0$$

$$\frac{a_3}{a_2} = -\frac{m_2 - x}{m_3} = -\frac{\mu_2 - \xi}{\mu_3}$$

$$\alpha_3 = \frac{a_3}{a_1} = -\alpha_2 \frac{\mu_2 - \xi}{\mu_3} = \left(\frac{\mu_2}{\xi} - 1\right) \cdot \frac{1}{u_3}.$$

Schwingen zwei Massen m_2 und m_3 gemeinsam entgegen der dritten Masse m_1, so überträgt Masse m_3 ihre ganze Trägheitskraft auf Masse m_2, und es wird:

$$(m_2 a_2 + m_3 a_3) \cdot \omega^2 = \left(m_2 + m_3 \cdot \frac{a_3}{a_2}\right) \cdot a_2 \omega^2 = x a_2 \omega^2 = m_1 a_1 \omega^2 .$$

Die Massen m_1 und $x = \left(m_2 + m_3 \cdot \frac{a_3}{a_2}\right)$ schwingen wie ein Zweimassensystem. Auch hier folgt die Bestimmungsgleichung wie oben:

$$\frac{1}{l_1}\left(\frac{1}{m_1} + \frac{1}{x}\right) = \frac{1}{l_2}\left(\frac{1}{m_2 - x} + \frac{1}{m_3}\right).$$

Beispiel. Für das in Abb. 446 dargestellte Massensystem ist die Eigenschwingungszahl zu ermitteln. Die elastischen Längen beziehen sich auf 10 cm Wellendurchm., die Massen auf 100 cm Radius. Gleitmodul $G = 828\,000$ kg/cm²; $J_p = 981{,}7$ cm⁴. Mit $r^2 = 10\,000$ wird

$$H = \frac{Jp \cdot G}{r^2} = \frac{981{,}7 \cdot 828\,000}{10\,000} = 81\,285\,kg .$$

$$\mu_2 = \frac{m_2}{m_1} = \frac{600}{300} = 2 ; \quad \mu_3 = \frac{m_3}{m_1} = \frac{300}{200} = 1{,}5 ; \quad \lambda = \frac{l_2}{l_1} = \frac{40}{25} = 1{,}6 .$$

$$A = \frac{1}{2}\left(3 + 1{,}5 \cdot \frac{2{,}6}{1 - 2{,}4}\right) = 0{,}107 ; \quad B = \frac{1{,}6 \cdot 3 \cdot 1{,}5}{1 - 2{,}4} = -5{,}143 .$$

$$n = \frac{30}{\pi}\sqrt{\frac{H}{l_1 \cdot m_1}\left(1 + \frac{1}{A \pm \sqrt{A^2 - B}}\right)} = 9{,}55\sqrt{\frac{81\,285 \cdot 981}{25 \cdot 200} \cdot \left(1 + \frac{1}{0{,}107 \pm \sqrt{0{,}107^2 + 5{,}143}}\right)}$$

$n_I = 885$ Uml./min; $n_{II} = 1437$ Uml./min.

Auf Grund zeichnerischer Bestimmung erhält Dreves in Z. V. d. I. 1918, S. 592 für dasselbe System: $n_I = 885$, $n_{II} = 1440$ Uml./min.

Welle mit *n* Schwungmassen. Bei einer mehrzylindrigen Maschine, bei der auf die Zylindermassen eine oder zwei schwere Massen (z. B. Schwungrad und Generatoranker) folgen, kann je nach dem gewünschten Grad der Genauigkeit in verschiedener Weise vorgegangen werden. Die Trägheitsmassen des Motors werden entweder mit einer der beiden schweren Massen zusammengefaßt, so daß ein System mit zwei Schwungmassen entsteht, oder es werden die Zylindermassen allein durch eine Masse ersetzt, so daß ein System mit drei Schwungmassen zu behandeln ist. Werden die Schwungmassen zur statischen Resultierenden zusammengesetzt, so werden die kritischen Drehzahlen zu niedrig, doch ermöglicht diese vereinfachte Rechnung annähernde Ergebnisse, die bei der genaueren Ermittlung von Wert sind.

Beispiel. Für das Massensystem nach Abb. 447 sind die Eigenschwingungszahlen überschläglich festzustellen. $J_p = 602$ cm⁴, $G = 830\,000$ kg/cm²; $r = 10$ cm, $H = 5 \cdot 10^6$ kg.

Es wird $m_1 = 10 + 6 = 16$, $m_2 = 15 \frac{\text{kg sek}^2}{\text{cm}}$; $l = \frac{6}{16} \cdot 35 + 25 = 38{,}125$ cm .

$$n = \frac{30}{\pi}\sqrt{\frac{H}{l}\left(\frac{1}{16} + \frac{1}{15}\right)} = \frac{30}{\pi}\sqrt{\frac{5 \cdot 10^6}{38{,}125} \cdot 0{,}1292} = 1243 \text{ Uml./min}; \quad \alpha_2 = -\frac{16}{15} = -1{,}067.$$

Bei Berechnung als Dreimassensystem wird $m_1 = 6$, $m_2 = 10$, $m_3 = 15$, $l_1 = 35$, $l_2 = 25$ cm, und es folgt bei gleichem Vorgehen wie in Bezug auf Abb. 446

$$n_I = 1304\,,\quad n_{II} = 2195\,,\quad \text{entsprechend } \omega_I = 136{,}5\,,\quad \omega_{II} = 230{,}0\,.$$

Bei genauer Feststellung der kritischen Drehzahl ist zweckmäßig nach dem grundlegenden Verfahren von Gümbel vorzugehen[1]).

Greifen an einem Stab von der Länge dL zwei entgegengesetzte Kräftepaare $P\,r$ an, so beträgt die Verdrehung der Endquerschnitte

$$r \cdot d\alpha = r \cdot \vartheta \cdot dL = \frac{P \cdot r^2 \cdot dL}{J \cdot G}\,,$$

ϑ = Verdrehungswinkel im Abstand 1, gemessen in Entfernung 1 von der Drehachse. Sonach ist

$$r \cdot \frac{d\alpha}{dL} = \frac{P \cdot r^2}{J \cdot G}\,.$$

Für den Endquerschnitt des freien Stabes ist

$$r \cdot \frac{d\alpha}{dL} = 0\,.$$

Aus den vorstehenden Gleichungen ergibt sich die Beziehung:

$$P : \frac{JG}{r^2} = r \cdot d\alpha : dL\,.$$

Für die „freie" Schwingung ist nach S. 384:

$$P = T = m\,a \cdot \omega^2\,.$$

Hieraus ergibt sich folgendes Verfahren. In einem Kräfteplan, dessen Polabstand $\frac{J \cdot G}{r^2}$, werden die Kräfte $m\,a\,\omega^2$ nach Größe und Richtung aufgetragen. Das Seilpolygon, das unmittelbar die Größe der Verdrehung der einzelnen Wellenabschnitte im Abstande r angibt, läßt sich zeichnen, sobald ein Punkt desselben bekannt ist. Der Anfangspunkt der „Schwingungsform", wie das Seilpolygon bezeichnet wird, wird dadurch festgelegt, daß der Schwingungsausschlag des freien Endquerschnittes = 1 gesetzt wird. Die Richtung der Tangente in diesem Punkt, die ein Maß für die verhältnismäßigen Verdrehungswinkel gibt, ist dadurch bestimmt, daß für den freien Endquerschnitt $r \cdot \frac{d\alpha}{dL} = 0$ ist; die Tangente verläuft also parallel zur unbelasteten Stabachse.

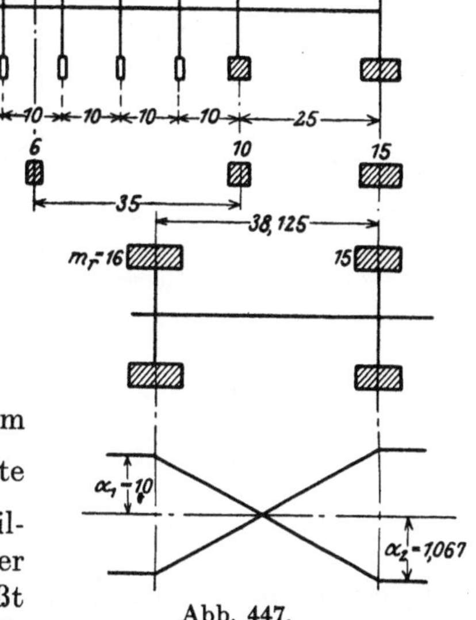

Abb. 447. Welle mit acht Schwungmassen.

Auftragen der Kraft $m_1\omega^2 \cdot a_1$ (für $a_1 = 1$ und einen geschätzten Wert ω) im Kräftepolygon ergibt die Richtung der Schwingungskurve im Seileck und damit den Ausschlag a_2. Auftragen der berechneten Kraft $m_2 \cdot \omega^2 \cdot a_2$ wie vorhin und Ziehen der Parallelen im Seileck gibt a_3 und so fort. Da für den zweiten Endquerschnitt wieder $r \cdot \frac{d\alpha}{dL} = 0$, so muß die letzte Parallele wagerecht verlaufen, d. h. der Kräfteplan muß sich schließen, was aber für das gewählte ω zunächst nicht der Fall sein wird. Wird nunmehr für verschiedene Werte ω die Rechnung durchgeführt, wobei die vorstehend angeführte überschlägliche Berechnung die Ausgangspunkte liefern kann, so läßt sich aus den sich ergebenden Restkräften durch Interpolation der kritische Wert ω gewinnen.

[1]) Z. V. d. I. 1912, S. 1025.

Aus Abb. 448 folgt, daß

$$a_2 = a_1 - \omega^2 \cdot m_1 \cdot a_1 \cdot \frac{l_{1,2}}{H}$$

$$a_3 = a_2 - \frac{\omega^2}{H} \cdot l_{2,3}\,(m_1 a_1 + m_2 \cdot a_2)$$

$$a_4 = a_3 - \frac{\omega^2}{H} \cdot l_{3,4}\,(m_1 a_1 + m_2 a_2 + m_3 \cdot a_3)$$

$$a_{k+1} = a_k - \frac{\omega^2}{H} \cdot l_{k,k+1} \cdot \sum_1^k m_k \cdot a_k \,.$$

Da die Zeichnung nach Abb. 448 für genau aufzutragende Werte $m\,\omega^2 a$ unhandlichen Polabstand ergibt, so empfiehlt sich häufig Berechnung der kritischen Drehzahl nach den vorstehenden Formeln.

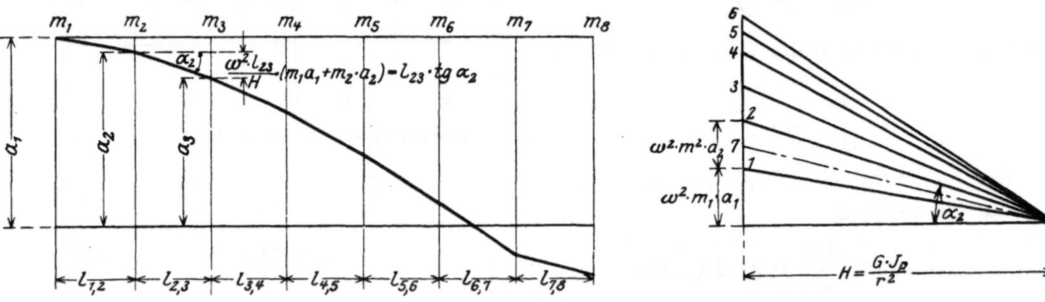

Abb. 448. Schwingungsform (Seileck) und Kräftepolygon.

Beispiel. Massensystem nach Abb. 449. Da die statische Zusammenfassung der sechs Zylindermassen den zu kleinen Wert $\omega = 136{,}5$ ergab, so werde die Rechnung zunächst mit $\omega = 138$ durchgeführt. Es wird $\omega^2 = 19\,044$. Für die Zylindermassen folgt mit

$$m_1 = m_2 = \,.\,.\, = 1\,, \quad l_{1,2} = l_{2,3} = \,.\,.\, = l_{5,6} = 10 \text{ cm}\,; \ \frac{\omega^2}{H} \cdot l = \frac{19044}{5 \cdot 10^6} \cdot 10 = 0{,}038\,;$$

für die Masse a_8 wird $\dfrac{\omega^2}{H} \cdot l_{7,8} = \dfrac{19044}{5 \cdot 10^6} \cdot 25 = 0{,}0952$.

$a_1 = 1$
$a_2 = 1 - 0{,}038 = 0{,}962$
$a_3 = 0{,}962 - 0{,}038 \cdot 1{,}962 = 0{,}8872$
$a_4 = 0{,}8872 - 0{,}038 \cdot 2{,}849 = 0{,}7788$
$a_5 = 0{,}7787 - 0{,}038 \cdot 3{,}6278 = 0{,}6405$
$a_6 = 0{,}6405 - 0{,}038 \cdot 4{,}268 = 0{,}4783$
$a_7 = 0{,}4783 - 0{,}038 \cdot 4{,}7463 = 0{,}2979$
$a_8 = 0{,}2979 - 0{,}0952\,(4{,}7463 + 10 \cdot 0{,}2979) = -0{,}4375$

$m \cdot a_1 = 1$
$m \cdot (a_1 + a_2) = 1{,}962$
$m\,(a_1 + a_2 + a_3) = 2{,}849$
$m\,(a_1 + a_2 + a_3 + a_4) = 3{,}6278$
$m\,(a_1 + a_2 + a_3 + a_4 + a_5) = 4{,}2683$
$m\,(a_1 + a_2 + a_3 \ldots + a_6) = 4{,}747$
$m_7 \cdot a_7\,(m = 10) = 2{,}979$
$m\,(a_1 + \ldots + a_6) + m_7 \cdot a_7 = 7{,}726$
$m_8 \cdot a_8\,(m = 15) = -6{,}563$
$+ \;1{,}163.$

Restglied $= 1{,}163 \cdot \omega^2 = 1{,}163 \cdot 19\,044 = 22\,148$.

Für Eigenschwingungen ungeraden Grades gibt ein positives Restglied an, daß ω^2 zu klein gewählt ist, umgekehrt bei Eigenschwingungen geraden Grades. Da es sich hier nach der überschläglichen Rechnung um die Schwingungszahl ersten Grades handelt, so ist die Rechnung mit einem größeren ω durchzuführen. Es wird $\omega^2 = 21025$ gewählt. Nach Ausführung der Rechnung nach vorstehendem Schema zeigt sich ein Restglied $= -10\,163{,}5$, d. h. ω ist zu groß gewählt. Durch lineare Interpolation findet sich zunächst:

$$19044 + \frac{21025 - 19044}{22148 - [-10164]} \cdot 22148 = 21088\,.$$

$$\omega = 145{,}3\;;\qquad n = 1357\,.$$

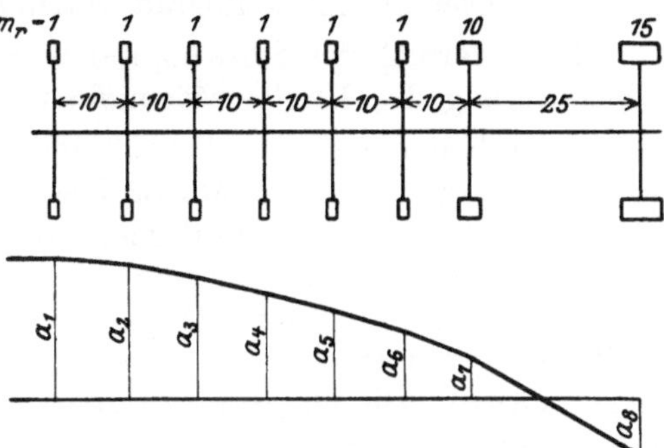

Abb. 449. Schwingungsform einer Welle mit acht Massen.

Berechnung der Eigenschwingungszahl auch mit diesem Wert würde genauere Interpolation gestatten. Es wird $n = 1367$.

In gleicher Weise wäre für die Ermittlung der zweiten Eigenschwingungszahl vorzugehen.

f) Beseitigung der Resonanz.

Die Ausschläge erzwungener Schwingungen würden bei Eintritt der Resonanz unendlich groß werden und zum Bruch führen, freie Schwingungen würden endlos weiterdauern, falls keine dämpfenden Kräfte vorhanden wären. Diese bewirken bei freien Schwingungen das „Abklingen" der Bewegung, indem z. B. die Schwingungsenergie durch Reibung in Wärme umgesetzt wird.

Als äußere dämpfende Kräfte sind zunächst die Reibung in den Lagern und Stopfbuchsen, die Kolbenreibung und der Luftwiderstand bei großen Schwungrädern und Generatoren zu nennen, d. h. solche Kräfte, die den mechanischen Wirkungsgrad der Maschine beeinflussen. Äußere dämpfende Kräfte entstehen weiterhin durch die Reibung der Schiffsschraubenflügel im Wasser und durch magnetelektrische Induktion in den Dynamomaschinen. Als innere dämpfende Kraft wirkt die innere Reibung des Wellensystems infolge unvollkommener Elastizität. Einen wirksamen Einfluß auf die Schwingungsausschläge üben nur die von der Schiffsschraube oder Dynamomaschine sowie die von den wechselnden Massendrucken herrührenden Lagerreibungen aus; Luftwiderstand und unvollkommene Elastizität des Wellenbaustoffes sind wegen ihrer geringen Größe, die Stopfbuchsen-, die Kolbenreibung und die von konstanten Arbeitsdrucken und Gewichten herrührende Lagerreibung sind wegen ihrer gleichbleibenden Größe ohne wesentlichen Einfluß.

Resonanzerscheinungen können bei ausgeführten Maschinen durch verschiedene Mittel beseitigt werden, u. a. durch

a) Veränderung des Wellendurchmessers. Dieses Mittel ist unter allen Umständen sehr kostspielig und nur in seltenen Fällen anwendbar, da die Lager eine solche Änderung nicht immer ermöglichen. Vergrößerung des Wellendurchmessers erhöht die Eigenschwingungszahl.

b) Änderung der Umlaufzahl. Dieses Mittel ist anwendbar bei Fabrikbetriebsmaschinen, die auf eine Wellenleitung arbeiten, da hierbei nur die Übersetzung geändert zu werden braucht. Auch bei Schiffsmaschinen hat man in einzelnen Fällen unter Verlust an Schiffsgeschwindigkeit oder Verminderung des Schraubenwirkungsgrades dieses Mittel angewendet.

c) Änderung des Zündabstandes durch Wahl anderer Kurbelwinkel, als auf S. 366 und 367 angegeben. Hierbei wird jedoch der Massenausgleich unvollkommen, der Gleichförmigkeitsgrad verringert, die Anfahrmöglichkeit erschwert.

d) Änderung des Schwungmomentes, ist nur so weit ausführbar, als die Verschlechterung des Ungleichförmigkeitsgrades zuläßt.

e) Einbau elastischer Kupplungen. Als solche scheint sich besonders die von der Falk-Corporation in Milwaukee gebaute Falk-Bibby-Kupplung zu bewähren, bei der die Kraft durch stählerne, parallel zur Welle liegende Flachstäbe übertragen wird. Die beiden Kupplungshälften nehmen die Enden der Flachstäbe auf, deren federnde Länge von der Größe des übertragenen Drehmoments abhängig ist. Die Weiterleitung harmonischer Schwingungen wird durch diese Einrichtung verhindert. (S. A. Nägel: Dieselmaschinen in Amerika. Z. V. d. I. 1925; und Heft „Dieselmaschinen II", V. d. I. Verlag.)

f) Einbau besonderer Dämpfer. Diese bezwecken entweder Verlegung der Eigenschwingungszahl der Welle, wirken also in gleicher Weise wie die unter a bis d genannten Mittel, oder es wird angestrebt, die entstehenden Ausschläge dadurch zu verringern oder zu vermeiden, daß die erregenden Kräfte durch arbeitverzehrende Kräfte verbraucht werden, die durch die Schwingungen hervorgerufen werden. Nur Vorrichtungen dieser letzteren Art können als eigentliche Dämpfer bezeichnet werden; ihre Wirkung beruht entweder auf der Entstehung von Reibungskräften zwischen zwei sich gegeneinander verdrehenden Massen, die mit gleicher mittlerer Geschwindigkeit umlaufen, oder auf der Einschaltung unelastischer Kräfte in die Wellenleitung, welche die „Rückstellkraft" ganz oder teilweise aufheben. Als Rückstellkraft wird die Größe des elastischen Momentes C bezeichnet, das bei Verdrehung des Wellenquerschnittes in der Ebene der k-ten Masse gegen den Quersohnitt in der $(k+1)$-ten Masse um den Winkel 1 entsteht $(C_{k,\,k+1} \cdot [\varphi_k - \varphi_{k+1}])$.

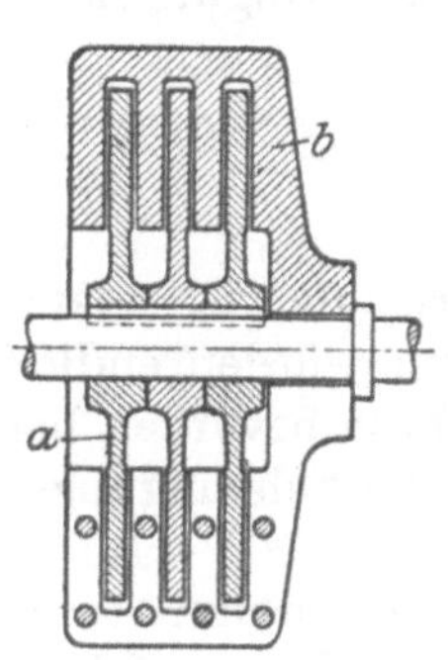

Abb. 450. Dämpfer nach Holzer.
a = aufgekeilter Dämpferträger.
b = frei drehbarer Dämpfer.

Einen Dämpfer ersterer Art stellt Abb. 450 dar. Dämpfer b ist auf der Welle frei drehbar, Dämpferträger a fest aufgekeilt. Bei Drehschwingungen bleibt der Dämpfer b infolge seiner Trägheit entweder gegen den Dämpferträger zurück, oder er eilt vor, wobei in den dicht aneinanderliegenden Reibflächen große Reibmomente auftreten.

Als Dämpfer der zweiten Art wirkt die hydraulische Kupplung von Föttinger, die das elastische Wellensystem unterbricht und kurze, durch Schwingungen verursachte Schwankungen des Drehmomentes im primären Teil auf den sekundären Teil nicht überträgt.

Literatur-Nachweis.

Frahm. Neue Untersuchungen über die dynamischen Vorgänge in den Wellenleitungen von Schiffsmaschinen mit besonderer Berücksichtigung der Resonanzerscheinungen. Z. V. d. I. 1902, S. 797. — Gümbel. Verdrehungsschwingungen eines Stabes mit fester Drehachse und beliebiger zur Drehachse symmetrischer Massenverteilung. Z. V. d. I. 1912, S. 1025. (Die Abhandlungen von Frahm und Gümbel sind für die Entwicklung der technischen Schwingungslehre grundlegend gewesen.) — R. Dreves. Neues graphisches Verfahren auf statischer Grundlage zur Untersuchung beliebiger Wellen-Massensysteme auf freie Drehschwingungen. Z. V. d. I. 1918, S. 588. — Fr. Saß. Beiträge zur Berechnung kritischer Torsions-Drehzahlen. Z. V. d. I. 1921, S. 67. — Fr. Saß. Messung der reduzierten Länge der Kurbelwelle einer 1650 PS_i-Schiffsmaschine. Zeitschr. „Maschinenbau" 1925, S. 1223. — Gümbel, Verdrehungsschwingungen und ihre Dämpfung. Z. V. d. I. 1922, S. 252. — Seelmann. Die Reduktion der Kurbelkröpfung. Z. V. d. I. 1925, S. 601. — J. Geiger. Zur Berechnung der Verdrehungsschwingungen von Wellenleitungen. Z. V. d. I. 1921, S. 1241. — J. Geiger. Über Verdrehungsschwingungen von Wellen, insbesondere für mehrkurblige Schiffsmaschinenwellen.

Dr.-Ing.-Dissertation. Augsburg 1914. — H. Holzer. Die Berechnung der Drehschwingungen und ihre Anwendung im Maschinenbau. Berlin: Julius Springer 1921. — H. Wydler. Drehschwingungen in Kolbenmaschinenanlagen und das Gesetz ihres Ausgleichs. Berlin: Julius Springer 1922. — M. Tolle. Regelung der Kraftmaschinen. 3. Aufl. (Kapitel: Torsionsschwingungen.) Berlin: Julius Springer 1921.

8. Die Ventile.

Ein- und Auslaßventil. Diese Ventile öffnen nach dem Hubraum hin, so daß sie vom Arbeitsdruck gegen ihren Sitz gepreßt werden. Bei Gasmaschinen mit Füllungsregelung entsteht allerdings bei kleinen Belastungen ein größerer Unterdruck, der betrebt ist, das Auslaßventil — und je nach Ausführung auch das Einlaßventil — „aufzusaugen", was durch entsprechend bemessene Schlußfedern zu verhindern ist.

Die Ventile kleinerer Gas- und Ölmaschinen werden meist mit der Spindel in einem Stück aus Flußstahl hergestellt, doch findet sich auch bei diesen kleineren Maschinen Ausführung des Auslaßventils, das nicht wie das Einlaßventil durch das einströmende Gemisch abgekühlt wird und deshalb höheren Temperaturen ausgesetzt ist, in dem hitzebeständigen Gußeisen, das bei größeren Leistungen als Baustoff für die Ventile ausschließlich verwendet wird. Besondere Beachtung erfordert hierbei die Verbindung von Spindel und Ventilkörper, die durch Massenkräfte, Stöße beim Aufsetzen des Ventils usw. außerordentlich beansprucht wird. Vielfach gebräuchlich ist Umnieten der eingeschraubten Spindel, Abb. 451, wobei gleichzeitig der Ventilteller warm aufgezogen wird oder auch die Verbindung durch einen vernieteten Stift gesichert ist. Bei der Bauart nach Abb. 455 ist in den Ventilkörper aus Stahl ein besonderer Ventilsitzring *a* aus Gußeisen eingelegt, der durch einen mit der Spindel verschraubten Deckel *b* gehalten wird. Druckschrauben *c*, die nach Abdrehen der Vierkantköpfe verstemmt werden, sichern die Verbindung. Kühlung der Ventile selbst findet sich seltener bei Dieselmaschinen als bei Hochleistungsgasmaschinen, wo sie aber auch nicht immer ausgeführt wird. Abb. 456 zeigt das gekühlte, in Stahlguß hergestellte Ventil einer Maschine von Thyssen & Co.; die Sitze werden besonders hart und dicht gegossen. Gekühlte Kegel dieser Art werden nur in besonders hochbeanspruchte Gaszylinder eingebaut. Die Verschlußpfropfen am Kegel dienen zur Ermöglichung eines dichten Gusses, die Gewindepfropfen werden fest eingeschraubt und womöglich verschweißt, damit sie dicht bleiben. Wie die Erfahrung zeigt, lockern sich diese Pfropfen leicht, wodurch Wasser in die Auspuffleitung strömt und die Abgastemperatur erniedrigt.

Das Kühlwasser läßt sich dem Ventil durch Schläuche, die aber ein wenig konstruktives und rascher Abnutzung unterliegendes Element darstellen, oder durch Posaunen zu- und ableiten, die, seitlich mit der Spindel verbunden, in feststehenden Wasserbehältern geführt werden und hier durch Stopfbuchsen abdichten. Bei der Konstruktion nach Abb. 456 umfassen die Behälter konzentrisch die Spindel und deren Innenrohr. Das Frischwasser tritt aus der Kammer *a* durch Öffnungen in der hohlen Spindel und dem Innenrohr diesem zu und fließt durch den Ringraum zwischen Spindel und Innenrohr der Kammer *b* zu. Beide Kammern, mit der Spindel beweglich, dichten nach außen durch Stopfbuchsen ab; zwischen ihnen ist eine besondere Dichtung nicht vorgesehen, da hier nur der durch die Strömungswiderstände in der Wasserführung verursachte Druckunterschied herrscht. Das Wasser wird durch Posaunenrohre zu- und abgeleitet. Feststehende Kammern ermöglichen eine ähnliche, aber einfachere Bauart infolge Wegfalls der zu ihnen führenden beweglichen Leitungen, doch muß ihre Höhe gleich der der Öffnung in den Rohren vermehrt um den Ventilhub sein.

In Abb. 453 und 454 sind die Ventile mit angegossenen Schutzhülsen, die auch häufig besonders aufgesetzt werden, versehen, die das Ende der verlängerten Führungsbuchse umfassen und vor den heißen Gasen schützen.

Der die Spindel nach außen führende und die Schlußfeder aufnehmende Ventilaufsatz wird bei kleineren Maschinen meist, bei größeren stets mit einem besonderen Ventilsitzring ausgeführt, der stärkster Beanspruchung ausgesetzt ist und deshalb leicht auswechselbar sein muß. Die Abdichtung des Ringes gegen den Verbrennungsraum wird entweder durch Einschleifen in konischer oder wagerechter Fläche — in letzterem Fall ist der Ring unabhängiger von Formänderungen der Deckelwand — oder durch Dichtungsringe aus Kupferasbest bewirkt. Der Ring wird gegen den Sitz durch Anziehen der Deckelschrauben gepreßt, so daß am Flansch eine zweite Auflagefläche nicht ausgeführt werden kann und gegen die Auspuffgase, die allerdings den nächsten Weg durch das Auspuffrohr nehmen, durch saubere Bearbeitung der Flächen bei *a* abgedichtet werden muß, Abb. 452. Der Flansch des Ventilaufsatzes kann mit dem Druckring, der gegen den Ventilsitz zu zentrieren ist, entweder durch Rippen, wie in Abb. 451 bis 454, oder seltener durch ein Rohr, Abb. 455, verbunden werden, das aus einer Verlängerung des Druckringes nach oben entstanden gedacht werden kann und im Interesse symmetrischer Gestaltung zwei gegenüberliegende Öffnungen enthält, von denen eine der Öffnung für Zu- bzw. Ableitung im Deckel gegenüberliegt, wenn nicht — was bei größeren Ventilen durchführbar ist — das Rohr als Krümmer allmählich in die Leitung übergeht.

Die Rippen in Abb. 451 bis 454 sind so zu legen, daß sie die Gasströmung nicht hindern, und möglichst kräftig zu bemessen, da sie durch die stärkere Ausdehnung des den heißen Auspuffgasen ausgesetzten Ventilkorbes gegenüber dem gekühlten Deckel stark beansprucht werden. Die Deutschen Werke, Kiel, ermöglichen durch Einschaltung einer Feder zwischen Schrauben und Aufsatz eine gewisse Dehnung. Die Buchse umfaßt die Spindel meist mit Spiel, so daß die Spindel nur am oberen Ende geführt wird durch ein zylindrisches, zugleich als Federteller dienendes Führungsstück. Der Flansch des Aufsatzes muß oval ausgeführt werden, so daß nur zwei Befestigungsschrauben, die ebenso wie der Flansch stark zu bemessen sind, untergebracht werden können.

Auch bei großen Maschinen ist eine Kühlung des Ventilsitzes wegen dessen kleinen Abmessungen nicht möglich, so daß man sich mit Kühlung des Ventilkorbes begnügt, Abb. 453.

Liegende Maschinen mit üblicher senkrechter Lage der Ventile werden mit Ventilhauben ausgeführt, die den Drehzapfen des Ventilhebels, vielfach auch die Schlußfeder aufnehmen. Die Spindeln der Gasmaschinen werden — im Gegensatz zu den Dieselmaschinen — eingeschliffen, außerdem mitunter mit Labyrinthnuten ausgeführt; nach außen werden die Einlaßspindeln häufig, die Auslaßspindeln immer durch Stopfbuchsen abgedichtet. Die Schmierung der Spindelführung ist aus Abb. 456 ersichtlich, die gleichzeitig die Kühlung des Ventilaufsatzes zeigt, das erwärmte Wasser wird durch ein bis zur höchsten Stelle des Kühlraumes durchgeführtes Rohr abgeleitet.

Bemerkenswert ist das amerikanische Hinsch-Ventil für Dieselschiffsmaschinen. Da Steinansatz an Ventilen infolge Mischung des Öles mit Seewasser deren Wirkungsweise so lange nicht ernstlich stört, als der Ansatz zusammenhängend bleibt, während beim Abbröckeln an einzelnen Stellen des Sitzes die Flamme durchschlägt, so dreht Hinsch zwei Rinnen in den Sitz ein, die den Ansatz als Ring festhalten. Versuche mit diesen Ventilen haben günstige Ergebnisse gehabt.

Abb. 457 zeigt eine Bauart von Franco Tosi, bei der zwei gemeinsam gesteuerte Ventile abwechselnd für Einlaß und Auslaß dienen, so daß für den Durchfluß stets die Summe ihrer Querschnitte zur Verfügung steht, was die Ausführung kleinerer Ventile gestattet; da überdies die einströmende Luft die Ventile kühlt, so werden häufig die dadurch geschonten Ventilsitze an der Deckelwand eingearbeitet. Ein durch ein Exzenter auf der Steuerwelle bewegter Wechselschieber stellt die Verbindung mit der äußeren Atmosphäre beim Ansaugen bzw. mit dem Auspuffrohr während des Auslasses her.

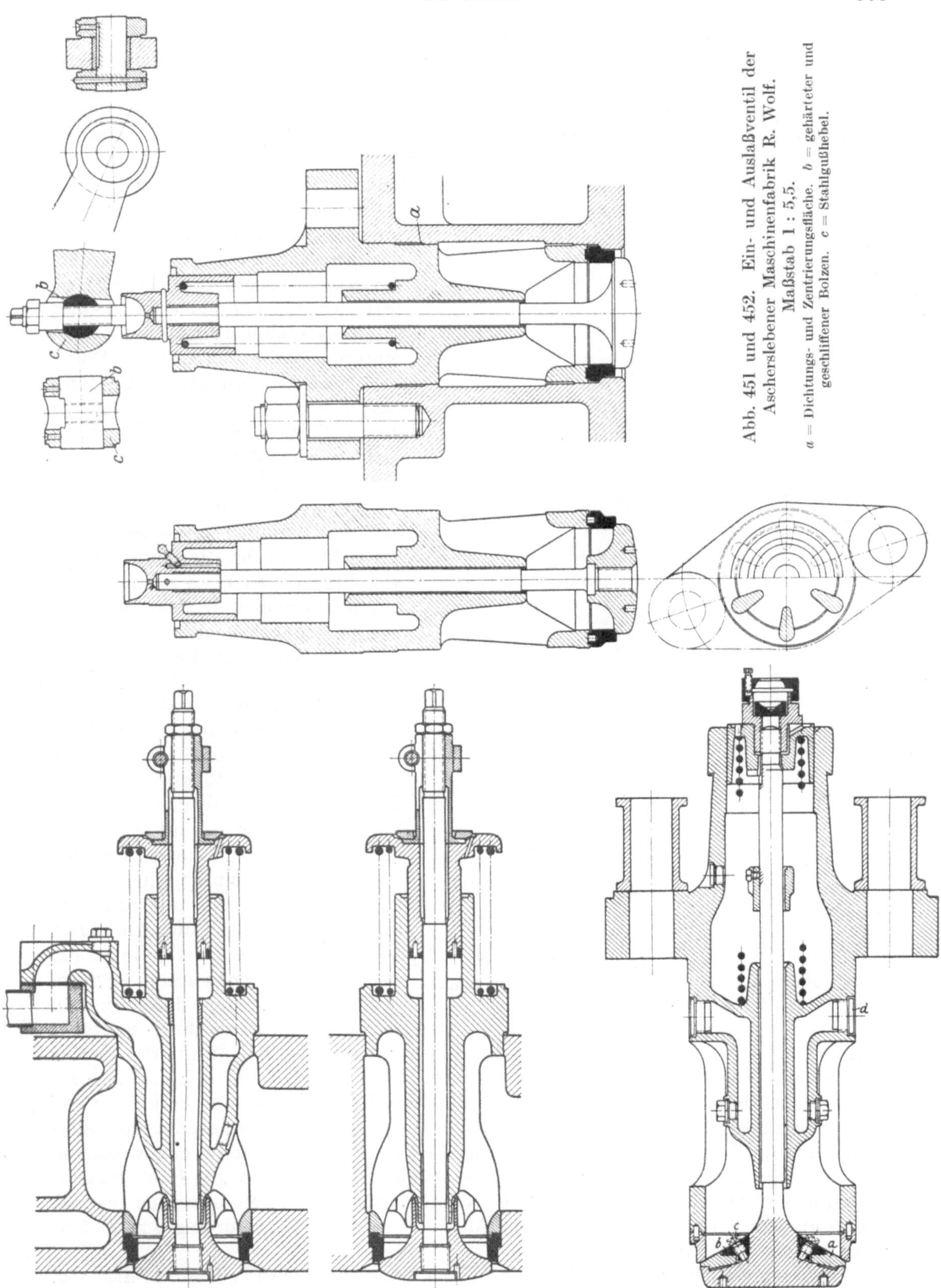

Abb. 451 und 452. Ein- und Auslaßventil der Ascherslebener Maschinenfabrik R. Wolf. Maßstab 1 : 5,5.

a = Dichtungs- und Zentrierungsfläche. b = gehärteter und geschliffener Bolzen. c = Stahlgußhebel.

Abb. 453 und 454. Ein- und Auslaßventil der MAN, Augsburg. Auslaßventilkorb gekühlt.

Abb. 455. Auslaßventil der AEG, Maßstab 1 : 8.

Sicherheitsventile. In der Dieselmaschine treten ungewöhnliche Drucksteigerungen namentlich bei Undichtheit oder Hängenbleiben der Brennstoffnadel auf, wobei die Einblaseluft dauernd in den Zylinder strömt. Je nach der Verteilung der Brennstofförderung auf die verschiedenen Hübe wird es möglich, daß zu Beginn der Verdichtung zerstäubter Brennstoff der Luft beigemischt ist, der vor der Totlage entzündet wird. Nach dieser „Frühzündung" werden die hochgespannten Gase durch den weiterlaufenden Kolben noch höher verdichtet.

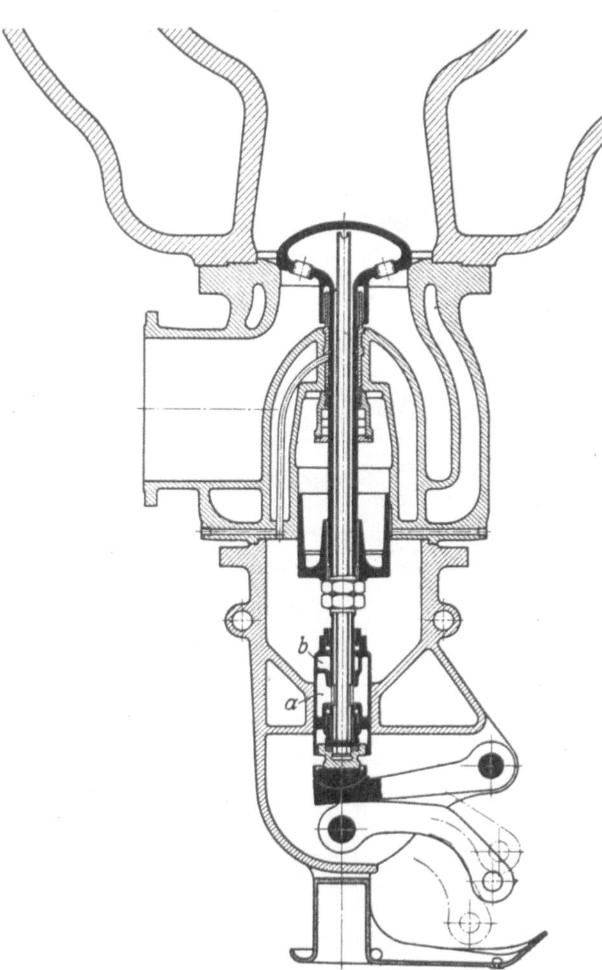

Abb. 456. Auslaßventil einer Hochleistungsgasmaschine von Thyssen & Co. Maßstab 1 : 25.

Ansaugen von Schmieröldämpfen führt u.U. ebenfalls zu Frühzündungen. Abb. 458b zeigt ein hierbei auftretendes Diagramm. (S. R. Colell: Außergewöhnliche Druck- und Temperatursteigerungen bei Dieselmotoren. Berlin: Jul. Springer, 1921.)

Drucksteigerungen weniger gefährlicher Art können außerdem durch Verbrennung von Öl verursacht werden, das bei Herausnahme der Brennstoffnadel aus dem Zerstäuberraum ausfließt und sich in der Kolbenmulde ansammelt. Ist der Stillstand der Maschine hierbei von kurzer Dauer, so wird das Öl durch den heißen Kolben auf hohe Temperatur gebracht und verbrennt während der Verdichtung, also in unzerstäubtem Zustand bei geringerer Druckzunahme. Undichte Anlaßventile können besonders zu hohen Verdichtungsdrucken Veranlassung geben infolge der Einströmung von Druckluft während des Ansaugehubes. Sicherheitsventile sollten deshalb an keiner größeren Maschine fehlen. Abb. 458a zeigt eine Ausführung der AEG. Der mit kegeliger Sitzfläche und vier Führungsflügeln versehene Ventilkörper *a* nimmt am oberen Ende einen Vierkant der Spindel *b* auf, die unten durch eine an ihr befestigte Bronzebuchse geführt wird, oben in in einer Bronzebuchse des Einsatzes gleitet. Bei Anhub des Ventils strömen die Gase durch die Schlitze des Einsatzes zu den Öffnungen *c* und hier ins Freie, wobei die Gase so zu führen sind, daß die Bedienungsmannschaft nicht gefährdet wird. Der Abblasedruck von 50 at wird mit den Maßen der gespannten Federlänge und des Ventilhubes auf der oberen Federbrücke gutsichtbar eingeschlagen.

Bei unzulässigen Drucksteigerungen in Gasmaschinen bleiben die Höchstdrucke bedeutend niedriger als bei den Dieselmaschinen. Sicherheitsventile werden deshalb meist nur am Mischraum angebracht; Abb. 348 zeigt eine Anordnung von Sicherheitsventilen auch am Hubraum.

Dekompressionsventile. Mit dem Sicherheitsventil wird mitunter das sog. „Dekompressions-" oder Entspannungsventil kombiniert, das beim Umsteuern in

Tätigkeit tritt und entweder ungesteuert Druckzunahme infolge Ansammlung von Anlaßluft im Zylinder verhindert oder gesteuert den Verdichtungsdruck während des Anfahrens herabsetzt, Abb. 459.

Eine das Auslaßventil als Entspannungsventil benutzende Vorrichtung der AEG zeigt Abb. 460, welche die Vorrichtung in der Lage während eines Umsteuermanövers wiedergibt. Die Ventilstoßstange ist hierbei vom Nocken abgehoben und hat durch einen federnden Mitnehmer einen am Zylinderdeckel drehbar gelagerten Hebel derart eingestellt, daß dessen obere, gehärtete Schrägfläche gegen eine Rolle am Auslaßventil liegt, so daß das Auslaßventil um einige Millimeter angehoben ist und den Zylinder entlüftet.

Spülventile. Die Spülventile, durch die Zweitaktwirkung höher beansprucht, andererseits von der durchströmenden Spülluft auch doppelt so oft gekühlt wie die Einlaßventile bei Viertaktwirkung, werden in gleicher Weise wie diese ausgeführt.

Ausblaseventile. Derartige Ventile finden sich in Zweitaktgasmaschinen, Abb. 348, und in solchen Viertaktmaschinen, bei denen die Auslaßventile nicht im unteren Zylinderscheitel liegen, so daß hier sich ansammelnde Rückstände nicht von den Auspuffgasen mitgerissen werden können. Zum Entfernen dieser Rückstände dienen besondere kleinere Ventile, die zeitweise mit der äußeren Steuerung so verbunden werden, daß sie während der Verdichtung öffnen.

Anlaßventile, s. S. 435.

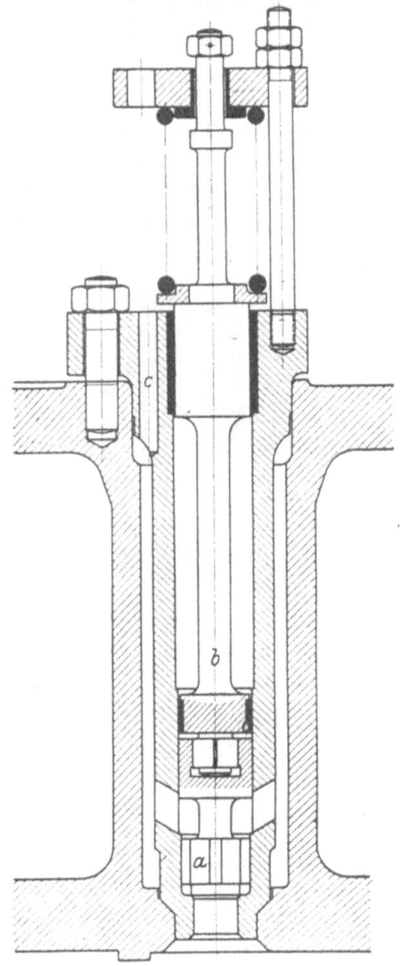

Abb. 458 a. Sicherheitsventil der AEG. Maßstab 1 : 6.

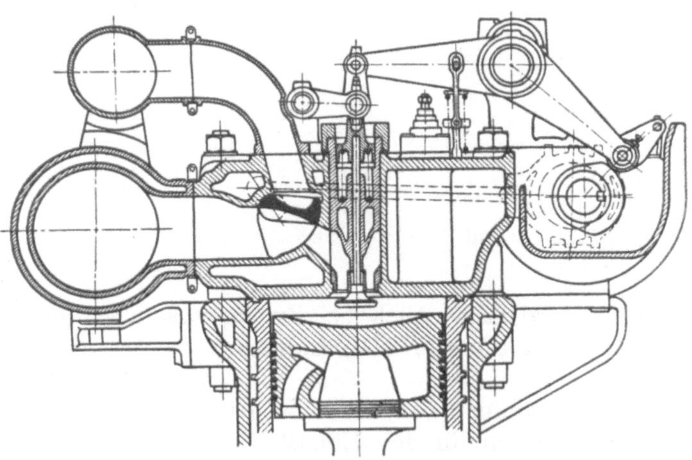

Abb. 457. Ventilanordnung von Franco Tosi.

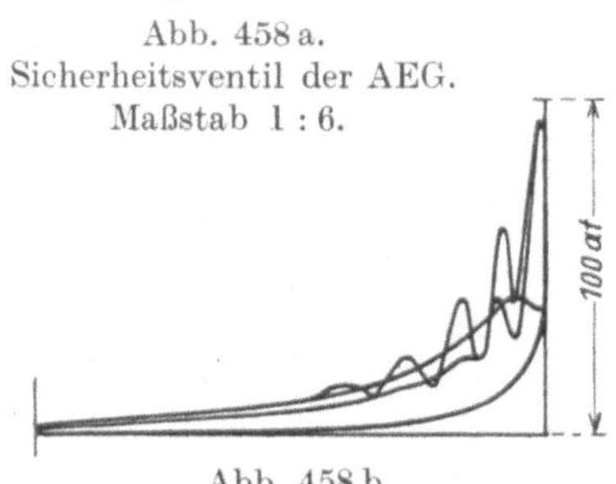

Abb. 458 b.

Berechnung der Ventile. Der zum Freilegen des Sitzquerschnittes f erforderliche Ventilhub h folgt aus der Beziehung:

$$f = (D^2 - d^2) \cdot \frac{\pi}{4} = \pi\, D \cdot h \cdot \cos\alpha\,,$$

worin D = Sitzdurchmesser, d = Durchmesser der den Strömungsquerschnitt verengenden Spindel oder Nabe, α = Neigung der Sitzfläche gegen die Wagerechte.

Kleinere Ventile werden vielfach mit ebenen Sitzflächen, also $\alpha = 0°$ ausgeführt, während die kegelförmigen Sitzflächen großer Ventile einen Neigungswinkel bis zu 60°, meist aber $\alpha = 45°$ zeigen. Mit Zunahme des Winkels α nimmt der Abdichtungsdruck in den Sitzflächen zu, auch wird die Strömungsrichtung angemessener, doch wächst der erforderliche Ventilhub.

Es ist in cm²

$$f = O \cdot \frac{c}{u},$$

mit O = Kolbenfläche in cm² (verringert um den Kolbenstangenquerschnitt bei doppeltwirkenden Maschinen), $c = \frac{n \cdot s}{30}$ = mittlerer Kolbengeschwindigkeit in m/sek mit s = Hub in m, u = mittlerer Gasgeschwindigkeit in m/sek.

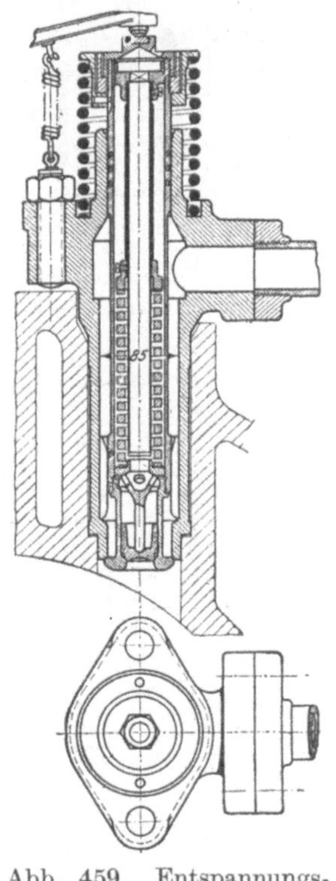

Abb. 459. Entspannungs- und Sicherheitsventil von Nobel-Diesel, Nynäsham.

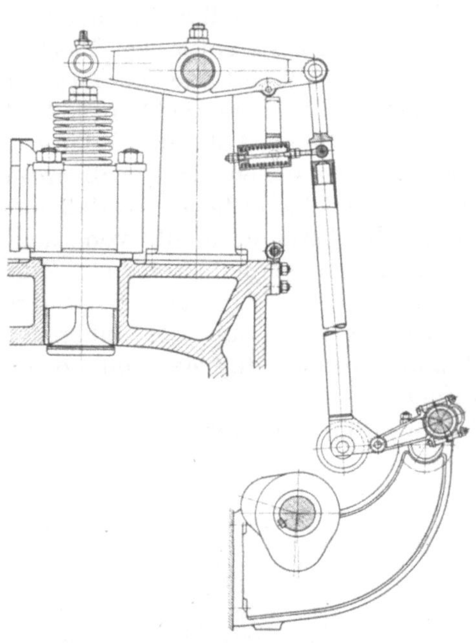

Abb. 460. Dekompressionsvorrichtung der AEG.

Zur Verringerung der Massenkräfte wird namentlich bei Zweitaktgasmaschinen der Hub h durch Vergrößerung des Sitzdurchmessers D verkleinert.

Man wählt:

u = 25 bis 30 m/sek bei kleineren Maschinen für Ein- und Auslaß,

u = 45 bis 50 m/sek bei großen Maschinen für den Einlaß,

u = 50 bis 60 m/sek bei großen Maschinen für den Auslaß.

Die Stärke der Ventilplatte kann überschläglich nach der Bachschen Formel für gleichmäßig belastete Platten mit freier Auflage am Rande berechnet werden:

$$s = r \cdot \sqrt{\mu \cdot \frac{p}{k_b}}$$

r = Halbmesser der Platte in cm, p = Verbrennungsdruck = 25 bis 30 at bei Gasmaschinen, = 35 bis 40 at bei Dieselmaschinen, $\mu = 1$, $k_b = 200\ \mathrm{kg/cm^2}$ für Gußeisen, $\mu = 0{,}75$, $k_b = 250\ \mathrm{kg/cm^2}$ für Stahl. Die Breite der Sitzflächen wird auf zulässige Flächenpressung berechnet. Ist D der Durchmesser der vom Verbrennungsdruck p belasteten Ventilfläche, so wird die normal zur Ventilspindel zu messende Projektion der Sitzfläche

$$F \cdot k = p \cdot \frac{D^2 \pi}{4}$$

Auflagerdruck $k = 200$ bis $300\ \mathrm{kg/cm^2}$.

9. Wälzhebel. unrunde Scheiben, Schwingdaumen.

a) Wälzhebel.

Das Gestänge des Steuerungstriebwerkes wird am stärksten beim Anheben des Ventils beansprucht. In diesem Augenblick ist die Beschleunigungskraft am größten, außerdem sind Vorspannung der Feder und Reibung der Spindel in ihrer Führung sowie in den Bolzen des Gestänges zu überwinden. Häufig ist auch das Ventil — wie am Auslaß der Verbrennungskraftmaschinen — durch den Arbeitsdruck im Zylinder stark belastet. Die Reibungswiderstände bleiben bei weiterer Erhebung des Ventils konstant, die Federkraft nimmt zu, die für die Kräftewirkung meist maßgebende Beschleunigung nimmt ab, während die Ventilbelastung durch den mit zunehmendem Hub abnehmenden Strömungsdruck abgelöst wird.

Die Einschaltung von Wälzhebeln, deren Drehpunkt wandert, in das äußere Gestänge hat nun zur Folge, daß die Exzenterstange zuerst an einem langen, im weiteren Verlauf der Ventilerhebung sich immer mehr verkürzenden Hebelarm angreift, so daß das Gestänge gleichmäßiger beansprucht wird. Das Ventil öffnet anfänglich langsam, dann schneller, während die Schließbewegung in umgekehrter Weise vor sich geht; Stöße bei Anhub und Schluß werden vermieden.

Aber auch in Fällen, wo sich diese Vorzüge nicht geltend machen können, wie beispielsweise bei der Steuerung von Brennstoffnadeln, gelangen mitunter Wälzhebel zur Anwendung, weil sie in konstruktiv einfacher Weise die Umwandlung der dauernden Exzenterbewegung in die zeitweilige Ventilbewegung ermöglichen.

Um die stete Berührung zwischen Wälzhebel und Wälzplatte zu sichern, muß die Ventilschließfeder Ventil, Spindel und Wälzhebel beschleunigen.

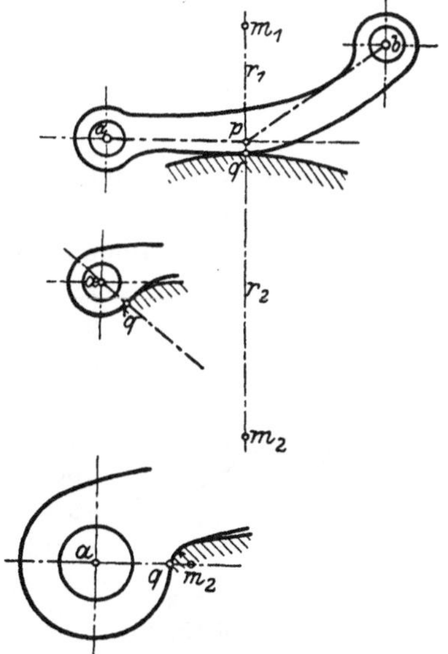

Abb. 461 bis 463.

a) Wälzhebel mit beweglichem Drehpunkt, Abb. 118 und 461. Das mit der Ventilspindel verbundene Gelenk a wird als „Hubpunkt", das vom Exzenter gesteuerte Gelenk b als „Treibpunkt" bezeichnet. Werden in den Punkten a und b Senkrechte zur augenblicklichen Bewegungsrichtung errichtet, so schneiden sich diese im Drehpol p, d. h. eine unendlich kleine Bewegung des Wälzhebels aus der gezeichneten Lage heraus kann als Drehung um den Momentanpol p angesehen werden. Das Übersetzungsverhältnis zwischen Hub- und Treibpunkt ist durch $\frac{pa}{pb}$ gegeben; es wird gleich Null, wenn $pa = 0$. Soll also das Ventil stoßfrei mit der Geschwindigkeit Null angehoben werden, so muß die Berührungssenkrechte, auf der stets der Pol p liegt, nach Abb. 462 durch den Hubpunkt a hindurchgehen.

Soll Gleiten der Wälzflächen, das Kräfte senkrecht zur Ventilspindel und erhöhte Abnutzung verursacht, vermieden werden, so muß der Berührungspunkt q mit dem Pol p der Momentanbewegung zusammenfallen, Abb. 461. Die Wälzhebel rollen nämlich aufeinander, wenn die Geschwindigkeit des Berührungspunktes q gleich Null ist; da der Momentanpol p des bewegten Hebels der einzige Punkt ist, der sich in Ruhe befindet, so wird durch Zusammenfallen von p und q reines Abrollen der Flächen aufeinander erzielt. Ist die Bewegungsrichtung des Hubpunktes a senkrecht — wie fast ausschließlich der Fall —, so läßt sich die Forderung der Gleitfreiheit auch dahin ausausdrücken, daß der Berührungspunkt q stets in der durch die jeweilige Hubpunktlage gelegten Wagerechten liegen muß.

Sollen Gleitfreiheit und Anfangsübersetzung Null gleichzeitig erhalten werden, so muß nach dem Vorhergehenden die Anfangsberührungssenkrechte durch a_0 gehn und außerdem der Anfangsberührungspunkt q auf der Wagerechten durch a_0 liegen.

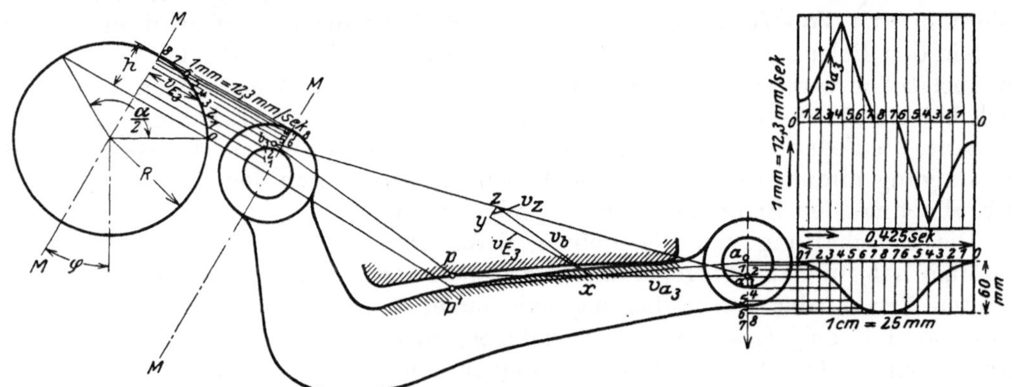

Abb. 464. Entwurf eines Wälzhebels mit beweglichem Drehpunkt.

Diese Bauart wäre nach Abb. 463 möglich, wenn das erste Element der Gleitbahn parallel zur Bewegungsrichtung des Hubpunktes a gelegt würde. Abgesehen von der Gefahr des Klemmens würde das Abrollen eine Bewegungskomponente senkrecht zur Ventilspindel ergeben, was diese Ausführung praktisch ausschließt. Beide genannten Bedingungen ließen sich aber erfüllen, wenn in Abb. 463 die Punkte a und q zusammenfallen würden, was konstruktiv durch Gabelung des Wälzhebels durchgeführt werden könnte. Hubpunkt a wäre hierbei Punkt auch der Wälzplatte, und während der Zeit, daß das Ventil aufsitzt, müßten sich die Wälzhebel im Drehpunkt a dauernd berühren, so daß der Ventilschluß mit Sicherheit nicht gewährleistet wäre. In Abb. 464 ist der Entwurf eines Wälzhebels für eine Viertaktgasmaschine mit $n = 94$ Uml./min wiedergegeben: Ventilhub = 60 mm, Voröffnen = 6%, Nachöffnen = 8%. Diese Daten legen nach Abb. 465 den Winkel α fest, der von der Kurbel während der Ventilöffnung zurückgelegt wird. Infolge der halb so großen Umlaufzahl der Steuerwelle ist bei dieser mit dem Winkel $\frac{\alpha}{2}$ zu rechnen. Unendlich lange Exzenterstange vorausgesetzt, ergeben sich die Geschwindigkeiten v_E des Treibpunktes b in Richtung der Exzenterstange in bekannter Weise aus den senkrechten Abständen der Exzentermittelpunktlagen von der mittleren Stangenrichtung MM. Der Maßstab folgt aus Radius R (mm) $= \frac{2 R\pi \cdot n}{60}$ (m/sek).

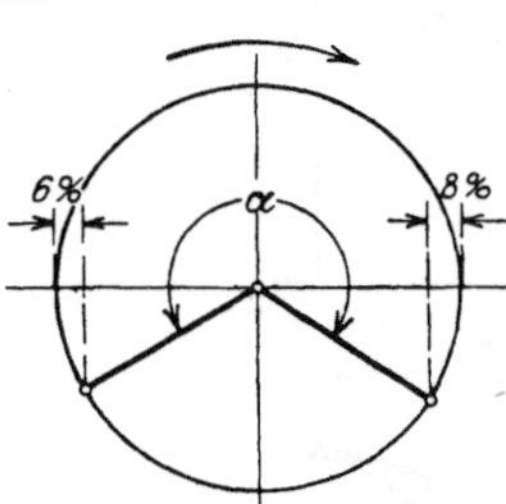

Abb. 465. Drehwinkel während der Ventilöffnung.

Das Wegdiagramm ist zum Teil als Parabel gezeichnet, wodurch einfache Gestaltung des Geschwindigkeitsdiagramms erreicht wird. In Nähe der Exzentermittelpunkt-Totlage sind zwischen den Punkten 7 und 8 die Geschwindigkeiten so gering, daß sie in der Abbildung nicht in die Erscheinung treten. Zeitdauer der Eröffnung

$$t = \frac{60}{47} \cdot \frac{\frac{\alpha}{2}}{360}.$$

Zweckmäßig wird der Exzenterradius so gewählt, daß die Pfeilhöhe des benutzten Bogens gleich dem Ventilhub ist.

Bei der Ermittlung der Treibpunktgeschwindigkeit ist folgendes zu beachten, Abb. 466: Dreht sich Treibpunkt b um den Hubpunkt a, so hat b eine zu $a\,b$ senkrecht gerichtete Geschwindigkeit $v = l \cdot \omega$, die der Größe nach noch unbekannt ist. Hat der Hubpunkt a außerdem eine Geschwindigkeit v_a, so ist die tatsächliche Geschwindigkeit des Treibpunktes b die Resultierende aus v_a und $v = l \cdot \omega$. Wird die Exzenterstangengeschwindigkeit v_E mit v_a am Punkt b zusammengesetzt, so folgt die resultierende Geschwindigkeit v_r. Um $v = l \cdot \omega$ zu erhalten, ist im Endpunkt von v_E und senkrecht zu v_E eine Zusatzgeschwindigkeit v_z anzubringen. Nunmehr ist die Größe von v bekannt, so daß aus v und v_a die Geschwindigkeit v_b des Treibpunktes b folgt.

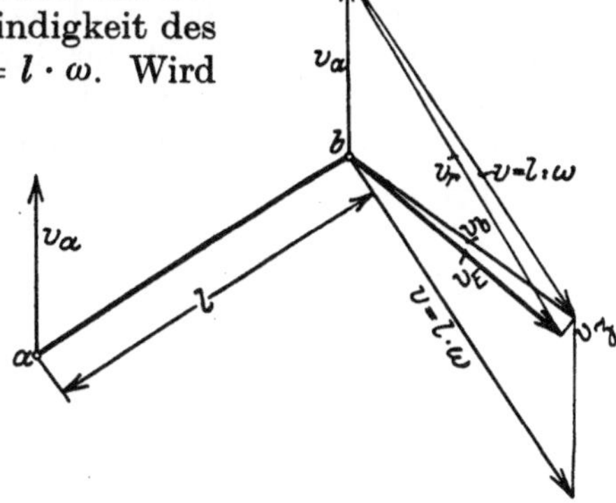

Abb. 466.
Ermittlung der Treibpunktgeschwindigkeit bei beweglichem Drehpunkt.

Indem die Geschwindigkeiten in Abb. 464 senkrecht zu ihrer Richtung aufgetragen werden, ergibt sich die in Abb. 464 für den Punkt 3 wiedergegebene Aufzeichnung. v_{a3}, als Ordinate aus dem Hubpunktgeschwindigkeits-Diagramm übernommen, wird senkrecht zur Hublinie als Strecke $a_3\,x$ eingetragen. In x ist die aus dem Exzenterkreis genommene Exzenterstangengeschwindigkeit $v_{E3} = x\,y$ senkrecht zur Mittellinie MM aufgetragen und in ihrem Endpunkt y eine Senkrechte $y\,z$ bis zum Schnitt mit der Verbindungslinie der Punkte a_3 und b_3 gezogen. $x\,z$ gibt dann die Geschwindigkeit v_b. Eine Parallele, zu $z\,x$ durch b_3 gelegt, gibt im Schnittpunkt mit der Wagerechten durch a_3 den Momentanpol p. Es ist

$$\frac{p\,b_3}{p\,a_3} = \frac{v_b}{v_a}.$$

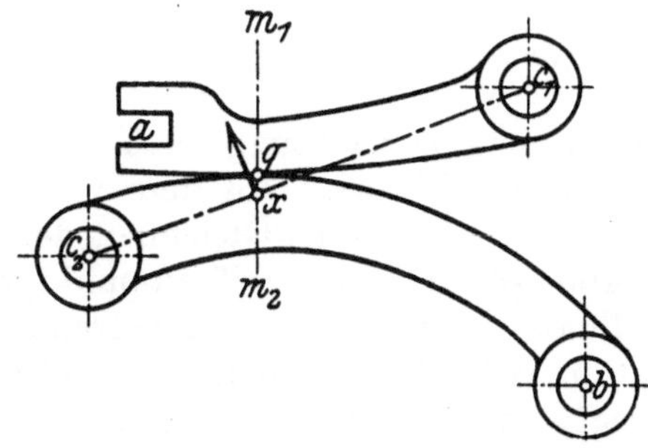

Abb. 467.
Wälzhebel mit festem Drehpunkt.

Wird das Dreieck $a_3 p b_3$ in die Anfangslage $a_0 p' b_0$ zurückgedreht, so erhält man den Punkt p' des Wälzhebels, der nach Zurücklegung des Treibpunktweges $b_0 b_3$ mit dem Pol p zusammenfällt.

Zeigt sich nach fertiggestellter Aufzeichnung, daß der zugrunde gelegte Ventilhub nicht erreicht oder überschritten wird, so ist der Entwurf entsprechend zu ändern.

b) Wälzhebel mit festem Drehpunkt, Abb. 467. Für diese gilt der aus der Verzahnungstheorie bekannte Satz: Die Normale im jeweiligen Berührungspunkt q, die Berührungssenkrechte $m_1 m_2$, teilt die Zentrale $c_1 c_2$ im umgekehrten Verhältnis der Winkelgeschwindigkeit. Sonach ist:

$$\frac{\omega_1}{\omega_2} = \frac{c_2\,x}{c_1\,x}.$$

Soll das Übersetzungsverhältnis den Wert 0 annehmen, so muß $c_2x = 0$ sein, die Normale sonach durch den Drehpunkt c_2 des Treibhebels gehen.

Gleitfreies Abwälzen wird erreicht, wenn der jeweilige Berührungspunkt q in der Zentralen c_1c_2 liegt. Nur in diesem Fall hat der beiden Walzflächen angehörende Berührungspunkt gleich große, senkrecht zur Zentralen gerichtete Geschwindigkeit c_x. Vereinigung beider Bedingungen erfordert Zusammenfallen von Anfangsberührungspunkt (q) und Drehpunkt (c_2), wobei die Wälzkurve im Drehpunkt tangential zur Zentralen verlaufen müßte. Diese Anordnung hätte den oben bei den Wälzhebeln mit beweglichem Drehpunkt erwähnten Mangel, daß während der toten Schwingungen des Treibhebels der Schluß des Ventils nicht gewährleistet wäre.

Gleitfreies Anheben mit der Anfangsgeschwindigkeit Null ist also auch hier nicht erreichbar. Fallen Drehpunkt und Anfangsberührungspunkt nicht zusammen, so kann zwar das Abwälzen der Hebel gleitfrei sein, aber das Ventil wird mit größerer Geschwindigkeit angehoben und geschlossen.

Bei dem Entwurf wird der Exzenterradius wie oben angegeben gewählt; die tangentiale Geschwindigkeit v_b des Treibpunktes b wird aus den Geschwindigkeiten v_E der unendlich lang vorausgesetzten Exzenterstange nach Abb. 468 ermittelt, indem z. B. im Teilpunkt 1 des nutzbaren Exzenterbogens eine Parallele zur mittleren

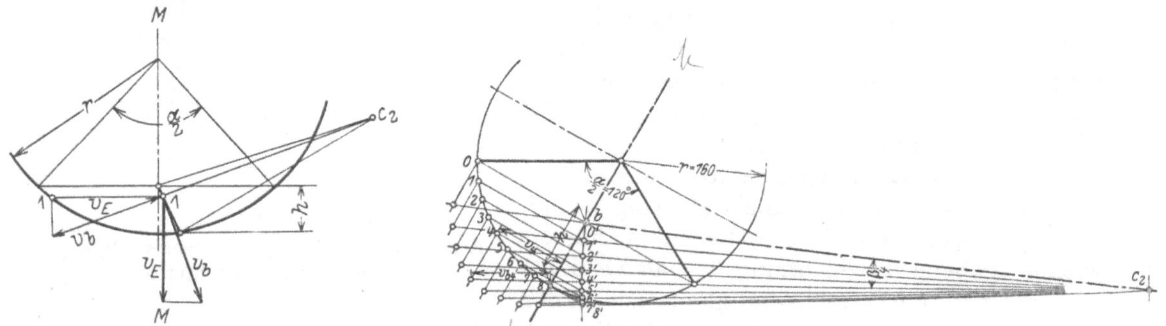

Abb. 468 und 469. Ermittlung der Treibpunktgeschwindigkeit bei festem Drehpunkt.

Exzenterstangenrichtung MM gezogen wird. Durch diese Parallele und durch Mittellinie MM wird auf dem verlängerten Strahl c_2 1 die Geschwindigkeit v_b abgeschnitten, wie aus der Gleichheit der beiden Dreiecke in Abb. 468 folgt. Diese derart in Abb. 469 gefundenen Treibpunktgeschwindigkeiten sind in Abb. 470 von b ab als Ordinaten zur Zeitachse aufgetragen. Die Wege und die aus ihnen durch Differentiation gefundenen Geschwindigkeiten des Hubpunktes a sind in Abb. 470 seitlich gelegt, um die Aufzeichnung zu vereinfachen. Die untere Wälzbahn ist als Gerade angenommen, und es soll mit Zulassen eines gewissen Gleitens die Kurve des Wälzhebels bestimmt werden. Die Abbildung enthält die Durchführung des Verfahrens für den Punkt 4. Die Zentrale $c_1\,c_2$ muß im Verhältnis $\omega_b : \omega_a$ umgekehrt geteilt werden. Nun ist:

$$\omega_b = \frac{v_{b4}}{L_b} \qquad \text{und} \qquad \omega_a = \frac{v_{a4}}{L_a}.$$

Werden beide Ausdrücke mit L_b multipliziert, so kann an Drehpunkt c_2 unter beliebigem Winkel die Strecke $v_a \cdot \frac{L_b}{L_a}$ und anschließend Strecke v_{b4} angetragen werden. Durch den Endpunkt der ersteren Strecke ist eine Parallele gezogen zur Verbindungslinie des Punktes c_1 mit dem Endpunkt der beiden Strecken. Diese Parallele teilt die Zentrale im Punkt q' im umgekehrten Verhältnis der Winkelgeschwindigkeiten. Da diese Teilung durch die Berührungssenkrechte vorgenommen werden muß, so ist von q' die Senkrechte auf die für 4 durch Antragen des Winkels α_4 zu ermittelnde

Wälzhebellage zu fällen, wodurch sich Punkt q ergibt. Winkel β_4, um den sich der Treibhebel senkt, ist durch das Exzenterdiagramm, Abb. 469, bekannt. Wird β_4 an c_2 und ein Kreisbogen durch q gelegt, so ist Punkt 4″ des Treibhebels gefunden. Punkt 4′ des Hubhebels, der mit 4″ in q zur Deckung kommt, wird als Schnittpunkt eines Kreisbogens $c_1\,q$ mit der geraden Wälzbahn ermittelt.

Brauchbare Lagen werden bis Punkt 5 gefunden; wird dieser erreicht, so bleibt das Übersetzungsverhältnis nahezu unveränderlich. Ist der sich ergebende Ventilhub nicht zulässig, so sind Weg- und Geschwindigkeitskurven entsprechend zu ändern.

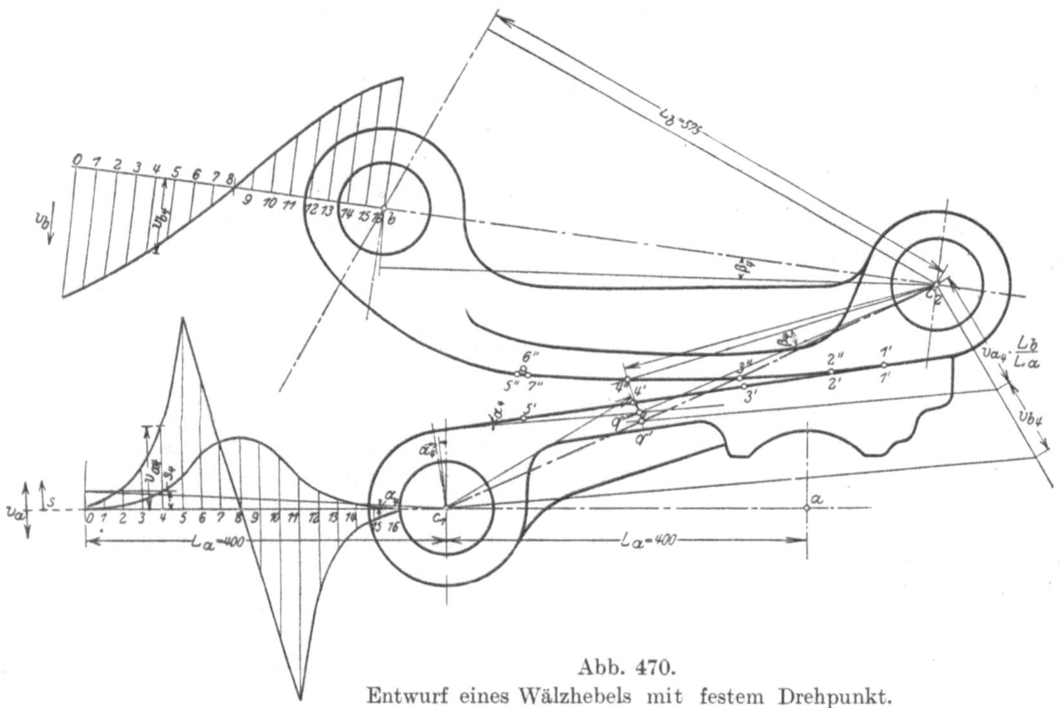

Abb. 470.
Entwurf eines Wälzhebels mit festem Drehpunkt.

In Abb. 471 sind die auftretenden Kräfte wiedergegeben. Fläche *abcdefghik* ist das durch Differentiation der Hubpunktgeschwindigkeit gewonnene Beschleunigungsdiagramm, dessen Ordinaten, mit den auf die Ventilspindel reduzierten Massen multipliziert, die von der Steuerung aufzubringenden Massenkräfte darstellen. Da das in Abb. 470 behandelte Beispiel sich auf eine Gasmaschine mit nach dem Zylinderinneren sich öffnendem Ventil bezieht, siehe z. B. Abb. 121, so unterstützt dessen Gewicht die aufzubringende Beschleunigungskraft, ist also von der Grundlinie *ak* nach oben aufzutragen im entgegengesetzten Sinn zur Reibung *R* der Spindel in ihrer Führung. Beim Aufwärtsgang hat die Ventilschließfeder nicht nur die Gewichte zu heben und zu beschleunigen, sondern auch die stets der Bewegung entgegengerichtete Spindelreibung *R* zu überwinden, so daß die Summe von Beschleunigungskraft *P*, Gewicht *G* und Reibung *R* gleich oder praktisch kleiner ist als die Federspannung sein muß. Dementsprechend bestimmt Punkt *f* des Kräftediagramms die Federkraft insofern, als in dieser Lage ein Plus an Federspannung vorhanden sein soll. Die Federspannung

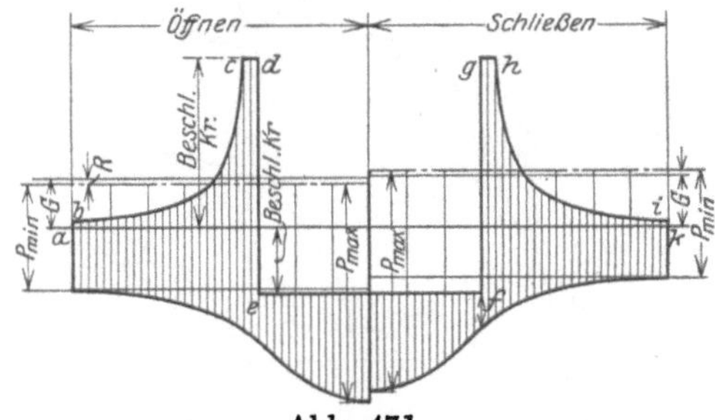

Abb. 471.
Kräftediagramm einer Gasmaschinensteuerung.

selbst, von P_{min} zu P_{max} wechselnd, wird durch die im bestimmten Verhältnis zu ändernden Ordinaten der Wegkurve des Punktes a, Abb. 470, dargestellt. Ist z. B. $P_{max} - P_{min} = 100$ kg, die größte Ordinate der Wegkurve = 50 mm = Ventilhub, so sind die Ordinaten der Wegkurve, von der durch P_{min} gelegten Wagerechten ab gerechnet, mit 2 : 5 zu multiplizieren, wenn im Kräftemaßstab 1 mm = 5 kg wäre. Sind r_1 und r_2 die Halbmesser der Wälzflächen an der Berührungsstelle in cm, Abb. 461, b = Wälzhebelbreite in cm, Elastizitätsmodul $E = 2\,150\,000$ kg/cm², P = Gesamtbelastung in kg, so berechnet sich die Beanspruchung des Baustoffes auf Oberflächenfestigkeit nach der Hertzschen Gleichung zu

$$\sigma = 0{,}418 \sqrt{\frac{P}{b} \cdot E \cdot \frac{r_1 + r_2}{r_1 \cdot r_2}}.$$

$$\sigma \cong 1800 \text{ kg/cm}^2.$$

b) Unrunde Scheiben.

Unrunde Scheiben sind ebenfalls für die Ableitung einer periodischen Bewegung von der dauernden Drehung der Steuerwelle geeignet. Bis zum Erreichen der oberen „Rast“ oder der höchsten Hubhöhe wird das Ventil nebst den auf seine Spindel zu reduzierenden Massen zuerst vom Nocken beschleunigt, hierauf von der Schließfeder verzögert. Beim Abwärtsgang wird das Ventil anfänglich von der Feder beschleunigt, hierauf vom Nocken verzögert. Die Gestaltung der An- und Ablaufkurve bestimmt die hierbei auftretenden Geschwindigkeitsverhältnisse. Die Schließfeder ist so kräftig zu bemessen, daß sich während der Erhebung des Ventils Rolle und Nocken nicht trennen. Zwischen diesen ist bei geschlossenem Ventil ein Spiel von etwa 0,1 mm zu lassen, damit das Ventil mit Sicherheit schließt. Um Stöße beim Anhub zu vermeiden, ist der Übergang vom Grundkreis zur Anlaufkurve so auszuführen, daß vor der Eröffnung das Gestänge gespannt wird.

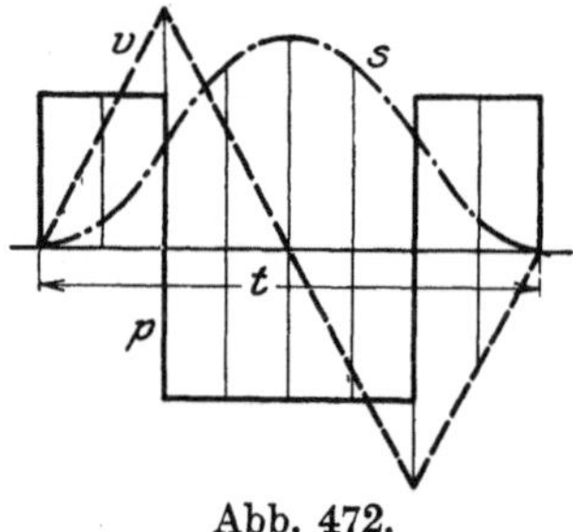

Abb. 472. Weg-, Geschwindigkeits- und Beschleunigungsdiagramm.

Bei dem Entwurf der Nocken wird entweder von einem gewählten Beschleunigungsdiagramm oder von der Nockenform ausgegangen. Das erstere Verfahren ermöglicht Wahl günstigster Kraftverhältnisse, erfordert jedoch Herstellung der ermittelten Nockenform auf Kopierfräsmaschinen; bei dem zweiten Verfahren kann die Nockenform aus leicht zu bearbeitenden Geraden und Kreisbögen zusammengesetzt werden, doch treten größere Höchstwerte der Beschleunigung, die im ersten Fall konstant gehalten werden kann, auf. Das Beschleunigungsdiagramm ist nur auf umständlichen Wegen genau festzustellen.

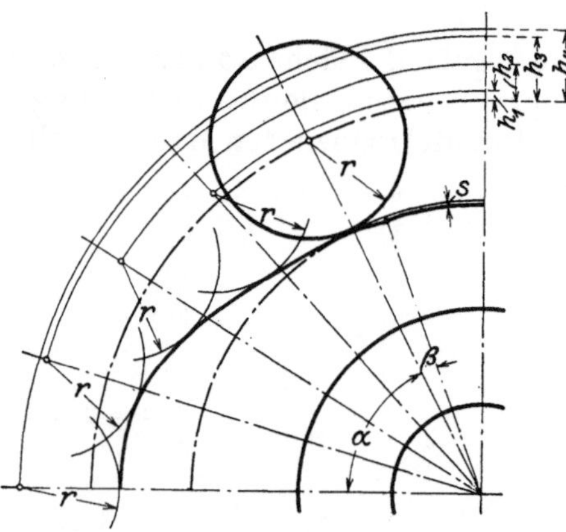

Abb. 473. Entwurf einer unrunden Scheibe nach gegebenem Beschleunigungsdiagramm.

Entwurf auf Grund des Beschleunigungsdiagramms. In Abb. 472 hat das Beschleunigungsdiagramm rechteckige Form; es ist p = konst. Jedes andere Beschleunigungsdiagramm ergibt unter gleichen Verhältnissen größere Beschleunigungshöchstwerte.

Aus $v = pt$ und $s = \frac{pt^2}{2}$ folgt, daß das Geschwindigkeitsdiagramm geradlinig verläuft, das Wegdiagramm eine quadratische Parabel ist.

Nach Wahl des Scheiben- und Rollendurchmessers wird mit der Entfernung des Rollenmittelpunktes vom Wellenmittelpunkt ein Kreisbogen geschlagen und der wie in Abb. 465 ermittelte Erhebungswinkel α in eine Anzahl gleicher Teile geteilt. Die zu den einzelnen Teilen gehörigen Zeiten werden wie auf S. 399 festgestellt. Nach Auftragen der aus dem Wegdiagramm zu entnehmenden Wegstrecken auf den durch die Teilpunkte gezogenen Radien folgt die Lage der Rollenmittelpunkte. Kreisbögen, von diesen aus mit dem Rollenhalbmesser gezogen, ergeben in ihrer Umhüllenden die Nockenform, die dem Rollenweg äquidistant ist, Abb. 473. Ist der Krümmungshalbmesser der Wegkurve gleich dem Rollenhalbmesser, so schneiden sich die vorstehend erwähnten Kreisbögen in einem Punkt. Ist der Rollenhalbmesser größer als der Krümmungshalbmesser der Wegkurve, so fallen die von den Rollenmittelpunkten geschlagenen Kreisbögen aus der Umhüllenden heraus. In beiden Fällen ist eine kleinere Rolle zu wählen.

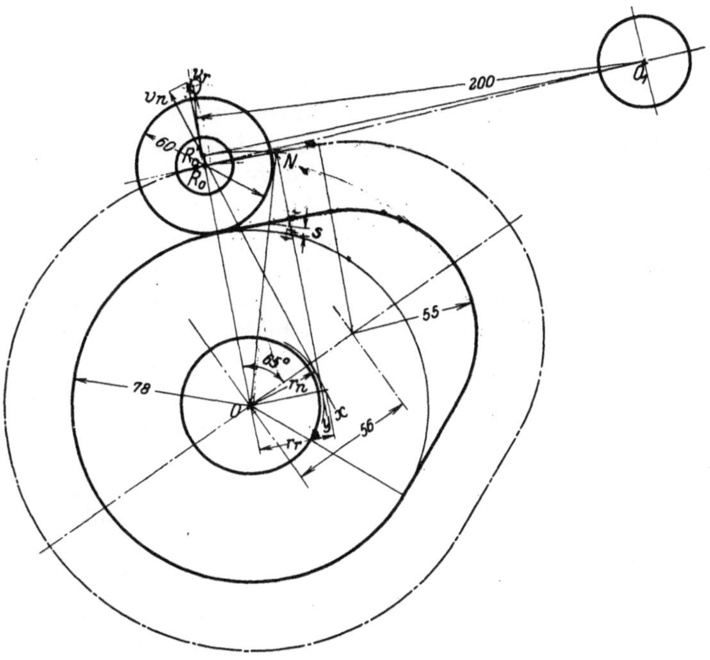

Abb. 474. Nockenform, aus Geraden und Kreisbögen bestehend.

Entwurf auf Grund der Nockenform. Dieser Fall ist in Abb. 474 und 475 dargestellt. Da die zweimalige Differentiation, einmal der Weg-, einmal der Geschwindigkeitskurve, zu ungenauen Ergebnissen führt, so wird bei der dargestellten Aufzeichnung die Geschwindigkeitskurve unmittelbar gewonnen.

Nach dem auch hier anzuwendenden Verzahnungsgesetz ist die Geschwindigkeit in Richtung der augenblicklichen Berührungssenkrechten $v_n = r_n \cdot \omega$, worin $\omega =$ Winkelgeschwindigkeit der Steuerwelle, v_n die vom Wellenmittelpunkt auf die Berührungsnormale errichtete Senkrechte ist. Für irgendeinen Bunkt N der Äqui-

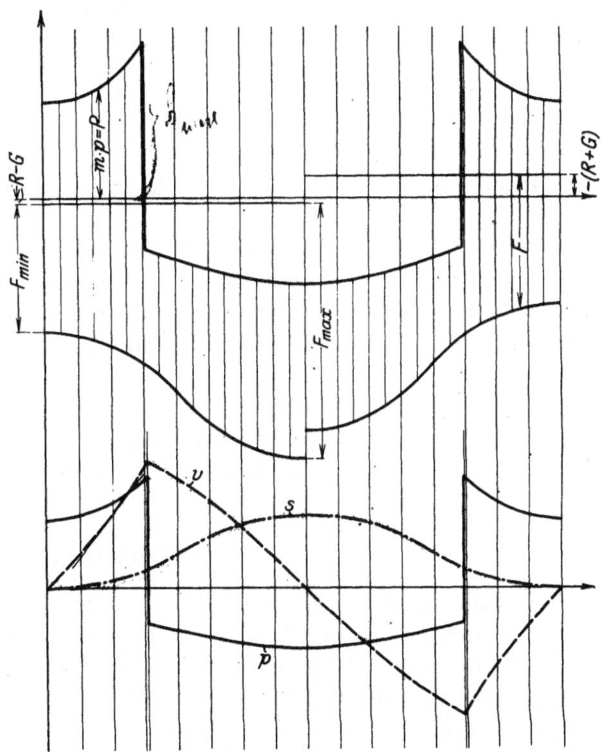

Abb. 475.
Weg-, Geschwindigkeits-, Beschleunigungs- und Kräftediagramm.

distanten wird die Rollenlage R_0' durch Ziehen von Kreisbögen mit ON um O und mit O_1R_0 um O_1 ermittelt. Die Berührungsnormale $R_0'x$, als Tangente an den die Berührungsnormale Ny tangierenden Berührungskreis gezogen, schneidet auf der durch O zu O_1R_0' gezogenen Parallelen (oder auf der zur Richtung von v_r gezogenen Senkrechten) die zum Rollenhebel O_1R_0' tangential gerichtete Geschwindigkeit v_r ab.

Aus der Geschwindigkeitskurve werden sodann durch Tangenten die Beschleunigungen festgestellt, Abb. 475.

Die Summe der oberhalb der Nullinie liegenden Beschleunigungsflächen muß gleich der unter der Nullinie liegenden Fläche sein.

In Abb. 476 sind die statischen Kräftewirkungen zwischen Nocken und Rolle dargestellt, wobei radiale Verschiebung der Rolle in Richtung OO_1 angenommen ist. Berührungspunkt P wird sich entsprechend auf der Geraden xy bewegen, und die in dieser Richtung auftretende Kraft P_2 stellt den Widerstand der Ventilbewegung dar. P_1 ist die zur Drehung des Nockens erforderliche Tangentialkraft. Rückdruck W auf die Rolle weicht um den Reibungswinkel φ von der in P zur Kurve errichteten Senkrechten ab. W muß die Resultierende von P_1 und P_2 sein, wenn die drei Kräfte im Gleichgewicht sein sollen. Ist α = Steigungswinkel im Punkte P, so tritt bei $\alpha + \varphi = 90°$ Selbstsperrung ein. Um große Kräfte zu vermeiden, muß α wesentlich kleiner als $90° - \varphi$ sein.

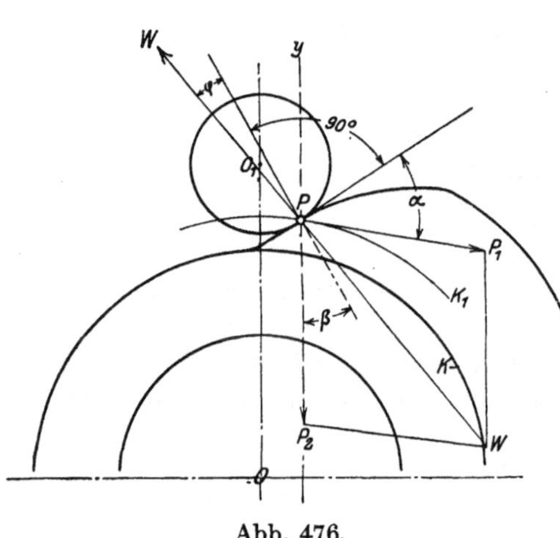

Abb. 476.
Statische Kräftewirkungen am Nocken.

Die Bemessung der Nocken wird in gleicher Weise, wie auf S. 402 für Wälzhebel angegeben, vorgenommen. $\sigma = 3500$ kg/cm² für Großgasmaschinen, $\sigma \cong 4000$ kg/cm² für Dieselmaschinen. Vielfach wird die Breite berechnet aus der Formel $b = \frac{P}{kD}$, worin D = Rollen-Dmr., P = Rollendruck, $k = 10$ beim Einlaßventil, $k \leqq 40$ beim Auslaßventil.

Als Baustoff der Nocken wird Stahl verwendet, der bei hohen Beanspruchungen gehärtet wird; häufig werden die Nocken nach dem Aufkeilen bearbeitet, um Verziehen zu vermeiden. Großgasmaschinen mit langen Steuerwellen erhalten zweckmäßig geteilte Nocken, um auszubessernde Nocken ohne Abbau der übrigen herausnehmen zu können.

Die von der Schlußfeder zu beschleunigenden Massen werden wirksam verringert, wenn die normale Scheibe als Schwingdaumen an der Ventilhaube gelagert wird und statt der drehenden eine schwingende Bewegung durch Exzentei erhält.

c) Schwingdaumen.

Ausführungsform siehe Abb. 126. Die Form der Kurve, die für An- und Ablauf zugleich dient, wird meist angenommen und aus ihr das Beschleunigungsgesetz entwickelt. Es ist in gleicher Weise wie bei den unrunden Scheiben vorzugehen, wenn beachtet wird, daß zu den gleichen Abschnitten des nutzbaren Exzenterbogens, also zu gleichen Zeiten, ungleiche Ausschläge des Schwingdaumens gehören und in jeder der betrachteten Stellungen des Treibpunktes die Winkelgeschwindigkeit verschieden ist. In den Abb. 477, 478 und 479 ist die Ermittlung für die Lage 5 des Schwingdaumens durchgeführt. Durch die den Abb. 468 und 469 entsprechende Konstruktion wird die Tangentialgeschwindigkeit v_{A5} des Treibpunktes A gefunden, so daß die Winkelgeschwindigkeit $\omega = \frac{v_{A5}}{r}$ wird. Wie bei Abb. 474 wird R_0' als Schnittpunkt der aus O und O_1 mit ON und $O_1 R_0$ geschlagenen Kreisbögen ermittelt, wodurch $v_r \| O_1 R_0'$ durch r_r und damit $v_r \perp O_1 R_0'$ gegeben ist.

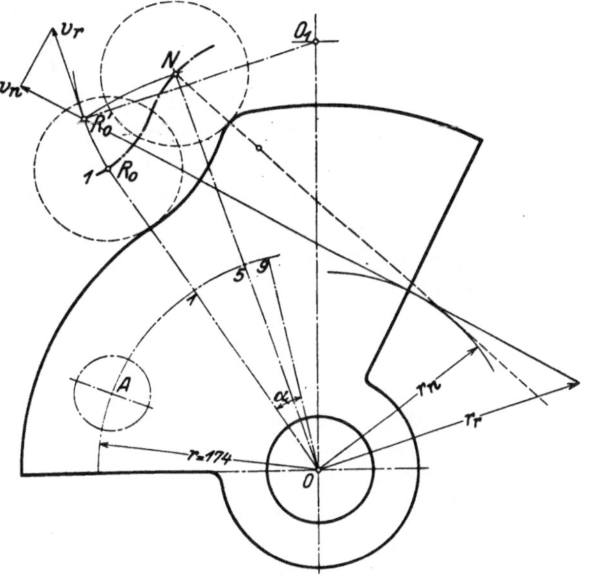

Abb. 477. Ermittlung der An- und Ablaufkurve.

Berechnung der Schlußfeder.

Ist n = Anzahl der wirksamen Windungen,
d = Drahtdurchmesser in cm,
r = Windungshalbmesser in cm,
$\varphi = \frac{f_{\max}}{n}$ = Einsenkung einer Federwindung in cm unter der Kraft $F_{\max}$,

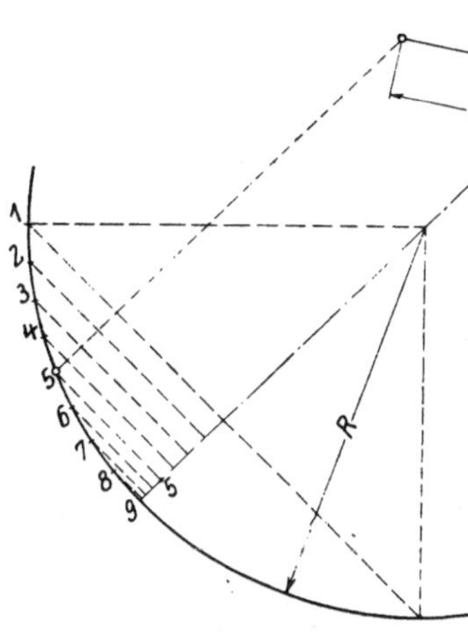

Abb. 478. Ermittlung der Treibpunktgeschwindigkeit.

$$F_{\max} = \frac{\pi d^3}{16 \cdot r} \cdot k_d = 0{,}2 \cdot \frac{d^3}{r} \cdot k_d ,$$

k_d = zulässige Beanspruchung des Federmaterials in kg/cm²,
G = 850 000 (für Stahl) = Schubmodul in kg/cm²,

$$\varphi = \frac{f_{\max}}{n} = \frac{64\, r^3}{d^4} \cdot \frac{F_{\max}}{G} = \frac{4 \pi r^2}{d} \cdot \frac{k_d}{G} .$$

Nach Wahl von r wird d berechnet.

Die Anzahl n der Windungen findet sich aus den Beziehungen.

$$F_{\max} : F_{\min} = f_{\max} : f_{\min} = (f_{\min} + h) : f_{\min} ,$$

worin h = Federhub.

$$f_{\min} = h \cdot \frac{F_{\min}}{F_{\max} - F_{\min}}, \qquad n = \frac{f_{\min} + h}{\varphi} .$$

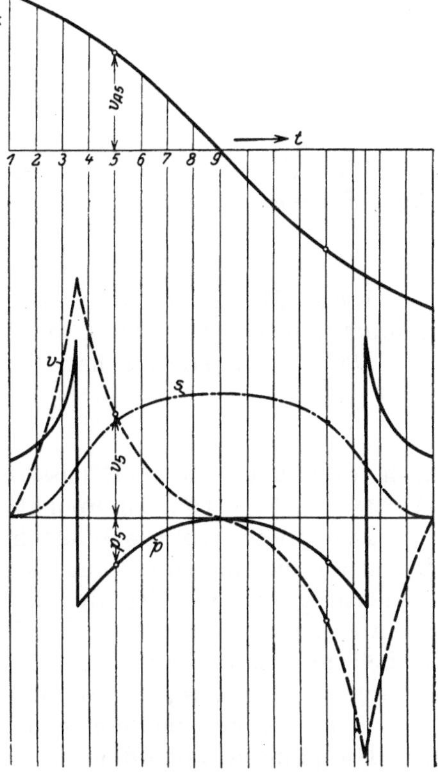

Abb. 479. Kräftediagramm.

Namentlich bei unrunden Scheiben, bei denen kleine Ungenauigkeiten der Ausführung zu außerordentlichen Änderungen der Beschleunigungskräfte führen können, ist $k_d \cong 2000$ bis 2500 kg/cm² (statt des üblichen Wertes $k_d = 3600$ kg/cm²) zu setzen. Starke Bemessung verlangt überdies die Rücksicht auf Klemmungen, Reibung sowie auf die höhere Temperatur, denen die in die Federgehäuse unmittelbar am Zylinderdeckel eingebauten Federn ausgesetzt sind.

Führt die Berechnung auf Drahtdicken von mehr als etwa 22 mm, so sind zweckmäßig zwei ineinandergesteckte Federn zu verwenden, die bei entgegengesetzter Steigung kein Drehmoment auf den Teller ausüben.

Reduktion der Massen auf die Ventilspindel. Die Beschleunigungskraft an der Ventilspindel hat die Größe:

$$P = m_1 \cdot b + m_2 \cdot b\left(\frac{i}{r}\right)^2.$$

m_1 = Masse der geradlinig bewegten Teile (Ventil, Spindel, Feder),
b = Ventilbeschleunigung,
m_2 = Masse des Ventilhebels,
i = Trägheitsradius des Hebels in bezug auf den Drehpunkt.

Wird konstanter Querschnitt des Angriffsarmes angenommen, so leistet ein Massenteilchen $dm = \frac{\gamma}{g} \cdot F \cdot dy$ zum Trägheitsmoment den Beitrag

$$dJ = \frac{\gamma}{g} \cdot F \cdot dy \cdot y^2.$$

$$J = \frac{\gamma}{g} \cdot F \int_0^r y^2 \cdot dy = \frac{\gamma}{g} \cdot F \cdot r \cdot \frac{r^2}{3}.$$

Nun ist die Masse des Armes

$$m = \frac{\gamma}{g} \cdot F \cdot r,$$

also

$$J = m \cdot \frac{r^2}{3}.$$

Wird $J = \mu \cdot r^2$ gesetzt, worin μ die auf den Abstand r bezogene Masse des Angriffsarmes bedeutet, so ist die auf den Angriffspunkt der Spindel bezogene Masse

$$\mu = \frac{m}{3}.$$

Dieses Drittel der Masse des Angriffsarmes, im Angriffspunkt der Spindel angebracht, liefert dasselbe J wie der Angriffsarm.

Der Trägheitsradius hat die Größe:

$$i = \sqrt{\frac{J}{m}} = \frac{r}{\sqrt{3}},$$

d. h. es ergibt sich auch dasselbe J, wenn die ganze Masse des Armes in dem Abstand 0,577 r vom Drehpunkt vereinigt gedacht wird.

Der zweite Arm des Winkelhebels wäre in gleicher Weise zu behandeln, da in bezug auf die Massenwirkung die Lage des Armes zum wirklichen Drehpunkt ohne Bedeutung ist. Bei der Reduktion des äußeren Gestänges, das am Ende dieses zweiten Armes angreift (z. B. der Ventilstange bei unrunden Scheiben), ist das Hebelarmverhältnis zu berücksichtigen. Ist beispielsweise der äußere Arm 0,8 mal so lang wie der innere, so ist die Masse des äußeren Gestänges mit $0{,}8^2 = 0{,}64$ zu multiplizieren, da einmal die Beschleunigung des Treibpunktes nur 0,8 mal so groß ist wie die des Hubpunktes, außerdem die an der Ventilspindel angreifend gedachte Beschleunigungskraft nur das 0,8fache infolge des längeren Hebelarmes zu betragen braucht.

10. Die Rohrleitungen, Stopfbuchsen, Dichtungen.

a) Rohrleitungen.

Gasmaschinen. a) Ansaugeleitung. Diese wird bei Durchmessern bis 3″ meist aus Flußeisen, sonst aus Gußeisen hergestellt. Ansaugen aus dem Maschinenhaus verbessert hier die Luft infolge des eintretenden Luftwechsels, während beim Ansaugen aus dem Freien die niedrigere Außentemperatur eine bessere Auffüllung des Zylinders bewirkt.

Die Summe von Gas- und Luftquerschnitt muß $= f = O \cdot \frac{c}{u}$ sein, worin O = Kolbenfläche in cm², $c = \frac{n \cdot s}{30}$ = mittlerer Kolbengeschwindigkeit in m/sek, u = mittlerer Geschwindigkeit von Gas und Luft in m/sek ist. Man wählt $u = 15$ bis 20 m/sek bei kleineren, = 20 bis 25 m/sek bei größeren Maschinen. Das Verhältnis der Rohrquerschnitte f_l und f_g wird durch den Anteil von Gas und Luft an der Zusammensetzung des Gemisches bestimmt. Ist m = Mischverhältnis $\frac{\text{Luft}}{\text{Gas}}$, so wird

$$f_l = \frac{m}{m+1} \cdot f\,; \qquad f_g = \frac{1}{m+1} \cdot f\,.$$

Als Dichtungsstoff wird Pappe gewählt.

Um das Ansaugegeräusch zu vermindern, wird die Luft mitunter aus dem Hohlraum zwischen Fundament und Rahmen, der für den Luftzutritt mit einer Anzahl kleiner Öffnungen versehen ist, angesaugt oder es werden der Maschine Ansaugetöpfe vorgeschaltet, deren Inhalt etwa gleich dem fünffachen Hubraum des Zylinders ist. Die Ansaugetöpfe, die auch Verunreinigungen und Wasser aus der Luft namentlich bei Einbau von durchlöcherten Zwischenwänden zurückhalten, wirken durch die starke Querschnittserweiterung der Rohrleitung.

Für die Gasleitung empfiehlt sich Einbau von Gaskesseln, die auf Druck- und Geschwindigkeitsschwankungen ausgleichend einwirken. Durch das absatzweise vor sich gehende Ansaugen entstehen in den Rohrleitungen Schwingungen, die besonders beim Zusammenfallen der Eigenschwingungszahl mit der Impulszahl die Gemischbildung störend beeinflussen. Dieser Einfluß wächst mit der Größe der in Bewegung gesetzten Gas- und Luftmassen und macht sich deshalb besonders bei Großgasmaschinen bemerkbar, namentlich wenn mehrere Zylinder an dieselbe Leitung angeschlossen sind. Diese Verhältnisse sind mitbestimmend für die scharfe Drosselung in den Mischquerschnitten.

Die Gassammler, in welche die zu den Zylindern führenden Saugleitungen senkrecht einmünden, werden mit Entlüftungsleitungen versehen, um vor dem Anfahren schlechtes Gemisch und Luft entfernen zu können.

Große Gasbehälter haben den Zweck, Unregelmäßigkeiten in der Gaslieferung und — durch gründliche Durchmischung — in der Gaszusammensetzung auszugleichen.

Mitunter wird die Luft durch Filter angesaugt, die durch vorgeschaltete größere Luftkammern gegen die Gefahr etwaiger Rückzündungen geschützt werden. Die Luftleitung wird häufig vor den Zylindern zu einem Luftkessel erweitert, der als Ansaugetopf dient.

b) Auspuffleitung. In diese werden zur Dämpfung des Auspuffgeräusches Auspufftöpfe eingeschaltet, deren Inhalt gewöhnlich etwa das Zehnfache des Hubraumes beträgt; besonders wirksam erweist sich die Hintereinanderschaltung mehrerer kleiner Auspufftöpfe. Die Töpfe, gegossen oder aus Schmiedeeisen, sind mit einer Ablaßvorrichtung für Wasser (und bei Dieselmaschinen für Ruß) zu versehen. Größere

Auspufftöpfe können mit eingebauten Zwischenwänden ausgeführt werden, deren Durchtrittsöffnungen gegeneinander versetzt sind, so daß in jeder der Kammern die Strömungsenergie durch Wirbelbildung verlorengeht. Um die für die Bedienung lästige Wärmeausstrahlung zu vermindern, werden große Töpfe zweckmäßig mit Kühlmantel oder wenigstens mit Isolierung ausgeführt, falls sie nicht außerhalb des Maschinenhauses Platz finden.

Die Ausdehnung der Auspuffleitung durch die Wärme wird durch Stopfbuchsen oder Dehnungsrohre aufgenommen.

Bei Mehrzylindermaschinen sind die einzelnen von den Zylindern kommenden Auspuffrohre an das Hauptrohr tangential in der Richtung der Strömung anzuschließen. Da bei doppeltwirkenden Viertaktmaschinen die Auspuffhübe unmittelbar aufeinanderfolgen, so liegt die Gefahr vor, daß bei Beginn der Vorausströmung auf einer Kolbenseite die auspuffenden Abgase der anderen Kolbenseite in den Zylinder

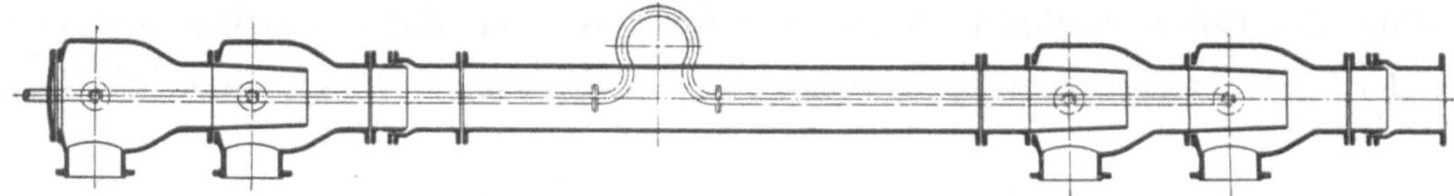

Abb. 480. Düsenwirkung bei Auspuffleitungen.

zurückdrängen und dort die Gemischbildung verschlechtern. Dieses Zurückschwingen der Abgase wird durch Auspuffkessel an der Maschine, bzw. durch starke Erweiterung des Hauptrohres an dieser Stelle gemildert. Bei der Ausführung nach Abb. 480 werden die Abgase der einen Kolbenseite infolge der Düsenwirkung durch das auf der anderen Seite ausströmende Gas herausgesaugt. Dadurch wird der Gegendruck auf den Kolben vermindert und bei Entstehen eines Unterdruckes frisches Gemisch, das den Verbrennungsraum zum Teil ausfüllt, angesaugt. Münden die Auspuffleitungen mehrerer Maschinen in einen gemeinsamen Auspuffkanal, so ist die Möglichkeit vorhanden, daß bei Stillstand einer Maschine die dazugehörige Auspuffleitung stets bis an die Maschine voll Abgase steht. Diese treten bei geöffnetem Auspuffventil in das Zylinderinnere, und die Lauffläche des Kolbens setzt unter Umständen Rost an. Der Auspuffstrang soll deshalb durch einen Schieber absperrbar gegen die Sammelleitung sein. Das Hauptrohr mündet zweckmäßig in einen gemauerten, als Schalldämpfer wirkenden Kanal. Das Auspuffgeräusch kann auch durch Drosselung der Abgase am Ende der Rohrleitung vermindert werden, da damit die Strömung gleichmäßiger wird. Bei Zweitaktmaschinen ist dieses Mittel jedoch wegen des erhöhten Auspuffdruckes und der damit verbundenen Erschwerung der Ausspülung des Arbeitszylinders und Gefahr von Frühzündungen nicht anwendbar. Großgasmaschinen arbeiten heute allgemein mit Abwärmeverwertern, die gleichzeitig als Auspuffkessel wirken. Die Abgase werden durch eine gut isolierte Rohrleitung, die, nachgiebig angeordnet, mit Dehnungsrohr ausgeführt wird, einem Verteilungsstück zugeführt, von dem eine absperrbare Leitung zum Abwärmeverwerter führt. Bei Hochleistungsmaschinen wird die Rohrleitung in Blech ausgeführt und innen feuerfest ausgemauert, bei niedrigeren Temperaturen wird die Rohrleitung aus hämatitreichem Gußeisen hergestellt und außen sorgfältig isoliert. Abb. 481 zeigt ein drei-

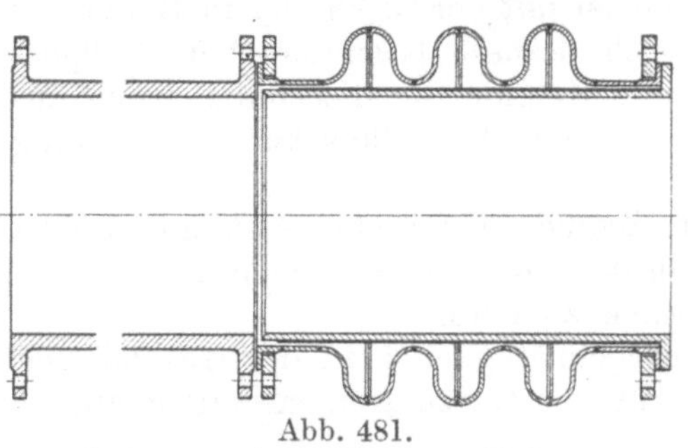

Abb. 481. Dehnungsrohr in der Auspuffleitung.

welliges Dehnungsrohr, das zwischen zwei Festpunkte gelegt wird. Das gußeiserne Innenrohr, außen mit Asbestpappe umkleidet, schützt das Wellrohr gegen die hohe Temperatur. Bei Abschaltung des Kessels werden die Abgase zum Schalldämpfer, aus einem gemauerten Kanal bestehend, geführt.

Die Auspuffleitung ist für eine mittlere Geschwindigkeit der Gase von etwa 20 msek für kleine, von 30 bis 35 m/sek für große Maschinen zu berechnen.

c) Kühlwasserleitung. Das Kühlwasser soll möglichst rein sein, um Ablagerungen an den zu kühlenden Stellen und damit Wärmestauungen zu vermeiden. Hartes Wasser, das schon bei mehr als 30° Stein ansetzt, soll überhaupt nicht verwendet werden. Das Kühlwasser wird entweder einer vorhandenen Druckleitung oder einem hochstehenden Behälter, dem das Wasser zugehoben wird, entnommen, oder durch eine Pumpe den zu kühlenden Teilen unmittelbar zugeführt. In letzterem Fall ist bei direktem Antrieb der Pumpe von der Maschine eine Einstellung der Wassermenge, die am offenen Ablauf des Wassers in einen Trichter vorzunehmen ist, nicht möglich.

An tiefster Stelle der Leitung ist ein Ablaßhahn anzuordnen, um die Leitung zwecks Reinigung oder bei Frostgefahr völlig leeren zu können. Das Kühlwasser ist durch Leitung und Maschine so zu führen, daß sich Dampf- und Luftblasen in den Kühlräumen nicht festsetzen können. Als Baustoff dient meist Flußeisen, die Dichtung wird durch Gummi- oder Pappringe bewirkt. Die Bemessung des Leitungsquerschnittes hängt von der Eintrittstemperatur t_e, der zugelassenen Austrittstemperatur t_a des Kühlwassers, die zur Vermeidung von Ablagerungen etwa 55° nicht übersteigen soll, ab. Wird angenommen, daß 30% der zugeführten Wärme in das Kühlwasser übergehen, so beträgt die stündliche Kühlwassermenge $0{,}3 \cdot N_e \cdot \frac{q}{t_a - t_e}$, worin q = Wärmeverbrauch je PS_eh ist. Die Geschwindigkeit in den Rohren soll 1 m/sek nicht übersteigen.

Verursacht die Beschaffung des Kühlwassers erhebliche Kosten, so ist Rückkühlung anzuwenden, die durch Kühlgefäße, Rippenkühler, bei größeren Anlagen durch Gradierwerke bewirkt wird.

Kühlgefäße sind einfache größere, aus verzinktem Eisenblech hergestellte Gefäße, die durch zwei Rohrleitungen mit dem Kühlmantelraum des Zylinders verbunden sind. Das erwärmte Kühlwasser fließt dem Behälter oben zu, das kalte Wasser wird unten entnommen. Der Kühlwasserumlauf wird lediglich durch den Gewichtunterschied infolge der verschiedenen Temperaturen verursacht. Verdunstetes Wasser wird durch ein Schwimmventil selbsttätig durch Frischwasser ersetzt.

Rippenkühlern, die das Wasser durchfließt, wird die Wärme durch die vorbeistreichende Luft entzogen, deren Einwirkung sie durch freie, luftige Aufstellung auszusetzen sind.

In den Gradierwerken rieselt das Wasser fein verteilt über Reisig, Latten usw., die in einem Gestell untergebracht sind.

Da mit der Verdampfung des Wassers in den Rückkühlanlagen dessen Härte und Neigung zum Steinansatz zunimmt, so empfiehlt sich oft, das Kühlwasser der Maschine in geschlossenem Kreislauf zu führen und seine Wärme in Austauschvorrichtungen durch rückgekühltes Wasser aufzunehmen oder das Kühlwasser vor dem Umlauf zu enthärten.

In Großgasmaschinenanlagen wird das Kühlwasser den Maschinen von einem außerhalb der Zentrale liegenden Hochbehälter zugeführt oder durch Pumpen einem im Keller durchgehenden Kaltwasserkanal entnommen, während ein u. U. zur Rückkühlung führender Warmwasserkanal oder eine geschlossene Leitung das ablaufende Wasser aufnimmt. Die Ablaufleitung wird mit größerem Durchmesser als die unter Druck stehende Zuflußleitung ausgeführt. Die Leitungen für Zylinder- und

Kolbenkühlung werden den verschiedenen Drucken entsprechend getrennt ausgeführt.

Ölmaschinen. Für die Anlage der Ansauge-, Auspuff- und Kühlwasserleitung sind im allgemeinen die gleichen Gesichtspunkte wie bei Gasmaschinen maßgebend. Im folgenden wird deshalb nur auf Unterschiede, wie sie sich aus der anderen Maschinenart oder Maschinenanordnung ergeben, hingewiesen. Die Zusammenstellung S. 417 gibt über die bei der Krupp - Germaniawerft übliche Ausführung der Rohrleitungen bei Schiffsmaschinen Aufschluß.

a) Ansaugeleitung. Das Ansaugegeräusch wird dadurch gedämpft, daß das Saugrohr jedes Zylinders an der Stirnseite geschlossen ist und die Luft durch schmale Schlitze angesaugt wird, in denen die Strömungsgeschwindigkeit bis auf annähernd 100 m/sek steigt und einen entsprechenden Unterdruck im Zylinder verursacht. Besonders gefällige Anordnung zeigen die kompressorlosen MAN-Maschinen, in denen die Luft durch perforierte zur Verkleidung dienende Bleche dem Raum zwischen den Zylindern, aus dem die Einlaßventile ansaugen, zuströmt.

Die Saugrohre der Schiffsmaschinen münden in eine gemeinsame Leitung, die die Luft an Deck entnimmt. Hilfsdieselmaschinen entnehmen die Verbrennungsluft dem Maschinenraum, um dessen Lüftung zu verbessern, zum gleichen Zweck saugen mitunter Ventilatoren Luft aus dem Maschinenraum an und drücken sie der Saugkammer der Spülluftgebläse der Zweitakt- oder der Hochleistungs-Viertaktmaschine zu.

Bei den Sulzerschen Schiffsmaschinen mündet die von Außenbord kommende Luftleitung in den unteren Teil, die zu den Maschinen bzw. Spülpumpen weiterführenden Luftleitungen in den oberen Teil einer Kammer, so daß die Luft gezwungen ist, die Kammer in Richtung von unten nach oben zu durchströmen. Infolge der dadurch bewirkten Querschnittserweiterung in der von der Verbrennungsluft durchströmten Leitung und des plötzlichen Richtungswechsels wird nicht nur das Ansaugegeräusch wirksam gedämpft, sondern auch der Eintritt von Wasser und Fremdkörpern in die Maschine verhindert. Das abgeschiedene Wasser kann durch eine Leitung der Bilge des Schiffes zugeführt werden. Die Umkehrkammer ist mit einer durch Drosselklappe einstellbaren Öffnung versehen, so daß ein Teil der Verbrennungsluft dem Maschinenraum entnommen werden kann, der dadurch gelüftet wird.

Bezüglich Entnahme der Luft aus dem geschlossenen Kurbelgehäuse siehe S. 429.

Zwecks Reinigung der Luft vom Staub usw. ordnet man in Amerika vielfach Kästen an, deren Filterkörper, die z. B. aus Spiralfedern oder Eisenspänen bestehend, von einem dickflüssigen Öl benetzt werden, an dem der Staub haften bleibt.

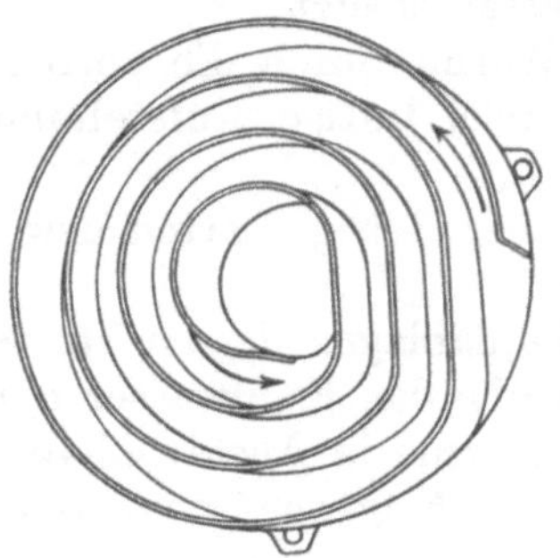

Abb. 482. Maxim Silencer.

b) Auspuffleitung. Der in der Nähe der Maschine liegende Teil der Auspuffrohre wird gemantelt und durch Wasser gekühlt; hinter diesem Kühlmantel wird häufig der Rohrdurchmesser verkleinert. Bei Schiffsmaschinen werden zur Verhinderung des Anfressens durch das Seewasser die Rohre vielfach als doppelwandige Kupferrohre ausgeführt. Als Dichtungsmaterial wird graphitbestrichenes Klingerit oder Asbestpappe verwendet. Bei Verwertung der Abgase in Abhitzekesseln werden diese in eine an die sorgfältig isolierte Auspuffleitung angeschlossene Umführungsleitung eingebaut, die nach Umschaltung direkten Auspuff in den Auspufftopf ermöglicht.

Als Schalldämpfer werden in Amerika mit Erfolg die „Maxim Silencers" verwendet. Eine Anzahl von Spiralelementen aus Gußeisen, Abb. 482, werden mit den Seitenwänden aneinandergelegt, so daß jedes Element einen beiderseits geschlossenen

Spiralweg ergibt. Die zusammengefaßten Elemente sind in einem großen Auspufftopf untergebracht, dessen beide Stirnseiten mit Öffnungen für Ein- und Austritt der Gase versehen sind, und zwar liegt die Austrittsöffnung in der Mittellinie der inneren Öffnung jedes Elements. Die Auspuffgase werden derart gezwungen, sich in so viel Zweige, als Elemente vorhanden sind, zu teilen und aus der axialen Richtung in eine radiale und von dieser wieder in eine axiale zu strömen. In der Hauptsache aber wird

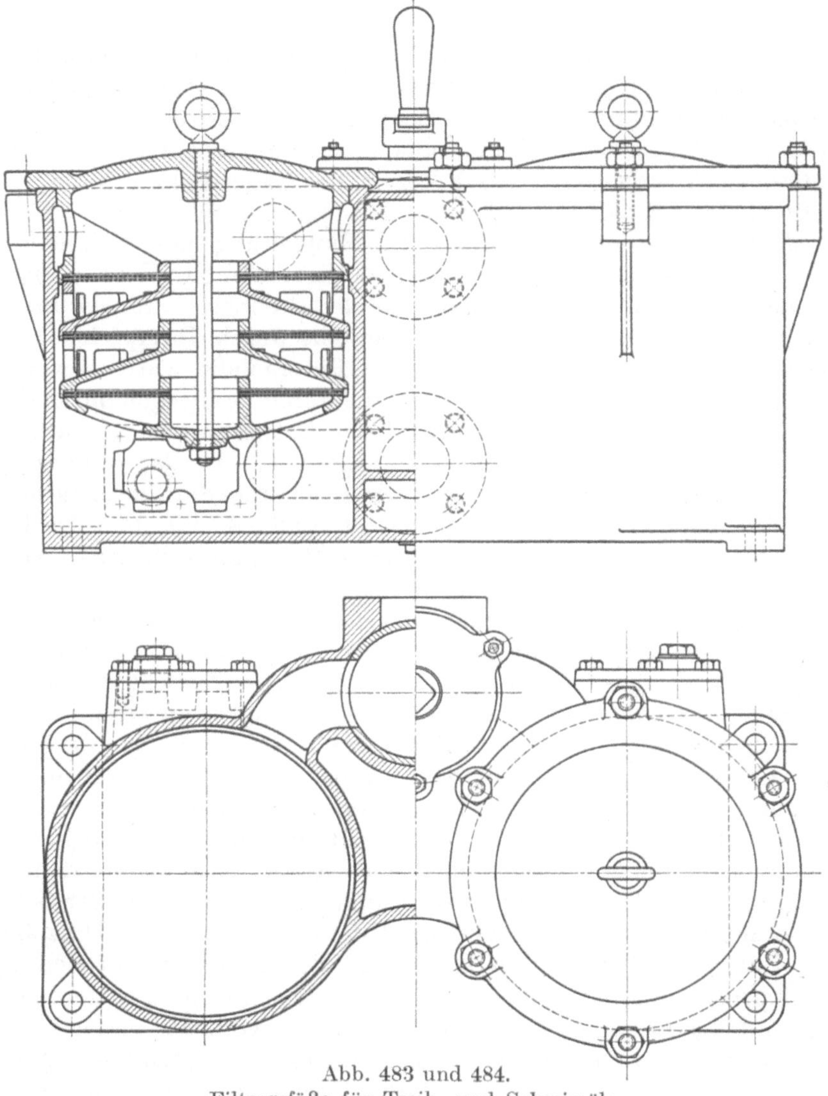

Abb. 483 und 484.
Filtergefäße für Treib- und Schmieröle.

das Abklingen der Schallwelle durch die stete Richtungsänderung in den Spiralgängen bewirkt.

Der gesamte Durchflußquerschnitt ist zur Vermeidung der Drosselung bedeutend größer als der Auspuffrohrquerschnitt. Die einzelnen Elemente können leicht herausgezogen und gereinigt werden.

c) Brennstoffleitung. Das Öl wird durch eine von Hand oder maschinell angetriebene Pumpe dem hochstehenden Brennstoff-Vorratsgefäß zugeleitet, das mit einem feinmaschigen Sieb für die grobe Reinigung des Brennstoffes ausgerüstet ist. Aus diesem Behälter fließt das Öl dem unteren Teil von besonderen Filtergefäßen zu, steigt in diesen z. B. durch ein die feinere Reinigung bewirkendes Tuchfilter nach oben und fließt nunmehr der Brennstoffpumpe zu. Die von hier zur Düse führende Druckleitung wird bei Verwendung von Gasöl aus nahtlosen Kupfer-, Flußeisen- oder Stahlrohren hergestellt, während Teeröl, das Kupfer angreift, immer die Verwendung von Stahlrohren erfordert; als Packung werden Kupferasbestringe verwendet.

Es empfiehlt sich, die Filter mit einem Standglas, außerdem mit einer „Abreißspitze" auszurüsten, um den Ölverbrauch der Maschine rasch und bequem messen zu können.

In Schiffen wird der Brennstoff aus den Bunkern, die sorgfältigst gegen das Eindringen von Seewasser (das im Verbrennungsraum zerstörend wirkt) zu schützen sind, entweder sog. Setztanks oder einer Zentrifuge zugeführt. Beide Einrichtungen haben den Zweck, Wasser und Schmutz aus dem Öl abzuscheiden. Der derart vorgereinigte Brennstoff wird durch ein Filter in die Tagestanks geleitet, von denen aus eine Brennstoff-Ringleitung das Öl den Maschinen zuführt. Bei Verwendung von „fuel-oil" werden Tagestank und Ringleitung mit Heizschlangen versehen, und eine besondere Umwälzpumpe hat die Aufgabe, Verstopfungen in der Leitung zu verhindern. Die Schwimmergefäße der Brennstoffpumpen und die Rohrleitungen nach den Brennstoffdüsen sind ebenfalls durch Dampf heizbar.

Abb. 483 und 484 zeigen eine Ausführung der Filtergefäße, wie sie sowohl für Treibwie Schmieröl verwendet werden. Die Filter, die durch Dreiwegehahn und paarweise Anordnung Reinigung einer Hälfte während des Betriebes ermöglichen, werden in Gußeisen oder in verbleitem Eisenblech ausgeführt. In der dargestellten Ausführung sind drei übereinanderliegende, parallelgeschaltete Stahldrahtfilter, die durch gelochte Bleche gehalten werden, so eingebaut, daß sie mit dem Deckel herausgenommen werden können. Durch untenliegende Reinigungsöffnungen wird der sich ansammelnde Satz von Zeit zu Zeit entfernt.

Bei den schweren Heizölen, die mehr und mehr in Schiffsmaschinen Verwendung finden, genügt das Abstehen in Behältern nicht zur Ausscheidung des Wassers und der Unreinigkeiten, da diese durch das hohe spezifische Gewicht dieser Öle in Suspension gehalten werden, während sie in Ölen von niedrigem spezifischen Gewicht zu Boden sinken. Eine Reinigung ist aber besonders deshalb erforderlich, weil das Wasser sich an bestimmten Stellen, den sogenannten Wassertaschen, ansammelt und Förderung der Brennstoffpumpe aus diesen zu Fehlzündungen, zu Steinansatz an den Ventilen und Festsetzen der Kolbenringe führt. Die dabei mögliche Mischung des unverbrannt bleibenden Brennstoffes und des Seewassers mit dem Schmieröl kann zu weiteren Betriebsschwierigkeiten führen. Das Öl führt außer Schwefel und anderen ursprünglich in ihm enthaltenen Unreinigkeiten unter Umständen auch Sand, Rost, Hammerschlag aus den Tanks und Rohrleitungen mit sich, Stoffe, die bei großen Ölmengen durch Filter nur schwer und kostspielig zu entfernen sind. Für diese Fälle wird die Reinigung durch Zentrifugen bevorzugt.

Vor Einführung in diese wird das Öl mit Vorteil vorgewärmt; die Erwärmungstemperatur hängt von der Zähflüssigkeit des Brennstoffes ab, und zwar sind bei Dichten unter 20° Bé Temperaturen bis zu 100° notwendig. Da die entstehenden Öldämpfe lästig sind und gefährlich werden können, so werden die Zentrifugen für diese Öle vollständig geschlossen und gasdicht ausgeführt, besonders wenn Erwärmung bis über den Flammpunkt erforderlich ist.

Auch bei den Filtern empfiehlt sich Vorwärmung des Öles.

Das Öl wird vorteilhaft in zwei Behältern erwärmt, so daß dem Reiniger das Öl aus dem einen Behälter zufließt, während der Inhalt des anderen Behälters erwärmt wird. Die Behälter werden mit kegelförmigem Boden ausgeführt, in dem sich Schmutz ansammelt, der an tiefster Stelle zeitweise abgezogen wird. Das Öl wird von einem Punkt oberhalb dieses Kegels entnommen.

d) Druckluftleitungen. Diese werden aus nahtlosen Kupfer- oder Stahlrohren hergestellt und führen von den Anlaßflaschen zu dem Anlaßventil, von der Einblaseflasche zum Zerstäuber. In ortfesten Anlagen enthält das Einblasegefäß etwa 0,5 bis 0,6 ltr/PS, während bei großen Anlagen bis auf 0,2 ltr/PS heruntergegangen wird. Jedes der beiden Anlaßgefäße wird mit 2 bis 4 ltr/PS Inhalt für mittlere und kleinere Leistungen, mit etwa 1,6 ltr/PS Inhalt für größere Leistungen ausgeführt[1]).

Die Anordnung dieser Gefäße und der Ventile ist aus Abb. 485 ersichtlich, der Ventilkopf einer Hochdruckstahlflasche ist in Abb. 486 dargestellt; Auf-

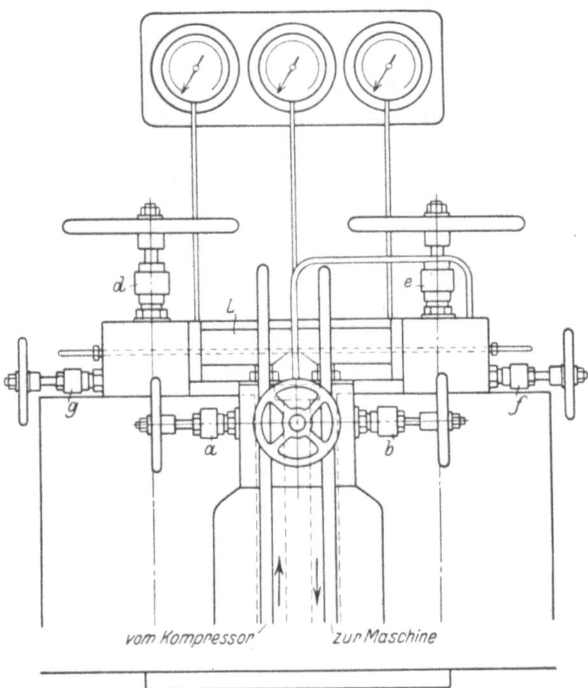

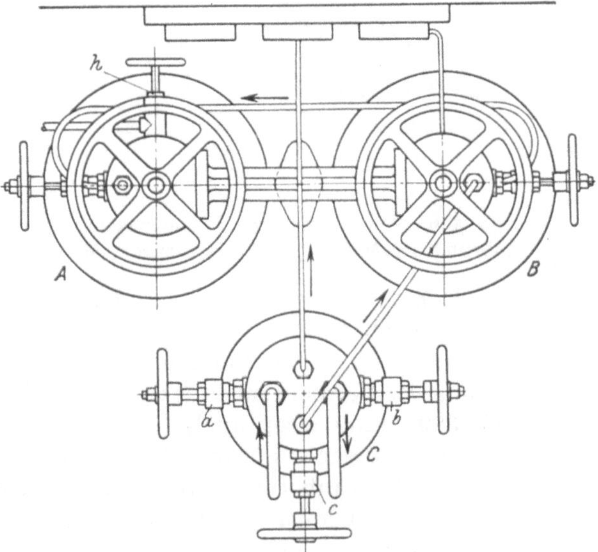

Abb. 485. Anordnung der Anlaßgefäße. Ausführung der Maihak A.-G., Hamburg. Maßstab 1 : 8.

A, B Anlaßgefäße,
C Einblaseflasche,
a Absperrventil der Leitung vom Verdichter,
b Absperrventil der Leitung zur Maschine,
c Absperrventil der Überfüll-Leitung zwischen Einblase- und Anlaßflasche.
d, *e* Absperrventile zur Anlaßleitung,
f, *g* Absperrventile zur Überfüll-Leitung,
h Ablaßventil,
L Zur Anlaßleitung führendes Verbindungsrohr zwischen den Gefäßen *A* und *B*.

Anlaßleitung: Stahlrohr.
Einblaseleitung: Kupfer- oder Stahlrohr.
1 Manometer, 20 at, für Niederdruckzylinder,
1 Manometer, 100 at, für Einblaseflasche,
1 Manometer, 100 at, für Anlaßflasche,
Bei dreistufigen Verdichtern: 1 Manometer von 50 at für Mitteldruckstufe.

[1]) Bezüglich der Größe der Druckluftbehälter schreibt der Germanische Lloyd vor:

Der Gesamtinhalt aller Druckluftbehälter für Außenluft soll wenigstens betragen: bei Gleichdruckmaschinen

$$J = \frac{0{,}525 \cdot V \cdot n}{P - 15} \text{ in Litern,}$$

bei Explosionsmaschinen

$$J = \frac{0{,}175 \cdot V \cdot n}{P - 5},$$

worin:

V = Luftfüllungsvolumen eines Zylinders in cm³ entsprechend einer Öffnungsdauer des Anlaßventils über dem Kurbelwinkel ohne Sicherheitsüberdeckung gemessen bei unendlich langer Pleuelstange,

P = höchster Betriebsdruck der Anlaßluftbehälter in kg/cm²,

n = Anzahl der mit Anlaßvorrichtungen versehenen Zylinder (bzw. Zylinderseiten) bei doppeltwirkenden Maschinen.

Bei Zweischraubenschiffen genügt für beide Maschinen zusammen das 1,4fache und bei Maschinen, die selbst nicht umgesteuert werden, das 0,6fache der vorstehend errechneten Luftmenge.

Für die Ausführung der Behälter wird S.-M.-Flußeisen vorgeschrieben, das für geschweißte Behälter keine höhere Festigkeit als 41 kg/mm² haben soll.

Bei geschweißten Behältern ist die überlappte Schweißung der Keilschweißung vorzuziehen. Stumpfschweißung, elektrische oder autogene Schweißung sind nicht zulässig.

Die Dicke des Mantels ist bei Nietung wie bei Dampfkesseln zu bestimmen, jedoch ohne Zuschlag von 1 mm.

Für nicht genietete Behälter ist die Blechstärke $s = \frac{p \cdot D}{C}$, worin gabe dieser Flaschen ist nicht nur Aufspeicherung der Druckluft, es sollen sich in ihnen auch Unreinigkeiten und Öl absetzen. Im normalen Betrieb strömt die vom Verdichter kommende Luft durch das geöffnete Ventil *a* ein, Abb. 486, und durch Ventil *b* zum Zerstäuber. Wird Ventil *a* geschlossen, so können Luftleitung und Verdichter nachgesehen werden, ohne daß die Einblaseflasche geleert zu werden braucht. Ventil *b* hat denselben Zweck in bezug auf Zerstäuber und die zu ihm führende Leitung und ermöglicht überdies Drosselung der Einblaseluft.

Die Anlaßgefäße werden nach Öffnen des Ventils *c* von der Einblaseflasche aus durch ein bis zum Boden dieser Flasche reichendes Rohr aufgefüllt; dieses Rohr dient gleichzeitig zur Ableitung des sich am Boden ansammelnden Wassers und Öls, das aus dem Verdichter stammt. Die Kegel der drei Ventile bestehen aus Hartgummi.

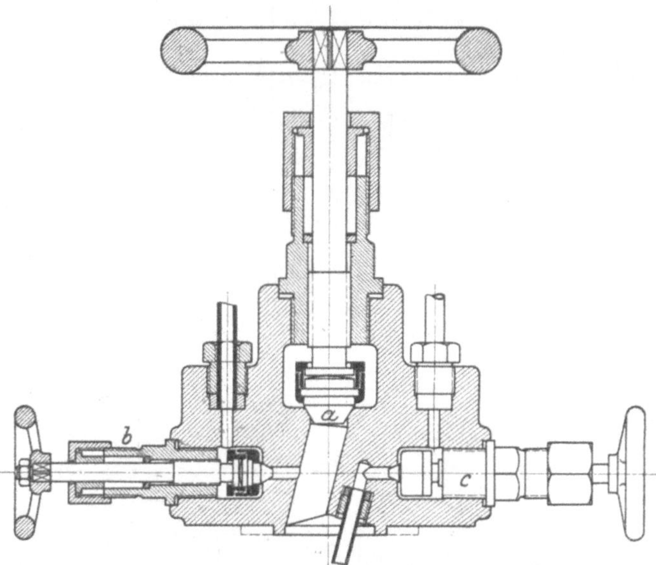

Abb. 486. Ventilkopf einer Hochdruckstahlflasche. Ausführung der Maihak A.-G., Hamburg. Maßstab 1 : 4.

Die gußeisernen Köpfe der Anlaßflaschen sind ebenfalls mit drei Ventilen ausgerüstet, Abb. 485. Die Ventile *d* und *e* öffnen nach der zum Anlaßventil führenden Leitung *L*, die Ventile *f* und *g* geben die Querschnitte der Überfülleitung frei, die zuerst in die erste, dann in die zweite Flasche geführt wird. Diese Leitungen werden in beiden Flaschen wieder bis nahe an den Boden geführt, so daß durch Ventil *h* abgeblasen werden kann.

Die Rohre werden an ihren Enden mit Lötringen ausgeführt und durch Überwurfmuttern gehalten.

In der Einblaseleitung können durch ölhaltige Einblaseluft infolge zu reichlicher Schmierung des Verdichters oder durch Pumpen des Öles bis zum Hochdruckzylinder, siehe S. 309, dann aber auch durch Hängenbleiben der Brennstoffnadel heftige Explosionen verursacht werden. In letzterem Fall wird bei auftretender Frühzündung der noch im Zerstäuber befindliche Brennstoff in die Einblaseleitung geschleudert und die hohe Temperatur der zurückströmenden Gase bringt das zündfähige Gemisch zur Entzündung, wobei — da es sich um längere Rohre handelt — das Auftreten von Explosionswellen möglich wird, vgl. S. 10. Hiergegen ist die Leitung durch ein in möglichster Nähe des Zerstäubers einzubauendes Rückschlagventil zu schützen. Durch ein Sicherheitsventil oder eine Bruchplatte kann weiterhin den Folgen einer Explosion in dem Raum zwischen Zerstäuber und erwähntem Rückschlagventil vorgebeugt werden.

---

p = zulässiger Arbeitsdruck (Überdruck) in kg/cm^2,
D = größter, lichter Durchmesser des Behälters in Millimetern,
$C = 1200$, wenn die Längsnaht geschweißt ist,
$C = 1500$, wenn der Mantel nahtlos hergestellt ist.
Stets soll $s \geqq 6$ mm sein.

Die Dicke flacher Böden ist $s = \frac{D}{73}\sqrt{p}$.

Die Flanschen können durch Nut und Feder mit Einlagen aus Kernleder-, Kupfer- oder Kupferasbestringen gedichtet werden.

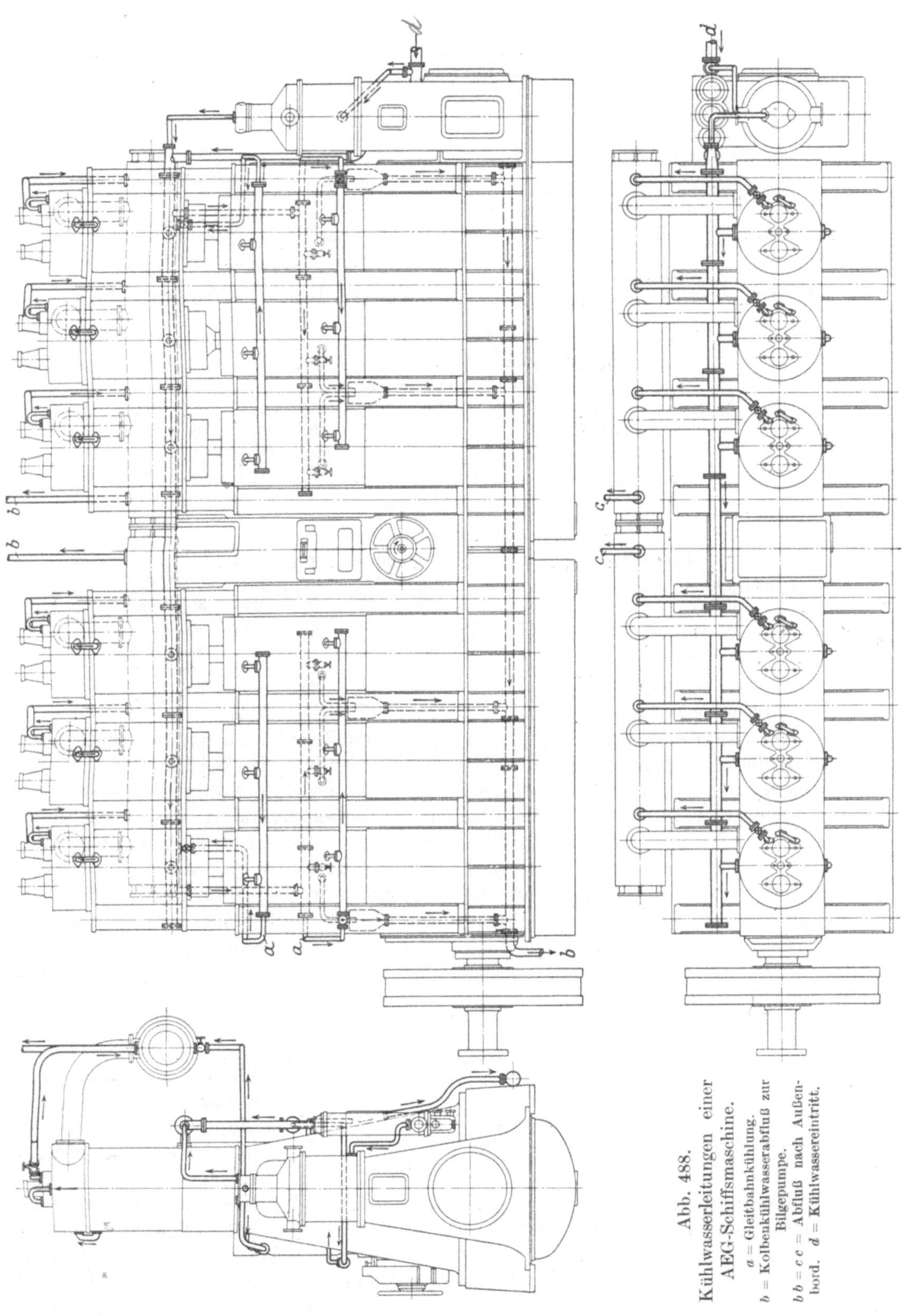

Abb. 488. Kühlwasserleitungen einer AEG-Schiffsmaschine.

a = Gleitbahnkühlung. b = Kolbenkühlwasserabfluß zur Bilgepumpe. $b\,b = c\,c$ = Abfluß nach Außenbord. d = Kühlwassereintritt.

In Abb. 487a und b und in den Zahlentafeln 25 und 26 sind nach Ausführungen der Ascherslebener Maschinenfabrik R. Wolf Maße für Verbindungen von flußeisernen Hochdruckrohren und für Kupferrohr-Verschraubungen wiedergegeben.

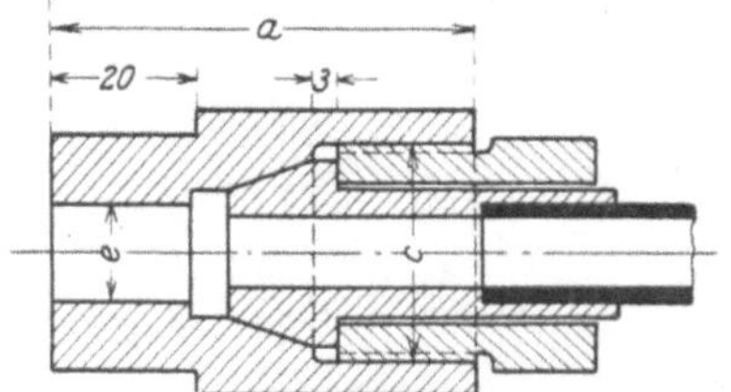

Abb. 487a. Hochdruckrohr-Verbindung.

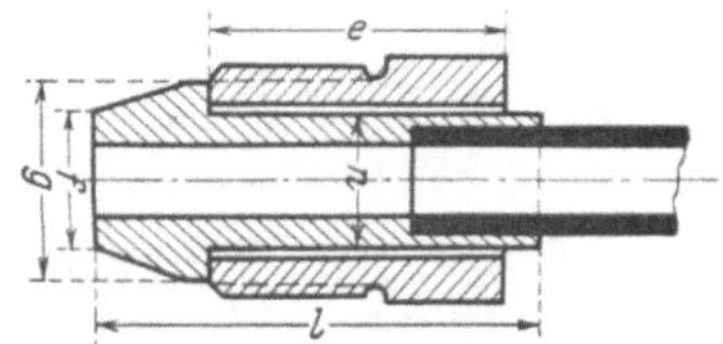

Abb. 487 b. Kupferrohr-Verschraubung.

Zahlentafel 25.

Hochdruckrohr-Verbindung.

Baustoff: Schmiedeeisen.

Rohr-Durchm.		$^{4}/_{7}$	$^{5}/_{8}$	$^{8}/_{11}$	$^{10}/_{14}$	$^{12}/_{16}$	$^{16}/_{20}$	$^{20}/_{25}$	$^{23}/_{29}$	$^{27}/_{33}$
e	mm	7	8	11	14	16	20	25	29	33
c	mm	$^{1}/_{2}$	$^{5}/_{8}$	$^{3}/_{4}$	$^{7}/_{8}$	1	$1^{1}/_{8}$	$1^{1}/_{2}$	$1^{3}/_{4}$	2
a	mm	55	55	60	60	65	65	70	75	80

Zahlentafel 26.

Kupferrohr-Verschraubung.

Baustoff: Kegel aus Kupfer, Stopfen aus Deltametall.

Rohr-Durchm.		$^{3}/_{6}$	$^{4}/_{7}$	$^{5}/_{8}$	$^{7}/_{11}$	$^{9}/_{14}$	$^{11}/_{16}$	$^{14}/_{20}$	$^{17}/_{25}$	$^{20}/_{29}$	$^{25}/_{33}$
n	mm	9	11	13	15	18	19	24	32	35	40
f	mm	8	10	12	15	18	20	25	35	40	35
g	mm	14	18	20	23	26	28	33	43	48	53
e	mm	28	34	34	34	38	40	40	46	46	50
l	mm	42	52	52	52	58	60	60	65	65	70
Gewinde	mm	$^{3}/_{8}$	$^{1}/_{2}$	$^{5}/_{8}$	$^{3}/_{4}$	$^{7}/_{8}$	1	$1^{1}/_{8}$	$1^{1}/_{2}$	$1^{3}/_{4}$	2

e) Kühlwasserleitungen. In Abb. 488 ist als Beispiel die Kühlwasserleitung einer Schiffsdieselmaschine dargestellt. Das Kühlwasser zeigt den bei Dieselmaschinen üblichen Umlauf: Nacheinander werden Zwischenkühler und Kühlmantel des Verdichters, hierauf Kühlmantel, dann Deckel des Arbeitszylinders und schließlich Kühlmantel des Auspuffrohres durchströmt. Gegenüber dieser normalen Anordnung liegt hier nur die Änderung vor, daß auch die Gleitbahnen des Kreuzkopfes gekühlt werden und die Leitungen zu den beiden Maschinengruppen parallel geschaltet sind.

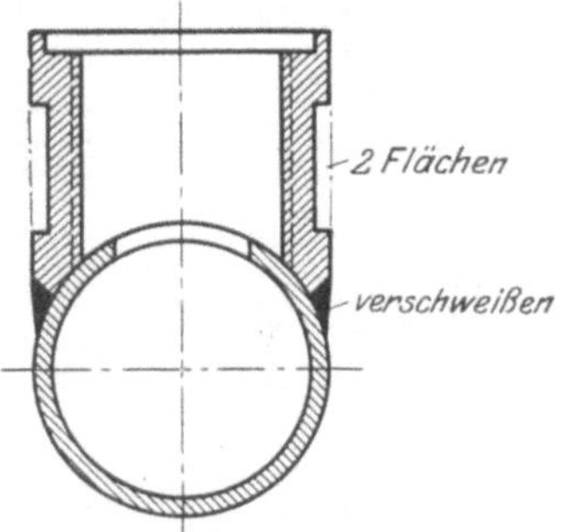

Abb. 489 a. Anschluß für Ablaßhahn. Ausführung AEG. Maßstab 1 : 2.

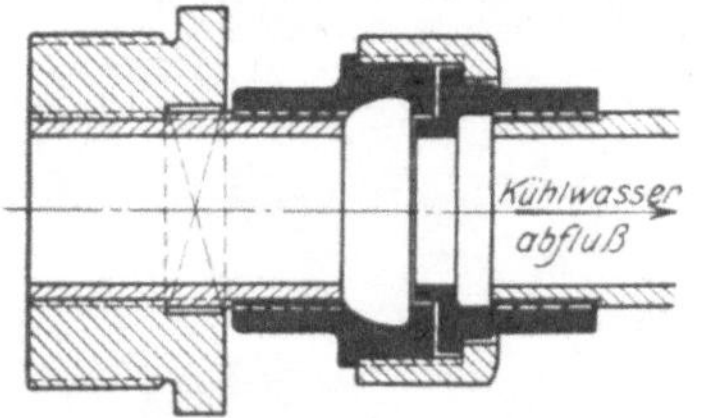

Abb. 489 b. Abflußleitung für Kühlwasser. Ausführung Aschersleben. Maßstab 1 : 2,5.

Die Rohre sind aus Gußeisen und — soweit ihre Länge erst bei Aufstellung der Maschine sich genau ergibt — aus Flußeisen mit aufgeschraubten und dann hart verlöteten Flanschen hergestellt. Die flußeisernen Rohre werden innen und außen verzinkt und verbleit, da mit Seewasser gekühlt wird, und erhalten für Thermometer, Ablaßhähne usw. besondere Anschweißmuffen, für die Dichtung ist Klingerit verwendet. Abb. 489a zeigt ein derartiges Anschlußstück für einen Ablaßhahn, das mit der Kühlrohrleitung verschweißt und außen mit zwei Flächen für einen Schraubenschlüssel versehen ist, um beim Einschrauben des

Material für Rohre, Flanschen, Dichtungen, Ventile und Stutzen für S 469/71.

Rohrbezeichnung	Rohrmaterial	Flanschenmaterial	Dichtungsmaterial	Material der Ventile	Material der Stutzen	Bemerkungen
Kühlwasser-leitungen	Saugeleitungen aus See bis an die Pumpen: Kupfer, die übr. Saugeleitungen: Flußeisen verbleit. Druckleitungen: Kaltwasser führende Rohre: Flußeisen verbleit. Warmwasser führende Rohre u. Ablaufrohre von Haupt- u. Hilfsmotoren: Kupfer	Für Kupferrohre: Flanschen-Rotguß Für Eisenrohre: Flußeisen aufgewalzt	Gummi mit Hanf-einlage	über 50 mm Dmr. Gußeisen mit Bronze unter 50 mm Dmr. Bronze	Gußeisen und Fluß-eisen geschweißt	
Süßwasser-leitungen	Saugeleitungen: Warmwasser führende Rohre: Kupfer. Kaltwasser führende Rohre: Flußeisen (verzinkt). Druckleitungen: Warmwasser führende Rohre: Kupfer. Kaltwasser führende Rohre: Flußeisen (verzinkt)	Für Kupferrohre: Flanschen-Rotguß Für Eisenrohre: Flußeisen aufgewalzt	Klingerit für Warmwasser Gummi für Kaltwasser	Warmwasserleitung Bronze Kaltwasserleitung üb. 50 mm Dmr. Gußeisen mit Bronze, unter 50 mm Dmr. Bronze	Warmwasserleitung: Bronze Kaltwasserleitung: Gußeisen	
Treibölleitungen und Heizölleitungen	Saugeleitungen: Flußeisen Druckleitungen: Flußeisen	H. Dr.-Flanschen aus Flußeisen aufgewalzt	Heißes Öl führende Druckrohre: Flanschen aufschleifen. Für alle übr. Druck- u. Saugerohre: Getränkte Pappe	über 50 mm Dmr. Gußeisen mit Flußeisen unter 50 mm Dmr. Bronze	Für Druckleitung für heißes Öl: Flußeisen geschweißt Für alle übrigen Leitungen: Gußeisen oder Flußeisen geschweißt	
Schmieröl-leitungen	Saugeleitungen: Flußeisen Druckleitungen: Flußeisen Übernahmeleitungen: Gasrohr	Flußeisen aufgewalzt Flußeisen aufgewalzt Flanschen od. Muffen aus Flußeisen	Pappe	über 50 mm Dmr. Gußeisen mit Flußeisen unter 50 mm Dmr. Bronze	Gußeisen und Fluß-eisen geschweißt	
Heizzudampf-leitungen	Rohre in den Bunkern: Flußeisen. Rohre außerhalb der Bunker u. Tanks, unter 50 mm Dmr.: Kupfer	Flußeisen aufgewalzt Flanschen-Rotguß	Flanschen aufgeschabt Klingerit	Bronze	Gußeisen	werden isol.
Druckluft-leitungen (H.D.)	Flußeisen	Flußeisen aufgewalzt	Kupfer	Flußeisen mit Bronze	Flußeisen, Voll-material	
Auspuff-leitungen	Vom Hauptmotor bis Auspufftopf: starkwand. Flußeisen, alle übrigen Auspuffrohre, auch für Hilfsmotore: starkwandig. Flußeisen	Flußeisen aufgewalzt	Asbestpappe		Gußeisen oder Fluß-eisen verzinkt	werden isol.
N.D.-Druckluft-leitungen	Flußeisen	Flußeisen aufgewalzt	Klingerit	über 50 mm Dmr. Gußeisen mit Bronze unter 50 mm Dmr. Bronze	Gußeisen	

Sämtl. Rohrleitungen einschl. 20 l Dmr. erhalten Flanschen, unter 20 mm l Dmr. Verschraubungen

Ablaßhahns die Schweißstelle nicht zu beanspruchen. Abb. 489b zeigt die zum Deckel nach Abb. 333 gehörige Kühlwasserableitung, die von dem Kernlochstopfen aus Rotguß ausgeht. Abb. 334 zeigt den Anschluß der Anlaßluftleitung.

Häufig wird der Brennstoff durch das ablaufende Kühlwasser vorgewärmt. Die Ausführung der in Schiffsanlagen gebräuchlichen Leitungen zeigt die beifolgende Tafel, welche die Ausführungsarten der Friedr. Krupp-Germaniawerft wiedergibt (s. S. 417).

b) Stopfbuchsen, Dichtungen.

Abb. 490 zeigt die meistverbreitete Ausführung der Stopfbuchsen für Großgasmaschinen; die dargestellte Bauart ist für eine Zweitaktmaschine entworfen.

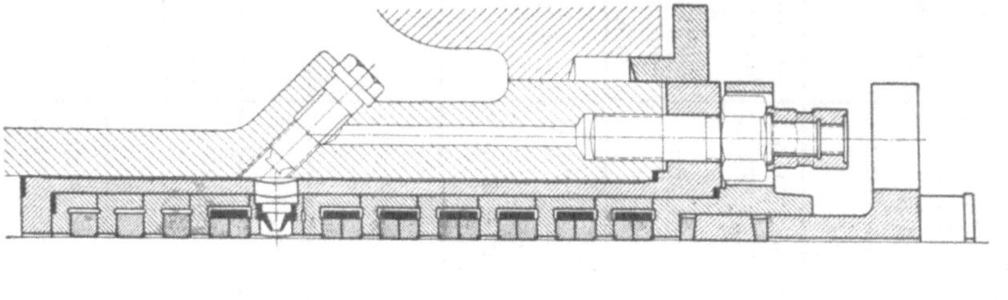

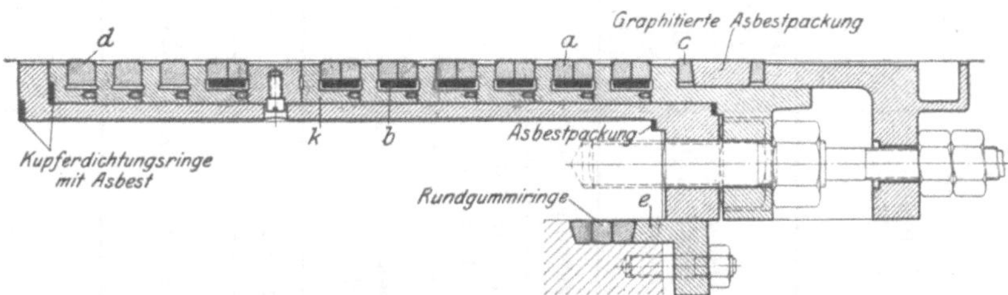

Abb. 490. Stopfbuchse einer Zweitaktgasmaschine von 1190 mm Zyl.-Dmr., 1900 mm Hub der Maschinenbau A.-G. vorm. Gebr. Klein, Dahlbruch. Kolbenstangen-Dmr. 290 mm.

a = Zweiteilige Liderungsringe aus Hähnmetall. *b* = Federringe aus Stahl. *c* = Bronzering. *d* = Dichtungsringe aus Hähnmetall. *e* = Stopfbuchse. *k* = Kammerringe aus Gußeisen.

Sämtliche Packungsringe sind, um sie leicht ausbauen zu können, in einem Gehäuse untergebracht, das nach dem Zylinder hin durch einen Kupferring mit Asbest, nach außen hin durch eine Asbestpackung abgedichtet wird. Der Ringraum zwischen Stopfbuchsenflansch am Steuerungskopf und dem aufgesetzten Deckel wird durch eine Stopfbuchse mit drei Rundgummiringen abgedichtet. Dem Gehäuse ist eine zweite Stopfbuchse mit graphitierter Asbestpackung vorgeschaltet, die zwischen zwei Bronzeringen *c* untergebracht ist. Die zweiteiligen Liderungsringe *a*, aus Hähnmetall, einem manganhaltigen Eisen bestehend, das sich hierfür ausgezeichnet bewährt, werden von Stahlringen *b* umfaßt, die naon innen spannen, Abb. 491. Jede Dichtungseinheit ist in einem gußeisernen Kammerring *k* gelagert, der genau um die Stange und in das Gehäuse paßt. Dem Verbrennungsraum zunächst liegt eine aus drei ungeteilten Ringen bestehende Verpackung, welche die höchsten Temperaturen wie auch Verbrennungsrückstände von der Hauptpackung fernzuhalten hat. Auch diese Ringe sind aus Hähnmetall angefertigt. Jede Stopfbuchse wird nur dann tadellos arbeiten, wenn die Kolbenstange absolut rund ist, die Ringe genau auftuschiert und an ihren Seitenflächen möglichst reibungsfrei sind. Beweglichkeit in senkrechter

Abb. 491. Zweiteiliger Liderungsring, vom Stahlring umfaßt.

Richtung wird eine weitere Forderung, auch wenn der Kolben, im Zylinder schwebend, von der Stange getragen wird. Die Umspülung der Stopfbuchse durch Kühlwasser ist bei den heutigen Bauarten der Zylinderdeckel von selbst gegeben.

Über die Stopfbuchsenschmierung siehe S. 429.

Besondere Beachtung verdient die Verpackung der Brennstoffnadel der Dieselmaschinen wegen der durch Hängenbleiben der Nadel eintretenden Folgen. Als Dichtung werden Asbestringe mit dazwischenliegenden Metallspänen oder sorgfältig eingestampfte Drehspäne aus Weißmetall verwendet. Die Dichtung von Fr. Krupp, Essen, Abb. 492, verwendet Ringe von quadratischem Querschnitt, die aus einer vulkanisierten Metall-Asbestdichtung bestehen und auf ein genaues Maß gepreßt werden. Die Nadel arbeitet auf eine metallische Fläche, während die Elastizität der Packung stetiges Umschließen der Nadel gewährleistet. Leichtes Abschrägen der Kanten der Packungsringe bewirkt Labyrinthdichtung und erleichtert die Schmierung.

Nach Lösen der Überwurfmutter läßt sich die Nadel herausnehmen.

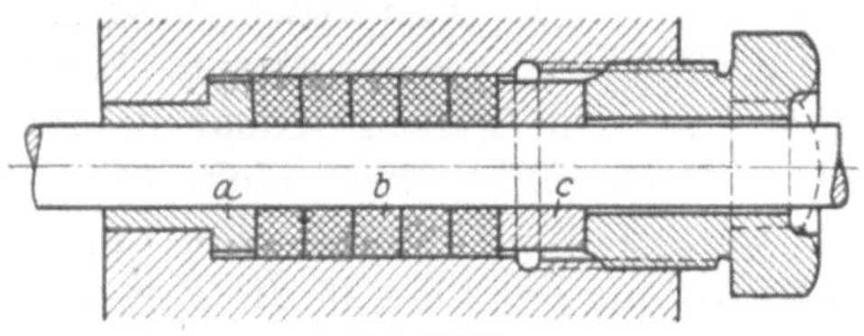

Abb. 492.
Nadeldichtung von Friedr. Krupp A.-G., Essen.
a = Grundring. b = Packung. c = Bronzering.

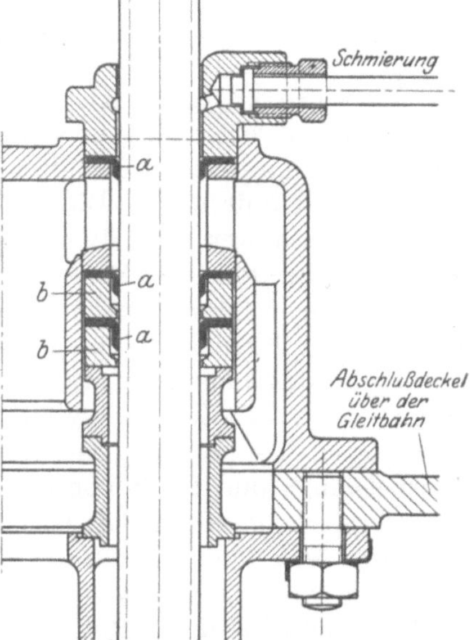

Abb. 493. Abdichtung der Posaunenrohre, Ausführung der AEG. Maßstab 3 : 10.
a = Lederstulpen. b = Weißmetallringe.

Die Packung wird auch für Plunger der Brennstoffpumpen verwendet.

Abb. 493 zeigt die Stopfbuchse eines Posaunenrohres der Bauart nach Abb. 365. Zur Abdichtung dienen Lederstulpen, die zwischen Abstandsringen aus Weißmetall liegen.

Hat ein Maschinenteil an zwei Stellen in verschiedenen Ebenen abzudichten, wie z. B. bei Anlaßventilen, wo unten der Ventilsitz, oben der Austritt aus dem Zylinderdeckel abzudichten ist, so wird zweckmäßig zur Sicherung des Anliegens an beiden Stellen die eine dieser durch einen nachgiebigen Dichtungsstoff abgedichtet; hierzu eignet sich z. B. Blei, falls die zu dichtende Stelle keiner hohen Temperatur ausgesetzt ist. Für solche Stellen wird in Amerika auch Holzfiber verwendet, das vor dem Einlegen eine halbe Stunde in heißem Wasser geweicht wird. Kupferringe sind, damit sie nicht hart werden, von Zeit zu Zeit auszuglühen. Aluminium kann Kupfer bei Auspuffventilen usw. ersetzen und ist insofern vorteilhaft, als es dauernd weich bleibt.

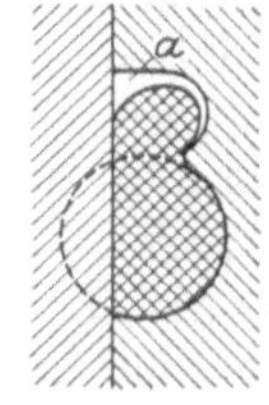

Abb. 494. Amerikanische Gummidichtung.

Bezüglich der Abdichtung durch Gummiringe ist zu beachten, daß Gummi zwar sehr dehnbar, aber nicht zusammendrückbar (kompressibel) ist. Gummi ändert zwar die Form, aber nicht die Größe des Querschnittes, so daß infolgedessen der Aufnahmequerschnitt für Gummidichtungen mitunter sorgfältig zu bemessen ist. Die sich hieraus ergebende Schwierigkeit umgeht die amerikanische Packung nach Abb. 494; hier sind zwei Eindrehungen vorhanden, deren

Gesamtquerschnitt größer als der Gummiring-Querschnitt ist, ein Teil der Gummimasse wird von der Eindrehung a aufgenommen.

Über die Dichtungsstoffe für Rohrleitungen gibt die Tafel auf S. 417 Auskunft.

Für die zum Verschluß der Kurbelgehäuse dienenden Türen werden für die Abdichtung Korkplatten, durch Schellack am Gehäuse gehalten, empfohlen.

11. Die Schmierung.

Sammelschmierung. Bei dieser wird das Schmieröl einzelnen Elementen der Maschine von einer Sammelstelle aus zugeführt; die Schmierstellen können hintereinander- und parallelgeschaltet sein.

Druckschmierung. Die Schmierstellen jeder Einzelmaschine sind hintereinandergeschaltet, Abb. 495 bis 497. Das Öl wird durch eine Pumpe oder aus einem Hochbehälter den Grundlagern zugeführt, fließt durch Bohrungen der Welle und der Kurbelwangen zum Pleuelstangenlager und von hier durch die ausgebohrte Pleuelstange zum Kreuzkopfzapfenlager. Weitere Leitungen zweigen von der Hauptölleitung zu den Lagern der Stirnräder, des Indikatorgestänges und der Gleitbahn des Kreuzkopfes ab. Eine zwangläufige Rückführung des Öles ist selbstverständlich ausgeschlossen; das von den verschiedenen Teilen abtropfende Öl sammelt sich in der Kurbelwanne und fließt von dort nach dem Schmieröltank. Das aus diesem durch die Pumpe angesaugte Öl wird gereinigt, gekühlt und tritt hierauf erneut in den Kreislauf ein. Das Öl soll den Lagern an der drucklosen Stelle oben, nicht unten, zugeführt werden, wie mitunter mit Rücksicht auf leichte Abnahme der Lagerdeckel ohne Abbau der Rohrleitung geschieht. Einführung des Öles in die Bohrung der Welle von deren Stirnseite aus hat sich nicht bewährt, da die Schmierstellen je nach ihrer Lage zu der Eintrittsstelle, die überdies zu Undichtheit neigt, zu stark oder zu wenig geschmiert wurden. Ist die Bohrung der Pleuelstange für die Ölleitung sehr weit, so empfiehlt sich Einlegen von Ölrohren kleinen Durchmessers, um die Zeit der Auffüllung der Pleuelstange beim Anlassen zu verkürzen. Bei Anwendung von Druckölschmierung erübrigt sich bei schnellaufenden kreuzkopflosen Maschinen eine besondere Zylinderschmierung, da hierfür das vom Triebwerk an die Kolbenlauffläche geschleuderte Öl genügt, es ist lediglich eine Hilfsschmierung für das Einlaufen und plötzliche Leistungssteigerungen vorzusehen. Diese Schmierung setzt Verwendung nur eines Öles für die Lager und Zylinder der Maschine und des Verdichters voraus, das u. U. auch als Kolbenkühlöl dient, und hat den Nachteil, daß das an den heißen Kolbenboden gelangende Öl verdampft oder sogar verkokt. Im ersteren Fall können die im geschlossenen Kurbelgehäuse sich ansammelnden Öldämpfe die Ursache von Explosionen werden, während das Absaugen der Dämpfe durch den Arbeitskolben zu Frühzündungen während der Verdichtung Anlaß geben kann. Koks hingegen bröckelt ab, verunreinigt das Öl und führt zu Verstopfungen in den Leitungen und der Schmierstellen. Zwischenböden in ungekühlten Kolben verringern diese Gefahren, erhöhen jedoch die Wärmestauung im Kolbenboden infolge der mangelnden Luftkühlung.

Um Mischung des gebrauchten Zylinderöls mit dem Lageröl zu verhindern, werden in Kreuzkopfmaschinen Kurbelraum und Zylinderraum durch eine Zwischenwand, in der die Kolbenstange mittels Stopfbuchse abgedichtet wird, getrennt.

Besonders schädlich ist der Zutritt von Wasser zum Schmieröl, durch den der Betrieb im hohen Maße gefährdet wird, da die entstehende Emulsion mit dem Wassergehalt an Viskosität zunimmt und der normale Öldruck nicht mehr genügt, um das

Öl bis zum Kreuzkopflager durchzudrücken. Bei einer U-Boot-Zweitaktmaschine stellte Dr. Alt die folgende Veränderung des Öles fest:

	Ungebrauchtes Öl aus dem Vorratstank	Gebrauchtes Öl aus dem Betriebstank
Spezifisches Gewicht	0,911	
Viskosität bei 50°	4,88	20,3

Über die Ausführung der Kolbenkühlung mit Rücksicht auf diese Verhältnisse siehe S. 306. Die Stopfbuchsen der Posaunenrohre sollen außerhalb des Kurbelgehäuses, wenigstens über der Zwischenwand zwischen dieser und dem Zylinder liegen.

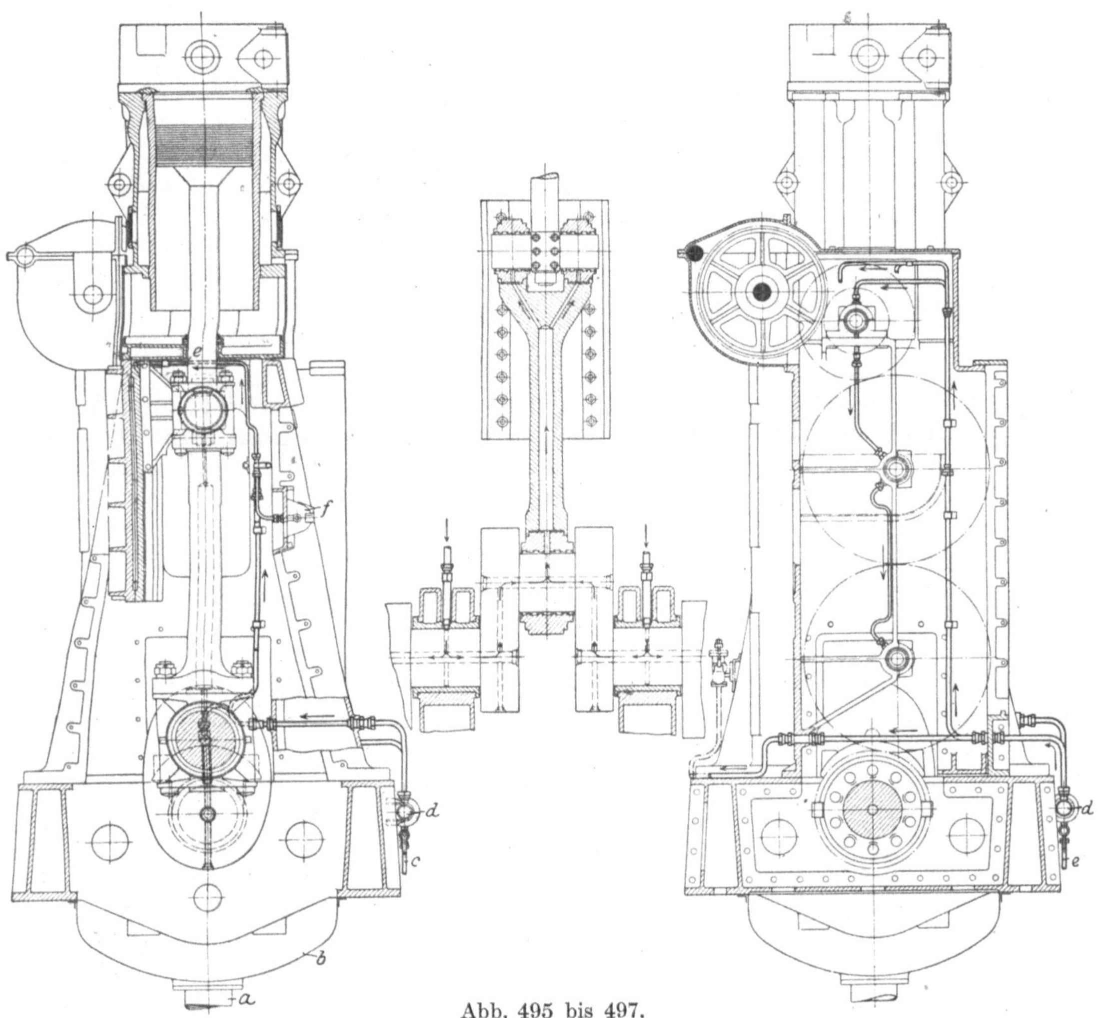

Abb. 495 bis 497.
Druckschmierung einer AEG-Schiffsmaschine.

a = Abfluß nach Schmieröltank. *b* = Ölwanne. *c* = nach Öldynamo-Grundplatte. *d* = Hauptschmierölleitung. *e* Gleitbahnschmierung. *f* = Schmierung für das Indikatorgestänge.

Der Kreislauf des Öles geht in der Weise vor sich, daß das durch die Umlaufpumpe aus der Kurbelwanne oder dem Betriebstank angesaugte Öl zunächst einer aus Filter oder Zentrifuge bestehenden Reinigungsvorrichtung, dann einem Kühler und hierauf der Ölleitung der Maschine zugeführt wird.

In Abb. 498 und 499 sind bekannte Ausführungen der Ölumlaufpumpen dargestellt. Das Öl wird von den Zähnen am Umfang des Gehäuses entlang aus dem Saugraum *S* in den Druckraum D gefördert. Der Hohlzapfen des oberen Zahnrades, in dessen Lücken sich Bohrungen b befinden, ist mit zwei Kammern e und d versehen, von denen die erstere mit dem Saugraum, die zweite mit dem Druckraum in Verbindung steht. Diese Einrichtung bezweckt, dem auf dem kürzesten Weg von S nach D übertretenden

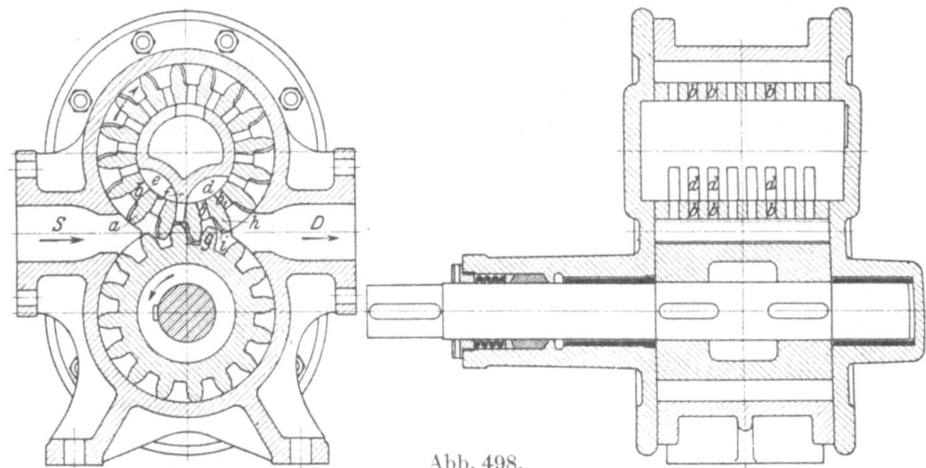

Abb. 498.
Zahnrad-Ölpumpe von Neidig-Mannheim für konstante Drehrichtung.

und beispielsweise zwischen den Zähnen g und h befindlichen Öl über b, d und b_1 den Weg zum Druckraum freizulegen, was noch durch Nuten i erleichtert wird. Die sonst stattfindende Ausfüllung der Zahnräume mit dem inkompressiblen Öl würde sehr

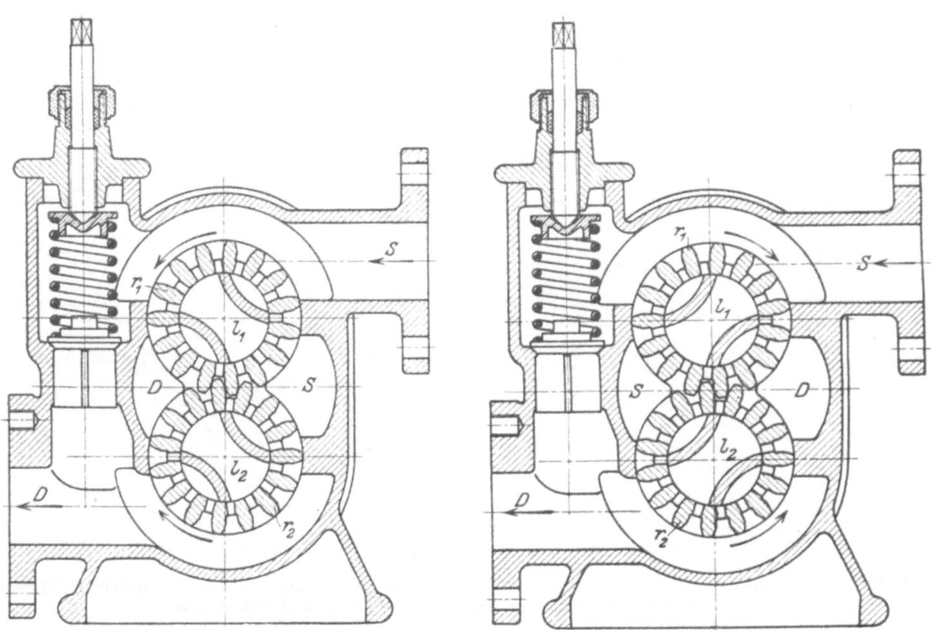

Abb. 499. Zahnrad-Ölpumpe von Neidig-Mannheim für Umkehrmaschinen.

starke Belastungen der Zapfen und erhöhten Arbeitsaufwand zur Folge haben. In Abb. 499 ist eine Zahnradpumpe für Schiffsmaschinen dargestellt, die sich selbsttätig der wechselnden Drehrichtung bei Umsteuerung dadurch anpaßt, daß die in den Radbohrungen untergebrachten Drehscheiben l_1 und l_2 durch die Reibung in die neue

Drehrichtung mitgenommen werden, bis sie gegen einen Anschlag stoßen. Hier sind die Zähne beider Räder mit den erwähnten Bohrungen in den Zahnlücken versehen.

Durch Überlaufventil und Umschaltleitung können Druck und Menge des Öles eingestellt werden. Da das Öl durch die Reibung in der Pumpe erwärmt wird, so ist unmittelbare Überführung überschüssiger Ölmengen aus dem Druckraum in den Saugraum wegen der damit verbundenen Temperatursteigerung der ganzen Umlaufmenge zu vermeiden. Richtig ist Rückleitung in den Öltank, so daß das Öl vor erneutem Zutritt zur Pumpe den Kühler durchfließen muß.

Aus Abb. 277 und 278 ist die Anordnung der Umlaufpumpe im Ölsumpf des Kurbelgehäuses ersichtlich. Am unteren Ende eines Rahmens a befindet sich die mit Saugfilter versehene Pumpe, deren Welle b von der Hauptwelle durch Stirn-

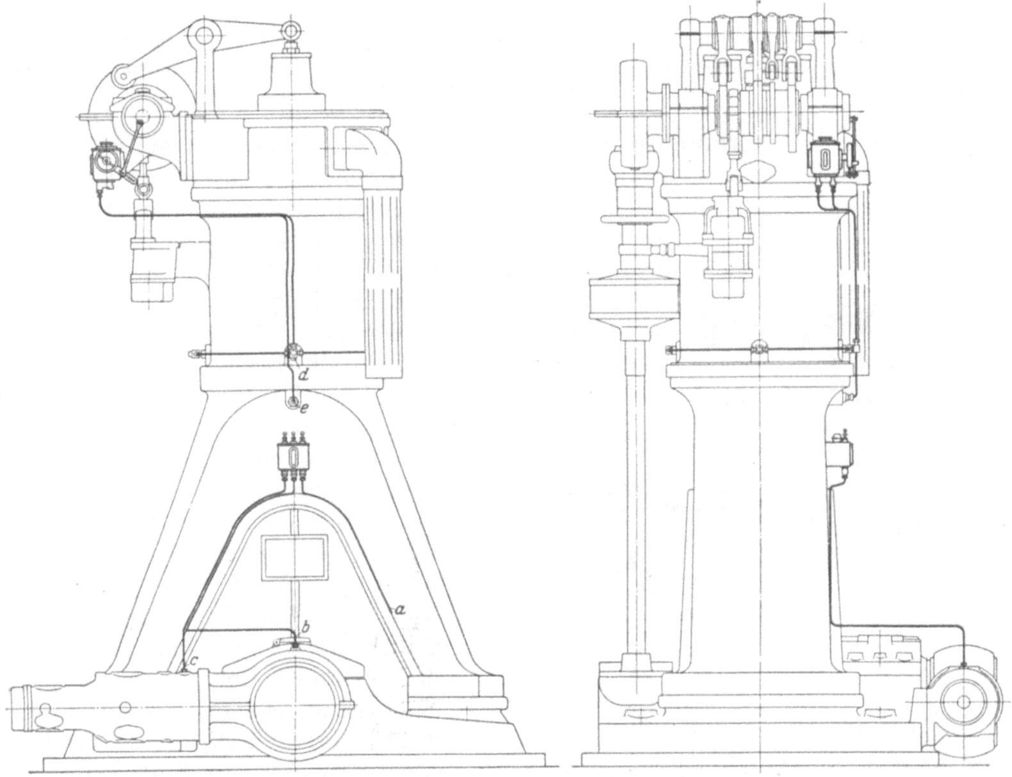

Abb. 500 und 501. Zentralschmierung der Ascherslebener Maschinenfabrik R. Wolf. Maßstab 1 : 30.
Schmierölleitung zum: a = Kurbelzapfen. b = Kompressorkurbelzapfen. c = Niederdruck-Verdichter. d = Zylinder. e = Kolbenbolzen.

und Schraubenräder angetrieben wird. Schmierölrohr c verbindet die Ölpumpe mit dem Druckfilter d, das infolge seiner Lage außerhalb des Kurbelgehäuses bequem gereinigt werden kann.

Rahmen a kann mit den eingebauten Teilen als Ganzes von oben her eingesetzt werden.

Kühler sind bei hochbeanspruchten Maschinen nötig, weil das Schmieröl nicht nur die Reibung gleitender Teile zu verringern, sondern auch die entstehende Reibungswärme abzuleiten hat. In diesen Kühlern umspült das durch Seitenwände geführte Öl Kupferrohre, die vom Kühlwasser durchflossen werden. Um Undichtheiten und damit den Übertritt von Wasser in das Öl zu vermeiden, ist einer der beiden Rohrböden nachgiebig anszuführen, so daß er der Dehnung der Rohre infolge der Erwärmung durch das Öl folgen kann.

Tauchschmierung. Eintauchen der Pleuelstangenköpfe in den Ölinhalt der Kurbelwanne, das bei der Druckschmierung verhindert werden soll, ist das Kennzeichen der Tauchschmierung, die hauptsächlich bei kleineren raschlaufenden Maschinen zur Anwendung gelangt. Der Ölspiegel der Kurbelwanne ist auf konstanter Höhe zu halten, da bei zu tiefer Spiegellage die Schmierung nicht ausreicht, bei zu hoher Lage überreichlich wird, so daß die Ventile verschmutzen und die Kolbenringe sich festsetzen. Das verbrannte, verdampfte oder sonstwie verlorengehende Öl wird durch die Schmierung der Außenlager ersetzt. Die hohe Temperatur im Kurbelgehäuse setzt die Schmierfähigkeit des mit der Zeit dunkler werdenden Öles herab, so daß Anordnung von Kühlschlangen in der Kurbelwanne angebracht ist. Das Gehäuse wird durch Absaugen der Luft, deren Ölinhalt durch Kühler teilweise wiedergewonnen werden kann, gelüftet und durch die nachströmende Luft gekühlt. Bezüglich der Ansaugung durch den Kraftkolben gilt auch hier das auf S. 420 Gesagte.

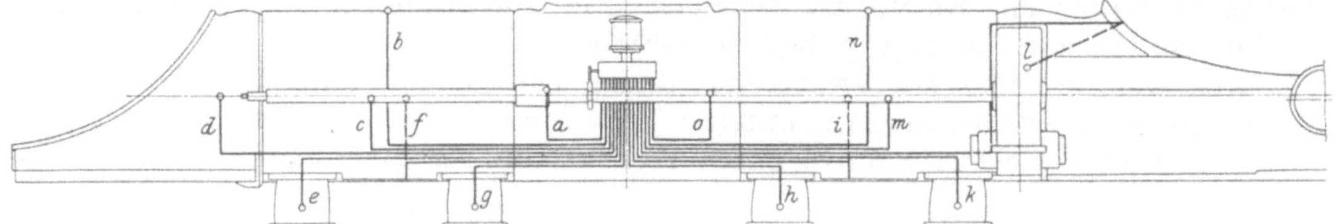

Abb. 502. Zentralschmierung einer Nürnberger Großgasmaschine (14 Schmierstellen).
a, d, l, o = Schmierung der Stopfbuchsen. *b, n* = obere Zylinderschmierung. *c, f, i, m* = seitliche Zylinderschmierung. *e, g, h, k* = Schmierung der Auslaßventilspindeln.

Zentralschmierung. Beispiele dieser Schmierung, bei der jede Schmierstelle durch eine besondere Pumpe versorgt wird, geben die Abb. 500, 501 und 502 für eine stehende, ortfeste Dieselmaschine und eine liegende Großgasmaschine. Die Plunger der Schmierpumpen werden von einer gemeinsamen Vorrichtung bewegt, der Anschluß mehrerer Schmierstellen an eine der Einzelpumpen ist zu vermeiden, da die Ölzuteilung ungleichmäßig wird. Tropfenzeiger sind in die Druckleitung zu legen, da bei Lage in der Saugleitung Undichtheit von Kolben und Ventilen nicht erkannt wird. Abb. 503 zeigt den weitverbreiteten Bosch-Öler. Die Einzelpumpen sind im Kreise um eine senkrecht stehende Pumpenwelle angeordnet; auf der zwei Hub- oder Schwankräder *a* und *b* sitzen, von denen Rad *a* die Arbeitskolben *d*, Rad *b* den Steuerkolben *c* bewegt. Geht der Arbeitskolben aufwärts, so wird durch eine Bohrung in dem gleichzeitig abwärts gehenden Steuerkolben die Ansaugöffnung mit dem Hubraum verbunden. Beim Förderhub des Plungers verschließt der weiter abwärts gehende Steuerkolben die Ansaugöffnung und stellt durch eine zweite Aussparung eine Verbindung zwischen Hubraum und Leitung zur Schmierstelle her. Eine Verstellschraube ermöglicht Einstellung des Förderhubes jeder Einzelpumpe und

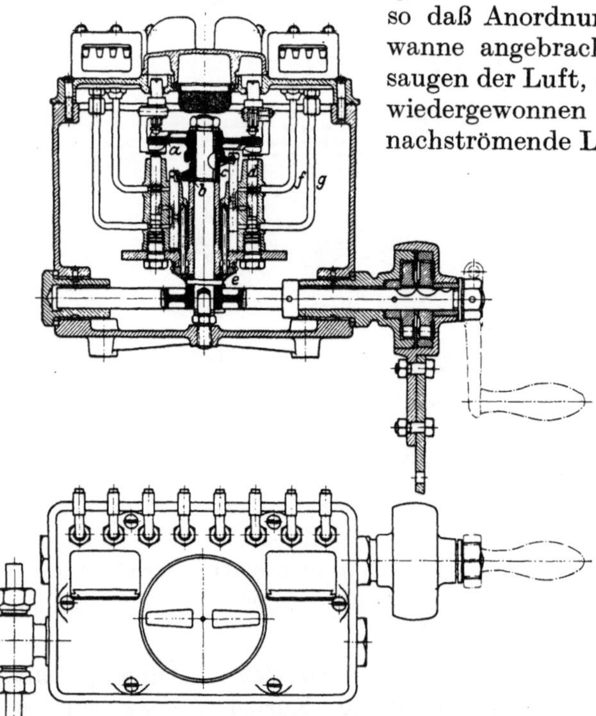

Abb. 503. Bosch-Öler. Maßstab 1 : 6.

damit der Ölmenge durch Einschaltung von Totgang. Abb. 503 zeigt eine Ausführung mit Tropfenzeiger, bei der zwei Druckleitungen *f* und *g* an jede Einzelpumpe angeschlossen sind; die eine Leitung führt zur Schmierstelle, die andere durch ein Schauglas hindurch zum Ölbehälter zurück. Das aus diesem angesaugte Öl wird durch den Steuerkolben derart verteilt, daß die gleiche Ölmenge abwechselnd in die eine und die andere Leitung gedrückt wird.

Die Bosch-Öler werden für umlaufenden und für schwingenden Antrieb gebaut; in diesem Fall wird das in Abb. 503 ersichtliche Rollenschaltwerk mit Schwinghebel verwendet, durch das die Pumpenwelle absatzweise gedreht wird. Durch Antrieb von Hand können die Rohrleitungen vor Inbetriebsetzen aufgefüllt oder auch den Schmierstellen vorübergehend mehr Öl zugeführt werden.

Abb. 504 gibt den Zentralöler Hoeco der Maschinenfabrik Grützner in Meißen wieder. Der Förderkolben *b*, der durch eine den Kurbelzapfen *h* umfassende Gabel angetrieben wird, enthält zwei Aussparungen, der Verteilungskolben *c* ist mit dem festen Bund *d* versehen und trägt am Ende ein Zahnrad, das durch die Verstellwelle *e* auf Gewinde verdreht werden kann, wodurch Hub und Ölmenge eingestellt werden. Das Öl wird vom Zuteilungskolben durch Rohr *f* nach dem Ölabtropfer gedrückt, fällt in das Tropfbecken, um von hier durch den Förderkolben *b* angesaugt und nach der Schmierstelle gedrückt zu werden. Sämtliche beweglichen Teile, die gehärtet und geschliffen werden, liegen im Ölbad.

Die vom Werk Nürnberg der MAN für Großgasmaschinen gebaute Vorrichtung, nach Abb. 502 an der Laterne zwischen den Zylindern angebracht und von einem Exzenter auf der Steuerwelle angetrieben, zeigt Abb. 505.

Einzelschmierung. Diese kommt hauptsächlich für Hebel und Rollen der Steuerung zur Verwendung, falls nicht Steuerwelle und unrunde Scheiben in einem Ölbad laufen und Hebelachsen, Steuerwellenlager, Schraubenradgehäuse von der Druckschmierung versorgt werden. Abb. 126 läßt die Anordnung der Schmierstellen einer Steuerung, den Tropfenfall auf schwingende Teile und die Ableitung des Öles zu einer Sammelstelle erkennen. Für die Einzelschmierung sind fast ausschließlich Öltropfer mit sichtbarem Tropfenfall und einstellbarer Ölmenge

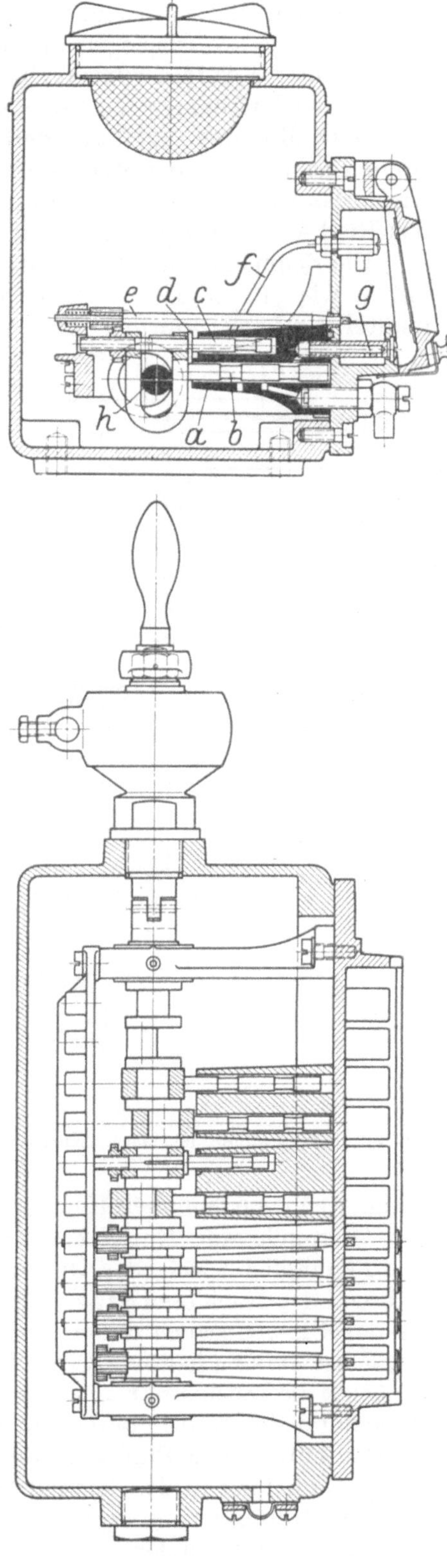

Abb. 504.
Hoeco-Zentralöler der Maschinenfabrik Grützner in Meißen. Maßstab 3 : 10.

in Gebrauch, die sich leicht übersehen lassen, aber den Nachteil haben, daß sich je nach der Lage des Ölspiegels und der Öltemperatur die Schmierung ändert.

Besondere Anforderungen einzelner Teile. a) Zylinder und Kolben. Kleinen Gas- und Ölmaschinen wird das Schmieröl an einer Stelle im Scheitel der Zylinder von einer Ölpumpe zugeführt, deren Plunger während des Druckhubes von einer unrunden Scheibe auf der Steuerwelle, während des Saughubes von einer Feder bewegt wird. Das Öl fließt der Pumpe aus einem Tropföler zu. Ein Kugelventil verhindert das Rückschlagen der Gase in die Leitung.

Die Schmierstellen der Großgasmaschinen liegen oben und seitlich in Zylindermitte, wie aus Abb. 502 hervorgeht. Abb. 506 zeigt das gegen den Kühlwassermantel durch Gummiringe abgedichtete Einsatzrohr mit am Hubraum liegenden Rückschlagventil, welches das Zubrennen der Schmieröffnungen und die Leerung der Leitung bei Stillstand der Maschine verhindert. Bei Zweitaktmaschinen, die an beiden Kolbenseiten zu schmieren sind, liegen die Schmierstellen etwa in der Mitte zwischen den Schlitzen und dem Zylinderende.

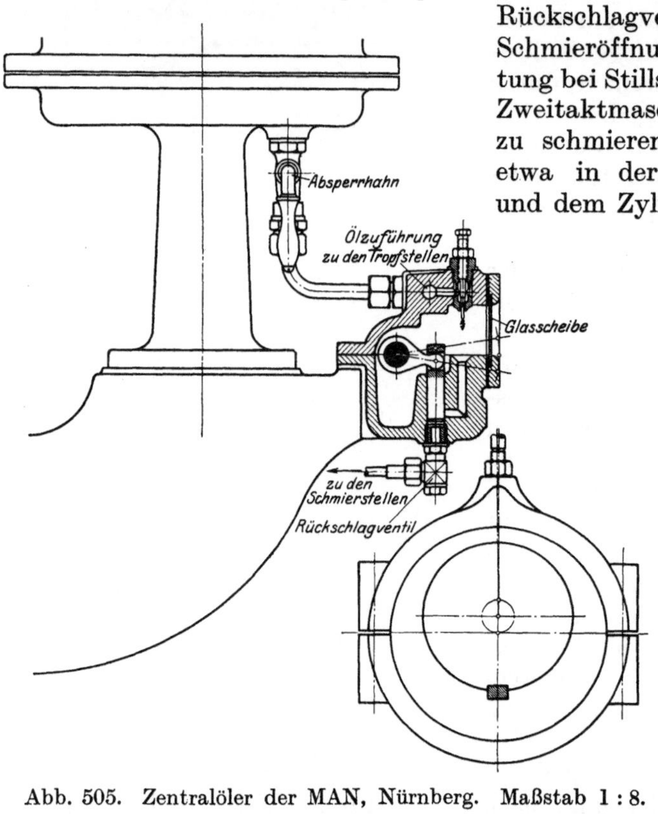

Abb. 505. Zentralöler der MAN, Nürnberg. Maßstab 1 : 8.

Stehende Dieselmaschinen erhalten 4 bis 8 gleichmäßig auf den Zylinderumfang verteilte Schmierstellen, die so angeordnet sind, daß das Öl im unteren Totpunkt des Kolbens zwischen den ersten und zweiten Ring, vom Verbrennungsraum aus gerechnet, zugeführt wird, vgl. Abb. 500 und 501. Über Ölabstreif- und Ölverteilringe s. S. 310. Um die beabsichtigte Wirkung bei geringstem Ölverbrauch zu erhalten, soll die Schmierung als „Hubtaktschmierung" ausgeführt, d. h. die Ölpumpe so betätigt werden, daß die Pumpe genau in der angegebenen Kolbenlage fördert. Diese Hubtaktschmierung ist besonders dann nötig, wenn die Schmieröffnungen in höchster Kolbenlage freigelegt werden oder das Öl durch eine Rinne am Kolbenumfang dem Kolbenbolzen zugeführt wird.

Es empfiehlt sich, das Öl am Ende des Arbeitshubes zuzuführen, damit es sich während des drucklosen Saug- und Auspuffhubes über die Lauffläche ausbreiten kann. Da das Öl, wenn auch nur in geringem Maße, kompressibel ist, die Wandungen der möglichst kurz zu haltenden Rohrleitungen elastisch sind, so liegt die Gefahr vor, daß zunächst die Leitung nur unter Druck gesetzt, das Öl erst nach Passieren der Schmierstelle durch den Kolben ausgestoßen wird. Es empfiehlt sich deshalb Einschaltung von Leerlaufhüben in die Pumpenförderung, um größere Fördermengen zu erhalten. Durch Luftansammlung in den Schmierölrohren kann ebenfalls die Wirkungsweise gestört werden. Hubtaktschmierung erfordert kleinen Querschnitt an der Mündung der Ölleitung in den Zylinder.

Bei den doppeltwirkenden Zweitaktmaschinen der MAN wird das Schmieröl in der Nähe der Laufbuchsenfuge beiden Zylinderseiten getrennt zugeführt. Senkrechte

Kanäle in der Buchse leiten das Öl in /\-gestaltete Schmierrinnen, die so liegen, daß die Spitzen dieser Rinnen in der äußersten Kolbenlage gerade freigelegt werden.

Eigenartig ist die Schmierung der Zweitaktzylinder nach Abb. 240 in zwei verschiedenen Ebenen. Schmieröl wird zunächst unterhalb der Auspuffschlitze so eingeführt, daß die Kolbenringe durch drei Leitungen in der Nähe der unteren Totlage geschmiert werden. Außerdem wird während des Verdichtungshubes oberhalb der Auspuffschlitze Öl durch Druckluft von mehr als 10 at gegen die Ringe gespritzt. Die Vorrichtung wird mittels rasch öffnenden und schließenden Nockens gesteuert.

b) Kolben- und Kreuzkopfbolzen. Die Bolzen liegender Kleinmaschinen können durch eine im Scheitel des Kolbens liegende Nut geschmiert werden, die das Öl von der Zylinderschmierung erhält und durch eine kleine Öffnung zu einer Aussparung im Pleuelstangenkopf, von dort durch eine Bohrung zur Zapfenoberfläche leitet. Häufiger mündet über diese Aussparung ein Rohr, das an der oberen Kolbenwand befestigt und außerhalb des Kolbens Öl von einem Abstreifer erhält.

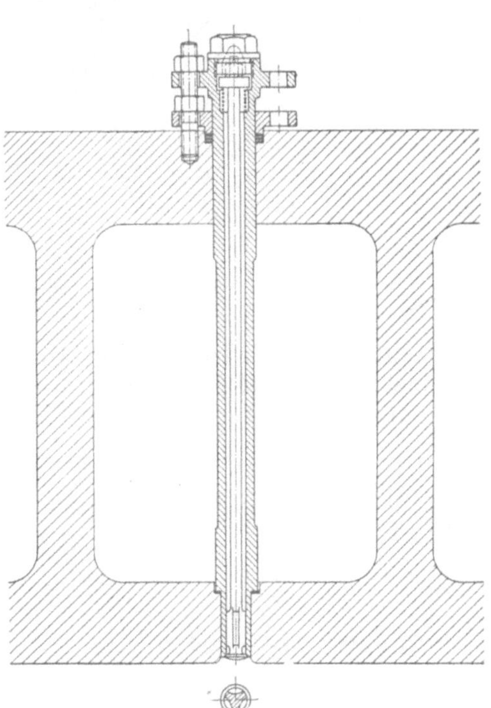

Abb. 506.
Gaszylinder-Schmierung der MAN, Nürnberg.

In Abb. 313 wird durch eine senkrechte Öffnung das Schmieröl von c aus in eine Rinne des Kreuzkopfschuhes und von hier aus an die Zapfenflächen geführt. Der Kreuzkopfschuh ist so lang, daß die Schmierölbohrung in der Geradführung stets überdeckt bleibt.

Die Bolzenschmierung stehender Maschinen ohne Kreuzkopf geht aus den Abb. 354 und 355 hervor. In beiden Fällen wird einer axial verlaufenden Nut Öl durch eine Schmierstelle zugeführt, Abb. 500 und 501, die die gleiche Ausführung wie für die Kolbenschmierung zeigt. Bei der Ausführung nach Abb. 507 schabt ein durch eine Feder gegen die Laufbuchse gedrückter Löffel das Öl an dieser ab und führt es der Zapfenfläche zu. Besondere Aufmerksamkeit erfordert die Schmierung der Kreuzkopfbolzen einfachwirkender Zweitaktmaschinen, da hier kein die Einführung des Öles erleichternder Druckwechsel eintritt, Lagerschale und Zapfen also ständig einseitig unter Druck anliegen. Aber auch bei Viertaktmaschinen kann durch Zunahme des Spieles in den vom Öl vorher durchspülten Lagern der Öldruck so verringert werden, daß die Ölzufuhr zum Kreuzkopfzapfen ungenügend wird. Kreuzkopfbolzen der Zweitaktmaschinen werden aus diesen Gründen von besonderen Schmierölpumpen versorgt, die entweder von der Hauptwelle angetrieben oder nach Abb. 508 am Kreuzkopf unmittelbar befestigt werden. Im ersteren Fall wird das Öl dem Zapfen durch Teleskoprohr zugeführt. In Abb. 508 werden die beiden Kolben durch die Relativbewegung der Pleuelstangen gegenüber dem Kreuzkopf bewegt und führen das durch die Pleuelstangenbohrung zugeleitete Öl den beiden Kreuzkopflagern unter einem den Flächendruck übersteigenden Druck zu.

c) Kurbelzapfen, Hauptlager. Die Kurbelzapfenschmierung ist aus Abb. 495 bis 497 ersichtlich. Bei der Zentrifugalschmierung nach Abb. 435 tropft das Öl in einen mit der Kurbel umlaufenden Ring und wird durch die Fliehkraft nach der Bohrung in Kurbelzapfen geleitet. Bauart Abb. 139 zeigt den Vorteil, daß nach Drehung der Kurbel in die obere Totlage und Abnahme eines im Lagerschild eingeschraubten Pfropfens die sonst schwer zugängliche Bohrung im Zapfen leicht unter-

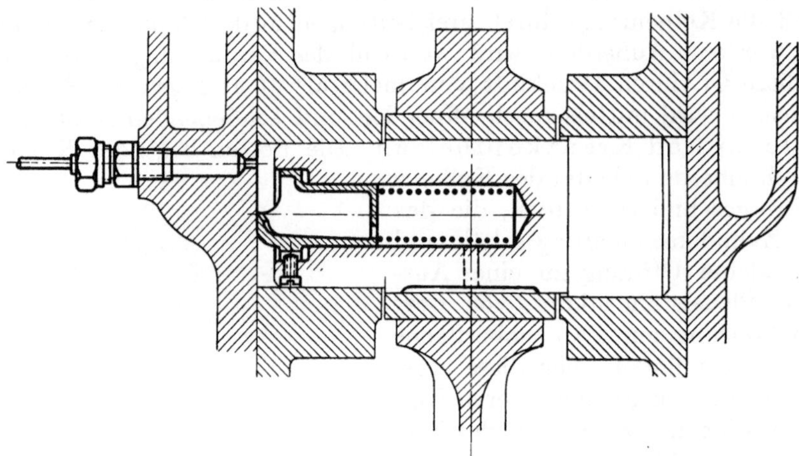

Abb. 507. Kolbenbolzen Schmierung an einer AEG-Glühkopfmaschine.

sucht und gereinigt werden kann. In Abb. 434 ist in der auch bei Großgasmaschinen üblichen Weise die zur Materialprüfung dienende Bohrung der Welle für die Schmierung nutzbar gemacht.

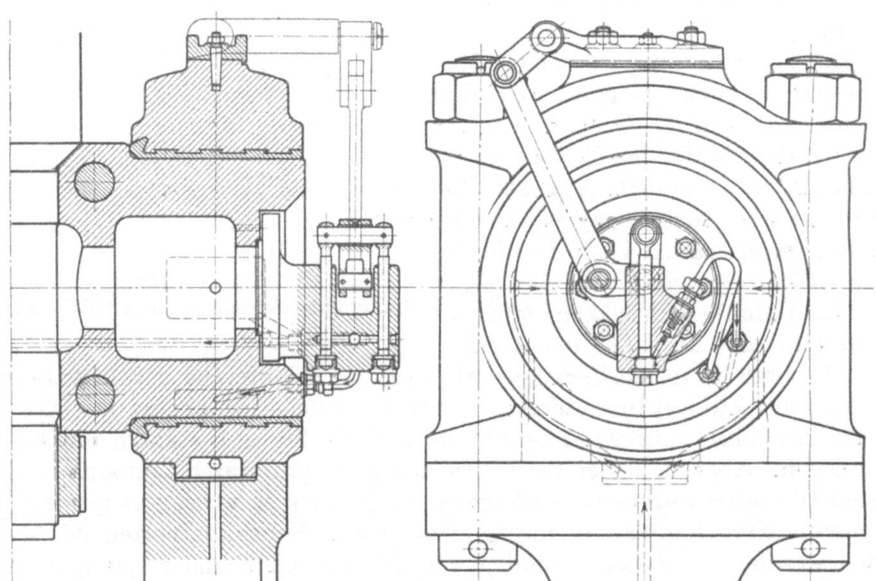

Abb. 508. Kreuzkopfbolzenschmierung der Friedr. Krupp-Germaniawerft.

Die Schmierung der Lager großer Dieselmaschinen ist aus Abb. 311, S. 278, und Abb. 495 bis 497, S. 421, ersichtlich. Das Drucköl wird durch die Grundlager dem Kreislauf zugeführt. Bei der Bauart nach Abb. 311 tritt das Öl von unten in das Grundlager ein, füllt aber durch Öffnungen in der oberen Lagerschale auch den hohlen, als Vorratsraum dienenden Deckel aus. In Abb. 495 bis 497 tritt das Öl von oben zu; infolge der Anordnung von zwei Deckeln — vgl. S. 278 — braucht auch hier bei deren Abnahme die Ölleitung nicht demontiert zu werden, während der Öldruck etwas geringer — 1,5 at gegen 2 at im ersteren Fall — gewählt werden kann.

Abb. 314, S. 281, zeigt die Schmierung eines Rahmenlagers, Bauart Schüchtermann & Kremer. In einem der auf beiden Seiten des Lagers angebrachten Ölschutzkästen, die unten miteinander verbunden sind, rotiert ein auf der Welle befestigter Schmierring von [-förmigem Querschnitt. Das in der inneren Ringnut gleichmäßig verteilte Öl wird an der höchsten Stelle durch einen von außen einstellbaren, trichterförmigen Abstreifer aufgefangen und den Schmierlöchern des Lagers zugeführt. Die Öltemperatur kann durch Einbau einer Kühlschlange in den Hohlraum unter den Lagerschalen in bestimmten Grenzen gehalten werden.

Das außenstehende Schwungradlager nach Abb. 315, S. 281, ist mit Ringschmierung ausgeführt, die auch vielfach für die Hauptlager mittlerer Maschinengrößen und allgemein für Steuerwellenlager angewendet wird.

Bei der Rahmenkonstruktion nach Abb. 313 wird die Schmierölleitung durch die Öffnung *a* in den Kurbelraum und von hier nach den Anschlüssen *b* geführt, von wo aus durch eine senkrechte Bohrung das Öl dem Lager zutritt.

d) Ventilspindeln. Die Auslaßventilspindeln liegender Klein- und Großgasmaschinen werden allgemein mit Vorrichtung für Schmierölzufuhr versehen und oft an die Druckschmierung angeschlossen, während die Einlaßspindeln von Hand geschmiert werden, indem Öl an die kegelig gebohrten Eintrittsstellen der Spindel in die Hülse gegeben wird. Diese Schmierung von Hand ist auch bei stehenden Dieselmaschinen gebräuchlich. In allen Fällen ist vorsichtige Bemessung der Ölzufuhr zur Auslaßspindel Bedingung, da bei allzu reichlicher Schmierung der Auslaßspindeln das Öl verbrennt und verkokt, während bei ungenügender Schmierung die Spindel zu heiß wird und dadurch auch geringe Ölmengen verkoken. Die Folge ist in beiden Fällen das Hängenbleiben der Ventile.

e) Stopfbuchsen. Diese sind früher vielfach in der Weise geschmiert worden, daß das Schmieröl durch eine einfache Bohrung, oben angebracht, in eine die Kolbenstange umgebende, ringförmige Erweiterung austrat. Hierbei zeigte sich, daß das Öl nicht auf die Kolbenstange tropfte, sondern an der Innenwand der erwähnten Erweiterung nach unten floß, sich hier ansammelte und nur den unteren Teil der Kolbenstange schmierte.

Die Schmierung wird deshalb heute allgemein in der aus Abb. 490 ersichtlichen Weise ausgeführt, wobei ein besonderer Tropfer vorgesehen ist; das Öl verteilt sich nunmehr über die ganze Kolbenstange.

f) Verdichter. Eine große Zahl der bei Dieselmaschinenanlagen vorgekommenen Betriebsunfälle ist auf die unrichtige Schmierung der Verdichter zurückzuführen. Das Öl soll bei kleineren, zweistufigen Verdichtern gleichmäßig und in mäßigen Mengen nur der Niederdruckstufe zugeführt werden, von wo es durch die Luft in die Hochdruckstufe mitgenommen wird, in größeren dreistufigen Verdichtern ist zweckmäßig jede Stufe gesondert zu schmieren. Allzu reichliche Schmierung verursacht Ablagerung von Ölkrusten und Koks auf dem Kolben, den Ventilen und in den Druckleitungen, was zu Verschmutzung und Hängenbleiben der Ventile, zum Festsetzen der Kolbenringe und zur Verringerung der Strömungsquerschnitte führt, besonders wenn unreine Luft angesaugt wird oder die Zwischenkühlung ungenügend ist. Die Luft wird gedrosselt, die Ventile werden erhitzt; bleiben diese hängen, so strömt die während des Druckhubes erwärmte Luft wieder zurück und wird weiter erwärmt. Hierbei können Temperaturen auftreten, die über der Zündtemperatur des Öldampf-Luftgemisches liegen und Explosionen verursachen. In gleicher Weise kann Verengung der Druckrohre durch Ablagerungen wirken.

Zu reichliche Schmierung veranlaßt Ölansatz an den Rohren der Zwischenkühler und dadurch Wärmestauungen; die Rohre werden durch Säure im Sohmieröl angegriffen.

Tauchschmierung, die überreichliche und unkontrollierbare Ölmengen an die Zylinderwände schleudert, und Ansaugen der mit Öldämpfen angereicherten Luft aus dem geschlossenen Kurbelgehäuse ist zu vermeiden.

Bei Drosselung der Luft im Hochdruckauslaßventil oder in der Rohrleitung zur Einblaseflasche kann das in diesen sich ansammelnde Öl durch die hohe Lufttemperatur zur Entzündung gebracht werden, so daß die Flasche explodiert.

Bei konstruktiv gut ausgebildeten ·Verdichtern wird die Schmierung in gleicher Weise wie beim Arbeitszylinder durchgeführt: Druckschmierung für Hauptlager und die Zapfen der Pleuelstangen, besondere Schmierung für die Kolben.

Eigenschaften der zu verwendenden Öle. Ölverbrauch.

Werk Augsburg der MAN schreibt folgende Eigenschaften der Schmieröle füo Arbeitszylinder und Triebwerk sowie für Kühlung der Kolben raschlaufender Maschinen vor:

Verwendung für	Flüssigkeitsgrad nach Engler	Flammpunkt im offenen Tiegel ° C	Brennpunkt ° C	Kältebeständigkeit	Asche
Langsamlaufende Maschinen mit offener Schmierung	bei 50° C 7 bis 8	nicht unter 200	nicht unter 220	noch fließend bei −5° C	nicht über 0,02 %
Raschlaufende Maschinen mit Druckschmierung	bei 50° C $4^1/_2$ bis $6^1/_2$	nicht unter 185	nicht unter 220	noch fließend bei −5° C	nicht über 0,02 %
Luftpumpen-Zylinder	bei 100° C 4 bis 5	nicht unter 280	—	noch fließend bei +8° C	—

Der in Normalbenzin unlösliche Asphalt soll nach 50stündigem Erhitzen auf 110 bis 120° nicht über 0,3 % betragen.

Das Schmieröl soll ein Mineralöl, gut raffiniert, vollständig rein, frei von Säure, Harzen, Fetten, Wasser, in Benzin klar und ohne Rückstand löslich und nicht mit Teerölen vermischt sein. Es darf mit Wasser keine Emulsion bilden.

Werk Nürnberg der MAN empfiehlt für Großgasmaschinen:

„Für die Schmierung des Triebwerkes soll reines, säurefreies Mineralöl, das nicht verharzt, verwendet werden.

Das zur Schmierung der Zylinderlaufbahn und der Stopfbuchsen zu verwendende Öl soll ebenfalls die erwähnten Eigenschaften haben, muß jedoch auch noch folgenden Bedingungen genügen: Der Flammpunkt soll nicht unter 200° liegen, da die zu schmierende Zylinderlauffläche normal 150 bis 200° warm wird. Das Öl darf nur geringe Verbrennungsrückstände hinterlassen, da andernfalls das Auftreten von Vorzündungen durch Ansammlung derartiger Verbrennungsrückstände (Krusten) im Innern des Zylinders begünstigt wird. Die Viskosität soll bei 50° C noch 7 bis 8 betragen. Spezifisches Gewicht bei 20° C etwa 0,9.

Ganz genaue und umfassende Vorschriften für das Zylinderöl lassen sich nicht geben. Der praktische Versuch, ob das in Aussicht genommene Öl auch wirklich für den betreffenden Zweck geeignet ist, ist immer unerläßlich."

Ölverbrauch. Da der Schmierölverbrauch in hohem Maße von der Sorgfalt der Bedienung abhängig ist, so lassen sich feste Zahlen nicht angeben. Um jedoch ein Bild von den hier in Betracht kommenden Verbrauchsziffern zu geben, sei auf Garantie- und Versuchszahlen hingewiesen.

Über den Verbrauch von Glühkopfmaschinen finden sich Angaben auf S. 134. A.-G. Friedr. Krupp-Essen gibt folgende Zahlen für Zweitakt-Vorkammermaschinen mit Kurbelkastenspülung an:

Zylinderleistung in PS_e	7 bis 9	10 b[illegible]	15 bis 18	20 bis 25	30 bis 40
Schmierölverbrauch in g/PS_eh . .	8		7	6	5

Für Kleingasmaschinen sind folgende Werte anzunehmen:

Zylinderleistung in PS_e	7 bis 8	10 bis 12	15 bis 18	20 bis 25
Verbrauch in g/PS_eh	6,5	5,5	4,2	3,2

Großgasmaschinen brauchen nach Goetze (Z. V. d. I. 1920, S. 286) durchschnittlich 0,85 bis 1,6 g/kWh Zylinderöl, 0,5 bis 1,3 g/kWh Triebwerksöl.

Langsamlaufende 300 PS-Dieselmaschinen verbrauchen nach Versuchen etwa 2,1 g/PS_eh, kompressorlose Maschinen gleicher Leistung, aber mit höherer Umlaufszahl etwa 2,6 g/PS_eh.

Sulzer gibt für große Dieselmaschinen einen Schmierölverbrauch von weniger als 1% des verbrauchten Brennstoffes an. Die beiden Antriebmaschinen von je 1600 PS_e Leistung Sulzerscher Bauart des Tankschiffes Phoebus verbrauchten täglich etwa 50 kg Lagerschmieröl und 30 bis 35 kg Zylinderschmieröl, also etwa 2,1 g/PS_eh.

Die Reinigung des Öles wird in gleicher Weise wie die des Brennstoffes durch Filter oder durch Zentrifugen vorgenommen; vielfach werden auch Filter zwischen Maschine und Zentrifuge angeordnet, so daß letztere ohne Reinigung länger in Betrieb gehalten werden kann. Derselbe Zweck wird erreicht, wenn — zweckmäßig heißes — Wasser mit dem Öl durch die Zentrifuge geleitet wird, wobei das Wasser eine die Ablagerungen fortschwemmende Wirkung ausübt.

In kleineren Anlagen kann derselbe Reiniger durch Umschaltung sowohl Brennstoff wie Schmieröl bearbeiten, wobei jedoch jede Mischung beider Ölarten durch Ablaßhähne an den tiefsten Stellen der Ölleitung verhindert werden muß.

12. Vorrichtungen zum Andrehen und Anlassen.

a) Andrehvorrichtungen haben den Zweck, die Kurbel mittlerer und größerer Maschinen in eine zum Anlassen durch Druckluft geeignete Lage zu bringen und die Einstellung und Prüfung der Steuerung zu ermöglichen. Bei Gas- und Dieseldynamos gestatten die Andrehvorrichtungen die genaue Untersuchung aller Teile der Dynamomaschine und — je nach Ausführung der Vorrichtung — das Abdrehen abgenutzter Kollektoren.

Die Andrehvorrichtungen kleinerer Maschinen werden als Schaltwerke ausgeführt, durch welche die Maschine absatzweise gedreht wird. Bei Maschinen mit Kraftübertragung durch Riemen empfiehlt sich die Ausführung doppeltwirkender, aber von Hand zu bewegender Schaltwerke nach Abb. 510, da der Riemenzug bestrebt ist, die Maschine nach jeder Schaltung etwas zurückzudrehen.

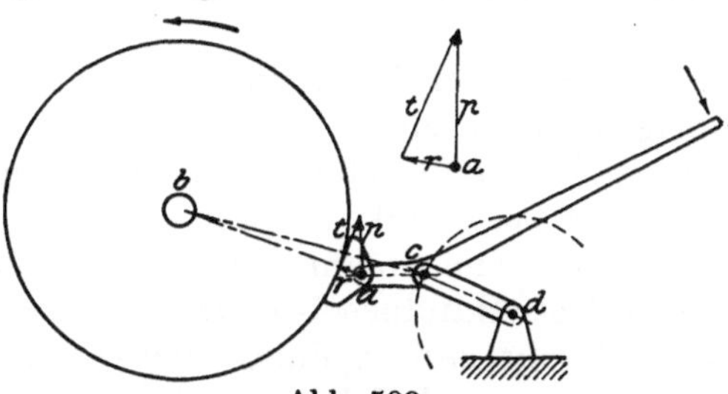

Abb. 509.
Schaltvorrichtung für kleinere Maschinen.

Abb. 509 zeigt eine einfachwirkende, geräuschlos arbeitende Vorrichtung, deren Wirkung auf der Reibung zwischen Radkranz und dem mit Leder bekleideten Schuh eines Kniehebels beruht. Drehpunkt c schwingt im Kreisbogen um den Festpunkt d, so daß während der kleinen Drehung des Handhebels der durch die radiale Komponente r dargestellte Reibungsdruck konstant bleibt. Da die Tangentialkraft t dem Reibungsdruck r proportional ist, so wird bei richtiger Anordnung der Schuh weder festklemmen noch abgleiten.

Abb. 510 zeigt ein Schaltwerk mit Druckluftantrieb, der Maschinist hat mittels Handhebel nur den Kolbenschieber zu bewegen. Großmaschinen werden durch Schaltwerke gedreht, die von einem Elektromotor getrieben werden; die Drehung geht langsam ununterbrochen vor sich. Um die Drehung zu erleichtern, wird die Verdichtung in der Maschine abgestellt, was bei Gasmaschinen durch Einschaltung eines zweiten Auslaßnockens, der das Auslaßventil während des Verdichtungshubes offenhält, bei Dieselmaschinen durch dauernde Öffnung des Einlaßventils mittels eines besonderen, die Rolle des Ventilhebels hebenden Handhebels geschieht.

b) Anlaßvorrichtungen haben die Aufgabe, die Maschine in Betrieb zu setzen, was bei kleineren Maschinen von Hand mittels besonderer Andrehkurbeln bewirkt werden kann, die nach der ersten Zündung selbsttätig ausgeschaltet werden. Die Verdichtung ist hierbei auf den für die Zündung erforderlichen Kleinstwert durch die vorstehend angegebenen Mittel zu verringern.

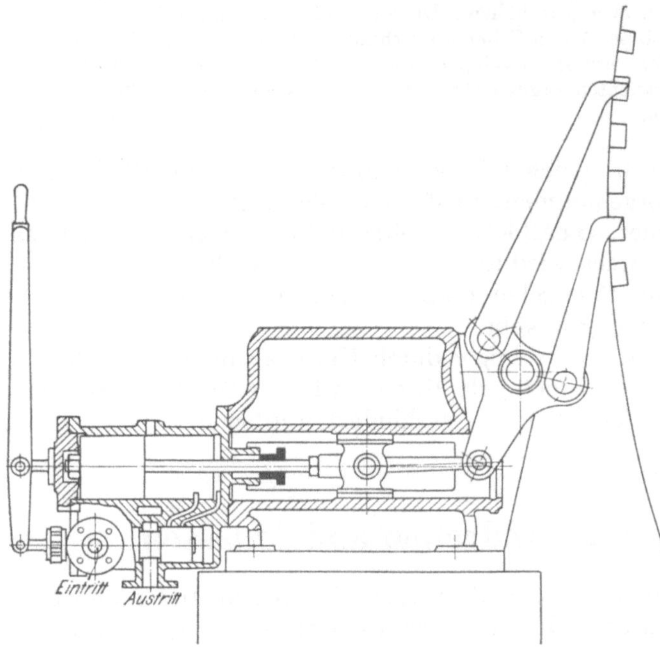

Abb. 510. Schaltvorrichtung mit Druckluftantrieb.

Maschinen mit mehr als 20 PS Leistung werden allgemein durch Druckluft von 15 bis 20 at bei größeren, 8 bis 10 at bei kleineren Maschinen angelassen, wobei im Falle elektrischer Zündung der Zündpunkt nach S. 107 einzustellen ist. Den Druckluftsammelgefäßen ist die Luft an höchster Stelle zu entnehmen, um das Beschlagen der Zündvorrichtungen mit Feuchtigkeit zu verhindern. Um die Aufstellung eines besonderen, den Anlaßdruck erzeugenden Verdichters bei kleineren Anlagen zu erübrigen, wird entweder der Arbeitszylinder als Luftverdichter benutzt, oder es werden in den Anlaßflaschen Abgase unter Druck aufgespeichert.

Eine bei Glühkopfmotoren der AEG angewendete Vorrichtung dieser Art zeigt Abb. 511. Beim Anfahren wird das Ventil *e* geöffnet, das Handrad *a* zurückgeschraubt und mittels Handhebels *c* das Anlaßventil *b* gesteuert, so daß die Druckgase aus der Anlaßflasche zum Zylinder übertreten.

Nach dem Anfahren wird die Anlaßflasche wieder mit Verbrennungsgasen aufgefüllt. Ventil *b* wird durch Handhebel *c* und Stift *d* offengehalten, Ventil *e* geschlossen. Dann strömen bei jeder Zündung Gase unter Anheben der Rückschlagkugel *g* durch die Nebenschlußleitung *h* in die Anlaßflasche, die in einigen Minuten auf 12 bis 13 at aufgeladen wird. Ist durch Unachtsamkeit die Flasche vor Stillsetzen der Maschine nicht aufgeladen werden, so kann an den Stutzen *i* eine Kohlensäureflasche oder ein Handkompressor angeschlossen werden. (Unter keinen Umständen ist verdichteter Sauerstoff zu verwenden!)

Soll mit Druckluft aufgeladen werden, so wird nach Abstellen der Brennstoffpumpe der Handhebel *c* zurückgedreht, der Kolben der auslaufenden Maschine fördert nun die angesaugte Luft verdichtet durch das jetzt als Ladeventil dienende Anlaßventil *b* in die Flasche. Ehe die Maschine zum Stillstand kommt, wird das Ventil *b* mittels Handrad *a* geschlossen, die Brennstoffpumpe wieder angestellt und nach Erreichen der vollen Umlaufzahl werden die geschilderten Handgriffe wiederholt.

Auch bei den Kruppschen Maschinen mit direkter Einspritzung wird die Anlaßflasche mit Verbrennungsgasen aufgefüllt, indem durch ein Handrad die Federspannung eines Abzapfventils, das normal als Sicherheitsventil dienen kann, verringert wird.

Da beim Anlassen die Ein- und Auslaßventile in üblicher Weise gesteuert werden, so ist die Anlaßluft nur während des Verbrennungshubes in den Zylinder einzuführen, damit sie während des folgenden Auspuffhubes ausgestoßen wird. Bei Viertaktmaschinen kann sonach die Luft nur während jedes vierten Hubes zuströmen, Abb. 512, Luftzufuhr im Zweitakt würde Änderung der Auslaßsteuerung erfordern.

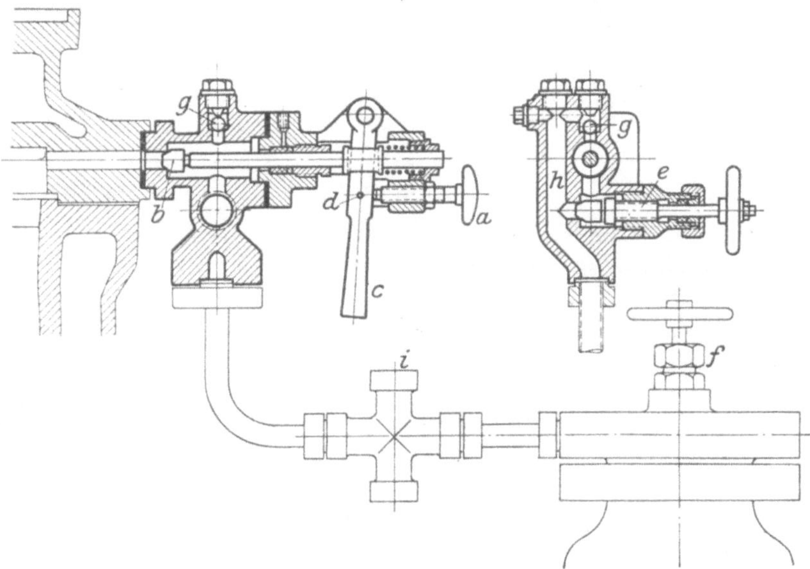

Abb. 511. Füllung der Anlaßflaschen bei AEG-Glühkopfmaschinen.

Bei mehrzylindrigen Gasmaschinen wird meist nur die Hälfte aller Kolbenseiten mit Druckluftsteuerung ausgeführt. Werden bei Tandemmaschinen beide Seiten nur eines Zylinders mit Druckluft gesteuert, so folgen nach S. 119 auf zwei Anlaßhübe zwei Leerlaufhübe. Strömt die Druckluft gleichen Kolbenseiten zweier Zylinder zu, so wechseln Anlaß- und Leerlaufhub einander ab.

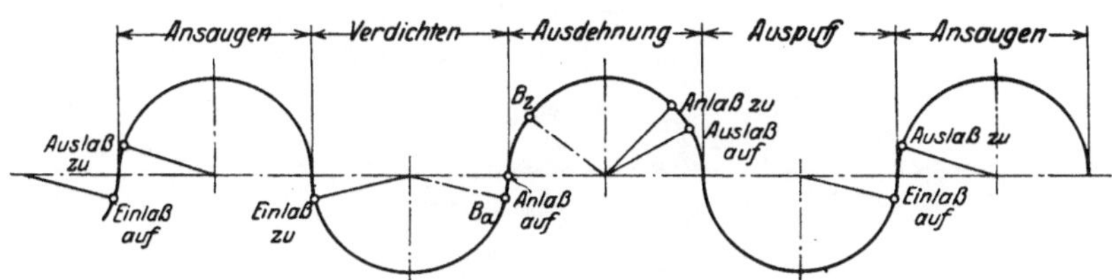

Abb. 512. Steuerung beim Anlassen.

Gasgebläse, deren Anfahrwiderstand auch bei abgeschalteter Windlieferung größer als bei Gasdynamos ist, werden mit Anlaßvorrichtungen auf allen Kolbenseiten ausgerüstet.

Die Luftfüllung beträgt bei Gasmaschinen 25 bis 40%, der Luftdruck etwa 20 at. Kleine Füllungen vermindern den Druckluftverbrauch, verengen jedoch den Bereich der Kurbelwinkel, aus denen heraus angefahren werden kann. Um Rückdrehungen zu vermeiden, ist die Druckluft in Kurbeltotlage, höchstens wenige Winkelgrade vor dieser, zuzuführen.

In Abb. 513 und 514 sind Steuerungs- und Anlaßventil einer Großgasmaschine dargestellt; beim Anfahren wird mittels Handgriff eine Rolle zwischen die unrunde Scheibe auf der Steuerwelle und die Spindel des Doppelsitzventils geschoben. Die

Druckluft strömt durch eine Rohrleitung zum Anlaßventil, das bei Überschreiten des Anlaßdruckes durch Arbeitsdrucke im Zylinder selbsttätig schließt und nach dem Anfahren durch Handrad und Verschraubung in der Abschlußstellung festgehalten wird. Im Betrieb ist sonach eine dreifache Sicherung gegen den Eintritt von Druckluft, die gefährliche Verdichtungsenddrucke veranlassen könnte, gegeben: durch das

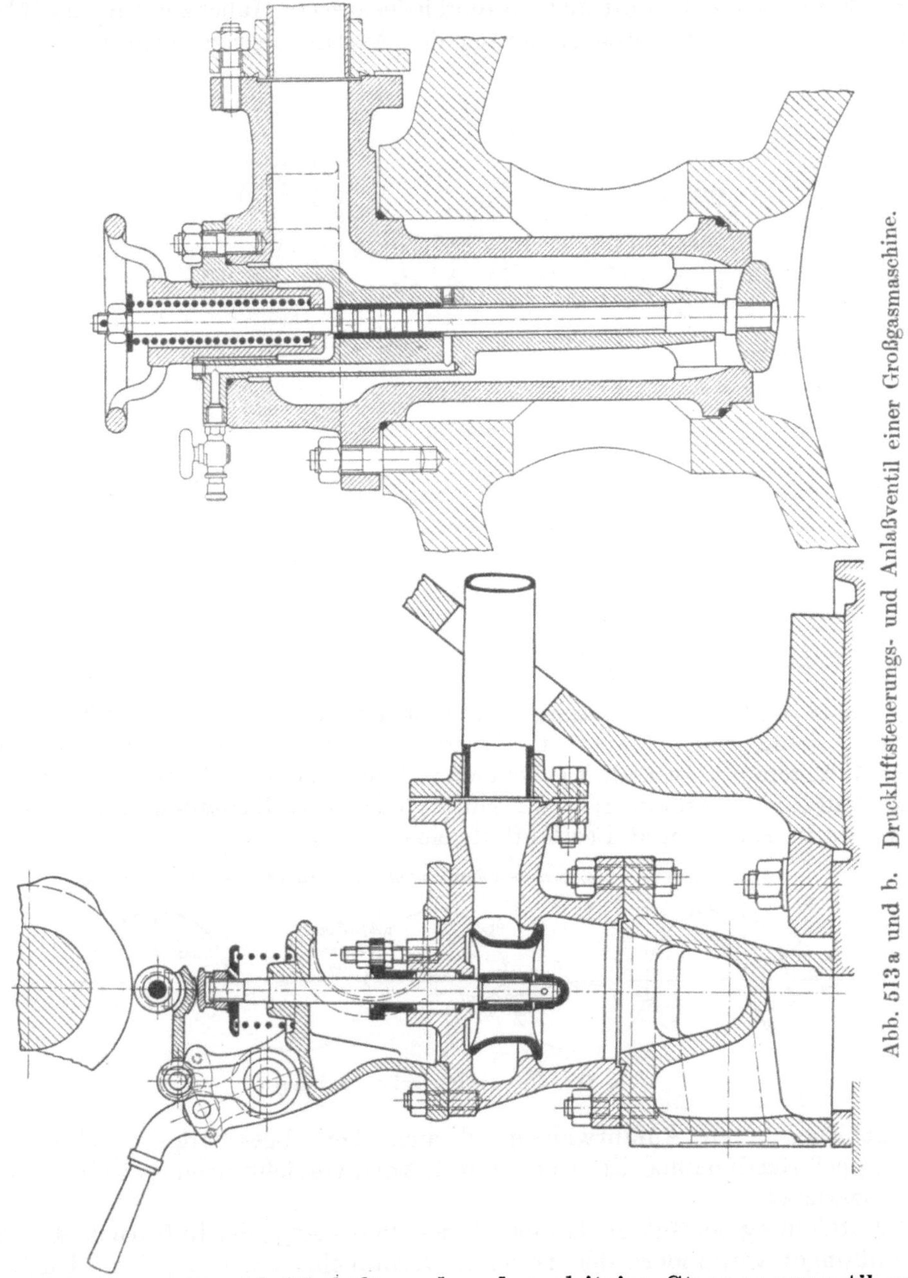

Abb. 513a und b. Druckluftsteuerungs- und Anlaßventil einer Großgasmaschine.

Absperrventil am Druckluftbehälter, das doppelsitzige Steuerungsventil und das Anlaßventil.

Der Teller des Anlaßventils wird in Gußeisen ausgeführt, da Flußeisen infolge der Luftfeuchtigkeit rosten würde.

Bei Maschinen mit Ausblaseventilen, siehe S. 395, können diese zum Anfahren benutzt werden.

Dieselmaschinen stellen namentlich als Schiffsmaschinen hohe Anforderungen an die Anlaßsteuerung und zeigen engeren Zusammenhang dieser mit der übrigen Steuerung, als dies bei den Gasmaschinen der Fall ist.

Abb. 514 zeigt die bei ortfesten Dieselmaschinen allgemein gebräuchliche Ausführung der äußeren Steuerung. Zapfen *a*, der unveränderlicher Drehpunkt der Steuerhebel für Ein- und Auslaßventil ist, wird von einer exzentrischen Buchse *b* umfaßt, die als Lager für die Hebel des Brennstoff- und Anlaßventils dient. Der Drehpunkt dieser Hebel wird durch Verdrehen der Buchse *b* mittels des Handgriffes, der in Nuten einer Scheibe *c* festgestellt werden kann, so verlegt, daß die Rolle des Anlaßhebels in den Bereich, die Rolle des Brennstoffventils außerhalb des Bereiches ihrer unrunden Scheibe gelangen. Beim Anlassen arbeiten sonach Ein- und Auslaßventil

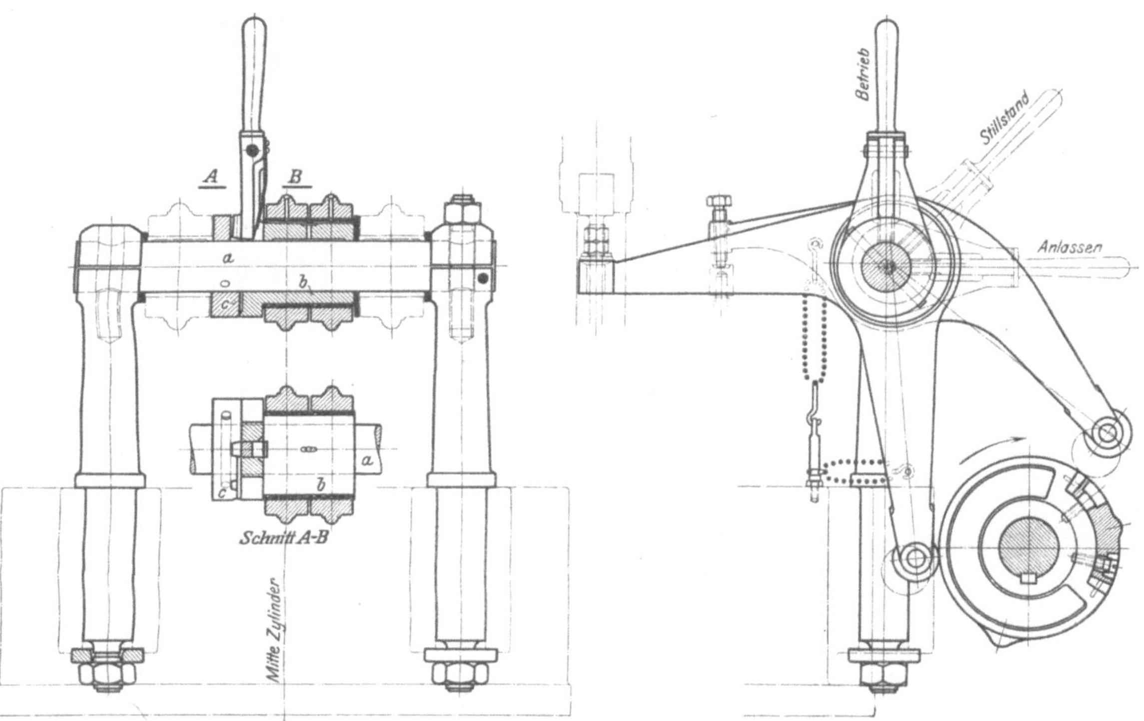

Abb. 514. Anlaß-Steuerung für ortfeste Dieselmaschinen. Maßstab 1 : 10.

in üblicher Weise, während bei ausgeschaltetem Brennstoffventil Druckluft bis zum Erreichen einer bestimmten Umlaufzahl eingeführt wird, worauf der Handgriff in die Betriebsstellung eingerückt wird. Zwischen Betriebs- und Anlaßstellung ist eine Stellung des Handgriffes für Stillstand vorgesehen, bei der sowohl Brennstoff- als Anlaßventil geschlossen sind.

In Abb. 515 ist ein Anlaßventil dargestellt, dessen mit Labyrinthnuten versehener Entlastungskolben 30 mm Dmr. gegenüber 31 mm Dmr. der druckbelasteten Ventilfläche hat, so daß die Schlußfeder den fehlenden Betrag an Schlußkraft aufzubringen hat. (Beide Durchmesser werden auch gleich oder auch der Kolbendurchmesser größer als der Ventildurchmesser ausgeführt, um eine auf Ventilschluß wirkende Überschußkraft zu erhalten, ohne daß das Steuerungsgestänge durch diese Sicherheitsmaßnahme übermäßig belastet wird.) Der Entlastungskolben dichtet auch nach außen hin ab, da bei Anlaßventilen wegen der Gefahr des Hängenbleibens des Ventils, s. S. 394, Stopfbuchsen unter allen Umständen zu vermeiden sind.

Beim Anlaßventil der AEG, Abb. 516, ist der Entlastungskolben mit Dichtungsringen versehen; die Ventilspindel ist an ihrem oberen Ende mit Weißmetall ausgegossen, in das Labyrinthnuten eingedreht sind. Nach dem Hubraum hin ist die Ventilhülse durch Kupfer-Asbestringe, nach außen durch einen Gummiring abgedichtet.

Das Ventil wird durch Druckluft eingeschaltet; diese strömt durch die hohle Ventilspindel in den Raum *a*, dessen obere Begrenzung ein federbelasteter Kolben *b*

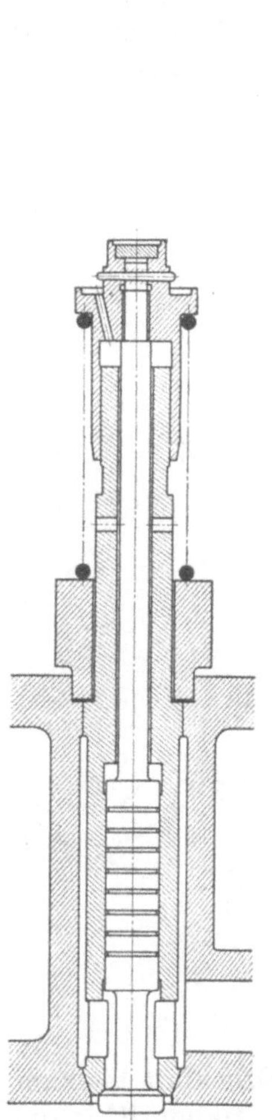

Abb. 515. Anlaßventil der Aschersleben Maschinenfabrik R. Wolf. Maßstab 1 : 5.

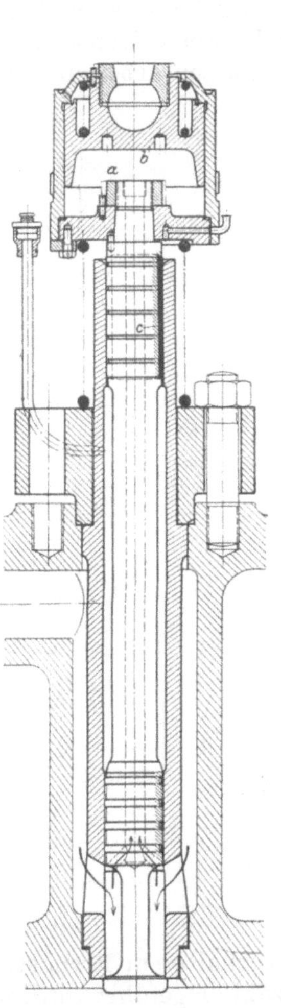

Abb. 516. Anlaßventil der AEG. Maßstab 1 : 7,5.
a = Luftraum. *b* = federbelasteter Kolben. *c* = Führungsfläche mit Weißmetallausguß und Ringnuten.

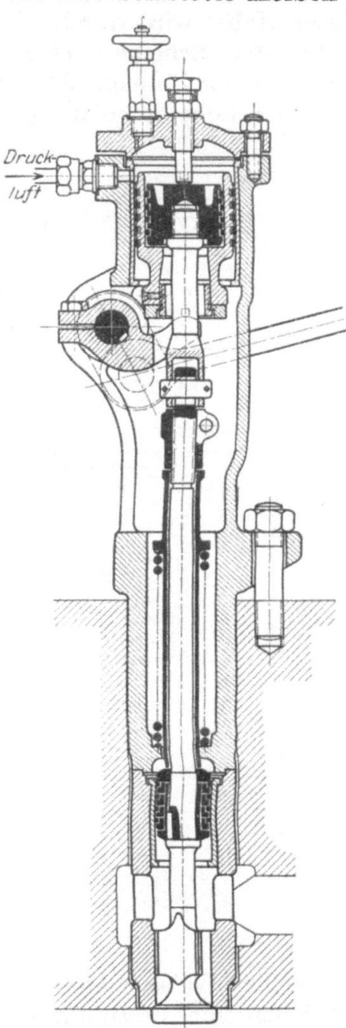

Abb. 517. Anlaßventil der Friedr. Krupp-Germaniawerft.

bildet, der ebenso wie der ihn umgebende Zylindermantel aus Phosphorbronze hergestellt ist. Die Druckluft hebt den Kolben *b*, so daß das oben mittels Kugelpfanne eingesetzte Rollengestänge mit der unrunden Scheibe auf der Steuerwelle in Verbindung kommt und das Anlaßventil nunmehr betätigt wird.

Abb. 517 zeigt die Ausführung der Friedr. Krupp-Germaniawerft, bei der der Druckluftraum nach unten hin durch zwei Kolben begrenzt wird, von denen der äußere bei Eintritt der Druckluft den Anlaßventilhebel mit der Rolle an den Anlaßnocken heranrückt. Der innere mit der Ventilspindel verbundene Kolben ist so bemessen und seine Federbelastung so eingestellt, daß sich das Anlaßventil erst bei einem Druck im Zylinder von 20 kg/cm² und weniger öffnen kann. Bei Drucken über 20 at bleibt sonach das Ventil geschlossen. Diese Wirkungsweise gestattet, neben der Anlaßluft auch Brennstoff in den Zylinder zu geben, und da die Zündungen sehr schnell einsetzen, so wird das Anfahrdrehmoment dadurch wesentlich vergrößert. Abb. 518 zeigt das entstehende Diagramm; nach der ersten Zündung wird noch Druckluft zugeführt, sobald der Ausdehnungsdruck unter 20 at sinkt. Das Diagramm ist bedeutend größer als das bei Anlaßluftbetrieb oder Brennstoffbetrieb allein entstehende Diagramm.

Da die bei Schiffsmaschinen in der Anlaßleitung aufgetretenen Explosionen auf das Eindringen von Öl, das sich auf dem Zylinderdeckel während des Betriebes stets ansammelt, in das Anlaßventilgehäuse zurückgeführt werden, so ordnet die Germaniawerft auf dem Deckel um die Pfeife für das Gehäuse eine Rinne an, die das Öl sammelt und ableitet. Diese Sicherheitsmaßnahme erübrigt sich, wenn der Anschlußflansch für die Anlaßluft an dem hochgezogenen Ventilgehäuse sitzt, die Luft also nicht wie in Abb. 517 durch den Deckel in den Zylinder gelangt.

Die Anlaßventile der Dieselmaschinen stellen eine Vereinigung der oben besprochenen Steuerungs- und Rückschlagventile dar, so daß hier nur eine doppelte Abdichtung — am Ventil selbst und am Absperrventil der Anlaßflasche — gegeben ist. Da Undichtheiten des Anlaßventils zu den gefährlichsten Folgen führen können — durch Verursachen von Überverdichtungen und heftig verlaufenden Verbrennungen —, die seltenere Betätigung dieser Ventile aber, besonders da sie stets nach innen öffnen, leicht Festsetzen und Undichtwerden veranlaßt, so soll es namentlich bei Schiffsmaschinen möglich sein, sie auch während des Betriebes auf ihrem Sitz zu drehen.

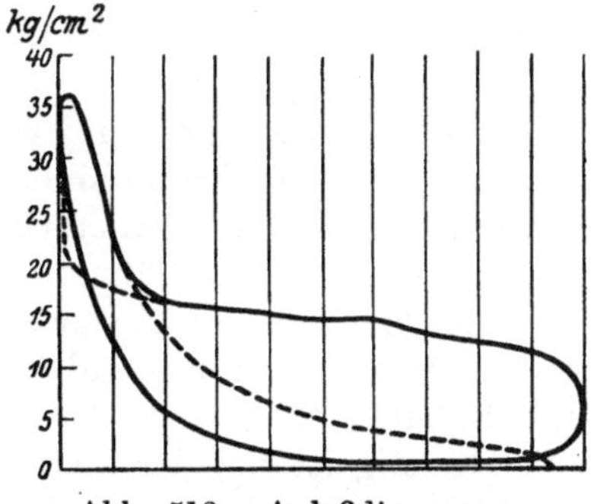

Abb. 518. Anlaßdiagramm der Friedr. Krupp-Germaniawerft.

Ventilsitz und Gehäuse werden in Gußeisen, Ventil mit Spindel aus Stahl hergestellt. Der Sitz wird kegelig mit 30 bis 40° Neigung gegen die Wagerechte ausgeführt. Der Durchmesser des Ventils wird zu $^1/_8$ bis $^1/_{10}$ des Zylinderdurchmessers, der Hub zu $^1/_4$ bis $^1/_5$ des Ventildurchmessers gewählt. Zu kleine Ventile verlängern die Anfahrzeit und erschweren den Eintritt der ersten Zündung infolge des starken Auskühlens des Zylinders. Bei dem häufigen Manövrieren der Schiffsmaschinen können durch das Auftreffen der kalten Anlaßluft auf die noch hocherhitzten Zylinderwandungen Risse in diesen entstehen. Die Deutschen Werke schalten deshalb in die Auspuffleitung Luftvorwärmer aus Gußeisen ein, die von der Anlaßluft in vielen Windungen durchströmt werden. Durch die hierbei stattfindende Erwärmung auf etwa 250° C wird der Baustoff geschont, an Anlaßluft gespart und die Zündung erleichtert.

Vermeidung der Abkühlung der Deckel- und oberen Laufbüchsenflächen wird auch durch die Anfahreinrichtung der Atlas-Diesel-A.-G. erreicht, wobei die Anlaßluft auf die untere Kolbenseite geleitet wird. Zu diesem Zweck ist der Zylinder unten abgeschlossen, die Kolbenstange wird durch eine Stopfbuchse im unteren Deckel geführt. Kolbenschieber, die beim Anfahren gesteuert werden, führen bei Aufwärtsgang des Kolbens die Druckluft ein, die bei Abwärtsgang ausströmt, so daß auch Viertaktmaschinen im Zweitakt angelassen werden. Anfahrventile im oberen Deckel fallen fort. S. auch S. 231.

Statt des Druckluftantriebes der Anlaßventile sind auch Öldrucksteuerungen verwendet worden.

Schließlich sei noch erwähnt, daß Gas- und Dieseldynamos auch elektrisch angelassen werden können, was das Vorhandensein einer zweiten Gleichstromdynamo oder einer Akkumulatorenbatterie voraussetzt. Die Spannung der Batterie, die für das langsame Anlassen zu hoch ist, muß durch Vorschaltung eines Widerstandes herabgesetzt werden. Die schweren und teueren Anlaßwiderstände erübrigen sich, wenn neben dem Hauptgenerator und der Batterie eine zur Ladung dienende Zusatzmaschine vorhanden ist, die, ihrerseits mittels Elektromotors durch die Batterie getrieben, auf den Anker der Hauptmaschine geschaltet wird.

13. Das Fundament.

Das Fundament hat die Aufgabe, das Gewicht der Maschine aufzunehmen, den Zusammenhang der einzelnen Teile — z. B. des Schwungradaußenlagers und der übrigen Wellenlager — zu wahren und die Stellung der Maschine im Raume zu sichern.

Die Massenkräfte stehender Maschinen haben ein mehr oder weniger starkes Auflasten der Maschine auf dem Grundmauerwerk zur Folge. Wird bei höheren Umlaufzahlen der Massendruck $\left(= \frac{m v^2}{r}\right.$ für $L = \infty$, siehe S. 331$\left.\right)$ je cm^2 Kolbenfläche größer als das auf 1 cm^2 Kolbenfläche bezogene Eigengewicht der Maschine, so wird deren Aufspringen vom Fundament nur durch die Fundamentanker verhindert. Diese Kräftewirkungen sind von besonderer Bedeutung für die auf dem Schiffsboden gegründeten Schiffsmaschinen. Weiterhin treten Kräftepaare infolge des Geradführungsdruckes und dessen Gegenkraft im Kurbelwellenlager auf, die zu Pendelungen in wagerechter Ebene führten. Kurbelgegengewichte zum Ausgleich der Massenkräfte verlegen lediglich deren Wirkungslinie aus der senkrechten in die wagerechte Ebene, wirken hier also nur schädlich; die Maschine ist vielmehr „in sich" auszugleichen, vgl. S. 346 u. f.

Günstig ist bei der stehenden Anordnung der Maschine, daß die Massenkräfte direkt vom Fundament aufgefangen werden, während sie bei liegender Maschine bestrebt sind, diese auf dem Fundament zu verschieben, das Fundament zu kippen. Hierbei können beträchtliche Erschütterungen benachbarter Gebäude auftreten, wenn deren Eigenschwingungszahl mit der Zahl der von den Massenkräften ausgehenden Impulsen übereinstimmt, also Resonanz vorhanden ist.

Das Fundament wird entweder aus hartgebrannten vorher gut mit Wasser getränkten Ziegelsteinen mit Zementmörtel aufgemauert oder aus Stampfbeton, der aus 1 Teil Zement auf 6 Teile gewaschenen Betonkies bestehen kann, hergestellt. Betonfundamente, deren Kanten sich leicht abrunden lassen, so daß sie nicht rasch beschädigt und abgestoßen werden, sind zum Schutz gegen Eindringen von Öl, das zerstörend wirkt, mit einem Anstrich zu versehen. Sowohl Beton- als Ziegelfundamente können durch Eisenarmierung bzw. eiserne Einlagen wirksam verstärkt werden.

Im wagerechten Schnitt ist die Form des Fundamentes in der Hauptsache durch die Anordnung der Fundamentanker, des Schwungrades und des Außenlagers gegeben; dieser wagerechte Schnitt muß eine zusammenhängende Fläche darstellen. Im senkrechten Querschnitt soll der Schwerpunkt des Fundamentblockes möglichst kleinen Abstand von der Wirkungslinie der Massenkräfte haben, um das an einem Hebelarm gleich diesem Abstand angreifende Kippmoment klein zu halten. Bei wagerechten Massenkräften steht dieser Forderung oft entgegen, daß das Fundament unter allen Umständen bis auf „gewachsenen Boden" durchzuführen ist.

Die Aussparungen für die Fundamentanker sind reichlich zu wählen, damit man sich bei den hier leicht vorkommenden Ungenauigkeiten in der Lage der Ankerlöcher am Maschinenrahmen helfen kann. In größeren Anlagen sollen die Ankerplatten, die zur Verringerung des Auflagerdruckes reichlich zu bemessen sind, durch Kanäle zugänglich sein, so daß sie leicht herausgenommen und so eingestellt werden können, daß die Anker am oberen Ende um das beabsichtigte Maß vorstehen. Ebenso ist die Schwungradgrube breit und so tief herzustellen, daß die zuerst eingebrachte Schwungradhälfte nach der Lagerung der Welle bequem mit Winden und sonstigen Hilfsmitteln vom Boden der Grube aus gehoben und an die Welle gebracht werden kann.

Da wagerechte, den ganzen Fundamentblock teilende Risse in der Ebene der Ankerplatten vorgekommen sind, so dürfte sich bei großen Gründungen empfehlen, die Anker in verschiedenen Längen auszuführen. Die Fundamentanker sind lang zu machen, damit sie möglichst viel Fundamentmasse fassen, bei stehenden Maschinen entsteht allerdings dadurch Neigung zum Federn. Großgasmaschinen werden, um freie Längsdehnung zu ermöglichen, nur durch Anker am vorderen Hauptrahmen mit dem Fundament verbunden, das für die Zugänglichkeit der Auspuffventile mit weitem, in der Zylinderachse liegenden Kanal, der in den Maschinenkeller hinunterreicht, auszuführen ist; unter der Laterne zwischen beiden Zylindern läßt sich der Kanal von Mauerwerk bzw. Beton quer durchsetzen. Der möglichst helle Maschinenkeller soll auf einer Höhe mit dem umgebenden Gelände liegen und gut belüftet sein, was durch Ansaugen der Verbrennungsluft aus dem Keller erreicht werden kann.

Der Fundamentklotz ist so stark auszuführen, daß er auch bei Senkungen des Bodens als Ganzes erhalten bleibt. Derartige Senkungen treten bei Bergbauboden, dann aber auch infolge starker Schwankungen und Senkungen des Grundwasserspiegels auf, durch die Landschichten trockengelegt und dadurch weniger zur Aufnahme der Kräfte geeignet werden. Besonders gefährlich sind örtliche Unterspülungen durch Wasser aus undichten Kanälen usw., da hierdurch einzelne Teile des Fundamentes von diesem abreißen können.

Fundamente stehender Maschinen werden im senkrechten Schnitt mit Absätzen ausgeführt, so daß sie sich nach unten hin verbreitern und die Auflagefläche vergrößert wird.

Die Fundamente sind so aufzubauen, daß sie mit den Mauern des umgebenden Gebäudes nicht zusammenhängen und auf diese keine Erschütterungen übertragen können. Der hierzu erforderliche ringsherum gehende Luftspalt, der aber nur bei Felsboden seinen Zweck erfüllt, ist bei Seil- oder Riemenzug auf der Druckseite durch eine Isolierschicht auszufüllen. Mehrere kleinere Fundamente werden zweckmäßig auf einer gemeinsamen Betonplatte aufgebaut.

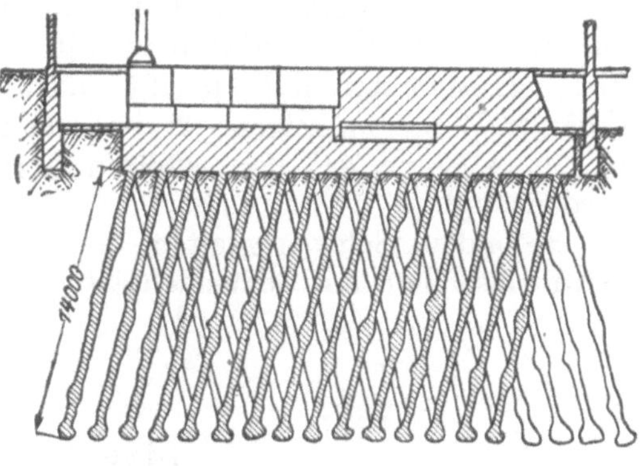

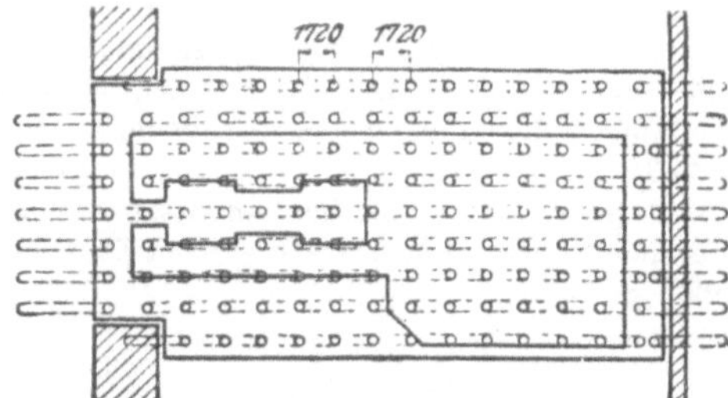

Abb. 519. Großgasmaschinenfundament, Ausführung der A. Wolfsholz-Preßzementbau-Ges.

Ist der Baugrund von plastischer Beschaffenheit, wie dies bei Sumpfgelände, Schwimmsand, Moorboden der Fall ist, so muß das Fundament auf einen Pfahlrost gesetzt werden.

Abb. 519 zeigt ein von A. Wolfsholz Preßzementbau-Ges. für die Badische Anilin- und Sodafabrik mehrfach ausgeführtes Großgasmaschinenfundament, das die Massenkräfte durch schräge, 14 m lange Preßbetonpfähle, die in Längsreihen nach entgegengesetzter Richtung angeordnet sind, aufnimmt. Trotz dieser entgegengesetzten Richtung kommen stets alle Pfähle zur Wirkung, da sie sowohl auf Druck wie auf Zug beansprucht werden können.

Die Übertragung von Schallschwingungen läßt sich durch Einlegen sog. Isolierschichten aus dickem weichem Filz oder Naturkork verhindern oder mildern. Besonders bewährt hat sich 4 bis 6 cm starker eisenarmierter Naturkork. In einen gegen Rost geschützten Eisenrahmen werden die Korkstücke mosaikartig eingesetzt und bewahren so die ursprünglich hohe Elastizität des Korkes.

Schüttbarer Boden wird unter Umständen durch das Gewicht von Maschine und Fundament in den unteren Schichten so fest, daß nunmehr Schwingungen aufgenommen und weitergeleitet werden können. Die Anordnung des oben erwähnten Luftschlitzes ist hierbei namentlich bei den senkrecht wirkenden Massenkräften stehender Maschinen zwecklos, da Schwingungen von den oberen lockeren Schichten nicht aufgenommen werden.

Plastischer Boden, der sich den elastischen Eigenschaften der Flüssigkeit nähert, ist in hohem Maße geeignet, Schwingungen fortzupflanzen, deren Entstehung durch einen Luftschlitz begünstigt werden kann.

Als Mittel gegen die durch die Schwingungen entstehenden Erschütterungen von Gebäuden kommen in Betracht: 1. Änderung der Umlaufzahl, die sich aber bei Maschinen, die unmittelbar mit Dynamomaschinen gekuppelt sind, nur mit großen Kosten durchführen läßt und außerdem nicht ausschließt, daß nun andere Gebäude Resonanz zeigen. 2. Vollständiger Ausgleich der Massenkräfte durch die in Abb. 415 und 417 dargestellten Vorrichtungen, die schon mehrfach ausgeführt worden sind.

Besondere Schwierigkeiten sind naturgemäß mit der „Fundamentierung“ der Schiffsmaschinen auf dem nachgiebigen Schiffskörper verbunden.

Literatur-Nachweis.

Gerb, W.: Die Fernübertragung von Bodenerschütterungen bei Maschinen mit hin und her gehenden Massen. Z. V. d. I. 1920, S. 759. — Gerb, W.: Die Übertragung von Maschinenfundamentschwingungen im Erdboden. Z. Masch.-Bau, Abteilung Betrieb 1922/23, Heft 24/26, S. 283/1011. — Wolfsholz, A.: Fundamente für Großkraftmaschinen. Z. V. d. I. 1922, S. 773. — Schirp, P.: Maschinenfundamentschäden in Kraftwerken. Z. V. d. I. 1919, S. 969. — Geiger, J.: Störende Fernwirkungen von ortfesten Kraftmaschinen, insbesondere Verbrennungsmaschinen. Z. V. d. I. 1923, S. 736.

Verzeichnis der Schiffsdieselmaschinen-Firmen [1]).

Erbauer	Bauart	Zwei- oder Viertakt
Deutsches Reich		
Deutsche Werft - AEG, Hamburg-Berlin	Burmeister & Wain	Einfach- und doppeltwirkender Viertakt
Gebr. Sulzer, Ludwigshafen	Sulzer	Einfachwirk. Zweitakt
Howaldtwerke, Kiel	„	„ „
F. Schichau, Elbing	„	„ „
G. Seebeck, A.-G., Geestemünde	„	„ „
Johann C. Tecklenborg, A.-G., Geestemünde	MAN	Einfachwirk. Viertakt, doppeltwirk. Zweitakt
Blohm & Voss, Hamburg	„	„ „
MAN, Augsburg	„	„ „
A.-G. Weser, Bremen	„	„ „
Vulkan-Werke A.-G., Hamburg	„	„ „
Bremer Vulkan, Vegesack	„	„ „
Flensburger Schiffsbau-A.-G., Flensburg	„	„ „
Benz Motoren-Werke, Mannheim	Polar-Benz	Einfachwirkender Zwei- und Viertakt
Fr. Krupp Germaniawerft, Kiel	Krupp	Einfachwirk. Viertakt, einfach- und doppeltwirkender Zweitakt
Deutsche Werke, Kiel	Deutsche Werke	Vier- und Zweitakt
Reiherstieg Schiffswerfte und Maschinenfabrik, Hamburg	Benz	Einfachwirk. Zweitakt
England		
Armstrong, Whitworth & Co., Ltd., Newcastle-on-Tyne	Sulzer	Einfachwirk. Zweitakt
	Still	Doppeltwirkende Zweitakt-Dampf- und Ölmaschine
Beardmore & Co., Ltd., Dalmuir	Tosi	Einfachwirk. Viertakt
Brown & Co., Ltd., Clydebank, Glasgow	Sulzer	Einfachwirk. Zweitakt
	Cammellaird Fullagar	Zweitakt-Doppelkolben
Cammell Laird & Co., Ltd., Birkenhead	„	„ „
Palmers Shipbuilding and Iron Co., Ltd., Hebburn-on-Tyne	„	„ „
Rowan & Co., Ltd., David, Glasgow	„	„ „
Smiths Dock Co., South Shields	„	„ „
Denny & Bros., Ltd., William, Pallion Works, Sunderland	Sulzer	Einfachwirk. Zweitakt
Fairfield Shipbuilding and Engineering Co., Ltd., Govan, Glasgow	„ Doxford	„ „ Zweitakt-Doppelkolben
Stephen & Sons, Ltd., Alexander, Govan, Glasgow	Sulzer	Einfachwirk. Zweitakt
Wallsend Slipway and Engineering Co., Ltd., Wallsend-on-Tyne	„	„ „
Workman Clark & Co., Ltd., Belfast	„ Doxford	„ „ Zweitakt-Doppelkolben
Doxford & Co., Ltd., William, Pallion Works, Sunderland	„ „	„ „ „ „
Harland & Wolff, Ltd., Belfast	Burmeister & Wain	Einfach- und doppeltwirkender Viertakt
Hawthorn, Leslie & Co., Ltd., Newcastle-on-Tyne	Werkspoor	Einfach- und doppeltwirkender Zweitakt
North Eastern Marine Engineering Co., Ltd., Wallsend-on-Tyne	„	Einfach- und doppeltwirkender Viertakt
Kincaid & Co., Ltd., John, Greenock	Harland & Wolff, Burmeister & Wain	Einfachwirk. Viertakt
Mirrlees, Bickerton & Day, Ltd., Hazel Grove, near Stockport	Nobel	Einfachwirk. Zweitakt
North British Diesel Engine Works, Ltd., Whiteinch, Glasgow	North British	Einfachwirk. Viertakt, doppeltwirk. Zweitakt
Richardsons, Westgarth & Co., Ltd., Hartlepool	Beardmore-Tosi, Doxford, Richardsons-Westgarth	Einfachwirk. Viertakt Zweitakt-Doppelkolben Doppeltwirk. Zweitakt
Scott's Shipbuilding and Engineering Co., Ltd., Greenock	Still	Doppeltwirkende Zweitakt-Dampf- und Ölmaschine
Swan Hunter & Wigham Richardson, Ltd., Wallsend Shipyard, Wallsend	Neptune	Einfachwirk. Zweitakt
Vickers, Ltd., Barrow-in-Furness	Vickers MAN	Einfachwirk. Viertakt Doppeltwirk. Zweitakt
Vereinigte Staaten von Amerika		
Bethlehem Shipbuilding Corp., Quincy, Mass.	West	Einfachwirk. Zweitakt
Busch-Sulzer Bros., St. Louis, Mo.	Sulzer	Einfachwirk. Zweitakt
Craig Engineering Works, James, Jersey City, N. J.	Craig	Einfachwirk. Viertakt
Cramp & Sons Ship and Engine Co., Wm., Philadelphia, Pa.	Burmeister & Wain	Einfachwirk. Viertakt
Falk Corporation, Milwaukee, Wis.	Falk	Einfachwirk. Viertakt
The Hooven, Owens, Rentschler Co., Hamilton, O.	MAN	Einfachwirk. Viertakt, doppeltwirk. Zweitakt
Mc Intosh & Seymour Corporation, Auburn, New York	Mc Intosh & Seymour	Einfachwirk Viertakt
New London Ship and Engine Co., Groton, Conn.	Nelseco	Einfachwirk. Viertakt
New York Shipbuilding Corp. Camden, N. J.	Werkspoor	Einfachwirk. Viertakt
Newport New Shipbuilding and Dry Dock Co., Va.	„	„ „
Pacific Diesel Engine Co., Oakland, California	„	„ „
Sun Shipbuilding and Dry Dock Co., Chester, Pa.	Doxford	Zweitakt-Doppelkolben
Winton Engine Works, Cleveland, O.	Winton	Einfachwirk. Viertakt
Worthington Pump Co., New York	Worthington	Einfachwirk. Zweitakt, doppeltwirk. Zweitakt

[1]) Nach „The Motorship, Reference Book for 1925".

Erbauer	Bauart	Zwei- oder Viertakt
	Dänemark	
Burmeister & Wain, Kopenhagen	Burmeister & Wain	Einfach- und doppeltwirkender Viertakt
Frichs Dieselmaschinen-Werke, Aarhus	Frichs	Einfachwirk. Viertakt
Dänische Dieselmotor-Werke, Holeby	Holeby	„ „
	Schweden	
A. B. Götaverken, Gothenburg	Burmeister & Wain	Einfach- und doppeltwirkender Viertakt
Lindholmen Motala A. B. Gothenburg	Doxford	Zweitakt-Doppelkolben
A. B. Bofors, Bofors	Werkspoor	Einfachwirk. Viertakt
Kockums Mek. Verkstads A. B. Malmö	MAN	Einfachwirk. Viertakt, doppeltwirk. Zweitakt
Atlas Diesel A. B. Stockholm	Polar	Einfachwirkender Vier- und Zweitakt
Nobel Diesel A. B. Nynäsham	Nobel	Einfachwirk. Zweitakt
	Norwegen	
A. B. Akers Mek. Verksted, Oslo	Burmeister & Wain	Einfachwirk. Viertakt
Königl. Norwegisches Verteidigungs-Departemt., Oslo	Sulzer	Einfachwirk. Zweitakt
A. S. Thunes Mek. Verksted, Oslo	„	„ „
	Holland	
N. V. Wilton's Maschinefabriek en Scheepwerf, Rotterdam	Krupp	Einfachwirk. Viertakt
Koninklijke Maatschappij „De Schelde", Vlissingen	Sulzer	Einfachwirk. Zweitakt
J. & K. Smit's Scheepswerven en Maschinefabrieken	MAN	Einfachwirk. Viertakt, doppeltwirk. Zweitakt
Maatschappij voor Scheeps- en Werktuig-Bouw, „Fijenoord", Rotterdam	„	Einfachwirk. Viertakt, doppeltwirk. Zweitakt
Burgerhout's Maschinefabriek en Scheepwerf, Rotterdam	Nobel	Einfachwirk. Zweitakt
Werkspoor, Amsterdam	Werkspoor	Einfach- und doppeltwirkender Viertakt
Rotterdam Dry Dock Co.	„	Einfach- und doppeltwirkender Viertakt
	Belgien	
Soc. Anon. John Cockerill, Seraing	Burmeister & Wain	Einfachwirk. Viertakt
	Schweiz	
Gebr. Sulzer, Winterthur	Sulzer	Einfachwirk. Zweitakt
	Frankreich	
S. A. des Ateliers et Chantiers de la Loire, St. Nazaire	Sulzer Still	Einfachwirk. Zweitakt, doppeltwirkende Zweitakt-Dampf- und Ölmaschine
Ateliers et Chantiers de Bretagne, Nantes	Cammellaird Fullagar	Zweitakt-Doppelkolben
Chantiers et Ateliers de St. Nazaire, Penhoët, Paris	Werkspoor, Burmeister & Wain MAN	Einfachwirk. Viertakt Doppeltwirk. Zweitakt
Dujardin & Cie., Lille	Werkspoor	Einfachwirk. Viertakt
Cie. de Constr. Méc. Procédés Sulzer, Paris	Sulzer	Einfachwirk. Dreitakt
S. A. des Forges et Chantiers de la Mediterranée Le Hâvre	Sulzer	Einfachwirk. Zweitakt
Chantiers & Ateliers Augustin Normand, Le Hâvre	Normand	Einfachwirk. Viertakt
S. A. des Etabl. Leflaive, Paris	Chaléassière	Einfachwirk. Zweitakt
Schneider & Co., Le Creusot	Schneider	Einfachwirk. Zweitakt
	Italien	
Cantiere san Rocco Muggia, Triest	Burmeister & Wain	Einfachwirk. Viertakt
Fratelli Orlando, Leghorn	Still	Doppeltwirkende Zweitakt-Dampf- und Ölmaschine
Stabilimento Tecnico Triestino, Triest	Burmeister & Wain	Einfach- und doppeltwirkender Viertakt
Soc. An. St. Gio. Ansaldo, Genua	Sulzer Ansaldo MAN	Einfachwirk. Zweitakt Doppeltwirk. Zweitakt
N. Odero & Co., Sestri Ponente	MAN	Einfachwirk. Viertakt, doppeltwirk. Zweitakt
Società Esercisio Bacini, Genua	MAN	Einfachwirk. Viertakt, doppeltwirk. Zweitakt
Canterini Navali Riuniti, Genua	„	„ „
Fiat Stabilimento Grandi Motori, Turin	Fiat	Einfachwirk. Zweitakt
Franco Tosi, Legnano	Tosi	Einfachwirk. Viertakt
	Spanien	
Soc. Esp. de Construcciones Metalicás, Bilbao und Madrid	Sulzer	Einfachwirk. Zweitakt
La Sociedad Espanola de Construccion Naval, Bilbao	Vickers	Einfachwirk. Viertakt
	Rußland	
S. A. des Ateliers de Kolomna, Petersburg	Sulzer	Einfachwirk. Zweitakt
S. A. des Ateliers de Sormovo, Petersburg	„	„ „
	Japan	
Kawasaki Dockyard Co., Kobe	Cammellaird Fullagar MAN	Zweitakt-Doppelkolben Einfachwirk. Viertakt, doppeltwirk. Zweitakt
Imperial Japanese Navy, Tokio	Sulzer	Einfachwirk. Zweitakt
Susuki & Co., Kobe (für: Toba Dock Co., Toba, Kobe Steel Works, Kobe)	„	„ „
Mitsubishi Shoji Kaisha, Ltd., Tokio	Vickers	Einfachwirk. Viertakt
Mitsubishi Dockyard, Kawasaka	Sulzer	Einfachwirk. Zweitakt

Namenverzeichnis.

Sachverzeichnis.